DAS GROSSE WELTREICH DER TIERE

DAS GROSSE WELTREICH DER TIERE

2000 Säugetiere, Vögel,
Fische, Reptilien und Amphibien
auf einen Blick

Verlag Das Beste Stuttgart · Zürich · Wien

Herausgeber: **Dr. Philip Whitfield**,
Zoologische Abteilung am King's College, University of London

---

Berater:

Säugetiere: **Dr. D. M. Stoddart**,
Zoologische Abteilung am King's College, University of London

Vögel: **I. C. J. Galbraith**,
Ornithologische Abteilung am British Museum (Natural History), Tring, Hertfordshire

Reptilien und Amphibien: **Professor Barry Cox**,
Zoologische Abteilung am King's College, University of London

Fische: **Alwyne Wheeler**,
British Museum (Natural History), University of London

Zeichnungen:

Säugetiere: **Graham Allen**
Dick Twinney (S. 83, 85, 125, 57, 191, 193)

Vögel: **Michael Woods**
Malcolm Ellis (S. 303, 325, 327, 357, 361, 363, 379, 399, 401)
Keith Brewer (S. 273, 275, 359)

Reptilien und Amphibien: **Alan Male**

Fische: **Colin Newman**

Übersetzung nach der englischen und holländischen Ausgabe:
Hildegard Höhr und **Theo Kierdorf**

Lektorat: **Gerhard Juckoff**

Gerhard Juckoff
Kurzbiographie

Geboren 1940 in Stendal, Studium der Philosophie und Philologie in Heidelberg, Tübingen, Grenoble und Berlin. Mehrjährige Forschungsaufenthalte in USA, Indien, Japan und Südamerika. Arbeit u.a. als Lehrer und Fremdsprachenkorrektor. 1978–1984 Lektor im Düsseldorfer Econ Verlag. Lebt seit 1984 als freier Lektor in Schwalmtal/Niederrhein, arbeitet unter anderem auf den Fachgebieten, Reisen, Geographie, Ethnologie, Zoologie und Botanik, auch als Bearbeiter verschiedener Lexika und Handbücher.

Sonderausgabe für den
Verlag Das Beste GmbH, Stuttgart, 1988

Satz: KSW Satz & Repro GmbH, München
Druck und Bindung: Arnoldo Mondadori Editore S.p.A.,
Verona, Italy
Printed in Italy
ISBN 3 87070 313 X

Inhaltsverzeichnis

Abkürzungen und Symbole

GL	≙	Gesamtlänge
KRL	≙	Kopf-Rumpflänge
SL	≙	Schwanzlänge
KH	≙	Körperhöhe
SH	≙	Schulterhöhe
SPW	≙	Flügelspannweite
sp.	≙	Spezies (Art)
ssp.	≙	Subspezies (Unterart)
Ⓑ	≙	bedroht
Ⓖ	≙	gefährdet
Ⓢ	≙	selten
Ⓐ	≙	außer Gefahr
Ⓤ	≙	Zustand unsicher
♂	≙	männliches Tier
♀	≙	weibliches Tier

Vorwort

Der Wert eines naturgeschichtlichen Werks, das fachlich so präzise und so hervorragend illustriert ist wie das vorliegende, kann kaum überschätzt werden. Es eignet sich ausgezeichnet sowohl als Nachschlagewerk zur Bestimmung der Arten wie auch als Lehrbuch. Manchmal denke ich, uns Bewohnern der westlichen Welt erscheint die Existenz solcher Bücher ein wenig zu selbstverständlich. Doch das ist sie keineswegs. Vor kurzem war ich auf Madagaskar, einer Insel, die zu den biologisch interessantesten Gebieten der Welt gehört. Zum meinem Erschrecken erfuhr ich, daß die Bewohner kaum eine Möglichkeit haben, die einzigartige Fauna ihrer Insel zu bestimmen. Die einzige allgemein zugängliche Informationsquelle dort war eine Serie von Tierbildern auf den Rückseiten von Streichholzschachteln: ziemlich ungenaue Zeichnungen von Lemuren!

Es ist eine wahrhaft traurige Aussicht, daß viele der phantastischen Tiere, die im vorliegenden Buch in ihrer ganzen Pracht beschrieben sind, innerhalb der nächsten 80 bis 100 Jahre aussterben werden, wenn die Regierungen der Welt nicht endlich ernsthaft anfangen, sich um den Schutz der Natur zu kümmern, statt weiterhin Raubbau an ihr zu betreiben. Bücher wie diese *Enzyklopädie der Wirbeltiere* sind dringend erforderlich, wenn wir die derzeitige Welle der Ausrottung je zum Stillstand bringen wollen.

Mit seinen herrlichen Illustrationen und seiner sorgfältigen und ungewöhnlichen Aufmachung ist dieses Buch, das die verwandschaftlichen Beziehungen zwischen den einzelnen Tierarten aufzeigt, eine Art Who's who der Tierwelt. Es ist fachlich so präzise und gleichzeitig so anschaulich, daß es sowohl für Berufszoologen als auch für Naturliebhaber von großem Wert ist. Darüber hinaus sollte es auch in keiner Schule fehlen.

Jedem, dem der phantastische Planet, auf dem wir leben, am Herzen liegt, kann ich dieses Buch wärmstens anempfehlen.

Gerald Durrell

The Jersey Wildlife Preservation Trust

Einleitung

Der Mensch ist ein Wirbeltier, ebenso alle unsere echten Haustiere und die meisten dominierenden großen Tiere aller Ökosysteme der Erde. Die wenigen großen wirbellosen Tiere, die sich entwicklungsgeschichtlich durchsetzen konnten – wie die Riesentintenfische – unterstreichen gerade durch ihre geringe Anzahl die überragende Rolle der Wirbeltiere. Säugetiere, Vögel, Reptilien, Amphibien und Fische beherrschen eindeutig Meer und Land. Aber auch in Flüssen, Seen und Sümpfen und selbst in der Luft spielen die Wirbeltiere in der Gemeinschaft aller Lebewesen die dominierende Rolle.

Ein einziges Merkmal macht so unterschiedliche Lebensformen wie Neunaugen, Haie, Lachse, Frösche, Alligatoren, Adler und Schimpansen zu natürlichen Verwandten: die Wirbel. Alle Wirbeltiere haben Wirbel – eine vertikale, an der Hauptnervenbahn (dem Rückenmark) entlanglaufende Reihe von Skelettelementen. Allerdings haben nicht alle diese Tiere wie wir Menschen ein Rückgrat, das aus eindeutig voneinander getrennten Wirbeln besteht. Dies ist nur bei den höheren, entwicklungsgeschichtlich jüngsten Arten wie den Knochenfischen, Amphibien, Reptilien, Vögeln und Säugetieren der Fall. Knorpelfische wie Haie und Rochen haben zwar auch Wirbel, doch diese bestehen aus Knorpel statt aus Knochen, und die noch primitiveren Neunaugen und Inger verfügen nur ansatzweise über eine Wirbelstruktur direkt am Rückenmark.

Ein Vergleich mit wirbellosen Gruppen wie den Korallen, Plattwürmern, Weichtieren, Krebstieren, Spinnen und Insekten zeigt, daß die Wirbelstruktur im Tierreich die differenzierteste Entwicklung ermöglicht. Man hat die Tiere die perfektesten und aufwendigsten „Maschinen" des bekannten Universums genannt. Die höheren Wirbeltiere sind darunter die kompliziertesten. So ist die Zoologie, die in ihrer hochgradigen Spezialisierung geradezu esoterisch anmutet, eine der anspruchsvollsten und unentbehrlichsten Wissenschaften, da sie versucht, das Wesen jener erstaunlichen „Maschinen" zu ergründen.

Die vorliegende *Enzyklopädie der Wirbeltiere* ist als Nachschlagewerk zur Identifikation der einzelnen Tierarten und deren Familien mit ihrer erstaunlichen Formenvielfalt gedacht. Aus den ca. 50.000 Wirbeltierarten mußte eine Auswahl getroffen werden, die den ganzen Formenreichtum so anschaulich wie möglich wiedergeben soll. Da unmöglich alle Arten aufgeführt werden konnten, haben wir uns zumindest auf der nächsten Stufe in der Klassifizierung, der Ebene der Familien, um Vollständigkeit bemüht.

Die Einteilung der Tiere in Gruppen innerhalb der systematischen Hierarchie erscheint dem Laien oft ebenso undurchschaubar und verwirrend wie die wissenschaftlichen Namen der einzelnen Tierarten. Beide sind jedoch nichts weiter als der Versuch, die Verwandtschaftsverhältnisse der einzelnen Lebewesen untereinander zu veranschaulichen. Die aus dem Lateinischen und Griechischen abgeleiteten wissenschaftlichen Namen sind deshalb zur eindeutigen Bezeichnung besonders geeignet, weil diese heute toten Sprachen sich nicht mehr entwikkeln. In den lebenden Sprachen hingegen haben die Arten Dutzende von verschiedenen Namen. Der wissenschaftliche Name ist auf der ganzen Welt der gleiche.

Eine Tierart ist eine Gruppe von Tieren, die sich paaren und gemeinsam Junge haben können. Diese natürliche Einteilung ergibt sich aus den wesentlichen Attributen und Aktivitäten der Tiere selbst. Jede Art hat einen eigenen, zusammengesetzten Namen, dessen zweiter Teil die eigentliche Artbezeichnung ist. Der Tiger zum Beispiel trägt die Bezeichnung *Panthera tigris. Panthera* ist der Name der Gattung der Eigentlichen Großkatzen, die fünf verschiedene Arten umfaßt, *tigris* ist der Artname, der nur den Tiger bezeichnet. (Gattungs- und Artnamen erkennen Sie an der kursiven Schrift.)

Die Artnamen bilden nur die untersten beiden Stufen in der Systematik. Um jedoch alle Verwandtschaftsverhältnisse zwischen den verschiedenen Tieren wiederzugeben, sind wesentlich mehr Stufen erforderlich. Von der untersten bis zur höchsten Stufe sind die gebräuchlichsten: Art, Gattung, Familie, Ordnung, Klasse und Stamm; letztendlich gehören natürlich alle Tiere dem Reich Animalia, dem Tierreich, an.

Kommen wir nun noch einmal auf den Tiger zurück. Wie alle Katzen gehört er zur Familie Felidae. Allen Mitgliedern dieser Familie sind bestimmte Körpermerkmale und Verhaltensweisen gemeinsam. Zusammen mit verwandten Familien wie den Hundeartigen, den Schleichkatzen und den Marderartigen bilden die Katzen (Felidae) die Ordnung Raubtiere (Carnivora), die wiederum mit allen anderen Säugetierordnungen zur Klasse Mammalia gehört. Auf der sehr wichtigen Stufe der Familien ist dieses Buch vollständig. Die Hauptmerkmale aller Familie werden dargestellt, und im Anschluß daran wird jeweils eine repräsentative Auswahl von Mitgliedern der Familie beschrieben. So findet man zwar nicht jede Art, aber doch immer einen engen Verwandten aller Tiere. Bei sehr großen Familien wie den Ratten und Mäusen (Muridac) wurden auch Unterfamilien berücksichtigt, um die Beschreibung der verschiedenen Gattungen zu erleichtern und allzu grobe Verallgemeinerungen zu vermeiden.

Nur die Fische bilden eine Ausnahme, da wegen der großen Zahl der Familien, von denen viele zudem auch nur unzulänglich bekannt sind, auf dieser Ebene keine Vollständigkeit möglich war. Statt dessen ist diese auf der Ebene der Ordnungen gegeben. Nur bei den größten Fischordnungen wurden einzelne Familien berücksichtigt.

Ein so kompliziertes Thema wie die Systematik ist natürlich nicht unumstritten. Deshalb hat man sich in vielen Bereichen bisher auch nicht über die Zuordnung und Klassifizierung bestimmter Arten und Familien einigen können. Die zoologischen Berater, die an diesem Buch mitgearbeitet haben, haben sich an den besten Quellen orientiert. Wenn die Ansichten über die Einordnung einer bestimmten Art in der Fachliteratur stark divergieren, ist dies im Text vermerkt.

Der Tiger ist eine Art der Familie der Katzen, und jeder weiß (oder glaubt es zumindest zu wissen), wie ein Tiger aussieht. Arten bestehen jedoch nicht aus identischen Exemplaren. Schon eine flüchtige Untersuchung unserer eigenen Art, *Homo sapiens*, lehrt uns, daß auch innerhalb einer Art große genetische Unterschiede auftreten können. Innerhalb vieler Tierarten kann man kleinere Gruppierungen unterscheiden, die als Unterarten oder Rassen bezeichnet werden. Oft bewohnen solche Unterarten, die sich in einigen Merkmalen von den übrigen Unterarten oder Rassen unterscheiden, einen bestimmten geographischen Raum. Das erklärt zum Beispiel bei Vögeln die manchmal auffälligen Unterschiede im Federkleid zweier Artgenossen. Auch der Tiger hat ein halbes Dutzend Unterarten, die sich sowohl hinsichtlich der Größe wie auch farblich und in der Zeichnung des Fells voneinander unterscheiden und jeweils in einem bestimmten geographischen Raum vorkommen. Unterarten einer Art können miteinander Junge haben. Unterarten werden im Grunde vom Menschen willkürlich definiert, im Gegensatz zu den Arten selbst, die meist ziemlich genau den Tiergruppen entsprechen, die sich tatsächlich kreuzen.

Dieses Buch ist eine Art Katalog. Wie bei jedem Katalog ergibt sich auch bei diesem der Aufbau teilweise durch die Darstellung von Ähnlichkeiten. Ähnliche Arten werden zu einer Familie zusammengefaßt, so daß gemeinsame Gewohnheiten und Strukturen verwandter Tiere sich deutlich herauskristallisieren. Man kann das Buch jedoch auch völlig anders lesen und sich von der unendlichen Vielfalt von Lebensweisen und Körperstrukturen der Wirbeltiere faszinieren lassen. Die *Enzyklopädie der Wirbeltiere* bietet reichlich Gelegenheit, die erstaunliche Vielfalt der Säugetiere, Vögel, Reptilien, Amphibien und Fische kennenzulernen und über die Kontraste selbst innerhalb einer einzigen Familie zu staunen.

Philip Whitfield

Tiernamen

Für jede Art wird sowohl der deutsche wie auch der wissenschaftliche Name angegeben. Bei den wissenschaftlichen Namen und in der Systematik sind wir in den meisten Fällen der ursprünglichen englischen Ausgabe gefolgt, die bei den Säugetieren auf *A World List of Mammalian Species* (1980) von G.B. Corbet und J.E. Hill basiert, bei den Vögeln auf *Reference List of the Birds of the World* (1975) von J.J. Morony, W.J. Bock und J. Farrand. Für die Reptilien, Amphibien und Fische gibt es noch keine vollständigen und zuverlässigen Artenverzeichnisse. Deshalb beruht die Namensgebung in diesen Teilen des Buches auf den Ratschlägen der Fachberater Alwyne Wheeler (Fische) und Barry Cox (Reptilien und Amphibien). In seltenen Fällen gibt es Änderungen auf Anraten der deutschen und holländischen Berater. Wenn eine Art mit mehr als einem wissenschaftlichen Namen bezeichnet wird, ist auch die Variante (in Klammern) angegeben. Einige dieser Varianten stammen aus *Grzimeks Tierleben*, Teil IV bis VIII (1969–1973), und E.S. Gruson, *A Checklist of the Birds of the World* (1978).

Die deutschen Namen orientieren sich in erster Linie an den Namen aus *Grzimeks Tierleben*. Im allgemeinen werden in dieser Enzyklopädie die Namen verwendet, die am gebräuchlichsten sind oder die am passendsten erschienen. Wenn Arten mehr als einen Namen haben, sind beide im Text angegeben. Alle Namen sind im Register enthalten.

Verbreitung und Habitat

Unter Berücksichtigung des begrenzten Raumes einer Buchseite wird das normale Verbreitungsgebiet einer Art so vollständig wie möglich angegeben. Mittels des ebenfalls angegebenen Habitats (des Lebensraums oder Biotops) einer Art kann man dann ableiten, wo genau innerhalb eines Großraumes ein Tier lebt. Manche Arten wurden vom Menschen absichtlich oder unabsichtlich außerhalb ihres ursprünglichen Lebensraums verbreitet; auch dies wird jeweils erwähnt.

Länge

Falls nicht anders erwähnt, wird die Gesamtlänge (GL) angegeben. Bei Vögeln handelt es sich dabei um die Länge von der Schnabelspitze bis zur Schwanzspitze, bei Schildkröten ist es die Länge des Schildes. Es gibt allerdings auch Ausnahmen. So wird bei Vögeln mit besonders langen Schwänzen die Schwanzlänge (SL) manchmal separat angegeben. Bei den Säugetieren werden zwei verschiedene Längen angegeben: die Kopf-Rumpf-Länge (KRL) und die Schwanzlänge (SL). Bei manchen Arten wird auch die Schulterhöhe (SH) oder die Körperhöhe (KH) erwähnt. Bei den Fledermäusen und bei einigen Vögeln ist die Flügelspannweite (SPW) angegeben.

Überlebenschancen

Viele Tierarten schweben in der Gefahr, auszusterben oder sehr selten zu werden. Oft ist dies die direkte Folge menschlichen Eingreifens. Gefährdete Tierarten werden von der *International Union for Conservation of Nature and Natural Resources* (IUCN) überwacht und in den Roten Listen (Red Data Books) aufgenommen.

In diesem Buch sind die Überlebenschancen von gefährdeten Arten in Symbolen (siehe unten) angegeben. Diese Informationen stellte das IUCN Conservation Monitoring Centre in Cambridge (England) zur Verfügung.

Ⓑ bedroht: Diese Arten schweben in großer Gefahr. Sie können nur überleben, wenn gezielte Schutzmaßnahmen getroffen und die Ursachen für das Aussterben beseitigt werden.

Ⓖ gefährdet: Diese Arten sind gefährdet, wenn ihre Anzahl weiter im derzeitigen Tempo abnimmt.

Ⓢ selten: Arten, die wegen ihrer kleinen Zahl in Gefahr sind, beispielsweise aufgrund einer beschränkten Verbreitung.

Ⓐ außer Gefahr: Arten, die früher zu einer der obenstehenden Kategorien gehörten, jedoch inzwischen dank gezielter Schutzmaßnahmen außer Gefahr sind.

Ⓤ Zustand unsicher: Arten, die wahrscheinlich bedroht, gefährdet oder selten sind, jedoch wegen unzureichender Information nicht eingeordnet werden können.

Säugetiere, Meister der Anpassung

Von allen Wirbeltieren, die unsere Erde bevölkern, ist die Klasse der Säugetiere mit ihren 4008 Arten diejenige mit dem größten Formenreichtum. Den Säugetieren ist es gelungen, sich an die unterschiedlichsten Umweltbedingungen anzupassen. Sie leben im Wasser, zu Lande und in der Luft. Wichtige Salzwasserbewohner unter ihnen sind zum Beispiel die Wale, Delphine und Seehunde, während Tiere wie Otter und Biber sich im Süßwassermilieu angesiedelt haben. Auf dem Festland hat sich eine unvorstellbar große Vielfalt an Säugetieren entwickelt. Manche Arten leben tief im Erdreich, andere auf der Erdoberfläche, in Bäumen oder in anderen Vegetationsformen. Selbst den nächtlichen Luftraum haben fliegende Insektenfresser erobert: die Fledermäuse. All diese Arten ernähren sich auf erstaunlich vielfältige Weise: Manche leben von Pflanzen, andere von kleinen wirbellosen Tieren; viele jagen andere Wirbeltiere, darunter sogar Säugetiere; wieder andere sind sozusagen Allesfresser. Um das ungeheure Anpassungsvermögen und die erfolgreiche Verbreitung der Säugetiere sowie deren Entwicklung auch nur annähernd zu verstehen, muß man wissen, was ein Säugetier ist, wie es gebaut ist, wie es physiologisch beschaffen ist und wie es sich verhält, und man muß versuchen, möglichst viel über seine Vorfahren herauszufinden.

Ein Säugetier ist ein warmblütiges, vierbeiniges, behaartes Wirbeltier, d.h. ein Tier mit einer Wirbelsäule oder einem Rückgrat. Die Befruchtung geschieht innerlich mit Hilfe eines Penis, und die Weibchen tragen in der Regel die sich entwickelnden Föten in einer Gebärmutter oder in einem Uterus. Der Blutkreislauf von Mutter und Fötus steht in Form einer Plazenta sehr eng miteinander in Verbindung, ohne jedoch völlig miteinander zu verschmelzen. Die Zeit, die der Fötus in der Gebärmutter verbringt, wird Tragezeit genannt; sie variiert von Gruppe zu Gruppe. Manche Säugetiere wie die Kaninchen, Nagetiere und eine große Zahl von Fleischfressern werden unbehaart, blind und hilflos geboren, während andere wie Rinder und Hirsche zwar klein, jedoch vollständig entwickelt und ebenso bewegungsfähig wie erwachsene Exemplare der Art zur Welt kommen. Die Weibchen produzieren die Milch für ihre Jungen in Milchdrüsen, die sich aus dem Hautgewebe entwickeln.

Diese Merkmale gelten für die große Mehrheit der Säugetiere, doch es gibt auch Ausnahmen. Wale und ihre Verwandten und Seekühe besitzen nur die vorderen Gliedmaßen. Der Bau ihres Skeletts zeigt jedoch, daß diese hochspezialisierten Wassertiere von vierbeinigen Vorfahren abstammen. Die Kloakentiere (Ordnung Monotremata) – Schnabeltiere und Schnabeligel – sind sehr eigenartige Säugetiere. Wie ihre Reptilien-Vorfahren legen sie Eier und bilden keine Plazenta. Auch die Beuteltiere pflanzen sich verglichen mit den Plazentatieren auf ungewöhnliche Weise fort. Bei Känguruhs und ihren Verwandten befindet sich das heranwachsende Junge im Körper der Mutter in einer dünnen Haut, die sich auflöst, bevor das Jungtier den Körper der Mutter verläßt, in den Beutel kriecht und sich an eine Zitze hängt. Manche Arten besitzen eine primitive Plazenta. Das junge Beuteltier ist bei seiner Geburt viel weniger weit entwickelt als die meisten anderen Säugetierjungen. Es beendet seine Entwicklung im Beutel der Mutter.

Was über die Entwicklungsgeschichte der Säugetiere bekannt ist, verdanken wir größtenteils dem Studium fossiler Überreste von Skeletteilen und teilweise auch dem Studium der noch lebenden primitiven Säugetierarten wie des Schnabeltiers. Säugetiere haben sich aus Reptilien entwickelt, aber da uns als einziges Beweismittel fossile Knochen zur Verfügung stehen, können wir die Verwandlung der Reptilien zu Säugetieren nicht einem eindeutigen Zeitpunkt der Erdgeschichte zuordnen. Wahrscheinlicher ist ohnehin, daß eine Gruppe von Reptilien im Laufe einer langen Evolutionsgeschichte säugetierartige Skelettmerkmale entwickelte. Diese Reptilien erlebten ihre Blüte im Perm und in der Trias, doch während der späten Trias und des Juras nahm die Zahl ihrer Formen drastisch ab. Während der 90 Million Jahre zwischen dem frühen Jura und der späten Kreidezeit jedoch entstanden aus diesen säugerartigen Reptilien kleine Formen, die als echte Säugetiere im modernen Sinne angesehen werden müssen. Seit der späten Kreidezeit (vor ungefähr 70 Millionen Jahren) bis zum heutigen Tag haben die Säugetiere mit explosiver Geschwindigkeit die unterschiedlichsten Lebensweisen entwickelt und die verschiedensten Lebensräume erobert. Sie bilden nicht nur die dominierende Gruppe der Landwirbeltiere, sondern auch eine wichtige Gruppe der Wasserbewohner.

Abgesehen von der starken Differenzierung ihrer Fortpflanzungsart treten die Säugetiere im Tierreich auch noch in anderer Hinsicht als hochentwickelte Klasse hervor. Sie besitzen große, kompliziert strukturierte

Gehirne und hochentwickelte, hervorragend integrierte Sinne. Sie verwenden eine große Vielfalt an vokalen, visuellen und olfaktorischen Kommunikationsmöglichkeiten, und zwar sowohl zur Kommunikation mit Artverwandten wie auch zur Verständigung mit anderen Arten. Vor allem die Kommunikation zwischen Artgenossen ist für die Bildung von Familien- und anderen sozialen Gruppen von Bedeutung. Die aus Keratin bestehenden Haare, welche aus der Haut der Säugetiere wachsen, bilden eine natürliche Wärmeisolation für den Körper. Sie sind ein Teil des Regulationsmechanismus, der es den Säugetieren ermöglicht, unabhängig von der Außentemperatur eine konstante, relativ hohe Körpertemperatur aufrechtzuerhalten. Die Wärme, die durch den Stoffwechselprozeß und vor allem durch Verbrennung von Körperfett entsteht, kompensiert Wärmeverluste. Sie wird mit Hilfe des Kreislaufsystems, das durch ein Vierkammerherz angetrieben wird, im ganzen Körper verteilt. Durch Verdunstung von zuvor abgesondertem Schweiß an der Körperoberfläche kann der Körper gekühlt werden. Dieses Temperaturregulationssystem wird vom Hypothalamus gesteuert. Wenn Temperaturregulation unmöglich wird, zum Beispiel bei zu niedriger Außentemperatur, können manche Säugetiere einen Winterschlaf halten. Während des Winterschlafs sinkt die Körpertemperatur des Tieres auf einen Wert ab, der sich der Temperatur der Umgebung annähert, und Herz- und Atemfrequenz werden ebenfalls drastisch reduziert, so daß der Körper nur noch ein Minimum an Energie verbraucht. Auf diese Weise kann das Tier mehrere Monate lang von seinen Fettreserven zehren.

Die folgenden Seiten geben einen Überblick über die erstaunliche Formenvielfalt der heutigen Säugetiere. Jede Seite enthält eine allgemeine Übersicht über eine der heutigen Familien sowie Beschreibungen einiger charakteristischer Vertreter. Dabei wurde nach folgender Reihenfolge verfahren: Den Anfang machen die primitiven Schnabeltiere und Beuteltiere, von denen die meisten in Australien leben. Bevor die Echten Säuger nach Australien vordringen konnten, wurde Australien von den südlichen Kontinenten getrennt. Deshalb konnte sich die dortige Säugetierfauna zu einer großen Formenvielfalt entwickeln, die ein Pendant zu den Formen der Plazentatiere in der übrigen Welt bildet. Es gibt grabende, baumbewohnende, ameisenfressende, pflanzenfressende Beuteltiere und Raubbeutler, und zu fast allen Säugetieren mit einer Plazenta existieren in Australien Analogien, oder sie haben zumindest einmal existiert. Ausnahmen sind die Fledermäuse, Wale und Seehunde.

Die Plazentatiere werden in vier große Gruppen unterteilt. Zur ersten Gruppe gehören die Säuger der primitivsten Entwicklungsstufe, die Insektenfresser wie Spitzmäuse, Igel und Maulwürfe, außerdem die Fledermäuse, Faultiere, Ameisenbären, Gürteltiere und Schuppentiere, und die Primaten, zu denen auch der Mensch zählt. Die zweite Gruppe umfaßt zwei Ordnungen von kleinen Säugetieren mit Nagezähnen, die hauptsächlich Pflanzen fressen: die Nagetiere und die Hasenartigen samt Verwandten. Die dritte Gruppe besteht aus nur einer einzigen Ordnung sehr spezialisierter Säugetiere: den Walen, Delphinen und Schweinswalen, die sich mehr als alle anderen Tiere von ihrer Vergangenheit als Landtiere entfernt haben und sich so weitgehend an das Leben im Wasser angepaßt haben, wie es ein Tier mit Lungen nur kann. Die vierte und letzte Gruppe enthält eine große Anzahl verschiedener Ordnungen, von denen man annimmt, daß sie über gemeinsame Ahnen miteinander verwandt sind, obwohl sie recht verschiedene Evolutionswege eingeschlagen haben. Hierzu gehören alle Raubtiere wie Katzen, Hunde, Marder und Bären, Erdferkel, Elefanten, Schliefer, Seehunde, Seekühe und Dugongs, ebenso wie die beiden Hauptgruppen der Huftiere, die Unpaarhufer wie die Tapire, Pferde und Nashörner, und die Paarhufer wie die Schweine, Pekaris, Kamele, Hirsche, Rinder, Schafe und Ziegen.

Der evolutionäre Erfolg der Säugetiere läßt sich nur schwer genau bestimmen. Erfolg in der Natur wird an der Dominanz einer bestimmten Gruppe oder an ihrer Artenvielfalt gemessen, und er ist das Resultat eines Zusammentreffens von wesentlichen biologischen Vorteilen und zufälligen Faktoren. Fest steht, daß keine andere wichtige Klasse von Wirbeltieren so viele verschiedene Lebensräume so vollständig erobert hat wie die Säugetiere. Das Auftauchen des modernen Menschen hat wahrscheinlich das Aussterben einiger Säugetiergruppen beschleunigt, doch andere, wie die Nagetiere, konnten neue ökologische Nischen besetzen, die durch die Aktivitäten des Menschen überhaupt erst entstanden sind. Heute sind die Säugetiere eine beispiellos erfolgreiche Gruppe von Lebewesen, und der Mensch, die dominierendste Art, wird womöglich sogar über die Zukunft des Planeten Erde entscheiden.

Ameisenigel, Schnabeltiere

ORDNUNG MONOTREMATA: Kloakentiere
Diese Ordnung enthält zwei Familien mit insgesamt nur noch drei lebenden Arten. Obwohl die Kloakentiere gut an ihren Lebensraum angepaßt sind, gelten sie als primitive Säugetiere, da ihr Körperbau noch einige Reptilienmerkmale aufweist. Wie die meisten Reptilien legen sie Eier. Abgesehen davon haben sie jedoch spezifisch säugetierartige Merkmale wie Fell und Milchdrüsen. Wahrscheinlich stellen die Kloakentiere eher eine parallelverlaufende Linie als ein Stadium in der Evolution der Säugetiere dar. Da keine fossilen Kloakentiere gefunden wurden, ist es kaum möglich, Sicheres über den Ursprung dieser Ordnung zu sagen.

FAMILIE TACHYGLOSSIDAE: Ameisenigel
Es gibt zwei Arten von Ameisenigeln. Beide haben einen rauhes Fell und auf dem Rücken Stacheln. Ihre Schnauze ist lang und schlank, die Beine sind ziemlich kräftig, und sie sind gute Graber. Wie alle Ameisenfresser haben sie keine Zähne und nur schwache Kiefer. Termiten, Ameisen und andere kleine Insekten werden mit Hilfe einer langen, klebrigen Zunge, die vorgestreckt werden kann, in die Schnauze befördert. Dort werden die Insekten zwischen Zunge und Gaumen zerquetscht.

Langschnabeligel

Zaglossus bruijni
Verbreitung: Neuguinea
Habitat: Wald
Länge: KRL 45–77 cm; Schwanz rudimentär ©

Der Langschnabeligel ist größer als der Australien-Kurzschnabeligel und hat weniger und kürzere Stacheln, die zwischen den rauhen Haaren verteilt sind. Die Schnauzenlänge entspricht zwei Dritteln der gesamten Kopflänge. Die Schnauze ist leicht nach unten gebogen. Vorder- und Hinterbeine haben fünf Zehen, doch nur an den drei mittleren Zehen der Hinterbeine befinden sich Krallen. Die Männchen tragen außerdem an beiden Fußgelenken einen Hornstachel. Dieser Ameisenigel ist in erster Linie ein Nachttier, das auf dem Waldboden nach Insekten sucht.

Trächtige Weibchen bilden einen Brutbeutel am Unterbauch, in dem sie ihre zuvor gelegten Eier ausbrüten. Später finden die ausgeschlüpften Jungen Nahrung und Schutz darin, bis sie ihre Entwicklung abgeschlossen haben. Über die Lebensweise dieser seltenen Tiere ist wenig bekannt, aber vermutlich ähnelt sie der des Australien-Kurzschnabeligels.

Früher nahm man an, daß diese Gattung drei Arten umfaßt, doch heute gelten diese als verschiedene Rassen ein und derselben Art. In Neuguinea nimmt die Zahl der Ameisenigel rapide ab, was auf das Abholzen riesiger Waldgebiete und auf intensive Jagd zurückzuführen ist. Es wird daher höchste Zeit für Schutzmaßnahmen zur Erhaltung dieser Art.

Australien-Kurzschnabeligel

Tachyglossus aculeatus
Verbreitung: Australien, Tasmanien, Südostneuguinea
Habitat: Grasland, Wald
Länge KRL 30–38 cm; Schwanz rudimentär

Der Australien-Kurzschnabeligel hat einen gedrungenen, rundlichen Körper, der dicht mit Stacheln besetzt ist. An der Spitze der unbehaarten Schnauze befindet sich ein kleiner spaltförmiger Mund, aus dem das Tier seine Zunge noch 15 bis 18 cm weit herausstrecken kann. Die Zunge ist mit klebrigem Speichel bedeckt, an dem die aufgeleckten Insekten kleben bleiben. Ameisenigel besitzen keine Zähne, sondern zerquetschen ihre Nahrung zwischen Hornleisten im Maul. Termiten, Ameisen und andere kleine wirbellose Tiere bilden ihre Hauptnahrung.

Der Ameisenigel hat fünf mit kräftigen Krallen versehene Zehen an den Vorder- und Hinterbeinen. Bei den Männchen befindet sich an den Fußgelenken außerdem je ein Hornstachel, der der Verteidigung dient. Ameisenigel sind ausgezeichnete Graber. Wenn Gefahr droht, verschwinden sie in Windeseile unter der Erde. Sie leben jedoch nicht in Höhlen, sondern in hohlen Baumstämmen oder zwischen Baumwurzeln und Steinen. Der Ameisenigel kann seine Körpertemperatur nicht gut regulieren, deshalb hält er in Kälteperioden einen Winterschlaf.

Das weibliche Tier bildet zu Beginn der Fortpflanzungszeit am Unterbauch einen Brutbeutel, in welchen es das von einer lederartigen Schale umgebene Ei legt. Es wird dort 7–10 Tage ausgebrütet. Die Außenseite des Eis ist klebrig, damit es im Beutel besser haftet. Wenn das Junge ausschlüpft, ist es nur 1,25 cm lang und völlig hilflos. Deshalb bleibt es bis zum Abschluß seiner Entwicklung im Beutel der Mutter.

Die Mutter produziert in ihren Milchdrüsen Milch im Überfluß, doch da sie keine Zitzen hat, leckt das Junge die von den Milchdrüsen herablaufende Milch vom Fell der Mutter auf. Das Jungtier wird so lange von der Mutter getragen, bis es im Alter von ca. 3 Wochen Stacheln gebildet hat.

FAMILIE ORNITHORHYNCHIDAE: Schnabeltiere
Die einzige Art dieser Familie, das Schnabeltier, hat ein sehr bizarres Äußeres, das jedoch vollkommen an seine Lebensweise angepaßt ist. Die Art wurde vor 200 Jahren entdeckt, und als das erste Exemplar im Naturhistorischen Museum London eintraf, waren die Gelehrten so verblüfft, daß sie glaubten, es müsse sich um eine Fälschung handeln.

Schnabeltiere stehen heute unter Naturschutz. In manchen Gebieten sind sie recht zahlreich vertreten.

Schnabeltier

Ornitorhynchus anatinus
Verbreitung: Ostaustralien, Tasmanien
Habitat: Seen, Flüsse
Länge: KRL 46 cm; SL 18 cm

Das Schnabeltier hat sehr viel von einem Wassertier, und viele seiner äußeren Merkmale sind tatsächlich Anpassungen an sein Leben als Süßwasserraubtier. Die Beine sind kurz, aber kräftig, die Pfoten mit Schwimmhäuten versehen, und die Zehen weisen große Krallen auf, die zum Graben gebraucht werden. An den Vorderpfoten ragen die Schwimmhäute weit über die Krallen hinaus, so daß sie hervorragend als Paddel geeignet sind. An Land können die Schwimmhäute zurückgezogen werden, so daß die Krallen zum Graben frei sind. Beim männlichen Tier befinden sich an beiden Fußgelenken Hornstachel, die mit Giftdrüsen in den Oberschenkeln verbunden sind. Diese Stachel dienen als Waffen gegen Angreifer oder rivalisierende Artgenossen; sie werden jedoch nie gegen Beutetiere eingesetzt. Für den Menschen ist dieses Gift nicht tödlich, es verursacht jedoch heftige Schmerzen.

Augen und Ohren des Schnabeltiers liegen in Vertiefungen, die beim Schwimmen unter Wasser durch Hautfalten verschlossen werden. Um seine Beute unter Wasser aufzuspüren, verläßt sich das Schnabeltier ganz auf seinen empfindlichen, lederartigen Schnabel. Die Nasenlöcher liegen an der Oberseite der Schnabelspitze, doch sie sind nur funktionsfähig, wenn sich der Kopf des Tieres über Wasser befindet. Junge Schnabeltiere haben Zähne, die später durch gerillte Hornplatten zu beiden Seiten des Kiefers ersetzt werden. Damit wird die Beute zerquetscht.

Das Schnabeltier jagt hauptsächlich auf dem Grund von Gewässern. Es taucht eine Minute oder länger unter und sucht mit dem Schnabel im Schlamm nach Kleinkrebsen, Wasserinsekten und Larven. Außerdem frißt es auch Frösche und andere kleine Tiere sowie gelegentlich Pflanzen. Schnabeltiere haben einen enormen Appetit; sie vertilgen pro Nacht ungefähr 1 kg Nahrung.

Um sich zu verstecken oder sich in Kälteperioden zu schützen, gräbt das Schnabeltier über dem Wasserspiegel am Ufer von Flüssen flache Höhlen. In der Paarungszeit gräbt das weibliche Tier einen Gang, der 12 m oder länger sein kann. Am Ende dieses Gangs baut es ein Nest aus trockenem Gras oder Blättern, in dem es 2–3 Eier deponiert. Die gummiartigen Eier werden aneinandergeklebt, und der Eingang der Höhle wird mit feuchten Pflanzen verschlossen, so daß die Eier während der 7- bis 14tägigen Brutperiode nicht austrocknen. Wenn die Jungen ausschlüpfen, sind sie nur 1,25 cm lang und völlig hilflos. Bis zum Alter von ca. 5 Monaten leben sie von Milch, die aus Spalten in der Milchleiste der Mutter fließt. Im Gegensatz zu den jungen Ameisenigeln bilden die Schnabeltierjungen nicht durch Saugen an den Hautfalten der Mutter eine Art Pseudozitzen, sondern sie lecken und saugen die Milch vom Fell der Mutter.

Australien-Kurzschnabeligel

Langschnabeligel

Schnabeltier

Beutelratten, Colocolo, Opossummäuse

ORDNUNG MARSUPIALIA: Beuteltiere
In Nord- und Südamerika und in der australasiatischen Region östlich der Wallace-Linie (eine imaginäre Grenzlinie zwischen Borneo und Celebes sowie zwischen Bali und Lombok) leben ca. 350 Arten von Beuteltieren. Sie haben sich etwa gleichzeitig mit den echten Säugetieren oder Plazentatieren entwickelt, wurden aber in einem großen Teil ihres Verbreitungsgebietes von letzteren verdrängt. Nur in Australien hat sich diese Ordnung ganz entfalten können, da es vom südlichen Festland des einstigen Kontinents Gondwanaland abgetrennt wurde, nachdem sich ein paar frühe Beuteltierarten dort verbreitet hatten. Zu jener Zeit war es noch keinem einzigen Plazentatier gelungen, sich dort anzusiedeln. Die Beuteltiere haben sich dort an die unterschiedlichsten ökologischen Nischen angepaßt und nutzen die verschiedensten Lebensräume.

Das Hauptmerkmal der Beuteltiere ist die Art ihrer Fortpflanzung. Die Jungen bleiben nicht wie bei den Plazentatieren in der Gebärmutter, bis sie sich vollständig entwickelt haben, sondern werden nach einer sehr kurzen Tragezeit (nach nur 11 Tagen) geboren; sie beenden ihre Entwicklungszeit in einem Beutel am Bauch der Mutter.

FAMILIE DIDELPHIDAE: Beutelratten
Die Familie der Beutelratten umfaßt mehr als 70 Arten, und ihr Verbreitungsgebiet erstreckt sich vom südlichsten Zipfel Südamerikas bis in den Südosten Kanadas. Im Prinzip handelt es sich hier um rattenartige Tiere mit einem schuppigen, nahezu kahlen Schwanz und einem ziemlich borstigen Fell. Manche Arten haben einen echten Beutel, andere tragen ihre Jungen zwischen zwei Hautfalten am Bauch.

Die meisten Beutelratten sind Waldbewohner. Es gibt allerdings auch eine Art, die sich an das Leben im Wasser angepaßt hat. Beutelratten leben von Blättern, Schößlingen, Knospen und Samenkörnern, manchmal auch von Insekten.

Südamerikanische Zwergbeutelratte

Marmosa mitis
Verbreitung: von Belize bis in den Nordwesten Südamerikas; Trinidad, Tobago, Grenada
Habitat: Wald, dichte Buschvegetation
Länge: KRL 16,5–18,5 cm; SL 26–28 cm

Mit ihrer langen, spitzen Schnauze und ihren großen Augen (die darauf hindeuten, daß sie ein Nachttier ist) ähnelt die Südamerikanische Zwergbeutelratte mehr einer Spitzmaus als einer Ratte. Sie hat keinen festen Wohnplatz, sondern baut sich jeden Tag von neuem ein provisorisches Nest in Baumlöchern oder alten Vogelnestern. Sie ist ein geschickter Kletterer. Ihren langen Greifschwanz benutzt sie als „fünfte Hand".

Beutelratten bekommen jedes Jahr 2- oder 3mal Junge (jeweils bis zu 10), die nach 17tägiger Tragezeit geboren werden. Da Zwergbeutelratten keinen echten Beutel haben, müssen sich die Jungen am Fell der Mutter festklammern.

Virginisches Nordopossum

Didelphis marsupialis ssp. ***virginiana***
Verbreitung: Südosten Kanadas, USA, Mittelamerika (Nicaragua)
Habitat: Wald, Buschvegetation
Länge: KRL 32,5–50 cm; SL 25,5–53,5 cm

Das Virginische Nordopossum, das bis zu 5,5 kg wiegt, ist das einzige Beuteltier, das nördlich von Mexiko lebt. Außerdem ist es der größte Vertreter der Familie der Beutelratten. Dieser Art ist es ausgezeichnet gelungen, sich an die moderne Welt anzupassen: Das Tier sucht seine Nahrung auf Müllhalden und in Abfalleimern. Wird es von einem Hund, einem Luchs, Adler oder Mink bedroht, stellt es sich tot, und meist verliert der Angreifer dann sein Interesse.

In Kanada bringen Opossums nur einmal im Frühjahr Junge zur Welt, im südlichen Teil ihres Verbreitungsgebiets hingegen bekommen sie jedes Jahr 2- oder sogar 3mal jeweils 8–18 Junge. Gewöhnlich überleben nur 7 Jungtiere von einem Wurf den Aufenthalt im Beutel des Muttertiers. Im Süden der USA jagt man Opossums wegen ihres Fells und wegen des Fleischs.

Yapok / Schwimmbeutler

Chironectes minimus
Verbreitung: Mexiko, Mittel- und Südamerika bis Argentinien
Habitat: Süßwasserseen und kleine Flüsse
Länge: KRL 27–32,5 cm; SL 36–40 cm

Der Schwimmbeutler oder Yapok ist das einzige Beuteltier, das sich ganz an das Leben im Wasser angepaßt hat. Er lebt in Höhlen am Ufer und kommt zum Vorschein, wenn es dunkel wird, um zu schwimmen und nach Fischen, Krebsen und anderen Wirbellosen zu suchen. Seine Beute bringt er ans Ufer, bevor er sie vertilgt. Der lange Schwanz des Schwimmbeutlers hat zwar auch eine Funktion beim Schwimmen, doch hautpsächlich sorgen die mit Schwimmhäuten versehenen, breiten Hinterpfoten für den Antrieb.

Im Dezember findet die Paarung statt, und etwa 2 Wochen später werden ca. 5 Junge geboren. Der Beutel ist aufgrund eines starken Ringmuskels wasserdicht, so daß die Jungen völlig trocken bleiben, selbst wenn die Mutter taucht. Wie die Jungen in diesem hermetisch abgeschlossenen Beutel an genügend Sauerstoff kommen, ist bisher nicht bekannt.

Kurzschwanz-Spitzmausbeutelratte

Monodelphis brevicaudata
Verbreitung: von Surinam bis Nordargentinien
Habitat: Wald
Länge: KRL 11–14 cm; SL 4,5–6,5 cm

Obwohl die Kurzschwanz-Spitzmausbeutelratte waldreiche Gebiete bewohnt, ist sie ein schlechter Kletterer und hält sich vorzugsweise auf dem Boden auf. Tagsüber versteckt sie sich in einem Nest aus Blättern, das sie in hohlen Baumstämmen oder zwischen Baumwurzeln baut. Abends geht sie auf die Suche nach Samenkörnern, Schößlingen und Früchten; sie frißt auch Insekten und Aas und jagt kleine Nagetiere, die sie mit einem Biß ins Genick tötet.

Die Fortpflanzung dieser Art ist nicht an bestimmte Jahreszeiten gebunden, und die Jungen (maximal 14) müssen sich an den Zitzen und am Fell ihrer Mutter festsaugen, da sie keinen echten Beutel hat. Wenn die Jungen älter sind, werden sie auf dem Rücken mitgeschleppt.

FAMILIE MICROBIOTHERIIDAE: Colocolos
Diese Familie umfaßt nur eine Art, die eng mit den Beutelratten verwandt ist.

Colocolo

Dromiciops australis
Verbreitung: Chile, Westargentinien
Habitat: Wald
Länge: KRL 11–12,5 cm; SL 9–10 cm

Der Colocolo ist ein Tier mit großem Anpassungsvermögen; er lebt sowohl in Bergwäldern wie auch in den Wäldern des Flachlands. Er ernährt sich hauptsächlich von Blättern und Sprossen einheimischer Bambusarten, aber auch von Insekten und Würmern. In den kälteren Regionen ihres Verbreitungsgebiets halten die Colocolos einen Winterschlaf, in den gemäßigteren Gebieten hingegen bleiben sie ganzjährig aktiv.

Die Fortpflanzung findet im Frühling statt, und es werden nie mehr als fünf Junge geboren. Auch die Colocolo-Weibchen haben keinen echten Beutel; deshalb müssen sich die Jungen am Fell der Mutter festsaugen.

FAMILIE CAENOLESTIDAE: Opossummäuse
Von den Opossummäusen sind nur 7 Arten bekannt, die alle in unzugänglichen Wäldern und in den Grassteppen der Hochanden leben. Keine dieser Arten ist weit verbreitet, und über die Familie ist auch insgesamt nur wenig bekannt. Opossummäuse sind kleine, spitzmausartige Tiere mit dünnen Beinen, einer langen spitzen Schnauze und einem dünnen, behaarten Schwanz. Die Augen sind klein, und die Tiere scheinen den größten Teil ihres Lebens in unterirdischen Höhlen zu verbringen. Bei der Nahrungssuche folgen sie festen Routen. Wahrscheinlich wird man in Zukunft noch mehr Arten dieser Familie entdecken.

Opossummaus

Caenolestes obscurus
Verbreitung: Kolumbien, Venezuela
Habitat: Bergwälder
Länge: KRL 9–13 cm; SL 9–12 cm

Die Oppossummaus lebt auf dem Waldboden und versteckt sich tagsüber in hohlen Baumstämmen oder in unterirdischen Löchern. In der Dämmerung kommt sie zum Vorschein, um in der Waldstreu nach kleinen Wirbellosen und nach Früchten zu suchen.

Opossummäuse sind wahrscheinlich weiter verbreitet, als man annimmt, doch die Unzugänglichkeit ihres Lebensraums macht es besonders schwierig, diese Tiere zu erforschen. Über ihre Fortpflanzung ist nichts bekannt.

Südamerikanische Zwergbeutelratte
Virginisches Nordopossum
Kurzschwanz-Spitzmausbeutelratte
Yapok
Colocolo
Opossummaus

Raubbeutler

FAMILIE DASYURIDAE: Raubbeutler

Diese Familie umfaßt ungefähr 49 Arten. Zu ihr gehört eine große Zahl sehr verschiedener Tiere, von kleinen mäuseähnlichen, in Wäldern lebenden Bodenbewohnern bis hin zu großen, aggressiven Raubtieren. Viele Zoologen betrachten diese Familie als die primitivste unter den australischen Beuteltierfamilien, da alle ihre Vertreter getrennte, freibewegliche Zehen besitzen, während es ein Zeichen hochentwickelter Beuteltierfamilien ist, daß ihre Zehen miteinander verwachsen sind. Trotzdem sind die Raubbeutler eine recht erfolgreiche Familie, denn man trifft sie in jedem Lebensraum von der Wüste bis zum tropischen Regenwald an.

Die meisten Raubbeutler haben einen nur rudimentär entwickelten Beutel und tragen ihre Jungen deshalb notgedrungen in einer Art Traube am Bauch. Im Gegensatz zu den amerikanischen Opossums, die ihre Jungen, sobald diese etwas älter sind, auf dem Rücken tragen, lassen die Raubbeutler ihre Jungtiere in einem Nest zurück, wenn sie zum Tragen zu groß geworden sind.

Gefleckte Flachkopfbeutelmaus

Planigale maculata

Verbreitung: Nord- und Nordostaustralien
Habitat: trockene Buschvegetation
Länge: KRL 5–5,5 cm; SL 5,5 cm

Die Gefleckte Flachkopfbeutelmaus versteckt sich tagsüber in ihrer Höhle, die sie abends verläßt, um auf Nahrungssuche zu gehen. Obwohl dieses Tierchen kleiner ist als eine weiße Maus, ernährt es sich von großen Insekten wie Heuschrecken, die es durch Abbeißen des Kopfes tötet. Manchmal fängt es auch kleine Vögel. In einer Nacht nimmt das Tier manchmal soviel Nahrung zu sich, wie es selbst wiegt.

Über Fortpflanzung und soziale Organisation dieser Tiere ist wenig bekannt. Sie scheinen alleine zu leben und bringen zwischen Dezember und März ihre maximal 12 Jungen zur Welt.

Braune Breitfußbeutelmaus

Antechinus stuarti

Verbreitung: Ostküste Australiens
Habitat: Wälder
Länge: KRL 9,5–11 cm; SL 10–12 cm

Dieses scheue Nachttier ist in den Wäldern rund um die großen australischen Städte zahlreich vertreten. Sie ist ein guter Kletterer und jagt in Eukalyptusbäumen und Akazien auf Insekten.

Die Paarung, bei dieser Art ein leidenschaftliches Ritual, das ca. 5 Stunden dauert, findet im August statt, und nach einer Tragezeit von 30–33 Tagen werden 6–7 Junge geboren. Diese klammern sich an den Zitzen ihrer Mutter fest, bis sie so groß geworden sind, daß sie das Muttertier in seinen Bewegungen behindern. Dann bleiben sie in einem Nest auf dem Boden zurück, während die Mutter auf Jagd geht. Etwa ein Jahr nach ihrer Geburt bekommen sie selbst Junge. Der Hormonhaushalt der Männchen ist so angelegt, daß sie sich nur einmal im Leben paaren können.

Mulgara / Kammschwanzbeutelmaus

Dasycercus cristicauda

Verbreitung: Zentralaustralien
Habitat: Wüste, Stachelkopfgras
Länge: KRL 12,5–22 cm; SL 7–13 cm

Vollkommen angepaßt an das Leben in einer der ungastlichsten Regionen der Welt, kommt die Kammschwanzbeutelmaus, auch Mulgara genannt, nicht aus ihrer Höhle, bis die größte Tageshitze vorüber ist, und selbst dann bleibt sie meist im Schatten. Die sehr gut entwickelten Nieren ermöglichen es diesem Tier, Urin in stark konzentrierter Form auszuscheiden, um soviel Wasser wie möglich im Körper festzuhalten. Ein Mulgara trinkt nie! Alles, was er zum Leben braucht, bezieht er von seinen Beutetieren. Insekten bilden die Hauptnahrung, aber Mulgaras fangen auch Eidechsen und sogar junge Schlangen.

Von Juni bis September pflanzt sich der Mulgara fort, und bei einem Wurf werden gewöhnlich 6–7 Junge geboren. Der Beutel besteht lediglich aus 2 lateralen Hautfalten.

Doppelkammbeutelmaus

Dasyuroides byrnei

Verbreitung: Zentralaustralien
Habitat: Wüste, Grasland
Länge: KRL 16,5–18 cm; SL 13–14 cm

Die Doppelkammbeutelmaus ist ein kleines Beuteltier, das sich dem Leben in der Wüste angepaßt hat; sie lebt allein oder in kleinen Gruppen in unterirdischen Höhlen. Nachts verläßt sie die Höhle und sucht zwischen den Grasbüscheln nach Insekten, Eidechsen und kleinen Vögeln. Doppelkammbeutelmäuse pflanzen sich im Winter fort (von Mai bis Oktober) und werfen nach einer Tragezeit von 32 Tagen gewöhnlich 5–6 Junge.

Dickschwänzige Schmalfußbeutelmaus

Sminthopsis crassicaudata

Verbreitung: von Westaustralien östl. bis Westqueensland, New South Wales und Victoria
Habitat: Wald, Heide, Grasland
Länge: KRL 8–9 cm; SL 5,5–8,5 cm

Die Dickschwänzige Schmalfußbeutelmaus kann wie einige Arten von Siebenschläfern und Schafen in ihrem Schwanz einen Fettvorrat anlegen. Während der Regenzeit, wenn Insekten und Spinnen reichlich vorhanden sind, speichert das Tier den Fettüberschuß in dafür geeigneten Zellen in der Nähe des Schwanzansatzes. Auf diese Fettreserve greift es während der Trockenperioden zurück, wobei der Schwanz allmählich immer dünner wird. Wenn die Trockenzeit länger als gewöhnlich anhält, kann die Dickschwänzige Schmalfußbeutelmaus in eine Art Erstarrungszustand verfallen: Die Körpertemperatur sinkt, und die letzten Nahrungsreserven werden langsamer verbraucht, da der Energiebedarf nun kleiner geworden ist.

Schmalfußbeutelmäuse pflanzen sich von ihrem vierten Lebensmonat an fort und bringen dann etwa alle 12 Wochen Junge zur Welt. Ihr Paarungsverhalten ist aggressiv: Die Männchen liefern sich wilde Kämpfe um die brünstigen Weibchen.

Quoll / Tüpfelbeutelmarder

Dasyurus viverrinus (D. quoll)

Verbreitung: Ostaustralien
Habitat: Wald
Länge: KRL 35–45 cm; SL 21–30 cm

Der Tüpfelbeutelmarder oder Quoll ist eine der vier Raubbeutlerarten von Hauskatzengröße, die sich völlig an ein Raubtierleben angepaßt haben. Einst erbittert von Hühnerfarmern gejagt, gelten Beutelmarder heute als nützliche Tiere, weil sie Nagetiere, Kaninchen und wirbellose Schädlinge töten und so dazu beitragen, das biologische Gleichgewicht aufrechtzuerhalten. Tüpfelbeutelmarder leben in Felsspalten oder hohlen Baumstämmen und gehen nur nachts auf Nahrungssuche. Ihre Fortpflanzungszeit dauert von Mai bis August. Nach einer Tragezeit von ca. 14 Tagen werden maximal 18 Junge geboren. Diese bleiben in einem gutentwickelten Beutel, den sie jedoch verlassen, bevor sie im Alter von 4½ Monaten entwöhnt sind. Während der letzten Phase ihrer Abhängigkeit von der Mutter kriechen die jungen Quolle kreuz und quer auf ihr herum und krallen sich in ihrem Fell fest, während sie frißt. Der Tüpfelbeutelmarder ist eines der wenigen Beuteltiere, von denen bekannt ist, daß die Weibchen mehr Junge werfen, als sie aufziehen können, ein Phänomen, das Superfetation genannt wird. Innerhalb von 48 Stunden nach der Geburt sterben 10 oder mehr Junge, die übrigen werden von der Mutter aufgezogen.

Beutelteufel / Tasmanischer Teufel

Sarcophilus harrisi

Verbreitung: Tasmanien
Habitat: trockene Wälder
Länge: KRL 52,5–80 cm; SL 23–30 cm

Der kräftig gebaute Beutelteufel oder Tasmanische Teufel gilt als bösartiger und grausamer Schafsmörder. In Wahrheit ist er eher ein Aasfresser, der Schafskadaver beseitigt. Sein kräftiger Kopf und die enormen Kiefer, die denen einer Hyäne ähneln, ermöglichen es ihm, die Knochen eines Kadavers durchzubeißen. Beutelteufel leben in Höhlen zwischen Felsblöcken und unter Baumstümpfen, und sie sind vor allem nachts aktiv. Manchmal verlassen sie ihre Höhle jedoch auch tagsüber, um sich zu sonnen. Ihre Anzahl ist heute größer als vor ein paar Jahrhunderten, als die Farmer sie in großen Mengen fingen und töteten. Bevor der Tasmanische Beutelwolf ausgerottet wurde, lebten die Beutelteufel fast ausschließlich von den Kadavern, die die Beutelwölfe zurückließen. Daß Beutelteufel selbst auf die Jagd gehen, könnte eine neue Entwicklung sein.

Beutelteufel werden maximal 8 Jahre alt und pflanzen sich vom zweiten Lebensjahr an fort. Am Winteranfang (Mai oder Juni) gebären die weiblichen Tiere ca. 4 Junge, die schnell in den gutentwickelten Beutel ihrer Mutter kriechen, wo sie 15 Wochen bleiben. Sie leben von Muttermilch, bis sie etwa 20 Wochen alt sind.

Gefleckte Flachkopfbeutelmaus

Braune Breitfußbeutelmaus

Mulgara

Doppelkammbeutelmaus

Quoll

Dickschwänzige Schmalfußbeutelmaus

Beutelteufel

Ameisenbeutler, Koalas und andere Beuteltiere

FAMILIE MYRMECOBIIDAE: Ameisenbeutler

Die einzige Art dieser australischen Familie ist ein kleines Beuteltier, das die gleiche ökologische Nische ausfüllt wie in anderen Teilen der Welt der Ameisenbär. Früher war das Tier unter dem Namen Gestreifter Ameisenbär bekannt. Es ernährt sich genauso wie der echte Ameisenbär.

Numbat / Ameisenbeutler

Myrmecobius fasciatus

Verbreitung: Südwestaustralien
Habitat: Wald
Länge: KRL 17,5–27,5 cm; SL 13–17 cm Ⓑ

Der Ameisenbeutler oder Numbat lebt hauptsächlich von Termiten, frißt aber auch Ameisen und andere kleine Wirbellose. Wie der echte Ameisenbär hat er eine ca. 10 cm lange klebrige Zunge, mit der er die Insekten in sein Maul fegt. Das Gebiß ist schlecht entwickelt; es dient nur dazu, die wimmelnden Insekten zu zerquetschen und im Maul zu halten. Man hat festgestellt, daß ein Ameisenbeutler in Gefangenschaft täglich 10.000 bis 20.000 Termiten frißt.

Zwischen Januar und Mai bringt das Weibchen 4 Junge zur Welt. Da die Mutter keinen Beutel hat, müssen sich die Jungen an ihren Zitzen festhalten, wenn sie auf Nahrungssuche geht.

FAMILIE NOTORYCTIDAE: Beutelmulle

Die beiden Arten dieser australischen Familie haben große Ähnlichkeit mit den Maulwürfen, und auch ihre Lebensweise ist nahezu identisch.

Großer Beutelmull

Notoryctes typhlops

Verbreitung: Südwestaustralien
Habitat: Wüste
Länge: KRL 9–18 cm; SL 1,25–2,5 cm

Der große Beutelmull ist äußerst gut an sein Leben als Graber angepaßt: Er hat große schaufelförmige Vorderbeine, ist blind und bewegt sich dank seines glatten, seidigen Fells leicht durch den Sand. Im Gegensatz zu den Echten Mullen (oder Maulwürfen) graben Beutelmulle keine dauerhaften Gänge. Die Tunnel stürzen unmittelbar hinter ihnen wieder ein. Sie ernähren sich von Würmern und anderen unterirdisch lebenden Wirbellosen wie Käferlarven. Sie kommen ziemlich oft an die Oberfläche, obwohl sie sich dort nur unbeholfen fortbewegen können.

Über die Fortpflanzung der Beutelmulle ist nichts bekannt, aber da sich im Beutel nur zwei Zitzen befinden, werden wahrscheinlich nur jeweils zwei Junge geboren. Die Männchen besitzen keinen Hodensack; ihre Hoden befinden sich in der Bauchhöhle in der Nähe der Nieren.

FAMILIE PHASCOLARCTIDAE: Beutelbären

Die einzige Art dieser Familie (manche Zoologen sehen sie als Unterfamilie der Kletterbeutler an) ist eines der bekanntesten Beuteltiere und gleichzeitig eine der Arten, die sich am besten an das Leben in den Bäumen angepaßt hat. In den ersten 30 Jahren dieses Jahrhunderts wurden die Beutelbären oder Koalas wegen ihres Fells gejagt. Allein 1924 wurden über 2 Millionen Felle exportiert. Heute sind die Koalas nicht mehr bedroht, und dank strenger Schutzmaßnahmen nimmt ihre Zahl sogar im gesamten Verbreitungsgebiet wieder zu.

Koala

Phascolarctos cinereus

Verbreitung: Ostaustralien
Habitat: trockene Wälder
Länge: KRL 60–85 cm; Schwanz rudimentär

Der Koala oder Beutelbär wohnt auf Bäumen und kommt nur selten auf den Boden, um von einen zum anderen Baum zu laufen. Er ernährt sich fast ausschließlich von den Blättern und jungen Sprossen einiger Eukalyptusarten. Ein erwachsener Koala nimmt manchmal mehr als ein Kilo Blätter pro Tag zu sich.

Koalas leben allein oder in Kleingruppen, die aus einem Männchen und einigen Weibchen bestehen. Die Paarung fällt in den Sommer, und das Weibchen bringt nach eine Tragezeit von ca. einem Monat ein Junges zur Welt. Das Koalababy bleibt 5–6 Monate im Beutel der Mutter, der nach hinten offen ist. Danach trägt die Mutter das Jungtier auf dem Rücken. Nach der Entwöhnung gibt sie ihm halb vorverdaute Blätter zu fressen. Viele Koalas leiden an der Schimmelinfektion *Cryptococcosis*, die Schädigungen und Entzündungen in Lungen, Gelenken und Gehirn hervorruft. Die Krankheit kann auch auf den Menschen übertragen werden, oft mit tödlichem Ausgang. Man vermutet, daß die Koalas sich diese Infektion vom Erdboden holen, da sie – wahrscheinlich als Verdauungshilfe – regelmäßig etwas Erde fressen.

FAMILIE VOMBATIDAE: Plumpbeutler oder Wombats

Die 3 Arten dieser Familie leben alle in Australien, eine kommt auch in Tasmanien vor. Es sind starke, kräftig gebaute Beuteltiere, die etwas den Dachsen ähneln. Mit ihren langen bärenartigen Krallen graben sie verzweigte Stollensysteme und bringen Wurzeln und Knollen ans Tageslicht, um sie zu fressen. Sie sind echte Pflanzenfresser und plündern oft Äcker, um sich weiche junge Getreideähren einzuverleiben.

Die Wombats haben genau wie die Koalas eigenartigerweise einen an der Hinterseite geöffneten Beutel.

Nacktnasenwombat

Vombatus ursinus

Verbreitung: Ostaustralien, Tasmanien
Habitat: Wald, Buschvegetation
Länge: KRL 70–120 cm; Schwanz rudimentär

Der Nacktnasenwombat ist in den Wäldern an der Ostküste Australiens und in großen Höhen in den Snowy Mountains sehr verbreitet. Er gräbt Gänge, die länger als 13 m und tiefer als 2 m sind. Man weiß zwar nicht sicher, ob der Wombat unterirdisch in Gruppen lebt, doch die große Zahl der Gänge eines Gangsystems deutet darauf hin. Überirdisch folgt er im Wald festen Routen. Das Weibchen bringt im Spätherbst gewöhnlich ein Junges zur Welt, das ca. 3 Monate in ihrem Beutel bleibt, wo sich 2 Zitzen befinden. Nachdem das Junge den Beutel verlassen hat, begleitet es die Mutter noch mehrere Monate, bevor es alleine auf Nahrungssuche geht. Nacktnasenwombats können über 20 Jahre alt werden.

FAMILIE TARSIPEDIDAE: Rüsselbeutler

Der einzige Vertreter dieser Familie, der Honigbeutler, ist ein zoologisches Rätsel, weil er keine offensichtlich nahen Verwandten hat. Äußerlich ähnelt er grob anderen kleinen Beutelmäusen, doch hat er andere Pfoten. Die zweiten und dritten Zehen der beiden Hinterpfoten sind völlig miteinander verwachsen. Nur die beiden kleinen Krallen an der Spitze bieten einen Anhaltspunkt für die systematische Einordnung dieser Art.

Honigbeutler

Tarsipes spenserae

Verbreitung: Südwestaustralien
Habitat: Heideland mit Büschen und Bäumen
Länge: KRL 7–8,5 cm; SL 9–10 cm

Der Honigbeutler ernährt sich von den Pollen und vom Nektar der Banksie, einer Staude mit großen Blüten, die im Südwesten Australiens wächst. Oft hängt das Tier während seiner Mahlzeit kopfunter an der Pflanze, wobei es seinen Greifschwanz als zusätzlichen Arm benutzt. Die Zunge endet in einer pinselförmigen Spitze und ähnelt der eines Kolibris oder einer von Nektar lebenden Fledermaus. Das Tier kann seine Zunge ca. 2,5 cm weit herausstrecken. Sein Gebiß ist schlecht entwickelt, aber harte Rillen am Gaumen dienen dazu, Nektar und Pollen von der Zunge zu schaben. Hin und wieder frißt der Honigbeutler auch kleine Insekten, von denen er jedoch zuvor die zähen Flügel entfernt.

Die Paarung findet mitten im Winter statt, und nach einer Tragezeit von ca. 4 Wochen wirft das Weibchen 2 Junge. Diese bleiben ca. 4 Monate lang im Beutel.

Numbat
Großer Beutelmull
Koala
Nacktnasenwombat
Honigbeutler

Nasenbeutler, Kletterbeutler, Schlafbeutler, Gleithörnchenbeutler

FAMILIE PERAMELIDAE:
Nasenbeutler oder Bandikuts
Die 17 Arten von Nasenbeutlern sind in ganz Australien und Neuseeland verbreitet. Alle haben an den Vorderpfoten lange, kräftige Krallen, mit denen sie ausgezeichnet zu graben verstehen.

Tasmanischer Langnasenbeutler

Perameles gunni
Verbreitung: Australien, Südvictoria, Tasmanien
Habitat: Waldland, Grasland
Länge: KRL 25–40 cm; SL 7,5–18 cm

Wie die meisten Nasenbeutler ist der Tasmanische Langnasenbeutler ein aggressives, kampflustiges Tier, das alleine lebt. Die Männchen beanspruchen ein riesiges Territorium und schließen sich nur in der Paarungszeit Weibchen an. Als echte Nachttiere kommen die Langnasenbeutler erst in der Dunkelheit aus ihren Verstecken, um Würmer und andere kleine Wirbellose zu suchen. Mit ihren langen Schnauzen wühlen sie im Boden, und wenn sie etwas Eßbares gefunden haben, graben sie es geschickt aus.

Obwohl das Weibchen 8 Zitzen hat, bringt es selten mehr als 4–5 Junge zur Welt. Die Tragezeit (11 Tage) ist eine der kürzesten, die von Säugetieren bekannt ist. Nach der Geburt bleiben die Jungen 8 Wochen im Beutel der Mutter.

Kleiner Kurznasenbeutler

Thylacis obesulus (Isoodon o.)
Verbreitung: Südaustralien, Queensland, Tasmanien
Habitat: Buschvegetation, Wald, Savanne
Länge: KRL 30–35 cm; SL 7,5–18 cm

Der Kleine Kurznasenbeutler lebt in Gebieten mit dichter Vegetation und überlebt auch in trockenen Gegenden, so lange er sich vor Adlern und Füchsen verstecken kann. Er scheint seine Nahrung (unter anderem Würmer und Käferlarven) mit seinem Geruchsinn aufzuspüren. Wenn er mit der Schnauze nach Nahrung sucht, hinterläßt er kleine kegelförmige Abdrükke. Auch Ameisenlarven und unterirdische Pilze frißt er, ebenso wie Skorpione, von denen er jedoch zuvor den Schwanz abbeißt.

Die Fortpflanzung der Kurznasenbeutler ist eng an die örtlichen Regenzeiten gebunden, und viele Kurznasenbeutler vermehren sich zu jeder Jahreszeit. Nach 11tägiger Tragezeit werden maximal 5 Junge geboren, die nach 2 Monaten entwöhnt sind.

FAMILIE THYLACOMIIDAE:
Kaninchennasenbeutler oder Ohrenbeuteldachse
Diese Familie umfaßt nur eine sehr seltene Art, die unter strengem Naturschutz steht. Der Kleine Kaninchennasenbeutler (*Macrotis leucura*) wurde im vorigen Jahrhundert ausgerottet.

Großer Kaninchennasenbeutler

Macrotis lagotis
Verbreitung: Zentral- und Nordwestaustralien
Habitat: Waldland, trockene Buschvegetation
Länge: KRL 20–55 cm; SL 11,5–27,5 cm Ⓑ

Der Große Kaninchennasenbeutler lebt alleine in einem Gangsystem, das er mit seinen kräftigen Vorderpfoten gräbt. Die Gänge sind mindestens 2 m tief und bieten einen guten Schutz vor der Tageshitze. Wenn die Luft sich nach Anbruch der Dunkelheit etwas abgekühlt hat, verläßt der Kaninchennasenbeutler seine Höhlen, um zwischen Akazienwurzeln nach Termiten und Käferlarven zu suchen. Er frißt auch Pilze, die an den Wurzeln dieser Bäume wachsen.

Die Paarungszeit ist kurz und heftig wie bei den meisten Nasenbeutlern. Zwischen März und Mai werden 3 Junge geboren, die 8 Wochen im Beutel der Mutter bleiben.

FAMILIE PHALANGERIDAE:
Kletterbeutler
Die 12 Arten dieser Familie leben in Australien, Neuguinea und auf Celebes. Die australischen Arten sind auch unter dem Namen „Possums" bekannt. Alle Arten haben ungefähr die Größe einer Hauskatze, sind Nachttiere, wohnen auf Bäumen und verfügen über einen langen Greifschwanz, den sie zum Klettern benutzen. Blätter, Akazienharz und Insekten sind die Hauptnahrung dieser Tiere, aber gelegentlich fangen sie auch kleine Vögel und Eidechsen.

Fuchskusu

Trichosurus vulpecula
Verbreitung: Australien, Tasmanien; eingeführt in Neuseeland
Habitat: Wald
Länge: KRL 32–58 cm; SL 24–35 cm

Der Fuchskusu ist das einzige Beuteltier, das von der Ansiedlung der Menschen in zuvor unbewohntem Gebiet profitiert hat, denn es ist ihm gelungen, sich an ein Leben in der Nähe von Menschen anzupassen. Der Fuchskusu lebt von Abfall. In freier Natur ernährt er sich von jungen Schößlingen, Blüten, Blättern und Früchten sowie gelegentlich von Insekten und jungen Vögeln.

Die Paarung findet bis zu 2mal jährlich statt, und meist wird jeweils 1 Junges geboren. Nach 17tägiger Tragzeit bleibt der junge Kusu noch ca. 5 Monate im Beutel der Mutter.

FAMILIE BURRAMYIDAE: Schlafbeutler
In Australien und Neuguinea leben 7 Arten dieser kleinen, Beuteltiere. Sie alle sind Baumbewohner, die sich meist in den höchsten Baumwipfeln aufhalten.

Australischer Zwerggleitbeutler

Acrobates pygmaeus
Verbreitung: Ost- u. Südostaustralien
Habitat: trockene Wälder
Länge: KRL 6–8,5 cm; SL 6,5–8,5 cm

Der Australische Zwerggleitbeutler lebt in den Gipfeln hoher Waldriesen. Er hat eine Flughaut entwickelt, mit deren Hilfe er im Gleitflug von einem Baum zum anderen schweben kann. Dabei breitet er die Hautfalten zwischen Handgelenken und Fersen aus und benutzt seinen federförmigen Schwanz als Ruder. Seine Zehenspitzen sind breit und stark eingekerbt, so daß er sich bei der Landung gut festklammern kann. Er ernährt sich von Insekten, Gummiharz, Nektar und Pollen. Im Juli oder August werden 2–4 Junge geboren.

FAMILIE PETAURIDAE:
Gleithörnchenbeutler
In Australien und Neuguinea gibt es ca. 22 Arten von Gleithörnchenbeutlern. Es sind Baumbewohner, die geschickt von ihrem langen Greifschwanz Gebrauch machen.

Zuckerhörnchen / Kurzkopfgleitbeutler

Petaurus breviceps
Verbreitung: Ost- u. Nordaustralien, Neuguinea
Habitat: Waldland
Länge: KRL 11–15 cm; SL 12–18 cm

Das Zuckerhörnchen verdankt seinen Namen der Gewohnheit, zuckerhaltigen Saft aufzulekken, der aus beschädigten Stämmen von Akazien und Gummibäumen fließt. Das Tier nagt ein Loch in die Rinde dieser Bäume und kommt dann einige Tage lang immer wieder an die Stelle zurück, um den austretenden Saft aufzulecken. Kurzkopfgleitbeutler leben in Gruppen von ungefähr 20 Exemplaren in hohlen Bäumen. Mit ausgestreckter Flughaut können sie bis zu 55 m weit gleiten. Am Ende ihrer Gleitflüge drehen sie sich blitzschnell in der Luft um, so daß sie mit dem Kopf oben und mit den Pfoten zuerst auf einem Baumstamm landen.

Nach 21tägiger Tragezeit werden 2–3 Junge geboren, die bis zum Alter von 3–4 Monaten im Beutel der Mutter bleiben.

Riesengleitbeutler

Schoinobates volans
Verbreitung: Ostaustralien
Habitat: Wald
Länge: KRL 30–48 cm; SL 45–55 cm

Der Riesengleitbeutler ist das größte fliegende Beuteltier Australiens. Er kann bis zu 1,4 kg schwer werden, wohnt in Baumlöchern in großen Höhen und ernährt sich ausschließlich von Blättern und Sprossen. Der Riesengleitbeutler bewältigt Gleitflüge bis zu 100 m oder weiter; seinen langen, struppigen Schwanz benutzt er dabei als Ruder.

Mitten im Winter wirft das Weibchen ein Junges, das nach der Geburt 4 Monate in ihrem Beutel bleibt.

Nasenbeutler
Kaninchennasenbeutler
Kletterbeutler
Schlafbeutler
Gleithörnchenbeutler

Känguruhs 1

FAMILIE MACROPODIDAE: Känguruhs
Die meisten Zoologen betrachten die Familie der Känguruhs, die ca. 57 Arten umfaßt, als die am höchsten entwickelte unter allen 15 heute noch existierenden Beuteltierfamilien. Sowohl Gebiß wie auch Pfoten der Känguruhs weisen starke Abweichungen von den übrigen Beuteltieren auf. Die Hinterpfoten sind außergewöhnlich groß – ihnen verdankt die Familie ihren wissenschaftlichen Namen – , und der Daumen fehlt. Die zweiten und dritten Zehen sind schlank und von einer gemeinsamen Haut umgeben, der vierte Zeh ist groß und hat einen langen, starken Nagel, der fünfte ist nur wenig kleiner. Känguruhs haben weniger Zähne als andere Beuteltiere, doch die vorhandenen sind sehr ausgeprägt und stehen sehr dicht. Die Backenzähne ähneln denen von Plazentatieren der Familie Bovidae (Rinder und Schafe). Die meisten Känguruhs sind reine Pflanzenfresser; einige kleine Arten fressen allerdings auch Wirbellose.

Das auffälligste Merkmal des Känguruhs ist seine Art der Fortbewegung auf zwei Beinen. Känguruhs bewegen sich in großen Sätzen, wobei die langen Hinterpfoten für eine beachtliche Geschwindigkeit sorgen. Der lange starke Schwanz dient als Gegengewicht und sorgt für die notwendige Stabilität beim Aufkommen auf dem Boden. Obwohl dieses Springen eine schwierige Art der Fortbewegung zu sein scheint, ist es bei Geschwindigkeiten von mehr als 20 km/h hinsichtlich des Energieverbrauchs effizienter als das Laufen auf 4 Beinen. Känguruhs müssen oft große Entfernungen zurücklegen, um Nahrung zu finden, so daß Geschwindigkeit und Effizienz für sie sehr wichtig sind. Der Selektionsdruck wirkt sich bei ihnen vor allem auf die Geschwindigkeit der Fortbewegung aus.

Känguruhs leben in Australien und Neuguinea sowie auf Tasmanien und den Bismarckinseln. Manche Arten sind Waldbewohner, andere leben in heißen, trockenen Gebieten und suchen tagsüber den Schatten von Felsen auf. In bestimmten Abständen lecken sie ihre Vorderpfoten ab, um sie durch Verdampfung von Feuchtigkeit abzukühlen. Wenn eine Trockenperiode so lange dauert, daß das Weibchen keine Milch mehr für die Jungen hat, werden die Babys aus dem Beutel ausgesetzt und kommen um. Wenn die Regenzeit einsetzt und wieder Nahrung vorhanden ist, nistet sich ein Reserveembryo mit verzögerter Entwicklung in die Gebärmutter ein. Dann beginnt eine neue Schwangerschaft, ohne daß das Weibchen erneut befruchtet werden muß. Auf diese Weise können Känguruhs erfolgreich ihrem harten Milieu widerstehen. Die meisten Känguruhs bringen pro Wurf nur ein Junges zur Welt. Männchen und Weibchen sehen im allgemeinen gleich aus, abgesehen von dem Beutel, den nur das Weibchen hat. Bei manchen größeren Arten ist das Männchen etwas größer als das Weibchen.

Moschusrattenkänguruh

Hypsiprymnodon moschatus

Verbreitung: Australien: Nordostqueensland
Habitat: Regenwald
Länge: KRL 23,5–33,5 cm; SL 13–17 cm

Das Moschusrattenkänguruh ist in zweifacher Hinsicht ein herausragendes Mitglied seiner Familie: Es hat einen deutlich ausgeprägten ersten Zeh oder Daumen an jeder Pfote, und es ist das einzige Känguruh, das regelmäßig Zwillinge wirft. Außerdem bewegt es sich oft auf 4 Beinen fort, nach Art eines Kaninchens. Männchen wie Weibchen verbreiten einen durchdringenden Moschusgeruch, über dessen Funktion nichts bekannt ist. Das Tier ernährt sich von den verschiedensten Pflanzen, von Palmbeeren bis zu Wurzelknollen, aber auch von Insekten und Würmern.

Über das Gemeinschaftleben des Moschusrattenkänguruhs ist wenig bekannt, doch scheint es entweder alleine oder in Paaren zu leben. Die Jungen werden gewöhnlich in der Regenzeit (Februar bis Mai) geboren, doch gibt es Abweichungen.

Langschnauzen-Kaninchenkänguruh

Potorous tridactylus

Verbreitung: Ostaustralien und südwestl. Teil von Westaustralien; Tasmanien
Habitat: niedrige, dichte, feuchte Buschvegetation
Länge: KRL 30–40 cm; SL 15–24 cm

Trotz seiner geringen Größe und seines kaninchenartigen Aussehens zeigt das Kaninchenkänguruh alle Fortpflanzungsmerkmale und den typischen Gang der größeren Känguruhs. Es bewegt sich zwar hin und wieder auch auf vier Beinen fort, springt jedoch gewöhnlich mit seinen starken Hinterbeinen und kommt mit jedem Sprung ungefähr 30–45 cm vorwärts. Das Kaninchenkänguruh ist ein Nachttier, das abends auf die Suche nach Pflanzen, Wurzeln, Pilzen und Insekten geht.

Eine feste Paarungszeit gibt es bei dieser Art nicht, und ein einzelnes Junges verbringt 17 Wochen im Beutel der Mutter.

Rotes Rattenkänguruh

Aepyprymnus rufescens

Verbreitung: Ostaustralien: Queensland bis Nordostvictoria
Habitat: Grassteppe, Waldland
Länge: KRL 38–52 cm; SL 35–40 cm

Das größte Rattenkänguruh, das Rote Rattenkänguruh, baut sich ein Nest aus Gras, in dem es die heißesten Stunden des Tages verbringt. Es ist recht zutraulich und dringt gelegentlich in Waldarbeitersiedlungen ein; manchmal frißt es sogar aus der Hand. Diese Eigenschaft macht es zu einer leichten Beute für die eingeführten Hunde und Füchse. Obwohl die Roten Rattenkänguruhs zur Zeit noch nicht direkt in Gefahr schweben, wird man sich wohl in Zukunft für das Überleben dieser Art einsetzen müssen, da diese kleinen Känguruhs sich nur langsam fortpflanzen (maximal 2 Junge pro Jahr) – mehr ist über sein Fortpflanzungsverhalten nicht bekannt.

Rotbeinfilander

Thylogale stigmatica

Verbreitung: Australien: Ostqueensland und New South Wales
Habitat: feuchte Wälder
Länge: KRL 53–62 cm; SL 32–45 cm

Der Rotbeinfilander ist eine der 4 Arten von Filandern, kräftig gebauten Waldbewohnern mit einem etwas schwereren Unterleib, als ihn die zierlichen Känguruhs der offenen Ebenen haben. Rotbeinfilander sind Tiere mit großem Anpassungsvermögen, die sich in den verschiedensten Lebensräumen zu Hause fühlen, so lange diese genügend Deckung bieten. In der Dunkelheit kommen sie aus ihren Verstecken, um Blätter, Knospen, junge Schößlinge und Früchte zu suchen. Filander leben manchmal in großen Gruppen, es gibt jedoch auch einzeln lebende Tiere.

Gewöhnlich wird nur jeweils ein Junges geboren, aber es sind auch Fälle von Zwillingen bekannt.

Brillen-Hasenkänguruh

Lagorchestes conspicillatus

Verbreitung: Nord- u. Mittelaustralien
Habitat: Halbwüste
Länge: KRL 40–50 cm; SL 35–45 cm

Im trockenen Grasland und in den Halbwüsten Australiens leben 4 Arten von Hasenkänguruhs. Sie bauen im harten Spinifexgras (Stachelkopfgras) primitive Nester. Werden sie aufgeschreckt, so flüchten sie wie Hasen in Zickzacksprüngen. Das Brillen-Hasenkänguruh lebt alleine und sucht sich nur in der Paarungszeit einen Partner. Die Isolation ist für diese Tiere die einzige Möglichkeit, um in ihrem ungastlichen Lebensraum genügend Nahrung zu finden.

Zu einem beliebigen Zeitpunkt des Jahres wird ein Junges geboren, das nach einem Jahr geschlechtsreif ist.

Ringschwanz-Felskänguruh

Petrogale xanthopus

Verbreitung: Zentral- und Ostaustralien
Habitat: felsiges Gelände, Geröllhaufen
Länge: KRL 50–80 cm; SL 40–70 cm ©

Das Ringschwanz-Felskänguruh, das wegen seines prachtvollen Fells lange Zeit intensiv gejagt wurde, ist heute nur noch vereinzelt zu finden. Es ist das schönste Felskänguruh und lebt ebenso wie seine Verwandten in den unwirtlichsten Regionen des australischen Buschs. Wie bei allen Felskänguruhs sind auch bei ihm die Pfoten mit ihren breiten, weichen Polstern und den starken Krallen an das Klettern auf Felsen angepaßt. Das Tier ist erstaunlich beweglich. Sein langer Schwanz hat keine verdickte Basis und dient ihm nicht wie den echten Känguruhs als Stütze. Es frißt alle Pflanzen, die es findet.

Felskänguruhs pflanzen sich während des ganzen Jahres fort, doch in extremen Trockenperioden lassen sie ihre Jungen im Beutel verkümmern.

Moschusrattenkänguruh
Langschnauzen-Kaninchenkänguruh
Rotes Rattenkänguruh
Ringschwanz-Felskänguruh
Rotbeinfilander
Brillen-Hasenkänguruh

Känguruhs 2

Quokka

Setonyx brachyurus

Verbreitung: Südwestaustralien

Habitat: dichte Vegetation

Länge: KRL 47,5–60 cm; SL 25–35 cm

Früher war das Quokka im Südwesten Australiens sehr verbreitet, doch durch Freizeitjäger wurde diese Art drastisch reduziert. Heute lebt es nur noch in einigen feuchten Tälern im Darling Range bei Perth. Auf den dicht vor der Küste liegenden Inseln Rottnest und Bald ist der Quokka jedoch noch zahlreich vertreten. Quokkas haben eine gute Nase für Süßwasser. Auf Rottnest legen sie bis zu 2,5 km dafür zurück. In Trockenperioden, in denen Pflanzen rar sind, haben die Quokkas gelernt, ihre Nahrung auf Müllhalden auszuscharren. Sie können auch ihre Eiweißaufnahme erhöhen, indem sie Urea verwerten, einen Stoff, der bei der Urinproduktion freigesetzt wird. In dieser Hinsicht ähneln sie Wüstensäugern.

Das Quokkaweibchen wirft nach einer 17tägigen Tragezeit ein Junges von der Größe einer Kröte, und schon am nächsten Tag paart es sich erneut. Das Embryo, das durch diese zweite Paarung entsteht, bleibt frei in der Gebärmutter. Es nistet sich erst dann ein und entwickelt sich, wenn das erste Junge den Beutel verlassen hat. Junge Quokkas sind im Alter von 2 Jahren geschlechtsreif.

Rottnest entwickelt sich zu einem wichtigen Erholungsgebiet für die Bevölkerung von Perth. Es ist zu hoffen, daß dies nicht zu Lasten dieser intelligenten kleinen Känguruhs geht.

Lumholtz-Baumkänguruh

Dendrolagus lumholtzi

Verbreitung: Australien: Nordostqueensland

Habitat: Wald

Länge: KRL 52–80 cm; SL 42–93 cm

Nur 3 Känguruharten sind Baumbewohner; zwei davon leben in Australien und eine in Neuguinea. Anders als die meisten baumbewohnenden Säugetiere haben sie wenig Anpassungen an diese spezielle Lebensweise entwickelt. Ihre Hinterbeine sind ziemlich ungeeignet zum Klettern, doch die Vorderbeine können besser greifen als die anderer Känguruhs. Trotzdem sind die Baumkänguruhs erstaunlich beweglich in den Bäumen, und ihr langer Schwanz sorgt für große Stabilität, obwohl er kein echtes Greiforgan ist. Gras, Blätter und Früchte bilden die Hauptnahrung dieser Tiere, die manchmal die Bäume verlassen, um zu grasen.

Sie leben in kleinen Gruppen, die zusammen auf dem gleichen Baum schlafen. Über ihre Fortpflanzung ist wenig bekannt, außer daß sie zu einer beliebigen Jahreszeit ein Junges zur Welt bringen. Baumkänguruhs sind nicht selten, aber ihre verborgene Lebensweise und die dichte Vegetation ihres Waldmilieus machen es schwierig, sie zu beobachten.

Rotes Riesenkänguruh

Macropus rufus

Verbreitung: Zentralaustralien

Habitat: trockene Grasebenen

Länge: KRL 1–1,6 m; SL 0,9–1,1 m

Das Rote Riesenkänguruh ist das größte heute lebende Beuteltier. Ein erwachsenes Männchen kann bis zu 70 kg wiegen. Nur das Männchen hat das charakteristische tief rostbraune Fell; das Weibchens ist blaugrau gefärbt. Rote Riesenkänguruhs leben auf den dürren Grasebenen der Wüste in kleinen Herden, die aus einem erwachsenen Männchen und mehreren Weibchen bestehen. Während der größten Tageshitze suchen sie Schutz unter Felsen oder im Schatten niedriger Bäume. Erst gegen Abend kommen sie zum Vorschein, um zu fressen und zu trinken. Obwohl Känguruhs im Verhältnis zum Gewicht ebensoviel fressen wie Schafe, verwerten sie ihre Nahrung effizienter als diese. Ein Känguruh besteht zu 52 Prozent aus Fleisch, ein Schaf nur zu 27 Prozent.

Die Fortpflanzung ist an keine bestimmte Zeit gebunden; die Tragezeit beträgt 30–40 Tage. Wenige Stunden vor der Geburt fängt die Mutter an, sich zu waschen und an ihrem Beutel zu schnüffeln. Sie sitzt auf ihrem Schwanz, den sie zwischen den Hinterbeinen nach vorne gestreckt hat, und leckt den Beutel oft bis zum Augenblick der Geburt von innen und von außen ab, während sie ihn mit den Vorderpfoten festhält. Die neugeborenen Jungen wiegen nur 0,75 g, was 1/30.000 des Gewichts der Mutter ist. Trotz ihrer Winzigkeit haben die Jungen schon gutentwickelte Vorderpfoten, mit denen sie von der Genitalöffnung der Mutter in den Beutel kriechen. Wenn sie dort wohlbehalten angekommen sind, stecken sie sich eine der Zitzen ins Maul. Diese Zitzen wachsen mit den Babys und sind ca. 10 cm lang, wenn das Junge entwöhnt wird. Im Laufe der Zeit verändert sich die Qualität der Muttermilch: Gegen Ende der Säugezeit wird sie immer fetter.

Das junge Känguruh bleibt ca. 240 Tage im Beutel und begleitet die Mutter danach noch weitere 120 Tage, wobei es ab und zu noch einmal den Kopf in den Beutel steckt, um zu trinken, auch wenn schon ein anderes Junges darin sitzt. Während extremer Trockenperioden sterben die meisten Jungen im Beutel, aber dieser Verlust wird durch Reserveembryos ausgeglichen.

Bis vor kurzem wurden Riesenkänguruhs in Massen gejagt, doch unterliegt die Jagd heute strikter Kontrolle.

Neuguineisches Buschkänguruh

Dorcopsis veterum

Verbreitung: Neuguinea

Habitat: Flachland-Regenwald

Länge: KRL 49–80 cm; SL 30–55 cm

Im Aussehen erinnert das Neuguineische Buschkänguruh an die Filander Australiens. Über dieses scheue Tier ist ebenfalls wenig bekannt. Es unterscheidet sich von den Filandern dadurch, daß seine Schwanzspitze ein paar breite, harte Schuppen aufweist, deren Funktion unbekannt ist.

Buschkänguruhs ernähren sich von Gras, wenn vorhanden, aber auch von anderem pflanzlichem Material. Tagsüber sieht man diese Tiere nur selten; wahrscheinlich halten sie sich bis zum Abend in Blattnestern versteckt. Über ihre Fortpflanzung ist nichts bekannt, außer daß sie nur jeweils ein Junges tragen.

Kurznagelkänguruh

Onychogalea fraenata

Verbreitung: Australien: Zentral-Queensland

Habitat: dichte Buschvegetation

Länge: KRL 45–67 cm; SL 33–66 cm Ⓑ

Die 3 Arten Nagelkänguruhs verdanken ihren Namen einem Stachel in Form eines kleinen Fingernagels, der sich im dichten Haar am Ende ihres langen dünnen Schwanzes verbirgt. Seine Funktion ist unbekannt. Mitte des vorigen Jahrhunderts war dieses Känguruh in großen Teil von Ost- und Südostaustralien sehr zahlreich vertreten, aber das Tier wurde jahrzehntelang nicht mehr gesehen, bis man 1974 eine Population in Zentral-Queensland entdeckte. Konkurrenz von Kaninchen, feindlichen Raubtieren wie Rotfüchsen und die Jagd sind die Hauptursachen für den Rückgang dieser Tierart. Schutzmaßnahmen sind geplant, und man wird sie viele Jahre lang streng handhaben müssen, wenn diese Art in freier Natur überleben soll.

Nagelkänguruhs sind auf dichte Buschvegetation für ihre Ernährung und auch als Deckung angewiesen. Über ihre Fortpflanzung ist nur bekannt, daß sie jeweils 2 Junge werfen.

Sumpfwallaby

Wallabia bicolor

Verbreitung: Ost- u. Südostaustralien

Habitat: dichtes Unterholz, Felsschluchten

Länge: KRL 45–90 cm; SL 33–60 cm

Sumpfwallabys leben in kleinen Herden, sind jedoch, weil sie sich bei drohender Gefahr auf den Boden legen, oft nur schwer zu finden. Nur bei akuter Gefahr verlassen sie ihre Verstecke und rennen in alle Richtungen davon. Sie ernähren sich von verschiedenen Pflanzen, und gelegentlich stellen sie sich auf eine andere Pflanzenart um. Dadurch können sie zur Plage für den Landbau werden, so daß oft Maßnahmen gegen Kahlfraß getroffen werden müssen.

Sumpfwallabys haben keine feste Fortpflanzungszeit. Das Weibchen bringt jeweils ein Junges zur Welt, das ca. 300 Tage im Beutel der Mutter bleibt. Anschließend wird es noch 60 Tage lang von der Mutter ernährt.

Quokka
Rotes Riesenkänguruh
Lumholtz-Baumkänguruh
Neuguineisches Buschkänguruh
Kurznagelkänguruh
Sumpfwallaby

Ameisenbären, Faultiere

ORDNUNG EDENTATA: Zahnlose
Zu dieser Ordnung gehören 3 Säugetierfamilien (Ameisenbären, Faultiere und Gürteltiere), bei denen im Laufe der Evolution das Gebiß degeneriert oder ganz verschwunden ist. Der Grund ist in der Ernährung dieser Arten zu sehen, die aus Insekten wie Ameisen und Termiten besteht.

FAMILIE MYRMECOPHAGIDAE: Ameisenbären
Es gibt 4 Arten von Ameisenbären, die in Mexiko sowie in Mittel- und Südamerika bis nach Nordargentinien verbreitet sind. Gewöhnlich leben sie im tropischen Regenwald, manchmal aber auch im Grasland. Alle 4 Arten haben eine auffallend lange Schnauze, wohingegen ihnen die Zähne fehlen. Mit ihrer langen, klebrigen Zunge können sie leicht Insekten fangen. Die Ameisenbären reißen mit den starken Krallen ihrer Vorderpfoten Ameisennester und Termitenhügel auf. Am wichtigsten ist dabei die besonders lange dritte Kralle. Der größte Vertreter dieser Familie, der Große Ameisenbär, lebt auf dem Boden, die kleineren Arten sind echte Baumbewohner.

Großer Ameisenbär

Myrmecophaga tridactyla
Verbreitung: Mittelamerika, Südamerika bis Nordargentinien
Habitat: Wald, Savanne
Länge: KRL 1–1,2 m; SL 65–90 cm ⓖ

Der Große Ameisenbär hat eine lange Schnauze, ein Fell mit einem auffälligen schwarzen Streifen gezeichnet, der sich über den ganzen Rumpf erstreckt, und einen struppigen Schwanz mit langen Haaren. Mit seinen starken Vorderkrallen bricht er Ameisen- oder Termitenhügel auf und vertilgt dann riesige Mengen von Insekteneiern und Larven. Am kebrigen Speichel seiner langen Zunge, die er bis zu 61 cm herausstrecken kann, bleiben die Insekten kleben. Bei der Nahrungssuche setzt das Tier seine Vorderpfoten mit den „Handrücken" auf, um die scharfen Klauen zu schützen. Im Gegensatz zu den übrigen Ameisenbärenarten klettert der Große Ameisenbär nicht auf Bäume, jedoch liebt er das Wasser und ist ein guter Schwimmer. Große Ameisenbären leben meist alleine, mit Ausnahme der Weibchen, wenn sie Junge haben. In abgelegenen Gebieten ist der Große Ameisenbär tagsüber aktiv, doch in der Nähe menschlicher Siedlungen macht er sich nur nachts bemerkbar.

Das Weibchen bringt nach einer Tragezeit von ca. 190 Tagen ein Junges zur Welt, das von der Mutter auf dem Rücken getragen wird und bei ihr bleibt, bis sie wieder trächtig ist.

Tamandua

Tamandua tetradactyla
Verbreitung: Südmexiko, Mittel- und Südamerika bis Brasilien, Bolivien
Habitat: Wald
Länge: KRL 54–58 cm; SL 54,5–55,5 cm

Dieser Ameisenbär wohnt auf Bäumen. Er ist kleiner als der Große Ameisenbär und besitzt einen Greifschwanz, den er als fünfte Hand benutzt. Der Schwanz ist an der Unterseite unbehaart, was das Greifvermögen verbessert. Auf dem Boden bewegt sich der Tamandua langsam und unbeholfen. Er ist hauptsächlich nachts aktiv und bricht dann die Nester baumbewohnender Ameisen und Termiten auf, um sich an ihnen gütlich zu tun. Wie alle Ameisenbären hat der Tamandua eine lange, klebrige Zunge, mit der er seine Beute leicht fangen kann. Wird er angegriffen, so schlägt er mit seinen kräftigen Vorderpfoten auf den Angreifer ein.

Das Weibchen wirft nach einer Tragezeit von unbekannter Dauer ein Junges. Die Mutter trägt das Junge auf dem Rücken mit sich herum, doch wenn sie frißt, setzt sie es kurz auf einem Ast ab.

Zwergameisenbär

Cyclopes didactylus
Verbreitung: Südmexiko, Mittel- und Südamerika bis Brasilien, Bolivien
Habitat: Wald
Länge: KRL 15–18 cm; SL 18–20 cm

Der Zwergameisenbär ist vollkommen an das Leben in Bäumen angepaßt und daher mit seinem Greifschwanz und seinen langen Beinen ein ausgezeichneter Kletterer. Die Beine sind mit speziellen Gelenken versehen, wodurch die Krallen zurückgebogen werden können; das verhindert, daß sie beim Festklammern an den Zweigen beschädigt werden. Der Zwergameisenbär hält sich äußerst selten auf dem Erdboden auf. Tagsüber schläft er in einer Baumhöhle oder auf einem Ast, nachts macht er sich auf die Suche nach Ameisen und Termiten. Ebenso wie seine Verwandten gebraucht er seine scharfen, starken Vorderkrallen, um die Nester dieser Insekten aufzubrechen, und seine lange, klebrige Zunge, um sie aufzulecken. Er selbst ist eine beliebte Beute für Raubvögel.

Über seine Fortpflanzung ist wenig bekannt. Das Weibchen wirft ein Junges, das von beiden Eltern mit vorverdauten Insekten gefüttert wird.

FAMILIE BRADYPODIDAE: Faultiere
Die 5 Faultierarten leben in den tropischen Wäldern Mittel- und Südamerikas. Diese ungewöhnlichen Tiere haben sich so stark an das Leben in Bäumen angepaßt, daß sie sich nicht mehr normal auf dem Boden fortbewegen können. Sie verbringen ihr Leben hauptsächlich in den Baumkronen, wo sie an ihren krummen, hakenförmigen Krallen hängen. Faultiere sind Pflanzenfresser.

Dreifinger-Faultier / Ai

Bradypus tridactylus
Verbreitung: von Honduras bis Brasilien, Paraguay und Nordargentinien
Habitat: Wald
Länge: KRL 50–60 cm; SL 6,5–7 cm

Das Dreifinger-Faultier oder Ai ist so stark an ein hängendes Leben angepaßt, daß sogar sein Fellhaar „verkehrt herum" wächst und der Scheitel über Brust und Bauch verläuft. Seine sichelförmigen Krallen verschaffen ihm den nötigen Halt. Jedes einzelne Oberhaar ist gerillt, und in den Rillen leben mikroskopisch kleine Algen. Dadurch erhält das Fell einen grünlichen Glanz, der zwischen den Blättern der Baumkronen eine ausgezeichnete Tarnung bildet. Der Kopf dieses Faultiers ist kurz und breit, sein Nacken sehr beweglich; es hat zwei Nackenwirbel mehr als gewöhnliche Säugetiere, so daß sich der Kopf in alle Richtungen bewegen kann. Das Tier klettert extrem langsam und bewegt immer nur eine einzige Pfote. Es kann auch recht gut schwimmen, doch auf dem Boden kann es seinen Körper nur in Bauchlage mit Hilfe der hakenförmigen Krallen vorwärtsziehen. Deshalb kommen Faultiere nur selten auf den Boden, der Ai meist einmal pro Woche, um sich über einem Loch, das er mit seinem Schwanz gräbt, zu entleeren. Die Nahrung des Dreifinger-Faultiers besteht größtenteils aus Blättern und jungen Knospen, hauptsächlich denen des *Cecropia*-Baumes. Augen und Ohren des Tiers sind nicht besonders gut entwickelt; bei der Nahrungssuche orientiert es sich vorwiegend mit Hilfe seines Geruchs- und Tastsinns.

Nach einer Tragezeit von 120–180 Tagen wirft das Weibchen ein Junges; sogar während der Geburt hängt es kopfunter. Das Faultierjunge wird ca. 30 Tage lang gesäugt und dann noch eine Weile mit vorverdauter, ausgewürgter Nahrung gefüttert.

Unau / Zweifinger-Faultier

Choloepus didactylus
Verbreitung: Venezuela, Nordbrasilien, Guayana, Surinam, Frz.-Guayana
Habitat: Regenwald
Länge: KRL 60–64 cm; Schwanz fehlt oder rudimentär

Das Zweifinger-Faultier, auch Unau genannt, ißt, schläft, gebiert und entleert sich sogar, während es an seinen hakenförmigen Krallen hängt. Die Vorderpfoten haben zwei Finger, die stark verwachsen und jeweils mit einer langen, gebogenen Kralle versehen sind. Obwohl das Tier sich äußerst träge bewegt, kann es erstaunlich schnell zuschlagen und mit seinen Krallen tiefe Wunden reißen, wenn es sich verteidigen muß. Auf dem Boden schleppt es sich nur mühsam vorwärts, doch ist es ein guter Schwimmer. Das Zweifinger-Faultier ist hauptsächlich nachts aktiv. Tagsüber schläft es und hängt regungslos, um nicht von Feinden entdeckt zu werden. Es ernährt sich von Blättern, kleinen Zweigen und Früchten.

Das Weibchen wirft nach mindestens 263tägiger Tragezeit ein Junges, das sich am Fell der Mutter festklammert, wenn sie in den Bäumen hängt.

Großer Ameisenbär
Tamandua
Zwergameisenbär
Dreifingerfaultier
Unau

Gürteltiere, Schuppentiere, Erdferkel

FAMILIE DASYPODIDAE: Gürteltiere
Die 20 Arten der Gürteltiere leben alle in der Neuen Welt, vom Süden der USA über Mittel- und Südamerika bis nach Chile und Argentinien.

Gürteltiere sind eifrige Graber und gewöhnlich nur nachts aktiv. Anstelle der Haut haben sie einen Panzer aus äußerst widerstandsfähigen, hornartigen und durch Hautfalten beweglich verbundenen Knochenplatten. Diese bedecken die Schwanzwurzel, den Rücken, die Flanken, die Ohren und den vorderen Teil des Kopfes und bieten dem Tier einen ausgezeichneten Schutz. Einige Gürteltiere können sich zu einem Ball zusammenrollen, so daß auch ihre Gliedmaßen und die verletzliche Unterseite des Körpers durch den Panzer geschützt sind.

Riesengürteltier
Priodontes giganteus (P. maximus)
Verbreitung: von Venezuela bis Nordargentinien
Habitat: Wald
Länge: KRL 75–100 cm; SL 50 cm ©

Das Riesengürteltier ist der größte Vertreter seiner Familie. Es kann bis zu 60 kg wiegen. Sein Hautpanzer besteht aus beweglichen Horn- und Knochenplatten; die Haut zwischen den Platten ist nur schwach behaart. Das Tier hat zwar bis zu 100 kleine Zähne, doch fallen diese mit zunehmendem Alter aus. Die Krallen an den Vorderpfoten sind besonders lang – die des dritten Fingers bis zu 20 cm. Das Riesengürteltier ist ziemlich gelenkig. Mit Hinterbeinen und Schwanz hält es sich im Gleichgewicht, wenn es mit den vorderen Gliedmaßen einen Termitenhügel ausgräbt oder aufreißt. Es ernährt sich von Ameisen, Termiten und anderen Insekten, aber auch von Würmern, Spinnen, Schlangen und Aas. Es kann sich nur teilweise aufrollen; deshalb flieht es bei Gefahr auch lieber.

Über die Fortpflanzung dieser Art ist wenig bekannt. Das Weibchen wirft 1–2 Junge, die schon bei der Geburt eine zähe, lederartige Haut haben.

Neunbinden-Gürteltier
Dasypus novemcinctus
Verbreitung: vom Süden der USA über Mittel- und Südamerika bis Uruguay
Habitat: trockenes Grasland, Halbwüsten
Länge: KRL 45–50 cm; SL 25–40 cm

Dieses sehr weit verbreitete Gürteltier ist an seinen 8–11 Gürteln von Hornplatten (meist sind es 9) zu erkennen, die seinen Körper umgeben. Tagsüber hält es sich in einer Höhle versteckt, wo es manchmal mit mehreren seiner Art zusammenlebt, nachts kommt es zum Vorschein, um Nahrung auszuscharren. Mit seinen starken, mit Krallen bestückten Vorderpfoten durchsucht es Höhlen und Felsspalten und schnüffelt mit seiner schmal zulaufenden Schnauze nach Insekten, Spinnen, kleinen Reptilien, Amphibien und deren Eiern.

Fast immer wirft das Muttertier 4 Junge gleichzeitig, die es 2 Monate lang säugt.

Gürtelmull / Schildwurf
Chlamyphorus truncatus
Verbreitung: Mitte von Westargentinien
Habitat: trockene Sandebenen
Länge: KRL 12,5–15 cm; SL 2,5 cm ©

Der Gürtelmull oder Schildwurf, dessen Panzer hellrosa gefärbt ist, kommt in der Dämmerung aus seiner Höhle, um vor allem Ameisen, manchmal aber auch Würmer, Schnecken und Pflanzen zu sammeln. Er gräbt seine Nahrung mit den Vorderpfoten aus und sitzt dabei auf dem ziemlich unbeweglichen Schwanz; so kann er mit den Hinterpfoten die Erde beiseite schieben. Vorder- und Hinterpfoten haben 5 Krallen. Diese kleinen Gürteltiere sind in Gefangenschaft sehr schwer zu halten; deshalb ist über ihre Fortpflanzung nichts bekannt.

ORDNUNG PHOLIDOTA: Schuppentiere

FAMILIE MANIDAE: Schuppentiere
Die Schuppentiere bilden die einzige Familie innerhalb ihrer Ordnung; es gibt 7 Arten, allesamt ameisen- und termitenfressende Nachttiere, die in Afrika, Süd- und Südostasien leben. Oberflächlich ähneln die Schuppentiere den Gürteltieren der Neuen Welt, aber ihre großen beweglichen und scharfkantigen Schuppen überlappen einander wie die Schuppen eines Tannenzapfens. Schuppentiere haben eine lange, zahnlose Schnauze und eine extrem lange Zunge, die sie sehr weit aus dem Maul strecken können.

Riesenschuppentier
Manis gigantea
Verbreitung: Afrika: vom Senegal östl. bis Uganda, südl. bis Angola
Habitat: Wald, Savanne
Länge: KRL 75–80 cm; SL 50–65 cm

Das Riesenschuppentier, die größte Art dieser Familie, ist ein bodenbewohnendes Nachttier. Das Weibchen ist kleiner als das Männchen. Dieses Schuppentier schläft tagsüber in einer Höhle und ist hauptsächlich von Mitternacht bis Sonnenaufgang aktiv; dann sucht es nach verschiedenen Arten von Ameisen und Termiten. Mit seinen starken Vorderkrallen kann es überirdische und unterirdische Nester öffnen. Es bewegt sich träge und bedächtig, läuft auf allen Vieren, manchmal aber auch auf den beiden Hinterbeinen, wobei es mit Hilfe seines langen Schwanzes das Gleichgewicht hält. Auch ist es ein guter Schwimmer. Wenn es sich bedroht fühlt, rollt es sich zu einem Ball zusammen und ist so vor den meisten Feinden ausreichend geschützt. Notfalls teilt es mit dem scharfschuppigen Schwanz kräftige Schläge aus und verspritzt außerdem Urin und Geruchstoffe, die es in Drüsen am After produziert.

Riesenschuppentiere bringen immer nur ein Junges zur Welt, das nach einer Tragezeit von ca. 5 Monaten in einem unterirdischen Nest geboren wird. Das Neugeborene hat schon bei der Geburt weiche Schuppen, die nach ca. 2 Tagen hart werden. Nach etwa einem Monat begleitet das Junge die Mutter bei der Nahrungssuche; es sitzt in Schwanznähe auf dem Rücken. Nach 3 Monaten wird das Junge entwöhnt.

Weißbauch-Schuppentier
Manis tricuspis
Verbreitung: Afrika: vom Senegal bis Westkenia, südl. bis Angola
Habitat: Regenwald
Länge: KRL 35–45 cm; SL 49–60 cm

Dieses Schuppentier erkennt man an seinen auffälligen Rückenschuppen mit drei scharfen Spitzen. Bei älteren Tieren sind diese Spitzen häufig abgerundet. Zu einem guten Baumkletterer wird das Weißbauch-Schuppentier durch seinen langen Greifschwanz, der an der Spitze kahl ist, was die Greiffähigkeit noch verbessert. Tagsüber schläft das Tier in einer Höhle oder auf einem Ast und kommt nachts heraus, um mit Hilfe seines Geruchsinns baumbewohnende Ameisen und Termiten aufzuspüren. Mit seinen starken Vorderpfoten reißt es die Baumnester dieser Tiere auf und leckt sie mit geschickten Bewegungen seiner langen Zunge aus. Wie alle Schuppentiere hat es eine eindeutige Vorliebe für bestimmte Ameisen- und Termitenarten. Die Nahrung wird im muskulösen, hornartig ausgekleideten Magen zermahlen.

Die Weibchen werfen nach einer Tragezeit von 4–5 Monaten ein Junges. Die Schuppen des Jungen werden nach wenigen Tagen hart, und schon nach 2 Wochen begleitet es seine Mutter bei der Nahrungssuche.

ORDNUNG TUBULIDENTATA: Röhrchenzähner

FAMILIE ORYCTEROPIDAE: Erdferkel
Diese Ordnung hat nur eine Familie mit nur einer Art, die in Afrika lebt. Die Verwandtschaft zu anderen Säugetiergruppen ist nicht geklärt. Das Gebiß des Erdferkels weicht von dem aller anderen Säugetiere ab: Die Zähne sind nicht mit Schmelz bedeckt und bestehen aus Zahnbeinprismen, deren Zwischenräume mit Zahnmark ausgefüllt sind.

Erdferkel
Orycteropus afer
Verbreitung: Afrika südl. der Sahara
Habitat: überall, wo Termiten leben, vom Regenwald bis zur trockenen Savanne
Länge: KRL 100–160 cm; SL 44,5–60 cm

Das Erdferkel ist ein einzeln lebendes, insektenfressendes Tier, das nachts aktiv wird. Es kann nur sehr schlecht sehen, doch funktionieren seine übrigen Sinne ausgezeichnet. Es hat große Ohrmuscheln, die gewöhnlich aufgerichtet sind, jedoch auch umgeklappt und verschlossen werden können. Sein Geruchssinn ist außerordentlich gut entwickelt; mit ihm spürt das Tier seine Beute auf. Wenn es in der Erde gräbt, werden die Nasenlöcher mit dichtem Haar verschlossen. Das Tier benutzt seine kräftigen Vorderbeine, um sich eine Höhle zu graben und um die Nester der Ameisen und Termiten aufzubrechen. An seiner langen, klebrigen Zunge bleiben die Insekten hängen. Das Weibchen wirft nach einer Tragezeit von 7 Monaten ein Junges und säugt es ca. 4 Monate lang.

Riesengürteltier
Neunbinden-Gürteltier
Gürtelmull
Riesenschuppentier
Weißbauch-Schuppentier
Erdferkel

Tanreks, Schlitzrüssler

ORDNUNG INSECTIVORA: Insektenfresser
Diese Ordnung umfaßt ungefähr 344 Arten, die auf der ganzen Welt mit Ausnahme von Australien und dem südlichen Teil von Südamerika verbreitet sind. Die meisten Arten sind Bodenbewohner oder Graber, die von Insekten und anderen Wirbellosen leben.

FAMILIE TENRECIDAE: Tanreks
Zu dieser Familie von Insektenfressern gehören die 30 Arten spitzmaus- oder igelartige Tanreks, die ausschließlich auf Madagaskar und den benachbarten Komoren leben, sowie die westafrikanischen Otterspitzmäuse. Die Tanreks sind in zoologischer Hinsicht eine interessante Gruppe, weil sie sich an die verschiedensten Lebensweisen angepaßt haben. Der Große Tanrek ähnelt dem nordamerikanischen Opossum, der Igeltanrek dem Igel, der Kleine Tanrek den Spitzmäusen und der Reistanrek in mancher Hinsicht dem Maulwurf.

Alle Tanreks besitzen ein paar reptilartige Merkmale, die bei Säugetieren als Anzeichen für einen primitiven Entwicklungsstand gelten, so wie etwa die Kloake, in die Urin- und Geschlechtsöffnung münden.

Großer Tanrek

Tenrec ecaudatus

Verbreitung: Madagaskar, Komoren
Habitat: Unterholz, Lichtungen in Trockenwäldern, Hochebenen
Länge: KRL 27–39 cm; SL 10–16 mm

Der Große Tanrek ähnelt oberflächlich dem Igel, da er wie dieser ein dünnes Fell hat, das mit borstigen Haaren und Stacheln besetzt ist. Das Tier scharrt nachts zwischen verwesenden Pflanzen und abgefallenen Blättern nach Insekten, Würmern und Wurzeln. Außerdem ernährt es sich von Früchten. Während der Trockenperiode bleiben die Tanreks in tiefen unterirdischen Höhlen, die sie von innen mit Erde verschließen. Der große Tanrek legt unter der Haut eine Fettreserve an, um die 6 Monate lange Periode des „Winterschlafs" zu überstehen.

Anfang Oktober, wenn der Große Tanrek wieder zum Leben erwacht, findet die Paarung statt, und im November werden bis zu 25 Junge geboren, von denen ca. 16 überleben.

Großer Igeltanrek

Setifer setosus

Verbreitung: Madagaskar
Habitat: trockene Wälder, Hochebenen
Länge: KRL 15–19 cm; SL 10–16 mm

Der Große Igeltanrek hat kurze, scharfe Stacheln, die seinen Rücken dicht wie ein Mantel bedecken. Wenn er sich bedroht fühlt, rollt er sich zu einem Ball zusammen, piepst und knurrt. Im Januar bringt das Weibchen maximal 6 Junge zur Welt. Ebenso wie die Igel haben junge Igeltanreks bei der Geburt weiche Stacheln, die nach 2 Wochen hart werden.

Streifentanrek

Hemicentetes semispinosus

Verbreitung: Madagaskar
Habitat: Busch, Waldränder
Länge: KRL 16–19 cm; Schwanz rudimentär

Obwohl weniger stachelig als der Igeltanrek, kann sich auch der gestreifte Tanrek sehr gut verteidigen, indem er sich teilweise zusammenrollt. Wenn er aufgeschreckt wird, bewegt er seine Nackenstacheln schnell hin und her, was ein hohes Rasseln erzeugt. Streifentanreks halten keinen Winterschlaf, bleiben aber während der kühleren Jahreszeiten ziemlich inaktiv. Wie die übrigen Tanreks ernähren sie sich von Insekten und anderen Wirbellosen. Die Weibchen sind nach 8 Monaten geschlechtsreif und werfen zwischen Dezember und März nach mindestens 50tägiger Tragezeit 7–11 Junge.

Langschwanztanrek

Microgale longicauda

Verbreitung: Madagaskar
Habitat: Wald, von Meereshöhe bis ins Gebirge
Länge: KRL 5–15 cm; SL 7,5–17 cm

Der Langschwanztanrek lebt auf Madagaskar in der gleichen ökologischen Nische wie in anderen Teilen der Welt die Spitzmäuse. Sein Fell besteht aus kurzen, dichten Haaren, und die Stacheln, die sonst so kennzeichnend für diese Familie sind, fehlen bei ihm gänzlich. Obwohl er ein guter Kletterer ist und die Schwanzspitze eindeutig eine Greiffunktion hat, scheint der Langschwanztanrek sich hauptsächlich von Insektenlarven, Würmern und kleinen Insekten zu ernähren, die er auf dem Waldboden findet. Wie die Spitzmäuse sind diese Tanreks Tag und Nacht unentwegt aktiv, wobei jedes Tier seinem eigenen Rhythmus von Aktivität und Ruhe folgt. Über die Fortpflanzung der Langschwanztanreks ist nur wenig bekannt. Man nimmt an, daß sie 2–4 Junge werfen. Einen Winterschlaf scheinen sie nicht zu halten.

Reistanrek

Oryzorictes talpoides (O. hova)

Verbreitung: Madagaskar
Habitat: Sumpfgebiete
Länge: KRL 8–13 cm; SL 3–5 cm

Der Reistanrek verdankt seinen Namen der Tatsache, daß er in den Deichen entlang den Reisfeldern lebt. Den größten Teil seines Lebens verbringt er unter der Erde. Seine Vorderpfoten eignen sich vorzüglich zum Graben. Er lebt von Wirbellosen, scheint aber auch Weichtiere und kleine Krebse zu fressen. Obwohl Reistanreks nur nachts über der Erde beobachtet wurden, sind sie unterirdisch möglicherweise ständig aktiv. Über ihre Fortpflanzung ist nichts bekannt, aber sie sind so zahlreich, daß sie in den wichtigsten Reisanbaugebieten Madagaskars zur Plage geworden sind.

Große Otterspitzmaus

Potamogale velox

Verbreitung: Westl. und äquatoriales Zentralafrika
Habitat: Flüsse: von Meereshöhe bis 1.800 m
Länge: KRL 29–35 cm; SL 24–29 cm

Obwohl die Otterspitzmäuse in einem anderen geographischen Raum leben als die übrigen Tanreks, werden sie als Unterfamilie der Tanreks angesehen. Die Otterspitzmaus ist, gemessen an ihrer Gesamtlänge, der größte lebende Insektenfresser. Oberflächlich hat sie aufgrund ihres abgeflachten Kopfes und ihres kräftigen Schwanzes große Ähnlichkeit mit dem Fischotter. Die dicken Deckhaare ihres dichten Fells glänzen. Otterspitzmäuse leben in Höhlen, deren Eingänge unter dem Wasserspiegel liegen. In der Abenddämmerung kommen sie aus ihren Höhlen, um im Wasser Krabben, Fische und Frösche zu fangen. Sie leben alleine und suchen sich erst kurz vor der Paarungszeit einen Partner. Die 2–3 Jungen eines Wurfes können zu jeder Jahreszeit geboren werden.

FAMILIE SOLENODONTIDAE: Schlitzrüßler
Heute leben nur noch 2 Arten von Schlitzrüßlern: der Almiqui (*Solenodon cubanus*) auf Kuba und der Haiti-Schlitzrüßler (*S. paradoxus*) auf der Nachbarinsel Haiti. Schlitzrüßler bewegen sich ziemlich ungeschickt fort, und obgleich sie so groß sind wie Ratten, erinnern sie wegen ihrer spitzen Schnauze mehr an Spitzmäuse. Mit ihren kleinen, wäßrigen Augen sind sie längst nicht so spezialisierte Nachttiere wie die großäugigen Ratten.

Schlitzrüßler wachsen langsam und vermehren sich auch nicht schnell. Da sie außerdem durch eingeführte Hunde und Katzen bedroht werden, ist ihr Überleben heute ernsthaft bedroht. Obwohl man angefangen hat, Reservate für sie einzurichten, ist ihre Zukunft damit noch nicht gesichert.

Kuba-Schlitzrüßler / Almiqui

Solenodon cubanus

Verbreitung: Kuba
Habitat: Bergwälder
Länge: KRL 28–32 cm; SL 17–25 cm Ⓢ

Schlitzrüßler ernähren sich sehr gemischt. Nachts scharren sie auf dem Waldboden nach Insekten und anderen Wirbellosen sowie nach Pilzen und Wurzeln. Da sie gute Kletterer sind, fressen sie aber auch Früchte, Beeren und Knospen, und gelegentlich jagen sie sogar andere Tiere. Mit dem Gift modifizierter Speicheldrüsen im Unterkiefer kann der Almiqui Eidechsen, Frösche, kleine Vögel und sogar Nagetiere töten. Doch scheint das Tier gegen sein eigenes Gift nicht immun zu sein, bei Käfighaltung mehrerer dieser Tiere sind nach Kämpfen schon Exemplare an eindeutigen Vergiftungserscheinungen gestorben. Die Weibchen werfen jeweils 1–3 Junge.

Kuba-Schlitzrüßler
Großer Igeltanrek
Großer Tanrek
Langschwanztanrek
Streifentanrek
Große Otterspitzmaus
Reistanrek

Goldmulle, Igel

FAMILIE CHRYSOCHLORIDAE: Goldmulle
Goldmulle ähneln in vielerlei Hinsicht echten Maulwürfen, sind aber nur entfernt mit ihnen verwandt. Sie haben einen walzenförmigen Körper, kurze Pfoten und keinen sichtbaren Schwanz. Ihren Namen verdanken sie dem metallischen Glanz ihres dichten Fells. Goldmulle sind blind; ihre Augen sind degeneriert und mit behaarten, zusammengewachsenen Augenlidern bedeckt. Die schaufelförmigen Krallen an den Vorderpfoten dienen ihnen als Grabwerkzeuge, mit den vergrößerten, abgeplatteten Krallen an Zeige- und Mittelfinger können sie schneiden.

Die 17 Arten der Goldmulle leben allesamt in Afrika, südlich der Linie, die Kamerun mit Tansania verbindet. Sie leben unter den verschiedensten Lebensräume, vom rauhem Bergland bis zur sandigen Ebene.

Kapgoldmull

Chrysochloris asiatica

Verbreitung: von Zaire, Ostafrika, Zimbabwe bis Südafrika (westl. Kapprovinz)
Habitat: lockerer Boden bis zu 2.800 m Höhe
Länge: KRL 9–14 cm; Schwanz fehlt

Der Kapgoldmull ist in großen Teilen des südlichen Afrikas ein häufiger Besucher von Gärten und Äckern. Er verrät sich meist durch kleine Erdhaufen, die von einem Strauch oder einem anderen Schutz ausgehend in alle Richtungen verlaufen. Möglicherweise bewegen sich Goldmulle nachts über der Erde fort. Bei feuchtem Wetter wühlen sie nach Käfern, Würmern und Insekten.

Einmal im Jahr, in der Regenzeit, bringen die Weibchen 2–4 Junge zur Welt. Kurz vor der Geburt baut die Mutter in einer speziellen Gebärkammer ein rundes, mit Gras ausgekleidetes Nest. Die Jungen werden ca. 3 Monate lang gesäugt, bis sie Zähne bekommen.

Hottentotten-Goldmull

Amblysomus hottentotus

Verbreitung: westl. Südafrika
Habitat: Sand- oder Torfebenen
Länge: KRL 8,5–13 cm; Schwanz fehlt

Der Hottentotten-Goldmull hat im Unterschied zu anderen Arten seiner Familie an den Vorderbeinen nur 2 Klauen. Oft taucht er in Plantagen oder jungen Anpflanzungen auf und schädigt die Wurzeln derart, daß die jungen Bäumchen oder Pflanzen eingehen. Dennoch ist er eher ein Nutztier als ein Schädling, da er Insekten, Käfer und anderes Ungeziefer frißt.

Die Paarung findet zwischen November und Februar statt, einer Zeit, in der viel Regen fällt. Das Weibchen wirft 2 Junge.

Riesengoldmull

Chrysospalax trevelyani

Verbreitung: Südafrika (östl. Kapprovinz)
Habitat: Wald
Länge: KRL 20–24 cm; Schwanz fehlt Ⓢ

Wie der Name schon sagt, ist der Riesengoldmull der größte Vertreter seiner Familie; er kann bis zu 1,5 kg wiegen. Diese Art ist sehr selten und vom Aussterben bedroht.

Riesengoldmulle jagen über der Erde oft Käfer, kleine Eidechsen, Nacktschnecken und Würmer. Wenn sie sich in Gefahr befinden, eilen sie blitzschnell zum Eingang ihrer Höhle, um sich in Sicherheit zu bringen. Rätselhaft ist, wie sie die genaue Richtung finden. Zur Zeit der Winterregen werfen sie vermutlich jeweils 2 Junge.

FAMILIE ERINACEIDAE: Igel
Diese Familie umfaßt 17 Arten, die sich auf zwei oberflächlich betrachtet recht verschiedene Typen von Tieren verteilen: die Stacheligel oder Echten Igel und die Haarigel oder Rattenigel. Mitglieder der Unterfamilie Stacheligel leben in ganz Europa und in Asien bis Westchina, in Afrika bis Angola. Haarigel leben im nördlichen Burma, Indochina und Malaysia sowie auf Borneo und den Philippinen. Alle Igel ernähren sich von Würmern, Insekten, Weichtieren sowie von Beeren, Fröschen, Eidechsen und Vögeln.

Im nördlichen Teil ihres Verbreitungsgebiets halten Igel während der kälteren Jahreszeit einen Winterschlaf, in wärmeren Gegenden hingegen nicht.

Westeuropäischer Igel

Erinaceus europaeus

Verbreitung: von Großbritannien östl. bis Skandinavien und Rumänien; eingeführt in Neuseeland
Habitat: Hecken, Wälder, Ackerland
Länge: KRL 13,5–27 cm; SL 1–5 cm

Der Igel ist zweifellos eines der bekanntesten kleinen Säugetiere Europas. Er ist ziemlich laut und kann ein ganzes Repertoire von knurrenden und schnüffelnden Lauten von sich geben. Der obere Teil seines Kopfes und sein ganzer Rükken sind mit kurzen, gestreiften Stacheln besetzt. Fühlt sich der Igel bedroht, so rollt er sich zusammen, wobei sich ein ringförmiger Muskel um das ganze Tier schließt, der in Längsrichtung rund um das Stachelkleid verläuft, so daß es sozusagen in seinem eigenen Stachelpanzer gefangen sitzt. Brust und Bauch sind mit groben, elastischen Haaren bedeckt.

Igel bringen jedes Jahr einen, manchmal aber auch zwei Würfe von je 5 Jungen zur Welt, die im Alter von ca. 5 Wochen entwöhnt werden. Im nördlichen Teil ihres Verbreitungsgebietes halten diese Igel einen Winterschlaf.

Äthiopischer Igel

Paraechinus aethiopicus

Verbreitung: Nordafrika, Naher Osten bis zum Irak
Habitat: trockene Buschvegetation, Wüste
Länge: KRL 14–23 cm; SL 1–4 cm

Der Äthiopische Igel ähnelt stark seinem etwas größeren europäischen Verwandten, doch zeigt die Farbe seines Fells mehr Variationen. Im allgemeinen sind die Stacheln sandfarben gelb mit dunklen Punkten, häufig aber auch dunkel und weiß. Äthiopische Igel graben einfache Erdlöcher, in denen sie sich tagsüber aufhalten. Nachts, wenn es kühl ist, machen sie sich auf die Suche nach Wirbellosen und nach Eiern von Vögeln, die auf dem Boden nisten. Auch Skorpione sind für sie ein Leckerbissen. Allerdings beißt der Igel ihren Stachel ab, bevor er sie auffrißt. Wie bei vielen Wüstentieren haben sich auch beim Äthiopischen Igel die Nieren in hohem Maße an die Lebenssituation angepaßt, so daß er lange Zeit ohne Wasser auskommen kann.

Äthiopische Igel pflanzen sich im Juli und August fort und werfen meist 5 Junge.

Großer Rattenigel

Echinosorex gymnurus

Verbreitung: von Burma östl. bis Kambodscha
Habitat: Wald, Mangrovensümpfe
Länge: KRL 26–44 cm; SL 20–21 cm

Der Große Haar- oder Rattenigel ist einer der größten Insektenfresser. Er hat eine lange Schnauze, ein borstiges Fell und einen fast unbehaarten, geschuppten Schwanz. Er verteidigt sich, indem er mit Hilfe von Duftdrüsen am After einen widerlichen, äußerst unangenehmen Geruch verbreitet, der die meisten Angreifer verjagt – mit Ausnahme einiger weniger, besonders hartnäckiger. Rattenigel leben in Spalten zwischen Baumwurzeln oder in hohlen Stämmen. Sie kommen bei Anbruch der Dämmerung zum Vorschein und suchen Weichtiere, Insekten und Würmer. Gelegentlich fressen sie auch Früchte, Fische und Krabben. Über ihre Fortpflanzung ist wenig bekannt, doch scheinen sie sich das ganze Jahr über fortpflanzen zu können. Pro Wurf werden 2 Junge geboren.

Philippinen-Rattenigel

Podogymnurus truei

Verbreitung: Philippinen (Mindanao)
Habitat: Bergwälder und Waldränder in 1.600–2.300 m Höhe
Länge: KRL 13–15 cm; SL 4–7 cm Ⓖ

Dieses eigenartige Tier hat ein von Natur aus kleines Verbreitungsgebiet und war nie sehr zahlreich. Heute werden durch Kahlschlag riesiger Waldgebiete, durch Brandrodung und Kultivierung des Bodens große Teile seines Lebensraumes vernichtet. Dadurch ist der Fortbestand dieser Tierart ernsthaft bedroht. Der Philippinen-Rattenigel hat ein weiches Fell, und der Schwanz ist behaarter als der des *Echinosorex*. Er ernährt sich von Insekten, Würmern und sogar von Aas, das er im Gras und auf Mooskissen findet. Über die Fortpflanzung des Philippinen-Rattenigels ist nichts bekannt.

Kapgoldmull
Hottentotten-Goldmull
Riesengoldmull
Westeuropäischer Igel
Äthiopischer Igel
Großer Rattenigel
Philippinen-Rattenigel

Spitzmäuse

FAMILIE SORICIDAE: Spitzmäuse

Es gibt mehr als 200 Arten von Spitzmäusen, die in der ganzen Welt verbreitet sind, mit Ausnahme von Australien und Neuseeland, der Karibik und dem größten Teil von Südamerika. Spitzmäuse sind Insektenfresser, und die meisten Arten führen ein friedliches Dasein zwischen den verwesenden organischen Resten des Waldbodens oder im Grasland, wo sie von den verschiedensten Wirbellosen leben. Von Wasserspitzmäusen ist bekannt, daß sie Frösche und Fische angreifen und diese mit einem giftigen Biß töten. Die Speicheldrüsen vieler Spitzmausarten enthalten ein starkes Gift. Manchmal fressen sie auch Aas.

Spitzmäuse sind lebhafte Tiere mit einer hohen Stoffwechselgeschwindigkeit. Ihre Herzen schlagen öfter als 1.200mal pro Minute, und im Verhältnis zu ihrer Körpergröße entwickeln sie einen erstaunlichen Appetit. Selbst in kalten, nördlichen Gebieten halten sie keinen Winterschlaf – dafür könnten sie unmöglich genügend Fettreserven bilden. Zwar machen Eulen und Habichte ausgiebig Jagd auf Spitzmäuse, doch die meisten ihrer natürlichen Feinde werden durch eine scharfriechende Ausscheidung aus Drüsen, die sich in ihren Flanken befinden, abgeschreckt.

Einige Arten sollen ihre eigenen Ausscheidungen auffressen und möglicherweise auch die anderer Tiere. Dadurch vergrößern sie die Dosis der Vitamine B und K und mancher anderer Nährstoffe, die sie zu sich nehmen. Dies hängt möglicherweise mit ihrer hyperaktiven Lebensweise und mit ihrem erhöhten Stoffwechsel zusammen. Spitzmäuse verlassen sich während der Jagd hauptsächlich auf Nase und Ohren; ihre Augen sind klein und wahrscheinlich nicht besonders gut.

Amerikanische Maskenspitzmaus

Sorex cinereus

Verbreitung: vom Norden Nordamerikas bis Neumexiko
Habitat: feuchte Wälder
Länge: KRL 4,9–9,5 cm; SL 2,5–8 cm

Die amerikanische Maskenspitzmaus ist in ganz Nordamerika verbreitet, in trockeneren Gegenden im Süden allerdings weniger zahlreich vertreten. Sie bewohnt Waldböden und lebt in selbstgegrabenen oder von anderen Tieren verlassenen Höhlen sowie in deren Umgebung. Diese Tiere sind Tag und Nacht aktiv, ihr Tageslauf enthält ca. 7 Perioden intensiver Nahrungssuche. Sie bevorzugen Würmer und Schnecken, fressen aber auch die verschiedensten anderen wirbellosen Tiere.

Maskenspitzmäuse leben meist alleine. Männchen und Weibchen kommen nur in der Paarungszeit zusammen. Gegen Frühlingsende und während des Sommers werden mehrere Würfe von maximal 10 Jungen geboren. Nach ca. einem Monat werden die Jungen entwöhnt, doch die Familie bleibt manchmal noch einen Monat lang zusammen, die einzige Zeit, in der diese Tiere in Gruppen leben.

Kurzschwanzspitzmaus

Blarina brevicauda

Verbreitung: Osten der USA
Habitat: fast alle Lebensräume auf dem Land
Länge: KRL 7,5–10,5 cm; SL 1,5–3 cm

Diese zahlreiche und weitverbreitete Art weist zwei eigenartige Merkmale auf: Zum einen scheint das Tier teilweise ein Gemeinschaftsleben zu führen, da es in Gefangenschaft die Gesellschaft anderer Spitzmäuse sucht; zum zweiten begibt es sich zur Nahrungssuche häufig auf Bäume – die meisten anderen Spitzmäuse klettern kaum.

In großen Teilen der USA hat die Kurzschwanzspitzmaus die wichtige Funktion eines Vertilgers von Blattwespen und anderen Schädlingen, von denen es sich ernährt. Sie baut unter einem Baumstrunk oder -stamm ein Nest aus Gras und wirft jedes Jahr 3- bis 4mal bis zu 9 Junge. Die Tragezeit beträgt 17–21 Tage.

Große Wüstenspitzmaus

Notiosorex gigas (Megasorex g.)

Verbreitung: Westküste Mexikos
Habitat: Fels- und Halbwüsten, trockene Wälder
Länge: KRL 8–9 cm; SL 4–5 cm

Die Große Wüstenspitzmaus hat große Ohrmuscheln und einen ausgezeichnet entwickelten Gehörsinn. Wie die meisten Wüstentiere ist sie nur nachts aktiv: Dann kommt sie aus Felsspalten oder unter Steinen zum Vorschein und sucht nach Insekten und Würmern. Obwohl das Tier innerhalb von 24 Stunden bis zu drei Viertel seines Körpergewichts an Nahrung zu sich nimmt, scheint es nur nachts zu fressen, im Gegensatz zu anderen Spitzmäusen, die tagsüber und nachts auf Nahrungssuche gehen. Über die Fortpflanzung der Wüstenspitzmaus ist nichts bekannt.

Ceylon-Weißzahnspitzmaus

Crocidura miya

Verbreitung: Sri Lanka
Habitat: feuchte und trockene Wälder, Savannen
Länge: KRL 5–6,5 cm; SL 4–4,5 cm

Diese Spitzmaus mit ihrem langen, spärlich behaarten Schwanz verbringt den größten Teil ihres Lebens zwischen den verwesenden organischen Resten auf dem Waldboden, wo sie wegen der Feuchtigkeit und Kühle zahlreiche Wirbellose findet. Manchmal frißt sie auch kleine Eidechsen und junge Vögel. Duftdrüsen, die einen penetranten Duftstoff ausscheiden, schützen die Spitzmaus wirksam vor Angreifern.

Die Fortpflanzungszeit der Weißzahnspitzmäuse erstreckt sich von März bis November. Die Weibchen ziehen in dieser Periode ca. 5 Würfe von durchschnittlich 6 Jungen auf. Nach 8 Tagen verlassen die Jungen zum erstenmal das Nest. Dabei beißt sich jedes Junge im Schwanz des Jungen vor ihm fest; so gehen sie, die Mutter voran, auf Nahrungssuche. Diese Angewohnheit scheinen nur die Spitzmäuse der Gattung *Crocidura* zu haben.

Etruskerspitzmaus

Suncus etruscus

Verbreitung: Südeuropa, Südasien, Afrika
Habitat: halbtrockene Grasländer, Busch, steinige Hänge
Länge: KRL 3,5–5 cm; SL 2,5–3 cm

Eine erwachsene Etruskerspitzmaus wiegt ca. 2 Gramm. Sie wird daher als das kleinste Landsäugetier der Welt angesehen. Wie sich solch ein kleines Tier am Leben erhalten kann, ist nicht genau bekannt, aber es muß über eine ständige und zuverlässige Nahrungsquelle verfügen. Dies ist einer der Gründe, warum sich diese Art auf die wärmeren Regionen der alten Welt beschränkt. Das dichte Fell verhindert, daß der kleine Körper allzuviel Wärme verliert. Etruskerspitzmäuse leben von Spinnen und Insekten, die fast ebenso groß sind wie sie selbst, unter anderem von Heuschrecken und Kakerlaken. Über ihre Fortpflanzung ist nichts bekannt, aber sie bleiben stetig sehr zahlreich. Vielleicht werden sie wegen ihrer Kleinwüchsigkeit und weil sie ihren Lebensraum mit größeren, verlockenderen Beutetieren teilen, von feindlichen Raubtieren nicht beachtet.

Afrikanische Waldspitzmaus

Suncus varius (Myosorex v.)

Verbreitung: Südafrika, nördlich bis zum Limpopo
Habitat: feuchte Gebiete, Wald, Buschvegetation, Flußufer
Länge: KRL 6–11 cm; SL 3–5,5 cm

Die Afrikanische Waldspitzmaus ist wohl der primitivste Vertreter dieser Familie. Sie hat zwei Zähne mehr in ihrem Unterkiefer als die übrigen Arten und dadurch Ähnlichkeit mit gewissen ausgestorbenen Säugetieren, obwohl sie ansonsten den meisten Spitzmäusen ähnelt. Afrikanische Waldspitzmäuse scheinen keine Gänge zu graben oder zu benutzen, sondern sie suchen tagsüber Schutz in kleineren oder größeren Löchern. Zum Schlafen und als Geburtskammer bauen sie Nester aus abgenagten Grashalmen. Die Weibchen ziehen jedes Jahr durchschnittlich 6 Würfe von 2–4 Jungen auf.

Ugandapanzerspitzmaus

Scutisorex somereni

Verbreitung: Uganda (bei Kampala)
Habitat: Wald
Länge: KRL 12–15 cm; SL 7–9,5 cm

Eines der merkwürdigsten Mitglieder der Spitzmausfamilie ist die Panzerspitzmaus aus Uganda. Ihre Wirbelsäule wird durch ein Netzwerk von ineinandergreifenden knochigen Dornfortsätzen und Gelenkflächen verstärkt. Trotzdem ist das Tier ebenso beweglich wie andere Spitzmäuse, obschon sein Jagdverhalten durch ziemlich schwerfällige und behäbige Bewegungen gekennzeichnet ist. Man hat festgestellt, daß Panzerspitzmäuse das Gewicht eines erwachsenen Mannes tragen können, ohne zermalmt zu werden.

Panzerspitzmäuse fressen wahrscheinlich sowohl pflanzliche Nahrung wie auch wirbellose Tiere. Man nimmt an, daß ihre Fortpflanzung nicht an eine bestimmte Jahreszeit gebunden ist.

Amerikanische Maskenspitzmaus

Kurzschwanzspitzmaus

Große Wüstenspitzmaus

Ceylon-Weißzahnspitzmaus

Etruskerspitzmaus

Afrikanische Waldspitzmaus

Ugandapanzerspitzmaus

Maulwürfe, Rüsselspringer, Riesengleitflieger

FAMILIE TALPIDAE: Maulwürfe

Die meisten der 30 Maulwurfarten leben unterirdisch, doch 2 Arten von Wassermaulwürfen und der Sternmull haben sich an das Leben im Wasser angepaßt. Maulwürfe sind in ganze Europa und Asien, südlich bis zum Himalaya und von Südkanada bis nach Nordmexiko verbreitet. Sie sind auf weichen Boden angewiesen, um ihre riesigen Gangsysteme graben zu können.

Alle Maulwürfe besitzen stark modifizierte Hände und Unterarme, die gleichzeitig als „Spitzhacken" und Grabwerkzeuge dienen. Maulwürfe kommen selten an die Erdoberfläche. Ihre Augen sind klein und mit Haut bedeckt. Ihr Tastsinn ist jedoch hervorragend entwickelt, und ihre Schnurrhaare reagieren auf die kleinsten Erschütterungen. Maulwürfe können sich ebensogut vorwärts wie rückwärts bewegen. Wenn sie rückwärts kriechen, halten sie ihren kurzen Schwanz hoch; die Tasthaare darauf warnen das Tier dann vor jeder nahenden Gefahr.

Pazifischer Maulwurf

Scapanus orarius

Verbreitung: Nordamerika: von British Columbia bis Baja California

Habitat: lockerer Boden in Laubwäldern

Länge: KRL 11–18,5 cm; SL 2–5,5 cm

Der Pazifische Maulwurf und seine Verwandten, der Kalifornische Maulwurf oder Breitfußmaulwurf (*Scapanus latimanus*) und Townsends Maulwurf (*Scapanus townsendi*) besitzen nach oben geöffnete Nasenlöcher. Ihre Augen sind besser sichtbar als die anderer Arten, was jedoch nicht heißt, daß sie besser sehen können. Wie die anderen Maulwürfe leben sie unter der Erde und kommen nur selten an die Oberfläche.

Pazifische Maulwürfe leben von Würmern und Larven, die sie im Boden finden. Sie sind sehr nützlich, weil sie viele Schädlingslarven vertilgen. Am Frühlingsanfang werden nach einer Tragezeit von 4 Wochen 2–5 Junge geboren.

Europäischer Maulwurf

Talpa europaea

Verbreitung: Europa, Ostasien

Habitat: Weideland, Wald, Busch

Länge: KRL 9–16,5 cm; SL 3–4 cm

Das weitläufige Gangsystem, in dem der Europäische Maulwurf lebt, gräbt er in verblüffend kurzer Zeit: Er kann 20 m Gang pro Tag graben. Maulwürfe fressen in erster Linie Würmer, aber auch viele andere wirbellose Tiere sowie Schlangen, Eidechsen, Mäuse und kleine Vögel.

Im Frühsommer wirft das Weibchen in einem mit Blättern ausgekleideten Nest unter der Erde bis zu 7 Junge, die nach ca. 3 Wochen entwöhnt werden. Manchmal folgt noch ein zweiter Wurf.

Bürsten- oder Haarschwanzmaulwurf

Parascalops breweri

Verbreitung: Südostkanada, Nordosten der USA

Habitat: poröser Boden in Wald oder offenem Gelände

Länge: KRL 11,5–14 cm; SL 2–3,5 cm

Wie der Name schon sagt, hat diese Art einen Schwanz, der an eine Bürste erinnert. Im übrigen ähnelt das Tier im Aussehen und Verhalten den anderen Maulwürfen. Bürstenmaulwürfe graben weitläufige, zweistöckige Gangsysteme: Das obere Stockwerk befindet sich direkt unter der Erdoberfläche; es wird bei warmem Wetter benutzt. Ein tieferes Stockwerk dient als Winterquartier. Anfang April findet die Paarung statt, und Mitte Mai werden 4–5 Junge geboren.

Der Ostamerikanische Maulwurf (*Scalopus aquaticus*) ähnelt stark dem Bürstenmaulwurf, hat aber einen fast kahlen Schwanz.

Sternmull

Condylura cristata

Verbreitung: Südostkanada, Nordosten der USA

Habitat: feuchter Boden

Länge: KRL 10–12,5 cm; SL 5,5–8 cm

Der Sternmull hat rund um seine Nasenlöcher einen Kranz von 22 fingerförmigen, tentakelartigen Fortsätzen, die ihm helfen, auf dem Grund von Teichen und kleinen Flüssen Nahrung zu suchen. Sternmulle graben zwar Gänge, um darin zu wohnen, aber sie suchen unter der Erde keine Nahrung. Sie sind ausgezeichnete Schwimmer und Taucher und ernähren sich hauptsächlich von kleinen Wasserkrebsen und Fischen, von Wasserinsekten und anderen Süßwassertieren. Die Sternmulle haben ein dickes, vollkommen wasserdichtes Fell. Das Weibchen bringt im Frühling 2–7 Junge zur Welt, die mit vollständig entwickelten Tentakeln geboren werden.

Russischer Desman

Desmana moschata

Verbreitung: Osteuropa bis zentrales Westasien

Habitat: Teiche und Flüsse in dichtbewachsenen Gebieten

Länge: KRL 18–21,5 cm; SL 17–21,5 cm Ⓖ

Der russische Desman ist der größte Vertreter der Maulwurffamilie. Er lebt nicht unter der Erde, sondern im Wasser, gräbt jedoch auch in der Uferböschung kurze Gänge. Sein abgeflachter Schwanz dient ihm beim Schwimmen gleichzeitig als Steuer und als Antrieb. Die mit Schwimmhäuten versehenen Füße mit ihrem Borstensaum sind ausgezeichnete Paddel. Desmane leben von den unterschiedlichsten Wassertieren, von Fischen und Amphibien bis hin zu Insekten, Krebsen und Weichtieren.

Da die Zahl der Desmane heute stark zurückgegangen ist, werden strenge Schutzmaßnahmen getroffen, und es gibt Projekte, um diese Tiere in Teilen ihres ehemaligen Verbreitungsgebietes, aus denen sie verschwunden sind, wieder anzusiedeln.

FAMILIE MACROSCELIDIDAE: Rüsselspringer

Die 16 Arten afrikanischer Rüsselspringer besitzen auffallende rüsselförmige Schnauzen. Zoologisch stellen diese Tiere ein Rätsel dar, aber man zählt sie aufgrund ihres Gebisses zu den Insektenfressern.

Kurzohrrüsselspringer

Macroscelides proboscideus

Verbreitung: Afrika: Namibia u. Südafrika (Kapprovinz)

Habitat: Ebenen, Felsen

Länge: KRL 9,5–12,5 cm; SL 9,5–14 cm

Die zahlreich vertretene Art der Kurzohrrüsselspringer ist Tag und Nacht unterwegs. Diese Tiere ernähren sich von Termiten und graben manchmal Gänge in Termitenhügel. Auch Samen, Früchte und Beeren zählen zu ihrer Nahrung, und um diese zu bekommen, springen die Kurzohrrüsselspringer mit ihren starken Hinterbeinen von Zweig zu Zweig, wobei der lange Schwanz ihnen hilft, das Gleichgewicht zu bewahren.

In der Regenzeit werden 1–2 Junge geboren, die bei der Geburt schon ziemlich weit entwickelt sind und fast von Anfang an laufen und springen können. Anscheinend werden sie auch nur ein paar Tage lang gesäugt.

ORDNUNG DERMOPTERA: Riesengleiter

FAMILIE CYNOCEPHALIDAE: Riesengleitflieger

Es gibt nur zwei Arten Riesengleitflieger. Wie die Rüsselspringer sind auch sie eine rätselhafte Tiergruppe, denn sie weisen sowohl Merkmale von Halbaffen wie auch von Insektenfressern auf. Aus diesem Grund bilden sie eine eigene Ordnung.

Philippinen-Gleitflieger

Cynocephalus volans

Verbreitung: Philippinen

Habitat: Wälder

Länge: KRL 38–42 cm; SL 22–27 cm

Der Gleitflieger „fliegt" mit Hilfe seiner riesigen Flughaut (Patagium), die vom Hals bis zu den Hand- und Fußgelenken und zur Schwanzspitze reicht. Mit ausgestreckten Beinen und vollständig ausgefalteter Flughaut kann er Gleitflüge von bis zu 135 Metern durch die Baumwipfel machen. Am Boden ist das Tier nahezu hilflos, klettern kann es hingegen ausgezeichnet. Es ernährt sich von Schößlingen, Knospen, Früchten und Blüten verschiedenster Bäume des Regenwaldes. Sein größter Feind ist der Philippinische Bacha (*Spilornis holospilus*), ein Raubvogel, der sich fast ausschließlich von Gleitfliegern ernährt.

Im Februar findet die Paarung statt, und nach einer Tragezeit von zwei Monaten bringt das Weibchen gewöhnlich 1 Junges, manchmal auch 2 zur Welt. Sie trägt die Nachkommenschaft solange mit sich herum, bis sie zu groß und zu schwer geworden ist.

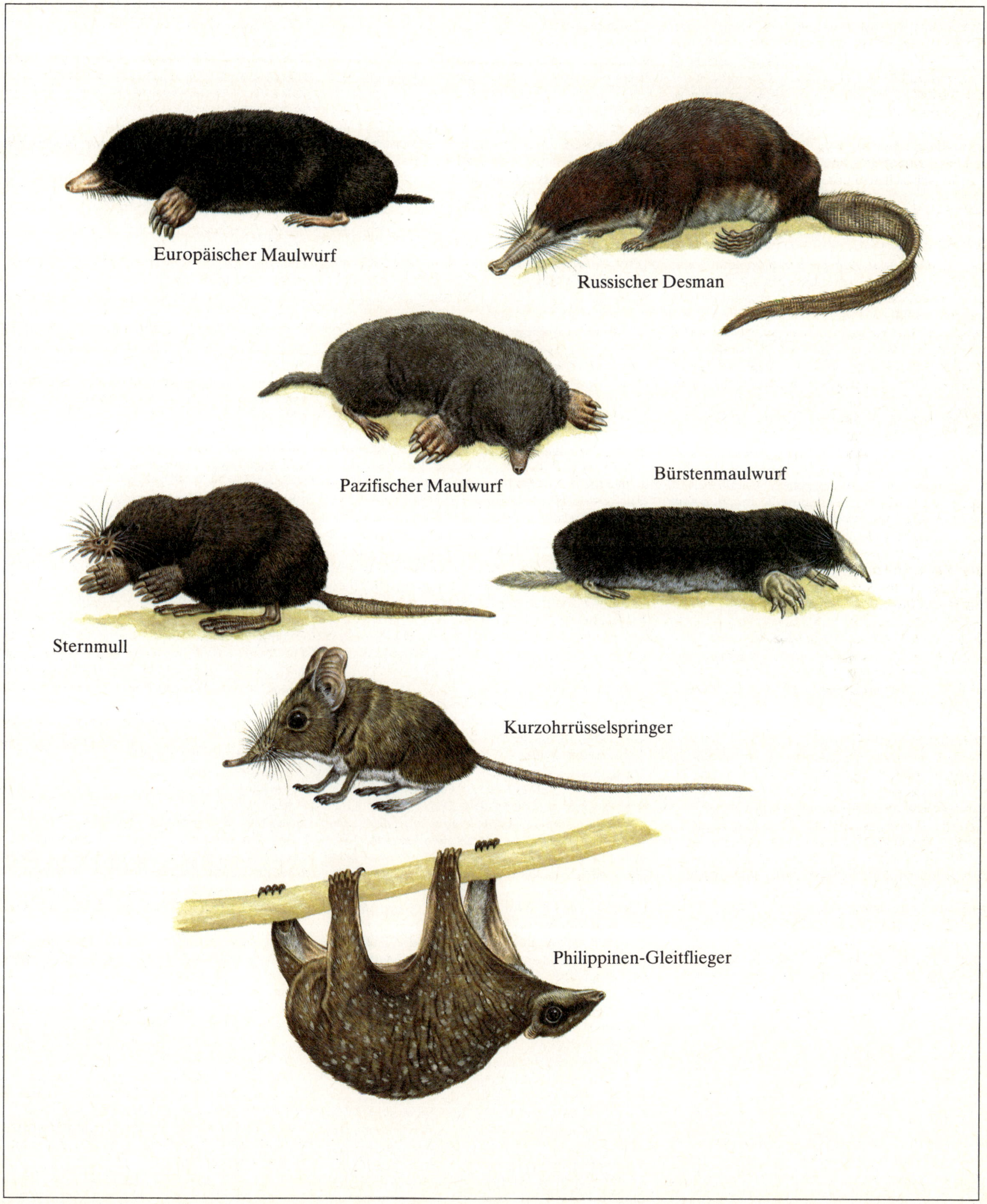
Europäischer Maulwurf
Russischer Desman
Pazifischer Maulwurf
Bürstenmaulwurf
Sternmull
Kurzohrrüsselspringer
Philippinen-Gleitflieger

Flughunde

ORDNUNG CHIROPTERA: Fledertiere
Jedes vierte Säugetier ist eine Fledermaus, und trotzdem ist nur sehr wenig über diese Ordnung bekannt. Fledertiere sind die einzigen Säugetiere, die wirklich fliegen können – die also nicht nur Gleitflüge machen. Diese Fähigkeit verdanken sie der ausgeklügelten Form ihrer Flügel. Die 4 verlängerten Finger ihrer beiden Hände unterstützen die Flughaut, die auch an den Fußgelenken befestigt ist und bei manchen Arten den Schwanz umschließt.

FAMILIE PTEROPIDAE: Flughunde oder Flederhunde
Die Familie Flederhunde oder Flughunde zählt ca. 130 Arten von großen, früchtefressenden Fledertieren, die in den Tropen und Subtropen der alten Welt zu Hause sind. Sie haben große Augen, ihre Ohren sind von einfacher Struktur, wie die der Nagetiere, und ihr Geruchssinn ist besonders gut entwickelt. An beiden Händen befindet sich ein kräftiger Daumen mit einer starken Kralle. Einige Arten haben auch am zweiten Finger eine kleine Kralle, die über die Flughaut hinausragt. Mit Hilfe dieser Krallen und ihrer Hinterpfoten bewegen sich die Flederhunde in den Bäumen fort, in denen sie nach Früchten suchen. Manche Arten ernähren sich auch von Nektar und Pollen. Männchen und Weibchen unterscheiden sich äußerlich nicht.

Indischer Flughund
Pteropus giganteus
Verbreitung: Süd- und Südostasien
Habitat: Wald, Busch
Länge: KRL 35–40 cm; SPW 150 cm; Schwanz fehlt

Der Indische Flughund ist der Flederhund mit der größten Flügelspannweite. Er hängt tagsüber in Gruppen von mehreren tausend Tieren schlafend in großen Bäumen. Bei Einbruch der Dämmerung fliegt er zur Nahrungssuche aus. Er zerquetscht die Früchte zwischen seinen kreisförmig angeordneten Zähnen, um an den Saft zu kommen. Kerne und Fruchtfleisch spuckt er gewöhnlich aus, nur weiches Fruchtfleisch wie das von Bananen frißt er manchmal mit.

Diese Art hat keine feste Fortpflanzungszeit, doch werden die Jungen in den verschiedenen Teilen des Verbreitungsgebiets nach 6monatiger Tragezeit jeweils etwa zur gleichen Zeit geboren. Die Mutter führt ihr Junges auf dem Rükken mit, bis es 8 Wochen alt ist.

Hammerkopf
Hypsignathus monstrosus
Verbreitung: Afrika: von Gambia bis Uganda und Angola
Habitat: Mangrovenwälder und andere Sümpfe
Länge: KRL 25–30 cm; SPW 70–95 cm; Schwanz fehlt

Der Hammerkopf verdankt seinen Namen einer eigenartigen Schwellung seiner Nase, über deren Funktion nichts bekannt ist. Dies ist eine der lautesten Fledermausarten: Die Männchen versammeln sich in bestimmten Bäumen und schreien stundenlang im Chor.

Hammerköpfe schlafen tagsüber hängend in kleinen Gruppen. Sie ernähren sich vom Saft von Mangos und Sauren Sobben und hin und wieder auch von Fleisch. Nach einer Tragezeit von 5½ Monaten bringen die Weibchen ein Junges zur Welt.

Ägyptischer Flughund
Rousettus aegyptiacus
Verbreitung: von Afrika östl. bis Indien und Malaysia
Habitat: Wald, Höhlen, Graber, Tempel
Länge: KRL 11–13 cm; SPW 30–45 cm; SL 1,5 cm

Ägyptische Flughunde schlafen tief verborgen in Höhlen oder Grabkammern, und sie orientieren sich dort offenbar durch Echopeilung. Dies sind die einzigen früchtefressenden Fledermäuse, die von dieser Möglichkeit Gebrauch machen, die bei den insektenfressenden Fledermäusen so wichtig ist. Sie ernähren sich vom Saft von Früchten und vom Nektar von Blüten und spielen eine wichtige Rolle als Befruchter von Pflanzen. Die Fortpflanzungszeit des ägyptischen Flughundes dauert von Dezember bis März. Nach einer Tragezeit von 15 Wochen bringt das Weibchen ein Junges zur Welt. Die junge Fledermaus klammert sich an ihre Mutter und wird ständig von ihr getragen, bis sie selbst fliegen kann. Wenn das Junge 3 Monate alt ist, begibt es sich selbständig auf Nahrungssuche.

Franquet-Epauletten-Flughund
Epomops franqueti
Verbreitung: Afrika: von Nigeria bis Angola, östl. bis Zimbabwe und Tansania
Habitat: Wald, offenes Gelände
Länge: KRL 13,5–18 cm; SPW 23–25 cm; Schwanz fehlt

Diese Art gehört zu den Epaulettenflughunden (Unterfamilie *Epomophorinae*), die ihren Namen den auffälligen weißlichen Haarbüscheln auf den Schultern verdanken. Der Franquet-Epauletten-Flughund saugt die Früchte aus, anstatt sie auszupressen. Er umschließt die Frucht mit den Lippen, durchbohrt das Fruchtfleisch mit den Zähnen und preßt mit der Zunge von unten gegen die Frucht; so saugt er den Saft aus.

Die Fortpflanzung des Franquet-Epauletten-Flughundes ist nicht an eine bestimmte Jahreszeit gebunden. Nach einer Tragezeit von 3½ Monaten bringt er ein Junges zur Welt.

Whitehead-Spitzzahn-Flughund
Harpyionycteris whiteheadi
Verbreitung: Philippinen, Celebes
Habitat: Wald bis 1.700 m Höhe
Länge: KRL 14–15 cm; SPW 23–30 cm; Schwanz fehlt

Die nach vorne gerichteten Schneidezähne des Spitzzahn-Flughundes scheinen wie eine Schere zu funktionieren. Das Tier schneidet damit offenbar Feigen und andere Früchte von den Bäumen ab.

Großer Röhrennasen-Flughund
Nyctimene major
Verbreitung: Celebes bis Timor, Neuguinea, Nordaustralien, Salomon-Inseln
Habitat: Wald
Länge: KRL 7–12 cm; SPW 20–28 cm; SL 1,5–2,5 cm

Diese Fledermausart hat stark verlängerte, röhrenartige Nasenöffnungen. Die genaue Funktion dieses „Schnorchelapparates" ist nicht klar, aber möglicherweise dient diese „Stereonase" zum Aufspüren reifer Früchte. Guaven, Feigen und sogar das Fruchtfleisch junger Kokosnüsse bilden die Nahrung des Großen Röhrennasen-Flughundes. Mit seinen Zähnen reißt er Stücke von den Früchten ab, die er dann kaut und an Brust und Bauch zerreibt. Nur den Saft saugt er auf, den Rest wirft er fort.

Röhrennasen-Flughunde scheinen nicht so ausgesprochene Gruppentiere zu sein wie andere Fledermäuse; sie schlafen tagsüber meist alleine. Sie hängen dicht an Baumstämmen, wobei ihre gefleckte Flughaut eine gute Tarnung ist. Im September und Oktober findet die Paarung statt; später wird ein Junges geboren.

Zwerg-Langzungen-Flughund
Macroglossus minimus
Verbreitung: von Burma östl. bis Malaysia und Bali
Habitat: Wald, Plantagen
Länge: KRL 6–7 cm; SPW 14–17 cm; Schwanz rudimentär

Der Zwerg-Langzungen-Flughund ist eine der kleinsten Fledermäuse. Er lebt alleine und wird daher nicht so schnell von Feinden aufgespürt. Tagsüber schläft er in aufgerollten Bananen- oder Hanfblättern, und in der Dämmerung kommt er zum Vorschein, um Pollen und Nektar zu sammeln. Er frißt auch Früchte und gilt in einigen Teilen seines Verbreitungsgebiets in Plantagen als Plage. Diese Fledermaus läßt nachts ein gellendes Geschrei ertönen. Sie pflanzt sich im August und September fort, und das Weibchen wirft nach 12–15 Wochen ein Junges.

Langzungen-Flughund
Syconycteris australis
Verbreitung: von Südneuguinea südl. bis Australien (New South Wales)
Habitat: feuchte und trockene Wälder
Länge: KRL 5–6 cm; SPW 12–15 cm; Schwanz rudimentär

Der Langzungen-Flughund ist die kleinste fruchtfressende Fledermaus. Er lebt in Eukalyptus- und Akazienwäldern und scheint sich ausschließlich vom Pollen und Nektar der vielen Arten dieser Bäume zu ernähren. Dabei steckt er seine pinselförmige Zunge tief in die langen Blumenkelche, um an den Nektar zu kommen. Die Weibchen bringen im Sommer (November oder Dezember) ein winziges Junges zur Welt.

Indischer Flughund
Hammerkopf
Franquet-Epauletten-Flughund
Ägyptischer Flughund
Whitehead-Spitzzahn-Flughund
Großer Röhrennasen-Flughund
Langzungen-Flughund
Zwerg-Langzungen-Flughund

Mausschwanzfledermäuse, Glattnasen-Freischwänze

FAMILIE RHINOPOMATIDAE:
Mausschwanzfledermäuse
Mausschwanzfledermäuse haben einen langen unbehaarten Schwanz, der genausolang ist wie der Rest des Körpers. Es gibt 4 Arten in dieser Familie, die im Nahen und Mittleren Osten, in Indien, Thailand und Sumatra leben. Manche Pyramiden in Ägypten werden schon seit mindestens 3.000 Jahren von Mausschwanzfledermäusen bewohnt.

Ägyptische Klappnase

Rhinopoma microphyllum

Verbreitung: Mittlerer und Naher Osten
Habitat: trockene, baumlose Gebiete
Länge: KRL 6–8 cm; SPW 17–25 cm; SL 6–8 cm

Große Kolonien mit Tausenden von Ägyptischen Klappnasen schlafen tagsüber in den Ruinen großer Gebäude, oft in Palästen oder Tempeln. Sie leben ausschließlich von Insekten, und wenn es in Gebieten mit einer kalten Jahreszeit zu einer vorübergehenden Stagnation des Nahrungsangebots kommt, halten sie eine Art Winterschlaf. Zuvor legen sie jedoch dicke Fettschichten an, die ebenso schwer sein können wie das Tier selbst. Dadurch können sie wochenlang ohne Nahrung auskommen. Während des Winterschlafs wird das Reservefett restlos verbraucht. Ägyptische Klappnasen paaren sich am Frühlingsanfang. Das Weibchen bringt nach einer Tragezeit von ca. 4 Monaten ein Junges zur Welt, das nach 8 Wochen entwöhnt wird. Erst im zweiten Lebensjahr ist es geschlechtsreif.

FAMILIE EMBALLONURIDAE:
Glattnasen-Freischwänze
Diese Familie umfaßt 40 Arten, die auch zwischen den Hinterpfoten eine Flughaut besitzen. Der Schwanz ragt durch ein kleines Loch daraus hervor. Welchen Vorteile diese Konstruktion hat, ist nicht vollständig geklärt. Die Fledermaus kann durch Bewegungen der Hinterpfoten die bewegliche „Schwanztragfläche" während des Flugs hin und her bewegen; möglicherweise verbessert das ihr Flugverhalten.

Glattnasen-Freischwänze leben in allen tropischen und subtropischen Gebieten der Welt und in den verschiedensten Lebensräumen, jedoch immer in der Nähe von Bäumen. Sie sind hauptsächlich Insektenfresser, aber wahrscheinlich ernähren sie sich auch von Früchten.

Ein weiteres spezielles Merkmal dieser Fledermausfamilie sind Armtaschen unter den Flügeln in Höhe der Ellbogen, in denen sich Duftstoffe befinden, welche aus der Haut ausgeschieden werden. Die dickflüssige, stark duftende Substanz ist vor allem bei den Männchen in großen Mengen vorhanden. Möglicherweise dient sie als sexueller Lockstoff für die Weibchen.

Nasenfledermaus

Rhynchonycteris naso

Verbreitung: Südmexiko bis Zentralbrasilien
Habitat: Urwald, Buschvegetation, in Wassernähe
Länge: KRL 3,5–4,5 cm; SPW 12–16 cm; SL 1–2 cm

Charakteristische Merkmale der Nasenfledermaus sind die lange Schnauze und die grauen Haarbüschel auf ihren Vorderpfoten. Nasenfledermäuse sind langsame Flieger, die für die Jagd in Baumwipfeln schlecht ausgerüstet sind. Sie würden zur leichten Beute für VÖgel, wenn sie nicht die Gewohnheit entwickelt hätten, an der Wasseroberfläche von Teichen, Seen und Flüssen Insekten zu fangen. Manchmal schlafen sie tagsüber in Felsspalten, aber oft sitzen sie einfach auf Felsen oder Betonmauern, wo sie wegen ihrer Körperfarbe wie Flechten wirken. Während des Schlafs halten diese Tiere einen ziemlich großen Abstand zueinander – möglicherweise, um die Wirkung ihrer Tarnung zu verstärken. Zwischen April und Juli bringen die Weibchen ein Junges zur Welt. Bis die junge Fledermaus ca. 2 Monate alt ist und für sich selbst sorgen kann, sucht ihre Mutter einen dunklen, sicheren Schlafplatz in einem hohlen Baumstamm oder tief in einem Steinhaufen, wo sie ihr Junges zurückläßt.

Zweistreifen-Taschenfledermaus

Saccopteryx bilineata (S. leptura)

Verbreitung: von Mexiko bis Brasilien und Bolivien
Habitat: Flachlandwälder
Länge: KRL 4–5 cm; SPW 18–22 cm; SL 1 cm

Die Zweistreifen-Taschenfledermaus gehört zu den am auffälligsten gezeichneten Fledermäusen. Von ihren Schultern verlaufen 2 weiße Streifen über den Rücken, die dazu dienen, die Form des Fledermauskörpers zur Tarnung zu unterteilen. Die Männchen haben in Höhe der Ellbogen unter der Flughaut ein paar gut entwikkelte taschenförmige Drüsen.

In Mexiko hat man Zweistreifen-Taschenfledermäuse unter Betonbrücken und an Mauern von Gebäuden schlafen sehen. Jedes Tier scheint seinem eigenen Schlafplatz treu zu bleiben und jeden Morgen zu der Stelle zurückzukehren, die es am Vorabend verlassen hat. Die Weibchen bekommen ihre Jungen in der Regenzeit, wenn das Nahrungsangebot (Käfer und Nachtfalter) am größten ist. Die Jungen werden entwöhnt, bevor sie 2 Monate alt sind.

Berg-Freischwanzfledermaus

Emballonura monticola

Verbreitung: von Thailand bis Malaysia, Java, Sumatra, Borneo und Celebes
Habitat: Regenwald
Länge: KRL 4–6 cm; SPW 16–18 cm; SL 1 cm

Berg-Freischwanzfledermäuse schlafen tagsüber meist in Gruppen von ca. 12 Tieren in Felsspalten oder Höhlen im Urwald. Bei Einbruch der Dämmerung machen sie sich alle gleichzeitig auf die Nahrungssuche und kehren gegen Sonnenaufgang wieder zurück. Sie jagen in den Baumwipfeln und verzehren außerdem Früchte und Blüten. Über die Fortpflanzung dieser Tiere ist wenig bekannt, aber wahrscheinlich haben sie keine feste Paarungszeit. Das Weibchen wirft jeweils ein Junges.

Grabflatterer

Taphozous longimanus

Verbreitung: von Madagaskar östl. bis Südasien
Habitat: Kokospalmenwälder, Busch, verfallene Grabkammern und Ruinen
Länge: KRL 7–9 cm; SPW 25–33 cm; SL 2–3,5 cm

Grabflatterer ruhen gerne in von Menschen errichteten Gebäuden. Sie wurden zuerst in Grabkammern entdeckt. Auf 2.000 Jahre alten chinesischen Gemälden sind Grabflatterer zu sehen – dies dürften die ersten Darstellungen von Fledermäusen in der Kunst überhaupt sein. Grabflatterer sind kleine Tiere mit einem kurzhaarigen, glänzenden Fell, die abends bis zu einer Höhe von 100 m Insekten jagen. Je weiter die Nacht fortschreitet, um so niedriger fliegen sie. Während der Jagd stoßen sie laute Schreie aus, die auch für das menschliche Ohr hörbar sind.

Gespenstfledermaus

Diclidurus albus (D. virgo)

Verbreitung: Südmexiko, Mittelamerika
Habitat: Wald, offenes Gelände
Länge: KRL 5–8 cm; SPW 18–30 cm; SL 1,5–2,5 cm

Mit ihrem weißen Fell und der weißen Flughaut ist die Gespenstfledermaus eine wahrhaft gespenstische Erscheinung. Da alle anderen Fledermäuse eine dunkle Körperfarbe haben, ist es rätselhaft, warum diese Art weiß ist. Insekten jagt sie ebenso erfolgreich wie ihre dunkelfarbigen Verwandten – die helle Farbe ist also offenbar nicht von Nachteil. Ein anderes eigenartiges Merkmal dieser Art sind die taschenförmigen Drüsen in der Schwanzflughaut; unter den Flügeln hingegen befinden sich bei ihnen keine Drüsen. Die Gespenstfledermaus schläft in Höhlen oder Felsspalten, meist allein, manchmal in Paaren. Die Fortpflanzung ist offenbar nicht an eine bestimmte Jahreszeit gebunden.

Berg-Freischwanzfledermaus
Ägyptische Klappnase
Nasenfledermaus
Zweistreifen-Taschenfledermaus
Grabflatterer
Gespenstfledermaus

Schweinsnasen, Schlitznasen, Großblattnasen

FAMILIE CRASEONYCTERIDAE: Schweinsnasen

Die einzige Art dieser Familie wurde zum erstenmal 1973 in einem Karstgebiet im Westen Thailands entdeckt. Sie ist die kleinste bis heute bekannte Fledermausart und gehört zu den kleinsten Säugetieren der Welt. Möglicherweise ist sie viel weiter verbreitet, als zur Zeit angenommen wird.

Thailändische Schweinsnase

Craseonycteris thonglongyai

Verbreitung: Thailand

Habitat: Kalksteinhöhlen

Länge: KRL 3–3,5 cm; SPW 11–12,5 cm; Schwanz fehlt

Eine erwachsene Thailändische Schweinsnase wiegt nicht mehr als 2 g. Ihre „Schweinsnase" wird als Anpassung an das Aufspüren kleiner Insekten und anderer Wirbelloser auf Blättern und Pflanzen angesehen. In der Dämmerung kommen die Schweinsnasen aus ihren Schlafhöhlen und fliegen in die Wipfel von Bambuswäldern und in das dichte Blätterdach von Teakholzbäumen, in denen sie sich mit ihren kleinen Körpern leicht bewegen können. Über ihre Fortpflanzung ist nichts bekannt.

FAMILIE NYCTERIDAE: Schlitznasen

Diese Familie umfaßt 10 Arten. Sie alle sind gekennzeichnet durch zwei Furchen auf den Seiten des Gesichts, die von den Nasenlöchern bis oberhalb der Augen verlaufen. Wie die meisten komplizierten Gesichtsstrukturen von Fledermäusen spielen wahrscheinlich auch diese Furchen eine Rolle beim Ausrichten von Ultraschallsignalen. Ein anderes besonderes Merkmal der Schlitznasen ist ihr Schwanz, der am Ende der Schwanzflughaut in einem T-förmigen Knochen endet, eine einzigartige Erscheinung bei Säugetieren.

Geoffroy-Schlitznase

Nycteris intermedia (N. thebaica)

Verbreitung: Mittlerer Osten, Afrika südl. der Sahara; Madagaskar

Habitat: trockene Ebenen, Wald

Länge: KRL 4,5–7,5 cm; SPW 16–28 cm; SL 4–7,5 cm

Schlitznasen fressen alle möglichen Wirbellosen, die sie in den Bäumen oder sogar auf dem Boden fangen; Skorpione scheinen ein besonderer Leckerbissen für sie zu sein. Diese Fledermäuse bekommen meist im Januar oder im Februar ein Junges, und man nimmt an, daß später im Jahr noch ein zweites Junges geboren wird.

FAMILIE MEGADERMATIDAE: Großblattnasen

Unter den vielen Fledermausarten hat sich eine Familie auf das Jagen anderer Fledermäuse spezialisiert. Die Großblattnasen lassen sich geräuschlos auf kleinere Fledermäuse fallen, und sie scheinen ihre Beute zu kauen, bevor sie sie herunterschlucken. Diese Gewohnheit hat den Eindruck entstehen lassen, daß sie Blutsauger seien. Mittlerweile weiß man allerdings, daß dies nicht der Fall ist. Auch sind nicht alle Großblattnasen Raubtiere, und diejenigen, die es sind, ergänzen auf diese Weise nur ihre Nahrung, die in der Hauptsache aus Insekten besteht. Es gibt 5 Arten von Großblattnasen, die alle durch lange Ohren und faltige Nasenblätter gekennzeichnet sind.

Lyra-Fledermaus

Megaderma lyra

Verbreitung: von Indien bis Burma, Südchina, Malaysia

Habitat: Wald, offenes Gelände

Länge: KRL 6,5–8,5 cm; SPW 23–30 cm; Schwanz fehlt

Die Lyra-Fledermaus ergänzt ihre Nahrung aus Insekten, Spinnen und anderen Wirbellosen regelmäßig mit größeren Beutetieren wie anderen Fledermäusen, Nagetieren, Fröschen und sogar Fischen. Großblattnasen schlafen in Gruppen von 3–50 Tieren, und meistens sind sie die einzigen Bewohner ihrer Höhlen: Vielleicht hält ihre Vorliebe für Fleisch andere Fledermäuse davon ab, den Unterschlupf mit ihnen zu teilen.

Im November findet die Paarung statt, und nach einer Tragezeit von 20 Wochen wird ein Junges geboren. Kurz bevor die Weibchen werfen, verlassen die Männchen den Schlafplatz, an den sie erst 3–4 Monate später wieder zurückkehren.

Herznasenfledermaus

Megaderma cor (Cardioderma cor)

Verbreitung: Osten v. Zentralafrika: Äthiopien bis Tansania

Habitat: Wald, Buschvegetation

Länge: KRL 7–9 cm; SPW 26–35 cm; Schwanz fehlt

Die Herznasenfledermaus ähnelt in Aussehen und Lebensweise sehr der Lyra-Fledermaus, doch ist ihr Nasenblatt breiter und herzförmig. Wie ihre Verwandten lebt sie von Insekten und Wirbeltieren. Noch bevor die größte Hitze des Tages vorüber ist, geht die Herznasenfledermaus auf Eidechsenjagd; sie fängt die Eidechsen, indem sie sich wie ein Stein auf sie fallen läßt. Bei der Verfolgung von Nagetieren oder Mauereidechsen dringt sie sogar in Häuser ein. Sie ist ein kräftiger Flieger und in der Lage, mit einer Beute, die ebenso schwer ist wie sie selbst, vom Boden aufzufliegen. Kleinere Fledermäuse greift sie im Flug an: Sie versetzt den Opfern mit ihren Flügeln einen kräftigen Schlag, um sie aus der Flugbahn zu werfen.

Australische Gespenstfledermaus

Macroderma gigas

Verbreitung: Norden u. Westen des tropischen Teils von Australien

Habitat: Wald mit Felsgrotten

Länge: KRL 11,5–14 cm; SPW 46–60 cm; Schwanz fehlt Ⓑ

Die Australische Gespenstfledermaus verdankt ihren Namen ihrer hellen Körperfarbe. Mehr als alle anderen Fledermäuse ist sie ein ausgesprochenes Raubtier. Sie ernährt sich fast ausschließlich von Mäusen, Vögeln, Geckos sowie von anderen Fledermausarten. Sie läßt sich auf die ahnungslose Beute fallen, umklammert sie mit ihren starken Flügeln und tötet sie dann mit einem schnellen Biß ins Genick. Sie kann mit einem toten Nagetier in den Pfoten vom Boden aufsteigen und zu einem hochgelegenen Platz in einer Höhle oder in einem Baum fliegen, um es dort zu vertilgen. Wie alle Großblattnasen hat diese Art lange Ohren, die bis zur Mitte durch einen Hautlappen miteinander verbunden sind.

Im September oder Oktober, kurz bevor die Jungen geboren werden, verlassen die Männchen den gemeinschaftlichen Schlafplatz. Etwa im Januar sind die jungen Fledermäuse ebenso groß wie ihre Mütter und begleiten diese auf der Jagd. Die Männchen kehren ungefähr im April wieder zu ihrem Schlafplatz zurück. Heute ist diese schöne Fledermausart selten. Um ihren Fortbestand zu sichern, sind Schutzmaßnahmen dringend erforderlich.

Gelbflüglige Großblattnase

Lavia frons

Verbreitung: Afrika: vom Senegal bis Kenia

Habitat: Sümpfe, Seen in Wäldern und auf offenem Gelände

Länge: KRL 6,5–8 cm; SPW 24–30 cm; Schwanz fehlt

Die Fellfarbe der Gelbflügligen Großblattnase kann variieren, aber ihre Ohren und Flügel sind immer gelblichrot gefärbt. Sie schläft in Bäumen und Sträuchern, und nur das Zittern der langen Ohrmuscheln verrät ihre Anwesenheit. Diese Fledermäuse fliegen oft tagsüber, doch sie scheinen nur nachts zu jagen. Im Gegensatz zu den anderen Großblattnasen beschränken sich die Gelbflügligen Großblattnasen offenbar auf die Insektenjagd. Sie jagen ähnlich wie die Fliegenschnäpper (*Muscicapidae*, eine Vogelfamilie): Sie warten, bis ein Insekt in ihre Nähe kommt, und stoßen dann aus der Höhe herab, um es zu packen.

Gelbflüglige Großblattnasen haben keine feste Fortpflanzungszeit, und die Männchen verlassen den Schlafplatz auch nicht bei der Geburt der Jungen.

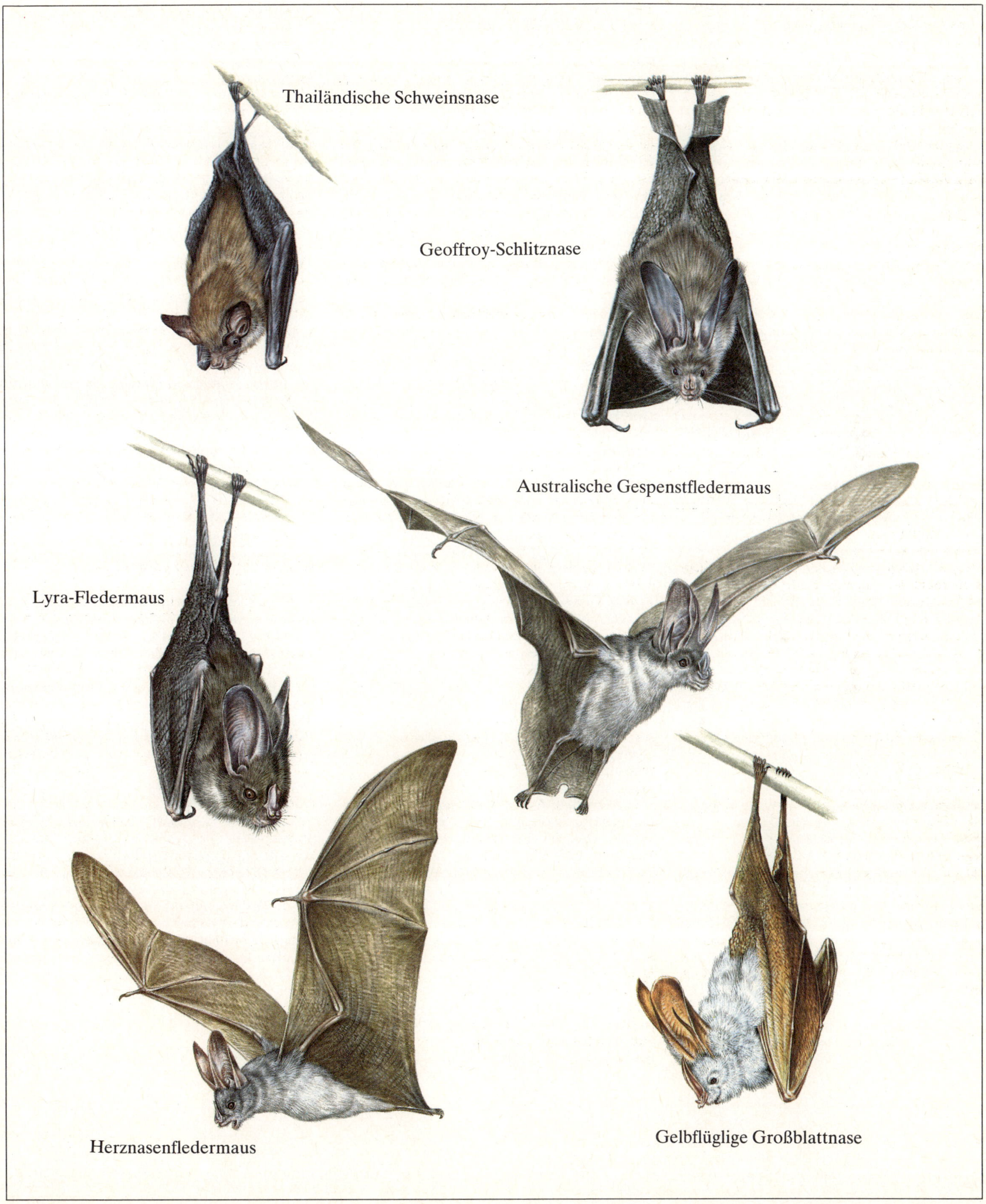
Thailändische Schweinsnase
Geoffroy-Schlitznase
Australische Gespenstfledermaus
Lyra-Fledermaus
Herznasenfledermaus
Gelbflüglige Großblattnase

Hufeisennasen, Rundblattnasen

FAMILIE RHINOLOPHIDAE: Hufeisennasen
Die Form der fleischigen Struktur um ihre Nasen herum unterscheidet die Hufeisennasen von anderen insektenfressenden Fledermäusen. Während die meisten kleinen Fledermäuse Ultraschallwellen durch das geöffnete Maul aussenden, tun die Hufeisennasen dies durch die Nasenlöcher. Der Nasenlappen fungiert wie ein verstellbares Megaphon, mit dem die Tiere den Schallwellen jede gewünschte Richtung geben können. Zwei andere Hautgebilde in ihrem Gesicht, die Lanzette über den Nasenlöchern und die Sella (Kamm), die die beiden Nasenlöcher teilweise trennt, sind mit Muskeln versehen und können in der gleichen Frequenz schwingen wie die ausgesandten Schallwellen. Hufeisennasen unterscheiden sich auch dadurch, daß sie beim Schlafen ihre Flügel nicht an den Körper anlegen, sondern sie um sich herum falten, so daß sie wie der Kokon eines Rieseninsekts aussehen.

Die Familie umfaßt 51 Arten, die in den gemäßigten und tropischen Zonen bis Japan und Australien leben. Männchen und Weibchen sehen gleich aus.

Große Hufeisennase

Rhinolophus ferrumequinum

Verbreitung: Europa, Asien, Nordafrika
Habitat: Wald, offenes Gelände und Anbaugebiete
Länge: KRL 11–12,5 cm; SPW 33–35 cm; SL 2,5–4 cm

Die große Hufeisennase fliegt flügelschlagend und ziemlich langsam. Es fällt ihr schwer, Insekten in der Luft zu fangen. Deshalb sucht sie ihre Nahrung hauptsächlich am Boden, indem sie sich mit unfehlbarer Präzision auf Käfer niederfallen läßt. Diese Fledermäuse halten von Oktober bis März einen Winterschlaf in tiefen Höhlen, Felsspalten oder unterirdischen Löchern. Tausende von Tieren legen große Entfernungen zurück, um die Winterquartiere zu erreichen. Sie überwintern in riesigen Gruppen. Im April bringt das Weibchen ein Junges zur Welt, das sie mit sich herumträgt, bis es 3 Monate alt ist.

Kleine Hufeisennase

Rhinolophus hipposideros

Verbreitung: Europa, Asien, Nordafrika
Habitat: offenes Gelände mit Höhlen
Länge: KRL 7–10 cm; SPW 22,5–25 cm; SL 1,5–2,5 cm

Die kleine Hufeisennase ähnelt ihrer größeren Verwandten. Sie fliegt ebenfalls flügelschlagend, kann jedoch besser manövrieren als die Große Hufeisennase und jagt daher häufiger in der Luft. Im Sommer hat sie ihren Stammplatz in Bäumen, hohlen Stämmen und Häusern, wo sie ständig zwitschernde Laute ausstößt. Im Winter reisen diese Fledermäuse zu ihren Winterquartieren in Höhlen, die frostfrei, aber nicht unbedingt trocken sein müssen.

Philippinische Hufeisennase

Rhinolophus philippinensis

Verbreitung: Philippinen
Habitat: Urwald, urbar gemachtes Land
Länge: KRL 7–9 cm; SPW 23–36 cm; SL 1,5–2,5 cm

In der reichen Fledermausfauna ihrer Heimatinseln nimmt die Philippinische Hufeisennase eine besondere Stellung ein. Sie ernährt sich von großen, langsam fliegenden Insekten und von Laufkäfern mit dickem Panzer. Mit ihren scharfen Zähnen beißt sie die Schutzschilde und Flügel dieser Tiere durch, bevor sie mit ihrem Mahl beginnt. Im warmen Klima der Philippinen ist es für sie nicht notwendig, einen Winterschlaf zu halten, deshalb bleiben die Fledermäuse hier das ganze Jahr über aktiv. Auch die Fortpflanzung dieser Art ist nicht an eine bestimmte Jahreszeit gebunden. Die Jungen sind mit 2 Jahren geschlechtsreif. Die Männchen sind kleiner als die Weibchen.

FAMILIE HIPPOSIDERIDAE: Rundblattnasen
Die 40 Arten der Rundblattnasen, manchmal auch Blattnasen der Alten Welt genannt, ähneln den Hufeisennasen und werden manchmal zusammen mit ihnen in eine Überfamilie eingeordnet. Sie haben ein hufeisenförmiges Nasenblatt, und der Bereich über den Nasenlöchern zeigt alle möglichen seltsamen Hautgebilde, wodurch sehr merkwürdige Gesichtsformen entstehen. Die Familie ist in den Tropen und Subtropen von Afrika und Südasien zu Hause und findet sich östlich bis Australien und den Salomon-Inseln. Diese Fledermäuse sind sehr zahlreich und von unschätzbarem Wert für den Menschen, weil sie sich ausschließlich von Insekten ernähren und viele Schädlinge vertilgen.

Dreiblatt-Fledermaus

Triaenops persicus

Verbreitung: von Ägypten östl. bis Iran, südl. bis Golf von Akaba
Habitat: trockene Ebenen, Halbwüsten
Länge: KRL 3,5–5,5 cm; SPW 15–19 cm; SL 1,5 cm

Die Dreiblatt-Fledermaus und die beiden anderen Arten dieser Gattung unterscheiden sich von den übrigen Vertretern ihrer Familie durch die Hautgebilde um das Nasenblatt herum. Diese Fledermäuse schlafen tagsüber in unterirdischen Spalten und Gängen. Sie kommen zum Vorschein, bevor es ganz dunkel geworden ist, um schnell und niedrig über den Boden zu fliegen. Wenn sie in ihren Jagdgründen angekommen sind, jagen sie hoch in den Baumkronen kleine Insekten.

Dreiblatt-Fledermäuse pflanzen sich von Dezember bis Mai fort; wann die Jungen geboren werden, hängt vom Regenfall ab. Pro Wurf wird ein Junges geboren, das am Schlafplatz zurückbleibt, wenn seine Mutter auf Jagd geht.

Blumennasen-Fledermaus

Anthops ornatus

Verbreitung: Salomon-Inseln
Habitat: Wald, Äcker
Länge: KRL 4,5–5 cm; SPW 14–16,5 cm; SL 0,5–1,5 cm

Die Blumennasen-Fledermaus ist nur durch einige Exemplare bekannt geworden, die zu Beginn dieses Jahrhunderts gefunden wurden. Ihren Namen verdankt sie ihrer blumenförmigen Nasenscheibe. Diese gezackte Struktur besteht aus verschiedenen Hautgebilden, die wie Blumenblätter kranzförmig in Schichten übereinander liegen. Wozu sie diesen bizarren Auswuchs benötigen, ist unbekannt.

Dreizack-Blattnase

Asellia tridens

Verbreitung: von Nordafrika bis Indien
Habitat: trockene Buschvegetation
Länge: KRL 5–6 cm; SPW 21–22 cm; SL 2–2,5 cm

Die Dreizack-Blattnase hat einen Nasenkamm, der aus drei Lappen besteht. Diese Fledermäuse schlafen zu Hunderten in unterirdischen Gängen und Spalten. Früh am Abend kommen sie zum Vorschein und fliegen dann dicht über dem Boden zu Palmwäldern, wo es wegen des ständigen Schattens und der hohen Luftfeuchtigkeit zahlreiche Insekten gibt. Am liebsten fressen sie Käfer und Nachtfalter.

Malaiische Rundblattnase

Hipposideros diadema

Verbreitung: von Thailand bis Malaysia
Habitat: Wald, oft nahe menschl. Siedlungen
Länge: KRL 7–10 cm; SPW 22,5–25 cm; SL 2,5–3 cm

Diese Fledermaus führt ein ausgesprochenes Gruppenleben. Gemeinsam mit vielen Hunderten von Fledermäusen lebt sie in Höhlen oder alten Gebäuden. Bei Einbruch der Dämmerung fliegt sie zur Jagd aus. Sie umschwirrt Blumen, schnappt nach Insekten und öffnet manchmal Feigen, um Insektenlarven herauszuholen, wobei sie gleichzeitig das Fruchtfleisch und die Kerne auffrißt. Im November oder Dezember wird ein Junges geboren.

Schwanzlose Blattnase

Coelops frithi

Verbreitung: von Bangladesch über Indochina bis Java
Habitat: Wald
Länge: KRL 3–4,5 cm; SPW 11–13 cm; Schwanz fehlt

Das Nasenblatt dieser Fledermaus ist viel weniger bizarr geformt als das ihrer Verwandten. Auch die Ohrmuscheln sind kürzer und abgerundeter als gewöhnlich bei dieser Familie. Kleine Gruppen von einem Dutzend oder mehr Tieren schlafen tagsüber in hohlen Bäumen oder in Gebäuden. Auf Java hat man festgestellt, daß gegen Ende Februar Junge geboren werden.

Philippinische Hufeisennase
Kleine Hufeisennase
Große Hufeisennase
Malaiische Rundblattnase
Dreizack-Blattnase
Blumennasen-Fledermaus
Schwanzlose Blattnase
Dreiblatt-Fledermaus

Hasenmäuler, Kinnblatt-Fledermäuse, Echte Vampire, Bulldogg-Fledermäuse

FAMILIE NOCTILIONIDAE: Hasenmäuler
Zu den Hasenmäulern oder Fischerfledermäusen zählen 2 Arten, die beide in Mittelamerika und im Norden von Südamerika leben. Sie bewohnen sumpfige Wälder und Mangrovenhaine und ernähren sich von Fischen.

Großes Hasenmaul

Noctilio leporinus

Verbreitung: von Mexiko bis Argentinien; Antillen, Trinidad
Habitat: Wald, Mangrovensümpfe
Länge: KRL 10–13 cm; SPW 28–30 cm; SL 1–2,5 cm

In schnellem Sturzflug und mit ausgebreiteten Flügeln läßt sich das Große Hasenmaul bis dicht über die Wasseroberfläche fallen, streckt seine langen scharfen Klauen ins Wasser, packt einen Fisch und läßt ihn im Maul verschwinden. Hasenmäuler benutzen ihre Beine auch bei der Jagd auf Insekten, die in bestimmten Gegenden einen wichtigen Teil ihrer Nahrung bilden. Sie holen die Beute aus der Luft und aus dem Wasser. Wie sie ihre Beute aufspüren, ist ungeklärt, aber da sie während der Jagd Ultraschallwellen aussenden, nimmt man an, daß sie die kleinen Wellen wahrnehmen können, die ein Fisch erzeugt, wenn er an die Wasseroberfläche kommt.

Im November oder Dezember findet die Paarung statt, und nach ca. 16 Wochen wird ein Junges geboren.

UNTERFAMILIE CHILONYCTERINAE: Kinnblatt-Fledermäuse
Diese Unterfamilie der Blattnasen umfaßt 8 Arten, die vom südlichen Arizona bis Brasilien verbreitet sind. Diese Fledermäuse haben warzenartige Auswüchse und Haare um Kinn und Lippen. Manche Arten sind mit einer Flughaut ausgestattet, die mitten auf dem Rücken zusammengewachsen ist, was den Eindruck erweckt, als sei der Rücken kahl.

Nacktrücken-Fledermaus

Pteronotus parnelli

Verbreitung: vom Norden Mexikos bis Brasilien; Westind. Inseln
Habitat: niedrig gelegene tropische Wälder
Länge: KRL 4–7,5 cm; SPW 20–33 cm; SL 1,5–3 cm

Außer einem Haarkranz um die Mundspalte kennzeichnen diese Fledermaus ein blattförmiger Fortsatz auf der Unterlippe und kleine Warzen an der Oberlippe, die abwärts gerichtet sind. Diese Maulanhängsel helfen den Tieren, Insekten aufzuspüren.
Nacktrücken-Fledermäuse leben in Gruppen und schlafen – flach liegend – in großen Gemeinschaften in Höhlen. Die Jungen werden gewöhnlich im Mai geboren, wenn das Nahrungsangebot am größten ist. Die meisten Weibchen bekommen nur ein Junges pro Jahr.

Mormoops megalophylla

Verbreitung: von Arizona bis Norden Südamerikas; Trinidad
Habitat: Wald, Buschvegetation, in Wassernähe
Länge: KRL 6–6,5 cm; SPW 25–28 cm; SL 2,5 cm

Diese Art unterscheidet sich durch zwei fleischige Hautlappen auf dem Kinn und warzenartige Fortsätze auf dem Unterkiefer. Die Tiere schlafen tagsüber in Höhlen, unterirdischen Gängen oder Felsspalten. Sie gehen später auf Jagd als die meisten anderen Fledermäuse, nämlich nach Anbruch der Dunkelheit. Sie jagen dicht über dem Boden Insekten, oft in der Nähe von Tümpeln und Sümpfen.

FAMILIE DESMODONTIDAE: Echte Vampire
Die Echten Vampire haben sich vollständig auf das Blutsaugen spezialisiert. Dies sind die einzigen Säugetiere, die man als Parasiten bezeichnen kann. Drei Arten sind bekannt.

Gemeiner Vampir

Desmodus rotundus

Verbreitung: von Nordmexiko bis Chile, Argentinien und Uruguay
Habitat: Wald
Länge: KRL 7,5–9 cm; SPW 16–18 cm; Schwanz fehlt

Wie die meisten Fledermäuse jagt der Gemeine Vampir nachts. Er landet in einiger Entfernung von seinem Opfer und nähert sich ihm auf allen Vieren. Mit seinen messerscharfen Zähnen macht er einen kleinen Schnitt in ein unbehaartes Hautstück seiner „Beute“. Das Tier rollt seine lange Fledermauszunge, die es sehr weit herausstrecken kann, seitlich nach unten, so daß eine Röhre entsteht. Durch diese spritzt es Speichel in die Wunde des Opfers, der die Blutgerinnung unterbindet. Durch die gleiche Röhre wird anschließend das Blut aufgesaugt.

Eine halbe Stunde Blutsaugen pro Nacht reicht einem Vampir zum Leben. Dabei verliert das Opfer zwar nicht viel Blut, doch kann die Fledermaus durch ihren Speichel Krankheiten übertragen, unter anderem Tollwut.

FAMILIE MOLOSSIDAE: Bulldogg-Fledermäuse
Die 80 Arten der Bulldogg-Fledermäuse leben in den wärmeren Regionen der Alten und Neuen Welt. Sie haben einen Nagetierschwanz, der ein beträchtliches Stück über die Schwanzflughaut hinausragt, und ziemlich schmale Flügel, die schneller schlagen als die anderer insektenfressender Fledermäuse. Bulldogg-Fledermäuse ernähren sich ausschließlich von Insekten, am liebsten von Arten, die einen harten Panzer haben. Sie schlafen in großen Gruppen, und ihre Ausscheidungen, der Guano, zu werden zu Dünger verarbeitet.

Ägyptische Bulldogg-Fledermaus

Tadarida aegyptiaca

Verbreitung: Nordafrika, Mittlerer Osten
Habitat: trockene Buschvegetation
Länge: KRL 5,5–7 cm; SPW 17–19 cm; SL 3–5 cm

Die Ägyptische Bulldogg-Fledermaus ist heute eines der zahlreichsten Säugetiere des Mittleren Ostens. Tagsüber schläft diese Fledermaus in Gruppen von vielen Tausenden. Fast jeder größere Felsspalt ist für sie als Schlafplatz geeignet, selbst wenn darin schon ein Vogel oder ein anderes Säugetier haust. Die Paarung findet gegen Winterende statt, und die Weibchen bringen nach 77–84 Tagen ein Junges zur Welt. Manchmal folgt unmittelbar darauf eine zweite Schwangerschaft.

Wroughtons Bulldoggfledermaus

Otomops wroughtoni

Verbreitung: Südindien, Sri Lanka
Habitat: offenes, teilweise baumbewachsenes Land
Länge: KRL 9,5–11 cm; SPW 28–30 cm; SL 3–5 cm

Diese Art schläft in kleinen Gruppen und manchmal auch alleine. Obwohl man bisher nur ein paar Exemplare gefangen hat, sind diese Tiere wahrscheinlich nicht so selten, wie es scheinen mag. Die Weibchen bringen im Dezember ein Junges zur Welt.

Schwarzsamt-Fledermaus

Molossus ater

Verbreitung: Südmexiko, Mittelamerika, Trinidad
Habitat: Buschvegetation, Savanne, Wald
Länge: KRL 6–9 cm; SPW 26–28 cm; SL 3–4 cm

Die Schwarzsamt-Fledermaus hat ein dichtes Fell aus kurzen, samtweichen Haaren. Wenn sie Insekten jagt, fängt sie soviele gleichzeitig wie nur möglich. Sie stopft sie in ihre großen Kinntaschen. Erst auf dem Rückflug zum Schlafplatz verzehrt sie ihre Beute. Dieses Jagdverhalten entwickelte sich möglicherweise, um Feinden möglichst wenig Angriffschancen zu bieten. Im Sommer werfen die Weibchen 1–2 Junge.

Eumops perotis

Verbreitung: Südwesten der USA, Mexiko, nördl. Südamerika
Habitat: Wald, in der Nähe menschl. Siedlungen
Länge: KRL 7–10 cm; SPW 28–30 cm; SL 4–6 cm

Diese Fledermäuse kommen nach Einbruch der Dunkelheit aus ihrem Versteck und jagen kleine Insekten, meist Ameisen, Bienen und Wespen. In der Paarungszeit schwellen die Kehldrüsen der Männchen stark an; die Duftstoffe, die daraus ausgeschieden werden, locken möglicherweise die Weibchen an. Im Spätsommer werden oft 2 Junge geboren.

Mormoops megalophylla
Nacktrücken-Fledermaus
Großes Hasenmaul
Gemeiner Vampir
Wroughtons Bulldogg-Fledermaus
Ägyptische Bulldogg-Fledermaus
Eumops perotis
Schwarzsamt-Fledermaus

Blattnasen

FAMILIE PHYLLOSTOMIDAE: Blattnasen
Wenn im mittel- und südamerikanischen Urwald die Nacht anbricht, kommen die Blattnasen aus ihrem Unterschlupf, um sich an Blütennektar und an den Insekten gütlich zu tun, die von den Blüten angezogen werden. Die Vegetation in diesem Gebiet ist so vielfältig, daß sich ungefähr 140 Arten von Blattnasen auf diese Art der Ernährung spezialisiert haben. Generell sind diese Fledermäuse klein, aber die große Spießblattnase hat eine Flügelspannweite von mehr als 1 m, was sie zur größten amerikanischen Fledermaus macht.

Blattnasen haben entweder keinen oder einen sehr kleinen Schwanz, der in die Schwanzflughaut integriert ist. Ein gemeinsames Merkmal der meisten Vertreter dieser Familie sind die häutigen Nasenaufsätze, Gewebebildungen über den Nasenöffnungen. Im Gegensatz zu den Nasenaufsätzen der Rundblattnasen der Alten Welt (Hipposideridae) handelt es sich hier jedoch nur um einfache Hautlappen.

Diese sehr zahlreichen kleinen Fledermausarten sind sehr nützlich, weil sie Pollen von einer Blüte zur anderen tragen. Etliche Pflanzen haben sich der Bestäubung durch diese Fledermäuse völlig angepaßt, indem sie nachts blühen und einen schweren, moschusartigen Geruch verströmen, der die Fledermäuse anzieht.

Spitzmaus-Langzüngler

Glossophaga soricina

Verbreitung: von Nordmexiko bis Brasilien, Paraguay, Argentinien; Westind. Inseln
Habitat: Waldland, oft Trockengebiete
Länge: KRL 5–6,5 cm; SPW 20–24 cm; SL 0,5 cm

Spitzmaus-Langzüngler können wie die Kolibris in der Luft stillstehen, während sie mit Hilfe ihrer langen Zunge Pollen und Nektar aus den Blüten holen. Die Pollen bleiben an winzigen Borstenhärchen an ihren KÖrpern kleben.

Im Sommer bilden die Weibchen spezielle Geburtskolonien und kehren erst nach der Geburt der Jungen wieder zu ihrem alten Schlafplatz zurück. Gewöhnlich bekommen sie ein Junges, manchmal aber auch 2.

Große Spießblattnase / Falscher Vampir

Vampyrum spectrum

Verbreitung: von Südmexiko bis Peru, Brasilien; Trinidad
Habitat: Wald, oft in der Nähe menschl. Siedlungen
Länge: KRL 12,5–13,5 cm; SPW 80–100 cm; Schwanz fehlt

Diese Art hielt man früher für Blutsauger. Tatsächlich tötet sie Nagetiere, Vögel und andere Fledermäuse. Die Große Spießblattnase kann erstaunlich geschickt auf allen vier Beinen laufen und sich sogar unbemerkt an Mäuse anschleichen, denen sie mit einem gutgezielten Schlag das Genick bricht oder den Schädel zermalmt. Die Paarung findet im Juni statt. Die Weibchen sind sehr fürsorgliche Mütter; sie lecken ihre Jungen unaufhörlich und füttern sie gegen Ende der Säugeperiode mit kleinen Stücken von vorgekautem Mäusefleisch.

Gelbohr-Fledermaus

Uroderma bilobatum

Verbreitung: von Südmexiko bis Peru, Brasilien; Trinidad
Habitat: Wald, Plantagen
Länge: KRL 5,5–7,5 cm; SPW 20–24 cm; Schwanz fehlt

Gelbohr-Fledermäuse sind tagsüber wach und aktiv und haben eine einfache Methode gefunden, um sich Schatten zu verschaffen: Sie beißen eine halbkreisförmige Reihe von Löchern in fächerförmige Palmblätter. Der äußere Teil der Blätter knickt dann um, so daß ein zeltförmiger Schutz entsteht. Diesen Unterschlupf verlassen die Fledermäuse, um sich auf die Suche nach reifen Früchten zu machen. In einem solchen „Zelt" können sich 20–30 Fledermäuse aufhalten. Die trächtigen Weibchen bauen besondere „Wochenstuben", wo sie zwischen Februar und April gebären. Die Jungen bleiben so lange dort, bis sie fliegen können. In der Zwischenzeit leben die Männchen alleine oder in kleinen Gruppen und gesellen sich erst wieder zu den Weibchen, wenn die Jungen entwöhnt sind.

Lanzennase

Phyllostomus hastatus

Verbreitung: von Belize bis Peru, Bolivien, Brasilien; Trinidad
Habitat: Wald, zerklüftetes Land
Länge: KRL 10–13 cm; SPW 44–47 cm; SL 2,5 cm

Die Lanzennase ist eine der größeren amerikanischen Fledermäuse. Sie ernährt sich fast ausschließlich von Fleisch: von Mäusen, Vögeln und kleineren Fledermäusen. Nur ab und zu frißt sie Insekten und Früchte. Lanzennasen hausen in riesigen Gruppen in Höhlen und verlassenen Gebäuden und fliegen in der Dämmerung gemeinsam in ihre Jagdgebiete. Im Mai und Juni werden die Jungen in ihrem gemeinschaftlichen Schlafplatz geboren.

Gelbschulter-Blattnase

Sturnira lilium

Verbreitung: von Nordmexiko bis Paraguay, Argentinien; Jamaika
Habitat: Flachlandwälder
Länge: KRL 6–7 cm; SPW 24–27 cm, Schwanz fehlt

Die Gelbschulter-Blattnase lebt von reifen Früchten und schläft alleine oder in kleinen Gruppen in alten Gebäuden, hohlen Bäumen und in den Kronen von Palmen. Im Norden ihres Verbreitungsgebietes paaren sich diese Fledermäuse das ganze Jahr über, im Süden werden die Jungen im Mai und Juni geboren. Die Weibchen bekommen gewöhnlich jeweils ein Junges.

Kleines Großohr

Micronycteris megalotis

Verbreitung: vom Südwesten der USA bis Peru, Brasilien; Trinidad, Tobago, Grenada
Habitat: trockene Buschvegetation bis tropischer Regenwald
Länge: KRL 4–6,5 cm; SPW 16–20 cm; SL 0,5–1 cm

Das Kleine Großohr schläft in kleinen Gruppen in den unterschiedlichsten Schlupfwinkeln. Wenn es dunkel wird, jagt sie in der Nähe von Obstbäumen im Sturzflug auf langsam fliegende Insekten wie Maikäfer, oder sie holt sich Kakerlaken vom Boden. Außerdem ernährt sie sich wahrscheinlich vom Fruchtfleisch von Guaven und Bananen zu ernähren. Ihre Nachkommenschaft, meist ein Junges, wird zwischen April und Juni geboren.

Brillenblattnase

Carollia perspicillata

Verbreitung: von Südmexiko bis Südbrasilien
Habitat: Wald, Plantagen
Länge: KRL 5–6,5 cm; SPW 21–25 cm; SL 0,5–1,5 cm

Diese Fledermaus lebt fast ausschließlich von reifen Früchten wie süßen Bananen, Feigen und Guaven, von deren Duft sie angezogen wird. Diese Art hat keine feste Fortpflanzungszeit. Das Weibchen gebiert zu einem beliebigen Zeitpunkt im Jahr ein Junges.

Jamaika-Fruchtvampir

Artibeus jamaicensis

Verbreitung: von Nordmexiko bis Brasilien, Nordargentinien; Westind. Inseln
Habitat: Busch, Wald
Länge: KRL 7,5–9 cm; SPW 23–26 cm; Schwanz fehlt

Diese Fledermaus ist eines der Säugetiere mit der schnellsten Verdauung. Die Früchte, von denen sie lebt, passieren innerhalb von 15 Minuten ihren gesamten Darmkanal. Da keine Zeit für bakteriellen Nahrungsabbau bleibt, ist diese Fledermaus ein wichtiger Verbreiter von Pflanzensamen. Die Fortpflanzungszeit dauert von Februar bis Juli, und die Weibchen bekommen 1–2 Junge.

Kubanischer Blütenvampir

Phyllonycteris poeyi

Verbreitung: Kuba
Habitat: Urwald, Ackerland
Länge: KRL 7,5–8 cm; SPW 21–23 cm; SL 1–1,5 cm

Der Kubanische Blütenvampir hat so gut wie keine Nasenaufsätze. Dieses Tier pflegt ein ausgeprägtes Gemeinschaftsleben; es schläft in Gruppen von vielen Tausenden in Höhlen und Felsspalten. Mit Hilfe seiner langen, schmalen Zunge saugt der Kubanische Blütenvampir Nektar und Pollen aus den verschiedensten Blüten und frißt außerdem auch Früchte. Seine Fortpflanzung ist nicht an eine bestimmte Jahreszeit gebunden, und die Jungen bleiben so lange am Schlafplatz, bis sie fliegen können.

Kleines Großohr
Lanzennase
Große Spießblattnase
Spitzmaus-Langzüngler
Brillenblattnase
Gelbschulter-Blattnase
Gelbohr-Fledermaus
Jamaika-Fruchtvampir
Kubanischer Blütenvampir

Glattnasen

FAMILIE VESPERTILIONIDAE: Glattnasen
Die ca. 275 Arten dieser Familie sind in der ganzen Welt verbreitet, von den Tropen bis zum 68. nördl. Breitengrad (d.h., bis weit in den Polarkreis hinein). Viele davon halten einen Winterschlaf von 5–6 Monaten, um die kalte Jahreszeit im hohen Norden zu überstehen. Fast alle sind sie Insektenfresser, nur ganz wenige Arten ernähren sich von Fischen, die sie aus dem Wasser fangen. Die Insekten werden meist im Flug gefangen und von der Fledermaus mit Hilfe ihrer Flügel in die Schwanzflughaut geworfen. Alle Fledermäuse dieser Familie machen beim Aufspüren der Beute und zur Navigation von der Echopeilung Gebrauch.

In den kühlen nördlichen Regionen sind die Glattnasen besonders zahlreich. Würden sie nicht große Mengen von Mücken vertilgen, so wären die kurzen Sommer im Norden für den Menschen wesentlich unangenehmer.

Mausohr-Fledermaus

Myotis lucifugus

Verbreitung: Nordamerika: von 62° nördl. Br. bis Mexiko
Habitat: Wald, bebautes Gelände
Länge: KRL 4cm; SPW 14–18 cm; SL 2,5 cm

Die Mausohr-Fledermaus ist in Nordamerika sehr verbreitet. Sie kann sich ebensogut an ein warmes wie auch an ein kaltes Klima anpassen und ernährt sich von allen Insekten, die an ihrem Aufenthaltsort im Überfluß vorhanden sind. Im Sommer sondern sich die Weibchen in „Wochenstuben" ab und bringen im Mai oder Juni nach 60tägiger Tragezeit 1, manchmal auch 2 Junge zur Welt. Der Nachwuchs ist nach einem Jahr geschlechtsreif. In wärmeren Regionen halten die Mausohr-Fledermäuse keinen Winterschlaf, weiter nördlich hingegen ziehen sie oft über Hunderte von Kilometern zu geeigneteren Winterquartieren.

Fischfressende Glattnase

Pizonyx vivesi

Verbreitung: Küste von Baja California und Westmexiko
Habitat: Höhlen, Felsbrocken an den Küsten
Länge: KRL 7–8,5 cm; SPW 25–32 cm; SL 5–6,5 cm

Diese Fledermausart, die sich auf den Fischfang spezialisiert hat, hat Pfoten mit langen, harkenförmigen Zehen, die in messerscharfen Krallen enden. Spät am Abend fliegt die Glattnase über das Wasser und fängt die nahe an der Oberfläche schwimmenden Fische und Krebse, indem sie sie mit ihren Krallen aufspießt. Wie sie ihre Beute aufspürt, ist unbekannt; wahrscheinlich ortet sie mit Hilfe ihres Sonarsystems die von den Beutetieren erzeugten Wellen.

Im Mai oder Juni bringt das Weibchen ein Junges zur Welt und schleppt es mit sich herum, bis es halb erwachsen ist. Dann läßt sie es, wenn sie auf Jagd geht, mit anderen Jungen zusammen in einem sicheren Unterschlupf zurück.

Braunes Langohr

Plecotus auritus

Verbreitung: von Nordeuropa östl. bis Nordostchina, Japan
Habitat: geschützte, dünnbewaldete Gebiete
Länge: KRL 4–5 cm; SPW 23–28 cm; SL 3–4,5 cm

Die auffälligsten Merkmale dieser Fledermaus sind ihre langen Ohrmuscheln (Dreiviertel der Körperlänge). Im Sommer schlafen die Braunen Langohren in Gebäuden und Bäumen. Sie jagen hauptsächlich Nachtfalter, aber auch Mücken und Fliegen, die sie oft in schnellen Sturzflügen von den Pflanzen holen.

Im Juni bringt das Weibchen ein Junges zur Welt; Mütter und Junge bewohnen besondere „Wochenstuben". Die Jungtiere sind nach ca. einem Jahr geschlechtsreif.

Zwergfledermaus

Pipistrellus pipistrellus

Verbreitung: von Europa bis Kaschmir
Habitat: offenes Gelände
Länge: KRL 3–4,5 cm; SPW 19–25 cm; SL 2,5–3 cm

Die Zwergfledermaus ist wahrscheinlich die am weitesten verbreitete europäische Fledermaus. Sie schläft in Gruppen von Tausend oder mehr Tieren auf Speichern, in Kirchtürmen, Scheunen usw. Im Winter ziehen die Zwergfledermäuse in trockene Höhlen, um in Kolonien von 100.000 Tieren oder mehr zu überwintern. Sie leben von Insekten. Kleinere Tiere werden schon im Flug gefressen, größere zuvor zu einem hochgelegenen Ort befördert und dort erst vertilgt.

Mitte Juni werden Jungen geboren, manchmal 2 gleichzeitig. Im September, vor dem Winterschlaf, paaren sich die Fledermäuse. Danach bewahrt das Weibchen den Samen zunächst 7–8 Monate im Körper auf, bevor die eigentliche Befruchtung stattfindet und die Tragezeit beginnt.

Große Braune Fledermaus

Eptesicus fuscus

Verbreitung: Nordamerika: von Alaska bis Mittelamerika; Große Antillen
Habitat: variabel, oft in der Nähe menschl. Siedlungen
Länge: KRL 5–7,5 cm; SPW 26–37 cm; SL 4,5–5,5 cm

Die Große Braune Fledermaus jagt fast alle Insekten mit Ausnahme von Nachtfaltern. Es gelingt ihr sogar, Wasserkäfer zu fangen. Man hat festgestellt, daß sie Geschwindigkeiten von 25 km/h erreicht. Manchmal überwintert sie in Häusern, doch meist zieht sie in großen Gruppen zu den Höhlen in Missouri und anderen Südstaaten der USA, um dort ihren Winterschlaf zu halten. Von April bis Juli werden die Jungen geboren, westlich der Rocky Mountains jeweils nur eins, östlich davon meist Zwillinge.

Rote Fledermaus

Lasiurus borealis

Verbreitung: Nordamerika, Große Antillen, Galapagosinseln
Habitat: bewaldetes Gebiet mit Lichtungen
Länge: KRL 6–8 cm; SPW 36–42 cm; SL 4,5–5 cm

Die Rote Fledermaus hat ein ziegelrotes bis rostbraunes Fell, das mit einem weißen Schimmer überzogen ist; die Männchen sind heller gefärbt als die Weibchen. Diese Art tut sich durch besonders große Würfe hervor: Oft werden im Juni oder Anfang Juli 3–4 Junge geboren. Das Weibchen trägt die Nachkommenschaft zunächst mit sich herum, selbst wenn deren Gesamtgewicht das ihre übertrifft. Im Herbst ziehen die nordamerikanischen Fledermäuse in den Süden und im Frühling wieder zurück in den Norden.

Großer Abendsegler

Nyctalus noctula

Verbreitung: von Europa bis Japan
Habitat: Wald, offene Ebenen
Länge: KRL 7–8 cm; SPW 32–35,5 cm; SL 3–5,5 cm

Der Große Abendsegler ist eine der größten Arten der Familie. Er ernährt sich hauptsächlich von Maikäfern, Grillen und Mistkäfern; man hat aber auch beobachtet, daß er Hausmäuse fängt. Im Winter schlafen die Großen Abendsegler in Bäumen oder auf Speichern, gewöhnlich in kleinen Gruppen, doch manchmal auch in Schlafkolonien von einigen hundert Tieren. Die Paarungszeit fällt in den Monat Juni, und es werden 1–3 Junge geboren.

Mopsfledermaus

Barbastella barbastellus

Verbreitung: von Europa bis Zentral-UdSSR
Habitat: offenes Gelände, oft in Wassernähe
Länge: KRL 4–5 cm; SPW 24,5–28 cm; SL 4–4,5 cm

Am frühen Abend, oft schon vor Sonnenuntergang, geht die Mopsfledermaus auf Insektenjagd. Dabei streift sie niedrig über Gewässer oder Unterholz. Männchen und Weibchen leben im Sommer getrennt; die Weibchen bewohnen besondere „Wochenstuben". Ende September versammeln sich die Mopsfledermäuse in Kalksteingebieten, um in tiefen, trockenen Höhlen zu überwintern.

Vielfarben-Fledermaus

Kerivoula argentata

Verbreitung: Afrika: Südkenia, Namibia, Natal
Habitat: Trockenwälder
Länge: KRL 3–5,5 cm; SPW 18–30 cm; SL 3–5,5 cm

Kleine Gruppen dieser Fledermausart finden sich oft an den merkwürdigsten Schlafplätzen wie in verlassenen Nestern von Weber- und Nektarvögeln oder unter den überhängenden Dächern afrikanischer Hütten. Zweifellos dient die grelle, gescheckte Färbung den Tieren zur Tarnung, wenn sie an gefährlichen Stellen schlafen. Über die Fortpflanzung dieser Art ist nichts bekannt.

Mausohr-Fledermaus
Fischfressende Glattnase
Braunes Langohr
Zwergfledermaus
Rote Fledermaus
Große Braune Fledermaus

Trichterohren und Verwandte

FAMILIE NATALIDAE: Trichterohren
Die 3 Arten der Trichterohren leben in felsigen Gebieten im tropischen Südamerika. Diese Tiere verdanken ihren Namen den großen, trichterförmigen Ohrmuscheln, die an den Außenseiten mit drüsenartigen Fortsätzen versehen sind. Äußerlich unterscheiden sich die einzelnen Gattungen nicht, nur auf der Schnauze der Männchen befinden sich dicke Wülste, deren Funktion unbekannt ist.

Trichterohr-Fledermaus

Natalus stramineus
Verbreitung: von Nordmexiko bis Brasilien; Kleine Antillen
Habitat: tropische Tiefebene
Länge: KRL 3–5,5 cm; SPW 18–24 cm; SL 5–6 cm

Trichterohr-Fledermäuse schlafen in HÖhlen und Bergwerksstollen, manchmal in großer Zahl, meist jedoch in Gruppen von ca. 12 Tieren. Gegen Abend jagen sie langsam fliegende Insekten. Sie selbst fliegen mit sehr schnellen Flügelschlägen, und ihre Bewegungen ähneln denen von Schmetterlingen. Ihre Fortpflanzung ist nicht an eine bestimmte Jahreszeit gebunden. Kurz vor der Geburt der Jungen trennen sich Männchen und Weibchen.

FAMILIE FURIPTERIDAE: Stummeldaumen
Diese Familie umfaßt 2 Gattungen mit jeweils einer Art, beide gekennzeichnet durch ein rauchfarbenes Fell, durch das Fehlen des Daumens und durch eine besonders lange Schwanzflughaut. Die Stummeldaumen leben im tropischen Südamerika und auf Trinidad.

Stummeldaumen-Fledermaus

Furipterus horreus
Verbreitung: Costa Rica, Norden Südamerikas: Ostperu, Guayana, Brasilien; Trinidad
Habitat: Wald
Länge: KRL 4–6 cm; SPW 22–30 cm; SL 4–6 cm

Im Gegensatz zu anderen Fledermäusen besitzt die Stummeldaumen-Fledermaus keine Daumenkrallen, so daß sie, um auf dem Rand einer Felshöhle oder eines unterirdischen Ganges zu landen, in der Luft einen Salto schlagen muß – anschließend findet sie mit den Hinterpfoten Halt. Ein besonderes Merkmal dieser Fledermaus ist ihre hohe Stirn: Schnauze und Stirn stehen fast im rechten Winkel zueinander.

Über die Biologie beider Stummeldaumenarten ist fast nichts bekannt, weil nur wenige Zoologen sie bisher untersucht haben. Es steht jedoch fest, daß sie sich von Insekten ernähren. Nicht bekannt ist, wie sie die Konkurrenz mit den zahlreichen anderen insektenfressenden Fledermäusen in ihrem Verbreitungsgebiet vermeiden.

FAMILIE THYROPTERIDAE: Amerikanische Haftscheiben-Fledermäuse
Die 2 Arten dieser Familie leben in Mittelamerika und im tropischen Teil Südamerikas bis Peru und Brasilien. Sie verdanken ihren Namen den Saugnäpfchen an der Innenseite des Daumens und unter den Fußsohlen. Diese Saugnäpfchen stehen auf kurzen Sockeln, was es den Tieren ermöglicht, schnell an glatten Blättern und Baumstämmen hinaufzuklettern. Ein auffälliges Merkmal der Haftscheiben-Fledermäuse ist, daß sie meist mit dem Kopf nach oben schlafen; dies ermöglichen die starken Saugnäpfe.

Honduras-Haftscheiben-Fledermaus

Thyroptera discifera
Verbreitung: von Belize bis Ecuador und Peru
Habitat: Wald
Länge: KRL 3–5 cm; SPW 18–25 cm; SL 2,5–3 cm

Diese kleine, insektenfressende Fledermaus hat eine ebensogroße Stirn wie die Stummeldaumen-Fledermaus, doch auch in diesem Fall ist der Grund dafür nicht bekannt. Mit Hilfe der Saugnäpfchen kann das Tier an glatten Oberflächen emporklettern, manchmal sogar an Glas. Eine einzige Haftscheibe hat genügend Saugkraft, um das ganze Gewicht der Fledermaus zu tragen. Die Saugkraft wird durch spezielle Muskeln im Vorderarm reguliert.

Haftscheibenfledermäuse haben ungewöhnliche Schlafgewohnheiten; sie schlafen in jungen, noch zusammengerollten Blättern von Pflanzen, wie z.B. Bananen, deren Blätter, bevor sie sich entrollen, lange Röhren bilden. In einem einzigen Blatt können mehrere Fledermäuse schlafen.

Die Fledermäuse müssen fast täglich ein neues Blatt aufsuchen, weil sich ihr Schlafplatz vom Vortag meist in der Zwischenzeit entrollt hat. Ihre Fortpflanzung ist nicht an eine bestimmte Jahreszeit gebunden, und Männchen und Weibchen scheinen sich bei der Geburt der Jungen nicht zu trennen. Im allgemeinen wird ein Junges geboren, und die Mutter trägt es mit sich herum, bis es mehr als die Hälfte ihres eigenen Gewichts erreicht hat. Die Flugfähigkeit der Mutter wird durch das zusätzliche Gewicht nicht beeinträchtigt. Nach einer Weile läßt das Weibchen das Jungtier während der Jagd am Schlafplatz zurück.

FAMILIE MYZOPODIDAE: Madagassische Haftscheiben-Fledermäuse
Die einzige Art dieser Familie lebt ausschließlich auf Madagaskar. Dies ist die einzige Fledermausart, die nur auf dieser Insel vorkommt – ein Relikt aus der Zeit, in der Madagaskar sich von der afrikanischen Landmasse löste.

Madagassische Haftscheiben-Fledermaus

Myzopoda aurita
Verbreitung: Madagaskar
Habitat: Wald
Länge: KRL 5–6 cm; SPW 22–28 cm; SL 4,5–5 cm

Oberflächlich ähnelt die Madagassische Haftscheiben-Fledermaus den Haftscheiben-Fledermäusen der Neuen Welt, da auch sie an der Innenseite der Daumen und der Fußsohlen große Saugnäpfe hat. Diese sind jedoch im Gegensatz zu den Saugnäpfen der amerikanischen Haftscheiben-Fledermäuse, die auf beweglichen Sockeln stehen, unbeweglich, und sie scheinen auch weniger zweckmäßig zu sein. Die Madagassische Haftscheiben-Fledermaus schläft in aufgerollten Blättern oder in hohlen Pflanzenstengeln, und manchmal dient ihr auch der glatte Stamm eines Baumes als behelfsmäßiges Nest.

Über die Fortpflanzung und Ernährung dieses wahrscheinlich sehr seltenen Tieres ist nichts bekannt. Durch das Abholzen riesiger Wälder sind große Teile seines Lebensraumes vernichtet worden, was seinen Fortbestand ernsthaft bedrohen könnte.

FAMILIE MYSTACINIDAE: Neuseeland-Fledermäuse
Die einzige Art dieser Familie, die Neuseeland-Fledermaus, ist eine der beiden in Neuseeland einheimischen Säugetierarten (die andere ist eine Glattnasen-Fledermaus, *Chalinolobus tuberculatus*).

Neuseeland-Fledermaus

Mystacina tuberculata
Verbreitung: Neuseeland
Habitat: Wald
Länge: KRL 5–6 cm; SPW 22–28 cm; SL 1,5–2 cm

Die Schnauze der Neuseeland-Fledermaus ist von einem dichten Schnurrbart umgeben. Jedes Schnurrhaar hat ein löffelförmiges Ende. Die Daumen sind nicht nur mit den üblichen starken Krallen versehen, sondern haben zusätzlich auch an der Basis eine kleine Kralle; auch die Hinterpfoten sind mit messerscharfen Krallen bestückt.

Die Neuseeland-Fledermaus bewegt sich sehr geschickt auf allen Vieren über den Boden und ist sogar auf starken Steigungen sehr schnell, denn sie kann die Flughaut zusammenfalten und dadurch auch die Vorderpfoten zum Laufen benutzen. Sie scheint sich hauptsächlich von Käfern und anderen auf dem Boden lebenden Insekten zu ernähren. Diese Fledermaus hält (im Gegensatz zu der anderen in Neuseeland lebenden Art) keinen Winterschlaf und schläft tagsüber in einer kleinen Gruppe in hohlen Bäumen. Im Oktober wird ein Junges geboren.

Trichterohren
Stummeldaumen
Amerikanische Haftscheiben-Fledermäuse
Madagassische Haftscheiben-Fledermäuse
Neuseeland-Fledermäuse

Spitzhörnchen

ORDNUNG SCANDENTIA:
Spitzhörnchenartige

FAMILIE TUPAIIDAE: Spitzhörnchen

Die Spitzhörnchen oder Tupaias leben in den Wäldern Ostasiens einschließlich Borneo und den Philippinen. Die Familie umfaßt 6 Gattungen und ca. 47 Arten. Diese biologisch höchst interessanten, jedoch äußerlich unauffälligen Säugetiere sind eng mit den Insektenfressern verwandt, was mit ihrem eichhörnchenartigen Aussehen zusammenhängt. Sie haben jedoch andererseits auch Ähnlichkeiten mit den Primaten, so die komplexen, stark gewundenen Gehirne. Deshalb werden sie beiden Ordnungen zugeordnet. Die meisten modernen Zoologen sind sich darüber einig, daß die Tupaias eigentlich eine Ordnung für sich bilden, in der ihre einzigartige Stellung besser zum Ausdruck kommt als in der umfangreichen Ordnung der Primaten. Über die Biologie der Tupaias ist bisher nicht viel bekannt.

Oberflächlich ähneln Tupaias schlanken Eichhörnchen: Sie haben eine lange Schnauze, und auch Form und Größe ihrer Ohrmuscheln weisen Übereinstimmungen mit denen der Eichhörnchen auf. Ihre Füße sind an das Leben in den Bäumen angepaßt. An ihren unbehaarten Fußsohlen befinden sich knorpelige Kissen, mit denen sie sich ausgezeichnet an Zweigen festhalten können. Dies wird ihnen noch erleichtert durch lange, biegsame Zehen mit scharfen, gebogenen Krallen. Die Körpergröße der Arten variiert von 10 bis 22 cm, die Schwanzlänge von 9 bis 22,5 cm. Sie bewegen sich blitzschnell durch die Baumkronen, und die meisten von ihnen sind tagsüber aktiv. Tupaias leben von Insekten und Früchten. Sie trinken oft und baden gerne.

Tupaias sind keine reinen Baumbewohner; viele Arten halten sich auch oft auf dem Waldboden auf. Geruchs-, Seh- und Gehörsinn dieser Tiere sind gut entwickelt. Sie leben gewöhnlich in Paaren, und vor allem die Männchen verhalten sich untereinander sehr aggressiv. Jedes Pärchen markiert die Grenzen seines Territoriums mit Urin und besonderen Drüsenstoffen.

Es werden 1–4, gewöhnlich jedoch 1–2 Junge in einem speziellen Nest geboren. Das Muttertier besucht die Jungen nur einmal am Tag oder nur alle zwei Tage, doch sie können in kurzer Zeit so viel Milch trinken, daß sie damit während der langen Abwesenheit der Mutter auskommen. Die Geschlechter sehen fast gleich aus, aber gewöhnlich sind die Männchen etwas größer.

Tupaias ähneln stark gewissen heute ausgestorbenen, frühen Säugetieren. Deshalb liegt die Vermutung nahe, daß die ersten echten Säuger so aussahen und sich wahrscheinlich auch so verhielten wie diese faszinierenden kleinen Kerlchen.

Gewöhnliches Spitzhörnchen

Tupaia glis

Verbreitung: Süd- u. Südostasien: von Indien bis Vietnam, Malaysia, Südchina, Indonesien
Habitat: Regenwald, Bambusdickicht
Länge: KRL 14–23 cm; SL 12–21 cm

Das Gewöhnliche Spitzhörnchen ist ein aktives und lebendiges, eichhörnchenartiges Tier mit einem langen buschigen Schwanz. Es klettert sehr geschickt in den Bäumen, verbringt jedoch bei der Nahrungssuche einen großen Teil seiner Zeit auf dem Boden. Seine Ernährung variiert; das Tier frißt Insekten (vor allem Ameisen), Spinnen, Samen, Knospen und manchmal auch kleine Vögel und Mäuse. Gewöhnlich lebt das Spitzhörnchen alleine oder mit einem Partner.

Die Fortpflanzung der Spitzhörnchen scheint nicht an eine bestimmte Jahreszeit gebunden zu sein. Zur Aufzucht der Jungen wird in einer Höhle, in einem umgefallenen Baum oder zwischen Baumwurzeln ein primitives Nest gebaut. In Malaysia, wo das Fortpflanzungsverhalten dieser Art am intensivsten erforscht worden ist, werfen die Weibchen nach einer 46–50tägigen Tragezeit 1–3 Junge, die nackt und mit geschlossenen Augen zur Welt kommen, aber schon nach 33 Tagen in der Lage sind, das Nest zu verlassen.

Gebirgsspitzhörnchen von Borneo

Tupaia montana

Verbreitung: Borneo
Habitat: Bergwald
Länge: KRL 11–15 cm; SL 10–15 cm

Das Gebirgsspitzhörnchen hat einen langen, buschigen Schwanz und eine lange, spitze Schnauze. Obwohl er ein geschickter Kletterer ist, verbringt er bei der Nahrungssuche viel Zeit auf dem Boden. Er ernährt sich von Insekten, Früchten, Samen und Blättern. Beim Fressen sitzt er auf den Hinterpfoten, während er die Nahrung mit den Händen festhält. Wahrscheinlich pflegt diese Art ein stärkeres Gemeinschaftsleben (in kleinen Gruppen) als andere Tupaias.

Die Fortpflanzung ist nicht an eine bestimmte Jahreszeit gebunden, und nach einer Tragezeit von 49–51 Tagen wird ein Wurf von meist 2 Jungen geboren.

Elliots Tupaia

Anathana ellioti

Verbreitung: Mittel- und Südindien
Habitat: Regenwald, Waldland mit Dornengestrüpp
Länge: KRL 16–18 cm; SL 16–19 cm

Elliots Tupaia ähnelt einem Eichhörnchen und hat auch große Ähnlichkeit mit den Tupaias der Gattung *Tupaia*. Es unterscheidet sich jedoch durch seine größeren Ohrmuscheln, durch die kräftigere Schnauze und durch den hellen Streifen auf den Schultern. Das Tier ist tagsüber aktiv und klettert in Bäumen, sucht jedoch auf dem Boden nach Insekten und wahrscheinlich auch nach Früchten. Über sein Fortpflanzungsverhalten ist wenig bekannt, doch wahrscheinlich ähnelt es dem der Gattung *Tupaia*.

Schwarzschwanz-Bergtupaia

Dendrogale melanura

Verbreitung: Borneo
Habitat: Bergwälder ab 900 m Höhe
Länge: KRL 11–15 cm; SL 9–14 cm

Diese kleinste aller Tupaia-Arten ist durch einen kurz behaarten, glatten Schwanz gekennzeichnet, der in einer pinselartigen Spitze endet. Auch die übrige Körperbehaarung ist kurz und dicht, dunkelrot bis braun auf dem Rücken und gelborange auf der Bauchseite. Dieses Tier ist mehr als die anderen Vertreter der Familie ein echter Baumbewohner. Den größten Teil seiner aus Insekten bestehenden Nahrung findet es auf den untersten Ästen der Bäume. Über seine Fortpflanzung ist nichts bekannt.

Everetts Spitzhörnchen

Urogale everetti

Verbreitung: Philippinen (Mindanao)
Habitat: Regenwald, Bergwald
Länge: KRL 17–20 cm; SL 11–17 cm

Eine eigenartig verlängerte Schnauze und ein runder, gleichmäßig behaarter Schwanz sind die Kennzeichen des Everett-Spitzhörnchens. Es hat ein bräunliches Fell und einen orangefarbigen oder gelben Bauch. Dieses Tagtier kann hervorragend klettern und mit großer Schnelligkeit über den Boden rennen. Es frißt Insekten, Eidechsen, junge Vögel, Vogeleier und Früchte.

Man nimmt an, daß Everett-Spitzhörnchen auf dem Boden oder auf Felsen nisten. Ihr Fortpflanzungsverhalten ist in Gefangenschaft untersucht worden: Die Weibchen werfen nach einer Tragezeit von 54–56 Tagen 1–2 Junge.

Federschwanz

Ptilocercus lowii

Verbreitung: Malaysia, Sumatra, Borneo
Habitat: Regenwald
Länge: KRL 12–14 cm; SL 16–18 cm

Diese Art ist leicht an ihrem eigenartigen Schwanz zu erkennen, der größtenteils unbehaart und am Ende mit zwei Reihen langer, steifer Haare besetzt ist, was fast wie eine Feder aussieht. Andere charakteristische Merkmale dieser Art sind die großen, häutigen Ohrmuscheln, die vom Kopf abstehen; außerdem sind Hände und Füße im Verhältnis zum Rest des Körpers viel größer als die anderer Tupaias. Der Federschwanz soll ein Nachttier sein. Er verbringt die meiste Zeit auf Bäumen. Er ist ein ausgezeichneter Kletterer. Seinen Schwanz benutzt er, um das Gleichgewicht zu halten und sich abzustützen. Finger und Zehen kann er stark spreizen und sich mit ihnen in den Zweigen festklammern. Er ernährt sich hauptsächlich von Insekten, Früchten und gelegentlich von Eidechsen.

Federschwänze leben meist in Paaren; sie nisten in Baumlöchern oder zwischen den Ästen, in sicherem Abstand zum Boden. Über ihre Fortpflanzung ist weiter nichts bekannt.

Gewöhnliches Spitzhörnchen
Gebirgsspitzhörnchen von Borneo
Schwarzschwanz-Bergtupaia
Elliots Tupaia
Everetts Spitzhörnchen
Federschwanz

Katzenmakis, Lemuren, Indriartige, Fingertiere

ORDNUNG PRIMATES: Primaten
Es gibt ca. 179 Arten von Primaten, die in zwei Unterordnungen aufgeteilt werden: die Halbaffen (Prosimiae), wozu die Lemuren, Fingertiere, Loris, Indriartigen und Koboldmakis gehören, und die höheren Primaten oder Affen (Simiae), zu denen die Krallenaffen und Gibbons, die Menschenaffen und auch die Menschen zählen.

FAMILIE CHEIROGALEIDAE: Katzenmakis
Die 7 Arten der Katzenmakis leben in den Waldgebieten Madagaskars; sie zählen zu den kleinsten Primaten.

Roter Zwergmaki

Microcebus rufus

Verbreitung: Ostmadagaskar
Habitat: Wald
Länge: KRL 12,5–15 cm; SL 12,5–15 cm

Dieses kleine Halbäffchen, das hauptsächlich nachts aktiv ist, bewegt sich in den dichten Baumkronen flink über dünne Zweige, wobei ihm der Schwanz dazu dient, das Gleichgewicht zu bewahren. Ab und zu kommt es auf den Boden, um zwischen den herabgefallenen Blättern nach Käfern zu suchen. Es ernährt sich hauptsächlich von Insekten und kleinen Wirbeltieren, außerdem aber auch von Früchten und jungen Knospen. Zwergmakis gehen gewöhnlich alleine auf Nahrungssuche, schlafen jedoch in kleinen Gruppen in hohlen Bäumen oder in Blätternestern.

FAMILIE LEMURIDAE: Lemuren
Es gibt ca. 16 Arten von Lemuren, die alle auf Madagaskar und den benachbarten Komoren leben, meist in bewaldeten Gebieten. Lemuren sind ausgezeichnete Kletterer.

Katta

Lemur catta

Verbreitung: Südmadagaskar
Habitat: trockenes, felsiges Land mit spärlichem Baumwuchs
Länge: KRL 45 cm; SL 55 cm

Der Katta hat eine spitze Schnauze, große Augen und dreieckige Ohrmuscheln. Sein Fell ist dicht und weich, und sein buschiger, auffällig geringelter Schwanz ist länger als sein Körper. Beide Gattungen haben spezielle Duftdrüsen an den Innenseiten der Unterarme; bei den Männchen sind diese Drüsen größer als bei den Weibchen, und außerdem befindet sich bei ihnen in der Nähe der Drüsen ein Hornstachel. Die Männchen haben weitere Duftdrüsen auf dem Oberarm, unter dem Kinn und in der Nähe des Penis, die Weibchen im Genitalbereich. Die Kattas markieren mit den Ausscheidungen dieser Drüsen die Grenzen ihres Territoriums, aber auch jeden fremden Gegenstand, der sie erregt oder erschreckt. Gruppen von 20–40 Tieren bewohnen gemeinsam ein Revier. Weibchen und Junge bilden den Kern einer solchen Gruppe; die Männchen ziehen von einer Gruppe zur anderen. Die Weibchen dominieren die Männchen. Kattas sind den ganzen Tag über aktiv. Manchmal klettern sie auf Bäume, doch die meiste Zeit über laufen sie auf allen Vieren und mit erhobenem Schwanz über den Boden. Sie leben von Früchten, Blättern, Gras und Harz, das sie mit Hilfe ihrer unteren Schneidezähne von den Baumstämmen schaben.

Die Weibchen werfen nach einer Tragezeit von ca. 136 Tagen gewöhnlich 1, manchmal 2–3 Junge. Das Jungtier hat bei der Geburt ein dichtes Fell, und seine Augen sind geöffnet; im Alter von 6 Monaten ist es selbständig.

Vari

Lemur variegatus (Varecia variegata)

Verbreitung: Nordost- und Ostmadagaskar
Habitat: Regenwald
Länge: KRL 60 cm; SL 60 cm

Der Vari hat einen auffälligen Haarkragen und ein weiß und schwarz bzw. braun oder rötlich gemustertes Fell. Er ist ein geschickter Kletterer, der in der Dämmerung und im ersten Teil der Nacht am aktivsten ist. Er sucht dann nach Früchten, Blättern und Baumrinden. Nur selten kommt er von den Bäumen auf den Boden.

Im November wirft das Weibchen 1–3 Junge in einem Nest, das es in einer Baumhöhle oder in einer Astgabel gebaut und mit seinem eigenen Flaum ausgepolstert hat. Die Tragezeit dauert 99–102 Tage.

FAMILIE INDRIIDAE: Indriartige
Die 4 Arten von Indriartigen leben in den Wäldern und Dornbuschgebieten Madagaskars. Bei allen Arten ist die Schnauze kurz, breit und unbehaart, was ihnen ein affenartiges Aussehen gibt.

Larvensifaka

Propithecus verreauxi

Verbreitung: West- und Südmadagaskar
Habitat: Regenwald und Trockenwälder
Länge: KRL 45 cm; SL 55 cm Ⓑ

Dieser kräftige Sifaka hat lange Arme und Beine, ein unbehaartes, dunkles Gesicht, große Augen und Ohrmuscheln, die fast ganz von seinem dichten Fell verdeckt sind. Die Farbe des Fells ist sehr unterschiedlich und variiert von gelblichweiß bis schwarz oder rötlichbraun. Gruppen von maximal 10 Tieren bewohnen gemeinsam ein Territorium, dessen Grenzen mit Urin oder mit Duftstoffen aus den Kehldrüsen der Männchen markiert werden. Morgens und nachmittags verzehren die Larvensifakas Blätter, Knospen und Früchte. Ihre Bewegungen sind sehr bedächtig, und sie verbringen einen Großteil des Tages mit Faulenzen und Sonnenbaden. Sifakas sind überwiegend Baumbewohner, kommen aber ab und zu auf den Boden herab.

Von Ende Juni bis August wird nach 130tägiger Tragezeit meist ein Junges geboren, das ca. 6 Monate lang gesäugt wird.

Wollmaki / Avahi

Avahi laniger

Verbreitung: Ost- und Nordwestmadagaskar
Habitat: Wald
Länge: KRL 30–45 cm; SL 33–40 cm Ⓖ

Der Wollmaki oder Avahi ist ein ausgesprochenes Nachttier; er hat extrem lange Arme und Beine und schläft tagsüber hoch in den Bäumen. Nachts sucht er Früchte, Blätter und Knospen. Er ist ein ausgezeichneter Kletterer, der nur selten auf den Erdboden kommt. Wenn er dort ist, bewegt er sich auf zwei Beinen fort.

Ende August oder Anfang September wird nach 150tägiger Tragezeit meist ein Junges geboren, das ca. 6 Monate lang gesäugt wird.

Indri

Indri indri

Verbreitung: Nordostmadagaskar
Habitat: Wälder ab 1.800 m Höhe
Länge: KRL 61–71 cm; SL 3–6 cm Ⓑ

Der Indri oder Babakota ist der größte Lemur und leicht an seinem äußerst kurzen Schwanz zu erkennen. Seine Schnauze ist länger als die der Sifakas, sein Gesicht dunkler und unbehaart. Indris leben in Familiengruppen im Regenwald. Sie sind tagsüber sowohl auf dem Boden wie auch in den Baumkronen aktiv, wo sie nach Blättern, Sprossen und jungen Früchten suchen.

Im Januar oder Februar findet die Paarung statt, und nach einer Tragezeit von 4 ½ bis 5 ½ Wochen wirft das Weibchen ein Junges.

FAMILIE DAUBENTONIIDAE: Fingertiere
Die einzige Art dieser Familie ist ein baumbewohnendes Nachttier, das in den dichten Wäldern von Madagaskar lebt.

Fingertier

Daubentonia madagascariensis

Verbreitung: früher Nordostmadagaskar, heute nur noch in Naturreservaten
Habitat: Regenwald
Länge: KRL 36–44 cm; SL 50–60 cm Ⓑ

Das merkwürdige Fingertier, auch Aye-Aye genannt, ist hervorragend an das Leben in den Bäumen angepaßt. Es ist mit gut spezialisierten Händen und Ohrmuscheln ausgestattet und hat ein scharfes Gehör; auch sein Gebiß weicht stark von dem der anderen Halbaffen ab. Nachts verläßt das Tier sein Nest und begibt sich auf Nahrungssuche. Es frißt vor allem Insektenlarven, Schößlinge, Früchte und Eier. Seine Zehen und Finger sind lang und schlank. Vor allem der dritte Finger ist extrem lang; mit ihm klopft das Tier Baumstämme ab, um holzbohrende Insekten aufzuspüren. Mit seinen großen Ohren horcht es auf eventuelle Bewegungen, und wenn es eine Larve gefunden hat, holt es die Beute mit seinen langen Fingern aus dem Loch. Manchmal reißt es zuvor das Holz mit seinen starken Zähnen auf, die es auch benutzt, um Eier und Kokosnüsse aufzubrechen.

Einmal innerhalb von 2–3 Jahren wirft das Weibchen ein Junges, das es mindestens ein Jahr lang säugt.

Roter Zwergmaki
Vari
Katta
Wollmaki
Larvensifaka
Indri
Fingertier

Loris, Koboldmakis

FAMILIE LORISIDAE: Loris

Die 12 Arten dieser Primatenfamilie leben in Afrika, in Südindien, in Südostasien und auf den benachbarten Inseln. Die meisten Wissenschaftler unterteilen die Familie in 2 Gruppen: einerseits die Loris, Pottos und Bärenmakis, die einen kurzen oder gar keinen Schwanz besitzen und die sich sehr bedächtig fortbewegen, andererseits die Galagos mit langen Gliedmaßen und einem langen Schwanz, die vortrefflich springen können.

Schlanklori

Loris tardigradus

Verbreitung: Sri Lanka, Südindien
Habitat: Regenwald, Sumpfwälder
Länge: KRL 18–26 cm; Schwanz fehlt oder rudimentär

Der Schlanklori verbringt die meiste Zeit in Bäumen, wo er sich mit Hilfe seiner langen mageren Arme und Beine langsam und bedächtig fortbewegt. Mit seinen hervorragenden Greifhänden kann das Tier sich sehr gut festhalten. Seine Daumen und Großzehen sind sehr weit abspreizbar. Da er ein ausgesprochenes Nachttier ist, verbringt er den Tag schlafend in den Baumkronen, wobei er sich wie ein Ball zusammenrollt. Gegen Abend jagt er Insekten, vor allem Heuschrecken; außerdem frißt er Eidechsen, kleine Vögel und Vogeleier, in geringen Mengen auch Schößlinge und Blätter. Er schleicht sich mit ruhigen Bewegungen lautlos an seine Beute an und packt sie dann blitzschnell mit beiden Händen.

Von den indischen Loris ist bekannt, daß sie 2mal pro Jahr Junge bekommen, gewöhnlich im Mai und im Dezember. Meist wird ein Junges geboren, manchmal aber auch zwei. Das Junge muß sich selbst den Weg zu den Zitzen seiner Mutter suchen und sich fest an ihr Fell klammern.

Plumplori

Nycticebus coucang

Verbreitung: Süd- und Südostasien: von Ostindien bis Malaysia; Sumatra, Java, Borneo, Philippinen
Habitat: dichter Regenwald
Länge: KRL 26–38 cm; Schwanz rudimentär

Obwohl der Plumplori etwas rundlicher ist als der Schlanklori und kurze Glieder hat, ähnelt sein Verhalten sehr dem seines Verwandten. Tagsüber schläft er zu einem Ball aufgerollt in einem Bau. Nachts sucht er in den Bäumen nach Insekten, Vogeleiern, kleinen Vögeln, jungen Zweigen und Früchten. Auf den Boden kommt er nur selten. Er klettert zwar langsam, doch sehr geschickt. Mit seinen kräftigen Händen und Füßen kann er sich so festklammern, daß er an ihnen herabhängen kann. Daumen und Großzehen kann er vollständig abspreizen.

Die Fortpflanzung dieser Tiere ist nicht an eine bestimmte Zeit gebunden. Nach einer Tragezeit von 193 Tagen wirft das Plumploriweibchen 1–2 Junge. Man nimmt an, daß Plumploris in Familiengruppen zusammenleben.

Potto

Perodicticus potto

Verbreitung: West-, Zentral- u. Ostafrika
Habitat: Wald, Waldränder
Länge: KRl 30–40 cm; SL 5–10 cm

Der Potto ist ein kräftig gebautes Tier mit einem sehr dichten Fell, starken Armen und Beinen und kräftigen Greifhänden und -füßen; Großzehen und Daumen sind abspreizbar. An der Oberseite seines Nackens befinden sich 4 Fortsätze: Dornfortsätze der Wirbel, die wie verhornte Höcker aus der dünnen Haut herausragen. Der Potto schläft tagsüber hoch in den Bäumen und geht nachts auf Jagd. Obwohl er sich langsam und sehr vorsichtig bewegt, kann er seine Beute – meist Insekten – blitzschnell mit seinen Händen ergreifen. Er frißt auch Schnekken, Früchte und Blätter.

Einmal im Jahr wirft das Weibchen nach einer Tragezeit von 6–6½ Monaten ein Junges. Obwohl der junge Potto nach 2–3 Monaten entwöhnt wird, bleibt er manchmal noch ein ganzes Jahr lang bei seiner Mutter.

Bärenmaki

Arctocebus calabarensis

Verbreitung: Westafrika: von Nigeria, Kamerun südl. bis zum Kongofluß
Habitat: dichter Regenwald
Länge: KRL 25–40 cm; SL ca. 1,25 cm

Der Bärenmaki oder Angwantibo hat ein prächtiges goldfarbenes Fell. Er ist ein echter Baumbewohner mit starken Händen und Füßen, die kräftige Greiforgane darstellen. Sein erster Finger ist zu einem Stumpf verkümmert, und auch der zweite Finger ist stark verkürzt. Der Bärenmaki ist ein gewandter, wenn auch langsamer Kletterer, der seine Nahrung nachts sucht. Sie besteht hauptsächlich aus Insekten, daneben auch aus Raupen, Schnecken, Eidechsen und Früchten. Außerhalb der Paarungszeit lebt der Bärenmaki gewöhnlich allein.

Nach einer Tragezeit von 131–136 Tagen wirft das Weibchen ein Junges. Nach 4 Monaten wird das Junge entwöhnt, und mit 7 Monaten ist es erwachsen.

Riesengalago

Galago crassicaudata (Otolemur crassicaudatus)

Verbreitung: Afrika: von Somalia, Kenia, bis Südafrika (Natal)
Habitat: Wald, Baumsavanne, Buschebene, Plantagen
Länge: KRL 27–47 cm; SL 33–52 cm

Der Riesengalago oder Komba ist ein kräftig gebautes Tier mit einer spitzen Schnauze und großen Augen. Seine Hände und Füße sind ausgezeichnete Greiforgane, Daumen und Großzehen vollständig abspreizbar. Das Tier verbringt die meiste Zeit in den Bäumen, wo es nachts Insekten, Reptilien und Vögel jagt; außerdem ernährt es sich von Vogeleiern und pflanzlicher Kost. Der Riesengalago versetzt seiner Beute zielsichere Schläge und beißt sie danach tot. Sein Geschrei klingt wie Kindergeheul und ist vor allem während der Paarungszeit oft zu hören.

Von März bis Oktober werden nach 126–136tägiger Tragezeit 1–3 Junge geboren.

Senegalgalago

Galago senegalensis

Verbreitung: Afrika südl. der Sahara bis z. Fluß Vaal (außer Guinea und zentralafrikan. Regenwald)
Habitat: Savanne, Buschsteppe, lichter Wald
Länge: KRL 14–21 cm; SL 20–30 cm

Der Senegalgalago oder Moholi ist aktiver und lebendiger als der große Galago. Er bewegt sich in flinken Sprüngen durch die Zweige. Wie alle Galagos schläft der Moholi tagsüber hoch in den Bäumen und geht nachts auf Nahrungssuche. Er ernährt sich von Spinnen, Skorpionen, Insekten, jungen Vögel, Eidechsen, Früchten, Samen und Nektar. Der Senegalgalago lebt in Familiengruppen, deren Mitglieder einen Schlafplatz teilen, ansonsten jedoch ihrer eigenen Wege gehen.

Die Fortpflanzungsgewohnheiten dieser Tiere sind in den verschiedenen Gebieten unterschiedlich; in Gegenden mit zwei Regenzeiten werfen die Weibchen 2mal pro Jahr, und beide Male wird gewöhnlich nur ein Junges geboren. In Regionen mit nur einer Regenzeit bringen die Weibchen einmal im Jahr einen Wurf von meist 2 Jungen zur Welt, obwohl dies keine feste Regel ist. Die Tragezeit beträgt 128–146 Tage, und die Jungen sind nach 4 Monaten erwachsen.

FAMILIE TARSIIDAE: Koboldmakis

Die 3 Arten dieser Familie leben in Indonesien und auf den Philippinen. Diese kleinen Halbaffen sind überwiegend nachts aktiv. Sie leben hauptsächlich in Bäumen und sind ausgezeichnete Kletterer und Springer. Aufgrund ihrer verlängerten Hinterbeine und Füße sind sie die besten Springer unter den Primaten. Ihr langer Schwanz ist unbehaart.

Sundakoboldmaki

Tarsius bancanus

Verbreitung: Sumatra, Borneo
Habitat: Sekundärwald, Busch
Länge: KRL 8,5–16 cm; SL 13,5–27 cm

Wie seine beiden Verwandten ist der Sundakoboldmaki an seinem langen, unbehaarten Schwanz und an seinen außergewöhnlich großen, runden Augen zu erkennen. Die Arme sind kurz, die Hinterbeine lang – letzteres hängt mit dem stark verlängerten Fersenbein zusammen, welches es dem Tier ermöglicht, riesige Sprünge zu vollführen. Von diesem verlängerten Fersenbein (Tarsus) wurde der wissenschaftliche Name der Familie abgeleitet. Der Koboldmaki wohnt überwiegend in Bäumen. Er ist ein Nachttier und schläft tagsüber, wobei er mit seinem Schwanz an einem Zweig hängt. In der Abenddämmerung wird er wach und geht auf Jagd nach Insekten, die den Hauptanteil seiner Ernährung bilden. Der Sundakoboldmaki fängt die Insekten sehr geschickt mit seinen Händen.

Die Fortpflanzung ist bei dieser Art nicht an eine bestimmte Jahreszeit gebunden, und nach ca. 6monatiger Tragezeit wirft das Weibchen ein Junges. Koboldmakis haben schon bei ihrer Geburt ein relativ dichtes Fell, ihre Augen sind geöffnet, und sie sind fast von Anfang an in der Lage, herumzuhüpfen und zu springen.

Schlanklori
Plumplori
Potto
Bärenmaki
Riesengalago
Senegalgalago
Sundakoboldmaki

Neuweltaffen 1

FAMILIE CALLITRICHIDAE: Krallenaffen

Die Krallenaffen bilden eine der drei Primatenfamilien der Neuen Welt. Zusammen mit den Kapuzineraffen (Familie Cebidae) und den Springtamarins (Familie Callimiconidae) werden sie Breitnasenaffen oder Neuweltaffen genannt. Es gibt ca. 17 Arten Krallenaffen; manchmal werden noch mehr unterschieden, je nachdem, ob man bestimmte Formen als Unterarten oder als selbständige Arten ansieht. Abgesehen von den Katzenmakis sind die Krallenäffchen die kleinsten Primaten. Ihre Körpergröße variiert von der einer Maus bis zu der eines Eichhörnchens. Sie haben ein weiches, oft seidiges Fell, und viele Arten sind mit Haarbüscheln am Kopf oder Haarkragen ausgestattet. Ihr langer, behaarter Schwanz ist jedoch kein Greiforgan.

Krallenäffchen und Springtamarins sind echte Tagtiere. Sie leben hauptsächlich in Bäumen, haben jedoch keine Greifhände oder abspreizbaren Daumen wie die meisten anderen Primaten. Auch schwingen sie sich nicht durch das Geäst, sondern springen mit schnellen und geschickten Bewegungen wie Eichhörnchen von Ast zu Ast. Sie leben von tierischer und pflanzlicher Kost. Nachts schlafen sie zusammengerollt in Baumhöhlen.

Krallenaffen sind gesellige Tiere, die in Familiengruppen leben. Gewöhnlich werden zwei Junge geboren, und das Männchen hilft dem Weibchen bei der Aufzucht, indem es eines der beiden Jungen auf dem Rücken trägt. Krallenäffchen machen oft großen Lärm und verfügen über eine ganze Skala von schrillen Schreien.

Goelditamarin

Callimico goeldii

Verbreitung: oberes Amazonasbecken
Habitat: Urwald
Länge: KRL 18–21,5 cm; SL 25–32 cm Ⓤ

Nur wenige Goelditamarins wurden bisher beobachtet oder gefangen, deshalb sind nicht viele Einzelheiten über ihr Verhalten bekannt. Man erkennt sie an ihren Mähnen und an ihrer zottigen Körperbehaarung. Sie suchen in Bäumen und Sträuchern nach pflanzlicher Nahrung wie Beeren, aber auch nach Insekten und kleinen Wirbeltieren. Der Goelditamarin ist ein sehr geschicktes Tier, das sich mit großer Behendigkeit von Zweig zu Zweig bewegt. Es kommt aber auch regelmäßig auf den Boden, beispielsweise wenn es von einem Feind, z.B. einem Raubvogel, aufgeschreckt wird.

Männchen und Weibchen leben in festen, langandauernden Paarbeziehungen und gewöhnlich auch in Gruppen, die aus Eltern und Kindern bestehen. Im allgemeinen bekommt das Weibchen nach einer Tragezeit von 150 Tagen ein Junges. Goelditamarins machen großen Lärm und kommunizieren miteinander mit Hilfe einer großen Vielfalt von trällernden und flötenden Lauten.

Wieviele Goelditamarins es gibt, ist nicht bekannt, doch handelt es sich mit Sicherheit um eine seltene Art mit spärlicher, örtlich begrenzter Verbreitung. Seit einiger Zeit sind sie durch Abholzung riesiger Wälder in ihrem Lebensraum und durch illegales Fangen ernsthaft bedroht. Es ist jedoch noch mehr Information notwendig, um die Art sinnvoll schützen und vor dem Aussterben bewahren zu können.

Zwergseidenäffchen

Callithrix pygmaea (Cebuella p.)

Verbreitung: oberes Amazonasbecken
Habitat: tropischer Regenwald
Länge: KRL 14–16 cm; SL 15–20 cm

Das Zwergseidenäffchen zählt zu den kleinsten Primaten und ist das kleinste Krallenäffchen. Es ist ein Tagtier, das wahrscheinlich einen Mittagsschlaf hält. Da das Tier wegen seiner Winzigkeit eine besonders leichte Beute für Raubvögel ist, versucht es sich möglichst ständig zu tarnen. Es bewegt sich entweder sehr langsam oder in kurzen, schnellen Sprüngen fort; dazwischen verharrt es immer wieder ein paar Augenblicke lang regungslos. Auch seine Fellfarbe bietet ihm eine gewisse Tarnung als Schutz gegen Feinde. Das Zwergseidenäffchen lebt hauptsächlich in Bäumen und schläft auch in Baumhöhlen, aber hin und wieder kommt es doch auf den Boden, um nach Nahrung zu suchen oder um von einem Baum zum anderen zu laufen. Es ernährt sich von Früchten, Insekten, kleinen Vögeln und Vogeleiern; man nimmt weiterhin an, daß es sich vom Saft von Bäumen ernährt, in deren Rinde es ein Loch nagt.

Zwergseidenäffchen leben in Gruppen von 5–10 Tieren; innerhalb der Gruppen dominieren die Weibchen.

Silberäffchen

Callithrix argentata* ssp. *argentata

Verbreitung: Brasilien, Bolivien
Habitat: Wald, Pampa (Grassteppe)
Länge: KRL 15–30 cm; SL 18–40 cm Ⓖ

Das Silberäffchen ist an seinem seidigen, silberweißen Fell zu erkennen. Dieses Krallenäffchen hat ein unbehaartes Gesicht und haarlose Ohrmuscheln von rötlicher Färbung. Sein Rükken ist meist eher grau, der Schwanz schwarz. Silberäffchen rennen und springen mit ruckartigen, schnellen Sprüngen duch Sträucher und Bäume, wenn sie nach Früchten, Blättern, Insekten, Spinnen, kleinen Vögeln und Vogeleiern suchen. Gewöhnlich tun sie dies in kleinen Gruppen von 2–5 Tieren. Wie die meisten Krallenäffchen haben auch die Silberäffchen ein vielfältiges Mienenspiel entwickelt: Sie können Grimassen schneiden und die Augenbrauen hochziehen, was sie dazu benutzen, um Rivalen und Feinde abzuschrecken.

Nach einer Tragezeit von 140–150 Tagen wirft das Weibchen 1–2, manchmal auch 3 Junge. Das Männchen hilft bei der Geburt und ist größtenteils für die Pflege der Jungen verantwortlich.

Goldgelbes Löwenäffchen

Leontideus rosalia (Leontopithecus r.)

Verbreitung: Südostbrasilien
Habitat: Küstenwälder
Länge: KRL 19–22 cm; SL 26–34 cm Ⓑ

Diese besonders schöne Krallenäffchenart hat eine seidige, goldene Mähne, die Kopf und Schultern bedeckt; die Ohrmuscheln sind völlig darunter versteckt. Wie die übrigen Mitglieder dieser Familie springt das Tier äußerst geschickt von Ast zu Ast, wenn es nach Früchten, Insekten, Eidechsen, kleinen Vögeln und Vogeleiern sucht, von denen es sich ernährt. Das Löwenäffchen lebt in kleinen Gruppen und ist sehr laut.

Das Weibchen wirft nach einer Tragezeit von 132–134 Tagen 1–2, in Ausnahmefällen 3 Junge. Das Männchen beteiligt sich an der Aufzucht; es bringt die Jungen zur Mutter, wenn sie gesäugt werden müssen, und bereitet später ihre erste feste Nahrung zu, indem es sie zwischen den Fingern zerdrückt.

Kaiserschnurrbarttamarin

Saguinus imperator

Verbreitung: Westbrasilien, Ostperu, Nordbolivien
Habitat: Tieflandwälder
Länge: KRL 18–21 cm; SL 25–32 cm Ⓤ

Der Kaiserschnurrbarttamarin, der an seinem weißen Hängeschnurrbart leicht zu erkennen ist, ist eine der elf Arten der Gattung *Saguinus*. Er ist sehr geschickt und bewegt sich auf der Nahrungssuche mit schnellen, sprunghaften Bewegungen durch Sträucher und Bäume. Er frißt Früchte, zartes Grün, Insekten, Spinnen, kleine Wirbeltiere und Vogeleier. Das Tier lebt in kleinen Gruppen und stößt eine große Vielfalt von schrillen Lauten aus.

Nach einer Tragezeit von ca. 5 Monaten wirft das Weibchen Zwillinge. Der Vater hilft bei der Geburt und leckt die neugeborenen Jungen ab. Wie alle Tamarinväter hilft auch er, wenn die Jungen gesäugt werden müssen, indem er sie zur Mutter bringt.

Schwarzrückentamarin

Saguinus nigricollis

Verbreitung: Südkolumbien u. angrenzende Gebiete v. Ecuador u. Brasilien
Habitat: Primär- und Sekundärwald
Länge: KRL 15–28 cm; SL 27–42 cm

Dieser Tamarin ist mit seinen kurzen, breiten, kaum oder gar nicht spezialisierten Händen, die mit Krallen versehen sind, und mit seinem kleinen Körper ein typischer Vertreter seiner Gattung. Die Haare um seinen Mund sind weiß, die Haut unter diesem Schnurrbart jedoch gefleckt, ebenso wie die Haut um die Genitalien. Familiengruppen, die aus Mann, Frau und 1–2 Jungen bestehen, leben in einem deutlich abgegrenzten Territorium: Das Weibchen markiert Äste an der Grenze seines Reviers mit Duftstoffen aus seinen Analdrüsen und mit Urin. Insekten, Blätter und Früchte sind die wichtigste Nahrung dieser Tamarins.

140–150 Tage nach der Befruchtung wirft das Weibchen 2 Junge.

Silberäffchen
Zwergseidenäffchen
Kaiserschnurrbarttamarin
Goelditamarin
Goldgelbes
Löwenäffchen
Schwarzrückentamarin

Neuweltaffen 2

FAMILIE CEBIDAE: Kapuzinerartige

Die meisten Affen dieser Familie sind viel größer als die Krallenaffen und die Springtamarins, die beiden anderen Familien der Breitnasen- oder Neuweltaffen. Es gibt ca. 32 Arten, die in Kapuzineraffen, Brüllaffen, Klammerschwanzaffen, Sakiaffen sowie Nacht- und Springaffen unterteilt werden. Kennzeichnend für diese Affen ist ihr langer, behaarter Schwanz; bei manchen Arten handelt es sich dabei um einen echten Greifschwanz, der für die Fortbewegung in den Bäumen sehr wichtig ist.

Mit wenigen Ausnahmen gehören die Kapuzinerartigen zum Breitnasentyp. Diese Nasenform ist das Charakteristikum der Neuweltaffen. Die Nasenlöcher stehen weit auseinander und sind seitwärts gerichtet. Im Gegensatz dazu befinden sich bei den Affen der Alten Welt die Nasenlöcher dicht beieinander und sind nach vorne gerichtet. Ihre langen, schlanken Finger mit ihren langen Nägeln sind sehr gute Greiforgane. Die Daumen sind zwar nicht abspreizbar, aber der große Zeh ist sehr groß und kann den übrigen Zehen entgegengestellt werden, was den Tieren auf Ästen guten Halt verschafft. Damit sind die Kapuzinerartigen sehr gut dazu ausgestattet, durch die Wälder Mittel- und Südamerikas vom Norden Mexikos bis in den Süden Argentiniens zu laufen und zu springen. Kapuzinerartige sind Gruppentiere, die in Familiengruppen leben, in denen sich eine lebendige Laut- und Gebärdensprache entwickelt hat. Diese Affen leben hauptsächlich von pflanzlicher Kost.

Nachtaffe

Aotes trivirgatus

Verbreitung: vereinzelt von Panama bis Paraguay
Habitat: Wald
Länge: KRL 24–37 cm; SL 31–40 cm

Der Nachtaffe oder Mirikina hat ein dichtes Fell, und auch sein Schwanz ist dicht behaart. Auffällig sind seine großen Ohren und sein runder Kopf. Gewöhnlich ist das Tier grau gefärbt und hat dunkle Flecken auf dem Kopf. Unter dem Kinn befindet sich ein aufblasbarer Hautsack, der das Stimmvolumen vergrößert. Der Mirikina ist ein Nachttier, das ausgezeichnet im Dunkeln sieht und flink von Ast zu Ast springt. Nachtaffen kommen selten auf den Boden. Früchte, Blätter, Insekten und Spinnen sind ihre Hauptnahrung, aber manchmal fressen sie auch kleine Säugetiere und Vögel. Nachtaffen leben gewöhnlich in Paaren mit ihrer Nachkommenschaft zusammen. Tagsüber tun sich manchmal mehrere Familien zusammen, um in einem hohlen Baum oder in einem Nest zwischen den Blättern zu schlafen.

Das Weibchen gebiert jeweils ein Junges, das sich in den ersten Wochen an seiner Mutter festklammert; erst nach einer Weile fängt es selbst an zu klettern.

Zottelschweifaffe / Mönchsaffe

Pithecia monacha

Verbreitung: oberes Amazonasbecken
Habitat: Wald
Länge: KRL 35–48 cm; SL 31–51 cm

Der Zottelschweifaffe oder Mönchsaffe hat lange, zottige Haare um Gesicht und Nacken und einen dicken, buschigen Schwanz. Er ist ein scheues, vorsichtiges Tier, das ausschließlich in Bäumen lebt, meist in den höchsten Wipfeln. Manchmal klettert dieser Affe auf tiefere Zweige, doch auf den Boden kommt er nie. Im allgemeinen bewegt er sich auf allen Vieren, doch auf dickeren Ästen läuft er manchmal aufrecht und springt von einem Baum zum anderen. Tagsüber zieht er in Paaren oder in kleinen Familiengruppen umher und sucht nach Früchten, Beeren, Honig, Blättern und kleinen Säugetieren wie Mäusen, Fledermäusen und Vögeln.

Die Weibchen bekommen jeweils ein Junges.

Satansaffe

Chiropotes satanas

Verbreitung: vom Norden Südamerikas bis Brasilien
Habitat: Wald
Länge: KRL 36–52 cm; SL 36–50 cm

Der Satansaffe ist an seinem dichten Bart und dem langen, schwarzen Kopfhaar zu erkennen. Der Rest seines Fells ist kastanien- bis schwarzbraun. Der dicke Schwanz ist dicht behaart. Über das Verhalten dieser Art in der freien Natur ist nur bekannt, daß sie in hohen Bäumen lebt und sich von Früchten ernährt. Der Satansaffe benötigt viele Quadratkilometer unberührten Gebietes, um sich ungestört fortpflanzen zu können, und die heutige Tendenz, Primärwälder abzuholzen, ist auf längere Sicht eine ernsthafte Bedrohung für ihren Fortbestand.

Weißstirnkapuziner

Cebus albifrons

Verbreitung: Teile Kolumbiens, Venezuela, oberer Amazonas; Trinidad
Habitat: Wald
Länge: KRL 30–38 cm; SL 38–50 cm

Dieser lebhafte, intelligente Affe ist schlank gebaut und hat lange Arme und Beine. Sein Schwanz dient in beschränktem Maß als Greifschwanz. Innerhalb des Verbreitungsgebietes variiert die Farbe seines Fells, doch Brauntöne überwiegen. Der Weißstirnkapuziner ist ein wachsames und schnelles Tier, sehr neugierig und sehr geschickt in der Benutzung seiner Finger. Er prüft alle möglichen Pflanzen und Früchte auf ihre Eßbarkeit. Schößlinge, Früchte, Insekten, junge Vögel und Vogeleier sind die Hauptbestandteile seiner Nahrung. Obwohl dieser Kapuzineraffe hauptsächlich auf Bäumen lebt, kommt er gelegentlich auf den Boden und wagt sich auf offenes Gelände. Weißstirnkapuziner sind Gruppentiere, die in Gruppen von 20–30 Tieren feste Territorien bewohnen.

Die Weibchen bekommen gewöhnlich ein Junges, obwohl bei dieser Art auch Zwillingsgeburten bekannt geworden sind. Die Jungen werden mehrere Monate lang gesäugt und von beiden Eltern herumgetragen.

Grauer Springaffe

Callicebus moloch

Verbreitung: von Kolumbien bis Bolivien
Habitat: Wald, Dickicht
Länge: KRL 28–39 cm; SL 33–49 cm

Der Graue Springaffe ist eine typischer Bewohner von Gebieten mit dichter Vegetation. Manchmal taucht er auch in feuchten Wäldern mit sumpfigen Böden auf. Gegebenenfalls kann er sich blitzschnell fortbewegen, doch tut er dies nur selten. Gewöhnlich hält er sich innerhalb eines ziemlich kleinen Gebiets auf. Er ernährt sich von Früchten, Insekten, Spinnen, kleinen Vögeln und Vogeleiern. Graue Springaffen sind tagsüber aktiv und ziehen in Paaren oder Familiengruppen umher. Zur Kommunikation mit Artgenossen benutzen sie ein umfangreiches Repertoire von Lauten. Graue Springaffen haben einen runden Kopf und ein dickes, weiches Fell. Ihre charakteristische Haltung ist, mit dicht zusammengestellten Armen und Beinen hockend dazusitzen, während der Schwanz schlaff herunterhängt.

Das Weibchen gebiert jeweils ein Junges.

Totenkopfäffchen / Monki-Monki

Saimiri sciureus

Verbreitung: von Kolumbien bis zum Amazonasbecken
Habitat: Wald, Ackerland
Länge: KRL 26–26 cm; SL 35–42 cm

Das graugrüne Totenkopfäffchen oder der Monki-Monki ist ein schlanker Affe mit langem, beweglichem Schwanz und hellem, kurzhaarigem Fell. Es ist ein sehr aktives, lebhaftes Tier, das tagsüber Früchte, Nüsse, Insekten, Spinnen, junge Vögel und Eier frißt und manchmal aus den Bäumen auf den Boden kommt, um nach Nahrung zu suchen. Monki-Monkis plündern gelegentlich Obstplantagen. Sie leben in Gruppen von 12–30 oder mehr Tieren.

Das Weibchen bringt nach einer Tragezeit von 24–26 Wochen ein Junges zur Welt, das schon ziemlich bald nach der Geburt klettern kann. Die Eltern kümmern sich kaum um das Jungtier.

Scharlachgesicht

Cacajao calvus

Verbreitung: Westbrasilien
Habitat: Wald
Länge: KRL 51–57 cm; SL 15–16 cm ©

Das Scharlachgesicht oder der Kahlkopf-Uakari ist mit seinem nackten Gesicht, seinen langen, zotteligen Haaren und dem struppigen Bart ein recht auffälliges Tier. Er ist meist weiß gefärbt, doch im Sonnenlicht nimmt das Fell oft einen rötlichen Schimmer an. Sein Schwanz ist relativ kurz. Die drei Arten der Uakaris sind die einzigen Neuweltaffen mit einem kurzen Schwanz. Der Kahlkopf-Uakari läuft sehr geschickt auf allen Vieren, springt jedoch fast nie, da er nicht wie die übrigen Kapuzinerartigen mit Hilfe seines Schwanzes das Gleichgewicht bewahren kann. Oft lebt er in Baumwipfeln. Er ernährt sich hauptsächlich von Früchten, aber auch von Blättern, Insekten, kleinen Säugetieren und Vögeln. Auf den Boden kommt er nur selten. Kahlkopf-Uakaris leben in kleinen Gruppen, die aus mehreren erwachsenen Männchen und Weibchen mit ihren Jungen verschiedenen Alters bestehen. Diese Art ist vor allem tagsüber aktiv.

Weißstirnkapuziner
Grauer Springaffe
Nachtaffe
Totenkopfäffchen
Zottelschweifaffe
Satansaffe
Scharlachgesicht

Neuweltaffen 3

Roter Brüllaffe

Alouatta seniculus

Verbreitung: von Kolumbien bis Amazonasmündung, südl. bis Bolivien

Habitat: Wald, Mangrovensümpfe

Länge: KRL 80–90 cm; SL 80–90 cm

Der Rote Brüllaffe ist einer der größten Neuweltaffen; er hat ein rotbraunes Fell und einen starken Körper mit kräftigen Armen und Beinen. Am Ende des Greifschwanzes, in der Nähe der Schwanzspitze, befindet sich eine sehr empfindliche, unbehaarte Stelle, eine „Greifsohle", die ihm zusätzlichen Halt verschafft. Alle männlichen Brüllaffen sind wegen ihrer unvorstellbar lauten Schreie berüchtigt, die sie mit Hilfe ihrer stark spezialisierten Kehle ausstoßen; beim Roten Brüllaffen sind die Stimmorgane am stärksten entwickelt. Die Hauptanpassung des Kehlkopfes besteht in einem stark vergrößerten Zungenbein, das die Stimmorgane umgibt und als Resonanzkörper fungiert. Der Unterkiefer ist stark vergrößert, damit der angeschwollene Kehlkopf genügend Platz hat. Die Kehle ist mit einem dichten Bart bewachsen. Der männliche Rote Brüllaffe hat ein eigenes Territorium und führt ca. 6–8 Tiere an. Um sein Gebiet gegen Konkurrenten zu verteidigen, stößt er ein langanhaltendes Gebrüll aus. Brüllaffen hört man hauptsächlich am frühen Morgen und am späten Nachmittag, doch der Rote Brüllaffe ist zu jeder Tageszeit noch in 3 km Entfernung zu hören.

Rote Brüllaffen leben in Bäumen, in denen sie sich mit großer Leichtigkeit bewegen, obgleich sie wegen ihres schweren Körpers nur die dicksten Äste benutzen können. Finger und Zehen sind so angeordnet, daß sie einen festen Griff um die Äste ermöglichen: Die ersten beiden Finger sind getrennt und können den übrigen drei gegenübergestellt werden. Aufgrund dessen fehlt es ihnen jedoch an Geschicklichkeit beim Ergreifen der Nahrung. Rote Brüllaffen sind gute Springer und benutzen beim Springen ihren Greifschwanz. Manchmal klettern sie auf den Boden und überqueren sogar gelegentlich offenes Gelände; sie sind auch gute Schwimmer. Ihre Nahrung besteht hauptsächlich aus Früchten und Blättern. Nachts schlafen die Affen auf Ästen.

Die Fortpflanzung scheint bei ihnen nicht an eine bestimmte Jahreszeit gebunden zu sein; das Weibchen wirft 20 Wochen nach der Befruchtung ein Junges. Anfangs klammert sich der junge Brüllaffe am Fell seiner Mutter fest, später sitzt er auf ihrem Rücken; er wird 18–24 Monate lang gesäugt.

Schwarzer Brüllaffe

Alouatta caraya

Verbreitung: von Südbrasilien bis Nordargentinien

Habitat: Wald

Länge: KRL 80–90 cm; SL 80–90 cm

In Wirklichkeit sind nur die Männchen dieser Art richtig schwarz gefärbt; die Weibchen haben ein braunes Fell. Die Schwarzen Brüllaffen leben in Gruppen, zu denen wahrscheinlich jeweils mehr als ein Männchen gehört. Diese Gruppen besetzen Territorien, die sie genau wie die Roten Brüllaffen mit lauten Schreien verteidigen. Der stark vergrößerte Kehlkopf, der sich hinter einem buschigen Bart verbirgt, verstärkt den Klang ihrer Stimme. Schwarze Brüllaffen brüllen meist weniger laut als ihre roten Verwandten, und ihre Territorien sind kleiner.

Der Schwarze Brüllaffe ist ein kräftig gebauter Affe mit starken Armen und Beinen und einem Greifschwanz. Er lebt in Bäumen und ernährt sich von Blättern und Früchten. Das Weibchen bringt nach einer Tragezeit von ca. 20 Wochen ein Junges zur Welt, das manchmal bis zu 2 Jahren bei seiner Mutter bleibt.

Schwarzer Klammeraffe

Ateles paniscus

Verbreitung: vom nördl. Südamerika bis Brasilien u. Bolivien

Habitat: Wald

Länge: KRL 40–60 cm; SL 60–80 cm Ⓖ

Der Schwarze Klammeraffe ist mit seinen außergewöhnlich langen Gliedmaßen und seinem langen Schwanz der am stärksten spezialisierte und akrobatischste Kletterer unter den Neuweltaffen. Seine anmutigen Bewegungen werden nur von den Gibbons übertroffen. Er ist ein sehr leicht gebauter Affe mit einem kleinen Kopf. Unter den Säugetieren hat er den am besten entwickelten Greifschwanz, den er wie eine fünfte Hand benutzt. Mit ihm hält er sich in den Baumkronen fest oder greift nach Nahrung. Der Affe kann mit seinem ganzen Gewicht am Schwanz hängen und große Entfernungen überbrücken, indem er sich an den Schwanz hängt und dann seine langen Arme ausstreckt. Die Unterseite der Schwanzspitze ist nackt und weist feine Rillen auf, die an menschliche Fingerkuppen erinnern; die Rillen erhöhen die Haftfähigkeit. Wenn Schwarze Klammeraffen sich durch die Bäume schwingen, benutzen sie ihre Hände wie Haken, um sich an den Ästen festzuhalten. Dementsprechend haben die Hände lange, gebogene Finger und nur rudimentäre Daumen. Das ist zwar ideal zum Klettern, erschwert jedoch das Festhalten der Nahrung. Dazu benutzt der Affe oft seinen Greifschwanz: Mit ihm hält er die Früchte fest, die er dann mit den Zähnen schält.

Schwarze Klammeraffen kommen nur selten auf den Boden und sammeln ihre Nahrung lieber auf den Bäumen – hauptsächlich Früchte und hin und wieder Nüsse. Sie leben in Gruppen von 15–30 Tieren und haben ein festes Territorium. Wenn die Gruppe tagsüber Nahrung sucht, teilt sie sich oft auf. Die Streifzüge finden vor allem am frühen Morgen und am Nachmittag statt.

Nach einer Tragezeit von ca. 20 Wochen bringt das Weibchen ein Junges zur Welt, das ca. 10 Monate von der Mutter abhängig bleibt.

Spinnenaffe

Brachyteles arachnoides

Verbreitung: Südostbrasilien

Habitat: Küstenwälder

Länge: KRL ca. 61 cm; SL ca. 67 cm Ⓑ

Der Spinnenaffe hat meist ein gelblichgraues bis braunes oder rötliches Fell, und die unbehaarte Gesichtshaut ist oft rot, vor allem dann, wenn das Tier aufgeregt ist. Sein Körper ist kräftig, und die Arme und Beine sind lang und schlank. Wie die Klammeraffen besitzt der Spinnenaffe einen sehr zweckmäßigen Greifschwanz. Die Unterseite des Schwanzes ist am Ende unbehaart und extrem empfindlich. Spinnenaffen hangeln sich oft von Ast zu Ast. Da die Daumen für diese Art der Fortbewegung nicht besonders wichtig sind, sind sie nur rudimentär entwickelt.

Spinnenaffen sind tagsüber aktiv; sie suchen in den Bäumen hauptsächlich nach Früchten. Sie sind Gruppentiere, doch viel mehr ist über ihre Lebensweise in freier Natur nicht bekannt.

Grauer Wollaffe

Lagothrix lagothricha

Verbreitung: oberes Amazonasbecken

Habitat: Wälder bis zu 2.000 m Höhe

Länge: KRL 50–68 cm; SL 60–72 cm Ⓖ

Der Graue Wollaffe hat einen schwereren Körperbau als die Klammeraffen und ein Fell aus kurzem, dichtem Haar. Sein Kopf ist rund, sein Rumpf kräftig, und er hat einen ansehnlichen Bauch. Er bewegt sich schnell und sicher auf allen Vieren oder an seinen Armen schwingend durch die Bäume, letzteres jedoch weniger anmutig als die Klammeraffen. Die Anordnung seiner Daumen und Zehen macht seine Hände und Füße zu idealen Greiforganen. Das Tier verfügt auch über einen starken Greifschwanz mit einem empfindlichen, haarlosen Ende. Graue Wollaffen sind echte Gruppentiere, die in Gruppen von ca. 50 Tieren leben. Tagsüber suchen sie nach pflanzlicher Nahrung, vor allem nach Früchten. Sie sind jedoch weniger aktiv als viele andere Neuweltaffen. Obwohl sie echte Baumbewohner sind, kommen sie ziemlich oft auf den Boden, wo sie aufrecht laufen. Ihr langer Schwanz dient ihnen dann als Gleichgewichtsorgan.

Das Weibchen bringt nach einer Tragezeit von 18–20 Wochen ein Junges zur Welt. Das junge Äffchen klammert sich am Bauchfell seiner Mutter fest und wird so von ihr herumgetragen. Doch schon nach wenigen Wochen ist es in der Lage, ohne Hilfe auf den Ästen herumzuklettern. Das Weibchen säugt ihr Junges 12 Monate lang oder länger. Graue Wollaffen sind mit 4 Jahren geschlechtsreif.

Schwarzer Brüllaffe ♂
Roter Brüllaffe ♂
Schwarzer Klammeraffe
Spinnenaffe
Grauer Wollaffe

Schmalnasen 1

FAMILIE CERCOPITHECIDAE:
Meerkatzenartige

Die Menschenaffen und Altweltaffen werden im allgemeinen, um sie von den Breitnasenaffen der Neuen Welt zu unterscheiden, Schmalnasen (Teilordnung Catarrhina) genannt: Ihre Nasenlöcher sind nur durch eine schmale Nasenscheidewand voneinander getrennt und nach vorne oder nach unten gerichtet. Die größte Gruppe innerhalb der Schmalnasen bilden die Meerkatzenartigen, deren 76 bis heute bekannte Arten in Afrika, Asien und Indonesien leben. Es gibt einige generelle Unterschiede zwischen den Altwelt- und den Neuweltaffen: Die Altweltaffen sind größer, oft ist ihr manchmal auffällig gefärbtes Hinterteil kahl, und der Schwanz ist zwar manchmal ziemlich lang, jedoch kein echter Greifschwanz. Zu den Meerkatzenartigen gehören die Makaken, Paviane, Mandrills, Mangaben, Meerkatzen, Languren, Stummelaffen und Schlankaffen sowie viele andere Formen. Sie sind fast alle Tagtiere mit ausgezeichnetem Seh-, Gehör- und Geruchssinn. Die meisten Arten sind Baumbewohner; nur die Paviane suchen ihre Nahrung ausschließlich auf dem Boden, und die Makaken findet man sowohl in Bäumen als auch auf dem Waldboden. Im allgemeinen leben die Schmalnasen in Gruppen, die aus Familien oder größeren Einheiten bestehen und die sich mit Hilfe einer differenzierten Gestik und Lautsprache untereinander verständigen. Die Männchen sind oft um einiges größer als die Weibchen.

Magot / Berberaffe

Macaca sylvana

Verbreitung: Gibraltar; Afrika: Marokko, Nordalgerien
Habitat: Felslandschaft, Waldlichtungen in Gebirgswäldern
Länge: KRL 55–75 cm; Schwanz fehlt Ⓖ

Der Magot oder Berberaffe ist ein kräftiger, schwanzloser Affe mit einem ziemlich runden Kopf und einer kurzen Schnauze. Die Männchen sind größer als die Weibchen und haben längeres Kopfhaar. Früher lebten die Magots in verschiedenen Regionen Südwesteuropas, heute leben sie außer in Afrika nur noch auf Gibraltar, wo die Population regelmäßig durch Tiere aus Nordafrika ergänzt wird. Magots leben in Gruppen von 10–30 Männchen, Weibchen und Jungen in einem abgegrenzten Territorium. Sie schlafen in Bäumen oder zwischen den Felsen und gehen früh am Morgen und nachmittags auf Nahrungssuche; mittags ruhen sie. Sie sind ausgezeichnete Kletterer und suchen ihre Nahrung sowohl in Bäumen wie auch auf dem Boden. Sie fressen Gras, Blätter, Beeren, Früchte, Wurzeln, Insekten und Spinnen. Auch plündern sie Gärten und Plantagen.

Das Weibchen bringt nach ca. 7monatiger Tragezeit 1, in seltenen Fällen 2 Junge zur Welt. Die Jungen können zu jeder Jahreszeit geboren werden, doch häufen sich die Geburten von Mai bis September. In den ersten Tagen nach der Geburt helfen die Männchen den Weibchen bei der Versorgung der Jungen und tragen sie herum. Die Jungtiere werden ca. 3 Monate lang gesäugt und bleiben mindestens 6 Monate bei der Mutter.

Bärenmakak

Macaca arctoides

Verbreitung: Burma, Südchina bis Malaysia
Habitat: Wald, Anbaugebiete
Länge: KRL 50–70 cm; SL 4–10 cm

Der Bärenmakak, der an seinem roten Gesicht, seinem zottigen Fell und kurzen Schwanz zu erkennen ist, ist ein aggressiver, furchtloser Affe, der oft Gärten und Äcker plündert. Die meiste Zeit verbringt er auf dem Boden, klettert aber auch auf Bäume, um dort zu schlafen, bzw. Nahrung oder einen sicheren Unterschlupf zu suchen. Er ist allerdings kein besonders guter Kletterer. Er ernährt sich von Blättern, Früchten, Wurzeln und Knollen, unter anderem von Kartoffeln. Die Nahrung hält er meist mit seinen Händen fest. Er stopft soviel Eßbares wie möglich in seine beiden Backentaschen und holt es erst später wieder hervor, um in aller Ruhe zu schmausen. Bärenmakaken sind tagsüber aktiv und leben in Familiengruppen von 25–30 Tieren unter der Leitung eines dominanten Anführers. Die Mitglieder einer solchen Gruppe rufen und schreien sich ständig zu und kommunizieren untereinander auch durch Minenspiel. Die Männchen sind größer als die Weibchen.

Über die Fortpflanzung dieser Makakenart in freier Natur ist wenig bekannt, man aber nimmt an, daß das Weibchen jedes (oder jedes zweite) Jahr ein Junges wirft.

Rotgesichtsmakak / Japanmakak

Macaca fuscata

Verbreitung: Japan
Habitat: Hochlandwälder
Länge: KRL 50–75 cm; SL 25–30 cm

Der Japanmakak, die einzige Affenart, die in Japan lebt, ist außer dem Menschen der einzige Primat, der einen kalten Winter mit Schnee und Temperaturen um den Nullpunkt auszuhalten vermag. In manchen Teilen seines Verbreitungsgebietes verbringt er viel Zeit damit, bis zum Hals in den Becken von Warmwasserquellen zu stehen. Er ist ein mittelgroßer, kräftiger Affe mit dichtem Fell und langem Backen- und Kinnbart. Er hält sich sowohl in Bäumen als auch auf dem Boden auf und ernährt sich hauptsächlich von Nüssen, Beeren, Knospen, Blättern und Rinde.

Feste Gruppen von maximal 40 Tieren leben unter einem älteren männlichen Anführer zusammen. Besonders wichtig im Sozialverband der Gruppe ist die Beziehung zwischen den Weibchen und ihren Müttern: Sie halten Kontakt zur Mutter, solange diese lebt, auch wenn sie selbst schon Junge haben. Diese „Frauenkränzchen" bilden den Kern der Gruppe. Die Männchen bleiben bei der Mutter und bei ihren Nestgenossen, bis sie halb erwachsen sind; dann schließen sie sich einer Gruppe junger Männer an, die sich zwischen verschiedenen Gruppen bewegen. Nach einer gewissen Zeit in solch einer Junggesellengruppe oder in Einsamkeit schließt sich das Männchen meist einer anderen Gruppe an, nie der, in der es aufgewachsen ist.

Die weiblichen Japanmakaken bringen nach einer Tragezeit von 6–7 Monaten ein Junges zur Welt.

Indischer Hutaffe

Macaca radiata

Verbreitung: Südindien
Habitat: Wald, Gebüsch, Anbaugebiete und Vororte von Städten
Länge: KRL 35–60 cm; SL 48–65 cm

Den Namen verdankt dieser langschwänzige Makak seinem widerspenstigen dunklen Haarschopf. Sein Gesicht ist gewöhnlich rosa gefärbt, bei säugenden Weibchen jedoch dunkelrot. Die Männchen dieser Art sind wesentlich größer als die Weibchen. Der Indische Hutaffe ist äußerst flink und hält sich meist in Bäumen auf. Er kann sich aber auch auf dem Boden problemlos bewegen und ist ein guter Schwimmer. Er hat einen enormen Appetit und ernährt sich von Blättern, Früchten, Nüssen, Samen, Insekten, Vogeleiern und manchmal auch von Eidechsen.

Nach einer Tragezeit von ca. 150 Tagen gebiert das Weibchen 1, manchmal auch 2 Junge.

Mantelmangabe

Cercocebus albigena

Verbreitung: Afrika: von Kamerun bis Uganda, Kenia, Tansania
Habitat: Wald
Länge: KRL 45–70 cm; SL 70–100 cm

Die Mantelmangabe ist ein schlanker, anmutiger Affe mit auffallend buschigen Augenbrauen und einem Kragen aus langem Haar um Hals und Schultern. Ihr Schwanz ist ungewöhnlich lang und beweglich und mit zottigen Haaren bewachsen; er dient teilweise als Greifschwanz. Die Männchen sind größer als die Weibchen, und sie haben auch längere Schwänze. Diese Mangaben leben fast ausschließlich in Bäumen, in denen sie auch schlafen. Tagsüber ernähren sie sich von Früchten, Nüssen, Blättern, Rinde und Insekten. Sie bilden Gruppen von 10–30 Tieren und machen sehr viel Lärm; sie rufen und schreien unentwegt und kommunizieren auf diese Weise miteinander.

Das Weibchen gebiert nach einer Tragezeit von 174–180 Tagen ein Junges, das es mindestens 10 Monate lang säugt.

Haubenmangabe

Cercocebus galeritus

Verbreitung: Afrika: vom Südosten Nigerias, Zaire bis Ostkenia
Habitat: Regen- und Sumpfwälder
Länge: KRL 45–65 cm; SL 45–75 cm

Die Haubenmangabe ist ein schlanker, kräftig gebauter Affe, und mit ihren langen Gliedmaßen und ihrem langen Schwanz sehr gelenkig. Man erkennt sie an ihrer merkwürdigen, ponyartigen „Frisur". Es gibt verschiedene Unterarten mit leichten Farbabweichungen; bei einer von ihnen fehlt sogar der Pony. Über die Lebensweise dieser Mangaben ist wenig bekannt; sie scheinen aber auf dem Boden wie auch in Bäumen zu leben und sich von Blättern, Früchten, Anbaupflanzen und Insekten zu ernähren. Die Haubenmangabe lebt in Gruppen von 12–20 Tieren, die aus mehreren älteren Männchen, geschlechtsreifen Weibchen und Jungtieren bestehen.

Rotgesichtsmakak
Bärenmakak
Indischer Hutaffe
Magot
Mantelmangabe
Haubenmangabe

Schmalnasen 2

Grüner Pavian / Anubispavian

Papio anubis

Verbreitung: Afrika: vom Senegal östl. bis Nordzaire, Äthiopien, Kenia, Uganda, Nordtansania

Habitat: Savanne

Länge: KRL bis zu 1 m; SL 45–75 cm

Der Anubispavian oder Grüne Pavian ist ein großes, kräftig gebautes Tier mit nach hinten abfallendem Rücken, einer gut entwickelten, hundeartigen Schnauze und einem Maul mit scharfen Zähnen. Die Männchen haben um Nacken und Schultern einen Kragen aus langem Haar und sind größer als die Weibchen. An der Schwanzspitze befindet sich eine Quaste, das Gesäß ist unbehaart und verhornt.

Diese Pavianart lebt in Gruppen von 20–150 Tieren, unter denen eine strenge Hierarchie herrscht. Obwohl diese Tiere hauptsächlich auf dem Boden leben, schlafen sie nachts im Schutz von Bäumen oder Felsen und ziehen morgens gemeinsam zu ihren Futtergebieten. Die älteren Jungtiere laufen an der Spitze des Zuges, ihnen folgen die Weibchen mit den jüngeren Jungtieren, dann die älteren Männchen und die Mütter mit den Babys. Die jungen Männer bilden die Nachhut und schreien den Tieren an der Spitze zu, sobald sie irgendeine Gefahr bemerken. Grüne Paviane sind Allesfresser; sie ernähren sich von Gras, Samen, Wurzeln, Blättern, Früchten, Rinde, Insekten, Wirbellosen, Vogeleiern, jungen Vögeln, Eidechsen und jungen Säugetieren wie Antilopen und Lämmern.

Nach einer Tragezeit von ca. 187 Tagen gebiert das Weibchen 1, selten 2 Junge. Anfänglich klammert sich das Junge fest an den Bauch der Mutter, aber im Alter von 4–5 Wochen setzt es sich auf ihren Rücken. Mit 5–6 Monaten bekommt es zum erstenmal feste Nahrung; 2–3 Monate später wird es entwöhnt und ist selbständig, obwohl die Mutter es noch bis zum Alter von 2 Jahren im Auge behält.

Mantelpavian

Papio hamadryas

Verbreitung: Afrika: Äthiopien, Somalia; südl. Saudi-Arabien

Habitat: trockene Felslandschaften, Savanne, Halbwüsten

Länge: KRL 50–95 cm; SL 40–60 cm

Der männliche Mantelpavian ist fast doppelt so groß wie das Weibchen und hat eine dichte Mähne um Nacken und Schultern. Diese Mähne fehlt bei den Weibchen und den jungen Männchen, die außerdem auch ein bräunliches Fell haben. Wie alle Paviane hat auch diese Art eine hundeartige Schnauze und einen schräg abfallenden Rücken. Familiengruppen aus einem älteren Männchen und mehreren Weibchen mit ihren Jungen leben zusammen. Sie schlafen nachts in Bäumen oder zwischen Felsen und suchen tagsüber gemeinsam nach Nahrung. Sie fressen fast alle Pflanzen, Insekten und kleine Tiere.

Die Fortpflanzungsperiode erreicht von Mai bis Juli ihren Höhepunkt, und die Weibchen werfen nach einer Tragezeit von 170–175 Tagen 1, manchmal auch 2 Junge.

Bärenpavian

Papio ursinus

Verbreitung: Afrika: von Angola, Zambia bis Südafrika

Habitat: Savanne, Felslandschaft

Länge: KRL bis zu 1 m; SL 40–75 cm

Der Bärenpavian oder Tschakma ist ein großer, schlanker Pavian mit stark vorspringender Schnauze und schräg abfallendem Rücken. Charakteristisch für ihn ist seine Schwanzhaltung: Es sieht so aus, als sei der Schwanz in der Nähe der Wurzel gebrochen. Diese Art lebt in Gruppen von ca. 30–100 Tieren, die nachts zwischen Felsen oder in Bäumen schlafen und tagsüber nach Nahrung suchen. Sie suchen morgens und spätnachmittags nach Futter, mittags ruhen sie. Sie fressen fast jede pflanzliche und tierische Nahrung: Blätter, Früchte, Insekten, kleine Wirbellose, Eidechsen, Vögel und junge Säugetiere; hauptsächlich sind sie jedoch Pflanzenfresser.

Wenn das Weibchen brünstig ist, schwillt die Haut um die Genitalien stark an, und auf dem Höhepunkt der Brunstzeit dürfen sich nur die hochrangigen Männchen mit ihr paaren. Dies gilt für alle savannenbewohnenden Paviane.

Nach einer Tragezeit von 175–193 Tagen gebiert das Weibchen ein Junges; Zwillinge sind sehr selten. Die Mutter säugt ihr Junges ca. 8 Monate lang.

Drill

Mandrillus leucophaeus

Verbreitung: Afrika: Südostnigeria, Kamerun

Habitat: Wald

Länge: KRL 45–90 cm; SL 6–12 cm Ⓑ

Der Drill ist ein kräftig gebauter, waldbewohnender Affe mit großem Kopf, kurzem Stummelschwanz, gefurchtem Gesicht und großen Nasenöffnungen. Die Männchen dieser Art sind wesentlich größer als die Weibchen, manchmal doppelt so groß, und haben eine dichte Mähne um Nacken und Schultern. Die Haut des Gesäßes und des umliegenden Bereichs ist hell; sie färbt sich allerdings dunkler, wenn das Tier sich aufregt. Obwohl der Drill ein guter Kletterer ist und auf den untersten Baumästen schläft, ist er ein echter Bodenbewohner, der sich auf dem Boden auf Händen und Füßen fortbewegt. Er lebt in Familiengruppen von 20 oder mehr Tieren, die sich manchmal zu Großgruppen von mehr als 200 zusammenschließen. Paviane kommunizieren miteinander durch tiefes Brummen und schrille Schreie, aber auch durch Heben und Senken des Kopfes, eine Drohgebärde, bei der der Mund geschlossen bleibt. Freundliche Absichten drücken sie durch „Kopfschütteln" aus, wobei sie die Zähne entblößen. Die älteren Männchen sind die Anführer der Gruppe und sorgen für deren Sicherheit. Mit ihren scharfen Zähnen und ihren starken Armen und Beinen sind sie eindrucksvolle Tiere und gefürchtete Gegner. Sie ernähren sich von Pflanzen, Insekten, kleinen Wirbellosen und Wirbeltieren.

Ihre Fortpflanzung ist nicht an eine bestimmte Jahreszeit gebunden. Nach einer Tragezeit von ca. 7 Monaten gebären die Weibchen ein Junges.

Mandrill

Mandrillus sphinx

Verbreitung: Afrika: Kamerun, Gabun

Habitat: Wald

Länge: KRL 55–95 cm; SL 7–10 cm

Der männliche Mandrill ist ein großer waldbewohnender Pavian mit einem schweren Körper. Seine lange Schnauze hat tiefe und oft sehr farbenfrohe Furchen. Die erwachsenen Weibchen sind wesentlich kleiner als die Männchen, und ihr Gesicht ist auch weniger stark gefurcht und gefärbt. Mandrills schlafen in den Bäumen, leben jedoch auf dem Waldboden, wo sie auch ihre Nahrung suchen. Sie leben in großen Gruppen von ca. 20–50 Tieren, die von einem oder mehreren älteren Männchen angeführt und beschützt werden. Sie ernähren sich von Früchten, Nüssen, Blättern, Insekten, kleinen Wirbellosen und Wirbeltieren.

Das ganze Jahr über werden Junge geboren, jedoch hauptsächlich zwischen Dezember und Februar. Etwa 7 ½ Monate nach der Befruchtung bringt das Weibchen ein Junges zur Welt.

Dschelada

Theropithecus gelada

Verbreitung: Äthiopien

Habitat: Bergland: Felsschluchten, Gebirgswiesen

Länge: KRL 50–75 cm; SL 45–55 cm

Der eindrucksvolle Dschelada hat einen auffälligen Kopf mit einer leicht nach oben gebogenen Schnauze, die gefurcht ist. Die Nasenöffnungen befinden sich nicht vorne an der Schnauze, sondern stehen weit zurück wie bei allen Pavianen. Der lange Backenbart wächst beidseitig nach vorne und nach oben, und Nacken und Schultern sind mit einer dichten Mähne bedeckt, die bei älteren Männchen fast bis auf den Boden reicht. An Brust und Kehle befinden sich drei kahle rote Hautstellen, die das Männchen in Drohhaltung stolz zur Schau stellt. Die Weibchen sind ungefähr halb so groß wie die Männchen und haben auch wesentlich weniger dichte Mähnen.

Der Dschelada ist ein Bodenbewohner, und er schläft sogar auf Felssimsen und vorragenden Felsspitzen. Er lebt in Familiengruppen mit mehreren Weibchen und deren Jungen. Die Führung der Gruppe übernimmt ein großes geschlechtsreifes Männchen. Diese Familiengruppen schließen sich manchmal zu Großgruppen von mehreren hundert Tieren zusammen. Junge, ungebundene Männchen bilden eigene Gruppen. Morgens verlassen die Dscheladas die Felsen, auf denen sie geschlafen haben, und ziehen zu den Bergweiden, wo sie Gras, Samen und Früchten sowie Insekten und anderen kleine Tiere verzehren. Dscheladas haben kein abgegrenztes Territorium, und der Anführer hält seine Familie mit Hilfe einer reichen Laut- und Mienensprache zusammen. Dscheladas riechen, hören und sehen ausgezeichnet.

Die Jungen werden meist zwischen Februar und April geboren. Das Weibchen wirft nach einer Tragezeit von 147–192 Tagen ein Junges. Zwillinge sind selten. Die Jungen werden fast 2 Jahre lang gesäugt. Nach einer Geburt werden die Weibchen 12–18 Monate lang nicht mehr brünstig.

Grüner Pavian ♂
Mantelpavian ♂
Bärenpavian
Mandrill ♂
Drill ♂
Dschelada ♂

Schmalnasen 3

Grüne Meerkatze

Cercopithecus aethiops

Verbreitung: Afrika: vom Senegal bis Somalia, südl. bis Südafrika

Habitat: Savanne, Waldränder

Länge: KRL 40–80 cm; SL 50–70 cm

Von dieser mittelgroßen bis großen Affenart gibt es viele Unterarten, die sich hinsichtlich der Zeichnung des Gesichts und Form und Farbe der Backenbärte voneinander unterscheiden. Meist ist das Gesicht jedoch schwarz, die Backenbärte sind weiß, und das ist Fell grau oder gelblichgrün. Obwohl die Grünen Meerkatzen in Bäumen schlafen und sich bei Gefahr auch dorthin flüchten, sammeln diese Affen, die ein sehr großes Anpassungsvermögen besitzen, ihre Nahrung in offenem Gelände. Manchmal legen sie große Entfernungen auf dem Boden zurück. Sie sind auch gute Kletterer, Springer und Schwimmer. Familiengruppen, bestehend aus einem erwachsenen Männchen, mehreren Weibchen und ihren Jungen schließen sich tagsüber manchmal mit anderen Gruppen zusammen. Obwohl die Grünen Meerkatzen im allgemeinen ruhig sind, können die Männchen ziemlich laut brüllen, und auch die anderen Tiere der Art lassen ein lautes Geschrei ertönen, wenn sie Angst haben. Sie ernähren sich hauptsächlich von Pflanzen: Blättern, Schößlingen, Früchten, Blüten, Samen und Rinde, aber gelegentlich auch von Insekten, Spinnen, Eidechsen, Vogeleiern und jungen Vögeln.

Das ganze Jahr über werden Junge geboren; die Weibchen bringen nach einer Tragezeit von 175–203 Tagen ein Junges zur Welt und säugen es ca. 6 Monate lang. In den ersten Wochen klammern sich die Jungen am Bauch ihrer Mutter fest, doch nach 3 Wochen verlassen sie die Mutter schon zeitweilig, und im Alter von 4 Wochen können sie sogar klettern. Wenn die Männchen geschlechtsreif werden, färbt sich ihr Hodensack blaugrün.

Brazzameerkatze

Cercopithecus neglectus

Verbreitung: Afrika: von Kamerun südl. bis Angola, östl. bis Uganda

Habitat: Regen- und Sumpfwälder, Bergwälder in Wassernähe

Länge: KRL 40–60 cm; SL 53–85 cm

Die kräftige Brazzameerkatze hat auf ihrer Stirn ein auffälliges rotbraunes Band, das von schwarzem Haar umsäumt ist, und einen deutlich abgesetzten weißen Bart. Ihr Rücken steigt zum Schwanz hin allmählich an, so daß der Hinterleib höher ist als die Schultern. Die Weibchen sehen genauso aus wie die Männchen, sind jedoch kleiner. Brazzameerkatzen sind Tagtiere und ausgezeichnete Kletterer, die sich auch leicht auf dem Boden bewegen können, wo sie bei der Nahrungssuche die meiste Zeit verbringen. Sie fressen hauptsächlich Blätter, Schößlinge, Früchte, Beeren, Insekten und Eidechsen, und hin und wieder plündern sie auch Äcker. Sie leben in kleinen Familiengruppen, die aus einem erwachsenen Männchen und mehreren Weibchen mit ihren Jungen bestehen, manchmal aber auch in Gruppen von 30 oder mehr Tieren. Nach einer Tragezeit von 177 bis 187 Tagen gebiert das Weibchen ein Junges. Schon nach einer Woche wagt sich das Junge für kurze Zeit von der Mutter weg, und nach 3 Wochen fängt es an zu klettern und umherzulaufen.

Rotbauchmeerkatze

Cercopithecus erythrogaster

Verbreitung: Nigeria

Habitat: Wald

Länge: KRL ca. 45 cm; SL ca. 60 cm

Dieser seltene Affe hat ein dunkel gefärbtes Gesicht und eine rosa Schnauze, die von einem weißen Backenbart umrahmt wird. Brust und Bauch sind gewöhnlich rötlichbraun, was der Art ihren Namen eingetragen hat; bei manchen Tieren ist dieser Teil des Körpers grau gefärbt. Die Weibchen ähneln im Aussehen den Männchen, doch Brust und Bauch sowie Arme und Beine sind grau. Man hat nur wenige Exemplare dieser Art beobachtet, und über ihr Verhalten ist nichts bekannt.

Dianameerkatze

Cercopithecus diana

Verbreitung: Afrika: von Sierra Leone bis Ghana

Habitat: Regenwald

Länge: KRL 40–57 cm; SL 50–75 cm

Die Dianameerkatze ist ein schlanker, anmutiger Affe, der sehr auffällig gefärbt ist mit seinem schwarzweißen Gesicht, seinem weißen Bart, der weißen Brust und den scharf abgegrenzten hellen kastanienbraunen Flächen an Rücken und Beinen. Außerdem verlaufen weiße Streifen über die Oberschenkel, die im übrigen dunkel gefärbt sind. Die Weibchen sind kleiner als die Männchen, sehen ansonsten aber gleich aus. Die Dianameerkatze ist ein ausgezeichneter Kletterer und verbringt ihr ganzes Leben in den mittleren und oberen Etagen des Regenwaldes. Sie ist ein lautes und wißbegieriges Tier. Die Art lebt in Gruppen von maximal 30 Tieren, deren Anführer ein erwachsenes Männchen ist. Dianameerkatzen sind vor allem am frühen Morgen und am späten Nachmittag aktiv; dann gehen sie auf die Suche nach Blättern, Früchten, Knospen und anderer pflanzlicher Nahrung. Sie fressen aber auch Insekten, Vogeleier und junge Vögel.

Nach einer Tragezeit von ca. 7 Monaten gebiert das Weibchen ein Junges und säugt es 6 Monate lang.

Zwergmeerkatze

Cercopithecus talapoin (Miopithecus t.)

Verbreitung: Afrika: von Gabun bis Westangola

Habitat: Regenwald, Mangrovensümpfe, immer in Wassernähe

Länge: KRL 25–40 cm; SL 36–52 cm

Die Zwergmeerkatze ist eine der kleinsten afrikanischen Affenarten. Sie hat einen schlanken Körper, einen im Verhältnis zum Rest des Körpers ziemlich großen runden Kopf und vorstehende Ohrmuscheln. Ihre Beine sind länger als die Arme, und ihr Schwanz ist länger als der restliche Körper. Zwergmeerkatzen bilden Familiengruppen von ca. 12–20 Tieren, und jede Gruppe hat ein eigenes Territorium, obwohl sich mehrere Gruppen manchmal zu einer Großgruppe zusammenschließen. Die Zwergmeerkatzen schlafen in Sträuchern und zwischen den Mangroven. Sie sind tagsüber aktiv, vor allem am frühen Morgen und am späten Nachmittag. Sie können ausgezeichnet klettern und rennen und scheuen auch Wasser nicht, da sie geschickte Taucher und Schwimmer sind. Ihre Nahrung setzt sich aus Blättern, Samen, Früchten, Wasserpflanzen, Insekten, Vogeleiern und kleinen Tieren zusammen, und ab und zu plündern sie auch Plantagen. Die meisten Jungen werden von November bis März nach einer Tragezeit von ca. 6½ Monaten geboren. Die Jungen haben von Anfang an offene Augen und ein vollständiges Fell. Junge Zwergmeerkatzen entwickeln sich schnell und fangen schon nach 3 Wochen an, feste Nahrung zu sich zu nehmen. Wenn die Jungen 3 Monate alt sind, sind sie im Grunde unabhängig von ihren Müttern, obwohl sie bis zum Alter von 4–5 Monaten gesäugt werden.

Husarenaffe

Erythrocebus patas

Verbreitung: Afrika: vom Senegal östl. bis Äthiopien, südl. bis Tansania

Habitat: Grassteppe, trockene Savanne, Waldränder, Felsplateaus

Länge: KRL 50–75 cm; SL 50–75 cm

Der Husarenaffe oder Patas, ein schlanker Affe mit langen Gliedmaßen, gehört zu den schnellsten bodenbewohnenden Primaten: Er kann eine Geschwindigkeit von 50 km/h entwickeln. Das Männchen kann doppelt so groß werden wie das Weibchen, und seine Unterschenkel und Unterarme sind leuchtendweiß gefärbt. Arme und Beine des Weibchens haben eine gelbbraune oder gelblichweiße Färbung. Husarenaffen leben in Gruppen von einem erwachsenen Männchen und maximal 12 Weibchen mit ihren Jungen in einem ausgedehnten Territorium. Obwohl sie meist am Waldrand in Bäumen schlafen, halten sich diese Affen tagsüber fast ständig auf dem Boden auf, wo sie Früchte, Samen, Blätter, Wurzeln, Insekten, Eidechsen und Vogeleier suchen. Während die Gruppe Nahrung sammelt, hält das Männchen Wache und warnt seinen „Harem" vor eventuell auftauchenden Feinden.

Die meisten Jungen werden von Dezember bis Februar geboren. Die Weibchen gebären nach einer Tragezeit von 170 Tagen ein Junges. Mit ca. 3 Wochen fängt das Junge an, feste Nahrung zu sich zu nehmen.

Schwarzgrüne Meerkatze

Cercopithecus nigroviridis (Allenopithecus n.)

Verbreitung: Afrika: Ostkongo, Zaire

Habitat: Sumpfwälder

Länge: KRL 40–50 cm; SL 45–55 cm

Die Schwarzgrüne Meerkatze oder Sumpfmeerkatze ist ein kräftiger Primat mit relativ kurzen Armen und Beinen und einem kurzen Schwanz. Ihr Kopf ist ziemlich rund, und auf beiden Seiten wächst ein Backenbart von den Ohren bis zum Maul. Die Männchen sind etwas größer als die Weibchen, ansonsten unterscheiden sich die Geschlechter nicht. Über das Verhalten dieser Art ist wenig bekannt. Sie leben in Gruppen und fressen hauptsächlich Blätter, Früchte und Nüsse, aber wahrscheinlich auch Schnecken, Krabben, Fische und Insekten. Sie sind gute Kletterer und Springer und scheuen auch das Wasser nicht.

Das Weibchen gebiert ein Junges, das sich anfangs am Bauch der Mutter festklammert und 2–3 Monate lang gesäugt wird.

Grüne Meerkatze
Dianameerkatze
Rotbauchmeerkatze
Brazzameerkatze
Zwergmeerkatze
Husarenaffe ♂
Schwarzgrüne Meerkatze

Schmalnasen 4

Südlicher Guereza

Colobus polykomos ssp. ***angolensis***

Verbreitung: Afrika: von Angola bis Kenia

Habitat: Wald

Länge: KRL 50–67 cm; SL 63–90 cm

Alle Stummelaffen (Gattung *Colobus*) haben lange Gliedmaßen, einen langen Schwanz und einen kräftigen Körper. Sie haben an jeder Hand nur vier Finger, und ihre Daumen sind rudimentär oder fehlen ganz – daher ihr Name. Der Südliche Guereza, einer von mehreren schwarzweißen Unterarten des Stummelaffen (*C. polykomos*), ist mit seinem kräftigen Körper und dem relativ runden Kopf ein typischer Vertreter seiner Gattung. Er ist an seinen charakteristischen Schulterhaaren zu erkennen: Bei den verschiedenen Unterarten gibt es kleine Unterschiede in der Menge des weißen Schulter- und Schwanzhaares.

Diese Affen leben in Familiengruppen, die aus mehreren Weibchen mit ihren Jungen und einem erwachsenen Männchen, dem Anführer, bestehen. Wenn die jungen Männchen geschlechtsreif werden, leben sie entweder als Einzeltiere oder bilden selbst eine Gruppe. Jede Gruppe hat ihr eigenes Territorium mit Futtergebieten und Schlafbäumen, aber manchmal schließen sich auch ein paar Gruppen zu einer Großgruppe von 50 oder mehr Tieren zusammen. Die Südlichen Guerezas sind tagsüber aktiv; mittags ruhen sie sich aus oder entlausen einander. Einen großen Teil ihrer Nahrung, wie Blätter, Früchte, Rinde und Insekten, finden sie in den Bäumen, in denen sie flink umherspringen. Sie brauchen fast nie auf den Boden zu kommen.

Die Fortpflanzung der Art ist nicht an eine bestimmte Jahreszeit gebunden, und die Weibchen gebären nach einer Tragezeit von 147–178 Tagen ein Junges, das nach 3 Wochen selbständig zu klettern anfängt. Es wird aber ca. 1 Jahr lang von der Mutter gesäugt und bleibt in dieser Zeit ständig bei ihr. Manchmal säugen die Weibchen auch fremde Junge.

Roter Stummelaffe

Colobus badius

Verbreitung: Afrika: vom Senegal bis Ghana, Kamerun, Zaire, Uganda, Tansania

Habitat: Regen-, Sumpf- und Sekundärwald, gewöhnl. in Wassernähe

Länge: KRL 46–70 cm; SL 42–80 cm Ⓑ

Von dieser Art gibt es zahlreiche Unterarten, deren Farbe von Orangerot bis Rötlichbraun variiert; manche Unterarten haben schwarze Rücken und Schultern. Die Unterseite ihres Körpers ist rötlichgelb bis grau oder weiß. Die Weibchen sind kleiner als die Männchen, sehen aber im übrigen gleich aus. Der rote Stummelaffe lebt in Gruppen von 50–100 Tieren, die aus mehreren kleinen Familiengruppen mit jeweils einem erwachsenen Männchen, mehreren Weibchen und deren Jungen bestehen. Die Tiere sind tagsüber aktiv und ernähren sich von Blüten, Schößlingen, Früchten und Blättern, die sie in den Bäumen sammeln; dabei springen sie wie geübte Akrobaten von Baum zu Baum.

Nach einer Tragezeit von 4–5½ Monaten gebiert das Weibchen ein Junges, das es ganz alleine aufzieht, bis es im Alter von 9–12 Monaten entwöhnt ist.

Grüner Stummelaffe

Colobus verus (Procolobus v.)

Verbreitung: Afrika: von Sierra Leone bis Ghana

Habitat: Regen-, Sumpf- und Sekundärwald

Länge: KRL 43–50 cm; SL 57–64 cm Ⓢ

Der Grüne Stummelaffe ist die kleinste *Colobus*-Art. Er hat einen kleinen runden Kopf, eine kurze Schnauze und eine unauffällige Färbung. Männchen und Weibchen sind ungefähr gleich groß, doch dem Weibchen fehlt die Haube aus aufrecht stehendem Haar, die das Männchen auf dem Kopf trägt. Diese Stummelaffenart lebt in Familiengruppen aus einem erwachsenen Männchen, mehreren Weibchen und ihren Jungen, insgesamt meist 6–10 Tiere. Manchmal bestehen die Gruppen auch aus ca. 20 Tieren, doch dann gehören mehrere erwachsene Männchen dazu. Die Affen schlafen in Bäumen und flüchten bei Gefahr auf mittlere Baumhöhe, doch ihre Nahrung suchen sie auf den unteren Ästen. In die höchsten Wipfel klettern sie nie, und auf den Boden kommen sie auch nur äußerst selten. Blätter und bestimmte Blüten bilden die Hauptbestandteile ihrer Nahrung. Diese Affen machen wenig Lärm.

Über ihre Fortpflanzung ist nicht viel mehr bekannt, als daß das Weibchen ihr Junges in den ersten Wochen nach der Geburt im Maul herumträgt, eine Eigenart, die unter den Affen nur bei den Stummelaffen zu finden ist.

Nasenaffe

Nasalis larvatus

Verbreitung: Borneo

Habitat: Mangrovensümpfe, FLußufer

Länge: KRL 53–76 cm; SL 55–76 cm Ⓖ

Der kräftige Nasenaffe lebt in den Baumwipfeln der Mangrovenwildnis, wo die Bäume stark und starr sind und nie große Höhen erreichen. Der Nasenaffe rennt und springt dort gewandt von Ast zu Ast und hält sich mit dem Schwanz im Gleichgewicht. Das Männchen ist erheblich größer als das Weibchen, kann doppelt so schwer sein und hat eine außergewöhnlich lange, gurkenförmige Nase. Wenn es seine lauten schreienden Rufe ausstößt, richtet sich die Nase auf. Das Weibchen hat eine viel kleinere Nase, und seine Rufe sind auch leiser.

Nasenaffen leben in Gruppen von 1–2 erwachsenen Männchen, mehreren Weibchen und deren Jungen. Sie sind vor allem morgens aktiv. Dann suchen sie Blätter und Mangrovenschößlinge und die Früchte und Blüten anderer Sumpfgewächse. Sie sonnen sich täglich lange in den Baumwipfeln und schlafen nachts auch dort. Die Nasenaffen paaren sich das ganze Jahr über. Die Tragezeit der Weibchen dauert ca. 166 Tage, und es wird jeweils ein Junges geboren. Nasenaffen sind in Gefangenschaft nur schwer zu halten, und in der freien Natur werden sie immer seltener.

Goldstumpfnase

Rhinopithecus roxellanae (Pygathrix roxellana)

Verbreitung: Südwest- und Südchina, Tibet, Ostindien

Habitat: Bergwälder, im Winter tiefer gelegene Täler

Länge: KRL 50–83 cm; SL 51–100 cm Ⓢ

Dieser große Affe mit seinem langen Schwanz hat eine auffallende Stupsnase und goldenes Kopfhaar; Kehle und Wangen haben die gleiche Färbung. Da die Art in abgelegenen Berggebieten lebt, hat man bis heute nur wenige Stumpfnasenaffen beobachtet und gefangen. Sie sollen in Gruppen von 100 oder mehr Tieren leben und sich von Früchten, Knopsen, Blättern und Bambussprossen ernähren.

Hulman

Presbytis entellus

Verbreitung: Indien, Sri Lanka

Habitat: Wald, Gestrüpp, dürre Felsregionen

Länge: KRL 51–100 cm; SL 72–100 cm

Der Hulman oder Hanuman ist ein großer Affe mit langen Armen und Beinen, einem schwarzen Gesicht und wulstigen Augenbrauen. Er ist in der Lage, sich an viele verschiedene Lebensräume anzupassen. Oft lebt er in der Nähe menschlicher Siedlungen und stiehlt aus den Läden und Häusern Eßbares. Man nimmt an, daß der Hulman im Himalaya periodische Wanderungen unternimmt. Im Sommer zieht er höher in die Berge, im Winter kommt er in die tieferen Täler herab. Obwohl er ein guter Kletterer ist, verbringt er mehr als die Hälfte der Zeit auf dem Boden. Er frißt fast ausschließlich Blätter, Schößlinge, Knospen, Früchte und Samen, nur selten Insekten.

Hulmans leben in Gruppen von einem oder mehreren erwachsenen Männchen und Weibchen mit ihren Jungen. Die Gruppen umfassen meist 15–35 Tiere, allerdings sind in einigen Gebieten Gruppen von 80–90 beobachtet worden. Es gibt auch kleinere, ausschließlich aus Männchen bestehende Gruppen von 4–15 Tieren. In Gruppen mit nur einem Männchen leitet dieses die Wanderungen und regelt die alltäglichen Dinge; in diesen Gruppen geht es meist sehr friedfertig zu. In größeren Gruppen konkurrieren die Männchen miteinander, und es kommt ständig zu Streitereien, selbst wenn ein Männchen eindeutig dominiert.

Junge werden das ganze Jahr über geboren. In Gebieten mit klar unterscheidbaren Jahreszeiten fällt die Geburt der Jungen allerdings gewöhnlich in die zwei oder drei klimatisch günstigsten Monate. Die Tragezeit beträgt 6–7 Monate, und die Weibchen gebären 1, manchmal 2 Junge. Alle Weibchen der Gruppe zeigen großes Interesse an den Neugeborenen, und die Mutter erlaubt ihnen, ihr Junges nach der Geburt kurz zu berühren. In den ersten Wochen klammert sich das Baby fest an die Mutter, aber nach 4 Wochen fängt das Kleine an, kurze Strecken selbständig zurückzulegen. Im Alter von 3 Monaten darf es mit anderen Jungtieren spielen und bekommt teilweise schon feste Nahrung. Der junge Hulman wird 10–15 Monate gesäugt, doch die Entwöhnung ist auch danach noch ziemlich schwierig und von starken Spannungen begleitet.

Südlicher Guereza
Roter Stummelaffe
Grüner Stummelaffe ♂
Goldstumpfnase
Nasenaffe ♂
Hulman

Menschenartige 1: Gibbons

FAMILIE HYLOBATIDAE: Gibbons

FAMILIE PONGIDAE: Menschenaffen

Zu diesen beiden Familien der höheren Affen oder Menschenartigen (Hominoidea) gehören 10 Primatenarten, die alle in der Alten Welt leben: von Afrika bis Südostasien und auf den Inseln Sumatra, Java und Borneo. Den Mitgliedern dieser Familien fehlt ein äußerlich sichtbarer Schwanz, und alle haben vorstehende Kiefer. Trotz dieser gemeinsamen Merkmale handelt es sich jedoch um zwei klar unterscheidbare Gruppen: die äußerst gewandten, schlanken Gibbons und die robusten Menschenaffen.

Die Gibbons sind stark spezialisierte Baumbewohner, äußerlich sehr verschieden von den Menschenaffen und vielleicht am besten von allen Säugetieren an das Leben in den Bäumen angepaßt; sie können sich blitzschnell darin bewegen. Mit ihren äußerst langen Unterarmen und ihren gekrümmten Händen schwingen sie sich wie Luftakrobaten durch die Baumkronen. Alle 6 Gibbonarten haben schlanke, langfingrige Hände und Daumen, die sehr tief angesetzt sind, was diese besonders beweglich macht. Wenn ein Gibbon aufrecht steht, reichen seine langen Arme bis auf den Boden; deshalb trägt er sie manchmal über dem Kopf. Gibbons sind hauptsächlich Pflanzenfresser, aber sie fressen auch Insekten, junge Vögel und Eier.

Das Gewicht der Gibbons liegt zwischen 5 und 13 kg; die Menschenaffen sind viel schwerer. Erwachsene Gorillamännchen wiegen mehr als 270 kg, und sogar Schimpansen wiegen 48–80 kg. Alle Menschenaffen können auf 2 Beinen laufen, wenn auch manchmal nur für kurze Zeit. Normalerweise benutzen sie allerdings Arme und Beine zum Laufen. Gorillas und Schimpansen sind überwiegend Bodenbewohner, doch der Orang-Utan verbringt die meiste Zeit in Bäumen; er schwingt sich erstaunlich geschickt von Ast zu Ast. Gorillas sind Pflanzenfresser, Schimpansen und Orang-Utans Allesfresser.

Gibbon und Menschenaffen sind im allgemeinen gesellige Tiere. Sie bilden auf Familienbeziehungen gründende Gruppen, die gemeinsam tagsüber Nahrung suchen und nachts ein Schlafnest teilen. Männliche Menschenaffen sind etwas größer als die Weibchen und haben oft auch noch andere geschlechtsspezifische Merkmale wie beispielsweise Backenwülste und ein schwereres Kinn bei den geschlechtsreifen Orang-Utan-Männchen. Die männlichen und weiblichen Gibbons ähneln sich äußerlich sehr stark.

Schopfgibbon

Hylobates concolor

Verbreitung: Indochina, Hainan
Habitat: Regenwald
Länge: KRL 45–63 cm; Schwanz fehlt Ⓤ

Alle Unterarten der Schopfgibbons leben in verschiedenen Teilen Indochinas. Sie unterscheiden sich in der Fellfärbung. Das schwarze Männchen ist etwas größer als das Weibchen und trägt eine Art Haube aus längerem Haar auf dem Kopf. Das Weibchen ist gelbbraun. Im Gegensatz zu den meisten anderen Gibbons haben die männlichen Schopfgibbons einen Kehlsack, der ihre Stimme verstärkt.

Schopfgibbons haben eine sehr reichhaltige Diät; sie fressen hauptsächlich Früchte, Knospen und Insekten und gelegentlich auch kleine wirbellose Tiere.

Siamang

Symphalangus syndactylus (Hylobates s.)

Verbreitung: Malaysia, Sumatra
Habitat: Bergwälder
Länge: KRL 75–90 cm; Schwanz fehlt

Der Siamang ist der größte Gibbon; er hat ein völlig schwarzes Fell; nur seine Augenbrauen sind rotbraun. Ein anderes Merkmal dieser Art sind die zweiten und dritten Finger, die bis zur Mitte zusammengewachsen sind. Siamangs sind Baumbewohner und trotz ihrer beachtlichen Körpergröße sehr beweglich. Sie schwingen sich von Ast zu Ast, und auf dickeren Ästen laufen sie aufrecht. Nachts schlafen sie auf besonders starken Ästen. Die Nahrung der Siamangs besteht hauptsächlich aus Früchten, vor allem Feigen. Sie fressen aber auch Blüten, Blätter, junge Triebe, hin und wieder Insekten und sogar Vogeleier.

Erwachsene Siamangs bewohnen in Paaren zusammen mit ihren Jungen verschiedenen Alters ein eigenes Territorium. Erwachsene Siamangs hingegen, die noch keinen Partner haben, leben alleine. Die Familienmitglieder kommunizieren mit Hilfe kurzer bellender Laute und mit einem charakteristischen Geschrei, das durch den aufblasbaren Kehlsack verstärkt wird. 230–235 Tage nach der Befruchtung gebiert das Weibchen ein Junges, das fast unbehaart ist. Das Baby klammert sich eng an die Mutter, um bei ihr Sicherheit und Wärme zu suchen.

Zwergsiamang

Symphalangus klossi (Hylobates k.)

Verbreitung: Mentawai-Inseln westl. von Sumatra
Habitat: Regenwald, Hügel und Tiefebenen
Länge: KRL 65–70 cm; Schwanz fehlt Ⓖ

Zwergsiamangs sehen aus wie eine verkleinerte Version des Siamangs. Auch in ihrem Verhalten ähneln sich diese beiden Arten sehr. Dies ist die kleinste Gibbonart, und man nimmt an, daß sie in Bau und Aussehen den Vorfahren der Gibbons gleichen. Der Zwergsiamang ist ein echter Baumbewohner, der sich äußerst gelenkig von Zweig zu Zweig hangelt: Er ernährt sich von Früchten, jungen Trieben und gelegentlich auch von Insekten.

Familiengruppen, die aus einem erwachsenen Paar mit maximal 3 Jungen bestehen, bewohnen ein eigenes Territorium. Die Weibchen gebären ein Junges.

Lar / Weißhandgibbon

Hylobates lar

Verbreitung: Südburma, Malaysia, Thailand, Kambodscha, Sumatra
Habitat: Regenwald, Trockenwald
Länge: KRL 42–58 cm; Schwanz fehlt

Der Lar oder Weißhandgibbon kann schwarz oder fahl gelbbraun gefärbt sein, doch seine Hände, Füße, Augenbrauen und Wangen sind immer hell. Wie alle Gibbons ist auch der Lar ein Baumbewohner, der selten auf den Boden kommt. Er bewegt sich durch die Baumkronen, indem er sich mit seinen langen Armen von Zweig zu Zweig hangelt oder aufrecht über dicke Äste läuft. Der Lar ist hauptsächlich ein Pflanzenfresser und ernährt sich von Früchten, Blättern, jungen Trieben, Knospen und Blüten und manchmal von Insekten. Weißhandgibbons leben in Familiengruppen von 2–6 Tieren: ein erwachsenes Männchen, 1 erwachsenes Weibchen und Junge verschiedenen Alters.

Alle 2–4 Jahre gebären die Weibchen 1 Junges. Die Tragezeit beträgt 7–7½ Monate. Junge Gibbons bleiben mindestens 2 Jahre bei ihrer Mutter und werden fast während dieser ganzen Zeit gesäugt.

Kappengibbon

Hylobates pileatus

Verbreitung: Südostthailand
Habitat: Wald
Länge: KRL 43–60 cm; Schwanz fehlt Ⓑ

Der Kappengibbon verdankt seinen Namen der schwarzen Kopfplatte, die beide Geschlechter haben. Wie alle Gibbons kommen auch Kappengibbons mit einem weißen Fell zur Welt. Die Pigmentation entwickelt sich erst allmählich und breitet sich vom Kopf nach unten aus. Erst wenn das Männchen geschlechtsreif ist, ist auch sein Fell völlig schwarz; hingegen sind die Weibchen abgesehen von der schwarzen Kappe gelbbraun.

Kappengibbons sind stark reviergebunden und schimpfen einander an den Grenzen ihrer Territorien aus. Es kommt jedoch nur selten zu echten Kämpfen. Kappengibbons sind hauptsächlich Vegetarier; sie ernähren sich von Blättern, Knospen, Harz und nur gelegentlich auch von Insekten.

Hulock

Hylobates hoolock

Verbreitung: Bangladesch, Ostindien, Südchina, Nordburma
Habitat: hügelige Wälder
Länge: KRL 46–63 cm; Schwanz fehlt

Auch der Hulock hat die für die Gibbons typischen langen Arme und Beine und die zottige Behaarung. Man nimmt an, daß Männchen und Weibchen etwa gleich groß sind; erwachsene Männchen sind schwarzbraun, die Weibchen gelbbraun gefärbt. Neugeborene Hulocks sind grauweiß, werden allmählich dunkler und sind nach einigen Monaten völlig schwarz. Die Farbe der Weibchen hellt sich während der Pubertät im Alter von 6–7 Jahren auf. Der Hulock lebt fast ausschließlich in Baumkronen, wo er schläft und sich tagsüber von Baum zu Baum hangelt. Er ernährt sich hauptsächlich von Früchten, Blättern und jungen Trieben, aber auch von Spinnen, Insekten, Larven und Vogeleiern.

Erwachsene Paare leben mit ihrer Nachkommenschaft zusammen. Manchmal teilen sich mehrere Familien ein Futtergebiet; gewöhnlich hat allerdings jede Familie ihr eigenes Territorium zur Nahrungssuche. Der Hulock stößt ein eindrucksvolles Gebrüll aus, das sowohl der Kommunikation innerhalb der Gruppe wie auch der verschiedener Gruppen untereinander dient. Die Paarung findet zu Beginn der Regenzeit statt, und zwischen November und März wird jeweils ein Junges geboren.

Schopfgibbon ♂
Zwergsiamang
Hulock ♂
Lar
Siamang
Kappengibbon

Menschenartige 2: Menschenaffen

Orang-Utan

Pongo pygmaeus

Verbreitung: Sumatra, Borneo

Habitat: Regenwald

Länge: KRL 1,2–1,5 m; Schwanz fehlt Ⓑ

Der Orang-Utan, die zweitgrößte Primatenart, hat ein zottiges, rötlichbraunes Fell und einen kräftigen, schwer gebauten Körper. Die Arme des Tieres sind lang und stark und reichen, wenn es aufrecht steht, bis zu den Fersen. Die Daumen sind klein und können dem ersten Finger gegenübergestellt werden. Die Beine des Orang-Utan sind relativ kurz und weniger stark als seine Arme. Orang-Utan-Männchen sind viel größer und schwerer als die Weibchen, und wenn die Männchen geschlechtsreif sind, haben sich bei ihnen im Gegensatz zu den Weibchen an beiden Gesichtsseiten „Backenwülste" (Hautlappen) entwickelt. Alle erwachsenen Orang-Utans haben einen fettreichen Kehlsack.

Orang-Utans leben alleine, in Paaren oder in kleinen Familiengruppen und sind tagsüber sowohl hoch in den Bäumen wie auch in Bodennähe aktiv. Sie laufen auf allen Vieren oder aufrecht über dicke Äste, und hangeln sich manchmal mit den Händen von Ast zu Ast. Auf dem Boden laufen sie auf Händen und Füßen oder stehen aufrecht. Früchte sind ihre Grundnahrung, aber sie fressen auch Blätter, Samen, junge Vögel und Eier. Der Orang-Utan schläft in den Bäumen auf einer Plattform, die er aus Zweigen baut. Wahrscheinlich baut er jede Nacht ein neues Nest.

Nach einer mehr als 9monatigen Tragezeit wird ein Junges geboren. Die Mutter sorgt ziemlich lange für ihr Kind; ein in Gefangenschaft geborenes Junges wird 6 Jahre lang gesäugt. Wenn sich die Mutter durch die Bäume schwingt, klammert das Junge sich an ihrem Fell fest.

Gorilla

Gorilla gorilla

Verbreitung: Afrika: von Südostnigeria bis Westzaire; Ostzaire und angrenzende Länder

Habitat: Regenwald bis zu 3.000 m Höhe

Länge: KRL ♂ 1,7–1,8 m, ♀ 1,4–1,5 m; Schwanz fehlt Ⓖ

Der Gorilla, die größte und gewaltigste Primatenart ist ein sanftmütiges, intelligentes und friedliches Tier – solange man ihn in Ruhe läßt. Er hat einen massigen Körper mit groben, schwarzen Haaren, einen kurzen, breiten Rumpf und einen gewaltigen Brustkasten mit entsprechenden Schultern. Der Kopf des Gorillas ist verhältnismäßig groß, seine Schnauze kurz und seine Augen und Ohren sind klein. Bei alten Männchen steht das Haupthaar aufrecht. Die muskulösen Arme des Gorillas sind länger als seine kurzen, dicken Beine, und an den breiten Händen befinden sich kurze Finger und ein ebenfalls kurzer Daumen. Die Männchen sind größer und schwerer als die Weibchen, und Männchen, die älter als 10 Jahre sind, haben einen silbergrauen Rücken. Es gibt 2 Unterarten: den Flachlandgorilla und den Berggorilla, auch Ost- und Westgorilla genannt.

Auf dem Boden bewegen sich die Gorillas meist in vornübergebeugter Haltung, wobei die Knöchel ihrer Hände auf dem Boden ruhen; doch von Zeit zu Zeit richten sich die Tiere auch auf. Weibchen und Jungtiere klettern auf Bäume, Männchen tun dies wegen ihres großen Gewichts jedoch nur selten. Gorillas leben in festen Gruppen mit einem dominierenden und 1–2 weiteren Männchen, mehreren Weibchen und deren Jungen. Manchmal ist es auch nur ein dominantes Männchen mit 2–3 Weibchen und deren Jungen. Die Gruppe zieht in einem Territorium von 10–40 Quadratkilometern umher, dessen Grenzen sie weder verteidigt noch markiert. Es kommt zwar gelegentlich zu Konflikten mit benachbarten Gruppen, doch echte Zusammenstöße werden meist durch Signale vermieden wie das Trommeln auf dem Boden in einiger Entfernung. Alte Männchen schüchtern Rivalen mit einer Drohhaltung ein, bei der sie sich aufrichten und sich auf die Brust schlagen, brüllen und bellen und manchmal Pflanzen aus dem Boden reißen und damit werfen. Wenn der Anführer einer Gruppe stirbt, kämpfen die jüngeren Männchen um die Nachfolge.

Gorillas sind Tagtiere. Die Gruppe wacht zwischen 6 und 8 Uhr morgens auf und geht dann erst einmal auf die Suche nach Blättern, Knospen, Halmen, Beeren, Rinde und Farnlaub. Gorillas brauchen offensichtlich nicht zu trinken, sondern beziehen alle Flüssigkeit, die sie benötigen, aus Früchten und saftigen Pflanzen. Am Nachmittag fressen sie wieder und ziehen sich dann für die Nacht in Nester zurück, die sie aus Zweigen und Blättern bauen. Gorillas, die jünger als 3 Jahre sind, schlafen bei ihren Müttern, die übrigen bauen eigene Nester.

Die Fortpflanzung scheint nicht an eine bestimmte Jahreszeit gebunden zu sein. Nach einer Tragezeit von gut 9 Monaten gebiert das Weibchen ein Junges, das zunächst völlig abhängig ist und sich ans Fell der Mutter klammert. Nach 3 Monaten kann es aufrecht sitzen, nach 5 Monaten laufen und klettern. Das Gorillajunge wird 12–18 Monate lang gesäugt und bleibt bei seiner Mutter, bis es ca. 3 Jahre alt ist.

Zwergschimpanse / Bonobo

Pan paniscus

Verbreitung: Zaire

Habitat: Regenwald

Länge: KRL 55–60 cm: KH bis 100 cm; Schwanz fehlt Ⓖ

Obwohl der Zwergschimpanse oder Bonobo dem Schimpansen ähnelt (und von manchen Zoologen als eine Unterart des Schimpansen angesehen wird), hat er längere, schlankere Arme und Beine und ein schmales Gesicht. Fell und Gesichtshaut sind schwarz. Das Tier lebt sowohl in den Bäumen wie auch auf dem Boden und ernährt sich hauptsächlich von Früchten, aber auch von Blättern und jungen Zweigen. Der Zwergschimpanse ist ein echtes Gruppentier; er lebt in Familiengruppen, von denen sich mehrere ein Futtergebiet teilen. Im übrigen ähnelt das Verhalten der Zwergschimpansen stark dem der Schimpansen.

Nach einer Tragezeit von 227–232 Tagen gebiert das Weibchen ein Junges, das ungefähr 3 Jahre bei der Mutter bleibt.

Schimpanse

Pan troglodytes

Verbreitung: Afrika: von Guinea bis Zaire, Uganda und Tansania

Habitat: Regenwald, Savanne mit Baumwuchs

Länge: KRL 68–94 cm; KH 1,2–1,7 m; Schwanz fehlt Ⓖ

Der intelligente, in Horden lebende Schimpanse verfügt über ein großes Spektrum von Lauten und Gesten, die der Kommunikation mit den Artgenossen dienen. Möglicherweise ist er das expressivste Tier überhaupt. Der Schimpanse ist gedrungen und kräftig, er hat starke Arme, die länger sind als die Beine, jedoch keinen so schweren Körper wie der Gorilla. Hände und Füße sind lang und schmal, und die Daumen lassen sich den anderen Fingern gegenüberstellen. Die Männchen sind etwas größer als die Weibchen. Farbe des Fells und der Gesichtshaut variieren stark, aber meist ist das Fell mehr oder weniger schwarz und das Gesicht hell gefärbt; bei älteren Tieren wird das Gesicht dunkler. Vom rundlichen Kopf stehen breite, nach vorne gerichtete Ohren ab, und die Lippen sind sehr beweglich. Schimpansen können genau wie die Menschen ihre Lippen spitzen.

Sie sind gute Kletterer, halten sich jedoch meist auf dem Boden auf, wo sie gewöhnlich auf Händen und Füßen laufen. Hin und wieder laufen sie allerdings auch aufrecht, beispielsweise wenn sie Nahrung in ihren Händen halten. Die soziale Hierarchie ist bei dieser Art nicht so streng wie bei den Gorillas. Urwaldschimpansen bilden Männergruppen, Gruppen von Weibchen mit Jungen oder Gruppen von erwachsenen Tieren beiderlei Geschlechts ohne Junge. Die Zusammensetzung der Gruppen verändert sich häufig. Savannenschimpansen bilden im allgemeinen stabilere Gruppen, die aus einem oder mehreren Männchen, mehreren Weibchen und deren Jungen bestehen. Die Größe des Territoriums ist vom Umfang der Gruppe und von der vorhandenen Nahrung abhängig. Wenn benachbarte Gruppen aufeinandertreffen, geht dies unter großem Geschrei und mit intensiver Kommunikation vonstatten, meist jedoch ohne Aggressionen.

Schimpansen sind tagsüber aktiv. Bei Sonnenaufgang verlassen sie ihre Schlafnester und machen sich auf die Suche nach hauptsächlich pflanzlicher Nahrung, wie Früchten, Nüssen, Blättern, Baumrinde und jungen Trieben, aber auch Eiern und Insekten. Sie benutzen Grashalme oder dünne Zweige als Werkzeuge, um Termiten und Ameisen aus ihren Verstecken hervorzuholen. Savannenschimpansen töten auch junge Tiere, um sie zu fressen; sie packen diese an den Hinterbeinen und schlagen sie mit dem Kopf auf den Boden. Nachts schlafen Schimpansen meist in Bäumen; jedes Tier baut sich sein eigenes Nest aus geflochtenen Zweigen. Jungtiere unter 3 Jahren schlafen bei ihren Müttern.

Die Weibchen sind zu festen Zeiten brünstig. Dann schwillt ihr Genitalbereich stark an, und sie paaren sich mit allen Männchen der Gruppe. Gewöhnlich wird ein Junges geboren, in seltenen Fällen Zwillinge; die Tragezeit beträgt 227–232 Tage. Das Junge bleibt 2–3 Jahre in der Nähe der Mutter.

Orang-Utan

Schimpanse

Zwergschimpanse

Gorilla

Hundeartige 1

ORDNUNG CARNIVORA: Raubtiere
Diese Ordnung umfaßt 9 Familien: Hundeartige, Großbären, Kleinbären, Katzenbären, Marder, Schleichkatzen, Erdwölfe, Hyänen und Katzen. Die meisten dieser Tiere sind fleischfressende Räuber, wenn auch nicht alle in gleichem Maße. Einige spezialisierte Arten ernähren sich sogar ausschließich von pflanzlicher Nahrung.

FAMILIE CANIDAE: Hundeartige
Hunde und ihre Verwandten – Schakale, Wölfe, Kojoten und Füchse – bilden eine der bekanntesten Raubtiergruppen. Das liegt zum Teil an der Tatsache, daß Hunde die ersten Tiere waren, die der Mensch völlig zähmte. Die Familie umfaßt ca. 35 Arten und ist fast auf der ganzen Welt verbreitet. Abgesehen von den domestizierten Formen fehlen die Hundeartigen nur auf Neuseeland, Neuguinea, Madagaskar und ein paar anderen Inseln. Der Dingo wurde in Australien von den Urbewohnern eingeführt. Alle Hundeartigen haben den wohlbekannten muskulösen Körper mit den langen Beinen und einem meist buschigen Schwanz. Die gewöhnlich großen Ohrmuscheln sind dreieckig und stehen aufrecht; die Schnauze ist stark verlängert.

Hundeartige können ausgezeichnet rennen. Sie vermögen über eine längere Zeitspanne eine hohe Geschwindigkeit zu entwickeln, und lange Hetzjagden sind bei vielen Arten die wichtigste Jagdmethode. Manche Hundeartigen jagen große Beutetiere in Rudeln, während andere, wie die Füchse, einsame Jäger sind. Rüden und Hündinnen sehen im allgemeinen gleich aus, doch sind die Männchen oft etwas größer als die Weibchen.

Kojote

Canis latrans

Verbreitung: Alaska, Kanada, USA (seit neuerer Zeit auch in südöstlichen Staaten); Mexiko, Mittelamerika
Habitat: Prärie, lichter Wald
Länge: KRL 85–95 cm; SL 30–38 cm

Der Kojote oder Präriewolf hat ein sehr großes Anpassungsvermögen. Obwohl man ihn jahrelang verfolgt und vergiftet hat, ist es ihm gelungen, sich weiter zu vermehren. Der Kojote tötet zwar ab und zu ein Schaf, Jungvieh oder Hühner, doch ernährt er sich hauptsächlich von Nagetieren und Kaninchen und ist daher im Grunde auch für die Bauern ein nützliches Tier. Er verzehrt auch Schlangen, Insekten, Aas, Früchte, Beeren und Gras und holt sich Fische, Frösche und Krebse aus dem Wasser. Kojoten paaren sich am Ende des Winters, und nach einer Tragezeit von 63–65 Tagen werden 5–10 Junge geboren. In der Zeit nach der Geburt bringt das Männchen sowohl dem Weibchen wie auch den Jungen ständig Nahrung, später jedoch jagen beide Eltern. Im Alter von 6–7 Monaten verlassen die Jungen die Familie, um sich ein eigenes Revier zu suchen.

Der Kojote ist das nordamerikanische Gegenstück zum Schakal, der in Asien und Afrika lebt. Gemeinsam mit dem Wolf ist der Schakal der Vorfahre des Haushundes.

Wolf

Canis lupus

Verbreitung: von Osteuropa (vereinzelte Populationen auch in Spanien und Italien) bis Indien, UdSSR; Kanada, USA (nur noch in Nord-Michigan und Wisconsin); Mexiko
Habitat: Tundra, Steppe, Wald und offenes Gelände mit Baumbeständen
Länge: KRL 1–1,4 m; SL 30–48 cm ⓖ

Der Wolf, einer der Vorfahren des Haushundes, ist ein kräftiges, muskulöses Tier mit einem dicken, buschigen Schwanz. Die Fellfarbe der Wölfe variiert von fast weiß in den Polargebieten bis gelblichbraun oder fast schwarz in den südlicheren Regionen. Wölfe sind intelligente Tiere mit einer hochentwickelten sozialen Lebensweise: Sie leben in Familienverbänden oder in Rudeln, zu denen manchmal mehrere Familien oder auch Einzeltiere gehören. Die Rudel macht gemeinsam Jagd auf Hirsche, Rentiere und Wildpferde. Wölfe fressen außerdem auch kleinere Tiere wie Mäuse, Fische und Krabben. Die Sozialstruktur des Rudels ist sehr hoch entwikkelt, und die soziale Rangordnung wird durch ritualisierte Gebärden und Haltungen gefestigt. Das dominante Männchen demonstriert seinen Rang, indem es seinen Schwanz höher hält als die übrigen männlichen Tiere. Wölfe gehen lebenslange Paarbindungen ein.

Die Weibchen werfen nach ca. 63tägiger Tragezeit 3–8 Junge, die bei der Geburt blind und nackt sind. Sie verlassen nach 3 Wochen zum erstenmal das Nest. Die ganze Gruppe hilft bei der Aufzucht der Jungtiere und spielt mit ihnen.

Dingo

Canis (C. Lupus familiaris) dingo

Verbreitung: Australien
Habitat: Sandwüste, trockener und feuchter Sklerophyllenwald (Hartlaubgewächse)
Länge: KRL ca. 1,5 m; SL ca. 35 cm

Der Dingo stammt von verwilderten Haushunden ab, die vor vielen Tausenden von Jahren von den Urbewohnern in Australien eingeführt wurden. In Körperbau und Verhalten ist er nicht vom Haushund zu unterscheiden. Außerdem sind Haushund und Dingo über einen langen Zeitraum so oft gekreuzt worden, daß es heute nur noch wenig „reinrassige“ Dingos gibt. Der Dingo lebt in Familienverbänden, die sich jedoch für die Jagd zu größeren Gruppen zusammenschließen. Ursprünglich jagten Dingos Känguruhs, doch als die weißen Kolonisten selbst anfingen, diese zu jagen, stellten sich die Dingos auf die neu eingeführten Schafe und Kaninchen um.

Die Dingomütter werfen ihre 4–5 Jungen nach 9 Monaten in einer unterirdischen Höhle oder in einer Felsspalte. Die Jungen werden 2 Monate gesäugt und bleiben mindestens ein Jahr bei ihren Eltern.

Eisfuchs

Alopex lagopus

Verbreitung: Arktische Regionen Europas, Asiens und Nordamerikas
Habitat: Tundra, Taiga
Länge: KRL 46–68 cm; SL bis zu 35 cm

Der Eisfuchs ist eines der wenigen arktischen Säugetiere. Er hat dichtbehaarte Beine und kleine, runde Ohrmuscheln. Er lebt von bodenbewohnenden Vögeln, Lemmingen und anderen kleinen Nagetieren sowie von den Resten, die Eisbären zurücklassen, und von den Kadavern gestrandeter Meerestiere. Höhlen, die meist am Fuße eines Hügels oder hinter einem Felsblock liegen, bieten den Eisfüchsen etwas Schutz vor der Kälte, doch halten sie keinen Winterschlaf und können Temperaturen von minus 50° C aushalten.

Im Mai oder Juni wird nach einer Tragezeit von 51–57 Tagen ein Wurf von 4–5 Jungen geboren. Die Eltern sorgen zusammen für den Nachwuchs.

Rotfuchs

Vulpes vulpes

Verbreitung: Kanada; USA mit Ausnahme von Florida und den Rocky Mountains; Europa außer Island; Asien bis Japan und Indochina; in Australien eingeführt
Habitat: Waldland, offenes Gelände; seit kurzem häufig im Umkreis von Städten
Länge: KRL 46–86 cm; SL 30,5–55,5 cm

Der vielseitige, intelligente Fuchs paßt sich ausgezeichnet an sehr unterschiedliche Lebensbedingungen an; er verfügt über besonders gut entwickelte Sinne und über eine große Ausdauer. Zwar geht der Fuchs auch tagsüber manchmal auf Jagd, doch ist er eigentlich ein Nachttier, das tagsüber in einer Höhle schläft, die von einem anderen Tier verlassen wurde oder die er selbst gegraben hat. Außerhalb der Ranzzeit (Fortpflanzungszeit) lebt er alleine. Er ist ein ausgezeichneter Jäger und jagt hauptsächlich Nagetiere, aber auch Kaninchen, Hasen und Vögel. Gelegentlich frißt er Insekten und Wirbellose und im Herbst auch Früchte und Beeren. Im Umkreis von Städten durchsucht er den Abfall nach Nahrung.

Das Weibchen wirft nach einer Tragezeit von 51–63 Tagen 4 Welpen. Der Rüde bringt dem Weibchen und den Jungen Nahrung, bis das Muttertier die Jungen für kurze Zeit alleine lassen oder sie bei der Nahrungssuche mitnehmen kann.

Wüstenfuchs / Fennek

Fennecus zerda (Vulpes z.)

Verbreitung: Nordafrika: von Marokko östl. bis Ägypten, Sinaihalbinsel und Kuwait, südl. bis Nordnigeria, Sudan
Habitat: Wüste, Halbwüste
Länge: KRL 37–41 cm; SL 19–21 cm

Der Wüstenfuchs oder Fennek ist der kleinste Fuchs. Er ist leicht an seinen unverhältnismäßig großen Ohrmuscheln zu erkennen. Tagsüber hält er sich in Höhlen versteckt, die er selbst in den Sandboden gräbt; nachts jagt er kleine Nagetiere, Vögel, Insekten und Eidechsen.

Wüstenfüchse leben in sozialen Gruppen; Paare bleiben lebenslang zusammen. Jedes Paar oder jede Familie hat ein eigenes Revier. Im Frühling werden nach etwa 50tägiger Tragezeit 2–5 Junge geboren.

Kojote
Wolf
Eisfuchs
Rotfuchs
Wüstenfuchs
Dingo

Hundeartige 2

Rothund

Cuon alpinus

Verbreitung: Zentral- und Ostasien, südl. bis Sumatra u. Java

Habitat: Wald, im Norden des Verbreitungsgebiets offenes Gelände

Länge: KRL 76–100 cm; SL 28–48 cm ©

Der Rothund lebt in Familienverbänden oder in Rudeln von ca. 30 Tieren, die aus mehreren Familien bestehen. Sie jagen hauptsächlich tagsüber, und obwohl sie nicht besonders schnell sind, verfolgen sie ihre Beute mit großer Ausdauer, bis diese völlig erschöpft ist. Beim Aufspüren der Beutetiere spielt sowohl der Geruchs- wie auch der Sehsinn eine wichtige Rolle. Weil Rothunde in Gruppen jagen, können sie Beutetiere töten, die viel größer sind als sie selbst, u. a. Hirsche, wilde Rinder, Schafe und Schweine, Wasserbüffel und Bantengs.

Nach einer Tragezeit von ca. 9 Wochen wird an einem geschützten Ort zwischen Felsen oder in einer Höhlung im Flußufer ein Wurf von 2–6 Jungen geboren. Manchmal werfen mehrere Weibchen ihre Jungen nahe beieinander. Der Rothund ist heute selten, nachdem er jahrelang vom Menschen verfolgt worden ist. Auch das Schwinden seiner Beutetiere wirkt sich ungünstig auf den Fortbestand dieser Art aus. In manchen Teilen seines Verbreitungsgebietes ist der Rothund heute geschützt.

Waldhund

Speothos venaticus

Verbreitung: Mittel- u. Südamerika: von Panama bis Peru, Brasilien und Paraguay

Habitat: Wald, Savanne

Länge: KRL 57,5–75 cm; SL 12,5–15 cm ©

Der Waldhund hat einen gedrungenen, terrierähnlichen Körper mit langen Beinen und einem kurzen Schwanz. Heute ist diese Art im gesamten Verbreitungsgebiet selten geworden, und über ihr Verhalten in freier Wildbahn ist wenig bekannt. Der Waldhund ist ein Nachttier, und man nimmt an, daß er nachts in Rudeln hauptsächlich Nagetiere jagt, unter anderem große Arten wie Pakas und Agutis. Waldhunde können ausgezeichnet schwimmen, wahrscheinlich besser als alle anderen wilden Hundeartigen; sie verfolgen ihre Beute daher auch im Wasser. Tagsüber halten sie sich in Höhlen oder zwischen Steinen versteckt, oft in der verlassenen Höhle eines Gürteltiers. Die Grenzen ihres Reviers markieren sie mit Urin und mit Duftstoffen aus Analdrüsen.

Man nimmt an, daß die Weibchen in unterirdischen Höhlen Würfe von 4–5 Jungen zur Welt bringen; beide Eltern kümmern sich um die Jungen.

Mähnenwolf

Chrysocyon brachyurus

Verbreitung: Südamerika: Brasilien, Bolivien, Paraguay, Uruguay, Nordargentinien

Habitat: Grasland, Rand von Sumpfgebieten

Länge: KRL 1,2 m; SL ca. 30 cm ©

Der Mähnenwolf ähnelt mit seinen langen Beinen und seiner spitzen Schnauze sehr dem Fuchs. Er hat ein gelblichrotes Fell mit ziemlich langen Haaren und auf Nacken und Schultern eine aufrecht stehende Mähne. Sein Schwanz ist entweder ganz oder nur am Ende weiß gefärbt.

Der Mähnenwolf ist ein scheues, einzeln lebendes Tier. Er kommt nur in abgelegenen Gebieten vor und ist hauptsächlich nachts aktiv. Er ist ein schneller Läufer und bewegt sich in einer Art Sprunggalopp fort, aber er hat kein so großes Durchhaltevermögen wie die meisten anderen Hundeartigen, und es gelingt ihm meist nicht, seine Beute bis zur Erschöpfung zu hetzen. Der Mähnenwolf fängt vor allem große Nagetiere wie Pakas und Agutis, Vögel, Reptilien und Frösche, aber er frißt auch Insekten, Schnecken und Früchte.

Nach einer Tragezeit von ca. 2 Monaten wirft das Weibchen maximal 5 Junge. Zunächst haben die Jungtiere kurze Läufe und eine kurze Schnauze, doch wachsen sich beide während der ersten Lebensjahre zu der bekannten Form aus.

Waldfuchs

Cerdocyon thous (Dusicyon th.)

Verbreitung: Südamerika: von Kolumbien bis Nordargentinien

Habitat: offener Wald, Grasland

Länge: KRL 60–70 cm; SL 30 cm

Das allererste Exemplar dieser Art, das gefunden wurde, hatte eine Krabbe im Maul, doch Krabben sind nur ein Teil der Nahrung des Waldfuchses; er ernährt sich sehr abwechslungsreich. Der Waldfuchs ist hauptsächlich nachts aktiv und lebt alleine. Tagsüber hält er sich oft in von anderen Tieren verlassenen Höhlen verborgen. Er jagt kleine Nagetiere wie Mäuse und Ratten sowie Eidechsen, Frösche und Krabben und frißt auch Insekten und Früchte; auch Schildkröteneier gräbt er aus, und gelegentlich macht er Jagd auf Vögel.

Das Weibchen bringt jeweils 2–6 Junge zur Welt.

Marderhund

Nyctereutes procyonoides

Verbreitung: Ostsibirien, Nordostchina, Japan, Norden Indochinas; in Ost- und Mitteleuropa eingeführt

Habitat: Wald und Felsufer von Flüssen und Seen

Länge: KRL 50–55 cm; SL 13–18 cm

Der Marderhund ähnelt im Körperbau einem Fuchs, doch seine Beine und sein Schwanz sind kürzer, und auf beiden Wangen hat das Tier einen schwarzen Fleck, was an die Gesichtsmaske eines Waschbären erinnert. Er lebt alleine oder in Familiengruppen von 5–6 Tieren und ist hauptsächlich nachts aktiv. Tagsüber versteckt er sich zwischen Felsen oder Sträuchern, in einem hohlen Baum oder in einer Höhle, die ein anderes Tier verlassen hat. Manchmal gräbt ein Marderhund auch selbst eine Höhle. Gewöhnlich lebt das Tier in Wassernähe, und es kann ausgezeichnet schwimmen. Frösche und Fische sind die Hauptbestandteile seiner Nahrung, doch auch Nagetiere, Eicheln, Früchte und Beeren stehen auf seinem Speiseplan, und in der Nähe menschlicher Niederlassungen scharrt es im Abfall nach Eßbarem.

Nach einer Tragezeit von ca. 2 Monaten wirft das Weibchen 6–8 Junge. Die Welpen sind im Alter von ungefähr 6 Monaten selbständig.

Afrikanischer Wildhund

Lycaon pictus

Verbreitung: Afrika: südl. der Sahara bis Südafrika (Transvaal), nicht in den Regenwaldgebieten West- u. Zentralafrikas

Habitat: Savanne, flaches Gelände, Halbwüsten, Bergland bis zu 3.000 m Höhe

Länge: KRL 80–110 cm; SL 30–40 cm ©

Der Afrikanische Wildhund ist an seinem dunkelbraunen, schwarzen oder gelblichen Fell mit zahlreichen helleren Flecken zu erkennen. Er hat lange Beine und eine kurze, ziemlich kräftige Schnauze. Afrikanische Wildhunde leben in Rudeln von 6–30 Tieren oder mehr, manchmal sogar bis zu 90. Innerhalb eines Rudels herrscht ein stark ausgeprägtes Gemeinschaftsgefühl, und die Tiere arbeiten in starkem Maße zusammen. Sie kommunizieren mit Hilfe von Gesten und Körperhaltungen und durch verschiedene Rufe. Afrikanische Wildhunde sind echte Vagabunden. Auf der Suche nach Beute ziehen sie durch große Gebiete und bleiben nur dann länger an einem Ort, wenn die Jungen noch zu klein sind, um mitlaufen zu können.

Den größten Teil des Tages ruhen die Afrikanischen Wildhunde im Schatten und pflegen ihr Fell. Sie jagen vor allem früh morgens, abends und in mondhellen Nächten. Nach einem ausgedehnten Begrüßungsritual geht das Rudel auf die Jagd auf Gazellen, Schwarzfersenantilopen und Zebras. Die Hunde folgen ihrer Beute eine Weile, bevor sie mit der eigentlichen Hetzjagd beginnen. Dabei konzentrieren sie sich auf ein einziges Opfer oder verfolgen zunächst mehrere Mitglieder einer Herde, um schließlich gemeinsam ein einziges Tier zu hetzen. Wenn sie nahe genug an ihre Beute herangekommen sind, beißen die Hunde das Tier, wo sie es nur erwischen, vor allem jedoch in Beine und Schwanz, um es zu Fall zu bringen. Wenn das Opfer am Boden liegt, reißen sie ihm sofort den Bauch auf und zerstückeln es danach in kürzester Zeit. Anschließend wird es sofort gefressen. Die Beute wird auf alle Mitglieder des Rudels aufgeteilt, wobei die jungen Tiere sich als erste sättigen dürfen; für Nachzügler wird später Nahrung ausgewürgt. Einige Mitglieder des Rudels kehren zur Höhle zurück und würgen Nahrung für die erwachsenen Tiere aus, die die Jungen hüten. Durch perfekte Zusammenarbeit bei der Jagd sind die Wildhunde in der Lage, Beutetiere zu überwältigen, die um ein Vielfaches größer als sie selbst sind.

Nach einer Tragezeit von 69–72 Tagen wirft das Weibchen 2–16, meist jedoch 7 Junge, die blind geboren werden und nach ca. 2 Wochen die Augen öffnen. Bald darauf fangen sie an, im Umkreis der Höhle zu spielen. Sie werden etwa 3 Monate lang gesäugt und von der zweiten Wochen ab gleichzeitig auch mit fester Nahrung gefüttert. Alle Mitglieder des Rudels kümmern sich um die Jungen und sind immer bereit, mutterlose Welpen zu füttern. Mit 6 Monaten lernen die Jungtiere selbst zu jagen und schließen sich dem Rudel an.

Afrikanischer Wildhund

Rothund

Waldhund

Mähnenwolf

Marderhund

Waldfuchs

Großbären

FAMILIE URSIDAE: Großbären

Die 7 Großbärenarten stammen von hundeartigen Vorfahren ab. Hunde und ihre Verwandten fressen nicht nur viel Fleisch, sondern auch eine gewisse Menge Pflanzenkost, und diese Tendenz zum Allesfresser ist bei den Bären noch stärker ausgeprägt. Bären können sich an sehr unterschiedliche Arten von Nahrung anpassen, unter anderem auch an Insekten, kleine Wirbeltiere, Gras, Blätter, Früchte und Nüsse. Im Gebiß der Bären fehlen die für Hunde und Katzen so charakteristischen Schneidezähne. Statt dessen haben sie breite, ziemlich flache Backenzähne.

Bären sind große, starke Tiere mit einem gedrungenen Körperbau, einem großen Kopf, kurzen Beinen und einem sehr kurzen Schwanz. Sie haben flache Füße, und ihre 5 Zehen sind mit langen, gebogenen Krallen versehen. Alle Bären leben in den gemäßigten und tropischen Zonen der nördlichen Erdhalbkugel, eine Art allerdings auch im nördlichen Südamerika; nur der Eisbär lebt in den Polargebieten. Während der kalten Wintermonate fallen die Bären in eine Art Winterruhe, die allerdings kein echter Winterschlaf ist, denn Körpertemperatur und Atemfrequenz sinken nicht so stark ab wie bei den echten Winterschläfern. Männliche und weibliche Bären sehen sehr ähnlich aus.

Schwarzbär

Ursus americanus

Verbreitung: Alaska, Kanada, USA: vereinzelt in Neuengland, Pennsylvania bis Tennessee, Florida bis Louisiana, Gebirsregionen im Westen; Nordmexiko
Habitat: Waldgebiete, Sümpfe, Nationalparks
Länge: KRL 1,5–1,8 m; SL 12 cm

Vom Schwarzbär oder Baribal sind verschiedene Unterarten bekannt, die in ihrer Färbung von glänzendschwarz bis dunkelbraun, rotbraun und fast weiß variieren. Manchmal haben sie auch einen kleinen weißen Flecken auf der Brust. Ursprünglich war der Schwarzbär in großen Teilen der USA verbreitet, doch heute lebt er ausschließlich in noch unberührten, unbewohnten Gegenden und in Nationalparks, wo er ausgezeichnet gedeiht und sich sogar kräftig vermehrt. Obwohl man Schwarzbären auch tagsüber zu sehen bekommt, sind sie gewöhnlich nur nachts aktiv. Sie suchen dann auf langen Streifzügen nach Früchten, Beeren, Nüssen, Wurzeln und Honig. Außerdem fressen sie Insekten, Nagetiere und andere kleine Säugetiere, angeschwemmte Fische und manchmal sogar Aas und Abfall. Ihr Geruchssinn ist sehr gut entwickelt, doch hören und sehen sie ziemlich schlecht. Im Herbst machen sich die Bären über die reichlich vorhandenen Früchte her und legen einen Vorrat an Reservefett an, von dem sie während der langen Winterruhe zehren.

Nach der Paarung gehen Männchen und Weibchen wieder ihrer eigenen Wege, und mit Ausnahme von Weibchen mit Jungen leben Schwarzbären meist alleine. Nach einer Tragezeit von ca. 7 Monaten werden im Januar oder Februar 1–4 Junge geboren.

Brillenbär

Tremarctos ornatus

Verbreitung: Südamerika: Venezuela, Kolumbien, Ecuador, Peru, Westbolivien
Habitat: Wald, Savanne, Bergland bis zu 3.000 m Höhe
Länge: KRL 1,5–1,8 m; SL 7 cm Ⓖ

Diese einzige südamerikanische Bärenart ist im allgemeinen schwarz oder dunkelbraun gefärbt. Außerdem haben diese Tiere weiße Flekken um die Augen und manchmal auch im Nasenbereich. Der Brillenbär ist hauptsächlich Waldbewohner, obwohl er auch in offenem Gelände lebt, und er ernährt sich überwiegend von pflanzlicher Nahrung wie Blättern, Früchten und Wurzeln. Er soll aber auch Hirsche und Vikunjas jagen. Er kann gut klettern und schläft in großen, selbstgebauten Nestern aus Zweigen in den Bäumen.

Der Brillenbär lebt allein oder in einer Familiengruppe. Das Weibchen wirft nach einer Tragezeit von 8–8½ Monaten maximal 3 Junge.

Braunbär

Ursus arctos

Verbreitung: Europa: von Skandinavien bis zum Balkan, vereinzelt in Frankreich, Italien und Spanien; UdSSR; Asien: nördl. d. Himalaya; Alaska, Westkanada, Bergland im Westen d. USA
Habitat: Wald, Tundra
Länge: KRL 1,5–2,5 m; Schwanz fehlt

Unter dem wissenschaftlichen Namen *Ursus arctos* werden verschiedene Unterarten zusammengefaßt, unter anderem auch der Kodiakbär (*U. a. middendorfi*) und der Grizzlybär (*U. a. horribilis*). Letzterer kommt nur noch selten vor und ist bedroht. Die Unterarten variieren in der Farbe von hellgelblichbraun bis dunkelbraun oder fast schwarz, doch alle sind große und unglaublich starke Bären und zählen zu den größten Raubtieren. Sie leben alleine oder in Familiengruppen und sind tagsüber oder nachts aktiv. In Gebieten, in denen diese Bären stark gejagt wurden, sind sie zu reinen Nachttieren geworden. Ihre Nahrung variiert je nach Lebensraum, enthält aber stets pflanzliche Kost wie Früchte, Nüsse, Wurzeln und Algen und auch Insekten, Fische, kleine Wirbeltiere und Aas. In Alaska sind die wandernden Lachse ein Leckerbissen der Braunbären. Die meisten Bären sind zu langsam, um wilde Huftiere fangen zu können – allerdings sind Fälle bekannt, in denen Bären Bisons getötet haben. Viele dieser Tiere sind auch zu schwer, um auf Bäume zu klettern. Im Spätsommer und Herbst legen die Braunbären Reservefett an, indem sie große Mengen Früchte und Beeren essen; auf diese Weise bereiten sie sich auf die Winterruhe vor, in der sie erstarren, obwohl es sich nicht um einen echten Winterschlaf handelt.

Alle 2–3 Jahre werfen die Weibchen nach einer Tragezeit von 6–8 Monaten 1–4 Junge, die bei der Geburt blind sind und nur 300–700 g wiegen. Sie bleiben ein Jahr oder länger bei ihrer Mutter.

Kragenbär

Ursus thibetanus (Selenarctos th.)

Verbreitung: von Afghanistan bis China, Sibirien, Japan, Korea, Taiwan, Hainan, Südostasien
Habitat: Wald und Busch bis zu 3.600 m Höhe
Länge: KRL 1,3–1,6 m; SL 7–10 cm

Der Kragenbär ist gewöhnlich schwarz und hat ein paar weiße Flecken auf Schnauze und Brust, doch sind einige Exemplare auch rötlich braun oder dunkelbraun. Kragenbären ernähren sich größtenteils von Pflanzen, und hin und wieder plündern sie auch Äcker oder Klettern in Bäume, um Früchte und Nüsse zu pflücken. Außerdem fressen sie Insekten und Ameisen. Manchmal zeigt sich aber auch, daß sie echte Raubtiere sind: wenn sie Rinder, Schafe und Ziegen töten.

Das Weibchen wirft gewöhnlich 2 Junge, die bei der Geburt blind und sehr klein sind. Sie bleiben bei der Mutter, bis sie fast erwachsen sind.

Eisbär

Ursus maritimus (Thalarctos m.)

Verbreitung: Arktisches Meer bis zur südlichen Treibeisgrenze
Habitat: Küsten, Eisberge
Länge: KRL 2,2–2,5 m; SL 7,5–12,5 cm Ⓖ

Der Eisbär ist ein riesenhaftes Tier und an seinem cremeweißen Fell zu erkennen. Er ist erstaunlich schnell und kann auf kurzen Strekken sogar schneller als ein Rentier laufen. Er legt größere Entfernungen zurück als jede andere Bärenart und ist natürlich auch ein ausgezeichneter Schwimmer. Seehunde, Fische, Seevögel, Polarhasen, Rentiere und Moschusochsen sind seine wichtigsten Beutetiere. Im Sommer frißt er außerdem Beeren und Blätter von Tundrapflanzen.

Abgesehen von der Paarungszeit leben Eisbären alleine. Die Paarung findet im Sommer statt, und ca. 6 Monate später werden 1–4 Junge geboren, die fast 2 Jahre lang bei der Mutter bleiben. Weibliche Eisbären bekommen alle 2 Jahre Junge.

Malaienbär

Helarctos malayanus

Verbreitung: Südostasien, Sumatra, Borneo
Habitat: Berg- u. Tieflandwälder
Länge: KRL 1,1–1,4 m; Schwanz fehlt

Der Malaienbär, auch Biruang genannt, ist wahrscheinlich die kleinste Bärenart, doch haben diese Tiere einen starken, kräftig gebauten Körper und kräftige Beine mit langen, gebogenen Nägeln, mit denen sie sich flink in den Bäumen bewegen können. Tagsüber hält sich der Malaienbär in einem Baumnest auf, wo er schläft oder sich sonnt. Nachts geht er auf Nahrungssuche. Mit seinen starken Krallen reißt er Rinde von den Bäumen, um an die darunter befindlichen Insekten, Insektenlarven, Bienen und Ameisen zu kommen. Auch fängt er Waldvögel und kleine Nagetiere und läßt sich Früchte und Kokospalmenblätter schmecken.

Gewöhnlich werfen die Weibchen nach einer 96tägigen Tragezeit 2 Junge. Beide Eltern versorgen die Jungtiere gemeinsam.

Schwarzbär
Eisbär
Brillenbär
Kragenbär
Malaienbär
Braunbär

Kleinbären, Katzenbären

FAMILIE PROCYONIDAE: Kleinbären
Zu dieser Familie gehören ca. 18 Arten, die alle in den gemäßigten und tropischen Zonen Nord- und Südamerikas leben. Sie haben einen ziemlich langen Körper und sind sehr aktiv. Manche Formen ähneln einerseits den Mardern, andererseits auch den Großbären, doch kann man sie keiner dieser beiden Familien zuordnen. Kleinbären sind gute Kletterer, die meist in Bäumen leben. Die Männchen sind gewöhnlich größer und schwerer als die Weibchen, doch ansonsten gibt es kaum Unterschiede zwischen den beiden Geschlechtern.

Waschbär

Procyon lotor
Verbreitung: von Südkanada, USA bis Panama
Habitat: Waldgebiete, oft in Wassernähe, Sümpfe
Länge: KRL 41–60 cm; SL 20–40 cm

Waschbären sind sehr anpassungsfähig und werden mit den Veränderungen, die das zwanzigste Jahrhundert mit sich bringt, sehr gut fertig. Selbst in Städten kann man diese populären Tiere manchmal bei der Nahrungssuche beobachten. Der Waschbär wirkt zwar ziemlich plump, doch ist er sehr beweglich. Er hat ein dichtes, graumeliertes Fell und einen buschigen Schwanz mit mehreren schwarzen Ringen. Man erkennt ihn sofort an seiner spitzen Schnauze und an der charakteristischen „Spitzbubenmaske" um die Augen. Die Vorderbeine enden in langen, feinnervigen Fingern, mit denen der Waschbär seine Nahrung sehr geschickt hält. Meist ist das Tier nachts aktiv. Waschbären sind ausgezeichnete Kletterer und können notfalls auch schwimmen. Sie ernähren sich von Wassertieren wie Fröschen und Fischen, kleinen Landtieren wie Nagetieren und Vögeln, außerdem von Schildkröteneiern, Nüssen, Samen, Früchten und Mais.

Im Frühling werfen die Weibchen nach einer Tragezeit von ca. 65 Tagen 3–6 Junge, deren Augen sich nach 3 Wochen öffnen. Wenn sie 2 Monate alt sind, ziehen sie mit der Mutter los, sie bleiben jedoch noch bis zum Herbst bei ihr.

Schlankbär

Bassaricyon gabbi
Verbreitung: von Mittelamerika bis Venezuela, Kolumbien und Ecuador
Habitat: Wald
Länge: KRL 35–47,5 cm; SL 40–48 cm

Der Schlankbär oder Olingo ist ein geübter Kletterer, der sein Leben hauptsächlich in Bäumen verbringt und nur selten auf den Boden kommt. Wenn er von einem Baum zum anderen springt oder auf den Ästen umherläuft, hält er mit seinem langen Schwanz das Gleichgewicht. Der Olingo ist hauptsächlich nachts aktiv, und obwohl er meist allein oder in Paaren lebt, geht er manchmal mit Artgenossen oder mit Wickelbären gemeinsam auf Nahrungsuche. Außer Früchten frißt der Olingo auch Insekten, kleine Säugetiere und Vögel.

Die Fortpflanzung dieser Art ist nicht an eine bestimmte Jahreszeit gebunden, und im allgemeinen wird ein Junges geboren. Die Tragezeit dauert 73–74 Tage. Das Weibchen zieht ihr Junges allein auf.

Südamerikanischer Nasenbär

Nasua nasua
Verbreitung: Südamerika (außer Patagonien)
Habitat: Waldgebiete, Tieflandwälder
Länge: KRL 43–67 cm; SL 43–68 cm

Der Südamerikanische Nasenbär ist ein muskulöses Tier mit kurzen Beinen, einem langen Ringelschwanz und einer spitzen, beweglichen Schnauze. Er lebt in Gruppen von ca. 40 Tieren, die sowohl tagsüber wie auch nachts auf die Jagd gehen. In der heißesten Zeit des Tages ruht er. Mit seiner beweglichen Schnauze wühlt der Nasenbär in Löchern und Spalten im Boden, zwischen Felsen oder in Bäumen. Er sucht nach Insekten, Spinnen und anderen kleinen bodenbewohnenden Wirbellosen, die den Hauptanteil seiner Nahrung bilden. Er frißt auch Früchte und größere Tiere wie Eidechsen.

Nach der Paarung löst sich die Gruppe auf, und die Weibchen sondern sich ab. Nach ca. 77 Tagen werden 3–7 Junge geboren, meist in einer Felshöhle oder in einem Baumnest. Im Alter von 2 Monaten schließen sich die Jungen zusammen mit ihren Müttern wieder der Gruppe der einjährigen Männchen und Weibchen an. Männchen, die 2 Jahre oder älter sind, dürfen sich nur während der Brunstzeit der Gruppe anschließen, und selbst dann müssen sie sich den Weibchen unterordnen.

Wickelbär

Potos flavus
Verbreitung: von Ostmexiko über Mittel- und Südamerika bis Brasilien
Habitat: Wald
Länge: KRL 41–57 cm; SL 40–56 cm

Der auf Bäumen wohnende Wickelbär oder Kinkaju ist ein geschickter Kletterer, der seinen Greifschwanz als fünfte Hand benutzt, um sich an den Zweigen festzuhalten. Dadurch hat er die Vorderpfoten frei, um Nahrung zu sammeln. Tagsüber schläft der Kinkaju meist in einer Baumhöhle; nachts sucht er in den Bäumen nach Futter. Er ernährt sich hauptsächlich von Früchten und Insekten, frißt aber gelegentlich auch kleine Wirbeltiere. Seine lange Zunge eignet sich hervorragend dazu, das weiche Fruchtfleisch von Avocados und Guaven aus der Schale zu holen und Nektar, Insekten und sogar Honig aus den Nestern wilder Bienen aufzulecken. Wickelbären ernähren sich in der Nacht oft von den gleichen Bäumen, die tagsüber Affen als Nahrungsquelle dienen.

Das Weibchen wirft 112–118 Tage nach der Paarung in einer Baumhöhle 1 oder in seltenen Fällen 2 Junge. Wenn die Jungtiere 7 Wochen alt sind, fangen sie an, feste Nahrung zu sich zu nehmen, und im Alter von 4 Monaten sind sie unabhängig. Schon nach 8 Wochen können sie ihren Greifschwanz benutzen.

FAMILIE AILURIDAE: Katzenbären
Diese kleine Familie ist sowohl mit den Bären wie den Waschbären verwandt. Sie umfaßt nur 2 Arten: den Kleinen Panda und den Großen Panda.

Großer Panda / Bambusbär

Ailuropoda melanoleuca
Verbreitung: Bergregionen in Zentralchina
Habitat: Bambuswälder
Länge: KRL 1,2–1,5 m; SL 12,5 cm Ⓢ

Eines der beliebtesten Säugetiere, das regelmäßig in den Medien auftaucht, ist der Große Panda oder Bambusbär; diese Art ist höchst selten und in freier Natur fast nie zu finden. Deshalb ist über ihre Lebensweise in freier Wildbahn kaum etwas bekannt. Der Bambusbär ist ein großes Tier mit einem schweren Körperbau, einem großen Kopf, kurzen, kräftigen Beinen und einem wolligen schwarzweißen Fell, dessen schwarze Teile oft einen dunkelbraunen Schimmer haben. Die Vorderbeine des Großen Pandas sind spezialisierte Greifhände, mit denen er Bambusstengel festhalten kann: Der Handwurzelknochen ist verlängert und hat die Funktion eines sechsten Fingers, gegen den der erste und zweite Finger gebeugt werden können. Der Große Panda vertilgt ungeheure Mengen Bambus; da die Stengel dieser Pflanze nur einen geringen Nährwert haben, muß er große Mengen davon fressen, um genügend Nährstoffe zu sich zu nehmen. Deshalb verbringt er 50–75 Prozent des Tages mit Fressen. Außer Bambus verzehrt er wahrscheinlich auch andere Pflanzen und manchmal auch kleine Tiere. Große Pandas leben alleine, außer in der Paarungszeit oder wenn sie Junge zu versorgen haben. Sie sind überwiegend Bodenbewohner, klettern aber regelmäßig auf Bäume, um Schutz zu suchen oder um sich in Sicherheit zu bringen.

Das Männchen verläßt sein Revier, um ein Weibchen zu suchen, dem er mit leisen klagenden und bellenden Lauten den Hof macht. Das Weibchen wirft ein Junges, das bei der Geburt blind ist und nur 140 g wiegt. Nach 8 Wochen ist das Junge dann etwa 20mal schwerer.

Kleiner Panda / Westlicher Katzenbär

Ailurus fulgens
Verbreitung: von Nepal bis Westburma, Südwestchina
Habitat: Bambuswälder
Länge: KRL 51–63,5 cm; SL 28–48,5 cm

Der Kleine Panda hat ein prächtiges, rostbraunes Fell und einen langen, buschigen Schwanz. Er ähnelt mehr einem Waschbären als seinem größeren Verwandten. Der Kleine Panda ist hauptsächlich nachts aktiv und verbringt den Tag schlafend. Dann liegt er zusammengerollt auf einem Ast. Seine Nahrung sammelt er auf dem Boden. Er ernährt sich von Bambussprossen, Gras, Pflanzenwurzeln, Früchten und Eicheln, aber manchmal frißt er auch Mäuse, Vögel und Vogeleier. Solange man den Kleinen Panda in Ruhe läßt, ist er sehr friedlich. Fühlt er sich jedoch bedroht, so richtet er sich auf beide Hinterpfoten auf und stößt ein lautes Zischen aus. Er lebt in Paaren oder in Familiengruppen. Im Frühling wirft das Weibchen nach einer Tragezeit von 90–150 Tagen 1 oder 2 Junge. Man nimmt an, daß bei längeren Tragezeiten, die gelegentlich vorkommen, eine Periode der verzögerten Einnistung in der Zeitspanne enthalten ist: Die befruchtete Eizelle bleibt im Körper inaktiv und entwickelt sich erst, wenn klar ist, daß die Geburt des Jungen in die günstigste Jahreszeit fällt. Die Jungen bleiben ungefähr ein Jahr bei ihrer Mutter.

Schlankbär
Wickelbär
Kleiner Panda
Waschbär
Großer Panda
Südamerikanischer Nasenbär

Marderartige 1

FAMILIE MUSTELIDAE: Marder
Die Raubtierfamilie der Marder ist eine besonders erfolgreiche und vielgestaltige Gruppe von kleinen bis mittelgroßen Säugetieren. Es gibt 23 Gattungen mit ca. 67 Arten, die in der ganzen Welt mit Ausnahme von Australien und Madagaskar verbreitet sind. 2 Arten sind in Neuseeland eingeführt worden, um die dortigen Nagetiere zu bekämpfen. Trotz gewisser Unterschiede im Körperbau haben die meisten Marder einen langen, geschmeidigen Körper, kurze Beine und einen ziemlich langen Schwanz. Die Männchen sind fast immer größer als die Weibchen.

Aufgrund ihres Körperbaus sind diese Tiere offensichtlich sehr gut für die Nutzung von ökologischen Nischen geeignet. Marderartige haben sich zu ausgezeichneten Grabern, Kletterern und Schwimmern entwickelt. Eine Art, die Seeotter, ist fast schon ein echtes Meerestier. Bei allen Mardern sind die analen Duftdrüsen gut entwickelt, und sie benutzen die Geruchsstoffe aus diesen Drüsen, um die Grenzen ihres Reviers zu markieren. Manche Arten, vor allem die Iltisse und Skunks, verbreiten einen besonders penetranten Geruch, den sie zur Verteidigung einsetzen.

Hermelin
Mustela erminea
Verbreitung: Europa, Asien, Norden d. USA, Grönland; in Neuseeland eingeführt
Habitat: Wald, Tundra
Länge: KRL 24–29 cm; SL 8–12 cm

Die Gattung *Mustela* umfaßt 15 Arten einschließlich der Nerze, die heutzutage wegen ihres dichten Fells gezüchtet werden. Einer der bekanntesten Vertreter ist das Hermelin. Es ist ein sehr wendiges Raubtier, das seine Beute durch einen kräftigen und gezielten Biß in den Nacken tötet. Das Hermelin jagt hauptsächlich Nagetiere und Kaninchen, aber es frißt auch andere Säugetiere (einige sind größer als es selbst) sowie Vögel, Eier, Fische und Insekten. Zu Anfang des Winters verliert das Hermelin im nördlichen Teil des Verbreitungsgebietes seinen dunklen Pelz, der dann durch einen weißen Winterpelz mit einer schwarzen Schwanzspitze ersetzt wird. Dieser Winterpelz ist der im Pelzhandel heißbegehrte „Hermelin". Hermeline werfen im April oder Mai 3–7 Junge. Das Männchen hilft bei der Pflege und Ernährung der Jungen, die hilflos geboren werden. Ihre Augen öffnen sich erst, wenn sie 3 Wochen alt sind, doch nach 7 Wochen sind junge Männchen manchmal schon größer als ihre Mütter.

Schwarzfußiltis
Mustela nigripes
Verbreitung: Nordamerika: von Alberta bis Nordtexas
Habitat: Prärie
Länge: KRL 38–45 cm; SL 12,5–15 cm Ⓑ

Der Schwarzfußiltis jagt hauptsächlich Präriehunde, doch diese werden leider von den Farmern als Plage angesehen und in großer Zahl vergiftet. Wegen der Ausrottung ihrer natürlichen Beutetiere ist die Anzahl der Schwarzfußiltisse drastisch zurückgegangen; oft sind die Tiere selbst dadurch auch indirekt vergiftet worden. Diese Art steht zwar heute unter Naturschutz, doch die Gefahr, daß sie ausstirbt, ist noch immer nicht gebannt. Ob sie überleben wird, hängt davon ab, ob erfolgreiche Schutzmaßnahmen für die Präriehunde getroffen werden können oder ob es den Schwarzfußiltissen gelingt, sich an andere Wohngebiete und an andere Beutetiere anzupassen. Gewöhnlich sind Schwarzfußiltisse Nachttiere. Jedes Jahr im Juni werden 3–5 Junge geboren.

Mauswiesel
Mustela nivalis
Verbreitung: Europa, Nordafrika, Asien, Nordamerika; in Neuseeland eingeführt
Habitat: Ackerland, Waldland
Länge: KRL 18–23 cm; SL 5–7 cm

Das Mauswiesel ist das kleinste Raubtier. Sein Fell verändert im Winter ebenso seine Farbe wie das der Hermeline im nördlichen Teil seines Verbreitungsgebietes. Das Mauswiesel jagt vor allem Mäuse und ist klein genug, um diese bis in ihre Löcher zu verfolgen. Nachts ist es am aktivsten, doch jagt es auch tagsüber. In einer unterirdischen Höhle werden jedes Jahr 1 oder 2 Würfe von 4–5 Jungen geboren.

Europäischer Iltis
Mustela putorius
Verbreitung: Europa
Habitat: Wald
Länge: KRL 38–46 cm; SL 13–19 cm

Der europäische Iltis ist ein alleinlebendes Nachttier. Er jagt Nagetiere, Vögel, Reptilien und Insekten, hauptsächlich auf dem Boden; nur selten klettert er auf Bäume. Wie alle Marder besitzt auch er anale Duftdrüsen, deren Ausscheidungen einen ekelhaften Geruch verbreiten. Das Tier benutzt sie als Verteidigungswaffe und zum Abstecken seines Reviers. Ein- oder zweimal pro Jahr werden die Tiere brünstig und werfen 5–8 Junge. Ein Nachkomme des Europäischen Iltis ist das Frettchen, (*M. p. furo*), das häufig bei der Kaninchenjagd eingesetzt wird.

Zobel
Martes zibellina
Verbreitung: UdSSR: Sibirien; Japan: Hokkaido
Habitat: Wald
Länge: KRL 38–45 cm; SL 12–19 cm

Der Zobel, eine der 7 Arten der Marder (Gattung *Martes*), ist lange wegen seines prachtvollen Pelzes in großer Zahl gejagt worden. Heute hat man in der UdSSR Schutzmaßnahmen getroffen, um die rapide schrumpfende wilde Population zu retten. Für den Pelzhandel werden Zobel nun speziell gezüchtet. Der Zobel ist ein Bodenbewohner und jagt kleine Nagetiere und andere kleine Säugetiere, fängt jedoch auch Fische und Insekten und frißt außerdem Honig, Nüsse und Beeren. Gewöhnlich werden im April 2–4 Junge geboren.

Fichtenmarder
Martes americana
Verbreitung: Kanada, Norden der USA
Habitat: Wald
Länge: KRL 35,5–43 cm; SL 18–23 cm

Der Fichtenmarder ist ein flinkes Tier mit einem buschigen Schwanz, das sich meistens auf Bäumen aufhält und dort Eichhörnchen jagt. Er jagt jedoch auch auf dem Boden und lebt von anderen kleinen Tieren sowie von Insekten, Früchten und Nüssen. Marder bauen Nester in hohlen Bäumen und werfen jedes Jahr 2–4 Junge, meist im April. Bei der Geburt sind die Jungen blind und hilflos; mit 6 Wochen öffnen sie die Augen, und im Alter von ca. 3 Monaten haben sie ihr endgültiges Gewicht erreicht.

Der engverwandte Fischermarder (*M. pennanti*) ist eines der wenigen Tiere, die Baumstachler (Stachelschweine) jagen.

Zorilla / Bandiltis
Ictonyx striatus
Verbreitung: Afrika: vom Senegal und Nigeria bis Südafrika
Habitat: Savanne, offenes Gelände
Länge: KRL 28,5–38–5 cm; SL 20,5–30 cm

Der Bandiltis oder Zorilla scheidet, wenn er sich bedroht fühlt, aus seinen Analdrüsen eine ekelhaft riechende Flüssigkeit aus. Er ist ein Nachttier, jagt Nagetiere, Reptilien und Insekten und frißt auch Vogeleier. Tagsüber ruht er in selbstgegrabenen oder von anderen Tieren verlassenen Höhlen, in einer Felsspalte oder zwischen Steinen. Die 2–3 Jungen eines Wurfes werden in einer unterirdischen Höhle geboren.

Großgrison
Galictis vittata
Verbreitung: von Südmexiko bis Peru und Brasilien
Habitat: Wald, offenes Gelände
Länge: KRL 47–55 cm; SL 16 cm

Der Grison ist ein geschmeidiges Tier, das ausgezeichnet klettern und schwimmen kann. Er lebt von Fröschen und Würmern und anderen auf dem Boden lebenden Tieren. Sein Nest baut er in Höhlen, die von anderen Tieren verlassen wurden, oder in Spalten zwischen Felsen oder Baumwurzeln. Im Oktober wird ein Wurf von 2–4 Jungen geboren. Es gibt 3 Grisonarten, die alle in Mittel- und Südamerika leben. Die lokale Bevölkerung benutzt die Grisons so wie die Europäer ihre Frettchen, nämlich um Chinchillas zu fangen.

Tayra
Eira barbata
Verbreitung: von Südmexiko bis Argentinien
Habitat: Wald
Länge: KRL 60–68 cm; SL 38–47 cm

Die Tayra oder Hyrare, die einzige Art ihrer Gattung, kann ausgezeichnet rennen, klettern und schwimmen. Sie jagt kleine Säugetiere wie Baumeichhörnchen und Nagetiere und frißt außerdem Früchte und Honig. Tayras leben in Paaren oder in kleinen Familiengruppen und sind vor allem nachts und am frühen Morgen aktiv. Vermutlich werfen sie jedes Jahr 2–4 Junge.

Zorilla
Schwarzfußiltis
Mauswiesel
Europäischer Iltis
Fichtenmarder
Großgrison
Zobel
Hermelin
Tayra

Marderartige 2

Vielfraß / Järv

Gulo gulo

Verbreitung: Skandinavien, Sibirien, Alaska, Kanada, Westen der USA

Habitat: Nadelwälder, Tundra

Länge: KRL 65–87 cm; SL 17–26 cm

Der Vielfraß, auch Järv oder Bärenmarder genannt, ist die einzige Art seiner Gattung. Es hat einen schweren Körperbau und ist im Verhältnis zu seiner Größe ungewöhnlich stark. Er kann Tiere töten, die größer sind als er selbst. Obwohl Vielfraße hauptsächlich Fleischfresser sind, fressen sie gelegentlich auch Beeren. Sie leben alleine, hauptsächlich auf dem Boden, können aber auch klettern. Jedes Männchen bewohnt gemeinsam mit 2–3 Weibchen ein großes Revier. Die Paarung findet im Sommer statt. Das Weibchen wirft im darauffolgenden Frühjahr 2–3 Junge, meist nach einer Periode verzögerter Einnistung des Embryos. Dieses interessante Phänomen ermöglicht es den Tieren, sich in der jeweils günstigsten Jahreszeit sowohl zu paaren als auch Junge zu bekommen, selbst wenn der Zeitraum dazwischen länger ist als die normale Tragezeit. Die befruchtete Eizelle ruht eine Zeitlang inaktiv in der Gebärmutter; ihre Entwicklung setzt erst nach der erforderlichen Ruheperiode ein. Die Jungen werden ca. 2 Monate lang gesäugt und bleiben etwa 2 Jahre bei der Mutter; danach werden sie aus dem elterlichen Revier vertrieben. Mit ca. 4 Jahren werden die Jungtiere geschlechtsreif.

Honigdachs

Mellivora capensis

Verbreitung: Afrika; Mittlerer Osten bis Nordindien

Habitat: Steppe, Savanne

Länge: KRL 60–70 cm; SL 20–30 cm

Der Honigdachs oder Ratel verdankt seinen Namen seiner Vorliebe für Honig. In Afrika hat dieses kräftige Tier sich mit einem Vogel verbündet, der den bezeichnenden Namen Honiganzeiger (*Indicator*) trägt. Dieser „führt" den Honigdachs zu den Nestern wilder Bienen, indem er ihm vorausfliegt und auf dem Weg fortwährend Rufe erschallen läßt. Der Honigdachs reißt mit seinen starken Vorderpfoten das Nest auf, holt die Waben mit dem Honig heraus und frißt sie auf, während der Vogel die Larven und Puppen aufpickt. Die besonders feste Haut des Honigdachses schützt das Tier gegen Bienenstiche und bildet auch auf andere Weise einen wirksamen Schutz: Die Haut hängt so lose um den Körper, daß das Tier sich fast darin umdrehen kann: Der Honigdachs kann sogar einen Angreifer beißen, der ihn von hinten im Nacken festhält. Außer Honig und Bienenlarven frißt der Honigdachs auch kleine Tiere, Insekten, Pflanzenwurzeln, Knollen und Früchte. Manchmal fällt er sogar größere Tiere wie Schafe und Antilopen an.

Honigdachse sind hauptsächlich nachts aktiv, manchmal jedoch auch tagsüber. Sie leben alleine oder in Paaren. Das Weibchen wirft 6–7 Monate nach der Paarung in einem Nest unter der Erde oder zwischen den Felsen jeweils 2 Junge.

Europäischer Dachs

Meles meles

Verbreitung: von Europa bis Japan und Südchina

Habitat: Wald, Grasland

Länge: KRL 56–81 cm; SL 11–20 cm

Der Europäische Dachs bewohnt mit Familiengruppen riesige unterirdische Bauten, die aus verzweigten Gängen und Kammern mit mehreren Eingängen bestehen. Manchmal bewohnen mehrere Generationen von Dachsen nacheinander einen solchen Bau, bauen ihn ständig aus und verändern ihn. Die Schlafräume werden mit weichem Material wie Gras, Heu und Blättern ausgepolstert, und ab und zu wird dieses „Bettzeug" sogar früh am Morgen zum „Lüften" nach draußen geschleppt. Um den Bau herum liegen Spielplätze, und die Grenzen des Gruppenterritoriums sind durch „Latrinengruben" gekennzeichnet.

Dachse sind vorwiegend Nachttiere. Erst gegen Abend verlassen sie ihren Bau. Sie sind sehr verspielt, und sobald sie ihre Höhlen verlassen haben, beteiligen sich sowohl die Jungen wie auch die erwachsenen Tiere an spielerischen Balgereien. Solche Spiele festigen die Beziehung innerhalb der Gruppe, was für das Gemeinschaftsleben der Tiere äußerst wichtig ist. Dachse fressen große Mengen von Regenwürmern, doch auch kleine Tiere, Knollen, Früchte und Nüsse. Sie paaren sich im Sommer, wenn das Gemeinschaftsleben am stärksten ist, doch die befruchtete Eizelle nistet sich erst ein, wenn das Jahr so weit fortgeschritten ist, daß die Jungen, 2–4 an der Zahl, mit Sicherheit nicht vor dem nachfolgenden Frühling geboren werden.

Silberdachs

Taxidea taxus

Verbreitung: von Südwestkanada bis Zentralmexiko

Habitat: offenes Grasland, Trockengebiete

Länge: KRL 42–56 cm; SL 10–15 cm

Die einzige Art der Gattung *Taxidea* ist gleichzeitig die einzige Dachsart der Neuen Welt. Dieser Dachs hat einen sehr stark abgeflachten Körper, ähnelt aber ansonsten den anderen Dachsen. Der Silberdachs lebt alleine und ist gewöhnlich nachts aktiv, obwohl er auch gelegentlich tagsüber seinen Bau verläßt. Er kann ausgezeichnet graben, und seine Nahrung beschafft er sich hauptsächlich, indem er blitzschnell Nagetiere ausgräbt, wenn sie in ihren Löchern verschwinden wollen. Manchmal vergräbt er ein großes Beutetier, um sich so einen Vorrat anzulegen. Er ernährt sich auch von Vögeln, Eiern und Reptilien.

Diese Dachse paaren sich im Spätsommer, doch die eigentliche, 6wöchige Tragezeit beginnt nicht vor Februar, so daß die Nachkommenschaft erst im folgenden Frühjahr geboren wird. Die 1–5, jedoch meist 2 Jungen werden auf einem Bett aus Gras im Dachsbau geboren und haben bei der Geburt ein seidiges Fell. Nach 6 Wochen öffnen sie die Augen, und sie werden mehrere Monate lang gesäugt. In den nördlichen Teilen seines Verbreitungsgebietes verbringt der Silberdachs den größten Teil des Winters schlafend in großen Bauten; er zehrt dann von seiner Fettreserve. Er hält jedoch keinen echten Winterschlaf, da er in milderen Perioden aufwacht.

Schweinsdachs

Arctonyx collaris

Verbreitung: Nordchina, Nordostindien, Sumatra

Habitat: bewaldete Gebiete auf Hoch- und Tiefebenen

Länge: KRL 55–70 cm; SL 12–17 cm

Obwohl der Schweinsdachs die gleiche Form und Größe wie der Europäische Dachs hat, unterscheidet er sich von ihm durch seine weiße Kehle und seinen überwiegend weißen Schwanz. Sein Name bezieht sich auf die bewegliche, schweinsartige Schnauze des Tieres, mit der er nach pflanzlicher und tierischer Nahrung wühlt. Der Schweinsdachs ist ein echtes Nachttier. Tagsüber versteckt er sich in Felsspalten oder in tiefen Höhlen. Seine Lebensweise ähnelt stark der des Europäischen Dachses. Wie alle Dachse besitzt auch er Analdrüsen, die einen streng riechenden Stoff produzieren, und seine Schwarzweißzeichnung macht potentielle Angreifer darauf aufmerksam, daß sie es mit einem ernstzunehmenden Gegner zu tun haben.

Über die Fortpflanzung des Schweinsdachses ist nicht viel bekannt, aber man hat einmal beobachtet, daß ein Weibchen im April 4 Junge warf.

Malaiischer Stinkdachs / Java-Stinkdachs

Mydaus javanensis

Verbreitung: Sumatra, Java, Borneo

Habitat: dichter Wald

Länge: KRL 37,5–51 cm; SL 5–7,5 cm

Die beiden Arten der Gattung Stinkdachse produzieren besonders penetrant riechende Geruchsstoffe. Man sagt, daß ihr Geruch ebenso unerträglich ist wie der von Stinktieren. Der Malaiische Stinkdachs, auch Teledo genannt, hebt, wenn er bedroht oder aufgeschreckt wird, seinen Schwanz und verspritzt einen Strahl jenes stinkenden Stoffes. Genau wie Moschus jedoch ergibt dieser Stoff, der in hoher Konzentration abscheulich riecht, in Verdünnung einen angenehm süßlichen Geruch, weshalb er früher einer der wichtigsten Grundstoffe für die Parfümherstellung war. Der Malaiische Stinkdachs ist nachts aktiv, lebt in Höhlen und ernährt sich von Würmern, Insekten und kleinen Tieren. Die zweite Art dieser Gattung, der Philippinen-Stinkdachs (*Suilotaxus marchei*), lebt auf Palawan und den Calamianes-Inseln (Philippinen).

China-Sonnendachs

Melogale moschata

Verbreitung: Nordostindien, Südchina, Indochina, Java, Borneo

Habitat: Grasland, lichter Wald

Länge: KRL 33–43 cm; SL 15–23 cm

Der China-Sonnendachs unterscheidet sich von den übrigen ostasiatischen Mardern durch seine auffällige, maskenartige Gesichtszeichnung. Dieser Dachs lebt in unterirdischen Gängen oder in Felsspalten und ist abends und nachts aktiv. Er ist ein guter Kletterer und lebt von Früchten, Insekten, kleinen Wirbeltieren und Würmern. Sonnendachse werden sehr wild, wenn man sie aufschreckt, und ihre Duftstoffe haben einen höchst unangenehmen Geruch. Im Mai oder Juni wird ein Wurf von maximal 3 Jungen geboren. Es gibt noch 2 weitere Arten von Sonnendachsen, die beide in Südostasien leben.

Vielfraß

Honigdachs

Europäischer Dachs

Schweinsdachs

Malaiischer Stinkdachs

Silberdachs

China-Sonnendachs

Marderartige 3

Streifenskunk

Mephitis mephitis

Verbreitung: von Südkanada bis Nordmexiko
Habitat: lichte Wälder, Grasland
Länge: KRL 28–38 cm; SL 18–25 cm

Der Streifenskunk ist einer der bekanntesten Marder, der wegen des scharfen Geruchs seiner in Analdrüsen produzierten Flüssigkeit berüchtigt ist. Wie die übrigen Mitglieder der Familie setzt er diese Geruchsstoffe nie gegen Konkurrenten ein, sondern ausschließlich gegen Feinde. Die Flüssigkeit ist eine sehr zweckmäßige Waffe, da der Geruch dem Gegner für eine Weile den Atem nimmt. Der Streifenskunk ist ein Nachttier, das tagsüber in einer Höhle oder unter alten Gebäuden, in Holzstapeln oder in Steinhaufen ruht. Er lebt von Mäusen, Eiern, Insekten, Beeren und Aas. Anfang Mai wirft das Weibchen in einer mit Pflanzenmaterial ausgekleideten Höhle 5–6 Junge.

Der eng verwandte Langschwanz- oder Haubenskunk (*M. macroura*) ähnelt dem Streifenskunk sehr. Die Schwarzweißzeichnung beider Arten, die bei den einzelnen Tieren stark variieren kann, soll eventuelle Angreifer abschrecken.

Ferkelskunk

Conepatus leuconotus (C. mesoleucus)

Verbreitung: vom Süden der USA bis Nicaragua
Habitat: bewaldetes und offenes Gelände
Länge: KRL 35–48 cm; SL 17–31 cm

Dieses alleinlebende, träge Nachttier hat von allen Skunks das gröbste Fell. Seinen Namen verdankt das Tier der langen, schweinsartigen Schnauze, mit der es im Boden nach Insekten und Larven wühlt. Außerdem frißt es auch Schlangen, kleine Säugetiere und Früchte. Der Bau des Ferkelskunks liegt in felsigem Terrain oder in verlassenen Höhlen. Das Weibchen wirft 2–5 Junge. Es gibt 7 Arten von Ferkelskunks, die alle im Süden der USA und in Südamerika leben.

Fleckenskunk

Spilogale putorius (Sp. gracialis)

Verbreitung: vom Westen der USA bis Zentralmexiko
Habitat: Brachland, Unterholz und bewaldetes Gebiet
Länge: KRL 23–34,5 cm; SL 11–22 cm

Der Fleckenskunk hat eine Fellzeichnung aus weißen Streifen und Flecken, die bei jedem Tier anders ausfällt. Dieser Skunk ist ein Nachttier, das hauptsächlich auf dem Land lebt. Gewöhnlich bewohnt er einen unterirdischen Bau, aber da er ein guter Kletterer ist, sucht er sich manchmal auch einen Unterschlupf in Bäumen. Er ernährt sich hauptsächlich von Nagetieren, Vögeln, Eiern, Insekten und Früchten.

Im südlichen Teil seines Verbreitungsgebietes gebären die Weibchen zu jedem beliebigen Zeitpunkt des Jahres Junge, in den nördlicheren Gebieten jedoch werden die 4–5 Jungen im Frühjahr geboren. Die Tragezeit dauert ca. 4 Monate.

Fischotter

Lutra lutra

Verbreitung: Europa, Nordafrika, Asien
Habitat: Flüsse, Seen, geschützte Küsten
Länge: KRL 55–80 cm; SL 30–50 cm Ⓖ

Obwohl sich Fischotter auf dem Land schnell fortbewegen können, sind sie sehr gut an ein Leben im Wasser angepaßt. Der Fischotter hat den schlanken Körper des Marders, doch sein Schwanz ist dick, fleischig und muskulös und dient im Wasser als Fortbewegungsorgan. Alle vier Beine sind mit Schwimmhäuten versehen, und Nasenlöcher und Ohren kann das Tier beim Schwimmen schließen. Das Fell ist kurz und dicht und hält die Haut trocken, indem es ein Luftpolster um den Körper herum bildet. Der Otter ist ein ausgezeichneter Schwimmer und Taucher, der sich am Wasser durch Wellenbewegungen von Rumpf und Schwanz und durch Schlagen der Hinterbeine fortbewegt. Er lebt von Fischen, Fröschen, Wasservögeln, Wühlmäusen und anderen Wassertieren.

Fischotter leben alleine, und sie lassen sich nur selten beobachten. In großen Teilen ihres Verbreitungsgebietes sind sie ausgerottet oder sehr selten. Sie bewohnen Höhlen am Flußufer und sind vor allem nachts aktiv. Sogar erwachsene Fischotter sind sehr verspielt und lassen sich gerne einen schlammigen Hang hinabgleiten. Die 2–3 Jungen eines Wurfs werden im Frühjahr bzw. im südlichen Teil des Verbreitungsgebietes zu jeder beliebigen Jahreszeit geboren. Die Gattung *Lutra* umfaßt 8 Arten mit mehr oder weniger gleichem Verhalten und ähnlichen Anpassungen.

Riesenotter

Pteronura brasiliensis

Verbreitung: von Venezuela bis Argentinien
Habitat: Flüsse, langsam fließende Gewässer
Länge: KRL 1–1,5 m; SL 70 cm Ⓑ

Der Riesenotter ähnelt sehr den Arten der Gattung *Lutra*, ist jedoch größer und hat einen abgeflachten Schwanz mit scharf gezackten Rändern. Gewöhnlich jagt das Tier in Gruppen; es ist tagsüber aktiv. Riesenotter leben von Fischen, Eiern, Wassersäugetieren und Vögeln. Sie legen im Flußufer oder unter Bäumen Bauten an, und die Weibchen werfen einmal im Jahr 1–2 Junge. Da dieses Tier heute vom Aussterben bedroht ist, steht es in manchen Ländern offiziell unter Naturschutz, doch die Durchführung dieses Gesetzes ist in den ausgedehnten, dünn besiedelten Wohngebieten des Riesenotters äußerst schwierig, weshalb die Art immer noch an Zahl abnimmt.

Kapotter

Aonyx capensis

Verbreitung: Afrika: Senegal, Äthiopien, Südafrika
Habitat: langsam fließende Ströme und Teiche; Küstengewässer, Mündungsbecken
Länge: KRL 95–100 cm; SL 55 cm

Der Kapotter schwimmt und taucht ebensogut wie alle Otter, obwohl die Schwimmhäute an seinen Beinen sehr kurz sind. Außerdem hat dieser Otter nur sehr kleine Nägel am dritten und vierten Zeh seiner Hinterpfoten. Das Fell ist auch viel weniger dicht als das der anderen Otter, weshalb der Kapotter nie so stark gejagt wurde wie seine Verwandten. Er ernährt sich hauptsächlich von Krabben, deren Panzer er mit seinen starken Zähnen knackt. Außer Süßwasserkrabben frißt er Weichtiere, Fische, Reptilien, Frösche, Vögel und kleine Säugetiere. Wie die meisten Otter kommt auch der Kapotter zum Fressen an Land. Er frißt nicht vom Boden, sondern hält seine Nahrung mit seinen Vorderpfoten fest. In dieser Methode scheint es der Kapotter zu besonderer Geschicklichkeit gebracht zu haben.

Der Kapotter gräbt keine Höhle, sondern lebt in Felsspalten oder unter Felsblöcken, und zwar in Familiengruppen, in Paaren oder allein. Die 2–5 Jungen eines Wurfs bleiben mindestens ein Jahr bei ihren Eltern.

Seeotter

Enhydra lutris

Verbreitung: Beringmeer; USA: kalifornische Küste
Habitat: Felsküsten
Länge: KRL 1–1,2 m; SL 25–37 cm

Von allen Mardern ist der Seeotter am besten an das Leben im Wasser angepaßt. Er hält sich fast ständig im Meer auf, und zwar immer in Tiefen von weniger als 20 m. Er hat einen stromlinienförmigen Körper, kurze Beine und einen kurzen Schwanz. Seine Hinterbeine sind mit Schwimmhäuten versehen und flossenförmig, die Vorderbeine sind kurz. Im Gegensatz zu den meisten anderen Meeressäugetieren verfügt der Seeotter nicht über eine isolierende Fettschicht, sondern muß mit einer Luftschicht auskommen, die zwischen den Haaren seines Fells festgehalten wird und ihm einen gewissen Schutz gegen das kalte Wasser bietet. Auf die Pflege des dichten, glänzenden Fells verwendet er viel Zeit, denn die isolierende Wirkung läßt nach, wenn es vernachlässigt wird.

Seeotter ernähren sich von Schalentieren, Seeigeln, Muscheln, Seeohren und anderen Weichtieren, die sie im Meer fangen und im Wasser liegend auffressen. Zum Aufbrechen der harten Muscheln benutzt der Seeotter Steine als Werkzeug. Wenn er nach Nahrung taucht, nimmt er gleichzeitig vom Meeresboden einen Stein mit nach oben. Dann dreht er sich auf den Rücken, legt sich den Stein auf den Bauch und schlägt die Beute so lange dagegen, bis die Muschel aufbricht und er das zum Vorschein kommende Weichtier verzehren kann. Bei Anbruch der Dämmerung schwimmt der Seeotter zu riesigen Tangfeldern und wickelt sich fest in den Seetang ein, um nicht im Schlaf von der Strömung abgetrieben zu werden.

Seeotter bekommen etwa mit zwei Jahren erstmals Nachkommen, und meist wird nach 8–9monatiger Tragezeit ein Junges geboren. Das Junge ist bei der Geburt außergewöhnlich gut entwickelt; seine Augen sind offen, und es hat ein vollständiges Milchgebiß. Die Mutter trägt und säugt ihr Junges auf ihrem Bauch, wobei sie auf dem Rücken schwimmt. Früher wurden Seeotter wegen ihres schönen Fells viel gejagt, doch seit ein paar Jahren stehen diese Tiere unter Naturschutz.

Streifenskunk
Ferkelskunk
Fischotter
Fleckenskunk
Riesenotter
Kapotter
Seeotter

Schleichkatzen 1

FAMILIE VIVERRIDAE: Schleichkatzen

Diese Familie umfaßt ungefähr 72 Arten, unter anderem die Zibetkatzen, die Ichneumons, die Ginsterkatzen und Linsangs. Es sind kleine bis mittelgroße Raubtiere, die nur in der Alten Welt vorkommen: in Südeuropa, Afrika, Madagaskar und Asien. Die meisten Arten haben einen langen, geschmeidigen Körper, einen verlängerten Schädel, kurze Beine und einen kurzen Schwanz. An den Füßen befinden sich jeweils 5 Krallen, die ganz oder teilweise einziehbar sind. Viele Arten scheiden aus ihren Analdrüsen eine penetrant riechende Flüssigkeit aus, deren aktiver Wirkstoff, das Zibet, als Grundstoff für die Parfumherstellung verwendet wird.

Schleichkatzen haben sich an die unterschiedlichsten Lebensräume angepaßt. Sie leben sowohl in Savannen wie auch in dichten Wäldern, einige Arten leben im Süßwasser. Zwischen den beiden Geschlechtern besteht äußerlich kaum ein Unterschied, nur ist das Männchen oft größer und schwerer als das Weibchen.

Afrika-Linsang / Pojana

Poiana richardsoni

Verbreitung: Afrika: von Sierra Leone bis Zaire
Habitat: Wald
Länge: KRL 33 cm; SL 38 cm

Der Afrika-Linsang oder Pojana ist ein Nachttier und ein guter Kletterer, der mehr Zeit in den Bäumen als auf dem Boden verbringt. Tagsüber schläft er hoch in den Baumwipfeln in einem Nest aus pflanzlichem Material, nachts jagt er Insekten und junge Vögel. Doch auch Früchte, Nüsse und andere Pflanzen sind Teil seiner Ernährung. Der Pojana ist ein langes, schlankes Tier mit einem braungelben bis grauen Fell mit dunklen Flecken. Der lange Schwanz weist eine Anzahl dunkler Ringe auf.

Über die Fortpflanzung dieser Art ist wenig bekannt, doch man nimmt an, daß die Weibchen 1- oder 2mal pro Jahr 2–3 Junge werfen.

Bänderlinsang

Prionodon linsang

Verbreitung: Thailand, Malaysia, Sumatra, Borneo
Habitat: Wald
Länge: KRL 37,5–43 cm; SL 30,5–35,5 cm

Der schlanke, zierliche Bänderlinsang hat ein weißlichgraues oder braungraues Fell mit 4 oder 5 dunklen Bändern auf dem Rücken und dunklen Flecken auf Flanken und Beinen. Der Bänderlinsang ist ein Nachttier, das sein Leben weitgehend in den Bäumen verbringt, wo er mit großer Geschicklichkeit klettert und springt; er kann sich jedoch ebenso leicht auf dem Boden fortbewegen. Er jagt Vögel, kleine Säugetiere, Insekten, Eidechsen und Frösche und verschmäht auch Vogeleier nicht.

Über die Fortpflanzung dieser Tiere ist wenig bekannt, doch man nimmt an, daß die Weibchen jährlich 2 Würfe von 2–3 Jungen gebären. Die Jungen kommen in einem Nest in einem hohlen Baum oder in einer unterirdischen Höhle zur Welt.

Larvenroller

Paguma larvata

Verbreitung: vom Himalaya bis China; Hainan, Taiwan, Südostasien, Sumatra, Borneo
Habitat: Wald, Unterholz
Länge: KRL 50–76 cm; SL 51–64 cm

Der Larvenroller hat ein gleichmäßig graues oder rotbraunes Fell ohne Streifen oder Flecken; dagegen hebt sich der Kopf mit der weißen Gesichtsmaske scharf ab. Larvenroller sind Nachttiere, die in den Bäumen und auf dem Boden Nagetiere und andere kleine Tiere jagen; außerdem fressen sie Insekten, Früchte und Pflanzenwurzeln. Ihre Analdrüsen produzieren eine besonders penetrant riechende Flüssigkeit, die sie über ziemlich weite Entfernungen auf eventuelle Gegner spritzen können, wodurch die meisten Angreifer abgeschreckt werden.

Die 3–4 Jungen eines Wurfs werden in Baumhöhlen geboren. Sie sind grauer gefärbt als die erwachsenen Tiere und haben anfangs auch noch keine Gesichtsmaske.

Pardelroller

Nandinia binotata

Verbreitung: Afrika: von Guinea östl. bis Sudan, südl. bis Mozambique
Habitat: Wald, Savanne, offenes Gelände mit vereinzelten Baumgruppen
Länge: KRL 44–62 cm; SL 48–60 cm

Der Pardelroller ist ein geschickter Kletterer, der hauptsächlich in Bäumen lebt und nachts aktiv ist. Er ernährt sich sehr vielseitig, nämlich sowohl von Insekten, Eidechsen, kleinen Säugetieren und Vögeln wie auch von einer großen Zahl von Früchten (manchmal auch ausschließlich von ihnen), Blättern und gelegentlich von Aas. Der Pardelroller lebt alleine; tagsüber schläft er in den Bäumen. Das Männchen ist größer und schwerer als das Weibchen; beide haben kurze Beine und einen langen, dicken Schwanz. Die kurze Schnauze ist mit langen Schnurrbarthaaren versehen. Diese Schleichkatze ist gewöhnlich graubraun bis dunkelrotbraun gefärbt und hat auf beiden Schultern einen hellen, cremefarbenen Flecken.

Nach einer Tragezeit von ca. 64 Tagen gebiert das Weibchen 2–3 Junge.

Wasserschleichkatze

Osbornictis piscivora

Verbreitung: Nordostzaire
Habitat: Regenwald in Flußnähe
Länge: KRL 45–50 cm; SL 35–42 cm

Die selten beobachtete Wasserschleichkatze, Wasserzivette oder Osborngenette ist an ein Leben im Wasser angepaßt, wie die Schwimmhäute zwischen ihren Zehen zeigen. Man nimmt an, daß sie sich von Fischen und anderen Wassertieren ernährt. Die Wasserzivette hat einen schlanken Körper, kurze Beine (die Hinterbeine sind länger als die Vorderbeine) und einen dikken, buschigen Schwanz. Ihr Fell ist rotbraun; die Haare an der Außenseite der Ohrmuscheln, auf dem Rücken und am Schwanz sind dunkler.

Afrika-Zibetkatze

Viverra civetta

Verbreitung: Afrika südl. der Sahara bis Südafrika (Transvaal)
Habitat: Wald, Savanne, Steppen, Anbaugebiete
Länge: KRL 80–95 cm; SL 40–53 cm

Die Afrika-Zibetkatze oder -Zivette ist verhältnismäßig groß und erinnert mit ihrem großen Kopf, dem kräftigen Nacken und den langen Beinen entfernt an einen Hund. Ihre Hinterbeine sind länger als die Vorderbeine. Ihr Fell ist im allgemeinen grau, jedoch an den Beinen dunkler. Kinn, Kehle, Rücken und Flanken sind dunkel gestreift und gefleckt; Größe und Verteilung der Flecken variieren von Tier zu Tier. Tagsüber schläft die Afrika-Zibetkatze in einer Höhle in der Erde, unter Pflanzen oder unter Felsen. Sie klettert selten auf Bäume, es sei denn, sie wird angegriffen, jedoch ist sie ein guter Schwimmer. Sie jagt Säugetiere von der Größe junger Antilopen, Vögel einschließlich Federvieh und frißt auch Eier, Reptilien, Frösche, Kröten und Insekten; gelegentlich verzehrt sie Aas, Früchte und Beeren.

Das Weibchen wirft nach einer Tragezeit von 63–68 Tagen 1–4, meist jedoch 2 Junge. 3 Wochen später bekommen die Jungen zum erstenmal feste Nahrung, und nach 3 Monaten werden sie entwöhnt. Manchmal zieht ein Paar in einem Jahr 3 Würfe auf.

Kleinfleck-Ginsterkatze

Genetta genetta

Verbreitung: Südwesteuropa: Südwestfrankreich, Spanien, Portugal; Afrika; Mittlerer Osten
Habitat: Halbwüste, Busch, Savanne
Länge: KRL 50–60 cm; SL 40–48 cm

Die Kleinfleck-Ginsterkatze ist ein schlankes Tier mit kurzen Beinen; ihr Fell ist mit dunklen Flecken gezeichnet, die auf dem weißen bis braungrauen Grundhaar wie Strichellinien wirken. Der Kopf des Tiers ist klein, die Schnauze spitz und der lange Schwanz schwarz geringelt. Die Ginsterkatze ist ein geschmeidiges und anmutiges Tier. Beim Laufen streckt sie ihren Schwanz gerade nach hinten, und in Bäumen und Sträuchern versteht sie es ausgezeichnet zu klettern. Tagsüber schläft sie in von anderen Tieren verlassenen Höhlen, in Felsspalten oder auf Ästen. In der Dämmerung geht sie auf Jagd. Seh-, Gehör- und Geruchssinn sind bei der Ginsterkatze gut entwickelt, und sie beschleicht ihre Beute, indem sie fast flach auf dem Bauch liegend an sie herankriecht und ganz plötzlich zuschlägt. Die meisten Beutetiere fängt sie auf dem Boden, z.B. Nagetiere, Reptilien und Insekten, doch sie klettert auch auf Bäume, um Vögel in ihren Nestern zu überraschen; außerdem tötet sie Hühner. Gewöhnlich lebt das Tier alleine oder in Paaren.

Nach einer Tragezeit von 68–77 Tagen werden 2–3 Junge in einer unterirdischen Höhle, in einer Baumhöhle oder zwischen Felsen geboren. Die Jungen kommen blind zur Welt und öffnen nach 5–12 Tagen die Augen. Sie werden noch ca. 3 Monate lang gesäugt und sind nach 9 Monaten völlig selbständig.

Pojana

Kleinfleck-Ginsterkatze

Bänderlinsang

Afrika-Zibetkatze

Wasserschleichkatze

Pardelroller

Larvenroller

Schleichkatzen 2

Binturong

Arctictis binturong

Verbreitung: Südostasien, Palawan, Sumatra, Java, Borneo

Habitat: Wald

Länge: KRL 61–96,5 cm; SL 56–89 cm

Der Binturong oder Marderbär ist ein großer Palmroller mit einem zottigen Fell und langen Haaren, auffälligen Ohrbüscheln und einem Greifschwanz, den er beim Klettern als fünfte Hand benutzt. Außer dem Wickelbär aus der Familie der Kleinbären ist der Binturong das einzige Raubtier, das einen solchen Greifschwanz hat. Tagsüber schläft er in einem Baum, nachts klettert er langsam, aber geschickt zwischen den Ästen umher, wo er nach Früchten und anderer Pflanzennahrung sucht. Doch frißt er manchmal auch Insekten, kleine Wirbeltiere und Aas.

Nach einer Tragezeit von 90–92 Tagen wirft das Weibchen 1–2 Junge. Beide Eltern sorgen für die Jungen, die blind und völlig hilflos zur Welt kommen.

Kleinfalanuk

Eupleres goudoti

Verbreitung: Nordmadagaskar

Habitat: Regenwald, Sümpfe

Länge: KRL 46–50 cm; SL 22–24 cm Ⓖ

Der Kleinfalanuk ähnelt mit seinem langen, schlanken Körper, seiner spitzen Schnauze und den kurzen Beinen einem Ichneumon. Die Hinterbeine sind länger als die Vorderbeine, wodurch der Hinterleib höher steht als der vordere Teil des Rumpfs. Der Schwanz ist buschig und dick. Dieses Dämmerungs- und Nachttier kann nicht besonders gut klettern oder springen, sondern bewegt sich mit kleinen Hüpfern über den Boden, wo es Würmer (seine Hauptnahrung), Insekten, Süßwasserschnecken, Frösche und manchmal auch kleine Säugetiere und Vögel sucht. Es zögert nicht, seine Beute auch im Wasser zu verfolgen. Bei reichlichem Nahrungsangebot legt der Kleinfalanuk an der Schwanzwurzel eine Fettreserve an, von der er in der Trockenzeit, wenn nicht viele Würmer zu finden sind, zehrt.

Männchen und Weibchen bleiben ihr ganzes Leben lang zusammen; jedes Pärchen hat sein eigenes Revier, dessen Grenzen es mit Geruchsstoffen markiert, die die Tiere aus Drüsen im Analbereich und am Kopf ausscheiden. Nach einer Tragezeit von ca. 12 Wochen wirft das Weibchen ein Junges, das vollständig behaart und mit offenen Augen zur Welt kommt. Nach 9 Wochen wird das Junge entwöhnt.

Außerhalb von Naturreservaten ist diese Art selten geworden; dies ist auf die Vernichtung der Wälder, auf die Konkurrenz der auf Madagaskar eingeführten Indien-Zibetkatze (*Viverricula malaccensis*) und auf die starke Jagd durch die einheimische Bevölkerung zurückzuführen.

Mampalon / Otterzivette

Cynogale bennetti

Verbreitung: Indochina, Malaysia, Borneo, Sumatra

Habitat: Sümpfe, in Flußnähe

Länge: KRL 57–67 cm; SL 13–20 cm

Die Otterzivette, auch Mampalon genannt, verbringt ihr Leben überwiegend im Wasser. Sie hat sich in verschiedener Hinsicht anatomisch an diesen Lebensraum angepaßt. Wie viele im Wasser lebende Säugetiere hat auch sie ein Fell aus kurzem, dichtem Unterhaar, das mit längerem, gröberem Haar überdeckt ist. Die Nasenlöcher öffnen sich nach oben und können durch Hautklappen verschlossen werden; ebenso ist dies bei den Ohren möglich. Die Beine der Otterzivette sind kurz und beweglich, und zwischen den Zehen befinden sich breite Schwimmhäute, die jedoch nur bis zur Mitte der Zehen reichen, so daß das Tier sich an Land ebensogut fortbewegen kann wie im Wasser.

Beim Schwimmen ist die Otterzivette fast unsichtbar, weil nur ihre Nasenspitze aus dem Wasser ragt. So kann sie sowohl Tiere überraschen, die zum Trinken ans Wasser kommen, als auch im Wasser jagen. Sie ernährt sich von Fischen, kleinen Säugetieren, Vögeln und Krebstieren, außerdem von Früchten. Sie hat lange, scharfe Schneidezähne, mit denen sie die Beute packt, und breite, flache Backenzähne, mit denen sie beispielsweise die harte Schale von Krebstieren aufknackt. An Land versteht sie es ausgezeichnet zu klettern, und wenn sie angegriffen wird, flüchtet sie eher auf einen Baum als ins Wasser.

Seine 2–3 Jungen wirft das Weibchen entweder in einer unterirdischen Höhle oder in einer Baumhöhle. Die Jungen sind erst nach 6 Monaten selbständig.

Erdmännchen

Suricata suricatta

Verbreitung: Afrika: von Angola bis Südafrika

Habitat: offenes Gelände, Savanne, Buschvegetation

Länge: KRL 25–31 cm; SL 19–24 cm

Das Erdmännchen hat den für Ichneumons typischen langgestreckten Körper mit den kurzen Beinen. Sein Fell ist größtenteils graubraun bis hellgrau mit dunklen Streifen, aber Ohren und Nase sind dunkler; Kopf und Kehle sind heller gefärbt. Auf dem Bauch ist das Fell weniger dicht, was zur Regulation der Körpertemperatur beiträgt. Erdmännchen sitzen oft aufrecht in der Sonne oder liegen auf dem warmen Boden, um sich aufzuwärmen. Steigt die Temperatur zu stark an, dann verschaffen sie sich Kühlung, indem sie sich in einer kühlen, dunklen Höhle auf den Bauch legen.

Erdmännchen sind gesellige Tiere, die in Familien oder in größeren Einheiten aus mehreren Familien (ca. 30 Tiere) leben. Solche Kolonien bewohnen Revier, in denen sowohl genügend Deckung in Form von Höhlen und Felsspalten wie auch ausreichende Nahrung vorhanden sein muß. Die Gruppen sind gezwungen, mehrmals im Jahr umzuziehen, wenn das Nahrungsangebot kleiner wird. Erdmännchen können ausgezeichnet graben und bauen Gangsysteme mit mehreren Kammern. Tagsüber bei der Nahrungssuche, zu der sich die Kolonien in Paare oder kleine Gruppen aufteilen, stellen sich die Erdmännchen immer wieder auf die Hinterpfoten, um nach Beute oder eventuellen Angreifern Ausschau zu halten. Sie können schnell kurze Entfernungen zurücklegen, sind jedoch schlechte Kletterer und Springer. Insekten, Spinnen, Skorpione, Tausendfüßler, kleine Säugetiere, Eidechsen, Schlangen, Vögel und deren Eier, Schnecken, Pflanzenwurzeln, Früchte und andere Pflanzenteile stehen auf ihrem sehr abwechslungsreichen Speisezettel. Erdmännchen verfügen über einen guten Geruchs- und Gehörsinn, und sie haben ausgezeichnete Augen; sie müssen ständig vor Raubvögeln auf der Hut sein, ihren Erzfeinden, und wenn sie sich in Gefahr wähnen, verschwinden sie blitzschnell in Höhlen oder in anderen Schlupfwinkeln. Die Jungen werden meist zwischen Oktober und April geboren. Das Weibchen wirft in einer mit Gras ausgekleideten unterirdischen Geburtskammer 2–5, meist jedoch 2–3 Junge. Die Tragezeit dauert ca. 77 Tage. Die Jungen kommen blind zur Welt, öffnen jedoch nach 12–14 Tagen ihre Augen und nehmen schon nach 3–4 Wochen die erste feste Nahrung zu sich.

Bänderroller

Hemigalus derbyanus

Verbreitung: Malaysia, Sumatra, Borneo

Habitat: Wald

Länge: KRL 41–51 cm; SL 25–38 cm

Der Bänderroller hat einen schlanken, langgestreckten Körper und eine allmählich spitz zulaufende Schnauze. Sein Fell ist meist weißlich bis ockergelb gefärbt und hat dunkle Streifen auf Kopf und Hals, hinter den Schultern und an der Schwanzwurzel.

Der Bänderroller ist ein Nachttier und ein geschickter Kletterer, der sich mit seinen starken Beinen ausgezeichnet an das Leben auf den Bäumen angepaßt hat. Er sammelt seine Nahrung sowohl in den Bäumen wie auch auf dem Waldboden und an Flußufern. Er ernährt sich hauptsächlich von Würmern und Heuschrecken, frißt aber auch Ameisen, Spinnen, Krebstiere, Land- und Süßwasserschnecken sowie Frösche. Über seine Fortpflanzung ist wenig bekannt.

Schlichtmungo

Salonoia unicolor

Verbreitung: Nordostmadagaskar

Habitat: Regenwald

Länge: KRL 35–38 cm; SL 18–20 cm

Schlichtmungos leben häufig in Paaren, die ihr ganzes Leben lang zusammenbleiben, oder aber in Familiengruppen. Sie leben in Revier, deren Grenzen sie mit Duftstoffen aus ihren Analdrüsen markieren. Nachts schlafen die Schlichtmungos in unterirdischen Höhlen, die sie selbst graben oder von anderen Tieren übernehmen, manchmal auch in einem hohlen Baum. Tagsüber sind sie auf der Suche nach Insekten, die den Hauptbestandteil ihrer Nahrung bilden, oder nach Amphibien, Reptilien und manchmal kleinen Säugetieren und Vögeln. Sie wissen auch den Inhalt von Eiern sehr zu schätzen, deren Schale sie aufbrechen, indem sie sie mit den Hinterbeinen festhalten und sie an einem Stein oder einem Baum aufschlagen.

Die Weibchen bringen jeweils ein Junges zur Welt; mehr Einzelheiten sind über die Fortpflanzung dieser Art nicht bekannt.

Binturong
Kleinfalanuk
Mampalon
Erdmännchen
Bänderroller
Schlichtmungo

Schleichkatzen 3

Indischer Mungo

Herpestes edwardsi

Verbreitung: vom Irak bis Indien, südl. bis Malaysia; auf den Westindischen Inseln, Hawaii und den Fidschiinseln eingeführt

Habitat: Wüste, offene Buschvegetation, lichter und dichter Wald

Länge: KRL 35 cm; SL 25 cm

Fellfarbe und Äußeres dieser Mungoart variieren je nach Lebensraum. Die Wüstenformen sind am kleinsten und haben die hellste Farbe. Im allgemeinen ist das weiche, seidige Fell jedoch olivgrünbraun; der Schwanz ist kürzer als der Rest des Körpers. Nachts schläft der indische Mungo in einer unterirdischen Höhle, die er selbst gräbt; tagsüber geht er auf Jagd, wobei er sich stets auf den gleichen Routen bewegt und sich in der Vegetation verbirgt. Er jagt fast alles, was ihm in die Quere kommt: Ratten, Mäuse, Schlangen, Skorpione, Tausendfüßler, Wespen und andere Insekten. Vom Menschen wird er sehr geschätzt, weil er die Ausbreitung von Schädlingen wie Ratten unter Kontrolle hält. Deshalb wurde der Indische Mungo auch außerhalb seines natürlichen Verbreitungsgebietes zur Bekämpfung von Ratten und Schlangen eingeführt, um der Vernichtung von Anbaupflanzen Einhalt zu gebieten.

Die Weibchen bringen pro Jahr 2 Würfe von 2–4 Jungen zur Welt; die Tragezeit beträgt ca. 7 Wochen. Die Jungen werden blind und nackt geboren und von der Mutter im Maul herumgetragen. Sie verteidigt ihre Jungen sehr aggressiv.

Sumpfichneumon

Herpestes paludinosus (Atilax p.)

Verbreitung: Afrika südl. der Sahara

Habitat: Marschland, Mündungsgebiete, Sümpfe

Länge: KRL 45–60 cm; SL 30–40 cm

Der große, kräftige Sumpfichneumon ist ein ausgezeichneter Schwimmer. Er kann auch gut tauchen und ist von allen Ichneumons am besten an das Leben im Wasser angepaßt, obwohl seine Pfoten keine Schwimmhäute haben, sondern kurze, starke Krallen. Der Sumpfichneumon ist hauptsächlich nachts aktiv; dann schwimmt er über große Entfernungen an den Ufern von Flüssen oder Sümpfen entlang und jagt Krabben, Wasserinsekten, Fische, Frösche und Schlangen. Oft sucht er mit seinen Vorderpfoten im Schlamm oder unter Steinen nach Beute. Gepanzerte Tiere wie Krabben schlägt er gegen einen Fels oder Baum, um ihre Schale zu öffnen. Der Sumpfichneumon hat eine akrobatische Art der Markierung entwickelt: Er stellt sich auf die Vorderpfoten, so daß der Schwanz auf dem Rücken herabhängt, und markiert dann die Unterseite von Zweigen mit seinem in Analdrüsen produzierten Geruchsstoff.

Sumpfichneumons leben alleine, in Paaren oder in kleinen Familiengruppen. Das Weibchen bringt in einer unterirdischen Höhle oder in einem Nest im Unterholz 1–3 Junge zur Welt.

Zebramanguste

Mungos mungo

Verbreitung: Afrika südl. der Sahara

Habitat: Savanne, oft in Wassernähe

Länge: KRL 30–45 cm; SL 20–30 cm

Die Zebramanguste hat einen gedrungenen Körper, eine relativ kurze Schnauze und einen ebenfalls kurzen Schwanz. Die Fellfarbe variiert von oliv bis rötlichgrau, und über den Rücken verlaufen helle und dunkle Bänder, ebenso über den Schwanz. Das Tier ist tagsüber aktiv, bei sehr warmem Wetter nur morgens und abends, manchmal auch in mondhellen Nächten. Die Zebramanguste kann gut klettern und notfalls auch schwimmen, und beim Aufspüren von Beutetieren verhält sie sich ziemlich mutig und draufgängerisch. Manchmal scharrt sie ihre Nahrung aus dem Boden oder unter abgefallenem Laub aus. Sie lebt hauptsächlich von Insekten, Spinnen, Skorpionen, Tausendfüßlern, kleinen Fröschen, Eidechsen, Schlangen sowie von kleinen Säugetieren und Vögeln. Außerdem frißt sie Früchte, Pflanzenstengel und Eier, die sie an Steinen aufschlägt.

Zebramangusten leben in Familiengruppen von ca. 30 Tieren, die immer nur ein paar Tage an einem Ort bleiben; nur während der Fortpflanzungszeit bleiben sie längere Zeit im gleichen Unterschlupf. Sie suchen Schutz in hohlen Bäumen oder Felsspalten und unterirdischen Höhlen, die sie entweder selbst graben oder von anderen Tieren übernehmen. Bei Angriffen verteidigen sie sich sehr aggressiv: Sie knurren, fauchen und krümmen den Rücken.

Nach einer Tragezeit von ca. 8 Wochen werden in einer unterirdischen Höhle 2–6 Junge geboren. Nach 10 Tagen öffnen die Jungen die Augen, nach 3 Wochen verlassen sie erstmals die Höhle.

Dunkelkusimanse

Mungos obscurus (Crossarchus o.)

Verbreitung: Afrika: von Sierra Leone bis Kamerun

Habitat: Regenwald

Länge: KRL 30–40 cm; SL 15–25 cm

Die Dunkelkusimansen haben sehr lange schmale Köpfe und Schnauzen, und ihre Nasen ragen über die Unterlippe hinaus. Wie die meisten anderen Ichneumons sind die Kusimansen sehr gesellig und leben in Familiengruppen von maximal 12 Tieren, die bei der Futtersuche durch Zwitscherlaute miteinander kommunizieren. Auf der Suche nach Würmern, Wanzen, Spinnen, Schnecken und Insekten wühlen sie den Boden um, und sie jagen außerdem Krabben, Frösche, Reptilien, kleine Säugetiere und Vögel, deren Eier sie ebenfalls fressen. Eier und Beutetiere mit einer harten Schale werfen die Kusimansen gegen Bäume oder Steine, um an den Inhalt zu kommen. Nachts schlafen sie in selbst gegrabenen unterirdischen Höhlen; oft benutzen sie auch alte Termitenhügel. Sie klettern nur selten auf Bäume, es sei denn, dies ist die einzige Chance, um einem Feind zu entkommen.

Das Weibchen wirft jedes Jahr mehrmals nach etwa 70tägiger Tragezeit 2–4 Junge.

Weißschwanzichneumon

Ichneumia albicauda

Verbreitung: Afrika südl. der Sahara

Habitat: Savanne, dichte Buschvegetation, Waldränder, oft in Wassernähe

Länge: KRL 47–69 cm; SL 36–50 cm

Dieser große, langbeinige Ichneumon hat einen auffallend buschigen Schwanz, der an der Wurzel grau, ansonsten jedoch meist ganz weiß, gelegentlich aber auch völlig schwarz ist. Der Weißschwanzichneumon lebt allein oder in Paaren und ist gewöhnlich nur nachts aktiv, doch in sehr abgelegenen Gegenden taucht er schon spätnachmittags auf. Er ist kein guter Kletterer, kann aber schwimmen, was er allerdings nur selten tut; er jagt hauptsächlich auf dem Boden. Insekten, Frösche, Reptilien, Nagetiere und bodenbewohnende Vögel sind seine wichtigsten Beutetiere, und mit seinen starken Zähnen bricht er Schneckenhäuser und Krabbenschalen auf. Außerdem ernährt er sich von Eiern, Beeren und Früchten. Das Weibchen wirft jeweils 2–3 Junge.

Dickschwänzige Hundemanguste

Bdeogale crassicauda

Verbreitung: Ostafrika: von Kenia bis Zimbabwe und Mozambique

Habitat: Küstenwälder, Savanne

Länge: KRL 40–50 cm; SL 20–30 cm

Diese Art hat, wie ihr Name schon sagt, einen breiten, dichtbehaarten Schwanz. Der Körper der Dickschwänzigen Hundemanguste ist ziemlich kräftig, und sie hat eine breite Schnauze und starke Beine. Dieses scheues Nachttier schläft tagsüber oft in unterirdischen Höhlen, die von anderen Tieren verlassen wurden, oder in Baumlöchern. Nachts jagt die Hundemanguste Insekten (auch Termiten) und Eidechsen, Schlangen, Nagetiere sowie andere kleine Tiere.

Fossa / Frettkatze

Cryptoprocta ferox

Verbreitung: Madagaskar

Habitat: Wald

Länge: KRL 60–75 cm; SL 55–70 cm Ⓖ

Die Fossa oder Frettkatze, das größte Raubtier auf Madagaskar, ähnelt ebensosehr einer Katze wie einer Zibetkatze. Sie hat einen runden, katzenartigen Kopf, doch eine längere Schnauze und einen schlanken und langgestreckten Körper; die Hinterbeine sind länger als die Vorderbeine. Die Frettkatze ist ein Dämmerungs- und Nachttier, kann ausgezeichnet klettern und bewegt sich auf dem Boden ebenso leichtfüßig wie auf den Bäumen. Die Frettkatze lebt alleine und jagt Säugetiere bis zur Größe von Halbaffen, aber auch Vögel, Hühner, Eidechsen, Schlangen und Insekten.

Das Weibchen wirft ca. 3 Monate nach der Paarung in einer unterirdischen Höhle, einer Baumhöhle oder einem Nest zwischen den Felsen 2–3 Junge. Die Mutter versorgt die Jungen alleine. Nach 4 Monaten werden sie von ihr entwöhnt, und mit 2 Jahren sind sie selbständig.

Goldstaub-Manguste
Sumpfichneumon
Zebramanguste
Dunkelkusimanse
Weißschwanzichneumon
Dickschwänzige Hundemanguste
Fossa

Hyänen

FAMILIE HYAENIDAE: Hyänenartige

Die in Afrika und Südwestasien lebenden Hyänen und der Erdwolf des südlichen Afrikas bilden zusammen eine kleine Familie von Landraubtieren, die den Zibetkatzen und Katzen verwandt ist. Angesichts der äußeren Erscheinung dieser Tiere ist diese Verwandtschaft erstaunlich: Die Hyänenartigen ähneln in bezug auf ihren Körperbau eher den Hunden.

Vor allem die 3 Hyänenarten sind Hunden sehr ähnlich, obgleich bei ihnen anders als beim Hund der vordere Teil des Rumpfes schwerer gebaut ist als der Hinterleib. Sie haben einen großen Kopf, und die Kiefer der Tüpfelhyäne, der größten Art, sind stärker als die jedes anderen Säugetiers. Alle Hyänen können mit ihren Kiefern selbst die größten Knochen ihrer Beutetiere zermalmen, um das Mark auszuschlürfen. Früher glaubte man, Hyänen seien ausschließlich Aasfresser, und sie würden stets warten, bis Löwen und andere große Raubtiere sich an ihren Opfern gesättigt hätten, um sich dann über die Reste herzumachen. In Wahrheit jagen Hyänen (vor allem die Tüpfelhyäne) oft selbst, und da sie in Rudeln jagen, nehmen sie es auch mit großen Beutetieren wie Zebras auf. Im Ngorongoro-Krater in Tansania hat man beobachtet, daß Tüpfelhyänen sogar bessere Jäger sind als Löwen. In der Umgebung von Dörfern und Städten machen sich Hyänen nützlich, indem sie nachts Nahrungsreste beseitigen.

Der Erdwolf ist ein sehr spezialisiertes Mitglied der Familie der Hyänenartigen. Er ist leichter gebaut, hat einen schmaleren, spitzeren Kopf, große Ohren und fast ein Insektenfressergebiß. Er ernährt sich hauptsächlich von Termiten.

Männliche und weibliche Mitglieder dieser Familie unterscheiden sich im Aussehen nur geringfügig; allerdings sind die Männchen manchmal etwas größer.

Erdwolf

Proteles cristatus

Verbreitung: Afrika: vom Sudan bis Angola, Südafrika
Habitat: offene, trockene Ebenen, Savanne
Länge: KRL 65–80 cm; SL 20–30 cm

Der Erdwolf ähnelt sehr den Hyänen, ist jedoch kleiner und leichter gebaut. Er hat eine spitze Schnauze, schlanke Beine und eine Mähne auf Nacken und Rücken. Sein gelb- bis rötlichbraunes Fell hat dunkle Streifen. Außer in der Fortpflanzungszeit lebt der Erdwolf alleine in einem Revier in der Umgebung einer Höhle, die ehemals ein Erdferkel bewohnte oder die er selbst gegraben hat. Wenn Junge da sind, lebt der Erdwolf in Familiengruppen. Die Grenzen des Reviers markiert er mit Duftstoffen. Der Erdwolf ist ein Nachttier mit einem sehr scharfen Gehör, mit dem er sogar die Bewegungen von Termiten, seiner Hauptnahrung, wahrnimmt. Er leckt die Termiten mit seiner langen Zunge vom Boden auf, was der klebrige Speichel auf seiner Zunge erleichtert. Auch andere Insekten, Vogeleier, kleine Säugetiere und Reptilien werden von ihm gefressen.

Das Weibchen wirft in einer unterirdischen Höhle 2–4 Junge. Nachdem sie entwöhnt sind, füttern beide Eltern die Jungtiere mit Termiten.

Streifenhyäne

Hyaena hyaena

Verbreitung: Afrika: vom Senegal bis Tansania; Asien: vom Mittleren Osten bis Indien
Habitat: Trockensavanne, Buschsteppe, Halbwüste, Wüste
Länge: KRL 1–1,2 cm; SL 25–35 cm

Die Streifenhyäne ist an den dunklen Streifen ihres grauen oder graugelben Fells zu erkennen und an der langen Mähne auf Nacken und Rücken, die das Tier aufrichten kann. Meist ist das Männchen größer als das Weibchen, doch beide haben den für Hyänen so typischen massiven Kopf und den abfallenden Rücken.

Streifenhyänen leben während der Fortpflanzungszeit in Paaren, ansonsten jedoch meist alleine. Jedes Tier hat sein eigenes Territorium, das ihm genügend Deckung in Form von Buschwerk bieten muß. Das Tier markiert die Grenzen seines Reviers mit Geruchsstoffen aus Analdrüsen. Die Streifenhyäne ist ein Nachttier, das hauptsächlich von dem lebt, was große Katzen von ihrer Beute übriglassen. Allerdings jagt sie auch selbst Lämmer von Schafen und Ziegen sowie kleine Säugetiere, Vögel, Eidechsen, Schlangen und Insekten. Manchmal verzehrt diese Hyäne auch Früchte. Streifenhyänen halten sich meist von den größeren Tüpfelhyänen fern.

Nach einer Tragezeit von ca. 3 Monaten gebären die Weibchen in einer unterirdischen Höhle oder zwischen Felsen 2–4 Junge. Diese kommen blind zur Welt und werden fast ein Jahr lang gesäugt. Beide Eltern sorgen gemeinsam für ihren Nachwuchs.

Schabrackenhyäne

Hyaena brunnea

Verbreitung: Afrika: von Angola bis Mozambique, südl. bis Norden Südafrikas
Habitat: trockene Savanne, Ebene, Halbwüste
Länge: KRL 1,1–1,2 m; SL 25–30 cm Ⓖ

Die Schabrackenhyäne, die auch Braune Hyäne oder Strandwolf genannt wird, hat ebenfalls den für diese Familie typischen massiven Kopf und abfallenden Rücken. Ihr Körper ist größtenteils mit einem dicken, buschigen Fell bedeckt, und über Nacken und Rücken läuft eine lange Mähne. Das Fell ist bei dieser Art gewöhnlich dunkelbraun bis schwarzbraun gefärbt, Mähne und Beine sind hellbraun.

Die Schabrackenhyäne lebt in Familiengruppen oder alleine. Manchmal jagt sie gemeinsam mit Artgenossen oder verschlingt mit ihnen zusammen einen Kadaver. Sie lebt in einem weitläufigen Revier, dessen Grenzen sie mit Geruchsstoffen aus ihren Analdrüsen sowie mit Kot markiert. Tagsüber schläft sie in einer Höhle, in der oft zuvor ein anderes Tier wie z. B. ein Erdferkel lebte, oder sie ruht zwischen Felsblökken oder im hohen Gras. Nachts sucht sie nach Aas oder jagt Nagetiere, Vögel und Hühner, Reptilien oder große, verwundete Säugetiere. An der Küste ernähren sich Schabrackenhyänen auch von toten Fischen, Muscheln und den Kadavern angespülter Seehunde und Wale.

Nach einer Tragezeit von 92–98 Tagen werden in einer Höhle unter der Erde 2–4 Junge geboren. Die Jungen werden ungefähr 3 Monate lang gesäugt, bleiben jedoch fast 18 Monate bei ihren Eltern; während dieser Zeit bringt das Männchen ihnen Nahrung. Obwohl die Schabrackenhyäne in Reservaten geschützt wird, wird sie in großer Zahl von den Farmern getötet, weil diese sie als Gefahr für das Vieh ansehen.

Tüpfelhyäne / Fleckenhyäne

Crocuta crocuta

Verbreitung: Afrika südl. der Sahara
Habitat: Halbwüste bis Feuchtsavanne
Länge: KRL 1,2–1,8 m; SL 25–30 cm

Die Tüpfel- oder Fleckenhyäne ist die größte Art der Familie. Sie hat einen großen Kopf mit schweren Kiefern, schlanken Beinen und einem schräg abfallenden Rücken. Der Schwanz ist buschig, und auf Nacken und Rücken trägt sie eine kurze Mähne. Kopf und Beine sind stets dunkler als der Rest des Körpers, und das Fell weist ein unregelmäßiges Fleckenmuster auf; die Flecken variieren stark in Farbe und Größe.

Die Tüpfelhyäne bewohnt offenes Gelände und meidet Wälder. Meist lebt sie in Gruppen von 10–30, manchmal jedoch auch in Rudeln von ca. 100 Tieren. Jede Gruppe hat ein eigenes Revier, dessen Grenzen mit Urin, Kot und Geruchsstoffen aus Analdrüsen markiert und sorgfältig überwacht werden, um konkurrierende Rudel abzuwehren. Die Männchen haben in der Gruppe die Führung. Tüpfelhyänen schlafen in selbstgegrabenen Höhlen, im hohen Gras oder zwischen Felsen und kommen erst in der Dämmerung zum Vorschein. Meist sind sie nur nachts aktiv, doch in manchen Gebieten jagen sie auch tagsüber. Tüpfelhyänen fressen Aas, jagen jedoch auch große Säugetiere wie Antilopen, Zebras und Rinder. Das Beutetier wird meist durch einen Biß ins Bein niedergestreckt und dann vom ganzen Rudel bei lebendigem Leibe in Stücke gerissen. Tüpfelhyänen sind auf der Jagd sehr laut; sie heulen und knurren, und wenn sie ein Beutetier getötet haben, lassen sie ein schauriges Gelächter ertönen. Auch bei der Paarung sind ähnliche Geräusche zu hören.

In der Brunstzeit scheiden diese Tiere aus Analdrüsen stark riechende Stoffe aus, und das Männchen stolziert dann um das Weibchen herum und rollt es auf dem Boden hin und her. Die Tragezeit beträgt 99–130 Tage. Danach werden in einer unterirdischen Höhle 1 oder 2 Junge geboren, deren Augen bei der Geburt offen sind; auch ein paar Zähne sind dann schon durchgebrochen. Die Jungen werden 12–18 Monate lang gesäugt; anschließend sind sie in der Lage, mit der Gruppe auf Jagd zu gehen.

Erdwolf

Tüpfelhyäne

Schabrackenhyäne

Streifenhyäne

Katzen 1

FAMILIE FELIDAE: Katzen
Die Familie der Katzen umfaßt nach der hier verwendeten Klassifizierung ca. 35 Arten, doch variiert diese Zahl je nach den Quellen. Von allen Raubtieren sind die Katzen wahrscheinlich die „tüchtigsten" Räuber. Farbe, Größe und Zeichnung des Fells variieren innerhalb der Familie, aber alle Arten, kleine wie große, haben im Prinzip den gleichen Körperbau wie die Hauskatze, eine für ein Raubtier ideale Körperform.

Der Körper der Katzen ist muskulös und geschmeidig, ihr Kopf ist kurz und rund, und sie haben große, nach vorne gerichtete Augen. Die Beine können verhältnismäßig kurz oder lang sein, aber bei allen Arten, mit Ausnahme des Gepards, weisen die Pfoten lange, scharfe, vollständig einziehbare Klauen auf, mit denen die Katzen ihre Beute packen. Das Beutetier wird fast immer durch einen Biß der kräftigen Kiefer getötet, die mit messerscharfen, dolchförmigen Eckzähnen ausgerüstet sind. Zum Zerteilen des Fleisches dienen die Schneidezähne.

Diese Tierfamilie hat sich fast in der ganzen Welt erfolgreich verbreitet. Katzen fehlen nur in der Antarktis, in Ozeanien, auf den Karibischen und einigen anderen Inseln sowie auf Madagaskar, wo die katzenartigen Zibetkatzen leben, die Fossas. Bei den meisten Arten sehen die beiden Geschlechter fast gleich aus, jedoch sind die Männchen oft etwas größer als die Weibchen.

Leider wird das prachtvolle Fell der Katzen vom Menschen heiß begehrt, weshalb zahlreiche Arten so intensiv gejagt wurden, daß sie heute sehr selten geworden sind und kurz vor dem Aussterben stehen.

Afrikanische Goldkatze

Profelis aurata (Felis a.)
Verbreitung: Afrika: vom Senegal bis Zaire (nicht Nigeria), Kenia
Habitat: Wald, Waldrand
Länge: KRL 72–93 cm; SL 35–45 cm

Die Afrikanische Goldkatze ist eine kräftige, mittelgroße Katze mit ziemlich kurzen, kräftigen Beinen und kleinen, abgerundeten Ohrmuscheln. Die Farbe des Fells variiert von braunrot bis schiefergrau an der Oberseite; manche Goldkatzen haben deutlich erkennbare Flecken auf dem ganzen Körper, andere nur auf der Bauchseite.

Als Bewohner dichter Wälder verbringt diese Katze die meiste Zeit in den Bäumen; sie ist ein echtes Nachttier. Tagsüber schläft sie in Baumwipfeln. Sie ist ein scheues Tier, das alleine lebt. Über ihre Lebensweise ist wenig bekannt. Sie jagt Säugetiere bis zur Größe kleiner Antilopen und Vögel von der Größe eines Perlhuhns.

Bengal- oder Leopardkatze

Prionailurus bengalensis (Felis b.)
Verbreitung: Südostasien, Sumatra, Borneo, Java, Philippinen
Habitat: Wald
Länge: KRL ca. 60 cm; SL ca. 35 cm

Die Bengalkatze ist ein Nachttier, das nur selten beobachtet worden ist, da es sich tagsüber in Baumhöhlen versteckt. Sie kann ausgezeichnet klettern und jagt kleine Vögel und Säugetiere wie Eichhörnchen und Hasen; gelegentlich tötet sie auch ein kleines Reh. Farbe und Zeichnung des Fells der Bengalkatze können variieren, doch meist hat das Tier auf dem Rücken eine gelbliche, graue oder rötlichbraune Grundfarbe und einen weißlichen Bauch. Das gesamte Fell ist dunkel gefleckt, und die Flecken sind in Reihen angeordnet und können manchmal zu dunklen Streifen verschmelzen.

Über die Fortpflanzung dieser Katze ist nicht viel bekannt, aber man nimmt an, daß das Weibchen in einer Höhle oder in einem Bau unter Felsen 3–4 Junge zur Welt bringt.

Pampaskatze

Lynchailurus pajeros (Felis colocolo)
Verbreitung: Südamerika: von Ecuador, Peru, Brasilien bis Südargentinien
Habitat: offenes Grasland, Wald
Länge: KRL 60–70 cm; SL 29–32 cm

Die Pampaskatze ist ein kleines, aber kräftiges Tier mit einem kleinen Kopf und einem dicken, buschigen Schwanz. Die Fellhaare sind lang und variieren farblich von gelblichweiß bis braun oder silbergrau. Im nördlichen Teil des Verbreitungsgebiets ist das Tier ein Waldbewohner, und obwohl es überwiegend auf dem Boden lebt, sucht es bei Gefahr Zuflucht in den Bäumen. In südlicheren Gebieten bewohnt die Pampaskatze die weiten Grasebenen der Pampas, wo sie sich im hohen Gras versteckt. Nachts jagt sie kleine Säugetiere wie Meerschweinchen und bodenbewohnende Vögel, z.B. Steißhühner.

Nach einer Tragezeit von wahrscheinlich 10 Wochen bringt das Weibchen 1–3 Junge zur Welt.

Wüstenluchs

Caracal caracal (Felis c.)
Verbreitung: Afrika (außer Regenwaldgürtel); Mittlerer Osten bis Nordwestindien
Habitat: Savanne, offene Ebenen, Halbwüste, Sandwüste
Länge: KRL 65–90 cm; SL 20–30 cm

Der Wüstenluchs oder Karakal ist an seinen langen, schlanken Beinen, dem relativ flachen Kopf und den langen, mit Büscheln versehenen Ohrmuscheln zu erkennen. Der Wüstenluchs bewohnt sein Jagdgebiet allein. Er ist hauptsächlich in der Dämmerung und nachts aktiv, manchmal jedoch auch tagsüber. Er ernährt sich von den verschiedensten Säugetieren, von Mäusen bis zu Riedböcken, und er frißt auch Vögel, Reptilien, Schafe, Ziegen und Federvieh.

Der männliche Karakal macht seinem Weibchen mit dem gleichen brünstigen Miauen den Hof wie der Hauskater. Nach einer Tragezeit von 79 Tagen bringt das Weibchen einen Wurf von 2–3 Jungen zur Welt. Dazu zieht es sich an einen gut versteckten Platz in einem Felsspalt, einer Baumhöhle oder in einer verlassenen Erdhöhle zurück. Die Jungen werden 6 Monate lang gesäugt und sind erst nach 9–12 Monaten selbständig.

Puma

Puma concolor (Felis c.)
Verbreitung: Südwestkanada, Westen der USA, Mexiko, Mittel- u. Südamerika
Habitat: Berghänge, Wälder, Sümpfe, Grasland
Länge: KRL 1–1,6 m; SL 60–85 cm Ⓑ

Der früher sehr zahlreich verbreitete Puma wird heute immer seltener, und manche Unterarten stehen kurz vor der völligen Ausrottung. Farbe und Größe des Pumas variieren stark je nach Gebiet, doch rotbraune bis graubraune Töne sind vorherrschend. Der Puma ist ein strikter Einzelgänger mit einem deutlich abgegrenzten Revier. Das Revier eines Männchens kann sich mit dem eines oder mehrerer Weibchen teilweise überschneiden, jedoch nie mit dem eines anderen Männchens. Obwohl der Puma gewöhnlich am frühen Morgen und in der Dämmerung aktiv ist, kann er auch zu jeder anderen Tageszeit auf die Jagd gehen. Seine wichtigsten Beutetiere sind die verschiedensten Hirscharten, aber er jagt auch Nagetiere, Hasen und gelegentlich Rinder. Er beschleicht seine Beute, springt sie dann an und tötet sie durch einen schnellen Biß in den Nacken.

In den gemäßigten nördlichen und südlichen Regionen des Verbreitungsgebietes werden die Jungen im Sommer geboren, in tropischen Regionen zu jedem beliebigem Zeitpunkt im Jahr. Männchen und Weibchen bleiben eine ganze Saison lang zusammen, manchmal auch noch länger. Solange das Weibchen brünstig ist, duldet das Männchen keinen Rivalen in seiner Nähe. Nach einer Tragezeit von 92–96 Tagen wird ein Wurf von 2–4 Jungen in einer zwischen Felsen versteckten Höhle oder im dichten Gebüsch geboren. Manchmal benutzt das Weibchen einen solchen Platz ein paar Jahre lang. Nach 6 oder 7 Wochen fressen die Jungen die erste feste Nahrung, die ihnen die Mutter bringt, und sie bleiben 1–2 Jahre bei ihr.

Nordluchs

Lynx lynx (Felis l.)
Verbreitung: von Skandinavien bis Spanien und Portugal, östl. bis Sibirien; Alaska, Kanada, Norden d. USA
Habitat: Nadelwälder, Unterholz
Länge: KRL 80–130 cm; SL 4–8 cm

Der Luchs ist an seinem kurzen Schwanz, den langen Ohrbüscheln und dem dichten Backenbart zu erkennen. Die Farbe seines Fells variiert innerhalb des augedehnten Verbreitungsgebietes, vor allem das Fleckenmuster; die Flecken können kaum sichtbar, aber auch sehr auffällig sein. Obwohl das Tier heute in den meisten Ländern unter strengem Naturschutz steht, ist es selten geworden, und manche Unterarten sind vom Aussterben bedroht. Der Luchs ist ein Nachttier und lebt alleine. Seine Beute beschleicht er auf dem Boden, oder er lauert ihr aus einem Versteck im Gebüsch auf. Hasen, Nagetiere, junge Rehe und bodenbewohnende Vögel wie Waldhühner sind für ihn die wichtigsten Beutetiere.

Die Paarungszeit beginnt gewöhnlich im Frühling, und nach einer Tragezeit von ca. 63 Tagen werden in einer Felshöhle oder in einem hohlen Baum 2–3 Junge geboren. Die Welpen bleiben während des ersten Winters bei der Mutter.

Afrikanische Goldkatze
Bengalkatze
Wüstenluchs
Pampaskatze
Puma
Nordluchs

Katzen 2

Ozelot

Leopardus pardalis (Felis p.)

Verbreitung: USA: Arizona, Texas; Mexiko, Mittel- u. Südamerika bis Nordargentinien

Habitat: feuchte Wälder, dichtes Gebüsch, Sumpfgebiete

Länge: KRL 95–130 cm; SL 27–40 cm ©

Die charakteristische dunkle Fellzeichnung des Ozelots variiert so stark, daß keine zwei Tiere genau die gleiche Zeichnung haben. Der Ozelot ist ein Nachttier, das tagsüber auf einem Baum oder in dichtem Gebüsch schläft. Erst abends kommt er zum Vorschein und jagt dann kleine Säugetiere wie kleine Hirscharten, Pekaris, Agutis, Pakas und andere Nagetiere sowie auch Vögel und Schlangen. Dieses Tier zeigt sich nur selten in offenem Gelände. Männchen und Weibchen bewohnen gemeinsam ein Revier, jagen aber nicht zusammen. Die Ozelots paaren sich nachts, und die werbenden Männchen lassen ein lautes Kreischen ertönen, das sehr an das Miauen einer Hauskatze erinnert. Nach einer Tragezeit von ca. 70 Tagen werden 2, manchmal 4 Junge in einer sicheren Baumhöhle oder im dichten Unterholz geboren. Diese schönen Katzen sind heute sehr selten, was sowohl auf die Vernichtung ihres Lebensraumes wie auch auf die Beliebtheit ihres prachtvollen Pelzes zurückzuführen ist. Der Handel mit Ozelotpelzen ist heute in vielen Ländern gesetzlich verboten, doch solche Gesetze lassen sich nur schwer kontrollieren, da die Nachfrage bestehenbleibt und die Schwarzmarktpreise hoch sind.

Rotluchs

Lynx rufus (Felis r.)

Verbreitung: Südkanada, USA (vor allem die westl. Staaten), Mexiko

Habitat: Chaparral (immergrünes Gebüsch), Busch, Sümpfe, Wald

Länge: KRL 65–100 cm; SL 11–19 cm

Der Rotluchs hat wie der Nordluchs einen kurzen Schwanz, ist jedoch gewöhnlich kleiner und hat auch nicht so lange Ohrbüschel wie dieser. Die Größe des Tieres ist unterschiedlich; die größten Exemplare leben im Norden des Verbreitungsgebietes, die kleinsten in Mexiko. Der Rotluchs, der sich an die verschiedensten Umweltbedingungen angepaßt hat, ist ein Bodenbewohner, flüchtet sich aber bei Gefahr auf Bäume. Er lebt alleine und ist hauptsächlich nachts aktiv, doch im Winter jagt er manchmal auch tagsüber. Er ernährt sich vorwiegend von kleinen Säugetieren wie Kaninchen, Mäusen, Ratten und Eichhörnchen, doch fängt er auch bodenbewohnende Vögel wie Waldhühner. Er beschleicht seine Beute lautlos, und wenn er nahe genug herangekommen ist, springt er sein Opfer an.

Das Weibchen wirft nach einer Tragezeit von ca. 50 Tagen 1–6, meist jedoch 3 Junge. Nach 5 Wochen verlassen die Jungen erstmals die Höhle, und wenn sie 3–5 Monate alt sind, begleiten sie ihre Mutter bei der Jagd.

Manul

Otocolobus manul (Felis m.)

Verbreitung: Zentralasien: Iran bis Westchina

Habitat: Steppe, Wüste, felsige Berghänge

Länge: KRL 50–65 cm; SL 21–31 cm

Der Manul hat einen gedrungenen Rumpf, kurze dicke Beine und einen breiten Kopf. Seine Ohren stehen ziemlich weit voneinander entfernt, und die Ohrmuscheln ragen nur ein kleines Stück aus dem Fell heraus. Die Fellfarbe variiert von hellgrau bis gelblichbraun oder rotbraun, und die Haare sind länger und dichter als die jeder anderen Wildkatze. Der Manul ist ein scheues, alleinlebendes Tier. Er lebt in Felsspalten oder Höhlen, in denen ursprünglich andere Säugetiere, z.B. Murmeltiere, gelebt haben. Gewöhnlich verläßt er seinen Unterschlupf nur nachts zum Jagen. Seine Hauptbeute sind kleine Säugetiere wie Mäuse und Hasen, aber auch Vögel.

Der Manul paart sich im Frühling; im Sommer bringen die Weibchen 5–6 Junge zur Welt.

Serval

Leptailurus serval (Felis s.)

Verbreitung: Afrika südl. der Sahara bis Südafrika (Südtransvaal)

Habitat: Savanne, offene Ebenen, offenes Gelände mit vereinzelten Baumbeständen

Länge: KRL 65–90 cm; SL 25–35 cm

Der Serval ist eine schlanke Katze mit langen Beinen, einem kleinen Kopf und großen Ohrmuscheln, was ihm ein anmutiges und gewitztes Aussehen verleiht. Die Farbe seines Fells variiert von gelblichbraun bis dunkeloliv; hell gefärbte Tiere sind meist mit Reihen von schwarzen Flecken gezeichnet, das Fell dunklerer Exemplare hingegen weist zahlreiche feine, helle Punkte auf. Der Serval ist gewöhnlich tagsüber aktiv; er hat ein kleines Revier, dessen Grenzen er mit Urin markiert. Das Tier lebt meist alleine, jedoch dulden die Männchen in ihrem Revier ein Weibchen. Säugetiere verschiedener Größe von Nagetieren bis zu kleinen Antilopenarten sind die Hauptbeute, doch jagt der Serval auch Vögel, Hühner, Eidechsen und Insekten, und manchmal verzehrt er auch Früchte. Servals haben ausgezeichnete Augen und Ohren.

In einer gutgeschützten Höhle zwischen Felsblöcken, in dicht bewachsenem Gelände oder in einer von anderen Tieren verlassenen Höhle gebären die Weibchen pro Wurf 1–4, meist jedoch 2–3 Junge. Die Tragezeit dauert 67–77 Tage.

Wildkatze

Felis sylvestris

Verbreitung: Schottland, Südeuropa; Afrika (außer Sahara); Mittlerer Osten bis Indien

Habitat: Wald, Unterholz, Savanne, offenes Grasland, Halbwüste

Länge: KRL 50–65 cm; SL 25–38 cm

Eine der Stammformen der Hauskatze ist die Wildkatze. Sie ähnelt der Hauskatze sehr, ist jedoch etwas größer und hat einen kürzeren, dickeren Schwanz, der schwarz geringelt ist. Die Fellfarbe variiert je nach Lebensraum; Katzen in trockenen, sandigen Gebieten sind heller gefärbt als Exemplare, die im Wald wohnen. Die Wildkatze lebt überwiegend alleine und ist vor allem nachts aktiv. Sie hat ein deutlich markiertes Revier. Obwohl sie ausgezeichnet klettern kann, beschleicht sie ihre Beute meist auf dem Erdboden; sie jagt kleine Nagetiere und auf dem Boden nistende Vögel.

Die Kater miauen und kreischen, wenn sie brünstig sind und um die Gunst des Weibchens konkurrieren, das sich seinen Partner selbst wählt. 63–69 Tage nach der Paarung wirft es 2–3 Junge. 4–5 Wochen nach der Geburt verlassen die Jungtiere zum erstenmal den Unterschlupf, der sich in einer Höhle, in einem hohlen Baum oder in einem verlassenen Fuchsbau befindet. Nach ca. 5 Monaten machen sie sich ganz selbständig.

Gepard

Acinonyx jubatus

Verbreitung: von Afrika östl. bis Asien: Ostiran, Turkmenistan, Afghanistan

Habitat: offenes Gelände, Wüste, Savanne

Länge: KRL 1,1–1,4 m; SL 65–80 cm ©

Der Körperbau des Gepards, der auch Jagdleopard genannt wird, ist ganz auf Geschwindigkeit ausgerichtet. Dies ist die schnellste Großkatze; sie kann Geschwindigkeiten bis zu 112 km/h erreichen. Der Körper des Gepards ist lang und geschmeidig, seine Schultern sind sehr muskulös, und die Beine lang und schlank. Beim Sprinten streckt er den Schwanz weit nach hinten, was ihm hilft, das Gleichgewicht zu halten.

Geparde leben in einem Revier im offenen Gelände, alleine, in Paarbeziehungen oder in Familiengruppen. Sie sind tagsüber aktiv, und bei der Jagd sind die Augen der wichtigste Faktor. Wenn der Gepard von seinem Versteck aus eine Beute erspäht hat, beschleicht er sie und überrumpelt sie nach einem kurzen, schnellen Sprint; er streckt das Beutetier nieder und tötet es mit einem Biß in den Hals. Hasen, Schakale, kleine Antilopenarten und Vögel wie Perlhühner, Francoline, Trappen und junge Straußvögel sind die wichtigsten Beutetiere der Geparde. Manchmal jagen sie auch im Rudel und machen sich dann über größere Beutetiere wie Zebras her.

Die Männchen liefern sich Kämpfe um die Gunst eines Weibchens, doch dies verläuft ohne Blutvergießen. Nach einer Tragezeit von 91–95 Tagen bringt das Weibchen 2–4 Junge zur Welt, die es zusammen mit dem Männchen aufzieht. Die Jungen bleiben fast 2 Jahre bei der Mutter.

Nebelparder

Neofelis nebulosa

Verbreitung: von Nepal bis Südchina, Taiwan, Sumatra, Borneo

Habitat: Wald

Länge: KRL 62–106 cm; SL 61–91 cm ©

Der seltene, scheue Nebelparder hat einen langgestreckten, kräftigen Körper, relativ kurze Beine und einen langen Schwanz. Er kann gut klettern und springt seine Beute aus den Bäumen an oder beschleicht und belauert sie auf dem Boden, bevor er springt. Vögel, Schweine, kleine Hirsche und Rinder sind die wichtigsten Beutetiere des Nebelparders; er tötet sie mit einem einzigen Biß seiner außergewöhnlich langen Eckzähne.

Nach einer Tragezeit von 86–92 Tagen gebären die Weibchen 1–5 Junge.

Manul
Ozelot
Rotluchs
Serval
Wildkatze
Gepard
Nebelparder

Katzen 3

Löwe

Panthera leo

Verbreitung: Afrika südl. der Sahara; Nordwestindien; früher in Asien weiter verbreitet

Habitat: offene Savanne

Länge: KRL 1,4–2 m; SL 67–100 cm

Der Löwe ist eine prachtvolle, kräftig gebaute Katze mit einem großen Kopf, dicken, starken Beinen und einem langen Schwanz, an dessen Spitze sich ein Büschel langer Haare befindet; in diesem Haarbüschel ist ein Hornstachel verborgen. Das Männchen ist größer als das Weibchen, die Löwin, und hat eine wallende Mähne auf Nacken und Schultern. Die Fellfarbe der Löwen variiert von gelblichbraun bis rötlichbraun; die Mähne ist hellgelb bis schwarz.

Dieses eindrucksvolle Tier verbringt 20 von 24 Stunden ruhend. Gewöhnlich jagen Löwen tagsüber, doch in Gebieten, in denen sie selbst stark gejagt werden, sind sie nur nachts aktiv. Sie leben in Gruppen von meist 3 erwachsenen Männchen und 15 Weibchen mit ihren Jungen. Sie verteidigen ihr Revier gegen Eindringlinge, vor allem gegen andere erwachsene Männchen. Es gibt jedoch auch Gruppen von jungen Männchen, die ohne Weibchen leben. Löwen jagen Säugetiere wie Antilopen, Gazellen und Zebras und töten zu mehreren auch größere Tiere wie Büffel und Giraffen. Kleinere Tiere und Vögel und wahrscheinlich sogar Krokodile werden ebenfalls von ihnen erlegt. Es sind vor allem die Löwinnen, die jagen; oft tun sie dies in Gruppen, wobei ein paar Tiere das Wild zu den übrigen Tieren treiben, die versteckt auf der Lauer liegen. Im Gegensatz dazu jagen männliche Löwen, indem sie sich an ihre Beute anschleichen und ihr so nahe wie möglich kommen, um dann nach einer kurzen, schnellen Verfolgung auf sie zu springen. Sie töten die Beutetiere durch einen Biß in den Nacken oder Hals.

Die Fortpflanzung ist nicht an eine bestimmte Jahreszeit gebunden. Nach einer Tragezeit von 102–113 Tagen werden 1–6, meistens jedoch 2–3 Junge geboren. Die Welpen werden ca. 6 Monate lang gesäugt, doch schon nach 3 Monaten fangen sie an, feste Nahrung zu sich zu nehmen. Wenn das Rudel auf Jagd geht, werden die Welpen unter der Obhut von einem oder zwei erwachsenen Tieren zurückgelassen, aber sobald eine Beute erlegt ist, kommt eine der Löwinnen und holt sie. Wenn die Welpen 4 Monate alt sind, begleiten sie ihre Mutter überallhin, auch auf die Jagd. Sie sind mit ca. 18 Monaten geschlechtsreif. Junge Männchen werden um diese Zeit aus dem Rudel vertrieben, die jungen Weibchen bleiben bei der Familiengruppe.

Jaguar

Panthera onca

Verbreitung: Südwesten der USA, Nordmexiko, Mittel- und Südamerika bis Nordargentinien

Habitat: Wald, Savanne

Länge: KRL 1,5–1,8 m; SL 70–91 cm Ⓖ

Die größte südamerikanische Katze, der Jaguar, hat einen großen Brustkasten und massive, starke Beine. Die Fellfarbe variiert von hellgelb bis rötlichbraun mit charakteristischen dunklen Flecken. Obwohl der Jaguar nicht so anmutig und gewandt wie der Panther ist, klettert auch er auf Bäume und lauert oft von dort aus seiner Beute auf; auch ist er ein guter Schwimmer. Ebenso wie Löwen können Jaguare hohe Geschwindigkeiten nur über eine kurze Zeitspanne entwickeln; deshalb müssen sie sich so nahe wie möglich an ihre Beute heranschleichen, um ihrer sicher zu sein. Die wichtigsten Beutetiere des Jaguars sind Pekaris, Wasserschweine, Bergschafe, Hirsche, Otter, Nagetiere, am Boden nistende Vögel, Schildkröten, Kaimane und Fische.

Der Jaguar lebt gewöhnlich alleine, doch bleiben Männchen und Weibchen in der Fortpflanzungszeit ein paar Wochen lang zusammen. Nach einer Tragezeit von 93–105 Tagen werden 1–4 Junge in einer sicheren Höhle zwischen Pflanzen, Felsblöcken oder an einem Flußufer geboren. Das Weibchen verteidigt die Welpen erbittert gegen jeden Eindringling, sogar gegen den Vater.

Leopard / Panther

Panthera pardus

Verbreitung: Asien: von Sibirien bis Korea, Sri Lanka und Java; Mittlerer Osten; Afrika

Habitat: Wüste bis Wald, Tiefebenen bis Gebirge

Länge: KRL 1,3–1,9 m; SL 1,1–1,4 m Ⓖ

Früher hatte der Panther oder Leopard ein sehr großes Verbreitungsgebiet, heute kommt er nur noch in einigen Teilen des früheren Gebietes vor. Einige Unterarten sind ausgerottet oder ernsthaft bedroht. Diese starke und gleichzeitig graziöse Katze hat einen langgestreckten Körper und verhältnismäßig kurze Beine. Die meisten Panther sind rotbraun oder gelblichgrau gefärbt und mit charakteristischen rosettenförmigen schwarzen Flecken gezeichnet, doch es gibt auch schwarze Tiere (*P. p. melas*). Abgesehen von der schwarzen Färbung des Fells unterscheidet sich der schwarze Panther nicht von den übrigen Unterarten.

Panther leben alleine und jagen meist nachts, jedoch manchmal auch tagsüber. In Gebieten, in denen sie selbst stark gejagt werden, sind sie zu reinen Nachttieren geworden. Sie können gut schwimmen und klettern und sonnen sich oft auf einem Ast. Seh- und Geruchssinn sind gut entwickelt, und ihr Gehör ist sogar außergewöhnlich scharf. Sie jagen Säugetiere von der Größe großer Antilopen, außerdem junge Menschenaffen, vor allem Paviane, sowie andere Affen, Vögel, Schlangen, Fische und Rinder. Große Beutetiere schleppen sie manchmal auf Bäume, um sie dort in aller Ruhe zu verzehren. Gelegentlich fressen Panther auch Aas.

Die Weibchen werden zu bestimmten Zeiten brünstig, und die Männchen kämpfen untereinander um den Besitz paarungsbereiter Weibchen. Nach einer Tragezeit von 90–112 Tagen werden 1–6, meist jedoch 2–3 Junge in einer Felsspalte oder einer Baumhöhle geboren. Die Jungtiere werden 3 Monate lang gesäugt und sind nach 18–24 Monaten selbständig. Das Weibchen geht alleine auf Jagd, doch wenn es eine Beute erlegt hat, versteckt es diese und holt ihre Welpen. Ältere Jungtiere töten manchmal auch selbst schon kleine Beutetiere.

Tiger

Panthera tigris

Verbreitung: von Sibirien bis Java und Bali

Habitat: Wald

Länge: KRL 1,8–2,8 m; SL ca. 91 cm Ⓑ

Der Tiger ist die größte unter den Pantherkatzen; er hat einen massiven, muskulösen Körper und kräftige Beine. Beide Geschlechter sehen gleich aus, doch die Männchen haben längere und auffälligere Backenbärte. Die Fellfarbe variiert von Orange bis Ocker, und das Muster aus dunklen, vertikalen Streifen fällt sehr unterschiedlich aus. Die nördlichen Unterarten sind im allgemeinen größer und heller gefärbt als die tropischen.

Tiger sind scheue Nachttiere und leben meist alleine, obwohl sie mit benachbarten Artgenossen auf gutem Fuße stehen. Sie sind gute Kletterer, bewegen sich jedoch auch auf dem Boden sehr graziös. Beim Verfolgen einer Beute sind sie zu einem schnellen Galopp fähig. Die wichtigsten Beutetiere sind wilde Schweine, Hirsche und Rinder wie Gaur und Büffel, doch sie jagen auch andere Säugetiere wie Lippenbären.

Männchen und Weibchen bleiben nur wenige Tage zusammen, um sich zu paaren. Nach einer Tragezeit von 103–105 Tagen bringt das Weibchen gewöhnlich 2–3 Junge zur Welt. Die Jungen bleiben mehrere Jahre bei der Mutter.

Die meisten Unterarten dieser prachtvollen Tiere sind heute selten geworden, und der Bali-Tiger (*P. t. balica*) ist ebenso wie der Java-Tiger (*P. t. sondaica*) ausgerottet, wahrscheinlich infolge der uneingeschränkten Jagd zu Anfang dieses Jahrhunderts und infolge der Vernichtung großer Waldgebiete.

Schneeleopard

Uncia uncia (Panthera u.)

Verbreitung: Pakistan, Afghanistan, nördl. bis UdSSR; Himalaya, östl. bis China

Habitat: Berghänge, Wald

Länge: KRL 1,2–1,5 m; SL ca. 90 cm Ⓑ

Im Sommer lebt der Schneeleopard oder Irbis auf Bergwiesen oberhalb der Baumgrenze zwischen Schnee und Gletschern; im Winter folgt er seinen Beutetieren in den Waldgürtel auf ca. 2.000 m Höhe. Er ist ein kräftiges, geschmeidiges Tier, das mit Leichtigkeit über breite Schluchten springt. Der Schneeleopard jagt Steinböcke, Schraubenziegen, wilde Schafe und Ziegen, wilde Schweine und am Boden nistende Vögel wie Fasane, Feld- und Schneehühner. Im Winter fällt er auch Rinder an. Die Weibchen leben manchmal in Gesellschaft ihrer Jungen, aber ansonsten leben die Schneeleoparden alleine und streifen ständig in ihrem weitläufigen Territorium umher. Sie sind vor allem am frühen Morgen und am späten Nachmittag aktiv.

Das Weibchen bringt nach einer Tragezeit von 98–103 Tagen 2–3, manchmal 4–5 Welpen zur Welt. Etwa 2 Monate nach der Geburt begleiten die Jungtiere ihre Mutter zum erstenmal auf die Jagd.

Löwe (männl.)
Leopard
Jaguar
Tiger
Schneeleopard

Ohrenrobben, Walrosse

UNTERORDNUNG PINNIPEDIA: Wasserraubtiere

Die drei Arten dieser Unterordnung sind alle Fleischfresser, die vollkommen an das Leben im Wasser angepaßt sind. Ihre Gliedmaßen haben sich zu Flossenfüßen umgebildet, mit denen die Tiere sich auch auf dem Land fortbewegen können – wenn auch nur mühsam. Alle Arten verbringen ihr Leben teilweise auf dem Trokkenen.

FAMILIE OTARIIDAE: Ohrenrobben

Es gibt ca. 17 Arten Ohrenrobben. Die wichtigsten Unterschiede zu den Hundsrobben (Familie Phocidae) sind die äußerlichen Ohrmuscheln der Tiere und die Fähigkeit, die hinteren Flossenfüße unter den Bauch zu ziehen, wodurch diese Robben sich auch auf dem Land fortbewegen können. Ohrenrobben leben im südlichen Atlantischen und Indischen Ozean und im nördlichen und südlichen Pazifik. Sie gehen auf Inseln und an der Küste des Festlandes an Land.

Im allgemeinen sind Ohrenrobben Herdentiere, die zu Beginn der Fortpflanzungszeit in großen Gruppen ihre traditionellen Brutplätze aufsuchen. Die Männchen kämpfen dort um die besten Reviere.

Die Weibchen werfen an Land zuerst das Junge, mit dem sie im Vorjahr trächtig geworden sind, und paaren sich ein paar Tage später erneut. Diese äußerst zweckmäßige Verbindung von Geburt der Jungen und Paarungszeit ist dank des Phänomens der verzögerten Einnistung möglich: Das Embryo bleibt einige Zeit inaktiv und entwickelt sich erst später. Auf diese Weise werden die Jungen immer in der günstigsten Zeit und vollständig entwickelt geboren. Die Bullen sind wesentlich größer als die Weibchen und haben einen großen, ziemlich dicken Kopf.

Südamerikanischer Seebär

Arctocephalus australis

Verbreitung: südlicher Pazifischer und Atlantischer Ozean, von Brasilien bis Peru

Habitat: Brutplätze an Küsten und auf Inseln

Länge: 1,4–1,8 m

Der Südamerikanische Seebär hat ein dickes Fell mit kastanienbrauner Unterwolle; die Bullen haben schwarze Mähnen um den Nacken. Diese Art lebt von wirbellosen Meerestieren, Fischen, Tintenfischen und Pinguinen und geht vorzugsweise an Felsküsten an Land. In der Paarungszeit haben die Tiere ein klar abgegrenztes Revier. Die Bullen treffen im November auf den Brutplätzen ein und kämpfen miteinander um die größten Plätze, da deren Besitzer auch die meisten Weibchen bekommen. Die Weibchen kommen 2 Wochen nach den Bullen an und werfen dann innerhalb weniger Tage ihr Junges. Das Muttertier bleibt ungefähr 12 Tage bei dem Jungen, und in dieser Zeit paart es sich mit dem Besitzer des Reviers. Danach beginnt das Weibchen wieder mit dem Fischfang im Meer; es kommt jedoch regelmäßig zurück, um sein Junges zu säugen.

Nördlicher Seebär

Callorhinus ursinus

Verbreitung: Beringmeer, Ochotskisches Meer

Habitat: Brutplätze auf Inseln wie den Aleuten und den Pribilofinseln

Länge: 1,5–1,8 m

Die hinteren Flossenfüße des Nördlichen Seebären sind größer als die der anderen Ohrenrobben, und sowohl die Bullen wie auch die Kühe haben einen hellen Flecken auf dem Nacken. Die Bullen können viermal so schwer sein wie die Weibchen. Der Nördliche Seebär lebt meist allein oder in Paaren und ernährt sich von Fischen und Tintenfischen. Außerhalb der Paarungszeit kommen diese Tiere selten an Land.

Die Bullen erobern vor der Ankunft der Weibchen auf den Brutplätzen am Strand ein Revier. Wenn die Weibchen ankommen, werfen sie ihre Jungen und bleiben dann ungefähr 7 Tage bei ihnen, bevor sie wieder anfangen, im Meer zu fischen. Das Muttertier kommt jedoch immer wieder zurück, um ihr Junges zu säugen.

Kalifornischer Seelöwe

Zalophus californianus

Verbreitung: Pazifikküste: von Britisch Kolumbien bis Mexiko; Galapagosinseln

Habitat: Brutplätze an Küsten und auf Inseln im Süden des Verbreitungsgebiets

Länge: 1,7–2,2 m

Dieser zierliche, schlanke Seelöwe ist außergewöhnlich lernfähig und verspielt, weshalb er häufig in Zirkussen und bei Tiervorführungen zu sehen ist, wo er alle möglichen Kunststücke zeigt. Weibchen und Jungtiere sind auf dem Trockenen hellbraun, die Männchen schokoladenbraun. Die Männchen haben außerdem einen hornartigen Kamm auf dem Kopf. Kalifornische Seelöwen leben in Gruppen und kommen auch außerhalb der Fortpflanzungszeit regelmäßig an Land. Sie ernähren sich von Fischen, Tintenfischen und Kraken.

Die Männchen versammeln sich auf den Brutplätzen, stecken jedoch ihr Revier erst ab, wenn die Weibchen angekommen sind und ihre Jungen zur Welt gebracht haben. Die Reviere werden von dieser Art auch nicht so scharf verteidigt, und die Grenzen werden nicht so strikt gezogen. Wenige Tage nachdem das Weibchen ihr Junges geworfen hat, paart es sich erneut.

Australischer Seelöwe

Neophoca cinerea

Verbreitung: Küstengewässer um Süd- und Südwestaustralien

Habitat: Küsten und Inseln vor der Küste

Länge: bis zu 2,4 m

Der Australische Seelöwe bleibt sein Leben lang in der Nähe seines Geburtsstrandes und kommt das ganze Jahr über regelmäßig an Land. Er kann sich leicht auf dem Trockenen bewegen und an Land mehrere Kilometer zurücklegen. Der Australische Seelöwe ist ein Gemeinschaftstier; er bewegt sich meist in kleinen Gruppen. Fische, Tintenfische und Pinguine sind die Hauptnahrungsquellen dieser Art.

Die Männchen haben klar abgegrenzte Reviere. Die Weibchen werfen ein Junges, das sie 14 Tage lang nicht verlassen; in dieser Zeit paaren sie sich auch wieder. Danach kehren sie ins Meer zurück, kommen jedoch alle zwei Tage zu den Jungen, um sie zu säugen. Diese Art säugt ihre Jungen ca. 2 Jahre lang.

Stellers Seelöwe

Eumetopias jubata

Verbreitung: Nordpazifik

Habitat: Brutplätze auf den Pribilofinseln und den Aleuten, den Kurilen, den Inseln im Ochotskischen Meer und an den nordamerikanischen Küsten bis San Miguel Island vor der südkalifornischen Küste

Länge: 2,4–2,8 m

Der Stellers Seelöwe ist die größte Ohrenrobbe; sein Verbreitungsgebiet überschneidet sich teilweise mit dem des Kalifornischen Seelöwen, von dem er sich durch seinen viel größeren Körper und durch seine hellere Färbung unterscheidet. Er ernährt sich von Fischen, Tintenfischen und Kraken. Untersuchungen des Mageninhaltes haben ergeben, daß das Tier seine Nahrung in Tiefen bis zu 180 m oder mehr sammelt.

Die Bullen grenzen auf den Brutplätzen klare Reviere ab und verteidigen sie durch rituelles Drohverhalten. Sie bleiben die ganze Fortpflanzungszeit über an Land und paaren sich mit den Weibchen in ihrem Revier. 2 Monate lang nehmen sie keinerlei Nahrung zu sich. Bald nach der Ankunft auf den Brutplätzen werfen die Weibchen ihre Jungen und bleiben in den ersten 5–13 Tagen ständig bei ihnen. Danach begeben sie sich hin und wieder ins Meer, um Fische zu fangen; währenddessen lassen sie ihre Jungen in Gesellschaft anderer Jungtiere zurück.

FAMILIE ODOBENIDAE: Walrosse

Die einzige Art dieser Familie ähnelt den Seelöwen insofern, als sie ihre hinteren Flossenfüße nach vorne drehen kann, was für die Fortbewegung an Land sehr hilfreich ist. Das Walroß ist jedoch längst nicht so beweglich wie die Seelöwen. Es kann sich nur ein kurzes Stück auf Land fortschleppen.

Walroß

Odobenus rosmarus

Verbreitung: Arktischer Ozean, gelegentlich Nordatlantik

Habitat: Packeis, Felseninseln

Länge: ♂ 2,7–3,5 m, ♀ 2,2–2,9 m Ⓤ

Das männliche Walroß ist das größte und schwerste Wasserraubtier, ein riesiges, plumpes Tier, dessen obere Eckzähne sich zu abwärts gerichteten, großen Stoßzähnen entwickelt haben. Die Weibchen haben zwar auch Stoßzähne, doch sind diese kürzer und schmaler. Walrosse ernähren sich von auf dem Meeresboden lebenden Wirbellosen, vor allem von Weichtieren, von denen sie nur die weichen Teile fressen. Außerdem verzehren sie Krebse, Seesterne, Fische und sogar Säugetiere.

Walrosse leben das ganze Jahr über in großen Herden. In der Paarungszeit versammeln sie sich auf festen Brutplätzen. Die befruchtete Eizelle nistet sich erst nach 4–5 Monaten in der Gebärmutter des Weibchens ein (verzögerte Einnistung). Die tatsächliche Tragezeit beträgt 11 Monate, so daß ein Weibchen höchstens jedes zweite Jahr wirft. Gewöhnlich ist es jeweils nur ein Junges, manchmal sind es allerdings auch 2. Die Jungen werden 2 Jahre lang gesäugt.

Südamerikanischer Seebär
Nördlicher Seebär
Kalifornischer Seelöwe
Stellers Seelöwe
Australischer Seelöwe
Walroß ♂

Hundsrobben und Seehunde 1

FAMILIE PHOCIDAE: Hundsrobben und Seehunde

Die 19 Arten dieser Familie, die sich von den Ohrenroben durch die fehlenden äußeren Ohrmuscheln unterscheiden, sind von allen Familien der Ordnung Pinnipedia (Wasserraubtiere) am besten an das Leben im Wasser angepaßt. Sie können ihre hinteren Flossenfüße nicht nach vorne drehen wie die Seelöwen und Walrosse, weshalb sie auf dem Trockenen wesentlich unbeholfener sind, wo sie sich nur mit Hilfe der vorderen Flossenfüße bewegen. Im Wasser sind sie ganz in ihrem Element. Sie sind perfekte Schwimmer und Taucher, die sich mit wellenförmige Bewegungen des Hinterleibs und der hinteren Flossenfüße fortbewegen. Die Seehunde oder Hundsrobben sind in vielerlei Hinsicht spezialisierter als Walrosse und Ohrenrobben; so können sie in großen Tiefen nach Nahrung tauchen und eine ganze Weile unter Wasser bleiben. Vor allem die Anpassung der Blutzirkulation ist bemerkenswert. Während des Tauchens sinkt die Herzfrequenz von 120 Schlägen pro Minute auf ca. 4 ab, ohne daß der Blutdruck auch nur geringfügig absinken würde. Dies wird möglich, da die Blutzufuhr zu sämtlichen Organen außer Herzmuskel und Gehirn stark reduziert wird, so daß der Sauerstoff im Blut des Seehundes ausschließlich den lebenswichtigsten Organen zugeführt wird.

Seehunde haben einen charakteristischen torpedoförmigen Körper und eine dicke Fettschicht unter der Haut, die den größten Teil ihres Gewichts ausmacht. Flossenfüße und Körper sind behaart, und die Tiere wechseln jedes Jahr ihr Haarkleid.

Manche Arten sind monogam, andere, wie die See-Elephanten, leben in Herden und sind polygam. Bei den meisten Arten liegt eine gewisse Zeitspanne zwischen der Befruchtung und dem tatsächlichen Beginn der Tragezeit. Dieses Phänomen wird verzögerte Einnistung genannt. Dadurch wird garantiert, daß sowohl die Geburt wie auch die Paarung in der kurzen Zeit stattfinden kann, in der sich alle Seehunde an Land aufhalten.

Die Fortpflanzungszeiten der drei Populationen sind unterschiedlich, doch in allen drei Gebieten kommen die Weibchen zuerst auf den Brutplätzen an, und die Jungen werden vor der Ankunft der Bullen geboren. Wenn die Männchen sich auf dem Strand versammeln, erhalten die älteren Bullen die besten Plätze, doch wird wenig gekämpft, und die Bullen verändern ihr Revier täglich. Nachdem die Weibchen die Jungen ca. 3 Wochen lang gesäugt haben, paaren sie sich erneut und verlassen die Brutplätze.

Kegelrobbe

Halichoerus grypus

Verbreitung: Nordatlantik
Habitat: Brutplätze an den Felsküsten Skandinaviens und Englands; Island und Färöer-Inseln; Labrador, St. Lorenz-Golf, Neufundland
Länge: 1,6–2,3 m

Die männliche Kegelrobbe kann bis zu 300 kg wiegen, fast zweimal soviel wie das Weibchen. Damit ist das männliche Tier nach dem See-Elephanten der größte Seehund. Die Bullen haben außerdem massive Schultern, über welche die dicke Haut in Falten hängt, eine kegelförmig verlängerte Schnauze, eine mehr oder weniger runde Stirn und eine breite, dicke Nase. Das Profil des Weibchens ist etwas abgeflachter und die Schnauze schlanker und weniger plump. Kegelrobben entfernen sich weit von ihren Brutplätzen, doch bleiben sie immer in den Küstengewässern. Sie ernähren sich von Fischen, Krebsen, Tintenfischen und Kraken.

Sattelrobbe

Pagophilus groenlandicus

Verbreitung: Nordatlantik und Arktischer Ozean: vom Norden der UdSSR bis Skandinavien und Grönland; Labrador, Neufundland
Habitat: subarktische und arktische Gewässer
Länge: 1,6–1,9 m

Die Sattelrobbe ist an ihrem schwarzen Kopf zu erkennen und an den schwarzen Bändern, die über die Flanken laufen und auf dem Rücken zusammentreffen. Der übrige Körper ist meist hellgrau, doch kann dies variieren. Die Sattelrobbe schwimmt ausgezeichnet und schnell und verbringt die meiste Zeit im Meer. Im Frühling zieht diese Art in riesigen Herden nach Süden. Nach der Geburt der Jungen und nach der erneuten Paarung ziehen die Tiere wieder nordwärts. Die Sattelrobbe kann sich, falls nötig, auch ziemlich schnell auf dem Eis fortbewegen. Sie ernährt sich hauptsächlich von Fischen und Krebsen. Sie ist bekannt für ihre Fähigkeit, tief und lange zu tauchen. Im allgemeinen lebt diese Art in großen Gruppen; nur alte Männchen leben alleine.

Die trächtigen Weibchen schließen sich auf dem Eis zu „Müttergruppen" zusammen, und ab Ende Februar bis Anfang März werden die Jungen geboren. Sie werden 2–4 Wochen lange gesäugt und wachsen dank der fettreichen Muttermilch sehr schnell. Danach werden sie von den Müttern zurückgelassen, wenn diese im Wasser fischen. Nach ein paar weiteren Wochen zieht die gesamte Herde zu den nördlichen Jagdgebieten. In der Paarungszeit bekämpfen sich konkurrierende Bullen mit Zähnen und Flossen; 2–3 Wochen nach der Geburt der Jungen findet die Paarung statt.

Seeleopard

Hydrurga leptonyx

Verbreitung: Antarktischer Ozean
Habitat: Packeis, Küstengewässer, Inseln
Länge: 3–3,5 m

Der ganz auf Schnelligkeit ausgerichtete Körperbau des Seeleoparden ist für eine Robbenart ungewöhnlich schlank. Mit seinem großen Maul kann er leicht Pinguine packen; er jagt aber auch die Jungen anderer Robbenarten. Pinguine fängt er unter Wasser oder wenn sie sich auf dem Weg vom Eis ins Wasser befinden. Bevor der Seeleopard seine Beutetiere verschlingt, häutet er sie fachmännisch mit seinen Zähnen. Er fängt auch Tintenfische, Fische und Krebstiere.

Man nimmt an, daß die Paarungszeit dieser Art zwischen September und November liegt, und daß die Jungen im April oder Mai geboren werden, doch über ihr Fortpflanzungsverhalten ist nur wenig bekannt.

Seehund

Phoca vitulina

Verbreitung: Nordatlantik, Nordpazifik
Habitat: gemäßigte und subarktische Küstengewässer
Länge: 1,4–1,8 m

Der Seehund hat einen verhältnismäßig großen, runden Kopf, einen relativ kurzen Rumpf und kurze Flossen. Die meisten Tiere haben ein graues Fell mit dunklen Flecken, doch kann die Farbe variieren. Die Flecken können auch hellgrau bis dunkelbraun oder schwarz ausfallen. Die Männchen sind größer als die Weibchen. Gewöhnlich legt der Seehund keine weiten Strecken zurück; er geht meistens in geschützten Buchten zwischen den Felsen an Land und schwimmt auch in Flüsse und Seen. Er fängt hauptsächlich tagsüber Fische, Tintenfische und Krebstiere. Man hat beobachtet, daß das Tier fast eine halbe Stunde lang unter Wasser bleiben kann; meist taucht es jedoch nicht länger als 4–5 Minuten.

Liebesspiel und Paarung finden im Wasser statt. Die Mutter umsorgt ängstlich ihr Junges, das sie 2–6 Wochen lang säugt. Das Jungtier ist bei der Geburt schon weit entwickelt und kann sofort schwimmen. Nach 2–3 Tagen kann es 2 Minuten lang tauchen. Wenn der junge Seehund entwöhnt ist, ist er selbständig; zu diesem Zeitpunkt paart sich das Weibchen erneut.

Krabbenesser

Lobodon carcinophagus

Verbreitung: Antarktis
Habitat: Rand des Packeises
Länge: 2–2,4 m

Der Krabbenesser ist höchstwahrscheinlich die zahlreichste aller Arten der Ordnung Pinnipedia (Wasserraubtiere). Außer dem Schwertwal haben die Krabbenesser wenig Feinde. Sie können sich sehr schnell auf dem Eis fortbewegen: Sie stoßen sich abwechselnd mit den vorderen Flossenfüßen und mit dem Becken vorwärts. Angeblich sollen sie auf diese Weise Geschwindigkeiten bis zu 25 km/h erzielen können. Krill, kleine planktonartige Krebse, sind die Hauptnahrung der Krabbenesser. Sie sieben die Beute mit ihren dreizackigen Zähnen aus dem Wasser.

Die Jungen werden wahrscheinlich zwischen Oktober und Ende Dezember geboren; auch die Paarung findet in dieser Zeit statt. Die Jungen sind bei der Geburt gut entwickelt und werden ca. 5 Wochen lang gesäugt.

Bartrobbe

Erignathus barbatus

Verbreitung: Arktischer Ozean
Habitat: flache Gewässer, Brutplätze auf Treibeis
Länge: 2,1–2,4 m

Die Bartrobbe ist an den zahlreichen Borstenhaaren auf der Schnauze zu erkennen, denen sie auch ihren Namen verdankt. Sie ist ein großes Tier mit einem schweren Körperbau. Die Weibchen sind etwas länger als die Männchen. Neben Fischen sind auf dem Meeresgrund lebende Wirbellose sowie Krebstiere und Weichtiere ihre Hauptnahrung.

Das Weibchen bringt ein Junges zur Welt, das unmittelbar nach der Geburt schwimmen kann. Das Junge wird 12–18 Tage lang gesäugt, und gewöhnlich paart sich das Weibchen in dieser Zeit auch erneut.

Seehund
Krabbenesser
Sattelrobbe
Kegelrobbe
Bartrobbe
Seeleopard

Seehunde 2, Seekühe

Nördlicher See-Elephant

Mirounga angustirostris

Verbreitung: Pazifikküsten Nordamerikas: von Vancouver Island bis Mitte von Baja California

Habitat: Brutplätze auf Inseln in Küstennähe

Länge: ♂ bis zu 6 m, ♀ bis zu 3 m

Die größten Vertreter der Ordnung Wasserraubtiere auf der nördlichen Erdhalbkugel sind die See-Elephanten. Der Bulle kann ungefähr 2700 kg wiegen. Den größten Teil des Gewichts macht eine dicke Speckschicht aus. Die Weibchen wiegen selten mehr als 900 kg. Wegen ihrer Größe sind die See-Elephanten beliebte Opfer kommerzieller Seehundjäger. Gegen Ende des 19. Jahrhunderts war die Population gefährlich geschrumpft. Nur eine der Inseln, die der Art als Brutplätze dienten, wurde noch benutzt, und dies auch nur noch von rund 100 Tieren. Infolge strenger Schutzmaßnahmen ist die Zahl der Tiere wieder gewachsen, und von 1956 bis 1976 hat sich die Population auf 47.000 Tiere verdreifacht, eine bemerkenswerte Verbesserung.

Der Nördliche See-Elephant ernährt sich von Fischen und Tintenfischen; er kann lange und in großen Tiefen tauchen. Ende November kommen die erwachsenen Bullen an Land und kämpfen um die ersten Plätze in der sozialen Rangordnung. Die Bullen mit dem höchsten Rang haben den größten „Harem". Mit Hilfe der stark vergrößerten, rüsselartig verlängerten Nase stoßen die Bullen ein lautes, drohendes Gebrüll aus, mit dem sie Rivalen einzuschüchtern versuchen. Die Kühe treffen ein paar Wochen später ein und werfen jeweils ein Junges, das sie ca. einen Monat lang säugen. Zwischen der Mutter und ihrem Jungen besteht eine enge Beziehung: Sie verteidigt es gegen andere erwachsene Tiere und verläßt nur selten die Kolonie. Sie zehrt von ihrem Fett, bis das Kalb entwöhnt ist. Danach findet die Paarung statt, und anschließend verläßt das Weibchen den Brutplatz. Die halberwachsenen Jungen schließen sich auf dem Strand zu einer gesonderten Gruppe zusammen, die noch einen Monat lang dort bleibt und währenddessen von der Fettschicht zehrt, die sich während der Säugezeit bei ihnen gebildet hat.

Mittelmeer-Mönchsrobbe

Monachus monachus

Verbreitung: östlicher Atlantik: Kanarische Inseln bis Mittelmeer; türkische Küste des Schwarzen Meers

Habitat: Brutplätze auf kleinen Felseninseln

Länge: 2,3–2,7 m Ⓑ

Seit sogar die abgelegensten Brutplätze der Mönchsrobbe auf kleinen Inseln und Felsspitzen für Touristen mit Motorbooten und Tauchausrüstungen zu erreichen sind, wird auch diese Robbenart allmählich selten. Die Tiere verfangen sich außerdem manchmal in Fischernetzen. Bei der geringsten Störung geraten sie völlig in Panik. Vor allem Mütter mit Jungen sind sehr scheu, wenn man sich ihnen nähert; wahrscheinlich kommt es deshalb bei dieser Art häufig zu Fehlgeburten.

Zwischen Mai und November werden die Jungen geboren, die meisten im September und Oktober; sie werden ca. 6 Wochen lang gesäugt.

Weddell-Robbe

Leptonychotes weddelli

Verbreitung: Antarktische Gewässer

Habitat: Packeisrand

Länge: bis zu 2,9 m

Die Weddell-Robbe ist eine der größten Arten der Südrobben. Ihr Kopf ist im Verhältnis zum restlichen Körper ziemlich klein, und sie hat eine hübsche kurze Schnauze. Das Weibchen ist etwas länger als das Männchen. Die Weddell-Robbe taucht länger und tiefer als jede andere Seehundart. Man hat sie in einer Tiefe von 600 m beobachtet, und sie scheint maximal 73 Minuten unter Wasser bleiben zu können. Gewöhnlich taucht sie jedoch in 300–400 m Tiefe nach Kabeljau, einer in dieser Tiefe zahlreich vorkommenden Fischart.

Weddell-Robben leben außerhalb der Paarungszeit alleine, allerdings schließen sich Jungtiere manchmal zu Gruppen zusammen. In der Paarungszeit scheinen die Männchen unter Wasser ein Revier abzustecken, zu dem Weibchen freien Zutritt haben. Die Weibchen werfen ihre Jungen (jeweils eins) auf dem Eis, und leisten ihnen etwa 12 Tage lang ununterbrochen Gesellschaft. Anschließend verbringen die Mütter ihre Zeit zur Hälfte auf dem Eis, zur anderen Hälfte im Wasser, bis die Jungen nach ca. 6 Wochen entwöhnt sind. Schon nach 7 Wochen ist das Jungtier in der Lage, bis zu 90 m tief zu tauchen.

Klappenmütze

Cystophora cristata

Verbreitung: Nordatlantik: arktische und subarktische Gewässer

Habitat: Packeisrand

Länge: 2–2,6 m

Klappenmützen verbringen ihr Leben überwiegend im offenen Meer, wo sie bis in große Tiefen nach Fischen und Tintenfischen tauchen. Sie ziehen regelmäßig zu den Treibeisgebieten in der Dänemarkstraße und östlich von Grönland, wo sich alle erwachsenen Tiere zum jährlichen Haarwechsel versammeln. Danach zerstreuen sich die Klappenmützen und treffen sich im folgenden Frühjahr auf den Brutplätzen wieder.

Im März werden die Jungen auf dem Treibeis geboren und 7–12 Tage lang gesäugt. Während dieser Zeit macht ein Bulle dem Weibchen den Hof. Er bleibt im Wasser bei ihm und ihren Jungen und verjagt alle eventuellen Konkurrenten. Falls notwendig begibt er sich auch auf das Eis, um seiner Werbung mehr Nachdruck zu verleihen oder um mit anderen Bullen zu kämpfen, was unter imposantem Gebrüll vonstatten geht, verstärkt durch die große, aufblasbare „Mütze" auf dem Kopf. Zwei Wochen nach der Geburt des Jungen paart sich das Weibchen erneut.

ORDNUNG SIRENIA: Seekühe oder Sirenen

Seekühe sind die einzigen pflanzenfressenden Säugetiere, die sich vollständig an das Leben im Wasser angepaßt haben. Man unterscheidet 2 Familien: die Rundschwanz-Seekühe oder Manatis und die Gabelschwanz-Seekühe, mit insgesamt 5 Arten. Sie haben alle einen stromlinienförmigen Körper, und ihre vorderen Gliedmaßen sind zu Flossen umgebildet. Die hinteren Gliedmaßen sind durch einen Schwanz ersetzt.

FAMILIE DUGONGIDAE: Gabelschwanz-Seekühe

Diese Familie umfaßt heute nur noch eine Art, da die andere, die Stellersche Seekuh, im 18. Jahrhundert durch intensive Jagd ausgerottet wurde, ganze 25 Jahre nach ihrer Entdeckung!

Dugong

Dugong dugon

Verbreitung: ostafrikanische Küste, Indischer Ozean, Rotes Meer bis Nordaustralien

Habitat: Küstengewässer

Länge: bis zu 3 m Ⓖ

Der Dugong ist ein großes Tier mit einem stromlinienförmigen Körper und einem charakteristischen sichelförmigen Schwanz. Er hat einen großen Kopf mit einer fleischigen, teilweise gespaltenen Schnauze. Beim Männchen sind 2 Schneidezähne zu Stoßzähnen umgebildet, doch sind sie zwischen den fleischigen Lippen kaum zu erkennen. Der Dugong ist ein scheuer Einzelgänger, der ein ruhiges Leben führt und sehr ortsgebunden ist. Die meiste Zeit liegt er auf dem Meeresboden. Alle paar Minuten kommt er zum Atemholen kurz an die Wasseroberfläche. Da die Nasenlöcher des Dugong an der Oberseite des Kopfes liegen, kann er beim Atemholen fast völlig unter Wasser bleiben. Er ernährt sich hauptsächlich von Algen und Seegras.

Über die Fortpflanzung des Dugong ist wenig bekannt, aber man nimmt an, daß die Tragezeit ca. 1 Jahr beträgt. Jeweils ein Junges wird im Wasser geboren und von der Mutter an die Oberfläche geleitet.

FAMILIE TRICHECHIDAE: Rundschwanz-Seekühe oder Manatis

Es gibt 3 Arten von Rundschwanz-Seekühen; zwei davon leben im Süßwasser (eine in Westafrika, eine im Amazonasgebiet) und eine in den Küstengewässern der tropischen Regionen des Atlantischen Ozeans.

Nagel-Manati

Trichechus manatus

Verbreitung: Atlantik: von Florida bis Guayana

Habitat: Küstengewässer

Länge: bis zu 3 m Ⓑ

Der Nagel-Manati hat einen schwereren Körperbau als der Dugong; ein anderes Kennzeichen ist sein abgerundeter, horizontaler Schwanz. Seine Flossen sind mit 3 Nägeln ausgerüstet, die er zum Festhalten der Nahrung benutzt. Der Nagel-Manati ist ein Nachttier; bei der Nahrungssuche orientiert er sich mit seinem Geruchs- und Tastsinn. Er frißt vielerlei Pflanzen und nimmt zusammen mit ihnen alle möglichen wirbellosen Tiere zu sich.

Die meiste Zeit über liegt der Nagel-Manati ruhig auf dem Meeresboden; alle paar Minuten kommt er an die Oberfläche, um Atem zu holen. Nagel-Manatis sind gesellige Tiere, die in Familiengruppen leben.

Die Tragezeit beträgt bei dieser Art ungefähr 1 Jahr. Gewöhnlich werden 2 Junge im Wasser geboren und von der Mutter zum Atemholen an die Oberfläche geleitet.

Weddell-Robbe
Mittelmeer-Mönchsrobbe
Nördlicher See-Elephant ♂
Klappenmütze
Nagel-Manati
Dugong

Flußdelphine, Schweinswale

ORDNUNG CETACEA: Waltiere

Es gibt 76 Arten von Walen, Delphinen und Schweinswalen. Dies sind die einzigen wasserbewohnenden Säugetiere, die wirklich ihr ganzes Leben im Wasser verbringen. Sie haben alle einen stromlinienförmigen Körper mit starken, horizontal angeordneten Schwanzflossen. Die vorderen Gliedmaßen sind zu Flossen umgebildet; sichtbare hintere Gliedmaßen sind nicht vorhanden. Im allgemeinen bekommen Wale jeweils nur ein Junges, in Ausnahmefällen jedoch auch Zwillinge.

Innerhalb der Ordnung unterscheidet man 2 Gruppen. Die Gruppe der Zahnwale besteht aus 66 Arten kleiner Wale, Delphine und Schweinswale, die sich von Fischen und Tintenfischen ernähren. Zum Aufspüren der Beute benutzen sie eine Art Echopeilung: Sie senden klickende Hochfrequenzlaute aus, die von Hindernissen zurückgeworfen werden und deren Echo ihnen mit verblüffender Genauigkeit über Größe, Geschwindigkeit und Entfernung des georteten Objekts Aufschluß gibt. Alle Wale dieser Unterordnung besitzen Zähne, manche nur ein paar, andere bis zu 200.

Zur zweiten Gruppe gehören die 10 größten Wale, die Bartenwale. Diese Seeriesen ernähren sich von kleinen Planktontierchen, die sie mit Hilfe ihrer vom Gaumen herabhängenden Hornplatten aus dem Meer filtern. Diese Barten, wie die Hornplatten auch genannt werden, fungieren wie ein Sieb, in dem das Plankton hängenbleibt. Zu den Bartenwalen gehören 3 Familien: die Glattwale, die Grauwale und die Furchenwale.

FAMILIE PLATANISTIDAE: Flußdelphinartige

Die 5 Arten diese Familie leben in Flüssen in Südamerika und Asien. Sie ähneln einander sehr und werden deshalb zu einer Familie zusammengefaßt, aber wahrscheinlich hat die Ähnlichkeit mehr mit Selektionsdruck infolge des gleichen Lebensraumes als mit einer engen Verwandtschaft zu tun. Alle Flußdelphine sind relativ klein. Sie haben eine lange, schlanke Schnauze und eine stark gewölbte, runde Stirn. Diese Delphine leben in schlammigen Flüssen, deren Wasser viel Bodenmaterial enthält und daher sehr trübe ist. Deshalb sind die Flußdelphine ebenfalls auf die Echopeilung angewiesen, um ihre Nahrung aufzuspüren und Hindernissen auszuweichen. Ihre Sehfähigkeit ist degeneriert.

Amazonas-Delphin

Inia geoffrensis

Verbreitung: Amazonasbecken
Habitat: Flüsse, Ströme
Länge: KRL 1,8–2,7 m

Die kräftige Schnauze des Amazonas-Delphins ist mit kurzen Borstenhaaren besetzt; er hat einen weichen, beweglichen Kopf und Nakken. Die meisten *Inia*-Delphine haben 100 oder mehr Zähne. Ihre Augen sind klein, scheinen jedoch besser zu funktionieren als die anderer Flußdelphinartiger. Amazonas-Delphine leben hauptsächlich von kleinen Fischen und ein paar Krebsarten, die sie mit Hilfe der Echopeilung aufspüren. Sie leben in Paaren und bekommen ihre Jungen zwischen Juli und September.

Ganges-Delphin

Platanista gangetica

Verbreitung: Indien: Ganges, Brahmaputra und deren Nebenflüsse
Habitat: Flüsse, Mündungsbecken
Länge: 1,5–2,4 m

Der Ganges-Delphin hat einen bis zu 46 cm langen Schnabel und maximal 120 Zähne. Die Stirn wölbt sich hinter der Schnauze fast senkrecht nach oben. Das Tier bewegt sich sehr geschmeidig, schwimmt meist auf der Seite und dreht sich nur zum Atmen in die normale Position. Dieser Delphin kann maximal 3 Minuten unter Wasser bleiben, doch gewöhnlich taucht er nur 45 Sekunden lang. Der Ganges-Delphin ist blind. Er hat keine Augenlinsen; doch findet er seine Nahrung ohne Schwierigkeiten mit Hilfe der Echopeilung. Er lebt hauptsächlich von Fischen und hin und wieder ein paar Garnelen; er jagt abends und nachts. Diese Delphine treten meist in Paaren auf; bei der Nahrungssuche bilden sie Gruppen von ca. 6 Tieren. Die Paarung findet im Herbst statt, und die Jungen werden im darauffolgenden Sommer nach einer Tragezeit von ca. 9 Monaten geboren.

Chinesischer Flußdelphin

Lipotes vexillifer

Verbreitung: China: Yangtsekiang, früher auch Tungting-See
Habitat: Flüsse mit schlammigem Flußbett
Länge: 2–2,4 m Ⓤ

Seit 1975 ist diese Art in China gesetzlich geschützt. Exakte Zahlen sind nicht bekannt, doch die Population scheint immer noch klein zu sein. Der chinesische Flußdelphin hat einen langen Schnabel, der am Ende etwas nach oben gebogen ist, und er hat 130–140 Zähne. Da das Tier so gut wie nichts sieht, spürt es seine Beute ausschließlich durch Echopeilung auf: Mit dem Schnabel gräbt es Fische und Garnelen aus dem Schlamm aus.

Diese Delphine ziehen in Gruppen von 2–6 Tieren umher. Manchmal bilden sie bei der Nahrungssuche auch größere Gruppen. Die Tiere schwimmen in der sommerlichen Regenzeit kleine Flüsse hinauf, die dann viel Wasser führen. Dort scheinen sie ihre Jungen zu bekommen; mehr ist über ihr Fortpflanzungsverhalten nicht bekannt.

FAMILIE PHOCAENIDAE: Schweinswale

Obwohl der Name Schweinswal manchmal fälschlich auch für Mitglieder anderer Familien verwendet wird, sind genaugenommen nur die 6 Mitglieder dieser Familie echte Schweinswale. Diese kleinen Delphine haben keine schnabelförmige Schnauze, sie werden selten größer als 2,10 m und besitzen gewöhnlich auffällige Rükkenflossen. Sie haben 60–80 spatelförmige Zähne und ernähren sich hauptsächlich von Fischen und Tintenfischen.

Die Schweinswale leben in den Küstengewässern der gesamten nördlichen Erdhalbkugel, und sie schwimmen oft in die Mündungsbecken großer Flüsse. Der Brillen-Schweinswal (*Phocaena dioptrica*) lebt vor den Küsten Südamerikas.

Schweinswal

Phocaena phocaena

Verbreitung: Nordatlantik, Nordpazifik; Schwarzes Meer und Mittelmeer
Habitat: flache Gewässer, Meeresbuchten
Länge: 1,4–1,8 m

Schweinswale leben in kleinen Herden („Schulen") von maximal 15 Tieren, die sehr geräuschvoll sind. Die Gruppenmitglieder pflegen lebhaften Kontakt untereinander, und wenn ein Tier der Gruppe in Schwierigkeiten gerät, kommen die anderen ihm zur Hilfe. Schweinswale jagen Fische wie Heringe und Makrelen und können 6 Minuten lang unter Wasser bleiben, wenn sie mit Hilfe von Echopeilung eine Beute verfolgen. Im Juli und August findet die Paarung statt. Ihr gehen lange Paarungsrituale voraus, bei denen die Partner nebeneinander herschwimmen und einander liebkosen. Die Tragezeit beträgt 10–11 Monate, und die Jungen werden ca. 8 Monate lang gesäugt. Während das Kalb trinkt, liegt die Mutter auf der Seite, dicht unter der Wasseroberfläche, um dem Jungen so das Atmen zu erleichtern.

Dall-Hafenschweinswal

Phocaenoides dalli

Verbreitung: gemäßigte Zonen des Nordpazifik
Habitat: in Küstengewässern und in tieferen Gebieten des Ozeans
Länge: 1,8–2,3 m

Der Dall-Hafenschweinswal ist größer und schwerer als die meisten anderen Schweinswale. Er hat einen kleinen Kopf, und der Unterkiefer ragt etwas über den Oberkiefer hinaus. Er lebt in kleinen Gruppen von höchstens 15 Tieren, die sich zu Schulen von 100 oder mehr Tieren vereinigen können, wenn sie im Sommer in den Norden und im Winter in den Süden ziehen. Dieser Schweinswal lebt von Tintenfischen und Fischen wie Kabeljau, und bei der Jagd setzt er wahrscheinlich ebenfalls die Echopeilung ein. Die Paarung ist bei dieser Art nicht an eine bestimmte Jahreszeit gebunden, und die Jungen werden meist 2 Jahre lang gesäugt.

Indischer Schweinswal

Neophocaena phocaenoides

Verbreitung: Ost- und Südostasien: von Pakistan bis Borneo und Korea; Yangtsekiang, Ostchinesisches Meer
Habitat: Küsten, Meeresbuchten, Flüsse
Länge: 1,4–1,8 m

Der Indische Schweinswal unterscheidet sich von den übrigen Schweinswalen durch eine stark gewölbte, runde Stirn, die sein Maul fast schnabelartig hervorstehen läßt. Kurz hinter der Stelle, wo eigentlich die Rückenflosse sein müßte, befindet sich bei ihm ein Wulst mit kleinen abgerundeten Vorsprüngen. Die Indischen Schweinswale bleiben bei der Jagd nur knapp eine Minute unter Wasser und bewegen sich schnell und gewandt. Sie jagen Krebstiere, Tintenfische und Fische und setzen dabei geschickt die Echopeilung ein. Obwohl Indische Schweinswale im allgemeinen in Paaren umherziehen, sind auch schon Gruppen von maximal 10 Tieren gesehen worden. Über die Fortpflanzung ist wenig bekannt.

Amazonas-Delphin

Ganges-Delphin

Chinesischer Flußdelphin

Schweinswal

Dall-Hafenschweinswal

Indischer Schweinswal

Delphine

FAMILIE DELPHINIDAE: Delphine

Diese größte, formenreichste Familie der Waltiere umfaßt 32 Arten, die in allen Ozeanen und in einigen tropischen Flüssen leben. Die meisten Arten haben schnabelförmige Mäuler und lange, stromlinienförmige Körper, und sie gehören zu den kleinsten Waltieren. Kennzeichnend für die Delphine ist die stark gewölbte Stirn, in der sich ein linsenförmiger Fettkörper befindet. Man nimmt an, daß dieser beim Richten der Ultraschallwellen eine Funktion hat. Einige Arten, vor allem der Schwertwal oder Orka – sind viel größer und haben auch kein schnabelförmiges Maul. Die Männchen sind meist größer als die Weibchen, und bei manchen Arten haben die beiden Geschlechter auch Brust- und Rückenflossen von unterschiedlicher Form und Größe. Delphine schwimmen schnell und holen sich ihre Nahrung durch Tauchen in geringer Wassertiefe, wobei sie mehrmals in der Minute an die Oberfläche kommen. Delphine sind ausgesprochen gesellige Tiere, und innerhalb der Gruppen besteht eine klare Hierarchie.

Chinesischer Weißer Delphin

Sousa sinensis

Verbreitung: Indischer Ozean, Südwestpazifik, Yangtsekiang
Habitat: Küstengewässer, Flußmündungen, Sümpfe
Länge: 2–3 m

Junge Tiere dieser Art haben den bekannten stromlinienförmigen Delphinkörper, doch erwachsene Exemplare sind mit Fetthöckern auf dem Rücken ausgestattet. Außerdem haben sie eine langgestreckte Schnauze und mindestens 120 Zähne. Diese Delphinart jagt mit Hilfe der Echopeilung in flachem Wasser Fische, Weichtiere und Krebstiere. Die Tiere leben in Gruppen von höchstens 20, und sie sind sehr gemeinschaftsbewußt.

Blau-Weißer Delphin

Stenella caeruleoalba

Verbreitung: gemäßigte und tropische Regionen des Atlantik und Pazifik
Habitat: tiefe Gewässer vor der Küste
Länge: 2,4–3 m

Diese Art variiert farblich, doch über die Flanken der Tiere verläuft immer ein dunkler Streifen und gewöhnlich noch ein zweiter von den Rückenflossen bis zu den Augen. Blau-Weiße Delphine haben 90–100 Zähne. Sie jagen kleine Fische, Tintenfische und Garnelen. Sie operieren nach Altersstufen getrennt in großen Schulen von mehreren hundert bis zu mehreren tausend Tieren. Die Weibchen bekommen nach 3 Jahren ein Junges. Die Tragezeit beträgt 12 Monate, und die Kälber werden 9–18 Monate lang gesäugt.

Eigentlicher Delphin

Delphinus delphis

Verbreitung: weltweit in den Meeren der gemäßigten und tropischen Zonen
Habitat: Küstengewässer und Meere
Länge: 2,1–2,6 m

Der Eigentliche Delphin, der seit Jahrhunderten die Künstler inspiriert, ist ein prachtvoll gezeichnetes Tier mit einer langen Schnauze und spitzen Rückenflossen. Seine Zeichnung ist komplexer als die jedes anderen Waltieres und kann sehr stark variieren. Man unterscheidet bei dieser Art eine Anzahl regionaler Rassen.

Delphine leben in hierarchisch strukturierten Gruppen von 20–100 oder mehr Tieren. Manchmal bilden mehrere Gruppen zusammen riesige Schulen. Es kursieren zahlreiche Geschichten darüber, wie diese außerordentlich intelligenten, gemeinschaftsbewußten Tiere verwundeten Artgenossen zur Hilfe gekommen sind. Der Eigentliche Delphin ist ein sehr lebendiges Tier. Er springt aus dem Wasser und schlägt Purzelbäume, und oft schwimmt er auch um Schiffe herum. Obwohl dieser Delphin normalerweise mehrmals pro Minute Atem holt, kann er auch 5 Minuten lang unter Wasser bleiben und bis zu einer Tiefe von 280 Metern Fische und Tintenfische jagen, wobei er gekonnt die Echopeilung einsetzt. Die Jungen werden im Sommer nach einer Tragezeit von 10–11 Monaten geboren.

Großer Tümmler

Tursiops truncatus

Verbreitung: weltweit in Meeren der gemäßigten und tropischen Zonen
Habitat: Küstengewässer
Länge: 3–4,2 m

Der weltweit bekannte Tümmler, der in Delphinarien und in Filmen zu bewundern ist, ist ein hochintelligentes Tier, das leider immer noch in manchen Gebieten vom Menschen gejagt wird. Der Tümmler hat einen kräftigen Körperbau, eine breite, hohe Rückenflosse und eine kurze, breite Schnauze. Der Unterkiefer ragt etwas über den Oberkiefer hinaus, und zusammen mit der geschwungenen Mundlinie entsteht so das für den Tümmler charakteristische „Lächeln".

Tümmler leben in Gruppen von höchstens 15 Tieren, die sich manchmal zu größeren Schulen zusammenschließen. Die Mitglieder der Gruppe arbeiten in starkem Maße zusammen und stehen in engem Kontakt miteinander. Sie jagen hauptsächlich am Meeresboden lebende Fische in flachen Gewässern, fangen jedoch auch Krebstiere und Fische, die an der Wasseroberfläche schwimmen. Sie beherrschen die Echopeilung meisterhaft. Sie erzeugen eine Reihe von Klicklauten verschiedener Frequenz, um jeden Gegenstand aus der Entfernung genau zu untersuchen. Pro Sekunde senden sie ungefähr 1.000 Signale aus.

Vor der Paarung liebkosen die Tümmler einander sehr zärtlich. Die Tragezeit der Weibchen beträgt 12 Monate. Bei der Geburt des Kalbs, das meistens mit dem Schwanz zuerst geboren wird, helfen zwei erwachsene Weibchen der Mutter und geleiten das Jungtier danach zum ersten Atemzug zur Wasseroberfläche. Die Mutter säugt ihr Junges fast ein Jahr lang, so daß zwischen den Geburten mindestens 2 Jahre liegen. Wie alle Wale produziert der Tümmler Milch von ausgezeichneter Qualität mit einem Fettgehalt von mehr als 40 Prozent, um den großen Energiebedarf des schnell heranwachsenden Jungen zu decken.

Schwertwal

Orcinus orca

Verbreitung: weltweit, besonders in den kälteren Meeren
Habitat: Küstengewässer
Länge: 7–9,7 m

Der Schwertwal oder Orka ist der größte Vertreter der Delphinfamilie. Dies ist ein kräftiges, stromlinienförmiges Tier mit einem runden Kopf ohne verlängerte Schnauze. Die charakteristische Rückenflosse ist beim erwachsenen Männchen fast 2 m hoch. Bei den Weibchen und Jungtieren ist sie zwar viel kleiner und runder, aber immer noch viel größer als bei den meisten anderen Walen. Erwachsene Schwertwale haben 40–50 Zähne.

Diese Wale sind aggressive Räuber. Sie jagen Fische, Tintenfische, Seelöwen, Vögel und sogar andere Wale. Die Laute, die sie für die Echopeilung aussenden, ähneln nicht denen der anderen Delphine; möglicherweise dienen sie dazu, Beutetiere in trübem Wasser aufzuspüren.

Schwertwale leben in großen Familiengruppen, und sie jagen auch zusammen. Sie haben keine festen Wandergewohnheiten, legen jedoch bei der Nahrungssuche große Entfernungen zurück.

Gewöhnlicher Grindwal

Globicephala melaena

Verbreitung: Nordatlantik, gemäßigte südliche Meere
Habitat: Küstengewässer
Länge: 4,8–8,5 m

Der Gewöhnliche Grindwal hat einen eigenartigen, fast viereckigen Kopf und lange, ziemlich schmale Brustflossen. Grindwale verfügen über ein ganzes Repertoire von Lauten, wovon einige der Echopeilung dienen. Sie ernähren sich hauptsächlich von Tintenfischen, fressen jedoch auch Fische wie Kabeljau und Steinbutt. Sie leben in Gruppen von höchstens 6 Tieren zusammen, und ihre Beziehungen untereinander sind sehr eng. Diese Kleingruppen vereinigen sich manchmal zu größeren Schulen. Die Tragezeit beträgt ca. 16 Monate, und die Mutter säugt ihr Kalb ungefähr 1 Jahr lang.

Diese Art lebt eigenartigerweise in 2 weit auseinanderliegenden Gebieten.

Rundkopfdelphin

Grampus griseus

Verbreitung: weltweit in Meeren der gemäßigten und tropischen Zonen
Habitat: tiefes Wasser
Länge: 3–4 m

Die Haut der meisten erwachsenen Rundkopfdelphine weist unzählige Narben auf, die wahrscheinlich von Artgenossen stammen, da die Narben mit ihrer eigenen Gebißform übereinstimmen. Der Körper des Rundkopfdelphins ist vorne breit und verjüngt sich von den Rükkenflossen ab allmählich. Er hat keine schnabelförmige Schnauze, aber von der Mitte der Stirn bis zum Maul verläuft eine für ihn charakteristische Falte. Am Oberkiefer fehlen die Zähne völlig, am Unterkiefer befinden sich zu beiden Seiten nur 3 oder 4. Diese Art scheint sich hauptsächlich von Tintenfischen zu ernähren.

Chinesischer Weißer Delphin
Blau-Weißer Delphin
Eigentlicher Delphin
Großer Tümmler
Schwertwal ♂
Gewöhnlicher Grindwal
Rundkopfdelphin

Pottwale, Gründelwale

FAMILIE PHYSETERIDAE: Pottwale
Es gibt 3 Arten von Pottwalen, von denen einer der größte Zahnwal ist, während die beiden anderen zu den kleinsten Walarten gehören. Die wichtigste Besonderheit der Pottwale ist eine Gewebsmasse, die sich im Hohlraum über dem zahnlosen Oberkiefer befindet. Sie besteht aus einer wachsartigen Flüssigkeit, Walrat oder Spermazeti genannt, die wahrscheinlich beim Tauchen in großen Tiefen zur Regulation des Auftriebs dient. Bei allen Pottwalen befindet sich das Maul an der Unterseite des Kopfes, ansonsten haben sie äußerlich nur wenig gemeinsam.

Zwergpottwal

Kogia breviceps
Verbreitung: alle Meere
Habitat: Meere mit tropischen und warmen Temperaturen
Länge: 3–3,4 m

Das an der Unterseite des Kopfes liegende Maul des Zwergpottwals ähnelt zwar dem eines Hais, doch der stumpfe, viereckige Kopf des Tiers macht diese Ähnlichkeit wieder völlig zunichte. Im Gegensatz zu seinem großen Verwandten, der einen unverhältnismäßig großen Kopf hat, macht beim Zwerpottwal der Kopf nur 15 Prozent der gesamten Körperlänge aus. Im Unterkiefer befinden sich 12 Paar Zähne oder mehr. Die großen, breiten Brustflossen stehen weit vorne, nahe am Kopf; von der kleinen Rückenflosse ab verjüngt sich der Körper zusehends. Zwergpottwale gelten als scheue, träge Tiere. Sie jagen Fische, Tintenfische und Krabben, sowohl in flachen Gewässern wie auch in größeren Tiefen. Wahrscheinlich sind sie keine ausgesprochenen Tiefseetiere wie die Pottwale. Man hat Zwergpottwale oft einzeln beobachtet, doch anhand anderer Indizien schließt man, daß sie Gruppen von 3–5 Tieren bilden. Über ihre Fortpflanzung ist wenig bekannt. Man nimmt an, daß die Tragezeit ungefähr 9 Monate beträgt; im Frühling werden die Kälber geboren und anschließend etwa 1 Jahr lang von der Mutter gesäugt.

Kogia simus

Verbreitung: alle Meere
Habitat: tropische und subtropische Meere
Länge: 2,4–2,7 m

Dieser Pottwal ähnelt oberflächlich betrachtet sehr dem Zwergpottwal, doch ist bei dieser Art der Kopf meist etwas abgerundeter, obwohl es dabei individuelle Unterschiede gibt. Der Unterkiefer ist nach hinten versetzt und enthält höchstens 11 Paar Zähne.

Über Lebensweise und Verhalten dieses Wals ist wenig bekannt, doch man nimmt an, daß er sich hauptsächlich von Fischen und Tintenfischen ernährt. Die Beutetiere, die man im Magen dieser Tiere gefunden hat, leben alle in Tiefen von mehr als 250 m, woraus man schließen kann, daß die Tiere bei der Nahrungssuche lange unter Wasser bleiben.

Pottwal

Physeter catodon
Verbreitung: alle Meere
Habitat: gemäßigte und tropische Gewässer
Länge: 11–20 m

Der Pottwal ist der größte Zahnwal; er hat einen riesigen Kopf, der ein Drittel seiner gesamten Körperlänge ausmacht, und einen unverhältnismäßig kleinen Unterkiefer, der weit nach hinten verschoben ist. Auf seinem Rücken befindet sich ein großer fleischiger Höcker, an den sich noch einige kleinere Höcker anschließen. Die Brustflossen sind kurz, doch der Schwanz ist lang und kräftig und dient der Fortbewegung. In dem sehr großen Kopf befindet sich im Bereich der Nasenhöhlen eine flüssige, wachsartige Masse, die Spermazeti oder Walrat genannt wird. Wenn der Pottwal taucht, füllen sich die Nasenhöhlen mit Wasser, und indem er Menge und Temperatur des einströmenden Wassers in verschiedenen Tiefen reguliert, kann er das Gewicht des Spermazeti verändern und damit zugleich den Auftrieb seines Körpers regulieren. Dies ermöglicht es ihm, in großen Tiefen zu tauchen und zu jagen. Pottwale tauchen mindestens bis zu einer Tiefe von 1000 m, möglicherweise sogar doppelt so tief. Sie ernähren sich hauptsächlich von großen Tiefseetintenfischen, doch auch von Fischen, Krebsen und anderen Meerestieren. Ihr Ultraschallsystem ist in der Dunkelheit der Tiefsee ein unverzichtbares Hilfsmittel zum Aufspüren von Beutetieren.

Alle Pottwale ziehen im Frühling zu den Polen und im Herbst zurück zum Äquator, doch die Weibchen bleiben mit den Jungen in den gemäßigten Zonen. Erwachsene Männchen hingegen ziehen auf direktem Wege bis zu den Eiskappen. Im Winter kehren sie in die tropischen Gewässer zurück und kämpfen miteinander um den Besitz eines „Harems", der aus 20–30 fruchtbaren Weibchen und ihren Jungen besteht. Bullen, die jünger als 25 Jahre sind, haben noch keinen Harem; sie schließen sich zu Junggesellengruppen zusammen.

Die Tragezeit der Pottwale beträgt ca. 14–16 Monate. Vor der Geburt scharen sich mehrere erwachsene Weibchen um das Muttertier und helfen ihr bei der Geburt; die Helferinnen geleiten das Kalb nach der Geburt zur Wasseroberfläche, wo es zum erstenmal Atem holt. Wie bei den meisten Walen wird gewöhnlich nur jeweils ein Junges geboren, manchmal jedoch auch Zwillinge. Die Jungen werden etwa 2 Jahre lang gesäugt.

FAMILIE MONODONTIDAE: Gründelwale
Die Familie der Gründelwale oder Narwale umfaßt 2 Arten, die in den arktischen Gewässern leben. Sie unterscheiden sich sehr deutlich voneinander, haben jedoch auch viele gemeinsame Merkmale. Beide haben einen viel geschmeidigeren Nacken als andere Wale, und ihre Schwänze sind sehr wendig. Die Rückenflossen fehlen. Bei beiden Arten sind die Männchen größer als die Weibchen.

Weißwal / Beluga

Delphinapterus leucas
Verbreitung: Arktischer Ozean und subarktische Gewässer
Habitat: flache Meere, Meeresbuchten, Flüsse
Länge: 4–6,1 m

Der Weißwal oder Beluga hat einen abgerundeten, plumpen Leib und einen nur ansatzweise entwickelten Schnabel. Wo bei anderen Walen die Rückenflosse sitzt, befindet sich bei ihm nur eine kleine Erhöhung. Bei der Geburt sind diese Wale dunkelrotbraun gefärbt; später wandelt sich die Farbe zu tiefem Blaugrau, das allmählich immer heller wird, bis die Tiere im Alter von ca. 6 Jahren cremeweiß geworden sind. Sie besitzen etwa 32 Zähne.

Belugas jagen in flachen Gewässern nahe am Meeresgrund, und zwar hauptsächlich Krebstiere und einige Fischarten. Sie schwimmen unter dem Packeis her und können sich zum Atemholen durch die Eisschollen hindurch einen Weg zur Oberfläche bahnen.

Belugas werden mit 5–8 Jahren geschlechtsreif. Sie paaren sich im Frühling, und nach einer Tragezeit von ca. 15 Monaten werden im Sommer des darauffolgenden Jahres die Jungen geboren. Da die Kälber mindestens 1 Jahr lang gesäugt werden, bekommen die Weibchen nur alle 3 Jahre Junge. Weißwale sind sehr geräuschvolle Tiere; sie erzeugen alle möglichen Laute, sowohl zur Kommunikation untereinander wie auch zum Zweck der Echopeilung. Im vorigen Jahrhundert wurden sie von den Walfängern wegen ihres hochentwickelten Gesangs „Seekanarien" genannt. Belugas schließen sich zu Herden von Hunderten von Tieren zusammen. Im Winter ziehen sie in den Süden, und im nächsten Sommer kehren sie in die fischreichen Gebiete des Nordens zurück.

Narwal

Monodon monoceros
Verbreitung: vereinzelte Populationen im äußersten Norden des Arktischen Ozeans
Habitat: offenes Meer
Länge: KRL 4–6,1 m

Der männliche Narwal hat als linken Schneidezahn einen merkwürdigen spiralförmig gedrehten Stoßzahn. Dieser wächst aus einer Öffnung in der Oberlippe heraus und kann bis zu 2,7 m lang werden. Manchmal hat auch das Weibchen einen solchen Stoßzahn. Die Funktion des Zahns ist nicht bekannt, aber wahrscheinlich benutzen die Männchen ihn, um sich anderen Männchen gegenüber durchzusetzen und um Weibchen zu imponieren.

Narwale leben von Tintenfischen, Krabben, Garnelen und Fischen. Gruppen von 6–10 Tieren bilden eine Einheit. Anläßlich der Wanderungen können sich mehrere solcher Gruppen zu größeren Schulen zusammenschließen. Die Tiere erzeugen sowohl Klicklaute wie auch andere Laute, doch ist nicht klar, ob sie sich der Echopeilung bedienen. Narwale paaren sich zu Anfang des Frühjahrs, und die Tragezeit der Weibchen beträgt 15 Monate. Die Kälber werden ca. 2 Jahre lang gesäugt. Bei der Geburt sind die Kälber dunkelblaugrau, doch je älter sie werden, um so stärker nehmen sie die braune Färbung der erwachsenen Tiere an.

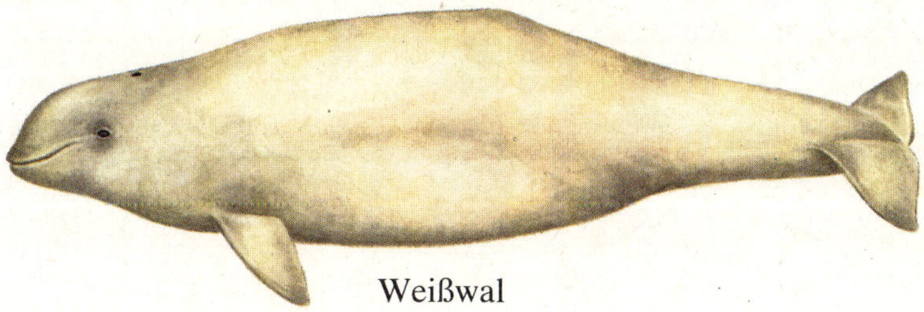

Weißwal

Narwal ♂

Zwergpottwal

Kogia simus

Pottwal

Schnabelwale

FAMILIE ZIPHIIDAE: Schnabelwale oder Spitzschnauzendelphine

Es gibt 18 Arten Spitzschnauzendelphine, die in allen Ozeanen der Welt verbreitet sind. Die meisten von ihnen sind mittelgroße Wale mit einem schlanken Körper und einer langen, schmalen Schnauze. Manche Arten haben eine vortretende, runde Stirn. Ein eigenartiges Merkmal dieser Familie sind die beiden tiefen Längsfurchen an der Kehle. Der Shepherd-Wal hat mehr als 50 Zähne, doch alle anderen Schnabelwale haben nur 1 oder 2 Paar Zähne, und Anordnung und Form ihrer Zähne sind zuverlässige Identifikationsmerkmale.

Schnabelwale jagen hauptsächlich Tintenfische. Sie können sehr tief tauchen; man nimmt an, daß sie tiefer tauchen und länger unter Wasser bleiben können als jedes andere Meeressäugetier. Meist ziehen sie in kleinen Gruppen umher, doch erwachsene Männchen leben häufig alleine.

Obwohl die Schnabelwale die zweitgrößte Walfamilie bilden (die Familie der Delphine mit ihren 32 Arten ist die größte), weiß man nur wenig über sie. Die Existenz einiger Arten ist nur aufgrund von Schädel- und Knochenfunden erschlossen worden. Vor allem die äußerst interessante Gattung *Mesoplodon* ist kaum erforscht. Nur die Männchen haben funktionale Zähne, oft nur ein einziges Paar, das aus dem Unterkiefer herausragt. Form und Länge der Zähne variiert von Art zu Art. Die merkwürdigsten Zähne hat der Meso-Layard-Wal (*M. Layardi*). Sie wachsen seitlich aus dem Maul heraus und dann in einem Bogen um den Oberkiefer herum, als handele es sich um Stoßzähne.

Nördlicher Entenwal

Hyperoodon ampullatus

Verbreitung: Arktis, Nordatlantik
Habitat: tiefe Gewässer in Küstennähe
Länge: 7,3–10 m Ⓖ

Der Nördliche Entenwal hat einen plumpen, runden Leib und einen kugelförmigen Kopf, der vor allem bei älteren Männchen sehr imposant wirkt. Die Männchen sind meist größer als die Weibchen. Ein erwachsenes Männchen hat im Unterkiefer nur 2 Zähne, die jedoch oft tief im Zahnfleisch verborgen liegen und deshalb nicht zu sehen sind. Auch erwachsene Weibchen haben 2 Zähne, die bei ihnen stets unsichtbar ins Zahnfleisch eingebettet sind. Manche Tiere haben außerdem rudimentäre, nicht benutzbare Zähne im Zahnfleisch.

Tintenfische, einige Fischarten wie Heringe und manchmal Seesterne bilden die Nahrung des Nördlichen Entenwals. Als Mitglied einer Familie von tieftauchenden Walen begibt sich der Nördliche Entenwal wahrscheinlich in größere Tiefen als jeder andere Wal und kann mit Sicherheit am längsten unter Wasser bleiben. Entenwale leben in Gruppen von 4–10 Tieren, die gewöhnlich aus einem Männchen mit mehreren Weibchen und Jungen bestehen. Die Paarung findet im Frühling und Sommer statt, und die Tragezeit beträgt ca. 12 Monate. Diese Walart wird zwischen ihrem 9. und 12. Lebensjahr geschlechtsreif.

Cuvier-Schnabelwal

Ziphius cavirostris

Verbreitung: alle Ozeane, gemäßigte und tropische Meere
Habitat: Tiefsee
Länge: 6,4–7 m

Der Cuvier-Schnabelwal hat den für die ganze Familie charakteristischen, sich zapfenförmig verjüngenden Körper und einen deutlich erkennbaren Schnabel. Erwachsene Männchen sind leicht an den beiden Zähnen im Unterkiefer zu identifizieren; bei den Weibchen brechen diese Zähne nie durchs Zahnfleisch. Die Tiere dieser Art können sehr unterschiedlich gefärbt sein: Exemplare aus den südlichen Teilen des Pazifischen Ozeans haben gewöhnlich eine Brauntönung, einen oft dunkler gefärbten Rükken oder einen fast weißen Kopf; Exemplare, die im Atlantischen Ozean leben, sind im allgemeinen grau bis graublau gefärbt. Bei allen Tieren ist die Haut voller Narben und weist farblose ovale Flecken auf, die von parasitären Neunaugen (einer Fischart) herrühren.

Dieser Wal ernährt sich hauptsächlich von Tintenfischen und Tiefseefischen. Er taucht sehr tief und kann 30 Minuten lang unter Wasser bleiben. Die Fortpflanzung ist bei dieser Art nicht an eine feste Jahreszeit gebunden; daher werden das ganze Jahr über Kälber geboren. Die Tiere leben in Gruppen von etwa 15 Walen und jagen auch gemeinsam.

Sowerby-Zweizahnwal

Mesoplodon bidens

Verbreitung: Nordatlantik
Habitat: tiefe, kalte Küstengewässer
Länge: 5–6 m

Die Gattung *Mesoplodon* umfaßt 12 Arten. Die meisten davon leben in der Tiefsee, halten sich von Schiffen fern und werden daher nur selten entdeckt, weshalb über ihr Verhalten wenig bekannt ist. Sie alle haben länglich gerundete Körper, und ihre Brustflossen sind im Verhältnis zum Körper ziemlich klein. Die Männchen sind größer als die Weibchen. Erwachsene Exemplare sind meist über und über mit Narben bedeckt, die wahrscheinlich teilweise von Parasiten herrühren, teilweise aber auch von Kämpfen mit Artgenossen.

Der Sowerby-Zweizahnwal war der erste Wal des Geschlechts *Mesoplodon*, der 1804 offiziell als Art anerkannt und beschrieben wurde. Bei den Männchen befindet sich auf beiden Unterkieferhälften jeweils 1 spitzer Zahn. Bei den Weibchen sind diese Zähne kleiner oder fehlen ganz. Der Zweizahnwal ernährt sich überwiegend von Tintenfischen und kleinen Fischen. Über die Fortpflanzung der Art ist nichts bekannt, aber man nimmt an, daß die Tiere im Winter in den Süden ziehen und daß die Jungen in den Winterquartieren geboren werden.

Shepherd-Wal

Tasmacetus shepherdi

Verbreitung: Meere um Neuseeland; vor den Küsten von Argentinien und Chile
Habitat: Küstengewässer offenes Meer
Länge: 6–6,6 m

Der Shepherd-Wal wurde erst 1933 entdeckt, und seitdem hat man nur noch wenige weitere Exemplare beobachtet. Bis vor kurzem glaubte man, die Art komme ausschließlich im Umkreis von Neuseeland vor, doch in den 70er Jahren wurden identische Exemplare vor den Küsten von Chile und Argentinien gesichtet. Der Shepherd-Wal nimmt in der Familie der Spitzschnauzendelphine in bezug auf sein Gebiß eine einzigartige Stellung ein: Außer ein paar großen Zähnen an der Spitze hat er noch mindestens zwölf kleinere Zähne im Unterkiefer und ungefähr 10 Paar Zähne im Oberkiefer. Im Verhalten und Aussehen ähnelt er ansonsten den anderen Arten der Familie. Man nimmt an, daß er sich hauptsächlich von Tintenfischen und Fischen ernährt.

Baird-Wal

Berardius bairdi

Verbreitung: gemäßigte Zonen des Nordpazifik
Habitat: tiefes Wasser ab 1.000 m Tiefe
Länge: 10–12 m

Der größte Spitzschnauzendelphin, der Baird-Wal, besitzt eine eindeutig schnabelförmige Schnauze, wobei der Unterkiefer ein Stückchen über den Oberkiefer hinausragt. An der Spitze des Unterkiefers befinden sich 2 große Zähne, denen ein paar kleinere folgen. Die Weibchen des Baird-Wals sind meist größer als die Männchen und von hellerer Färbung, doch sie haben kleinere Zähne. Erwachsene Männchen sind meist mit Narben übersäht, die von Artgenossen herrühren, ein Zeichen dafür, daß es bei ihnen starke Rivalität und Konkurrenz um die Führung der Gruppen und die fruchtbaren Weibchen gibt.

Die Gruppen bestehen aus 6–30 Tieren und werden von einem dominanten Männchen angeführt. Die Paarung findet im Hochsommer statt; die Tragezeit beträgt 10 Monate, manchmal auch länger. Diese Art wandert auf einer Route, die derjenigen der anderen Wale genau entgegengesetzt ist. Die Tiere verbringen den Sommer in warmen Meeren an der Südgrenze ihres Verbreitungsgebietes, vor der Küste von Kalifornien und Japan; im Winter ziehen sie in die kälteren Gewässer des Beringmeers und in vergleichbare Gebiete. Dieses Wanderverhalten hängt möglicherweise mit dem Nahrungsreichtum dieser Gebiete zusammen. Baird-Wale tauchen sehr tief. Sie ernähren sich von Tintenfischen, Kraken, Fischen, Krabben und anderen Wirbellosen.

Der Südliche Schwarzwal (*B. arnouxii*), der in der gemäßigten Zone des Pazifischen Ozeans und im südlichen Teil des Atlantischen Ozeans lebt, ist die südliche Variante des Baird-Wals und mit ihm eng verwandt. Obwohl diese Art nur selten beobachtet worden ist, nimmt man an, daß sie sowohl im Aussehen wie auch im Verhalten sehr dem Baird-Wal ähnelt.

Nördlicher Entenwal

Cuvier-Schnabelwal

Sowerby-Zweizahnwal ♂

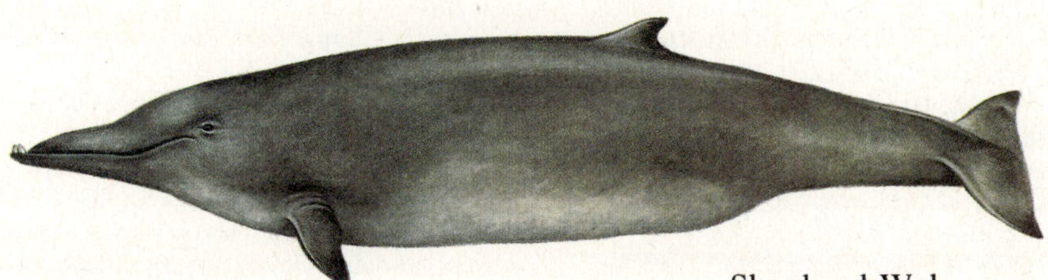

Shepherd-Wal

Baird-Wal ♂

Grauwale, Furchenwale, Glattwale

FAMILIE ESCHRICHTIIDAE: Grauwale
Diese Familie umfaßt eine einzige Art, die in gewisser Hinsicht genau in der Mitte zwischen den Glattwalen und den Furchenwalen steht; doch die Grauwale unterscheiden sich von diesen beiden Familien dadurch, daß sie 2 oder 4 Kehlfurchen haben statt 100 oder mehr wie andere Bartenwale.

Grauwal

Eschrichtius gibbosus
Verbreitung: Nordost- und Nordwestpazifik
Habitat: Küstengewässer
Länge: 12,2–15,3 m Ⓒ

Der Grauwal hat keine Rückenflosse, jedoch eine Reihe von Höckern auf dem hinteren Teil seines Rückens. Sein Kiefer ist nur leicht gewölbt, und die Schnauze läuft spitz zu. Die Männchen sind größer als die Weibchen. Wie alle Bartenwale ernährt sich der Grauwal von Planktontieren, die er mit Hilfe der vom Gaumen herabhängenden Hornplatten, der „Barten", aus dem Meerwasser filtert. Alles, was sich im Wasser befindet, bleibt in den Barten hängen, während das Wasser seitlich aus dem Maul fließt. Mit seiner Zunge transportiert er die Nahrung von den Barten in den hinteren Teil des Maules und schluckt sie dann hinunter. Im Gegensatz zu den übrigen Bartenwalen sucht der Grauwal seine Nahrung auf dem Meeresboden; dabei wirbelt er mit seiner spitzen Schnauze den Sand auf und siebt anschließend das so in Bewegung gebrachte Wasser durch.

Grauwale legen Entfernungen von ca. 20.000 km zwischen den nahrungsreichen Gebieten im Norden und ihren Brutplätzen im Süden zurück. Die Sommermonate verbringen sie in den futterreichen arktischen Meeren. Auf den Brutplätzen versammeln sie sich zu den Paarungsritualen, und anschließend gehen die Tiere paarweise auseinander, begleitet von einem zweiten Männchen. Während der Paarung liegen die Partner im flachen Wasser; das zweite Männchen liegt hinter dem Weibchen, offenbar um es zu stützen. Die Tragezeit beträgt 12 Monate, so daß das Kalb im folgenden Jahr auf dem Brutplatz geboren wird. Im Alter von 2 Monaten zieht es mit seiner Mutter nach Norden.

FAMILIE BALAENOPTERIDAE: Furchenwale
Es gibt 6 Arten von Furchenwalen. Mit Ausnahme des Buckelwals sehen sie alle gleich aus, unterscheiden sich jedoch in Farbe und Größe. Die meisten haben ca. 300 Hornplatten an beiden Seiten ihrer Kiefer, die nicht stark gewölbt sind. An der Kehle befindet sich eine große Zahl von Furchen. Die Weibchen sind größer als die Männchen.

Zwergwal

Balaenoptera acutorostrata
Verbreitung: alle Ozeane, gemäßigte Zonen und Polargebiete
Habitat: flaches Wasser, Meeresbuchten, Flüsse, Binnenmeere
Länge: 8–10 m

Der kleinste Furchenwal, der Zwergwal, hat eine außergewöhnlich schmale und spitze Schnauze und 60–70 Kehlfurchen. In den Polargebieten ernähren sich die Zwergwale hauptsächlich von Krill, doch in gemäßigten Zonen fressen sie mehr Fische und Tintenfische als jeder andere Bartenwal. Diese Furchenwale leben außerhalb der Paarungszeit alleine oder in Paaren, doch in nahrungsreichen Gebieten sammeln sie sich wahrscheinlich zu größeren Gruppen. Die Tragezeit der Weibchen beträgt 10–11 Monate, und die Kälber werden 6 Monate lang gesäugt.

Seiwal

Balaenoptera borealis
Verbreitung: alle Ozeane mit Ausnahme der Polargebiete
Habitat: offenes Meer
Länge: 15–20 m

Der Seiwal hat einen stromlinienförmigen Körper und einen abgeflachten Kopf. Er ist ein schneller Schwimmer und erreicht Geschwindigkeiten bis zu 50 km/h. Er frißt fast alle Arten von Plankton, aber auch Fische und Tintenfische, und meistens sammelt er seine Nahrung dicht unter der Wasseroberfläche. Seiwale leben in Familiengruppen von 5–6 Exemplaren. Unter diesen Tieren bestehen starke mehrjährige Paarbindungen. Die Tragezeit beträgt 12 Monate, und das Kalb wird 6 Monate lang von seiner Mutter gesäugt.

Blauwal

Balaenoptera musculus
Verbreitung: alle Meere
Habitat: offenes Meer
Länge: 25–32 m Ⓑ

Das größte Säugetier, das jemals gelebt hat, der Blauwal, kann schwerer als 146 Tonnen werden. Der Körper ist vollkommen stromlinienförmig, und trotz seiner Massivität ist das Tier im Wasser sehr graziös. Der Blauwal hat 64–94 Kehlfurchen. Diese riesenhaften Wale ernähren sich ausschließlich von kleinen Planktonkrebsen, und im Gegensatz zu vielen anderen Bartenwalen sind sie dabei sehr wählerisch und beschränken sich auf bestimmte Arten von Krillkrebsen. Während der Sommermonate, die sie in den nahrungsreichen Polarmeeren verbringen, vertilgen sie pro Tag 4.100 kg kleine Garnelen. Im Herbst, wenn die nahrungsreichen Gebiete allmählich vom Eis überdeckt werden, ziehen die Blauwale zum Äquator, doch während ihres Aufenthalts in den warmen Gewässern nehmen sie kaum Nahrung zu sich. In dieser Zeit findet die Paarung statt, und nach einer Tragezeit von 11–12 Monaten werden die Kälber im nachfolgenden Jahr ebenfalls in den warmen Meeren geboren.

Obwohl der Blauwal seit 1967 offiziell unter Naturschutz steht, ist die Population dieses außergewöhnlichen Tieres noch immer klein, und die Art ist vom Aussterben bedroht.

Buckelwal

Megaptera novaeangliae
Verbreitung: alle Meere
Habitat: Ozeane, Küstengewässer
Länge: 14,6–19 m Ⓑ

Der Buckelwal hat einen stark gebogenen Unterkiefer und im Durchschnitt 22 Kehlfurchen. Seine wichtigsten Merkmale sind die zahlreichen Hautknoten auf seinem Körper und die ungefähr 5 Meter langen Brustflossen, die einen gezackten Rand haben. Buckelwale sind in viel stärkerem Maße Gruppentiere als die Blauwale. Gewöhnlich leben sie in Familiengruppen von 3–4 Tieren, obwohl sie wahrscheinlich auch mit anderen Gruppen in Kontakt stehen.

Auf der südlichen Erdhalbkugel ernähren sich die Buckelwale von Krillkrebsen, auf der nördlichen Halbkugel fressen sie auch kleine Fische. In beiden Gebieten suchen sie im Sommer in den Polarmeeren nach Futter und ziehen anschließend zu den in tropischen Gebieten liegenden Brutplätzen, wo sie den Winter verbringen. Die Tragezeit beträgt 11–12 Monate, und die Mutter säugt ihr Kalb fast 1 Jahr lang.

Buckelwale lassen sehr bemerkenswerte und komplex aufgebaute Gesänge ertönen, wie sie sonst nirgendwo im Tierreich existieren. Diese Gesänge können viele Stunden dauern und sind jeweils spezifisch für eine bestimmte Population in einem bestimmten Gebiet. Der Gesang kann sich von Jahr zu Jahr verändern.

FAMILIE BALAENIDAE: Glattwale
Bei den 3 Arten der Glattwale sind die Hornplatten am Gaumen am besten entwickelt. Die Glattwale haben einen riesigen Kopf, der mehr als ein Drittel ihrer gesamten Körperlänge ausmacht, und besonders stark gewölbte Oberkiefer, an denen die langen Barten hängen. Kehlfurchen fehlen bei ihnen. Da sie bei den Walfängern immer als die „besten" Wale hinsichtlich der Ausbeute galten, wurden sie seit dem letzten Jahrhundert aus kommerziellen Gründen in so großer Zahl getötet, daß sie heute selten sind.

Grönlandwal

Balaena mysticetus
Verbreitung: Nordpolarmeer
Habitat: Küstengewässer
Länge: 15–20 m Ⓑ

Der Grönlandwal hat einen massiven Kopf, hinter dem sich sein Körper zur Schwanzflosse hin stark verjüngt. Seine Kiefer sind stark gewölbt, um den 4,5 m langen Barten Raum zu geben, die längsten, die bei Bartenwalen vorkommen.

Grönlandwale ernähren sich von den kleinsten Krillkrebsarten, die sie mit den feinen Spitzen ihrer Barten fangen. Zu Anfang des Frühlings findet die Paarung statt; die Tragezeit beträgt 10–12 Monate, und das Kalb wird fast ein Jahr lang gesäugt. Manchmal werden auch Zwillinge geboren.

Grauwal
Zwergwal
Seiwal
Blauwal
Buckelwal
Grönlandwal

Elefanten, Schliefer

ORDNUNG PROBOSCIDEA: Rüsseltiere
Die Elefanten sind die einzigen noch lebenden Vertreter dieser ehemals mannigfaltigen und weitverbreiteten Gruppe sehr großer pflanzenfressender Säugetiere.

FAMILIE ELEPHANTIDAE: Elefanten
Die beiden Elefantenarten sind bei weitem die größten Landsäugetiere; ihre Schulterhöhe beträgt bis zu 4 m, und sie können bis zu 5.900 kg wiegen. Die eine Art lebt in Afrika, die andere in Indien und Südostasien. Elefanten sind leicht zu erkennen. Sie haben dicke, säulenförmige Beine und kräftige, kissenförmige Füße. An ihrem Kopf befindet sich ein Paar riesiger Ohrmuscheln, mit denen sie fächern, um überflüssige Körperwärme zu reduzieren. Das auffälligste Merkmal des Elefanten ist sein Rüssel. Eigentlich handelt es sich um eine stark verlängerte Oberlippe samt Nase, die außergewöhnlich geschmeidig und mit einem „Rüsselfinger" versehen ist, was den Rüssel zu einem ausgezeichneten Greiforgan macht. Der Rüssel ist hochsensibel und wird vom Elefanten zum Sammeln von Nahrung, zum Trinken, als Riechorgan und im Kampf benutzt.

Beide Elefantenarten haben sehr unter der Vernichtung der Wälder und anderer Vegetation in ihrem Wohngebiet gelitten. Außerdem sind sie wegen ihrer Elfenbeinstoßzähne in riesigen Mengen erlegt worden. Obwohl die Elefantenjagd heute gesetzlich verboten ist, wird immer noch gewildert, weil die Nachfrage nach Elfenbein nach wie vor sehr groß ist.

Afrikanischer Elefant
Loxodonta africana
Verbreitung: Afrika südl. der Sahara
Habitat: Wald, Savanne
Länge: KRL 6–7,5 m; SL 1,1–1,3 m ⓖ

Der riesige, majestätische Elefant ist wahrscheinlich das eindrucksvollste afrikanische Säugetier. Seine Ohrmuscheln und Stoßzähne sind größer als die der asiatischen Art, und am Ende des Rüssels befinden sich beim Afrikanischen Elefanten zwei „Finger". Die Weibchen sind kleiner als die Bullen und haben auch kürzere Stoßzähne. Elefanten halten mittags, wenn es am heißesten ist, eine Mittagsruhe, und auch nachts legen sie ein oder zwei Ruhepausen ein; doch ansonsten sind sie immer aktiv, streifen mit ihrem bedächtigen, schaukelnden Gang umher und suchen nach Nahrung. Je nach Größe verschlingt ein Elefant täglich ca. 200 kg Pflanzenkost; er packt die Nahrung mit seinem Rüssel und führt sie zum Mund. Er ernährt sich von Blättern, jungen Sprossen, kleinen Zweigen, Wurzeln und Früchten von vielerlei Pflanzen, hin und wieder auch von Anbaupflanzen.

Elefanten leben in Gesellschaft, vor allem die Weibchen, und es ist bekannt, daß sie Mitgliedern der eigenen Gruppe, die sich in Not befinden, zur Hilfe kommen. Eine Elefantengruppe formiert sich um eine Anzahl von Weibchen mit ihren Jungen verschiedenen Alters. Halbwüchsige Bullen bilden gesonderte Gruppen. Alte Bullen werden von der Gruppe gemieden, wenn sie von jüngeren Männchen verdrängt worden sind.

Die Fortpflanzung ist nicht an eine bestimmte Jahreszeit gebunden, und ein brünstiges Weibchen paart sich meist mit mehreren Bullen. Die Tragezeit beträgt ca. 22 Monate; meist wird ein Junges geboren. Das Weibchen richtet sich ein sicheres Versteck her, in dem es sein Junges mit Hilfe anderer Weibchen zur Welt bringt. Das Junge wird mindestens 2 Jahre lang gesäugt und bleibt auch danach noch eine Weile bei der Mutter. Ein Weibchen kann mehrere Junge verschiedenen Alters betreuen. Eine Elefantenmutter wirft nur einmal alle 2–4 Jahre.

Asiatischer Elefant
Elephas maximus
Verbreitung: Indien, Sri Lanka, Südostasien, Sumatra
Habitat: Wald, Grassteppe
Länge: KRL 5,5–6,5 m; SL 1,2–1,5 m ⓖ

Der Asiatische Elefant ist zwar ebenso eindrucksvoll wie sein afrikanischer Verwandter, hat jedoch kleinere Ohrmuscheln als dieser, einen etwas stärker gebogenen Rücken und nur einen „Rüsselfinger". Das Weibchen ist kleiner als das Männchen und hat nur rudimentär entwickelte Stoßzähne. Die wichtigste soziale Einheit ist die Herde, die aus mehreren Weibchen unter der Leitung einer alten Elefantenkuh, ihren Jungen und einem älteren Männchen besteht. Gewöhnlich bildet eine solche Herde eine Familiengruppe. Andere Bullen leben alleine, bleiben jedoch in der Nähe einer Herde. Sie suchen mit der Herde zusammen nach Nahrung und paaren sich manchmal auch mit den Weibchen. In der größten Mittagshitze ruhen die Tiere, doch den Rest der Zeit verbringen sie meist damit, Gras, Blätter, junge Sprossen, Früchte und andere Pflanzenteile zu fressen, die sie mit Hilfe ihres sensiblen Rüssels sammeln und sich in den Mund stecken. Diese Elefantenart hat einen ausgezeichneten Gehör- und Geruchssinn, doch können die Asiatischen Elefanten nur schlecht sehen.

Während der Brunst, der sogenannten „Musth", scheiden die Asiatischen Elefanten aus Drüsen, die sich an den Seiten des Kopfes befinden, eine stark riechende dunkle Flüssigkeit aus. Diese sonst so friedlichen Tiere werden nun plötzlich aggressiv und unberechenbar. Die Tragezeit beträgt 21 Monate, und meist bringen die Weibchen nur jeweils ein Junges zur Welt.

ORDNUNG HYRACOIDEA: Schliefer

FAMILIE PROCAVIIDAE: Schliefer
Die Schliefer sind kleine pflanzenessende Säugetiere; sie leben in Afrika und im Mittleren Osten. Mit ihren kurzen, runden Ohren ähneln sie oberflächlich Kaninchen. In dieser Familie, der einzigen innerhalb ihrer Ordnung, gibt es 5 Arten. Einige Schliefer sind gute Kletterer, andere leben auf Felsen oder in hügeligem Gelände. An ihren Füßen befinden sich abgeflachte Nägel, die kleinen Hufen ähneln. Ein feuchtes Hautkissen in der Mitte des Fußes dient beim Klettern als Saugnäpfchen.

Steppenwald-Baumschliefer
Dendrohyrax arboreus
Verbreitung: Afrika: von Kenia bis Südafrika (Kapprovinz)
Habitat: Wald, Savanne
Länge: KRL 40–60 cm; Schwanz fehlt

Der Steppenwald-Baumschliefer ist ein ausgezeichneter Kletterer, der in Baumhöhlen oder Felsspalten lebt und dort tagsüber schläft. Am Nachmittag oder Abend kommt er zum Vorschein, um in Bäumen oder auf dem Boden Blätter, Gras, Farne, Früchte und andere Pflanzenkost zu sammeln und zu fressen. Ab und zu verzehrt das Tier auch Insekten, Eidechsen und Vogeleier. Steppenwald-Baumschliefer leben meist in Paaren. Diese Tiere sind ziemlich laut und verfügen über ein großes Repertoire an Träller-, Knurr- und Kreischlauten.

Nach einer Tragezeit von ca. 8 Monaten werden 1–2 Junge geboren.

Buschschliefer
Heterohyrax syriacus
Verbreitung: Afrika: von Ägypten bis Südafrika (Transvaal), Botswana und Angola
Habitat: von den Ebenen bis zu den Bergen, Wald, Savanne
Länge: KRL 40–57 cm; Schwanz fehlt

Der Buschschliefer lebt je nach seinem Lebensraum zwischen Felsen oder Bäumen und versteckt sich in Felsspalten oder Höhlen. Buschschliefer sind gesellige Tiere, die in Kolonien von ca. 30 Exemplaren leben. Jede Kolonie besteht aus einigen erwachsenen Männchen sowie vielen fruchtbaren Weibchen und ihren Jungen. Tagsüber sammeln die Tiere Nahrung: hauptsächlich Blätter, jedoch auch Kräuter und Gras.

7½ bis 8 Monate nach der Geburt wirft das Weibchen 1–2, seltener 3 Junge.

Kap-Klippschliefer
Procavia capensis
Verbreitung: Arabische Halbinsel; Afrika: von Nordostsenegal bis Somalia und Nordtansania, von Südmalawi, Südangola bis Südafrika (Kapprovinz)
Habitat: felsige Hügel, Felskuppen
Länge: KRL 43–47 cm; Schwanz fehlt

Dieser Klippschliefer bewohnt felsiges Gelände. Er kann ausgezeichnet klettern und ernährt sich auf dem Boden von Blättern, Gras, niedrigen Kräutern und Beeren, klettert jedoch auch mühelos in Bäume, um beispielsweise Feigen zu verzehren. Im Winter frißt er Baumrinde und verbringt den größten Teil des Tages in der Sonne oder im Schatten, um seine Körpertemperatur zu regulieren. Nachts kriechen die Kap-Klippschliefer dicht zusammen, um möglichst wenig Wärme zu verlieren. Sie leben in Kolonien von 50 oder mehr Exemplaren.

In der Paarungszeit sind die Männchen aggressiv und versichern sich fortwährend ihrer Dominanz gegenüber Rivalen und jüngeren Männchen. Nach einer Tragezeit von 7–8 Monaten bringen die Weibchen 1–6, meist jedoch 2–3 Junge zur Welt.

Afrikanischer Elefant ♂
Steppenwald-Baumschliefer
Buschschliefer
Kap-Klippschliefer
Asiatischer Elefant ♂

Pferdeartige

ORDNUNG PERISSODACTYLA: Unpaarhufer

Von den Unpaarhufern gibt es heute nur noch 3 Familien: die Tapire, die Nashörner und die Pferdeartigen; von 9 anderen, heute ausgestorbenen Familien wissen wir nur durch Fossilienfunde.

FAMILIE EQUIDAE: Pferde

Pferde, Esel und Zebras bilden eine kleine Familie, die aus 8 Arten einhufiger Säugetiere besteht. Der Körper dieser Tiere ist auf schnelles Laufen ausgerichtet. Typisch für diese Gruppe ist ein Huf, der sich aus dem stark verlängerten mittleren Zeh entwickelt hat. Das natürliche Verbreitungsgebiet dieser Familie beschränkt sich auf Afrika und Asien, doch ist das Wildpferd vom Menschen domestiziert worden und seither überall auf der Welt zu finden.

In freier Wildbahn leben alle Pferdeartigen in umherziehenden Herden; Gras ist der Hauptbestandteil ihrer Nahrung. Ihr Gebiß ist an das Abreißen und Feinmahlen von Gras angepaßt und besteht aus beitelförmigen Schneidezähnen und sehr großen Prämolaren (Vorbackenzähnen) und Molaren (Mahlzähnen) mit harten Schmelzfalten auf der Kaufläche. Der Schädel ist verlängert, damit die großen Zähnen genügend Platz haben.

Steppenzebra

Equus quagga (E. burchelli)

Verbreitung: Ost- und Südafrika
Habitat: Grasebenen, Savanne mit vereinzeltem Baumbestand, Hügel
Länge: KRL 1,9–2,4 m; SL 43–57 cm

Beim Steppenzebra gibt es zahlreiche Variationen im Streifenmuster; das gilt sowohl für die einzelnen Tiere wie auch für die verschiedenen Unterarten. Der Körper ist zylinderförmig, die Beine sind schlank, und über den Nacken verläuft eine kurze, aufrechtstehende Mähne. Die Grundfarbe des Körpers variiert von weiß bis gelblich, und die Streifen sind hell- bis dunkelbraun oder schwarz.

Diese Zebras sind tagsüber aktiv. Bei Sonnenaufgang verlassen sie ihren Ruheplatz und ziehen auf die Weidegründe, wo sie sich von Gras und manchmal auch von Blättern und Baumrinde ernähren. Zebras müssen regelmäßig trinken. Sie leben in Familiengruppen von etwa 6 Stuten mit ihren Jungen und einem erwachsenen Hengst, der die Gruppe anführt. Wenn der Hengst 16–18 Jahre alt ist, überläßt er seine Position auf friedliche Weise einem 6–8jährigen Nachfolger; der alte Hengst lebt von nun an alleine. Mehrere Familien besitzen gemeinsam ein Territorium und können sich zu großen Herden zusammentun, doch die Tiere erkennen einander immer am Streifenmuster, am Geruch und an ihren Rufen.

Nach einer Tragezeit von ca. einem Jahr bringen die Weibchen ein Fohlen zur Welt, in seltenen Fällen Zwillinge. Die Stute verjagt alle anderen Tiere, bis das Fohlen nach 3–4 Tagen gelernt hat, seine Mutter zu erkennen. Das Junge wird ca. 6 Monate lang gesäugt und ist nach einem Jahr selbständig.

Grévyzebra

Equus grevyi

Verbreitung: Ostafrika: Kenia, Äthiopien
Habitat: Savanne, Halbwüste
Länge: KRL 2,6 m; SL 70–75 cm Ⓖ

Das Grévyzebra hat einen ziemlich langen Kopf, sehr große, abgerundete Ohrmuscheln und einen relativ muskulösen Nacken. Vom Scheitel bis zum Ende des Nackens wächst eine abstehende Mähne. Der Körper ist weiß und hat schwarze Streifen, die schmaler und zahlreicher sind als bei den Steppenzebras. Das Grévyzebra grast tagsüber und zieht sich wenn möglich während der Mittagshitze in den Schatten zurück. Es muß jeden Tag trinken. Geschlechtsreife Hengste leben alleine und haben eigene Reviere. Hengste, die noch kein eigenes Revier besitzen, leben in Gruppen. Stuten und ihre Fohlen bilden gesonderte Gruppen von 12 oder mehr Tieren.

Nach einer Tragezeit von vermutlich einem Jahr wirft das Weibchen ein Fohlen. Nach wenigen Tagen kann das Fohlen seine Mutter erkennen; es wird 6 Monate lang gesäugt und bleibt etwa 2 Jahre bei der Mutter.

Nubischer Wildesel

Equus asinus* ssp. *africanus (E. africanus)

Verbreitung: Nordostafrika
Habitat: offene Grasebenen, zerklüftete Felslandschaft, Halbwüste, Gebirge
Länge: KRL ca. 2 m; SL 42,5 cm; SH 120 cm Ⓑ

Der Nubische Wildesel ist eine Unterart des afrikanischen Wildesels (*E. asinus*) und ist zusammen mit dem Nordafrikanischen Wildesel (*E. a. atlanticus*) die Stammform des Hausesels. Der Nubische Wildesel ist heute in freier Wildbahn sehr selten geworden, und wahrscheinlich sind viele der noch lebenden Tiere in Wirklichkeit aus Kreuzungen mit Hauseseln hervorgegangen. Der Wildesel ist sehr intensiv gejagt worden, und außerdem stellen die vielen Hausesel eine starke Konkurrenz für ihn dar. Von den 4 Unterarten ist eine ausgestorben; zwei andere stehen kurz vor dem gleichen Schicksal.

Der Nubische Wildesel hat einen großen Kopf mit langen, schmalen Ohren und kurzem, glattem Haar, das gelblich braun bis blaugrau gefärbt sein kann. Das Tier ist ein guter Kletterer und völlig an das rauhe, felsige Gebiet angepaßt, in dem es nach Gras und kräuterartigen Pflanzen sucht. Manchmal knabbert der Esel an Blättern von Bäumen und Sträuchern, und er muß regelmäßig trinken. Der Nubische Wildesel ist vor allem abends und nachts, aber auch morgens früh aktiv. Während der heißen Stunden des Tages ruht er sich, wenn eben möglich, im Schatten aus. Die Eselinnen leben mit ihren Jungen in ziemlich lose verbundenen Herden; es gibt aber auch gemischte Gruppen, die aus halbwüchsigen Tieren beiderlei Geschlechts bestehen. Erwachsene Hengste leben allein oder in gesonderten Gruppen. Esel haben scharfe Sinne und verteidigen sich durch Treten und Beißen.

Nach einer Tragezeit von 330–365 Tagen wirft das Weibchen ein Fohlen. Einige Tage lang hält sie alle anderen Tiere von ihrem Jungen fern, bis es gelernt hat, die Mutter zu erkennen.

Przewalski-Pferd

Equus przewalskii* ssp. *przewalskii (E. ferus)

Verbreitung: Mongolei, Westchina
Habitat: Steppen, Halbwüsten
Länge: KRL 1,8–2 m; SL 90 cm Ⓑ

Das Przewalski-Pferd ist eine Unterart des Wildpferdes, der Stammform unseres Hauspferdes. Das Przewalski-Pferd ist an seiner kurzen, aufrechtstehenden Mähne und am Fehlen eines „Ponys“ auf seiner Stirn zu erkennen. Kreuzungen zwischen ihm und dem Hauspferd sind möglich, und es gibt nur noch sehr wenige reinrassige Exemplare. Die Populationen des Wildpferdes sind infolge von Jagd, extrem kalter Winter und der Konkurrenz der Hauspferde um Wasser und Weideland zahlenmäßig sehr stark zurückgegangen. Das echte Wildpferd wird wahrscheinlich schon bald aussterben.

Als es Wildpferde noch in großer Zahl gab, lebten sie in großen Herden. Heute gibt es nur noch kleine Herden, die jeweils von einem erwachsenen Hengst angeführt werden. Im April oder Mai werden die Fohlen geboren.

Asiatischer Wildesel

Equus hemionus

Verbreitung: Iran, Afghanistan, UdSSR
Habitat: Steppe, Felschluchten, Grasland an Flußufern
Länge: KRL ca. 2 m; SL 42,5 cm Ⓖ

Der Halbesel oder Asiatische Wildesel ist selten geworden, seit sich der Mensch in seinen Lebensräumen niederließ und dort Vieh grasen ließ. Außerdem ist er intensiv gejagt worden. Im Sommer lebt dieses Tier in hochgelegenen Grassteppen, im Winter zieht es in niedrigere Gebiete, wo Wasser und Gras vorhanden sind. Der Halbesel ernährt sich von verschiedenen Grasarten, und Süßwasser ist für diese Art unentbehrlich. Halbesel leben in Gruppen von ca. 12 Weibchen mit ihren Fohlen unter Leitung eines erwachsenen Hengstes, doch im Herbst schließen sie sich für die Wanderung zu großen Gruppen zusammen.

Nach einer Tragezeit von ca. einem Jahr wird ein Fohlen geboren.

Kiang

Equus hemionus* ssp. *kiang

Verbreitung: Tibet
Habitat: Hochebenen
Länge: KRL 2,2 m; SL 49 cm

Der Kiang ist der einzige Halbesel, der noch immer in großer, wenn auch schrumpfender Anzahl existiert. Die Kiangs halten sich das ganze Jahr über im Hochland von Tibet auf. Auch im Winter ziehen sie nicht fort. Stattdessen legen sie im Herbst eine sehr große Fettreserve an, so daß das Gewicht der Tiere um ungefähr 40 kg zunimmt. Das Fett dient jedoch im Winter nicht nur als Nahrung, sondern stellt auch eine hervorragende Wärmeisolation dar. Die harten, dicken Lippen des Tieres und sein hornartiges Zahnfleisch sind eine Anpassung an die zähen, harten Grasarten in seinem Lebensraum. Wenn Kiangs kein Wasser finden, fressen sie Schnee.

Sie leben in Herden mit strenger Hierarchie. Trotzdem sind sie sehr aggressiv. In der Brunstzeit liefern sich die Hengste wilde Kämpfe um die Stuten, die dann nach einer etwa einjährigen Tragezeit ein Fohlen werfen.

Steppenzebra
Grévyzebra
Przewalski-Pferd
Nubischer Wildesel
Asiatischer Wildesel
Kiang

Tapire, Nashörner

FAMILIE TAPIRIDAE: Tapire
Die Vorfahren der Unpaarhufer haben wahrscheinlich den Tapiren ähnlich gesehen. Tapire sind kräftig gebaute Tiere mit kurzen Beinen. An ihren Vorderfüßen befinden sich 4, an den Hinterfüßen 3 Zehen. Ihr Körper ist mit kurzem, glattem Haar bedeckt. Schnauze und Oberlippe sind zu einem kurzen, beweglichen Rüssel verlängert, an dessen Ende sich die Nasenlöcher befinden.

Tapire sind hauptsächlich nachts aktiv; sie sind Waldbewohner und fressen ausschließlich Pflanzen. Von den 4 heute noch vorkommenden Arten leben 3 in Mittel- und Südamerika, die vierte lebt in Südostasien.

Schabrackentapir
Tapirus indicus
Verbreitung: Südostasien: von Burma bis Malaysia, Sumatra
Habitat: feuchte, sumpfige Wälder
Länge: KRL 2,5 m; SL 5–10 cm Ⓑ

Der Schabrackentapir unterscheidet sich von den amerikanischen Arten durch seine auffällige Schwarzweiß-Zeichnung und durch seinen längeren und kräftigeren Rüssel. Er ist ein scheues, einzelgängerisches Nachttier, das sich von Wasserpflanzen, Blättern, Knospen und Früchten niedrig wachsender Pflanzen ernährt. Dieser Tapir ist ein guter Schwimmer; wenn er sich bedroht fühlt, flüchtet er ins Wasser.

Nach einer Tragezeit von ca. 395 Tagen wirft das Weibchen ein Junges, dessen Fell zahlreiche helle Streifen und Flecken aufweist, die möglicherweise zur Tarnung dienen. Nach 6–8 Monaten verschwindet die Fellzeichnung. Der Schabrackentapir ist durch das Abholzen großer Teile des Regenwaldes und durch eingreifende Veränderungen in seinem Lebensraum infolge menschlicher Ansiedlung stark dezimiert worden. Deshalb ist diese Art heute außerordentlich selten geworden.

Flachlandtapir
Tapirus terrestris
Verbreitung: Südamerika: von Kolumbien, Venezuela bis Brasilien und Paraguay
Habitat: Regenwald, in der Nähe von Wasser oder Sumpf
Länge: KRL 2 m; SL 5–8 cm

Der Flachlandtapir ist ein guter Schwimmer und Taucher, den man fast immer in der Nähe von Wasser antrifft. Doch auch auf dem Trockenen und in unwegsamem, bergigem Gelände bewegt er sich schnell und mühelos. Er hat ein dunkelbraunes Fell und eine kurze, aufrecht stehende Mähne. Mit seinem Rüssel reißt er Blätter, Schößlinge und dünne Zweige von den Bäumen. Auch Früchte, Gras und Wasserpflanzen sammelt er auf diese Weise.

Nach einer Tragezeit von 390–400 Tagen wird ein Junges geboren, das auffällig gestreift und gefleckt ist.

FAMILIE RHINOCEROTIDAE: Nashörner
Die Nashörner sind die einzigen heute lebenden Unpaarhufer, die noch den massiven, schweren Körperbau der ausgestorbenen Familien dieser Ordnung haben. Es gibt 5 Arten von Nashörnern, die in Afrika und Südostasien leben. Sie alle haben einen riesigen Kopf mit 1 oder 2 Hörnern und einer beweglichen Oberlippe, mit der sie Pflanzen abreißen. Die Beine der Tiere sind kurz und dick; jeder Fuß hat 3 Zehen, die mit großen Nagelplatten bedeckt sind. Die Haut ist sehr widerstandsfähig und nur spärlich behaart. Die beiden Geschlechter unterscheiden sich äußerlich kaum, doch meistens haben die Weibchen kleinere Hörner.

Panzernashorn
Rhinoceros unicornis
Verbreitung: Nepal, Nordostindien
Habitat: Grasland in Sumpfgebieten
Länge: KRL 4,2 m; SL 75 cm Ⓑ

Das Panzernashorn ist die größte asiatische Nashornart. Seine dunkelgraue Haut ist sehr dick und mit Beulen übersät. Die Haut hängt in tiefen Falten vom Körper herab, vor allem an den Gelenken. Dadurch entsteht der Eindruck, als trüge das Tier einen aus Platten bestehenden Panzer. Beide Geschlechter haben auf dem Nasenbein ein einziges Horn; das des Weibchens ist allerdings kleiner. Das Panzernashorn lebt gewöhnlich alleine. Es grast morgens und abends, und den Rest des Tages ruht es.

Nach einer Tragezeit von ca. 16 Monaten bringt das Weibchen ein Junges zur Welt. Das junge Nashorn ist schon ziemlich bald nach der Geburt aktiv; es wird ca. 2 Jahre lang gesäugt.

Sumatranashorn
Dicerorhinus sumatrensis
Verbreitung: Burma, Thailand, Malaysia, Sumatra, Borneo, möglicherweise Laos
Habitat: dichter Wald, in der Nähe von Wasserläufen
Länge: KRL 2,5–2,8 m; SL ca. 60 cm Ⓑ

Das Sumatranashorn ist der kleinste Vertreter der Familie. Es hat zwei Hörner, die bei den Weibchen kleiner sind als bei den Bullen. Über das fleischige Kinn verstreut wachsen borstige Haare; auch die Ohrränder des Tieres sind behaart. Sumatranashörner leben meist alleine, ziehen aber manchmal auch zu zweit umher. Sie grasen vor allem früh am Morgen und abends und ernähren sich hauptsächlich von Blättern, Zweigen, Früchten und Bambussprossen. Manchmal trampeln sie auch junge Bäumchen nieder und verspeisen deren Blätter. Wie alle anderen Nashörner hat auch das Sumatranashorn einen ausgezeichneten Gehör- und Geruchssinn, aber schlechte Augen.

Nach einer Tragezeit von etwa 7–8 Monaten bringt das Weibchen ein Junges zur Welt.

Breitmaulnashorn
Ceratotherium simum
Verbreitung: Afrika: Nordwestuganda und angrenzende Gebiete; von Zimbabwe bis zum Norden Südafrikas
Habitat: Savanne
Länge: KRL 3,6–5 m; SL 90–100 cm

Das Breitmaulnashorn, fälschlicherweise auch „Weißes Nashorn" genannt, ist nach dem Elephanten das größte lebende Landsäugetier. Es ist durch einen deutlich sichtbaren Höcker im Nacken und einen langgestreckten, nach unten gerichteten Kopf gekennzeichnet. Die Schnauze ist breit, und die Oberlippe fast viereckig. Das Breitmaulnashorn ist im allgemeinen hellgrau, aber da es sich oft im Schlamm suhlt, färbt sich seine Haut auf die Dauer grau- oder rotbraun.

Trotz seiner riesenhaften Gestalt ist das Breitmaulnashorn ein gutartiges Tier, das eher flüchtet als angreift, wenn es sich in die Enge getrieben fühlt. Jedes erwachsene Männchen hat ein eigenes Revier, das es manchmal mit ein paar jüngeren Männchen teilt. Weibchen befinden sich meist in Gesellschaft anderer Weibchen mit Jungen oder werden von den eigenen Jungen sowie von anderen halbwüchsigen Tieren begleitet. Breitmaulnashörner ernähren sich ausschließlich von Gras und verbringen ihr Leben damit, abwechselnd zu grasen und zu ruhen. Sie grasen tagsüber und nachts.

Nach einer Tragezeit von ca. 16 Monaten bringt das Weibchen ein Junges zur Welt. Das Kalb wird mindestens ein Jahr lang gesäugt und bleibt 2–3 Jahre bei seiner Mutter; es verläßt sie erst bei der Geburt des nächsten Kalbes.

Spitzmaulnashorn
Diceros bicornis
Verbreitung: Afrika: vom Südtschad und Sudan bis Südafrika
Habitat: Busch, Grasland, Waldgebiete
Länge: KRL 3–3,6 m; SL 60–70 cm Ⓒ

Das Spitzmaulnashorn, oft auch Schwarzes Nashorn genannt, ist eigentlich grau, doch die Farbe kann variieren, je nach der Farbe des Schlamms, in dem sich das Tier suhlt. Es besitzt keine Nackenhöcker, hat jedoch einen großen Kopf mit 2 Hörnern und manchmal einem kleineren dritten Horn. Die Oberlippe ist verlängert und beweglich und wird benutzt, um an Knospen und jungen Zweigen von kleinen Bäumchen zu knabbern. Das Spitzmaulnashorn ist viel weniger ein Gruppentier als das Breitmaulnashorn und lebt meist alleine, mit Ausnahme von Müttern mit ihren Jungen. Die erwachsenen Tiere haben Reviere, die einander zum Teil überschneiden und deren Grenzen durch Dunghaufen markiert werden.

In der Paarungszeit bleiben Bullen und Weibchen nur ein paar Tage lang zusammen. Nach einer Tragezeit von ca. 15 Monaten wirft das Weibchen ein Junges. Das junge Nashorn wird ungefähr 1 Jahr lang gesäugt und bleibt 2–3 Jahre bei der Mutter, bis das nächste Kalb geboren wird.

Schabrackentapir
Flachlandtapir
Sumatranashorn
Spitzmaulnashorn
Panzernashorn
Breitmaulnashorn

Schweine

ORDNUNG ARTIODACTYLA: Paarhufer
Diese Ordnung, die größte und vielfältigste der pflanzenfressenden Huftiere, umfaßt die Schweine, Pekaris, Nilpferde, Kamele, Hirsche, Antilopen, Rinder, Schafe und Ziegen. Paarhufer haben, wie der Name schon sagt, eine gerade Anzahl von Hufen. Das Körpergewicht dieser Tiere ruht auf den dritten und vierten Zehen, die in spitz zulaufenden Hufen enden. Die ersten Zehen fehlen immer, die zweiten und fünften sind mehr oder weniger stark zurückgebildet.

Paarhufer sind schnelle Renner und besitzen ein Gebiß, das an das Abschneiden und Feinmahlen von Pflanzenteilen angepaßt ist. Die Nahrung wird in einem komplizierten Vierkammer-Magensystem mit Hilfe von Enzymen und symbiotischen Mikroorganismen verdaut.

FAMILIE SUIDAE: Altweltliche Schweine
Schweine sind mehr als andere Paarhufer Allesfresser und in gewisser Hinsicht sind sie auch weniger spezialisiert als die anderen Familien dieser Ordnung. Es gibt 8 Arten, die in Europa, Asien und Afrika meist in bewaldetem oder mit Sträuchern bewachsenem Gebiet leben. Schweine haben einen gedrungenen Körper, und ihr langgestreckter Kopf endet in einer beweglichen Schnauze mit einem kräftigen, abgeplatteten und empfindlichen Ende. Mit der Schnauze wühlen sie im Humus oder im Boden nach Nahrung. Die oberen Eckzähne (Hauer) wachsen meist nach oben und aus dem Maul heraus; sie sind gefürchtete Waffen. Jeder Fuß hat vier Zehen, von denen jedoch nur der dritte und vierte den Boden berührt und in gebrauchsfähigen Hufen endet.

Pinselohrschwein / Flußschwein

Potamochoerus porcus

Verbreitung: Afrika südl. der Sahara, Madagaskar
Habitat: Wald, Busch, Sümpfe, Dickichte in der Savanne
Länge: KRL 1–1,5 m; SL 30–45 cm

Das Pinselohrschwein, manchmal auch Flußschwein genannt, hat eine stark verlängerte Schnauze und lange Ohrmuscheln, aus denen Büschel wachsen. Die Farbe seines borstigen Fells variiert von rötlich- bis gräulichbraun; Rückenmähne und Backenbart sind weiß. Pinselohrschweine bilden Herden („Rotten") von ca. 12 Tieren unter der Leitung eines erwachsenen Keilers. Sie durchstreifen bei der Nahrungssuche ein großes Gebiet und fressen fast alles, sowohl Pflanzenkost wie Gras, Wurzeln, Früchte und Ackerpflanzen wie auch kleine Säugetiere, junge Vögel und Aas. Normalerweise sind die Pinselohrschweine tagsüber aktiv, doch in Gegenden, wo sie stark gejagt werden, sind sie zu Nachttieren geworden.

Die Fortpflanzung dieser Art ist nicht an eine bestimmte Jahreszeit gebunden, doch die meisten Jungen werden dann geboren, wenn das Nahrungsangebot am reichlichsten ist. Nach einer Tragezeit von 120–130 Tagen wirft die Bache (Weibchen) 3–6 Junge.

Warzenschwein

Phacochoerus aethiopicus

Verbreitung: Afrika: von Ghana bis Somalia, südl. bis Südafrika (Natal)
Habitat: Savanne, baumlose Ebenen
Länge: KRL 1,1–1,4 m; SL 35–50 cm

Das Warzenschwein hat lange Beine, einen großen Kopf und eine breite Schnauze. Seine Eckzähne sind zu scharfen Stoßzähnen ausgebildet. An beiden Seiten des Kopfes wachsen eigentümliche Hautwarzen hervor, denen das Tier seinen Namen verdankt. Die Behaarung ist spärlich, doch sind Nacken- und Rückenmähne und oftmals auch weiße Backenbärte vorhanden. Das Weibchen ist kleiner als der Keiler und hat kürzere Eckzähne.

Warzenschweine leben gewöhnlich in Familiengruppen. Das Revier ist gemeinschaftlicher Besitz mehrerer Familiengruppen. Damit sie trinken und sich suhlen können, muß in ihrem Lebensraum Wasser vorhanden sein. Warzenschweine suchen sich auch stets irgendeine Form von Schutz: Oft ziehen sich die Tiere in der heißesten Tageszeit und auch nachts in die Höhlen von Erdferkeln oder in Hohlräume zwischen Felsen zurück. Warzenschweine fressen Gras, aber auch Früchte, und bei großer Trockenheit wühlen sie mit ihren Eckzähnen im Boden nach Zwiebeln, Knollen und Wurzeln. Ab und zu jagen sie kleine Säugetiere oder ernähren sich von Aas.

In den meisten Fällen fällt die Paarungszeit mit der örtlichen Regenzeit zusammen. Nach einer Tragezeit von 170–175 Tagen wirft die Bache 2–4 Frischlinge, die 4 Monate lang gesäugt werden.

Wildschwein

Sus scrofa

Verbreitung: Süd- und Mitteleuropa, Nordwestafrika; Asien: bis Sibirien, südl. bis Sri Lanka, Taiwan und Südostasien; in den USA eingeführt
Habitat: Wald, offenes Gelände mit vereinzeltem Baumbestand
Länge: KRL 1,1–1,3 m; SL 15–20 cm

Das Wildschwein, die Stammform des Hausschweins, hat einen plumpen Körper, der mit einem dichten Fell aus borstigem Haar bedeckt ist, außerdem schlanke Pfoten und eine lange Schnauze. Beim Keiler sind die Eckzähne zu gefürchteten Stoßzähnen ausgebildet. Wildschweine leben alleine oder in kleinen Gruppen („Rotten") von höchstens 20 Tieren, in denen Keiler und Bachen getrennt voneinander, doch nahe beieinander bleiben. Wildschweine sind vor allem nachts und morgens aktiv und suchen ihre Nahrung in einem großen Gebiet. Sie wühlen nach Knollen und Wurzelstöcken, fressen jedoch auch Nüsse und andere Pflanzenteile. Sie verschmähen auch Insektenlarven nicht und machen sich gelegentlich sogar über Aas her. Das Wildschwein bewegt sich ziemlich flink. Wenn das Tier aufgeschreckt wird, wird es sehr aggressiv, und die Keiler benutzen ihre starken Stoßzähne zur Verteidigung.

Die Brunstzeit (auch Rauschzeit genannt) variiert je nach örtlichem Klima. In Europa fällt die Paarungszeit in den Winter, und die Jungen (bis zu 10) mit ihrem charakteristischen gestreiften Fell werden im Frühling geboren. Die Tragezeit beträgt ungefähr 115 Tage.

Bartschwein

Sus barbatus

Verbreitung: Malaysia, Sumatra, Borneo
Habitat: Regenwald, Unterholz, Mangrovensümpfe
Länge: KRL 1,6–1,8 m; SL 20–30 cm

Das Bartschwein ist ein großes Tier mit großen Kopf und einem schmalen Körper. Auffällig ist sein großer Backenbart. Unter jedem Auge befindet sich eine behaarter warzenartiger Auswuchs; bei den Keilern sind diese Auswüchse größer als bei den Bachen. Abgefallene Früchte, Wurzeln, junge Triebe und Insektenlarven bilden die Hauptnahrung dieser Art. Das Bartschwein plündert auch Äcker, auf denen Knollengewächse angebaut werden. Oft folgt es Gibbons und Pavianen, um die Früchte zu sammeln, die die Affen fallen lassen.

Das trächtige Weibchen baut ein Nest aus Pflanzenmaterial, in dem es nach einer Tragezeit von ca. 4 Monaten 2–3 Junge wirft. Die Frischlinge bleiben etwa 1 Jahr bei ihrer Mutter.

Riesenwaldschwein

Hylochoerus meinertzhageni

Verbreitung: Afrika: von Liberia, Kamerun östl. bis Südäthiopien, Tansania, Kenia
Habitat: Wald, dichtes Unterholz
Länge: KRL 1,5–1,8 m; SL 25–35 cm

Das Riesenwaldschwein ist die größte afrikanische Schweineart. Es hat einen riesigen, stark verlängerten Kopf, einen plumpen Körper und verglichen mit den übrigen Mitgliedern dieser Familie ziemlich lange Beine. Die Schnauze ist breit, und unter dem Auge und auf den Wangen des Tiers wachsen Warzen. Die Keiler sind größer und schwerer als die Bachen. Riesenwaldschweine leben in Rotten von 12 Tieren, und Paare bleiben ihr Leben lang zusammen. Sie durchstreifen ein weitläufiges Gebiet, das jedoch nicht als echtes Revier angesehen wird. Sie ernähren sich von Gras, Kräutern, Blättern, Knospen, Wurzeln, Beeren und Früchten. Die Tiere sind hauptsächlich nachts und am frühen Morgen aktiv. Während der heißesten Tageszeit suchen sie in der dichten Vegetation Kühlung.

Nach einer Tragezeit von 4 bis 4½ Monaten wirft die Bache in der Regel 1–4, manchmal auch 8 Junge.

Hirscheber

Babyrousa babyrussa

Verbreitung: Celebes, Sula-Inseln
Habitat: feuchte Waldgebiete, See- und Flußufer
Länge: KRL 87–107 cm; SL 27–32 cm Ⓔ

Der Hirscheber oder Babirusa hat sehr eigentümlich geformte Hauer, die durch die obere Schnauzendecke hindurchwachsen und sich bogenförmig nach hinten krümmen. Nur die Keiler haben außerdem auch große untere Stoßzähne; wahrscheinlich handelt es sich dabei um ein sekundäres Geschlechtsmerkmal. Babirusas sind scheue Tiere, die vorzugsweise an dicht bewachsenen Ufern von Flüssen und Seen leben. Sie können schnell laufen und gut schwimmen, auch im Meer. Sie ziehen in kleinen Rotten umher, wobei vor allem der Keiler den Boden umwühlt, während die Bachen und die Frischlinge hinter den Männchen herlaufen und die ausgewühlten Wurzeln, Beeren, Knollen und Blätter fressen.

Nach einer Tragezeit von 125–150 Tagen wirft die Bache 2 Frischlinge.

Pinselohrschwein ♂
Hirscheber ♂
Wildschwein ♂
Riesenwaldschwein ♂
Warzenschwein ♂
Bartschwein ♀

Pekaris, Flußpferde

FAMILIE TAYASSUIDAE: Pekaris
Die 3 Arten Pekaris oder Nabelschweine kommen ausschließlich in der Neuen Welt vor. Ihr Verbreitungsgebiet erstreckt sich vom Südwesten der USA bis nach Mittelargentinien. Obwohl sie als amerikanische Varianten der altweltlichen Schweine gelten und diesen äußerlich und im Verhalten ähneln, sind sie kleiner und unterscheiden sich in einigen ihrer Merkmale von den echten Schweinen. Zunächst einmal haben ihre Hinterpfoten nur 3 Zehen (die der Schweine haben 4); zum zweiten haben die Pekaris ca. 20 cm vor der Schwanzwurzel eine Drüse, die ein stark nach Moschus riechendes Sekret absondert; und schließlich sind ihre Eckzähne nicht aufwärtsgerichtet wie die der Schweine, sondern abwärts.

Chaco
Catagonus wagneri
Verbreitung: Bolivien, Argentinien, Paraguay
Habitat: halbtrockene Dornbuschvegetation, Grasland
Länge: KRL ca. 1 m; SL 87 cm ©

Der Chaco, von dem man annahm, daß er ausgestorben sei, ist in Gebieten, wo er in Ruhe gelassen wird, vermutlich noch relativ zahlreich, obwohl die Art insgesamt bedroht ist. Als Folge intensiver Jagd und durch Urbarmachung großer Teile seines Lebensraumes zum Zwecke der Viehhaltung sind die Chacos sehr selten geworden.

Der Chaco ist ein Tagtier. Er hat einen langen Schwanz und lange Beine, und sein Sehvermögen ist besser als das anderer Pekaris. Er streift in kleinen Gruppen von maximal 6 Tieren umher, unter denen starke soziale Bindungen bestehen. Er ernährt sich hauptsächlich von Kakteen und von den Samen von Schmetterlingsblütlern.

Weißbartpekari / Bisamschwein
Tayassu albirostris (T. pecari)
Verbreitung: Mexiko, Mittel- und Südamerika bis Paraguay
Habitat: Wald
Länge: KRL 95–100 cm; SL 2,5–5,5 cm

Das Weißbartpekari hat einen schweren Körper, schlanke Beine und eine lange, bewegliche Schnauze. Es bildet Rotten von 50–100 Tieren beiderlei Geschlechts und aller Altersstufen. Die Tiere sind vor allem während der kühleren Stunden des Tages aktiv. Sie bewegen sich schnell und mühelos, auch auf unebenem Gelände. Mit ihrer empfindlichen Schnauze durchwühlen sie den Boden nach Rüben, Knollen und kleinen Tieren. Sie können schlecht sehen, und ihr Gehör ist ziemlich schwach, aber ihr Geruchssinn ist so gut entwickelt, daß sie unterirdische Knollen nur aufgrund ihres Geruchs finden können.

Nach einer Tragezeit von ca. 158 Tagen wirft die Bache 2 Frischlinge.

Halsbandpekari
Tayassu tajacu
Verbreitung: Südwesten der USA, Mexiko, Mittel- und Südamerika bis Patagonien
Habitat: Halbwüste, lichter Trockenwald, Wald
Länge: KRL 75–90 cm; SL 1,5–3 cm

Die Halsbandpekaris sind kräftige, aktive Tiere, die schnell rennen und gut schwimmen können. Sie leben in Rotten von 5–15 Tieren. Die moschusartigen Ausscheidungen der bei Männchen und Weibchen vorhandenen Rückendrüse scheinen sowohl bei der Aufrechterhaltung der sozialen Kontakte innerhalb der Gruppe wie auch bei der Abgrenzung und Markierung der Reviere eine Rolle zu spielen. Mit ihren empfindlichen Schnauzen wühlen die Halsbandpekaris im Boden nach Wurzeln, Kräutern, Gras und Früchten. Sie fressen aber auch Insektenlarven, Würmer und kleine Wirbellose. Im Sommer suchen sie nur morgens und abends nach Nahrung, im Winter sind sie den ganzen Tag über aktiv. Sie benutzen in ihrem Wohngebiet immer den gleichen, deutlich erkennbaren Wechsel. Das Halsbandpekari orientiert sich vor allem an seinem Gehör; die übrigen Sinne sind bei ihm nur schwach entwickelt.

Wenn ein Weibchen brünstig ist, paart es sich mit mehreren Männchen; dabei kommt es nur selten zu Kämpfen zwischen den Keilern. Nach einer Tragezeit von 142–159 Tagen zieht sich die Bache aus der Gruppe zurück und bringt an einem verborgenen, gut geschützten Platz 2–3 Frischlinge zur Welt. Die Jungen sind schon kurz nach der Geburt aktiv, und nach ein paar Tagen kehrt die Bache mit den Frischlingen zur Gruppe zurück.

FAMILIE HIPPOPOTAMIDAE: Flußpferde
Es gibt 2 Arten Flußpferde, die beide ausschließlich in Afrika vorkommen, obwohl Fossilienfunde gezeigt haben, daß diese Familie einst ein viel größeres Verbreitungsgebiet im südlichen Teil der Alten Welt hatte. Beide Arten verbringen einen großen Teil ihres Lebens im Wasser. Sie sind in verschiedener Hinsicht an diese Lebensweise angepaßt, unter anderem haben sie verschließbare Nasenöffnungen und Hautdrüsen, die als Schutz für ihre fast unbehaarte Haut eine ölige, hellrosa Substanz ausscheiden.

Flußpferd
Hippopotamus amphibius
Verbreitung: Afrika südl. der Sahara bis Namibia und Südafrika (Transvaal)
Habitat: Flüsse oder Seen in Grassteppen
Länge: KRL ♂ 3,2–4,2 m; ♀ 2,8–3,7 m; SL 35–50 cm

Das Flußpferd ist eine der afrikanischen Großwildarten. Es hat einen plumpen Körper und einen massigen Kopf mit einem riesigen Maul, das mit einer eindrucksvollen Anzahl von Zähnen ausgestattet ist. Die Eckzähne sind besonders lang. Die Beine sind kurz und dick, und die Füße haben jeweils 4 mit Schwimmhäuten verbundene Zehen. Wenn sich das Flußpferd im Wasser aufhält, befindet sich der größte Teil seines Körpers unter der Oberfläche. Oft ragen nur die vorstehenden Augen, Ohren und Nasenlöcher aus dem Wasser. Das Tier kann hervorragend schwimmen und tauchen und es bewegt sich mühelos über den Grund von Flüssen oder Seen. Tagsüber ruhen die Flußpferde. Sie liegen dann im Wasser oder auf dem Ufer. Gegen Abend kommen sie an Land, um zu grasen. Außer Gras und anderen Pflanzen fressen sie auch abgefallene Früchte. Flußpferde spielen eine wichtige Rolle in den Lebensgemeinschaften der Binnengewässer. Einerseits halten sie die Ufervegetation in Grenzen, andererseits produzieren sie große Mengen Mist, der im Wasser landet und das Wachstum von Algen und Wirbellosen stimuliert, so daß das gesamte Ökosystem im Gleichgewicht bleibt.

Flußpferde leben in sozialen Gruppen und bilden Herden von ca. 15, manchmal mehr Tieren, die von einem erwachsenen Männchen angeführt werden. Die Männchen sind ziemlich aggressiv und kämpfen regelmäßig um die besten Plätze am Ufer oder um die Leitung der Gruppe. Wenn ein Männchen seinem Rivalen Angst einjagen oder ihn herausfordern will, sperrt es sein Maul so weit wie möglich auf und stößt ein imposantes Gebrüll aus. Wenn es darum geht, die Jungen zu verteidigen, sind alle erwachsenen Tiere sehr aggressiv.

Die Paarung, die im Wasser stattfindet, ist nicht an eine bestimmte Jahreszeit gebunden, doch meist fällt die Geburt der Jungen mit dem Beginn der Regenzeit zusammen, so daß ein reiches Angebot an Gras vorhanden ist. Nach einer Tragezeit von 233–240 Tagen wird im flachen Wasser oder an Land ein Junges geboren. Das Kalb wird etwa ein Jahr lang gesäugt. Gewöhnlich wird das nächste Junge 18–24 Monate später geboren.

Zwergflußpferd
Choeropsis liberiensis
Verbreitung: Guinea bis Nigeria
Habitat: Regenwald, Sümpfe, mit Unterholz bewachsene Ufer
Länge: KRL 1,7–1,9 m; SL 15–21 cm ©

Das Zwergflußpferd ist viel weniger stark an das Wasser gebunden als seine größeren Verwandten. Sein Kopf ist wesentlich kleiner, und es hat längere Beine. Nur die Vorderzehen sind durch Schwimmhäute miteinander verbunden. Das Zwergflußpferd lebt in der Nähe des Wassers, verbringt jedoch die meiste Zeit an Land, wo es sich nachts von Blättern, Sumpfpflanzen, abgefallenen Früchten, Wurzeln und Knollen, die es ausgräbt, ernährt. Dieses Tier lebt alleine in einem Revier, das es gegen Artgenossen verteidigt. Nur Weibchen mit Jungen und brünstige Pärchen leben zusammen. Wenn das Zwergflußpferd sich bedroht fühlt, sucht es in dichtem Gestrüpp oder im Wasser Deckung.

Nach einer Tragezeit von 180–210 Tagen wirft das Weibchen ein Junges, das 3 Jahre lang bei ihm bleibt. Das Zwergflußpferd ist heute in seinem gesamten Verbreitungsgebiet selten und in manchen Gegenden wahrscheinlich schon ausgerottet. Die Ursachen für diesen Rückgang der Art sind intensive Jagd und Vernichtung großer Teile seines Wohngebietes.

Halsbandpekari

Weißbartpekari

Flußpferd

Zwergflußpferd

Chaco

Kamele

FAMILIE CAMELIDAE: Kamele

Die 4 heute lebenden Arten dieser ehemals viel größeren Familie sind die primitivsten unter den Wiederkäuern. Von ihnen sind 2 Arten vollständig domestiziert: das Dromedar und das zweihöckrige Kamel, auch Trampeltier genannt. In der Wüste Gobi leben noch wilde Kamele, und in Südamerika gibt es wilde Populationen von Guanakos und Vikunjas.

Kamele und ihre Verwandten haben sehr spezialisierte Füße. An jedem Fuß befinden sich nur 2 Zehen, doch die Fußknochen sind seitlich verbreitert, und die Solenflächen sind mit dikken, federnden Schwielen gepolstert. Jeder Zeh ist an der Oberseite mit einem kleinen, hufartigen Nagel versehen. Vor allem beim Kamel sind die Schwielenkissen gut entwickelt. Die gespreizten Zehen bieten in sandigem, weichem Boden einen viel besseren Halt als normale Hufe.

Kamele haben einen relativ kleinen Kopf, ihr Maul ist verlängert und endet in einer gespaltenen Oberlippe. Mit Hilfe der langen, nach vorne gerichteten unteren Schneidezähne und mit dem harten Zahnfleisch des Oberkiefers schneiden diese Tiere Pflanzenteile ab. Kamele haben ebenso wie die übrigen Wiederkäuer einen vierteiligen Magen.

Die Höcker der Kamele und der Dromedare sind Fettreservoirs, die als Nahrungsreserve dienen. Sie sind bei den schwierigen Lebensbedingungen dieser Wüstenbewohner von großer Wichtigkeit.

Guanako

Lama guanicoe

Verbreitung: Südamerika: von Peru bis Patagonien
Habitat: Halbwüste bis ca. 5.000 m Höhe
Länge: KRL 1,2–1,7 m; SL 25 cm

Das Guanako ist ein schlankes Tier mit langen Beinen, mit denen es blitzschnell über unebenes Gelände rennen kann. Es wagt sich auf die schmalsten Bergpfade. Es kann sowohl Hitze wie auch Kälte ertragen und lebt vorzugsweise in offenem Gelände. Gras ist seine Hauptnahrung. Die Hengste sind polygam und versammeln einen Harem von 4–10 Weibchen mit ihren Jungen um sich, den sie ängstlich zusammenhalten und gegen Rivalen oder Eindringlinge verteidigen, wenn diese ein Weibchen wegzulocken versuchen. Junge Männchen und Hengste ohne eigenen Harem bilden ebenfalls Gruppen.

Jedes zweite Jahr bringen die Stuten nach einer Tragezeit von 10–11 Monaten eine Junges zur Welt. Das Guanakofohlen ist schon bald nach der Geburt in der Lage, schnell und geschickt mitzulaufen.

Das Lama (*L. g. glama*) und das Alpaca (*L. g. pacos*) sind die domestizierten Formen des Guanakos. Das Lama wird als Last- und Schlachttier gezüchtet, das Alpaca als Woll-Lieferant. Sie können untereinander, aber auch mit wilden Guanakos gekreuzt werden.

Vikunja

Lama vicugna (vicugna v.)

Verbreitung: Südamerika: von Peru bis Nordchile
Habitat: halbtrockenes Grasland in Höhen über 4.000 m
Länge: KRL 1,4–1,6 m; SL 15 cm ©

Das gelbbraune Fell des Vikunjas ist dicht und wollig, und auf seinen Flanken ist das Haar am längsten. Das Fell schützt das Tier vor der Kälte seines Wohngebiets und vor Schnee und Eis. Vikunjas leben in Rudeln von maximal 15 Weibchen, die von einem Hengst zusammengehalten werden, oder in Jungmännergruppen. Jeder Harem hat ein eigenes Revier, das streng vom Leithengst bewacht wird. Bei der geringsten Gefahr warnt er seine Weibchen, damit sie flüchten können. Die Hengstgruppen bestehen zum Großteil aus jungen Männchen. Sie haben kein eigenes Revier, sondern streifen auf Nahrungssuche umher. Da die besten Weidegründe von den Revierinhabern beansprucht werden, werden diese umherstreifenden Junggesellen ständig verjagt, wenn sie sich auf „verbotenes Gelände" begeben. Rivalen unter den Männchen haben die charakteristische Gewohnheit, sich während des Kampfes gegenseitig anzuspucken. Vikunjas sind schnelle, graziöse Tiere, die Geschwindigkeiten von 47 km/h erreichen und in diesem Tempo große Entfernungen zurücklegen können, sogar hoch in den Bergen. Gras und niedrig wachsende Kräuter sind ihre Hauptnahrung. Sie haben ausgezeichnete Augen, doch ihr Gehör und ihr Geruchssinn sind ziemlich schwach.

Nach einer Tragezeit von 10–11 Monaten wirft das Weibchen ein Junges. Fast sofort nach der Geburt kann das Fohlen stehen und laufen; es wird ca. 10 Monate lang gesäugt. Wegen ihrer prachtvollen Wolle und wegen ihres schmackhaften Fleisches hat man die Vikunjas in großen Mengen gejagt. Trotzdem scheint ihre Anzahl seit einigen Jahren wieder zuzunehmen.

(Zweihöckriges) Kamel / Trampeltier

Camelus ferus

Verbreitung: Zentralasien: China, Mongolei
Habitat: Wüste, Steppe
Länge: KRL ca. 3 m; SL ca. 53 cm ©

Das Zweihöckrige Kamel oder Trampeltier ist zwar domestiziert, hat sich aber außerhalb seines ursprünglichen Lebensraumes keineswegs so stark verbreitet wie das Dromedar. In der Wüste Gobi leben nur noch wenige wilde Kamele, und möglicherweise sind sogar sie verwilderte Haustiere. Man hofft jedoch, daß die Population in der Mongolei allmählich wieder zunimmt.

Abgesehen von den beiden Höckern ist das lange, zottige Haar das Hauptmerkmal des Kamels. Im Winter schützt dieses Fell das Tier vor Kälte, im Sommer fällt es in großen Büscheln aus; dann ist das Tier fast kahl. Kamele sind gutartige Tiere, die sich träge in dem für sie charakteristischen, schaukelnden Paßgang fortbewegen. Sie fressen alles, was grün und pflanzlich ist, Gras ebenso wie Blätter von Bäumen und Sträuchern und niedrig wachsende Pflanzen.

Nach einer Tragezeit von 370–440 Tagen bringt das Weibchen ein Junges zur Welt, das innerhalb von 24 Stunden auf den eigenen Beinen stehen kann. Das Junge wird ungefähr 1 Jahr lang gesäugt und ist nach ca. 5 Jahren erwachsen.

Dromedar

Camelus dromedarius

Verbreitung: Nordafrika, Mittlerer Osten; in Australien eingeführt
Habitat: halbtrockenes und trockenes Grasland, Wüsten, Ebenen
Länge: KRL 2,2–3,4 m; SL 50 cm

Das Dromedar oder Einhöckrige Kamel existiert heute nur noch in seiner domestizierten Form. Wahrscheinlich wurde das Tier schon 4.000 v. Chr. zum Haustier. Früher lebte das Dromedar wahrscheinlich in Nordafrika und Arabien. Heute kennt man 2 Haupttypen: ein schwer gebautes langsames Lasttier und ein leichteres, zierliches und schnellfüßiges Reittier. Beide haben ein Fell aus kurzem, zottigem Haar. Scheitel, Nacken, Hals und Rumpf sind mit längerem Haar bedeckt. Dromedare ernähren sich von Gras und anderen Pflanzen. Selbst in Gebieten mit spärlicher Vegetation können sie überleben.

Bestimmte Anpassungen ermöglichen es dem Dromedar, im warmen, trockenen Klima zu leben. Seine auffallendste Eigenschaft ist seine Fähigkeit, lange ohne Wasser auszukommen, in Verbindung mit der Möglichkeit, sehr viel Wasser im Körper zu speichern. Die wichtigste Anpassung ist jedoch der Rückenhöcker; er bietet Schutz vor der Sonne, indem er Wärme absorbiert, und enthält gleichzeitig Fettvorräte, die das Tier verbrennen kann, um Energie und Flüssigkeit zu erhalten. Zwar legt das Dromedar in seinem Höcker keinen Wasservorrat an, wie man früher glaubte, jedoch kann es dies in seinem Magen. Die Nieren resorbieren einen Großteil der Flüssigkeit, indem sie sehr konzentrierten Urin ausscheiden, und auch dem Kot kann vor der Ausscheidung Flüssigkeit entzogen werden. Die Körpertemperatur von Kamelen und Dromedaren sinkt nachts sehr stark ab, und tagsüber wird der Körper so langsam aufgewärmt, daß das Tier lange Zeit nicht zu schwitzen braucht, um seine Temperatur niedrig zu halten. Während Trockenperioden kann ein Kamel bis zu 27 Prozent seines Körpergewichts verlieren, ohne daß es Gefahr läuft zu verdursten. Wenn es 10 Minuten lang trinkt, hat es sich das verlorene Körpergewicht wieder angeeignet. Bei einem Experiment trank ein durstiges Kamel in wenigen Minuten 104 Liter Wasser.

Die Weibchen bringen nur alle zwei Jahre ein Junges zur Welt. Nach einer Tragezeit von 365–440 Tagen zieht sich das Weibchen aus der Herde zurück, um das Junge zu gebären. Wenn das Fohlen nach einem Tag oder etwas länger laufen kann, kehrt die Mutter mit ihm zur Herde zurück. Obwohl das Fohlen ca. 1 Jahr lang gesäugt wird, beginnt es fast unmittelbar nach der Geburt, an Pflanzen zu knabbern, und im Alter von 2 Monaten ernährt es sich regelmäßig von Pflanzen. Mutter und Junges halten durch Rufe Kontakt zueinander; das Fohlen stößt ein klägliches Jammern aus, wenn es von seiner Mutter getrennt wird.

Dromedar
Guanako
Vikunja
Kamel

Hirschferkel, Moschushirsche, Hirsche 1

FAMILIE TRAGULIDAE: Hirschferkel
In den tropischen Wäldern und Mangrovensümpfen Afrikas und Asiens leben 4 Arten von Hirschferkeln oder Wassermoschustieren. Es sind kleine, zarte Tiere, die wie Miniaturrehe aussehen und einen mäuseartigen Kopf haben, wahrscheinlich aber sowohl mit Kamelartigen wie auch mit Schweinen verwandt sind. Ihre Schulterhöhe beträgt nur 20–35 cm, und sie wiegen nicht mehr als 2,3–4,6 kg. Es sind Nachttiere, die hauptsächlich von Pflanzen und Früchten leben.

Afrikanisches Hirschferkel

Hyemoschus aquaticus
Verbreitung: Afrika: von Guinea bis Kamerun, Zaire, Gabun, Zentralafrikanische Republik
Habitat; Wald, Wassernähe
Länge: KRL 75–85 cm; SL 10–15 cm

Das Afrikanische Hirschferkel hat ungefähr die Größe eines stattlichen Hasen, einen kleinen Kopf und kurze, schlanke Beine. Sein Rückenfell ist mit weißen Flecken übersät, und über die Flanken laufen 2 oder 3 weiße Streifen. Tagsüber hält sich das Tier im dichten Unterholz oder in einer Höhle im Flußufer verborgen; nachts verläßt es sein Versteck und ernährt sich von Gras, Blättern und Früchten, aber auch von Insekten, Krabben, Fischen, Würmern und kleinen Säugetieren. Außerhalb der Paarungszeit leben die Afrikanischen Hirschferkel alleine in einem eigenen Revier. Sie halten sich immer in der Nähe von Wasser auf. Als gute Schwimmer bringen sie sich bei Gefahr durch Untertauchen in tiefem Wasser in Sicherheit.

Bei Beginn der Paarungszeit sucht das Männchen ein Weibchen auf; dabei orientiert es sich am Geruch. Bei der Paarung dieser Tiere kommt es zu keinerlei Aggressionen. Nach einer Tragezeit von ca. 4 Monaten bringt das Weibchen ein Junges zur Welt. Das Junge wird etwa 8 Monate lang gesäugt, nimmt aber schon nach 2 Wochen auch feste Nahrung zu sich.

Kleinkantschil

Tragulus javanicus
Verbreitung: Südostasien, Indonesien
Habitat: Tieflandwald, gewöhnlich in Wassernähe
Länge: KRL 40–47 cm; SL 5–8 cm

Das Kleinkantschil, das wie ein Miniaturreh aussieht, hat einen kräftigen Körper und sehr schlanke Beine. Hörner fehlen, doch bei den Männchen sind die oberen Eckzähne verlängert. Kleinkantschils sind Nachttiere, die sich im dichten Unterholz ihres Wohngebiets verbergen und sich auf schmalen, tunnelförmigen Wechseln fortbewegen. Sie ernähren sich von Gras, Blättern, abgefallenen Früchten und Beeren. Abgesehen von der Paarungszeit leben die Tiere alleine.

Nach einer Tragezeit von ca. 5 Monaten bringt das Weibchen ein Junges zur Welt.

FAMILIE CERVIDAE: Hirsche
UNTERFAMILIE MOSCHINAE:
Moschushirsche od. Moschustiere
Der Moschushirsch, von dem es mehrere Unterarten gibt, lebt in Zentral- und Nordostasien. Wegen einiger Besonderheiten gegenüber den Hirschferkeln einerseits und den Echthirschen andererseits bildet diese Art eine eigene Unterfamilie in der Familie der Hirsche (Cervidae). Die Schulterhöhe der Tiere beträgt etwa 50–60 cm, sie besitzen kein Geweih, doch haben sich ihre oberen Eckzähne zu großen Fangzähnen entwickelt. Den Namen Moschushirsch verdankt die Art einer wachsähnlichen Substanz, die die Männchen in der Brunftzeit aus einer Drüse ausscheiden, die sich am Bauch vor den Geschlechtsorganen befindet.

Moschustier

Moschus moschiferus
Verbreitung: Himalaya bis Zentralchina
Habitat: Wald, dichtes Unterholz in 2.600–3.600 m Höhe
Länge: KRL ca. 1 m; SL 4–5 cm

Das Moschustier hat ein dichtes Fell aus langen, borstigen Haaren, die es vor dem oft sehr rauhen Klima seines Wohngebiets schützen. Die Geschlechter unterscheiden sich äußerlich kaum; nur haben die Männchen dolchförmige Eckzähne und eine Drüse am Bauch, die in der Brunftzeit ein stark riechendes Sekret (Moschus) ausscheidet. Moschustiere leben meist alleine, bilden jedoch manchmal kleine Gruppen von maximal 3 Tieren. Sie sind vor allem morgens und abends aktiv und ernähren sich von Gras, Moos und jungen Trieben. Im Winter müssen sie sich mit Flechten, kleinen Zweigen und Knospen begnügen. Zu Beginn der Brunftzeit kämpfen die Böcke um die Führung und den damit verbundenen Besitz des größten „Harems". Sie versuchen, einander mit dem Hals zu umschlingen und auf den Boden zu drücken, und setzen dabei auch ihre Stoßzähne ein, mit denen sie ihren Gegnern tiefe Wunden in Haut und Fleisch reißen können. Nach einer Tragezeit von ca. 160 Tagen bringen die Weibchen ein Junges zur Welt.

UNTERFAMILIE CERVINAE: Echthirsche
In Nord- und Südamerika, Europa, Nordwestafrika und Asien leben etwa 34 Arten von Echthirschen. Man findet sie in allen möglichen Lebensräumen, von den Polargebieten bis zu den Tropen. Hirsche sind schlanke, zierliche Pflanzenfresser mit außergewöhnlich langen Beinen. Ihr auffälligstes Merkmal ist das Geweih, das bei allen männlichen Hirschen mit Ausnahme des Wasserrehs vorhanden ist. Bei den meisten Hirscharten bildet sich jedes Jahr ein neues Geweih, das am Ende des Winters oder zu Beginn des Frühlings abgeworfen wird und im Sommer nachwächst. Das vollentwickelte Geweih dient als Waffe bei den Kämpfen, die sich die Männchen im Herbst um die Führung liefern. Das Wachstum des Geweihs wird hormonell gesteuert und außerdem durch Veränderungen in der Tageslänge beeinflußt.

Wasserreh

Hydropotes inermis
Verbreitung: China, Korea; in England eingeführt
Habitat: Flußufer mit Schilfgras und Binsen, Grasland, Ackerland
Länge: KRL 77,5–100 cm; SL 6–7,5 cm

Das chinesische Wasserreh ist die einzige Hirschart ohne Geweih; jedoch hat das Männchen am Oberkiefer dolchförmige Eckzähne. Bei Männchen wie Weibchen befinden sich in den Leisten kleine Duftdrüsen, die charakteristisch für das Wasserreh sind. Chinesische Wasserrehe sind Nachttiere, die alleine oder in Paaren leben und nur selten Rudel bilden. Sie ernähren sich von Schilf und Binsen, harten Gräsern und anderen Pflanzen. In der Brunftzeit liefern die Männchen einander schwere Kämpfe um die Führung. Nach einer Tragezeit von ca. 6 Monaten wirft das Weibchen 4 Junge, der größte Wurf, der bei den Hirscharten vorkommt.

Chinesischer Muntjak

Muntiacus muntjak* ssp. *reevesi
Verbreitung: Südostchina, Taiwan; in England und Frankreich eingeführt
Habitat: dichtes Unterholz, hügeliges Gelände; Parklandschaften (in England und Frankreich)
Länge: KRL 80–100 cm; SL 11–18 cm

Das Geweih des männlichen Muntjaks ist klein (nur selten länger als 15 cm), doch dies wird durch die dolchförmigen Stoßzähne kompensiert, die sich aus den unteren Eckzähnen entwickelt haben. Beim Weibchen sind diese Stoßzähne kleiner. Chinesische Muntjaks haben klar abgegrenzte Reviere, die sie fast nie verlassen und die vorzugsweise in Gebieten liegen, in denen ihnen die Vegetation ausreichend Schutz bietet. Sie leben alleine oder in Paaren und bilden nur selten größere Gruppen. Obwohl der Chinesische Muntjak eigentlich ein Nachttier ist, ist er in Gebieten, wo er nicht gestört wird, auch in der Morgendämmerung aktiv. Gras, niedrig wachsende Blätter und junge Sprossen bilden seine Hauptnahrung. Die Männchen kämpfen erbittert um die Führung; dabei setzen sie ihre Stoßzähne als Waffen ein und stoßen bellende Laute aus. Nach einer Tragezeit von ca. 6 Monaten bringt das Weibchen gewöhnlich ein Junges zur Welt.

Schopfhirsch

Elaphodus cephalophus
Verbreitung: Südchina, Nordburma
Habitat: dichtes Unterholz, in Wassernähe
Länge: KRL ca. 1,6 m; SL 7–12 cm

Der männliche Schopfhirsch ist an seinem langen Haarbüschel auf der Stirn zu erkennen. Die kleinen Rosenstöcke seines winzigen Geweihs sind fast völlig in diesem Haarschopf verborgen. Der Schopfhirsch ist ein Nachttier und lebt meist allein. Er ernährt sich von Gras und anderer pflanzlicher Nahrung.

Das Weibchen wirft nach einer Tragezeit von ca. 6 Monaten ein Junges.

Moschustier ♂
Afrikanisches Hirschferkel
Wasserreh ♂
Kleinkantschil
Schopfhirsch ♂
Chinesischer Muntjak

Hirsche 2

Davidshirsch

Elaphurus davidianus

Verbreitung: ursprünglich China; jetzt in Naturreservaten und Wildparks, in China wieder eingeführt

Habitat: Naturreservate, Wildparks

Länge: KRL 1,5 m; SL 50 cm

Um 1920 wurde der Davidshirsch in freier Wildbahn ausgerottet. Anfang dieses Jahrhunderts brachte man jedoch einige dieser seltenen Tiere aus China nach England und setzte sie auf dem Gelände von Woburn Abbey in Bedfordshire aus. In diesem Wildpark gediehen die Tiere ausgezeichnet. Heute findet man Davidshirsche in zahlreichen Tiergärten und Wildparks auf der ganzen Welt, und in China ist die Art auch wieder in der freien Natur eingeführt worden.

Der Davidshirsch hat eine dichte Mähne auf Hals und Nacken, und sein Schwanz ist für einen Hirsch außergewöhnlich lang. Das Geweih besteht beidseitig aus einer kurzen, verzweigten, nach vorne gerichteten und einer langen, gebogenen, nach hinten weisenden Stange. Die Tiere ernähren sich hauptsächlich von Gras, aber auch von Wasserpflanzen. Den größten Teil des Jahres leben sie in Rudeln, die von einem dominanten Männchen angeführt werden. Zwei Monate vor und nach der Brunftzeit zieht sich das Männchen aus dem Rudel zurück.

Während der Brunftzeit kämpfen rivalisierende Männchen um die Herrschaft über den Harem. Die Weibchen werfen nach einer Tragezeit von ca. 250 Tagen 1–2 Junge.

Weißwedelhirsch

Odocoileus virginianus

Verbreitung: Südkanada, USA, Mittel- und Südamerika bis Peru und Brasilien

Habitat: Wald, Sümpfe, Buschland

Länge: KRL 1,5–2 m; SL bis zu 28 cm

Der Weißwedelhirsch ist sehr anpassungsfähig. Er kann sowohl in den subarktischen Regionen wie auch in den Tropen leben. Die Anpassungsfähigkeit des Tiers zeigt sich auch in seiner Nahrung: Es ernährt sich von zahlreichen Grasarten, Kräutern, Sträuchern, Zweigen, Pilzen, Nüssen und Flechten. Der Weißwedelhirsch ist ein schlankes, lebhaftes Tier mit einem langen, an der Unterseite weißen Schwanz. Typisch ist auch das weiße Band quer über der Nase und der weiße Kehlfleck. Weißwedelhirsche sind scheue Tiere, und sie leben nur selten in Rudeln. Allerdings sammeln sie sich in strengen Wintern an windstillen, geschützten Orten.

Es ist nicht sicher, ob die Männchen einen Harem haben, doch liefern sie sich in der Brunftzeit erbitterte Kämpfe um den Besitz von Weibchen. Die Tragezeit beträgt 6½–7 Monate. Junge Weibchen werfen meist nur ein Junges, ältere 2–3. Die Hirschkälber können gleich nach der Geburt laufen. Sie werden ca. 4 Monate lang gesäugt.

Elch

Alces alces

Verbreitung: Nordeuropa und Asien: von Skandinavien bis Sibirien; Alaska, Kanada, Norden der USA; eingeführt in Neuseeland

Habitat: Nadelwälder, oft in der Nähe von Seen und Flüssen

Länge: KRL 2,5–3 m; SL 5–7,5 cm

Der Elch ist der größte unter den Hirschen und leicht an seiner Größe, seiner kräftigen, breiten Schnauze mit der weit überhängenden Oberlippe und dem großen Halslappen zu erkennen. Das Geweih des Männchens ist abgeflacht und handförmig verbreitert und weist eine große Anzahl kurzer Verzweigungen auf. Der Elch ist kein Gemeinschaftstier wie die anderen Hirsche, sondern lebt außerhalb der Brunftzeit meist alleine. Im Winter ernährt er sich von holzigen Pflanzen, im Sommer hauptsächlich von Wasserpflanzen. Der Elch watet zum Grasen ins Wasser und kann ausgezeichnet schwimmen.

Die Männchen (Elchhirsche) versuchen die Elchkühe durch dumpfes Brüllen anzulocken, und sie kämpfen erbittert gegen ihre Rivalen. 8 Monate nach der Paarung wirft die Elchkuh ein Junges, manchmal auch 2. Das Kalb wird ca. 6 Monate lang gesäugt, bleibt jedoch ein gutes Jahr bei der Mutter.

Rentier / Ren / Karibu

Rangifer tarandus

Verbreitung: Nordeuropa und Asien: von Skandinavien bis Sibirien; Alaska, Kanada, Grönland

Habitat: Tundra

Länge: KRL 1,2–2,2 m; SL 10–21 cm

Alle Unterarten des Rentiers oder Karibus einschließlich des domestizierten Rentiers gelten heute als eine Art. Die verschiedenen Unterarten variieren in der Farbe von fast schwarz über braun, grau bis weiß. Das Rentier ist die einzige Hirschart, bei der beide Geschlechter ein Geweih tragen; allerdings ist das des Weibchens kleiner. Das Geweih der Rentiere hat eine einzigartige Form, da die unterste, nach vorne gerichtete Stange auch verzweigt ist. Die Weibchen und ihre Jungen bilden Rudel, die erwachsenen Männchen leben meist alleine. Manche Populationen legen auf dem Weg von ihren Brutplätzen in der Tundra zu den südlichen Weidegründen, wo sie überwintern, Hunderte von Kilometern zurück. Gras und andere Tundrapflanzen sind im Sommer die Hauptnahrung der Rentiere; im Winter müssen sie sich vorwiegend mit Flechten begnügen. Um diese zu finden, scharren sie mit ihren Hufen den Schnee weg.

Im Herbst kämpfen die Männchen um Harems von 5–40 Weibchen. Diese gebären nach einer Tragezeit von ca. 240 Tagen ein Junges, manchmal auch zwei. Schon wenige Stunden nach der Geburt können die jungen Rentiere mit der Herde ziehen.

Rothirsch / Edelhirsch

Cervus elaphus (C. canadensis)

Verbreitung: Westeuropa, Nordwestafrika, Asien bis Westchina, Nordwestamerika; in Neuseeland eingeführt

Habitat: Parklandschaften, Bergland, Ebenen, Hochmoore

Länge: KRL 1,6–2,5 m; SL 12–15 cm

Der Rothirsch, von den Amerikanern Wapiti genannt, hat ein rotbraunes Sommerfell und ein graubraunes Winterkleid. Ältere Männchen tragen meist ein Geweih mit 2 nach vorne gerichteten Stangen dicht am Rosenstock; bei jungen Männchen ist es nur eine. Im Herbst und Winter wächst am Hals der Männchen eine dichte Mähne. Rothirsche bilden Rudel und sind vor allem am späten Nachmittag oder am frühen Abend aktiv. Sie ernähren sich von Gras, Heidesträuchern, Blättern und Knospen.

Im Herbst tragen die Männchen erbitterte Kämpfe um den Besitz eines Reviers oder eines Harems aus, wobei sie ihre Geweihe gegeneinander schlagen. Sie verteidigen ihre Weibchen während der ganzen Brunftzeit und kehren im Winter wieder zu den ausschließlich aus männlichen Tieren bestehenden Rudeln zurück. Die Hirschkühe werfen nach einer Tragezeit von ca. 8 Monaten ein Junges, seltener 2. Die Kälber können schon wenige Minuten nach der Geburt selbständig laufen.

Reh

Capreolus capreolus

Verbreitung: Europa und Asien: von England bis Südostsibirien, Südchina

Habitat: Parklandschaften

Länge: KRL 95–130 cm; SL 2–4 cm

Das Reh ist die kleinste einheimische europäische Hirschart und die einzige Hirschart überhaupt, die fast keinen Schwanz hat. Der Hinterleib des Rehs ist hell gefärbt, das übrige Fell ist im Sommer rotbraun, im Winter graubraun. Rehkitze sind gescheckt. Die Geweihstangen des Rehbocks haben nie mehr als 3 Enden. Diese scheuen, anmutigen Tiere leben außerhalb der Brunftzeit meist alleine, doch im Winter bilden sie kleine Gruppen („Feldrudel"). Sie sind hauptsächlich in der Morgen- und Abenddämmerung aktiv und fressen Gras, Kräuter und die zarten Blätter von Bäumen und Sträuchern.

In der Brunftzeit („Blattzeit") markiert der Rehbock ein Revier, indem er sein Geweih an den Baumstämmen reibt, bis der Bast abgefegt ist und das Holz freiliegt. Er hat nur ein Weibchen und verteidigt sie und sein Gebiet gegen Rivalen. Die Tragezeit beträgt 9–10 Monate und ist damit viel länger als bei den meisten anderen Hirschen. Der Grund ist eine sogenannte Vortragezeit, in der sich das Embryo noch nicht entwickelt (verzögerte Einnistung); diese Zeit dauert ungefähr 4½ Monate. Dadurch fällt sowohl die Paarung wie auch die Geburt der Jungen in die günstigste Jahreszeit. Bevor die Rehkitze (meist 1, manchmal 2) geboren werden, verjagen die Weibchen die Jungen vom Vorjahr.

Elch ♂
Rothirsch ♂
Weißwedelhirsch ♂
Rentier ♂
Davidshirsch ♂
Reh ♂

Hirsche 3, Giraffen, Gabelhorntiere

Pampashirsch / Kampfhirsch

Odocoileus bezoarticus (Ozotoceros b.)

Verbreitung: Südamerika: Brasilien, Paraguay, Uruguay, Nordargentinien
Habitat: Grasland, offene Ebenen
Länge: KRL 1,1–1,3 m; SL 10–15 cm Ⓑ

Der schlanke Pampashirsch oder Kampfhirsch mit seinen langen Beinen lebte ursprünglich nur im hohen Gras der Pampas. Da die Pampas heute in riesige Getreidefelder umgewandelt worden sind, hat sich das Tier in andere Gegenden zurückgezogen und lebt heute oft in bewaldeten Gebieten. Nur das Männchen trägt ein Geweih, dessen vorderste Stangen nicht verzweigt ist; die gabeln sich ein- oder zweimal. Die geschlechtsreifen Männchen haben Fußdrüsen, die ein stark nach Knoblauch riechendes Sekret ausscheiden, das noch im Umkreis von 1 km zu riechen ist. Im Winter leben die Pampashirsche alleine oder in Paaren, im Frühling bilden sie kleine Familienrudel. Tagsüber ruhen sie im Gebüsch, abends grasen sie. Einige Unterarten des Pampashirschs sind heute aufgrund uneingeschränkter Jagd und der Umwandlung ihres ehemaligen Lebensraums in Ackerland sehr selten geworden.

Anders als die meisten Hirsche bleibt der männliche Pampashirsch auch nach der Geburt des Kalbes beim Weibchen und hilft ihm, das Junge vor Feinden zu schützen.

Nordpudu

Pudu mephistopheles

Verbreitung: Südamerika: von Kolumbien bis Nordperu
Habitat: Wald, sumpfiges Grasland in 2.000–4.000 m Höhe
Länge: KRL 65 cm; SL 2,5–3,5 cm Ⓤ

Der Nordpudu ist der kleinste einheimische amerikanische Hirsch. Er hat kurze, schlanke Beine, einen runden Rücken und ein kleines, kurzes Geweih. Sein dunkelbraunes Fell ist dick und dicht. Er ist ein scheues, unauffälliges Tier. Über seine Lebensweise ist wenig bekannt, denn sein hochgelegener, unzugänglicher Lebensraum erschwert jede Erforschung. Man nimmt an, daß der Nordpudu alleine oder in Gruppen lebt und sich von Blättern, jungen Trieben und Früchten ernährt.

Gewöhnlich wird zwischen November und Januar ein Junges geboren.

FAMILIE GIRAFFIDAE: Giraffen

Die Giraffen bilden eine sehr spezialisierte Familie von Wiederkäuern. Mittlerweile steht fest, daß die ersten Giraffen in der Alten Welt lebten. Die beiden heute lebenden Arten sind die letzten einer ehemals formenreichen Familie. Sowohl die Giraffe wie auch das Okapi leben in Afrika.

Beide Arten haben charakteristische, mit Haut bedeckte stumpfe Hörner, die sie nie abwerfen. Die Giraffe hat einen sehr langen Hals und lange Beine; sie ist das „höchste" Landtier.

Giraffe

Giraffa camelopardalis

Verbreitung: Afrika südl. der Sahara
Habitat: Savanne
Länge: KRL 3–4 m; SL 90–100 cm

Die Giraffe hat lange Beine und einen sehr langen Hals. Wenn sie sich aufrichtet, erreicht sie eine Schulterhöhe von 3,3 m, und der Abstand vom Boden zum Kopf beträgt bei dieser Art fast 6 m. Das charakteristische Muster dunkler Flecken auf hellem Untergrund variiert sowohl zwischen den Tieren verschiedener Regionen wie auch zwischen den einzelnen Exemplaren. Manche von ihnen sind fast schwarz oder ganz weiß, wobei die Flecken völlig fehlen können. Sowohl die männlichen wie auch die weiblichen Tiere haben ein Paar mit Haut bedeckte Hörner auf der Stirn und manchmal noch ein zweites, kleineres Paar weiter hinten auf dem Scheitel. Bei einigen Giraffen wächst zwischen diesen beiden Hörnerpaaren noch ein zusätzlicher Hornzapfen. Am Ende des Schwanzes befindet sich ein Büschel langer Haare.

Giraffen leben meist in Gruppen von 6, manchmal 12 Tieren, und gelegentlich schließen sie sich auch zu größeren Herden zusammen. Eine Gruppe besteht aus mehreren Weibchen mit Jungen und einem männlichen Leittier. Die Männchen kämpfen um den Besitz der Weibchen, indem sie versuchen, mit Nacken und Kopf miteinander zu ringen. Giraffengruppen durchstreifen ein eigenes Revier und knabbern meist frühmorgens und am Nachmittag in den Kronen von Akazien und anderen Dornbäumen an Blättern, Knospen und Früchten. Manchmal fressen sie auch Gras, Kräuter und Getreide. Mittags ruhen die Giraffen im Schatten, und nachts schlafen sie ein paar Stunden im Liegen oder Stehen.

Nach einer Tragezeit von mehr als einem Jahr (meist 400–468 Tage) bringen die Weibchen ein Junges zur Welt, manchmal auch 2. Die Jungen werden immer beim ersten Morgenrot geboren. Die Säugezeit beträgt 6–12 Monate, doch erst nach 10 Jahren sind Giraffen erwachsen.

Okapi

Okapia johnstoni

Verbreitung: Zaire
Habitat: Regenwald
Länge: KRL 1,2–2 m; SL 30–42 cm

Das Okapi bewohnt dichte Regenwälder. Obwohl die einheimischen Pygmäen schon seit langer Zeit Jagd auf die Tiere machten, wurde das Okapi für die Wissenschaft erst 1901 vom damaligen Gouverneur von Uganda entdeckt. Er glaubte, daß das Tier wegen seiner Streifen mit den Zebras verwandt sein müsse. Tatsächlich ähnelt es jedoch auf frappierende Weise primitiven Stammformen der Giraffen, die nur aus Fossilienfunden bekannt sind. Das Okapi hat einen gedrungenen Körper mit einem leicht nach hinten abfallenden Rücken und auffälligen Streifen an den Beinen. Nur der Hengst trägt kurze, mit Haut bedeckte Hörner, die denen der Giraffe ähneln. Die Zunge der Tiere ist so lang, daß sie sich damit selbst Augen und Augenlider sauberlecken können.

Okapis leben alleine in einem eigenen Revier und treffen einander nur in der Paarungszeit. Sie ernähren sich von Blättern, Knospen und jungen Trieben, die sie mit ihrer langen Zunge von den Bäumen pflücken. Außerdem fressen sie Gras, Farne, Früchte, Pilze und Maniok. Die Paarung findet gewöhnlich im Mai und Juni oder im November und Dezember statt, manchmal jedoch auch zu völlig anderen Jahreszeiten. 421–457 Tage nach der Paarung wirft das Weibchen ein Junges. Das junge Okapi wird 10 Monate lang gesäugt und ist erst im Alter von 4 bis 5 Jahren erwachsen.

FAMILIE ANTILOCAPRIDAE: Gabelhorntiere

Der nordamerikanische Gabelbock, der in Kanada, den USA und im Norden von Mexiko lebt, ist der einzige noch lebende Vertreter der Gruppe der antilopenartigen Wiederkäuer der Neuen Welt. Eine andere Anschauung sieht im Gabelbock einen Verwandten der Hornträger (Familie Bovidae), doch die meisten Zoologen ordnen das Tier heute wegen seiner merkwürdigen Hörner einer eigenen Familie zu.

Gabelbock

Antilocapra americana

Verbreitung: Kanada, Westen der USA, Mexiko
Habitat: Prärie, Wüste
Länge: KRL 1–1,5 cm; SL 7,5–10 cm Ⓑ

Männliche wie weibliche Gabelböcke haben echte, knochige Hörner, obwohl die des Weibchens nur klein sind und kaum auffallen. Die Knochenzapfen sind mit einer Hornscheide aus speziellen, miteinander verklebten Haaren bedeckt, und das Besondere beim Gabelbock ist, daß diese Hornscheiden jährlich abgeworfen werden. Die kleinen, nach vorne gerichteten Gabelungen der Hörner sind tatsächlich Teil dieser Scheide. Der Gabelbock ist eines der schnellsten Tiere Nordamerikas. Er kann Geschwindigkeiten bis 75 km/h erreichen. Auch ist er ein guter Schwimmer. Im Sommer streift er in kleinen, losen Gruppenverbänden umher, doch im Winter bilden die Tiere größere Herden mit bis zu 100 Exemplaren. Gabelböcke sind tagsüber aktiv, grasen aber vorwiegend morgens und am Abend. Außer Gras fressen sie auch Kräuter und Stauden wie Beifuß. Bei Gefahr spreizt das Tier die weißen Haare an seinem Hinterleib weit auseinander, was für seine Artgenossen ein deutliches Signal ist.

Manche Männchen haben einen Harem, den sie in erbitterten Kämpfen gegen Rivalen verteidigen. Die Weibchen gebären nach einer Tragezeit von 230–250 Tagen. Beim ersten Wurf bekommt ein Weibchen meist nur ein Junges, in den darauffolgenden Jahren sind es oft 2 oder sogar 3. Schon 4 Tage nach der Geburt können junge Gabelböcke schneller laufen als Menschen.

Der Gabelbock ist heute infolge intensiver Jagd, Nahrungskonkurrenz durch Vieh und durch Vernichtung seines natürlichen Lebensraums selten geworden.

Nordpudu ♂
Okapi ♂
Gabelbock ♂
Giraffe
Pampashirsch ♂

Hornträger 1

FAMILIE BOVIDAE: Hornträger

Diese Familie von biologisch und ökonomisch wichtigen pflanzenfressenden Huftieren umfaßt ca. 123 Arten, von denen die Hausrinder, die Schafe und die Ziegen zweifellos die bekanntesten sind. Die Familie ist wahrscheinlich in Eurasien entstanden und erst vor relativ kurzer Zeit nach Nordamerika gewandert. In Südamerika gibt es keine Hornträger. Am besten hat die Familie sich in Afrika entwickelt.

In ihrem weitläufigen Verbreitungsgebiet nutzen die Hornträger nahezu alle Lebensräume: Grasland, Wüste und Tundra ebenso wie dichte Wälder. So unterschiedlich wie die Lebensräume sind Größe und Körperbau der verschiedenen Arten. Zu den Hornträgern gehören sowohl die riesigen Büffel wie auch die kleinen Antilopen und die unterschiedlichsten Zwischenformen. Die Gruppe hat jedoch einige gemeinsame Merkmale. An den Hinter- und Vorderfüßen dieser Tiere sind nur die dritten und vierten Zehen übriggeblieben, und diese sind zu gespaltenen Hufen zurückgebildet. Alle Hornträger haben einen komplizierten, vierteiligen Magen, in dem ihre pflanzliche Nahrung durch symbiotische Mikroorganismen abgebaut wird. Das für die Hornträger so charakteristische Wiederkäuen hängt mit der besonderen Eigenart dieses Verdauungssystems zusammen. Die Nahrung wird dabei aus der ersten Magenkammer noch einmal in das Maul zurückbefördert, wo sie erneut gekaut wird. Meistens haben beide Geschlechter hohle Hörner, doch die der Männchen sind gewöhnlich größer. Die Hörner dienen bei Kämpfen als Waffen.

Großer Kudu

Tragelaphus strepsiceros

Verbreitung: Afrika: vom Tschad-See bis Eritrea, Tansania; von Sambia bis Angola und Südafrika; in Nordmexiko eingeführt

Habitat: dichte Akazienbüsche; felsiges, hügeliges Land; trockene Flußbetten, in Wassernähe

Länge: KRL 1,8–2,45 m; SL 35–55 cm

Der große, schlanke Kudu ist eine der schönsten Antilopen. Das Männchen trägt lange, spiralförmig gedrehte Hörner, und auch das Weibchen hat manchmal kleine Hörner. Beim Laufen legt der Bulle seine Hörner flach auf den Rükken. Innerhalb des großen Verbreitungsgebietes gibt es verschiedene Farbvarianten, und auch die Anzahl der Streifen auf den Flanken der Tiere variiert. Kudus sind vor allem Blattfresser. Sie grasen hauptsächlich am frühen Morgen und am späten Abend. Außer Blättern lassen sie sich junge Triebe und Samen schmecken und in Trockengebieten auch wilde Melonen. Nachts plündern sie manchmal Äcker und springen dabei mühelos über 2 Meter hohe Zäune. Sie haben ein ausgezeichnetes Gehör und einen guten Geruchsinn, doch ist ihr Sehvermögen ziemlich schlecht. Kudus bilden meist kleine Herden von 6–12 Weibchen mit Jungen, manchmal auch mit 1–2 älteren Bullen. In anderen Fällen leben die Bullen alleine oder in Junggesellengruppen. Nach einer Tragezeit von ca. 7 Monaten bringt das Weibchen ein Junges zur Welt, das etwa 6 Monate lang gesäugt wird.

Elenantilope

Taurotragus oryx (Tragelaphus o.)

Verbreitung: Afrika: von Äthiopien bis Angola und Südafrika; meist in Wildparks in Namibia, der Nördlichen Kapprovinz, Natal, Mozambique

Habitat: offenes Gelände, Savanne, Mopani-Busch, Bergwälder über 4.500 m Höhe, Halbwüste

Länge: KRL 2,1–3,5 m; SL 50–90 cm

Die Elenantilope ist ungefähr so groß wie ein Ochse und damit die größte Antilopenart. Ein erwachsener Bulle kann bis zu 900 kg wiegen. Das Weibchen ist kleiner und etwas leichter gebaut, auch die Hörner sind leichter, und sie hat auch keinen „Pony" wie das Männchen. Elenantilopen leben in Gruppen von 6–24 Tieren und sind ständig auf der Suche nach Nahrung und Wasser. In Trockenzeiten legen sie riesige Entfernungen zurück und bilden große Herden. Alte Bullen leben meist alleine, junge Männchen bilden Junggesellenrudel. Elenantilopen grasen morgens und in der Dämmerung, manchmal auch in mondhellen Nächten. Außer Blättern, jungen Trieben, Melonen, Knollen, Rüben und Zwiebeln fressen sie Pflanzen mit fleischigen Blättern. Ihr Geruchssinn ist ebensogut wie ihr Sehvermögen, und wenn Gefahr droht, flieht die ganze Herde.

Nach einer Tragezeit von 8½–9 Monaten wird gewöhnlich ein Kalb geboren, das ungefähr eine Woche an einem geschützten Ort bleibt; danach ist es in der Lage, seiner Mutter zu folgen. Das Jungtier wird ungefähr 6 Monate lang gesäugt.

Bongo

Taurotragus euryceros (Tragelaphus e.)

Verbreitung: Afrika: von Sierra Leone bis Sudan (außer Nigeria), Kenia, Tansania

Habitat: Wald, Unterholz, Bambuswälder

Länge: KRL 1,7–2,5 m; SL 45–65 cm

Das erwachsene Bongomännchen ist mit seinen bis zu 227 kg Gewicht die größte waldbewohnende Antilope. Das kastanienbraune Fell des Bullen wird dunkler, je älter er wird. Beide Geschlechter haben lange, schmale, leierförmige Hörner, die die Tiere beim Laufen auf den leicht gebogenen Rücken senken, damit sie sich nicht im Geäst verhaken. Bongos sind sehr scheu und verstecken sich tagsüber im dichten Unterholz. In der Morgen- und Abenddämmerung suchen sie nach Blättern, jungen Trieben, Rinde und vermodertem Holz, und sie fressen auch Früchte. Mit ihren Hörnern graben sie Pflanzenwurzeln aus. Nachts wagen sie sich zum Grasen in offenes Gelände und in Plantagen.

Bongos leben in Paaren oder kleinen Gruppen, die aus Weibchen und Jungen und einem einzigen Männchen bestehen. Ältere Bullen leben alleine. Nach 9½ Monaten Tragezeit wirft das trächtige Weibchen ein Kalb.

Nyala

Tragelaphus angasi

Verbreitung: Afrika: von Malawi bis Südafrika (Natal)

Habitat: dichte Tieflandwälder, Dickichte in der Savanne, in Wassernähe

Länge: KRL 1,35–2 m; SL 40–55 cm

Der Nyala lebt in sehr dichtem Unterholz und verläßt dieses nur in der Morgen- und Abenddämmerung. Die Bullen sind groß und schlank, haben große Ohrmuscheln und ein zottiges Fell. Weibchen und Junge sind rotbraun gefärbt; ihnen fehlen die langen Haarfransen am Bauch, die Hörner und die weißen Gesichtsstreifen, die charakteristisch für die Bullen sind. Die Weibchen sind auch viel kleiner als die Männchen. Nyalas leben in Gruppen von 8–16 Weibchen mit ihren Jungen, alleine oder mit einem oder mehreren Bullen; es gibt auch vereinzelt lebende Bullen und Junggesellengruppen. Am Ende der Trockenzeit bestehen die Herden manchmal aus mehr als 50 Tieren. Nyalas knabbern an Blättern, jungen Trieben, an Rinde und Baumfrüchten. Sie stellen sich auf die Hinterbeine, um die zartesten Blätter zu erreichen. Sie fressen auch gerne junges, zartes Gras.

Nach einer Tragezeit von 8½ Monaten wird ein Junges geboren; eine Woche nach der Geburt paaren sich die Weibchen erneut.

Nilgauantilope

Boselaphus tragocamelus

Verbreitung: Indien (nicht Sri Lanka)

Habitat: Wald, Grassteppen

Länge: KRL 2–2,1 m; SL 46–54 cm

Der Nilgau ist die einzige Art der Gattung *Boselaphus*. Dies ist die größte Antilopenart Indiens. Die Vorderbeine des Tiers sind etwas länger als die Hinterbeine; der Kopf ist lang und läuft spitz zu. Der Bulle trägt kurze Hörner und am Hals ein Haarbüschel. Beide Geschlechter haben ein Fell aus kurzen, dünnen Haaren, die bei den Bullen rotbraun, bei den Weibchen heller gefärbt sind. Weibchen und Junge leben in Rudeln, die Bullen meist alleine oder in kleinen Gruppen. Nilgaus sind Blattfresser, fressen jedoch auch Früchte und Zuckerrohr und können auf Äckern großen Schaden anrichten.

Nach einer Tragezeit von ca. 9 Monaten wirft das Weibchen 2 Junge. Bei Kämpfen um den Besitz der Weibchen lassen sich die Bullen auf die „Knie" nieder. Die erneute Paarung erfolgt unmittelbar nach der Geburt der Jungen.

Vierhornantilope

Tetracerus quadricornis

Verbreitung: Indien (nicht Sri Lanka)

Habitat: lichter Wald

Länge: KRL 1 m; SL 12,5 cm

Diese kleine Antilope ist die einzige Art ihrer Gattung. Die Männchen haben als einzige in der Familie der Hornträger 2 Paar kurze, nicht beringte, spitz zulaufende Hörner. Die beiden hinteren Hörner sind 8–10 cm lang, die vorderen 2,5–4 cm. Letztere bestehen wahrscheinlich ganz aus dunkelgefärbter, unbehaarter Haut. Die Vierhornantilope lebt nicht in Rudeln. Gewöhnlich findet man nicht mehr als 2 Tiere zusammen, und oft ist es dann ein Weibchen mit seinem Jungen. Die Tiere leben von Gräsern und Pflanzen und trinken oft. Beim geringsten Anzeichen von Gefahr suchen sie mit eigenartigen kurzen Sprüngen im Unterholz Deckung.

Die Paarung findet in der Regenzeit statt, und nach einer Tragezeit von ca. 6 Monaten werden 1–3 Junge geboren.

Bongo
Nyala ♂
Nilgauantilope ♂
Vierhornantilope ♂
Großer Kudu ♂
Elenantilope ♂

Hornträger 2

Gaur

Bos gaurus

Verbreitung: Indien, Südostasien
Habitat: bewaldete Hügel
Länge: KRL 2–2,5 m; SL 60–80 cm Ⓖ

Der Gaur war früher in hügeligen, bewaldeten Gebieten sehr verbreitet. Heute leben nur noch vereinzelte Herden in abgelegenen Gegenden, in Wildparks und in Reservaten. Obwohl diese Art unter Naturschutz steht, ist es kaum möglich, den Schutz außerhalb der Reservate wirksam durchzusetzen; deshalb ist die Art immer noch ernsthaft bedroht.

Der Gaur ist ein kräftiges, massiges Tier mit einem riesigen Kopf, schweren Hörnern und einem auffälligen Muskelwulst auf dem Widerrist, der sich ungefähr bis zur Mitte des Rückens erstreckt. Die Weibchen sind kleiner als die Bullen und haben kürzere und leichtere Hörner. Die Fellfarbe der Tiere variiert von rötlich bis dunkelbraun oder nahezu schwarz, die Beine sind unten weiß. In den heißesten Stunden des Tages und auch nachts suchen die Tiere, die in kleinen Herden von ungefähr 12 Exemplaren umherstreifen, Schatten und Schutz im Wald, doch am frühen Morgen und in der Abenddämmerung wagen sie sich in offenes Gelände, wo sie grasen und manchmal an Blättern und an der Rinde junger Bäume knabbern.

Während der Brunft, deren Zeitpunkt von Gebiet zu Gebiet variiert, schwärmen die Bullen durch den Wald und suchen nach paarungsbereiten Kühen. Wenn ein Gaurbulle solch ein Weibchen gefunden hat, verjagt er alle anderen Männchen. Vor der Geburt zieht sich das Weibchen ein Stück aus der Herde zurück, um ihr Kalb an einem sicheren, geschützten Ort zu werfen. Einige Tage später kehrt die Mutter mit dem Jungen zu den anderen Tieren zurück.

Banteng

Bos javanicus

Verbreitung: Bali, Burma bis Java, Borneo
Habitat: bewaldetes Hügelland bis 2.000 m Höhe
Länge: KRL 2 m; SL 85 cm Ⓖ

Der Banteng hat ein blauschwarzes Fell, weiße „Stiefel“, und einen ebenfalls weißen Spiegel auf dem Hinterleib. Im Aussehen ähnelt er sehr einer gewöhnlichen Kuh. Weibchen und Junge sind hellrotbraun gefärbt. Die Schulterhöhe der Bullen kann 1,5 m betragen. Die älteren Bullen haben zwischen den Hörnern ein unbehaartes Hautstück. Bantengs sind wachsame, scheue Tiere. Sie leben gerne in dichten Wäldern mit Lichtungen, auf denen sie nachts grasen. In der Regenzeit ziehen sie höher in die Berge und fressen dort junge Bambustriebe.

Bantengs leben in Herden von 10–30 Tieren. Ältere Bullen sondern sich häufig ab. Die Paarung findet während der Trockenzeit statt, und nach einer Tragezeit von 9½–10 Monaten bringen die Weibchen 1–2 Junge zur Welt. 3 Unterarten existieren nur noch in kleinen Populationen: *B. j. birmanicus* in Burma, Thailand und Teilen von Indochina, *B. j. javanicus* auf Java und *B. j. lowi* auf Borneo; alle drei sind ernsthaft bedroht oder schon ausgerottet.

Wasserbüffel

Bubalus arnee

Verbreitung: Indien, Südostasien; eingeführt in Europa, Afrika, Philippinen, Japan, Hawai, Mittel- und Südamerika, Australien
Habitat: dichtes Unterholz, Riedland in sumpfigen Gebieten
Länge: KRL 2,5–3 m; SL 60–100 cm

Der Wasserbüffel ist ein gewaltiges Tier mit riesigen, gespaltenen Hufen und einer Schulterhöhe von 150–180 cm. Er hat einen langen, schmalen Kopf, und seine flachen, sichelförmigen Hörner werden (am äußeren Rand entlang gemessen) bis zu 120 cm lang; es sind die größten von allen Hornträgern. Der plumpe Körper des Tiers ist spärlich mit ziemlich langem, grobem schwarzem Haar bewachsen, und auf der Stirn befindet sich eine Art „Pony“ aus harten Haaren. Wasserbüffel grasen vor allem am frühen Morgen und in der Abenddämmerung, aber auch nachts, und zwar vorzugsweise im sumpfigen Ufergebiet von Seen und Flüssen. Wenn sie nicht grasen, liegen sie die meiste Zeit im Wasser; dann ist nur die Schnauze zu sehen. Auch wälzen sie sich gerne im Schlamm, denn wenn dieser auf ihrem Körper zu einer harten Kruste geworden ist, schützt er sie einigermaßen gegen Insekten.

Wasserbüffel leben in Herden von wechselnder Größe. In der Brunftzeit sammeln die Büffel einige Weibchen aus der Herde um sich. Die trächtigen Weibchen bringen nach 10 Monaten 1–2 Kälber zur Welt, die fast 1 Jahr lang von ihnen gesäugt werden. Wasserbüffel können bis zu 18 Jahre alt werden.

Wegen ihres sanftmütigen Charakters sind diese Tiere in Indien und Südostasien schon seit 3.000 v. Chr. domestiziert und dienen als Lasttiere. Außerdem liefern sie hochwertige Milch, und aus ihrer Haut wird ausgezeichnetes Leder gemacht. Man schätzt die Zahl der Hausbüffel allein in Indien und Südostasien auf ca. 75 Millionen. Außerdem hat man sie überall eingeführt, wo Klima und Lebensraum sich für Wasserbüffel eignen. Manche dieser eingeführten Hausbüffel sind dann wieder verwildert, beispielsweise in Australien. Es gibt höchstens noch 2.000 echte wilde Wasserbüffel.

Anoa

Bubalus depressicornis

Verbreitung: Celebes
Habitat: Tieflandwälder
Länge: KRL 1,6–1,7 m; SL 18–31 cm Ⓑ

Der Anoa ist der kleinste asiatische Büffel. Die Schulterhöhe des erwachsenen Männchens beträgt nur 69–106 cm. Trotzdem ist das Tier kräftig gebaut, es hat einen dicken Nacken und kurze, schwere Hörnern, die maximal 38 cm lang werden. Es ist immer auf der Hut vor Feinden und verhält sich sehr aggressiv, wenn es in die Enge getrieben wird. Junge Tiere haben ein dickes, wolliges, gelbbraunes Fell, das sich im Alter dunkelbraun oder nahezu schwarz mit großen weißen Flecken färbt. Sehr alte Tiere sind manchmal fast kahl. Wahrscheinlich lieben Anoas es deshalb, zu baden oder sich im Schlamm zu wälzen. Sie grasen nur frühmorgens und ernähren sich von Wasserpflanzen und jungen Schilfstengeln. Den Rest des Tages liegen sie meist zu zweit ruhig im Schatten. Nur kurz vor der Geburt der Kälber schließen sie sich zu Herden zusammen. Nach einer Tragezeit von ca. 9½–10 Monaten wird meist ein Junges geboren.

Unter günstigen Bedingungen können Anoas 20–25 Jahre alt werden, doch die Vernichtung ihres Lebensraums hat diese Tiere dazu gezwungen, sich in unzugängliche, sumpfige Gebiete zurückzuziehen. Auch die intensive Jagd auf ihre Hörner, ihr Fleisch und ihre dicken Häute hat den Fortbestand der Art gefährdet.

Yak

Bos mutus

Verbreitung: Westchina, tibetisches Hochland, Nordindien, Kaschmir
Habitat: abgelegenes Bergland bis 6.000 m Höhe
Länge: KRL ♂ bis zu 3,25 m; SL 50–80 cm Ⓑ

Früher lebten diese riesenhaften Tiere in ihrem gesamten Verbreitungsgebiet in großer Anzahl, doch jahrhundertelange Jagd und Verfolgung hat die Yaks gezwungen, sich in die alpine Tundra und in die Zonen des ewigen Schnees zurückzuziehen, so daß sie heute in wärmeren, niedriggelegenen Gebieten nicht mehr leben können. Mit seinem gedrungenen Körperbau, seinem festen Tritt selbst auf den steilsten Bergpfaden, seinem langen, braunschwarzen Haarkleid und den langen Zottelhaaren am Bauch ist der Yak sehr gut für das unwegsame Gelände und das rauhe Klima seines Wohngebiets ausgerüstet. Bei den Männchen beträgt die Schulterhöhe im Durchschnitt 2 m, die Weibchen sind kleiner und haben nur ein Drittel des Gewichts der männlichen Yaks. Beide Geschlechter haben schwere, nach vorne gedrehte Hörner, die ihnen als Verteidigungswaffe dienen. Wenn sich eine Yakgruppe bedroht fühlt, „igelt sie sich ein„: Die erwachsenen Tiere stellen sich im Kreis um die Kälber, wobei sie ihre Köpfen nach unten und die Hörner nach vorne richten.

Yaks grasen morgens und abends und fressen alles, was sie an Pflanzen finden können. Die restliche Zeit verbringen sie ruhend und mit Wiederkäuen. Gewöhnlich ziehen sie in ziemlich großen Gruppen umher, die aus mehreren Weibchen mit Jungen und einem Leitbullen besteht. Junggesellen bewegen sich in Gruppen von 2–3 Tieren. Nach einer Tragezeit von 9½–10 Monaten bringt das Weibchen im Herbst ein Junges zur Welt.

Der wilde Yak ist als Art ernstlich bedroht, doch sein domestizierter Verwandter, der Hausyak (*B. m. grunniens*), wird von den Tibetern schon jahrhundertelang als Last- und Zugtier gehalten; außerdem liefert er Milch, Fleisch, Wolle und Häute. Der Hausyak ist meistens nur halb so groß wie sein wilder Verwandter, und er hat oft keine Hörner. Sein Fell ist stark rot gefärbt, oft mit braunen, schwarzen und manchmal weißen Flecken.

Banteng ♂
Anoa ♂
Gaur ♂
Wasserbüffel ♂
Yak ♂

Hornträger 3

Bison

Bison bison

Verbreitung: Nordamerika
Habitat: Prärie, lichter Wald
Länge: KRL 2,1–3,5 m; SL 50–60 cm

Der Bison bevölkerte früher einmal in Millionenzahl die nordamerikanischen Prärien, ist jedoch von den ersten europäischen Kolonisten zu Anfang des 20. Jahrhunderts in Massen abgeschlachtet und fast völlig ausgerottet worden. Mittlerweile ist es der American Bison Society gelungen, in Reservaten wieder kleine Herden aufzubauen. Dort leben die Bisons in halbwildem Zustand, und man schätzt, daß es heute wieder etwa 20.000 Exemplare sind. Die Schulterhöhe der Bullen kann 2,9 m betragen. Ihre Schultern sind besonders kräftig, und sie haben ein dickes, zottiges braunschwarzes Fell, das Kopf, Nacken und Vorderbeinen ein sehr massiges Aussehen verleiht. Das Weibchen ist dem Bullen sehr ähnlich, jedoch etwas kleiner; junge Tiere sind rotbraun. Beide Geschlechter haben kurze, scharfe Hörner.

Bisons sind echte Grasfresser. Sie bilden Herden, deren Stärke von Familiengruppen bis zu einigen tausend Tieren variiert. Früher durchstreiften die Bisons auf der Suche nach neuen Weidegründen in riesiger Zahl das Land. Die Tiere grasen vor allem morgens und abends. Tagsüber ruhen sie, käuen wieder, suhlen sich in Schlammpfützen oder im Sand, um lästige Parasiten loszuwerden.

In der Brunftzeit kämpfen die Bullen um den Besitz der Weibchen. Diese bringen nach einer Tragezeit von 9 Monaten an einem von der Herde entfernten Ort ein Kalb zur Welt. Wenige Stunden nach der Geburt schließen sich Mutter und Junges wieder den anderen Tieren an. Das Kalb wird ungefähr 1 Jahr lang gesäugt und bleibt bei der Mutter, bis es im Alter von fast 3 Jahren geschlechtsreif ist.

Wisent

Bison bonasus

Verbreitung: Polen, UdSSR
Habitat: Wald
Länge: KRL 2,1–3,5 m; SL 50–60 cm

Ebenso wie sein amerikanischer Verwandter, der Bison, lebt der Wisent, der früher in ganz Europa verbreitet war, heute nur noch in halbwilden Herden in Reservaten: 3 davon gibt es in Polen, 11 in der UdSSR. Die größten Herden befinden sich im Bialowieza-Wald an der Grenze der beiden Länder. Diese Art ist infolge der Abholzung fast des gesamten Urwaldes zurückgegangen, denn Wisents sind Blattfresser; ihre Hauptnahrung besteht aus Blättern, Farnen, Zweigen, Baumrinde und im Herbst aus Eicheln.

Der Wisent ähnelt sehr dem Bison, ist jedoch weniger schwer gebaut und hat längere Hinterbeine. Das Fell ist dicht und wollig, um Schnauze und Augen herum jedoch kurz und glatt. Die Hörner sind leichter und viel länger als die des Bisons. Bei den Männchen können sie bis zu 51 cm lang werden. Nach einer Tragezeit von 9 Monaten bringt das Weibchen ein Junges zur Welt, das 2–3 Jahre bei ihr bleibt.

Kaffernbüffel

Synceros caffer

Verbreitung: Afrika südl. der Sahara
Habitat: vielfältig, jedoch immer in Wassernähe
Länge: KRL 2,1–3 m; SL 75–110 cm

Der Kaffernbüffel ist die einzige Art seiner Gattung; man unterscheidet 3 Unterarten: den Eigentlichen Kaffernbüffel oder Schwarzbüffel (*S. c. caffer*), der die Savannen und Steppen bewohnt (er wird im folgenden beschrieben); den Rot- oder Waldbüffel (*S. c. nanus*), der kleiner, etwas rötlicher ist und nur in Wäldern lebt; schließlich den Gras- oder Sudanbüffel (*S. c. brachyceros*), eine Mischform der beiden anderen Unterarten. Der Kaffernbüffel hat einen kräftigen Körper, einen großen Kopf, ein breites, feuchtes Maul, große, herabhängende Ohren und schwere Hörner, die auf der Stirn zusammentreffen. Der Kaffernbüffel ist aggressiv, kampflustig und keine leichte Beute für Jäger, denn er greift sofort an oder hält sich, wenn er verwundet ist, im dichten Unterholz verborgen, um eventuell nachfolgende Jäger zu attackieren. Außer den Menschen sind auch Löwen und manchmal die Krokodile Feinde des Kaffernbüffels.

Dieses Tier hat sich an die verschiedensten Lebensräume angepaßt. Es lebt sowohl in Wäldern wie auch in Halbwüsten, so lange nur Weidegründe und genügend Wasser vorhanden sind, denn Kaffernbüffel trinken morgens und abends und liegen gerne im Wasser oder nehmen Schlammbäder. Diese Tiere grasen nachts. Sie ernähren sich hauptsächlich von Gras, Blättern und kleinen Sträuchern. Tagsüber ruhen sie im dichten Unterholz. Ihr Hör- und Sehvermögen ist mittelmäßig, doch ihr Geruchssinn ist sehr gut entwickelt. Kaffernbüffel leben in Herden von 12 bis zu mehreren hundert Tieren. Oft werden solche Herden von älteren Weibchen geleitet, obgleich auch ein erwachsener Bulle eine wichtige Rolle spielt. Alte Bullen sondern sich von den Herden ab und bilden unabhängige Gruppen von 2–5 Tieren.

Kaffernbüffeln sind normalerweise nicht laut, sie bellen und grunzen jedoch in der Brunftzeit, deren Zeitpunkt je nach Gebiet variiert und vom Klima abhängig zu sein scheint. Nach einer Tragezeit von 11 Monaten gebiert das Weibchen ein Kalb, das ein Fell aus langen, braunschwarzen Haaren hat, die jedoch allmählich verschwinden, wenn es aufwächst.

Schwarzrückenducker

Cephalophus dorsalis

Verbreitung: Afrika: von Sierra Leone bis Ostzaire und Nordangola
Habitat: dichter Regenwald
Länge: KRL 70–100 cm; SL 8–15 cm

Zu den Duckern (Unterfamilie Cephalophinae) gehören 2 Gattungen: die Schopfducker (*Cephalophus*), zu denen auch der Schwarzrückenducker zählt, und die Kronen- oder Buschducker (*Sylvicapra*). Der Schwarzrückenducker ist ein typischer Schopfducker mit seinen schlanken Beinen, dem leicht gebogenen Rücken und dem glatten, samtweichen Fell. Sowohl das Männchen wie auch das Weibchen haben kleine, nach hinten gerichtete Hörner, die sich manchmal unter dem Haarbüschel auf der Stirn verbergen. Ducker sind scheue Tiere. Wenn sie aufgeschreckt werden, verschwinden sie sofort im dichten Unterholz. Sie sind vorwiegend nachts aktiv und ernähren sich von Gras, Blättern und Früchten. Um diese zu erreichen, steigen sie sogar in die Sträucher oder klettern auf umgefallene Bäume.

Schwarzrückenducker leben alleine oder in Paaren. Die Weibchen gebären nach einer Tragezeit von 7–8 Monaten jeweils ein Junges. 3 Monate später ist das Jungtier selbständig.

Gelbrückenducker

Cephalophus sylvicultor

Verbreitung: Afrika: vom Senegal bis Kenia, Sambia, Nordangola
Habitat: feuchter Bergwald
Länge: KRL 1,15–1,45 m; SL 11–20,5 cm

Der Gelbrückenducker gehört ebenfalls zu den Schopfduckern, und wahrscheinlich ist er der größte der gesamten Unterfamilie der Dukker. Diese Art ist erkennbar am gutentwickelten Haarschopf auf der Stirn und an einem keilförmigen orangefarbenen Flecken aus buschigem, aufrechtstehendem Haar auf dem Rücken. Beide Geschlechter haben lange, dünne, spitz zulaufende Hörner. Die Jungen verlieren im Alter von 8 Monaten ihr dunkleres Fell.

Gelbrückenducker leben in Paaren oder alleine und halten sich wann immer möglich im dichten Unterholz verborgen. Sie sind nachts aktiv, und ihre abwechslungsreiche Ernährung umfaßt Blätter, Kräuter, Gras, Beeren, Termiten, Schlangen, Eier und Aas. Die ansässige Bevölkerung jagt die Tiere wegen ihres Fleisches. Außer dem Menschen sind Leoparden, Schakale, Pythons und große Raubvögel Feinde der Ducker.

Kronenducker

Sylvicapra grimmia

Verbreitung: Afrika südl. der Sahara
Habitat: alle Geländearten außer Wüste und Regenwald, bis zu 4.600 m Höhe
Länge: KRL 80–115 cm; SL 10–22 cm

Der Kronenducker unterscheidet sich in verschiedener Hinsicht von den Schopfduckern. Er hat einen geraderen Rücken und ein dickeres, zum Grau tendierendes Fell. Der Haarschopf auf der Stirn ist gut entwickelt, und das Männchen hat scharfe Hörner, die beim Weibchen oft fehlen. Der Kronenducker ist sehr anpassungsfähig. Er kann sich in fast jedem Lebensraum zurechtfinden, von der Buschsteppe bis zum Grasland; manchmal dringen diese Tiere sogar in Plantagen und Anbaugebiete ein. Die Böcke verteidigen ihr Revier heftig gegen Eindringlinge; sie haben feste Wechsel, „Toiletten" und Ruheplätze. Nachts knabbern sie an Blättern und Zweigen, wobei sie sich auf die Hinterbeine stellen, um die größten Leckerbissen zu erreichen. Sie fressen aber auch Früchte, Beeren, Termiten, Schlangeneier und vor allem Küken und Perlhühner.

Die Kronenducker treten meist alleine oder in Paaren auf, bilden jedoch während der Brunft kleine Gruppen. Der Zeitpunkt der Brunft variiert innerhalb des Verbreitungsgebietes, doch ist er stets von der Regenzeit abhängig. Nach einer Tragezeit von 4–4½ Monaten bringt das Weibchen ein Junges zur Welt; meist wird im gleichen Jahr noch ein weiteres Junges geboren.

Gelbrückenducker
Bison ♂
Kronenducker ♂
Wisent ♁
Kaffernbüffel ♂
Schwarzrückenducker

Hornträger 4

Litschi-Wasserbock

Hydrotragus leche (Kobus l.)

Verbreitung: Afrika: Zaire, Sambia, Angola, Botswana, Südafrika

Habitat: Überschwemmungsgebiete, Sümpfe, Seen

Länge: KRL 1,3–1,7 m; SL 30–45 cm ⓖ

Der Litschi-Wasserbock oder die Litschi-Moorantilope hat 3 Unterarten, deren Färbung von kastanienbraun bis graubraun variiert. Bei allen Unterarten trägt der Bock schlanke, leierförmige Hörner, die bis zu 91 cm lang werden und zunächst nach hinten und anschließend wieder nach vorne gebogen sind. Die Unterart *H. l. kafuensis* hat besonders schöne Hörner. Mit ihren auffällig langen und spitzen, sehr weit spreizbaren Hufen sind die Litschi-Wasserböcke vollkommen an das Leben in sumpfigem Gelände angepaßt; auf trockenem Boden sind sie nicht besonders schnell. Sie verlassen das Wasser nur, um vom Grasen auszuruhen oder um zu kalben. Die meiste Zeit über waten sie durch Wasser von ca. 50 cm Tiefe und sammeln dort Wasserpflanzen und Gras. Die Tiere können ausgezeichnet schwimmen, wenn Gefahr droht sogar unter Wasser; dann sind nur noch ihre Nasenlöcher zu sehen.

Litschi-Wasserböcke bilden in der Brunftzeit riesige Herden von mehreren hundert Tieren. Die Böcke liefern sich erbitterte Kämpfe, obwohl sie kein echtes Revier haben. Außerhalb der Brunftzeit bilden junge Böcke gesonderte Junggesellengruppen. Nach einer Tragezeit von 7–8 Monaten bringt das Weibchen ein Junges zur Welt.

Uganda-Kob

***Adenota (Kobus) kob** ssp. thomasi*

Verbreitung: Afrika: von Uganda bis südl. des Victoria-Sees

Habitat: Grassteppen, Savannen mit vereinzeltem Baumbestand, in der Nähe nicht austrocknender Flüsse und Seen

Länge: KRL 1,2–1,8 m; SL 18–40 cm ⓖ

Der Uganda-Kob ist eine anmutige, kräftig gebaute Antilope von mittlerer Größe. Er ist eine Unterart der Kob-Antilope, die ihm sehr ähnelt, jedoch ist bei ihm das Fell um die Augen völlig weiß. Böcke und Weibchen sehen gleich aus, doch nur die Böcke haben leierförmige Hörner, die von der Seite betrachtet eine S-Form bilden. Bei den Kob-Antilopen leben Männchen und Weibchen meist in getrennten Herden von 20–40, manchmal auch bis zu 100 Tieren. Diese Graser sind vor allem in der Morgen- und Abenddämmerung aktiv, sie begeben sich allerdings tagsüber oft ins Wasser, um Wasserpflanzen zu fressen. Löwen, Leoparden, Tüpfelhyänen und Afrikanische Wildhunde sind ihre Hauptfeinde. Allein lebende Tiere legen sich bei Gefahr oft flach auf den Boden.

In der Paarungszeit hat jedes brunftige Männchen eine eigene „Arena“ von 9–15 m Durchmesser, aus der es alle anderen Männchen vertreibt. Weibchen dürfen den Bereich ungehindert betreten; sie paaren sich mit mehreren Männchen. Nach einer Tragezeit von 8½–9 Monaten wird ein Junges geboren, und da die Weibchen sich fast sofort danach erneut paaren, können sie in einem Jahr 2 Junge werfen.

Wasserbock

Kobus ellipsiprymnus

Verbreitung: Afrika südl. der Sahara bis zum Sambesi, östl. bis Äthiopien

Habitat: Savanne, Waldland, felsiges Hügelland, in Wassernähe

Länge: KRL 1,8–2,2 m; SL 22–45 cm

Die zahlreichen Unterarten des Wasserbocks, der auch Hirschantilope genannt wird, variieren in der Farbe von gelb- oder rötlichbraun bis grau und grauschwarz. Manche haben ein weißes Band oder einen weißen Flecken auf dem Steiß. Der Wasserbock hat große, behaarte Ohrmuscheln, die an der Innenseite weiß sind und eine schwarze Spitze haben. Die Männchen tragen schwarze, mit zahlreichen Ringen versehene Hörner, die halbmondförmig gebogen und nach hinten gerichtet sind. Der Wasserbock ist ein großes Tier mit einer Schulterhöhe von 1,2–1,4 m und einem Gewicht von 160–230 kg. In der Haut befinden sich Drüsen, die ein moschusartiges Sekret bilden. Da dies leicht den Geschmack ihres Fleisches beeinflußt, werden sie nur selten gejagt. Die Hauptfeinde des Wasserbocks sind Löwen, Leoparden und afrikanische Wildhunde. Wie schon der Name erwarten läßt, verbringen Wasserböcke viel Zeit im Wasser oder in dessen Nähe und trinken oft; bei Gefahr flüchten sie ins Schilf. Als echte Graser haben sie eine Vorliebe für junge, zarte Grastriebe.

Wasserböcke ziehen in kleinen Herden von maximal 25 Tieren umher; meist bestehen solche Herden aus Weibchen und Jungen und einem Leitbock. Junge Männchen bilden Junggesellengruppen. Nach einer Tragezeit von ca. 9 Monaten bringt das Weibchen ein Junges zur Welt.

Großer Riedbock

Redunca arundium

Verbreitung: Afrika: von Zaire, Tansania südl. bis Südafrika

Habitat: offene Ebenen, Hügelland mit ausreichender Deckung, in Wassernähe

Länge: KRL 1,2–1,4 m; SL 18–30 cm

Der Große Riedbock ist eine mittelgroße Antilope mit einer Schulterhöhe von ca. 90 cm, ein anmutiges Tier, das sich auf eigentümliche Weise mit sehr hohen Sprüngen fortbewegt. Während des Rennens schwingt der dicke, behaarte Schwanz fortwährend auf und nieder. Das Männchen markiert und verteidigt sein Revier, indem es seinen weißen Kehlflecken zeigt und mit hocherhobenem Kopf sehr hohe Sprünge vollführt. Außerdem stoßen Riedböcke, wenn sie sich bedroht fühlen oder sich verteidigen, beim Laufen ein gellendes, hohes Pfeifen aus. Die Geschlechter ähneln einander, doch das Weibchen ist kleiner und hat nicht die gerillten, gekrümmten Hörner des Männchens. Junge Tiere sind graubraun. Riedböcke ernähren sich von Gras und jungen Trieben, plündern jedoch auch Äcker.

Der Große Riedbock lebt alleine, in Paaren oder in kleinen Familiengruppen. Nach einer Tragezeit von 7½ Monaten wird ein Junges geboren, das nach ca. einem Jahr geschlechtsreif ist und die für erwachsene Tiere typische Fellfarbe bekommt.

Pferdeantilope / Roan

Hippotragus equinus

Verbreitung: Afrika südl. der Sahara

Habitat: offenes Waldland, trockene Buschvegetation, Savanne, in Wassernähe

Länge: KRL 2,4–2,6 m; SL 60–70 cm

Die Pferdeantilope oder die Roan hat 6 Unterarten, deren Fellfarbe von grau bis rötlichbraun variiert. Die Pferdeantilope, nach der Elenantilope und dem Kudu die größte afrikanische Antilopenart, gehört zu den Pferdeböcken (Unterfamilie Hyppotraginae). Wie der Name schon sagt, hat sie mit ihrem langgestreckten Kopf und ihrer aufrechtstehenden Mähne eine entfernte Ähnlichkeit mit einem Pferd. Die nach hinten gekrümmten Hörner des Männchens sind kurz, aber stark, die des Weibchens weniger robust. Pferdeantilopen leben gewöhnlich in Herden von ca. 20 Weibchen mit ihren Jungen unter der Führung eines alten Bocks und oft in Gesellschaft von Spießböcken, Schwarzfersenantilopen, Weißschwanzgnus, Büffeln, Zebras und Straußen. Junge Böcke bilden Junggesellengruppen. Die Hauptfeinde dieser Tiere sind Löwen, Leoparden, afrikanische Wildhunde und Hyänen. Die Nahrung der Pferdeantilope besteht zu mindestens 90 Prozent aus Gras und Blättern. Da sie nur selten Früchte fressen, müssen sie viel trinken.

Pferdeantilopen sind aggressiv; die Böcke kämpfen auf den Knien und schwenken dabei ihre Hörner mit heftigem Ruck nach hinten. Während der Brunftzeit nimmt sich der Bock ein Weibchen aus der Herde, und das Paar lebt eine Weile allein. Nach einer Tragezeit von 8½–9 Monaten bringt das Weibchen ein Kalb zur Welt, das nach 2½–3 Jahren geschlechtsreif ist.

Rehantilope / Rehböckchen

Pelea capreolus

Verbreitung: Südafrika

Habitat: grasbewachsene Hügel und Ebenen mit niedrigem Gebüsch und vereinzelten Bäumen

Länge: KRL 1–1,2 m; SL 10–20 cm

Das Rehböckchen ist eine kleine, anmutige Antilope, die nur 22,5 kg wiegt; sein Fell ist weich und wollig. Das Männchen hat gerade, fast glatte Hörner, die 15–27 cm lang werden können. Rehböckchen leben von Gras und dem Blattwerk von Sträuchern. Die äußerst scheuen Tiere flüchten bei der geringsten Gefahr, wobei sie den Hinterleib hoch in die Luft werfen. Rehböckchen leben meist in Familienguppen, die aus einem Leitbock und 12 oder mehr Weibchen und ihren Jungen bestehen. Junge Männchen leben meist alleine. Das Männchen verteidigt sein ausgedehntes Revier sehr streng und markiert es, indem es mit der Zunge Schnalzlaute erzeugt, eine Drohhaltung einnimmt und Urin verspritzt. Trotz seiner Kleinwüchsigkeit ist das Männchen sehr kampflustig, und es ist bekannt, daß es sogar Schafe, Ziegen und Bergriedböcke angreift und tötet; auch vor kleineren Raubtieren scheut es nicht zurück.

Während der Brunftzeit liefern sich die Männchen rituelle Kämpfe, ohne sich jedoch ernstlich zu verletzen, und sie jagen einander ständig. Nach einer Tragezeit von 9½ Monaten wirft das Weibchen ein Junges, manchmal auch 2.

Litchi-Wasserbock ♂
Rehantilope ♂
Uganda-Kob ♂
Großer Riedbock ♂
Pferdeantilope ♂
Wasserbock ♂

Hornträger 5

Weiße Oryx

Oryx gazella* ssp. *leucoryx

Verbreitung: Südosten von Saudi-Arabien (Gebiet um Rub' al Khali)

Habitat: Wüste

Länge: KRL 1,6 m; SL 45 cm Ⓑ

Die Weiße Oryx Arabiens ist die kleinste und seltenste Unterart des Spießbocks (*Oryx gazella*) und die einzige, die außerhalb Afrikas verbreitet ist. Sie ist ein echtes Wüstentier, das sich von Gras und Sträuchern ernährt und große Entfernungen zurücklegt, um Eßbares zu finden. Die Weiße Oryx ist ausgezeichnet an ihren trockenen Lebensraum angepaßt, denn sie braucht nicht zu trinken und bezieht alle notwendige Flüssigkeit aus den Pflanzen, von denen sie sich ernährt. Mit ihren Hufen und Hörnern scharrt sie unter einem Strauch oder am Fuß einer Sanddüne ein Loch, in dem sie Schutz vor der Sonne sucht.

Obwohl Spießböcke im allgemeinen friedliche Herdentiere sind, liefern sich die Männchen in der Brunftzeit heftige Kämpfe. Wenn sie sich in die Enge getrieben fühlen, werden sie sehr aggressiv. Nach einer Tragezeit von 8 Monaten wird ein Junges geboren.

Infolge der Jagd gehört die Weiße Oryx heute zu den stark bedrohten Tierarten. Obwohl diese Unterart unter Naturschutz steht, ist sie in freier Wildbahn wahrscheinlich schon ausgerottet, denn seit 1927 ist kein einziges Exemplar dieser Art mehr gesehen worden. Man hofft jedoch, daß man die Tiere nachzüchten kann, und hat zu diesem Zweck einige Exemplare gefangen und zu einer Zuchtgruppe zusammengefaßt, die später wieder in die Freiheit entlassen werden soll.

Streifengnu

Connochaetes taurinus

Verbreitung: Afrika: von Südkenia bis Norden Südafrikas

Habitat: Grasland, Buschsavanne

Länge: KRL 1,7–2,4 m; SL 60–100 cm

Durch sein ziemlich schwerfälliges Äußeres, seinen traurigen Gesichtsausdruck (der auf die dunkle Farbe und den Spitzbart zurückzuführen ist), seinen holprigen Gang und durch sein ständiges Schnaufen und Grunzen ist das Streifengnu der „Clown" unter den Antilopen. Trotzdem ist es eine sehr erfolgreiche Art.

Gnus sind ausgesprochene Herdentiere; in der Trockensaison kann man in Ostafrika Herden von Zehntausenden dieser Tiere umherstreifen sehen. Sie legen auf der Suche nach Wasser und Weidegründen rund 1600 km zurück. In der Brunft bestehen die Herden aus ungefähr 150 Weibchen und Jungen und jeweils 1–3 Männchen. Die Bullen patrouillieren um die Herde, halten ihren Harem zusammen und verteidigen sogar während der Wanderung eine bestimmte Zone im Umkreis. Gnus leben fast ausschließlich von Gras und müssen oft trinken. Man sieht sie häufig zusammen mit Zebras und Straußen; möglicherweise profitieren sie von der Wachsamkeit dieser Arten, was ihnen etwas mehr Sicherheit vor ihren Feinden verschafft: Löwen, Geparden, Afrikanischen Wildhunden und Hyänen.

Die Geschlechter ähneln einander äußerlich sehr, nur sind die Weibchen etwas kleiner. Nach einer Tragezeit von 8½ Monaten bringen die Weibchen jeweils ein Kalb zur Welt, das schon 3–5 Minuten nach der Geburt auf den eigenen Beinen stehen kann.

Mendesantilope

Addax nasomaculatus

Verbreitung: Afrika: Ostmauritanien, Westmali; vereinzelt in Algerien, Tschad, Niger und Sudan

Habitat: Sand- und Steinwüste

Länge: KRL 1,3 m; SL 25–35 cm Ⓖ

Mit ihrem massiven Kopf und Widerrist und dem im Vergleich dazu schlanken Hinterleib sieht die Mendesantilope etwas merkwürdig aus. Zwischen den einzelnen Exemplaren dieser Art gibt es große Farbunterschiede, doch alle haben einen dunkelbraunen „Stirnpony", und beide Geschlechter tragen schlanke, spriralförmig gewundene Hörner. Mendesantilopen sind Wüstenbewohner. Mit ihren breiten, weit spreizbaren Hufen können sie sehr gut in weichem Sand laufen. Sie trinken nie, sondern beziehen ihren Wasserbedarf vollständig aus der aufgenommenen Nahrung, zu der auch Sukkulenten gehören. Ihre Wandergewohnheiten richten sich nach den sporadischen Regenfällen: Die Tiere scheinen einen siebten Sinn dafür zu haben, wo nach einem Regenschauer die spärliche Wüstenvegetation aufsprießen wird. Gewöhnlich leben Mendesantilopen in Herden von 20–200 Exemplaren.

Nach einer Tragezeit von 8½ Monaten bringen die Weibchen ein Junges zur Welt.

Kuhantilope / Hartebeest

Alcelaphus buselaphus

Verbreitung: Afrika südl. der Sahara

Habitat: Grasebenen

Länge: KRL 1,7–2,4 m; SL 45–70 cm

Die Unterart *A. b. buselaphus*, die Nordafrikanische Kuhantilope, ist ausgestorben, aber es gibt noch 14 weitere Unterarten, von denen mindestens 2, *A. b. swaynei* und das Tora (*A. b. tora*) infolge von Krankheiten, Jagd und Vernichtung ihres Lebensraums ernstlich bedroht sind.

Kuhantilopen sehen auf den ersten Blick etwas merkwürdig aus. Sie haben eine stark abfallende Rückenlinie und einen langen, schmalen Kopf mit Hörnern, die auf einer Art Sockel stehen. Männchen wie auch Weibchen tragen Hörner, deren Form und Größe variiert. Auch die Farbe des Fells variiert von dunkel schokoladenbraun bis sandfarben. Diese geselligen Tiere leben in Herden von 4–30 Exemplaren, die aus Weibchen, Jungen und einem Leitbock bestehen. Letzterer wacht über seinen Harem, oft von einem günstigen Ausguck auf einem Termitenhügel aus. Obwohl Kuhantilopen lange Zeit ohne Wasser auskommen können, trinken sie, wann immer sich die Gelegenheit bietet, und sie baden gerne im Schlamm; auch lieben sie Salzlecken. Sie haben eine Vorliebe für junges Gras, das nach Steppenbränden aufsprießt, und sie grasen oft in Gesellschaft von Zebras, Gnus und Gazellen. Ebenso wie für diese Tiere ist auch für die Kuhantilopen der Löwe der ärgste Feind.

Nach einer Tragezeit von 8 Monaten wird ein Junges geboren, das ca. 3 Jahre bei der Mutter bleibt; in diesem Alter bilden junge Männchen eine gesonderte Herde.

Buntbock

Damaliscus dorcas* ssp. *dorcas

Verbreitung: Südafrika (westl. Kapprovinz)

Habitat: Grasland

Länge: KRL 1,4–1,6 m; SL 30–45 cm Ⓐ

Der auffällig gezeichnete Buntbock war vor einiger Zeit sehr in Gefahr auszusterben, doch steht diese Unterart der Leierantilopen mittlerweile unter Naturschutz und lebt in Reservaten schon wieder in relativ großer Zahl. Der eng verwandte Bläßbock (*D. d. phillipsi* bzw. *albifrons*) war ebenfalls sehr gefährdet, doch auch diese Unterart scheint in den letzten Jahren an Zahl wieder stark zugenommen zu haben, seit die Tiere in vielen Reservaten ausgesetzt worden sind.

Beide Geschlechter ähneln einander äußerlich sehr, doch Weibchen und Junge sind heller gefärbt. Buntböcke grasen morgens und abends. Wenn die Tiere gestört werden, flüchten sie mit großer Geschwindigkeit gegen den Wind, wobei sie in einer einzigen langen Reihe davongaloppieren. Buntböcke sind sehr gelenkige Tiere, die über Absperrungen hinwegklettern oder sich darunter herwinden.

Nach einer Tragezeit von 7½ Monaten wirft das Weibchen ein Junges, das etwa 2 Jahre bei seiner Mutter bleibt. In diesem Alter schließen sich junge Männchen zu Junggesellengruppen zusammen. Außerhalb der Brunftzeit leben Buntböcke in gemischten Herden von 20–500 Tieren.

Leierantilope

Damaliscus lunatus

Verbreitung: Afrika. südl. der Sahara, östl. bis Äthiopien, Somalia

Habitat: offene Ebenen, Überschwemmungsgebiete, Grasland mit vereinzelter Buschvegetation

Länge: KRL 1,5–2 m; SL 40–60 cm

Von der Leierantilope sind 9 Unterarten bekannt. Davon sind die Halbmondantilope (*D. l. lunatus*), auch Sassaby genannt, die von Sambia bis in den Norden von Südafrika verbreitet ist, und das Topi (*D. l. korrigum*), die östliche Unterart, die zahlreichste Gruppe afrikanischer Antilopen. Im Aussehen ähneln Leierantilopen sehr den Kuhantilopen, doch fällt ihr Rücken nicht so stark ab, und ihr Kopf ist weniger lang. Die Farbe des Fells und Form und Größe der Hörner variieren je nach Unterart und auch zwischen den Geschlechtern; die Weibchen sind meist heller als die Männchen. Leierantilopen sind frühmorgens und spätabends aktiv. Dann grasen sie und suchen die Tränken auf.

Sie sind nicht im gleichen Maße Herdentiere wie Kuhantilopen, und gewöhnlich ziehen sie in Gruppen von 8–10 Tieren umher, die sich in der Trockenzeit zu Herden von bis zu 200 Tieren zusammenschließen. Geschlechtsreife Männchen markieren ihr Revier mit Kot und Geruchsstoffen, indem sie Kopf und Nacken über Sträucher, Grashalme und über den Boden reiben. Das Männchen bewacht sein Revier und seinen Harem streng und verteidigt beides gegen Rivalen und eventuelle Angreifer.

Nach einer Tragezeit von 7½–8 Monaten wirft das Weibchen ein Junges.

Buntbock
Streifengnu ♂
Kuhantilope
Leierantilope
Weiße Oryx ♂
Mendesantilope

Hornträger 6

Klippspringer

Oreotragus oreotragus

Verbreitung: Afrika: von Nordnigeria östl. bis Somalia, südl. bis Südafrika

Habitat: einzelne Felsgruppen, Hügel, Berge bis zu 4.000 m Höhe

Länge: KRL 75–115 cm; SL 7–23 cm

Klippspringer leben fast immer in Gebieten mit vereinzelten Felsgruppen, die mit Grasland und Waldflächen abwechseln. Dies ist eine ziemlich kleine Antilopenart mit kräftigen Beinen und langen, abgestumpften Hufen mit abgesetzten Endflächen, die die Konsistenz von Hartgummi haben. Klippspringer leben im gleichen ökologischen Raum wie in Europa die Gemsen. Wenn sie sich mit großen Sprüngen zwischen den Felsen fortbewegen, fängt ihr dickes Fell mit den langen, harten Haaren eventuelle Stöße ab, so daß sie sich nicht an den Felsen verletzen. Das Weibchen ist etwas schwerer als das Männchen, und nur bei der Unterart *O. o. schillingsi* tragen auch die Weibchen Hörner.

Klippspringer leben in kleinen Gruppen, öfter jedoch auch in Paaren in einem Revier, das mit speziellen Duftstoffen markiert und gegen Eindringlinge verteidigt wird. Sie grasen morgens und abends sowie in mondhellen Nächten und stellen sich oft auf die Hinterbeine, um Blätter, Blüten und Früchte zu erreichen, von denen sie sich hauptsächlich ernähren. Sie fressen auch Sukkulenten, Moos und Gras, und sie trinken Wasser, wenn sie welches finden.

Bei den Klippspringern gibt es wahrscheinlich lebenslange Paarbeziehungen. Nach einer Tragezeit von ca. 7 Monaten wirft das Weibchen ein Junges, und manchmal wird im gleichen Jahr noch ein zweites geboren.

Beira

Dorcatragus megalotis

Verbreitung: Afrika: Somalia

Habitat: trockenes, buschbestandenes Bergland, felsige Hügel

Länge: KRL 80–90 cm; SL 6–7,5 cm ⓖ

Die Beira ist eine seltene Art. Sie wird oft mit dem Klippspringer verwechselt, doch hat sie einen etwas längeren Kopf, viel größere Ohrmuscheln und längere, schlankere Beine. Vor allem die Hinterbeine sind sehr lang, so daß das Kreuz höher steht als die Schultern. Ein Stirnhaarschopf fehlt bei ihr, und nur die Männchen tragen Hörner; die Weibchen sind größer als die Männchen.

Beiras leben in Paaren oder in kleinen Familiengruppen auf felsigen Hügeln, die an Grasland grenzen. An der Unterseite ihrer sehr spezialisierten Hufen befinden sich elastische Kissen, die ihnen auf steinigem Untergrund festen Halt geben. Beiras fressen am frühen Morgen und am späten Nachmittag Blätter von Sträuchern, vor allem von Mimosen, Gras und Kräutern; zu trinken brauchen sie kaum.

Über ihr Verhalten und ihre Lebensweise ist wenig bekannt, denn sie sind nicht nur sehr selten, sondern ihre Tarnung ist auch so gut, daß man sie nur sieht, wenn sie sich bewegen. Das Weibchen wirft jeweils ein Junges.

Bleichböckchen / Oribi

Ourebia ourebia

Verbreitung: Afrika: von Sierra Leone bis Äthiopien, Tansania, Sambia, Südafrika

Habitat: weite grasbewachsene Ebenen mit niedriger Buschvegetation, in Wassernähe

Länge: KRL 92–110 cm; SL 6–10,5 cm

Das Oribi ist eine kleine, zierliche Antilope mit langem Hals und schlanken Beinen; ihre Hinterbeine sind länger als die Vorderbeine. Das seidige Fell ist glatt und wellig, und wenn das Tier rennt, fällt die schwarze Schwanzspitze besonders auf. Unter den beiden Ohrmuscheln befindet sich ein unbehaartes Stück Haut, das wie ein schwarzer Fleck wirkt. Das Weibchen trägt keine Hörner und ist größer als das Männchen.

Oribis leben in Paaren oder in kleinen Gruppen von maximal 5 Tieren in einem Revier, das das Männchen markiert, indem es Duftstoffe aus den Voraugendrüsen an Zweige und Grashalme reibt. In ihrem Wohngebiet haben die Oribis feste Wechsel, Ruheplätze und regelrechte „Toiletten“. Früh am Morgen und spät am Tag, aber auch in mondhellen Nächten fressen sie Gras, Kräuter und Blätter. Tagsüber und wenn Gefahr droht liegen sie regungslos im hohen Gras, unter einem Strauch oder auf einem Felsen.

Nach einer Tragezeit von 6½–7 Monaten wirft das Weibchen ein Junges.

Kleinstböckchen

Neotragus pygmaeus

Verbreitung: Afrika: Sierra Leone, Liberia, Elfenbeinküste, Ghana

Habitat: Wald, Rodungen

Länge: KRL 35–41 cm; SL 5–6 cm

Die kleinste afrikanische Antilope, ein schmächtiges, kompaktes Tierchen, wiegt 3–4,5 kg, also nicht mehr als ein Kaninchen. In Afrika wird es deshalb auch „König der Hasen“ genannt, und daher stammt auch die Benennung „Royal Antelope“ (Königsantilope), die ihm die Europäer gegeben haben. Es hat einen runden Rücken und einen kurzen Schwanz, der dicht am Hinterleib anliegt. Das Männchen trägt kleine, scharfe Hörnchen, das Weibchen hat keine Hörner. Die Jungen sind dunkler gefärbt als die erwachsenen Tiere. Kleinstböckchen leben alleine oder in Paaren in einem kleinen Revier, das sie gewöhnlich durch Kothaufen markieren. Es sind sehr scheue Tiere, die hauptsächlich nachts aktiv sind. Dann suchen sie in großen Gruppen nach Blättern, Knospen, Pilzen, abgefallenen Früchten, Gras und Kräutern. Manchmal wagen sie sich sogar in Gemüsegärten und Kakao- oder Erdnußplantagen vor. Obwohl sie von vielen Säugetieren, Vögeln und sogar von großen Schlangen gejagt werden, können sie dank ihrer geringen Größe oft unbemerkt entkommen: Sie kriechen flach auf den Boden gedrückt davon. Auch ihr verblüffendes Springvermögen ist ein gewisser Ausgleich für ihre Wehrlosigkeit. Wie die Springböcke können sie bis zu 3 m hoch springen.

Kleinstböckchen leben in lebenslangen Paarbindungen. Das Weibchen wirft jeweils ein Junges.

Kirkdikdik

Rhynchotragus kirki (Madoqua k.)

Verbreitung: Afrika: von Somalia bis Tansania, Südwestangola, Namibia

Habitat: Buschland mit dichtem Unterholz und vereinzelten Bäumen

Länge: KRL 55–57 cm; SL 4–6 cm

Von dieser schmächtigen, kleinen Antilope gibt es 7 Unterarten in 2 weit auseinanderliegenden Gebieten. Die Farbe des weichen Fells variiert von hell graubraun in trockenen Gegenden bis zu dunkleren Tönen in nassen Regionen. Die Schnauze ist leicht verlängert, und die Beine sind lang und schlank. Die Hinterbein sind immer leicht gebogen, so daß der Rücken etwas abfällt. Die Männchen tragen kleine Hörner, zwischen denen sich ein Schopf aus langen Haaren befindet. Das Weibchen ist etwas größer als das Männchen und trägt keine Hörner.

Kirkdikdiks leben meist alleine oder in Paaren, oft auch zusammen mit ihren beiden letzten Jungen. Die Männchen markieren mit Duftstoffen ihr Revier und verteidigen es auch sehr heftig gegen Eindringlinge. Innerhalb des Reviers haben die Tiere feste Wechsel, „Toiletten“ und Ruheplätze. Kirkdikdiks sind scheue Tiere, die man nur selten zu sehen bekommt, weil sie nur gegen Sonnenuntergang und nachts zum Vorschein kommen, um an Blättern, Stengeln, Knospen und Blüten zu knabbern. Vor allem für Akazien haben diese Tiere eine große Vorliebe. Sie fressen aber auch abgefallene Früchte, graben Wurzeln und Knollen aus und suchen gerne Salzlecken auf. Sie brauchen nicht zu trinken. Zu ihren zahlreichen Feinden gehören unter anderem Leoparden, Wüstenluchse, Servals, Wildkatzen, Adler und nicht zuletzt die Menschen.

Bei den Kirkdikdiks gibt es lebenslange Paarbindungen. Die Weibchen werfen nach einer 6monatigen Tragezeit jeweils ein Junges, so daß pro Jahr 2 Junge geboren werden können.

Greisböckchen

Raphiceros melanotis

Verbreitung: Afrika: von Tansania bis Südafrika

Habitat: Grasebenen, Buschsavannen am Fuß von Hügeln

Länge: KRL 60–75 cm; SL 5–8 cm

Diese kräftiggebaute, kleine Antilope hat ein hartes Fell und relativ kurze Beine, wobei die hinteren etwas länger sind als die vorderen, so daß der Rücken nach vorne abfällt. Die Männchen tragen kurze, spitze Hörner und sind im allgemeinen dunkler gefärbt als die Weibchen. Das Greisböckchen lebt außerhalb der Brunftzeit alleine in einem ziemlich kleinen Revier, das von ihm mit Duftstoffen und Kot markiert wird. Die Tiere fressen morgens und am späten Nachmittag Blätter von Bäumen und Sträuchern. Eine besondere Vorliebe haben sie für Weintraubenblätter. Tagsüber liegen sie im Schatten von Sträuchern oder Felsen oder in hohem Gras. Ihre Hauptfeinde sind der Leopard, der Wüstenluchs und der Kronenadler. Wenn sich das Greisböckchen bedroht fühlt, drückt es sich flach auf den Boden und bleibt regungslos liegen, um pfeilschnell zu flüchten und plötzlich im Unterholz zu verschwinden, wenn der Feind sich nähert.

Die Fortpflanzung ähnelt dem des Steinböckchens (*R. campestris*).

Greisböckchen ♂
Kleinstböckchen ♂
Kirkdikdik ♂
Bleichböckchen ♂
Klippspringer ♂
Beira ♂

Hornträger 7

Schwarzfersenantilope / Impala

Aepyceros melampus

Verbreitung: Afrika: von Kenia, Uganda südl. bis Südafrika

Habitat: Mopani-Waldgebiete, Akaziensavanne

Länge: KRL 1,2–1,6 m; SL 30–45 cm

Die Schwarzfersenantilope ist eine zierliche, mittelgroße Antilope mit einem glänzenden Fell. An den „Fersen" ihrer Hinterbeine befinden sich kleine Büschel von dunklem Haar. Das Weiß des Spiegels und des Schwanzes ist mit vertikalen dunklen Streifen durchzogen. Die Männchen haben lange, leierförmige Hörner. Das Tier ist bekannt für seine erstaunliche Schnelligkeit und für seine phantastischen Sprünge; diese können bis zu 10 m weit und 3 m hoch sein. Durch die Sprünge entkommt das Tier einerseits seinen Feinden, andererseits springt es jedoch offensichtlich auch zum reinen Vergnügen. Schwarzfersenantilopen sind ausgeprägte Gemeinschaftstiere. In der trockenen Jahreszeit bilden sie manchmal Herden von bis zu 200 Tieren. Sie sind sowohl tagsüber als auch nachts aktiv und vertilgen enorme Mengen Gras, Blätter, Blüten und Früchte. In der Brunftzeit hat das Männchen ein Revier und einen Harem von 15–20 Weibchen; beides verteidigt es erbittert. Männchen, die noch nicht geschlechtsreif sind, bilden gesonderte Gruppen. Das Weibchen wirft nach einer Tragezeit von 6½–7 Monaten ein Junges; es wird gegen 12 Uhr mittags geboren, wenn die meisten Feinde schlafen. Das Jungtier bleibt an einem verborgenen Ort, bis es in der Lage ist, mit der Herde zu laufen.

Hirschziegenantilope / Sasin

Antilope cervicapra

Verbreitung: Indien und Pakistan

Habitat: Grasebenen

Länge: KRL 1,2 m; SL 18 cm

Die Hirschziegenantilope oder die Sasin ist die einzige Art ihrer Gattung. Dies ist eine der wenigen Antilopenarten, bei denen Männchen und Weibchen unterschiedlich gefärbt sind. Der Leitbock einer Herde ist dunkelbraun, auf Rükken und Flanken fast schwarz, und trägt lange, spiralförmig gedrehte Hörner. Das Weibchen ist gelblichbraun und hat keine Hörner. Männchen von niedrigerem Rang haben kleinere Hörner und die gleiche Färbung wie die Weibchen. Erst wenn solch ein Männchen nach dem Tod des bisherigen Leitbocks die Führung einer Herde übernimmt, färbt sich sein Fell dunkler, und die Hörner des Tieres wachsen.

Hirschziegenantilopen fressen hauptsächlich Gras und sind sowohl morgens wie auch abends aktiv; in den heißen Stunden des Tages ruhen sie. Die Weibchen sind außergewöhnlich wachsam; sie sind diejenigen, die bei Gefahr zuerst warnen. Wenn Hirschziegenantilopen sich bedroht fühlen, flüchten sie mit großen Sprüngen.

Hirschziegenantilopen leben meist in Herden von 15–50 Tieren. Es gibt auch kleinere Gruppen, die aus einem dominanten Männchen mit Weibchen und Jungen bestehen. Wenn die jungen Männchen geschlechtsreif sind, werden sie aus der Gruppe vertrieben; sie gründen dann selbst einen Harem. In der Brunftzeit grenzen die Männchen ein Revier ab. Nach einer Tragezeit von 6 Monaten werden 1, manchmal 2 Junge geboren.

Springbock

Antidorcas marsupialis

Verbreitung: Afrika: Angola, Südafrika, Botswana (Kalahariwüste)

Habitat: baumloses Grasebenen („Veld")

Länge: KRL 1,2–1,4 m; SL 19–27 cm

Der hellgefärbte, besonders schön gezeichnete Springbock hat eine spezielle Hautfalte, in der sich zahlreiche Drüsen befinden. Die Falte verläuft von der Rückenmitte bis zur Schwanzwurzel. Wenn das Tier erregt ist oder aufgeschreckt wird, stülpt es diese Falte aus, wobei sich die langen weißen Haare aufrichten und sich fächerartig ausbreiten. Männchen und Weibchen sehen gleich aus, und beide tragen starke Hörner mit Querrillen. Der Springbock verdankt seinen Namen seinen riesigen Sprüngen, die bis zu 3,5 m hoch sein können. Er springt mit gekrümmtem Rücken, gestreckten Beinen und gespreiztem weißen Rückenfächer, manchmal 12mal hintereinander.

Springböcke leben von Blättern, Sträuchern und Gras und sie brauchen nicht oft zu trinken. Früher war diese Art sehr zahlreich. In Trockenzeiten zogen Herden von fast 1 Million Tiere über weite Entfernungen durch die Steppe, auf der Suche nach jungem Gras. Dabei verwüsteten sie Weidegründe und Äcker. Infolgedessen wurden sie zu Tausenden abgeschlachtet. Heute hat man sie erneut in ihrem früheren Verbreitungsgebiet ausgesetzt, und sie vermehren sich wieder. Während der Brunftzeit grenzen die Männchen ein Revier ab und legen sich einen Harem von 10–13 Weibchen zu, doch in der übrigen Zeit leben Springböcke in großen Herden.

Nach einer Tragezeit von etwa 6 Monaten wirft das Weibchen ein Junges.

Stelzengazelle / Lamagazelle / Dibatag

Ammodorcas clarkei

Verbreitung: Afrika: Somalia, Ostäthiopien

Habitat: sandige oder grasbewachsene Ebenen mit vereinzelter Buschvegetation

Länge: KRL 1,5–1,6 m; SL 30–36 cm Ⓖ

Obwohl die Stelzengazelle oberflächlich der Giraffengazelle ähnelt, unterscheidet sie sich von dieser durch eine viel deutlichere Graufärbung. Die Hörner der Männchen sind auch kürzer und anders geformt. Wenn das Tier rennt, hält es den langen, dünnen schwarzbehaarten Schwanz steil nach oben. Dieser Gewohnheit verdankt das Tier seinen Namen Dibatag, was in der Somalisprache von „Dabu" (Schwanz) und „tag" (aufrecht) abgeleitet ist. Stelzengazellen leben in Paaren oder Familiengruppen, die aus einem erwachsenen Bock und 3–5 Weibchen mit Jungen bestehen. Ein Revier verteidigen die Männchen nur in der Brunftzeit. Die Stelzengazellen ziehen hinter den Regenfällen her, wenn sie nach Gebieten mit ausreichender Nahrung suchen. Am frühen Morgen und abends knabbern sie an Blättern und jungen Trieben von Sträuchern, wobei sie genau wie die Giraffengazellen auf den Hinterbeinen stehen, um an die Nahrung zu kommen. Auch Blüten, Beeren und junges zartes Gras fressen sie gerne. Zu trinken brauchen sie nicht.

Nach einer Tragezeit von 6–7 Monaten wird ein Junges geboren. Oft fällt dies in die Regenzeit. Ein Weibchen kann auch zweimal im Jahr trächtig werden.

Giraffengazelle / Gerenuk

Litocranius walleri

Verbreitung: Afrika: Somalia, Äthiopien bis Kenia, Tansania

Habitat: trockene Dornbuschvegetation, Wüste

Länge: KRL 1,4–1,6 m; SL 23–35 cm

Die zierliche, große Giraffengazelle, auch Gerenuk genannt, fällt vor allem durch ihren langen Hals und ihre langen Beine auf. (Gerenuk bedeutet in der Somalisprache „mit einem Giraffenhals".) Sie hat einen kleinen, schmalen Kopf, große Augen und bewegliche Lippen. Auf ihren Knien befinden sich Haarbüschel, und den kurzen, fast unbehaarten Schwanz drückt das Tier fest gegen den Körper. Nur bei der Flucht rollt es ihn auf den Rücken. Das Männchen trägt Hörner und ist etwas größer als das Weibchen.

Giraffengazellen leben meist in Paaren oder Familiengruppen, die aus einem Bock und 2–5 Weibchen mit Jungen bestehen. Die Tiere sind echte Blattfresser, die sich fast ausschließlich von Blättern und jungen Trieben von Dornensträuchern und Bäumen ernähren. Oft stehen sie dabei auf den Hinterbeinen und stützen sich mit den Vorderbeinen am Stamm ab oder ziehen mit einem Vorderbein einen Zweig nach unten. Ihr langer Hals leistet ihnen dabei ausgezeichnete Dienste. Giraffengazellen fressen morgens und abends und ruhen in der Mittagshitze stehend im Schatten. Wasser brauchen sie nicht. Ihre Hauptfeinde sind Geparden, Leoparden, Löwen, Hyänen und Afrikanische Wildhunde.

Nach einer Tragezeit von 6½ Monaten wird ein Junges geboren. Meist fällt die Geburt mit der Regenzeit zusammen.

Thomsongazelle

Gazella thomsoni

Verbreitung: Afrika: Sudan, Kenia

Habitat: offenes Gelände mit kurzen Graspflanzen

Länge: KRL 80–110 cm; SL 19–27 cm

Diese zierliche, kleine Gazelle trägt auf ihren Flanken ein auffälliges breites, dunkles Band, das einen scharfen Kontrast zu der weißen Bauchseite bildet. Das Männchen ist größer als das Weibchen und hat viel größere Hörner. Man unterscheidet ungefähr 15 Unterarten, die sich alle nur geringfügig in der Fellfärbung oder in der Größe der Hörner unterscheiden. Die Tiere grasen morgens und abends und fressen hauptsächlich Gras und kleine Mengen Blätter. Nur wenn das Gras stark verdorrt ist, müssen die Tiere trinken. Ihre Hauptfeinde sind Geparden, Löwen, Leoparden, Hyänen und Afrikanische Wildhunde.

Thomsongazellen leben in Herden, die nicht sehr fest strukturiert sind. Sie können aus einem alten Bock mit 5–65 Weibchen und Jungen bestehen, aus 5–500 jungen Männchen oder aus großen Gruppen trächtiger Weibchen und solcher, die gerade geworfen haben. Wenn eine Herde gutes Weideland gefunden hat, grenzt ein geschlechtsreifes Männchen ein Revier ab. Das geschieht mit Hilfe von Urin und Kot, aber auch, indem das Leittier seine Hörner gegen Sträucher reibt und an Zweigen und auf dem Boden Duftstoffe hinterläßt. Die Weibchen sind 6 Monate trächtig, und die Geburt der Jungen ist nicht an eine bestimmte Jahreszeit gebunden. Ein Weibchen kann 2mal im Jahr ein Junges bekommen.

Hirschziegenantilope ♂
Thomsongazelle ♂
Giraffengazelle ♂
Schwarzfersenantilope ♂
Stelzengazelle ♂
Springbock

Hornträger 8

Saiga

Saiga tatarica

Verbreitung: Stromgebiet der Wolga bis Zentralasien
Habitat: baumlose Ebenen
Länge: KRL 1,2–1,7 m; SL 7,5–10 cm

Die Saiga ist ein echter Nomade, immer auf der Suche nach neuen Weidegründen. Durch ihr schwarzes, gelblich- bis zimtbraunes Fell mit langen Zottelhaaren vom Kinn bis zur Brust, das im Winter gleichmäßig cremeweiß und außergewöhnlich dick und wollig wird, ist sie ausgezeichnet an ihr kaltes, windiges Wohngebiet angepaßt.

Man vermutet sogar, daß auch die lange, fleischige Nase mit den nach unten gerichteten Nasenöffnungen eine Anpassung an die Kälte ist, da die eingeatmetet Luft auf diese Weise zuerst aufgewärmt und befeuchtet wird. In den Nasengängen befinden sich Haare, Drüsen und Schleimkanäle, und jede Nasenöffnung enthält eine mit Schleimhäuten versehene Blase, die bei keinem anderen Säugetier außer den Walen auftaucht. Von den Hörnern der Böcke glaubten die Chinesen, sie besäßen eine besondere Heilkraft. Dies löste eine intensive Jagd auf die Tiere aus. Doch seit 1920 stehen die Saigas unter Naturschutz, und heute gibt es wieder mehr als 1 Million Exemplare.

Saigas ernähren sich von niedrigwachsenden Sträuchern und Gras. Im Herbst schließen sie sich zu riesigen Herden zusammen und ziehen in den Süden zu wärmeren Weidegründen mit zarteren Gewächsen. Zu Anfang des Frühlings kehren kleine Gruppen von 2–6 Böcken in den Norden zurück, denen die Weibchen folgen. Nach einer Tragezeit von 5 Monaten werfen die Weibchen im Mai 1–3 Junge, die sie bis zum darauffolgenden Herbst säugen.

Serau

Capricornis sumatraensis

Verbreitung: von Nordindien bis Zentral- und Südchina; von Südostasien bis Sumatra
Habitat: Unterholz und Wald in 600–2.700 m Höhe
Länge: KRL 1,4–1,5 m; SL 8–21 cm Ⓑ

Der langsame, aber sehr fest auf seinen Beinen stehende Serau mit seinen kurzen, kräftigen Hufen lebt auf Felshängen und dicht bewachsenen Bergkämmen. Das Tier ist früh am Morgen und spät am Tag aktiv und ernährt sich von Gras und Blättern. Den Rest der Zeit liegt es im Schutz eines Felsvorsprungs. Die Haare auf Rücken und Flanken sind an den Wurzeln hell, haben jedoch dunkle Spitzen, wodurch das Fell insgesamt dunkel wirkt. Mitten über den Rükken läuft ein dunkler Streifen. Die Farbe der Mähne variiert bei den einzelnen Tieren von schwarz bis weiß. Männchen und Weibchen tragen Hörner, die sie zur Verteidigung benutzen, vor allem gegen die Hunde, mit denen die Chinesen sie jagen. Die Chinesen glauben, bestimmte Körperteile des Seraus besäßen eine besondere Heilkraft.

Über das Fortpflanzungsverhalten dieser Art ist wenig bekannt, außer, daß nach einer Tragezeit von ca. 8 Monaten 1, öfter jedoch 2 Junge geboren werden.

Goral

Nemorhaedus goral

Verbreitung: von Südostsibirien bis zur Mandschurei, Korea
Habitat: Berghänge in 1.000–2.000 m Höhe
Länge: KRL 90–130 cm; SL 7,5–20 cm

Der Goral ist ein echter Bergbewohner. Gewöhnlich findet man ihn auf der Grenze von grasbewachsenen Hügeln, Felsgruppen und Wäldern. Das Tier hat lange, kräftige Beine, hartes, langes Deckhaar und viel Unterwolle. Männchen und Weibchen sehen gleich aus; beide tragen Hörner, doch das Männchen hat außerdem eine kurze, aufrechtstehende Mähne.

Mit Ausnahme der älteren Böcke, die den größten Teil des Jahres alleine leben, bilden Gorals gewöhnlich Familiengruppen von 4–8 Tieren. Sie grasen am frühen Morgen und späten Nachmittag und ruhen tagsüber auf einem Felsvorsprung aus. Nach einer Tragezeit von ca. 6 Monaten wirft die Geiß ein Junges, in seltenen Fällen zwei.

Schneeziege

Oreamnos americanus

Verbreitung: Nordamerika: Rocky Mountains von Alaska bis Montana, Idaho, Oregon; in South Dakota eingeführt
Habitat: Felsgebirge über der Baumgrenze
Länge: KRL 1,3–1,6 m; SL 15–20 cm

Die Schneeziege ist keine echte Ziege, sondern sie gehört zu den Gemsenartigen, ist also mit der Gemse verwandt. Sie ist die einzige Art ihrer Gattung. Diese prachtvollen Tiere leben oberhalb der Waldgrenze zwischen Felsen und auf Felshängen. Sie sind ausgezeichnet an ihr kaltes, unwirtliches Wohngebiet angepaßt. Sie haben ein Fell aus sehr dicker Unterwolle und langen, weißen Deckhaaren, die vor allem auf Hals und Schultern sehr gut entwickelt sind, so daß eine Art Höcker entsteht. Die Hufe bestehen aus einem weichen, schwammartigen Innenteil mit einem harten, scharfen Rand, was der Schneeziege auf Felsen und Eis sehr große Standfestigkeit gibt. Männchen wie Weibchen haben einen Spitzbart und schwarze, kegelförmige Hörner.

Schneeziegen sind bedächtige, aber sehr geschickte Kletterer, die auf der Suche nach Gras, Riedgras und Flechten in schwindelerregenden Höhen und auf scheinbar unzugänglichen Felssimsen umherklettern. Sie knabbern auch an Blättern und an den jungen Zweigen von Bäumen und legen auf dem Weg zu Salzlecken ansehnliche Entfernungen zurück. Im Winter steigen sie in Gebiete hinab, in denen der Schnee noch nicht so hoch liegt, manchmal sogar bis zur Küste. Bei sehr schlechtem Wetter suchen sie unter überhängenden Felsblöcken oder in Höhlen Schutz.

Wahrscheinlich sind Schneeziegen monogam. Nach einer Tragezeit von ca. 7 Monaten wirft das Weibchen im Frühling 1–2 Junge, die bemerkenswert aktiv sind und schon eine halbe Stunde nach der Geburt zwischen den Felsen herumspringen.

Gemse

Rupicapra rupicapra

Verbreitung: von Europa bis in den Mittleren Osten
Habitat: Gebirge
Länge: KRL 90–130 cm; SL 3–4 cm

Kein anderes bergbewohnendes Tier ist so geschickt, tollkühn, unermüdlich und zäh wie die Gemse. Sie lebt in wilden und unwirtlichen Gebieten mit zum Teil außergewöhnlich schlechten Wetterbedingungen. Das Tier kann bis zu 2 Wochen ohne Nahrung auskommen. Die Gemse ist die einzige Art ihrer Gattung. Sie ist ein schlankes Tier mit auffälligen Hörnern, die fast senkrecht emporwachsen und plötzlich nach hinten abbiegen. Ihre Beine sind sehr kräftig, und die Sohlenflächen der Hufe sind weich und zäh, was ihr auf glattem, unebenem Gelände einen guten Halt verschafft. Das Fell besteht aus groben, dichten Deckhaaren und sehr feiner Unterwolle.

Gemsen grasen im Sommer auf den Bergspitzen. Im Winter kommen sie die Hänge herunter und knabbern an jungen Tannenzweigen, Flechten und Moosen. Sie sind sehr wachsam. Immer ist eine von ihnen der „Wachtposten", der bei Gefahr ein Warnsignal ausstößt. Weibchen und Junge leben in Herden von 15–30 Tieren. Ältere Böcke leben alleine, außer in der Brunftzeit, die in den Herbst fällt. Zwischen den Böcken finden hitzige Kämpfe um die Führung statt, wobei alte und junge Männchen sich mit den Hörnern ineinander verhaken. Die Geiß wirft meist ein Junges, nicht selten aber auch 2–3.

Steinbock

Capra Ibex

Verbreitung: Schweiz, Italien
Habitat: Alpen bis 3.000 m Höhe
Länge: KRL 1,5 m; SL 12–15 cm

Schon in der Römerzeit schrieb man verschiedenen Körperteilen des Steinbocks wunderbare Heilkraft zu. Folglich wurden die Tiere so intensiv gejagt, daß sie beinahe ausgestorben wären. Heute gibt es wieder ein paar kleine, streng geschützte Herden in Reservaten (in Europa der Alpensteinbock, *C. i. ibex*). Das auffälligste Merkmal des männlichen Steinbocks sind die langen, nach hinten gebogenen Hörner; die Hörner des Weibchens sind kürzer. Das Fell ist braungrau, und ältere Böcke haben eine Nakkenmähne mit längerem Haar. Bei allen Männchen befindet sich unter dem Kinn ein kleiner Ziegenbart.

Der Steinbock lebt oberhalb der Baumgrenze und steigt nur in sehr strengen Wintern zum oberen Rand des Nadelwaldgürtels hinab. Im Sommer klettern die Tiere auf die Hochalpenwiesen und lassen sich dort Gras und Blumen schmecken. In dieser Zeit werfen die Geißen ihre Jungen. Die etwas älteren Jungen und die Böcke bilden gesonderte Rudel, in denen regelmäßig Kämpfe um die Rangordnung stattfinden. Nur in der Brunftzeit, die in den Winter fällt, schließen sich die Böcke den Geißenrudeln an. Die Geißen werfen nach einer Tragezeit von 5–6 Monaten ein Junges.

Steinbock ♂
Serau
Saiga ♂
Goral ♂
Gemse
Schneeziege

Hornträger 9

Moschusochse

Ovibos moschatus

Verbreitung: Nordkanada, Grönland
Habitat: Tundra
Länge: KRL 1,9–2,3 cm; SL 9–10 cm

In prähistorischen Zeiten lebte der Moschusochse in ganz Nordeuropa, Sibirien und Nordamerika. Er wurde jedoch in großen Teilen seines Verbreitungsgebietes ausgerottet; nur im Norden von Kanada und in Grönland überlebte diese Art. Mittlerweile ist er jedoch in Norwegen und Alaska mit Erfolg wiedereingeführt worden. Der Moschusochse ist die einzige Art seiner Gattung. Er ist vollkommen angepaßt an das harte Leben im Polargebiet. Die Unterwolle seines Fells ist so dicht und fein, daß Wasser und Kälte nicht hindurchdringen können, und die langen Deckhaare des Tieres reichen fast bis auf den Boden und schützen es vor Schnee und Regen. Die breiten Hufe verhindern, daß die Beine des Moschusochsen im Schnee versinken. Männchen wie Weibchen tragen schwere Hörner, die an der Basis fast zusammengewachsen sind und eine breite Stirnplatte bilden. Bei älteren Tieren bedeckt diese den Schädel wie eine Art Helm. Die Bullen scheiden in der Brunftzeit aus Voraugendrüsen ein Sekret aus, dem das Tier seinen Namen verdankt.

Moschusochsen leben in Herden von ca. 100 Tieren. Während der Paarungszeit werden junge Bullen von älteren, dominanten vertrieben. Die jüngeren bilden dann Junggesellengruppen oder leben alleine. Nach einer Tragezeit von 8 Monaten wirft das Weibchen ein Kalb. Wenn sich die Tiere bedroht fühlen, stellen sie sich mit den Köpfen nach außen in einem Kreis auf, in dessen Mitte sich die Jungtiere befinden. Diese „Igelstellung" ist eine effektive Verteidigung gegen Wölfe, die natürlichen Feinde des Moschusochsen. Bei Menschen mit Gewehren erfüllt sie ihren Zweck jedoch nicht. Moschusochsen fressen vor allem Gras, aber auch Moos, Flechten und Blätter; sie scharren den Schnee weg, um an die Pflanzen zu kommen.

Tahr

Hemitragus jemlahicus

Verbreitung: Indien: Kaschmir (Pir-Panjal-Berge), Pandschab; Nepal, Sikkim
Habitat: baumbewachsene Berghänge
Länge: KRL 1,1 m; SL 9 cm

Obwohl der Tahr mit seinem dicken, zottigen Fell, das um Widerrist, Hals und Brust eine dichte Mähne bildet, stark einer Ziege ähnelt, unterscheidet er sich von den echten Ziegen durch die unbehaarte Schnauze und das Fehlen des typischen Ziegenbartes. Auch die Hörner sind lang und nicht gedreht, und es befinden sich Drüsen zwischen den Hufspalten des Hinterfußes. Im Verhalten ähneln die Tahrs jedoch den Ziegen, denn sie bewohnen die steilsten Berghänge, auf denen sie mit verblüffender Leichtigkeit umherklettern und -springen. Sie leben in Rudeln von 30–40 Tieren und fressen fast alles, was sie an Eßbarem finden. Die Tiere sind sehr wachsam und stellen ständig einen „Wachtposten" auf, der sie vor eventueller Gefahr von unten warnt.

Bei den nördlichen Unterarten fällt die Brunftzeit in den Winter. Nach einer Tragezeit von 6–8 Monaten wirft das Weibchen 1–2 Junge.

Takin

Budorcas taxicolor

Verbreitung: Asien: Burma; China (Provinzen Szetschuan und Schensi)
Habitat: dichtes Unterholz in den Bergwäldern von 2.400–4.250 m
Länge: KRL 1,2 m; SL 10 cm Ⓢ

Der etwas unbeholfen wirkende Takin lebt in dichten Bambus- und Rhododendronvegetationen in der Nähe der oberen Baumgrenze in einem der unwirtlichsten Gebiete der Welt. Er hat einen kräftigen Körper, kurze, stämmige Beine und breite Hufe. Die Nebenhufe sind sehr groß und lang, was dem Tier einen festen Halt gibt. Die Fellfarbe variiert von gelblichweiß bis schwarzbraun, wobei jedoch immer ein dunkler Streifen über den Rücken verläuft. Männchen wie Weibchen tragen Hörner.

Alte Bullen leben gewöhnlich alleine, schließen sich aber im Sommer den großen Herden an, die abends in den höchsten Bergspitzen grasen. Im Winter kommen die Takins in die Täler herunter, wo sie in kleineren Gruppen leben. Ihre Hauptnahrung besteht dann aus Gras, Bambus und Weidenzweigen. Es sind scheue Tiere, die sich meist in dichtem Unterholz verbergen, in das sie breite Pfade treten, die zu ihren Weidegründen und Salzlecken führen.

Nach einer Tragezeit von ca. 8 Monaten bringt das Weibchen ein Junges zu Welt. Der junge Takin ist stark und aktiv und schon nach ca. 3 Tagen in der Lage, mit seiner Mutter umherzuziehen.

Mähnenspringer / Mähnenschaf

Ammotragus lervia

Verbreitung: Nordafrika: von der Atlantikküste bis zum Roten Meer, südl. bis Nordmali und Sudan; im Südwesten der USA eingeführt
Habitat: trockene, felsige und unwirtliche Regionen
Länge: KRL 1,3–1,9 m; SL 25 cm

Das Mähnenschaf ist die einzige in Afrika einheimische Schafart und auch die einzige Art seiner Gattung. Es unterscheidet sich von den übrigen Schafen durch die lange, weiche und schwere Mähne an Hals, Brust und Vorderseite der Vorderbeine, doch genau wie bei den Schafen tragen sowohl die Böcke wie auch die Weibchen Hörner; die Hörner der Weibchen sind fast ebensogroß wie die der Männchen.

Mähnenschafe ziehen auf der Suche nach Nahrung in kleinen Familiengruppen umher, die aus einem Paar und seinen Jungen aus verschiedenen Würfen bestehen. Sie ernähren sich hauptsächlich von Gras, Kräutern, Blättern und Zweigen niedrigwachsender Sträucher. Ihren Wasserbedarf decken sie durch diese Ernährung und durch das Auflecken von Tau. Da ihnen ihr Lebensraum nicht genügend Deckung bietet, verlassen sich die Mähnenschafe auf die Tarnwirkung ihres sandfarbenen Fells und bleiben bei Gefahr regungslos stehen. Sie werden wegen ihres Fleisches, ihrer Haut, ihrer Wolle und ihrer Sehnen gejagt.

In Gefangenschaft werfen Mähnenschafe einmal im Jahr 1–2 Junge. Man hat sie erfolgreich mit Hausziegen gekreuzt, und die Nachkommen dieser Kreuzung lassen sich wiederum mit Gemsen kreuzen.

Dickhornschaf

Ovis canadensis

Verbreitung: Nordwestamerika
Habitat: Hochebenen und bergige Gebiete
Länge: KRL 1,2–1,8 m; SL 15 cm Ⓖ

Das Dickhornschaf lebt auf hochgelegenen Bergweiden, wo im Sommer Gruppen von Widdern oder Mutterschafe mit ihren Jungen grasen. Im Winter bilden die Tiere gemischte Herden und steigen zu niedrig gelegeneren Weidegründen hinab. Der dominante Widder ist mit seinen massiven, spiralförmig gewundenen Hörnern eine imposante Erscheinung; die Hörner können bis zu 150 cm lang werden. Die Größe der Hörner spielt eine wichtige Rolle in der sozialen Rangordnung der Widder. Männchen mit kleineren Hörnern haben einen untergeordneten Rang und werden vom Leittier wie Weibchen behandelt. Deshalb werden sie wahrscheinlich nicht aus den Rudeln vertrieben. Während der Brunftzeit liefern sich hochrangige Widder mit gleich großen Hörnern hitzige Kämpfe. Sie rennen in hohem Tempo aufeinander zu und rammen sich mit den Hörnern. Die Kämpfe können stundenlang dauern, und manchmal wird eines der Tiere dabei getötet. Die Weibchen haben nur sehr kurze Hörner.

Die Mutterschafe werfen nach einer Tragezeit von ca. 6 Monaten 1–2 Lämmer und sorgen mit großer Ausdauer für ihre Jungen.

(Europäischer) Mufflon / Europäisches Wildschaf

Ovis ammon ssp. ***musimon (O. orientalis)***

Verbreitung: Sardinien, Korsika; wieder eingeführt in den Niederlanden, in Deutschland, Ungarn, Österreich und Tschechoslowakei
Habitat: zerklüftete Gebirge
Länge: KRL 1,2 m; SL 7 cm

Der Europäische Mufflon, kurz Mufflon, oder das Europäische Wildschaf lebt in Freiheit heute nur noch in Reservaten auf Sardinien und Korsika, aber selbst dort ist das Tier nur unzureichend geschützt. Der Widder hat lange, spiralförmig gewundene Hörner, deren Spitzen oft nach innen gedreht sind; die Hörner der Weibchen sind nur kurz. Die Unterwolle dieser Tiere ist sehr dicht und fein. Darüber wächst im Winter extrem hartes schwarzbraunes Deckhaar. Die männlichen Tiere sind an ihren auffälligen hellen Sattelflecken zu erkennen, die im Sommer wieder verschwinden. Die Weibchen und Lämmer sind grau oder dunkelbraun gefärbt.

Mufflons sind morgens und abends aktiv und bleiben meist im gleichen Gebiet, selbst wenn dort das Nahrungsangebot karg wird. Sie fressen offenbar jede pflanzliche Kost: Gras, Blüten, Knospen und junge Triebe von Sträuchern und Bäumen und sogar giftige Pflanzen wie Nachtschattengewächse. Dadurch können sie auch unter schwierigen Bedingungen überleben. Im Sommer leben die Mutterschafe mit ihren Lämmern getrennt von den Widdern. In der Brunftzeit treibt ein geschlechtsreifer Widder ein Weibchen aus dem Rudel und paart sich mit ihm. Wenn ein alter Widder von einem jüngeren herausgefordert wird, kann es zu hitzigen Kämpfen kommen, die jedoch selten tödlich enden. Das Mutterschaf bringt nach einer Tragezeit von 5 Monaten ein Lamm zur Welt.

Moschusochse
Tahr
Mähnenspringer
Mufflon ♂
Takin
Dickhornschaf ♂

Hörnchen 1

ORDNUNG RODENTIA: Nagetiere
Die größte Säugetiergruppe ist die Ordnung der Nagetiere. Sie umfaßt 28 Familien mit insgesamten 1.591 Arten.

FAMILIE SCIURIDAE: Hörnchen
Die Unterschiede zwischen den Hörnchen und anderen Nagetierfamilien springen nicht unmittelbar ins Auge. Meist sind sie anatomischer Art und nur für Zoologen von Bedeutung. Es gibt ca. 246 Arten von Hörnchen. Einige davon sind echte Graber und leben in unterirdischen Gangsystemen (Präriehunde), andere rennen und springen über Baumstümpfe und Steine (Bakkenhörnchen), und eine große Zahl lebt in Bäumen (Baumhörnchen und Gleithörnchen). Die meisten Arten sind tagsüber aktiv, und viele von ihnen sind auffallend schön gezeichnet. Sie haben eine große Schnauze und große Augen, mit denen sie ausgezeichnet sehen können, sogar Farben. Die wenigen Arten von Nachttieren innerhalb dieser Familie, unter anderem die Gleithörnchen, wirken wesentlich unansehnlicher als die übrigen. Im allgemeinen sind Hörnchen lebhafte, flinke Tierchen, und Männchen und Weibchen unterscheiden sich im Aussehen nicht voneinander.

Hörnchen sind auf der ganzen Welt verbreitet, mit Ausnahme des südlichen Teils von Südamerika sowie Australien, Neuseeland, Madagaskar und den Wüsten des Mittleren Ostens. In den gemäßigten Zonen halten sie in Kälteperioden eine Winterruhe. Im Unterschied zum echten Winterschlaf wachen die Hörnchen alle paar Tage auf und fressen etwas. Einen echten Winterschlaf halten nur sehr wenige Hörnchenarten. Hörnchen leben in Gruppen und verständigen sich mittels einer komplizierten Symbolsprache; sie besteht aus Signalen, die sie mit ihrem buschigen Schwanz geben. Sie sind auch sehr „gesprächig„: Die meisten Arten benutzen zur Kommunikation untereinander und zur Warnung vor Gefahr eine große Vielfalt von Lauten.

Eichhörnchen / Eichkätzchen
Sciurus vulgaris
Verbreitung: von Europa östl. bis China, Korea, Japan (Hokkaido)
Habitat: immergrüne Wälder
Länge: KRL 20–24 cm; SL 15–20 cm

Bis zur Einführung des nordamerikanischen Grauhörnchens in England zu Anfang dieses Jahrhunderts war das Eichhörnchen die einzige europäische Art der Hörnchenfamilie. Heute geht die Zahl dieser Tiere in Großbritannien zurück, doch in Europa und Asien sind die Eichhörnchen immer noch sehr zahlreich. Ihre Hauptnahrung sind Tannenzapfen, doch im Sommer fressen sie auch Pilze und Früchte.

Die Dauer der Fortpflanzungszeit hängt vom Klima ab. Ein Weibchen kann in einem Jahr 2 Würfe mit jeweils 3 Jungen aufziehen. Die Jungen werden in einem Baumnest geboren, in dem die Tiere auch überwintern.

Grauhörnchen
Sciurus carolinensis
Verbreitung: Südostkanada, Osten der USA; eingeführt in Großbritannien und Südafrika
Habitat: Laubwälder
Länge: KRL 23–30 cm; SL 21–23 cm

Der natürliche Lebensraum der Grauhörnchen sind die gemischten Eichen- und Nußbaumwälder des östlichen Nordamerikas, wo die Population durch Eulen, Füchse und Luchse in Grenzen gehalten wird. Grauhörnchen ernähren sich von Samen und Nüssen sowie von Eiern, jungen Vögeln und Insekten. Ein erwachsenes Grauhörnchen vertilgt ca. 80 g geschälte Nüsse pro Tag. Manchmal schälen Grauhörnchen auch die Rinde von jungen Bäumen ab, um an deren nahrhaften Saft zu kommen.

Jedes Jahr bei Frühlingsanfang und im Sommer wird jeweils ein Wurf mit maximal 7 Jungen großgezogen. Meist bleiben nur 3–4 davon am Leben. Die Männchen werden dann vom Nest ferngehalten und nehmen auch keinen Anteil an der Aufzucht der Jungen. Im Süden Englands verdrängt das eingeführte Grauhörnchen allmählich die einheimische rote Art.

Ölpalmenhörnchen
Protoxerus stangeri
Verbreitung: von Westafrika östl. bis Kenia; Angola
Habitat: Palmenwälder
Länge: KRL 22–33 cm; SL 25–38 cm

Das Ölpalmenhörnchen ernährt sich hauptsächlich von den Früchten der Ölpalme. In Gebieten, in denen es nur wenig Kalk gibt, nagt das Tier auch an Knochen und Elfenbein. Das Ölpalmenhörnchen lebt im Verborgenen. Seine Anwesenheit wird meist nur dann bemerkt, wenn es – aufgestört – losschreit. Über die Fortpflanzung dieses Tiers ist wenig bekannt. Die Paarung ist vermutlich nicht an eine bestimmte Jahreszeit gebunden.

Palmenhörnchen
Funambulus palmarum
Verbreitung: Indien, Sri Lanka
Habitat: Palmenwälder
Länge: KRL 11,5–18 cm; SL 11,5–18 cm

Mit seinen auffälligen Streifen ähnelt dieses kleine Hörnchen oberflächlich den Backenhörnchen. Es ist ein sehr lebhaftes Tier, das tagsüber Früchte von Palmen sowie Blüten und Knospen sammelt. Palmenhörnchen können Baumwollbäume schädigen, da sie deren junge Knospen fressen; doch sind sie andererseits sehr nützliche Tiere, da sie Nektar aus den Blüten der Silbereiche fressen und dabei gleichzeitig die Blüten dieser Pflanzen bestäuben.

Die Männchen kämpfen aggressiv um die Weibchen, doch schon kurz nach der Paarung zeigen sie keinerlei Interesse mehr an ihnen, ebensowenig wie später an den Jungen. Im Laufe eines Jahres ziehen Palmenhörnchen bis zu 3 Würfe mit jeweils etwa 3 Jungen auf. Die Tragezeit beträgt 40–45 Tage, und die Weibchen sind im Alter von 6–8 Monaten geschlechtsreif.

Riesenhörnchen
Ratufa bicolor
Verbreitung: Burma bis Indonesien
Habitat: dichte Wälder
Länge: KRL 30–45 cm; SL 30–50 cm

Die 4 Arten der Riesenhörnchen sind, wie der Name schon sagt, sehr groß, und sie können bis zu 3 kg wiegen. Trotzdem ist das Riesenhörnchen oder Jelarang sehr flink, und es kann 6 m oder weiter durch die Bäume springen. Dabei benutzt es seinen Schwanz wie ein Steuer. Riesenhörnchen ernähren sich von Früchten, Nüssen, Rinde und kleinen Wirbellosen. Allein oder in Paaren halten sie sich meist in Nestern im Inneren hohler Bäume versteckt.

Während der Brunst bauen sie ein großes Nest, in dem das Weibchen nach einer Tragezeit von ca. 4 Wochen 1–2 Junge wirft.

Großes Rotschenkelhörnchen
Epixerus ebii
Verbreitung: Ghana, Sierra Leone
Habitat: dichte Wälder, in der Nähe von Sümpfen
Länge: KRL 25–30 cm; SL 28–30 cm Ⓤ

Das Große Rotschenkelhörnchen ist eines der seltensten Nagetiere. Durch das Abholzen von Wäldern und das Trockenlegen von Sümpfen ist sein Lebensraum zerstört worden, und es ist fraglich, ob die Art sich von diesen Eingriffen des Menschen in die Natur jemals erholen wird. Andererseits bietet die Unzugänglichkeit seines Lebensraumes dem Tier in einigen Teilen seines Verbreitungsgebietes noch einen gewissen Schutz. Vielleicht reicht diese „Galgenfrist“ aus, um die Situation, in der diese Art sich befindet, ausreichend zu erforschen und noch rechtzeitig Gegenmaßnahmen treffen zu können. Zur Zeit ist dies jedoch ungewiß. Das Tier ernährt sich offenbar hauptsächlich von den Früchten der Bambuspalme (*Raphia*), jedoch wahrscheinlich auch noch von anderen Dingen. Über die Fortpflanzung der Art ist nichts bekannt.

Prevost-Hörnchen
Callosciurus prevosti
Verbreitung: Südostasien
Habitat: Wald
Länge: KRL 20–28 cm; SL 15–25 cm

Der krasse Farbkontrast im Fell des Prevost-Hörnchens macht dieses Tier zu einem der auffallendsten Vertreter der Hörnchenfamilie (der Gattungsname bedeutet wörtlich: „schönes Hörnchen“). Das Tier sammelt tagsüber Samen, Knospen und junge Triebe und frißt manchmal auch Vogeleier und Insekten. Es lebt alleine oder zu zweit. Kurz vor der Geburt der Jungen verläßt das Weibchen das Nest im Inneren eines hohlen Baums und baut sich hoch in den Baumwipfeln ein neues Nest aus kleinen Zweigen, Reisig und Blättern. Sicher vor den lauernden Blicken bodenbewohnender Feinde wirft es dort 3–4 Junge. Wieviele Würfe ein Weibchen im Jahr aufzieht, ist unbekannt, doch sind es in einigen Teilen der Verbreitungsgebietes sicher bis zu 4.

Palmenhörnchen
Eichhörnchen
Riesenhörnchen
Ölpalmenhörnchen
Prevost-Hörnchen
Grauhörnchen
Großes Rotschenkelhörnchen

Hörnchen 2

Gestreiftes Erdhörnchen / West-Hörnchen

Xerus erythropus

Verbreitung: Afrika: von Marokko bis Kenia
Habitat: Wald, Busch, Savanne
Länge: KRL 22–30 cm; SL 18–27 cm

Das Fell dieses afrikanischen Erdhörnchens ähnelt sehr dem seines nordamerikanischen Gegenstücks; es ist ebenfalls hart und glatt und hat nur wenig Unterhaar. Das Tier lebt in weitverzweigten unterirdischen Gängen, die es mit seinen starken Vorderpfoten gräbt. Ohne Scheu sammelt es tagsüber Samen, Beeren und junge Triebe. Das Gestreifte Erdhörnchen lebt in Gruppen, und die Tiere begrüßen einander mit einem flüchtigen „Kuß“ und einem schwungvollen Klaps mit dem Schwanz.

Im März oder April findet die Paarung statt, und ca. 4 Wochen später werden 3–4 Junge geboren. In manchen Gegenden glaubt man, daß der Biß dieses Hörnchens giftig sei. Tatsächlich ist der Biß selbst nicht giftig, doch in den Speicheldrüsen der Tiere befinden sich Streptokokken, die Blutvergiftungen verursachen.

Streifenziesel / Leopardenziesel

Citellus tridecemlineatus (Spermophilus t.)

Verbreitung: Süden Zentralkanadas, Zentral-USA
Habitat: Prärie, Weideland
Länge: KRL 17–29 cm; SL 6–14 cm

Dieses auffällig gezeichnete kleine Nagetier ist tagsüber aktiv, und oft tritt es in großer Zahl auf. Doch sind die Bindungen unter den Mitgliedern einer solchen Gruppe viel lockerer als etwa bei den Präriehunden. Wie andere bodenbewohnende Hörnchen kann das Streifenziesel ausgezeichnet sehen. Manchmal richtet es sich auf die Hinterpfoten auf, um nach Feinden wie Habichten, Luchsen und Füchsen Ausschau zu halten. Bei Gefahr flüchtet es unter die Erde. Zwar leben manche dieser Tiere in Geröllhaufen, doch die meisten graben Gangsysteme von unterschiedlicher Länge und Komplexität. Bei großen Tieren sind die Tunnel manchmal 60 m lang oder länger, bei jüngeren Tieren sind sie kürzer und weniger tief. Samen, Nüsse, Früchte, Wurzeln und Knollen sind die wichtigsten Nahrungsmittel der Streifenziesel, doch manchmal fressen sie auch Insekten, Volgeleier und sogar Mäuse. Im Winter halten sie einen Winterschlaf, nachdem sie unter der Haut eine Fettreserve angelegt haben. Die Körpertemperatur sinkt auf ca. 2 ° C ab, und das Herz schlägt nur noch 5mal pro Minute. Bei normaler Aktivität schlägt es 200–500mal pro Minute!

Nach dem Winterschlaf findet die Paarung statt. Die Tragezeit beträgt ca. 4 Wochen, und im Frühsommer werden bis zu 13 blinde, hilflose Junge geboren. Nach ca. 4 Wochen öffnen sie die Augen, und 2 Wochen später sind sie selbständig.

Schwarzschwanz-Präriehund

Cynomys ludovicianus

Verbreitung: Zentral-USA
Habitat: Grasland (Prärie)
Länge: KRL 28–32 cm; SL 8,5–9,5 cm

Der Schwarzschwanz-Präriehund verdankt seinen Namen seinem gedrungenen, terrierartigen Aussehen und seinem hohen Bellen bei Gefahr. Präriehunde (Gattung *Cynomys* mit 7 Arten) zählen zu den gemeinschaftsbewußtesten Nagetieren. Sie bewohnen unterirdische Gangsysteme, Dörfer oder Städte genannt, in denen einige tausend Tiere zusammenleben können. Sie grasen tagsüber und richten oft großen Schaden auf Viehweiden an. Während der Mahlzeiten legen sie regelmäßig gesellige Pausen ein, bei denen es sehr geräuschvoll zugeht.

Die Weibchen werfen nach einer Tragezeit von 4 Wochen im März, April oder Mai bis zu 10 Junge. Wenn diese im Alter von 7 Wochen entwöhnt sind, wagen sie sich bis zur Peripherie der „Stadt“. Adler, Füchse und Kojoten machen oft Jagd auf Präriehunde.

Streifenbackenhörnchen / Östlicher Chipmunk

Tamias striatus

Verbreitung: Südostkanada, Osten der USA
Habitat: Wald
Länge: KRL 13,5–19 cm; SL 7,5–11,5 cm

Das Streifenbackenhörnchen ist eines der bekanntesten kleinen Säugetiere Nordamerikas. Seine angeborene Neugierde und die Tatsache, daß es keine Angst vor Menschen hat, machen es zu einer Attraktion auf Camping- und Picknickplätzen. Streifenbackenhörnchen graben Gänge unter Baumstümpfen und Steinen, die sie früh am Morgen verlassen, um Eicheln, Kirschkerne, Nüsse, Beeren und Samen verschiedenster Art zu sammeln. Manchmal treten die Tiere in so großer Zahl auf, daß sie dem Landbau großen Schaden zufügen. Im Herbst legen sie Nahrungsvorräte an, halten jedoch keinen echten Winterschlaf, sondern schränken im Winter nur ihre Aktivität ein.

Im Frühling wird ein einziger Wurf von maximal 8 Jungen geboren. Obwohl diese nach 5 Wochen entwöhnt sind, bleiben sie noch ein paar Monate bei ihrer Mutter. Streifenbackenhörnchen können ca. 5 Jahre alt werden.

Waldmurmeltier

Marmota monax

Verbreitung: Alaska, Kanada, Osten der USA
Habitat: Wald
Länge: KRL 45–61 cm; SL 18–25 cm

Das Waldmurmeltier ist ein ziemlich kampflustiges Nagetier mit einem kräftigen Körper. Waldmurmeltiere sammeln ihre Nahrung in Gruppen und sind immer auf der Hut vor heimlich anschleichenden Feinden wie Pumas oder Kojoten. Ein Mitglied der Gruppe hält „Wache“, während die anderen nach eßbaren Pflanzenwurzeln, Samen, Zwiebeln und Knollen suchen.

Die Jungen, 4–5 an der Zahl, werden gegen Ende des Frühlings geboren und wachsen sehr schnell heran. Im Herbst sind sie erwachsen und werden von den aggressiven Männchen aus den elterlichen Nestern vertrieben. Waldmurmeltiere können bis zu 15 Jahre alt werden.

Taguan

Petaurista petaurista

Verbreitung: Asien: von Kaschmir bis Südchina; Sri Lanka, Java, Borneo
Habitat: dichter Wald
Länge: KRL 40–58 cm; SL 43–63 cm

Mit seiner großen Flughaut, die Hand- und Fußgelenke miteinander verbindet, kann dieses schöne Flughörnchen zwar nicht fliegen, aber bis zu 450 m weit gleiten. So braucht das Tier nicht jedesmal auf den Boden herabzusteigen, um den Baum zu wechseln. Tagsüber hält es sich in hohlen Bäumen versteckt, die es in der Abenddämmerung verläßt, um Nüsse, Früchte, kleine Zweige, junge Blätter und Blütenknospen zu suchen. Der Taguan lebt alleine, zu zweit oder in Familiengruppen.

Über die Fortpflanzung des Taguans ist wenig bekannt, doch sind offenbar 2–3 Würfe von jeweils 1–2 Jungen die Regel. Da die Jungen nie auf dem Rücken der Mutter sitzend beobachtet worden sind, ist anzunehmen, daß sie sie an einem sicheren Ort zurückläßt, wenn sie auf Nahrungssuche geht. Die Einheimischen jagen diese großen Nagetiere wegen ihres Fleisches.

Nördliches Gleithörnchen

Glaucomys sabrinus

Verbreitung: Südkanada, Westen der USA
Habitat: Wald
Länge: KRL 23,5–27 cm; SL 11–18 cm

Das Nördliche Gleithörnchen streckt beim Springen alle vier Gliedmaßen von sich, so daß sich die Flughaut ausbreitet, die von den Hand- bis zu den Fußgelenken reicht. So schwebt es von einem zum anderen Baum. Dabei erzielt es Geschwindigkeiten bis zu 110 m pro Minute. Gewöhnlich sammelt das Tier in den Baumkronen Nüsse, Rinde, Flechten, Pilze, Früchte und Beeren. In die Luft begibt es sich nur, um Feinden zu entgehen. Im Herbst legt es in hohlen Bäumen Vorräte von Nüssen und getrockneten Beeren an, denn Gleithörnchen halten keinen echten Winterschlaf.

Im April oder später werden in einem hohlen Baum Junge geboren. Das Nest wird zuvor mit weichem Material ausgekleidet. Ein Wurf besteht meist aus 2–6 Jungen, die etwa 10 Wochen lang gesäugt werden, was für Nagetiere außergewöhnlich lang ist. Das hängt vermutlich damit zusammen, daß die Jungen ziemlich weit entwikkelt sein müssen, bevor sie sich an Gleitflüge wagen können.

Gestreiftes Erdhörnchen
Schwarzschwanz-Präriehund
Streifenbackenhörnchen
Streifenziesel
Waldmurmeltier
Taguan
Nördliches Gleithörnchen

Taschenratten, Taschenmäuse

FAMILIE GEOMYIDAE: Taschenratten
Es gibt ungefähr 30 Arten von Taschenratten, die in ganz Nordamerika, vom 54. Grad nördl. Breite bis Panama und von der Atlantik- bis zur Pazifikküste verbreitet sind. Den größten Teil ihres Lebens verbringen diese Tiere unter der Erde in ausgedehnten, verzweigten Gangsystemen, die sie mit ihren beitelförmigen Zähnen und ihren starken, breiten Pfoten graben. Taschenratten leben vor allem dort, wo der Boden weich und eine üppige Vegetation vorhanden ist. Sie ernähren sich hauptsächlich von Wurzeln und Knollen.

Durch ihr Graben richten sie im Grasland oft großen Schaden an, weshalb man erbittert versucht, sie auszurotten. Dennoch vermehren sie sich mit großer Geschwindigkeit.

Flachland-Taschenratte

Geomys bursarius

Verbreitung: Zentral-USA: von der kanadischen Grenze bis Mexiko
Habitat: sandiger Boden mit vereinzelten Waldgebieten
Länge: KRL 18–24 cm; SL 10–12,5 cm

Taschenratten verdanken ihren Namen ihren beiden großen Backentaschen, die sie mit Knollen oder jungen Trieben vollstopfen, um die Nahrung zu ihrem Nest zu transportieren. Taschenratten leben alleine. Das Männchen verläßt seinen Bau nur in der Paarungszeit, um ein Weibchen aufzusuchen. Gleich danach kehrt es in seinen eigenen Bau zurück. Nach einer Tragezeit von 18–19 Tagen werden 2–3 Junge geboren, die nach 10 Tagen entwöhnt werden. Sie bleiben jedoch im Nest der Mutter, bis sie 2 Monate alt sind. Nach 3 Monaten sind sie geschlechtsreif.

Obwohl Viehbauern Taschenratten als Plage ansehen, tragen diese mit ihrer Wühltätigkeit zur Lockerung des Bodens bei und erhöhen so auf längere Sicht die Fruchtbarkeit des Weidelandes.

Nördliche Taschenratte

Thomomys talpoides

Verbreitung: Südwestkanada, USA (Colorado)
Habitat: Grasland und lichter Wald bis zu 4.000 m Höhe
Länge: KRL 25–30 cm; SL 6–9,5 cm

Obwohl die Nördliche Taschenratte oft in Gebieten mit strengen Wintern lebt, hält sie keinen Winterschlaf. Sie sammelt in unterirdischen Vorratskammern große Vorräte an Wurzeln und Knollen, von denen sie sich im Winter ernährt. Bei Frühlingsanfang findet die Paarung statt, und nach einer Tragezeit von 18 Tagen werden maximal 10 Junge geboren. Die Weibchen paaren sich oft unmittelbar danach erneut und bringen wenige Tage nach der Entwöhnung des ersten Wurfs schon wieder Junge zur Welt.

FAMILIE HETEROMYIDAE: Taschenmäuse
Es gibt ca. 70 Arten von Taschenmäusen und Taschenspringern mit teilweise sehr unterschiedlichem Äußeren. Manche sehen aus wie Mäuse und leben in dichten Wäldern, andere haben lange Hinterbeine, springen wie Känguruhs und leben in Wüsten und trockenen Ebenen. Sie fressen Samen, aber auch Insekten und andere Wirbellose und haben große, behaarte Backentaschen, in denen sie Nahrung transportieren. Diese Arten sind sehr fruchtbar; manche bekommen 3- oder 4mal im Jahr Junge. Die gesamte Familie lebt in Nord-, Mittel- und Südamerika.

Seiden-Taschenmaus

Perognathus flavus

Verbreitung: USA: von Wyoming südl. bis Texas; Mexiko
Habitat: trockene Tiefebenen
Länge: KRL 10–12 cm; SL 4,5–6 cm

Die Seiden-Taschenmaus hat ein dichtes, weiches Fell, das sie makellos sauber hält. Wenn dieses Nachttier abends seinen Bau verläßt, ist der Sand oft noch sehr heiß. Die dicken Kissen aus weichem Haar an den Fußsohlen verhindern, daß es sich verbrennt. Außerdem haben die Kissen auch die Funktion von „Schneeschuhen“, da sie das Körpergewicht gleichmäßig verteilen. Das Tier bewegt sich entweder auf allen Vieren oder nur auf den beiden Hinterbeinen fort. Die Brunst dauert von April bis Juni und von August bis September, und meist werden pro Wurf 4 Junge geboren. Den Bau tief unter der Erde verlassen sie zum erstenmal im Alter von ca. 3 Wochen.

Kalifornische Taschenmaus

Perognathus californicus

Verbreitung: Kalifornien, Baja California
Habitat: trockene Sandebenen
Länge: KRL 19–23 cm; SL 10–14,5 cm

Die Kalifornische Taschenmaus gräbt riesige Gangsysteme in den sandigen Boden ihres Wohngebiets. Der Eingang befindet sich meist unter einem Strauch oder im Unterholz, wo es schattig ist und wo sie gleichzeitig vor Feinden verborgen ist. Die Kalifornischen Taschenmäuse leben hauptsächlich von Samen, die sie in den Backentaschen zu ihrem Bau transportieren. Manchmal fressen sie auch grüne Pflanzenteile. Sie trinken selten oder nie, ihr Körper kann ohne Wasser auskommen. Die Fortpflanzungszeit dauert von April bis September, doch die Paarungsaktivitäten nehmen in der heißesten Zeit des Sommers deutlich ab. Jeder Wurf besteht aus maximal 7 Jungen, die nach einer Tragezeit von ca. 25 Tagen geboren werden.

Blasse Känguruhmaus

Microdipodops pallidus

Verbreitung: USA: Westen von Zentral-Nevada
Habitat: Sanddünen
Länge: KRL 6,5–8 cm; SL 6,5–10 cm

Dieses Nagetier kann mit seinen starken Hinterbeinen weit springen. Seine breiten, platten Füßen sind mit steifen Haaren umsäumt. Das Tier kann große Entfernungen zurücklegen, wozu es gezwungen ist, um in seinem unwirtlichen Lebensraum genügend Nahrung zu finden. Beim Springen streckt die Känguruhmaus ihren langen Schwanz gerade nach hinten, um das Gleichgewicht zu halten; dadurch sieht sie wie ein Miniaturkänguruh aus.

Känguruhmäuse können sehr alt werden, und sie pflanzen sich nicht so schnell fort wie die anderen Arten ihrer Familie. In besonders heißen, trockenen Sommern werden überhaupt keine Jungen geboren.

Wüsten-Känguruhratte

Dipodomys deserti

Verbreitung: USA: von Nevada südl. bis Mexiko
Habitat: trockenes Unterholz und Grasland
Länge: KRL 30,5–38 cm; SL 18–21,5 cm

Die Wüsten-Känguruhratten graben ihre Höhlen in porösen, lockeren Boden. Es sind Nachttiere, die große Entfernungen zurücklegen, um Nahrung zu sammeln. Da ihre Nieren viermal so effizient Wasser verwerten können wie die des Menschen, brauchen sie nie zu trinken.

Die Fortpflanzung ist nicht an eine bestimmte Jahreszeit gebunden. Nach einer Tragezeit von ca. 30 Tagen werden maximal 5 Junge geboren.

Mexikanische Stacheltaschenmaus

Liomys irroratus

Verbreitung: USA: Südwestspitze von Texas; Mexiko
Habitat: trockene Wälder
Länge: KRL 19–30 cm; SL 9,5–17 cm

Das Fell dieser Art besteht aus steifen, gerillten Haaren, die den Körper wie ein Schutzschild umgeben und Feinde abschrecken. Das Tier frißt vorzugsweise Sukkulenten, doch sammelt es auch Samen und Pflanzenwurzeln, die es in den Backentaschen zu seiner Höhle transportiert. Die Fortpflanzung ist nicht an eine bestimmte Jahreszeit gebunden, und gewöhnlich besteht ein Wurf aus 4 Jungen.

Stacheltaschenmaus

Heteromys anomalus

Verbreitung: Kolumbien, Venezuela, Trinidad
Habitat: tropischer Regenwald
Länge: KRL 12,5–16 cm; SL 13–20 cm

Dieses scheue, nachts aktive Nagetier lebt in Höhlen auf dem Waldboden. Es sammelt Samen, Knospen, Früchte, Blätter und junge Sprossen und frißt sie in der Höhle auf. Während des ganzen Jahres, vor allem jedoch im Frühling und Sommer, werden pro Wurf ca. 4 Junge geboren.

Flachland-Taschenratte
Seiden-Taschenmaus
Nördliche Taschenratte
Kalifornische Taschenmaus
Blasse Känguruhmaus
Wüsten-Känguruhratte
Mexikanische Stacheltaschenmaus
Stacheltaschenmaus

Stummelschwanzhörnchen, Biber, Dornschwanzhörnchen, Springhasen

FAMILIE APLODONTIDAE:
Stummelschwanzhörnchen
Diese Nagetierfamilie besteht aus nur einer Art: den Stummelschwanzhörnchen. Als urtümlichstes Nagetier, das heute noch lebt, hat es einige primitive Merkmale bewahrt.

Stummelschwanzhörnchen / Biberhörnchen

Aplodontia rufa

Verbreitung: Nordwesten der USA
Habitat: feuchte Wälder
Länge: KRL 30–43 cm; SL 2,5 cm

Das Stummelschwanzhörnchen, auch Biberhörnchen genannt, lebt allein. Jedes erwachsene Tier gräbt seinen eigenen unterirdischen Bau mit Gängen. Obwohl dieses Hörnchen ein schlechter Kletterer ist, der sich selten in Bäume wagt, frißt es fast alles, was pflanzlich ist, auch Rinde und Zweige, und für die Wintermonate legt es einen Nahrungsvorrat an. Im Frühjahr bringen die Stummelschwanzhörnchen 2–3 Junge zur Welt. Diese werden in einem Nest geboren, das mit trockenem Pflanzenmaterial ausgelegt ist.

FAMILIE CASTORIDAE: Biber
Früher galten die altweltlichen und neuweltlichen Biber als zwei verschiedene Arten; heute werden sie zu einer Art zusammengefaßt. Der Biber ist überwiegend ein Wassertier und ein vortrefflicher Schwimmer. An seinen Hinterbeinen befinden sich Schwimmhäute, und er hat einen breiten, platten, unbehaarten Schwanz. Die beiden Geschlechter sehen gleich aus, doch die Männchen sind meist etwas größer und haben am After Duftdrüsen, die einen nach Moschus duftenden Stoff ausscheiden, den sie benutzen, um die Grenzen ihrer Reviere zu markieren.

Biber findet man immer in der Nähe von Wasserläufen mit dichter Ufervegetation, unter anderem mit Baumarten wie Weiden, Pappeln, Erlen und Birken. Sie ernähren sich von Rinde, Zweigen, Wurzeln und Blättern dieser Bäume. Mit ihren riesigen Schneidezähnen fällen sie Bäume, die sie für den Bau ihrer komplizierten Dämme und Burgen verwenden.

Wenn ein Biberpärchen einen Damm baut, staut es den Strom mit Zweigen und Schlamm, so daß eine Art „Stausee" entsteht, der so tief ist, daß er im Winter nicht bis zum Grund einfriert. Auf dem Grund dieses Sees legen die Biber einen Wintervorrat aus eßbaren Zweigen an. In der Nähe des Damms oder auf einer Insel oder Sandbank bauen sie aus Zweigen ein Unterschlupf mit Schlafräumen oder sie graben eine Höhle ins Flußufer. Wenn Biber alle verfügbaren Bäume in der Umgebung gefällt haben, graben sie Kanäle durch die Wälder und transportieren auf diesen weiter entfernt wachsende Bäume. All diese Arbeiten führen die Biber meist nachts durch.

Biber

Castor fiber

Verbreitung: Nordamerika: von Alaska bis Texas; Eurasien: Teile von Skandinavien, Polen, Frankreich, Süddeutschland, Österreich und UdSSR
Habitat: Flüsse, Seen mit bewachsenen Ufern
Länge: KRL 73–130 cm; SL 21–30 cm

Der Biber ist eines der größten Nagetiere. Er kann 27 kg oder mehr wiegen. Er ist ausgezeichnet an sein amphibisches Leben angepaßt. Sein dichtes Fell ist wasserundurchlässig und sorgt für Wärmeisolation. Ohren und Nasenlöcher können durch spezielle Muskeln verschlossen werden, wenn das Tier unter Wasser schwimmt, wodurch es 15 Minuten lang unter Wasser bleiben kann.

Eine Biberkolonie besteht gewöhnlich aus einem erwachsenen Pärchen und seinen Jungen – den vorjährigen und dem letzten Wurf. Wenn die Jungen zwei Jahre alt sind, werden sie vertrieben, damit sie eine eigene Kolonie gründen. Der Herbst ist für die Biber einer geschäftige Zeit, denn dann müssen sie Reparaturen an ihren „Burgen" und Dämmen ausführen und Nahrungsvorräte für den Winter anlegen. Mitten im Winter findet die Paarung statt, und im Frühling werden 2–4 Junge geboren, die bei der Geburt gut entwickelt sind. Nach etwa einem Monat können sie schwimmen und sogar selbst für ihre Nahrung sorgen. Biber sind monogam. Das Weibchen bleibt vermutlich sein Leben lang bei einem Männchen. Allerdings paaren sich die Männchen gelegentlich auch mit anderen Weibchen.

Die europäischen Unterarten bauen ebenso wie ihre nordamerikanischen Verwandten komplizierte Dämme und Burgen, doch an Orten, wo die Bedingungen von Natur aus schon gut sind, begnügen sie sich mit einer Höhle im Flußufer, deren Eingang unter Wasser liegt.

FAMILIE PEDETIDAE: Springhasen
Diese afrikanische Nagetierfamilie besteht aus 2 Arten, dem Ostafrikanischen und dem Südafrikanischen Springhasen, die beide einige Unterarten haben. Die Vorderbeine der Springhasen sind kurz, die Hinterbeine ziemlich lang und kräftig. Die Tiere können mindestens 3 Meter weit springen. Der lange buschige Schwanz sorgt bei hoher Geschwindigkeit für das Gleichgewicht.

Südafrikanischer Springhase

Pedetes capensis

Verbreitung: von Kenia bis Südafrika
Habitat: trockenes offenes Gelände
Länge: KRL 35–43 cm; SL 37–47 cm

Springhasen bewegen sich wie Känguruhs fort, wenn sie aufgeschreckt werden oder wenn sie große Entfernungen zurücklegen müssen, doch beim Sammeln von Nahrung benutzen sie alle vier Beine. Der Südafrikanische Springhase ist überwiegend nachts aktiv und verbringt den Tag in seinem Bau. Gegen Abend verläßt er sein Heim, um Zwiebeln, Wurzeln, Getreidekörner und manchmal auch Insekten zu fressen. Oft findet man in einem Gebiet mehrere Baue. Manche werden nur von einem einzigen Tier bewohnt, andere von ganzen Familien. Wahrscheinlich werden bei dieser Art nur einmal im Jahr 1 oder 2 Junge geboren.

FAMILIE ANOMALURIDAE:
Dornschwanzhörnchen
Die 7 Arten der Dornschwanzhörnchen sind baumbewohnende Nagetiere, die in den Wäldern West- und Zentralafrikas leben. Bis auf eine Ausnahme haben sie eine große Flughaut an den Körperseiten, die sie wie einen Fallschirm ausbreiten können. Sie ermöglicht den Tieren Gleitflüge.

Beecroft-Dornschwanzhörnchen

Anomalurus beecrofti

Verbreitung: West- und Zentralafrika
Habitat: Wald
Länge: KRL 30–40,5 cm; SL 23–43 cm

Beecroft-Dornschwanzhörnchen springen von Baum zu Baum und kommen nur selten auf den Boden. Mit ihrer ausgebreiteten Flughaut springen sie von einem Ast ab, schweben bis zu 90 m weit und landen danach auf einem anderen Baum. Sie finden ihre gesamte Nahrung in den Bäumen: Beeren, Samen und Früchte, aber auch grüne Pflanzenteile. Diese Tiere sind hauptsächlich nachts aktiv. Sie leben meist alleine oder in Paaren und bauen ihre Nester in hohlen Bäumen. Zweimal pro Jahr wird ein Wurf von 2–3 Jungen geboren.

Zenker-Gleitbilch

Idiurus zenkeri

Verbreitung: Kamerun, Zaire
Habitat: Regenwald
Länge: KRL 6–10 cm; SL 7,5–13 cm

Dieses kleine fliegende Hörnchen ist sofort an seinem charakteristischen Schwanz zu erkennen: Zu beiden Seiten stehen lange Haare ab, was ihn wie eine Feder aussehen läßt. Wie seine Verwandten ist der Zenker-Gleitbilch hauptsächlich nachts aktiv und lebt von Beeren, Samen und Früchten. Gruppen von maximal 12 Tieren bewohnen Nester in hohlen Bäumen.

Stummelschwanzhörnchen
Biber (Nordamerika)
Biber (Europa, Asien)
Beecroft-Dornschwanzhörnchen
Zenker-Gleitbilch
Südafrikanischer Springhase

Neuweltmäuse

FAMILIE MURIDAE: Mäuse

UNTERFAMILIE HESPEROMYINAE:
Neuweltmäuse od. Neuweltratten
Die Neuweltmäuse bilden eine der 14 Unterfamilien der sehr umfangreichen Nagetierfamilie der Mäuse, zu der die Ratten, Mäuse, Wühlmäuse, Rennmäuse, Hamster und andere gehören. Diese Unterfamilie umfaßt ca. 350 Arten und ist damit die größte Säugetier-Unterfamilie. Ihre Mitglieder leben in den verschiedensten Habitaten von der Wüste bis zu feuchten Wäldern. Diese unauffälligen, aber sehr zahlreichen kleinen Nager sind von unschätzbarer Bedeutung als Primärkonsumenten in ihrem Lebensraum, und sie sind ein wichtiges Glied in einer Reihe von Nahrungsketten.

Kalifornische Reisratte

Oryzomys peninsulae

Verbreitung: Mexiko: Spitze von Baja California
Habitat: feuchtes Gelände mit dichter Vegetation
Länge: KRL 22,5–33 cm; SL 11–18 cm

Es gibt 100 Arten von Reisratten, die einander sehr stark ähneln und auch ungefähr die gleiche Lebensweise haben. Sie fressen hauptsächlich grüne Pflanzenteile wie Binsen und Riedgras, aber auch Fische und wirbellose Tiere. In Reisfeldern können sie zu einer wahren Plage werden und ernsten Schaden anrichten. Auf Binsen, die aus dem Wasser herausragen, flechten sie Nester aus Gras. In trockenen Gebieten graben sie Höhlen, in denen das ganze Jahr über Junge geboren werden, manchmal 7 pro Wurf.

Neacomys guianae

Verbreitung: von Kolumbien östl. bis Guayana
Habitat: dichter feuchter Wald
Länge: KRL 7–10 cm; SL 7–10 cm

Die Besonderheit dieser Art ist ihr stacheliges Fell. Vor allem auf dem Rücken und in geringerem Maße auch auf den Flanken hat das Tier harte, borstige Haare. Über dieses Nagetier ist wenig bekannt. Es lebt auf dem Boden des undurchdringlichen Urwaldes. Vermutlich pflanzt es sich das ganze Jahr über fort und gebiert je Wurf 2–4 Junge.

Rhipidomys venezuelae

Verbreitung: Nordbrasilien, Venezuela, Guayana
Habitat: dichter Wald
Länge: KRL 8–15 cm; SL 18–25 cm

Dieses Nachttier lebt im dichten Urwald ein verborgenes Leben. Obwohl es sein Nest in einem Loch zwischen Baumwurzeln baut, verbringt es die meiste Zeit hoch in den Baumwipfeln, wo es sich von Flechten, kleinen Wirbellosen und von Pflanzen wie Bromelien (Ananasgewächsen) ernährt. Die Maus ist ein geschickter Kletterer mit starken, breiten Pfoten und langen, scharfen Krallen. Sie benutzt ihren langen Schwanz, um bei ihren Sprüngen das Gleichgewicht zu halten, wenn sie von Zweig zu Zweig springt. Das Tier pflanzt sich das ganze Jahr über fort. Ein Wurf besteht gewöhnlich aus 2–5 Jungen.

Westliche Erntemaus

Reithrodontomys megalotis

Verbreitung: von Oregon südl. bis Panama
Habitat: Grasland
Länge: KRL 5–14 cm; SL 6–9 cm

Erntemäuse leben meist im hohen Gras. Im Sommer bauen sie zwischen Pflanzenstengeln kugelförmige Nester von ungefähr 17,5 cm Durchmesser, in denen nach einer Tragezeit von ca. 23 Tagen etwa 4 Junge geboren werden.

Hirschmaus

Peromyscus maniculatus

Verbreitung: von Kanada bis Mexiko
Habitat: Wald, Grasland, Unterholz
Länge: KRL 12–22 cm; SL 8–18 cm

Hirschmäuse sind flinke Tiere, die mühelos durch Unterholz huschen und springen, das vollkommen undurchdringlich wirkt. Sie bauen unterirdische Nester aus trockenem Pflanzenmaterial und ziehen mehrmals pro Jahr um. Ihre Ernährung ist sehr abwechslungsreich und enthält fast ebensoviel pflanzliche wie tierische Nahrung. Junge Hirschmäuse können sich von der siebten Woche ab fortpflanzen. Nach einer Tragezeit von 3–4 Wochen werden Würfe von maximal 9 Jungen geboren.

Goldmaus

Peromyscus nuttalli (Ochrotomys n.)

Verbreitung: Südosten der USA
Habitat: dichtes Gestrüpp
Länge: KRL 8–9,5 cm; SL 7–9,5 cm

Diese kleine Maus verbringt den größten Teil ihres Lebens zwischen den Ranken des wilden Geißblatts und der Stechwinde. Dort baut sie ein stattliches Nest, in dem eine ganze Familie oder auch nur eine einzige Maus lebt. An anderen Stellen bauen Goldmäuse auch einfache Eßnester, in denen sie in aller Ruhe Nüsse und Samen verzehren. Sie pflanzen sich vom Frühling bis zum Herbstanfang fort. Die Tragezeit beträgt ca. 4 Wochen, und gewöhnlich besteht ein Wurf aus 2–3 Jungen.

Nördliche Grashüpfermaus

Onychomys leucogaster

Verbreitung: von Südkanada bis Nordmexiko
Habitat: halbtrockene Buschvegetation und Wüste
Länge: KRL 9–13 cm; SL 3–6 cm

Die Grashüpfermaus frißt hauptsächlich Fleisch: Heuschrecken und Skorpione sind ihre Hauptbeute, doch sie macht sogar auf Artgenossen Jagd und frißt sie. Grashüpfermäuse bauen Nester in Löchern, die sie selbst graben oder verlassen antreffen, und sie pflanzen sich im Frühling und Sommer fort. Nach einer Tragezeit von 33 Tagen werden 2–6 Junge geboren.

Akodon arviculoides

Verbreitung: Brasilien
Habitat: Wald, Ackerland
Länge: KRL 11,5–14,5 cm; SL 4,5–6,5 cm

Es gibt mehr als 60 Arten südamerikanischer Feldmäuse. Diese Tiere sind sowohl tagsüber wie auch nachts aktiv; die meisten Aktivitäten über der Erde finden allerdings nachts statt. Sie ernähren sich von verschiedenstem Pflanzenmaterial. Gewöhnlich werden pro Jahr 2 Würfe geboren, im November und im März, und jeder Wurf besteht aus maximal 7 Jungen. Im Bau sind für trächtige und säugende Weibchen spezielle Wochenstuben reserviert.

Baumwollratte

Sigmodon hispidus (S. arizonae)

Verbreitung: von Arizona südl. bis Mexiko
Habitat: trockenes Grasland
Länge: KRL 12,5–20 cm; SL 7,5–12,5 cm

Baumwollratten sind sehr zahlreich und werden oft als Schädlinge angesehen. Gewöhnlich leben sie von Pflanzen und kleinen Insekten, doch wenn die Populationen sehr groß sind, vergreifen sie sich auch an den Eiern und Küken von Virginia-Wachteln, an Flußkrebsen und Winkerkrabben. Sie pflanzen sich rasend schnell fort und gebären ihren ersten Wurf von ca. 12 Jungen im Alter von 10 Wochen.

Wüstenratte

Neotoma albigula

Verbreitung: von Kalifornien bis Texas, südl. bis Mexiko
Habitat: Dickicht, lichte Wälder
Länge: KRL 28–40 cm; SL 7,5–18,5 cm

Eine Gruppe von ca. 100 Tieren dieser Art baut ein große Nest aus allem erreichbaren Material, unter anderem aus Zweigen und sogar aus kleinen Kaktusstücken. Das Nest kann einen Durchmesser von bis zu 2 m haben, und gewöhnlich befindet es sich in einem Geröllhaufen am Fuß eines Baumes. Von ihrem Nest aus sammeln die Ratten junge Sprossen, Früchte und andere Pflanzennahrung. Ein Wurf besteht aus 1–4 Jungen.

Fischratte

Ichthyomys stolzmanni

Verbreitung: von Kolumbien südl. bis Peru
Habitat: in der Nähe von Flüssen und Seen
Länge: KRL 14,5–21 cm; SL 14,5–19 cm

Fischratten sind sehr spezialisierte Nagetiere, die sich gut an eine Ernährung aus Fischen und einigen wirbellosen Wassertieren angepaßt haben, denn an ihren Pfoten befinden sich Schwimmflossen, mit denen sie ausgezeichnet schwimmen können. Ihre oberen Schneidezähne sind scharf und spitz und werden zum Aufspießen von Fischen benutzt. Anschließend bringen sie ihre Beute an Land und fressen sie dort auf. Fischratten bringen ihre Jungen in Höhlen zur Welt, die sie ins Flußufer graben. Jedes Jahr werden 1–2 Würfe geboren.

Kalifornische Reisratte
Neacomys guianae
Rhipidomys venezuelae
Westliche Erntemaus
Hirschmaus
Goldmaus
Nördliche Grashüpfermaus
Akodon arviculoides
Baumwollratte
Wüstenratte
Fischratte

Hamster, Blindmäuse, Blindmulle, Wurzelratten

UNTERFAMILIE CRICETINAE: Hamster
Die Hamster sind kleine grabende Nagetiere der Alten Welt. Ihr Verbreitungsgebiet erstreckt sich von Europa über den Mittleren Osten bis nach Zentralasien. Auch die Neuweltmäuse werden manchmal zu den Hamstern gerechnet, wobei man sie als eine gesonderte Gattungsgruppe, die *Hesperomyini*, ansieht. Die Hamster im strengen Sinne (Gattungsgruppe *Cricetini*) umfassen 15 Arten, die von Mitteleuropa bis Asien verbreitet sind. Alle Hamster ähneln in der Körperform einer gedrungenen Ratte mit einem kurzen Schwanz. Sie haben große Backentaschen, in denen sie Vorräte in ihren Bau transportieren. Wenn die Backentaschen voll sind, ragen sie manchmal über die Schulterblätter hinaus.

Hamster / Feldhamster / Schwarzbauchhamster

Cricetus cricetus
Verbreitung: Westeuropa, UdSSR
Habitat: Grasland, Ackerland
Länge: KRL 22–30 cm; SL 3–6 cm

Der Hamster bewohnt ein Gangsystem mit getrennten Nest- und Vorratskammern. Er ernährt sich von Samen, Getreide, Wurzeln, Kartoffeln, grünen Pflanzenteilen und Insektenlarven. Im Spätsommer legt er einen Wintervorrat an. Vor allem Getreide mögen diese Tiere, und sie horten davon manchmal bis zu 10 kg. Von Oktober bis März oder April hält der Hamster einen Winterschlaf, aus dem er von Zeit zu Zeit aufwacht, um etwas von seinen Vorräten zu fressen. Im Sommer bringen die Weibchen meist zwei Würfe von jeweils 6–12 Jungen zur Welt. Die Jungen sind schon im Alter von 2 Monaten geschlechtsreif.

(Syrischer) Goldhamster

Mesocricetus auratus
Verbreitung: Mittlerer Osten
Habitat: Steppe
Länge: KRL 17–18 cm; SL 1,25 cm

Goldhamster sind überwiegend Nachttiere, aber manchmal sind sie auch tagsüber aktiv. Erwachsene Tiere leben alleine in einem selbstgegrabenen Bau. Sie sind Allesfresser und ernähren sich von Pflanzen, Samen, Früchten und sogar von kleinen Tieren. Ihre großen Backentaschen lassen, wenn sie ganz voll sind, den Kopf doppelt so breit erscheinen wie im leeren Zustand.

Syrische Goldhamster sind sehr aggressiv und fast einsiedlerisch veranlagt. Die Weibchen müssen sehr deutlich machen, daß sie brünstig sind. Dies tun sie mit Hilfe eines speziellen Vaginalsekrets, das sie an Steinen und Stöckchen in ihrem Territorium verreiben. Sobald die Brunst zu Ende ist, hören sie mit dieser Markierung auf. Ein Wurf besteht gewöhnlich aus 6–7 Jungen, und es gibt mehrere Würfe pro Jahr.

Die domestizierte Form des Goldhamsters ist ein sehr beliebtes Haustier.

Dshungarischer Zwerghamster

Phodopus sungorus
Verbreitung: UdSSR, Nordchina
Habitat: trockene Ebenen, Sanddünen
Länge: KRL 5–10 cm; Schwanz fehlt

Dieser kleine, kräftige Hamster ist nachts, am frühen Morgen und während der Abenddämmerung aktiv. Über seine Lebensweise ist wenig bekannt, doch sie ähnelt vermutlich derjenigen der anderen Hamster. Das Tier ernährt sich von Samen und anderen Pflanzenteilen und transportiert in seinen Backentaschen Vorräte in seinen Bau.

Der Dshungarische Zwerghamster ist geselliger als der Goldhamster und lebt manchmal in großen Kolonien. Er ist so gut an seinen kalten Lebensraum angepaßt, daß man ihn bei Zimmertemperatur nur schwer züchten kann. Ein Wurf besteht meist aus 2–6 Jungen, die nach 21 Tagen entwöhnt werden. Unmittelbar nach der Geburt paaren sich die Weibchen erneut, so daß sie alle 3 Wochen werfen können.

UNTERFAMILIE SPALACINAE: Blindmäuse
Diese kleine Unterfamilie sehr spezialisierter grabender Nagetiere besteht höchstwahrscheinlich aus nur 3 Arten, die im östlichen Mittelmeerraum, im Mittleren Osten, im Süden der UdSSR und in Nordafrika leben. Es sind ziemlich kräftige Nagetiere mit kurzen Beinen und kleinen Füßen. Ihr auffälligstes Merkmal ist, daß die äußeren Ohrmuscheln und der Schwanz fehlen und auch keine Augen zu sehen sind; letztere sind vorhanden, allerdings sehr klein und mit Haut bedeckt.

Westblindmaus

Spalax leucodon
Verbreitung: Südosteuropa; Libyen
Habitat: Grasland und Ackerland
Länge: KRL 15–30,5 cm; Schwanz fehlt

Blindmäuse leben in komplizierten Gangsystemen mit zahlreichen Kammern, die untereinander durch Tunnel verbunden sind. Diese Gänge werden nicht mit den Pfoten, sondern mit Kopf und Zähnen gegraben. Die Tiere ernähren sich unter der Erde von Wurzeln, Zwiebeln und Knollen, wagen sich jedoch hin und wieder nachts über die Erde, um dort Gras, Samen und sogar Insekten zu verzehren. Zu Frühlingsanfang wird nach einer Tragezeit von ca. 4 Wochen ein Wurf von 2–4 Jungen geboren.

UNTERFAMILIE MYOSPALACINAE: Blindmulle
Zu dieser Gruppe gehören 5 Arten, die in der UdSSR und in China leben. Es sind kräftige Nagetiere mit auffallend starken Grabkrallen. Äußere Ohrmuscheln fehlen den Blindmullen, doch haben sie sichtbare, wenn auch nur winzige Äuglein und einen kurzen, allmählich schmaler werdenden Schwanz.

Chinesischer Blindmull

Myospalax psilurus (M. fontanieri)
Verbreitung: China: in den Provinzen Szetschuan bis Hopei
Habitat: Grasland, Steppe
Länge: KRL 15–27 cm; SL 3–7 cm

Der Chinesische Blindmull lebt in sehr langen Gangsystemen, die er mit seinen langen scharfen Krallen mit erstaunlicher Geschwindigkeit zwischen den Wurzeln von Bäumen und Sträuchern gräbt. Dabei hinterläßt das Tier auf der Erdoberfläche eine Spur von „Maulwurfshaufen“. Getreide, Wurzeln und andere unterirdische Pflanzenteile bilden die Hauptnahrung des Blindmulls. Nur nachts kommt er manchmal an die Erdoberfläche, läuft dann allerdings Gefahr, von Eulen gejagt zu werden.

UNTERFAMILIE RHIZOMYINAE: Wurzelratten
Zu dieser Unterfamilie zählt man 6 Arten: die beiden Arten der Bambusratten aus Südostasien und 4 Arten Afrikanische Maulwurfsratten oder Schnellwühler. Sie alle sind pflanzenfressende Nagetiere und Graber.

Afrikanische Maulwurfsratte

Tachyoryctes daemon (T. macrocephalus)
Verbreitung: Afrika: Äthiopien
Habitat: Grasland in Bergregionen
Länge: KRL 18–25,5 cm; SL 5–8 cm

Die Afrikanische Maulwurfsratte hat einen plumpen, maulwurfartigen Körper und kleine, aber funktionsfähige Augen. Sie besitzt kurze, starke Beine und kräftige Krallen, mit denen sie ausgezeichnet zu graben versteht. Wenn sich hinter ihr im Gang Erde aufgehäuft hat, dreht sie sich um und drückt die Erde mit der Seite des Kopfes und einer ihrer Vorderpfoten nach draußen. Die Maulwurfsratte ist tagsüber und nachts aktiv und lebt von pflanzlicher Nahrung, die sie sowohl über wie auch unter der Erde sucht.

Obwohl diese Art sehr weit verbreitet ist, ist über ihre Fortpflanzung nichts bekannt.

Sumatra-Bambusratte

Rhizomys sumatrensis
Verbreitung: Indochina, Malaysia, Sumatra
Habitat: Bambuswälder
Länge: KRL 35–48 cm; SL 10–15 cm

Die Bambusratte hat einen plumpen Körper, kurze Beine und einen kurzen, nahezu unbehaarten Schwanz. Ihre Schneidezähne sind lang und stark und werden zusammen mit den krallenbesetzten Pfoten zum Graben benutzt. Die Bambusratte gräbt ihre Gänge in der Nähe von Bambuswäldchen. Sie ernährt sich nämlich hauptsächlich von den Wurzeln der Bambuspflanze. Gelegentlich kommt sie auch an die Erdoberfläche, um Bambussprossen, andere Pflanzen sowie deren Samen und Früchte zu verzehren.

Vermutlich besteht ein Wurf bei dieser Art gewöhnlich aus 3–5 Jungen, und mehrere Würfe pro Jahr sind möglich.

Hamster

Goldhamster

Dshungarischer Zwerghamster

Westblindmaus

Chinesischer Blindmull

Afrikanische Maulwurfsratte

Sumatra-Bambusratte

Mähnenratten, Stachelbilche und Verwandte

UNTERFAMILIE LOPHIOMYINAE:
Mähnenratten
Diese Unterfamilie umfaßt nur eine Gattung mit einer einzigen Art: die Mähnenratte, die in dichten Bergwäldern lebt. Dieses Tier wirkt äußerlich gar nicht wie eine Ratte. Es ist ungefähr so groß wie ein Meerschweinchen und hat ein langhaariges, weiches Fell und einen dicken, buschigen Schwanz. Meist ist das Weibchen größer als das Männchen.

Mähnenratte

Lophiomys imhausi
Verbreitung: Ostafrika
Habitat: Wald
Länge: KRL 25,5–36 cm; SL 14–18 cm

Mähnenratten sind ausgezeichnete Kletterer, die in Baumhöhlen oder Felsspalten leben, die sie nachts verlassen, um Blätter, Knospen und junge Sprossen zu verzehren. Über den Nacken, den Rücken und einen Teil des Schwanzes dieser Tiere verläuft eine auffällige Linie langer Haare, die sich aufrichten, wenn sie gereizt sind oder Angst haben. Dadurch wird ein streifenförmiges Drüsenfeld freigelegt. Das Sekret, das diese Drüsen produzieren, verbreitet einen ekelerregenden Gestank, der Feinde abschreckt. Die dicht anliegenden Haare in diesem Drüsenfeld haben eine spezielle Struktur, die den Geruch weit verbreitet. Ein anderes Merkmal dieser Nagetiere, dessen Funktion aber noch nicht geklärt ist, ist ihr besonders verstärkter Schädel.

UNTERFAMILIE NESOMYINAE:
Madagaskarratten
Zu dieser Unterfamilie gehören 11 Arten, von denen 10 ausschließlich auf Madagaskar und eine in Südafrika lebten. Es ist eine sehr inhomogene Gruppe, deren Arten sich an verschiedene ökologische Nischen angepaßt haben, doch natürlich besitzen sie auch gemeinsame Merkmale. Einige Zoologen sind allerdings der Ansicht, daß nicht feststeht, ob sie wirklich alle die gleiche Stammform haben. Vielmehr könne es sich auch um ein bemerkenswert hohes Maß an evolutionärer Konvergenz handeln.

Inselratte

Nesomys rufus
Verbreitung: Madagaskar
Habitat: Wald
Länge: KRL 19–23 cm; SL 16–19 cm

Diese Madagaskarratte ähnelt in ihrem Aussehen einer Maus. Sie hat ein Fell aus weichem, langem Haar und eine hell gefärbte Bauchseite. Die 3 mittleren Zehen an ihren langen, starken Hinterbeinen sind verlängert. Wahrscheinlich ist das Tier ein ausgezeichneter Kletterer, da es sich mit seinen scharfen Krallen auch an glatten Stämmen festhalten kann.

Über Verhalten und Lebensweise dieses kleinen Tiers ist wenig bekannt, jedoch besteht seine Nahrung wahrscheinlich aus kleinen Wirbellosen, Knospen, Früchten und Samen. Über die Fortpflanzung ist nichts bekannt.

Kurzfuß-Inselratte

Brachytarsomys albicauda (Mystromus albicaudatus)
Verbreitung: Südafrika
Habitat: Grasland, trockene Ebenen
Länge: KRL 14–18 cm; SL 5–8 cm

Die Kurzfuß-Inselratte ist die einzige Madagaskarratte, die außerhalb von Madagaskar lebt. Sie ist ein Nachttier, das sich tagsüber in einem unterirdischen Bau versteckt hält. Nachts verläßt sie ihn, um Samen und anderes Pflanzenmaterial zu fressen. Angeblich soll der strenge Geruch dieses Nagetiers kleinere Raubtiere wie Erdmännchen und Mungos abhalten, doch mit Sicherheit wird es von Eulen und Adlern gejagt.

Kurzfuß-Inselratten pflanzen sich offenbar das ganze Jahr über fort und haben Würfe von 4–5 Jungen. Ein eigenartiges Merkmal dieser Art ist, daß die neugeborenen Jungen sich fest an die Zitzen ihrer Mutter heften und so von ihr herumgetragen werden. Erst nach 3 Wochen lassen die Jungen die Zitzen wieder los.

UNTERFAMILIE
PLATACANTHOMYINAE: Stachelbilche
Die 2 Arten der Stachelbilche verdanken ihren Namen den glatten Borstenhaaren auf ihrem Rücken zwischen ansonsten weicher Behaarung. Stachelbilche sind spezialisierte Kletterer. Ihre Füße sind mit scharfen Krallen versehen, an den Fußsohlen befinden sich federnde Kissen, und die Zehen sind sehr weit abspreizbar.

Südindischer Stachelbilch

Platacanthomys lasiurus
Verbreitung: Südindien
Habitat: Wald, Felsen
Länge: KRL 13–21 cm; SL 7,5–10 cm

Der Südindische Stachelbilch lebt in Bäumen und ernährt sich von Samen, Getreide und Früchten. Der lange Schwanz mit der Quaste am Ende wird beim Klettern benutzt, um das Gleichgewicht zu halten. Sein Nest aus Moos und Blättern baut dieser Stachelbilch in einer Baumhöhle oder zwischen Felsen. Manchmal wird dieser Nager zu einer Plage für den Landbau, und er ist bekannt dafür, daß er großen Schaden beispielsweise an reifem Pfeffer anrichten kann.

Obwohl Stachelbilche recht weit verbreitet sind, ist über ihre Fortpflanzung wegen ihrer ziemlich zurückgezogenen Lebensweise nichts bekannt. Die andere Art der Unterfamilie, die Chinesische Zwergschlafmaus (*Typhlomys cinereus*) bewohnt dichte Wälder im Südosten Chinas.

UNTERFAMILIE OTOMYINAE:
Afrikanische Lamellenzahnratten
Diese Unterfamilie besteht aus ca. 12 Arten, die alle in Afrika südlich der Sahara bis in die Kapprovinz hinein leben. Sie bewohnen die verschiedensten Lebensräume und Klimazonen, unter anderem Gebirge, trockene Landstriche und Sumpfgebiete. Ausnahmslos sind sie hervorragende Schwimmer. Ein besonderes Merkmal dieser Unterfamilie ist, daß ihre Mitglieder nur 2 Paar Zitzen haben, die sich am hinteren Teil des Bauches befinden.

Afrikanische Lamellenzahnratte / Ohrenratte

Otomys irroratus
Verbreitung: von Zimbabwe bis Südafrika
Habitat: feuchtes Grasland, Sümpfe
Länge: KRL 13–20 cm; SL 5–17 cm

Die Afrikanische Lamellenzahnratte oder Ohrenratte ist ein Nagetier mit einem plumpen Körper, einem runden, wühlmausartigen Kopf und kleinen Ohren. Ein besonderes Merkmal sind Rillen an beiden Seiten der Schneidezähne. Das Tier ist sowohl tagsüber wie auch nachts aktiv und lebt von Samen, Beeren, jungen Sprossen und Gräsern. Es scheut das Wasser nicht und taucht, wenn es sich dadurch drohenden Gefahren entziehen kann. Das Nest aus Pflanzenmaterial wird meist über der Erde gebaut. In manchen Gebieten benutzen Ohrenratten allerdings auch Höhlen, die andere Arten verlassen haben.

Die Weibchen sind im Alter von 10 Wochen geschlechtsreif, die Männchen etwa 3 Wochen später. Ohrenratten schädigen zwar nur selten Kulturpflanzen, doch verbreiten sie Zecken und möglicherweise sogar die Pest. Sie sind eine wichtige Nahrungsquelle für größere Raubtiere.

Karru-Ratte

Otomys brantsi (Parotomys b.)
Verbreitung: Südafrika (Kapprovinz)
Habitat: Sandebenen
Länge: KRL 13,5–17 cm; SL 7,5–12 cm

Die Karru-Ratten leben in Kolonien. Sie graben unterirdische Gänge und bauen manchmal auch über der Erde Nester aus Zweigen und Gras. Es sind scheue, wachsame Tiere, die fast immer in nächster Nähe ihrer Verstecke bleiben. Blätter von Meldenarten (*Atriplex*) bilden den Hauptanteil ihrer Nahrung, die sie meist tagsüber suchen. Alle 3–4 Jahre vermehren sich diese Tiere in erschreckendem Maße. Dann werden sie zur Plage für den Landbau.

Vermutlich werfen die Ohrenratten 4mal pro Jahr 2–4 Junge.

Mähnenratte

Südindischer Stachelbilch

Kurzfuß-Inselratte

Inselratte

Karru-Ratte

Afrikanische Lamellenzahnratte

Wühlmäuse

UNTERFAMILIE MICROTINAE:
Wühlmäuse

Diese Gruppe von Nagetieren, zu der die Lemminge, die eigentlichen Wühlmäuse und die Mull-Lemminge gehören, umfaßt ungefähr 110 Arten, die in Nordamerika, Nordeuropa und Asien leben. Die Lemminge bewohnen hauptsächlich die nördlichen Regionen. Alle Arten sind überwiegend Pflanzenfresser und leben meist in Gruppen oder Kolonien. Viele von ihnen graben Gänge dicht unter der Erdoberfläche und hinterlassen in ihren Wohngebieten im Gras deutlich sichtbare Wechsel. Andere leben teilweise im Wasser und einige Arten im Unterholz.

Die Populationsgröße der Wühlmäuse ist periodischen Schwankungen unterworfen. Alle paar Jahre vermehren sie sich explosionsartig (die sogenannten Lemmingjahre).

Berglemming

Lemmus lemmus

Verbreitung: Skandinavien
Habitat: Tundra, Grasland
Länge: KRL 13–15 cm; SL 2 cm

Der auffallend gezeichnete Berglemming ist sowohl tagsüber wie auch nachts aktiv, wobei Zeiten von Aktivität mit kurzen Ruhepausen abwechseln. Seine Nahrung besteht aus Gras, kleinen Sträuchern und vor allem aus Moosen. Im Winter legt er Gänge unter dem Schnee an, so daß er auf dem Boden nach Nahrung suchen kann. Im Frühling, wenn noch Schnee liegt, beginnt die Paarungszeit, und im Laufe des Sommers werden nicht weniger als 8 Würfe mit jeweils 6 Jungen großgezogen.

Lemminge sind vor allem wegen des explosionsartigen Wachstums ihrer Population bekannt geworden, die alle 3–4 Jahre auftritt. Ein milder Frühling nach 1 oder 2 Jahren geringerer Populationsdichte führt gewöhnlich zu einer enormen Vermehrung im gleichen oder im folgenden Jahr. Wenn die Population so stark wächst, sind die Lemminge gezwungen zu wandern. Immer mehr Tiere ziehen dann von den Bergen in die Täler. Eine große Zahl wird von Feinden gefressen, und eine noch größere kommt bei Versuchen um, Flüsse und Seen zu überqueren. Keinesfalls trifft zu, daß Lemminge absichtlich Selbstmord verüben.

Südliche Lemmingmaus

Synaptomys cooperi

Verbreitung: Nordosten der USA; Südostkanada
Habitat: Torfmoore, Grasniederungen in Fluß und Seenähe
Länge: KRL 8,5–11 cm; SL 2 cm

Lemmingmäuse leben in Kolonien von ca. 30 Exemplaren. Sie graben dicht unter der Erdoberfläche Höhlen und legen über der Erde verzweigte Pfade oder Wechsel an, auf denen sie das Gras ständig kurz halten. Sie markieren die Wechsel mit kleinen Häufchen von ausgerupftem Gras. Lemmingmäuse sind tagsüber und nachts aktiv. Sie haben starke Kiefer und Zähne und leben überwiegend von pflanzlicher Nahrung. Sie vermehren sich während des ganzen Frühlings und Sommers, und die Weibchen bringen pro Jahr 2 oder 3 Würfe von jeweils 1–4 Jungen zur Welt.

Steppenlemming

Lagurus lagurus (L. curtatus)

Verbreitung: Westen der USA
Habitat: trockene Ebenen
Länge: KRL 9,5–11 cm; SL 1,5–3 cm

Wie der Name schon sagt, lebt diese hellgefärbte Lemmingart vor allem in halbtrockenen Wermutsteppen. Der Steppenlemming gräbt Gänge, die dicht unter der Erdoberfläche verlaufen. Er ist zu allen Tages- und Nachtzeiten aktiv und ernährt sich hauptsächlich von wermutartigen Pflanzen, doch auch von anderen Kräutern. Das Weibchen bringt jedes Jahr mehrere Würfe von jeweils 4–6 Jungen zur Welt.

Südlicher Mull-Lemming

Ellobius fuscocapillus

Verbreitung: Zentralasien
Habitat: Grasebenen
Länge: KRL 10–15 cm; SL 0,5–2 cm

Der Südliche Mull-Lemming ist in viel stärkerem Maße als die anderen Wühlmäuse ein echter Graber, und er ist auch wesentlich besser dafür ausgerüstet. Er hat eine stumpfe Schnauze mit kleinen Augen und Ohren, in die nicht so leicht Sand eindringen kann, sowie kurze, starke Pfoten. Wahrscheinlich benutzt er beim Graben seine Zähne, um die Erde zu lockern, denn während seine vorderen Schneidezähne stärker sind als die anderer Wühlmäuse, sind seine Krallen zwar stark, aber nicht so stark entwickelt wie die anderer grabender Nagetiere.

Die Südlichen Mull-Lemminge ernähren sich von Wurzeln und anderen unterirdisch wachsenden Pflanzenteilen. Ebenso wie Maulwürfe graben sie Gänge dicht unter der Erde, in denen sie nach Nahrung suchen, und tiefer gelegene, dauerhaftere Tunnel, in denen sie ihre Nester bauen. Die Fortpflanzung dieser Art ist nicht an eine bestimmte Jahreszeit gebunden, doch besteht wahrscheinlich ein Zusammenhang mit der Verfügbarkeit von Nahrung. Jeder Wurf zählt 3–4 Junge.

Rötelmaus

Clethrionomys glareolus

Verbreitung: Europa (nicht im äußersten Norden und Süden), östl. bis zur UdSSR
Habitat: Wald
Länge: KRL 8–11 cm; SL 3–6,5 cm

Die Rötelmaus frißt weichere Pflanzenteile als die meisten anderen Wühlmäuse. Sie klettert in Sträucher und frißt dort Knospen, Blätter und Früchte, doch manchmal auch Insekten. Sie ist tagsüber und nachts aktiv, wobei sie gelegentlich kurze Ruhepausen einlegt. Wie andere Wühlmäuse markiert sie deutliche Wechsel im Gras und baut dicht unter der Erde Gänge. Ihr Nest baut sie meist unter umgefallenen Baumstämmen oder zwischen Baumwurzeln. Im Sommer gebären die Weibchen mehrere Würfe von 3–5 Jungen.

Wiesenwühlmaus

Microtus pennsylvanicus

Verbreitung: Kanada, Norden der USA
Habitat: Grasland, Wald, oft in Wassernähe
Länge: KRL 9–12,5 cm; SL 3,5–6,5 cm

Die Wiesenwühlmaus paßt sich leicht an die verschiedensten Biotope an. Sie lebt in einem Gemeinschaftsverband, doch hat jedes erwachsene Tier sein eigenes Revier. Diese Wühlmäuse markieren Wechsel im Gras, das sie an diesen Stellen sehr kurz halten. Sie ernähren sich von pflanzlichem Material wie Gras, Samen, Wurzeln und Rinde. Unter der Erde oder in Gängen unter den Wechseln bauen sie Nester aus Gras.

Die Weibchen sind sehr fruchtbar. Sie gebären mindestens 3, oft auch 12 oder 13 Würfe von maximal jeweils 10 Jungen pro Jahr. Die Tragezeit dauert 3 Wochen, und die Weibchen sind schon im Alter von 3 Wochen geschlechtsreif.

Bisamratte

Ondatra zibethica

Verbreitung: Kanada, USA; in Europa eingeführt
Habitat: Marschland, Fluß- und Seeufer
Länge: KRL 25–36 cm; SL 20–28 cm

Die Bisamratte ist ein ausgezeichneter Schwimmer, der einen großen Teil seines Lebens im Wasser verbringt. Ihre Pfoten sind mit Schwimmhäuten versehen, und sie hat einen langen, unbehaarten, vertikal abgeplatteten Schwanz, den sie als Ruder benutzt. Sie ernährt sich von Wasser- und Landpflanzen und ab und zu auch von Süßwassermuscheln, Fröschen und Fischen. Da Bisamratten ihre Höhlen in Uferböschungen graben, deren Eingang dicht unter dem Wasserspiegel liegt, sind sie eine große Gefahr für Deiche und Dämme. Wo es möglich ist, baut die Bisamratte in flachen Gewässern „Burgen“, in denen sich ein trockenes, über dem Wasserspiegel gelegenes Schlafnest befindet.

Zu Beginn der Paarungszeit schwellen die Moschusdrüsen des Männchens an und scheiden ein stark nach Moschus duftendes Sekret aus. Vermutlich werden die Weibchen von diesem Geruch angezogen. In nördlichen Regionen pflanzt sich die Bisamratte von April bis August fort, im Süden das ganze Jahr über. Nach einer Tragezeit von 29–30 Tagen werden 2 oder 3 Würfe von jeweils 3–4 Jungen geboren.

Schermaus

Arvicola terrestris

Verbreitung: von Europa östl. bis Ostsibirien
Habitat: Fluß- und Seeufer, Grasland
Länge: KRL 14–19 cm; SL 4–10 cm

Obwohl die Schermaus gut schwimmen kann, ist sie keine solche „Wasserratte“ wie die besser angepaßte Bisamratte und der Biber. Sie baut sich eine Höhle in die Ufer von Flüssen oder anderen fließenden Gewässern oder einfach in den Erdboden, wenn kein Wasser in der Nähe ist. Sie ernährt sich hauptsächlich von Gras und anderem Pflanzenmaterial. Schermäuse pflanzen sich im Sommer fort. Sie gebären mehrere Würfe von jeweils 4–6 Jungen.

Berglemming

Südliche Lemmingmaus

Steppenlemming

Südlicher Mull-Lemming

Wiesenwühlmaus

Bisamratte

Rötelmaus

Schermaus

Rennmäuse

UNTERFAMILIE GERBILLINAE: Rennmäuse

Diese Unterfamilie der Nagetiere umfaßt ungefähr 70 Arten, die in Zentral- und Westasien und in Afrika leben. Sie sind alle ausgezeichnet an ein Leben in Trockengebieten angepaßt, und eine große Zahl von Arten kommt nur in den scheinbar unbewohnbaren Wüsten vor. Die wichtigste Anpassung dieser Tiere ist ein verblüffend effizientes Nierensystem. Der Urin ist bei ihnen um ein Vielfaches konzentrierter als bei anderen Nagetiere, wodurch sehr wenig Flüssigkeit verlorengeht. Das Hauptproblem von Wüstentieren ist der Wasserverlust bei der Atmung. Alle Rennmäuse haben daher auch spezielle Nasenknochen, auf denen sich der Wasserdampf der ausgeatmeten Luft kondensiert. So wird der Wasserdampf nicht mit ausgeatmet, und das kostbare Wasser wird dem Körper erneut zugeführt.

Um ihren Körper so weit wie möglich vom brennend heißen Sand entfernt zu halten, haben Rennmäuse lange Hinterbeine, und die Sohlen ihrer Pfoten sind mit dichten Haarkissen isoliert. Ihr Bauchhaar ist hellweiß, so daß Wärmestrahlen zurückgeworfen werden. Schließlich kann auch die Tatsache, daß Rennmäuse ausgesprochene Nachttiere sind, als Anpassung an das Wüstenklima gelten. Sie verlassen ihre Bauten immer erst, nachdem die größte Hitze des Tages vorüber ist.

Rennmäuse sind ausnahmslos Samenfresser, und in der kurzen Zeit, in der die Wüste blüht, legen sie große Nahrungsvorräte an. Sie kommen nie in großer Zahl vor, sind jedoch zahlreich genug, um eine wichtige Nahrungsquelle für Fleischfresser wie die Feneks und Schlangen zu bilden.

Feld-Rennmaus

Gerbillus campestris

Verbreitung: Afrika: von Marokko bis Somalia
Habitat: Sandwüste
Länge: KRL 10–14 cm; SL 11–12 cm

Die Gattung *Gerbillus* besteht aus ungefähr 25 Arten, die von Marokko bis Pakistan verbreitet sind. Sie bewohnen alle sehr trockene Wüsten und können in den unwirtlichsten Regionen überleben. Die Feldrennmaus lebt in Gruppen von einem Dutzend oder mehr Tieren in sehr einfachen Nestern im Sand. Tagsüber halten sich die Rennmäuse verborgen; erst gegen Abend gehen sie auf die Suche nach Insekten, Samen und vom Wind mitgeführtem pflanzlichem Material. Zu trinken brauchen sie nie. Ihren Flüssigkeitsbedarf beziehen sie aus dem Fett von Samen. Die Fortpflanzung ist nicht an eine bestimmte Jahreszeit gebunden. Nach einer Tragezeit von 20–21 Tagen werden Würfe von maximal 7 Jungen geboren.

Südafrikanische Zwergrennmaus

Gerbillurus paeba

Verbreitung: Afrika: von Südwestangola bis Südafrika (Kapprovinz)
Habitat: Wüste
Länge: KRL 8–9 cm; SL 6,5–7 cm

Von den 4 Arten der Zwergrennmäuse, die im südwestlichen Teil Afrikas leben, ist die Südafrikanische Zwergrennmaus am weitesten verbreitet. Sie baut einfache Höhlen in Sand- oder Kieselboden, und meist liegt ein Eingang etwas höher als der andere, was die Durchlüftung der Höhle verbessert. Zwergrennmäuse fressen alles, was sie an pflanzlicher und tierischer Nahrung finden können. Wenn die Wüstenpflanzen in Blüte stehen, hamstern sie Samen und Früchte in unterirdischen Vorratskammern. Gewöhnlich werfen sie zweimal im Jahr Junge, doch in Zeiten des Nahrungsüberflusses manchmal auch viermal im Jahr. Die Jungen werden einen Monat lang gesäugt.

Kurzschwanz-Rennmaus

Dipodillus maghrebi

Verbreitung: Nordmarokko
Habitat: Hochland, trockene Halbwüste
Länge: KRL 9–12,5 cm; SL 6,5–7 cm

Unter den zahlreichen Arten der Rennmäuse Nordafrikas nimmt die Kurzschwanz-Rennmaus einen sehr eigenen und ökologisch bemerkenswerten Platz ein. Sie bewohnt die Ausläufer und Mittelgebirge des Atlasgebirges und lebt auf felsigen und mit Geröll bedeckten Hängen. Nachts kommt sie aus ihrer Höhle, um die spärliche Vegetation nach Samen, Knospen und Insekten abzusuchen. Das Tier muß bei der Nahrungssuche wahrscheinlich große Entfernungen zurücklegen. In unterirdischen Wochenstuben werden Würfe von ca. 6 Jungen geboren.

Große Rennmaus

Rhombomys opimus

Verbreitung: vom Iran östl. bis Mongolei und China
Habitat: trockene Buschvegetation
Länge: KRL 16–20 cm; SL 13–16 cm

Die Große Rennmaus bewohnt viele verschiedene Lebensräume, von den kalten Gebirgen Zentralasiens bis zur Wüste Gobi mit ihren hohen Sommertemperaturen. Das Tier paßt sich leicht an und ändert sein Verhalten entsprechend seinem Wohngebiet. Im Winter ist seine Geschäftigkeit umgekehrt proportional zur Dikke der Schneedecke, und in manchen Kolonien kommen diese Rennmäuse nur selten an die Erdoberfläche. Große Kolonien können dem Landbau und den Bewässerungskanälen beträchtlichen Schaden zufügen. In Teilen der UdSSR gelten die Großen Rennmäuse daher als Schädlinge.

Diese Tiere sind Pflanzenfresser, und sie „hamstern", um den Winter zu überstehen. Pflanzliche Vorräte von 60 kg oder mehr sind keine Seltenheit. In der kalten Jahreszeit fallen viele von ihnen Eulen, Hermelinen, Wieseln und Füchsen zum Opfer. Doch werden im Frühling so viele Junge geboren, daß sie schon bald wieder die alte Populationsstärke erreichen.

Indische Nacktsohlen-Rennmaus

Tatera indica

Verbreitung: Westen Indiens, Sri Lanka
Habitat: Ebenen, Savanne, Trockenwälder
Länge: KRL 15–19 cm; SL 20–25 cm

Die Indische Nacktsohlen-Rennmaus bewohnt in großen Gruppen Gangsysteme mit zahlreichen Eingängen. Oft werden diese Eingänge mit lockerer Erde verschlossen, um Schlangen und Mungos abzuhalten. Manchmal vermehren sich die Tiere so stark, daß sie in großer Zahl ihre Wohngebiete verlassen und in Äcker und Gärten eindringen. Sie ernähren sich von Zwiebeln, Wurzeln, grünen Pflanzen, Insekten und sogar von Eiern und jungen Vögeln. Das ganze Jahr über werden Würfe von jeweils etwa 8 Jungen geboren. Die Indische Nacktsohlen-Rennmaus soll die Beulenpest verbreiten.

Dickschwanzmaus

Pachyuromys duprasi

Verbreitung: Afrika: algerischer Teil der Sahara bis Südwestägypten
Habitat: Sandwüste
Länge: KRL 10,5–14 cm; SL 4,5–6 cm

Die Dickschwanzmaus verdankt ihren Namen der Fähigkeit, in ihrem dicken Schwanz eine Fettreserve anzulegen. Wenn genügend Nahrung vorhanden ist, wird der Schwanz größer, in manchen Fällen sogar so dick, daß das Tier ihn nicht mehr tragen kann. Wird die Nahrung knapp, so wird das Fett verbraucht, und der Schwanz schrumpft wieder. Diese Rennmäuse verbringen den Tag in unterirdischen Höhlen und verlassen diese gegen Abend, um zwischen der spärlichen Vegetation Samen und Insektenlarven zu sammeln. Sie haben relativ große Gehörknochen und ein sehr scharfes Gehör. Möglicherweise können sie damit unter der Erde Insekten aufspüren. Das ganze Jahr über werden Würfe von ca. 6 Jungen geboren. Die Tragezeit beträgt 19–22 Tage. Die jungen Dickschwanzmäuse sind im Alter von 5 Wochen selbständig.

Dicke Sandratte

Psammomys obesus

Verbreitung: von Algerien östl. bis Saudi-Arabien
Habitat: Sandwüste
Länge: KRL 14–18,5 cm; SL 12–15 cm

Das ständige Problem der Nahrungssicherung in der Wüste löst die Dicke Sandratte, indem sie eine dicke Schicht Reservefett rund um ihren Körper anlegt, wenn das Nahrungsangebot groß ist. In Notzeiten zehrt das Tier von diesem Fett. Es ist tagsüber und nachts aktiv und rennt ständig umher, um Samen und anderes pflanzliches Material zu sammeln, das es in seine Höhle bringt. Zu Frühlingsanfang gräbt das Tier eine Wochenstube, die es mit zerkleinerten Pflanzenteilen auskleidet, und im März wird der erste Wurf geboren. Ein Wurf besteht meist aus 3–5 Jungen. Bis spät in den Sommer hinein folgen weitere Würfe.

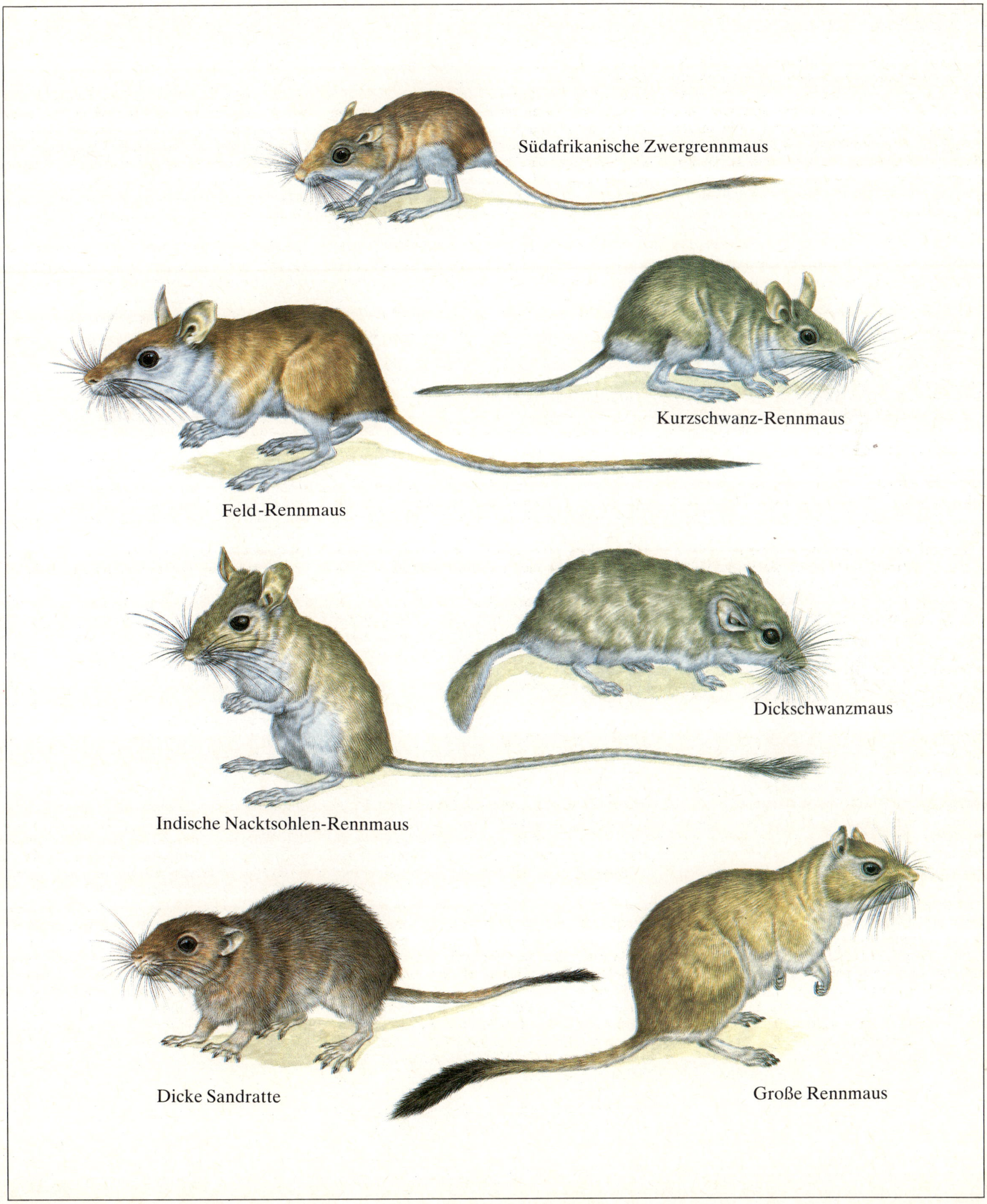

Südafrikanische Zwergrennmaus

Kurzschwanz-Rennmaus

Feld-Rennmaus

Dickschwanzmaus

Indische Nacktsohlen-Rennmaus

Dicke Sandratte

Große Rennmaus

Baummäuse, Hamsterratten, Schwimmratten

UNTERFAMILIE DENDROMURINAE:
Baummäuse
Es gibt etwa 21 Arten Baummäuse, die alle in Afrika südlich der Sahara leben. Sie haben ein paar gemeinsame Merkmale, z.B. bestimmte Eigenarten von Schädel und Gebiß, doch ansonsten bilden sie eine sehr uneinheitliche Gruppe. Die meisten Arten sind geschickte Kletterer und leben vorzugsweise in hohen Bäumen; einige wenige sind Bodenbewohner. Viele Arten besitzen einen besonders langen Schwanz, den sie um Baumstämme und Äste legen können, was den Tieren größeren Halt gibt. Obwohl sie sehr zahlreich sind, kommen diese Nagetiere nicht in so großen Kolonien vor wie Mäuse und Wühlmäuse. Viele Arten leben in sehr dichten Wäldern.

Eine einzige Art der Baummäuse, *Dendroprionomys rousseloti*, ist nur von 3 Exemplaren her bekannt, die in Zaire gefangen wurden, doch das sagt wahrscheinlich mehr darüber aus, wieviel Mühe auf die Erforschung der Art aufgewandt wird, als über die Seltenheit der Tiere.

Aalstrich-Klettermaus

Dendromus insignis (D. mesomelas)
Verbreitung: von Kamerun bis Äthiopien, südl. bis Südafrika
Habitat: Sümpfe
Länge: KRL 6–10 cm; SL 7–12 cm

Das auffälligste Kennzeichen dieses kleinen Nagetiers ist sein Greifschwanz, den es als fünfte Hand benutzt, wenn es an Pflanzenstengeln hochklettert. Baummäuse sind echte Nachttiere und ständig auf der Hut vor Eulen, Mungos und anderen Feinden. Die Tiere leben von Beeren, Früchten und Samen, und gelegentlich fangen sie auch Eidechsen und Junge von kleinen Vogelarten. Manchmal gelingt es ihnen, in die Hängenester kleiner Webervögel zu klettern, und nach verschiedenen Beobachtungen eignen sie sich diese sicheren Plätze oft selbst zum Nestbau an. Gewöhnlich bauen sie allerdings ein Grasnest auf dem Boden.

Baummäuse pflanzen sich das ganze Jahr über fort; ein Wurf besteht aus 3–5 Jungen.

Fettmaus

Steatomys pratensis (S. krebsi)
Verbreitung: von Angola, Zambia südl. bis Südafrika
Habitat: trockene, offene Sandebenen
Länge: KRL 7–10 cm; SL 4–4,5 cm

Fettmäuse sind an das Leben in den subtropischeren Regionen des südlichen Afrikas angepaßt. In der Regenzeit, wenn es Samen, Knollen und Insekten im Überfluß gibt, stopfen sich diese Mäuse voll und legen eine dicke Fettschicht an. Wenn in der Trockenzeit das Pflanzenwachstum zum Stillstand kommt, zehren sie von ihren Fettreserven. Sie leben alleine oder in Paaren in unterirdischen Bauten. Die Fortpflanzungszeit dieser Art fällt in die Regenzeit. Es werden Würfe von 4–6 Jungen geboren.

UNTERFAMILIE CRICETOMYINAE:
Hamsterratten
Es gibt ca. 6 Arten von Hamsterratten, die allesamt ein Paar großer Backentaschen haben, in denen sie Nahrung zu ihrem Nest transportieren können. Sie leben südlich der Sahara in den verschiedensten Lebensräumen, von der Sandebene bis zum Regenwald. Eine einzige Art ist zu einem echten Kulturfolger geworden und scharrt auf Müllhalden nach Nahrung.

Gewöhnlich leben Hamsterratten in unterirdischen Gangsystemen, die sie selbst graben oder von anderen Arten übernehmen. In den Gängen werden gesonderte Schlafkammern und „Toiletten" gebaut und, wenn ein Weibchen dort wohnt, Wochenkammern. Spezielle Kammern werden in der Trockenzeit als Vorratsschrank benutzt. Trotz der soliden Bauweise ihrer Bauten beziehen Hamsterratten jeweils nach einigen Wochen einen neuen Unterschlupf.

Emin-Riesenhamsterratte

Cricetomys emini
Verbreitung: Sierra Leone bis Malawi
Habitat: dichter Wald
Länge: KRL 25–45 cm; SL 36–46 cm

Die Emin-Riesenhamsterratte ist ein sehr kräftiges Nagetier, das bis zu 1 kg wiegen kann. Sie lebt in dichtem Wald oder Unterholz und sammelt nachts Wurzeln, Knollen, Früchte und Samen. Einen Teil der Nahrung frißt das Tier sofort auf, doch den größten Teil schleppt es in seinen riesigen Backentaschen in den Bau. Emin-Riesenhamsterratten leben alleine und suchen nur zur Paarung kurze Zeit die Gesellschaft von Artgenossen. Die Fortpflanzung ist nicht an eine bestimmte Jahreszeit gebunden. Durchschnittlich besteht ein Wurf aus 2–3 Jungen, die nach einer Tragezeit von ca. 6 Wochen geboren werden.

Kleine Hamsterratte

Beamys hindei
Verbreitung: Südkenia
Habitat: Wald
Länge: KRL 10–11 cm; SL 9,5–10 cm

Die Kleine Hamsterratte hat nur eine sehr kleines Verbreitungsgebiet, doch das ihres größeren Verwandten, *B. major*, erstreckt sich bis ins nördliche Zimbabwe. Die Kleine Hamsterratte scheint ihr Leben vorwiegend unter der Erde in einem selbstgebauten, komplizierten Gangsystem zu verbringen. Sie ernährt sich hauptsächlich von Wurzeln und Zwiebeln. Da sich jedoch auch Samen in ihrem Nahrungsvorrat befinden, muß man annehmen, daß das Tier gelegentlich auch über der Erde auf Nahrungssuche geht. Gruppen von maximal 24 Tieren leben zusammen. Die Fortpflanzung ist nicht an eine bestimmte Jahreszeit gebunden. Pro Wurf werden 1–5 Junge geboren, die im Alter von ca. 5½ Monaten geschlechtsreif sind.

UNTERFAMILIE HYDROMYINAE:
Schwimmratten
Die meisten der 17 Arten dieser großen Ratten leben in Flüssen und Sümpfen in Australien, Neuguinea und den dazugehörigen Inseln sowie auf den Philippinen. Sie haben alle die für diese Unterfamilie charakteristischen Schädel- und Gebißmerkmale. Über die Abstammungsgeschichte dieser Tiergruppe ist nichts Genaues bekannt, und ebensowenig weiß man, wie sie sich über einen so großen Teil des Erdballs hat verbreiten können. Ein paar Arten, wie die Australische Schwimmratte (*Hydromys chrysogaster*) sind sehr zahlreich verbreitet, während andere, wie *Xeromys myoides*, sehr selten sind. Über die meisten dieser scheuen, zurückgezogen lebenden Tiere ist wenig bekannt.

Australische Schwimmratte

Hydromys chrysogaster
Verbreitung: Tasmanien, Australien, Neuguinea; Aru-, Kai- und Bruni-Inseln
Habitat: Sümpfe, Flüsse, Marschland
Länge: KRL 20–35 cm; SL 20–35 cm

Dieses eindrucksvolle Nagetier hat einen glatten und stromlinienförmigen Körper und ist sehr gut an das Leben am und im Wasser angepaßt. Die Hinterpfoten sind teilweise mit Schwimmhäuten versehen, so daß es sich ausgezeichnet im Wasser bewegen kann. Die Australische Schwimmratte ernährt sich von kleinen Fischen, Fröschen, Krebstieren und Wasservögeln. Manchmal wird die Beute zu einem speziellen Freßplatz transportiert und später dort verzehrt.

Im südlichen Teil ihres Verbreitungsgebietes pflanzen sich die Australischen Schwimmratten im Frühling fort, in den nördlicheren Gebieten das ganze Jahr über. Pro Wurf werden 4–5 Junge geboren.

Pseudohydromys murinus

Verbreitung: Nordosten von Neuguinea
Habitat: Bergwälder
Länge: KRL 8,5–10 cm; SL 9–9,5cm

Diese Art ist nur von 4 Exemplaren her bekannt, die in einer Höhe von 2.100–2.700 m im dichten Urwald von Neuguinea gefangen wurden. Wahrscheinlich ist sie jedoch weniger selten, als man aus dieser Tatsache schließen könnte, da dieses abgelegene Gebiet noch unzureichend erforscht ist. Über die Lebensweise des Tiers ist wenig bekannt, doch da es keine Schwimmhäute an den Pfoten hat, ist es wahrscheinlich in viel geringerem Maße ein Wasserbewohner als seine Verwandten. Sein langer, starker Schwanz dient möglicherweise als Hilfsmittel beim Klettern, und vermutlich verbringt das Tier die meiste Zeit mit dem Sammeln von Nahrung im Unterholz des Regenwaldes.

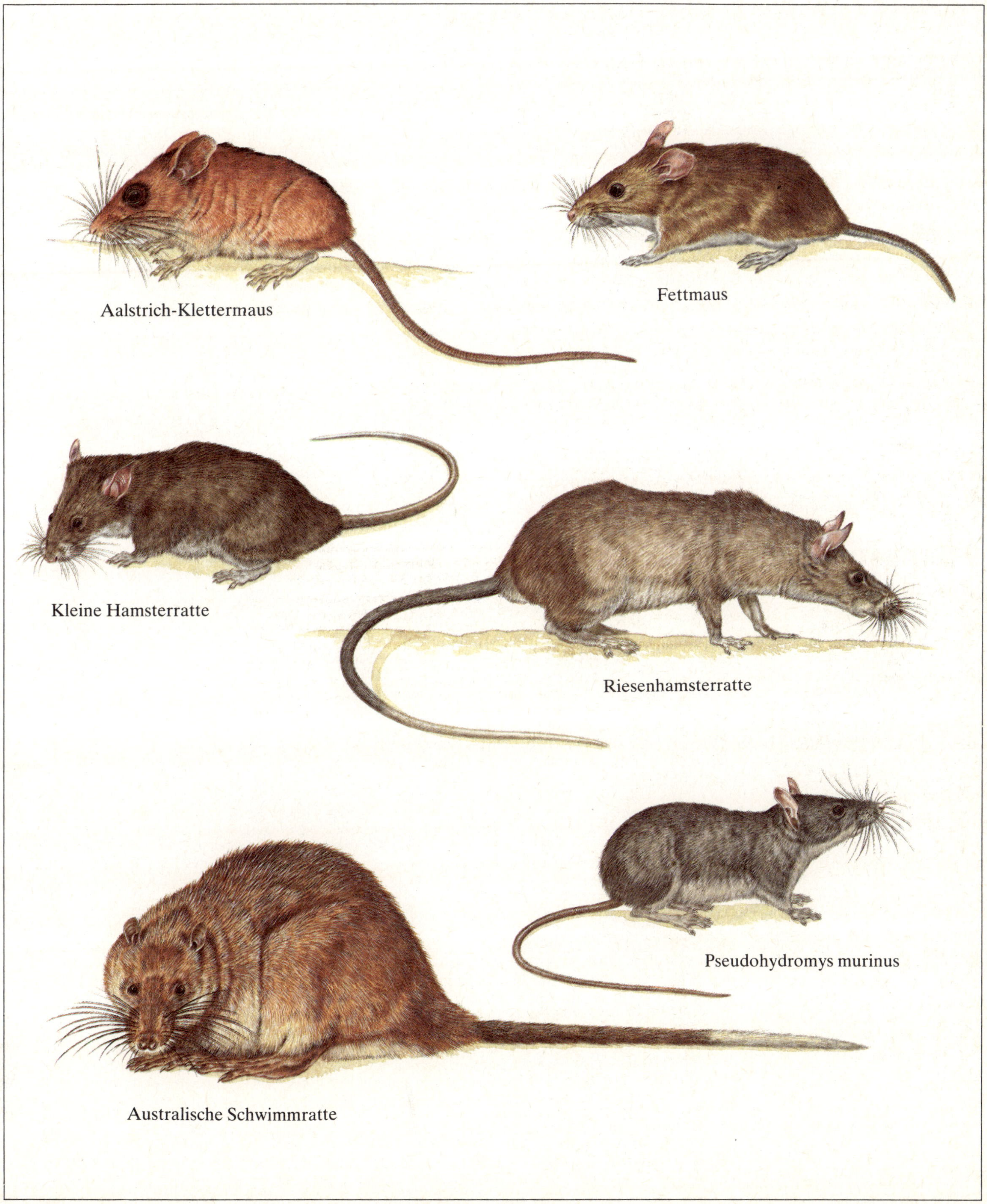
Aalstrich-Klettermaus
Fettmaus
Kleine Hamsterratte
Riesenhamsterratte
Pseudohydromys murinus
Australische Schwimmratte

Echte Mäuse

UNTERFAMILIE MURINAE: Echte Mäuse
Zu dieser Unterfamilie mit fast 400 Arten gehören einige der erfolgreichsten Säugetierarten der Welt. Sie haben ein außergewöhnliches Anpassungsvermögen und eine starke Toleranz gegenüber ungünstigen Lebensbedingungen. Viele Arten sind Schädlinge und können Getreidevorräten und Knollengewächsen großen Schaden zufügen. Andere übertragen Krankheiten. Ratten und Mäuse sind auf der ganzen Welt verbreitet und dem Menschen sogar bis in die Polargebiete und bis auf die Gipfel der Berge gefolgt.

Eurasiatische Zwergmaus

Micromys minutus

Verbreitung: von Europa östl. bis zum Ural
Habitat: Hecken, Röhricht
Länge: KRL 5,5–7,5 cm; SL 5–7,5 cm

Dieses graziöse Tierchen ist eines der kleinsten Nagetiere: Ein erwachsenes Männchen wiegt etwa 7 Gramm. Zwergmäuse bauen zwischen Schilfstengeln oder Grashalmen Nester aus Grasstücken von der Größe von Tennisbällen. Sicher vor Eulen oder Wieseln werden dort die Jungen, maximal 12, geboren und aufgezogen. Erwachsene Zwergmäuse fressen Samen und kleine Insekten. Sie sind die einzigen Säugetiere der Alten Welt mit einem echten Greifschwanz.

Feld-Waldmaus / Kleine Waldmaus

Apodemus sylvaticus

Verbreitung: von Irland östl. bis Zentralasien
Habitat: Waldränder
Länge: KRL 8–13 cm; SL 7–9,5 cm

Die Feld-Waldmaus ist eines der am weitesten verbreiteten europäischen kleinen Nagetiere. Sie ist ein echtes Nachttier, das abends sein Nest unter Baumwurzeln verläßt und nach Samen, Insekten und Früchten der jeweiligen Jahreszeit sucht. Oft tun die Tiere dies in Paaren. Gewöhnlich findet die Fortpflanzung zwischen April und November statt, aber manchmal werden auch den ganzen Winter über noch Junge geboren, wenn genügend Nahrung vorhanden ist.

Hyomys goliath

Verbreitung: Neuguinea
Habitat: Wald
Länge: KRL 29–39 cm; SL 25–38 cm

Diese Ratte hat einen Schwanz, der an der Unterseite mit dachziegelartig übereinanderliegenden dicken Schuppen bedeckt ist. Da diese Schuppen oft abgeschliffen sind, dienen sie wahrscheinlich dazu, das Wegrutschen des Schwanzes beim Klettern zu verhindern, der als fünfte Hand fungiert. Diese scheue, im Verborgenen lebende Tierart ist noch unzureichend erforscht. Sie scheint von Epiphyten (Überpflanzen) und Insekten zu leben.

Äthiopische Kusu-Grasratte

Arvicanthis abyssinicus

Verbreitung: Westafrika bis Somalia und Sambia
Habitat: Savanne, Busch, Wald
Länge: KRL 12–19 cm; SL 9–16 cm

Kusu-Grasratten sind ausgesprochene Gemeinschaftstiere. Sie leben in Kolonien, die bis zu 1.000 Tiere umfassen können. Die Äthiopische Kusu-Grasratte gräbt Gänge in den Boden, sucht sich jedoch manchmal auch zwischen Felsblöcken einen Unterschlupf. Sie ernährt sich wahrscheinlich hauptsächlich von Grassamen, frißt aber manchmal auch Süßkartoffeln und Maniok. Die Fortpflanzung findet das ganze Jahr über statt.

Afrikanische Striemen-Grasmaus

Rhabdomys pumilio

Verbreitung: von Zentralafrika südl. bis zum Kap der Guten Hoffnung
Habitat: Grasland, Busch
Länge: KRL 9–13 cm; SL 8–12,5 cm

Dieses sehr verbreitete kleine Nagetier lebt in einem Bau, dessen Eingang in dichter Vegetation verborgen ist, und sie ernährt sich von pflanzlicher und tierischer Nahrung. Im Norden ihres Verbreitungsgebietes pflanzen sich diese Mäuse das ganze Jahr über fort, und jährlich werden bis zu 6 Würfe mit jeweils 4–12 Jungen aufgezogen. Im Süden ist die Paarungszeit auf die Zeit von September bis Mai beschränkt, und die Weibchen werfen nur 4mal.

Hausratte

Rattus rattus

Verbreitung: weltweit (stammt ursprünglich aus Asien)
Habitat: in der Umgebung von Menschen
Länge: KRL 20–26 cm; SL 20–24 cm

Es wurde mehrfach behauptet, die Hausratte habe als Verbreiter von Krankheiten wie Beulenpest, Typhus, Tollwut und Trichinose das Schicksal der Menschheit stärker bestimmt als jede historische Berühmtheit. Wo immer der Mensch auch hingezogen ist und was er auch unternommen hat, immer war die Hausratte sein unerwünschter Begleiter. Der evolutionäre Erfolg dieses Kulturfolgers ist hauptsächlich durch seine außergewöhnlich vielfältige Ernährung und seine schnelle Fortpflanzung zu erklären. Das ganze Jahr über werden alle 6 Wochen Würfe von maximal 10 Jungen geboren.

Wanderratte

Rattus norvegicus

Verbreitung: weltweit (ursprünglich Ostasien und Japan)
Habitat: in der Umgebung von Menschen
Länge: KRL 25–30 cm; SL 25–32 cm

Die Wanderratte ist ein ausgesprochener Kulturfolger, der von verschiedenster Nahrung lebt, eine wahre Plage für den Menschen. Sie überträgt die Salmonella-Bakterien, die Typhus verursachen, außerdem Tularämie (eine pestähnliche Seuche bei Nagetieren) und in seltenen Fällen sogar die Pest. Wanderratten pflanzen sich das ganze Jahr über fort. Die Tragezeit beträgt bei ihnen 21 Tage.

Langohr-Häschenratte

Leporillus conditor

Verbreitung: Australien: New South Wales, Südaustralien
Habitat: trockenes Grasland
Länge: KRL 14–20 cm; SL 13–18 cm

Langohr-Häschenratten bauen riesige Nester aus Zweigen und welken Blättern, in denen ein Pärchen oder eine kleine Rattenkolonie wohnt. Sie fressen hauptsächlich pflanzliche Nahrung, manchmal aber auch Insekten. Die Fortpflanzung findet während der Regenzeit statt, und in dieser Zeit werden Würfe von 4–6 Jungen geboren.

Mosaikschwanzratte

Melomys cervinipes

Verbreitung: Nordostaustralien
Habitat: Wald, gewöhnlich in Wassernähe
Länge: KRL 9–17 cm; SL 11–17 cm

Bei den meisten Ratten und Mäusen sind die Schwanzschuppen ringförmig angeordnet, bei dieser Art jedoch wie ein Mosaik. Diese Mäuse pflanzen sich während der Regenzeit fort, von November bis April. Ihre Würfe bestehen maximal aus 4 Jungen. Sie sind aktive Kletterer und ruhen sich oft in Schraubenpalmen aus, in Nestern, die sie aus winzigen Grasstückchen und Blättern bauen.

Hausmaus

Mus musculus

Verbreitung: weltweit
Habitat: offenes Gelände, in Menschennähe
Länge: KRL 6,5–9,5 cm; SL 6–10,5 cm

Mäuse fressen relativ wenig, doch nagen sie Nahrungsvorräte wie Getreide und Mehl an, was dazu führt, daß große Mengen dieser Nahrungsmittel verderben. Wilde Mäuse sind Nachttiere, die Grassamen und Pflanzenstengel und manchmal Insekten fressen.

Australische Hüpfmaus

Notomys alexis

Verbreitung: Zentralaustralien
Habitat: trockenes Grasland, Spinifex-Busch
Länge: KRL 9–18 cm; SL 12–23 cm

Dieses Nagetier ist das australische Gegenstück zu den Känguruhratten Nordafrikas und Nordamerikas. Es kommt nur nachts aus seinem kühlen, feuchten Bau, um Samen, Wurzeln und grüne Pflanzenteile zu suchen und zu fressen. Australische Hüpfmäuse pflanzen sich während der Wintermonate fort, wobei Würfe von 2–5 Jungen geboren werden.

Bandikutratte

Bandicota indica

Verbreitung: von Indien bis Südchina; Taiwan, Java
Habitat: Wald, Buschvegetation; in der Nähe des Menschen
Länge: KRL 16–36 cm; SL 16–26 cm

Diese Nagetiere sind in Landbaugebieten eine echte Plage, weil sie nicht nur Getreide vernichten, sondern auch große Mengen Nahrung stehlen und hamstern. Sie pflanzen sich das ganze Jahr über fort und gebären Würfe von 10–12 Jungen.

Eurasiatische Zwergmaus
Feld-Waldmaus
Hyomys goliath
Wanderratte
Äthiopische Kusu-Grasratte
Afrikanische Striemen-Grasmaus
Hausratte
Mosaikschwanzratte
Langohr-Häschenratte
Hausmaus
Australische Hüpfmaus
Bandikutratte

Schlafmäuse, Hüpfmäuse, Springmäuse

FAMILIE GLIRIDAE: Bilche / Schlafmäuse
Es gibt 14 Arten von Bilchen; die 6 Arten der Gattung *Graphiurus* leben in Afrika, die übrigen in Europa, Nordasien und Japan. Diese nachts aktiven Nagetiere ähneln kleinen, dicken Eichhörnchen; die meisten haben einen buschigen Schwanz. Im Spätsommer und Herbst legen Schlafmäuse Fettreserven unter der Haut an und halten anschließend einen Winterschlaf. Von Zeit zu Zeit werden sie wach und fressen etwas von ihrem Wintervorrat aus Früchten.

Siebenschläfer / Bilch

Glis glis

Verbreitung: Europa, Asien
Habitat: Wald
Länge: KRL 15–18 cm; SL 13–16 cm

Der Siebenschläfer ist der größte Vertreter seiner Familie. Er ist ein kräftiges Tier mit einem langen buschigen Schwanz und rauhen Polstern unter seinen Pfoten, die ihm das Klettern erleichtern. Der Siebenschläfer lebt von Nüssen, Samen, Beeren und anderen Früchten und fängt gelegentlich auch Insekten und kleine Vögel. Im Sommer baut er hoch in den Bäumen ein Nest aus Pflanzenfasern und Moos. Das Winternest befindet sich gewöhnlich näher am Boden in einem hohlen Baum oder in einem verlassenen Kaninchenbau. Im Frühsommer bringen die Weibchen einen Wurf von 2–6 Jungen zur Welt.

Japanischer Schläfer

Glirulus japonicus

Verbreitung: Japan (außer Hokkaido)
Habitat: Bergwälder
Länge: KRL 6,5–8 cm; SL 4–5 cm

Der Japanische Schläfer ist ein Baumbewohner. Tagsüber hält er sich in einem hohlen Baum oder in einem Nest in den Baumkronen versteckt; nachts sammelt er Früchte, Samen, Insekten und Vogeleier. In der kalten Jahreszeit hält dieser Bilch einen Winterschlaf in einem hohlen Baum oder in einem von Menschen gebauten Unterschlupf, etwa einem Dachboden oder einem Nistkasten. Nach dem Winterschlaf findet die Paarung statt, und im Juni oder Juli wirft das Weibchen 3–5 Junge. Manchmal folgt im Oktober noch ein zweiter Wurf.

Pinselschwanz-Bilch

Graphiurus murinus

Verbreitung: Afrika südl. der Sahara
Habitat: Mischwald, Baumsavanne
Länge: KRL 8–16,5 cm; SL 8–13 cm

Pinselschwanz-Bilche sind flinke Tierchen, die pfeilschnell durch Sträucher und andere Vegetation huschen, wenn sie nach Samen, Nüssen, Früchten und Insekten suchen. Sie haben Verstecke in Bäumen oder in Felspalten. Diese Bilche sind Nachttiere, aber in dichten, dunklen Wäldern sind sie auch tagsüber aktiv. Im Sommer werden 3 Würfe von 2–5 Jungen geboren.

FAMILIE SELEVINIIDAE: Salzkrautbilche
Von dieser Familie ist nur eine Art bekannt, die 1938 entdeckt wurde.

Salzkrautbilch

Selevinia betpakdalaensis

Verbreitung: UdSSR: Südosten von Kasachstan
Habitat: Wüste
Länge: KRL 7–8,5 cm; SL 7–9,5 cm

Der Salzkrautbilch benutzt seinen Bau sowohl als Versteck wie auch zum Überwintern. Seine Nahrung besteht vorwiegend aus Insekten, aber er frißt auch Pflanzen und legt sich einen Wintervorrat aus pflanzlicher Nahrung an. Er bewegt sich in kleinen Sprüngen auf den Hinterpfoten fort. Im Verlauf des Frühjahrs findet die Paarung statt, und es werden maximal 8 Junge geboren.

FAMILIE ZAPODIDAE: Hüpfmäuse
Die 10 Arten dieser Familie sind allesamt kleine, mäuseartige Nagetiere mit langen Hinterbeinen, welche Riesensprünge ermöglichen. Manche Arten können bis zu 2 m weit springen, wenn sie sich bedroht fühlen. Vertreter dieser Familie findet man sowohl in bewaldetem Gebiet wie auch in Sümpfen. Sie sind in ganz Osteuropa, Asien und Nordamerika verbreitet.

Wiesenhüpfmaus

Zapus hudsonius

Verbreitung: Kanada, Nordosten und Norden der Mittelstaaten der USA
Habitat: offenes Grasland, Wald
Länge: KRL 7–8 cm; SL 10–15 cm

Feldhüpfmäuse (Gattung *Zapus*) ernähren sich von Samen, Früchten und Insekten, die sie auf dem Boden suchen. Sie bewegen sich in kurzen Sprüngen fort. Eigentlich sind sie Nachttiere, doch in waldreichen Gebieten, wo die Vegetation sie schützt, sind sie vermutlich Tag und Nacht aktiv. Im Sommer bauen sie im Gras oder am Fuß von Bäumen Nester aus Gras und Blättern. Im Winter graben sie einen Bau oder bauen auf einem Hügel oder Erdwall ein über der Erde liegendes Nest, in dem sie ihren Winterschlaf halten. Sie legen keine Nahrungsvorräte an, bilden jedoch vor Beginn des Winterschlafs eine große Fettreserve unter der Haut. Von Oktober bis April liegt die Hüpfmaus wie eine aufgerollte Kugel in ihrem Winterquartier. Ihre Körpertemperatur bleibt dann kurz über dem Nullpunkt, während Atem und Herzschlag aus Gründen der Energieersparnis stark verlangsamt sind.

Feldhüpfmäuse ziehen pro Jahr 2 oder 3 Würfe auf. Die meisten paaren sich schon kurz nach dem Winterschlaf zum erstenmal. Nach ca. 18tägiger Tragezeit werden 4–5 Junge geboren.

Birkenmaus

Sicista betulina

Verbreitung: Nord- und Mitteleuropa, Ostsibirien
Habitat: Wald, Parklandschaften
Länge: KRL 5–7 cm; SL 8–10 cm

Dieses Nagetier ist leicht an dem dunklen Streifen auf seinem Rücken und an seinem langen Schwanz zu erkennen, der fast 1½mal so lang wie der Körper ist. Die Birkenmaus ist ein Nachttier, das sich tagsüber in seinem Bau versteckt hält und abends Insekten und andere kleine Wirbellose sucht. Außerdem frißt das Tier Samen und Früchte, vor allem in der Zeit vor dem Winterschlaf, der von Oktober bis April dauert, denn für diese Zeit muß es sich einen Fettvorrat anlegen. Im Mai oder Juni werfen die Weibchen nach einer Tragezeit von 4–5 Wochen 3–5 Junge.

FAMILIE DIPODIDAE: Springmäuse / Springnager
Die 27 Arten der Springmäuse sind an ihrem känguruhartigen Äußeren und an ihren langen, an das Springen angepaßten Hinterbeinen zu erkennen, die mindestens viermal so lang wie die kleinen, aber sehr beweglichen Vorderbeine sind. Das Haarbüschel an der Schwanzspitze hat meist die Form einer Flagge und dient als Steuer beim Springen, der bevorzugten Fortbewegungsart dieser Tiere. Springmäuse leben in den Wüsten, Halbwüsten und Steppen Nordafrikas, Arabiens und Asiens. Sie ernähren sich hauptsächlich von Pflanzen und Samen, fressen jedoch auch Insekten, vor allem Käfer. Sie bauen komplizierte unterirdische Gangsysteme.

Rauhfuß-Springmaus

Dipus sagitta

Verbreitung: Zentralasien: vom Kaukasus bis Nordchina
Habitat: Sanddünen, Steppen, Nadelwälder
Länge: KRL 10–13 cm; SL 15–19 cm

Die Rauhfuß-Springmaus lebt von Pflanzen, Samen und Insekten. Sie braucht nur sehr wenig Wasser, und ihr Wasserbedarf wird völlig durch das in der Nahrung enthaltene Wasser gedeckt. Im Sommer lebt das Tier tagsüber in einem dicht unter der Erdoberfläche liegenden Bau, den es abends verläßt. Dann begibt es sich in großen Sprüngen in seine Futtergebiete. Im Herbst gräbt es einen tieferen Bau, in dem es von November bis März Winterschlaf hält. Kurz danach findet die Paarung statt, und pro Jahr werden gewöhnlich 2 Würfe mit jeweils 2–5 Jungen geboren.

Pferdespringer

Allactaga jaculus

Verbreitung: UdSSR: von der Ukraine östl. bis China
Habitat: Steppe, Halbwüste
Länge: KRL 9–15 cm; SL 16–22 cm

Der Pferdespringer und 8 von den 9 anderen Arten der Gattung *Allactaga* haben an jeder Hinterpfote fünf Zehen. Pferdespringer leben von Samen und Insekten, die sie aufspüren, indem sie mit den langen, schlanken Krallen ihrer Vorderpfoten den Sand durchharken. Diese Nachttiere bleiben tagsüber in ihrem Bau, in dem sie auch ihren Winterschlaf halten. Jedes Jahr werden 1 oder 2 Würfe geboren.

Japanischer Schläfer
Siebenschläfer
Pinselschwanz-Bilch
Salzkrautbilch
Birkenmaus
Wiesenhüpfmaus
Pferdespringer
Rauhfuß-Springmaus

Stachelschweine, Baumstachler

FAMILIE HYSTRICIDAE: Stachelschweine
Die 12 Arten dieser Familie großer Nagetiere kann man allesamt auf den ersten Blick an den langen Stacheln erkennen, die aus Haaren entstanden sind und Rücken, Flanken und einen Teil des Schwanzes bedecken. Stachelschweine leben in Wüsten, Wäldern und Savannengebieten Afrikas, Teilen Asiens, in Indonesien und auf den Philippinen. Die meisten Arten leben überwiegend auf dem Boden. Sie bewegen sich unbeholfen schlurfend fort, wobei ihre Stacheln gegeneinander schlagen. Im allgemeinen sind es Nachttiere, die in selbstgegrabenen Gängen oder in Höhlen oder Felsspalten leben. Sie ernähren sich von Pflanzenmaterial wie Wurzeln, Zwiebeln, Knollen, Früchten und Rinde, sehr selten auch von Aas. Männchen und Weibchen sehen gleich aus.

Sumatra-Stachelschwein

Thecurus sumatrae
Verbreitung: Sumatra
Habitat: Wald
Länge: KRL 54 cm; SL 10 cm

Der Körper des Sumatra-Stachelschweins ist mit abgeplatteten Stacheln bedeckt, zwischen denen sich kurze Haare befinden. Auf Rücken und Flanken wachsen die längsten Stacheln, die auf dem Schwanz sind kleiner. Am Bauch sind die Stacheln etwas biegsamer als am übrigen Körper. Die speziellen „Rasselbecher“ am Schwanzende sind zur Spitze hin verbreitert. Diese breiteren Teile sind hohl, so daß ein rasselndes Geräusch ertönt, wenn die Stacheln gegeneinander schlagen. Damit werden potentielle Feinde gewarnt.

Südafrikanisches Stachelschwein

Hystrix africaeaustralis
Verbreitung: Afrika: vom Senegal bis Südafrika (Kapprovinz)
Habitat: Wald, Savanne
Länge: KRL 71–84 cm; SL bis zu 2,5 cm

Das Südafrikanische Stachelschwein hat einen gedrungenen Körper und scharfe Rückenstacheln, die bis zu 30 cm lang werden können. Mit speziellen hohlen Rasselbechern im Schwanz werden Warnsignale erzeugt: Wenn das Tier den Schwanz hin und herschüttelt, ertönt ein rasselndes, klapperndes Geräusch. Fühlt sich ein Stachelschwein trotz dieser Warnsignale immer noch bedroht, so dreht es sich um und greift rückwärts an. Dabei benutzt es die nach hinten gerichteten scharfen Stacheln als Waffen. Die Stacheln lösen sich leicht vom Körper, doch keineswegs kann ein Stachelschwein Stacheln „abschießen“, wie früher manchmal behauptet wurde.

Südafrikanische Stachelschweine bewegen sich langsam fort und klettern nur selten auf Bäume. Sie graben Gänge, in denen sie tagsüber ruhen, und suchen abends nach Nahrung. Vermutlich werfen sie jährlich 2mal jeweils 2–4 Junge. Die Jungen werden mit weichen Stacheln geboren, die nach ungefähr 2 Wochen hart werden; bis zu diesem Zeitpunkt bleiben die Jungtiere im Nest.

Langschwanz-Quastenstachler

Atherurus macrourus
Verbreitung: Südostasien: von Assam bis Malakka
Habitat: Wald, oft in Wassernähe
Länge: KRL 40–55 cm; SL 15–25 cm

Der Quastenstachler ist ein schmächtiges Tier mit rattenartigem Körperbau und einem auffällig langen Schwanz, an dessen Ende sich ein Stachelbüschel befindet. Die Stacheln sind abgeplattet und gerillt und meist kurz.

Tagsüber hält der Quastenstachler sich in einer Höhle zwischen Steinblöcken oder in einem Termitenhügel versteckt. Abends geht er auf die Suche nach Pflanzen, Rinde, Wurzeln und Insekten. Er ist sehr geschickt, klettert manchmal auf Bäume und kann auch ziemlich schnell laufen. Seine Pfoten sind teilweise mit Schwimmhäuten versehen, so daß er auch recht gut schwimmen kann. Gruppen von ca. 8 Tieren ruhen gemeinsam und suchen gemeinschaftlich nach Nahrung. Zur Gattung *Atherurus* zählen noch 3 weitere Arten, die sehr ähnlich aussehen und sich auch fast gleich verhalten.

Malaiischer Pinselstachler

Trichys fasciculata
Verbreitung: Südostasien: Malakka, Sumatra, Borneo
Habitat: Wald
Länge: KRL 28–47 cm; SL 17–23 cm

Die Stacheln des Malaiischen Pinselstachlers sind abgeplattet und biegsam, jedoch kürzer und weniger gut entwickelt als die anderer Arten. Der lange Schwanz bricht leicht ab. Deshalb sieht man viele erwachsene Tiere in solch ramponiertem Zustand herumlaufen. Diese Stachelschweine können gut klettern. Sie haben breite Krallen mit starken Zehen und Nägeln, mit denen sie sich an den Zweigen festhalten können.

FAMILIE ERITHIZONTIDAE: Baumstachler
Die 9 Arten der Baumstachler, die in Nord-, Mittel- und Südamerika leben, ähneln äußerlich sehr den Stachelschweinen der Alten Welt. Sie haben die gleichen groben Haare und spezialisierten Stacheln. Im Gegensatz zu ihren altweltlichen Verwandten leben sie jedoch hauptsächlich auf Bäumen, und ihre Pfoten sind an diese Lebensweise angepaßt: Sie haben breite Sohlen und starke Zehen und Krallen. Eine besondere Gruppe bilden die 6 Arten der Greifstachler (Gattung *Coendou*), deren Schwanz spezielle Muskeln entwickelt hat und daher als fünfte Hand um Zweige geschlungen werden kann. Die beiden Geschlechter gleichen sich äußerlich.

Baumstachler sind vorwiegend, jedoch nicht ausschließlich Nachttiere und halten sich tagsüber in Baumhöhlen oder in Bodenspalten auf. Männchen wie Weibchen stecken ihr Revier mit Urin ab.

Urson

Erethizon dorsatum
Verbreitung: Kanada; USA: Alaska, Weststaaten südl. bis New Mexico, einige Staaten im Nordosten
Habitat: Wald
Länge: KRL 46–56 cm; SL 18–23 cm

Dieses kräftig gebaute Stachelschwein hat Stacheln auf Nacken, Rücken und Schwanz, von denen ein paar längere kleine Widerhäkchen haben. Der Urson ist ein träges und unbeholfenes Tier, doch klettert er flink in Bäumen umher, wo er sich von Knospen, Zweigen und Rinde ernährt. Im Sommer frißt er auch Pflanzenwurzeln und Stengel von Blumen und sogar einige Anbaupflanzen. Der Urson hält keinen Winterschlaf.

Zu Anfang des Winters findet die Paarung statt. Das Männchen besprüht das Weibchen zuvor mit Urin, möglicherweise um andere Männchen davon abzuhalten, dem Weibchen den Hof zu machen. Nach einer Tragezeit von 7 Monaten wirft das Weibchen im Frühling gewöhnlich ein Junges. Das Junge hat bei der Geburt offene Augen, ein Haarkleid und weiche Stacheln, die innerhalb einer Stunde hart werden. Schon wenige Stunden später kann das junge Stachelschwein in Bäumen herumklettern und feste Nahrung zu sich nehmen.

Greifstachler

Coendou prehensilis
Verbreitung: Bolivien, Brasilien, Venezuela
Habitat: Wald
Länge: KRL 30–61 cm; SL 33–45 cm

Der Körper des Greifstachlers ist mit kurzen, dicken Stacheln bedeckt. Seine wichtigste Anpassung an das Leben in den Bäumen ist der Greifschwanz, den er benutzt, um beim Sammeln von Nahrung die Hände frei zu haben. Am Schwanz fehlen die Stacheln, und die äußerste Spitze ist sogar kahl und mit einem Schwielenkissen versehen, was größeren Halt gibt. Hände und Füße sind völlig auf das Klettern in Bäumen abgestimmt: An jedem Finger und Zeh befindet sich ein gekrümmter Nagel. Greifstachler sind Nachttiere, baumbewohnende Pflanzenfresser und langsam und bedächtig in ihren Bewegungen. Sie können aber sehr geschickt und sicher klettern. Sie fressen Blätter, Stengel und in kleinen Mengen auch Früchte. Die Weibchen scheinen pro Jahr ein Junges zu werfen.

Bergstachler

Echinoprocta rufescens
Verbreitung: Kolumbien
Habitat: Wald
Länge: KRL 46 cm; SL 10 cm

Der Bergstachler hat einen kurzen behaarten Schwanz, der nicht als Greiforgan zu benutzen ist. Rücken und Flanken sind mit Stacheln besetzt, die nach hinten dicker werden. Das Tier lebt in Bäumen und wohnt gewöhnlich in Bergregionen über 800 m Höhe. Über sein Fortpflanzungsverhalten und seine Lebensweise ist bisher kaum etwas bekannt.

Südafrikanisches Stachelschwein
Sumatra-Stachelschwein
Langschwanz-Quastenstachler
Malaiischer Pinselstachler
Urson
Greifstachler
Bergstachler

Meerschweinchen, Riesennager, Pakaranas, Agutis

FAMILIE CAVIIDAE: Meerschweinchen
Diese interessante und ausschließlich in Südamerika vorkommende Familie von bodenbewohnenden Nagetieren umfaßt etwa 15 Arten. Dazu gehören die Wildmeerschweinchen, die Berg- oder Felsenmeerschweinchen oder Mokos und die Maras Patagoniens. Wildmeerschweinchen oder Felsenmeerschweinchen haben den bekannten gedrungenen Körperbau der zahmen Meerschweinchen mit den kleinen Ohrmuscheln und großen Pfötchen, dem großen Kopf und einem äußerlich nicht sichtbaren Schwanz. Maras ähneln mit ihren langen Beinen und den aufrechtstehenden Ohrmuscheln mehr den Hasen.

Meerschweinchen ernähren sich von Pflanzen. Ihre Backenzähne wachsen während des ganzen Lebens weiter, um den durch die Ernährungsweise bedingten starken Verschleiß auszugleichen. Die meisten Arten leben in Gruppen von ca. 15 Tieren; manchmal schließen sich auch größere Gruppen von ca. 40 Exemplaren zusammen. Sie halten keinen Winterschlaf, auch nicht in kälteren Regionen.

Tschudi-Meerschweinchen

Cavia aperea ssp. ***tschudii***
Verbreitung: von Peru bis Nordargentinien
Habitat: Grasland, felsiges Gelände
Länge: KRL 20–40 cm; kein sichtbarer Schwanz

Diese nachts aktiven Nagetiere leben gewöhnlich in kleinen Familiengruppen von maximal 10 Exemplaren, doch unter günstigen Umständen bilden sie auch größere Kolonien. Obwohl sie mit ihren scharfen Krallen durchaus selbst Höhlen graben können, übernehmen sie oft die Höhlen anderer Tierarten oder suchen sich einen Unterschlupf in Felsspalten. Bei Sonnenaufgang und während der Dämmerung gehen sie auf Nahrungssuche und fressen hauptsächlich Gras und Blätter.

Tschudi-Meerschweinchen pflanzen sich im Sommer bzw. in wärmeren Gebieten das ganze Jahr über fort. Nach einer Tragezeit von 60–70 Tagen werden 1–4 Junge geboren, die schon bei der Geburt gut entwickelt sind und nach 5 Tagen ganz für sich selbst sorgen können. Diese Unterart ist die Stammform des Hausmeerschweinchens (*C. a. porcellus*), die nicht nur als Haustier gehalten wird, sondern auch massenweise für Tierversuche herhalten muß. Indianer im Bergland halten diese Meerschweinchen wegen ihres schmackhaften, zarten Fleisches.

Moko / Felsen-Moko

Kerodon rupestris
Verbreitung: Nordostbrasilien
Habitat: trockenes, felsiges Gelände
Länge: KRL 20–40 cm; kein sichtbarer Schwanz

Der Felsen-Moko hat den gleichen Körperbau wie das Meerschweinchen, jedoch eine längere, stumpfere Schnauze und längere Beine. Er verbirgt sich unter Felsblöcken oder zwischen Steinen und geht am Nachmittag oder gegen Abend auf die Suche nach Blättern. Dabei klettert er auch auf Bäume. Vermutlich wirft das Weibchen 2mal pro Jahr 1–2 Junge.

(Große) Mara

Dolichotis patagonum
Verbreitung: Argentinien
Habitat: trockenes, offenes Gelände
Länge: KRL 69–75 cm; SL 4,5 cm

Die Mara hat lange, schlanke Beine und Füße, die sie zu einem schnellen Läufer und gewandten Springer machen, ähnlich den Hasen und Präriehasen. Sie kann Geschwindigkeiten von ca. 30 km/h erreichen. Die Mara übernimmt in Gebieten, in denen Hasen fehlen, deren ökologische Rolle.

Jeweils 3 Zehen an den Hinterbeinen haben hufartige Nägel. An den Vorderbeinen befinden sich je 4 Finger mit scharfen Krallen. Maras sind tagsüber aktiv und ernähren sich von verschiedenstem pflanzlichem Material. Sie graben Gänge oder übernehmen von anderen Tierarten Höhlen, in denen auch ihre Würfe von jeweils 2–5 Jungen geboren werden.

FAMILIE HYDROCHOERIDAE: Riesennager
Diese Familie besteht aus nur einer Art, dem Wasserschwein, dem größten aller heute lebenden Nagetiere. Es ähnelt einem riesigen Meerschweinchen mit einem großen Kopf und einer stumpfen Schnauze und lebt in dichter Vegetation im Umland von Seen, Flüssen oder Sümpfen.

Wasserschwein / Capybara

Hydrochoerus hydrochaeris
Verbreitung: von Panama bis Ostargentinien
Habitat: Wald, in Wassernähe
Länge: KRL 1–1,3 m; Schwanz rudimentär

Das Wasserschwein oder die Capybara verbringt den größten Teil ihres Lebens im Wasser. Sie ist daher ein ausgezeichneter Schwimmer und Taucher. Zwischen den Zehen der Vorder- und Hinterpfoten befinden sich kurze Schwimmhäute. Wenn das Tier schwimmt, ragen nur seine Augen, Ohren und Nasenlöcher aus dem Wasser. Capybaras ernähren sich von Pflanzen, auch von Wasserpflanzen, und ihre Backenzähne wachsen während des ganzen Lebens weiter, um den durch intensives Kauen bedingten Verschleiß zu kompensieren. Sie leben in Familiengruppen und sind vor allem in der Morgen- und Abenddämmerung aktiv. In Gebieten, in denen sie ständig gestört werden, sind Capybaras zu Nachttieren geworden.

Die beiden Geschlechter gleichen einander äußerlich, nur ist beim Männchen die Duftdrüse auf der Nase größer als beim Weibchen. Im Frühjahr findet die Paarung statt, und nach einer Tragezeit von 15–18 Wochen werden 2 Junge geboren, die gut entwickelt zur Welt kommen.

FAMILIE DINOMYIDAE: Pakaranas
Diese südamerikanische Familie enthält eine einzige, wahrscheinlich seltene Art, die Pakarana. Genau wie die Paka ist auch dieses Tier sehr auffällig gezeichnet.

Pakarana

Dinomys branickii
Verbreitung: von Kolumbien bis Bolivien
Habitat: Wald
Länge: KRL 73–79 cm; SL 20 cm

Die Pakarana ist ein träges, friedliches Tier mit kurzen, kräftigen Beinen und starken Krallen. Sie lebt von pflanzlicher Nahrung wie Blättern, Stengeln und Früchten und setzt sich oft auf die Hinterbeine, um zu spähen und zu fressen. Ihre Backenzähne nutzen sich schnell ab und wachsen ständig nach. Wahrscheinlich ist die Pakarana ein echtes Nachttier. Über ihre Fortpflanzung ist wenig bekannt, doch vermutlich wirft sie jeweils zwei Junge.

FAMILIE DASYPROCTIDAE: Agutis
Die 12 Arten dieser Familie sind in ganz Mittel- und Südamerika verbreitet. Sie sind allesamt mittelgroße bis große bodenbewohnende Nagetiere. Ihre Beine eignen sich zum schnellen Laufen. Man unterscheidet 3 Gruppen: die nachts aktiven Pakas, die Agutis, die tagsüber aktiv sind, und die Stummelschwanzagutis, über die kaum etwas bekannt ist. Alle Arten sind wegen ihres Fleisches stark gejagt worden. Die Tiere leben von Früchten, Blättern, Pflanzenwurzeln und -stengeln, die sie wahrscheinlich in unterirdischen Vorratskammern horten.

Paka

Cuniculus paca
Verbreitung: von Südmexiko bis Surinam, südl. bis Paraguay
Habitat: Wald, in Wassernähe
Länge: KRL 60–79 cm; SL 2,5 cm

Die Paka ist ein Nachttier und lebt gewöhnlich alleine. Tagsüber verbirgt sie sich in einer Höhle, die sie in ein Flußufer gräbt, zwischen Baumwurzeln oder unter Felsen. Gegen Abend kommt sie zum Vorschein, um Nahrung zu suchen. Die Paka scheut das Wasser nicht und entkommt ihren Feinden manchmal, indem sie ins Wasser flüchtet. Wahrscheinlich wirft das Tier 2mal im Jahr 1 oder in seltenen Fällen 2 Junge.

Goldaguti

Dasyprocta aguti
Verbreitung: Venezuela, Ostbrasilien; Kleine Antillen
Habitat: Wald, Savanne
Länge: KRL 41–62 cm; SL 1–3 cm

Die Goldagutis sind gesellige Tiere, die tagsüber aktiv sind. Sie sind schnelle Läufer und können sogar aus dem Stand bis zu 2 m senkrecht in die Luft springen. Goldagutis graben Höhlen im Flußufer oder unter Bäumen und Steinen, und von den Nestern der Tiere führen plattgetretene Pfade zu ihren Nahrungsplätzen. Vermutlich sind sie zweimal im Jahr brünstig und gebären pro Wurf 2–4 Junge.

Tschudi-Meerschweinchen
Moko
Mara
Wasserschwein
Pakarana
Goldaguti
Paka

Chinchillas und Verwandte

FAMILIE CHINCHILLIDAE: Chinchillas
Zu dieser Gruppe von Nagetieren, die ausschließlich in Südamerika vorkommt, gehören die Viscachas und die 5 Arten der Chinchillas. Sie alle haben einen prachtvollen, dichten Pelz, und ihre Bedeutung für den Pelzhandel hat dazu geführt, daß diese Tiere in der freien Natur ernsthaft bedroht sind. Das gilt vor allem für die Chinchillas.

Die Hinterbeine der Chinchillas sind länger als die Vorderbeine, und die Tiere sind schnelle Läufer und ausgezeichnete Springer. Auch klettern können sie sehr gut. Sie ernähren sich von Pflanzenmaterial, unter anderem von Zwiebeln und Wurzeln, und ihre Backenzähne wachsen das ganze Leben lang weiter. Sie leben in kleinen Familiengruppen, die sich wiederum zu größeren Kolonien zusammenschließen. Bei geeignetem Boden graben sie Höhlen, sonst suchen sie Schutz zwischen den Felsen.

Viscacha

Lagostomus maximus
Verbreitung: Argentinien
Habitat: Grasland
Länge: KRL 47–66 cm; SL 15–20 cm

Die Viscacha ist ein kräftiges Nagetier mit großem Kopf und stumpfer Schnauze. Die Männchen sind größer als die Weibchen. Die Tiere bewohnen in Kolonien komplizierte Gangsysteme mit mehreren Ausgängen. Sie können ausgezeichnet graben, wobei sie hauptsächlich ihre Vorderpfoten gebrauchen und die Erde mit der Nase wegschaffen. Die Nasenlöcher sind verschließbar, so daß kein Sand in die Nase eindringt.

Die Weibchen werfen einmal im Jahr, in milden Klimata manchmal auch zweimal. Gewöhnlich zählt ein Wurf 2 Junge. Die Tragezeit beträgt 5 Monate.

Langschwanz-Chinchilla / Kleine Chinchilla

Chinchilla laniger
Verbreitung: Bolivien, Chile
Habitat: felsiges Bergland
Länge: KRL 22,5–38 cm; SL 7,5–15 cm Ⓑ

Chinchillas sind putzige Tiere mit langen Ohrmuscheln, großen Augen und einem langen, buschigen Schwanz. Sie leben in Kolonien von 100 oder mehr Exemplaren und suchen Schutz in Höhlen oder Felsspalten. Sie fressen alles, was sie an pflanzlichem Material finden; dabei setzen sie sich auf die Hinterbeine und halten die Nahrung mit den Vorderpfoten fest.

Die Weibchen sind größer als die Männchen und verhalten sich untereinander ziemlich aggressiv. Die Fortpflanzung findet im Winter statt, und gewöhnlich werden pro Wurf 1–6 Junge geboren. Die Tragezeit beträgt 111 Tage, gesäugt wird 6–8 Wochen.

Das besonders weiche, dichte Fell der Chinchillas ist der Grund, weshalb diese Art zur Zeit in freier Natur äußerst selten ist. Doch wegen ihres wertvollen Pelzes werden Chinchillas heute auf der ganzen Welt gezüchtet.

FAMILIE CAPROMYIDAE: Baum- und Ferkelratten
Diese Familie umfaßt etwa 12 heute noch lebende Arten. Einige weitere Arten sind vor relativ kurzer Zeit ausgestorben. Innerhalb der Familie unterscheidet man 2 Gruppen: die echten Hutias, die 11 Arten (Baumratten, Stummelschwanz-Hutias und Zagutis) umfassen und auf den Antillen leben, und die in Südamerika heimische Nutria.

Hutiaconga

Capromys pilorides (C. ingrahami)
Verbreitung: Bahamas
Habitat: Wald
Länge: KRL 30–50 cm; SL 15–30 cm Ⓖ

Die Hutiaconga lebt hauptsächlich von Früchten und Blättern, frißt jedoch auch kleine Wirbellose und Reptilien. Sie kann ausgezeichnet klettern und sucht ihre Nahrung daher auch teilweise in Bäumen. Sie ist ein Tagtier und hält sich nachts in einer Höhle oder in einer Felsspalte versteckt. Wahrscheinlich pflanzt sie sich das ganze Jahr über fort, solange die Temperatur über 15 ° C bleibt. Pro Wurf werden 2–9 Junge geboren.

Die Hutias haben sich nicht gegen die auf den Karibischen Inseln eingeführten Ichneumons und Hunden durchsetzen können, und viele Arten sind wahrscheinlich nahezu ausgestorben.

Nutria / Sumpfbiber

Myocastor coypus
Verbreitung: von Bolivien und Südbrasilien bis Chile und Argentinien; eingeführt in Nordamerika, Europa und Asien
Habitat: in der Nähe von Mooren, Seen und Flüssen
Länge: KRL 43–63 cm; SL 25–42 cm

Die teils im Wasser, teils auf dem Land lebende Nutria, auch Coypu genannt, ist ein geschickter Schwimmer. Das Tier ähnelt einem Biber mit einem Rattenschwanz und wird deshalb auch Biberratte genannt. An seinen Hinterbeinen befinden sich Schwimmhäute, und ihr Fell ist sehr dicht. Nutrias ernähren sich von Wasserpflanzen und wahrscheinlich auch von Weichtieren. Sie graben Höhlen ins Flußufer, legen in ihrem Revier Pfade an und können Vegetation und Äckern großen Schaden zufügen. Aus Pelztierfarmen entlaufene Nutrias haben sich in allen möglichen Teilen der Welt niederlassen können und werden mancherorts als eine wahre Plage angesehen. Pro Jahr ziehen die Weibchen 3 Würfe von maximal je 10 Jungen auf. Die Tragezeit beträgt 132 Tage. Junge Nutrias können schon wenige Stunden nach der Geburt schwimmen.

FAMILIE OCTODONTIDAE: Trugratten
Die 8 Arten der Trugratten leben alle in Südamerika. Die meisten ähneln mit ihren runden Nasen und den langen, behaarten Schwänzen echten Ratten. Es sind ausgezeichnete Graber, die sich von Pflanzenkost ernähren.

Degu

Octodon degus
Verbreitung: Westperu, Chile
Habitat: Gebirge, Küstengebiete
Länge: KRL 12,5–19,5 cm; SL 10–16 cm

Der Degu ist ein kräftiges Nagetier mit kurzen Beinen und einem verhältnismäßig großen Kopf. Er ist ein Tagtier, das sich von grünen Pflanzen, Zwiebeln und Knollen ernährt. Vermutlich pflanzt sich die Art das ganze Jahr über fort. Pro Wurf werden wahrscheinlich 2 Junge geboren.

FAMILIE CTENOMYIDAE: Kammratten
Diese Familie, die 32 in Südamerika lebende Arten umfaßt, gilt bei einigen Wissenschaftlern als den Trugratten verwandt. Alle Arten sind in hohem Maße an ein grabendes, unterirdisches Leben angepaßt.

Knight-Tukotuko

Ctenomys knighti (C. talarum)
Verbreitung: Ostargentinien
Habitat: Grasland
Länge: KRL 17–25 cm; SL 6–11 cm

Die Tukotukos ähneln sehr stark den nordamerikanischen Taschenratten (Geomyidae) und leben ähnlich wie diese in weitverzweigten Gangsystemen. Im Verhältnis zu ihrer Körpergröße haben sie riesige Nagezähne, die sie beim Graben benutzen, um die Erde aufzuwühlen, welche sie anschließend mit ihren Pfoten aus dem Gang ins Freie schaffen. Tukotukos verbringen fast ihr ganzes Leben unter der Erde und ernähren sich von Wurzeln, Knollen und Pflanzenstengeln.

Die Paarung findet im Winter und im Frühling statt, und nach einer Tragezeit von ca. 15 Wochen werden 2–5 gutentwickelte Junge geboren.

FAMILIE ABROCOMIDAE: Chinchillaratten
Es gibt 2 Arten Chinchillaratten, die beide in Südamerika zu Hause sind. Ihr Körperbau ähnelt dem der Ratten. Ihr Fell ist dicht und fein wie das der Chinchillas, jedoch nicht so wollig.

Chilenische Chinchillaratte

Abrocoma bennetti
Verbreitung: Chile
Habitat: Hochebenen in Küstennähe
Länge: KRL 19–25 cm; SL 13–18 cm

Als Bewohner von kalten, kargen Bergregionen ist die Chinchillaratte eine noch wenig untersuchte Tierart. Sie ernährt sich von Pflanzenmaterial, und ihre Backenzähne wachsen während ihres ganzen Lebens weiter. Sie ist zwar hauptsächlich ein Bodenbewohner, kann jedoch auch auf Bäume klettern, um dort Nahrung zu suchen. Chinchillaratten leben in Höhlen oder Felsspalten, wahrscheinlich in kleinen Gruppen.

Viscacha

Langschwanz-Chinchilla

Hutiaconga

Nutria

Degu

Chilenische Chinchillaratte

Knight-Tukotuko

Stachelratten, Rohrratten und Verwandte

FAMILIE ECHIMYIDAE: Stachelratten

Das Verbreitungsgebiet der Stachelratten erstreckt sich von Nicaragua im Norden bis nach Mittelbrasilien im Süden. 48 Arten sind bekannt. Die meisten davon haben einen kräftigen, rattenartigen Körper mit einem borstigen Fell, das oft mit platten, spitzen und gefurchten Stacheln versehen ist. Die Tiere sind Pflanzenfresser mit einer sehr abwechslungsreichen Ernährung. Die meisten Arten leben vorzugsweise in der Nähe von Flüssen und Strömen.

Wie bei vielen südamerikanischen Nagetieren ist auch bei den Stachelratten die Tragezeit verhältnismäßig lang, und die Jungen kommen gut entwickelt zur Welt. Schon nach wenigen Stunden können sie laufen.

Fliegende Panama-Baumstachelratte

Diplomys labilis

Verbreitung: Panama
Habitat: Wald
Länge: KRL 25–48 cm; SL 20–28 cm

Die Fliegende Panama-Baumstachelratte ist gut an das Leben in Bäumen angepaßt. Sie hat lange, kräftige Zehen und scharfe, gekrümmte Krallen, mit denen sie selbst an den glattesten Stämmen Halt findet. Ihren Namen verdankt sie ihrer Gewohnheit, von Zweig zu Zweig zu springen und dabei die zwischen ihren Gliedern gespannte Flughaut zu spreizen. Die Fliegenden Baumstachelratten bauen in hohlen Bäumen in der Nähe von Wasser ihre Nester. Sie pflanzen sich das ganze Jahr über fort und bekommen nach einer Tragezeit von ca. 60 Tagen 2 Junge, die schon wenige Stunden nach der Geburt klettern können.

Lanzenratte

Hoplomys gymnurus

Verbreitung: von Nicaragua südl. bis Kolumbien und Ecuador
Habitat: Regenwald, offenes Grasland
Länge: KRL 22–32 cm; SL 15–25 cm

Die stacheligste aller Stachelratten ist die Lanzenratte. Sie hat ein dickes Fell und äußerst scharfe Haare auf Rücken und Flanken. Dieses Nagetier lebt in kurzen, primitiv gebauten Gängen in Flußufern und sucht nachts nach Nahrung. Sie pflanzt sich das ganze Jahr über fort und bekommt pro Wurf 1–3 Junge.

FAMILIE THRYONOMYIDAE: Rohrratten

Die 6 Arten der Rohrratten kommen in ganz Afrika südlich der Sahara vor. Die kräftigen Tiere können bis zu 7 kg wiegen und sind für manche afrikanischen Stämme die wichtigste Eiweißquelle. In Zuckerrohrplantagen richten sie ernsten Schaden an, da sie die äußere Rinde des Rohrs abschälen, um an das weiche Mark zu kommen, von dem sie sich ernähren.

Große Rohrratte

Thryonomys swinderianus

Verbreitung: Afrika südl. der Sahara
Habitat: Grasebenen, Zuckerrohrplantagen
Länge: KRL 35–61 cm; SL 7–25 cm

Rohrratten leben gewöhnlich nicht in Höhlen unter der Erde, sondern bauen ihre Nester, in denen sie schlafen und ihre Jungen zur Welt bringen, oft in dichter Vegetation. Meistens jedoch lassen sie sich in Nestern von Erdferkeln oder Stachelschweinen nieder oder suchen Schutz unter Geröllhaufen. Die Rohrratten im südlichen Afrika paaren sich zwischen April und Juni, und nach einer Tragezeit von 2 Monaten werfen sie 2–4 Junge. Die Augen der jungen Rohrratten sind unmittelbar nach der Geburt geöffnet, und kurze Zeit später können die Tiere laufen.

FAMILIE PETROMURIDAE:
Afrikanische Felsenratten

Die einzige Art dieser Familie, die Felsenratte, ist ein bemerkenswertes Nagetier, das eher einem Eichhörnchen als einer Ratte ähnelt. Ebenso wie der südafrikanische Kap-Klippschliefer (*Procavia capensis*) sonnt sie sich gerne stundenlang auf Felsen. Dabei bewegt sie sich immer mit der Sonne, um soviel wie möglich von deren Strahlung abzubekommen. Während eine Kolonie Felsenratten sich sonnt, hält ein Tier Wache für den Fall, daß Feinde wie Mangusten, Adler oder Leoparden auftauchen sollten. Bei Gefahr stößt das wachende Tier einen schrillen Alarmschrei aus.

Felsenratte

Petromus typicus

Verbreitung: Angola, Namibia
Habitat: felsige, trockene Hügellandschaften
Länge: KRL 14–20 cm; SL 13–18 cm

Felsenratten sind Tagtiere, die in Kolonien leben. Sie fressen Früchte, Samen und Beeren. Sie paaren sich im Frühsommer (Oktober), und Ende Dezember werden 1–2 Junge geboren.

FAMILIE BATHYERGIDAE: Sandgräber

Es gibt 9 Arten von Sandgräbern, die alle in Afrika südlich der Sahara leben. Sie sind ausgezeichnet an eine unterirdische Lebensweise angepaßt, denn sie sind nahezu blind und besitzen kräftige Schneidezähne und starke Grabkrallen. Auch haben sie schwere, kräftige Schädel, die sie als eine Art Ramme benutzen. Sie ernähren sich hauptsächlich von Knollen und Zwiebeln, fressen jedoch auch Insektenlarven und Würmer. Die meisten Arten haben ein dichtes, samtiges Fell, das dem der echten Maulwürfe ähnelt. Nur der Nacktmull ist völlig kahl.

Kap-Strandgräber

Bathyergus suillus

Verbreitung: Südafrika (bis Kap der Guten Hoffnung)
Habitat: Sanddünen, Sandebenen
Länge: KRL 17,5–33 cm; SL 4–7 cm

Der Kap-Strandgräber ist der größte Vertreter seiner Familie und kann bis zu 1,5 kg wiegen. Er hat verhältnismäßig breite (2 mm) Schneidezähne, mit denen er gefürchtete Bisse zufügen kann. Das Tier baut weit verzweigte Gangsysteme, meist dicht unter der Erdoberfläche, und es kann auf Äckern mit Knollengewächsen beträchtlichen Schaden anrichten.

Im November oder Dezember werfen die Weibchen 3–5 gut entwickelte Junge.

Nacktmull

Heterocephalus glaber

Verbreitung: Somalia, Äthiopien, Nordkenia
Habitat: trockene Steppe, leichter Sandboden
Länge: KRL 8–9 cm; SL 3,5–4 cm

Diese Art, die kleinste der Familie, ist eines der merkwürdigsten Säugetiere überhaupt. Jede Kolonie von ca. 100 Tieren wird von einer Königin regiert, und nur sie bringt Nachkommen zur Welt. Sie wird von ein paar nicht arbeitenden Männchen und Weibchen versorgt, die dikker und träger sind als die Arbeiter. Letztere graben die Gänge und sammeln für die ganze Kolonie Nahrung in Form von Wurzeln und Knollen. Die Königin scheint in der Lage zu sein, die sexuelle Reifung anderer Weibchen zu unterbinden, aber wie sie das macht, ist nicht bekannt. Sie bekommt das ganze Jahr über Nachkommen, pro Wurf bis zu 20. Wenn sie stirbt oder vertrieben wird, übernimmt eines der nicht arbeitenden Weibchen ihre Rolle.

FAMILIE CTENODACTYLIDAE:
Kammfinger

Die 5 Arten der Kammfinger-Familie leben in Afrika. Es sind äußerst flinke Tierchen, die fast senkrecht an Felsen hochklettern können. Alle Mitglieder der Familie sind sehr geräuschvoll und verfügen über ein großes Arsenal vogelartiger Träller- und Zwitscherlaute.

Gundi

Ctenodactylus gundi

Verbreitung: Sahara
Habitat: Felsformationen
Länge: KRL 16–20 cm; SL 1–2 cm

Gundis sind scheue Tiere, die nur nachts verschiedenstes Pflanzenmaterial sammeln, das sie meist zu einem sicheren Felsspalt transportieren, um es dort in Ruhe zu verspeisen. Nach einer Tragezeit von ca. 40 Tagen werden gewöhnlich 1–2 Junge geboren, die sofort laufen können.

Lanzenratte
Fliegende Panama-Baumstachelratte
Große Rohrratte
Gundi
Felsenratte
Kap-Strandgräber
Nacktmull

Pfeifhasen, Hasenartige 1

ORDNUNG LAGOMORPHA: Hasentiere
Diese Ordnung umfaßt 2 Familien mit insgesamt ca. 54 Arten: die Pfeifhasen und die „echten" Hasenartigen, zu denen die Hasen und Kaninchen gehören. Lange Zeit wurden diese Pflanzenfresser als Nagetiere angesehen, doch genaue Untersuchungen ihres Körperbaus, des Gebisses und der Kauwerkzeuge haben ergeben, daß Nagetiere und Hasenartige sich unabhängig voneinander entwickelt haben.

FAMILIE OCHOTONIDAE: Pfeifhasen
Diese Familie umfaßt eine Gattung mit etwa 14 Arten. Pfeifhasen leben in Nord- und Zentralasien. Eine Art kommt auch in Nordamerika vor. Pfeifhasen sind kleiner als Kaninchen. Sie haben kurze, abgerundete Ohrmuscheln und keinen äußerlich sichtbaren Schwanz.

Altai-Pfeifhase

Ochotona alpina

Verbreitung: Sibirien, Nordostchina, Japan (Hokkaido); Westen Nordamerikas: von Alaska bis New Mexico
Habitat: felsige Berghänge, Wald
Länge: KRL 20–25 cm

Der Altai-Pfeifhase ist ein kleines Tier mit kurzen Beinen. Er kann nicht so schnell laufen wie ein Kaninchen, sondern bewegt sich in kleinen Sprüngen fort. Er benutzt feste Wechsel und entfernt sich nie weit von seinem Bau. Der Altai-Pfeifhase lebt in Familiengruppen in Bauen zwischen Felsen oder Baumwurzeln. Gras und dünne Pflanzenstengel bilden seine Hauptnahrung. Wie alle Pfeifhasen legt das Tier im Spätsommer Nahrungsvorräte in Form kleiner Heuhaufen an, von denen es sich während des Winters ernährt. Wenn die Pfeifhasen im Winter Hunger haben, graben sie Tunnel unter dem Schnee, um zu ihren Heuvorräten zu gelangen.

Je nach Region variiert die Zahl der Würfe pro Jahr zwischen 2 und 3. Jeder Wurf besteht aus 2–6, im Durchschnitt aus 3 Jungen. Die Tragezeit beträgt immer ca. 30 Tage.

FAMILIE LEPORIDAE: Hasenartige
Die „echten" Hasenartigen bilden eine außergewöhnlich erfolgreiche Familie von pflanzenfressenden Säugetieren. Sie kommen in Wäldern, Unterholz, Grasland, in den Tundras und auf Berghängen in ganz Amerika, Europa, Asien und Afrika vor. Das europäische Kaninchen ist in Australien und Neuseeland eingeführt worden, wo es sich ausgezeichnet anpassen konnte.

Verglichen mit den Pfeifhasen sind die ca. 40 Arten Hasen und Kaninchen mit ihren unverhältnismäßig gut entwickelten Hinterläufen spezialisierte Sprinter. Auch durch die langen, schmalen Ohrmuscheln (Löffel) und den kleinen Schwanz unterscheiden sie sich von den Pfeifhasen. Das Gebiß ist an ihre Art zu fressen angepaßt. Sie haben beitelförmige Schneidezähne im Oberkiefer, die während des ganzes Lebens weiterwachsen. Mit ihnen nagen sie, und mit ihren großen Backenzähnen kauen sie.

Kaphase

Lepus capensis

Verbreitung: Nord-, Ost- und Südafrika, Europa (außer Island und Nordskandinavien), gemäßigte Zonen Asiens bis China; eingeführt in Nord- und Südamerika, Australien und Neuseeland
Habitat: offenes Gelände, Ackerland, lichte Wälder
Länge: KRL 44–76 cm; SL 7–11 cm

Meist wurden Kaphasen und Europäische Feldhasen (*L. europaeus*) als zwei verschiedene Arten angesehen. In letzter Zeit neigen die Zoologen jedoch dazu, diese Hasenartigen ein und derselben Art zuzuordnen. Der Kaphase hat lange Hinterläufe und kann sehr schnell rennen. Er ist hauptsächlich in der Abenddämmerung und nachts aktiv. Tagsüber ruht er in einer flachen Erdmulde (Sasse) gut verborgen zwischen Gras und anderen Gewächsen. Er lebt meist einzeln und ernährt sich von Blättern, Knospen, Wurzeln, Beeren, Früchten, Pilzen, Rinde und Zweigen. Gewöhnlich wirft eine Häsin mehrmals im Jahr 1–6 Junge. Die Jungen kommen in der Sasse zur Welt, und zwar vollständig behaart und mit offenen Augen. Sie werden ca. 3 Wochen lang gesäugt und verlassen ihre Mutter, wenn sie 4 Wochen alt sind.

Kalifornischer Eselhase

Lepus californicus

Verbreitung: USA: von Oregon östl. bis South Dakota und Missouri, südl. bis New Mexico; eingeführt in einigen Oststaaten der USA
Habitat: Prärie, Ackerland, trockene Buschvegetation
Länge: KRL 46,5–63 cm; SL 5–11,5 cm

Der Kalifornische Eselhase ist an seinen besonders langen Ohrlöffeln sowie an seinem langen, schwarzgestreiften buschigen Schwanz zu erkennen. Er hat kräftige, stark verlängerte Hinterläufe und bewegt sich in schnellen, großen Sprüngen fort. Innerhalb kürzester Zeit kann das Tier Geschwindigkeiten bis zu 56 km/h erreichen, und wenn es sich bedroht fühlt, flüchtet es eher, als daß es Deckung sucht. Im Sommer frißt der Eselhase Kakteen und Gras und andere saftige Kräuter. Im Winter stellt er sich auf verholzte Gewächse um. Wie alle Hasenartigen erzeugt der Eselhase außer der normalen festen Losung eine zweite Kotform: weiche Kügelchen, die er sofort wieder auffrißt. Vermutlich enthalten diese „Magenpillen" Nährstoffe, die erst freigesetzt werden, wenn sie ein zweites Mal den Verdauungskanal passieren.

Mehrmals pro Jahr werden nach einer Tragezeit von ca. 43 Tagen Würfe von 1–6 Jungen geboren. Sie kommen vollständig behaart und mit offenen Augen in einer flachen Erdmulde, einer Sasse, zur Welt.

Schneeschuhhase

Lepus americanus

Verbreitung: Alaska, Kanada, Norden der USA
Habitat: Wald, Sümpfe, Unterholz
Länge: KRL 36–52 cm; SL 2,5–5,5 cm

Das dunkelbraune Fell des Schneeschuhhasen wird im Winter weiß, mit Ausnahme eines schwarzen Randes an den Ohrenspitzen. Zweifellos bietet dieses Winterkleid eine bessere Tarnung, obwohl die Farbe nicht rein weiß, sondern eher etwas gelblich ist. Nur die Haarspitzen sind weiß. Der Schneeschuhhase ist meist nachts und am frühen Morgen aktiv. Im Sommer frißt er saftige Kräuter und Gras, im Winter kleine Zweige, Knospen und Sprossen. In einem Zyklus von ca. 10 Jahren schwankt die Population dieser Hasenart ziemlich stark, was mit dem Nahrungsangebot und mit den Schwankungen in der Populationsgröße ihrer natürlichen Feinde zusammenhängt.

Die Rammelzeit beginnt im März, und meist werden zweimal pro Jahr 1–7, gewöhnlich jedoch 4 Junge geboren, die vollständig behaart und mit offenen Augen zur Welt kommen.

Natal-Wollschwanzhase

Pronolagus crassicaudatus

Verbreitung: Afrika: Namibia, Südafrika, Botswana, Zimbabwe, Mozambique
Habitat: steiniges Gelände mit vereinzelter Vegetation, Waldränder
Länge: KRL 42–50 cm; SL 6–14 cm

Der Natal-Wollschwanzhase lebt alleine in einem kleinen Revier. Meist ist er während der Abenddämmerung und nachts aktiv und sucht dann hauptsächlich nach Gras und Pflanzen mit saftigen Blättern. Tagsüber liegt das Tier in einer flachen Erdmulde, verborgen zwischen Gras oder Steinen. Wenn es aufgeschreckt wird, verschwindet es blitzartig in einem Felsspalt. Wie bei allen Hasenartigen sind auch beim Natal-Wollschwanzhasen Gehör-, Seh- und Geruchssinn ausgezeichnet entwickelt.

Nach einer Tragezeit von ca. einem Monat wirft die Häsin 1–2 vollständig behaarte Junge.

Mexikanisches Vulkankaninchen

Romerolagus diazi

Verbreitung: Mexiko: Südosten von Mexico City
Habitat: Hänge von Vulkanbergen
Länge: KRL 28,5–31 cm; Schwanz rudimentär Ⓑ

Dieses ungewöhnliche Kaninchen, das nur im südöstlichen Teil der Stadt Mexiko vorkommt, ist heute selten und steht deshalb unter strengem Naturschutz. Das Vulkankaninchen hat kurze, abgerundete Ohrmuscheln und bewegt sich mehr trippelnd als hoppelnd über die im hohen Gras seines Wohngebiets angelegten Wechsel. Das Tier ist hauptsächlich in der Dämmerung und nachts aktiv und frißt dann Gras, vor allem jungen Triebe. Vulkankaninchen bilden Kolonien und graben Baue, in denen sie sich verbergen.

Die in der freien Natur lebende Population dieser Art ist wahrscheinlich nicht größer als 1.300 Exemplare, doch gibt es eine Kolonie dieser merkwürdigen Tiere im Tierpark der Kanalinsel Jersey.

Borstenkaninchen

Caprolagus hispidus

Verbreitung: von Nepal bis Nordostindien (Assam)
Habitat: Wald, Bambuswälder mit Grasvegetation
Länge: KRL ca. 47 cm; SL 2,5 cm Ⓑ

Das Borstenkaninchen hat ein eigenartiges Fell aus groben, borstigen Haaren, außerdem kurze, breite Ohrmuscheln und kräftige Beine. Es bildet keine Kolonien, sondern lebt alleine oder in Paaren in selbstgegrabenen Bauen. Junges Gras, Wurzeln und Rinde sind seine Hauptnahrung.

Mexikanisches Vulkankaninchen
Kalifornischer Eselhase
Borstenkaninchen
Schneeschuhhase
Altai-Pfeifhase
Natal-Wollschwanzhase
Kaphase

Hasenartige 2

Wasserkaninchen

Sylvilagus aquaticus

Verbreitung: USA: Georgia bis Texas

Habitat: Brackwasser- und Süßwassermoore, sumpfige Wälder

Länge: KRL 45–55 cm; SL 6 cm

Das kräftige Wasserkaninchen ist eine der ca. 12 Arten der Baumwollschwanz-Kaninchen (Gattung *Sylvilagus*). Es hat einen auffällig großen Kopf und scheut das Wasser nicht; es schwimmt und taucht ausgezeichnet. Wenn es verfolgt wird, flüchtet es ins Wasser, und es kann schwimmend kleine Inseln und neue Nahrungsgründe erreichen. Mit seinen langen, spreizbaren Zehen bewegt sich das Wasserkaninchen auch mühelos über sumpfigen Boden. Das Tier ist hauptsächlich nachts aktiv, kommt jedoch auch nach starken Regenfällen aus seinem unterirdischen oder unter einem Baum verborgenen Bau, um Gras, Kräuter und Wasserpflanzen zu fressen. Wenn an das Sumpfland Äcker angrenzen, frißt es auch Getreide. Obwohl Wasserkaninchen im allgemeinen sehr friedliche Tiere sind, liefern die Männchen einander wilde Kämpfe, bei denen sie sich gegenüberstehen und einander mit den Vorderpfoten bearbeiten, wobei sie sich manchmal schwer verletzen.

Nach einer Tragezeit von ca. 40 Tagen wird ein Wurf von 1–6, meist jedoch 2–3 Jungen in einer flachen Sasse geboren, die das Weibchen mit Gras und Wolle auskleidet, die es aus seinem Fell zupft. Die Jungen kommen vollständig behaart zur Welt und öffnen ihre Augen nach wenigen Tagen. Wahrscheinlich werden pro Jahr 2 Würfe geboren.

Strauchkaninchen

Sylvilagus bachmani

Verbreitung: nordamerikanische Westküste von British Columbia bis Baja California

Habitat: Chaparral, dichtes Unterholz oder Dornbuschvegetation

Länge: KRL 27–33 cm; SL 2–4 cm

Das kleine braune Strauchkaninchen hat einen kleinen buschigen Schwanz und abgerundete Ohrmuscheln. Diese sind bei der Population im wärmeren südlichen Teil ihres Verbreitungsgebietes meist etwas länger als bei ihren Artgenossen, die in den kühleren und feuchteren nördlichen Küstengebieten leben. Vielleicht ist dies eine Folge der Tatsache, daß Geräusche in heißer trockener Luft nicht so weit tragen wie in feuchter kühler Luft, so daß bei Trockenheit größere Ohrmuscheln erforderlich sind, um Geräusche aufzufangen. Dieses scheue, zurückgezogen lebende Tier hält sich überwiegend im Unterholz oder in dichter Kräutervegetation verborgen, aus der es sich nie weit entfernt. Seine Nahrung besteht aus den verschiedensten grünen Pflanzen, die es in seiner unmittelbaren Umgebung findet. Das Strauchkaninchen bewegt sich über plattgetretene Wechsel, gräbt aber keine Baue. Das Weibchen bringt jedes Jahr in der Zeit von Januar bis Juni 3–4 Würfe von je 3–5 Jungen zur Welt, die nach einer Tragezeit von ca. 27 Tagen in einer flachen Mulde im Boden geboren werden. Diese Nestmulde wird mit Gras und Wollhaar ausgekleidet. Die Jungen sind bei der Geburt blind, jedoch vollständig behaart.

Audubonkaninchen

Sylvilagus auduboni

Verbreitung: USA: von Kalifornien bis Montana, südl. bis Arizona und Texas; Nordmexiko

Habitat: offene Ebenen mit vereinzelter Vegetation, bewaldete Täler, Beifußvegetation

Länge: KRL 30–38 cm; SL 5–7,5 cm

Das Audubonkaninchen unterscheidet sich vom Strauchkaninchen, mit dem es den südlichen Teil seines Verbreitungsgebietes teilt, durch seinen größeren Körper, seine längeren Ohrmuscheln und sein graues Fell. Obwohl das Tier zu jeder Tageszeit aktiv sein kann, frißt es vor allem spätnachmittags und nachts. Seine Nahrung besteht aus Gras, Blättern von verschiedenen Pflanzen einschließlich Anbaugewächsen und Früchten. Das Audubonkaninchen kann großen Schaden in Gärten und im Landbau anrichten. Es wagt sich nie weit aus der Deckung des Unterholzes und verschwindet blitzschnell zwischen den Sträuchern, wenn es aufgeschreckt wird. Dabei wippt der Schwanz kurz auf, so daß die weiße Unterseite sichtbar wird. Als Unterschlupf dient ihm ein Bau zwischen Sträuchern oder eine flache Bodenmulde.

Je nach Verbreitungsgebiet werden im Frühjahr oder das ganze Jahr über Junge geboren. Nach einer Tragezeit von 26–30 Tagen wirft das Weibchen 1–5 blinde, hilflose Junge.

Zwergkaninchen

Brachylagus idahoensis (Sylvilagus i.)

Verbreitung: USA: Oregon, Idaho, Montana, Utah, Nevada, Nordkalifornien

Habitat: Trockengebiete mit Beifußvegetation

Länge: KRL 23–29 cm; SL 2–3 cm

Das Zwergkaninchen, der kleinste Vertreter der Familie, hat ein dichtes, weiches Fell und kurze Hinterbeine. Es bewohnt selbstgegrabene Baue, von denen es sich nie weit entfernt und in denen es den größten Teil des Tages verbringt. In der Dämmerung frißt es Beifußpflanzen und alles Pflanzliche, was sonst noch verfügbar ist. Seine Hauptfeinde sind Kojoten und Eulen. Bei drohender Gefahr huscht das Zwergkaninchen sofort in seinen Bau, der meist 2 oder 3 Eingänge hat.

Zwischen Mai und August werden mehrere Würfe von 5–8, meist jedoch 6 Jungen geboren.

Europäisches Wildkaninchen

Oryctolagus cuniculus

Verbreitung: Europa (nicht im hohen Norden und Osten), Nordwestafrika; eingeführt in vielen Ländern, einschließlich Neuseeland, Australien und Chile

Habitat: Grasland, Kulturland, bewaldete Gebiete, Felsküsten mit Grasvegetation

Länge: KRL 35–45 cm; SL 4–7 cm

Diese Stammform des zahmen Kaninchens ist in zahlreichen Gebieten außerhalb seines ursprünglichen Verbreitungsgebietes eingeführt worden und hat sich dort so gut eingebürgert, daß sie in manchen Gegenden zu einer großen Plage geworden ist. Das Europäische Wildkaninchen ist kleiner als ein Hase. Es hat kürzere Pfoten und Ohrmuscheln und ein Fell, das an der Rückenseite bräunlich, an der Bauchseite meist etwas heller gefärbt ist. Die Füße sind mit langen, geraden Nägeln versehen.

Kaninchen leben in dicht beieinander liegenden Bauen, und eine Kolonie kann aus einigen hundert Tieren bestehen. Sie sind meist bei Einbruch der Dämmerung und nachts aktiv, doch in Gebieten, in denen sie ungestört sind, zeigen sie sich auch tagsüber. Ihre Hauptnahrung besteht aus Gras und saftigen Pflanzen, aber sie fressen auch vom Menschen gezüchtete Gemüsesorten und Getreidegewächse und können junge Bäume ernstlich schädigen. Im Winter, wenn saftigere Nahrung fehlt, leben sie von Zwiebeln, Zweigen und Rinde. Bei nahender Gefahr warnen sie einander, indem sie mit den Hinterläufen auf den Boden trommeln.

Jährlich werden mehrere Würfe geboren, in Europa im Frühling und im Sommer. Jeder Wurf besteht aus 3–9 Jungen. Die Tragezeit beträgt 28–33 Tage. Die Jungen werden nackt, blind und völlig hilflos in einem speziellen „Setzbau" geboren, der von der Mutter mit Pflanzenmaterial und Wolle aus ihrem Bauchpelz ausgekleidet wird. Erst nach 3 Wochen verlassen die Jungen zum erstenmal den Bau. 12 Stunden nach der Geburt ist die Mutter schon wieder brünstig. Doch nicht alle Embryos werden ausgetragen; eine große Anzahl von ihnen wird resorbiert, d.h. allmählich aufgelöst und wieder in den Körper der Mutter aufgenommen. Man schätzt, daß nur ca. 40 Prozent aller Schwangerschaften vollendet werden und daß ein Weibchen pro Jahr durchschnittlich 11 lebende Junge gebiert.

Sumatra-Kaninchen

Nesolagus netscheri

Verbreitung: Südwestsumatra

Habitat: bewaldete Berghänge in 600–1.400 m Höhe

Länge: KRL 36–40 cm; SL 1,5 cm Ⓑ

Der einzige Hasenartige mit einem wirklich gestreiften Fell ist das Sumatra-Kaninchen. Sein Fell ist gelblich grau und hat braune Streifen. Mitten über den Rücken, genauer gesagt von der Nase bis zum Schwanz, verläuft ebenfalls ein brauner Streifen. Der kleine Schwanz und der Spiegel am Hinterleib sind rötlichbraun, die Pfoten gräulichbraun. Diese merkwürdige Kaninchenart ist heute äußerst selten, sogar in Gebieten, wo sie früher in großer Zahl vorkam. Die Ursache für diesen Rückgang ist das großflächige Abholzen des Waldes und die anschließende Urbarmachung des Bodens.

Das Sumatra-Kaninchen ist hauptsächlich nachts aktiv und hält sich tagsüber in seinem Bau auf, den es wahrscheinlich nicht selbst gräbt, sondern von anderen Arten übernimmt. Das Tier ernährt sich von Blättern und Stengeln von Waldpflanzen.

Europäisches Wildkaninchen
Audubonkaninchen
Zwergkaninchen
Strauchkaninchen
Wasserkaninchen
Sumatra-Kaninchen

Vögel, Bezwinger des Luftraumes

Heute leben etwa 8600 Arten von Vögeln auf der ganzen Welt, in nahezu jedem Biotop mit Ausnahme der Tiefsee. Es gibt Vögel in allen Größen, angefangen bei den winzigen, nur wenige Gramm schweren Kolibris bis zu den riesigen Straußen, die einen Kopf größer sind als ein durchschnittlicher Mensch. Die Vögel sind oft auffällig gezeichnet oder gefärbt und haben komplexe Verhaltensweisen in Familien und Gruppen entwickelt. Sie sind leicht zu beobachten. Ihre wichtigste und hervorstechendste Eigenart jedoch ist, daß sie fliegen können. Es ist nicht verwunderlich, daß sie zu allen Zeiten stark Phantasie, Interesse, Freude, Staunen und sogar Neid beim Menschen geweckt haben.

Vögel sind warmblütige, luftatmende Wirbeltiere mit 4 Gliedmaßen, von denen das vordere Paar sich zu muskelbewegten Flügeln umgebildet hat, die es dem größten Teil der heute lebenden Vogelarten ermöglichen zu fliegen. Ein typisches Merkmal der Vögel, durch das sie sich von allen anderen Vertretern des Tierreiches unterscheiden, ist ihr Federkleid.

Der einzigartige Körperbau eines Vogels hängt weitgehend mit der Notwendigkeit eines niedrigen Startgewichts und eines günstigen Verhältnisses von Kraft und Gewicht zusammen. Wie die Säugetiere stammen auch die Vögel von reptilienartigen Vorfahren ab. Im Laufe der Evolution wandelte sich bei den Vögeln der schuppige, lange Körper der Reptilien mit seinem schweren Knochenbau zu einer leichten, kompakten „Flugmaschine“ und einer mit Federn bedeckten Haut. Die Knochen wurden schlank, dünnwandig und mit Hohlräumen versehen, die sich aus den Lungenwänden entwickelten. Alle Teile des Skeletts wurden von überflüssigem Balast befreit, um mit einem Minimum an Gewicht ein Maximum an Kraft zu erzielen. Der schwere Reptilienschädel wandelte sich zu einer leichten, fast kugelförmigen Schädelform, die in einem zahnlosen, mit Hornplatten bedeckten Schnabel endet.

Wie die Schuppen eines Reptils und die Haare eines Säugetieres bestehen Federn hauptsächlich aus Keratin, einem zähen Protein. Federn gibt es in sehr vielen Varianten, Größen und Farben, und sie erfüllen eine Vielzahl von Aufgaben. Zunächst bilden sie eine leichte, weiche, wärmeisolierende und schützende Schicht um den Körper des Vogels, zur Regulation seiner gleichmäßig hohen Körpertemperatur, die 42° C betragen kann, unabdingbar. Farbe und Zeichnung der Federn stellen außerdem das wichtigste Mittel zur visuellen Kommunikation zwischen Vögeln dar. Und drittens und nicht zuletzt bilden die großen, breiten Flügel- und Schwanzfedern die Tragfläche, die es den Vögeln ermöglicht zu fliegen. Die Flugfedern (Schwungfedern) sind an den stark modifizierten Knochen der vorderen Gliedmaßen befestigt und sorgen in erster Linie für Auftrieb und Schub beim Flug. Die Schwanzfedern fungieren als Steuer; sie sitzen an jenem stumpfen Rest eines Schwanzes, der kaum noch dem der Reptilienvorfahren der Vögel ähnelt.

Der älteste fossile Vogel, der *Archaeopteryx*, der aus der geologischen Periode des Oberjura (vor ca. 160 Millionen Jahren) stammt, stellt ein interessantes Zwischenstadium in der Entwicklung der Vögel und dem damit einhergehenden allmählichen Verlust der Reptilienmerkmale dar. Der *Archaeopteryx* besaß Flügel und Federn, hatte jedoch auch Kiefer und Zähne und einige der für Reptilien charakteristischen Schwanzwirbel. Im Grunde war er ein geflügeltes Reptil mit einem Federkleid.

Obwohl Luft der Bewegung relativ geringen Widerstand bietet, erfordert das Auffliegen und der aktive Flug einen beträchtlichen Kraftaufwand von einem Vogel. Die verhältnismäßig kräftige Brustmuskulatur, die am breiten Kamm des Brustbeins befestigt ist, überträgt die notwendige Kraft auf den Hauptflügelknochen – den Oberarmknochen. Um die notwendige Kraft ausüben zu können, muß diesen Muskeln genügend Sauerstoff zugeführt werden, was ein sehr effektives Atmungssystem und ein guter Blutkreislauf ermöglichen. Obwohl die Vögel ihre Warmblütigkeit unabhängig von den Säugetieren erworben haben, weisen die Veränderungen im Körperbau, die dies bewirkt haben, in beiden Wirbeltierklassen starke Übereinstimmung auf. Wie das Herz der Säugetiere hat auch das Vogelherz 4 Kammern. Ein Vogelherz kann außerdem extrem schnell schlagen: Das Herz eines Sperlings schlägt 500mal pro Minute, das eines Kolibris im Flug sogar 1000mal.

Auch das Atmungssystem eines Vogels scheint das Äußerste von der Aufnahmekapazität der Lungen zu fordern. Die paarigen Lungen bilden mit der Luftröhre nur einen Teil des umfangreichen und effizienten Atmungssystems, zu dem außerdem zahlreiche Luftsäckchen und dünne Röhren gehören.

Die Fähigkeit, Sauerstoff viel schneller und wirksamer als ein Säugetier aus der Luft aufzunehmen, erklärt den erstaunlich schnellen Flügelschlag eines Kolibris und den blitzschnellen Flug mancher Segler sowie die Fähigkeit mancher Vogelarten, in großen Höhen zu fliegen, wo die Luft nur wenig Sauerstoff enthält.

Bei einigen Vogelfamilien sind Männchen und Weibchen unterschiedlich gefärbt, bei anderen sehen sie gleich aus. Meist sind die Männchen größer und schöner gefärbt, wohingegen die Farben der Weibchen matter sind, was der Tarnung beim Brüten auf dem Nest zugute kommt. Es gibt allerdings einige interessante Ausnahmen; so sind bei vielen Greifvogelarten die Weibchen größer als die Männchen. Bei den meisten Vogelarten, jedoch nicht bei allen, gibt es eine Brutzeit pro Jahr. Im allgemeinen besetzt das Männchen in dieser Zeit ein Brutrevier, verteidigt es und singt oder balzt, um männliche Rivalen zu verjagen und Weibchen anzulocken. Die Befruchtung findet bei den Vögeln innerlich statt, obwohl das Männchen bei den meisten Arten keinen Penis, sondern nur einen kleinen erektilen Fortsatz an der Kloake (der Fortpflanzungsöffnung) besitzt, durch welchen der Samen in die Kloake des Weibchens fließt.

Vogeleier haben ein großes Dotter, das die Nahrung für das sich entwickelnde Embryo bereitstellt. Das Ei bildet sich, nachdem die Eizelle den Eierstock verlassen hat und durch den Eileiter nach außen geleitet wird; unterwegs werden sukzessive Schichten weicher Innen- und Außenhaut und schließlich die harte Kalkschale hinzugefügt. Die meisten Vögel legen ihre Eier in ein Nest und bebrüten sie darin, oder das Ei wird auf andere Weise von einem oder beiden Elternteilen warmgehalten. Die Jungen einiger Vogelarten, wie der Enten und Fasane, sind beim Ausschlüpfen aus dem Ei mit Daunenfedern bedeckt und können sofort schwimmen oder laufen, während die Jungen anderer Arten, wie der Amseln und der meisten anderen Singvögel, nackt und hilflos zur Welt kommen und noch eine Zeitlang von den Eltern gefüttert und versorgt werden müssen.

Innerhalb der 27 Ordnungen heute lebender Vögel gibt es eine erstaunliche Vielfalt an Körperformen. Die wichtigsten Anpassungen betreffen Füße, Beine, Schnäbel und Flügel. Es gibt große Laufvögel mit langen Beinen, wie die Strauße, Nandus, Emus und Kasuare, die die Flugfähigkeit völlig verloren haben. Bei anderen nichtfliegenden Vögeln, wie beispielsweise den Pinguinen, haben sich die Flügel zu „Paddeln" umgebildet, mit denen diese Arten im Wasser schwimmen. Das andere Extrem bilden die fliegenfangenden Segler, die sich so stark an das Leben in der Luft angepaßt haben, daß ihr einziger Bodenkontakt möglicherweise anläßlich des Brütens stattfindet. Es gibt hochspezialisierte Nachtjäger (Eulen, Ziegenmelker) und Taggreifvögel (Adler, Bussarde und Falken), die über kräftige Schnäbel und messerscharfe Krallen verfügen. Fast jede kleine Tierart oder jede Art von pflanzlichem Material dient der einen oder anderen Vogelart als Nahrung: Ein Würger, der auf eine Heuschrecke herabstößt, ein Kolibri, der Nektar saugt, und ein Papagei, der sich von Urwaldfrüchten ernährt, sind allesamt Zeugen der atemberaubenden Vielfalt des Vogelreiches.

Laufvögel, Steißhühner

ORDNUNG STRUTHIONIFORMES: Laufvögel

Dies ist ein Sammelname für eine Gruppe von Vögeln, die sich in bezug auf den Körperbau in verschiedener Hinsicht stark von allen anderen Vögeln unterscheiden. Mit Ausnahme der hühnergroßen Kiwis sind alle Laufvögel sehr kräftige, bodenbewohnende Tiere, die mit ihren starken, muskulösen Beinen sehr schnell laufen können. Die Flügel der Laufvögel sind verkümmert und nicht mehr funktionsfähig, das Brustbein ist flach und klein, und ihm fehlt der Mittelkamm, an dem bei anderen Vögeln die Flugmuskulatur ansetzt. Den Namen Laufvögel verdankt diese Ordnung der Flugunfähigkeit ihrer Arten.

Die heute noch lebenden Familien der Laufvögel (Strauße, Nandus, Kiwis, Emus und Kasuare) werden in 4 Unterordnungen unterteilt, wobei die Kasuare und Emus zur gleichen Gruppe gehören.

FAMILIE STRUTHIONIDAE: Strauße

Strauße sind die größten heute noch lebenden Vögel. Es gibt nur noch eine Art, die in Afrika lebt, doch ursprünglich erstreckte sich das Verbreitungsgebiet der Familie von Südeuropa bis zur Mongolei und über ganz Afrika.

Strauß

Struthio camelus

Verbreitung: Afrika
Habitat: Grasland, Trockensteppen
Länge: 1,75–2,75 m

Der Strauß ist zu groß, um fliegen zu können, hat sich jedoch so gut an das Laufen mit hoher Geschwindigkeit angepaßt, daß er das schnellste zweibeinige Tier ist. Da er Geschwindigkeiten bis zu 70 km/h erreicht, kann er den meisten seiner Feinde mühelos entkommen. Seine kräftigen Beine, die flexiblen Knie und die geschmeidigen, mit zwei Zehen versehenen Füße ermöglichen es ihm, derart hohe Geschwindigkeiten zu erreichen. Der Strauß hat seine Schwungfedern verloren; doch verfügen die Männchen über weiche Schmuckfedern, die einst äußerst begehrt als Schmuck für modische Hüte und für die sogenannten Federboas waren. Das Weibchen ist etwas kleiner und trägt ein braunes Federkleid, Schwanz und Flügel sind bei ihm grauweiß gefärbt. Junge Strauße sind graubraun. Der Strauß ernährt sich hauptsächlich von Pflanzen, frißt jedoch gelegentlich auch kleine Reptilien. Auf der Nahrungssuche streift er in kleinen Gruppen umher.

Zur Brutzeit versammelt der Hahn einen Harem von 2–5 Hennen um sich. Die Haupthenne scharrt eine flache Mulde in den Boden, in die sie später ihre Eier legt; wahrscheinlich benutzen die Nebenhennen das gleiche Nest. Eine ältere Henne kann bis zu 8 Eier legen, bei jungen Nebenhennen sind es oft nicht mehr als 3. Ein Gelege besteht gewöhnlich aus 15–20 Eiern, doch hat man auch schon 40 Eier in einem Nest gefunden. Straußeneier sind die größten Vogeleier überhaupt: Der Inhalt eines Straußeneis entspricht ungefähr dem von 30–40 Hühnereiern, und es wiegt ca. 1,5 kg. Nachts übernimmt das Männchen das Brüten, und es beteiligt sich auch an der Aufzucht der Jungen.

FAMILIE DROMAIIDAE: Emus

Diese Familie besteht heute nur noch aus einer Art: dem Emu, der der zweitgrößte heute lebende Vogel ist. Er ist eng mit den Kasuaren verwandt, obwohl er diesen äußerlich kaum ähnelt.

Emu

Dromaius novaehollandiae

Verbreitung: Australien
Habitat: trockene Ebenen, Waldgebiete, Wüste
Länge: 2 m

Obwohl der Emu immer noch verfolgt wird, hat er sich in Australien erfolgreich verbreitet. Emus werden in Massen getötet, da sie als Schädlinge des Landbaus gelten. Ein Emu kann Laufgeschwindigkeiten von bis zu 50 km/h erreichen; außerdem schwimmt er auch gut. Seine Nahrung besteht zum großen Teil aus Früchten, Beeren und Insekten.

Das Weibchen legt 7–10 dunkelgrüne Eier mit einer charakteristischen grobkörnigen Oberfläche in eine Bodenmulde. Das Männchen brütet ca. 60 Tage lang und ist auch für die Aufzucht der Jungen verantwortlich.

FAMILIE CASUARIIDAE: Kasuare

Die 3 Arten der Kasuar-Familie leben in den Urwäldern Nordaustraliens und Neuguineas einschließlich einiger Inseln vor der Küste. Infolge der Isolation auf den Inseln haben sich viele Formen mit kleinen Varianten entwickelt. Kasuare sind große, kräftige Vögel, die gut an das Leben in den Wäldern angepaßt sind.

Helmkasuar

Casuarius casuarius

Verbreitung: Nordaustralien, Neuguinea, Ostindonesien
Habitat: Regenwald
Länge: 1,5 m

Der Helmkasuar ist ein eindrucksvoller Vogel mit langen, haarähnlichen steifen Federn, die ihn vor dem Unterholz des Waldes schützen. Seine Flügel sind verkümmert, aber er hat sehr kräftige, mit scharfen Krallen ausgerüstete Füße, mit denen er Gegnern gefährliche Verletzungen zufügen kann. Kopf und Hals sind kahl, aber buntgefärbt und tragen lange Hautlappen. Außerdem ist der Kopf mit einem helmartigen Hornaufsatz versehen. Auf der Suche nach Samen, Früchten und Beeren streckt der Kasuar seinen Kopf vor, um sich mit dem Helm einen Weg durch den dichten Urwald zu bahnen. Die beiden Geschlechter sehen einander ziemlich ähnlich, nur ist das Weibchen größer. Es legt seine 3–6 grünen Eier in ein flaches, mit Blättern ausgepolstertes Bodennest.

FAMILIE RHEIDAE: Nandus oder Pampasstrauße

Der Nandu ist das südamerikanische Gegenstück zum Strauß. Nandus sind die schwersten Vögel der Neuen Welt. Zwar sind ihre Flügel größer sind als die anderer Laufvögel, doch können auch sie nicht fliegen. Allerdings sind sie gute Schwimmer und schnelle Läufer.

Nandu

Rhea americana

Verbreitung: Südamerika östl. der Anden
Habitat: offenes Gelände
Länge: 1,5 m

Der Nandu lebt in kleineren Gruppen von 20–30 Vögeln. Hähne und Hennen ähneln einander stark. Der Nandu frißt Pflanzen, Samen, Insekten und kleine Tiere. Zu Beginn der Brutzeit balzt das Männchen und versammelt einen Harem um sich. Nach der Paarung bringt es seine Weibchen zu einem von ihm gebauten flachen Nest, in das die Weibchen ihre Eier legen. Ein solches Gelege kann bis zu 18 Eier enthalten, die das Männchen ausbrütet.

FAMILIE APTERYGIDAE: Kiwis

Kiwis sind flugunfähige Waldvögel. Die Familie umfaßt 3 Arten, die alle in Neuseeland leben.

Streifenkiwi

Apteryx australis

Verbreitung: Neuseeland
Habitat: Wald
Länge: 50 cm

Der Kiwi, das Nationalsymbol von Neuseeland, ist ein selten gesehenes Nachttier. Die Flügel sind unterentwickelt und von groben, haarähnlichen Körperfedern bedeckt. Mit seinen kurzen, kräftigen Beinen mit starken Krallen scharrt der Kiwi im Waldboden nach Insekten, Würmern und Beeren. Die Nasenlöcher des Tiers befinden sich an der Schnabelspitze. Der Kiwi verfügt über einen gutentwickelten Geruchssinn, was bei Vögeln selten der Fall ist. Das Weibchen ist größer als das Männchen; im übrigen gleichen sich die Geschlechter. Das Weibchen legt 1–2 Eier in eine von ihm selbst gegrabene Höhle, das Männchen brütet die Eier anschließend aus. Ein Ei wiegt ca. 450 g – das ist im Verhältnis zur Körpergröße dieser Vögel außergewöhnlich viel.

ORDNUNG: TINAMIFORMES: Steißhühner

FAMILIE TINAMIDAE: Steißhühner oder Tinamus

Steißhühner sind hühnerartige Bodenvögel, die in vielen unterschiedlichen Biotopen Lateinamerikas leben, von Mexico bis Argentinien. Sie können zwar fliegen, jedoch nur kurz und ungeschickt. Sie fressen Samen, Beeren und Insekten. Zu dieser Familie gehören 57 Arten, und sie bildet eine eigene Ordnung – Tinamiformes.

Großtao

Tinamus major

Verbreitung: Südmexiko, Bolivien, Brasilien
Habitat: Regenwald, Nebelwälder
Länge: 46 cm

Wie die übrigen Mitglieder seiner Familie ist auch der Großtao polygam. Das Weibchen legt maximal 12 Eier, oft in mehrere Nester. Mit ihrer lebhaften, hellen Färbung – blau, grün und rosa – und der stark glänzenden Außenseite zählen die Eier zu den schönsten der Vogelwelt. Die Küken verlassen schon nach einem Tag das Nest.

Strauß ♂
Nandu
Emu
Helmkasuar
Großtao
Streifenkiwi

Pinguine, Lappentaucher, Seetaucher

ORDNUNG SPHENISCIFORMES: Pinguine

FAMILIE SPHENISCIDAE: Pinguine
Die Pinguine sind eine Gruppe primitiver, sehr spezialisierter Meeresvögel. Keine der 16–18 Arten kann fliegen, doch sind sie gut an das Leben im Meer angepaßt. Die Flügel sind zu flachen ausfaltbaren Flossen umgebildet, die eine schnelle Fortbewegung unter Wasser ermöglichen, wenn die Pinguine Fische jagen. Ihre Federn sind kurz und glänzend; sie bilden eine dichte, wasserabweisende Schicht, was einerseits eine gute Stromlinienform gewährleistet, andererseits für Wärmeisolation sorgt. Die kurzen, mit Schwimmhäuten versehenen Beine sind weit hinten angesetzt und dienen beim Schwimmen als Ruder – deshalb müssen die Pinguine an Land aufrecht stehen oder sich auf dem Bauch fortbewegen.

Pinguine kommen gewöhnlich nur zum Brüten oder zur Mauser an Land; den Rest des Jahres verbringen sie im Meer. Alle Arten (außer dem Galapagospinguin) brüten auf dem Festland der Antarktis, auf den subantarktischen Inseln oder an der Südküste von Südamerika, Südafrika und Australien, oft unter sehr rauhen Klimabedingungen.

Zwergpinguin
Eudyptula minor
Verbreitung: Neuseeland (Südinsel), Tasmanien, Südaustralien
Habitat: Küstengewässer
Länge: 40 cm

Der Zwergpinguin, das kleinste Mitglied der Pinguinfamilie, hält sich tagsüber im seichten Küstenwasser auf und kommt erst nach Sonnenuntergang an Land. Nur während der Brutzeit bleibt er länger auf dem Trockenen. Brütende Zwergpinguine kehren meist jedes Jahr zu den gleichen Nistplätzen und zu den gleichen Partnern zurück. Bei der Wiedervereinigung des Paares kommt es zu einem kurzen Balzritual. Zwergpinguine nisten in Felsspalten oder in Höhlen, die sie selbst graben oder von anderen Vögeln übernehmen. Ein Gelege besteht aus 2 Eiern, die von beiden Eltern 33–40 Tage lang bebrütet werden.

Galapagospinguin
Spheniscus mendiculus
Verbreitung: Galapagosinseln
Habitat: Küstengewässer
Länge: 51 cm

Dies ist die seltenste Pinguinart und die einzige, die sich in die Nähe des Äquators wagt. Dies läßt sich mit den außergewöhnlichen klimatischen Verhältnissen der Galapagosinseln erklären: Obwohl sie nahe am Äquator liegen, werden sie vom kühlen Wasser des Humboldtstroms umspült; dadurch wird das Gebiet für die kälteliebenden Pinguine bewohnbar. Außerdem ist der Humboldtstrom reich an Nahrung, und zwar gilt dies für die gesamte Nahrungskette. Der Pinguin brütet von Mai bis Juli an der Küste und baut ein Nest aus Steinen in einer Höhle oder in einem Felsspalt. Die Weibchen legen jeweils 2 Eier.

Kaiserpinguin
Aptenodytes forsteri
Verbreitung: südliche Ozeane
Habitat: Ozeane und Packeis
Länge: 1,2 m

Der Kaiserpinguin, die größte Art der Pinguinfamilie, brütet unter ungünstigeren Bedingungen als alle anderen Vögel. Er kommt praktisch nie an Land, sondern versammelt sich in riesigen Kolonien auf dem Packeis der antarktischen Meere. Im Anschluß an die Paarung legt das Weibchen zu Beginn des Winters ein Ei und kehrt dann sofort wieder ins Wasser zurück. Das Männchen brütet das Ei auf seinen Füßen aus, wo dieses durch eine Hautfalte und durch die Federn geschützt wird. Die Männchen rücken eng zusammen, um sich gegenseitig zu wärmen und sich auf ihrer Wacht im bitteren, stockfinsteren antarktischen Winter gegenseitig zu schützen. Da das Männchen das Ei nicht verlassen kann, fastet es während der 64tägigen Brutzeit. Wenn das Küken ausgeschlüpft ist, wird es vom Vater mit dem Kropfinhalt ernährt; unterdessen bleibt es weiterhin im Schutz der väterlichen Füße. Zu diesem Zeitpunkt bricht das Eis, und das Weibchen kehrt zurück, um die Brutpflege zu übernehmen; das Männchen erholt sich nun und schafft dann Nahrung heran. Die weitere Aufzucht des Jungen teilen sich beide Eltern.

ORDNUNG PODICIPEDIFORMES: Lappentaucher

FAMILIE PODICIPEDIDAE: Lappentaucher
Die 19 Arten dieser Familie von Wasservögeln, die allesamt ein seidiges Gefieder haben, kommen in der ganzen Welt vor. Manche Arten haben ein sehr großes Verbreitungsgebiet, doch alle brüten im Süßwasser. Gewöhnlich bauen sie Nester aus im Wasser treibenden und vermodernden Pflanzenresten. Ebenso wie bei den Pinguinen ermöglicht der Körperbau der Lappentaucher eine sehr schnelle Fortbewegung im Wasser: Ihre Beine sind weit hinten angesetzt. Die größeren Arten sind stark stromlinienförmig gebaute Vögel, die unter Wasser nach Fischen jagen und diese mit ihren scharfen Schnäbeln packen. Andere Arten, die kleiner und gedrungener sind und kurze, stumpfe Schnäbel besitzen, fressen auf dem Boden lebende Weichtiere. Beide Geschlechter sehen (fast) gleich aus. Die Jungen haben einen gestreiften Kopf.

Zwergtaucher
Tachybaptus ruficollis
Verbreitung: Europa, Afrika und Madagaskar, Asien, Indonesien, Neuguinea
Habitat: Seen, Teiche, Flüsse
Länge: 27 cm

Der Zwergtaucher ist ein kleiner, plumper Lappentaucher und hat Ähnlichkeit mit einer Ente. Er frißt Insekten, Schalen- und Weichtiere. Im Winter trägt er ein graubraunes und weißes Federkleid, doch in der Brutzeit färben sich seine Kehle und sein Hals braunrot. Das Weibchen legt 2–10 Eier in ein Nest, das im flachen Wasser oder zwischen Wasserpflanzen treibt. Das Gelege wird von beiden Eltern 24 Tage lang bebrütet.

Haubentaucher
Podiceps cristatus
Verbreitung: Europa, Asien, Afrika südl. der Sahara; Australien, Neuseeland
Habitat: Seen, Teiche, Flüsse, Küstengewässer
Länge: 51 cm

Ein schwimmender Haubentaucher ist leicht an seinem langen, schlanken Hals und an dem dolchförmigen Schnabel zu erkennen. Er kommt nur selten an Land; dort kann er sich nur unbeholfen fortbewegen, und er fliegt auch nur selten. Er ernährt sich hauptsächlich von Fischen, die er unter Wasser fängt. Der Haubentaucher ist das größte Mitglied der Familie der Lappentaucher. Erwachsene Exemplare im Brutkleid sind sehr auffällig, wenn sie ihre „zweihörnige" Haube und die Backenbärte zur Schau stellen. Im Winter ist die Haube wesentlich kleiner, und die Backenbärte sind dann verschwunden, so daß die weiße Färbung von Kehle und Wangen sichtbar wird. Die Geschlechter gleichen sich, nur haben die Männchen gewöhnlich einen längeren Schnabel, eine größere Haube und die erwähnten Backenbärte. Beim Balztanz vor der Paarung schütteln die Vögel ihre Köpfe, nehmen Riedgras in den Schnabel und vollführen andere ritualisierte Bewegungen. Die Paarung findet in der Nähe des Nests statt, das in der Ufervegetation, meist im Schilf verborgen liegt. Ein Weibchen legt 2–7 Eier, die 27–29 Tage lang von beiden Partnern bebrütet werden.

ORDNUNG GAVIIFORMES: Seetaucher

FAMILIE GAVIIDAE: Seetaucher
Seetaucher rudern beim Tauchen mit den Füßen. Die 4 oder 5 Arten dieser Familie leben im hohen Norden und nehmen dort die ökologische Funktion der Lappentaucher wahr. Sie ernähren sich hauptsächlich von Fischen, die sie unter Wasser fangen. Beide Geschlechter sehen gleich aus.

Sterntaucher
Gavia stellata
Verbreitung: zirkumpolar: Nordamerika, Nordeuropa, Nordasien
Habitat: Seen, Teiche, Meere
Länge: 53–69 cm

Wie die Lappentaucher hat auch der Sterntaucher einen schlanken Schnabel. In der Brutzeit trägt er einen rötlichen Flecken auf der Kehle; im Winter ist sein Rücken weiß gefleckt, der Kopf grau und weiß gefärbt. Ebenso wie die übrigen Arten der Familie kann der Sterntaucher gut fliegen, und da er kleiner ist als die anderen Seetaucher, fällt es ihm leicht, vom Wasser aufzusteigen. Beim Balzritual tauchen die Vögel ihre Schnäbel ins Wasser ein und auch selbst ganz unter. Nach der Paarung legt das Weibchen 1–3 Eier in einen Mooshaufen, in andere Vegetation oder in eine flache Bodenmulde. Beide Eltern brüten 24–29 Tage lang und beteiligen sich an der Aufzucht der Jungen.

Kaiserpinguin
Zwergpinguin
Galapagospinguin
Haubentaucher
Sterntaucher
Zwergtaucher

Albatrosse, Sturmvögel

ORDNUNG PROCELLARIIFORMES: Röhrennasen

Diese Ordnung umfaßt 4 Familien: die Albatrosse, die Sturmvögel, die Sturmschwalben und die Tauchsturmvögel. Alle sind echte Meeresbewohner. Sie verfügen über Schwimmfüße und Hakenschnäbel, die mit verlängerten, röhrenförmigen Nasenlöchern versehen sind. Zwischen 80 und 100 Arten (entsprechend den verschiedenen Ansichten der Ornithologen) dieser Röhrennasen leben auf den Ozeanen. Die meisten Arten speichern Magenöl als Nahrungsreserve für Langstreckenflüge. Dieses übelriechende Öl kann auch als chemisches Verteidigungsmittel über den Schnabel oder durch die Nasenlöcher ausgeschieden werden. Die typischen Vertreter dieser Ordnung haben eine kleine Nachkommenschaft – das Weibchen legt jeweils nur 1 Ei. Das Stadium des Heranwachsens dauert lange, und die Tiere erreichen ein hohes Alter.

FAMILIE DIOMEDEIDAE: Albatrosse

Die 13 Albatrosarten sind große Ozeanvögel, die für ihre eindrucksvollen Gleitflüge über riesige Entfernungen bekannt sind. Die meisten leben auf der südlichen Erdhalbkugel, ein paar Arten sind auch im Nordpazifik beheimatet. Ihr Flugbild mit den außergewöhnlich langen und schmalen Flügeln ist unverwechselbar. Der Schnabel des Albatrosses ist groß und hakenförmig. Außer beim Wanderalbatros sehen bei allen Arten beide Geschlechter gleich aus. Albatrosse ernähren sich von Fischen, Tintenfischen und anderen Meerestieren, die sie an der Wasseroberfläche oder unmittelbar darunter fangen. Die meisten Arten sind Zugvögel.

Wanderalbatros

Diomedea exulans

Verbreitung: südl. Ozeane vom 60. bis 25. südl. Breitengrad
Habitat: Ozeane
Länge: 1,1–1,35 m; SPW 2,9–3,25 m

Der Wanderalbatros ist der größte Vertreter seiner Familie und der Seevogel mit den längsten Flügeln. Er nutzt bei seinen langen Gleit- und Segelflügen die starken Winde der südlichen Ozeane. Außer von Fischen und Tintenfischen lebt er von Abfall, der von Schiffsbesatzungen über Bord geworfen wird. Die Weibchen haben kleine braune Flecken auf dem Kopf. Bei den Jungen sind Körper und Flügelunterseiten braun gefärbt, werden dann allmählich gesprenkelt und schließlich ganz weiß.

Der Wanderalbatros kommt nur zum Brüten auf den subantarktischen Inseln in den südlichen Teilen des Pazifischen, des Indischen und des Atlantischen Ozeans an Land. Die Balz und das Begrüßungszeremoniell sind bei diesen Vögeln sehr ausgedehnt: Sie klappern mit den Schnäbeln und berühren einander mit den Schnabelspitzen, während sie ihre riesigen Flügel spreizen. Später legt das Weibchen ein Ei, das 80 Tage lang von beiden Eltern bebrütet wird. Da das Junge ca. 1 Jahr lang von beiden Eltern gefüttert wird – wobei sie einander immer wieder ablösen – , können die erwachsenen Vögel nur alle 2 Jahre brüten.

Südlicher Rußalbatros

Phoebetria palpebrata

Verbreitung: südl. Ozeane, nördlich bis ungefähr zum 33. südlichen Breitengrad
Habitat: Ozeane
Länge: 72 cm

Dieser kleine, graziöse Vogel kann beim Fliegen viel besser manövrieren als die größeren Arten seiner Familie. Er brütet auf einem Dutzend Inseln und Inselgruppen der Antarktis und Subantarktis, jedoch in der Regel nicht in Kolonien, wie es bei den meisten anderen Arten der Fall ist. Der Südliche Rußalbatros baut ein schönes muldenförmiges Nest aus pflanzlichem Material. Das Weibchen legt jeweils ein Ei. Beide Eltern sorgen einige Monate lang für das Küken. Schließlich verlassen sie das Junge, das ihnen bald darauf, im Alter von ca. 4½ Monaten, zum Meer folgt.

FAMILIE PROCELLARIIDAE: Sturmvögel

Diese Familie, zu der 53–66 Arten gehören, bildet die größte Gruppe der Röhrennasen und umfaßt die Möwensturmvögel, die Sturmtaucher, die Walvögel und die Hakensturmtaucher. Die meisten Arten haben lange, schlanke Flügel und einen kurzen Schwanz. Beide Geschlechter sehen gleich aus. Vertreter der Familie sind auf allen Ozeanen anzutreffen. Die meisten Arten wandern. Die Vögel kommen kaum an Land, außer zum Brüten oder wenn sie krank sind. Den größten Teil ihres Lebens verbringen sie im Flug über den Ozeanen. Wahrscheinlich fliegen sie sogar in den schwersten Stürmen.

Die verschiedenen Arten dieser Familie haben sich auf unterschiedliche Methoden der Nahrungsbeschaffung spezialisiert: Möwensturmvögel ernähren sich von Plankton und vom Abfall der Fischerboote, Walvögel sieben Plankton aus dem Wasser, Hakensturmtaucher (unter anderem die Gattung *Pterodroma*) fangen nachts Tintenfische und Kraken, und die Sturmtaucher schließlich jagen an der Wasseroberfläche nach Fischen.

Die meisten Arten nisten in Höhlen oder Felsspalten, obwohl einige von ihnen auch auf Klippen oder sogar ohne jeden Schutz auf dem Erdboden brüten. Das Weibchen legt gewöhnlich ein Ei, das 2–12 Tage lang abwechselnd von beiden Eltern bebrütet wird. Die Hakensturmtaucher nisten gewöhnlich in Kolonien.

Viele Arten von Sturmvögeln sind selten oder vom Aussterben bedroht. Von einer einzigen Art wurde vermutet, daß sie bereits ausgestorben sei – dem Fidschi-Weichnasen-Sturmvogel (*Bulweria macgillivrayi*). Dieser Vogel wurde erst 1853 entdeckt und zum zweitenmal (!) 1983 gesehen.

Breitschnabel-Walvogel

Pachyptila vittata

Verbreitung: südl. Ozeane
Habitat: Ozeane
Länge: 31 cm

Die 6 Walvogelarten, die alle der Gattung *Pachyptila* angehören, sehen einander sehr ähnlich und sind im Flugbild nur schwer voneinander zu unterscheiden. Der Breitschnabel-Walvogel ist etwas größer als die anderen Arten und an seinem eindeutig breiteren Schnabel zu erkennen. Er ernährt sich von Planktontierchen, die er mit seinen haarähnlichen „Barten" aus dem Wasser siebt. Diese Barten befinden sich an den Seiten des Schnabels und haben der Unterfamilie ihren Namen verliehen. Kolonien von Breitschnabel-Walvögeln brüten im Sommer auf Inseln im südlichen Teil des Atlantischen und Indischen Ozeans sowie vor der Küste von Neuseeland.

Schwarzschnabel-Sturmtaucher

Puffinus puffinus

Verbreitung: Atlantik, Pazifik, Mittelmeer
Habitat: Ozeane und Küsten
Länge: 30–38 cm

Es gibt mehrere Rassen dieser Art, die in den verschiedenen Teilen des Verbreitungsgebietes leben; sie unterscheiden sich geringfügig im Federkleid. Sturmtaucher suchen tagsüber nach Nahrung, wobei sie Fische, Tintenfische, große Krebse und Abfall von der Wasseroberfläche aufgreifen oder ihre Beute tauchend verfolgen. Sie unternehmen komplizierte Wanderungen zwischen ihren Nahrungsgründen und legen dabei große Entfernungen zurück. Ein Sturmtaucher, den man von Großbritannien in die Vereinigten Staaten brachte, flog in 13 Tagen über eine Entfernung von 4500 km nach Hause zurück. Die Vögel nisten in sehr großen Kolonien auf Inseln vor der Küste. Das Weibchen legt jeweils ein Ei, und das Küken wird von beiden Eltern versorgt.

Eissturmvogel

Fulmarus glacialis

Verbreitung: Nordatlantik, Nordpazifik
Habitat: Ozeane
Länge: 45–50 cm

Die Ausbreitung der industriellen Fischerei und des damit verbundenen Abfalls hat eine kräftige Vermehrung dieser robusten Sturmvögel bewirkt. Sie schwimmen zwar, tauchen jedoch nur selten, und fangen ihre Nahrung hauptsächlich an der Wasseroberfläche. Abgesehen von den schwereren Schnäbeln der Männchen sehen beide Geschlechter gleich aus. Sie nisten auf Klippen an Meeresküsten oder auf Inseln. Das Weibchen legt jeweils ein Ei, das von beiden Eltern bebrütet wird. Sie füttern das Küken und verteidigen es notfalls, indem sie Angreifer mit ihrem Magenöl anspucken.

Regensturmvogel

Pterodroma inexpectata

Verbreitung: südl. und nördl. Pazifik bis zum 55. nördl. Breitengrad
Habitat: Ozeane
Länge: 36 cm

Der Regensturmvogel ist eine ziemlich kleine Art mit langen, schmalen Flügeln. Er fliegt sehr schnell, stößt geschickt herab und kann auch tauchen. Er ist hauptsächlich nachts aktiv und ernährt sich größtenteils von Tintenfischen. Der Vogel brütet auf der Stewart-Insel und den Snares-Inseln südlich von Neuseeland und zieht im Winter nordwärts in den westlichen Teil des Nordpazifiks. Wie bei den meisten Sturmvögeln besteht auch bei dieser Art das Gelege nur aus einem einzigen Ei.

Wanderalbatros
Regensturmvogel
Südlicher Rußalbatros
Schwarzschnabel-Sturmtaucher
Eissturmvogel
Breitschnabel-Walvogel

Sturmschwalben, Tauchsturmvögel

FAMILIE HYDROBATIDAE:
Sturmschwalben

Diese kleinen Meeresvögel sind auf den meisten Ozeanen zu finden, hauptsächlich südlich des Polarkreises. Es gibt 20 oder 21 Arten, die je nach ihrem Vorkommen auf der nördlichen bzw. südlichen Halbkugel in 2 Gattungsgruppen unterteilt werden. Die beiden Verbreitungsgebiete überlappen sich in den Tropen. Die Vögel des Nordens haben kurze Beine, lange spitze Flügel und einen gegabelten Schwanz. Sie ernähren sich, indem sie dicht über der Wasseroberfläche dahinfliegen und blitzschnell zustoßen. Die südlichen Arten haben lange, schlanke Beine, kurze, abgerundete Flügel und einen gerade abgeschnittenen Schwanz; sie sind speziell für eine besondere Art der Nahrungssuche ausgestattet, bei der sie mit gespreizten Flügeln über das Wasser „laufen“.

Alle Sturmschwalben sind klein und erreichen eine maximale Länge von ca. 25 cm. Sie haben schwarze oder schwarzbraune Federn und einen weißen Steiß. Sturmschwalben verbreiten einen deutlich wahrnehmbaren moschusartigen Geruch. Die Geschlechter ähneln einander, und die jungen Vögel sehen schon genauso aus wie die erwachsenen. Die meisten Sturmschwalben sind Hochseevögel und kommen nur in Küstennähe und an Land, um zu brüten oder wenn ein Sturm sie zur Küste getrieben hat. Von einigen Arten ist nicht bekannt, ob sie auf dem Meer landen. Sturmschwalben tauchen selten. Viele Arten folgen Schiffen und fressen Abfall und Tiere, die vom Kielsog der Schiffe nach oben gespült werden.

Sie brüten in Kolonien, gewöhnlich auf abgelegenen Inseln weit vor der Küste. Partnertreue ist die Regel, was mit der Gewohnheit zusammenhängen kann, jedes Jahr wieder an den gleichen Nistplatz zurückzukehren. Die Vögel fliegen ausschließlich im Dunkeln von und zu ihrem Nest – deshalb sind Laute bei ihrer Balz wichtiger als visuelle Signale. Sie nisten in Spalten und Höhlen. Die meisten Arten ziehen nach der Brutzeit fort.

Melaniasturmschwalbe

Oceanodroma melania

Verbreitung: Östl. Teil des Nordpazifiks: von Kalifornien bis Peru
Habitat: Küstengewässer und Hochsee
Länge: 21–23 cm

Mit seinem tiefgegabelten Schwanz ist dieser Vogel ein typischer Vertreter der nördlichen Gruppe der Sturmschwalben. Er gehört zu den Arten, die die nahrungsreichen Gewässer des Pazifik bevölkern. Plankton und die Larven der Languste sind seine Nahrung.

Die Melaniasturmschwalbe brütet auf den Inseln vor der Küste von Baja California. Das Weibchen legt jeweils nur ein Ei. Das Nest liegt in einer Höhle oder in einem Felsspalt.

Sturmschwalbe

Hydrobates pelagicus

Verbreitung: Nordostatlantik, westl. Mittelmeer
Habitat: Ozeane
Länge: 14–18 cm

Dies ist der kleinste europäische Seevogel und eine der 3 Sturmschwalbenarten, die auf dem Atlantik leben. Diese Sturmschwalbe fühlt sich in der Luft mehr zu Hause als auf dem Wasser, aber es ist bekannt, daß sie bei jedem Wetter auf dem Wasser landen und sogar kurze Strecken schwimmen kann. Sie frißt Fische, Tintenfische und Schalentiere und folgt gerne Schiffen, um sich über die ins Meer geworfenen Abfälle herzumachen. Die Sturmschwalbe kommt nur in der Brutzeit an Land und nistet auf abgelegenen Inseln und Kaps. Das Nest liegt in einer vom Vogel selbst gegrabenen Mulde oder in einer natürlichen Höhlung in den steilen Klippen. Die Weibchen dieser Art legen jeweils ein Ei, und beide Eltern beteiligen sich am Brüten und an der Aufzucht der Jungen. Im Winter ziehen diese Sturmschwalben zum Roten Meer und zur Westküste von Afrika, das im Süden ihres Brutgebietes liegt.

Buntfüßige Sturmschwalbe

Oceanites oceanicus

Verbreitung: Antarktische Gewässer, Atlantik und Indischer Ozean
Habitat: Ozeane
Länge: 15–19 cm

Die Buntfüßige Sturmschwalbe ist typisch für die südliche Gruppe der Sturmschwalben. Sie hat lange Beine und kurze Zehen, die sich ausgezeichnet dazu eignen, über das Wasser zu tanzen oder zu laufen, wobei der Vogel seine Beute greift. Manchmal fliegt er auch mit schnellen Flügelschlägen dicht über der Wasseroberfläche auf der Stelle (Rütteln). Er ernährt sich hauptsächlich von Plankton sowie vom Öl und von den Fettresten von Walfangstationen.

Brutpaare nisten in Höhlen oder Spalten unter Felsen. Untersuchungen haben gezeigt, daß beringte Exemplare jahraus, jahrein zu den gleichen Brutplätzen zurückkehren, gewöhnlich auf Inseln vor der Südspitze von Südamerika. Das Weibchen legt jeweils ein Ei, und das Männchen hilft beim Brüten. Auch füttern beide Eltern gemeinsam das Küken. Im Winter ziehen die Vögel gen Norden, in die Tropen oder sogar in Gebiete nördlich des Äquators. Manchmal werden sie vor der Küste von Nordamerika gesichtet. Nach Ansicht mancher Ornithologen ist die Buntfüßige Sturmschwalbe der am weitesten verbreitete Vogel der Welt.

Andenwellenläufer

Oceanodroma hornbyi

Verbreitung: Pazifikküste Südamerikas
Habitat: Ozeane
Länge: 20–22 cm

Der Andenwellenläufer hat ein auffälliges Federkleid mit einem weißen Halskragen und einem dunklen Band über der Brust. Es ist der einzige Seevogel, der im Binnenland brütet, nämlich in den chilenischen Anden.

Fregattensturmschwalbe

Pelagodroma marina

Verbreitung: Atlantik, Südpazifik und Indischer Ozean
Habitat: Ozeane
Länge: 20 cm

Die Fregattensturmschwalbe trägt ein auffälliges schwarzweißes Federkleid. Wie alle südlichen Sturmschwalben taucht sie beim Fliegen ihre langen, mit Schwimmhäuten versehenen Füße ins Wasser und flattert und hüpft bei der Nahrungssuche über die Wellen. Sie frißt Plankton und fängt außerdem Tintenfische. Es gibt viele Brutkolonien auf zahlreichen Inseln im Atlantik und vor den Küsten Australiens und Neuseelands. In eine in den weichen Erdboden gegrabene Höhle legt das Weibchen jeweils ein Ei. Wegen ihrer Vorliebe für Bodennester und wegen ihrer Unbeholfenheit an Land ist diese Art während der Brutzeit sehr gefährdet, da Katzen und räubernde Vogelarten Jagd auf sie machen.

FAMILIE PELECANOIDIDAE:
Tauchsturmvögel

Die Tauchsturmvögel bilden eine deutlich getrennte Gruppe von 5 Röhrennasen-Arten, die in der Gattung *Pelecanoides* zusammengefaßt sind. Sie haben einen gedrungenen Körper mit einem kurzen Hals, kurzen Flügeln, kurzem Schwanz und kurzen Beinen und ähneln den Alken (Familie Alcidae). Die Ähnlichkeit bezieht sich auch auf die Art der Nahrungssuche: Tauchsturmvögel tauchen von einem erhöhten Standort aus ins Wasser und benutzen bei der Jagd ihre kurzen Flügel zum Schwimmen unter Wasser. Ihre Nahrung besteht unter anderem aus Schalentieren und kleinen, in Schwärmen schwimmenden Fischen wie den Anchovis. Sie fliegen mit schnellem Flügelschlag. Alle Arten kommen in den südlichen Ozeanen und an der Westküste von Südamerika (nördlich bis Peru) vor.

Pinguin-Sturmtaucher

Pelecanoides urinatrix

Verbreitung: Südatlantik und Indischer Ozean
Habitat: Küstengewässer
Länge: 18–21 cm

Der Pinguinsturmtaucher ist ebenso wie seine engen Verwandten mehr ein Küsten- als ein Hochseevogel. Er brütet – manchmal in Kolonien – auf Inseln im südlichen Atlantik, von den Falklandinseln im Westen bis Australien und Neuseeland im Osten. Diese sehr kleine Art gräbt eine Nisthöhle von mehr als 1 m Tiefe. Das Gelege besteht aus einem Ei, das von beiden Eltern 8 Wochen lang bebrütet wird; sie übernehmen auch gemeinsam die Brutpflege. Das Junge verläßt nach 7–8 Wochen das Nest.

Melaniasturmschwalbe
Sturmschwalbe
Buntfüßige Sturmschwalbe
Andenwellenläufer
Pinguin-Sturmtaucher
Fregattensturmschwalbe

Tropikvögel, Tölpel, Pelikane

ORDNUNG PELECANIFORMES: Ruderfüßer

Diese Ordnung enthält 60 Arten, die in 6 Familien unterteilt sind: die Pelikane, die Tölpel, die Tropikvögel, die Kormorane, die Schlangenhalsvögel und die Fregattvögel. Sie alle sind mittlere bis große Seevögel. An ihren Füßen befinden sich Schwimmhäute, und sie sind sowohl im Salz- wie auch im Süßwasser zu Hause.

FAMILIE PHAETHONTIDAE: Tropikvögel

Diese anmutigen weißen Seevögel sind leicht an den beiden verlängerten mittleren Schwanzfedern zu erkennen. Die 3 Arten dieser Familie leben in den tropischen Ozeanen, wo sie weit ins Meer hinausfliegen und auf Inseln brüten. Tropikvögel sind schlechte Schwimmer; gewöhnlich sieht man sie über der Wasseroberfläche rütteln und dann kurz ins Wasser tauchen, um ihre Beute zu packen. Fische, Tintenfische und Schalentiere bilden den Hauptbestandteil ihrer Nahrung. Männchen und Weibchen sind äußerlich nicht voneinander zu unterscheiden.

Rotschwanz-Tropikvogel

Phaethon rubricauda

Verbreitung: Pazifik und Indischer Ozean
Habitat: Hochsee
Länge: KRL 40 cm; SL 50 cm

Dieser Vogel ist mit seinen dunkelroten Schwanzfedern eine sehr auffällige Erscheinung. In der Brutzeit nimmt sein Federkleid einen rötlichen Schimmer an. Tropikvögel bewegen sich auf dem Land sehr unbeholfen und nisten daher am liebsten auf Riffen oder Klippen, von denen sie leicht starten können. Obwohl sie auf dem Meer meist alleine sind, versammeln sie sich in großer Zahl auf den Brutplätzen und kämpfen um Nistplätze und Weibchen. Sie bauen kein echtes Nest, sondern legen ihr einziges Ei gewöhnlich auf den Boden. Etwa 42 Tage lang brüten beide Eltern das Ei aus und füttern anschließend das Junge, bis es 12–14 Wochen alt ist und die Brutstätte verlassen kann.

FAMILIE SULIDAE: Tölpel

Die 7–9 Arten dieser Familie verteilen sich auf 2 Gruppen: die 6 tropischen Tölpelarten und die 1–3 Arten der Eigentlichen Tölpel. Die Familie der Tölpel ist in allen Ozeanen beheimatet. Die tropischen Tölpel leben in den tropischen und subtropischen Gebieten, die Eigentlichen Tölpel hauptsächlich in den gemäßigten Zonen. Es sind imposante Vögel, die ihre Beute durch Stoßtauchen fangen. Die meisten Arten haben einen kräftig gebauten Körper, lange, spitze Flügel und kurze Beine. Im allgemeinen gleichen sich die beiden Geschlechter, doch gibt es bei einigen Arten Unterschiede in der Färbung der Schnäbel und Beine. Einjährige Vögel sind dunkelbraun, werden jedoch in den folgenden Lebensjahren immer heller, bis sie nach ca. 4 Jahren das Federkleid der erwachsenen Tölpel haben.

Brauntölpel

Sula leucogaster

Verbreitung: tropische Breiten des Atlantik und Pazifik
Habitat: meist Küstengewässer
Länge: 65–74 cm

Die tropischen Tölpel machen ihrem Namen alle Ehre: Sie sind so dumm, Seeleute so nahe an sich herankommen zu lassen, daß diese sie zum Verzehr töten können. Ebenso wie die Eigentlichen Tölpel erbeuten sie Fische und Tintenfische durch Stoßtauchen, sind jedoch auf die Nahrungssuche im flachem Wasser spezialisiert. Sie fangen auch fliegende Fische. Der Brauntölpel lebt näher an der Küste als der Baßtölpel. Er brütet auf Klippen und Felsen oder sogar auf Stränden und Korallenriffen. Das Weibchen legt 1–2 Eier in eine Bodenmulde oder zwischen Felsen. Das Männchen hilft beim Brüten und beim Füttern.

Baßtölpel

Sula bassana (Morus bassanus)

Verbreitung: Nordatlantik
Habitat: Küstengewässer
Länge: 85–100 cm

Baßtölpel sind stromlinienförmige, schwer gebaute Meeresvögel mit dicken Hälsen, starken Beinen und Schwimmhäuten. Mehr Küsten- als Hochseevogel ist der Baßtölpel trotz seines Namens ein ausgezeichneter Flieger; er fliegt oder schwebt einige Meter über dem Wasser und sucht so nach Fischen und Tintenfischen. Hat er Beute gesichtet, dann stürzt er manchmal aus mehr als 30 m Höhe ins Meer, schnappt sich seine Beute und bringt sie an die Oberfläche. Der kräftige Schnabel und der speziell angepaßte Schädel mit luftgefüllten Hohlräumen fangen bei diesen Sturzflügen aus großer Höhe einen Großteil des ersten Aufpralls ab. Doch noch weitere Anpassungen vervollkommnen seine Eignung als Seevogel. So hat er keine äußeren Nasenlöcher: Die Öffnungen sind mit knöchernen Klappen bedeckt, so daß kein Meerwasser in die Mundhöhle eindringen kann, wenn der Vogel taucht. Da die Basis des Oberschnabels nach außen gebogen ist, kann der Baßtölpel trotzdem atmen. Außerdem befinden sich über seinen Augenrändern Salzdrüsen, die eine konzentrierte Salzlösung ausscheiden, welche durch die inneren Nasenlöcher in die Mundhöhle gelangt und dann aus dem Schnabel tropft. Dadurch kann der Baßtölpel salzigen Fisch fressen und Meerwasser trinken.

Baßtölpel sind sehr soziale Vögel, die zu Tausenden dicht aneinandergedrängt in Kolonien auf Felsen und (kleinen) Inseln zusammenleben. In unserem Jahrhundert ist es gelungen, ihre annähernde Zahl zu schätzen: Um 1970 wurde eine Gesamtpopulation von 200000 Paaren geschätzt. Versuche, Baßtölpel in kleinen Gruppen brüten zu lassen, sind fehlgeschlagen; möglicherweise spielt also der soziale Kontakt innerhalb der Kolonie eine wichtige Rolle für den Bruterfolg. Eine Partnerschaft kann das ganze Leben lang bestehen bleiben. Jedes Paar besitzt und verteidigt eine (kleine) Brutstätte. Die Nester liegen so nahe beieinander, daß sich die brütenden Vögel berühren, wenn sie sich strekken. Ein Gelege besteht aus einem Ei, das beide Eltern 43–45 Tage lang bebrüten.

FAMILIE PELECANIDAE: Pelikane

Die Familie der Pelikane, die auch der gesamten Ordnung ihren Namen gegeben haben, besteht aus 7–8 Arten, die große Seen und Meeresküsten bewohnen. Es sind gesellige Vögel mit einem kraftvollen Flug. Sie fressen Fische, die sie im flachen Wasser schwimmend fangen, in seltenen Fällen stürzen sie auch im Flug auf ihre Beute herab. Das auffälligste Merkmal dieser Vögel ist der riesige Kehlsack, der unter dem langen, breiten Schnabel hängt. Zwischen den beiden Geschlechtern gibt es keine Unterschiede.

Rosapelikan

Pelecanus onocrotalus

Verbreitung: Südosteuropa, Asien, Afrika
Habitat: Binnenseen, Sümpfe
Länge: 140–175 cm

Dieser Pelikan, ein großer weißer Vogel mit dem charakteristischen Kehlsack, ist gut an das Leben auf dem Wasser angepaßt. Seine kurzen, starken Beine mit Schwimmhäuten sorgen für die Fortbewegung im Wasser und helfen ihm bei seinem sehr mühsamen Aufstieg von der Wasseroberfläche. Ist er jedoch erst einmal in der Luft, dann fliegt er mit kraftvollen Flügelschlägen. Pelikane fliegen oft in V-förmiger Formation. Der Kehlsack fungiert als Schöpfwerkzeug. Unter Wasser beult sich der Unterschnabel des Pelikans aus, wodurch ein großer Sack entsteht, der sich mit Wasser und Fischen füllt. Wenn der Vogel seinen Kopf anhebt, zieht sich der Sack zusammen, wodurch das Wasser herausgepreßt wird, während die Fische im Schnabel bleiben. Pelikane haben eine sehr eigentümliche Art zu fischen: Eine Gruppe von 6–8 Pelikanen stellt sich in Hufeisenformation auf; wenn die Vögel ihre Schnäbel gleichzeitig unter Wasser tauchen, entsteht ein Oval von geöffneten Kehlsäcken, dem jeder Fisch innerhalb dieses Bezirks zum Opfer fällt.

Die Pelikane brüten in großer Zahl gemeinsam in Kolonien. Sie legen 2–4 Eier in ein Baumnest aus Zweigen oder einfach ins Gras. Die Jungen werden von beiden Eltern versorgt.

Brauner Pelikan

Pelecanus occidentalis

Verbreitung: USA, Karibik, Südamerika, Galapagosinseln
Habitat: Küsten
Länge: 125 cm

Der Braune Pelikan, die kleinste Pelikanart, weicht von den übrigen Mitgliedern der Familie ab. Er ist ein Meeresvogel, der Fische fängt, indem er aus ca. 15 m Höhe zum Sturzflug ansetzt. Beim Tauchen hält er seine Flügel nach hinten gerichtet und biegt seinen Hals in S-Form, so daß die Vorderseite seines Körpers, die mit Luftkissen versehen ist, den Aufprall auf dem Wasser größtenteils abfängt. Ein Pelikan frißt seinen Fang gewöhnlich erst dann, wenn er wieder an die Oberfläche gekommen ist. Das Weibchen legt 2–3 Eier in ein Baum- oder Bodennest.

Rotschwanz-Tropikvogel
Baßtölpel
Brauntölpel
Brauner Pelikan
Rosapelikan

Schlangenhalsvögel, Kormorane, Fregattvögel

FAMILIE ANHINGIDAE: Schlangenhalsvögel
Diese ausgezeichneten Unterwasserschwimmer und Fischfänger ähneln stark den stromlinienförmigen Kormoranen. Sie haben jedoch einen längeren, schlankeren Hals und scharfe, spitze Schnäbel. Es gibt 4 Arten, die andere Ornithologen jedoch für nur 2 oder sogar für nur eine einzige halten. Die Schlangenhalsvögel kommen in allen tropischen Süßwasserbiotopen vor. Das Federkleid der Männchen und Weibchen unterscheidet sich in verschiedener Hinsicht, während der Brutzeit haben die Männchen hellgefärbte Schmuckfedern an Kopf und Hals.

Amerikanischer Schlangenhalsvogel

Anhinga anhinga
Verbreitung: vom Süden der USA bis Argentinien
Habitat: Seen, Flüsse
Länge: 90 cm

Wie die Kormorane tauchen die Schlangenhalsvögel tief ins Wasser, wenn sie Fische verfolgen; dabei liegen ihre Flügel am Körper an, und sie bewegen sich mit den Beinen fort. Unter Wasser hält der Schlangenhalsvogel den Hals eingezogen, jederzeit bereit, vorzustoßen und mit seinem messerscharfen Schnabel einen Fisch aufzuspießen. Die Schnabelränder sind gezackt, so daß der Vogel den Fisch festhalten kann, wenn er ihn aus seiner aufgespießten Position löst. Beim Schwimmen an der Wasseroberfläche ist oft nur der Kopf und der „Schlangenhals" zu sehen. Außer von Fischen ernährt sich dieser Vogel auch von Schalentieren, Amphibien und Insekten. Er brütet in Kolonien, oft in Gesellschaft anderer Wasservögel, und baut sein Nest in einem Baum in der Nähe des Wassers oder über dem Wasser. Die Gelege bestehen aus 3–6 Eiern; beide Partner beteiligen sich am Brüten.

FAMILIE PHALACROCORACIDAE: Kormorane
Es gibt ca. 30 Arten dieser überwiegend schwarzgefärbten, mittelgroßen Vögel. Charakteristische Merkmale der Familie sind der lange Hals, der langgestreckte Körper, die mittelgroßen Flügel, die kurzen Beine und die großen Schwimmhäute. Weibchen und Männchen sehen fast gleich aus, allerdings treten in der Paarungszeit minimale Unterschiede auf. Alle Kormorane sind spezialisierte Fischfresser, die sich im Salz- wie im Süßwasser aufhalten. Es sind Küstenvögel, die selten über der Hochsee zu sehen sind. Sie schwimmen gut und fangen ihre Beute durch Tauchen. Beim Fliegen ist ihr Hals gestreckt, oft fliegen sie in Keil- oder in V-Formation.

Der Kormoran ist ein geselliges Tier. Er lebt in Kolonien und verteidigt nur einen kleinen Nistplatz. Von der Nahrungssuche ruhen die Kormorane sich auf Felsen, Bäumen, Klippen und ähnlichem aus. Oft spreizen sie dabei ihre Flügel, um sie zu trocknen, da diese sich schnell mit Wasser vollsaugen.

Kormoran

Phalacrocorax carbo
Verbreitung: Nordamerika, Europa, Afrika, Asien, Australien
Habitat: Küsten, Salzsümpfe, Seen
Länge: 80–100 cm

Dies ist die größte und am weitesten verbreitete Kormoranart. Lebensraum und Brutstätten variieren stark innerhalb des riesigen Verbreitungsgebietes. Äußerlich sind die beiden Geschlechter gleich. In der Paarungszeit entwickeln manche älteren Männchen der in Großbritannien lebenden Unterart ein paar weiße Federn auf Kopf und Nacken, und sie haben dann auch weiße Flecken auf den Flanken. Die kontinentaleuropäische Form hat in der Brutzeit sogar einen fast völlig weißen Kopf und Hals. Junge Vögel sind braun mit heller Unterseite.

Der Kormoran frißt vor allem Fische, manchmal aber auch Schalentiere und Amphibien. Seine Beute fängt er unter Wasser während eines 20–30 Sekunden dauernden Tauchmanövers. Beim Schwimmen benutzt der Vogel seine Schwimmhäute für die Fortbewegung und seinen langen Schwanz als Steuerruder. Meist nimmt er seine Beute mit an die Oberfläche und schüttelt sie, bevor er sie verschlingt.

Brütende Kormorane bauen ihr Nest in einem Baum oder auf dem Boden, im Binnenland oder an der Küste, je nach den Lebensbedingungen ihres jeweiligen Wohngebietes. Ein Gelege besteht gewöhnlich aus 3–4 Eiern. Beide Eltern brüten und füttern die Jungen, die ihre ersten Flugversuche etwa 50 Tage nach dem Ausschlüpfen machen, jedoch erst nach weiteren 12–13 Wochen vollkommen selbständig sind.

Gelbschnabel-Zwergscharbe

Halietor africanus (Phalacrocorax a.)
Verbreitung: Afrika, Madagaskar
Habitat: Flüsse, Lagunen
Länge: 58 cm

Dies ist eine der 4 Arten kleinerer Kormorane mit einem langen Schwanz und einem verhältnismäßig kurzen Hals. Die Gelbschnabel-Zwergscharbe ist vor allem ein Binnenlandvogel, kommt jedoch auch an der Westküste des südlichen Afrikas vor. Die beiden Geschlechter sehen fast gleich aus, doch in der Paarungszeit färbt sich das Männchen dunkler und entwickelt ein Büschel schwarzer Federn auf der Stirn sowie weiße Federchen auf Gesicht und Hals. Bei jungen Vögeln ist das Gefieder an der oberen Körperseite braun, an der unteren gelblichweiß gefärbt.

Gelbschnabel-Zwergscharben fressen Fische und Schalentiere, die sie unter Wasser fangen. Sie tauchen von der Wasseroberfläche aus. Wie andere Kormorane kehren sie zur Oberfläche zurück, bevor sie ihre Beute verschlingen. In der Brutzeit bauen sie auf dem Boden oder in einem Baum ein Nest, in das das Weibchen 2–4 Eier legt.

Stummelkormoran

Nannopterum harrisi (Phalacrocorax h.)
Verbreitung: Galapagosinseln
Habitat: Küstengewässer
Länge: 90–100 cm Ⓢ

Dieser große Vogel, der an Land unbeholfen, jedoch ein hervorragender Schwimmer ist, hat seine Flugfähigkeit ganz verloren. Seine Flügel sind sehr klein und haben nur ein paar rudimentäre Schwungfedern. Der Stummelkormoran findet seine Beute in den nahrungsreichen Küstengewässern um die Galapagosinseln. Günstig für diese Art ist auch, daß es auf diesen Inseln keine vierfüßigen Raubtiere gibt. Der Stummelkormoran braucht deshalb nicht wie die anderen Mitglieder der Kormoran-Familie große Entfernungen fliegend zurückzulegen, um nach Nahrung zu suchen oder vor Gefahr zu fliehen. Die Population dieser Vögel ist jedoch klein, und sie sind heute selten geworden.

FAMILIE FREGATIDAE: Fregattvögel
Fregattvögel sind am stärksten von allen Wasservögeln an den Luftraum gebunden. Es sind elegante und auffällige Flieger. Sie sind die Luftakrobaten über dem Meer und legen oft riesige Entfernungen über den Ozeanen im Segelflug zurück. Fregattvögel sind ziemlich groß, haben ungewöhnlich lange, spitze Flügel und lange, gegabelte Schwänze. Alle 5 Arten bewohnen tropische und subtropische Gebiete. Die Weibchen sind im allgemeinen größer als die Männchen und an Brust und Flanken weiß gefärbt. Männchen haben einen hellroten Kehlsack, den sie während der Balz zu beängstigender Größe aufblasen können.

Pracht-Fregattvogel

Fregata magnificens
Verbreitung: Mittelamerika, Südamerika, Galapagosinseln
Habitat: Küstengewässer, Inseln, Buchten, Ästuarien
Länge: KRL 0,95–1,1 m; SPW 2,15–2,45 m

Der Pracht-Fregattvogel hat einen besonders großen und prachtvollen Kehlsack und im Verhältnis zur Körpergröße die größte Flügelspannweite unter allen Vögeln. Er ernährt sich hauptsächlich von Fischen, Tintenfischen, Schalentieren und Quallen, die er fängt, indem er auf die Wasseroberfläche hinabschießt, jedoch meist nicht darauf landet. Der Fregattvogel stiehlt außerdem auch die Beutefische anderer Vögel. Wenn er einen von der Jagd zurückkehrenden Tölpel oder anderen Meeresvogel sieht, verfolgt er ihn und zwingt sein Opfer, den Fang auszuwürgen, dann packt er ihn im vollem Flug. Das Nest des Pracht-Fregattvogels ist ein fragiles Gebilde aus Zweigen. Das Weibchen legt ein Ei hinein, das von beiden Eltern bebrütet wird. Das Junge bleibt 4–5 Monate im Nest. Danach ist es noch weitere 2–6 Monate von den Eltern abhängig. Fregattvögel brauchen lange, bevor sie ausgewachsen sind: Es dauert mindestens 7 Jahre, bis sie zum erstenmal brüten.

Amerikanischer Schlangenhalsvogel
Stummelkormoran
Kormoran (im Brutkleid)
Pracht-Fregattvogel ♂
Gelbschnabel-Zwergscharbe

Reiher

ORDNUNG CICONIIFORMES:
Stelz- oder Schreitvögel
Diese Watvogel-Ordnung besteht aus 6 Familien: 4 von ihnen (Reiher, Störche, Ibisvögel und Flamingos) sind weit verbreitet und haben verschiedene Anpassungen entwickelt; die anderen beiden Familien bestehen aus jeweils nur einer Art, dem Schuhschnabel und dem Hammerkopf, die beide afrikanische, sehr spezialisierte Formen sind.

FAMILIE ARDEIDAE: Reiher
Die 60–62 Arten der Reiher, Rohrdommeln und Silberreiher dieser Familie sind allesamt mittelgroße bis große Vögel mit schlankem Körper, langen Hälsen und Beinen und großen, breiten Flügeln. Bei den meisten Arten sind Männchen und Weibchen nicht zu unterscheiden. Alle Reiher haben Puderdaunenpolster auf Brust und Steiß – ein Phänomen, das wahrscheinlich mit der stark schleimhaltigen Fisch- und Amphibiennahrung in Zusammenhang steht. Das Puder, das durch diese spezialisierten Federn produziert wird, benutzen die Reiher, um beim Putzen den Schleim von ihrem Federkleid zu entfernen.

Reiher jagen in verschiedenen Wassertiefen, wobei sie entweder regungslos dastehen oder waten. Die Beute wird mit dem kräftigen, dolchförmigen Schnabel gepackt, nicht aufgespießt.

Reiher brüten gewöhnlich in Kolonien. Während der Brutzeit verfärben sich bei vielen Arten die Federn, und sie entwickeln lange Schmuckfedern auf Kopf und Rücken.

Nordamerikanische Rohrdommel

Botaurus lentiginosus
Verbreitung: Nordamerika; im Winter in Südamerika
Habitat: Sümpfe
Länge: 65 cm

Die Nordamerikanische Rohrdommel hat einen speziellen Dreiklangruf, der sich vom „Gebrüll" ihrer Verwandten, wie den Europäischen Rohrdommeln (*B. stellaris*), unterscheidet. Sie sucht ihre Nahrung alleine, wobei sie sich behutsam fortbewegt, stets bereit, schnell mit dem Schnabel zuzustoßen, um Fische, kleine Krabben, Schlangen, Frösche, Insekten oder kleine Säugetiere zu fangen. Im Winter zieht sie in den Süden; in klimatisch milden Gebieten wandern nicht, sondern zerstreuen sich nach der Brutzeit. Das Gelege aus 4–6 Eiern wird in einem Nest deponiert, das auf dem Land oder im Wasser zwischen hoher (Schilf-)Vegetation gebaut wird. Das Weibchen scheint die Elternpflichten größtenteils alleine zu tragen.

Nachtreiher

Nycticorax nycticorax
Verbreitung: Europa, Asien, Afrika, Nord- und Südamerika
Habitat: verschieden, meist an seichten Gewässern
Länge: 60 cm

Der Nachtreiher ist wahrscheinlich die zahlreichste Reiherart. Er ist ein schöner, kräftiger Vogel mit weißen, bänderartigen Federbüscheln, die vom Hinterkopf abstehen; bei der Balz richten sie sich auf. Wie sein Name „Nachtreiher" erkennen läßt, geht er vor allem in der Dämmerung und nachts auf Nahrungssuche. Er jagt Fische, Reptilien, Frösche und Insekten und plündert außerdem die Nester anderer Vögel.

Zu Beginn der Brutzeit sucht das Männchen einen Nistplatz aus, gewöhnlich im Röhricht, in einem Strauch oder einem Baum, den es dann als Balzplatz benutzt. Das Weibchen baut das Nest und legt 3–5 Eier. Beide Eltern füttern und versorgen die Küken.

Graureiher

Ardea cinerea
Verbreitung: Europa, Asien, Afrika
Habitat: verschieden, in der Nähe seichter Gewässer
Länge: 90 cm

Der Graureiher mit seinen langen Beinen und dem langen Schnabel ist im größten Teil der Alten Welt mit Ausnahme von Australien verbreitet. Die entsprechende Art der Neuen Welt ist der Amerikanische Graureiher (*A. herodias*), der genauso aussieht, jedoch etwas größer ist und rotbraun gefärbte Halsfedern und „Hosen" hat. Der Graureiher frißt Fische, Aale, Frösche, junge Vögel, Eier, Schlangen, Pflanzen, aber auch kleine Säugetiere wie Maulwürfe, Mäuse und Ratten. Bei der Nahrungssuche fischt er vom Ufer aus, wobei er seinen Kopf schräg hält. Sobald ein Fisch auftaucht, schießt der Kopf nach unten ins Wasser. Manchmal fischt der Graureiher auch, indem er mit langen, bedächtigen Schritten am Ufer entlangwatet. Beim Maulwurffang steht der Reiher regungslos neben einem Maulwurfshügel und wartet, bis sich etwas bewegt. Dann schießt der Schnabel zu einem schnellen, tödlichen Stoß vor, genau wie beim Fischen. Dieser Reiher fängt auch Vögel.

Graureiher brüten in Kolonien. Die Weibchen legen 3–5 Eier, und die Jungen werden von beiden Eltern versorgt.

Kuhreiher

Ardeola ibis
Verbreitung: Spanien, Afrika, Asien, Indonesien, Nord- und Südamerika, Australien
Habitat: offenes Gelände, weniger feucht als die Wohngebiete der meisten anderen Reiher
Länge: 50 cm

Der Kuhreiher ist eine sehr erfolgreiche Art, deren Verbreitungsgebiet sich heute über die ganze Welt erstreckt. Ihren Erfolg verdankt sie teilweise dem Zusammenleben mit Wiederkäuern. Der Vogel folgt großen grasenden Tieren, sowohl wilden wie auch domestizierten, und fängt die Insekten, vor allem Heuschrecken, die vom Vieh aufgeschreckt werden. Auf diese Weise kann der Kuhreiher ungefähr doppelt so viel Nahrung mit weniger Aufwand finden als Vögel, die auf „konventionelle" Art ihre Nahrung suchen. Das Vieh profitiert nicht erkennbar von der Symbiose, da der Kuhreiher keine Parasiten entfernt. Möglicherweise warnt der Reiher die Wiederkäuer jedoch vor Gefahren. Kuhreiher haben heute gelernt, daß es für sie ebenso zweckmäßig ist, landwirtschaftlichen Maschinen folgen. Im Wasser ernähren sich die Kuhreiher von Fröschen und Fischen.

Das Männchen sammelt Nestmaterial, und das Weibchen baut das Nest, gewöhnlich in einem kleinen Baum. Sie paaren sich auf dem Nest, und das Weibchen legt später 2–5 Eier.

Glockenreiher

Egretta ardesiaca (Melanophoyx a.)
Verbreitung: Afrika südl. der Sahara
Habitat: Sümpfe, Mangroven, Schlammzonen an der Küste
Länge: 48–50 cm

Äußerlich ähnelt der Glockenreiher, abgesehen von der schwarzen Farbe, sehr stark dem Kuhreiher, er hat jedoch eine sehr spezielle Jagdmethode. Er steht mit abwärts gerichtetem Schnabel und kreisförmig über dem Kopf ausgebreiteten Flügeln im flachen Wasser, so daß eine Art Schirm entsteht. Die auffallend breiten Schwungfedern verstärken diese Wirkung noch. Der Sinn dieses Verhaltens ist nicht bekannt. Möglicherweise werden die Fische von dem vermeintlichen Schutz angezogen, schwimmen in den Schatten und werden so eine leichte Beute für den Reiher. Wahrscheinlich sind Fische in diesem Schatten auch besser zu erkennen. Junge Vögel, die zum ersten Mal fischen, bilden einen Baldachin mit einem einzigen Flügel. Diese Haltung nehmen die Glockenreiher auch während der Balz ein. Die Vögel bauen ein Nest aus Zweigen in einem Baum oder Strauch über dem Wasser. Ein Gelege besteht gewöhnlich aus 3–4 Eiern.

Silberreiher

Egretta alba (Casmerodius albus)
Verbreitung: weltweit, mit Ausnahme großer Teile Europas
Habitat: flache Gewässer
Länge: 90–120 cm

Dieser Reiher ist sehr weit verbreitet. Nichtbrütende und noch nicht erwachsene Vögel haben einen gelben Schnabel, doch wenn die Paarungszeit sich nähert, färben sich die Schnäbel der erwachsenen Vögel größtenteils schwarz. Der Silberreiher findet seine Nahrung (Fische, Weichtiere, Insekten, kleine Säugetiere, Vögel und Pflanzen), indem er regungslos im Wasser steht oder seine Beute langsam beschleicht. Sein Nest baut er in einem Baum oder in einem Schilflager, in das das Weibchen 2–5 Eier legt. Beide Eltern wechseln sich mit dem Brüten ab, das 25–26 Tage dauert.

Kahnschnabel

Cochlearius cochlearius
Verbreitung: von Mexiko bis Peru und Brasilien
Habitat: Sümpfe und andere Feuchtgebiete
Länge: 45–50 cm

Der Kahnschnabel wird manchmal in einer separaten Familie untergebracht. Der einzige bedeutende Unterschied zu anderen Reihern ist sein breiter, platter, löffelförmiger Schnabel. Dieser Vogel ernährt sich von Fischen und Garnelen und sucht seine Nahrung hauptsächlich nachts. Seine Augen sind deshalb auffällig groß. Der Schnabel muß äußerst empfindlich sein und öffnet sich schon bei der geringsten Berührung, wodurch Wasser samt Beutetieren hineinströmt. Er wird auch als Schöpfwerkzeug benutzt. Während des Balzrituals klappern die Kahnschnäbel mit dem Schnabel und putzen sich, wobei sie gleichzeitig heisere Schreie ausstoßen. Sie nisten alleine oder in kleinen Gruppen in Bäumen oder Sträuchern (Mangroven). Das Weibchen legt 2–4 Eier, die von beiden Eltern bebrütet werden.

Glockenreiher
Kahnschnabel
Kuhreiher
(bei der Nahrungssuche)
Nordamerikanische Rohrdommel
Graureiher
Nachtreiher
Silberreiher (im Brutkleid)

Störche, Flamingos, Ibisvögel, Hammerkopf, Schuhschnabel

FAMILIE CICONIIDAE: Störche
Störche sind große Vögel mit langem Schnabel und Hals sowie langen Beinen und ebenfalls langen, breiten Flügeln. Obwohl sie zwischen den Zehen Schwimmhäute haben, was auf ein Leben am Wasser hindeutet, bevorzugen sie zur Futtersuche trockenere Gebiete. Bei ihrem kraftvollen Flug strecken sie den Hals vor, während die Beine leicht nach unten baumeln, und bieten damit einen sehr markanten Anblick. Beide Geschlechter sind gleich gefärbt. Unter den 17 Arten gibt es nur 3, die nicht in der Alten Welt vorkommen. Die nördlichen Populationen sind Zugvögel.

Weißstorch
Ciconia ciconia
Verbreitung: Osteuropa, Westasien; im Winter in Afrika
Habitat: im Wald und in der Nähe menschlicher Siedlungen
Länge: 1 m; KH 1,2 m

Im Volksmund heißt es, daß die Störche die Babys bringen. Wohl deshalb waren sie immer sehr beliebt und genossen einen gewissen Schutz. Störche sind gesellige Vögel, die sich auch in der Nähe menschlicher Siedlungen niederlassen. Sie fressen Frösche, Reptilien, Insekten und Weichtiere. Das Storchennest ist ein riesiges Bauwerk aus Zweigen, das der Storch in einem Baum oder auf einem Gebäude errichtet. Das Weibchen legt 1–7 Eier, die von beiden Eltern bebrütet werden. Obwohl Störche im allgemeinen „schweigsame" Vögel sind, vollführen sie eine Begrüßungszeremonie, bei der sie mit ihrem Schnabel klappern, wenn sie einander auf dem Nest ablösen. Sie werfen ihren Kopf zurück, wobei sie ihre Schnäbel – ihre Waffen – voneinander abwenden. Durch diese Haltung, die in scharfem Gegensatz zur Drohhaltung mit vorgestrecktem Schnabel steht, wird jede Aggression zwischen dem Paar vermieden. Im Winter ziehen die Störche in den Süden, die meisten über Gibraltar oder Istanbul in Richtung Afrika. Dabei vermeiden sie lange Flüge über das Meer, da ihr hoher Segelflug sich hierzu nicht eignet.

In vielen Teilen Nordwesteuropas ist die Art zahlenmäßig stark zurückgegangen und droht sogar völlig auszusterben.

Indien-Klaffschnabel
Anastomus oscitans
Verbreitung: von Indien bis Südostasien
Habitat: Binnengewässer
Länge: 80 cm; KH 60 cm

Der Indien-Klaffschnabel hat, wie man schon aus seinem Namen schließen kann, einen ungewöhnlichen Schnabel: Zwischen den beiden Schnabelhälften befindet sich eine Öffnung – die Hälften berühren sich nur an der Spitze. Dieses Merkmal, das bei jungen Vögeln noch nicht vorhanden ist, sondern sich erst im Laufe der Zeit entwickelt, scheint eine Anpassung an die großen, glitschigen Wasserschnecken zu sein, von denen sich der Vogel ernährt. Die spezielle Beschaffenheit seines Schnabels ermöglicht es ihm, sie festzuhalten. Der Klaffschnabel ist stärker an Wasser gebunden als die meisten anderen Störche, er baut sein Nest aber wie diese in Bäumen. Ebenso wie die Störche klappert er mit dem Schnabel, und er kann stundenlang durch die Luft segeln. Das Weibchen legt 3–6 Eier, die von beiden Eltern bebrütet werden. Der Afrika-Klaffschnabel (*A. lamelligerus*) besitzt den gleichen Schnabel.

FAMILIE PHOENICOPTERIDAE: Flamingos
Die 4 oder 5 Arten der Flamingo-Familie sind große, weißrosa Vögel mit einem langen Hals, großen Flügeln und kurzem Schwanz. Zwischen ihren kurzen Zehen befinden sich Häute. Sie sind gute Schwimmer und Flieger und halten im Flug Beine und Hals ausgestreckt. Zwischen den beiden Geschlechtern gibt es keine Unterschiede. Die Flamingos leben und brüten in riesiger Zahl in Kolonien, die bei den Zwergflamingos (*Phoeniconaias minor*) aus 1 Million oder mehr Exemplaren bestehen können. Flamingos brüten unregelmäßig; manchmal pflanzen sie sich nur alle 2–3 Jahre erfolgreich fort.

Sie suchen ihre Nahrung im Wasser, wobei sie mit ihren sehr spezialisierten Schnäbeln winzige Nahrungsteilchen ausfiltern.

Flamingo
Phoenicopterus ruber
Verbreitung: Karibik, Galapagosinseln
Habitat: Lagunen, Seen
Länge: 115 cm

Der Flamingo wirkt wie eine Laune der Natur, doch tatsächlich ist er perfekt an seine Lebensweise angepaßt: Seine langen Beine ermöglichen es ihm, mit seinem merkwürdig geformten Schnabel im flachen Wasser Nahrung auszufiltern. Er hält seinen Schnabel so, daß er verkehrt herum horizontal im Wasser liegt. So strömt Wasser in den Schnabel, und die fleischige Zunge drückt es dann durch haarartige Lamellen, die die Nahrungsteilchen herausfiltern, bevor das Wasser an den Seiten des Schnabels wieder nach außen gepreßt wird. Flamingos ernähren sich von Weichtieren, Schalentieren, Insekten, Fischen und sehr kleinen Wasserpflanzen. Ihr Nest besteht aus einem Schlammkegel, den das Weibchen mit dem Schnabel zusammenscharrt. Es legt 1–2 Eier in eine leichte Höhlung auf der Spitze des Kegels. Die jungen Vögel sind in bezug auf die Nahrung von ihren Eltern abhängig, bis sich ihr eigener Filtermechanismus entwickelt hat und sie nach 65–70 Tagen flügge sind.

FAMILIE THRESKIORNITHIDAE: Ibisvögel
Die Sichler oder Ibisse und die Löffler sind mittelgroße Watvögel. Merkmale dieser Familie sind ein ziemlich langer Hals, lange Flügel, ein kurzer Schwanz und Häute zwischen den Zehen. Männchen und Weibchen sehen ungefähr gleich aus. Bei manchen Arten ist das Gesicht oder sogar der ganze Kopf und Hals kahl. Alle Ibisse fliegen gut, mit gestrecktem Hals. Es gibt 25–31 Arten von Sichlern oder Ibissen, die alle lange, gebogene Schnäbel haben, und 6 Arten von Löfflern, deren Schnäbel breit und löffelförmig sind. Die meisten dieser Arten leben in Gruppen. Die nördlichen Arten sind Zugvögel.

Brauner Sichler
Plegadis falcinellus
Verbreitung: gemäßigtes und tropisches Eurasien, Indonesien, Australien, Afrika, Antillen, Karibik
Habitat: Sümpfe, Seen
Länge: 55–65 cm

Der Braune Sichler hat das größte Verbreitungsgebiet unter den Arten seiner Familie. Er frißt Insekten und kleine Wassertierchen. Das Weibchen legt 3–4 Eier in ein Baumnest oder in ein Nest zwischen Sumpfpflanzen. Beide Eltern beteiligen sich am Brüten und an der Aufzucht der Jungen. Die Verbreitung und die Anzahl dieser Art ist durch die Trockenlegung großer Sumpfgebiete stark zurückgegangen.

FAMILIE SCOPIDAE: Hammerköpfe
Über die Klassifizierung des Hammerkopfes, der einzigen Art dieser Familie, gibt es unterschiedliche Ansichten.

Hammerkopf
Scopus umbretta
Verbreitung: Afrika, Madagaskar, Mittlerer Osten
Habitat: von Bäumen gesäumte Gewässer
Länge: 50 cm

Der Hammerkopf verdankt seinen Namen seinem Profil: Mit seinem langen, schweren und leicht gebogenen Schnabel und dem nach hinten gerichteten Schopf ähnelt sie einem Hammer. Beim Fliegen biegt der Hammerkopf den Hals zurück. Männchen und Weibchen unterscheiden sich äußerlich nicht. Der Hammerkopf ist meist in der Dämmerung aktiv und frißt Amphibien, Fische, Insekten und Schalentiere. Er lebt in Paaren und baut bemerkenswerte Nester – komplizierte überdachte Gebilde aus Reisig und Schlamm, deren Durchmesser bis zu 1,8 m beträgt. Die Nester sind im Geäst von Bäumen befestigt. Das Weibchen legt 3–6 Eier, und beide Vögel sorgen für die Jungen.

FAMILIE BALAENICIPITIDAE: Schuhschnäbel
Zu dieser Familie gehört nur eine Art: ein wenig bekannter Nachtvogel, der wie der Hammerkopf in verschiedener Hinsicht anderen Tiergruppen ähnelt.

Schuhschnabel
Balaeniceps rex
Verbreitung: Osten von Zentralafrika
Habitat: (Papyrus-)Sümpfe
Länge: 117 cm

Der Schuhschnabel ist ein großer Vogel, dessen auffälligstes Merkmal der enorme, einer Schaufel ähnelnde Schnabel mit gebogener Spitze ist. Er wird vermutlich bei der Nahrungssuche im Schlamm – (Lungen-)Fische, Frösche, Schlangen, Weichtiere und Aas – eingesetzt.

Der Schuhschnabel ist ein einsiedlerischer Vogel, der gut fliegen kann; er kann sogar nach Art der Pelikane mit eingezogenem Hals segeln. Er legt 2 Eier in ein Bodennest, das er aus Binsen und Gras baut.

Weißstorch
Indien-Klaffschnabel
Hammerkopf
Flamingo
Schuhschnabel
Brauner Sichler

Wehrvögel, Entenvögel 1

ORDNUNG ANSERIFORMES: Gänsevögel
Diese besonders erfolgreiche und formenreiche Gruppe von Vögeln umfaßt 2 Familien: die Anatidae (Enten, Gänse und Schwäne) und die Anhimidae (Wehrvögel).

FAMILIE ANHIMIDAE: Wehrvögel
Die 3 Arten der Wehrvögel sind so groß wie Gänse, haben jedoch längere Beine und größere Füße, die nur zum Teil mit Schwimmhäuten versehen sind. Mit ihren langen Zehen können diese Vögel sich auf im Wasser treibenden Pflanzen fortbewegen. Alle Arten leben in Südamerika.

Weißwangenwehrvogel

Chauna chavaria
Verbreitung: Nord-Kolumbien, Venezuela
Habitat: Sümpfe, feuchtes Grasland
Länge: 70–90 cm

Wie die übrigen Mitglieder der Familie stößt der Weißwangenwehrvogel als Warnsignal einen lauten Trompetenruf aus. Er ernährt sich hauptsächlich von Wasserpflanzen. Das Weibchen legt 4–6 Eier in ein Nest, das ebenfalls aus Wasserpflanzen besteht. Beide Eltern brüten.

FAMILIE ANATIDAE: Entenvögel
Zu dieser Familie gehört eine große Anzahl von Wasservögeln, die auf der ganzen Welt mit Ausnahme der Antarktis und einiger Inseln beheimatet sind. Es gibt ca. 140 Arten, die in 3 Unterfamilien aufgegliedert werden: die Anseranatinae mit nur einer Art, der Spaltfußgans; die Anserinae mit den Pfeifgänsen, den Schwänen, den Echten Gänsen und der Pünktchenente (*Stictonetta naevosa*); und die Anatinae mit den Echten Enten.

Alle Mitglieder der Familie sind in einem gewissen Maße Wasservögel und gründeln oder tauchen an der Wasseroberfläche oder in tieferen Wasserschichten nach Pflanzen und Tieren. Die meisten Arten sind Vögel mit kräftigen Körpern und relativ kurzen Beinen, und ihre Vorderzehen sind durch Schwimmhäute miteinander verbunden. Die Schnäbel variieren, je nachdem, wie die Art ihre Nahrung sucht, doch sind sie meist breit und abgeflacht mit einer abgerundeten Spitze. In vielen Fällen sind die Erpel bunt gefärbt, die Weibchen hingegen unauffällig braun. Im allgemeinen übernehmen die Weibchen die Brutpflege.

Die meisten Enten mausern ihre Schwungfedern alle gleichzeitig nach der Brutzeit und können dann 3–4 Wochen lang nicht fliegen. In dieser Phase haben die Männchen einiger Arten ein sogenanntes Ruhekleid, das dem unauffälligen Federkleid des Weibchens ähnelt. Nach dem Brüten ziehen viele Arten in ihre Winterquartiere im Süden.

Spaltfußgans

Anseranas semipalmata
Verbreitung: Australien, Tasmanien, Süden von Neuguinea
Habitat: Sümpfe, Überschwemmungsgebiete
Länge: 76–86 cm

Die offensichtlich primitive Spaltfußgans ist der einzige echte Wasservogel, dessen Füße nur teilweise mit Schwimmhäuten versehen sind. Ihr Schnabel ist lang und gerade, und der Kopf ist bis an die Augen nackt. Die Weibchen ähneln den Männchen, sind jedoch kleiner. Spaltfußgänse fressen hauptsächlich pflanzliche Nahrung, die sie durch Grasen und Graben sammeln und indem sie langes Gras mit den Füßen auseinanderbiegen, um an die Samen zu kommen. Spaltfußgänse sind gesellige Vögel: Sie bewegen sich in Schwärmen von mehreren tausend Tieren. Partnerschaften bleiben gewöhnlich lebenslang bestehen, doch hat ein Männchen manchmal 2 Weibchen. Das Weibchen legt ca. 8 Eier in ein Nest aus plattgetretenen Pflanzen. Beide Eltern brüten das Gelege in 35 Tagen gemeinsam aus und füttern die Jungen.

Witwenpfeifgans

Dendrocygna viduata
Verbreitung: tropisches Südamerika, Afrika, Madagaskar
Habitat: Seen, Sümpfe, Feuchtgebiete
Länge: 43–48 cm

Die 8 Arten der Pfeifgänse leben in den Tropen. Die Witwenpfeifgans frißt Wasserinsekten, Weich- und Schalentiere sowie pflanzliches Material wie Samen und Reis. Sie taucht oft nach Nahrung und geht meist nachts auf Futtersuche. Tagsüber ruhen diese Vögel in der Nähe von Wasser, oft in Gruppen von mehreren hundert Tieren, und putzen sich selbst oder andere Vögel. Das gemeinschaftliche Putzen spielt eine wichtige Rolle bei der Paarbildung und bei der Aufrechterhaltung der Paarbeziehungen. Die 6–12 Eier werden in ein Baumnest gelegt und von beiden Partnern 29 Tage lang bebrütet.

Pfeifschwan / Zwergschwan

Cygnus columbianus ssp. *bewickii*
Verbreitung: Holarktis (gemäßigte u. kalte Zonen der Nordhalbkugel)
Habitat: Tundra, Sümpfe
Länge: 115–140 cm

Der Zwergschwan und der Pfeifschwan (*C. c. columbianus*) ähneln einander so stark, daß sie allgemein als Unterarten einer einzigen Art gelten. Beide brüten im äußersten Norden ihres Verbreitungsgebietes und ziehen über große Entfernungen in ihre Winterquartiere. Die beiden Geschlechter unterscheiden sich nicht voneinander, allerdings ist das Weibchen manchmal etwas kleiner. Junge Vögel haben ein graugeflecktes Federkleid. Die Schwäne ernähren sich im flachen Wasser durch Gründeln von Wasserpflanzen und Wurzelteilen, die sie mit den Füßen ausgraben. Die Paarbeziehungen sind bei dieser Art eng und dauerhaft. Das Weibchen legt seine 3–5 Eier in ein Nest aus Riedgras und Moos, das mit Daunen ausgekleidet wird. Das Gelege wird vom Weibchen innerhalb von 35–40 Tagen ausgebrütet. Die jungen Schwäne müssen die lange Wanderung in den Süden antreten, wenn sie erst 80–90 Tage alt sind.

Graugans

Anser anser
Verbreitung: Europa, Asien
Habitat: Überschwemmungsgebiete, Ästuarien
Länge: 75–90 cm

Die Graugans ist die häufigste und verbreitetste eurasische Gänseart. Die Männchen mit ihren großen Köpfen sind größer als die Weibchen, doch ansonsten sehen die Geschlechter gleich aus. Diese Vögel ernähren sich von pflanzlichem Material wie Wurzeln, Blättern, Blüten und Früchten, die sie sowohl auf dem Boden wie auch im Wasser sammeln. Das Nest aus Pflanzen und Zweigen wird neben einem Baum oder Strauch oder im Schilf gebaut. Das Weibchen brütet die 4–6 Eier innerhalb von 28 Tagen aus.

Kanadagans

Branta canadensis
Verbreitung: Nordamerika; eingeführt in Europa und Neuseeland
Habitat: unterschiedlich
Länge: 55–110 cm

Das Wohngebiet der 12 geographischen Rassen der Kanadagans reicht von der Halbwüste bis zum gemäßigten Regenwald und bis in die Tundras des nördlichen Polargebiets. Die Formen unterscheiden sich sehr stark in der Größe und werden weiter nördlich immer kleiner. Die Kanadagans sucht tagsüber auf Wiesen nach Nahrung und frißt auch Wasserpflanzen. Dieser Zugvogel reist Generation um Generation auf den gleichen Routen. Vor allem die Weibchen kehren zum Brüten immer wieder zu ihrem Geburtsplatz zurück. Dadurch haben sich deutlich unterscheidbare Formen und Variationen entwickelt. Die Partner- und Familienbeziehungen sind stark und werden durch die Balz immer wieder neu gefestigt. Das Weibchen legt ca. 5 Eier in eine flache, ausgescharrte Mulde, die mit Daunen und Pflanzenteilen ausgekleidet wird. Während das Männchen in der Nähe bleibt, um das Weibchen notfalls zu verteidigen, bebrütet dieses 25–30 Tage lang die Eier.

Brandgans

Tadorna tadorna
Verbreitung: Europa, Zentralasien
Habitat: Küsten und Ästuarien
Länge: 60 cm

Brandgänse gehören zu einer Gruppe großer Halbgänse. Sie fressen Weichtiere, vor allem Wattschnecken (*Hydrobia*), Fische, Fischeier, Insekten und deren Larven sowie Algen. Die Weibchen sind kleiner als die Männchen und haben keinen roten Schnabelhöcker. Die Paarbindung ist stark und vermutlich lebenslang. Im Brutbezirk besetzt jedes Paar ein Revier, und Eindringlinge werden vom Menschen verjagt. Sie sind oft unverträglich gegenüber anderen Arten, vor allem, wenn sie Junge haben. Das Weibchen legt ca. 9 Eier in eine Höhle oder in ein Nest unter freiem Himmel, verborgen in dichter Vegetation. Während das Weibchen 28–30 Tage lang auf den Eiern sitzt, hält das Männchen Wache. Manchmal bilden sich „Kinderhorte“ von Dutzenden von Küken, die von einem oder mehreren Weibchen bewacht werden.

Pfeifschwan
Weißwangenwehrvogel
Zwergschwan
Kanadagans
Spaltfußgans
Graugans
Witwenpfeifgans
Brandgans ♂

Entenvögel 2

Falkland-Dampfschiffente

Tachyeres brachypterus

Verbreitung: Falklandinseln
Habitat: Küsten
Länge: 60–75 cm

Dampfschiffenten sind Meerestaucher mit schweren Körpern. Von den 3 Arten dieser Gattung können 2 nicht fliegen. Das Weibchen ist kleiner als das Männchen, hat einen gelbgrünen Schnabel und einen dunkelbraunen Kopf mit einem weißen Ring um die Augen. Diese Art sucht an der Küsten nach Nahrung und frißt hauptsächlich Weich- und Muscheltiere, Krabben und Garnelen. Man hat einmal einen Vogel gefunden, in dessen Magen und Kropf sich 450 Muscheln befanden. Die Falkland-Dampfschiffente baut ein Nest im Gras oder in trockenem Seetang (manchmal auch in einem verlassenen Pinguinbau) und kleidet es mit Daunen aus. Das Weibchen legt 5–8 Eier, und während der Brutzeit wird es ständig vom Erpel beschützt.

Stockente

Anas platyrhynchos

Verbreitung: auf der gesamten nördl. Erdhalbkugel
Habitat: fast überall, wo Wasser ist
Länge: 40–65 cm

Die Stockente ist eine typische Gründelente, die oft mit dem Steiß nach oben und dem Kopf nach unten im flachen Wasser Nahrung sucht. Das Weibchen hat ein schlichtes, bräunliches Federkleid mit auffälligen blauen Federn auf den Flügeln – dem Spiegel. Jedes Jahr bilden sich die Paare während eines ziemlich langen und komplizierten gemeinschaftlichen Balzrituals neu, in dessen Verlauf auch die hellen Flügelspiegel geputzt werden. „Ledige" Weibchen sind in dieser Zeit Freiwild, sogar für Männchen, die sich bereits gepaart haben oder deren Weibchen schon die Eier ausbrüten. Hat ein Weibchen seine Wahl getroffen, dann fordert es das Männchen durch lautes Geschnatter sowie durch Aufundabbewegen des Kopfes in Richtung eines Rivalen auf, diesen zu verjagen. Das Weibchen legt seine 8–10 Eier in ein Bodennest, in eine Vertiefung in der Vegetation oder in Bäume (Kopfweiden). Das Männchen verläßt das Weibchen, während es noch brütet, um sich mit anderen Männchen zur jährlichen Mauser zu treffen. Die Stockente ist die Stammform aller zahmen Enten, mit Ausnahme der Moschusente. Die gesamte wilde Population droht durch die anders gefärbten zahmen Vögel verdrängt zu werden, da es viele verwilderte Exemplare von diesen gibt.

Löffelente

Anas clypeata

Verbreitung: Europa, Asien, Nordamerika
Habitat: Sümpfe, Küstengewässer
Länge: 43–56 cm

Der auffällige schaufelförmige Schnabel der Löffelente ist eine Anpassung an das Fressen von Plankton. Wenn der Vogel schwimmt, saugt er Wasser in seinen Schnabel, das mittels haarähnlicher Lamellen zu beiden Seiten des Schnabels ausgefiltert wird. Die winzigen Planktontierchen bleiben zurück, das Wasser fließt ab. Die Weibchen sind größtenteils braun, haben jedoch blaue Schultern und einen grünen Spiegel. Die Löffelenten streifen die meiste Zeit des Jahres in Paaren oder Gruppen umher. Das Weibchen baut ein Nest im Schilf und legt 7–14 Eier, die es 23–25 Tage lang bebrütet. Das Weibchen entwickelt beim Brüten eine erstaunliche Ausdauer. Die Küken werden mit normalen Schnäbeln geboren; die Löffelform entwikkelt sich erst später.

Eiderente

Somateria mollissima

Verbreitung: zirkumpolar (Nordhalbkugel)
Habitat: Küsten, Flüsse und Seen
Länge: 56–70 cm

Wie die meisten Enten polstert die Eiderente ihr Nest mit Daunen aus, die sie von ihrer Brust pflückt. Die Daunen der Eiderenten sind allerdings besonders weich und warm und werden deshalb seit langem vom Menschen gesammelt und verarbeitet. Das Federkleid des Weibchens ist gestreift und bräunlich. Männchen und Weibchen haben eine Wachshaut, eine V-förmige Verlängerung des Schnabelansatzes, die fast bis zu den Augen reicht. Während der Brutzeit suchen die Eiderenten in großer Zahl die Küsten auf und ernähren sich von Weich- und Schalentieren sowie von anderen kleinen Tieren. Sie nisten in Kolonien, kämpfen jedoch um ihre Nistplätze; jedes Paar hat sein eigenes Revier. Das Weibchen brütet das Gelege von ca. 5 Eiern alleine aus, während sein Partner mit anderen Erpeln zusammen zur jährlichen Mauser fortzieht. Die Jungen mehrerer Weibchen sammeln sich oft in Kinderhorten, die manchmal Hunderte von Küken umfassen. Auf den Wattinseln befinden sich große Kolonien dieser Enten.

Bergente

Aythya marila

Verbreitung: zirkumpolar (Nordhalbkugel)
Habitat: Küsten- und Binnengewässer
Länge: 40–51 cm

Die Bergente, eine Tauchente, brütet in Tundragebieten und zieht im Winter in südlichere Gegenden. Sie frißt kleine Wirbellose wie Weich- und Schalentiere. Ebenso wie ihre nächsten Verwandten, die Riesentafelente (*A. valisineria*) und die Reiherente (*A. fuligula*), ist die Bergente ein ausgezeichneter Taucher und sucht manchmal ihre Nahrung bis in Tiefen von 8 m. Bergenten versammeln sich in riesigen Kolonien von manchmal mehr als 100000 Vögeln. Im Brutgebiet überlappen sich die Reviere angrenzender Paare. Das Weibchen legt 8–10 Eier, die es 23–27 Tage lang bebrütet.

Mandarinente

Aix galericulata

Verbreitung: Ostasien, Korea, China, Japan; eingeführt in Großbritannien und Nordwesteuropa
Habitat: Süßwassersümpfe, Seen und Teiche
Länge: 43–51 cm

Die schöngezeichnete Mandarinente ist in der Morgen- und Abenddämmerung am aktivsten. Sie frißt pflanzliche Nahrung wie Samen, Eicheln und Reis, außerdem Insekten, Schnecken und kleine Fische. Sie ist ein geselliges Tier und festigt, wenn möglich, ihre Partnerbindung jedes Jahr wieder neu. Das Balzritual ist sehr langwierig und umfaßt das rituelle Putzen der vergrößerten, segelartigen Flankenfedern sowie rituelles Scheintrinken. Das Weibchen legt 9–12 Eier, oft in einem Nest in einer Baumhöhle, und brütet sie selbst aus. Die engverwandte nordamerikanische Brautente (*A. sponsa*) ist ebenfalls sehr schön gezeichnet.

Mittelsäger

Mergus serrator

Verbreitung: Holarktis (nördl. kalte u. gemäßigte Zonen)
Habitat: Küsten- und Binnengewässer
Länge: 48–66 cm

Die Mittelsäger ernähren sich von Fischen und Schalentieren. Diese Tauchenten haben einen langen, dünnen und gezähnten Schnabel, der sich ausgezeichnet zum Fischfang unter Wasser eignet. Die Balzrituale dieser Art sind recht kompliziert. Das Männchen streckt seinen Hals und sprintet über das Wasser; vor der Paarung führt es eine Anzahl von Trink-, Putz- und Flügelschlagbewegungen aus. Das Weibchen legt 9–10 Eier in ein Loch oder in eine Höhle. Der Erpel läßt seine Partnerin schon bald nach Beginn des Brütens im Stich. Sobald die Jungen aus dem Ei geschlüpft sind, fassen mehrere Weibchen ihren Nachwuchs in einer Gruppe zusammen, die sie dann gemeinschaftlich aufziehen.

Moschusente

Cairina moschata

Verbreitung: Mittelamerika, tropisches Südamerika
Habitat: Flüsse und Sümpfe in Waldgebieten
Länge: 66–84 cm

Dieser Vogel, der in seiner zahmen Form überall bekannt ist, ist in der Wildform außerhalb seines Verbreitungsgebietes sehr selten. Das Männchen hat eine warzige Haut um die Augen und eine vergrößerte Schnabelwurzel. Der Kopf des Weibchens ist ganz mit Federn bedeckt, und der Schnabel hat keinen Höcker. Die Wildform sieht sehr attraktiv aus, aber manche gezüchteten Vögel haben eigentümliche Warzen und riesige Auswüchse auf dem Schnabel. Die Moschusente ernährt sich von Pflanzen, Samen, kleinen Fischen und Insekten; besonders gern frißt sie Termiten, die in ihrem Lebensraum im Wald im Überfluß vorhanden sind. Da die Moschusente ein tropischer Vogel ist, unternimmt sie keine echten Wanderungen, weicht aber in Trockenzeiten an die Küste aus. Sie lebt nicht in großen Gruppen, und die Paar- und Familienbindungen sind nur schwach. Die Balz ist einfach und kurz. Das Weibchen legt 8–15 Eier in eine Höhle oder zwischen Binsen und bebrütet sie allein. Der Erpel beteiligt sich jedoch an der Aufzucht der Jungen.

Schwarzkopfruderente

Oxyura jamaicensis

Verbreitung: USA, Mittelamerika, Anden; eingeführt in Großbritannien
Habitat: Binnenseen und Flüsse
Länge: 35–48 cm

Diese Ente gehört zur Gattung der Ruderenten: kleine, gedrungene Süßwassertauchenten, die beim Schwimmen den Schwanz in einem bestimmten Winkel aufrichten. Die Schwarzkopfruderente ist gewöhnlich nachts aktiv und frißt Wasserpflanzen, Insekten und kleine Wirbellose. Sie lebt nicht in Gemeinschaft und hat kein Nistrevier. Das Weibchen legt ca. 8 Eier, manchmal weitere Eier in andere Nester.

Falkland-Dampfschiffente ♂
Moschusente ♂
Mittelsäger ♂
Eiderente ♂
Stockente ♂
Löffelente
Bergente ♂
Schwarzkopfruderente ♂
Mandarinente ♂

Neuweltgeier, Sekretär, Fischadler

ORDNUNG FALCONIFORMES: Greifvögel
Die Greifvögel, die auch Raubvögel genannt werden, machen Jagd auf andere Tiere und töten sie (vor allem höhere Wirbeltiere), um sich Nahrung zu beschaffen. Zu ihnen gehören sowohl die spezialisierten Nachtjäger – die Eulen – wie auch die Tagjäger. Letztgenannte bilden die Ordnung Falconiformes, deren fast 300 Arten in der ganzen Welt verbreitet sind; hierzu gehören unter anderem die Adler, Habichte, Falken und Geier. Die Ordnung umfaßt 5 Familien: 2 große und formenreiche – die Accipitridae (Habichtartige) und die Falconidae (Falken) – und 3 kleinere und stärker spezialisierte: die Cathartidae (Neuweltgeier), die Pandionidae (Fischadler) und die Sagittariidae (Sekretäre).

FAMILIE CATHARTIDAE: Neuweltgeier
Die Geier- und Kondorarten dieser Familie sind von Feuerland und den Falklandinseln im Süden bis nach Südkanada im Norden verbreitet. Sie ähneln den Geiern der Alten Welt, werden jedoch aufgrund ihrer inneren Körperstruktur als separate Familie angesehen. Doch ernähren sich diese Geier auf die gleiche Weise wie ihre afrikanischen Verwandten. Ihre nackten Köpfe und Hälse ermöglichen es ihnen, tief in die blutigen Kadaver einzutauchen, ohne ihr Gefieder zu beschmutzen. Ihre Füße mit den langen Zehen und den leicht gekrümmten Krallen eignen sich mehr dazu, auf einem Ausguck zu sitzen, als eine Beute zu ergreifen. Geier und Kondore leben alleine, obwohl manche Arten in Kolonien zusammensitzen. Sie bauen ihre Horste gewöhnlich in hohlen Bäumen. Männchen und Weibchen sehen gleich aus.

Königsgeier

Sarcoramphus papa
Verbreitung: von Mexiko bis Argentinien
Habitat: tropischer Regenwald, Savanne
Länge: 80 cm

Der Königsgeier ist ein mittelgroßer Geier mit breiten Flügeln und breitem Schwanz. Die nackte Haut auf dem Kopf ist außergewöhnlich bunt gezeichnet. Es heißt zwar, daß dieser Geier lebende Tiere tötet, doch in Wirklichkeit frißt er hauptsächlich Aas. Wie der Name schon andeutet, hat dieser großschnabelige Vogel bei Kadavern den Vorrang vor anderen Geierarten. Aas ist im dichten tropischen Urwald nur schwer zu finden; deshalb ist der Königsgeier einer der wenigen Vögel, die sich bei der Nahrungssuche hauptsächlich auf ihren Geruchssinn verlassen. Tote Fische, die an Flußufern angeschwemmt werden, sind ein wichtiger Teil seiner Nahrung. Über die Brutgewohnheiten dieses Geiers ist wenig bekannt, aber man hat einmal beobachtet, daß ein Ei in einem hohlen Baum lag, das von beiden Eltern bebrütet wurde. Das erste vollständige Federkleid junger Königsgeier besteht aus schwarzen Federn. Die prachtvolle Gesichtszeichnung und die cremefarbenen Federn entwickeln sich nach den ersten beiden Lebensjahren.

Kalifornischer Kondor

Gymnogypus californianus
Verbreitung: Kalifornien
Habitat: Berge
Länge: 115–140 cm Ⓑ

Dies ist einer der größten Vögel der Welt und mit seinem Gewicht von mehr als 11 kg dazu auch noch einer der schwersten flugfähigen Vögel. Früher war das Verbreitungsgebiet dieser Art wesentlich größer, doch der Bestand ist infolge der Vernichtung des Lebensraumes und infolge übermäßiger Jagd drastisch zurückgegangen. Der Kalifornische Kondor steht wahrscheinlich kurz vor dem Aussterben. Er wird allerdings mittlerweile streng geschützt. Man hat vor, ihn in Gefangenschaft nachzuzüchten, ein letzter Versuch, um diese Art zu retten.

Der Kalifornische Kondor ist im Flug ein sehr auffälliger Vogel mit besonders langen, breiten Flügeln, die ihm Segel- und Gleitflüge in großer Höhe über 15 km ermöglichen, ohne daß er dabei auch nur ein einziges Mal mit den Flügeln zu schlagen braucht. Allerdings sind bestimmte Wetterbedingungen die Voraussetzung dafür, daß er in der Luft kreisen und segeln kann. Bei schlechtem Wetter oder an windstillen Tagen bleibt er meist in der Nähe seines Ruheplatzes. Er hält sich generell mindestens 15 Stunden pro Tag dort auf. Die Nahrung besteht aus Aas, meist von großen Tieren. Es ist nicht bekannt, ob er auch lebende Beute jagt.

Zu Beginn der Brutzeit balzt das Männchen vor seiner zukünftigen Partnerin. Das Weibchen legt jeweils ein Ei auf den Boden einer Höhle oder in ein Loch in einer Felswand. Beide Vögel brüten abwechselnd. Der junge Kondor wird länger als ein Jahr von beiden Eltern gefüttert und aufgezogen. Dies bedeutet, daß die Kalifornischen Kondore nur alle 2 Jahre brüten können.

Truthahngeier

Cathartes aura
Verbreitung: gemäßigte und tropische Zonen Nord- und Südamerikas
Habitat: Ebenen, Wüsten, Wälder
Länge: 66–132 cm

Der Truthahngeier hat das größte Verbreitungsgebiet von allen Neuweltgeiern. Er kreist oft über offenem Gelände auf der Suche nach Nahrung, die er mit Hilfe seines Geruchssinns findet. Er frißt alle Arten von Abfall: Exkremente von Seelöwen, verfaulendes Obst und Gemüse sowie kleine Kadaver. Truthahngeier sind in vielen Teilen ihres Verbreitungsgebietes gefangen und getötet worden, da man zu Unrecht glaubte, sie übertrügen Milzbrand und andere Krankheiten auf das Vieh. Auf manchen peruanischen Guanoinseln, wo sie Vogeleier und junge Vögel fressen, sind sie allerdings tatsächlich eine Plage.

Zur gemeinsamen Nachtruhe versammeln sich Gruppen von 30 oder mehr Vögeln, aber dies ist auch die einzige Gelegenheit, bei der die Truthahngeier zusammenkommen. In der Brutzeit wird kein echtes Nest gebaut, sondern das Weibchen legt seine 2 Eier einfach auf den Boden, in einen hohlen Baum, zwischen Felsen oder in Höhlen. Beide Eltern beteiligen sich an der Brut und an der Aufzucht der Jungen.

FAMILIE SAGITTARIIDAE: Sekretäre
Diese Familie besteht aus nur einer Art, einem adlerähnlichen Vogel mit einem deutlich sichtbaren Schopf, verlängerten Schwanzfedern und langen Beinen. Beide Geschlechter sind gleich gefärbt, doch die Weibchen sind etwas kleiner als die Männchen.

Sekretär

Sagittarius serpentarius
Verbreitung: Afrika südl. der Sahara
Habitat: offenes Gelände mit Graswuchs
Länge: 150 cm

Der Sekretär verbringt die meiste Zeit auf dem Boden, wo er mit großen Schritten umherstolziert. Pro Tag legt er bis zu 30 km zurück. Er kann auch schnell laufen, um seine Beute zu fangen, die er mit einem schnellen Zustoßen seinen Kopfes packt. Größere Tiere tötet er, indem er sie mit kräftigen Fußtritten traktiert. Kleine Säugetiere, Insekten, manche Vogelarten und ihre Eier, Reptilien, im Grunde fast alles, was sich auf dem Boden fortbewegt, fällt ihm zum Opfer.

Die Paare sind in der Brutzeit stark an die Brutstätte gebunden, und sie verjagen Eindringlinge aus ihrem Revier. Das Nest befindet sich gewöhnlich im Wipfel eines Baumes und ist aus Zweigen und Soden gebaut und mit Gras und Blättern ausgepolstert. Das Weibchen brütet die 2–3 Eier alleine aus.

FAMILIE PANDIONIDAE: Fischadler
Das einzige Mitglied dieser Familie ist der Fischadler, der einem großen Bussard ähnelt. Beide Geschlechter sehen gleich aus.

Fischadler

Pandion haliaetus
Verbreitung: fast weltweit
Habitat: Seen, Flüsse, Küsten
Länge: 53–62 cm

Der Fischadler ernährt sich fast ausschließlich von Fischen. Die stachelige Unterseite seiner Zehen ermöglicht es ihm, seine schlüpfrige Beute festzuhalten. Beim Jagen fliegt der Fischadler über dem Wasser, und wenn er einen Fisch sieht, rüttelt er kurz, stürzt dann mit angewinkelten Flügeln und vorgestreckten Fängen nieder, wobei er manchmal vollständig unter der Wasseroberfläche verschwindet, manchmal aber auch elegant auf dem Wasser landet. Er packt den Fisch mit beiden Fängen und kehrt dann zu seinem Ruheplatz zurück, um ihn zu verzehren.

In der Brutzeit baut das Paar einen großen Horst auf dem Boden oder in einem Baum; als Baumaterial dienen Zweige, Seetang, Gras und ähnliches. Manchmal wird der gleiche Horst jahraus, jahrein instand gesetzt und wiederbenutzt, so daß er mit der Zeit eine enorme Größe erreicht. Das Gelege mit 2–4, gewöhnlich jedoch mit 3 Eiern wird hauptsächlich vom Weibchen bebrütet. Das Männchen schafft während der Brutzeit und in den ersten 4 Wochen nach dem Ausschlüpfen der Jungen Nahrung heran. Nach dem Brüten ziehen die nördlichen Populationen zum Überwintern in den Süden.

Kalifornischer Kondor
Fischadler
Truthahngeier
Sekretär
Königsgeier

Habichtartige 1

FAMILIE ACCIPITRIDAE: Habichtartige
Dies ist die größte Familie innerhalb der Ordnung der Greifvögel, in der 211–217 Arten von Jägern und Aasfressern zusammengefaßt sind. Man findet sie fast überall auf der Welt, außer in der Antarktis und in einigen nördlichen Regionen des Nordpolgebietes sowie auf abgelegenen Inseln.

Der typische Habichtartige läßt sich nur schwer beschreiben, da die Familie Vögel von unterschiedlichster Art und Größe umfaßt und außer den Jägern auch noch die 14 aasfressenden Geier der Alten Welt dazugehören. Neben den Geiern rechnet man auch die Habichte, Bussarde, Adler, Schlangenadler, Weihen, Milane, Fischadler, Wespenbussarde und noch einige spezialisierte Arten zu dieser Familie.

Das Weibchen ist in fast allen Fällen deutlich größer als das Männchen, mit Ausnahme der Geier. Charakteristische äußere Merkmale der Familie sind die hakenartig gekrümmten, scharfen Schnäbel mit der fleischigen Wachshaut auf der Wurzel, in der sich die äußeren Nasenlöcher befinden, und die breiten, abgerundeten Flügel. Die Unterseite ist oft gebändert oder gestreift. Alle Vögel haben weit auseinanderstehende Zehen mit langen, scharfen, gekrümmten Krallen. Die Sohlen sind mit rauhen Fußkissen versehen, was es erleichtert, die Beute zu greifen. Die meisten Arten nisten in Bäumen. Einige der größeren Adler und Bussarde bauen ihre Horste auf den Simsen steiler Felswände. Die großen Arten leben lange, und es dauert mehrere Jahre, bis diese Vögel erwachsen sind. Ein Gelege besteht aus 1–2 Eiern.

Schmutzgeier

Neophron percnopterus
Verbreitung: Südeuropa, Afrika, Mittlerer Osten, Indien
Habitat: offenes Gelände
Länge: 60–70 cm

Der Schmutzgeier ist kleiner als andere Geierarten; deshalb muß er diesen bei Kadavern den Vortritt lassen und sich oft mit dem zufriedengeben, was übrigbleibt. Außer von Aas ernährt er sich von Insekten und von Straußen- und Flamingoeiern. Er ist eines der wenigen Tiere, die Werkzeuge benutzen: Um die großen Straußeneier aufzubrechen, läßt der Schmutzgeier Steinbrocken auf sie fallen. Dieser Geier durchwühlt oft allen möglichen Unrat nach Nahrung, sogar menschliche Fäkalien. Man findet ihn daher auch oft auf Müllhalden in der Nähe von Städten oder Dörfern.

Der Paarung geht ein Balzflug mit abwechselndem Auf- und Absteigen voraus. Der Horst wird an einer Felswand oder auf einem Gebäude gebaut. Das Weibchen legt 1–2 Eier, die in 42 Tagen von beiden Eltern ausgebrütet werden.

Bartgeier

Gypaetus barbatus
Verbreitung: Südeuropa, Afrika, Mittlerer Osten, Indien, Tibet
Habitat: Gebirge
Länge: 95–105 cm

Der Bartgeier, im Volksmund auch Lämmergeier genannt, ist ein seltener, majestätischer Vogel. Er kommt nur in die Täler, um nach Nahrung zu suchen. Den größten Teil des Tages verbringt er im Flug, wobei er mit unnachahmlicher Grazie dahingleitet. Er frißt die verschiedensten Arten von Aas, auch menschliches, muß jedoch oft größeren Geierarten den Vortritt lassen. Da er als einer der letzten an die Reihe kommt, bleiben ihm oft nur die Knochen. Deshalb hat er die Gewohnheit entwickelt, diese aus großer Höhe auf Felsen hinabfallen zu lassen, so daß sie zersplittern und das Mark freigelegt wird.

Jedes Brutpaar hat ein großes Revier, meist in einem abgelegenen Gebiet. Die Vögel vollführen imposante Steig- und Sturzflüge. Der Bartgeier nistet in Nischen und auf Simsen von Felswänden und legt 1–2 Eier. Die Brutdauer beträgt 53 Tage. Gewöhnlich wird nur ein Küken aufgezogen.

Ohrengeier

Torgos tracheliotus
Verbreitung: Afrika
Habitat: Busch, Wüste
Länge: 100–115 cm

Der Ohrengeier ist ein typischer Altweltgeier, der ausgezeichnet an das Leben als Aasfresser angepaßt ist. Mit seinem mächtigen Hakenschnabel reißt er das Fleisch mühelos von einem Kadaver, und der nackte Kopf und Hals ersparen ihm ein mühsames Reinigen der Federn. Der Ohrengeier verhält sich sehr aggressiv gegenüber anderen Geiern und kommt daher beim Aasfressen meist gut zum Zuge. Die riesigen breiten Flügel mit den weit auseinanderstehenden Handschwingen eignen sich ausgezeichnet für lange Segel- und Gleitflüge, wobei der Vogel nur wenige Flügelschläge zu machen braucht. Balz und Paarung sind bisher noch nicht beobachtet worden. Ein riesiger Horst aus Zweigen wird im Wipfel eines Baumes oder in einen Felsspalt gebaut. Das Weibchen legt jeweils ein Ei.

Wespenbussard

Pernis apivorus
Verbreitung: Europa, Kleinasien, Sibirien, Indonesien
Habitat: Waldgebiete
Länge: 53–61 cm

Der Wespenbussard hat breite, gebänderte Flügel, einen verhältnismäßig langen Schwanz und speziell angepaßte Federn, die ihm Schutz vor den Stichen der wilden Bienen oder Wespen bieten, deren Nester er plündert. Larven und Honig sind seine wichtigste Nahrungsquelle. Er frißt jedoch auch lebende Wespen, deren Stachel er vor dem Verzehr geschickt entfernt. Außerdem ernährt er sich von kleinen Wirbeltieren und von fliegenden Termiten. Das Revier des Wespenbussardpärchens ist ziemlich groß, manchmal 3,5 km im Durchmesser. Das Männchen vollführt einen besonders Balzflug, bei dem es die Flügel über dem Kopf zusammenklappt. Das Paar baut ein Baumnest aus Zweigen und Blättern. Beide Eltern brüten in 30–35 Tagen das Gelege aus, das aus 1–3 Eiern besteht, und gemeinsam ziehen sie auch die Jungen auf. Im September und Oktober fliegt der Wespenbussard in Gruppen aus dem Norden seines Verbreitungsgebietes zum Überwintern nach Afrika.

Rotmilan

Milvus milvus
Verbreitung: Europa, Westasien, Nordafrika
Habitat: Waldgebiete, offenes Gelände
Länge: 61–66 cm

Der Rotmilan ist ein mittelgroßer Vogel mit langen Flügeln und einem auffälligen, tiefgegabelten Schwanz. Er brütet oft im Wald, jagt jedoch in offenem Gelände. Er fliegt im Tiefflug über die Felder und sucht so seine Beute. Er kann kurz rütteln und verfolgt seine Opfer sehr geschickt. Kleine Säugetiere von der Größe eines Wiesels sowie Vögel, Reptilien, Frösche, Fische, Insekten und Aas sind seine Beute, aber er tötet manchmal auch Federvieh.

Oft sammelt ein in den Bäumen nistendes Paar Zweige und verschiedenstes Material in einem alten Horst. Das Weibchen legt 1–5 Eier, meist jedoch 3, und übernimmt den größten Teil der 28–30tägigen Brut. Das Männchen bringt ihm Nahrung und hilft hin und wieder auch beim Brüten.

Brahminenweih

Haliastur indus
Verbreitung: Indien, Südchina, Australasien
Habitat: in Wassernähe, Küsten
Länge: 46 cm

Dieser Milan frißt Frösche, Krabben, Schlangen, Fische, Insekten und gelegentlich Aas. Außerdem sucht er in menschlichen Niederlassungen nach eßbarem Abfall. An der Brutstätte vollführt der Vogel zunächst Balzflüge, bevor er in einem Baum oder zwischen Mangroven den Horst baut, der aus Zweigen besteht und mit Blättern gepolstert ist. Das Weibchen legt 1–4 Eier, die es in 26–27 Tagen ausbrütet, während das Männchen es mit Nahrung versorgt.

Schneckenweih

Rostrhamus sociabilis
Verbreitung: USA: Florida; Karibik, Mexiko, Mittel- und SÜdamerika
Habitat: Süßwassersümpfe
Länge: 38 cm

Der Schneckenweih ernährt sich ausschließlich von Wasserschnecken der Gattung *Pomacea*. Sein verlängerter Oberschnabel ist eine Anpassung an diese merkwürdige Ernährungsweise. Er fliegt mit langsamen Schlägen seiner großen, breiten Flügel über das Wasser und stößt, sobald er eine Schnecke sieht, hinab, greift sie mit einem der beiden Fänge und trägt sie zu seinem Futterplatz. Während er auf einem Bein steht, hält er die Schnecke fest, bis diese aus ihrem Haus kommt. Sobald sie erscheint, versetzt er ihr einen Schlag mit seinem scharfen Schnabel. Dadurch wird das Nervensystem der Schnecke verletzt, und sie wird gelähmt. Dann schüttelt der Schneckenweih die Schnecke aus dem Haus, so daß sie auf den Boden fällt.

Der Horst dieses Milans ist ein einfaches Gebilde im Sumpfgras oder in Sträuchern. Beide Eltern brüten die 3–4 Eier aus und ziehen die Jungen auf. Dieser ungewöhnliche Vogel ist heute selten geworden, vor allem in Florida, und er steht unter Naturschutz.

Rotmilan
Bartgeier
Brahminenweih
Wespenbussard
Ohrengeier
Schneckenweih
Schmutzgeier

Habichtartige 2

Weißkopf-Seeadler

Haliaeetus leucocephalus

Verbreitung: Nordamerika

Habitat: Küsten, Flüsse und Seen

Länge: 80–100 cm

Dieser Adler ist der Wappenvogel der Vereinigten Staaten. Er ist einer der 8 Haliaeetus-Arten, die sich alle von Fischen ernähren. Die anderen Arten werden meist als „See"- oder „Fisch"-Adler bezeichnet und sind Küstenvögel. Der Weißkopf-Seeadler ernährt sich teilweise von toten oder sterbenden Fischen, doch fängt er auch lebende Fische aus dem Wasser und schlägt manchmal auch Vögel und Säugetiere. Gruppen dieser imposanten Vögel versammeln sich an nahrungsreichen Orten, vor allem in der Nähe von Flüssen an der Küste Alaskas – dort jagen sie Lachse.

Der Seeadler brütet im Norden von Nordamerika auf Binnenseen und zieht notfalls im Winter in den Süden, um dort nach Nahrung zu suchen. Paare bleiben zusammen, und jedes Jahr wird die Beziehung durch einen eindrucksvollen Balzflug erneuert, bei dem die Vögel hoch in der Luft einander bei den Fängen packen und so zusammen in die Tiefe trudeln. Der Horst wird aus Zweigen in einem hohen Baum oder auf einem Felsen gebaut. Er wird Jahr für Jahr erweitert und kann eine Größe von etwa 2,5 m mal 3,5 m erreichen. Damit ist es eines der größten Vogelnester überhaupt. Meistens brütet das Weibchen auf den 1–3 Eiern, doch manchmal wird es vom Männchen abgelöst. Die Jungen bleiben 10–11 Wochen im Nest, sind aggressiv und kämpfen miteinander um die Nahrung. Oft verhungert das jüngste Küken, oder es wird getötet. Im Gegensatz zu anderen Vogelordnungen brüten die Greifvögel schon, wenn das erste Ei abgelegt ist. Deshalb vergehen einige Tage zwischen dem Ausschlüpfen des erst- und letztgeborenen Jungen. Ist Nahrung im Überfluß vorhanden, dann können alle Jungen aufwachsen; bei Nahrungsmangel jedoch überlebt nur das älteste und stärkste.

Alle Teilpopulationen dieses schönen Vogels sind zurückgegangen, in manchen Gebieten sogar in besorgniserregendem Maße. Die Art leidet unter den Folgen der Vergiftung ihres Lebensraumes und ihrer Beutetiere durch Chemikalien. Weißkopf-Seeadler können wegen ihrer relativ langsamen Vermehrung nur allmählich wieder zahlreicher werden. Dies gilt auch für ihr europäisches Gegenstück, den Seeadler (*H. albicilla*), der seit Anfang der 60er Jahre aus mehreren europäischen Ländern verschwunden ist.

Palmgeier

Gypohierax angolensis

Verbreitung: Afrika südl. der Sahara

Habitat: Urwald, Mangrovensümpfe, Savanne

Länge: 70 cm

Dieser merkwürdige Vogel ähnelt sowohl einem Geier wie auch einem Seeadler. Manche Ornithologen nehmen daher an, daß er eine Verbindung zwischen diesen beiden Gruppen darstellt. Er ernährt sich fast ausschließlich von den Früchten der Ölpalme (*Elaeis guineensis*). Sein Verbreitungsgebiet entspricht daher fast genau dem dieses Baumes. Außerdem frißt er auch die Früchte der Raphiapalme sowie Krabben, Weichtiere und Heuschrecken, doch den Früchten der Ölpalme gibt er eindeutig den Vorzug. Als Standvogel bleibt der Palmgeier am liebsten ständig im gleichen Jagdgebiet, und er hält sich fast das ganze Jahr über in der Nähe seines Brutplatzes auf. Das Paar baut seinen Horst aus Zweigen und Teilen der Ölpalme in einem Baum oder setzt einen alten Horst wieder instand. Das Weibchen legt ein Ei, das ca. 44 Tage lang bebrütet wird.

Gaukler

Terathopius ecaudatus

Verbreitung: Afrika südl. der Sahara

Habitat: Savanne und Ebenen

Länge: KRL 80–85 cm; SPW 170–180 cm

Der Gaukler gehört zu den Schlangenadlern. Sein Flugbild ist unverwechselbar: Er hat außergewöhnlich lange Flügel und einen sehr kurzen Schwanz. Die Fänge ragen beim Flug über den Schwanz hinaus. Der Gaukler kann ohne Mühe stundenlang segeln und legt so Entfernungen von mehr als 300 km pro Tag zurück. Ist er erst einmal mit schnellen Flügelschlägen aufgestiegen, dann braucht er die Flügel so gut wie nicht mehr zu bewegen. Auch vollführt er Flugkunststücke wie Luftrollen. Im Gegensatz zu anderen Schlangenadlern frißt der Gaukler vor allem Aas, tötet jedoch auch Beutetiere bis zur Größe eines Kirkdikdiks. Außerdem greift er andere aasfressende Vögel an und beraubt sie ihrer Beute. Brutpaare nisten in Bäumen und bauen dichte, muldenförmige Horste in den Baumkronen. Oft ist während der Brutzeit noch ein dritter erwachsener Vogel zugegen – eine ungewöhnliches Phänomen in der Vogelwelt, das noch nicht völlig erklärt worden ist. Dieser dritte Vogel nimmt nicht am Brüten teil und sucht das Nest nicht auf, sondern sitzt mit dem Männchen zusammen in der näheren Umgebung. Er kommt aber ans Nest, wenn ein Eindringling das Brutpaar belästigt. Das Gelege besteht aus einem Ei, das gewöhlich etwa 42 Tage lang vom Weibchen bebrütet wird. Der junge Vogel ist anfänglich sehr schwach; er bleibt deshalb lange Zeit im Nest und wird von beiden Eltern gefüttert.

Indischer Schlangenhabicht

Spilornis cheela

Verbreitung: von Indien bis Südchina; Südostasien, Indonesien

Habitat: Wald

Länge: 50–70 cm

Der Indische Schlangenhabicht variiert im Aussehen, und die verschiedenen Formen sind von unterschiedlicher Größe und Farbe. Die Vögel kreisen über dem Land und stoßen dabei manchmal Rufe aus, doch sie jagen nicht aus der Luft. Sie fangen ihre Beute gewöhnlich, indem sie von einem Ausguck hinabstoßen. Wie die übrigen Schlangenadler frißt der Schlangenhabicht hauptsächlich Reptilien, vor allem Baumschlangen. Seine Fänge mit den kurzen, starken Zehen, die eine rauhe Oberfläche haben, sind zum Festhalten glatter Beutetiere sehr geeignet.

Ein Paar bleibt oft das ganze Jahr über zusammen. In der Brutzeit vollführen die Vögel Balzflüge, und anschließend bauen sie in einem Baum einen kleinen Horst aus Zweigen. Das Weibchen legt ein Ei, das es 35 Tage lang bebrütet, während es vom Männchen mit Nahrung versorgt wird.

Höhlenweihe

Polyboroides typus (P. radiatus)

Verbreitung: Afrika südl. der Sahara

Habitat: Wald

Länge: 63 cm

Die Höhlenweihe hat einen langen Schwanz, lange Beine und eine nackte Gesichtshaut. Die Jungen anderer Vögel sind ihre Hauptnahrungsquelle, aber sie frißt auch andere Tiere und die Früchte der Ölpalme. Auf der Suche nach Nestern klettert sie sehr geschickt in den Bäumen umher und hängt manchmal sogar flügelschlagend mit dem Kopf nach unten, um die hängenden Nester der Webervögel anzugreifen. Ihr eigener Horst befindet sich ebenfalls in einem Baum. Das Gelege von 1–5 Eiern wird ca. 40 Tage lang von beiden Eltern bebrütet.

Kornweihe

Circus cyaneus

Verbreitung: Holarktsi (nördl. kalte und gemäßigte Zonen)

Habitat: Moore, Sümpfe, Ebenen

Länge: 44–52 cm

Die Kornweihe, eine der 8–10 Weihenarten, brütet in Nordamerika, Europa und Asien und zieht im Winter in südlichere Gebiete. Kornweihen jagen im Tiefflug über den Boden und suchen dabei das Gelände sorgfältig ab. Erspäht die Kornweihe eine Beute, dann stößt sie nieder und tötet sie am Boden. Sie frißt kleine Säugetiere und Vögel, unter anderem auch von Jägern angeschossene Tiere, und einige Reptilien, Frösche und Insekten.

Ihren Horst baut sie in einem Baum in sumpfigem Gelände oder zwischen niedriger Vegetation. Durchschnittlich enthält ein Gelege 4–6 Eier. Das Weibchen brütet, und das Männchen sorgt für Nahrung, auch nachdem die Jungen ausgeschlüpft sind.

Graubürzel-Singhabicht / Kleiner Singhabicht

Melierax metabates

Verbreitung: westliches Zentralafrika; Mittlerer Osten

Habitat: Buschvegetation

Länge: 38–48 cm

Der Graubürzel-Singhabicht bezieht seinen Posten auf einem guten Aussichtspunkt in einem Baum oder Strauch, bereit, schnell auf ein Beutetier auf dem Boden herabzustoßen. Die langen Beine ermöglichen es dem Vogel, sein Opfer laufend zu verfolgen; wenn er schnell läuft, ähnelt er einem kleinen Sekretär. Er ernährt sich hauptsächlich von Eidechsen, Schlangen und Insekten, fängt jedoch auch kleine Beutetiere und auf dem Boden lebende Vögel. Zu Beginn der Brutzeit läßt das Männchen seinen wohltönenden „Gesang" erschallen, um ein Weibchen anzulocken; anschließend fliegt das Paar gemeinsam über den Nistplatz. In einem Baum wird ein kleiner Horst aus Zweigen und Schlamm gebaut. Das Weibchen legt 1–2 Eier.

Die engverwande Art *M. canorus* zeigt ein fast identisches Verhalten.

Weißkopf-Seeadler
Indischer Schlangenhabicht
Gaukler
Palmgeier
Graubürzel-Singhabicht
Kornweihe
Höhlenweihe
Junghabicht

Habichtartige 3

Habicht

Accipiter gentilis

Verbreitung: Nordamerika, Europa, Iran, Tibet, Japan
Habitat: Wald, bewaldete Gebiete
Länge: KRL 51–66 cm; SPW 120 cm

Der Habicht ist die größte *Accipiter*-Art und vielleicht sogar der beste Jäger seiner Familie. Er fliegt gewandt zwischen den Bäumen hindurch oder segelt über die Baumwipfel. Er schlägt seine Beute im Überraschungsflug und verschlingt sie am Boden. Ein Habicht kann Tiere töten, die größer sind als er selbst. Die Liste der Beutetiere ist sehr lang und richtet sich nach dem jeweiligen Wohngebiet, in dem er operiert. Bei uns frißt der Habicht Tauben, Häher, Amseln und andere Singvögel. Außerdem schlägt er Säugetiere wie Kaninchen und jagt auch andere, meist kleinere Greifvögel wie die Sperber. Seine Jungen werden manchmal für die Beizjagd abgerichtet.

Ein Habichtpaar bleibt gewöhnlich das ganze Leben lang zusammen. Im Winter leben die Partner alleine, im Frühjahr treffen sie sich im Brutrevier wieder und begrüßen einander mit Balzflügen. Sie bauen einen neuen Horst oder setzen einen alten in einem Baum wieder instand. Während dieser Zeit ruht das Paar zusammen und stößt im Duett jeden Tag vor Sonnenaufgang Schreie aus. Sie paaren sich während der Legeperiode, die 6–8 Wochen dauert, ungefähr 10mal am Tag.

Das Gelege kann aus 1–5 Eiern bestehen, gewöhnlich sind es jedoch 3; die Anzahl ist von der verfügbaren Nahrungsmenge abhängig. Das Weibchen brütet 36–38 Tage lang, während das Männchen ihm kleine Beutetiere bringt und es ab und zu auch beim Brüten ablöst. Ein Teil der nördlichen Brutvögel zieht nach der Brutzeit in den Süden.

Rundschwanzsperber

Accipiter cooperii

Verbreitung: Südkanada, USA, Nordmexiko
Habitat: bewaldete Gebiete
Länge: 36–51 cm

Der Rundschwanzsperber ist ein mittelgroßer Vogel mit abgerundeten Flügeln und Schwanz. Er ist ein typischer Vertreter der Gattung *Accipiter*. Er lebt in der Deckung des Waldes, wagt sich jedoch daraus hervor, wenn er auf Jagd geht. Gewöhnlich jagt er von einem Ausguck aus. Wenn das Opfer nicht aufpaßt, stößt er schnell hinab und packt es. Zu seinen Beutetieren gehören Virginiawachteln, Stare, Amseln und Eichhörnchen. Er verfolgt auch Tiere am Boden, und zwar halb laufend und halb fliegend. Das Männchen verteidigt ein Brutrevier, und wenn das Weibchen auftaucht, wird es vom Männchen gefüttert. Daraufhin vollführen beide einen Balzflug. Ein Gelege besteht gewöhnlich aus 4–5, manchmal auch aus 6 Eiern. Die meiste Zeit brütet das Weibchen. Als sorgsame Mutter hilft es den Küken, aus dem Ei auszuschlüpfen, und füttert und bewacht sie in den ersten Wochen sorgfältig. Einige nördliche Populationen ziehen nach der Brutzeit in den Süden.

Schwarzhalsbussard

Busarellus nigricollis

Verbreitung: tropische Tiefebenen von Mexiko bis Paraguay und Argentinien
Habitat: offenes Gelände in Wassernähe
Länge: 46–51 cm

Der Schwarzhalsbussard hat lange, breite Flügel, einen kurzen, breiten Schwanz und einen leicht gebogenen Schnabel. Die Unterseite der Zehen ist mit sehr kleinen Stacheln versehen, wodurch er leicht Fische fangen und festhalten kann. Über offenem Wasser kann der Bussard hinabstoßen und seine Beute schlagen, ohne daß seine Federn nennenswert naß werden. An anderen Stellen stürzt sich der Vogel beim Fischen ins Wasser und trocknet anschließend seine Flügel. Der Schwarzhalsbussard frißt auch Eidechsen, Nagetiere und Schnecken.

Mäusebussard

Buteo buteo

Verbreitung: brütet in Europa, Asien und Japan; überwintert in seinem Brutgebiet und in Ostafrika, Indien, Malakka und Südchina
Habitat: Wald, Heide, Moore
Länge: 51–56 cm

Der Mäusebussard ist kein besonders kühner Jäger und verbringt mehr Zeit auf dem Ausguck als in der Luft. Wenn er sich aber erst einmal in die Lüfte erhoben hat, dann ist er ein guter Segler. Er frißt hauptsächlich kleine, auf dem Boden lebende Säugetiere, von Mäusen und Maulwürfen bis zu Kaninchen, und außerdem Reptilien, Regenwürmer, Insekten, Aas und einige bodenbewohnende Vögel. Meist überwältigt er seine Beute, indem er sich auf sie herabfallen läßt, und er tötet sie fast immer am Boden.

Die Größe des Brutgebietes variiert von Jahr zu Jahr, je nach Verfügbarkeit von Nahrung – vor allem Feldmäusen. Beim Balzflug entwickelt der Vogel eine erstaunliche Energie und steigt kraftvoll in der Luft auf und ab. Ihren Horst baut diese Art in einem Baum oder auf einem steilen Felsen. Das Weibchen legt 2–6 Eier.

Rotschwanzbussard

Buteo jamaicensis

Verbreitung: Nord- und Mittelamerika, Antillen
Habitat: verschieden: Wüsten, Wälder, Gebirge
Länge: 46–61 cm

Der Rotschwanzbussard ist ein kräftiger, gedrungener Vogel mit einem lauten Ruf und einem charakteristischen kastanienbraunen Schwanz. Er bewohnt viele verschiedene Lebensräume, wahrscheinlich mehr als irgendein anderer nordamerikanischer Bussard. Als Jäger ist er wenig wählerisch; er fängt hauptsächlich Nagetiere und Kaninchen, aber auch Schlangen, Eidechsen, Vögel und Insekten. Er jagt im Flug oder von einem Ausguck aus, wobei er seine Beute im Stoßflug schlägt.

Ein Paar balzt über dem Brutgebiet. Hoch in einem Baum oder (in der Wüste) auf einem Kaktus wird ein Horst aus Zweigen gebaut. Das Weibchen bleibt einige Wochen auf dem Nest oder in dessen Nähe, bevor es seine 1–4 Eier legt. In dieser Zeit wird es vom Männchen gefüttert. Beide Vögel brüten 28–32 Tage lang. Die jungen Vögel können nach 4–5 Wochen selbst Nahrung suchen.

Harpyie

Harpia harpyja

Verbreitung: von Südmexiko bis Nordargentinien
Habitat: Tieflandregenwälder
Länge: 90 cm Ⓢ

Die legendäre und gefürchtete Harpyie ist der größe Adler der Welt. Ihre enormen Fänge von der Größe einer Menschenhand sind mit tödlich scharfen Krallen versehen. Die breiten Flügel sind für einen Vogel dieser Größe kurz und ermöglichen es ihr zusammen mit dem beweglichen Schwanz, im dichten Wald zu jagen und auf der Suche nach Beute zwischen den Baumwipfeln hindurchzufliegen. Die Harpyie kann ihre Beute sogar zwischen den Zweigen sehr gewandt verfolgen. In Bäumen lebende Tiere wie Affen, Faultiere und Opossums sind ihre Hauptnahrungsquelle; außerdem fängt sie manchmal große Vögel. Der Horst der Harpyie besteht aus einer Plattform aus Zweigen in den höchsten Bäumen (in bis zu 45 m Höhe). Da diese Nester so unerreichbar sind, ist über die Brutgewohnheiten dieser Vögel nur sehr wenig bekannt. Ein Gelege besteht vermutlich aus 2 Eiern. Die jungen Vögel bleiben wahrscheinlich 1 Jahr lang bei ihren Eltern, so daß die Harpyie höchstwahrscheinlich nur alle 2 Jahren brütet. Dieser Vogel ist heute sehr selten geworden, da große Teile seines Lebensraumes vernichtet worden sind. Auch ist er schonungslos von Jägern verfolgt worden. Obwohl er unter Naturschutz steht, ist es schwierig, in den abgelegenen Wohngebieten der Harpyie wirksame Schutzmaßnahmen zu treffen.

Steinadler

Aquila chrysaetos

Verbreitung: Holarktis (südl. bis Nordafrika und Mexiko)
Habitat: Heide, Bergwälder
Länge: 76–89 cm

Dieser majestätische Vogel ist wahrscheinlich die zahlreichste Adlerart. Er ist ein gefürchteter Jäger mit riesigen Fängen, an denen lange, gekrümmte Krallen sitzen. Außerdem hat er einen Hakenschnabel und besonders scharfe Augen. Bei der Jagd kreist der Steinadler lange in der Luft und schlägt seine Beute in schnellem Stoßflug, packt sie mit seinen mörderischen Fängen und tötet sie. Die meisten Beutetiere ergreift er am Boden. Säugetiere wie Hasen und Kaninchen sind seine Hauptnahrung, doch er fängt auch Rauhfußhühner und verschmäht selbst Aas nicht.

Der Balzflug der Steinadler über ihrem Nistplatz ist ein sehr eindrucksvolles Schauspiel. Der Horst wird hoch auf einem Felssims oder in einem Baum gebaut; er wird oft ausgebessert und dann erneut benutzt. Manche Paare haben mehrere Horste, die sie abwechselnd beziehen. Die beiden Eier werden gewöhnlich vom Weibchen ausgebrütet, aber das Männchen hilft manchmal dabei. In 80 Prozent der beobachteten Fälle tötete das älteste Junge seine jüngeren Geschwister, ohne daß die Mutter dies zu verhindern versuchte.

Rundschwanzsperber
Schwarzhalsbussard
Mäusebussard
Habicht
Rotschwanzbussard
Steinadler
Harpyie

Falken

FAMILIE FALCONIDAE: Falken
Die 60 oder 61 Falkenarten sind Taggreifvögel. Sie sind fast auf der ganzen Welt verbreitet. Mit ihren scharfen, gebogenen Krallen und ihrem kräftigen, gekrümmten Schnabel ähneln sie im Aussehen den gleich großen Sperbern. Die meisten Arten haben jedoch lange, spitze Flügel statt der abgerundeten, gedrungeneren Silhouette der Habichtartigen. Auch im Skelettbau bestehen zwischen diesen beiden Gruppen kleine Unterschiede. Viele Falken besitzen sogenannte „Falkenzähne", messerscharfe Fortsätze des Oberschnabels, die in entsprechende Einkerbungen des Unterschnabels passen. Die beiden Geschlechter ähneln einander, doch sind die Weibchen gewöhnlich größer.

Es gibt 4 Unterfamilien: die Geierfalken, die Waldfalken, den Lachhabicht (*Herpetotheres cachinnans*) und die Hauptunterfamilie Falconinae, die die Zwergfalken mit den Gattungen *Microhierax* und *Polihierax* und die Eigentlichen Falken mit der Gattung *Falco* mit 37 Arten umfaßt. Mit Ausnahme der Geierfalken bauen die Falken keine Nester.

Carancho / Haubenkarakara

Polyborus plancus

Verbreitung: Süden der USA; Südamerika
Habitat: offenes Gelände
Länge: 56–61 cm

Die Geierfalken oder Karakaras bilden eine spezielle Gruppe innerhalb der Familie der Falken und leben in den tropischen Gebieten Mittel- und Südamerikas. Sie fressen verschiedene tierische Nahrung von Insekten bis zu Säugetieren, aber auch Aas. Das Brutpaar baut gemeinsam das Nest, gewöhnlich in einem Baum oder auf dem Boden. Die 2–4 Eier werden 28 Tage lang von beiden Vögeln bebrütet, und sie sorgen auch gemeinsam für die Jungen, die 2–3 Monate im Nest bleiben.

Rotkehl-Waldfalke

Micrastur ruficollis

Verbreitung: von Südmexiko bis Nordargentinien
Habitat: Urwald
Länge: 33–38 cm

Der Rotkehl-Waldfalke ist einer der 5 Waldfalken der tropischen Gebiete der Neuen Welt. Der Vogel ist an das Leben in der dichten, tropischen Wildnis angepaßt: Er besitzt einen langen Schwanz und kurze, breite Flügel; er fliegt gewandt zwischen dem Astwerk hindurch und wartet in Deckung auf Beute. Der Rotkehl-Waldfalke hat lange Beine und ein ausgezeichnetes Gehör, was es ihm ermöglicht, genau zu orten, wo sich die Beutetiere – kleine Säugetiere, Eidechsen und Vögel – aufhalten. Er stößt auf Gruppen von Vögeln nieder, die Wanderameisen folgen. Über seine Brutgewohnheiten ist nur wenig bekannt

Indischer Zwergfalke

Microhierax caerulescens

Verbreitung: Himalaya, Nordindien, Südostasien
Habitat: Urwald im Hügelland
Länge: 19 cm

Die 8 Zwergfalkenarten sind die kleinsten Greifvögel. Es sind gesellige Vögel, die sich in ihrem Verhalten stark ähneln. Der indische Zwergfalke jagt eher nach Art der Fliegenschnäpper als nach Art der Echten Falken. In kurzen Flügen von einem Ausguck aus fängt er Insekten und manchmal auch kleine Vögel. Die 4–5 weißen Eier werden in eine alte Baumhöhle, z.B. in die eines Spechtes, gelegt.

Turmfalke

Falco tinnunculus

Verbreitung: Europa, Asien, Afrika
Habitat: offenes Gelände, Ebenen, Kulturland
Länge: 34–38 cm

Turmfalken jagen in offenem Gelände und sind Meister im Rütteln: Sie fliegen in 10–15 m Höhe, um ein Gelände abzusuchen, stehen dann oft minutenlang in der Luft, rütteln mit sehr schnellen Flügelschlägen und stoßen, sobald sie ein Beutetier erspähen, steil herunter. Ihre Nahrung besteht aus kleinen Säugetieren, doch sie fangen auch Vögel, Reptilien und Insekten, manchmal auch Regenwürmer. Das Gelege aus 4–9 Eiern liegt auf einem Felssims, in einer Baumhöhle, in einem alten Krähennest oder ähnlichem, in seltenen Fällen auch einfach auf dem Boden. Wo natürliche Nistplätze fehlen, brütet der Falke auch gerne in Nistkästen. Das Weibchen übernimmt den größten Teil der 27–29tägigen Brutzeit. Wenn die Küken frisch ausgeschlüpft sind, bleibt das Weibchen auf dem Nest. Das Männchen sorgt unterdessen für Nahrung. Nach gut einer Woche hilft ihm das Weibchen bei der Nahrungssuche.

Baumfalke

Falco subbuteo

Verbreitung: von Großbritannien bis China; im Winter in Afrika und im Fernen Osten
Habitat: offenes Gelände, Buschvegetation, Savanne
Länge: 30–36 cm

Baumfalken kommen außer in Nordamerika fast in der ganzen Welt vor. Sie fliegen außergewöhnlich schnell und gewandt. Fast ihre gesamte Beute schlagen sie in der Luft. Sie sind spezialisiert im Wegfangen von Vögeln, Insekten oder Fledermäusen aus Schwärmen, und sie greifen sogar Schwalben und Mauersegler an. Ihr Balzflug ist von akrobatischer Schönheit. Die 2–3 Eier werden in ein altes, verlassenes Nest gelegt. Während das Weibchen die meiste Zeit brütet, sorgt das Männchen für Nahrung.

Habichtsfalke

Falco berigora (Jeracidea b.)

Verbreitung: Australien, Neuguinea, Tasmanien, Dampier-Insel
Habitat: offenes Gelände
Länge: 40–51 cm

Der Habichtsfalke ist einer der verbreitetsten Greifvögel Australiens. In Aussehen und Verhalten ähnelt er mehr einem Habicht als einem Falken, daher sein Name. Er ist nicht besonders aktiv, sondern sitzt meist auf einem Ausguck, kann jedoch, wenn nötig, auch sehr schnell fliegen. Er tötet seine Beute am Boden. Junge Vögel, Reptilien, Insekten und Säugetiere wie Kaninchen bilden seine Nahrung, und gelegentlich frißt er auch Aas. Das Weibchen legt 2–4 Eier in ein verlassenes oder selbstgebautes Nest. Beide Eltern beteiligen sich am Brüten.

Gerfalke

Falco rusticolus

Verbreitung: arktische Teile Europas, Asiens, Nordamerikas, Grönlands, Island
Habitat: Berge, Tundra
Länge: 51–63 cm

Der Gerfalke ist ein eindrucksvoller Vogel und gleichzeitig die größte Falkenart. Sein Körper ist gedrungener als der des Wanderfalken. Sein Federkleid kann dunkel, weiß oder grau gefärbt sein. Die meisten Exemplare brüten nördlich der Baumgrenze und bleiben das ganze Jahr über in der Arktis. Einige Populationen ziehen allerdings im Winter südwärts. Bei der Jagd fliegt der Gerfalke im Tiefflug über den Boden. Er kann auch schnelle Steilstöße ausführen wie der Wanderfalke, doch dies ist nicht typisch für ihn. Seine bevorzugte Beute sind Felsen-Schneehühner und Moor-Schneehühner, und die Zahl dieser Beutetiere beeinflußt sogar den Bruterfolg dieses Falken. In Jahren, in denen diese Hühner zahlreich sind, produziert der Gerfalke große Gelege, in mageren Jahren hingegen nur kleine, oder er brütet überhaupt nicht.

Gerfalken vollführen kunstvolle Balzflüge. Das Weibchen legt 2–7 Eier auf einen Felsvorsprung oder in ein altes Nest auf einer Klippe. Während es 27–29 Tage lang brütet, schafft das Männchen Nahrung heran. Sobald die Jungen ausgeschlüpft sind, gehen beide Eltern auf Nahrungssuche.

Wanderfalke

Falco peregrinus

Verbreitung: fast auf der ganzen Welt
Habitat: verschieden, oft in Bergen und an steilen Felsküsten
Länge: 38–51 cm Ⓖ

Die 17 Unterarten des Wanderfalken variieren stark in der Färbung. Die Flügel laufen spitz zu, der Schwanz ist kurz und schmal. In Geschwindigkeit und Zielsicherheit seines Fluges ist der Wanderfalke unübertroffen. Er ist ein typischer Vogeljäger. Er erbeutet die Vögel in einem eindrucksvollen, schnellen Steilstoß und tötet sie entweder sofort mit den Krallen oder bringt sie zuvor auf den Boden. Der Wanderfalke verfolgt Vögel auch in der Luft, wobei er mühelos seine Richtung ändert. Daher ist es auch nicht verwunderlich, daß er der begehrteste Beizvogel ist.

Seine Balzflüge zu Beginn der Brutzeit sind sehr eindrucksvoll. Die 2–6 Eier werden auf einem Felsvorsprung, auf dem Boden oder sogar auf dem Dach eines Gebäudes in der Stadt gelegt. Das Weibchen brütet die meiste Zeit, das Männchen schafft unterdessen Nahrung heran. Wenn die Jungen 2 Wochen alt sind, läßt das Weibchen sie alleine und hilft dem Männchen bei der Nahrungssuche. Nach 40 Tagen sind die Jungen flügge. Die Anzahl der Wanderfalken ist in bedenklichem Maße zurückgegangen, teils infolge der Pestizidvergiftung ihrer Beutetiere. In Schottland hat ihre Zahl glücklicherweise wieder zugenommen, nachdem der Falke dort Ende der 60er Jahre als Brutvogel fast ausgestorben war.

Indischer Zwergfalke
Carancho
Baumfalke
Wanderfalke
Rotkehl-Waldfalke
Turmfalke
Habichtfalke
Gerfalke

Großfußhühner, Hokkos, Hoatzin

ORDNUNG GALLIFORMES: Hühnervögel
Zu dieser Ordnung gehören die Großfußhühner, die Hokkos, der Hoatzin sowie die Fasane und ihre Verwandten. Außer den Hokkos und dem Hoatzin, die in Bäumen leben, sind alle Arten bodenbewohnende Vögel.

FAMILIE MEGAPODIIDAE: Großfußhühner
Die 12 Arten dieser Familie leben in Australasien und Indonesien. Die Geschlechter ähneln einander mehr oder weniger und sind alle mit starken Läufen ausgestattet. Ihre Nahrung besteht aus Insekten, wirbellosen Tieren, Samen und Früchten.

Die Großfußhühner brüten ihre Eier nicht auf die übliche Weise aus, sondern legen sie in einen aus vermodernden Pflanzen oder Sand aufgeschütteten Haufen und lassen sie von der sich so entwickelnden natürlichen Wärme ausbrüten.

Thermometerhuhn
Leipoa ocellata
Verbreitung: Südaustralien
Habitat: Mallee (Eukalyptuswälder)
Länge: 55–61 cm

Trotz des trockenen Lebensraumes gelingt es dem Männchen des Thermometerhuhns, einen zweckmäßigen Bruthaufen anzulegen, mit dessen Pflege es das ganze Jahr über beschäftigt ist. Im Winter gräbt es eine 2 m breite und 1 m tiefe Grube, die es mit Pflanzenteilen füllt. Ist das Gebilde vom Winterregen angefeuchtet, dann wird es mit Sand bedeckt. Die Pflanzen, die auf diese Weise luftdicht abgeschlossen sind, fangen an zu vermodern und Wärme zu entwickeln. Der Hahn hält die Temperatur auf 33° C, indem er den Bruthaufen öffnet, wenn er abkühlen soll, und Sand darauf wirft, wenn die Temperatur erhöht werden muß.

Es dauert eine Weile, bis die Eier gelegt sind, da es 15–35 Stück sind, die die Henne in Abständen von mehreren Tagen einzeln in die vom Männchen gebohrten Löcher in den Bruthügel legt. Die Küken schlüpfen nach 7 Wochen aus und erkämpfen sich ohne Hilfe der Eltern einen Weg ins Freie. Sie sind dann schon völlig selbständig und lernen innerhalb eines Tages zu fliegen.

Freycinet-Großfußhuhn
Megapodius freycinet
Verbreitung: von Ostindonesien bis Melanesien, Nord- und Nordostaustralien
Habitat: Regenwald und trockenere Gebiete
Länge: 45 cm

Das Freycinet-Großfußhuhn ist ein emsiger, lärmender Vogel, der seine Zuflucht in den Bäumen sucht, wenn er aufgeschreckt wird, und nur selten fliegt. In manchen Gegenden wirft er einfache Bruthaufen aus Sand auf, die von der Sonne oder – etwa auf einigen Inseln – durch vulkanische Aktivität erwärmt werden. Im Regenwald baut das Großfußhuhn riesige, bis zu 5 m hohe Haufen aus vermodernden Pflanzen. Die Henne legt die Eier in Tunnel, die in den Haufen hineingegraben werden.

FAMILIE CRACIDAE: Hokkos
Die 44 Arten der Hokkos leben in der Neuen Welt vom südlichen Texas bis nach Paraguay. Es sind Standvögel dichter tropischer Waldgebiete. Oft sind sie an ein Leben in den Bäumen angepaßt. Viele Arten haben eine Haube oder einen Helm auf dem Kopf.

Tuberkelhokko
Crax rubra
Verbreitung: von Mexiko bis Ecuador
Habitat: tropischer Regenwald
Länge: 94 cm

Der Tuberkelhokko schläft und nistet in Bäumen, ist jedoch auch oft auf dem Boden anzutreffen. Seine Nahrung besteht aus Früchten, Blättern und Beeren. Der Hahn stößt kräftige, tiefe Rufe aus, die durch die verlängerte Luftröhre verstärkt werden. Dieser Ruf dient während der Balz dazu, Weibchen anzulocken und anderen Hähnen zu imponieren.

Hokkos bauen primitive Nester aus Zweigen und Blättern in Sträuchern oder Bäumen und legen 2 Eier. Die Jungen werden von beiden Eltern gefüttert und aufgezogen.

Schopfhokko
Nothocrax urumutum
Verbreitung: Südamerika: oberes Amazonasbecken
Habitat: tropischer Regenwald
Länge: 66 cm

Der Schopfhokko ist tagsüber aktiv und sucht dann nach pflanzlicher Nahrung. Nachts stößt der Hahn mit Hilfe seiner verlängerten Luftröhre weittragende, tiefe Laute aus. Beide Geschlechter haben eine nackte, hellgefärbte Gesichtshaut, große Hauben und ein braun und rotbraun gefärbtes Federkleid.

Rostbauch-Schakuhuhn
Penelope purpurascens
Verbreitung: von Mexiko südl. bis Venezuela, Ecuador
Habitat: Tiefland-Regenwald und trockenere Gebiete
Länge: 90 cm

Das Rostbauch-Schakuhuhn ist ein baumbewohnender Vogel, der in kleinen Gruppen in den Baumwipfeln nach Nahrung sucht. Leichtfüßig und wendig bewegt er sich über die dünnen Zweige und überbrückt Entfernungen durch Sprünge. Er kommt manchmal auch auf den Boden, um abgefallene Früchte und Samen zu sammeln und Wasser zu trinken. Die beiden Geschlechter ähneln einander.

In der Brutzeit vollführt der Vogel einen Balzflug, wobei er zweimal so schnell wie sonst mit den Flügen schlägt und ein schwirrendes Geräusch erzeugt, das einige Sekunden lang anhält. Mit Hilfe von Zweigen baut er ein großes Baumnest, das er mit Blättern auspolstert. Das Gelege – im allgemeinen 2–3 Eier – wird hauptsächlich von der Henne ausgebrütet.

Braunflügelguan
Ortalis vetula
Verbreitung: USA: im äußersten Süden von Texas, Mexiko, Mittelamerika
Habitat: Buschvegetation, Unterholz im Regenwald; trockenere Gebiete
Länge: 51–61 cm

Der Dreiklangruf „tscha-tscha-lak" des Braunflügelguans ist unverwechselbar. Ebenso wie bei den Hokkos wird dieser Ruf durch die verlängerte Luftröhre verstärkt. Abends und morgens versammelt sich eine Gruppe von Braunflügelguanen zu einem ohrenbetäubenden Chorgesang.

Diese Hokkoart ist in erster Linie ein Baumvogel, der Beeren, Früchte, Blätter, Schößlinge und hin und wieder auch Insekten frißt. Manchmal kommt er auf den Boden herab, um nach Nahrung zu suchen. Sein fragiles Nest aus Zweigen baut er in einem Baum oder Strauch. Die 3–4 Eier werden vom Weibchen ausgebrütet. Beide Geschlechter ähneln einander.

FAMILIE OPISTHOCOMIDAE: Hoatzins oder Schopfhühner
Diese Familie besteht aus nur einer Art, dem Hoatzin. Er hat eine gewisse Ähnlichkeit mit den Hühnervögeln, so daß er früher in dieser Ordnung untergebracht wurde. Heute neigt man jedoch dazu, die Art mit ihren einzigartigen Merkmalen als separate Familie anzusehen.

Hoatzin / Schopfhuhn
Opisthocomus hoazin
Verbreitung: Südamerika: Amazonas- und Orinoko-Becken
Habitat: bewaldete Flußufer
Länge: 61 cm

Der Hoatzin bietet mit den großen Flügeln, dem großen Schwanz und dem für die Größe des Tiers langen Hals und kleinen Kopf einen ungewöhnlichen Anblick. Der Kopf ist von einer spitzfedrigen Haube gekrönt. Weibchen und Männchen haben das gleiche Federkleid. Als Baumvogel fliegt der Hoatzin nur schlecht. Er benutzt seine Flügel vor allem als Stütze und um beim Klettern im Gleichgewicht zu bleiben. Er lebt in Gruppen von 10–20 Tieren und ist hauptsächlich morgens und abends aktiv. Früchte und Blätter, vor allem die zähen Blätter der Mangrove und des Aronstabs bilden seine Nahrung. Der Verdauungskanal des Vogels ist vergrößert, so daß er diese sperrige Nahrung verdauen kann.

Das primitive Nest aus Zweigen befindet sich in einem überhängenden Baum, so daß die Jungen, die schon gute Schwimmer sind, sich bei Gefahr ins Wasser fallen lassen können. Vermutlich brüten beide Eltern die 2–3 Eier aus. Junge Hoatzins verfügen über eine besondere Anpassung an das Leben in den Bäumen: An jedem Flügel haben sie ein paar kleine Krallen, mit denen sie sich beim Klettern festklammern können. Sobald sie erwachsen werden, verlieren sie diese Krallen.

Freycinet-Großfußhuhn
Thermometerhuhn
Braunflügelguan
Tuberkelhokko
Schopfhokko
Rostbauch-Schakuhuhn
Hoatzin

Fasane 1

FAMILIE PHASIANIDAE: Fasanenartige
Zu dieser großen Familie gehören ca. 5 Unterfamilien: die Rauhfußhühner, die Perlhühner, die Truthühner, die Fasane und die Zahnwachteln. Letztere werden auch den Fasanen zugeordnet, der größten Unterfamilie. Manche Autoren unterscheiden sogar 9 Unterfamilien.

UNTERFAMILIE PHASANINAE: Fasane
Innerhalb der Unterfamilie der Fasane unterscheidet man die Feldhühner, zu denen die Frankoline und die Königshühner gehören, die eigentlichen Wachteln und die Fasane mit insgesamt ca. 154 Arten. Die meisten von ihnen sind plumpe, rundliche Vögel, die gewöhnlich auf dem Boden leben, aber nachts in Bäumen schlafen. Sie haben kurze, kräftige Flügel, so daß sie gut fliegen können – wenn auch nicht sehr lange. Es sind hauptsächlich Samenfresser, die mit ihren kräftigen, ungefiederten Läufen und ihren starken Krallen den Boden aufscharren. Viele fressen jedoch außer Früchten und Beeren auch Insekten und andere kleine wirbellose Tiere.

Bei den meisten Arten sind die Hähne und Hennen unterschiedlich gefärbt, vor allem bei den größeren Fasanenarten. Die kleineren, weniger auffällig gefärbten Arten sind meist monogam. Bei den großen, bunten Arten hingegen sind die Hähne oft polygam. Das meist sehr einfache Nest besteht oft aus nichts weiter als einer ausgescharrten Mulde. Die Küken sind vollkommen mit Daunen bedeckt, wenn sie aus dem Ei schlüpfen, und sie verlassen schon bald das Nest.

Das ursprüngliche Verbreitungsgebiet der Fasane beschränkt sich auf die Alte Welt, aber viele Arten sind mit Erfolg andernorts eingeführt worden. Einige von ihnen sind als Jagdvögel bekannt und werden wegen ihres Fleisches vom Menschen sehr geschätzt.

Europäische Wachtel
Coturnix coturnix
Verbreitung: Europa, Asien, östl. bis zum Baikalsee, Nordindien; Afrika; im Winter an den Mittelmeerküsten, Afrika, Asien bis Südindien, Thailand
Habitat: Grasland, Ackerland
Länge: 18 cm

Dies ist einer der kleinsten Vertreter der Fasanenfamilie mit einem kleinen Schnabel und schwachen Beinen. Die Henne ähnelt dem Hahn, hat jedoch eine gelbbraune Kehle ohne Zeichnung und eine gestreifte Brust. Die versteckt lebende Wachtel sucht im Unterholz nach Nahrung und flüchtet sich bei Gefahr eher in die Deckung der Vegetation, als daß sie auffliegt, obwohl sie bei ihren Zügen in die Überwinterungsgebiete beachtliche Entfernungen zurücklegen kann. Ihre Nahrung besteht hauptsächlich aus Samenkörnern, aber auch aus wirbellosen Tieren, vor allem im Sommer. Die Wachtel brütet im Frühsommer. Das Gelege aus 9–15 Eiern liegt in einer mit Pflanzenmaterial ausgepolsterten Bodenmulde; die Henne brütet 16–21 Tage lang.

Zwergwachtel
Excalfactoria chinensis
Verbreitung: von Indien bis Südostchina, Malaysia, Indonesien, Australien
Habitat: Sümpfe, Grasland
Länge: 15 cm

Die Zwergwachtel ist ein typischer Vertreter der östlichen Wachteln, die bunter gefärbt sind als die europäischen Arten. Verglichen mit dem prächtigen schwarzweiß-, blaugrau- und rotbraun gezeichneten Männchen ist das Federkleid der Henne geradezu eintönig: Es ist überwiegend gelbbraun gefärbt, und die Brust ist gestreift. Die Zwergwachtel sucht ihre Nahrung in der Vegetation; sie frißt Samen und Insekten. Das Männchen dieser winzigen Wachtel duldet keine Rivalen in seinem Revier. In eine flache Bodenmulde legt das Weibchen 4–8 Eier, und nach 16 Tagen schlüpfen die Jungen aus, die dann so groß wie eine stattliche Hummel sind.

Himalaya-Königshuhn
Tetraogallus himalayensis
Verbreitung: westl. Himalaya
Habitat: Berghänge
Länge: 72 cm

Das Himalaya-Königshuhn ist eine der 7 Königshuhnarten, die alle in den hochgelegenen Gebieten Asiens vorkommen. Wie alle anderen Familienmitglieder ist auch das Himalaya-Königshuhn ein großer Vogel, dessen Tarnfärbung sich gut in seine Umgebung einpaßt. Am Morgen fliegen Schwärme von Königshühnern von den Hügeln herab, wo sie geruht haben. Sie trinken dann Wasser und verbringen den Rest des Tages damit, langsam wieder hügelaufwärts zu ziehen, wobei sie unterwegs Wurzeln, Knollen, grüne Pflanzen, Beeren und Samen fressen.

Die Brutzeit liegt zwischen April und Juni. Die balzenden Hähne sind dann besonders laut und stoßen langgezogene fünftönige Pfiffe aus. In eine Mulde, die die Henne zwischen Steinen und Felsen ausscharrt, legt sie 5–7 Eier, die sie 27–28 Tage lang bebrütet.

Rothuhn
Alectoris rufa
Verbreitung: Südwesteuropa bis Südostfrankreich, Norditalien, Korsika; eingeführt in Großbritannien, auf den Azoren, auf Madeira und den Kanarischen Inseln
Habitat: Gestrüpp, Moorland, Ackerland
Länge: 32–34 cm

Das Rothuhn hat wie alle Feldhühner einen größeren Schnabel, stärkere Läufe und einen längeren Schwanz als die Wachteln und ist an dem weißen Streifen über den Augen, der schwarzgeränderten weißen Kehle, den roten Beinen und dem ebenfalls roten Schnabel zu erkennen. Beide Geschlechter sehen gleich aus; die Jungen sind weniger bunt gefärbt. Dieser Vogel schläft in Bäumen und Sträuchern, sucht jedoch auf dem Boden nach Nahrung. Das Rothuhn ernährt sich von Pflanzen und manchmal auch von Insekten und Fröschen. Bei Gefahr läuft es davon; es fliegt nur äußerst selten.

Die Brutzeit beginnt im April oder Mai. Das Rothuhn ist monogam. Die Henne legt 10–16 Eier in eine Mulde, die der Hahn im Boden ausscharrt und mit Blättern auspolstert. Beide Vögel wechseln sich beim 23–24tägigen Brüten ab.

Rotkehlfrankolin
Francolinus afer
Verbreitung: Afrika südl. des Äquators, mit Ausnahme des Südwestens
Habitat: dichte Buschvegetation, Kulturland, Savanne
Länge: 41 cm

Alle Frankoline sind große Vögel mit starken Schnäbeln. Kennzeichnend ist die nackte Haut auf Kopf und Hals. Es gibt einige asiatische Arten, doch die meisten Frankoline – mehr als 30 Arten – leben in Afrika. Der Rotkehlfrankolin mit seiner auffälligen roten Haut um die Augen und am Hals ist ein typischer Vertreter dieser Gruppe. Seine Brust ist mit breiten, dunklen Streifen bedeckt, so daß er in offenem Gelände mit Buschvegetation kaum auffällt. Hähne und Hennen sehen gleich aus. Der Frankolin sucht in kleinen Familiengruppen nach pflanzlicher Nahrung und nach Insekten. Er fliegt gut und flüchtet sich bei Gefahr in die Bäume. Der Rotkehlfrankolin nistet auf dem Boden. Das Weibchen legt 5–9 Eier.

Rotes Spornhuhn
Galloperdix spadicea
Verbreitung: Indien
Habitat: Kulturland, steinige Hügel
Länge: 36 cm

Das rote Spornhuhn, eine Zwergfasanart, hat deutlich schuppenförmige Federn und eine nackte, rote Augenhaut. Das graue Federkleid des Weibchens ist schwarzgestreift und gefleckt. Schwärme roter Spornhühner scharren gemeinsam die Erde auf, legen Wurzeln und Knollen frei und fressen außerdem Termiten, Gehäuse- und Nacktschnecken.

Die Brutzeit liegt meist zwischen Januar und Juni, doch die Art kann auch das ganze Jahr über brüten. Eine ausgescharrte Bodenmulde zwischen Bambus oder Buschwerk dient als Nest und wird mit Blättern oder Grashalmen ausgepolstert. Die 3–5 Eier werden vom Weibchen ausgebrütet; das Männchen hilft bei der Aufzucht der Jungen.

Straußwachtel
Rollulus roulroul
Verbreitung: von Burma bis Sumatra und Borneo
Habitat: Boden dichter Urwälder im Tiefland oder auf Hügeln
Länge: 25 cm

Die Straußwachtel ist die schönste und ungewöhnlichste Waldwachtel. Der Hahn ist leicht an seinem roten, bürstenartigen Schopf zu erkennen; die Haut um die Augen und der Schnabelfleck sind rot. Das Weibchen hat einige lange Borstenfedern auf dem Kopf, doch fehlt bei ihm die Haube.

Diese Waldwachtel lebt in gemischten Gruppen von 12 Vögeln (hin und wieder auch mehr) und ernährt sich von Samen, Früchten, Insekten und Schnecken. Über das Brutverhalten ist nur wenig bekannt, aber vermutlich besteht ein Gelege aus 5–6 Eiern und wird ungefähr 16 Tage lang bebrütet.

Rotes Spornhuhn ♂
Himalaya-Königshuhn
Rothuhn
Zwergwachtel ♂
Straußwachtel ♂
Rotkehlfrankolin
Europäische Wachtel ♂

Fasane 2

Temminck-Satyrhuhn

Tragopan temminckii

Verbreitung: Bergland in Westchina, Nordburma und Südosttibet
Habitat: feuchte Bergwälder
Länge: 64 cm

Wie bei allen 5 Satyrhuhn- oder Tragopanarten ist auch hier das Männchen ein auffälliger Vogel mit einem prachtvollen, vollendet schönen Federkleid. Das Weibchen wirkt mit dem roten bis graubraunen Gefieder auf Rücken und Flügeln, der gelblichen bis weißen Kehle und dem hellbraunen Bauch viel schlichter. Dieses Satyrhuhn ist noch einsiedlerischer und in noch stärkerem Maß ein Waldvogel als die übrigen Tragopane, und es bevorzugt kühle, feuchte Wälder. Seine Nahrung besteht aus Samen, Knospen, Blättern, Beeren und Insekten.

Zu Beginn der Brutzeit macht der Hahn seinem Weibchen den Hof, wobei er seine prachtvoll gefärbten Federn zeigt. Das Nest wird in einen Baum gebaut, und ein Gelege enthält 3–6 Eier.

Bankivahuhn

Gallus gallus

Verbreitung: vom Himalaya bis Südchina, Südostasien, Sumatra, Java; eingeführt in Celebes, Kleine Sundainseln
Habitat: Wald, Buschvegetation, Kulturland
Länge: KRL 43–76 cm; SL ♂ 28 cm

Das Bankivahuhn, die Stammform des Haushuhnes, ist ein schön gefärbter Vogel. Das Weibchen ist viel kleiner und weniger auffällig als der Hahn; es hat überwiegend braune Federn und ist auf Kopf und Nacken stellenweise kastanienbraun gefärbt. Die verschiedenen Unterarten weichen im Aussehen leicht voneinander ab. Das Bankivahuhn streift in Scharen von ca. 50 Tieren umher und ernährt sich von Getreide, Grashalmen, Gemüse, Obst, Beeren, Insekten und deren Larven.

Die Brutzeit dauert gewöhnlich von März bis Mai. Die Henne scharrt eine Nestgrube unter einem Strauch oder in einem Bambusgebüsch und kleidet sie mit Blättern aus. Sie brütet das Gelege von 5–6 Eiern in 19–21 Tagen aus.

Nord-Spiegelpfau

Polyplectron bicalcaratum

Verbreitung: vom Himalaya bis Hünan; Südostasien: Burma, Thailand, Indochina
Habitat: Bergwälder bis zu einer Höhe von 1500 m
Länge: 56–76 cm

Der Nord-Spiegelpfau ist eine der 6 *Polyplectron*-Arten, die alle in Indien, Südostasien oder auf Sumatra beheimatet sind. Die Henne ist kleiner als der schöngezeichnete Hahn und hat weniger und kleinere augenförmige Flecken auf Flügel- und Schwanzdeckfedern; die „Augen" sind innen schwarz und weiß umrandet. Der Spiegelpfau lebt zurückgezogen und ernährt sich von Getreide, Früchten, Beeren und Insekten. Es gibt mehrere Unterarten.

Der Hahn stößt während der Balzzeit melodische Pfiffe aus, breitet seine Schwanz- und Flügelfedern vor der Henne aus, so daß die schönen Spiegel voll zur Geltung kommen. Die Henne legt 2–6 Eier in ein Bodennest. Die Brutzeit beträgt ca. 21 Tage.

Goldfasan

Chrysolophus pictus

Verbreitung: Westchina; eingeführt in Großbritannien
Habitat: Buschvegetation auf felsigen Hügeln; eingeführt in bewaldeten Gebieten
Länge: ♂ 98–108 cm; ♀ 63–65 cm

Das Goldfasan-Männchen ist ein prachtvoller Vogel mit schönen Federn sowie einem goldfarbenen Schopf und Unterrücken. Die Henne ist viel schlichter gefärbt: in Brauntönen mit schwarzen Streifen. In freier Wildbahn lebt der scheue Goldfasan in Paaren oder alleine und ist sehr auf der Hut vor Gefahren. Er hat kurze Flügel und fliegt nicht gerne, sondern flüchtet sich bei Gefahr ins dichte Unterholz oder läuft davon. Goldfasane ernähren sich hauptsächlich von Samen, Blättern, Schößlingen und Insekten.

Zu Beginn der Brutzeit, im April, läßt der Hahn einen ausgiebigen Balzgesang erschallen. Goldfasane sind polygam; ein schöner Hahn bekommt die meisten Weibchen. Nach der Paarung brüten die Hennen im dichten Unterholz des Waldes, wo sie in eine mit Pflanzen ausgekleidete, ausgescharrte Bodenmulde 5–12 Eier legen. Die Henne verläßt dabei so gut wie nie das Nest, und nach 22 Tagen schlüpfen die Jungen aus. Im Herbst schließen sich die Familien größeren Gruppen an.

Jagdfasan / Edelfasan

Phasianus colchicus

Verbreitung: vom Kaukasus östl. über Zentralasien bis China, Korea, Japan und Burma; eingeführt in Europa, Nordamerika und Neuseeland
Habitat: Waldgebiete, Waldränder, Sümpfe, Kulturland
Länge: ♂ 76–89 cm; ♀ 53–64 cm

Als eingeführte Art ist der Fasan oder Jagdfasan außergewöhnlich erfolgreich. Wahrscheinlich ist er der bekannteste Jagdvogel. Mittlerweile hat man so viele Unterarten untereinander gekreuzt, daß von den ursprünglichen regionalen Unterschieden nur noch wenig zu erkennen ist, obwohl die Hähne immer noch sehr verschieden aussehen können. Ein typischer Jagdfasan hat einen dunkelgrünen Kopf, kupferfarbene Flügel mit einer feinen, dunklen Zeichnung und oft einen weißen Kragen. Die Weibchen sind mit ihrem braunen Gefieder weniger unterschiedlich gefärbt.

In freier Wildbahn frißt der Fasan pflanzliche Nahrung wie Samen, Schößlinge und Beeren, aber auch Insekten und kleine wirbellose Tiere. Er lebt auf dem Boden und scharrt im Unterholz nach Nahrung. Er kann schnell laufen und gut fliegen, wenn auch ziemlich niedrig und nur über kurze Entfernungen. Als Jagdvogel wird er in großer Anzahl gezüchtet und zu Beginn der Jagdsaison ausgesetzt. Der Hahn ist polygam und hat einen aus mehreren Hennen bestehenden Harem. Die Henne scharrt gewöhnlich im dichten Unterholz eine flache Mulde aus, die sie mit Pflanzen auspolstert. Am darauffolgenden Tag legt sie in dieses Nest 7–15 Eier, fängt aber erst zu brüten an, wenn das Gelege vollständig ist. Die Brutzeit dauert 22–27 Tage. Die Aufzucht der Küken übernimmt das Weibchen; der Hahn kümmert sich kaum darum. Fasane brüten einmal im Jahr.

Blauer Pfau

Pavo cristatus

Verbreitung: Indien, Sri Lanka
Habitat: Wald, bewaldete Gebiete, Kulturland
Länge: ♂ 0,9–1,2 m ohne Schweif; 2–2,25 m mit Schweif; ♀ 86 cm

Der prächtige Blaue Pfau wird sowohl in Gefangenschaft als auch in Parks und auf Landgütern außerhalb seines eigentlichen Brutgebietes gehalten, so daß er in einem großen Teil der Welt eine bekannte Erscheinung ist. Der Hahn ist mit seinen schillernden Federn, seiner filigranartigen Federkrone auf dem Scheitel und der mit einem Augenmuster versehenen Schleppe kaum zu verwechseln. Das kleinere Weibchen hat überwiegend braune sowie ein paar metallischgrüne Federn und eine kleine Krone.

Außerhalb der Brutzeit leben die Pfaue in kleinen Gruppen, die aus einem Hahn und 3–5 Hennen bestehen, doch kurz nach dem Brüten trennen sich die Hähne und die Weibchen mit ihren Jungen wieder. Früh am Morgen und in der Abenddämmerung suchen sie im offenen Gelände nach Nahrung. Den Rest des Tages verbringen sie größtenteils im dichten Unterholz. Vom Menschen hat der Pfau nichts zu befürchten; in Indien gilt er sogar als heiliger und nützlicher Vogel, der Schlangen frißt. Der Blaue Pfau ist jedoch Allesfresser und ernährt sich außerdem von Samen, Getreide, Erdnüssen, Schößlingen, Blüten, Beeren, Insekten und kleinen wirbellosen Tieren. Gelegentlich richtet er aber auch in erntereifen Feldern Unheil an.

Während der Brutzeit balzt der männliche Pfau mit aufgestellten Schwanzdeckfedern. Er schlägt sein Rad, wobei die eigentlichen Schwanzfedern eine unterstützende Funktion haben. Um die Wirkung seines Auftritts noch zu verstärken, stolziert er mit hängenden Flügeln und seinem geräuschvoll zitternden Fächer stolz vor dem Weibchen auf und ab. Das Weibchen beantwortet dies manchmal mit einer schwachen Nachahmung dieser Haltung. Im angestammten Habitat der Pfaue baut das Weibchen in dichtem Unterholz am Waldrand ein Nest. Ein Gelege besteht aus 4–6 Eiern, die 28 Tage lang bebrütet werden.

Kongopfau

Afropavo congensis

Verbreitung: Afrika: Kongobecken
Habitat: dichter Regenwald
Länge: 60–70 cm

Der Kongopfau, der 1936 zum erstenmal beschrieben wurde, ist der einzige Jagdvogel Afrikas, der größer als ein Frankolin ist. Der Hahn hat dunkle, schillernde Federn und einen schwarzen Federschopf, der sich hinter einem Büschel weißer Borstenfedern befindet. Die Henne hat zwar auch einen Schopf, jedoch keine Borsten; sie ist überwiegend braun und schwarz gefärbt und hat einige metallischgrüne Federn auf der Oberseite. Das Verhalten der Kongopfaue in freier Natur ist bis heute kaum untersucht worden. Vermutlich leben sie in Paaren, ruhen in Bäumen und flüchten sich bei Gefahr ebenfalls dorthin. Kongopfaue ernähren sich von Getreide und Früchten.

In Gefangenschaft sind die Kongopfaue monogam. Ihr Nest bauen sie in einen Baum. Das Weibchen brütet die 3–4 Eier in 26 Tagen aus.

Temminck-Satyrhuhn ♂
Bankivahuhn ♂
Nord-Spiegelpfau ♂
Goldfasan ♂
Jagdfasan ♂
Blauer Pfau ♂
Kongopfau ♂

Rauhfußhühner, Truthühner, Perlhühner, Zahnwachteln

UNTERFAMILIE TETRAONINAE: Rauhfußhühner

Die 16–18 Arten der Rauhfußhühner sind relativ plumpe Vögel, die in den gemäßigten Breiten Nordamerikas, Europas und Asiens leben. Viele Arten werden von Sportjägern gejagt und vom Menschen verspeist. Rauhfußhühner haben kurze Flügel, die sie zu kraftvollen, wenn auch nur kurzen Flügen befähigen. Ihre Läufe sind befiedert, manchmal auch ihre Zehen. Sie fressen vor allem pflanzliche Nahrung und in kleinen Mengen Insekten.

Viele Arten führen eine ausführliche Balzzeremonie auf – oft gemeinschaftlich. Bei einigen Arten sehen die beiden Geschlechter verschieden aus. Die Jungen werden in ziemlich weit entwickeltem Zustand geboren, so daß sie das Nest wenige Stunden nach dem Ausschlüpfen verlassen können. Sie benötigen wenig Pflege von ihren Eltern.

Die Rauhfußhühner werden manchmal auch als gesonderte Familie (Tetraonidae) angesehen.

Birkhuhn

Tetrao tetrix (Lyrurus t.)

Verbreitung: Nordeuropa, Nordasien
Habitat: Hochmoor und offenes Waldland; Heidelandschaft, die an Kulturland angrenzt
Länge: 41–51 cm

Beim Birkhuhn ist die gemeinschaftliche Balz ein umfangreiches Ritual. Im Frühling versammeln sich die Hähne auf einem traditionellen Balzplatz, der „Balzarena", die sie jedes Jahr von neuem aufsuchen. Täglich zur Zeit des Sonnenaufgangs rufen, tanzen und prahlen die Hähne, um die zuschauenden Hennen anzulokken, wobei jeder Hahn einen eigenen Balzplatz hat. Der Schuhplattler, der einzige in Deutschland erhalten gebliebene Tanz, der der Tierwelt entstammt, ist eine gut beobachtete Nachahmung der Birkhuhnbalz. Der Birkhahn breitet sein Schwanzgefieder aus, springt ruckartig in die Luft, klatscht mit den Flügeln und bringt einen Laut hervor, der dem „Juchhui" der Schuhplattlertänzer ähnelt. Die Hennen sind kleiner als die Hähne; sie haben ein braungeflecktes Federkleid und einen gegabelten Schwanz. Birkhühner sind polygam: Ein erfolgreiches dominantes Männchen kann sich mit mehreren Weibchen paaren. Jedes Weibchen legt 6–11 Eier in eine flache, mit Blättern ausgekleidete Bodenmulde. Die Weibchen brüten die Eier in 24–29 Tagen aus.

Präriehuhn

Tympanuchus cupido

Verbreitung: zentrales Nordamerika
Habitat: Prärie
Länge: 42–46 cm

Dieser immer seltener werdende Vogel war einst in großen Teilen Nordamerikas eine verbreitete Erscheinung. Hähne und Hennen sehen gleich aus, doch die Weibchen haben gestreifte Schwanzfedern und kleinere Kehlsäcke. Die Küken fressen pflanzliches Material wie Blätter, Früchte und Getreide, und im Sommer fangen sie Insekten, vor allem Heuschrecken. Die Balz der Hähne ist bei dieser Art sehr ungewöhnlich: Sie blasen ihre Kehlsäcke auf und stellen den Schopf und die Halsfedern hoch. Sie erzeugen heulende Töne und stampfen mit den Füßen, um noch mehr Eindruck zu machen. Ein Gelege besteht aus 10–12 Eiern, die das Weibchen 21–28 Tage lang bebrütet.

Alpenschneehuhn

Lagopus mutus

Verbreitung: Holarktis (nördl. kalte u. gemäßigte Zonen)
Habitat: Wald, Tundra, offenes Bergland bis oberhalb der Baumgrenze
Länge: 33–39 cm

Das auf dem Boden lebende Alpenschneehuhn verläßt sich ganz auf seine Tarnfarbe, um sich vor Feinden zu schützen. Im nördlichen Verbreitungsgebiet paßt es sein Federkleid dem jeweiligen Hintergrund seines Aufenthaltsortes an. Das Sommerkleid ist gefleckt, was im Wald günstig ist, das Winterkleid ist schneeweiß, mit Ausnahme der Schwanzfedern, die dunkel bleiben. Das Schneehuhn frißt Blätter, Knospen, Früchte, Samen und im Sommer auch Insekten.

Schneehühner sind monogam. Der Hahn verteidigt im Brutgebiet ein kleines Revier. Die Henne legt 6–9 Eier in eine mit Blättern ausgekleidete Mulde und brütet 24–26 Tage lang.

UNTERFAMILIE MELEAGRIDINAE: Truthühner

Es gibt 2 wilde Truthühnerarten – große Vögel mit nackten Köpfen und Hälsen. Die beiden Geschlechter gleichen einander, nur sind die Hennen kleiner und haben stumpfere Federn und kleinere Sporne an den Läufen. Die Truthühner werden manchmal als gesonderte Familie (Meleagridae) angesehen.

Truthuhn

Meleagris gallopavo

Verbreitung: USA, Mexiko
Habitat: bewaldetes Gelände
Länge: 91–122 cm

Das wilde Truthuhn ist leichter und schlanker und hat längere Läufe als seine zahmen Verwandten. Über kurze Entfernungen kann es gut fliegen. Es ruht in Bäumen, doch seine Nahrung, die aus Insekten, kleinen Reptilien und aus Samen, Nüssen und Beeren besteht, findet es hauptsächlich auf dem Boden.

Ein paarungsbereiter Hahn hat einen Harem mit mehreren Hennen. Jede Henne legt ihre Eier in ein flaches, mit Blättern ausgekleidetes Bodennest. Manchmal benutzen 2 oder mehr Weibchen das gleiche Nest. Die Weibchen brüten innerhalb von ca. 28 Tagen das Gelege von 8–15 Eiern aus und versorgen die Jungen.

UNTERFAMILIE NUMIDINAE: Perlhühner

Die 7–8 Arten der Perlhühner sind schwere, rundliche Vögel mit kurzen Flügeln und einem nackten Kopf, die von Jägern gerne gejagt werden. Hähne und Hennen sehen fast gleich aus. Alle Arten kommen in Afrika und Madagaskar vor. Das Helmperlhuhn ist die Stammform des zahmen Perlhuhns. Auch diese Vögel werden manchmal in eine gesonderte Familie (Numididae) eingeordnet.

Helmperlhuhn

Numida meleagris

Verbreitung: Ostafrika
Habitat: Wald, trockenes Buschland
Länge: 63 cm

Das Helmperlhuhn wurde nach dem knöchernen Auswuchs auf seinem Scheitel benannt. Es trägt das deutlich gesprenkelte Federkleid, das kennzeichnend für die meisten Perlhuhnarten ist. Seine Nahrung besteht aus Insekten und Pflanzlichem wie Samen, Blättern und Knollen. In eine ausgescharrte Bodenmulde legt das Weibchen 10–20 Eier. Es brütet alleine, doch der Hahn hilft bei der Aufzucht der Jungen.

UNTERFAMILIE ODONTOPHORINAE: Zahnwachteln

Es gibt 33 Arten dieser amerikanischen Wachteln, die von Kanada bis Nordostargentinien verbreitet sind. Viele Arten werden von Menschen gejagt und verzehrt. Diese Vögel sind größer und auffälliger gefärbt als die Wachteln der Alten Welt. Außerdem unterscheiden sie sich in bestimmten Körpermerkmalen; am markantesten ist der starke, gezackte Schnabel, der kennzeichnend für die amerikanischen Arten ist.

Virginiawachtel

Colinus virginianus

Verbreitung: von USA bis Guatemala; eingeführt auf den Antillen
Habitat: Gestrüpp, Buschvegetation, lichte Wälder, Felder
Länge: 23–27 cm

Die Virginiawachtel ist ein geselliger Vogel, der den größten Teil des Jahres in Schwärmen von ca. 30 Vögeln umherstreift. Im Frühjahr fallen diese Gruppen auseinander und bilden Paare. Das Nest besteht aus einer Bodenmulde. Ein durchschnittliches Gelege enthält 14–16 Eier, die von beiden Eltern bebrütet werden. Abgesehen von der auffälligen Gesichtszeichnung des Männchens (bei der Henne ist das Gesicht braungelb gefärbt) besteht kein Unterschied im Erscheinungsbild beider Geschlechter.

Kalifornische Schopfwachtel

Lophortyx californica

Verbreitung: Westen der USA
Habitat: Weideland und Ackerland, Waldlichtungen
Länge: 24–28 cm

Die Kalifornische Schopfwachtel ist ein schöner Vogel, der an seinem charakteristischen Schopf zu erkennen ist. Die Henne ähnelt dem Hahn und trägt ebenfalls einen Schopf, doch hat sie keine schwarzweiße Gesichtsmaske; statt dessen ist sie an Kopf und Brust braungelb gefärbt. Die Kalifornische Schopfwachtel lebt in Gruppen und läuft auf dem Boden umher; sie fliegt nur, wenn sie dazu gezwungen ist. Dieser Vogel frißt Blätter, Samen und Beeren und in kleinen Mengen auch Insekten. Das Weibchen legt 12–16 Eier in eine Bodenmulde, die mit Blättern ausgepolstert ist. Gewöhnlich werden die Eier innerhalb von 18 Tagen ausgebrütet.

Birkhuhn ♂
Truthuhn
Präriehuhn ♂
Alpenschneehuhn
Kalifornische Schopfwachtel ♂
Helmperlhuhn
Virginiawachtel ♂

Kranichvögel

ORDNUNG GRUIFORMES: Kranichvögel
Diese Ordnung, ein Gemisch aus Watvögeln und bodenbewohnenden Vögeln, umfaßt 12 Familien, von denen einige nur aus einer einzigen Art bestehen.

FAMILIE MESITORNITHIDAE: Stelzenrallen
Die 3 Arten dieser Familie leben in den Wäldern Madagaskars. Sie können gut laufen, fliegen jedoch nur selten. Eine Art, die Monias-Stelzenralle (*Monias benschi*) ist noch nie beim Fliegen beobachtet worden. Außerdem ähneln sich bei letztgenannter Art – im Gegensatz zu den beiden anderen Stelzenrallenarten – Männchen und Weibchen nicht.

Kurzfuß-Stelzenralle

Mesitornis variegata
Verbreitung: Nordwestmadagaskar
Habitat: Trockenwald
Länge: 25 cm Ⓢ

Diese Stelzenralle mit weißer Brust ist ein Bodenvogel, der die meiste Zeit damit verbringt, den Waldboden nach Insekten und Samenkörnern abzusuchen. Stelzenrallen streifen in Paaren umher und nicken beim Laufen mit dem Kopf.

Ihr Nest bauen die Kurzfuß-Stelzenrallen in einen Strauch oder in einen niedrigen Baum, wo sie es leicht erreichen können. Es besteht aus einer Plattform aus Zweigen und wird mit Blättern ausgepolstert. Ein Gelege enthält bei dieser Art 1–3 Eier. Unklar ist, ob das Männchen oder das Weibchen brütet.

FAMILIE TURNICIDAE: Kampfwachteln
Die 14 Arten der Kampfwachteln sind gedrungene bodenbewohnende Vögel, die den Wachteln stark ähneln, jedoch nur 3 Zehen an jedem Fuß haben. Ihre Flügel sind kurz und abgerundet, und sie fliegen nur selten. Die Weibchen sind größer und heller gefärbt als die Männchen. Diese Arten leben in den Tropen und Subtropen der Alten Welt.

Rostkehl-Kampfwachtel

Turnix sylvatica
Verbreitung: Südspanien, Afrika; Südasien bis Indonesien, Philippinen
Habitat: Grasland, Buschvegetation
Länge: 15 cm

Die Rostkehl-Kampfwachtel ist ein scheuer, versteckt lebender Vogel, der die meiste Zeit im Unterholz verbringt, obwohl er auch fliegen kann. Er ernährt sich von Pflanzen, Samen und Insekten. Die Henne ist bei dieser Art sexuell dominierend; sie balzt vor dem Männchen und wetteifert mit anderen Hennen. Beide Partner bauen das Nest gemeinsam; gewöhnlich ist es eine mit Gras ausgepolsterte Mulde. Ein Gelege besteht aus 3–8, meist jedoch aus 4 ovalen Eiern, die vom Männchen durchschnittlich 13 Tage lang bebrütet werden, was für Vögel eine sehr kurze Zeit ist.

FAMILIE PEDIONOMIDAE: Trappen-Kampfwachteln
Die einzige Art dieser Familie ist mit den echten Kampfwachteln verwandt und wurde früher zu dieser Familie gerechnet. Die Trappen-Kampfwachtel hat jedoch 4 Zehen an jedem Bein und legt spitz zulaufende, keine ovalen Eier. Dies und die Unterschiede im Körperbau reichen aus, um die Art einer eigenen Familie zuzuordnen.

Trappen-Kampfwachtel

Pedionomus torquatus
Verbreitung: Südostaustralien
Habitat: offenes Grasland
Länge: 15–17 cm

Die Trappen-Kampfwachtel ist ein kleiner, gedrungener Vogel mit kurzen, runden Flügeln. Das Weibchen hat eine kastanienbraune Brust und einen deutlich erkennbaren Kragen mit schwarzen Flecken. Sie fliegt nur äußerst selten und sucht auf dem Boden nach Nahrung – Insekten, Samen und Pflanzen. Das Nest besteht lediglich aus einer einfachen, mit Gras ausgekleideten Bodenmulde, in die 3–4 Eier gelegt werden, die das Männchen ausbrütet.

FAMILIE GRUIDAE: Kraniche
Die 15 Arten dieser Familie haben lange Beine und Hälse. Sie besitzen oft eine hellgefärbte nackte Gesichtshaut und haben Schmuckfedern auf dem Kopf. Die großen Arten sind, wenn sie aufrecht stehen, bis zu 1,5 m hoch. Die Familie ist im größten Teil der Welt verbreitet außer in Südamerika, Madagaskar, Malaysia, Polynesien und Neuseeland.

In der Brutzeit leben die Vögel ausschließlich in Paaren. Nach der Brutzeit ziehen sie in großen Schwärmen mit vorgestrecktem Hals und hängenden Läufen in V- oder Keilform südwärts. Männchen und Weibchen tragen das gleiche Federkleid.

Schreikranich

Grus americana
Verbreitung: Nordamerika
Habitat: Feuchtgebiete in der Prärie und in anderen offenen Landschaften
Länge: 1,2–1,4 m Ⓑ

In freier Natur sind Schreikraniche äußerst selten. Die Art ist seit den 30er Jahren, obwohl sie unter strengstem Naturschutz steht, vom Aussterben bedroht. Der Schreikranich brütet in Kanada und überwintert in Texas und am Golf von Mexiko. Seine Zugwege werden genauestens beobachtet. Er ist ein Allesfresser, der sich von Getreide, Pflanzen, Insekten, Fröschen und anderen kleinen Tieren ernährt. Das flache Bodennest aus Zweigen enthält 2 Eier, die von beiden Eltern bebrütet werden. Auch an der Aufzucht der Jungen beteiligen sich beide Eltern.

Kronenkranich

Balearica pavonina
Verbreitung: Afrika südl. der Sahara
Habitat: Sümpfe
Länge: 1 m

Dieser anmutige Vogel verdankt seinen Namen der prachtvollen gelben „Federkrone“ auf seinem Kopf. Alle Kraniche führen in der Brutzeit rituelle Tänze auf; dies tun sie in vereinfachter Form auch das ganze Jahr über. Einen besonders eindrucksvollen Anblick bietet der Kronenkranich, wenn er bei der Balz seine Flügel ausbreitet, um sein Federkleid zu zeigen; auch läuft er dann stolz im Kreis und vollführt Luftsprünge. Das Gelege besteht aus 2–3 Eiern, die von beiden Eltern bebrütet werden; später versorgen sie auch gemeinsam die Jungen.

FAMILIE ARAMIDAE: Rallenkraniche
Die einzige Art dieser Familie ist ein Sumpfvogel, der sowohl den Kranichen wie auch den Rallen ähnelt. Heute steht er in den Vereinigten Staaten unter Naturschutz. Zu Beginn dieses Jahrhunderts wurde er so stark gejagt, daß er fast ausgestorben wäre. Beide Geschlecher sehen gleich aus.

Rallenkranich

Aramus guarauna
Verbreitung: USA: Süden von Georgia, Florida; Mexiko, Mittel- und Südamerika; Karibik
Habitat: Sümpfe
Länge: 59–71 cm

Der Rallenkranich ist ein Vogel mit langen Läufen und Zehen und scharfen Krallen, der langsam und auch nur selten fliegt. Er ist meist in der Abenddämmerung und nachts aktiv; dann sucht er mit seinem empfindlichen, leicht gebogenen Schnabel den Schlamm nach Wasserschnecken ab.

Der Rallenkranich brütet zwischen Januar und August, im Norden des Verbreitungsgebietes gewöhnlich im März oder April. Er baut sein meist ziemlich flaches Nest aus Zweigen auf dem Boden in Wassernähe. Die 4–8 Eier ihres Geleges brüten beide Partner gemeinsam aus.

FAMILIE PSOPHIIDAE: Trompetervögel oder Jacamins
Die 3 Arten der Trompetervögel sind größtenteils schwarz und haben schwache, stark gewölbte Flügel und ein weiches Federkleid. Sie fliegen selten, können aber mit ihren langen Stelzbeinen schnell laufen. Äußerlich besteht kein Unterschied zwischen beiden Geschlechtern; das Männchen ist nur an seinem lauten, trompetenden Ruf zu erkennen.

Graurücken-Trompeter

Psophia crepitans
Verbreitung: Amazonasbecken
Habitat: Regenwälder
Länge: 53 cm

Der Graurücken-Trompeter läuft in Gruppen durch den Regenwald und frißt Früchte, Beeren und Insekten. Die Vögel führen bei der Balz eine Art Tanz auf, und vermutlich brüten sie in Baumhöhlen. Ein Gelege besteht aus 6–10 Eiern, die ausschließlich vom Weibchen bebrütet werden.

Kurzfuß-Stelzenralle
Schreikranich
Rallenkranich
Trappen-Kampfwachtel
Rostkehl-Kampfwachtel
Kronenkranich
Graurücken-Trompeter

Rallen

FAMILIE RALLIDAE: Rallen
Die 124–132 Arten dieser Familie sind in der ganzen Welt verbreitet. Rallen sind bodenbewohnende Vögel, die oft im Wasser, in Wassernähe oder in sumpfigen Gebieten zu finden sind. Sie sind gut an ein Leben in dichter Vegetation angepaßt. Die typischen Arten sind klein bis mittelgroß (14–51 cm), haben ziemlich lange Beine und kurze, abgerundete Flügel. Ihr Körper ist seitlich abgeflacht, wodurch sie sich auch in sehr dichtem Unterholz bewegen können. Bei den meisten Arten sehen Männchen und Weibchen fast oder völlig gleich aus, allerdings sind die Männchen manchmal etwas größer. Meist sind Rallen alleinlebende, scheue Vögel. Die Familie besteht aus 2 Gruppen: den Eigentlichen Rallen (Wasserrallen, Kurzschnabelrallen, Weka-Rallen und Sumpfhühnern) mit geflecktem Tarnfederkleid und den dunkler gefärbten Bläßhühnern und Teichhühnern, die viel stärker an das Wasser gebunden sind. Die meisten Arten können relativ gut fliegen, erheben sich jedoch nur widerwillig in die Lüfte; viele Arten legen allerdings zwischen ihren Winter- und Sommerquartieren große Entfernungen zurück. Vor allem die Inselbewohner unter den Rallen haben im Laufe der Evolution ihre Flugfähigkeit schnell verloren, was ihren Untergang herbeigeführt hat.

Die Nahrung der Rallenfamilie ist äußerst vielfältig: Arten mit langen, dünnen Schnäbeln wühlen im weichen Schlamm und Blattabfall nach Insekten, Weichtieren, Würmern und anderen wirbellosen Tieren, während Arten mit einem kürzeren und dickeren Schnabel sich von Pflanzen ernähren. Bläßhühner suchen im Wasser Eßbares und tauchen oder gründeln nach Wasserpflanzen und tierischer Nahrung.

Takahe

Notornis mantelli

Verbreitung: Neuseeland: jetzt nur noch im Murchisongebirge, Südinsel
Habitat: Hochtäler in 750–1200 m Höhe
Länge: 63 cm Ⓑ

Der Takahe wurde 1849 entdeckt und in den darauffolgenden 50 Jahren nur 4mal beobachtet. Es wurde schon vermutet, daß er ausgestorben sei, bis man ihn 1948 wiederentdeckte. Obwohl er sorgfältig geschützt wird, wurde 1977 die Anzahl der Paare auf nur 100 geschätzt. Nahrungskonkurrenz durch eingeführte Hirsche und ihre Bejagung durch ebenfalls eingeführte Hermeline sind die Hauptgründe für die Seltenheit dieser Pflanzenfresser.

Der Takahe ist ein kräftiger Vogel, der schnell laufen, aber nicht fliegen kann. Er wagt sich zwar in flaches Wasser, schwimmt jedoch in der Regel nicht. Er lebt von den groben, faserigen Pflanzen seines Biotops, vor allem vom *Danthonia*-Gras, dessen Samenkapseln und Stengel er frißt. Während er mit einem Bein ein Büschel der Pflanze nach unten drückt, hackt er mit seinem schweren Schnabel die Stengel auf und frißt das weiche Mark.

Ein Pärchen bleibt das ganze Leben lang zusammen und brütet gewöhnlich im November. Nach verschiedenen Spielnestern wird ein Nest aus Grashalmen in einen Grasbüschel gebaut, wo es einigermaßen geschützt liegt. Beide Eltern brüten die Eier 28 Tage lang aus, doch oft geht die Brut durch schlechtes Wetter oder durch Raubtiere verloren; von jedem Gelege wird meist nur ein Junges großgezogen.

Teichhuhn

Gallinula chloropus

Verbreitung: weltweit (außer Australasien)
Habitat: Sümpfe, Moore, Teiche, langsam fließende Gewässer mit Ufervegetation
Länge: 33 cm

Das bekannte Teichhuhn ist die erfolgreichste aller Rallenarten. Es hat sich an die verschiedensten Lebensräume angepaßt. Das Teichhuhn lebt auf fast jeder Art von Süßwasser und auf dem angrenzenden Land. Auch siedelt es sich schnell in Kulturlandschaften wie in Stadtparks und auf Ackerland an. Es ist ein lebendiger, aktiver Vogel und wesentlich weniger scheu als eine Ralle oder ein Sumpfhuhn, und es schwimmt frei im offenen Wasser umher. Pflanzen wie Laichkraut, Beeren und am Boden liegende Früchte sind die Hauptbestandteile seiner Nahrung, aber es frißt auch Insekten, jedoch nur in kleinen Mengen.

In der Brutzeit, die entsprechend dem Brutplatz des jeweiligen Verbreitungsgebiets variiert, besetzt das Teichhuhnpärchen ein Revier und vollführt ein kompliziertes Balzritual, teils auf dem Land, teils im Wasser. Das Paar baut in der Ufervegetation gemeinsam ein Nest aus abgestorbenem Schilf und anderen Wasserpflanzen. Beide Eltern bebrüten 19–22 Tage lang die 5–11 Eier, die an aufeinanderfolgenden Tagen gelegt werden. Bei manchen Paaren kommt es zu einer zweiten Brut. Die im Norden des Verbreitungsgebietes brütenden Populationen ziehen im Winter in den Süden.

Wasserralle

Rallus aquaticus

Verbreitung: Europa, Nordafrika, Nordasien bis Japan
Habitat: Sümpfe, Schilf
Länge: 28 cm

Die schlanke Wasserralle bewegt sich leicht und geschickt durch das Gewirr von Wasserpflanzen, in dem sie sich am liebsten aufhält. Sie ist ein scheuer Vogel und sucht sofort Deckung, wenn sie aufgestört wird, lebt aber trotzdem weniger zurückgezogen als die kleineren Rallenarten. Die Wasserralle zieht ins offene Gelände, wenn der Sumpf im Winter zufriert. Wenn Deckung vorhanden ist, schwimmt sie auch über kurze Entfernungen. Ihre Nahrung besteht aus Wurzeln, Samen und Beeren, Insekten, Weichtieren, kleinen Fischen und Würmern.

Im größten Teil ihres Verbreitungsgebietes brütet die Wasserralle zwischen April und Juli. Manchmal produziert sie in einer Brutperiode 2 Gelege. Das Nest, das aus altem Schilf und anderen Pflanzen gebaut wird, liegt in sumpfigem Gebiet. Die 6–11 Eier werden 19–21 Tage lang von beiden Eltern bebrütet.

Ypecaha-Ralle

Aramides ypecaha

Verbreitung: Südamerika: Ostbrasilien, Paraguay, Uruguay, Ostargentinien
Habitat: Sümpfe, Schilf, Flüsse
Länge: 53 cm

Die Ypecaha-Ralle ist ein schöner, großer und in seinem Lebensraum sehr häufiger Vogel. Sie frißt nur tagsüber pflanzliche und tierische Nahrung. Nachts versammeln sich die Rallen dieser Art im Sumpf in Grüppchen und lassen im Chor ihre Rufe erschallen. Das Nest besteht bei dieser Art aus Gras und Pflanzenstengeln und wird in einem niedrigen Strauch direkt über dem Sumpf gebaut. Ein Gelege umfaßt 5 Eier.

Indianerbläßhuhn

Fulica americana

Verbreitung: zentrales und südl. Kanada, USA, Mittel- und Südamerika am Rande der Anden; Hawaii, Karibik, Bahamas
Habitat: Sümpfe, Teiche, Seen, Flüsse
Länge: 33–40 cm

Das Indianerbläßhuhn ist ein auffälliger, geräuschvoller Wasservogel. Sein Flug ist kraftvoll und schnell. Es kann gut schwimmen und laufen. Seine Zehen sind wie die aller Bläßhühner mit Schwimlappen versehen. Das Indianerbläßhuhn unterscheidet sich kaum vom europäischen Bläßhuhn (*F. atra*). Beim hiesigen Bläßhuhn sind Stirnplatte und Schnabel völlig weiß, beim Indianerbläßhuhn ist die Oberseite der Stirnplatte bräunlich gefärbt.

Außer Wasserpflanzen frißt das Indianerbläßhuhn Wasserinsekten, Weichtiere und einige Landpflanzen. Oft suchen die Vögel auch in Gruppen im Wasser nach Nahrung. Hunderte von Tieren schwimmen dann so dicht zusammen, daß der Eindruck einer beweglichen schwarzen Insel entsteht. In Nordamerika brütet der Vogel von April bis Juni. Nach einem langwierigen Balzritual baut er ein muldenförmiges Nest aus trockenen Sumpfpflanzen zwischen Schilf oder auf im Wasser treibenden Pflanzen. Ein Gelege besteht aus 8–12 Eiern, die vom Männchen und vom Weibchen abwechselnd 21 Tage lang bebrütet werden. Die Vögel, die am weitesten nördlich brüten, ziehen im Winter in den Süden. Für das europäische Bläßhuhn gilt fast dasselbe wie für das Indianerbläßhuhn, nur kann sich bei ihm die Brutzeit bis in den August erstrecken.

Wachtelkönig

Crex crex

Verbreitung: Europa, Westasien
Habitat: Grasland, Kulturland
Länge: 26 cm

Diese kleine, schlanke Ralle fliegt kaum, außer auf ihren Tausende von Kilometern langen Wanderungen zu den Winterquartieren im tropischen Afrika. Der Wachtelkönig ist ein Landvogel, der schnell in der dichten Vegetation umherläuft, wo er nach Samen, Getreide und Insekten sucht. Am aktivsten ist er in der Morgen- und Abenddämmerung, doch im Frühjahr läßt das Männchen Tag und Nacht seinen krächzenden Ruf ertönen. Offenbar ist der Wachtelkönig kein geselliger Vogel, denn er wird meist alleine, höchstens in Paaren angetroffen, außer in der Zeit der Wanderungen.

Das Weibchen baut ein Bodennest aus Gras und anderen Pflanzen und brütet die 8–12 Eier in 14–21 Tagen aus. Die Küken werden nach dem Ausschlüpfen noch ein paar Tage lang von beiden Eltern oder vom Weibchen alleine gefüttert.

Takahe
Ypeçaha-Ralle
Teichhuhn
Indianerbläßhuhn
Wasserralle
Wachtelkönig

Binsenhühner, Trappen und Verwandte

FAMILIE HELIORNITHIDAE: Binsenhühner
Zu dieser Familie gehören 3 Arten, von denen eine in allen größeren tropischen Gebieten der Welt vorkommt: in Mittel- und Südamerika, Afrika und Asien (von Indien bis Sumatra). Sie stellen wahrscheinlich die letzten Überlebenden einer Familie dar, die einst weit verbreitet war. Die Geschlechter ähneln einander mehr oder weniger, aber die Weibchen können kleiner sein und ein leicht abweichendes Federkleid haben.

Afrikanisches Binsenhuhn

Podica senegalensis

Verbreitung: Afrika südl. der Sahara
Habitat: Waldbäche, Tümpel, Mangrovensümpfe
Länge: 53–63 cm

Das Afrikanische Binsenhuhn ist ein Wasservogel, der in der Vegetation auf dichtbewachsenen Ufern umherstreift. Beim Schwimmen liegt sein Körper tief im Wasser, so daß manchmal nur Kopf und Hals sichtbar sind; es taucht auch gut. Hat es sich einmal in die Lüfte erhoben, dann ist es ein guter Flieger. Es verläßt das Wasser auch, um in der Vegetation und in Bäumen umherzuklettern. Das Afrikanische Binsenhuhn frißt Insekten, kleine wirbellose Tiere, Amphibien und Fische. Die Geschlechter ähneln einander, doch ist das Männchen größer und hat einen graubraunen Halsschmuck, während Kehle und Hals des Weibchens weiß sind. Das Nest besteht aus Zweigen und Teichbinsen und wird in über das Wasser ragenden Zweigen oder am Ufer auf angeschwemmter Vegetation gebaut. Das Weibchen legt 2 Eier.

Zwergbinsenhuhn

Heliornis fulica

Verbreitung: von Südmexiko über Mittel- und Südamerika bis Nordargentinien
Habitat: stehende Gewässer, bewaldete Flußufer, Waldbäche
Länge: 28 cm

Obwohl das Zwergbinsenhuhn kleiner ist als das Afrikanische Binsenhuhn, hat es die gleichen mit Schwimmlappen gesäumten Zehen und den gleichen langen Körper. Der Vogel zeigt eine Vorliebe für schattige, überwucherte Fluß- und Bachufer und wird selten im offenen Wasser gesehen. Er frißt Insekten – vor allem auf Blättern lebende Larven – und kleine wirbellose Tiere, Amphibien und Fische. Das Zwergbinsenhuhn fliegt kraftvoll, flüchtet jedoch bei Gefahr lieber ins Unterholz. Die 4 Eier werden in ein Nest gelegt, das in einen über das Wasser hängenden Strauch oder Baum gebaut ist.

FAMILIE EURYPYGIDAE: Sonnenrallen
Das einzige Mitglied dieser Familie, die Sonnenralle aus Mittel- und Südamerika, ist mit den Rallen und Trappen verwandt, doch die genauen Familienbeziehungen dieser Art sind unsicher. Männchen und Weibchen ähneln einander.

Sonnenralle

Eurypyga helias

Verbreitung: von Mittelamerika bis Brasilien
Habitat: Waldbäche und kleine Flüsse
Länge: 46 cm

Die Sonnenralle ist ein schöner Vogel mit einem langen Schnabel, einem schlanken Hals und langen Beinen. Sie bewohnt dichtbewaldete Bachufer, wo ihr geflecktes Federkleid ausgezeichnete Tarnung bietet. Fische, Insekten und Schalentiere sind ihre Hauptnahrung. Sie jagt am Ufer und fängt ihre Beute mit einem schnellen Stoß ihres Schnabels, während sie durch flaches Wasser watet. In der Balzzeit kommt das schöne Farbmuster der ausgebreiteten Flügel zur Geltung; der Vogel hält dann die Flügelspitzen nach vorne, so daß sie Kopf und Hals umrahmen. Beim Balztanz breitet die Sonnenralle Schwanz und Flügel aus. Beide Partner bauen gemeinsam das große, überdachte Baumnest und brüten die 2–3 Eier in ca. 28 Tagen aus.

FAMILIE RHYNOCHETIDAE: Kagus
Die systematische Einordnung und die Verwandtschaften des Kagus, des einzigen Mitglieds der Familie Rhynochetidae, sind schon Gegenstand vieler Diskussionen gewesen.

Kagu

Rhynochetos jubatus

Verbreitung: Neukaledonien
Habitat: Wald
Länge: 56 cm Ⓑ

Dieser scheue, praktisch flugunfähige Nachtvogel, der einst sehr zahlreich vertreten war, ist heute infolge der ungehinderten Jagdlust eingeführter Tiere wie Hunde, Katzen und Ratten selten geworden. Der Kagu frißt Insekten, Würmer und Schnecken, die er mit Hilfe seines langen, spitzen Schnabels auf dem Boden findet. Männchen und Weibchen sehen einander sehr ähnlich.

Bei der Balz stehen die beiden Vögel sich mit ausgebreiteten Flügeln gegenüber und stellen die schöne Zeichnung ihres Federkleides zur Schau. Sie führen eindrucksvolle Tänze auf, wobei sie im Kreise herumwirbeln, während sie die Spitze des Schwanzes oder eines Flügels in ihrem Schnabel halten. Das Nest wird auf dem Boden gebaut. Beide Vögel bebrüten 36 Tage lang ein einziges Ei.

FAMILIE CARIAMIDAE: Seriemas
Es gibt 2 Arten von Seriemas, die beide in Südamerika leben. Es sind Bodenvögel mit langen Läufen. Vermutlich sind sie die einzigen noch lebenden Nachfahren einer Gruppe von bereits seit langem ausgestorbenen fleischfressenden Bodenvögeln, die durch Fossilienfunde bekannt sind. Weibchen und Männchen sehen gleich oder fast gleich aus.

Seriema

Cariama cristata

Verbreitung: Ostbolivien, Brasilien, Paraguay, Nordargentinien
Habitat: Grasland
Länge: 76–91 cm

Der Seriema ist ein großer, graziöser Vogel, der schnell laufen kann, jedoch nur selten fliegt. Wenn Gefahr droht, verläßt er sich auf seine Laufgeschwindigkeit. Der scharfe, breite Schnabel unter dem borstigen Kamm ist kräftig und erinnert an den Schnabel eines Greifvogels; er eignet sich zum Erbeuten von Reptilien und Amphibien und zum Verzehren von Samen, Blättern und Insekten.

Diese Art baut aus Zweigen ein Baumnest, und Männchen und Weibchen bebrüten 25 Tage lang 2–3 Eier.

FAMILIE OTIDIDAE: Trappen
Trappen sind schwere, auf dem Boden lebende Vögel, die lieber laufen als fliegen, obwohl sie auch letzteres gut können. Die meisten der 24 Arten leben in Afrika, doch es gibt auch einige in Südeuropa, Asien und Australien. Das Federkleid des Männchens ist auffälliger als das des Weibchens.

Großtrappe

Otis tarda

Verbreitung: vereinzelte Gebiete in Süd- und Mitteleuropa, östl. über Asien bis Sibirien und Ostchina
Habitat: Grasland, Getreidefelder
Länge: 75–100 cm

Das Männchen ist ein großer, kräftiger Vogel mit einem dicken Hals und starken Läufen. Das Weibchen ist kleiner und schlanker, und ihm fehlen auch der borstige „Schnurrbart" und die kastanienbraunen Brustfedern. Vor allem alte Männchen sehen sehr imposant aus. Die Großtrappe frißt hauptsächlich Insekten und Samen, ist jedoch ein Allesfresser.

Der Hahn hat ein bemerkenswertes Balzverhalten; er richtet Schwanz und Flügel auf und bläht sich auf, bis er einer beweglichen Federkugel ähnelt. Das Weibchen legt seine 2–3 Eier in eine von ihm selbst ausgescharrte Bodenmulde, die nicht mit weichem Material ausgekleidet ist, und bebrütet das Gelege 25–28 Tage lang. Ein Teil der europäischen Vögel dieser Art zieht im Winter westwärts

Gackeltrappe

Afrotis afra

Verbreitung: Südafrika
Habitat: Grasland, Buschland
Länge: 53 cm

Die männliche Gackeltrappe ist ein prächtiger, sehr auffälliger Vogel mit markanter Kopf- und Halszeichnung. Das Weibchen ist unauffälliger gezeichnet und trägt ein vorwiegend schwarz, braungelb und rotbraun geflecktes Federkleid mit vollständig schwarzer Unterseite. Gackeltrappen leben gewöhnlich in Paaren in einem deutlich abgegrenzten Revier und fressen hauptsächlich pflanzliche Nahrung und kleine Mengen Insekten. Normalerweise legt das Weibchen 1 Ei auf den Boden und brütet es selbst aus.

Sonnenralle
Afrikanisches Binsenhuhn
Zwergbinsenhuhn
Kagu
Gackeltrappe ♂
Seriema
Großtrappe ♂

Blatthühnchen, Regenpfeifer, Goldschnepfen, Austernfischer

ORDNUNG CHARADRIIFORMES:
Wat- und Möwenvögel
Zu dieser Ordnung gehören mehr als 300 Arten, die in 3 Unterordnungen und 15 Familien unterteilt werden. Zur ersten Unterordnung gehören alle Watvögel wie die Regenpfeifer, die Schnepfenvögel und die Blatthühnchen. Die zweite Unterordnung enthält die Raubmöwen, die Möwen, die Seeschwalben und die Scherenschnäbel. Die dritte Unterordnung besteht aus nur einer Familie, den Alken.

FAMILIE JACANIDAE: Blatthühnchen
Die 7 oder 8 Blatthühnchenarten sind Wasservögel, die in den tropischen und subtropischen Gebieten der ganzen Welt vorkommen. Sie haben außergewöhnliche Füße: Ihre Zehen und Nägel sind so lang, daß das Gewicht der Vögel auf eine große Fläche verteilt wird, was es ihnen ermöglicht, über die im Wasser treibenden Blätter von Wasserpflanzen zu laufen. Die beiden Geschlechter ähneln einander, doch sind die Weibchen etwas größer.

Jassana

Jacana spinosa
Verbreitung: Mittelamerika, Große Antillen, USA: Südtexas
Habitat: Seen, Teiche
Länge: 25 cm

Die Jassana frißt außer Insekten und anderen Wassertieren auch die Samen von Wasserpflanzen, die sie von der Wasseroberfläche oder aus der Vegetation aufpickt. Sie kann gut schwimmen und tauchen, jedoch nur langsam fliegen; auch an Land ist die Jassana nicht besonders geschickt. Das Nest besteht aus Wasserpflanzen; das aus 3–5, meist jedoch aus 4 Eiern bestehende Gelege wird 22–24 Tage lang von beiden Eltern bebrütet.

FAMILIE CHARADRIIDAE: Regenpfeifer
Diese Familie umfaßt ca. 63 Arten kleiner bis mittelgroßer, ziemlich plumper Watvögel. Der typische Regenpfeifer hat einen kurzen, geraden Schnabel, einen runden Kopf und kurze Beine. Beide Geschlechter sind (nahezu) gleich, doch bei einigen Arten entwickeln sich in bestimmten Jahreszeiten Unterschiede im Federkleid.

Kiebitz

Vanellus vanellus
Verbreitung: Europa, West- und Nordafrika, Asien
Habitat: Grasland, Ackerland
Länge: 30 cm

Der Kiebitz ist leicht an seinem Schopf und an seinen breiten, abgerundeten Flügeln zu erkennen. Sein Name ist eine Nachahmung seines Rufs. Zu Beginn des Frühjahrs besetzt das Männchen ein Revier und verteidigt es aggressiv. Durch Purzelbäume und laute Flügelschläge versucht es die Aufmerksamkeit des Weibchens auf sich zu lenken; manchmal hat ein Männchen auch mehrere Weibchen. Der Kiebitz frißt vor allem Insekten, aber auch Würmer, Schnecken und pflanzliches Material. Das Männchen baut demonstrativ mehrere Nestmulden, um das Weibchen zum Brüten anzuregen. Das Weibchen wählt eine Mulde aus, die mit Strohhalmen u.ä. ausgekleidet wird. Das Gelege besteht aus 3–5 Eiern, die innerhalb von 24–31 Tagen ausgebrütet werden.

Kleiner Goldregenpfeifer

Pluvialis dominica
Verbreitung: Nordamerika, Asien; im Winter in Südamerika, auf Hawaii und anderen Pazifikinseln, Australien, Neuseeland, Südasien
Habitat: Moore, Felder, offenes Gelände
Länge: 23–28 cm

Dieser Regenpfeifer ist ein Meister unter den Zugvögeln: Er legt zwischen seinen Brutgebieten in der Tundra Sibiriens und Nordamerikas und den im Süden liegenden Überwinterungsgebieten fast 13000 km zurück.

Der Kleine Goldregenpfeifer frißt Insekten und außerdem Weich- und Schalentiere. Das Weibchen legt 3–4 Eier in eine mit Moos und Gras ausgekleidete Bodenmulde. Beide Eltern brüten 20–30 Tage lang die Eier aus, das Männchen tagsüber, das Weibchen nachts. Im Winter verliert dieser Goldregenpfeifer die charakteristische schwarze Kopf- und Brustzeichnung, die dann goldgefleckt wird. In unseren Breiten kommt der etwas größere Goldregenpfeifer (*Pluvialis apricaria*) vor, der der amerikanischen Art stark ähnelt.

Schiefschnabel-Regenpfeifer

Anarhynchus frontalis
Verbreitung: Neuseeland
Habitat: Flußbetten, offenes Gelände
Länge: 20 cm

Dies ist ein kleiner Regenpfeifer mit einem außergewöhnlichen Schnabel, seine Spitze weist nach rechts. Um die Insekten zu fangen, von denen er sich ernährt, hält der Schiefschnabel-Regenpfeifer den Kopf schräg nach links und durchkämmt den Schlamm mit der Schnabelspitze in einer horizontalen, scharrenden Bewegung. Er überwintert in Neuseeland auf der Nordinsel und zieht zur Südinsel, um zu brüten. Die 2–3 Eier eines Geleges werden von den Weibchen in den Mündungsgebieten großer Flüsse gelegt, und zwar zwischen einer bestimmten Art von Kieseln, die aufgrund ihrer Farbe eine gute Tarnung sowohl für die Eier wie auch für die brütenden Vögel.

Sandregenpfeifer

Charadrius hiaticula
Verbreitung: Nordeuropa, Westasien, Nordamerika
Habitat: Küste
Länge: 19 cm

Der Sandregenpfeifer ist ein vor allem an Küsten häufig vorkommender Vogel der nördlichen Hemisphäre. Sein Brutkleid weist eine charakteristische Kopf- und Brustzeichnung auf. Er ernährt sich von Weichtieren, Würmern und verschiedenen Pflanzen. Das Weibchen legt 3–5 Eier und verteidigt diese und später die Jungen durch ein Ablenkungsmanöver, das für viele Regenpfeiferarten typisch ist: Wenn ein Feind sich dem Nest nähert, flattert das Weibchen ungeschickt fort, als ob es verletzt sei und deshalb nicht fliegen könnte. So lockt es den Feind von den Jungen weg. Wenn der Räuber weit genug vom Nest entfernt ist, fliegt der Sandregenpfeifer plötzlich auf und entkommt; später kehrt er dann zum Nest zurück. Die verwandte amerikanische Art, der Weißstirn-Regenpfeifer (*C. semipalmatus*) wird heute als getrennte Art betrachtet.

FAMILIE ROSTRATULIDAE:
Goldschnepfen
Zu dieser Familie gehören 2 Arten. Die eine kommt in der Alten Welt vor, die andere, die Südamerikanische Goldschnepfe (*Nycticryphes semicollaris*), lebt in Südamerika. Es ist eine ungewöhnliche Familie, da bei diesen Arten die sonst übliche geschlechtsspezifische Rollenverteilung umgekehrt ist.

Buntschnepfe

Rostratula benghalensis
Verbreitung: Afrika südl. der Sahara, Madagaskar, Südasien, Australien
Habitat: Sümpfe
Länge: 24 cm

Die Buntschnepfe ist ein scheuer Vogel, der in der Dämmerung aktiv ist und sich nur selten offen zeigt. Sie ernährt sich von Insekten, Schnecken und Würmern, die sie hauptsächlich mit ihrem empfindlichen Schnabel im Schlamm aufspürt, und außerdem von unterschiedlichem pflanzlichem Material.

Das Weibchen ist recht auffällig gefärbt, das Männchen ist kleiner und trägt ein schlichtes bräunlich gefärbtes Federkleid. Das Männchen benutzt ein Gras- oder Binsenbüschel als Nest und übernimmt, sobald das Weibchen die 3–4 Eier gelegt hat, die weitere Brutpflege.

FAMILIE HAEMATOPODIDAE:
Austernfischer
Austernfischer sind große, laute Küstenvögel, die weltweit verbreitet sind. Sie fehlen jedoch auf den meisten Ozeaninseln und in den Polargebieten. Die ca. 8 engverwandten Arten sind in einer Gattung untergebracht. Männchen und Weibchen sind nahezu gleich gefärbt.

Austernfischer

Haematopus ostralegus
Verbreitung: weltweit
Habitat: Küsten, Ästuarien
Länge: 46 cm

Der (Eigentliche) Austernfischer ist innerhalb der Familie die am weitesten verbreitete Art; es gibt auch einige Unterarten. Wie die anderen Austernfischer hat er einen langen, leicht abgeflachten Schnabel, den er dazu benutzt, Muscheln von den Felsen zu lösen und sie anschließend zu öffnen. Weich- und Schalentiere sind seine Hauptnahrung, doch hat er auch gelernt, weiter im Landesinneren auf Äckern Insekten, Schnakenlarven und Würmer zu fangen.

Austernfischer leben in Gemeinschaft, und vor allem außerhalb der Brutzeit treten sie in großen Gruppen auf. Die Nestmulde wird oft, jedoch nicht immer mit Gras ausgekleidet und mit Moos geschmückt. Das Weibchen legt 2–4 Eier, die beide Eltern gemeinsam innerhalb von 24–27 Tagen ausbrüten.

Jassana
Kiebitz
Buntschnepfe ♂
Kleiner Goldregenpfeifer (Sommerkleid)
Austernfischer
Schiefschnabel-Regenpfeifer
Sandregenpfeifer (Sommerkleid)

Schnepfenvögel

FAMILIE SCOLOPACIDAE: Schnepfenvögel
Mit ihren 84 Arten bilden die Schnepfenvögel die formenreichste Familie der Ordnung Charadriiformes. Bekannte Vertreter dieser Gruppe, die in der ganzen Welt vorkommen, sind die Strandläufer, die Brachvögel, die Steinwälzer, die Sumpfschnepfen, die Waldschnepfen und die Rotschenkel. Meist handelt es sich um auf dem Boden lebende Watvögel, die ihre Nahrung größtenteils im Wasser finden. Im allgemeinen sehen Männchen und Weibchen gleich aus, aber einige Arten tragen ein spezielles Brutkleid.

Regenbrachvogel

Numenius phaeopus

Verbreitung: Brutgebiete in Kanada, Alaska, Asien, Nordeuropa; überwintert in Südamerika, Afrika, Südostasien, Australasien
Habitat: brütet in Mooren und Tundren; überwintert auf schlammigen und sandigen Stränden, in Ästuarien und Sümpfen
Länge: 40 cm

Der Regenbrachvogel hat einen deutlich gestreiften Scheitel und einen langen, nach unten gebogenen Schnabel. Seine Nahrung besteht aus kleinen wirbellosen Tieren und kleinen Krabben, von denen der Vogel, bevor er sie frißt, die Gliedmaßen teilweise entfernt. Im Sommerhalbjahr frißt der Regenbrachvogel auch viele Insekten und Beeren.

Diese Art brütet in der subarktischen und subalpinen Tundra und zieht im Frühjahr in ihr Brutgebiet, wo die Regenbrachvögel oft Jahr fÜr Jahr am gleichen Platz brüten. Wenn der Schnee schmilzt, beginnen die Männchen mit ihrer Balz. Das Nest liegt auf dem Boden, gewöhnlich offen und ungeschützt; ein Gelege besteht aus 4 Eiern, die in 27–28 Tagen von beiden Eltern gemeinsam ausgebrütet werden. Sobald die Jungen nach 5–6 Wochen flügge sind, verlassen die Eltern sie und ziehen in die südlichen Winterquartiere. Die jungen Vögel folgen einige Wochen später.

Amerikanische Waldschnepfe

Scolopax minor (Philohela m.)

Verbreitung: Nordamerika: Brutgebiete von Manitoba bis Louisiana und Florida; überwintert im südl. Teil des Brutgebietes bis zur Golfküste
Habitat: bewaldete Gebiete und junge lichte Wälder
Länge: 28 cm

Die 6 Arten der Amerikanischen Waldschnepfen sind Waldbewohner, die viel weniger an das Wasser gebunden sind als die meisten anderen Mitglieder ihrer Familie. Schnepfen sind im allgemeinen scheue, einsiedlerische Vögel mit einem langen, schmalen Schnabel und einem stämmigen Körper. Ihre Schnabelspitze ist sehr biegsam, so daß der Schnabel unter der Erde geöffnet werden kann. Die Vögel sammeln ihre Nahrung, indem sie mit den Schnäbeln im Boden stochern. Waldschnepfen halten sich am liebsten in Gebieten mit niedriger Buschvegetation auf, wo sie viele Regenwürmer finden können, von denen sie sich zu zwei Dritteln ernähren. Außerdem fressen sie auch Käfer und Fliegenlarven. In unseren Breiten ist die Waldschnepfe (*S. rusticola*) beheimatet.

Die Männchen der amerikanischen Art kommen meist früher als die Weibchen (im März oder April) auf den Brutplätzen an, um ein ausreichend großes Revier für ihre Balzflüge zu besetzen. Die Weibchen werden vom Ruf der Männchen in die Balzreviere gelockt. Manchmal paart sich ein Männchen auch mit mehreren Weibchen. Das Weibchen baut ein Nest unter einem kleinen Baum oder Strauch und legt 4 Eier, die es 21 Tage lang selbst bebrütet. Nur einmal pro Tag, in der Abenddämmerung, verläßt es das Nest, um Nahrung zu suchen; den Rest der Zeit bleibt es regungslos auf dem Nest sitzen (Brütestarre). Die Jungen sind nach ca. 4 Wochen ausgewachsen. Bei Gefahr klemmt sich die Mutter die Küken nacheinander zwischen die Schenkel und fliegt mit ihnen zu einem sicheren Schlupfwinkel.

Rotschenkel

Tringa totanus

Verbreitung: brütet in Europa und im Norden der UdSSR; überwintert in Südeuropa, Nordafrika und Südasien
Habitat: brütet in Mooren und Sümpfen; überwintert in Schlammzonen an der Küste, auf Feuchtwiesen, in Ästuarien und an Küsten
Länge: 28 cm

Die Rotschenkel sind eine zahlreiche Art mit einem großen Verbreitungsgebiet. Sie passen sich an fast jeden Lebensraum in Wassernähe an. Dieser Vogel ist sofort an seinen hellroten Beinen zu erkennen. Er hat auch dunkle Kopf- und Halsstreifen, die im Winter heller werden. Vor allem Insekten, aber auch Weich- und Schalentiere bilden seine Nahrung. Der Rotschenkel kehrt zwischen März und Mai in sein Brutgebiet zurück und paart sich unmittelbar nach der Balz. Die 4 Eier werden vom Weibchen in ein tiefes napfförmiges Nest in einem Grasbüschel gelegt und 23 Tage lang bebrütet.

Sumpfschnepfe / Gemeine Bekassine

Gallinago gallinago

Verbreitung: brütet in Kanada, Norden der USA, Europa bis Nordostasien; überwintert in Mittel- und Südamerika, Afrika, Indien, Indonesien
Habitat: Sümpfe, Feuchtwiesen, Moore
Länge: 25 cm

Die Sumpfschnepfe ist ein scheuer, versteckt lebender Vogel. Sie hat ziemlich spitze Flügel und einen langen Schnabel. Ihr gestreiftes und gebändertes Federkleid stellt in der Vegetation einen wirksamen Schutz dar. Dies und ihr plötzlicher Zickzackflug haben sie zu einem beliebten Jagdvogel gemacht. Außer Insekten – vor allem Fliegen- und Käferlarven – frißt die Sumpfschnepfe auch Regenwürmer, kleine Schalentiere, Schnecken und pflanzliche Nahrung.

Die Männchen kommen vor den Weibchen im Brutgebiet an und sichern sich ein Balzrevier. Meist besteht die Balz aus einem Sturzflug in hoher Geschwindigkeit, wobei die durch die Schwanzfedern strömende Luft ein Geräusch erzeugt, das dem Meckern einer Ziege ähnelt. Dies hat dem Vogel den Namen „Himmelsziege“ eingebracht. Das Nest dieser Art liegt wenn möglich auf trockenem Boden und in der Nähe von Grasbüscheln, die die Schnepfe über das Nest zieht. Gewöhnlich brütet das Weibchen die 3–4 Eier in 17–19 Tagen allein aus.

Kampfläufer

Philomachus pugnax

Verbreitung: brütet in Nordeuropa, Asien; überwintert in Europa, Afrika, Südasien
Habitat: Tundra, Grasland, Sümpfe
Länge: 23–30 cm

In der Brutzeit entwickeln die Hähne dieser Art einen großen Federkragen um Kopf und Hals, der in der Färbung stark variieren kann. Sie versammeln sich auf einem regelrechten Turnierplatz zu ihren komplizierten gemeinschaftlichen Balzritualen. Jeder ältere, dominante Hahn hat einen eigenen Platz auf dem Turnierplatz und kann von mehreren untergeordneten Männchen umringt sein, die Scheinkämpfe aufführen in der Hoffnung, sich mit einem der Weibchen paaren zu können.

Unmittelbar nach der Paarung verläßt die Henne den Balzplatz und baut im Gras ein Nest, oft weit vom Balzplatz entfernt. Sie brütet ihre 4 Eier in 20–23 Tagen aus.

Steinwälzer

Arenaria interpres

Verbreitung: zirkumpolar: brütet an den Küsten der Arktis; überwintert südl. des Brutgebietes
Habitat: brütet in Mooren, Tundren; überwintert auf Felsküsten
Länge: 18–23 cm

In der Brutzeit ist der Steinwälzer mit einer auffälligen schwarzen, weißen und rotbraunen Zeichnung geschmückt, die im Winter verblaßt. Im Sommer ernährt er sich hauptsächlich von Insekten, vor allem von Mücken, aber auch von pflanzlichem Material. Im Winter sucht er seine Nahrung an der Meeresküste, wo er mit dem Schnabel Steine und ähnliches umwendet und darunter nach Weich- und Schalentieren und nach Aas sucht.

Die Vögel kehren zum Brüten Ende Mai oder Anfang Juni aus ihren Winterquartieren zurück. Die 4 Eier werden in eine mit Gras ausgekleidete Bodenmulde gelegt und von beiden Eltern 21–23 Tage lang bebrütet.

Thorshühnchen

Phalaropus fulicarius

Verbreitung: brütet in Nordamerika: von Alaska bis Hudson Bay und arktische Inseln; überwintert vor der Küste Westafrikas und Chiles
Habitat: brütet in der Tundra und auf Feuchtwiesen; überwintert auf dem Meer
Länge: 18 cm

Die Thorshühnchen sind die einzigen Schwimmvögel ihrer Familie. An ihren Zehen befinden sich Schwimmlappen, wodurch sich ihre Beine gut zum Schwimmen eignen. Thorshühnchen kommen nur zum Brüten an Land. Bei diesen Vögeln ist das Weibchen der auffällig gezeichnete Vogel; zur Brutzeit hat es eine rötliche Kehle und Unterseite. Das Männchen ist kleiner und schlichter gefärbt. Im Winter tragen beide ein graues Federkleid. Das Thorshühnchen frißt kleine Käfer, Fliegen, kleine Schalentiere und kleine Fische.

Bei diesen Vögeln ist die übliche geschlechtsspezifische Rollenverteilung umgekehrt: Das auffällige Weibchen ergreift bei der Balz und bei der Paarung die Initiative. Das Männchen brütet ca. 19 Tage lang auf den 4 Eiern und übernimmt auch die Aufzucht der Jungen.

Regenbrachvogel
Steinwälzer (Brutkleid)
Rotschenkel
Sumpfschnepfe
Kampfläufer ♂ (mit Varianten im Brutkleid)
Amerikanische Waldschnepfe
Thorshühnchen ♀ (im Brutkleid)

Ibisschnabel, Säbelschnäbler, Reiherläufer, Triele

FAMILIE IBIDORHYNCHIDAE:
Ibisschnäbel
Der Ibisschnabel ist die einzige Art dieser Familie. Obwohl er manchmal bei den Säbelschnäblern und Stelzenläufern eingeordnet wird, unterscheidet er sich sowohl in bezug auf Wahl und Lage des Brutbiotops wie auch in der Schnabelform sehr stark von diesen Vögeln.

Ibisschnabel

Ibidorhyncha struthersii
Verbreitung: Hochebenen Zentralasiens; Himalaya
Habitat: Kiesbänke, Kiesinseln in Gebirgsbächen
Länge: 38 cm

Der Ibisschnabel benutzt seinen nach unten gebogenen Schnabel, um unter dem Kiesgeröll von Flußbetten nach Nahrung zu suchen. Oft watet er durch das Wasser und taucht mit Kopf und Hals unter. Ibisschnäbel leben in kleinen Gruppen und suchen gemeinsam nach Nahrung. Das Weibchen legt 4 große Eier in ein Bodennest. Beide Eltern brüten.

FAMILIE RECURVIROSTRIDAE:
Säbelschnäbler
Zu dieser Familie gehören 13 Watvogelarten mit langen Schnäbeln und langen Beinen. Sie kommen fast überall auf der Welt vor außer im hohen Norden. Die Säbelschnäbler können gut fliegen und schwimmen gelegentlich; gewöhnlich leben sie am Wasser. Meist sind ihre Füße mit sehr kleinen Schwimmhäuten versehen. Säbelschnäbler ernähren sich hauptsächlich von Insekten, Weichtieren, Fischen, Fröschen und Pflanzen. Viele Arten haben ein schwarzweißes Federkleid. Männchen und Weibchen ähneln einander mehr oder weniger.

Stelzenläufer

Himantopus himantopus
Verbreitung: in der Alten Welt bis etwa zum 50. nördl. Breitengrad
Habitat: hauptsächlich in Süßwasser- und Salzümpfen, Lagunen
Länge: 38 cm

Der auffällige Stelzenläufer hat rosa Beine, die im Verhältnis zu seinem Körper länger als die irgendeines anderen Vogels sind, mit Ausnahme des Flamingos. Im Flug ragen sie weit über den Schwanz hinaus. Der Stelzenläufer läuft schnell mit langen Schritten und watet durch das Wasser, wobei er Insekten und kleine Wassertierchen aus der Vegetation und von der Wasseroberfläche aufpickt. Der lange, schlanke Schnabel ist hierfür ideal geeignet.

Stelzenläufer nisten in Kolonien in Wassernähe. Manche Nester sind regelrechte Bauwerke, die in flachem Wasser aus Zweigen und Schlamm errichtet sind, andere sind nur einfache Bodenmulden. Zwischen April und Juni legt das Weibchen 3–5 Eier, die von beiden Vögeln 26 Tage lang bebrütet werden. Die Küken sind Nestflüchter: Sie verlassen das Nest unmittelbar nach dem Ausschlüpfen.

Säbelschnäbler

Recurvirostra avosetta
Verbreitung: Europa, West- und Zentralasien; nördl. Populationen überwintern in Westafrika und Südasien
Habitat: Schlickzonen, Ästuarien, Sandbänke
Länge: 42 cm

Der Säbelschnäbler ist mit seinem auffälligen schwarzweißen Federkleid und seinem nach oben gebogenen Schnabel kaum zu verwechseln. Im Flug ragen seine langen Beine weit über den Schwanz hinaus. Der Säbelschnäbler frißt Insekten, Wassertierchen und pflanzliches Material. Er sucht Nahrung, indem er mit dem Schnabel die Oberfläche von Schlamm oder flachem Wasser von einer zur anderen Seite durchfegt. Ist das Wasser tiefer, dann taucht er mit dem Kopf unter und schwimmt und gründelt wie eine Ente.

Säbelschnäbler brüten in Kolonien. Die Paarung findet nach einer gemeinschaftlichen Balz statt. Das Nest besteht gewöhnlich aus einer einfachen Bodenmulde in Wassernähe. Die 3–5 Eier eines Geleges werden von beiden Eltern bebrütet; sie schützen die Jungen auch vor Feinden. Die jungen Vögel haben mehrere braune Flügelfedern, ansonsten sehen sie aus wie die erwachsenen Tiere. Der Amerikanische Säbelschnäbler (*R. americana*) ähnelt der europäischen Art, trägt jedoch in seinem Brutkleid zimtbraune Kopf-, Hals- und Brustfedern.

FAMILIE DROMADIDAE: Reiherläufer
Die einzige Art dieser Familie, der Reiherläufer, ist möglicherweise mit den Steinwälzern und Trielen verwandt, denen er in einem gewissen Maße ähnelt. Er hat jedoch einige besondere Merkmale, aufgrund derer er heute in einer eigenen Familie untergebracht wird. Das Weibchen ist etwas kleiner als das Männchen und hat kürzere, schwarze Federn.

Reiherläufer

Dromas ardeola
Verbreitung: brütet auf Inseln von Ostafrika bis zum Persischen Golf; überwintert an Küsten und auf Inseln im Westen des Indischen Ozeans
Habitat: Ästuarien, Riffe
Länge: 38 cm

Der Reiherläufer, ein kräftiger Vogel mit einem schweren, kurzen Schnabel, hat einen kräftigen und schnellen Flug. Wenn er fliegt, kommt seine auffällige Schwarzweißzeichnung zur Geltung. Er hat lange Beine, und seine Zehen sind teilweise durch Schwimmhäute miteinander verbunden. Kleine Krabben sind seine Hauptnahrung, aber er frißt auch andere Schalen- und Weichtiere, die er mit seinem starken, scharfen Schnabel aufbricht. Es ist ein lauter, geselliger Vogel, und er nistet in Kolonien. Das Weibchen legt ein einziges Ei an das Ende eines in den Sand gegrabenen Ganges, oft auch in die Höhle einer Krabbe. Obwohl das Junge schon bald nach dem Ausschlüpfen umherlaufen kann, wird es von beiden Eltern versorgt und in der Höhle gefüttert.

FAMILIE BURHINIDAE: Triele
Die 9 Arten dieser Familie haben verschiedene volkstümliche Namen wie Dickkopf, Eulenkopf und Glotzauge. Charakteristisch für alle diese Arten ist eine Gelenkverdickung zwischen Fußwurzel und Schienbein. Im Aussehen ähneln diese Vögel den Reiherläufern, doch sie erinnern auch an Trappen (Familie Otididae). An jedem Fuß haben sie nur 3 Zehen, die teilweise durch Schwimmhäute miteinander verbunden sind. Triele sind Dämmerungs- und Nachttiere; ihre außergewöhnlich großen Augen sind eine Anpassung an diese Lebensweise. Die beiden Geschlechter sehen gleich aus. Diese Familie ist in der Alten Welt weit verbreitet, doch 2 Arten leben auch in Mittel- und Südamerika.

Krabbentriel

Esacus recurvirostris
Verbreitung: Indien, Sri Lanka; Australien und Neukaledonien
Habitat: Küsten und Flüsse
Länge: 50 cm

Dieser Triel, ein plumper Vogel mit großem Kopf, hat einen starken, leicht nach oben gebogenen Schnabel und große gelbe Augen. Er frißt hauptsächlich nachts Insekten, Würmer, Weich- und Schalentiere und hin und wieder auch kleine Wirbeltiere. Wie alle Triele kann er laufen, jedoch nur über kurze Entfernungen. Er fliegt gut, tut dies jedoch nur widerwillig. Bei Gefahr drückt er sich flach auf den Boden, wobei er Kopf und Hals ausstreckt. Der Krabbentriel legt 2, manchmal 3 Eier in eine flache Bodenmulde, die das Weibchen unter Mithilfe des Männchens ausbrütet. Beide Eltern sorgen für die Küken, die übrigens schon ziemlich bald nach dem Ausschlüpfen ihre Nahrung selbst ausscharren können.

Auf den Philippinen, in Indonesien und in Australasien kommt der Rifftriel (*E. magnirostris*) vor, der manchmal mit dem Krabbentriel zu einer Art zusammengefaßt wird und manchmal auch zur Gattung *Burhinus* gerechnet wird.

Triel

Burhinus oedicnemus
Verbreitung: Europa, Nordafrika, Südwestasien; überwintert im Süden des Verbreitungsgebietes
Habitat: offenes Gelände, Heide, Ackerland
Länge: 41 cm

Obwohl nur ein paar Populationen des Triels in Winterquartiere fortziehen, ist er der einzige Zugvogel der Familie der Triele. Die nördlichen Vögel überwintern in Nord- und Ostafrika. Wie bei allen Familienmitgliedern sorgt das Federkleid für eine ausgezeichnete Tarnung. Allerdings wirken die beiden dicken, weißen Flügelstreifen, die im Flug sichtbar werden, recht auffällig. Der Schnabel des Vogels ist kurz und gerade, und er ernährt sich hauptsächlich von wirbellosen Tieren, Schnecken und Würmern. Das Weibchen legt seine 2 Eier in eine Bodenmulde. Beide Eltern wechseln sich bei der 26tägigen Brut ab.

Säbelschnäbler
Reiherläufer
Stelzenläufer
Krabbentriel
Triel
Ibisschnabel

Rennvögel und Brachschwalben, Höhenläufer, Scheidenschnäbel

FAMILIE GLAREOLIDAE: Rennvögel und Brachschwalben

Zu dieser Familie mit 16–17 Arten gehören die Brachschwalben, die Rennvögel und der Krokodilwächter. Es sind ziemlich kleine, regenpfeiferartige Vögel mit spitzen Schnäbeln. Die Brachschwalben und die Rennvögel unterscheiden sich in ein paar allgemeinen Merkmalen voneinander: Erstere haben einen kurzen Schnabel, schmale, zugespitzte Flügel, einen gegabelten Schwanz und kurze Beine mit 4 Zehen; letztere haben einen längeren Schnabel, breitere Flügel, einen breiteren Schwanz und längere Beine mit 3 Zehen (die Hinterzehen fehlen). Die Vögel beider Gruppen ernähren sich von Insekten, Weichtieren, Blutegeln, kleinen Eidechsen und Samen. Die Arten kommen in den wärmeren Gebieten der Alten Welt einschließlich Australiens vor. Beide Geschlechter tragen das gleiche Federkleid, können jedoch verschieden groß sein.

Gewöhnlicher Rennvogel

Cursorius cursor

Verbreitung: Afrika, Kanarische und Kapverdische Inseln; Südwestasien, Westen von Indien

Habitat: Wüste und Halbwüste

Länge: 23 cm

Der Gewöhnliche Rennvogel ist ein schlanker, hellgefärbter Vogel mit auffälligen Augenstreifen. Durch sein cremefarbenes Gefieder fügt er sich unauffällig in das Bild der Wüste. Obwohl er schnell fliegen kann, zieht er es meist vor zu laufen. Er bewegt sich ruckartig fort und drückt sich zwischendurch oft flach auf den Boden.

Der Rennvogel unternimmt keine regelmäßigen Wanderungen, bewegt sich aber manchmal über die Grenzen seines Wohngebietes hinaus, wobei er oft bis nach Europa kommt; allerdings brütet er dort nicht. Das Weibchen legt 2–3 Eier auf Fels- oder Sandboden. Nachts, wenn die Temperatur sinkt, sitzt das Weibchen auf den Eiern, doch tagsüber muß es sich oft darüber stellen, um sie vor der Sonne zu schützen.

Krokodilwächter

Pluvianus aegyptius

Verbreitung: Nordost-, West- und westl. Zentralafrika

Habitat: Küsten und Sandbänke von Flüssen und Seen

Länge: 20 cm

Der Krokodilwächter unterscheidet sich durch eine auffälligere Färbung und relativ kurze Beine von den übrigen Rennvögeln. Er hält sich gewöhnlich am Wasser auf und ist schon jahrhundertelang als Krokodilvogel bekannt, da man glaubt, er picke seine Nahrung zum Teil im Gebiß eines sich sonnenden Krokodils auf. Dies ist nicht sicher; aber der Vogel sucht oft in der Nähe von und auf Krokodilen nach Nahrung, zum Beispiel nach Parasiten. Er ernährt sich hauptsächlich von Insekten.

Das Weibchen legt 2–3 Eier, die es während der Brut mit etwas Sand abdeckt. Auch die Küken versteckt es bei drohender Gefahr zeitweilig auf diese Weise.

Brachschwalbe

Glareola pratincola

Verbreitung: Südeuropa, Südwestasien, Afrika

Habitat: offenes Gelände, verkrustete Schlammflächen, Ufer von Binnengewässern

Länge: 25 cm

Die Brachschwalbe hat einen tiefgegabelten Schwanz, und ihr schneller, wendiger Flug ähnelt dem der Seeschwalbe, doch läuft sie außerdem ebenso mühelos über den Boden wie ein Regenpfeifer. Sie hat eine charakteristische cremefarbene, schwarzumrandete Kehle; der schwarze Rand verwischt sich im Winter. Brachschwalben sind gesellig lebende Vögel; gegen Abend versammeln sie sich in Gruppen, um Insekten zu jagen, die sie meist in Wassernähe in der Luft fangen.

Die Art brütet in Kolonien von einigen bis zu mehreren 100 Paaren und nistet gewöhnlich nach der örtlichen Regen- oder Überschwemmungszeit. Die 2–4 Eier liegen auf dem Boden, wo sie durch ihre neutrale, fleckige Färbung kaum von der Umgebung zu unterscheiden sind, ganz gleich, ob diese aus Erde, Sand oder Gestein besteht. Die Eier werden 17 Tage lang von beiden Eltern bebrütet. Die Küken sind Nestflüchter. Nach der Brutzeit ziehen die europäischen Brachschwalben nach Afrika, südlich der Sahara.

FAMILIE THINOCORIDAE: Höhenläufer

Die 4 Arten der Höhenläufer leben alle in Südamerika. Mit den Schnepfen haben sie den schnellen Zickzackflug gemein. Höhenläufer sind ziemlich gedrungene Vögel, die ihre Nahrung (hauptsächlich Samen) am Boden suchen. Sie variieren in der Größe von 17 bis 28 cm, haben lange, spitze Flügel, einen kurzen Schwanz und einen kräftigen, kegelförmigen Schnabel. Die Farbe ihres Gefieders ist gedeckt und feldhuhnartig. Die Geschlechter unterscheiden sich im Federkleid.

Zwerghöhenläufer

Thinocorus rumicivorus

Verbreitung: Anden: von Ecuador bis Feuerland; östl. bis Patagonien und Uruguay; Falklandinseln

Habitat: trockene Ebenen an den Küsten und im Binnenland

Länge: 17 cm

Dies ist der kleinste Höhenläufer. Er besitzt die für seine Familie charakteristischen Flecken und die typische Tarnfarbe. Beim Männchen gibt es eine schwarze Zeichnung, die an eine Krawatte erinnert. Der Zwerghöhlenläufer lebt überwiegend auf dem Boden und kann trotz seiner kurzen Beine sehr schnell laufen. Er ähnelt so stark seiner Umgebung, daß er, wenn er sich bedroht fühlt und sich still hält, fast unsichtbar wird; erst im letzten Augenblick fliegt er davon.

Die Brutzeit ist vom Breitengrad abhängig. 4 Eier werden vom Weibchen in eine flache Mulde gelegt und dort ausgebrütet. Wenn das Weibchen sein Gelege eine Zeitlang allein lassen muß, vergräbt es die Eier teilweise im Sand. Die Küken können das Nest schon kurz nach dem Ausschlüpfen verlassen.

FAMILIE CHIONIDIDAE: Scheidenschnäbel

Die 2 Arten der Scheidenschnäbel sind mittelgroß (35–43 cm) und haben ein weißes Federkleid. Sie leben an den Küsten der subantarktischen Inseln. Es sind kräftige, gedrungene Vögel, die im Körperbau Tauben ähneln. Ihr Oberschnabel ist an der Wurzel durch eine Hornscheibe verstärkt, und sie haben kurze, dicke und kräftige Beine. Die Weibchen sind kleiner, doch ansonsten ähneln sich die Geschlechter.

Ornithologen betrachten die Scheidenschnäbel als eine Übergangsform zwischen Möwen und Watvögeln. Sie weisen starke Ähnlichkeiten mit den gemeinsamen Vorfahren beider Familien auf.

Weißgesicht-Scheidenschnabel

Chionis alba

Verbreitung: subantarktische Inseln des südlichen Atlantiks, außerhalb der Brutzeit bis Graham Land und bis zum südl. Teil Südamerikas

Habitat: Küsten

Länge: 40 cm

Der Weißgesicht-Scheidenschnabel ist ein geselliger, aber auch sehr streitsüchtiger Vogel, der außerhalb der Brutzeit in kleinen Scharen zusammenlebt, nach Nahrung sucht und des öfteren kämpft. Obwohl er gut und auch weite Strecken über Wasser fliegen kann, verbringt er die meiste Zeit auf dem Erdboden. Zwar hat er nur eine Andeutung von Schwimmhäuten zwischen den Zehen, doch ist er ein guter Schwimmer. Weißgesicht-Scheidenschnäbel suchen Seehund- und Pinguinkolonien begierig nach Nachgeburten oder geschwächten Jungen ab. An der Küste fressen sie außerdem alle möglichen Arten von Fischen, wirbellosen Tieren, Aas und praktisch jede Art von eßbarem Abfall. Außerdem verzehren sie große Mengen von Seetang wegen der darin lebenden wirbellosen Tiere.

Der Weißgesicht-Scheidenschnabel nistet in einzelnen Paaren zwischen Steinen oder in einem Felsspalt. Die 2–3 Eier legt das Weibchen auf Federn, Seetang und anderes weiches Material. Beide Vögel brüten 28 Tage lang. Offenbar wird gewöhnlich nur 1 Küken großgezogen.

Im Winter ziehen die am weitesten im Süden brütenden Scheidenschnäbel in den Norden, doch die Vögel, die auf den subantarktischen Inseln brüten, bleiben meist dort. Die zweite Art, der Schwarzgesicht-Scheidenschnabel (*C. minor*) lebt im subantarktischen Teil des Indischen Ozeans.

Brachschwalbe
Gewöhnlicher Rennvogel
Krokodilwächter
Zwerghöhenläufer ♂
Weißgesicht-Scheidenschnabel

Raubmöwen, Möwen, Scherenschnäbel

FAMILIE STERCORARIIDAE: Raubenmöwen
Es gibt ca. 5 Arten von Raubmöwen – dunkle, möwenartige Seevögel. Sie beschaffen sich ihre Nahrung auf eine Weise, die an Piraterie erinnert: Sie jagen andere Seevögel wie Möwen und Seeschwalben in der Luft, bis ihre Opfer die Nahrung auswürgen oder fallen lassen. Die Geschlechter sehen gleich aus, nur sind die Weibchen manchmal etwas größer.

Skua / Große Raubmöwe

Catharacta skua (Stercorarius s.)

Verbreitung: Nordatlantik: Island, Färoer-, Shetland- und Orkney-Inseln; überwintert südl. bis zum Wendekreis des Krebses
Habitat: Hochsee, Küstengewässer
Länge: 51–56 cm

Die Skua ist ein kräftig gebauter Vogel mit hakenförmigem Schnabel und scharfen, gekrümmten Krallen. Sie greift nicht nur andere Vögel an, um deren Beute zu stehlen, sondern tötet und frißt auch Enten und Möwen und räubert auf Brutplätzen Eier und Junge. Auch folgt sie Schiffen, um den über Bord geworfenen Abfall zu verzehren; selbst Aas verschmäht sie nicht.

Normalerweise ist die Skua recht einsiedlerisch; sie nistet jedoch in Kolonien. Das Weibchen scharrt eine flache Mulde auf einem steinigen Hang oder am Fuß einer Klippe aus, in die sie 1–3 (gewöhnlich 2) Eier legt. Beide Eltern beteiligen sich am Brüten, das 26–29 Tage dauert, und ebenso an der Aufzucht der Küken.

FAMILIE LARIDAE: Möwen
Zu dieser Familie gehören 86–90 Arten von Seevögeln. Sie sind weiß, haben eine schwarze oder graue Zeichnung und sind in der ganzen Welt verbreitet. Die Familie wird in 2 Gruppen unterteilt: die Möwen und die Seeschwalben. Möwen sind klassische Küstenvögel, sie tauchen selten, und nur einige wenige Arten fangen (lebende) Fische. Sie haben einen kräftigen Körper und meist schwere Schnäbel und Rümpfe. Ihre langen Flügel sind breiter und stumpfer als die der Seeschwalben. Seeschwalben sind gewöhnlich kleinere, anmutigere Vögel mit einem oft tiefgegabelten Schwanz. Sie tauchen nach Fischen, und die meisten Arten fangen auch Insekten in der Luft oder auf dem Wasser.

Elfenbeinmöwe

Pagophila eburnea

Verbreitung: Küsten und Inseln der Arktis; überwintert im Treibeisgebiet, manchmal auch südl. des Polarkreises
Habitat: Küsten, Packeis
Länge: 35–45 cm

Diese einzige völlig weiße Möwe ist ein auffälliger, ziemlich plumper Vogel mit schwarzen Beinen. Sie schwimmt selten, kann jedoch schnell über das Eis laufen. Die Elfenbeinmöwe frißt Fische und wirbellose Tiere und sucht nach Abfall und Kadavern. Sie brütet in Kolonien und legt 2 Eier auf den Boden oder auf eine Klippe.

Silbermöwe

Larus argentatus

Verbreitung: auf dem größten Teil der nördl. Erdhalbkugel
Habitat: Küsten und Ästuarien; Flüsse, Binnenlandgewässer und Umgebung
Länge: 55–66 cm

Die Silbermöwe ist die zahlreichste Möwenart an den Küsten Nordamerikas und Europas. Ihre Nahrung variiert: Sie fängt kleine Fische, die in der Nähe der Wasseroberfläche schwimmen, durchstöbert Abfall und Strandgut nach Eßbarem, stiehlt Eier und jagt junge Vögel und kleine Säugetiere. Auch fliegt sie landeinwärts, um sich von Würmern und anderen wirbellosen Tieren des Ackerlandes sowie vom Abfall von Müllhalden zu ernähren.

Die Silbermöwe brütet in Kolonien in Felswänden, auf Inseln, an Stränden oder in Dünen. Das Nest besteht gewöhnlich aus Pflanzen und Gräsern und liegt in einer Bodenmulde, wird manchmal jedoch auch in einem Baum gebaut oder sogar auf einem Gebäude. Die 2–3 Eier werden 25–27 Tage lang von beiden Eltern bebrütet. Im ersten Lebensjahr sind die Jungen dunkelbraun; erst nach dem dritten Jahr bekommen sie das Federkleid der erwachsenen Vögel. Die Männchen sind größer als die Weibchen, doch ansonsten sind die Geschlechter gleich.

Lachmöwe

Larus ridibundus

Verbreitung: Island, Nordeuropa, Asien; überwintert südl. des Brutgebietes bis Nordafrika, Südasien und Philippinen
Habitat: Küsten, sumpfiges Gelände im Binnenland
Länge: 35–38 cm

Die Lachmöwe ist ein kleiner, lebhafter Vogel, der im Winter oft im Binnenland zu sehen ist. Im Winterkleid hat diese Art keinen dunkelbraun gefärbten Kopf. Diese Möwe kann an Binnengewässern leben, wo sie Insekten und wirbellose Tiere fängt. Oft sucht sie in Gesellschaft von Silbermöwen Müllhalden ab. An der Küste frißt sie die gleiche Nahrung wie die anderen Möwen.

Die Lachmöwe brütet in Kolonien in Sümpfen, Mooren und an der Küste. Ein Paar baut sein Nest aus pflanzlichem Material gewöhnlich in dem Boden zwischen der spärlichen Vegetation oder auf einem großen Grasbüschel. Das Weibchen legt 3 Eier, die 20–24 Tage lang bebrütet werden.

Dreizehenmöwe

Rissa tridactyla

Verbreitung: Nordpazifik, Nordatlantik, Teile des nördl. Eismeers
Habitat: Hochsee
Länge: 41–46 cm

Die Dreizehenmöwe ist in viel stärkerem Maße ein Hochseevogel als die *Larus*-Möwen und kommt gewöhnlich nur zum Brüten an Land. Im Winter ist dieser Vogel auch an der Nordseeküste zu finden. Die Dreizehenmöwe läuft wenig: Ihre Beine sind viel kürzer als die anderer Möwen, und sie hat, wie der Name sagt, an jedem Fuß nur 3 Zehen. Die Nahrung besteht aus Fischen sowie aus kleinen Weich- und Schalentieren. Außerdem frißt sie den Fischabfall, der aus Fischerbooten ins Meer geworfen wird.

Die Dreizehenmöwen nisten in riesigen Kolonien zu Tausenden von Vögeln gewöhnlich auf hohen Klippen, manchmal aber auch an den Wänden von Gebäuden. Ein Paar baut sein Nest aus Pflanzen, Seetang und Guano und klebt es mit Schlamm an den Rand der Klippe. Ein Gelege besteht aus 2 Eiern, die 23–32 Tage lang von beiden Eltern bebrütet werden.

Flußseeschwalbe

Sterna hirundo

Verbreitung: Östl. Nordamerika, Nordeuropa, Asien; überwintert südl. des Brutgebietes bis zu den Tropen
Habitat: Inseln an der Küste, Küsten; Flüsse und Seen
Länge: 33–41 cm

Die Flußseeschwalbe ist ein häufiger Küstenvogel mit einem großen Verbreitungsgebiet. Sie frißt kleine Fische und andere Meerestiere, die sie fängt, indem sie kurz über ihrer Beute rüttelt, dann schnell ins Wasser stößt und ihr Opfer mit dem Schnabel packt.

Manchmal brüten Hunderttausende von Seeschwalben auf verlassenen Stränden, Inseln oder Klippen. Sie scharren eine Mulde in den Sand und kleiden sie mit Pflanzen aus. Beide Vögel brüten; nach 21–26 Tagen schlüpfen die Jungen aus den 2–3 Eiern.

Noddiseeschwalbe

Anous stolidus

Verbreitung: tropische Ozeane
Habitat: vor den Küsten, auf Inseln
Länge: 41–43 cm

Die 5 Arten der Noddiseeschwalben sind alle tropische Seevögel. Dieser Vogel taucht selten und läßt sich gewöhnlich im Wasser oder auf Treibholz treiben. Manchmal sitzt er auch auf Bojen und Riffen und wartet dort auf Beute. Oft fliegt er dicht über der Wasseroberfläche und packt kleine Fische.

Die Noddiseeschwalbe baut ihr primitives Nest aus Zweigen in Sträuchern oder auf dem Boden. Beide Eltern brüten das Gelege aus, das aus einem einzigen Ei besteht.

FAMILIE RYNCHOPIDAE: Scherenschnäbel
Es gibt 3 Arten von Scherenschnäbeln. 2 davon sind tropische Süßwasservögel; die dritte, die in Amerika lebt, ist ein Küstenvogel. Scherenschnäbel haben schlitzförmige Pupillen, was bei Vögeln selten ist. Der Unterschnabel ist seitlich abgeflacht und deutlich länger als der Oberschnabel. Der Vogel hat eine spezielle Methode zu fischen. Im Flug durchpflügt er die Wasseroberfläche mit dem Schnabel und wenn er einen Fisch berührt, Klappt er den Schnabel zu und wirft den Kopf zurück, um die Beute zu verschlucken.

Schwarzer Scherenschnabel

Rynchops nigra

Verbreitung: USA; überwintert im Süden der USA, in Mittel- und Südamerika
Habitat: Küstengewässer, Flüsse und Seen mit Sandbänken
Länge: 41–51 cm

Der Schwarze Scherenschnabel brütet im Frühling in Kolonien von ca. 200 Paaren. Er scharrt eine Mulde in den Boden, in die das Weibchen 2–4 Eier legt.

Skua (arktische Form)
Dreizehenmöwe
Elfenbeinmöwe
Silbermöwe
Flußseeschwalbe
Lachmöwe (Brutkleid)
Noddiseeschwalbe
Schwarzer Scherenschnabel

Alken

FAMILIE ALCIDAE: Alken

Die Alken bilden eine kleine Familie von Seevögeln, die an den Küsten und auf den Inseln im Norden des Pazifiks und Atlantiks wie auch im Nördlichen Eismeer vorkommen. Sie haben einen kurzen Schwanz und Hals und können tauchen. Alken sind echte Meeresvögel, die nur an Land kommen, um an der Küste zu brüten. Zu den 21–22 Arten gehören unter anderem die Trottellummen, die Tordalken, die Schopfalken, die Papageitaucher, die Lummen und die Krabbentaucher. Sie haben gewöhnlich eine dunkelbraune oder schwarze Oberseite und eine weiße Unterseite. Alken schwimmen gut und tauchen, um ihre Beute zu verfolgen, wobei sie sich mittels ihrer kurzen, schmalen Flügel fortbewegen. An Land stehen sie aufrecht; diese Eigenart in Verbindung mit ihrem Körperbau und ihrer an das Meer gebundenen Lebensweise macht sie zu den „Pinguinen des Norden". Die Seeleute früherer Jahrhunderte bezeichneten das größte Mitglied der Familie, den Riesenalk, als Pinguin; erst später wurde dieser Name für unsere heutigen Pinguine gebräuchlich, die sich in ähnlicher Weise an das Meer angepaßt haben wie die Alken. Die Riesenalken konnten nicht fliegen; sie benutzten ihre kurzen, kräftigen Flügel nur für die Fortbewegung unter Wasser. Deshalb war es für den Menschen nicht schwer, sie zu fangen, und der Riesenalk wurde so lange zwecks Verzehr verfolgt, bis er vor ungefähr einem Jahrhundert ausstarb.

Alken sind jedoch nicht eng mit den Pinguinen verwandt: Ihre Ähnlichkeit beruht vielmehr auf ähnlichen Anpassungen an die gleiche ökologische Nische auf der nördlichen und südlichen Erdhalbkugel, was in der Natur häufiger vorkommt.

Die Alken nisten in Kolonien zu Hunderten oder gar Tausenden von Vögeln auf Klippen und Felsen. Sie fliegen schnell und mit raschem Flügelschlag, aber einige kleinere Arten können besser schwimmen als fliegen. Manche Arten verlassen im Winter ihre Brutgebiete und ziehen in den Süden. Zwischen den Geschlechtern besteht kein sichtbarer Unterschied, aber in der Fortpflanzungszeit weicht das Federkleid der Männchen und Weibchen in einigen Details voneinander ab. In der jährlichen Mauser verlieren die meisten Arten alle Schwungfedern gleichzeitig und können deshalb eine Zeitlang nicht fliegen.

Trottellumme

Uria aalge

Verbreitung: Nordatlantik, Nordpazifik
Habitat: Küstengewässer, Hochsee
Länge: 41–43 cm

Die Trottellumme ist einer der häufigsten Alken. Sie hat einen längeren und schmaleren Schnabel, als bei Alken üblich ist; außerdem ist sie weniger untersetzt. Bei ihrem Brutkleid sind Kopf, Hals und Rücken dunkelbraun, doch im Winter sind Kehle, Hals, Brust und ein Teil des Gesichts weiß mit einem dunklen, verlängerten Augenstreifen. Die Trottellumme ernährt sich von Fischen, Weichtieren und Würmern, die sie unter Wasser fängt.

Ungefähr Ende Mai versammeln sich die Vögel in Kolonien in ihrem Brutgebiet auf Felsen und Klippen. Jedes Weibchen legt ein birnenförmiges Ei auf den nackten Felsen; angeblich soll diese Form bewirken, daß sich das Ei nur im Kreis rollen und daher nicht so leicht von den Felsen hinabfallen kann. Diese Theorie ist aber höchstwahrscheinlich nicht zutreffend. Die Form des Eis kann mit seiner Größe und mit dem schmalen Becken des Weibchens in Zusammenhang stehen. Die Eier unterscheiden sich stark in Farbe und Zeichnung, was dazu dienen könnte, daß die Eltern ihr Ei in der dichtbevölkerten Brutkolonie wiedererkennen können. Beide Vögel brüten 28–30 Tage lang. Im Winter ziehen die Trottellummen in den Süden.

Papageitaucher

Fratercula arctica

Verbreitung: Nordatlantik: arktische Küsten des Ostens von Nordamerika und des Westens von Eurasien
Habitat: offenes Meer, Felsküsten
Länge: 29–36 cm

Der Papageitaucher, ein kleiner Alk mit rundem Körper und großem Kopf hat einen sehr auffällig gestreiften Schnabel, der zum Fangen der Nahrung dient und auch bei der Balz eine Rolle spielt. Im Sommer ist der Schnabel bunt gefärbt, und der Vogel hat dann einen schwarzen Kragen und eine weiße Unterseite. Im Winter ist das Gesicht gräulich und der Schnabel kleiner und weniger leuchtend gefärbt. Die jungen Vögel sehen wie erwachsene Exemplare im Winterkleid aus, haben jedoch einen kleineren, dunkleren Schnabel. Der Papageitaucher ernährt sich von Fischen und Schalentieren und kann in seinem geräumigen Schnabel mehrere Beutetiere gleichzeitig zum Nest transportieren. Sein Flug ist kraftvoll und schnell, aber ebenso wie die anderen Alken hat der Papageitaucher kurze, ziemlich weit hinten ansetzende Beine, auf denen er unbeholfen hin und her wackelt.

Diese Alken brüten von der zweiten Maihälfte ab in Kolonien, die sich direkt unter den bemoosten Spitzen von Klippen oder auf Inseln befinden. Das Weibchen legt 1, selten 2 Eier in eine von einem Sturmtaucher oder Kaninchen verlassene Neströhre oder in eine Höhle, die es mit seinen Krallen selbst gräbt. Das Ei wird 40–43 Tage lang von beiden Eltern bebrütet. Nach der Brutzeit überwintern die meisten Papageitaucher vor der Küste ihres Brutgebietes auf dem Meer, aber manche Populationen ziehen in den Süden.

Schopfalk

Aethia cristatella

Verbreitung: Nordpazifik; Beringmeer
Habitat: Ozean, Klippen
Länge: 24–27 cm

In der Brutzeit hat der Schopfalk einen dunklen Schopf aus langen Federn, die nach vorne über den leuchtend gefärbten Schnabel fallen, und weiße Federn hinter den Augen. Im Winter sind Schopf und Augenbüschel kleiner, und der Schnabel ist stumpfgelb. Junge Vögel haben keinen Schopf. Diese Alken ernähren sich hauptsächlich von Schalentieren.

Schopfalken versammeln sich auf einer Klippe, um in Kolonien zu brüten. Ihr einzelnes Ei legen sie in einen Felsspalt oder zwischen Steine.

Tordalk

Alca torda

Verbreitung: Nordatlantik
Habitat: Küsten, Hochsee
Länge: 40–42 cm

Der Tordalk hat einen schweren Kopf, einen kräftigen Nacken, einen schön geformten Körper und einen kräftigen, gedrungenen Schnabel mit einem weißen Streifen. Im Sommer sind Kopf, Hals und Oberseite schwarz, und vom Auge zum Schnabel verlaufen auffallende weiße Linien. Im Winter sind Stirn und Wangen weiß. Er ernährt sich von Fischen, Schalen- und Weichtieren.

Die Brutkolonien befinden sich auf Seeklippen und Felsküsten an den Atlantikküsten Europas und Nordamerikas, oft in der Nähe von Kolonien der Trottellummen. Die Brutzeit beginnt ungefähr Mitte Mai. Das einzige Ei (in seltenen Fällen auch 2) wird in ein Bodenloch oder in einen Felsspalt gelegt und ca. 25 Tage lang von beiden Vögeln bebrütet. Die Jungen verlassen nach 15 Tagen das Nest.

Krabbentaucher

Alle alle (Plautus a.)

Verbreitung: Arktisches Meer; überwintert auf dem Nordatlantik
Habitat: Küsten, Hochsee
Länge: 20 cm

Dies ist die kleinste Alkenart, ein kleiner, plumper Vogel mit kurzem, dickem Nacken und einem starken Schnabel. Im Winter färben sich Kehle und Brust weiß, im Sommer sind sie dunkel. Der Krabbentaucher frißt Fische, Schalen- und Weichtiere. Er taucht bei Gefahr schnell unter und schwimmt ausgezeichnet.

Ab Mitte Juni versammeln sich Tausende kleiner Krabbentaucher in dichtbevölkerten Kolonien auf den Küsten und Klippen des Polarmeeres. Diese Art baut kein Nest; das Weibchen legt 1 Ei, in seltenen Fällen auch 2, in einen Felsspalt. Beide Eltern brüten abwechselnd 24–30 Tage lang. Der Krabbentaucher überwintert auf dem Meer, wozu er südlich nach Island oder Norwegen zieht. Bei besonders schlechten Wetterbedingungen taucht er auch manchmal im Binnenland auf. Krabbentaucher kommen in riesiger Zahl in der Arktis vor; es wird vermutet, daß er eine der verbreitetsten Vogelarten der Welt ist.

Marmelalk

Brachyramphus marmoratus

Verbreitung: Nordpazifik
Habitat: Küsten, Inseln
Länge: 25 cm

In der Brutzeit hat der Marmelalk eine gesprenkelte und gestreifte Unterseite, die sich im Winter weiß färbt und ihm seinen Namen gegeben hat. Wie alle Alken ernährt er sich von Fischen und anderen Meerestieren. Wenn er schwimmt, hält er den schlanken Schnabel und Schwanz aufwärts gerichtet.

Im Gegensatz zu anderen Arten fliegt er zum Brüten ins Binnenland, in Berge und Waldgebiete, und das Weibchen legt 1 Ei auf eine Plattform aus Zweigen und Moos, manchmal auch in ein verlassenes Nest. Sein engster Verwandter, der Kurzschnabelalk (*B. brevirostris*), hat die gleichen merkwürdigen Brutgewohnheiten.

Trottellumme (Brutkleid)
Tordalk (Brutkleid)
Papageitaucher (Brutkleid)
Krabbentaucher (Brutkleid)
Schopfalk (Brutkleid)
Marmelalk (Brutkleid)

Flughühner, Tauben 1

ORDNUNG COLUMBIFORMES: Taubenvögel

Diese Ordnung enthält 2 noch lebende Familien, die Flughühner und die Tauben; außerdem werden ihr auch die Drontevögel zugerechnet, die inzwischen vom Menschen ausgerottet worden sind.

FAMILIE PTEROCLIDIDAE: Flughühner

Die 16 Arten der Flughühner sind Bodenbewohner und kommen in Südeuropa, Asien und Afrika vor. Trotz ihres Namens gehören sie nicht zu den Hühnervögeln. Es sind kräftige Vögel mit einem kurzen Hals, einem kleinen Kopf und langen, spitzen Flügeln. Sie haben kurze Beine und können nicht rennen, sich aber im Schaukelgang trotzdem schnell fortbewegen. Die meisten Arten sind sandfarben mit vielen Flecken und Streifen, wodurch sie in ihrem Wohngebiet, den Wüsten und offenen Ebenen, gut geschützt sind. Die Weibchen sind meist kleiner als die Männchen.

Steppenhuhn

Syrrhaptes paradoxus

Verbreitung: Zentralasien, Südsibirien, Südmongolei bis Nordchina

Habitat: wüstenartige Hochebenen, Steppe

Länge: 35–40 cm

Das Steppenhuhn hat die Größe einer kleinen Taube, eine rundliche Körperform und kurze Beine. Die mittleren Schwanz- und äußeren Schwungfedern sind lang und spitz, ein Zeichen dafür, daß dieser Vogel gut und schnell fliegen kann. Der schwarze Bauchfleck unterscheidet das Steppenhuhn von den anderen Flughühnern. Erwachsene Vögel fressen harte Samen und Schößlinge von Wüstenpflanzen.

Steppenhühner nisten von April bis Juni in großen Kolonien und legen 3–4 Eier in eine ausgescharrte Bodenmulde. Das Gelege wird 22–27 Tage lang von beiden Eltern bebrütet. Sie ernähren die Jungen, indem sie Nahrung auswürgen. Wahrscheinlich brüten sie 2- bis 3mal im Jahr.

FAMILIE COLUMBIDAE: Tauben

Es gibt 280–295 Taubenarten, die in der ganzen Welt verbreitet sind. Nur im Nordpolgebiet und auf ein paar Inseln fehlen sie. Die meisten Tauben leben in Asien und Australasien; dort gibt ein paar sehr schöne Arten. Einige Tauben erreichen die Größe eines Sperlings, manche andere fast die eines Truthahns. Die meisten Arten haben ein weiches und dichtes Federkleid, einen runden, gedrungenen Körper und einen verhältnismäßig kleinen Kopf. Meist ähneln sich Tauber und Täubin, aber manchmal sind die Männchen auffälliger gefärbt. Bei Tauben gibt es ein ungewöhnliches Phänomen, das mit der Fortpflanzung in Zusammenhang steht: Ihr Kropf sondert „Kropfmilch" ab, mit der die Eltern ihre Jungen in den ersten Lebenstagen ernähren. Diese nährstoffreiche Flüssigkeit hat einen hohen Eiweiß- und Fettgehalt und riecht nach Käse. Gewöhnlich legen Täubinnen nur 1–2 Eier in ein luftiges, aber doch zweckmäßiges Nest, das aus Zweigen gebaut wird.

Viele Tauben verbringen einen großen Teil ihres Lebens in Bäumen und fressen Samen, Früchte, Knospen und andere pflanzliche Nahrung. Auch einige auf dem Boden lebende Tauben ernähren sich so. Tauben haben einen kraftvollen Flug und einen ausgeprägten Orientierungssinn, der es ihnen ermöglicht, auch über weite Entfernungen zu ihrem „Zuhause" zurückzufinden.

Sperlingstäubchen

Columbina passerina

Verbreitung: Süden der USA; von Mexiko südl. bis Zentral-Ecuador, Nordbrasilien; Antillen

Habitat: offenes Gelände mit Strauchwerk, Kulturland

Länge: 15–17 cm

Diese winzigen, auf dem Boden lebenden Täubchen bewegen sich flink in Pärchen oder in kleinen Gruppen, wobei sie mit dem Kopf nikken. Sie ernähren sich von Samen, zerdrücktem Getreide, Insekten, Beeren und sogar von Resten menschlicher Nahrung. Das Sperlingstäubchen ist dick und rund, hat einen kurzen, breiten Schwanz und stumpfe Flügel. Das Weibchen ist viel schlichter gefärbt als das Männchen. Die Paarungszeit dauert von Februar bis Oktober, je nach dem Brutgebiet. Das Männchen macht dem Weibchen auf dem Boden den Hof: Es verfolgt das Weibchen mit aufgerichteten Halsfedern und verneigt sich unter monotonem Gegurre. In ein einfaches Nest, das unten in einem Strauch oder Baum oder auf dem Boden gebaut wird, legt das Weibchen 2 Eier. Beide Eltern brüten 13 Tage lang.

Felsentaube

Columba livia

Verbreitung: Inseln und Küsten im Westen von Großbritannien, Mittelmeerländer; von Osteuropa östl. bis Indien und Sri Lanka

Habitat: See- und Binnenlandklippen; Felder

Länge: 33–36 cm

Die Felsentaube ist die Stammform aller zahmen Tauben einschließlich der Brieftaube und der Stadttaube (verwilderte Nachkommen der in Gefangenschaft gezüchteten Tauben, meist Brieftauben), die fast in der ganzen Welt verbreitet sind und heute oft zur Plage werden. In Großstädten werden heute Bekämpfungskampagnen durchgeführt, und in Dörfern geht man immer mehr dazu über, Kirchtürme zu begasen, in denen diese Vögel nisten, sehr zum Leidwesen der übrigen Kirchturmbewohner, der heute seltenen Schleiereulen und Fledermäuse.

Die Felsentaube fliegt in kleinen Gruppen oder Paaren umher, doch gibt es auch immer wieder größere Gruppen. Sie sucht im offenen Gelände nach Nahrung, hauptsächlich nach Samen und speziell nach denen von Getreidegewächsen, aber auch nach Gras, Schnecken und anderen Weichtieren.

Die Paarung findet das ganze Jahr über statt, und sie wird von vielen Verbeugungen, von Kopfnicken, Schnabelpicken und Gurren begleitet. Das Nest wird notdürftig aus Zweigen und Grashalmen auf einem geschützten Felsvorsprung oder in einer Nische auf einer Klippe gebaut, manchmal auch in einer Baumhöhle. Die Felsentaube legt 2 Eier, die sie in ca. 17 Tagen ausbrütet.

Schuppenhalstaube

Columba fasciata

Verbreitung: vom westl. Nordamerika südl. bis Mexiko, Mittelamerika, Kolumbien

Habitat: Nadelwälder, Eichenwälder in Bergregionen

Länge: 36–39 cm

Die Schuppenhalstaube hat einen schweren Körper. Ihr Schwanz ist deutlich gebändert, hat einen hellen Endsaum, ein dunkles Mittelband und eine blaugraue Basis. Diese Taube fliegt kräftig und schnell und sitzt einen Großteil der Zeit in Bäumen, wo sie auch ihre Nahrung findet: Nüsse, Beeren, Samen, Knospen und Blüten. Auch Heuschrecken und andere Insekten stehen auf ihrem Speiseplan, und im Herbst verzehrt sie große Mengen von Eicheln.

Je nach Brutgebiet paaren sich diese Tauben von März bis September, woraufhin das Weibchen 1 Ei oder manchmal auch 2 legt. Beide Eltern brüten 18–20 Tage lang.

Die Schuppenhalstaube ist das amerikanische Gegenstück der in Europa häufigen Ringeltaube (*C. palumbus*). Beide Arten werden stark gejagt oder vergiftet, was der Schuppenhalstaube zum Verhängnis zu werden droht.

Trauertaube

Zenaidura macroura

Verbreitung: gemäßigte Gebiete in Kanada; USA, Mexiko, Bahamas, Kuba, Haiti

Habitat: Waldgebiete, Getreidefelder mit Bäumen, Halbwüste, Vorstädte

Länge: 28–33 cm

Die Trauertaube hat kurze Beine, einen runden Körper, ein hübsches Köpfchen und einen zierlichen Schnabel. Die mittleren Schwanzfedern sind beim Männchen sehr lang, die Flügel lang und spitz. Die Vögel streifen zu zweit oder in kleinen Gruppen umher; in nahrungsreichen Gebieten versammeln sich manchmal auch große Gruppen. Als Bodenvögel fressen sie vor allem Unkrautsamen oder bei der Ernte liegengebliebene Getreidekörner. Außerdem verzehren sie Schnecken und andere wirbellose Tiere.

Ihr Name leitet sich vom süßen, traurig klingenden Gurren des Männchens vor dem Balzflug ab. Die Paarung findet im Süden des Verbreitungsgebietes im Januar, im Norden im April statt. Das kunstlose Nest wird in einem Baum, einem Strauch, einer Dachrinne, einem Schornstein oder sogar auf dem Boden gebaut. Die 2 Eier werden ca. 2 Wochen lang von beiden Eltern bebrütet.

Kubataube / Rebhuhntaube

Starnoenas cyanocephala

Verbreitung: Kuba, früher auch Jamaika

Habitat: Tieflandwälder und Buschwerk; stellenweise in Hochlandwäldern

Länge: 30–33 cm

Die Zahl dieser Taubenart schrumpft infolge der Vernichtung ihres Lebensraumes immer weiter. Man weiß nur wenig über die Kubataube. Sie sucht ihre Nahrung auf dem Boden an Plätzen, wo sie ungehindert umherlaufen kann. Hauptsächlich ernährt sie sich von Samen, Schnecken und Beeren. Ihr Nest baut sie unten in einen Baum oder Strauch, und die Weibchen legen gewöhnlich 2 Eier.

Steppenhuhn
Schuppenhalstaube
Trauertaube ♂
Felsentaube
Sperlingstaube ♂
Kubataube

Tauben 2

Türkentaube

Streptopelia decaocto

Verbreitung: Irland, Großbritannien, Westeuropa (außer Spanien und Portugal); Indien, Sri Lanka, Burma; eingeführt im Mittleren Osten, in China und Japan

Habitat: Städte, Dörfer, Ackerland; trockene Buschvegetation, Palmenhaine (in Indien)

Länge: 28–31 cm

Diese Art hat sich in den vergangenen Jahren sehr weit in nordwestliche Richtung ausgebreitet, indem sie sich an das Leben in der Nähe der Menschen angepaßt hat, in Städten und auf dem Land. Die Türkentaube brütet heute auch in Europa. Sie ist an der graubraunen Farbe, dem verhältnismäßig langen Schwanz mit weißem Endsaum und den dunklen Schwungfedern zu erkennen. Die Türkentaube sucht ihre Nahrung (Samen, vor allem Getreidekörner) auf dem Boden, ernährt sich jedoch auch von Nahrungsresten, Beeren und anderem pflanzlichem Material. In Europa frißt sie außerdem zum Ärger der Obstzüchter Kirschen.

In Indien brütet die Türkentaube, wenn genügend Nahrung vorhanden ist, das ganze Jahr über; in Europa brütet sie von März bis Oktober. Bei seinen vielen Balzflügen fliegt das Männchen mit großem Flügelgeklapper hoch und segelt dann, oft in einer Spirale, mit ausgebreiteten Flügeln und Schwanz wieder nach unten. Von einem hochgelegenen Punkt aus (zum Beispiel einer Fernsehantenne) läßt es seinen monotonen Balzruf hören. Das primitive Nest aus Zweigen wird in einem Baum, einem Strauch, auf einem Sims oder an einem Hausdach gebaut. Die 2 Eier eines Geleges werden in 14–16 Tagen ausgebrütet.

Kragentaube

Caloenas nicobarica

Verbreitung: Andaman- und Nicobar-Inseln, östl. bis Philippinen, Neuguinea und Salomon-Inseln

Habitat: kleine, abgelegene bewaldete Inseln

Länge: 40 cm

Die Kragentaube ist ein kräftiger Vogel mit langen Beinen, einem kurzen, weißen Schwanz und einem schweren Schnabel. Ihre Haltung ähnelt der eines Geiers, und im Gegensatz zu vielen anderen Tauben hat die Kragentaube kurze, harte Federn – abgesehen von den verlängerten Halsfedern, die fast ihren ganzen Körper bedecken. Das Weibchen ist etwas kleiner als das Männchen und hat einen kleineren Schnabelhöcker. Die jungen Tauben ähneln den Weibchen, haben jedoch ein weniger schillerndes Gefieder und keinen weißen Schwanz. Diese Tauben kommen nur auf kleineren Inseln, bewachsenen Riffen und ähnlichem in der Nähe größerer Inseln vor, fliegen aber gut und schnell und ziehen von einer Inselgruppe zur anderen. Über ihr Verhalten ist wenig bekannt, aber offenbar sucht die Kragentaube in der Dämmerung oder tagsüber im dunklen Wald ihre Nahrung auf dem Boden – Samen, Früchte und einige wirbellose Tiere. Ihr weißer Schwanz und die großen Augen scheinen Anpassungen an diese Lebensweise zu sein.

Die Kragentaube brütet in großen Kolonien und baut ihr Nest in dichten Sträuchern oder Bäumen. Das Gelege besteht aus einem Ei.

Rotschulter-Grüntaube

Treron phoenicoptera

Verbreitung: Indien, Sri Lanka, Südostasien bis Vietnam (nicht in Malaysia)

Habitat: Wald, Buschvegetation, früchtetragende Bäume in offenem Gelände, Parks und Gärten

Länge: 33 cm

Die Rotschulter-Grüntaube ist so groß wie eine verwilderte Taube, jedoch schwerer gebaut. Die Weibchen ähneln den Männchen, sind jedoch nicht so bunt gefärbt wie diese. Den jungen Vögeln fehlt der Glanz, sie sind heller gefärbt und haben keine violetten Schulterflecken. Diese Tauben sind schnelle, gute Flieger, die sich meist in Gesellschaft von 10 (oder weniger) Artgenossen befinden. Bei der Nahrungssuche in den Bäumen sind oft größere Gruppen zusammen. Die Taube klettert über die Zweige, klammert sich daran fest und hängt manchmal sogar mit dem Kopf nach unten, um die saftigen Beeren und Früchte (vor allem wilde Feigen), Knospen und Schößlinge erreichen zu können. Sie sitzt auch oft auf einem Zweig, der über das Wasser oder in dieses hinein hängt um zu trinken.

In Indien brütet die Rotschulter-Grüntaube von März bis Juni. Vor der Paarung stolziert der Tauber vor der Täubin mit aufgerichteten Federn auf und ab und läßt unterdessen einen melodiösen Pfeifton ertönen, der dem Pfeifen eines Menschen ähnelt. Das Nest wird gewöhnlich aus Zweigen gebaut, und zwar in einem Strauch oder Baum, oft in der Nähe der Nester anderer Grüntauben. Die 2 Eier werden 2 Wochen lang bebrütet.

Kaiserfruchttaube

Ducula spilorrhoa

Verbreitung: von Neuguinea über Inseln und Inselgruppen bis zur Küste von Nordost- und Ostaustralien

Habitat: bewaldete Gebiete, Mangrovensümpfe, Savanne, Waldränder, Plantagen, Gärten

Länge: 40–45 cm

Die Kaiserfruchttaube ruht und brütet in größeren Gruppen auf kleineren Inseln vor der Küste. Manche dieser Vögel legen allerdings jeden Tag beträchtliche Entfernungen über das Meer zurück, um auf größeren Inseln oder in Küstengebieten des Festlandes Nahrung zu suchen. In den Zweigen von Bäumen und Sträuchern findet die Kaiserfruchttaube Früchte und Beeren. In kleinen Mengen frißt sie auch wilde Muskatnüsse. Beobachtungen weisen darauf hin, daß Vögel, die auf den kleinen Inseln des Great-Barrier-Riffs vor Australien brüten, in großer Höhe und in großen Gruppen zur Küste fliegen, um dort Nahrung zu suchen; abends fliegen sie in einem langen Zug kleinerer Gruppen unmittelbar über der Wasseroberfläche zurück.

Das Fliegen spielt auch beim Paarungsritual dieser Vögel eine Rolle. Der Tauber balzt vor der Täubin, indem er Verbeugungen macht, anschließend wie ein Pfeil in die Luft schießt und wieder hinabsegelt; dies wiederholt sich viele Male. Die Brutzeit scheint auf Neuguinea von September bis Januar, in Australien von Oktober bis November zu dauern. Das Paar baut in einem Strauch oder Baum ein Nest aus Zweigen; die Täubin legt jeweils ein Ei, das 26–28 Tage lang von beiden Eltern bebrütet wird.

Prachttaube

Ptilinopus superbus

Verbreitung: von Celebes, Sulu-Archipel über die Inseln und Archipele von Westpapua und Neuguinea bis Nordostaustralien

Habitat: Wald, Waldränder, Flußufer, Kulturland mit Baumwuchs

Länge: 22–24 cm

Diese gedrungene, mittelgroße Taube hat ein schönes grün- und kupferfarbenes Federkleid, fällt aber trotzdem kaum auf, wenn sie in einem Baumwipfel sitzt. Das Weibchen ist eher einfarbig blaugrün gefärbt, während die jungen Tauben gelbgrüne Federn tragen. Die Prachttauben fliegen in einem schwirrenden Flug von Baum zu Baum, gewöhnlich alleine oder in Paaren, doch versammeln sich Dutzende dieser Vögel, um Beeren und Kleinobst zu ernten, wenn diese herangereift sind.

Meist besteht das Nest aus einer Ansammlung kleiner Zweige, wird unten in einem Baum oder Strauch gebaut und enthält nur ein Ei. Beide Eltern brüten 2 Wochen lang, das Männchen tagsüber und das Weibchen nachts.

Diamanttäubchen

Geopelia cuneata

Verbreitung: Norden und Landesinneres von Australien, manchmal Küstengebiete Südaustraliens

Habitat: Gelände mit lichtem Baumbestand in Wassernähe, Akazienvegetation

Länge: 19–21 cm

Das Diamanttäubchen ist ein zierliches, rundliches Vögelchen von der Größe eines Spatzen. Es ist die kleinste aller Tauben. Diese Art liebt Gesellschaft und man trifft sie nur selten alleine an. Diamanttäubchen fliegen gewöhnlich zu zweit (nicht unbedingt als Paar) oder in Gruppen von bis zu 20 Vögeln. Sie ruhen und nisten meist in Bäumen, suchen jedoch auch auf dem Erdboden nach Nahrung. Das Täubchen trippelt schnell umher und sucht nach kleinen Samen von Gräsern und Kräutern. Manchmal frißt es auch die größeren Samen der *Acacia aneura* und wahrscheinlich auch Blätter und Schößlinge von Unkraut und Gräsern. Es sitzt gerne in der Sonne, selbst in der heißesten Tageszeit. Der schnelle Flug des Diamanttäubchens ähnelt dem der Wellensittiche. Bei der Paarung zeigt das Männchen ein ungewöhnliches Verhalten. Es balzt mit hocherhobenen Flügeln, besteigt anschließend das Weibchen, läßt sofort wieder von ihm ab, schlägt mit einem Flügel über den Kopf des Weibchens, besteigt es wieder und wiederholt seine Vorstellung jetzt auf der anderen Seite. Daraufhin besteigt das Männchen das Weibchen zum drittenmal, und die Kopulation erfolgt. Schließlich geht das Männchen noch einmal auf das Weibchen los, ohne es jedoch wirklich zu berühren. Das für Tauben typische, jedoch in diesem Fall kleine Nest befindet sich meist unten in einem Strauch oder Baum oder zwischen herabgefallenen Zweigen und vertrocknetem Gras. Das Weibchen legt 2 Eier, die innerhalb von ca. 12 Tagen ausgebrütet werden. Nach weiteren 11–12 Tagen können die jungen Tauben fliegen.

Rotschulter-Grüntaube
Diamanttäubchen
Kaiserfruchttaube
Prachttaube ♂
Türkentaube
Kragentaube ♂

Tauben 3

Rottaube

Macropygia phasianella

Verbreitung: Ostaustralien; Java, Sumatra und angrenzende Inseln; von Nordborneo bis zu den Philippinen

Habitat: Lichtungen und Schneisen in Wäldern

Länge: 38–43 cm

Die Rottaube hat ein tief rotbraunes Gefieder mit feinen lilagrauen Flecken und Streifen auf Hals, Brust und Unterkörper. Beim Weibchen ist die Sprenkelung deutlicher, und die Jungen sind noch stärker gestreift. Dies ist eine der verbreitetsten Tauben in den noch verbliebenen Regenwaldgebieten Ostaustraliens, obwohl ihre Zahl durch die Rodungen und durch die Jagd immer stärker zurückgeht. Der lange Schwanz läßt den Vogel beim Flug zwischen den Bäumen schwerfällig erscheinen, doch scheint es sich hier um eine Anpassung an das Leben im Wald zu handeln, da der Vogel den gespreizten Schwanz oft benutzt, um das Gleichgewicht zu halten. Die Rottaube sammelt auf dem Boden und in Bäumen oder Sträuchern Früchte und Beeren.

In Queensland (Australien), wo man die Art beim Brüten beobachtet hat, findet die Paarung zwischen Juli und Januar statt. In das große, nicht besonders stabile Nest legt das Weibchen ein Ei, das 16–18 Tage lange bebrütet wird.

Spitzschopftaube

Ocyphaps lophotes

Verbreitung: Australien

Habitat: Trockengebiete: leicht bewaldetes Grasland, offenes Gelände und Farmland mit einigen Bäumen und Büschen, in Wassernähe

Länge: 31–35 cm

Diese schlanke Taube mit ihrem ziemlich langen Schwanz, ihrem langen, dunklen Schopf, der dem eines Kiebitzes ähnelt, und den auffällig gestreiften Flügeldeckfedern macht einen sehr lebendigen, munteren Eindruck. Dieser wird noch durch ihren schnellen, sicheren Flug verstärkt, bei dem sich schnelles Flügelschlagen mit Gleitphasen abwechselt. Bei letzteren hält die Taube ihre Flügel ruhig und fast horizontal. Da die Spitzkopftaube in trockenen Gebieten lebt, sind zuverlässige Trinkplätze für sie lebensnotwendig. Meist findet sie sich dort eine Stunde nach Sonnenaufgang ein, bevor sie sich auf die Nahrungssuche begibt. In trockenen Jahreszeiten versammeln sich manchmal Schwärme von bis zu 1000 Exemplaren an einer solchen Trinkstelle. Normalerweise streift die Spitzschopftaube in Pärchen oder kleinen Gruppen von 4–30 Vögeln umher und sucht auf dem Boden nach den Samen von Sträuchern und Akazien, nach jungen grünen Schößlingen und kleinen Knollen.

Sie nistet hauptsächlich im Frühjahr und Sommer, kann jedoch das ganze Jahr über brüten und tut dies gewöhnlich nach schweren Regenfällen. Das Weibchen legt 2 Eier, die es 18 Tage lang bebrütet. Ein Weibchen kann bis zu 7mal hintereinander brüten.

Dolchstichtaube

Gallicolumba luzonica

Verbreitung: Philippinen: Inseln Luzon und Polillo

Habitat: Wald

Länge: 30 cm

Das auffälligste Merkmal dieser Taube ist der Büschel haariger Federn mitten auf ihrer Brust, der blutrot gefärbt ist und ihr ihren Namen verliehen hat. Der trügerische Eindruck, daß ihre Brust blutet, wird noch dadurch verstärkt, daß die roten Federn der „Wunde“ von weißen Federn umgeben sind. Auch das Weibchen hat dieses „blutende Herz“. Der Körper dieser Tauben ist kurz und gedrungen, Flügel und Schwanz sind kurz bis mittellang, und die Beine lang. Wenn der Vogel aufgeschreckt wird, fliegt er meist nur ein kleines Stück, kommt dann wieder auf den Boden und läuft weiter oder drückt sich mit gesenktem Kopf und erhobenem Schwanz auf den Boden. Die Dolchstichtaube schläft in Bäumen, sucht ihre Nahrung jedoch hauptsächlich auf dem Boden, nämlich Samen, abgefallene Beeren und wahrscheinlich auch viele Insekten und andere wirbellose Tiere. Die Tauben dieser Gattung nehmen vermutlich mehr tierische Nahrung zu sich als die meisten anderen Tauben.

Man nimmt an, daß die Nester meist unten in einem Strauch, einem Baum oder einer Liane gebaut werden oder sogar auf dem Boden. Ein Gelege besteht aus 2 Eiern.

Andere engverwandte Arten leben auf nahen Inseln; manche von ihnen werden gelegentlich auch als Unterart der Dolchstichtaube angesehen. In Neuguinea gibt es 3 Arten, doch gewöhnlich lebt auf jeder Insel oder Inselgruppe nur jeweils eine Art.

Fächertaube

Goura victoria

Verbreitung: Norden von Neuguinea: Siriwo-Fluß bis Astrolabe-Bucht; auf den Inseln Japen und Biak vermutlich eingeführt

Habitat: Regenwald, schlammige Tieflandebenen

Länge: 58–73 cm

Die 3 Krontaubenarten zeichnen sich vor allem durch ihre Körpergröße aus; sie sind fast so groß wie ein Truthahn. Außerdem ist ihr aufrechtstehender, seitlich abgeflachter, fächerförmiger Federschopf charakteristisch für sie. Diese Federn sind lang, und an ihren Spitzen befinden sich lockere Büschel, so daß der Eindruck eines Fächers mit Spitzen entsteht. Die beiden Geschlechter sehen fast gleich aus, und die jungen Vögel sind einfacher gefärbt als die erwachsenen.

Über das Verhalten der Fächertaube in ihrer natürlichen Umgebung ist nicht viel bekannt; sie verhält sich vermutlich ähnlich wie engverwandte Arten im gleichen Verbreitungsgebiet und sucht vor allem auf dem Boden nach Fallobst und Beeren und möglicherweise auch nach kleinen wirbellosen Tieren. In Gefangenschaft gedeiht sie gut, wenn man sie mit Kopfsalat, Mais, Möhren und ungeschälten Erdnüssen ernährt; besonders gerne ißt sie wilde Feigen. Die Fächertaube ruht in Bäumen und flüchtet sich auch dorthin, wenn sie aufgeschreckt wird.

Bei der Balz vollführt das Männchen Tänze und Verbeugungen. Das Weibchen reagiert darauf, indem es seine Flügel weit ausbreitet und sie aufrichtet; auch läuft es mit leicht gebeugten Beinen um das Männchen herum und stößt dabei kurze, zischende Laute aus. Das verhältnismäßig große Nest wird in die Zweige eines Baumes gebaut und sieht robuster und weniger provisorisch aus als die Nester anderer Tauben. Von in Gefangenschaft gehaltenen Paaren ist bekannt, daß sie ein Ei legen, das von beiden Eltern bebrütet wird, wobei sie einander regelmäßig ablösen. Die Brutzeit beträgt 30 Tage. Das Küken verläßt nach ca. 1 Monat das Nest, wird jedoch weiterhin von seinen Eltern gefüttert, bis es 13 Wochen alt ist.

In Europa ist die Krontaube (*G. cristata*) bekannter. Diese Art kommt im westlichen Neuguinea vor. Diese und die dritte, ebenfalls auf Neuguinea lebende Art, die Rotbrust-Krontaube (*G. Scheepmakeri*), wird in vielen Vogelsammlungen gehalten; sie ist in ihrem Ursprungsgebiet aufgrund von übermäßigem Fangen in ihrer Existenz bedroht.

Zahntaube

Didunculus strigirostris

Verbreitung: Samoa: Upolu- und Savaii-Inseln

Habitat: bewaldete Berghänge

Länge: 38 cm Ⓖ

Diese Art verdankt ihren Namen ihrem außergewöhnlichen Schnabel, der stark und gebogen ist und 2 Einkerbungen und 3 Ausstülpungen (oder Zähne) an beiden Seiten des Unterschnabels aufweist. Der wissenschaftliche Name „strigirostris“ bedeutet „Eulenschnabel“. Die Zahntaube ist eine gedrungener Vogel von der Größe einer Ringeltaube mit einem kurzen Schwanz, ziemlich langen Beinen und einem dichten Federkleid, das auf Kopf und Brust silbrig gefärbt ist. Die Federn des Weibchens haben weniger Glanz, und die Jungen sind wesentlich brauner und stärker gestreift.

Die Zahntaube ist ein Bodenvogel; sie frißt Samen, Früchte, Beeren und die einheimischen Bergpisangfrüchte (Bananenart). Beim Fressen hält die Taube mit ihren Beinen die Nahrung fest und benutzt ihren Schnabel dazu, um sie vor dem Verzehr auseinanderzureißen oder zu zerstückeln; die Schnabelform scheint sich infolge dieser Gewohnheit entwickelt zu haben. Als die Zahntauben noch sehr zahlreich waren, lebten sie in Gruppen von 10–20 Vögeln. Wenn sie aufgeschreckt werden, fliegen sie mit lautem Flügelschlag ca. 30 m weit unter den untersten Ästen großer Bäume hindurch und segeln anschließend noch einmal soweit, bevor sie in einem Baum landen. Zahntauben fliegen gewandt durch das Unterholz und lassen sich gewöhnlich in niedrigen Bäumen nieder, ruhen aber offenbar in großen Bäumen. Es heißt, die Zahntauben hätten früher auf dem Boden genistet, suchten jedoch heute infolge der von eingeführten Schweinen verursachten Verwüstung Zuflucht in den Bäumen. Über die Brutgewohnheiten dieser Art ist nichts Gesichertes bekannt.

Rottaube ♂
Dolchstichtaube
Zahntaube
Spitzschopftaube
Fächertaube

Loris, Kakadus, Papageien 1

ORDNUNG PSITTACIFORMES: Papageien
Die 315–328 Papageienarten gehören zu den am leichtesten erkennbaren Vögeln. Obwohl ihre Größe von 10 cm bis zu mehr als 1 m variiert, weisen alle Formen Übereinstimmungen in der äußeren Erscheinung und in der Körperstruktur auf. Die Ordnung umfaßt 3 Familien: die Loris, die Kakadus und die Echten Papageien.

Die meisten Papageien leben in Bäumen, haben ein intensiv gefärbtes Gefieder und einen kurzen, kräftigen und stark gebogenen Schnabel mit einer vorstehenden Schnabelwurzel oder Wachshaut. Der Oberschnabel läßt sich durch Muskeln bewegen; dadurch ist der Vogel in der Lage, ihn beim Klettern und beim Fressen als drittes Greiforgan zu benutzen. Zwar ist auch bei vielen anderen Vogelarten der Schnabel durch Muskeln beweglich, doch ist dieses Phänomen bei den kurzschnabeligen Papageien am stärksten ausgeprägt. Meist ähneln Männchen und Weibchen einander, doch es gibt auch einige Arten, bei denen Farbunterschiede zwischen den Geschlechtern auftreten.

Die Papageien sind in den tropischen und subtropischen Gebieten der ganzen Welt verbreitet, doch die meisten Arten leben in Australasien und im Amazonasgebiet in Südamerika. In den Wäldern dieser Gebiete ernähren sich die Papageien größtenteils von Früchten, Nüssen, Samen, Nektar und Schwämmen. Sie ergreifen ihre Nahrung mit ihren Klauen, mit den Schnäbeln und mit der starken, beweglichen Zunge. Viele Papageien sind sehr gesellige Vögel und können ein entsetzliches Geschrei veranstalten. Obwohl die in Gefangenschaft gehaltenen Exemplare wegen ihres „Sprechens" berühmt sind, ist nicht bekannt, daß sie auch in Freiheit Laute nachahmen.

FAMILIE LORIIDAE: Loris
Für die 54 Arten der Loris ist die Pinselspitze ihrer Zunge charakteristisch, mit der sie Nektar und Blütenpollen aus den Blüten holen. Alle Loris sind sehr gesellig und leben in Bäumen.

Frauenlori
Lorius lory
Verbreitung: Neuguinea, Papua-Inseln
Habitat: Wald
Länge: 31 cm

Auf den unterschiedlichen Inseln ihres Verbreitungsgebietes gibt es verschiedene Varianten dieser Loris mit geringfügigen Farbunterschieden. Die Frauenloris sind scheue Vögel, die die oberen Etagen des Waldes bevölkern. Sie bewegen sich meist in Paaren oder in Gruppen von maximal einem Dutzend Vögeln und ernähren sich von Pollen, Nektar, Blüten und Früchten sowie von Insekten und ihren Larven. Über das Brutverhalten der Loris ist wenig bekannt, doch nach den wenigen beobachteten Fällen zu schließen scheint das Weibchen zwei Eier zu legen, die es in ca. 24 Tagen ausbrütet.

Blauwangenlori
Trichoglossus haematodus
Verbreitung: Ost- und Nordaustralien, Tasmanien; von Bali östl. bis zu den Neuen Hebriden
Habitat: Wald, Kokosplantagen, Gärten, Parks
Länge: 26 cm

Der Blauwangenlori ist einer der hübschesten Papageien. Er paßt sich leicht an und bewohnt fast jede Art von bewaldetem Gebiet, selbst in der Nähe menschlicher Niederlassungen. Der Blauwangenlori tritt gewöhnlich in Gruppen von 3–100 Vögeln auf. Er ist ein unternehmungslustiger und lauter Vogel, der auf der Suche nach Nahrung unentwegt zwischen den Bäumen hin und her fliegt. Er ernährt sich von Blütenpollen, Nektar, Früchten, Beeren, Samen, Blättern, Insekten und ihren Larven, aber Blauwangenloris fressen auch Getreidepflanzen. Manchmal suchen sie in Massen Obstplantagen heim und machen sich über die Früchte her.

Der Blauwangenlori nistet in Baumhöhlen hoch über dem Boden. Das Weibchen legt 2, selten 3 Eier, die es ca. 25 Tage lang bebrütet. Beide Eltern füttern ihre Küken, die im Nest bleiben, bis sie 7–8 Wochen alt sind.

FAMILIE CACATUIDAE: Kakadus
Die 18 Arten der Kakadus unterscheiden sich von den übrigen Papageien hauptsächlich durch den abweichenden Schädelbau, doch ihr augenfälligstes äußeres Kennzeichen ist der Schopf. Ein Kakadu richtet den Schopf auf, wenn er aufgeschreckt wird oder erregt ist.

Nymphensittich
Nymphicus hollandicus
Verbreitung: Australien
Habitat: offenes Gelände
Länge: 32 cm

Der schlanke Nymphensittich hat lange Flügel, einen langen Schwanz und einen spitz zulaufenden Schopf. Die Männchen sind heller gezeichnet als die Weibchen. Zu zweit oder in kleinen Gruppen suchen sie auf dem Boden nach Grassamen, aber sie fressen auch Früchte und Beeren in den Bäumen.

Die Brutzeit liegt gewöhnlich zwischen August und Dezember, doch hängt der genaue Zeitpunkt von äußeren Umständen ab, vor allem vom Regenfall. Die 4–7 Eier werden in eine Baumhöhle gelegt und 21–23 Tage lang von beiden Eltern bebrütet. Die jungen Vögel verlassen das Nest im Alter von 4–5 Wochen. Die Männchen entwickeln ihre helle Kopfzeichnung im Alter von ca. 6 Monaten.

Gelbhaubenkakadu
Cacatua galerita
Verbreitung: Neuguinea und Inseln vor der Küste, Aru-Inseln, Nord- und Ostaustralien, Tasmanien; eingeführt in Neuseeland
Habitat: Regenwald, Savanne, Farmland
Länge: 50 cm

Der Gelbhaubenkakadu ist ein lauter, geselliger Vogel, der in der Brutzeit in Paaren oder Familiengruppen, den Rest des Jahres jedoch in größeren Gruppen umherstreift. Diese Großgruppen können im offenen Gelände aus Hunderten von Vögeln bestehen. Jede Gruppe hat einen eigenen, festen Ruheplatz, den sie bei Sonnenaufgang verläßt, um tagsüber in den Nahrungsgebieten nach Samen, Früchten, Nüssen, Blüten, Blättern, Insekten und Larven zu suchen.

Nach einer kurzen Balz, die ihren Höhepunkt in einer Zeremonie des gegenseitigen Putzens findet, bauen die Paare Nester in Baumhöhlen. Das Gelege aus 2–3 Eiern wird etwa 1 Monat lang von beiden Eltern bebrütet. Die Jungen bleiben noch 6–9 Wochen nach dem Ausschlüpfen im Nest.

FAMILIE PSITTACIDAE: Papageien
Mit ca. 243 Arten ist dies die größte Familie innerhalb der Ordnung der Papageien. Sie umfaßt eine große Vielfalt von Formen, doch keine einzige dieser Arten besitzt einen Schopf oder eine Pinselzunge.

Kea
Nestor notabilis
Verbreitung: Neuseeland: Südinsel
Habitat: Wald, offenes Gelände
Länge: 48 cm

Der Kea ist ein kräftiger, gedrungener Vogel mit einem langen, gebogenen Oberschnabel; beim Weibchen ist der Schnabel kürzer und weniger stark gekrümmt. Die Art hat einen kraftvollen Flug und fliegt in weiten Bögen, auch noch bei Sturm. Der Kea sucht in Bäumen und auf dem Boden Früchte, Beeren, Blätter, Insekten und deren Larven. Auch auf Abfallhaufen taucht er auf, und er frißt auch Aas. Lange Zeit wurde behauptet, der Kea falle Schafe an und töte sie; deshalb wurden viele dieser Vögel von den Bauern ausgerottet. Zwar scheint er tatsächlich kranke und verwundete Schafe und solche, die sich im Unterholz verfangen haben, anzugreifen, doch ist mittlerweile klar, daß derartige Vorfälle in der Vergangenheit sehr übertrieben dargestellt wurden. Heute steht die Art unter Naturschutz.

Der Kea brütet zu jeder Jahreszeit, meist jedoch zwischen Juni und Januar. Das Männchen ist polygam und paart sich manchmal mit mehreren Weibchen. Das Nest wird in einem Spalt, unter Felsen, zwischen Baumwurzeln oder in einem hohlen Baumstamm gebaut. Die 2–4 Eier werden 21–28 Tage lang vom Weibchen bebrütet.

Rotkopf-Spechtpapagei
Micropsitta bruijnii
Verbreitung: Buru, Ceram, Neuguinea, Bismarckarchipel, Salomon-Inseln
Habitat: Bergwälder
Länge: 9 cm

In Paaren oder in kleinen Gruppen klettern diese winzigen Papageien auf Ästen umher, um Flechten und Schwämme zu fressen, die in den Hochwäldern sehr verbreitet sind. Die kurzen Schwanzfedern haben steife Schäfte, die dem Vogel ähnlich wie dem Specht als Stütze dienen. Der Spechtpapagei frißt auch anderes Pflanzenmaterial. Er scheint in Termitennestern zu brüten und Termiten zu fressen.

Kea ♂
Gelbhaubenkakadu
Frauenlori
Rotkopf-Spechtpapagei
Blauwangenlori
Nymphensittich ♂

Papageien 2

Edelpapagei

Eclectus roratus (Lorius r.)

Verbreitung: von Neuguinea bis zu den Salomon- und Sumba-Inseln; Australien: äußerster Norden von Queensland

Habitat: Tieflandwälder

Länge: 35 cm

Männchen und Weibchen dieser Art unterscheiden sich so stark im Aussehen, daß man sie lange für 2 Arten hielt. Beide haben schöne, glänzende Federn, das Männchen ist hauptsächlich grün, das Weibchen prachtvoll rot und blau gefärbt: Möglicherweise verteidigt das Weibchen das Revier. Der Edelpapagei hat einen gedrungenen Körper und einen kurzen, rechteckigen Schwanz. Er ist ein guter Flieger, der sich hoch über die Baumwipfel aufschwingt. Diese lauten, geselligen Vögel ruhen in Gruppen von ca. 80 Exemplaren und fliegen, sobald die Sonne aufgeht, in Paaren oder kleinen Gruppen umher, um nach Nahrung zu suchen. Sie ernähren sich von Früchten, Nüssen, Samen, Beeren, Blättern, Blüten und Nektar.

Die Nester der Edelpapageien sitzen hoch in einer Baumhöhle am Waldrand. Die 2 Eier eines Geleges werden 26 Tage lang vom Weibchen bebrütet. Das Weibchen ist wegen seiner schönen Färbung im Tierhandel sehr gefragt: Auf Neuguinea hat man diesen Vogel unter Naturschutz stellen müssen.

Graupapagei

Psittacus erithacus

Verbreitung: Zentralafrika: Westküste bis Kenia und Nordwesttansania

Habitat: Tieflandwälder, Savanne, Mangrovensümpfe

Länge: 33 cm

Gruppen von Graupapageien ruhen gemeinsam in hohen Bäumen am Waldrand oder auf kleinen Inseln in Flüssen oder Seen. Bei Sonnenaufgang fliegen sie schnell zu zweit oder in kleinen Gruppen fort, um nach Samen, Nüssen, Beeren und Früchten zu suchen, vor allem nach denen der Ölpalme.

Der Beginn der Brutzeit ist vom jeweiligen Wohngebiet abhängig, und manchmal kommt es zu 2 Bruten pro Jahr. In freier Natur sind diese Vögel nur selten beim Brüten beobachtet worden. Das Weibchen legt wahrscheinlich 3–5 Eier in einen hohlen Baumstamm und brütet sie selbst aus.

Rosenköpfchen

Agapornis roseicollis

Verbreitung: Südwestafrika: Angola, Namibia, Südafrika: nördl. Kapprovinz

Habitat: trockenes, offenes Gelände

Länge: 15 cm

Die Rosenköpfchen sind eine lebhafte und zahlreiche Art. Sie werden auch „Liebesvögel" genannt. Diese Papageien fliegen schnell und wendig in Gruppen zwischen den Bäumen und Sträuchern umher, ernähren sich von Samen und Beeren und entfernen sich nie weit von Gewässern jeder Art. Der Name Liebesvögel charakterisiert diese kleinen Vögel ausgezeichnet: Sie sind ständig damit beschäftigt, sich gegenseitig das Gefieder zu putzen.

Kolonien von Rosenköpfchen nisten in Felsspalten oder Gebäuden oder übernehmen große Teile der aus vielen Kammern bestehenden Gemeinschaftsnester der Webervögel. Die 3–6 Eier eines Geleges werden in Abständen von jeweils 2 Tagen gelegt und vom Weibchen innerhalb von 23 Tagen ausgebrütet.

Eulenpapagei / Kakapo

Strigops habroptilus

Verbreitung: Neuseeland: früher auf allen Inseln, heute auf Teilen der Südinsel und der Stewart-Insel (auf letzterer am wenigsten bedroht)

Habitat: Bergwälder bis zu einer Höhe von 1250 m

Länge: 64 cm Ⓑ

Obwohl heute alles getan wird, um den Eulenpapagei oder Kakapo zu schützen, ist die Art noch immer ernstlich vom Aussterben bedroht. Im Zuge der Kolonisierung von Neuseeland, der damit einhergehenden Rodungen und der Einführung von Raubtieren wie Hermelinen und Ratten ist der Kakapo heute vielerorts größtenteils oder ganz verschwunden. Man versucht mittlerweile, die Art auf Inseln vor der Küste anzusiedeln, wo es keine Raubtiere gibt.

Der Eulenpapagei ist ein ungewöhnlicher Papagei: Er lebt auf dem Boden, denn er kann nicht fliegen und ist nachts aktiv. Tagsüber versteckt er sich zwischen Steinen und Baumwurzeln. In der Dämmerung kommt er zum Vorschein, um Früchte, Beeren, Nüsse, Samen, Schößlinge, Blätter, Moose und Pilze zu fressen. Er ist ein guter Kletterer und setzt Schnabel und Füße zum Klettern ein. Wenn er in den Bäumen umherklettert, flattert er mit den Flügeln, um das Gleichgewicht zu bewahren.

Auch das Balzverhalten weicht von dem anderer Papageien ab, da die Männchen einen gemeinschaftlichen Balzplatz haben, den sie jedes Jahr wieder benutzen. Jedes Männchen gräbt einige flache, Balzmulden aus; die Muldenform verstärkt die dumpfen Balzrufe der Vögel. Das Nest liegt in einem Tunnel zwischen Gestein oder zwischen Baumwurzeln. Das Weibchen legt bis zu 3 Eier und übernimmt vermutlich auch das Ausbrüten und die Aufzucht der Jungen. Wahrscheinlich brütet der Kakapo nicht jedes Jahr, was mit der Verfügbarkeit von Nahrung zusammenhängen könnte.

Kleiner Alexandersittich

Psittacula krameri

Verbreitung: Zentralafrika, Indien bis Sri Lanka; eingeführt auf Mauritius, im Mittleren Osten und Singapur

Habitat: bewaldetes Gelände, Kulturland

Länge: 40 cm

Die kecken, lebhaften Alexandersittiche werden gewöhnlich in kleinen Gruppen beobachtet, können jedoch auch zu Hunderten auf Nahrungs- und Schlafplätzen auftreten. Sie fliegen gut, jedoch selten weit. Samen, Beeren, Früchte, Blüten und Nektar bilden ihre Hauptnahrung. Der Alexandersittich dringt bei der Nahrungssuche hemmungslos in Obstgärten und Plantagen ein, verwüstet Sonnenblumen- und Reisfelder und reißt sogar gelagerte Getreidesäcke auf.

Das Federkleid weicht bei Männchen und Weibchen leicht voneinander ab: Dem Weibchen fehlt der rosa Kragen und die schwarze Gesichtszeichnung, und es hat kürzere mittlere Schwanzfedern. Bei der Balzzeremonie zu Beginn der Brutzeit rollt das Weibchen mit Augen und Kopf, bis das Männchen sich ihm nähert, seinen Schnabel reibt und es füttert. Das Paar nistet in einer Baumhöhle, die es selbst anlegt oder von Spechten oder Bartvögeln übernimmt; manchmal nistet es auch unter einem Dach. Das Weibchen legt 3–5 Eier und brütet sie innerhalb von 22 Tagen aus. 7 Wochen nach dem Ausschlüpfen verlassen die Jungen das Nest.

Pennant-Sittich

Platycercus elegans

Verbreitung: Ost- und Südostaustralien; eingeführt in Neuseeland und auf der Norfolk-Insel

Habitat: Küsten- und Bergwälder, Gärten, Parks

Länge: 36 cm

Der Pennant-Sittich ist ein kräftiger, farbenfroher Vogel, der in seinem Verbreitungsgebiet durchweg zahlreich vertreten ist. Erwachsene Vögel leben in Paaren oder in Kleingruppen von 5 Tieren; junge Vögel schließen sich zu größeren Gruppen zusammen. Die meiste Zeit des Tages verbringt der Pennant-Sittich mit der Nahrungssuche auf dem Boden oder in Baumwipfeln. Er ernährt sich von Früchten, Blüten, Insekten, Larven, hauptsächlich jedoch von Samen.

Die Brutzeit beginnt Ende August oder Anfang September. Bei der Balz läßt das Männchen seine Flügel hängen und bewegt den gespreizten Schwanz hin und her. Das Weibchen nistet in einer Baumhöhle und legt 5–8 Eier, die es 21 Tage lang bebrütet. Es verläßt das Nest nur morgens kurz, um sich vom Männchen füttern zu lassen. Die Jungen verlassen nach 5 Wochen das Nest und bleiben danach noch 5 weitere Wochen bei ihren Eltern.

Wellensittich

Melopsittacus undulatus

Verbreitung: Australien (im Landesinneren); eingeführt in den USA (Florida)

Habitat: Buschvegetation, offenes Gelände

Länge: 18 cm

Der Wellensittich ist ein beliebter Käfigvogel, der in vielen Farbvariationen vorkommt. Dieser kleine Papagei ist in freier Natur meist grün. Seine Häufigkeit ist von äußeren Umständen abhängig, doch gewöhnlich ist er zahlreich und in nahrungsreichen Jahren sogar eine der zahlreichsten Arten Australiens. Der Wellensittich ist vor allem früh morgens und nachmittags aktiv und sucht in Gruppen auf dem Boden nach Grassamen, von denen er sich hauptsächlich ernährt. Er ist ein schneller, wendiger Flieger, der in Gruppen umherstreift. Auf der Suche nach Nahrung und Wasser zieht er unermüdlich von einem Gebiet zum anderen.

Wellensittiche brüten das ganze Jahr über, doch gewöhnlich nach Regenfällen, was sicherstellt, daß genügend Nahrung vorhanden ist. Ihre Nester bauen Wellensittiche in ein Loch oder in einen Baumstumpf. Die 4–6, manchmal bis zu 8 Eier werden vom Weibchen 18 Tage lang bebrütet. Nach 30 Tagen verlassen die Jungen das Nest.

Edelpapagei ♂ ♀
Graupapagei
Rosenköpfchen
Kleiner Alexandersittich ♂
Eulenpapagei
Wellensittich
Pennant-Sittich

Papageien 3

Hellroter Ara / Arakanga

Ara macao

Verbreitung: Mexiko, Mittelamerika, nördl. Südamerika bis Brasilien
Habitat: Regenwald, Savanne, Plantagen
Länge: 85 cm

Der Hellrote Ara, auch Arakanga genannt, ist ein prachtvoll gefärbter Vogel und eine der größten und auffälligsten Arten innerhalb seiner Familie. Dieser bekannteste unter den südamerikanischen Papageien ist stark im Schwinden begriffen. Gründe dafür sind die Zerstörung großer Teile des Regenwaldes, seines Wohngebietes, und das Fangen riesiger Mengen von Jungtieren und Nestlingen, die im Tierhandel zu hohen Preisen verkauft werden. In einigen Teilen des Verbreitungsgebietes ist dieser Ara daher heute schon selten geworden.

Der Hellrote Ara unterhält eine starke Partnerbeziehung und bewegt sich gewöhnlich in Paaren, Familiengruppen oder Gruppen von bis zu 20 Vögeln. Bei ihren täglichen Wanderungen von den Schlafplätzen zu den Nahrungsgebieten fliegen die Aras in Paaren, wobei ihre Flügel einander fast berühren. Hoch in den Bäumen suchen sie nach Samen, Früchten, Nüssen, Beeren und anderer pflanzlicher Nahrung. Sie nehmen ihre Mahlzeit schweigend ein, doch wenn sie gestört werden und auffliegen, stimmen sie ein lautes Gekreische an.

Über das Brutverhalten dieser Art ist nur wenig bekannt. Man hat Nester in Höhlen hoch oben in Baumstämmen gefunden, aber es gibt nur wenige gesicherte Informationen über die Größe der Gelege oder über die Brutdauer.

Brillenpapagei

Forpus conspicillatus

Verbreitung: Mittel- und Südamerika: Ostpanama, Kolumbien (nicht im Südosten)
Habitat: offener Wald, Dorngestrüpp
Länge: 12 cm

Innerhalb seines Verbreitungsgebietes gibt es ca. 3 Unterarten dieses kleinen Papageis von der Größe eines Sperlings. Die Unterarten sind an geringfügigen Farbabweichungen zu erkennen. Im allgemeinen haben die Männchen ein stumpfgrünes Obergefieder mit einer gelben Zeichnung auf Kopf, Wangen und Kehle und einigen blauen Markierungen. Die Weibchen sind heller gefärbt, und bei ihnen fehlt das Blau. Außerhalb der Brutzeit streifen die Brillenpapageien unter ständigem Gezwitscher in Gruppen von 5–20 Exemplaren umher. Sie suchen in Bäumen und Sträuchern nach Beeren, Früchten, Knospen und Blüten oder auf dem Boden nach den Samen von Gräsern und anderen Pflanzen. Ihr Flug ist schnell und kapriziös.

Während der Brutzeit leben die Brillenpapageien in Paaren. Über ihre Brutgewohnheiten ist wenig bekannt, aber vermutlich bauen sie ihre Nester in natürlichen Baumhöhlen. Das Weibchen legt wahrscheinlich 2–4 Eier. Es gibt 7 Arten von Sperlingspapageien der Gattung *Forpus* mit mehreren Unterarten, die einander im Verhalten und Aussehen ähneln.

Sonnensittich

Aratinga solstitialis

Verbreitung: Südamerika: Guayana, Surinam, Nordostbrasilien
Habitat: offener Wald, Savanne
Länge: 30 cm

Der Sonnensittich ist mit seiner lebhaften gelben Farbe ein schöner, aber nicht besonders häufiger Vogel, und über seine Lebensweise ist nur wenig bekannt. Er stößt oft ein lautes Gekreische aus und ernährt sich von Samen, Früchten, Nüssen und Beeren, die er gewöhnlich in den Baumwipfeln findet.

Nach den spärlichen Informationen, die über das Brutverhalten dieser Art vorliegen, legt das Weibchen 3–4 Eier und brütet 4 Wochen lang. Beide Eltern füttern die Jungen, die 8 Wochen im Nest bleiben. Indianer halten Sonnensittiche manchmal als Haustiere.

Der Goldstirnsittich (*A. aurea*) und der Jendaya-Sittich (*A. jandaya*) unterscheiden sich kaum vom Sonnensittich und werden manchmal sogar als Unterarten desselben betrachtet.

Gelbkopfamazone

Amazona ochrocephala

Verbreitung: von Mexiko, Mittelamerika südl. bis Ostperu, Nordbolivien und Nordbrasilien; Trinidad
Habitat: viele verschiedene Waldbiotope
Länge: 35 cm

Es gibt 27 *Amazona*-Arten. Die meisten von ihnen sind mittelgroße Papageien mit einem überwiegend grünen Federkleid und einer hellen Zeichnung. Wie viele Amazonen wird auch die Gelbkopfamazone heute selten, einerseits bedingt durch die Zerstörung ihres Lebensraumes, des Regenwalds, andererseits, weil ihre Jungen für den Tierhandel gefangen werden. Vor allem die Gelbkopfamazone ist sehr gefragt, da sie in dem Ruf steht, gut Laute nachahmen und „sprechen" zu können.

Tagsüber sitzen kleine Gruppen dieser Papageien in Baumkronen, wo sie Früchte, Samen, Nüsse, Beeren und Blüten fressen, aber sie steigen bei der Nahrungssuche auch bis auf Höhen von 2 m über dem Boden herab. Gelbkopfamazonen sind gute Flieger, die sich hoch über die Baumwipfel aufschwingen, es sei denn, sie wollen nur kurze Entfernungen zurücklegen. Bei Anbruch der Abenddämmerung kehren sie zu ihren festen Ruheplätzen zurück.

Ein Brutpaar sucht sich eine Höhle in einem Baumstamm, die die beiden Partner gemeinsam ausbauen. Das Weibchen legt 3–4 Eier und brütet sie innerhalb von 29 Tagen aus; das Männchen bleibt unterdessen in der Nähe. Zweimal täglich verläßt das Weibchen kurz die Eier, um sich vom Männchen füttern zu lassen; das Männchen würgt dann zuvor verschlungene Nahrung aus. Es gibt mehrere Unterarten: Die Gelbscheitelamazone kommt in Mexiko und Honduras vor, die Gelbkopfamazone im restlichen Verbreitungsgebiet.

Mönchssittich

Myiopsitta monachus

Verbreitung: Südamerika: von Zentralbolivien, Südbrasilien bis Zentralargentinien; eingeführt in Puerto Rico und im Nordosten der USA
Habitat: leicht bewaldetes Gebiet, Palmenhaine, Kulturland, Eukalyptusplantagen
Länge: 29 cm

Der Mönchssittich ist ein zahlreich vorkommender, mittelgroßer Papagei mit langen Schwanzfedern und einem schweren Schnabel. Er ist ein sehr beliebter Käfigvogel. In Freiheit paßt er sich leicht an und bezieht rasch vom Menschen in Baumgärten oder auf dem Land angepflanzte Bäume, selbst wenn diese in der Nähe menschlicher Siedlungen stehen. Der sehr gesellige Mönchssittich lebt in Gruppen von 10–100 oder mehr Vögeln und baut riesige Gemeinschaftsnester, was für Papageien ungewöhnlich ist. Das Nest wird als Brut- und Schlafplatz benutzt; deshalb ist es das ganze Jahr über bewohnt und steht ständig im Mittelpunkt großer Betriebsamkeit, da die Vögel laut rufend kommen und gehen. Mönchssittiche verlassen ihr Nest in Gruppen, um im offenen Gelände oder auf Äckern nach Nahrung suchen. Dabei sitzen ein paar Vögel in der Umgebung in Bäumen und halten Wache; beim kleinsten Anzeichen von Gefahr stoßen sie Warnrufe aus, und die ganze Schar fliegt davon.

Der Mönchssittich ernährt sich von Samen, Früchten, Beeren, Nüssen, Blüten, Blättern, Insekten und Larven, aber er frißt manchmal auch Ackerpflanzen und Obst und kann großen Schaden anrichten.

Obwohl das Nest das ganze Jahr über in Gebrauch ist, bauen die Mönchssittiche es zu Beginn der Brutzeit weiter aus und reparieren eventuelle Schäden. Das Nest ist sehr stabil und befindet sich gewöhnlich in einem Baumwipfel. Es ist hauptsächlich aus dornigen Zweigen gebaut, die Raubtiere abschrecken. Anfangs besteht es nur aus wenigen Kammern, doch im Laufe der Zeit kommen immer mehr hinzu – bis zu 20 – , und jede dieser Kammern wird von einem Sittichpaar bewohnt. Das Bauwerk ist so solide, daß andere Vögel manchmal darauf nisten.

Das Weibchen legt 5–8 Eier, aber da es nicht einfach ist, einen Blick in eine solche Nesthöhle zu werfen, ist nur wenig über das Brutverhalten und die Aufzucht der Jungen bekannt; nach ca. 6 Wochen verlassen sie das Nest.

Hellroter Ara
Mönchssittich
Brillenpapagei ♂
Sonnensittich
Gelbkopfamazone

Kuckucke 1

ORDNUNG CUCULIFORMES:
Kuckucksvögel
Diese Ordnung besteht nur aus 2 Familien, den Kuckucken und den Turakos.

FAMILIE CUCULIDAE: Kuckucke
Die 50 Eigentlichen Kuckucksarten sind wesentlich bekannter als die Turakos, hauptsächlich wegen ihres Brutschmarotzertums. Das Kukkucksweibchen legt seine Eier in das Nest einer anderen Vogelart, und der Wirtsvogel brütet die Kuckucksjungen aus und füttert sie. Bei manchen Kuckucksarten ist diese Gewohnheit so weit entwickelt, daß ihre Eier denen des Wirtsvogels ähneln. Da die schmarotzenden Kuckukke ihre Eier im allgemeinen in das Nest kleinerer Singvögel legen, müssen ihre Eier viel kleiner sein und die Jungen schneller ausschlüpfen als bei den nichtschmarotzenden Kuckucken.

Die Kuckucksfamilie umfaßt 127 Arten, zu denen sowohl die Kuckucke der Alten Welt gehören, von denen viele Brutschmarotzer sind, und die Kuckucke der Neuen Welt, die dies meist nicht sind. Es gibt noch andere Formen wie die in Kolonien nistenden Guirakuckucke, die Anis, die Rennkuckucke, die Seidenkuckukke oder Couas und die Spornkuckucke.

Die Familie als Ganzes ist auf der ganzen Welt verbreitet und enthält viele Arten, die Zugvögel sind. Die Kuckucke und ihre Verwandten variieren in der Größe von 15–70 cm. Die meisten Arten haben einen schlanken Körper, einen langen Schwanz und kurze Beine. Die Geschlechter sehen oft gleich aus.

Koël

Eudynamis scolopacea

Verbreitung: Indien, Pakistan, Sri Lanka, Südchina, Südostasien, Neuguinea, Australien
Habitat: Waldränder, Buschvegetation, Kulturland, Gärten
Länge: 43 cm

Der Koël ist ein schweigsamer Vogel, der sich in dichtbelaubten Bäumen aufhält und selten auf den Boden kommt. Er frißt Früchte, vor allem Feigen, aber auch Insekten und kleine wirbellose Tiere wie Schnecken. Die beiden Geschlechter sehen unterschiedlich aus. Das Gefieder des Männchens ist schwarzglänzend, das des Weibchens dagegen bräunlich mit weißen und braungelben Flecken und Streifen.

Das Weibchen legt seine Eier in das Nest der Glanzkrähe (*Corvus splendens*) oder des Honigessers. Weibchen, die die Krähe als Wirtsvogel benutzen, legen mehrere Eier, die denen ihres Wirtes ähneln, jedoch kleiner sind. Die jungen Vögel sind genauso schwarz wie junge Krähen und wachsen gewöhnlich zusammen mit ihnen auf.

Drongokuckuck

Surniculus lugubris

Verbreitung: Indien, Südostasien, Südchina, Indonesien
Habitat: Dschungel, Buschvegetation, Kulturland
Länge: 25 cm

Der Drongokuckuck ähnelt im Federkleid und mit seinem für Kuckucke außergewöhnlich langen Schwanz dem Drongo (*Dicrurus macrocercus*); deshalb fungiert dieser in manchen Gegenden als Wirtsvogel. Der Drongokuckuck ist ein alleinlebender Nachtvogel, der sich von Insekten, insbesondere von Heuschrecken und Raupen ernährt, aber auch von Früchten wie Feigen. Er fängt auch fliegende Insekten, indem er sie wie der Drongo mit einem Luftsprung schnappt. Das Weibchen legt seine Eier in die Nester verschiedener Drongoarten und anderere Vögel. Junge Drongokuckucke haben weiße Flecken zwischen ihren schwarzen Federn, die verschwinden, sobald die Vögel erwachsen werden.

Fratzenkuckuck

Scythrops novaehollandiae

Verbreitung: von Australien bis Neuguinea, Indonesien
Habitat: Dschungel, bewaldete Gebiete
Länge: 63 cm

Der größte Kuckuck des australasiatischen Gebietes erinnert mit seinem langen, schweren Schnabel an einen Tukan oder Nashornvogel. Er ist ein Allesfresser, bevorzugt jedoch Insekten, Früchte und Beeren.

Der Fratzenkuckuck zieht im März nach Norden und kehrt im September zum Brüten zurück. Das Weibchen legt 2 oder mehr Eier in das Nest einer Krähe, einer Elster oder eines Flötenwürgers. Die zwei blinden, nackten Kuckucksjungen versuchen, einander aus dem Nest zu werfen, was ihnen jedoch meist nicht gelingt, so daß sie gewöhnlich zusammen aufgezogen werden.

Kuckuck

Cuculus canorus

Verbreitung: Europa, Nordafrika, Nord- und Südostasien; überwintert südl. seines Brutgebietes in Afrika und Südasien
Habitat: Wald, bewaldetes Gelände, Moore
Länge: 33 cm

Mit dem bekannten Ruf, dem der Kuckuck seinen Namen verdankt, kündet das Männchen den Frühling an, wenn es auf dem Weg zu seinen Brutgebieten in Europa und Asien nordwärts fliegt. Außerhalb der Brutzeit führt dieser schlanke, langschwänzige Vogel ein Leben als Einzelgänger. Seine Nahrung, große Insekten, vor allem haarige Raupen, sucht er in Bäumen, Hecken und Sträuchern.

Die Brutzeit beginnt Mitte Mai. Jedes Weibchen hat ein scharf abgegrenztes Revier, das es nach Nestern absucht, um seine Eier dort hineinzulegen. Ein Weibchen wendet sich dabei lebenslang immer wieder an die gleiche Wirtsvogelart; gewöhnlich ist es ein kleiner Singvogel wie die Heckenbraunelle, der Rotschwanz oder eine Stelze. Vermutlich handelt es sich bei der jeweils gewählten Art um diejenige, von der das Weibchen selbst auch großgezogen wurde. Die Eier werden in Abständen von 2 Tagen gelegt, und zwar stets in ein anderes Nest, insgesamt 8–12, wobei das Weibchen gleichzeitig jeweils eines der Eier des Wirtsvogels entfernt. Dabei muß das Kuckucksweibchen so vorgehen, daß die unfreiwilligen Pflegeeltern dies nicht merken, da sie sonst ihr gesamtes Gelege im Stich lassen würden. Der junge Kuckuck schlüpft nach ca. 12 Tagen aus, und da er bei weitem der größte, stärkste und am schnellsten heranwachsende Vogel im Nest ist, gelingt es ihm, die Eier oder die Jungen seiner Pflegeeltern aus dem Nest zu werfen und alle Aufmerksamkeit der Wirtsvögel für sich zu beanspruchen. Die Pflegeeltern haben die größte Mühe, den fast unersättlichen Hunger des jungen Kuckucks zu stillen, der viel größer als sie selbst ist. Oft stehen sie beim Füttern auf dem Rücken oder Kopf des Kuckucksjungen.

Smaragdkuckuck

Chrysococcyx cupreus

Verbreitung: Afrika südl. der Sahara
Habitat: Waldränder und Lichtungen
Länge: 20 cm

Der Smaragdkuckuck ist ein scheuer Vogel, der sich vorzugsweise im dichten Blattwerk hoher Waldriesen aufhält, wodurch er zwar zu hören, jedoch kaum zu sehen ist, da er bei der geringsten Gefahr sofort in Deckung geht. Das Männchen gilt als einer der schönsten afrikanischen Vögel; es hat einen goldgelben Bauch und einen smaragdgrünen Rücken. Das Weibchen ist an Rücken und Kopf moosgrün gefärbt, der Scheitel ist braun und der weiße Bauch braungebändert. Der Smaragdkuckuck frißt verschiedenste Insekten, unter anderem Raupen, Ameisen und Käfer.

Das Weibchen legt seine Eier in das Nest eines Bülbüls, eines Pirols, eines Würgers oder eines Webervogels.

Vermutlich ist der Smaragdkuckuck ein Zugvogel. Ein kleineres Familienmitglied, der Bronzeglanzkuckuck (*Ch. lucidus*) zieht fast 3200 km quer über den südwestlichen Pazifik von Neuseeland zu den Salomon-Inseln.

Gelbschnabelkuckuck

Coccyzus americanus

Verbreitung: brütet von Kanada bis Mexiko und in der Karibik; überwintert in Mittel- und Südamerika
Habitat: bewaldete Gebiete, Obstgärten, Unterholz
Länge: 28–33 cm

Der Gelbschnabelkuckuck ist ein versteckt lebender, scheuer Vogel, der das Unterholz nach haarigen Raupen (seiner Lieblingsspeise), Käfern, Heuschrecken, Baumgrillen, Wanderameisen, Wespen und Fliegen absucht. Er frißt auch Obst, kleine Frösche und kleine Eidechsen.

Er ist ein nichtschmarotzender Kuckuck, der selbst in einem Baum oder Strauch ein Nest aus Zweigen baut und es mit trockenen Blättern, mit Gras und sogar mit Fetzen von Kleidungsstükken auspolstert. Das Weibchen legt 3–4 Eier, alle 2–3 Tage eines, die von beiden Eltern bebrütet werden. Jeweils 14 Tage nach dem Legen schlüpfen die Jungen aus, die bei der Geburt fast nackt sind. Das Männchen hilft bei der Aufzucht.

Kuckuck
Smaragdkuckuck ♂
Fratzenkuckuck
Koël ♂
Gelbschnabelkuckuck
Drongokuckuck

Kuckucke 2, Turakos

Erdkuckuck

Geococcyx californianus

Verbreitung: Südwesten der USA: von Südkalifornien, Utah, Kansas, südl. bis Mexiko

Habitat: steppenartiges offenes Gelände

Länge: 50–60 cm

Der Erdkuckuck ist ein schlanker Vogel, der entfernt einem Huhn ähnelt. Er hat einen kleinen, struppigen Schopf, einen langen Schwanz und lange Beine. Er ist ein Bodenvogel, der schnell laufen kann und Geschwindigkeiten bis zu 25 km/h erreicht. Seine kurzen, abgerundeten Flügel sind jedoch durchaus funktionsfähig, und er kann fliegen, wenn auch nur unbeholfen. Wie sein Verwandter, der kleine Rennkuckuck (*G. velox*) aus Mexiko und Mittelamerika, lebt er in offenem Gelände und frißt wirbellose Bodentiere wie Grillen und Heuschrecken, Vogeleier, Eidechsen, Schlangen (sogar Klapperschlangen) und Früchte wie die der Kaktusfeige. Seine Beute tötet er, indem er plötzlich auf sie springt. Dieser scheue Vogel ist oft auf Straßen zu finden, und er tut seinem englischen Namen „Roadrunner“ alle Ehre, da er blitzschnell wegrennt, wenn er überrascht wird.

Paare gehen dauerhafte Verbindungen ein und leben das ganze Jahr über in einem Revier. Der Erdkuckuck baut ein kunstvolles, ziemlich flaches Nest aus Zweigen in einem Baum oder einer Kaktusgruppe, das er mit Blättern und Federn auspolstert. Im April oder Mai legt das Weibchen 2–6 Eier, die es in ca. 20 Tagen ausbrütet. Es dauert mehrere Tage, bis alle Jungen ausgeschlüpft sind; wenn nur wenig Nahrung vorhanden ist, bekommen die größeren Jungen alles, während die jüngeren, kleineren Vögel verhungern. Beide Eltern sorgen für die Küken, die hilflos und nackt geboren werden. Ihre Augen öffnen sich nach einer Woche, und nach ca. 16 Tagen sind sie in der Lage, selbst Nahrung zu suchen.

Ani

Crotophaga ani

Verbreitung: Mittel- und Südamerika, Antillen

Habitat: Waldränder, Grasland, Weiden

Länge: 33 cm

Der Ani ist ein nichtschmarotzender Kuckuck mit einem langen, rechteckig abgeschnittenen Schwanz, einem schweren, gekrümmten Schnabel und kurzen Flügeln. Da er kein guter Flieger ist, sucht er hauptsächlich auf dem Boden nach Insekten, Fallobst und Beeren. Der Ani hält sich oft auf Viehfarmen in der Nähe von weidendem Vieh auf. Da das Vieh die auf dem Boden lebenden Insekten aufjagt, finden die Anis dort viel Nahrung.

Der Ani ist ein geselliger Vogel, der in Gruppen von bis zu 25 Exemplaren lebt und Gemeinschaftsnester baut. Diese werden aus Zweigen, Kräuterbüscheln und Gras errichtet, Bauwerke von beachtlicher Größe, die unten in kleinen Bäumen oder Sträuchern zu finden sind. Eine Gruppe von Weibchen, von denen jedes 3–4 Eier legt, füllt das Nest mit manchmal mehr als 20 Eiern und brütet diese gemeinsam aus. Die Jungen schlüpfen nach 2 Wochen aus, und die Müttergruppe übernimmt gemeinsam das Füttern der Jungvögel.

Gabelkuckuck

Rhopodytes viridirostris

Verbreitung: Südindien, Sri Lanka

Habitat: Wald, Buschvegetation, Bambuswälder

Länge: 38 cm

Dieser auffällige Vogel mit grünem Schnabel und himmelblauen Augenflecken ist in Indien eine vertraute Erscheinung. Er fliegt nicht gerne und außerdem schlecht und verbringt die meiste Zeit im Schutz von Sträuchern und Unterholz. Große Insekten wie Heuschrecken und Raupen bilden seine Hauptnahrung. Manchmal erbeutet er auch kleine Eidechsen.

Der Gabelkuckuck ist kein Brutschmarotzer. Er baut ein flaches Nest aus Zweigen und kleidet es mit Blättern aus. Das Weibchen legt 2 Eier.

Gelbkehlcoua / Laufcoua

Coua cursor

Verbreitung: Südwestmadagaskar

Habitat: trockenes Buschland

Länge: 36 cm

Der Laufcoua ist ein auf dem Boden lebender Vogel, der sich gewöhnlich laufend fortbewegt. Er kann allerdings auch fliegen, wenn auch nur sehr unbeholfen. Alleine oder in kleinen Gruppen streift er auf der Suche nach Insekten (Raupen) umher. Wenn er aufgeschreckt wird, läuft er schnell davon, wobei er hin und wieder kleine Sprünge vollführt.

Der Laufcoua ist kein Brutschmarotzer, sondern baut ein eigenes Nest. Über sein Brutverhalten ist jedoch nur wenig bekannt.

Es gibt noch eine Anzahl Coua- oder Seidenkuckucksarten auf Madagaskar, von denen der Lalande-Seidenkuck inzwischen ausgestorben ist. Wie auf anderen Inseln hat auch auf Madagaskar die ursprüngliche Fauna stark unter dem Einfluß des Menschen und unter den von ihm neu eingeführten Tierarten gelitten.

Blaßkopfkuckuck

Centropus milo

Verbreitung: Salomon-Inseln

Habitat: Wald

Länge: 66 cm

Der Blaßkopfkuckuck ist einer der größten Kuckucke. Er hat kurze Flügel, einen langen Schwanz und einen großen, gebogenen Schnabel. Dieser Spornkuckuck kann nur schlecht fliegen und läuft hauptsächlich auf dem Boden umher, bewegt sich aber selbst dort ziemlich unbeholfen. Manchmal flattert er in einen Baum, springt dort von Zweig zu Zweig und läßt sich anschließend wieder umständlich nach unten gleiten. Der Blaßkopfkuckuck frißt große Insekten, Frösche und Reptilien.

Sein Nest baut er im Unterholz dicht über dem Boden aus Gras; es ist ein überdachtes, rundes Gebilde. Das Weibchen legt 3–5 Eier.

Vierflügelkuckuck

Tapera naevia

Verbreitung: Südmexiko, Mittelamerika, Südamerika bis Nordargentinien

Habitat: Savanne, Sümpfe

Länge: 30 cm

Der Vierflügelkuckuck ist ein scheuer Vogel, der stundenlang von einem Baum aus ruft, oft während der heißesten Stunden des Tages. Sein Ruf ist ein trauriges, weittragendes Flöten, das wie „sa-zi“ klingt. Der Vierflügelkuckuck ist einer der 3 amerikanischen Brutschmarotzer. Es ist nur wenig über ihn bekannt.

FAMILIE MUSOPHAGIDAE: Turakos

Die 19 Turakoarten sind hühnerartige Vögel, die in den Bäumen des tropischen Afrikas leben. Abgesehen von den Lärmvögeln, die weiß, grau oder braun gefärbt sind, haben alle anderen Turakos glänzende, hellgefärbte Federn, einen langen, breiten Schwanz und kurze, abgerundete Flügel. Viele Arten kennzeichnet ein Schopf und ein nacktes Hautfeld um die Augen. Das leuchtende Rot der Kopf- und Schwungfedern bei manchen Arten ist auf einen Farbstoff (Turacin) zurückzuführen, eine Kupferverbindung, die sonst bisher nirgendwo im Tierreich gefunden und deshalb nach den Turakos benannt wurde. Ebenso verhält es sich übrigens mit der völlig anders zusammengesetzten grünen Farbe, die viele Turakoarten schmückt. Turakos haben kurze, kräftige Schnäbel und ernähren sich größtenteils von Insekten und Früchten. Beide Geschlechter sehen gleich aus.

Rothaubenturako

Tauraco erythrolophus

Verbreitung: Afrika: Angola, Zaire

Habitat: bewaldete Gebiete, Savanne

Länge: 40 cm

Der Rothaubenturako ernährt sich von Früchten, lebt in Bäumen und kommt nur selten auf den Erdboden. Wie andere Turakos ist er ein guter Flieger, ist jedoch auch in den Bäumen sehr wendig und schnell und rennt, springt oder klettert über die Zweige. Diese Turakoart frißt auch Samen, Insekten und Schnecken.

Rothaubenturakos haben starke Ähnlichkeit mit dem Bannermann-Turako (*T. bannermani*). Der wichtigste Unterschied zwischen beiden Arten ist die Form der Nasenlöcher: Beim Rothaubenturako sind sie rund, beim Bannermann-Turako spaltenförmig. Über das Brutverhalten der beiden Arten ist nichts bekannt.

Grauer Lärmvogel

Corythaixoides concolor (Crinifer c.)

Verbreitung: Afrika: von Tansania und Kongobecken bis Südafrika

Habitat: offenes Buschland, Akaziengestrüpp

Länge: 51 cm

Obwohl der Graue Lärmvogel sehr vorsichtig ist, ist er doch nicht furchtsam: Beim leisesten Anzeichen von Gefahr warnt er alle Tiere in der Umgebung mit einem durchdringenden Ruf, der wie „kwe-kwe“ klingt. Die Vögel dieser Art sitzen in Paaren oder in Gruppen in den Baumwipfeln oder fliegen ziemlich unbeholfen von Baum zu Baum. Sie fressen Beeren, Früchte und Insekten.

Die Brutzeit dauert von Oktober bis Januar. Bei der Balz sitzt der eine Partner in einem Baumwipfel, während der andere vor ihm in der Luft rüttelt. Beide bauen gemeinsam im dichten Gestrüpp oder in einer Akazie ein Nest aus Zweigen. Das Weibchen legt 2–3 große Eier, die vermutlich von beiden Vögeln gemeinsam ca. 18 Tage lang bebrütet werden.

Erdkuckuck
Blaßkopfkuckuck
Gelbkehlcoua
Gabelkuckuck
Vierflügelkuckuck
Ani
Grauer Lärmvogel
Rothaubenturako

Schleiereulen, Eulen 1

ORDNUNG STRIGIFORMES: Eulen

Diese Ordnung umfaßt 2 Familien, die einander sehr stark ähneln. Mit ihren abgeflachten Gesichtern, den riesigen Augen, den Krallenfüßen und ihrer Gewohnheit, nachts zu jagen, sind die Eulen das nächtliche Gegenstück zu den Habichten, Adlern und Falken.

Eulen töten mit ihren Fängen: An jedem Zeh befindet sich eine scharfe, gekrümmte Kralle. Sie verschlingen ihre Beute mit Haut und Haar und würgen die unverdaulichen Knochen, Haare oder Federn, das „Gewölle", in Form von kleinen Knäueln wieder aus. Die Geschlechter sehen sich bei den meisten Arten ähnlich, doch sind die Weibchen manchmal größer.

FAMILIE TYTONIDAE: Schleiereulen

Die 10–12 Arten der Schleier- und Maskeneulen unterscheiden sich in mehreren kleineren Details von den eigentlichen Eulen. Sie sind an ihrem herzförmigen Gesichtsschleier zu erkennen, an den verhältnismäßig kleinen Augen und an den langen, schlanken Füßen. Ihr langer, gekrümmter Schnabel ist größtenteils mit Federn bedeckt, und sie verfügen über starke Zehen mit scharfen, gebogenen Krallen. Alle Schleiereulen sind Nachtjäger.

Rotbraune Maskeneule

Phodilus badius

Verbreitung: Nordindien, Sri Lanka, Südostasien, Große Sunda-Inseln

Habitat: Wald

Länge: 29 cm

Die Rotbraune Maskeneule ähnelt in Form und Aussehen der Schleiereule und wird heute mit ihr in einer Familie untergebracht. Sie ist ein echter Nachtvogel, der sich vermutlich hauptsächlich von Insekten ernährt, die er in Bäumen und in deren Umgebung jagt. Die Maskeneule legt 3–5 Eier, meist in einer Baumhöhle. Eine zweite Art, die Kongo-Maskeneule (*P. prigoginei*) ist erst 1951 entdeckt worden.

Schleiereule

Tyto alba

Verbreitung: weltweit, mit Ausnahme der gemäßigten Zonen Asiens und vieler Pazifikinseln

Habitat: offenes Gelände, bewaldete und bewohnte Gebiete

Länge: 34 cm

Die Schleiereule ist ein langbeiniger Vogel mit weißem Gesicht und meist hellgefärbtem Federkleid. Es gibt mehr als 30 Unterarten, die sich hauptsächlich in der Farbintensität des Gefieders unterscheiden. Die Schleiereule lebt gewöhnlich alleine oder in Paaren und schläft tagsüber in alten Bauernhöfen, hohlen Bäumen, Grotten, Kirchtürmen und ähnlichem. Nachts geht sie auf die Jagd, vor allem auf kleine Nagetiere, unter anderem Spitzmäuse, die sie auf dem Boden fängt und tötet. Manchmal macht sie auch Jagd auf kleinere Vögel. Diese Eule beginnt meist im April mit dem Brüten. Das Weibchen legt 4–7 Eier in ein altes Gebäude, einen hohlen Baumstamm oder einen Felsspalt und bebrütet diese ca. 33 Tage lang. Das Männchen bringt dem Weibchen in dieser Zeit Nahrung, und nach dem Ausschlüpfen werden die Jungen von beiden Eltern gemeinsam versorgt.

FAMILIE STRIGIDAE: Eulen

Die 134 Arten der eigentlichen Eulen sind in der ganzen Welt verbreitet, mit Ausnahme einiger abgelegener Inseln. Eulen haben einen kurzen Schwanz und weiche Federn; in ihrem großen Kopf sitzen riesige Augen inmitten eines runden Gesichtsschleiers. Alle Arten haben einen gekrümmten Schnabel, der teilweise mit Federn bedeckt ist.

Die meisten Eulen jagen nachts und leben ausnahmslos von tierischer Nahrung, von Insekten und wirbellosen Tieren bis zu Vögeln und mittelgroßen Säugetieren wie Kaninchen. Sie verfügen über ein außergewöhnlich scharfes Sehvermögen, und auch ihr Hörsinn ist ausgezeichnet.

Brauner Fischuhu

Ketupa zeylonensis

Verbreitung: vom Mittleren Osten bis Südchina, Sri Lanka, Südostasien

Habitat: Waldbäche und Seen

Länge: 56 cm

Der Braune Fischuhu ist eine spezialisierte Eule, die sich immer in Wassernähe aufhält und sich zusätzlich zu der für alle Eulen typischen Nahrung auch von Fischen ernährt. Füße und Knöchel des Fischuhus sind unbefiedert, was es ihm ermöglicht, in flachem Wasser zu waten und Fische zu fangen, ohne daß sein Gefieder naß wird.

Die Brutzeit dieser Art beginnt im Februar oder März. Der Fischuhu stellt eine Nestplattform her, indem er ein paar Baumzweige zusammenbiegt, doch manchmal nistet er auch auf einem Sims oder Felsen. Das Gelege besteht aus nur 1–2 Eiern, die ca. 35 Tage lang von beiden Eltern bebrütet werden.

Elfenkauz

Micrathene whitneyi

Verbreitung: Südosten der USA; Mexiko

Habitat: bewaldete Canyons, Wüsten mit Kandelaberkakteen

Länge: 12–15 cm

Der Elfenkauz ist eine der kleinsten Eulen; er unterscheidet sich von anderen kleinen Eulenarten in seinem Wohngebiet durch seinen kurzen Schwanz. Tagsüber ruht er in einem Baum oder Strauch, in der Abenddämmerung geht er auf die Jagd. Insekten sind seine Hauptnahrung; er fängt sie oft im Flug. Manchmal steht dieser Kauz auch über dem Blattwerk und rüttelt oder schießt nach Art der Fliegenschnäpper von einem Ast aus auf die Beute los. Der Elfenkauz fängt regelmäßig kleine Käfer, Nachtfalter, Heuschrecken, Grillen und Skorpione – deren Stachel er vor dem Verzehr entfernt oder zerdrückt –, und hin und wieder erbeutet er auch kleine Schlangen und Eidechsen. Ein Paar nistet in verlassenen Spechthöhlen, in Kakteen oder in Baumstämmen. Das Männchen sucht einen geeigneten Platz aus und lockt ein Weibchen an; wenn das Weibchen interessiert ist, bezieht es das Nest, legt im April oder Mai 1–5 Eier und bebrütet diese 24 Tage lang. Das Männchen bringt Nahrung heran, auch dann noch, wenn die Eulenküken ausgeschlüpft sind. Das Weibchen füttert die Jungen selbst.

Kreischeule

Otus asio

Verbreitung: Nordamerika: von Kanada bis Mexiko

Habitat: offene Waldgebiete, Kaktuswüsten

Länge: 18–25 cm

Die Kreischeule mit ihren charakteristischen Ohrbüscheln ruht tagsüber in einem hohlen Baum oder in einem alten Gebäude und geht in der Abenddämmerung auf Jagd. Sie fängt Insekten, Mäuse und andere kleine Säugetiere, außerdem Frösche, Eidechsen und ein paar Vögel. Die Brutzeit beginnt im Februar und dauert je nach Wohngebiet bis Juli. Kreischeulen nisten in Baumhöhlen, beispielsweise verlassenen Spechthöhlen, gewöhnlich ohne Nestmaterial. Das Gelege besteht meist aus 4–5 Eiern, aber manchmal sind es auch bis zu 8. Während das Weibchen brütet, bringt das Männchen Nahrung heran. Sobald die Jungen ausgeschlüpft sind, werden sie von beiden Eltern gefüttert.

Schnee-Eule

Nyctea scandiaca

Verbreitung: zirkumpolar: arktischer Teil Kanadas, Grönland, Nord-Eurasien

Habitat: Tundra, Sümpfe, Küsten

Länge: 52–65 cm

Die Schnee-Eule ist eine große Eule mit einem auffälligen, größtenteils weißen Federkleid. Das Weibchen ist dunkler gestreift. Es jagt gewöhnlich tagsüber und schlägt Beutetiere von der Größe eines Schneehasen oder Lemmings, aber auch kleinere Nagetiere und Vögel von Enten- oder Möwengröße.

Die Schnee-Eule fängt ungefähr Mitte Mai an zu nisten. Sie scharrt dazu eine Mulde in den Boden oder ins Gestein, kleidet sie mit Moos und Federn aus und legt meist 10 Eier; wenn viel Nahrung verfügbar ist, können es sogar bis zu 15 sein. Das Männchen versorgt das Weibchen während des Brütens mit Nahrung. Die Brutzeit beträgt ca. 32 Tage.

Amerikanischer Uhu

Bubo virginianus

Verbreitung: Nord-, Mittel- und Südamerika

Habitat: Waldgebiete unterschiedlichster Art, städtische Parkanlagen, Vorstädte

Länge: 46–64 cm

Die größten Eulen der Welt sind die Uhus. Der Uhu der Alten Welt (*B. bubo*) ist der größte unter ihnen. Etwas kleiner ist der Amerikanische Uhu. Die auffälligen Ohrbüschel dieser Vögel bestehen lediglich aus Federn und stehen in keinem Zusammenhang mit dem Gehör. Der Uhu ruht in Bäumen und jagt meist nachts, in unbewohnten Gegenden manchmal auch tagsüber. Er schlägt Säugetiere von der Größe einer Katze, ebenso Vögel, Insekten und Reptilien.

Die Brutzeit ist abhängig vom Wohngebiet und kann schon im Januar oder Februar beginnen. Alte Nester anderer Vögel werden benutzt, oder der Uhu nistet in Höhlen, Baumhöhlen oder auf Felsvorsprüngen. Gewöhnlich enthält ein Nest 3 Eier, in guten Jahren bis zu 6, die 35 Tage lang von beiden Eltern bebrütet werden. Die Jungen werden aggressiv verteidigt.

Amerikanischer Uhu
Elfenkauz
Schleiereule
Kreischeule
Rotbraune Maskeneule
Brauner Fischuhu
Schnee-Eule ♂

Eulen 2

Kuckuckskauz
Ninox novaeseelandiae

Verbreitung: Neuseeland, Australien, Süd-Neuguinea, Kleine Sunda-Inseln

Habitat: Wald, Buschvegetation, offenes Gelände mit Höhlen

Länge: 29 cm

Unter den Eulen Neuseelands und Australiens ist der Kuckuckskauz die häufigste Art. Gewöhnlich macht er in der Dämmerung Jagd auf Insekten (vor allem Nachtfalter), Spinnen, Eidechsen, kleine Vögel, Ratten und Mäuse. Manchmal jagt er auch tagsüber. Der englische Name „Boobook" leitet sich vom Ruf dieses Tiers her. Eine der Unterarten, der Australische Kuckuckskauz (*Ninox novaeseelandiae boobook*) ist heute sehr selten geworden. Der Kukkuckskauz nistet im November und legt 3–4 Eier in ein Nest in einen hohlen Baum oder im dichten Unterholz. Alle 2 Tage legt das Weibchen 1 Ei; es brütet vom ersten Ei ab, was bei Eulen eine nicht ungewöhnliche Erscheinung ist. Die Brutdauer beträgt 30 Tage. Die Jungen bleiben noch ca. 5 Wochen nach dem Ausschlüpfen im Nest und werden von beiden Eltern bewacht und gefüttert.

Waldohreule
Asio otus

Verbreitung: Nordamerika, Europa, Asien

Habitat: Nadelwälder, bewaldete Gebiete, Parks

Länge: 33–40 cm

Die Waldohreule ist schlanker gebaut als der Waldkauz und hat auffälligere Ohrbüschel als dieser. Beim Fliegen legen sich die Ohrbüschel flach an ihren Kopf an. Die Waldohreule ist überwiegend eine Nachteule, und sie frißt Ratten, Mäuse, Maulwürfe, Fledermäuse, Eichhörnchen, Kaninchen und andere kleine Säugetiere sowie auch Vögel und Insekten. Außerhalb der Brutzeit schlafen die Waldohreulen tagsüber an einem gemeinschaftlichen Ruheplatz in einem Baum und fallen dort wegen ihres gefleckten braunen Gefieders kaum auf.

Je nach Brutgebiet nisten Waldohreulen von März bis Mai; wenn sehr viel Nahrung zur Verfügung steht, brüten sie manchmal auch zweimal. Ein Gelege besteht aus 3–10, meist jedoch aus 4–5 Eiern. Die Waldohreule nistet in ehemaligen Vogel- oder Eichhörnchennestern. Ist kein solches Nest vorhanden, legt das Weibchen die Eier unter einen Baum oder Strauch auf den Boden. Es brütet 26–28 Tage lang und wird auch noch nach dem Ausschlüpfen der Küken vom Männchen mit Nahrung versorgt. Die jungen Vögel bleiben 3–4 Wochen im Nest. Manche nördlichen Populationen ziehen im Winter in südlichere Gebiete, nach Mexiko, Nordägypten und Indien; bei Frühlingsanfang ziehen sie wieder in den Norden.

Sperbereule
Surnia ulula

Verbreitung: Kanada, äußerster Norden der USA, Nordasien, Skandinavien

Habitat: Lichtungen in Nadelwäldern

Länge: 36–43 cm

Die Sperbereule ist leicht an ihrem für Eulen ungewöhnlich langen Schwanz zu erkennen sowie an ihrem hellen, schwarzumrandeten Gesichtsschleier. Ihre Flügel sind relativ kurz und spitz, wodurch sie im Flugbild einem Sperber ähnelt. Sie jagt tagsüber, wobei sie sich von einem Ausguck in einem Baum aus auf ihre Beute stürzt. Sie ernährt sich von Mäusen, Lemmingen, Eichhörnchen und anderen kleinen Säugetieren, außerdem von Vögeln und einigen Insekten.

Die Sperbereule nistet von April bis Juni, abhängig von ihrem Wohngebiet. Das Gelege variiert von Jahr zu Jahr entsprechend der zur Verfügung stehenden Nahrung. Die 5–6, manchmal auch 9 Eier werden in das hohle Ende eines Baumstumpfes, in ein verlassenes Nest oder in eine Spechthöhle gelegt und 25–30 Tage lang meist nur vom Weibchen bebrütet.

Sperlingskauz
Glaucidium passerinum

Verbreitung: von Nordeuropa östl. über die UdSSR und Zentralasien bis China

Habitat: lichter Wald

Länge: 16 cm

Der Sperlingskauz, die kleinste europäische Eule, hat einen verhältnismäßig kleinen Kopf und einen langen Schwanz. Bei ihr ist der Gesichtsschleier weniger ausgeprägt als bei den meisten anderen Eulenarten. Der Sperlingskauz jagt hauptsächlich nachts Nagetiere und kleine Vögel, die er oft im Flug fängt.

Diese Art brütet von März bis Mai und nistet oft in alten Spechthöhlen. Das Männchen bringt dem Weibchen Nahrung, während dieses 28 Tage lang auf den 2–7 Eiern sitzt, und es füttert auch die Küken, wenn sie ausgeschlüpft sind.

Steinkauz
Athene noctua

Verbreitung: Europa, Afrika, West- und Zentralasien, östl. bis China; eingeführt in Großbritannien und Neuseeland

Habitat: Wald, offenes Gelände, städtische Gebiete

Länge: 21 cm

Der Steinkauz hat einen flachen Kopf und eine abgeflachte Stirn, große gelbe Augen und dicke Augenbrauen, die einen strengen, fast „tadelnden" Gesichtsausdruck entstehen lassen. Der Steinkauz ist oft tagsüber aktiv, vor allem in der Brutzeit. Insekten, Würmer und Nagetiere bilden seine Hauptnahrung, aber er frißt auch kleine Vögel und sogar Aas.

In Europa brütet der Steinkauz ab Mitte April in einer Baumhöhle, in Gebäuden, in verlassenen Vogelnestern, in Stein- oder Holzstapeln und in Kaninchenbauten. Das Weibchen legt 3–5 Eier und bebrütet diese ca. 29 Tage lang. Anfangs muß das Männchen die gesamte Nahrung alleine beschaffen, doch sobald die Jungen etwas größer geworden sind, hilft das Weibchen ihm dabei.

Waldkauz
Strix aluco

Verbreitung: Europa, Nordafrika, West- und Zentralasien bis Korea

Habitat: Wälder, Gärten, Parks, städtische Gebiete

Länge: 38 cm

Der Waldkauz ist ein kräftiger Vogel mit einem gefleckten Federkleid, einem runden Kopf und schwarzen Augen. Dies ist eine der verbreitetsten europäischen Eulenarten, bei der im Gegensatz zur Waldohreule und zur Sumpfohreule die Ohrbüschel fehlen; außerdem hat sie dunklere Augen als die beiden erwähnten Arten. Der Waldkauz ist ein ausgesprochener Nachtvogel, der kleine Nagetiere, Vögel und Insekten jagt und tagsüber in einem Baum ruht.

Die Brutzeit dieser Art beginnt Ende März, nach milden Wintern einige Wochen früher. Das Nest befindet sich in Baumhöhlen, manchmal aber auch auf dem Boden oder im ehemaligen Nest eines anderen Vogels. Das Gelege besteht aus 2–4, manchmal aus 8 Eiern, die vom Weibchen 28–30 Tage lang bebrütet werden. In den ersten Wochen nach dem Ausschlüpfen der Jungen sorgt das Männchen für die Nahrungsbeschaffung, danach hilft ihm das Weibchen. Die Jungen verlassen das Nest, wenn sie ca. 5 Wochen alt sind.

Kanincheneule
Speotyto cunicularia

Verbreitung: Südwestkanada, Westen der USA und Florida; Mittel- und Südamerika

Habitat: Halbwüste, Grasland ohne Baumbestand

Länge: 23–28 cm

Die Kanincheneule ist ein kleiner Vogel mit einem kurzen Schwanz und langen Beinen, wodurch sie gut an das Leben auf dem Boden angepaßt ist. Sie bewohnt oft den verlassenen Bau eines Präriehundes oder eines anderen Säugetiers und richtet ihn nach ihren Bedürfnissen her, indem sie ihn mit ihren Füßen vergrößert und eine Nistkammer baut.

Die Kanincheneule jagt gewöhnlich abends, ist jedoch oft auch tagsüber vor dem Eingang ihrer Höhle zu sehen. Ihre Nahrung besteht aus Insekten wie Nachtfaltern, Libellen, Heuschrekken, Käfern und Grillen sowie aus kleinen Nagetieren, Vögeln, Fröschen und Reptilien. Sie folgt oft Tieren wie Hunden und Pferden, die Insekten vom Boden aufjagen, wenn sie sich bewegen; diese fängt die Eule dann.

Die Kanincheneule nistet von März bis Juli. Das Weibchen legt 6–11 Eier (meist 8–9) in eine Kammer am Ende ihrer Höhle, die sie mit getrocknetem tierischem Kot „auskleidet". Beide Eltern wechseln sich beim 28tägigen Brüten ab. Die nördlichen Populationen ziehen im Winter in den Süden.

Kuckuckskauz
Waldohreule
Sperbereule
Sperlingskauz
Steinkauz
Waldkauz
Kanincheneule

Schwalme, Tagschläfer und Verwandte

ORDNUNG CAPRIMULGIFORMES: Nachtschalben

Zu dieser Ordnung zählen 5 Familien: die Fettschwalme, die Schwalme, die Tagschläfer, die Höhlenschwalme und die Ziegenmelker. Die meisten Arten sind Nachtvögel.

FAMILIE PODARGIDAE: Schwalme

Die 13 Arten der Schwalme sind von Indien über Südostasien bis nach Neuguinea und Australien verbreitet. Es sind schlechte Flieger mit kurzen, runden Flügeln und stumpfen Schwänzen; sie fangen ihre Beute am liebsten, indem sie von einem Baum aus auf sie herabspringen. Sie haben große, flache Schnäbel mit einem sehr breiten Maul. Die beiden Geschlechter ähneln einander.

Eulenschwalm

Podargus strigoides

Verbreitung: Australien, Tasmanien

Habitat: Wald, offene Waldgebiete, Buschland mit Bäumen, Gärten, Parks

Länge: 33–47 cm

Der Eulenschwalm ist ein Nachtvogel, der tagsüber in einem Baum ruht, wo sein geflecktes und gestreiftes Gefieder ihn zwischen den flechtenbewachsenen Zweigen gut tarnt. Beim geringsten Anzeichen von Gefahr streckt er Körper, Kopf und Schnabel in die Höhe und ist dann fast nicht von einem abgebrochenen Zweig oder Stumpf zu unterscheiden. Der Eulenschwalm jagt meist in der Abenddämmerung. Er sitzt dann auf seinem Ausguck in einem Baum oder auf einem Pfosten und fliegt geräuschlos hinunter, um seine Beute auf dem Boden zu ergreifen. Seine Nahrung besteht aus Insekten, Schnecken, Fröschen und sogar aus kleinen Säugetieren. Es gibt mindestens 7 Unterarten des Eulenschwalms, die alle unterschiedlich groß und verschiedenartig gezeichnet sind.

Das Nest dieses Vogels ist ein winziges Plateau aus Zweigen und Blättern in einer Astgabel; manchmal übernimmt er auch das verlassene Nest einer anderen Art. Das Weibchen brütet ca. 30 Tage auf den 2 Eiern. Die Jungen werden von beiden Eltern gefüttert.

Ceylonfroschmaul

Batrachostomus moniliger

Verbreitung: Sri Lanka, Südwestindien

Habitat: Wald

Länge: 19–23 cm

Das Ceylonfroschmaul ist eine baumbewohnende Art, die jedoch den größten Teil ihrer Nahrung nach einem kurzen Flug von einem Ausguck herab auf dem Boden ergreift. Froschmäuler dieser Gattung scheinen besser fliegen zu können als die Arten der Gattung *Podargus*. Insekten und kleine wirbellose Tiere bilden die Hauptnahrung. Wie alle Froschmäuler hat dieser Vogel ein geflecktes, graubraunes Federkleid, das ihm eine vorzügliche Tarnung verschafft, wenn er auf einem Ast sitzt.

Ein einziges Ei wird in ein kissenähnliches kleines Nest gelegt, das aus den Daunen des Froschmauls selbst gefertigt und mit Flechten und Spinnweben ausgekleidet ist.

FAMILIE STEATORNITHIDAE: Fettschwalme

Der Fettschwalm ist so ungewöhnlich, daß man eigens für ihn eine Familie geschaffen hat. Er ist ein Nachtvogel mit großen Augen und kommt nur in vereinzelten Gebieten Südamerikas vor. Die beiden Geschlechter ähneln einander.

Fettschwalm / Guacharo

Steatornis caripensis

Verbreitung: stellenweise von Peru über Ecuador, Kolumbien und Venezuela bis Französisch Guayana; Trinidad

Habitat: Küste und BerghÖhlen

Länge: 43 cm

Der Fettschwalm oder Guacharo, ein Vogel mit langen Flügeln und einem langen Schwanz, hat kleine, fast unbrauchbare Beine. Er lebt in tiefen, völlig dunklen Höhlen, wo selbst seine großen, spezialisierten Nachtaugen nichts mehr nützen. Doch kann der Fettschwalm dank seiner Echopeilung, die derjenigen der Fledermäuse ähnelt, in diesen Höhlen nisten und umherfliegen. Beim Fliegen stößt der Vogel hohe Klicklaute aus, die von den Felswänden zurückgeworfen werden und die es ihm ermöglichen, seinen Weg zu finden. Nach Einbruch der Nacht fliegt der Fettschwalm ins Freie und sucht Früchte, vor allem Palmfrüchte. Er greift die Früchte mit seinem starken Schnabel, schluckt sie vollständig hinunter und verdaut die „Ernte" der Nacht am folgenden Tag auf seinem Ruheplatz. Der Fettschwalm hat einen gutentwickelten Geruchssinn und spürt die reifen Früchte wahrscheinlich mit diesem und mit seinen ausgezeichneten Nachtaugen auf. Er lebt in Kolonien von manchmal bis zu 50 Paaren. Sein Nest aus trockenen Fäkalien und ausgewürgten Früchten baut er auf einem Felssims. Das Weibchen legt 2–4 Eier, die von beiden Vögeln in ca. 23 Tagen ausgebrütet werden. Die Jungen werden mit Palmfrüchten gefüttert; in der Zeit, in der sie im Nest sind, werden sie besonders fett und wiegen mindestens doppelt soviel wie ihre Eltern. Sie können erst mit ca. 4 Monaten fliegen. Die örtliche Bevölkerung fing diese Nestlinge früher und verwendete ihr Fett als Bratöl; heute ist dies in den meisten Wohngebieten der Art verboten.

FAMILIE NYCTIBIIDAE: Tagschläfer

Die 5 Arten dieser Familie kommen auf den Antillen und den umliegenden Gebieten Mittel- und Südamerikas vor. Obwohl sie mit den Ziegenmelkern verwandt sind und ihnen ähneln, jagen die Tagschläfer wie die Fliegenschnäpper, also indem sie von einem Zweig hinabstoßen, um Insekten zu fangen. Die beiden Geschlechter sind meist nicht voneinander zu unterscheiden.

Urutáu

Nyctibius griseus

Verbreitung: Jamaika, Haiti, Trinidad und Tobago; Mexiko, Mittelamerika, tropisches Südamerika

Habitat: Waldränder, offene Waldgebiete, Kulturland mit Baumwuchs

Länge: 41 cm

Der lange Schwanz des Urutáus macht oft fast die Hälfte seiner gesamten Körperlänge aus; auch hat er sehr kurze Beine. Das graubraune Federkleid ist stark gestreift und gefleckt, wodurch der Vogel vor flechtenbewachsenen Zweigen fast unsichtbar wird. Tagsüber sitzt er steil aufgerichtet da, oft auf einem abgebrochenen Zweig oder auf einem Baumstumpf, mit hocherhobenem Kopf und Schnabel, so daß er wie ein Teil des Baumes wirkt. Nachts macht der Urutáu von einem Ausguck aus Jagd auf Insekten und kehrt auf den Ast zurück, um sie zu verzehren.

Das Gelege besteht aus nur einem einzigen Ei, das auf einen Baumstumpf gelegt und von beiden Eltern bebrütet wird. Wird der auf dem Nest sitzende Vogel gestört, dann nimmt er die „Baumhaltung" ein und bleibt regungslos sitzen oder reagiert, indem er Augen und Schnabel bedrohlich weit öffnet und das Gefieder aufplustert. Beide Eltern füttern das Junge, das auch schon steil aufgerichtet im Nest sitzt; es kann 44 Tage nach dem Ausschlüpfen fliegen.

FAMILIE AEGOTHELIDAE: Höhlenschwalme

Die Familie besteht aus kleinen, dicken Vögeln, die den verwandten Ziegenmelkern ähneln, jedoch das flache Gesicht der Eulen haben. Sie jagen in der Morgen- und Abenddämmerung, fangen Insekten aus der Luft oder häufiger noch auf dem Boden, wo sie sich mühelos fortbewegen können. In Neuguinea und Australien und auf einigen nahegelegenen Inseln gibt es insgesamt 7–8 Arten.

Australischer Höhlenschwalm

Aegotheles cristatus

Verbreitung: Australien, Tasmanien, Süd-Neuguinea

Habitat: Wald, bewaldete Gebiete, Buschvegetation

Länge: 20–24 cm

Der Australische Höhlenschwalm ist ein scheuer, einsiedlerischer Vogel, der tagsüber aufrecht auf einem Zweig sitzt, wobei ihn die Flecken- und Streifenzeichnung seines Gefieders verbirgt. Gegen Abend geht er auf Insektenjagd, und zwar sowohl in der Luft als auch auf dem Boden. Er hat einen kleinen, flachen Schnabel mit einem breiten Maul, und der Schnabel ist fast vollständig unter abstehenden Schnurrhaaren verborgen.

Das Gelege besteht aus 3–4 Eiern und wird in eine Höhle in einen Baum oder Erdwall gelegt. Die Nesthöhle wird mit grünen Blättern ausgekleidet, die ausgetauscht werden, wenn sie verwelken. Es kann zu mehr als einem Gelege pro Jahr kommen.

Eulenschwalm
Úrutau
Ceylonfroschmaul
Fettschwalm
Australischer Höhlenschwalm

Ziegenmelker

FAMILIE CAPRIMULGIDAE: Ziegenmelker
Diese spezialisierte Nachtvogelfamilie umfaßt 67–72 Arten, die fast in der ganzen Welt vorkommen; Ausnahmen sind Neuseeland und einige Pazifikinseln. Ziegenmelker haben lange, spitze Flügel und große, ausgezeichnete Nachtaugen. Ihren kurzen, schwachen Schnabel, den als Fühler fungierende Borstenhaare umgeben, können sie extrem weit aufsperren. Die meisten Arten rufen eine Zeitlang jeden Abend bei Sonnenuntergang, bevor sie mit ihrer Jagd beginnen. Sie fliegen geräuschlos und langsam, stoßen jedoch plötzlich zu, wenn sie Insekten sehen, die sie mit Hilfe der Borstenhaare des weiten, trichterförmigen Mauls in den Schlund befördern. Manchmal fangen sie auch junge Vögel. Ziegenmelker sind Meister der Luft. Auf ihren kurzen, schwachen Beinen laufen sie nicht gerne, schon gar nicht über lange Entfernungen.

Tagsüber ruhen sie in den Bäumen oder auf dem Boden. Durch ihre äußerst wirksame Tarnfarbe sind sie vor Raubtieren sicher. Auf Zweigen sitzen sie in Längsrichtung. Alle Arten haben eine feingesprenkelte graue, schwarze und braune Oberseite, die zwischen den Blättern kaum auffällt. Bei den meisten Arten treten geringfügige Farbunterschiede zwischen Männchen und Weibchen auf.

Poor-Will

Phalaenoptilus nuttallii
Verbreitung: brütet in Südwestkanada und im Westen der USA; überwintert im Süden der USA und Mexiko
Habitat: trockene Buschvegetation auf Hügeln und Bergen
Länge: 18–21 cm

Der Poor-Will ist ein kleiner Vogel mit einem kurzen Schwanz, der nachts auf der Suche nach Nachtfaltern, Käfern und Heuschrecken dicht über dem Boden umherflattert. Tagsüber ruht er in Büschen oder hochwachsenden Bäumen und läßt in der Morgen- und Abenddämmerung seinen Ruf („Poor-Will“ = armer Willi) ertönen.

Der Poor-Will ist der einzige Vogel, von dem bekannt ist, daß er einen Winterschlaf hält. Jedes Jahr im Oktober sucht er einen Felsspalt auf, in dem er überwintert; jahrelang ist es immer wieder die gleiche Stelle. Die Körpertemperatur des Vogels sinkt dann von 40–41° C auf 18–19° C. Herzschlag und Atmung werden so langsam, daß sie fast nicht mehr wahrzunehmen sind, was den Energiebedarf auf ein Minimum senkt. Der Poor-Will brütet im Frühsommer. Er legt seine 2 Eier auf den nackten Boden oder auf Kies; das Gelege wird von beiden Eltern bebrütet.

Leier-Nachtschwalbe

Uropsalis lyra
Verbreitung: Südamerika: Anden in Venezuela, Kolumbien, Ecuador, Peru
Habitat: Bergwälder, Savanne, offene Waldgebiete
Länge: ♂ 79 cm, ♀ 25 cm

Das Männchen dieser Art besitzt 2 außergewöhnlich lange äußere Schwanzfedern, die allein schon 66 cm der Gesamtlänge des Vogels ausmachen. Wie der Name andeutet, sind diese Federn leierförmig; wahrscheinlich spielen sie bei der Balz eine Rolle. Beim Weibchen fehlen die verlängerten Schwanzfedern.

Dieser einsiedlerische Nachtvogel ruht auf niedrigen Zweigen, oft in der Nähe von Wasser, und läßt gegen Abend seinen Ruf ertönen. Über seine Ernährungs- und Brutgewohnheiten ist wenig bekannt, aber sie weichen wahrscheinlich kaum von denen anderer Ziegenmelker ab.

Nachtschwalbe

Eurostopodus macrotis
Verbreitung: von Indien, Assam bis Südostasien, Philippinen, Celebes
Habitat: Wald, Buschvegetation
Länge: 41 cm

Diese große Nachtschwalbe lebt überwiegend alleine, versammelt sich aber manchmal auch zu kleinen Grüppchen. Sie fängt ihre Nahrung (Insekten) in der Luft. Hoch über den Baumwipfeln fliegt sie in der Morgen- oder Abenddämmerung wie ein perfekter Akrobat hinter ihrer Beute her und stößt dabei einen hellen Flötenton aus. Das Weibchen legt 1 Ei auf abgefallene Blätter, oft in den Schatten am Fuße eines Baumes.

Flaggenflügel

Macrodipteryx longipennis
Verbreitung: Afrika: Tschad, Sudan, Äthiopien, Norduganda, Kenia
Habitat: Savanne, Buschvegetation
Länge: 23 cm

Der Flaggenflügel frißt Insekten, die er in der Luft fängt. Er ist ein Zugvogel, der von Januar bis März im südlichen Teil seines Verbreitungsgebietes brütet und dann nach Norden in den Tschad und Nordsudan zieht.

In der Brutzeit entwickeln sich an beiden Flügeln verlängerte Schwungfedern, die 23 cm lang werden können. Diese spielen bei der Balz eine Rolle: Das Männchen fliegt um das Weibchen herum, richtet dabei die verlängerten Federn auf, krümmt die Flügel und läßt sie zittern. Offenbar paart sich das Männchen mit mehreren Weibchen. Jedes Weibchen legt 2 Eier auf den Boden; mehrere Vögel nisten im gleichen Gebiet. Das Männchen zieht anschließend fort und überläßt es den Weibchen, die Eier auszubrüten und die Jungen zu versorgen.

Pauraque

Nyctidromus albicollis
Verbreitung: Südwesten der USA; Mexiko; Mittel- und Südamerika bis Nordostargentinien
Habitat: halboffenes Buschland, Lichtungen in Waldgebieten
Länge: 28 cm

Nachts sitzt der Pauraque in einem Baum und lauert auf Beute. Hat er ein Beutetier gesichtet, dann schießt er in die Luft und fängt mit weit aufgesperrtem Maul niedrig über den Boden fliegende Insekten wie Nachtfalter, Wespen, Bienen und Käfer. Tagsüber schläft er versteckt zwischen abgefallenen Blättern auf dem Waldboden und ist dann nahezu unsichtbar. Es gibt einige Farbunterschiede zwischen den beiden Geschlechtern: äußere Flügel und Schwanz des Weibchens sind schwarz gefärbt und rotbraun gestreift; beim Männchen ist die Grundfarbe braun, und die Streifen sind weiß, was ein sehr auffälliges Flugbild ergibt.

Der Pauraque lebt alleine oder in Paaren. Das Weibchen legt 2 Eier, gewöhnlich auf den Boden, jedoch im Schutz von Sträuchern. Beide Vögel brüten. Die Eltern füttern die Jungen, indem sie ihren Schnabel in die aufgesperrten Mäuler der Jungen stecken und Insekten aufwürgen. Schon nach 2–3 Tagen hüpfen die Jungen aus dem Nest, doch können sie dann noch nicht fliegen.

Europäischer Ziegenmelker

Caprimulgus europaeus
Verbreitung: brütet in Europa, Nordafrika, West- und Zentralasien; überwintert im tropischen Teil Afrikas
Habitat: offenes Gelände, Waldränder, Moore, Heide, Halbwüsten
Länge: 26 cm

Dieser Vogel mit langen Flügeln und langem Schwanz ist die einzige Nachtschwalbe, die in Europa weit verbreitet ist. Sie bewohnt viele unterschiedliche Biotope. Das Männchen hat 3 große weiße Flecken auf den Flügelspitzen und 2 weiße Flecken auf dem Schwanz, die bei der Balz eine Rolle spielen. Beim Weibchen fehlen diese Flecken, doch ansonsten ähnelt es dem Männchen.

Der Europäische Ziegenmelker ruht sich tagsüber auf einem Zweig oder auf dem Boden aus; in der Abbenddämmerung schwingt er sich in die Luft, und man kann ihn dann beobachten, wie er kreisend und segelnd fliegt und plötzlich herabstößt, um Nachtfalter und andere nachtaktive Insekten zu fangen. In der Balzzeit läßt er ein schnurrenden „Errrr...“ hören, gefolgt von einem leisen „Ku-wiek“.

Die Brutzeit beginnt Mitte Mai. Das Männchen macht dem Weibchen den Hof, indem es klatschend seine Flügel zusammenschlägt. Vor der Paarung schwenken beide Vögel ihren Schwanz hin und her. In einer flachen Bodenmulde oder manchmal auch auf Pflanzen legt das Weibchen 2 Eier. Es brütet nachts und wird tagsüber vom Männchen abgelöst; nach 18 Tagen schlüpfen die Jungen aus. Sie werden von beiden Eltern versorgt und sind nach ca. 18 Tagen flügge. Pro Jahr kann es zu 2 Bruten kommen.

Den Namen „Ziegenmelker“ verdankt der Vogel seiner Gewohnheit, zwischen Schafen und Ziegen nach Insekten zu jagen, was Beobachter offenbar auf den Gedanken brachte, der Vogel habe es auf die Milch dieser Tiere abgesehen.

Flaggenflügel ♂
Poor-Will
Europäischer Ziegenmelker ♂
Leier-Nachtschwalbe ♂
Pauraque ♂
Nachtschwalbe ♂

Segler, Baumsegler

ORDNUNG APODIFORMES: Seglervögel
Zu dieser Ordnung gehören 3 Familien: die Segler, die Baumsegler und die Kolibris. Alle diese Vögel sind ausgezeichnete Flieger.

FAMILIE APODIDAE: Segler
Von allen Vögeln sind die Segler in der Luft am heimischsten. Die 67–71 Arten dieser Familie können fast alles im Flug erledigen, abgesehen vom Nisten. Sie jagen, trinken, essen, sammeln Nestmaterial und paaren sich sogar in der Luft. Möglicherweise können einige Arten sogar in der Luft schlafen. Zur Not können die Segler zwar auch von einer flachen Oberfläche aufsteigen, doch landen sie gewöhnlich nur an vertikalen Flächen wie Felswänden oder Gebäuden, an denen sie hängen, denn stehend oder sitzend können sie sich nicht festkrallen. Meist sind sie tagsüber aktiv. Sie ernähren sich von Insekten.

Ihre Länge variiert von 9–25 cm, und zwischen den Geschlechtern besteht kein äußerer Unterschied. Ihre oberflächliche Ähnlichkeit mit den echten Schwalben läßt sich auf die Übereinstimmungen im Verhalten zurückführen, nicht jedoch auf enge Verwandtschaft. Beide Gruppen haben einen kurzen, meist gegabelten Schwanz und schmale, spitze Flügel, wobei die der Segler etwas länger sind. Segler haben kleine Beine und laufen selten oder nie, aber sie verfügen über starke, gekrümmte Krallen, mit denen sie sich an Landungs- und Nistplätzen festklammern können. Bei den meisten Arten sind alle 4 Zehen nach vorne gerichtet. Der Schnabel ist kurz und leicht nach unten gebogen und kann weit aufgesperrt werden.

Alle Arten bauen ihre Nester mit Hilfe eines klebrigen Speichels, der von dafür vorgesehenen Speicheldrüsen abgesondert wird.

Eilsegler

Chaetura gigantea (Hirundapus giganteus)
Verbreitung: von Indien über Südostasien bis zu den Philippinen
Habitat: Wälder bis zu 1800 m Höhe
Länge: 25 cm

Der Eilsegler ist einer der schnellsten Vögel der Welt. Wahrscheinlich kann er Geschwindigkeiten von 250–300 km/h entwickeln. Er frißt Insekten und kann bei der Jagd wie ein Turmfalke rütteln, ohne sich auch nur einen Zentimeter von der Stelle zu bewegen. Das Weibchen legt 3–5 Eier in ein Bodennest.

Weißbrustsegler

Aeronautes saxatilis
Verbreitung: von Westkanada und den USA bis Mexiko und El Salvador
Habitat: in der Nähe von steilen Felswänden und Küstenklippen, Canyons, zerklüftete Vorgebirge
Länge: 15–18 cm

Der Weißbrustsegler erreicht Geschwindigkeiten bis zu 300 km/h und ist damit wahrscheinlich der schnellste Vogel Nordamerikas. Er fängt Insekten wie Fliegen, Käfer, Bienen, Wespen, fliegende Ameisen und Baumheuschrecken. Weißbrustsegler balzen im Flug und paaren sich entweder in der Luft, wobei sie ihre Körper aneinanderdrücken und gemeinsam abwärts trudeln, oder an ihrem Nistplatz. Das Nest liegt im Riß oder Spalt einer Klippe oder Felswand, ist napfförmig und aus Federn und Gras gebaut, die mit Speichel zusammengeklebt sind. Die 4–5 Eier werden im Mai und Juni gelegt und von beiden Vögeln gemeinsam ausgebrütet.

Altwelt-Palmsegler

Cypsiurus parvus
Verbreitung: Westafrika
Habitat: offenes Gelände
Länge: 18 cm

Der Altwelt-Palmsegler ist ein geselliger Vogel, der in Gruppen lebt und leicht an seinem außergewöhnlich langen Schwanz zu erkennen ist. Vor allem in der Abenddämmerung ist er aktiv, da dann viele Insekten ausschwärmen. Der Altwelt-Palmsegler nistet an der Unterseite eines Palmblattes und fertigt ein Kissen aus Federn an, die er mit Speichel aneinander und an das Blatt klebt. Seine 1–2 Eier klebt er ebenfalls mit Speichel an das Nest. Beide Eltern brüten abwechselnd in vertikaler Position, wobei sie sich mit den Beinen an den Seiten des Nests festhalten. Sobald die Küken ausgeschlüpft sind, klammern sie sich mit ihren Krallen an das Nest und bleiben in dieser Position hängen, bis sie ausgewachsen sind und fliegen können.

Weißnest-Salangane

Collocalia fuciphaga
Verbreitung: Andaman- und Nicobar-Inseln, Südostasien, Philippinen
Habitat: Küsten, Inseln; sucht Nahrung über Bäumen und Buschvegetation
Länge: 12 cm

Dies ist eine der 15–20 einander stark ähnelnden Arten der Gattung *Collocalia*, die allesamt in Südostasien und auf den Pazifikinseln leben. Die Unterscheidung der Arten war in diesem Fall besonders schwierig, ist jedoch heute durch Untersuchung des Nestbaus und der Nistplätze sowie der Fähigkeit zur Echopeilung gelöst.

Salanganen bauen ihr Nest in Höhlen, oft in Kolonien von Tausenden von Vögeln. In der Finsternis der tiefen Höhlen finden sie ihren Weg durch Echopeilung, eine bei Vögeln nur selten entwickelte Fähigkeit. Beim Fliegen stoßen sie schnelle, klickende Geräusche aus und orientieren sich dann an den Hochfrequenzechos.

Alle Salanganen benutzen Speichel, um ihre Nester zu bauen und an eine Felswand zu kleben. Das Nest der Weißnest-Salangane besteht sogar fast ausschließlich aus gehärtetem Speichel – die Federn, die vereinzelt darin zu finden sind, geraten wahrscheinlich eher zufällig dazwischen. Diese eßbaren Vogelnester gelten schon seit Jahrhunderten als Leckerbissen und werden in großer Zahl „geerntet„; aus ihnen wird die „Schwalbennestersuppe“ der chinesischen Küche zubereitet. Heute ist der Handel mit diesen Nestern gesetzlich eingeschränkt; sie dürfen erst gesammelt werden, wenn die Jungen das Nest verlassen haben. Das Weibchen legt 2–3 Eier.

Mauersegler

Apus apus
Verbreitung: brütet von Europa östl. bis China; Nordwestafrika; überwintert in Afrika
Habitat: über offenem Gelände; Süßwasser, städtischen Gebieten
Länge: 16 cm

Dieser weitverbreitete, gesellig lebende Vogel bleibt fast ständig in der Luft und läßt sich nur hin und wieder auf Mauern, Felsen oder Gebäuden nieder. Bei der Insektenjagd oder wenn die Vögel einander zu Beginn der Brutzeit im Tiefflug verfolgen, stoßen sie rauhe, durchdringende Schreie aus. Ihre Nahrung fangen sie in der Luft. Bei ihrem Flug wechseln schnelle Flügelschläge mit Segelpausen ab. Die Brutzeit beginnt in unseren Breiten Mitte Mai, nachdem die Vögel Anfang Mai zurückgekommen sind. Der Mauersegler sucht einen Nistplatz unter Dachrändern oder in Felsspalten und baut ein ziemlich flaches, napfförmiges Nest aus Gras und Federn, das er mit Speichel zusammenklebt. Ein Gelege besteht gewöhnlich aus 3 Eiern, die das Weibchen in Abständen von 2–3 Tagen legt und in 14–20 Tagen ausbrütet. Beide Eltern füttern die Jungen, lassen sie jedoch manchmal auch mehrere Tage hintereinander alleine. In solchen Fällen zehren die Jungen von ihrer Fettreserve und verlangsamen ihre Entwicklung. Dauert die Fastenzeit länger, dann kann die Körpertemperatur der Jungen bis auf 27,5° C absinken, und sie verfallen in eine Art Hungerschlaf, bis wieder Nahrung verfügbar ist; dies hat keinerlei nachteilige Folgen für ihre Entwicklung.

FAMILIE HEMIPROCNIDAE: Baumsegler
Die 4 Arten der Baumsegler sind an ihrer Haube und dem langen, tief gegabelten Schwanz zu erkennen. Ihr Federkleid ist weicher und heller als das der anderen Seglerarten, und außerdem fliegen die Baumsegler weniger. Im Gegensatz zu den Seglern können die Baumsegler auf einer Stange sitzen. Zwischen Männchen und Weibchen treten leichte Farbunterschiede im Federkleid auf.

Haubensegler

Hemiprocne longipennis
Verbreitung: Indien, Südostasien, Indonesien bis Celebes
Habitat: Waldränder, Waldlichtungen
Länge: 20–22 cm

Der Haubensegler hockt auf Zweigen und Telefondrähten und jagt von dort aus fliegende Insekten. Die beiden Geschlechter ähneln einander, doch das Männchen hat einen kastanienbraunen Fleck hinter den Augen, während diese Stelle beim Weibchen grün ist.

Das kleine Nest ist napfförmig und wird aus Stückchen dünner Baumrinde gebaut, die mit Speichel aneinander und an einem Ast befestigt werden. Im Nest ist nur Raum für ein einziges Ei. Beide Eltern sitzen abwechselnd entweder auf dem Ast, an dem das Nest hängt, oder auf dem Nest, wobei sie ihre Brustfedern aufplustern, um das Ei damit zu bedecken. Das Junge wird von beiden Eltern gemeinsam aufgezogen.

Weißnest-Salangane
Mauersegler
Altwelt-Palmsegler
Weißbrustsegler
Eilsegler
Haubensegler ♂

Kolibris

FAMILIE TROCHILIDAE: Kolibris
Die eigenartigen Kolibris sind in ganz Amerika zu finden, von Alaska bis Feuerland, insbesondere in den Tropen, aber auch hoch in den Anden. Unter den ca. 315–319 Arten befinden sich die kleinsten und einige der merkwürdigsten bekannten Vögel.

Die Größe der Kolibris bewegt sich zwischen 5,7 und 21,5 cm, und oft macht der Schwanz schon die Hälfte der Gesamtkörperlänge aus. Im Verhältnis zur Körperlänge haben sie lange und schmale Flügel, und ihre Wendigkeit im Flug ist unübertroffen. Sie können mit kaum hörbarem Flattern der Flügel regungslos vor einer Blüte schweben und nach oben, zur Seite, nach unten, ja sogar rückwärts fliegen. Der Brustbeinkamm ist im Verhältnis größer als bei allen anderen Vögeln; dies ist nötig, um die sehr kräftigen Flugmuskeln zu stützen, die den Kolibri in der Luft eine so außergewöhnliche Wendigkeit ermöglichen. Der sehr schnelle Flügelschlag der Kolibris erzeugt ein summendes Geräusch, von dem sich ihr englischer Name „Humming Bird" herleitet.

Kolibris ernähren sich hauptsächlich von Insekten und Nektar; letzteren verschaffen sie sich, indem sie den langen, dünnen und oft gebogenen Schnabel tief in eine Blüte tauchen. Mit seiner röhrenförmigen Zunge saugt der Kolibri den Nektar auf. Die Form des Schnabels wie auch der Zunge ist bei vielen Arten stark an die spezielle Blüte angepaßt, die sie jeweils aufsuchen.

Bei den männlichen Kolibris gibt es eine große Vielfalt von Schwanzformen; diese Schmuckfedern spielen bei der Balz eine Rolle. Weibchen sind weniger leuchtend gefärbt, und ihnen fehlen die schönen Schwanzfedern. Außerhalb der Brutzeit lebt der Kolibri alleine und verteidigt sein Territorium heftig, sogar gegen wesentlich größere Vögel. Das Weibchen baut ein tiefes, napfförmiges Nest auf einem Zweig, einem Palmenblatt oder einem Felsen und legt meist 2 Eier. Abgesehen von einer einzigen Art brütet das Weibchen alleine und zieht die Jungen auch alleine auf.

Kolibris spielen eine wichtige Rolle als Blütenbestäuber.

Prachtelfe
Lophornis magnificus
Verbreitung: Ost- und Zentralbrasilien
Habitat: Wald, Buschvegetation
Länge: 7 cm

Die Prachtelfe ist leicht mit einem Schmetterling zu verwechseln, wenn sie vor einer Blüte schwebt. Beim Balzflug wird das Weibchen vom Männchen verfolgt, bis es seinen Flug verlangsamt; dann stehen die beiden Vögel einander gegenüber und flattern nervös hin und her. Die Prachtelfe sucht gerne Apfelsinenplantagen auf, um dort Nektar zu sammeln und Insekten zu jagen. Das Weibchen baut sein napfförmiges Nest zwischen niedriger Vegetation und bedeckt die Außenseite zur Tarnung mit Spinnweben, kleinen Stückchen Baumrinde und Pflanzenfasern.

Schwertschnabelkolibri
Ensifera ensifera
Verbreitung: Anden: Venezuela, Kolumbien, Ecuador, Peru, Bolivien
Habitat: Hänge mit Buschvegetation in 2500–3000 m Höhe.
Länge: KRL 7,5 cm; Schnabel: 12,5 cm

Der Schwertschnabelkolibri ist der Vogel mit dem längsten Schnabel im Verhältnis zur Körpergröße. Dieser ist leicht nach oben gebogen und ermöglicht es dem Vogel, tief in trichterförmige Blüten wie die des Stechapfels (*Datura* sp.) einzudringen, den Nektar aus ihnen herauszusaugen und gleichzeitig die Insekten zu fangen, die gerade dabei sind, den Nektar zu sich zu nehmen.

Adlerkolibri
Eutoxeres aquila
Verbreitung: Costa Rica, Panama, Kolumbien, Ecuador, Nordostperu
Habitat: Wald
Länge: 12 cm

Mit seinem sehr stark nach unten gerichteten Schnabel kann dieser Vogel Nektar aus asymmetrisch geformten Blüten wie den *Coryanthes*-Orchideen saugen. Der Adlerkolibri krallt sich manchmal auch mühsam an *Heliconia*-Blüten fest und untersucht deren Inneres mit seinem Schnabel.

Rubinkehlkopfkolibri
Archilochus colubris
Verbreitung: brütet in Südostkanada und im Osten der USA; überwintert in Mexiko, Mittelamerika und auf den Antillen
Habitat: bewaldete Gebiete, Gärten
Länge: 9 cm

Dieses winzige Vögelchen fliegt 800 km oder weiter über den Golf von Mexiko zu seinem Winterquartier, wobei es Geschwindigkeiten von 80 km/h entwickeln kann, eine außergewöhnliche Leistung für einen so kleinen Vogel. Das Männchen hat eine deutlich erkennbare rubinrote Kehle, das Weibchen eine weiße Kehle und einen abgerundeten Schwanz. Seine Nahrung, den Nektar, saugt er aus röhrenförmigen Blüten. Auch frißt er Insekten.

Bienenelfe / Helenaelfe
Calypte helenae (Mellisuga h.)
Verbreitung: Kuba, Isla de Pinos (Karibik)
Habitat: Wald
Länge: 6 cm

Die Bienenelfe oder Helenaelfe ist der kleinste Vogel der Welt; ihr Körper ist nur 1,25 cm lang, ebensolang ist der Schnabel; den Rest der Gesamtlänge macht der Schwanz aus. Die Bienenelfe wiegt nur 2 Gramm, und ihre winzigen Flügelchen schlagen 50- bis 80mal pro Sekunde, wenn sie von Blüte zu Blüte flattert. Die Bienenelfe frißt täglich eine Nahrungsmenge, die dem Doppelten ihres Körpergewichts entspricht.

Riesengnom
Patagona gigas
Verbreitung: von Ecuador bis Chile und Argentinien
Habitat: Trockengebiete
Länge: 22 cm

Dies ist der größte Kolibri. Er wiegt 20 g. Der Riesenkolibri schlägt nur 8- bis 10mal pro Sekunde mit den Flügeln. Er fängt Insekten aus der Luft, ernährt sich jedoch hauptsächlich von Nektar.

Topasrubinkolibri
Chrysolampis mosquitus
Verbreitung: Kolumbien, Venezuela, Guayana, Brasilien, Nordostbolivien
Habitat: Urwald, Buschvegetation, Savanne
Länge: 9 cm

Das Männchen hat ein glänzend buntes Federkleid, das Weibchen ist hauptsächlich grün und grau gefärbt. In seinem großen Verbreitungsgebiet ist dieser Vogel recht häufig. Er ernährt sich von Nektar und Insekten.

Wundersylphe
Loddigesia mirabilis
Verbreitung: peruanische Anden
Habitat: Wald in 2300–2600 m Höhe
Länge: KRL 12 cm; SL 14 cm

Das Männchen dieses selten beobachteten Kolibris hat einen ungewöhnlichen Schwanz mit nur 4 Federn, von denen 2 stark verlängert, fadenförmig und am Ende mit einem „Wimpel" versehen sind. Bei der Balz umrahmt das Männchen seine leuchtende Kehle mit diesen zierlichen Schwanzfedern und fliegt so vor seiner Auserkorenen hin und her.

Himmelsylphe
Aglaiocercus kingi
Verbreitung: von Venezuela bis Bolivien, Peru und Ecuador
Habitat: Wald, Buschvegetation
Länge: ♂ 18 cm, ♀ 9,5 cm

Die äußeren Schwanzfedern des Männchens sind bei dieser Art fast 12,5 cm lang und spielen bei der Balz eine Rolle. Das Weibchen hat eine gelbweiße Kehle und zimtfarbene Unterseite, und die Schwanzfedern sind nicht verlängert.

Topaskolibri
Topaza pella
Verbreitung: Guayana, Venezuela, Brasilien
Habitat: Regenwald
Länge: 20 cm

Das Männchen ist leuchtend gefärbt und hat zwei um 6 cm verlängerte schwarze Schwanzfedern, die nach innen gebogen sind und sich überkreuzen. Das Weibchen ist weniger auffällig gefärbt, hat jedoch ein paar glänzend grüne und rote Federn und bronze- und violettfarbene Schwanzfedern. Der Topaskolibri lebt im tropischen Urwald in der Nähe von Wasser. Die Weibchen nisten in kleinen Kolonien.

Estella-Kolibri
Oreotrochilus estella
Verbreitung: Anden: von Ecuador bis Argentinien und Chile
Habitat: felsige Berghänge
Länge: 12 cm

Die Hals- und Kehlfärbung variiert bei dieser Art, doch meist ist sie glänzend grün und violett gefleckt. Das Weibchen ist auf Rücken und Kopf stumpf olivgrün gefärbt, seine Kehle ist weiß, die Unterseite grau. Das Nest wird unter überhängenden Felsen gebaut, wo es vor Regen geschützt ist.

Schwertschnabelkolibri
Topaskolibri ♂
Himmelsylphe ♂
Topasrubinkolibri ♂
Wundersylphe ♂
Prachtelfe
Adlerkolibri
Bienenelfe
Riesengnom
Estella-Kolibri ♂
Rubinkehlkopfkolibri ♂

Trogons, Mausvögel

ORDNUNG TROGONIFORMES: Trogons

FAMILIE TROGONIDAE: Trogons
Die 35–36 Arten der Trogons bilden eine separate Ordnung. Sie zählen zu den farbenfrohsten Vögeln der Welt; besonders die Männchen haben ein sehr prachtvolles Federkleid; die Weibchen sind meist weniger kontrastreich gefärbt. Trogons bewohnen tropische Waldgebiete im südlichen Afrika, in Indien, Südostasien sowie in Mittel- und Südamerika.

In der Größe variieren die Trogons von 23 bis 35 cm. Sie haben kurze, abgerundete Flügel, einen langen Schwanz und sind mit Kletterfüßen ausgerüstet: 2 Zehen weisen nach vorne, 2 nach hinten. Viele Baumvögel haben solche Füße, doch bei den meisten stehen der erste und vierte Zeh nach vorn, bei den Trogons hingegen sind es der erste und zweite.

Trogons leben hauptsächlich in Waldgebieten und sitzen daher oft in Bäumen. Ihre Nahrung besteht aus Insekten und anderen wirbellosen Tieren und außerdem aus Beeren und Früchten.

Quetzal

Pharomachrus mocino

Verbreitung: Mexiko, Mittelamerika
Habitat: Hochwälder
Länge: KRL 30 cm; SL 61 cm ©

Der auffällig gefärbte Quetzal hat stark verlängerte Oberschwanzdecken (Federn, die die Schwanzwurzel bedecken), die eine prachtvolle Schleppe bilden. Nach jeder Brutzeit fallen diese Schwanzfedern ab und wachsen in der nächsten Saison wieder nach. Diese langen Federn wurden früher von den Mayas und Azteken bei ihren Zeremonien benutzt und in hohen Ehren gehalten. Der Quetzal selbst galt als heiliger Vogel und wurde mit dem gefiederten Schlangengott Quetzalcoatl in Verbindung gebracht. Der Quetzal ist der Wappenvogel von Guatemala. Zwar steht er heute unter Naturschutz, doch da seine Federn immer noch heißbegehrt sind, ist er vom Aussterben bedroht. Die Weibchen sind schlichter als die Männchen, und außerdem bedecken ihre Oberschwanzdecken nur den Schwanz und bilden keine Schleppe.

Der Quetzal lebt ziemlich einsiedlerisch in den unteren Etagen des tropischen Regenwaldes. Er hat eine Vorliebe für Früchte und ernährt sich außerdem von Insekten, kleinen Fröschen, Eidechsen und kleinen Schlangen. Er fängt seine Beute, während er von Zweig zu Zweig fliegt.

Der Quetzal nistet in einer Baumhöhle; dort legt das Weibchen 2–3 Eier. Das Männchen hilft beim Brüten, und es kann nur auf den Eiern sitzen, wenn es seine Schwanzfedern nach vorne über den Kopf und aus dem Nestloch hinaushängen läßt. Am Ende der Brutzeit sind die Schwanzfedern daher durch das viele Hin- und Herbewegen stark beschädigt, oft sogar gebrochen.

Kupferschwanztrogon

Trogon elegans

Verbreitung: vom äußersten Südwesten der USA bis Costa Rica
Habitat: Wald, bewaldete Gebiete
Länge: 28–30 cm

Dieser prachtvoll gefärbte Trogon hat einen kräftigen Schnabel und einen charakteristischen breiten und abgerundeten Schwanz, der auf der Oberseite kupferrot ist, an der Unterseite grau und weiß und am Ende schwarz umsäumt. Das Weibchen ist ebenso gezeichnet, jedoch weniger auffällig gefärbt, und es hat einen braunen Kopf. Dies ist der einzige Trogon, der in den Vereinigten Staaten lebt, wo er allerdings nur selten vorkommt.

Der „Coa", wie er in Mexiko nach seinem Ruf benannt wird, ist ein einsiedlerischer und im allgemeinen ruhiger Vogel. Sein Ruf ähnelt dem monotonen Gequake eines Frosches. Er kann lange Zeit auf einem Zweig sitzen, um sich dann in die Lüfte zu schwingen und auf der Jagd nach Insekten, kleineren Tieren und Früchten schnell zwischen den Zweigen hin und her zu fliegen. Die meiste Nahrung fängt er in der Luft. Manchmal stehen diese Vögel vor dem Blätterwerk in der Luft und picken Insekten und ähnliches von den Blättern ab. Der Trogon hat schwache Beine, die zum Laufen ungeeignet sind und fast ausschließlich zum Hocken benutzt werden.

Eine Baumhöhle wird vom Pärchen gemeinsam als Nistplatz hergerichtet; manchmal bezieht der Kupferschwanztrogon auch eine verlassene Spechthöhle. Beide Vögel teilen sich das Ausbrüten der 3–4 Eier; die Brutzeit beträgt wahrscheinlich ca. 18 Tage. Die Jungen werden nackt und hilflos geboren und müssen von ihren Eltern versorgt und gefüttert werden. Nach 15–17 Tagen verlassen sie das Nest.

Rotkopf-Feuertrogon

Harpactes erythrocephalus

Verbreitung: Nepal, Himalaya, Südchina; Südostasien, Sumatra
Habitat: Wald
Länge: 34 cm

Es gibt 11 Trogonarten in Asien, die alle der Gattung *Harpactes* angehören. Es sind farbenfrohe Vögel mit breiten, rechteckig abgeschnittenen Schwänzen. Das Männchen hat einen auffällig dunkelroten Kopf, das Weibchen ist an Kopf, Brust und Kehle bräunlich gefärbt. Wie die amerikanischen Trogons sind auch diese Art einsiedlerisch und sitzen lange Zeit auf Zweigen, von wo aus sie schnelle Jagdflüge auf Insekten machen, von denen sie sich hauptsächlich ernähren. Sie fressen allerdings auch Blätter, Beeren und hin und wieder Frösche und Eidechsen. Früchte scheinen sie nicht zu mögen. Am aktivsten sind sie in der Dämmerung.

Die 3–4 Eier werden in eine kahle, meist schon vorhandene Höhle in einem Baum gelegt, und das Gelege wird ca. 19 Tage lang von beiden Eltern bebrütet.

Zügeltrogon

Apaloderma narina

Verbreitung: südl. tropisches Afrika: Küstengebiete im Süden und Osten
Habitat: Wald, Buschvegetation
Länge: 29 cm

Der Zügeltrogon ist eine der 3 afrikanischen Trogonarten. Er lebt in der unteren Etage dichter Wälder und kann lange Zeit in einer für ihn typischen, gebeugten Haltung auf einem Zweig oder einer Liane sitzen. Seine Nahrung besteht vor allem aus Insekten, die er von seinem Sitzplatz zwischen den Zweigen aus fängt. Früchte frißt der Zügeltrogon nur selten.

Das Weibchen legt 2–3 Eier in einen hohlen Baumstamm. Das Brüten dauert ca. 20 Tage.

ORDNUNG COLIIFORMES: Mausvögel

FAMILIE COLIIDAE: Mausvögel
Die 6 Mausvogelarten bilden eine eigene Familie, die von den modernen Systematikern in einer eigenen Ordnung untergebracht wird. Alle Arten ähneln einander stark, und die Geschlechter sind nicht voneinander zu unterscheiden. Mausvögel sind so groß wie Spatzen, haben jedoch besonders lange, „gestufte" Schwanzfedern. Ihre Federn sind weich und sitzen nur locker auf der Haut. Alle Arten haben eine Haube. Ihr Schnabel ist kurz, gebogen und ziemlich kräftig.

Mausvögel sind in den Savannengebieten Afrikas südlich der Sahara verbreitet. Es sind gesellige Vögel, die in kleinen Gruppen leben und gemeinsam ruhen, wobei sie dicht zusammenkriechen, um sich aneinander zu wärmen.

Gestreifter Mausvogel / Braunflügel-Mausvogel

Colius striatus

Verbreitung: Afrika südl. der Sahara
Habitat: Savanne, dichte Wälder
Länge: KRL 12 cm; SL 18–20 cm

Der Schwanz des Gestreiften Mausvogels ist fast doppelt so lang wie sein Körper. Er verbringt einen großen Teil seines Lebens in Bäumen; mit Hilfe seiner langen, starken Beine, deren hintere Zehen er nach vorne drehen kann, und mit Hilfe der langen, scharfen Krallen klettert er geschickt in den Zweigen umher. Beim Fressen oder beim Ruhen hängt er oft mit dem Kopf nach unten. Ebenso wie die anderen Arten der Familie ist der Gestreifte Mausvogel ein sehr geselliger Vogel, der in kleinen Gruppen ruht und nach Futter sucht. Meist ernährt er sich von Früchten und anderem weichem pflanzlichem Material, insbesondere von jungen Schößlingen; manchmal sucht er auch den Boden nach Insekten ab.

Das Nest aus Wurzelfasern und kleinen Wurzeln wird in einen Baum oder Strauch gebaut und mit Blättern ausgekleidet. Gewöhnlich enthält ein Gelege 3 Eier, die beide Eltern in 12–14 Tagen ausbrüten. Einige Tage nach dem Ausschlüpfen sind die Jungen in der Lage, das Nest zu verlassen; nach 16–18 Tagen sind sie flügge.

Gestreifter Mausvogel
Quetzal
Kupferschwanztrogon
Zügeltrogon
Rotkopf-Feuertrogon

Eisvögel

ORDNUNG CORACIIFORMES:
Rackenvögel

Diese Ordnung besteht aus 10 Familien: den Eisvögeln, den Todis, den Sägeracken, den Bienenfressern, den Racken, den Kurols, den Erdracken, den Hopfen, den Baumhopfen und den Nashornvögeln. Die meisten Arten dieser Ordnung haben einen verhältnismäßig großen Schnabel und sind häufig sehr bunt gefärbt.

FAMILIE ALCEDINIDAE: Eisvögel

Obwohl die Eisvögel in der ganzen Welt vorkommen, bewohnt der größte Teil der 86–90 Arten die wärmeren Zonen der Alten Welt. Ihre Länge variiert von 10 bis 46 cm. Sie haben einen kurzen, kräftigen Körper, einen großen Kopf und einen kurzen Nacken. Der Schnabel ist fast immer gerade, hat eine scharfe Spitze und ist im Verhältnis zur Körperlänge sehr groß. Die Flügel sind kurz und abgerundet, die Schwanzlänge variiert. Die meisten Arten haben ein buntes Federkleid mit blau, grün, purpur oder rot schimmernden Flecken. Männchen und Weibchen weisen bei einigen Arten geringfügige Unterschiede auf.

Mehrere Arten ernähren sich überwiegend von Fischen, und man findet sie gewöhnlich in der Nähe von Binnengewässern, wo sie ihre Beutetiere fangen, indem sie sich von einem Ast aus kopfüber ins Wasser stürzen. Ungewöhnlich für einen Tauchvogel ist, daß der Eisvogel nicht schwimmen kann. Die meisten Eisvogelarten suchen ihre Nahrung (Insekten, Eidechsen, Schlangen und sogar Vögel und Nagetiere) auf dem Festland, indem sie von einem hohen Ausguck herabstoßen.

Eisvögel nisten oft in Tunneln am Flußufer, manchmal aber auch in Baumhöhlen oder Termitennestern; sie benutzen wenig oder kein Nestmaterial. Einige nördliche Populationen ziehen im Herbst in den Süden.

Eisvogel

Alcedo atthis

Verbreitung: Europa, Nordafrika bis Asien, Neuguinea und Salomon-Inseln
Habitat: Binnengewässer, Sümpfe, Mangrovensümpfe, Küsten
Länge: 16 cm

Der einzige europäische Eisvogel ist auf den ersten Blick an seinem leuchtenden Federkleid, dem langen, dolchförmigen Schnabel und dem für die Art charakteristischen Verhalten zu erkennen. Er lebt alleine in der Nähe von Wasser. Wenn er jagt, sitzt er auf Zweigen, die über das Wasser hängen. Auch fliegt er dicht über der Wasseroberfläche und rüttelt oft einige Sekunden lang, bevor er taucht, um kleine Fische oder andere kleine Wassertiere aus dem Wasser zu hohlen.

In der Brutzeit gräbt das Pärchen im steilen Ufer eines Baches einen leicht ansteigenden, bis zu 60 cm langen Gang. Manchmal wird auch ein Tunnel in den Wurzelstock eines großen umgefallenen Baumes gegraben oder in die steile Wand einer Sand- oder Lehmgrube. Die Vögel beginnen mit dem Tunnelbau, indem sie immer wieder an der gleichen Stelle gegen das Ufer fliegen und mit dem scharfen Schnabel ein Loch hineinstechen. Am Ende des Ganges befindet sich die Nistkammer, die einen Durchmesser von ca. 15 cm hat. Das Weibchen legt 4–8 Eier, die beide Eltern innerhalb von 20 Tagen ausbrüten, wobei sie einander regelmäßig ablösen. Wenn die Jungen ausgeschlüpft sind, ziehen beide Eltern sie gemeinsam auf. Da das Nest nicht gesäubert wird, verbreitet der verwesende Fischabfall nach einer Weile einen ekelhaften Gestank.

Froschschnabel

Clytoceyx rex

Verbreitung: Neuguinea
Habitat: Wald
Länge: 30 cm

Der schlicht gefärbte Froschschnabel lebt alleine. Er sitzt oft lange Zeit auf einem Baumstamm oder Zweig und stößt dann plötzlich auf ein großes Insekt, eine Larve oder eine kleine Maus herab. Auch gräbt er mit seinem schaufelförmigen Schnabel den Boden um und sucht Würmer, Krabben und Reptilien. Über das Brutverhalten des Froschschnabels ist nur wenig bekannt, aber vermutlich nistet er auf dem Boden.

Grünkopfliest

Halcyon chloris

Verbreitung: von Äthiopien bis Indien, Südostchina, Australien, südwestl. Pazifikinseln
Habitat: Mangrovensümpfe, Ästuarien, Waldlichtungen
Länge: 25 cm

Der weitverbreitete Grünkopfliest lebt in den verschiedensten Biotopen, meist jedoch in Mangrovenwäldern. Auf einem Zweig sitzend lauert er auf Beute und stößt dann in den Schlamm des Sumpfes oder des Wassers hinab, um kleine Krabben und Fische zu verfolgen, von denen er sich überwiegend ernährt. Bevor er eine Krabbe verschlingt, schlägt der Eisvogel sie ein paarmal gegen einen Zweig, um ihre Schale zu zerbrechen. Er brütet in einer Baumhöhle, zwischen den Wurzeln von Baumfarnen oder in den Nestern von Termiten und Ameisen. Ein Gelege besteht aus 3–4 Eiern.

Paradiesliest

Tanysiptera galatea

Verbreitung: von Neuguinea bis zu den Molukken
Habitat: Wald
Länge: 28 cm

Dieser schöne Eisvogel hat stark verlängerte, abgestufte mittlere Schwanzfedern, die wahrscheinlich bei der Balz eine Rolle spielen. Tief im untersten Stockwerk des Waldes sitzt er auf einem Zweig und hält nach Beute Aussschau, vor allem nach Tausendfüßlern und Eidechsen, aber auch nach Insekten und anderen wirbellosen Tieren; außerdem durchsucht er die Humusschicht und abgefallene Blätter nach Regenwürmern. Gewöhnlich lebt der Paradiesliest alleine, doch in der Brutzeit arbeitet das Paar einträchtig zusammen, um ein Loch in ein Nest von Baumtermiten zu graben, in welches das Weibchen seine Eier legt. Manchmal suchen sich die Vögel auch ein Fleckchen mit reicher Vegetation am Waldrand als Nistplatz. Die 3–5 Eier werden von beiden Vögeln bebrütet.

Kookaburra / Lachender Hans

Dacelo novaeguineae

Verbreitung: Australien; eingeführt in Tasmanien
Habitat: trockene Waldränder, Savanne, jede Art von offenem Gelände mit Baumbestand
Länge: 46 cm

Der Kookaburra oder Lachende Hans ist der größte Eisvogel. Er ist wegen seines lauten Rufes bekannt, der dem Lachen eines Menschen ähnelt; sobald einer dieser Vögel zu rufen beginnt, stimmen alle Nachbarn mit ein, vor allem in der Morgen- und Abenddämmerung. Der Kookaburra frißt nahezu alles – große Insekten, Krabben, kleine Reptilien, Säugetiere und Vögel. Er nützt dem Menschen, da er Nagetiere und andere Schädlinge fängt. Unverdauliche Reste wie Haare und Knochen würgt er wieder aus. Da man den Kookaburra für nützlich hält, hat man ihn in verschiedenen Teilen Australiens ausgesetzt.

Dieser Jägerliest (Gattung Dacelo) nistet in Baumhöhlen, manchmal in Nestern von Baumtermiten, Höhlen in Flußufern oder sogar auf Gebäuden. Das Weibchen legt 3–4 Eier. Das Männchen hilft beim Brüten.

Zwergkönigsfischer

Ispidina picta

Verbreitung: Afrika südl. der Sahara bis Sambia
Habitat: Buschvegetation, bewaldete Gebiete
Länge: 12 cm

Dieser sehr kleine Eisvogel hat die merkwürdige Angewohnheit, von einem Sitzplatz aus ins Gras hinabzustoßen, so wie andere Eisvögel sich ins Wasser hinabfallen lassen. Seine Nahrung besteht aus Heuschrecken, Raupen, Käfern und anderen Insekten einschließlich einiger Eidechsen. Er fängt sie in der Luft oder auf dem Boden. Das Nest des Zwergkönigsfischers befindet sich am Ende eines geraden Ganges im Steilufer eines Flusses oder in einem Termitenhügel oder Ameisenhaufen. Die 3–5 Eier werden in ca. 18 Tagen von beiden Eltern im „Schichtdienst“ ausgebrütet.

Gürtelfischer

Ceryle alcyon (Streptoceryle a.)

Verbreitung: von Alaska, Kanada, USA südl. bis Mexiko und Panama; Antillen
Habitat: Süßwasser, Küsten
Länge: 28–35 cm

Dies ist der einzige amerikanische Eisvogel, der nördlich von Texas und Arizona vorkommt. Dort ist er allgemein verbreitet und an Gewässern jeder Art zu finden. Die beiden Geschlechter ähneln einander, doch ziert die Brust des Weibchens ein kastanienbraunes Band, das beim Männchen fehlt. Außerhalb der Brutzeit hat jeder Vogel sein eigenes Territorium, in dem er immer den gleichen Ausguck am Wasser aufsucht. Er ernährt sich von kleinen Fischen, Krabben, Flußkrebsen, Kaulquappen, Fröschen, Eidechsen und kleinen Mengen von Insekten. Bevor der Gürtelfischer ins Wasser taucht, rüttelt er meist kurz.

Das Pärchen gräbt mit Schnäbeln und Beinen einen Nistgang von 1–2,5 m Länge ins Flußufer. Am Ende des Ganges wird die Nistkammer angelegt. Das Ausbrüten der 5–8 Eier dauert ca. 23 Tage.

Eisvogel
Kookaburra
Paradiesliest
Grünkopfliest
Gürtelfischer ♂
Froschschnabel
Zwergkönigsfischer

Sägeracken, Bienenfresser und Verwandte

FAMILIE MOMOTIDAE: Sägeracken
Sägeracken sind prachtvoll gefärbte Vögel mit dekorativen verlängerten Schwanzfedern. Die 9 Arten der Familie leben in den Urwäldern von Mexiko bis Nordostargentinien. Ihre Schnäbel sind leicht nach unten gebogen und an den Rändern gezackt, was ihnen bei der Jagd in dichter Vegetation sehr zugute kommt. Beide Geschlechter sehen ähnlich oder völlig gleich aus.

Motmot

Momotus momota
Verbreitung: Mexiko, Mittelamerika, Südamerika bis Nordwestargentinien; Trinidad und Tobago
Habitat: Regenwald, Plantagen
Länge: 38–41 cm

Die langen mittleren Schwanzfedern des Motmots enden in einer Art Wimpel. Die Schäfte der Federn sind zwar zunächst vollständig befiedert, doch sitzen die Fahnen kurz über der Federspitze ziemlich locker, so daß die Federäste im Endbereich leicht abfallen, wenn der Vogel sich putzt oder an Pflanzen vorbeistreift, bis schließlich nur noch ein ovaler Wimpel am Ende der Schwanzfedern übrigbleibt. Der Motmot späht auf einem Ausguck sitzend nach Beute (Insekten, Spinnen oder Eidechsen) und schwenkt dabei seinen Schwanz wie ein Pendel hin und her. Sobald er ein Opfer entdeckt hat, schießt der Vogel darauf zu und kehrt mit der Beute zurück, um sie auf seinem Sitz zu verspeisen, nachdem er sie zuvor kurz gegen einen Zweig geschlagen hat.

Motmots nisten in einem vom Paar gemeinschaftlich gegrabenen Loch im Ufer oder in der Seitenwand einer von Säugetieren bewohnten Höhle. Der Nistgang kann bis zu 4 m tief sein und sich in mehreren scharfen Kurven winden. An seinem Ende befindet sich eine vergrößerte Nistkammer, in der das Weibchen seine 3 Eier gewöhnlich auf den Boden legt.

FAMILIE MEROPIDAE: Bienenfresser oder Spinte
Die 24 Arten der Bienenfresser sind hell gefärbte Vögel mit einem stromlinienförmigen Körper, langen Flügeln und schwachen Beinen. Sie kommen in den tropischen und den gemäßigt warmen Zonen der Alten Welt vor. Wie ihr Name andeutet, ernähren sie sich hauptsächlich von Insekten wie Bienen und Wespen, die sie mit ihren langen, nach unten gebogenen Schnäbeln in der Luft fangen.

Die Bienenfresser suchen ihre Nahrung meist gemeinsam und nisten auch in Gruppen. Eine Brutkolonie kann aus Hunderten von Paaren bestehen. Die beiden Geschlechter ähneln einander. Viele Arten sind Zugvögel.

Bienenfresser

Merops apiaster
Verbreitung: brütet in Europa, UdSSR, Nordafrika, Südwestasien; überwintert im tropischen Afrika und im Mittleren Osten
Habitat: offenes Gelände, bewaldete Gebiete
Länge: 28 cm

Der Bienenfresser wirkt für einen europäischen Vogel sehr exotisch. Er fängt seine Beute in einem schnellen Fangflug von einem Ausguck aus. Die Opfer sind Bienen und Wespen, die der Vogel vor dem Verzehr an einem Zweig oder am Boden zerdrückt – wahrscheinlich, um den Stachel der Beutetiere zu zerstören.

Bienenfresser nisten in Kolonien in steilen Uferböschungen. Jedes Paar gräbt einen 1–3 m langen Gang, und das Weibchen legt 4–7 Eier an das Ende des Ganges. Die Eier werden während der 20tägigen Brutzeit auch vom Männchen bebrütet. Beide Eltern füttern die ausgeschlüpften Jungen und ziehen sie gemeinsam auf.

FAMILIE TODIDAE: Todis
Die 5 Arten der Todis leben auf den Antillen; in Aussehen und Größe sind sie nur schwer voneinander zu unterscheiden. Ihr Gefieder ist überwiegend grün und rot. Auch die beiden Geschlechter ähneln einander sehr. Todis sind Insektenfresser, die ihre Beute nach Fliegenschnäpperart in der Luft fangen.

Jamaika-Todi / Grün-Todi

Todus todus (T. viridis)
Verbreitung: Jamaica
Habitat: bewaldete Hügel und Berge
Länge: 10–11 cm

Der Jamaika-Todi ist ein typischer Vertreter seiner Familie; er hat einen kleinen, gedrungenen Körper und einen ziemlich großen Kopf mit einem langen, spitzen Schnabel. Er jagt in Bodennähe und fängt fliegende Insekten, manchmal auch junge Eidechsen.

Todis leben alleine oder in Paaren und sind stark an ein Territorium gebunden. Sie nisten in Höhlen, die sie mit dem Schnabel graben – gewöhnlich in eine Uferböschung. Der Nistgang ist ca. 30 cm lang und hat einen sehr engen Zugang, so daß sich die Vögel selbst nur mit Mühe hineinwinden können, doch verbreitert er sich am Ende zu einer Nistkammer. In das mit Moos und ähnlichem ausgekleidete Nest legt das Weibchen 3–4 kleine Eier. Männchen und Weibchen brüten abwechselnd und ziehen die Jungen gemeinsam auf.

FAMILIE CORACIIDAE: Racken
Die meisten der 11 Rackenarten leben in Afrika, ein paar jedoch auch in den gemäßigt warmen und tropischen Gebieten der Alten Welt von Europa bis Australien. Es sind leuchtend gefärbte, gedrungene Vögel mit großem Kopf, einem langen, abwärts gebogenen Schnabel und langen Flügeln. Sie hüpfen und laufen fast nie, sondern bewegen sich fliegend fort. Bei ihren Balzflügen vollbringen sie akrobatische Kunststücke. Beide Geschlechter sehen gleich aus.

Blauracke

Coracias garrulus
Verbreitung: brütet in Europa, Nordafrika, Südwestasien; überwintert in Ost- und Südafrika und im Mittleren Osten
Habitat: bewaldete Gebiete, offenes Gelände
Länge: 30 cm

Die Blauracke ist ein kräftiger, in Gemeinschaft lebender Vogel, der gerne auf Telefondrähten usw. sitzt und von dort nach Beute Ausschau hält. Nach Fliegenschnäpperart schießt sie auf ihre Opfer – Insekten, Eidechsen, Frösche und Vögel – herab. Gelegentlich frißt sie auch Früchte.

Beim Balzflug läßt sich das Männchen hoch aus der Luft fallen und trudelt Purzelbäume schlagend in die Tiefe. Das Nest wird in einer Baumhöhle gebaut, doch in Gegenden mit spärlichem Baumbestand brütet die Blauracke auch in Uferböschungen, Mauern oder sogar in Ruinen. Manchmal übernimmt sie auch alte Nester anderer Vögel, und gelegentlich benutzt sie Nistkästen. Die 4–7 Jungen schlüpfen nach ca. 18 Tagen aus. Beide Eltern brüten und versorgen die Jungen auch dann noch, wenn diese nach ca. 27 Tagen flügge sind.

FAMILIE LEPTOSOMATIDAE: Kurols
Das einzige Mitglied dieser Familie ist mit den Racken und Erdracken verwandt. Beim Kurol sind Männchen und Weibchen unterschiedlich gefärbt.

Kurol

Leptosomus discolor
Verbreitung: Madagaskar, Komoren
Habitat: Wald, Savanne
Länge: 41–46 cm

Der Kurol ist ein lauter Vogel, der in Bäumen lebt. Er ernährt sich von Insekten, vor allem von haarigen Raupen sowie von Käfern und Heuschrecken, aber auch von Echsen (insbesondere von Chamäleons). Der Kurol hat sehr schwache, kurze Beine, ist jedoch ein guter Flieger. Er vollführt in den Baumwipfeln atemberaubende Flugkunststücke. Das Weibchen ist etwas größer und weniger bunt gefärbt; es ist schwarz gezeichnet und hat rotbraune Federn. Der Kurol ist auch mit den Kuckucken verwandt und besitzt einige Puderdaunenfedern. Er nistet in Baumhöhlen, möglicherweise in Uferböschungen und legt 3 Eier in eine Nistkammer.

FAMILIE BRACHYPTERACIIDAE: Erdracken
Die 5 Arten der Erdracken leben auf Madagaskar. Manchmal werden sie als Unterfamilie der Racken angesehen, jedoch leben sie mehr auf dem Boden als diese.

Binden-Erdracke

Brachypteracias leptosomus
Verbreitung: Ostmadagaskar
Habitat: dichter Wald bis 1800 m Höhe
Länge: 26–32 cm

Wie die anderen Mitglieder ihrer Familie ist diese Erdracke ein gedrungener Vogel mit kurzen Flügeln, kurzen, aber kräftigen Beinen und einem starken, leicht nach unten gebogenen Schnabel. Sie lebt auf dem Waldboden und frißt Insekten und Reptilien. Die Erdracke fliegt nur in die Bäume hinauf, wenn sie aufgeschreckt wird. Sie ist scheu, hauptsächlich in der Dämmerung aktiv und brütet vermutlich in Höhlen.

Jamaika-Todi
Bienenfresser
Motmot
Kurol ♂
Binden-Erdracke
Blauracke

Hopfe, Baumhopfe, Nashornvögel

FAMILIE UPUPIDAE: Hopfe
Der Wiedehopf ist der einzige Vertreter seiner Familie. Die beiden Geschlechter ähneln einander, doch ist das Weibchen manchmal kleiner und matter gefärbt.

Wiedehopf
Upupa epops

Verbreitung: Europa (außer Skandinavien, Niederlande, Großbritannien), Nordafrika, Zentral- und Südasien; überwintert im tropischen Afrika und in Südasien
Habitat: offenes Gelände mit Baumwuchs, Waldränder, Parks, Gärten, Obsthaine
Länge: 28 cm

Der Wiedehopf ist ein auffälliger, ungewöhnlicher Vogel mit rötlichem bis zimtbraunem Gefieder, schwarzgestreiften Flügeln, einem schwarzen Schwanz mit einem weißen Band und einer großen Haube, die er in erregtem Zustand aufrichtet. Mit seinen starken Beinen kann er schnell laufen, wenn er Jagd auf Würmer und Insekten und andere wirbellose Tiere macht. Er sucht nach Nahrung, indem er mit dem gebogenen, schlanken Schnabel in der Erde herumstochert. Der Wiedehopf ist hauptsächlich ein Bodenvogel, aber er sitzt und ruht in Bäumen und kann nur langsam, wenn auch recht geschickt fliegen. Im Flug ist die auffällige schwarzweiße Flügelzeichnung deutlich erkennbar. Manchmal jagt er in der Luft nach Insekten. Der lateinische Name leitet sich von seinem dunkel klingenden Ruf „upupup" her.

Das Weibchen legt 5–8, manchmal sogar 12 Eier in ein Loch in einem Baum, einer Uferböschung oder im Gemäuer eines Gebäudes. Das Männchen füttert das Weibchen, während dieses 16–19 Tage lang auf dem Gelege sitzt. Die jungen Vögel sondern ein übelriechendes Moschusöl ab, mit dem sie sich gegen Nesträuber verteidigen; dies hat dem Vogel den Spitznamen „Stinkhahn" eingetragen. Da der Wiedehopf gerne in den Fäkalien von Vieh nach Insekten sucht, wird er auch „Schmutzhahn" genannt.

FAMILIE PHOENICULIDAE: Baumhopfe
Bewaldete Savannen, Wälder und Waldränder in Mittel- und Südafrika sind die Wohngebiete der 8 Baumhopfarten. Die beiden Geschlechter ähneln einander, nur ist das Weibchen oft kleiner und manchmal brauner gefärbt als das Männchen.

Baumhopf
Phoeniculus purpureus

Verbreitung: Afrika südl. der Sahara
Habitat: Waldgebiete, oft in der Nähe von Flüssen
Länge: 38 cm

Der schlanke Baumhopf hat glänzende dunkelgrüne und blaupurpurne Federn. Der lange, abgestufte Schwanz ist tief purpurn gefärbt, und der auffällige rote Schnabel ist lang und nach unten gebogen. Die beiden Geschlechtern sehen gleich aus, aber junge Vögel unterscheiden sich durch bräunliche Nacken- und Brustfedern und einen schwarzen Schnabel. Dies ist ein lauter, geselliger Vogel, der in Gruppen von Baum zu Baum fliegt und nach Insekten wie Ameisen und Termiten sucht; dabei stößt er rauhe, gackernde Rufe aus.

Das Weibchen legt 3–5 Eier in eine Baumhöhle oder benutzt auch manchmal die verlassene Nisthöhle eines Spechts oder eines Bartvogels. Um Räuber abzuschrecken, zischen die jungen Vögel und wiegen ihren Kopf wie eine Schlange. Außerdem produzieren sie einen ekelerregenden Geruch. Das Weibchen brütet alleine, doch das Männchen hilft bei der Aufzucht der Jungen.

FAMILIE BUCEROTIDAE: Nashornvögel
Die 44 Arten dieser Familie leben in Afrika südlich der Sahara und im tropischen Asien südlich bis nach Indonesien. Die meisten Arten sind braun oder schwarzweiß und auf den ersten Blick an ihrem riesigen hornförmigen Schnabelaufsatz zu erkennen. Der Schnabel wirkt dadurch besonders schwer, besteht jedoch tatsächlich aus einem leichten wabenartigen Knochengewebe, das von einer Hornschale umgeben ist. Einige Arten suchen ihre Nahrung auf dem Boden, doch die meisten leben in Wäldern und Savannen und suchen ihre Nahrung in den Bäumen. Sie sind überwiegend Allesfresser und ernähren sich von Früchten, Insekten, Eidechsen, Fröschen und kleinen Säugetieren. Der große Schnabel fungiert beim Sammeln von Feigen und anderen schwer erreichbaren Früchten wie eine Art verlängerter Arm. Bei einigen Arten sehen die Männchen und die Weibchen gleich aus.

Die Nashornvögel sind vermutlich am bekanntesten wegen ihres ungewöhnlichen Brutverhaltens. Sobald das Weibchen seine Eier in ein geeignetes Nestloch gelegt hat, wird der Eingang mit Schlamm aufgefüllt, bis nur noch eine schmale, spaltenförmige Öffnung bleibt. Entweder verschließt das Männchen den Eingang, oder das Weibchen mauert sich selbst ein – im letzteren Fall reicht das Männchen das Baumaterial an. Während der gesamten Brutzeit und einige Wochen nach dem Ausschlüpfen bleibt das Weibchen im Nest und ist völlig abhängig von seinem Partner, der die Nahrung heranbringt; dies ist ein ausgezeichneter Schutz vor Feinden. Das Männchen reicht die Nahrung durch den Spalt ins Innere der Höhle.

Während der Gefangenschaft mausert sich das Weibchen, doch wenn das Männchen die hungrigen Mäuler der Jungen nicht mehr alleine füllen kann, sind die Federn des Weibchens schon wieder nachgewachsen. Dann hackt es sich mit dem Schnabel einen Weg nach draußen, und die Jungen dichten das Loch anschließend wieder ab. Nahrungsreste und Fäkalien werfen sie durch den Spalt hinaus.

Rotschnabeltoko
Tockus erythrorhynchus

Verbreitung: West-, Ost- und Südostafrika
Habitat: Buschvegetation, offene Waldgebiete
Länge: 46 cm

Der Schnabel des Rotschnabeltokos ist grell gefärbt, doch ist der Aufsatz bei ihm nur minimal. Das Federkleid des Vogels ist grau und braunschwarz, die Flügel sind hell gefleckt, und die beiden Geschlechter sehen gleich aus. Beim Weibchen ist die Basis des Unterschnabels nicht immer schwarz. Gewöhlich suchen die Tokos ihre Nahrung zu zweit oder in Familiengruppen auf dem Boden und in Bäumen; sie ernähren sich von Insekten wie Heuschrecken und Käfern, aber auch von Früchten.

Das Weibchen legt seine 3–6 Eier in eine Baumhöhle, die es nach Art der Nashörnvögel zumauert.

Süd-Hornrabe
Bucorvus cafer (B. leadbeateri)

Verbreitung: Afrika: von Tanganjikasee südl. bis Südafrika (Kapprovinz)
Habitat: offenes Gelände
Länge: 107 cm

Der Süd-Hornrabe und der engverwandte Nördliche Hornrabe (*B. abyssinicus*) sind die größten afrikanischen Nashörnvögel. Beide Arten leben überwiegend auf dem Boden, sind so groß wie Truthähne und suchen in Paaren oder Familiengruppen gemeinsam nach Insekten, kleinen Reptilien und anderen Tieren.

Die 1–3 Eier legen sie in eine mit Blättern ausgekleidete Baumhöhle oder in einem Baumstumpf. Das Weibchen wird bei dieser Art nicht „eingemauert", sondern kann frei kommen und gehen. Wenn es nicht auf dem Nest sitzt, bedeckt es die Eier mit Blättern.

Schildhornvogel
Rhinoplax vigil

Verbreitung: Malayische Halbinsel, Sumatra, Borneo
Habitat: Urwald
Länge: 1,2 m Ⓤ

Die stark verlängerten mittleren Schwanzfedern des Schildhornvogels können bis zu 1 m lang werden. Das Weibchen ist etwas kleiner als das Männchen. Ungewöhnlich an diesem Vogel ist, daß sein Schnabel massiv ist im Gegensatz zu den leichten Schnäbeln der anderen Arten. Der Hornaufsatz besteht aus reinem Elfenbein, weshalb sein Schädel schwerer ist als der jedes anderen Vogels. Dies würde Probleme beim Fliegen erzeugen, würden die mittleren Schwanzfedern nicht ein Gegengewicht schaffen. Leider sind Schnabel und Schwanzfedern dieser Vögel sehr begehrt, deshalb wurde der Vogel lange Zeit gejagt.

Der Schildhornvogel frißt Früchte, Eidechsen, Vögel und Eier. Vermutlich entspricht sein Brutverhalten dem der anderen Nashornvögel.

Doppelhornvogel
Buceros bicornis

Verbreitung: Indien, Südostasien, Sumatra
Habitat: Urwald
Länge: 1,2–1,5 m

Trotz seiner Größe wirkt der Doppelhornvogel durch seinen riesigen Schnabel und Hornaufsatz ziemlich kopflastig. Das Weibchen ist wesentlich kleiner – vor allem aber sein Schnabel und dessen Aufsatz – , und es hat weiße Augen statt der roten des Männchens; ansonsten gibt es keine sichtbaren Unterschiede zwischen den beiden Geschlechtern. Dieser Nashornvogel sitzt oft in Bäumen und frißt Früchte, vor allem Feigen, außerdem auch Insekten, Reptilien und andere kleine Wirbeltiere.

Das Weibchen legt 1–3 Eier in eine ungepolsterte Baumhöhle und mauert sich mit Fäkalien ein. Die Brutzeit beträgt etwa 1 Monat.

Wiedehopf
Baumhopf
Rotschnabeltoko
Schildhornvogel
Doppelhornvogel
Süd-Hornrabe

Glanzvögel, Faulvögel, Bartvögel, Honiganzeiger

ORDNUNG PICIFORMES: Spechtvögel
Diese Ordnung umfaßt 6 Familien: die Glanzvögel, die Faulvögel, die Honiganzeiger, die Spechte, die Tukane und die Bartvögel. Die meisten Arten leben in Bäumen und verfügen über Kletterfüße (2 Zehen weisen nach vorne, 2 nach hinten), was sich beim Klettern auf senkrechten Baumstämmen als sehr nützlich erweist.

FAMILIE GALBULIDAE: Glanzvögel
Die 17 Arten dieser Familie sind schlanke Vögel mit langen Schnäbeln, die im Aussehen und in ihrer Jagdmethode (sie fangen Insekten im Flug) eine gewisse Ähnlichkeit mit den Bienenfressern haben. Die Männchen sind gewöhnlich hell gefärbt – sie haben glänzende oder schillernde Federn –, die Weibchen etwas matter. Glanzvögel nisten in Röhren, die sie in den Boden graben. Ihr Verbreitungsgebiet erstreckt sich von Mexiko bis Brasilien.

Rotschwanzjakamar

Galbula ruficauda

Verbreitung: Mexiko, Mittelamerika, tropisches Südamerika bis Brasilien; Trinidad und Tobago
Habitat: durch Rodung entstandene Waldlichtungen; Sekundärwälder, Buschvegetation in Waldgebieten
Länge: 23–28 cm

Dieser Glanzvogel ist ein schön gefärbter Vogel mit einer schillernden Oberseite. Das Weibchen hat eine gelblichbraune Kehle, die Jungen sind insgesamt matter gefärbt. Der Rotschwanzjakamar hält von einem Zweig Ausschau nach vorüberfliegenden Insekten, die er in schnellem, gewandtem Flug verfolgt und aus der Luft fängt. Anschließend kehrt er auf seinen Sitz zurück und verzehrt die Beute dort; große Insekten tötet der Vogel, indem er sie gegen einen Zweig schlägt; eventuelle harte, hornige Beine und Flügelschilde entfernt er vor dem Verzehr.

Rotschwanzjakamare graben Niströhren in den Boden, wobei die Weibchen die meiste Arbeit verrichten. Beide Vögel beteiligen sich am 19–23tägigen Brüten – das Weibchen brütet nachts, das Männchen tagsüber. Auch füttern beide die Jungen, bis diese nach 3 Wochen fliegen können.

FAMILIE BUCCONIDAE: Faulvögel
Die 34 Arten der Faulvögel sind eng mit den Glanzvögeln verwandt und fressen wie diese Insekten. Sie sind von Mexiko über Mittelamerika bis ins tropische Südamerika verbreitet. Faulvögel sind kräftiger und träger als die schnellen Glanzvögel, obwohl auch sie ihre Beute im Flug fangen. Die Geschlechter ähneln einander mehr oder weniger und haben gemessen an ihrer Größe einen ziemlich großen Kopf. Sie sind matt gefärbt.

Großer Fleckenfaulvogel

Notharchus macrorhynchos

Verbreitung: Mittel- und Südamerika bis Nordostargentinien
Habitat: lichte Wälder, Waldränder, Savannen mit Baumbestand
Länge: 25 cm

Wie die anderen Faulvögel sträubt auch der Große Fleckenfaulvogel sein Gefieder, wenn er auf Beute lauert, und wirkt dann ziemlich massig. Entdeckt er ein Insekt, dann fliegt er auf und fängt es im Flug mit seinem breiten Hakenschnabel. Auf den Boden kommt dieser Vogel nur zum Brüten.

Das Brutpaar gräbt einen Gang in den Boden und tarnt den Eingang mit Blättern und Zweigen. Das Weibchen legt 2–3 Eier in eine mit Blättern gepolsterte Kammer am Ende des Ganges. Beide Vögel brüten.

Schwarzstirn-Faulvogel

Monasa nigrifrons

Verbreitung: von Kolumbien östl. bis zu den Anden, südl. bis Bolivien und Brasilien
Habitat: Wald
Länge: 29 cm

Schwarzstirn-Faulvögel haben schwarze oder schwarzweiße Federn, daher ihr Name. Sie sind geselliger als andere Faulvögel und versammeln sich oft in Gruppen; im übrigen stimmen ihre Gewohnheiten mit denen der anderen Arten überein. Sie sitzen auf einem Zweig, halten Ausschau nach Insekten, packen ihre Beute im Flug und kehren damit zu ihrem Ausguck zurück.

Brutpaare graben eine Röhre, in der sie brüten. Das Weibchen des Schwarzstirn-Faulvogels legt vermutlich 2–3 Eier. Auch die übrigen 3 Faulvogelarten graben Niströhren.

FAMILIE CAPITONIDAE: Bartvögel
Die 81 Arten der Bartvögel sind ziemlich dicke, meist hellgefärbte kleine Vögel. Sie haben einen großen Kopf, und ihr Schnabel ist von einem Haarbüschel umrahmt, dem sie ihren Namen verdanken. Sie sind in den tropischen Zonen Amerikas und Asiens verbreitet, am stärksten jedoch in den tropischen Zonen Afrikas. Die meisten Arten sind einsiedlerische, in Bäumen lebende Vögel; sie ernähren sich von Insekten und Früchten. Meist sehen beide Geschlechter gleich aus.

Doppelzahn-Bartvogel

Lybius bidentatus

Verbreitung: Afrika: Südsudan, Äthiopien, südl. bis Uganda, Westkenia, Tansania
Habitat: lichter Wald, bewaldete Savannen, Kulturland
Länge: 23 cm

Der Doppelzahn-Bartvogel ist an der tiefroten Färbung an Kehle und Brust zu erkennen. Er frißt Früchte, vor allem Feigen und Bananen, die er auch aus Obstplantagen stiehlt. Wie alle Zahnbartvögel hat er einen schweren, gefurchten Schnabel, mit dem er ein Nistloch in einen toten Ast oder Baum hacken kann. Das Weibchen legt 3–4 Eier. Wie bei allen anderen Arten der Bartvögel beteiligen sich auch bei dieser beide Eltern am Brüten.

Kupferschmied / Goldbartvogel

Megalaima haemacephala

Verbreitung: Indien, Sri Lanka, Südostasien, Sumatra, Java, Bali, Philippinen
Habitat: Waldland, Gärten, städtische Gebiete
Länge: 15 cm

Dieser kleine, dicke Vogel ist an den leuchtendroten und gelben Flecken auf Kehle und Kopf und an seinem gestreiften Bauch zu erkennen. Der Name Kupferschmied ist von seinem Ruf abgeleitet, der den Schlägen eines Hammers auf einem Kessel ähnelt. Alleine, aber manchmal auch zu zweit oder in kleinen Gruppen jagt der Vogel Insekten in einem ungeschickten Flug; auch frißt er viele Früchte, vor allem Feigen, aber auch Bananen und Beeren.

Die Brutzeit dauert hier von Januar bis Juni. Der Kupferschmied hackt ein Nistloch in einen toten oder morschen Ast, den er leicht bearbeiten kann. Dabei läßt er sich kaum durch die Anwesenheit von Menschen stören. Beide Eltern brüten die 2–4 Eier gemeinsam aus und sorgen auch zusammen für die Küken.

FAMILIE INDICATORIDAE: Honiganzeiger
In Afrika, Asien und Indonesien leben 14 Arten von Honiganzeigern. Sie ernähren sich von Bienenwachs und Bienenlarven. Die Familie verdankt ihren Namen der Gewohnheit einiger Arten, Menschen und Säugetiere zu einem Bienennest zu führen, in der Hoffnung, daß diese das Nest aufbrechen. Diese Vögel können Wachs verdauen – eine äußerst ungewöhnliche Fähigkeit. Dazu befähigt sie eine in ihrem Verdauungstrakt lebende Bakterienart. Sie fressen auch andere Insekten, die sie manchmal aus der Luft fangen. Soweit bekannt ist, sind alle Honiganzeiger Brutschmarotzer; sie legen ihre Eier in die Nester der Bartvögel und Spechte. Bei den meisten Arten treten kleine Unterschiede zwischen Männchen und Weibchen auf.

Schwarzkehl-Honiganzeiger

Indicator indicator

Verbreitung: Afrika südl. der Sahara
Habitat: Waldränder, trockene Buschvegetation, Akazienwälder, Kulturland
Länge: 20 cm

Innerhalb der Familie der Honiganzeiger ist der Schwarzkehl-Honiganzeiger eine der drei Arten, die andere Tiere tatsächlich zu Bienenstöcken führen. Auch der Schuppenhoniganzeiger (*I. variegatus*) tut dies, ebenso vermutlich der Malaiische Honiganzeiger (*I. archipelagicus*). Durch lautes Gezwitscher lenkt der Vogel die Aufmerksamkeit des Menschen oder eines hongifressenden Säugetiers wie des Honigdachses auf sich und führt ihn, von Baum zu Baum fliegend, zu einem Bienenstock. Der Honiganzeiger braucht die Hilfe anderer Tiere, um die Behausungen der Bienen aufzubrechen. Nachdem dies geschehen ist, frißt er die Honigreste, den Wachs und die Larven auf. Da seine Haut besonders dick ist, ist er vor Bienenstichen geschützt. Wie alle Mitglieder der Familie frißt der Schwarzkehl-Honiganzeiger auch andere Insekten.

Honiganzeiger legen ihre Eier in die Nester von Bienenfressern, Glanzstaren, Spechten und Bartvögeln. Der junge Honiganzeiger wird von seinen Pflegeeltern aufgezogen, nachdem er deren eigenen Nachwuchs aus dem Nest geworfen hat.

Rotschwanzjakamar
Doppelzahn-Bartvogel
Kupferschmied
Schwarzstirn-Faulvogel
Schwarzkehl-Honiganzeiger
Großer Fleckenfaulvogel

Tukane

FAMILIE RAMPHASTIDAE: Tukane

Die Tukane und Arassaris zählen zu den merkwürdigsten Vögeln der Welt. Alle 37 Arten leben in den Baumwipfeln der dichten Regenwälder des Amazonasgebietes und der angrenzenden bewaldeten Gebiete Südamerikas. Tukane sind mittelgroße Vögel (30–61 cm) mit riesigen, leuchtend gefärbten Schnäbeln, die fast halb so lang sind wie ihr gesamter übriger Körper. Diese Schnäbel bestehen aus einem wabenartigen Gewebe knöcherner Zellen; deshalb sind sie sehr leicht und trotzdem robust. Die bunte Färbung variiert nicht nur je nach Art, sondern auch innerhalb einer Art. Das Gefieder ist gewöhnlich dunkel, oft schwarz mit stark kontrastierenden Flecken auf Kopf und Nacken, die die Färbung des Schnabels noch unterstreichen. Da die Flügel der Tukane kurz und stumpf sind, können diese nur mäßig fliegen. Sie haben starke Beine mit Krallen, mit denen sie sich an Zweigen festklammern können, wobei sie 2 Zehen vorwärts und 2 rückwärts richten. Bei den meisten Arten sind Männchen und Weibchen farblich gleich.

Welche Funktion der imposante Schnabel des Tukans genau hat, ist nicht klar. Möglicherweise dient er bei der Balz als Blickfang oder als Waffe bei der Verteidigung des Territoriums. Es wird auch vermutet, daß der Schnabel es dem Vogel ermöglicht, an Nahrung zu kommen, die für ihn andernfalls unerreichbar wäre. Dem müßte man allerdings entgegenhalten, daß es viele Vögel gibt, die auch ohne einen solchen Schnabel gut zurechtkommen. Möglich wäre auch, daß der Tukan andere Vögel mit seinem Schnabel einschüchtert, wenn er ihre Jungen aus dem Nest stiehlt. Tukane fressen alle möglichen Früchte und große, in Bäumen lebende Insekten, doch manchmal auch größere Beutetiere sowie Nestlinge, Eier und Eidechsen. Der Tukan packt seine Beute mit der Schnabelspitze und wirft den Kopf zurück, um das Opfer mit Hilfe seiner langen, schmalen und am Ende federförmigen Zunge in sein Maul zu befördern.

Tukane nisten in natürlichen Baumhöhlen oder in verlassenen Spechthöhlen. Einige Arten polstern das Nest mit Blättern aus, andere bedecken den Nestboden mit einer Schicht ausgewürgter Obstkerne. Die 2–4 Eier eines Geleges werden von beiden Eltern ausgebrütet. Tukane können ihren langen Schwanz über den Rücken legen, um sich dem begrenzten Raum der Nisthöhle anzupassen. Die Jungen kriechen nackt und blind aus dem Ei und wachsen nur langsam heran: Nach 3 Wochen öffnen sie die Augen, und es dauert ungefähr 6 Wochen, bis sie ein vollständiges Gefieder haben. Sie haben dicke Hornschwielen an ihren Fersen, auf denen sie sitzen, was ihnen möglicherweise Schutz vor dem harten Nestboden bietet. Bis das Gefieder gewachsen ist, werden jungen Vögel von ihren Eltern versorgt und gefüttert.

Laucharassari

Aulacorhynchus prasinus

Verbreitung: von Südmexiko und Nicaragua bis Venezuela, Kolumbien, Ecuador und Peru
Habitat: feuchte Bergwälder, offenes Gelände mit Baumbestand
Länge: 35 cm

Der scheue Laucharassari lebt in Höhen zwischen 1800 und 3000 m. Diese Vögel sitzen unauffällig zwischen dem Blätterwerk oder fliegen in Paaren oder kleinen Gruppen über kurze Entfernungen, um Nahrung zu suchen, wobei sie sich durch lautes Rufen verständigen. Der Laucharassari ernährt sich recht abwechslungsreich: von Insekten, kleinen Reptilien und Amphibien, von den Eiern und Jungen anderer Vogelarten und oft auch von Früchten und Beeren. Mit seinen bunten, grünen Federn und dem kräftigen gelbschwarzen Schnabel ist er ein auffälliger und unverwechselbarer Vogel.

Er nistet in einer Baumhöhle, oft in einer verlassenen Spechthöhle; es ist sogar bekannt, daß Arassaris Spechte manchmal so lange belästigen, bis diese ihr Nest aufgeben. Seine 3–4 Eier brütet das Arassaripärchen gemeinsam aus, und beide Eltern bringen den Jungen später auch Futter, vor allem Früchte. Wie alle Tukane werden die Jungen nackt geboren und haben erst nach 2 Wochen ihre ersten Federn. Der Schnabel wächst wesentlich schneller als der Körper; deshalb hat der junge Arassari einen ausgewachsenen, 7,5 cm langen Schnabel, wenn sein Körper noch nicht halb so groß wie der eines erwachsenen Vogels ist.

Goldbrusttukan

Baillonius bailloni

Verbreitung: Südostbrasilien
Habitat: Wald
Länge: 35 cm

Der Goldbrusttukan hat feine, goldfarbene Federn, die auf Brust und Wangen besonders schön sind. Wie alle Tukane hat er einen gezähnten Schnabel. Das Weibchen ist meist etwas kleiner und weniger leuchtend gefärbt. Dies ist ein scheuer, anmutiger Vogel, der in kleinen Gruppen lebt und vor allem Beeren frißt, die er hoch in den Baumwipfeln sucht.

Leistenschnabel-Tukan

Andigena laminirostris

Verbreitung: Anden in Kolumbien, Westecuador
Habitat: Wald
Länge: 43 cm

Diese Art lebt in Höhen von 1000–3000 m. Der Schnabel ist ca. 10 cm lang und sehr ungewöhnlich geformt: Zu beiden Seiten des Oberschnabels wächst eine gelbe, hornige Platte aus der Schnabelwurzel, deren Funktion nicht bekannt ist, da man bis heute über die Lebensweise dieses Tukans nur wenig herausgefunden hat.

Goldohr-Arassari

Selenidera maculirostris

Verbreitung: tropisches Brasilien südl. des Amazonas bis Nordostargentinien
Habitat: Tiefland-Regenwälder
Länge: 33 cm

Dieser seltene Arassari hat ein gelbes oder oranges Federbüschel hinter den Ohren, eine Erscheinung, die sich auf die Kurzschnabeltukane der Gattung *Selenidera* beschränkt und wahrscheinlich bei der Balz eine Rolle spielt. Der Schnabel des Männchens ist blaugrün mit einer gelben Spitze; auf dem Oberschnabel befinden sich schwarze Flecken. Der Schnabel des Weibchens ist weniger kontraststark gezeichnet. Die Art ernährt sich von Beeren und großen Früchten, die sie vollständig herunterschluckt; Haut und Kerne würgen die Vögel anschließend aus. Alle Tukanarten beteiligen sich auf diese Weise an der Verbreitung der Samen einer Anzahl fruchttragender Pflanzen.

Wenn die Jungen ausgeschlüpft sind, besuchen Gruppen von Goldohr-Arassaris oft Zitronenplantagen, um dort Termiten und andere kleine Insekten zu suchen, die sie ihren Jungen bringen.

Riesentukan

Ramphastus toco

Verbreitung: Osten von Südamerika: von Guayana bis Argentinien
Habitat: Waldgebiete, Plantagen, Palmenhaine
Länge: 61 cm

Der Riesentukan ist ein weitverbreiteter Vogel und einer der größten Tukane. Er lebt in kleinen Gruppen und verläßt seine eigentlichen Lebensräume gerne, um Kokospalmen- und Zuckerrohrplantagen aufzusuchen. Der goldgelbe Schnabel dieses Vogels ist 19 cm lang. Er ernährt sich von einer großen Anzahl verschiedener Früchte, vor allem aber von Paprikaschoten. Der Riesentukan ist ganz und gar nicht scheu und dringt auch in Häuser ein; dort stiehlt er Eßbares und Leckerbissen und ärgert die Haustiere. Auch untereinander treiben diese Vögel gerne „Späße".

Plättchentukan

Pteroglossus beauharnaesii

Verbreitung: Amazonasgebiet von Peru, Westbrasilien, Nordbolivien
Habitat: Wald
Länge: 35 cm

Gewöhnlich sind Plättchentukane nervöse und scheue Vögel, aber sie können auch bösartig und aggressiv sein. Das Kopfgefieder dieser Art unterscheidet sich von dem aller anderen Tukanarten. Außerdem hat der Plättchentukan glänzende, schuppenähnliche Locken, und die strohgelben Federn auf Kehle und Wangen haben ebenfalls schuppenartige schwarze Spitzen. Wie bei den anderen Tukanarten ist der Schnabelrand des Plättchentukans tief gefurcht.

Kleine Gruppen von 5–6 Vögeln dieser Art ruhen gemeinsam in verlassenen Specht- oder Baumhöhlen, wo sie den Schwanz über den Rücken biegen, um in den engen Raum hineinzupassen.

Leistenschnabel-Tukan
Plättchentukan
Goldohr-Arassari
Laucharassari
Riesentukan
Goldbrusttukan

Spechte 1

FAMILIE PICIDAE: Spechte
Zu den bekanntesten Baumvögeln gehören zweifellos die Spechte und ihre engen Verwandten, die Wendehälse und Zwergspechte. Die 206–208 Arten dieser Familie sind fast auf der ganzen Welt verbreitet; sie fehlen nur auf Madagaskar und Neuguinea, in Australien, Melanesien und auf den meisten anderen Ozeaninseln. Bei vielen Arten treten geringfügige Unterschiede zwischen den Geschlechtern auf.

Spechte haben sich an das Klettern in Bäumen angepaßt; außerdem sind sie darauf spezialisiert, Insekten aus der Rinde und aus dem Holz zu holen und Löcher in Stämme zu hacken. Mit seinen scharfen Krallen klammert sich der Specht an der Rinde fest. Wie bei anderen Baumbewohnern weisen dabei 2 seiner Zehen nach vorne und 2 nach hinten, was ihm maximalen Halt verschafft. Der steife, angewinkelte Schwanz wird gegen den Baum gestämmt und gibt dem Vogel zusätzlichen Halt, wenn er mit hämmernden Bewegungen des starken und geraden Schnabels ein Loch in das Holz hackt. Einige Arten leben auf dem Boden.

Wendehals

Jynx torquilla
Verbreitung: Europa, Nordafrika, Nordasien; überwintert in Afrika und Südasien
Habitat: lichte Laubwälder, Kulturland mit Baumbestand
Länge: 16–20 cm

Der Wendehals, ein einsiedlerischer, unauffällig lebender Vogel, ist innerhalb der Familie der Spechte ein Außenseiter. Sein Schnabel ist kürzer und weniger stark als der der echten Spechte. Obwohl auch er sich an Baumstämmen festklammern kann, verfügt er nicht wie der Specht über einen steifen Schwanz, mit dem er sich abstützen könnte; auch sitzt er mehr auf Ästen als Spechte. Außerdem bohrt er keine Löcher, um Nahrung zu finden, sondern pickt mit Hilfe seiner langen, schnellen Zunge Ameisen und andere Insekten von Blättern oder von der Erde auf. Der Wendehals verdankt seinen Namen der Gewohnheit, bei der Nahrungssuche und bei der Balz seinen Kopf in ungewöhnliche Positionen zu drehen. Vermutlich versucht er mit dieser Haltung auch, seinen Feinden Respekt einzuflößen; er stößt nämlich gleichzeitig ein Zischen aus, das dem einer Schlange ähnelt. Seine Lebensweise und seine Tarnfarbe bewirken, daß der Vogel kaum auffällt.

Im Sommer brütet der Wendehals in Europa, Nordamerika und Mittelasien. Er zimmert sich keine eigene Nisthöhle, sondern bezieht die bereits existierende Höhle eines Spechts oder eines anderen Tiers in einem Baumstamm, einer Mauerspalte oder einer Uferböschung; gelegentlich benutzt der Wendehals auch Nistkästen. Das Weibchen legt 7–10 Eier und übernimmt den größten Teil des 13tägigen Brütens. Die Jungen fliegen nach 3 Wochen aus und werden bis zu diesem Zeitpunkt von ihren Eltern mit Insekten und Larven gefüttert. Nach der Brutzeit ziehen die nördlichen Populationen in den Süden, in die tropischen Regionen Asiens und Afrikas.

Buntspecht

Picoides major (Dendrocopos m.)
Verbreitung: Europa, Nordafrika, Asien
Habitat: Mischwald, bewaldete Gebiete, Baumgärten, Parks und Gärten
Länge: 23 cm

Der Buntspecht, Europas verbreitetste Spechtart, paßt sich leicht an die verschiedensten Waldbiotope sowie auch an Parks und Gärten an. Wenn der Buntspecht Bäume nach Nahrung (im Holz lebende Insekten und ihre Larven) absucht, dann erzeugt er das für ihn charakteristische hämmernde Geräusch; dieses Trommeln läßt er auch in der Balzzeit im Frühjahr statt eines Gesangs erschallen, nur tut er es dann lauter und länger. Am liebsten bearbeitet er bei dieser Gelegenheit einen trockenen Ast, der besser widerhallt als ein noch lebender; auch Nistkästen sind ideale und begehrte Resonanzkörper. Der Buntspecht ernährt sich außerdem von Nüssen, Samen und Beeren und hat die Angewohnheit, einen Tannenzapfen in einem Spalt zu verkeilen und dann die Samen mit dem Schnabel herauszumeißeln; solch ein Futterplatz wird „Spechtschmiede“ genannt. Auf dem Hinterkopf des Männchens befindet sich ein rotes Band, das dem Weibchen fehlt, während bei den Jungen der obere Teil des Kopfes völlig rot gefärbt ist. In Europa beginnt die Brutzeit Mitte Mai. Beide Vögel schlagen gemeinsam ein Loch in einen Baum, gewöhnlich mindestens 3 m über dem Boden. Das Nest wird mit Holzspänen ausgekleidet, und das Weibchen legt 3–8 Eier hinein und brütet sie mit Hilfe des Männchens in 16 Tagen aus. Beide Eltern sorgen für die Jungen und bringen ihnen Insekten. Der Buntspecht ist ein Standvogel, obwohl einige nördliche Populationen auf der Suche nach Nahrung auch in den Süden ziehen.

Elfenbeinspecht

Campephilus principalis
Verbreitung: Südosten der USA, Kuba
Habitat: Sümpfe, Wälder
Länge: 51 cm Ⓑ

Dieser größte nordamerikanische Specht ist an seiner spitzen Haube und dem langen, elfenbeinfarbenen Schnabel zu erkennen. Die Art ist ernstlich bedroht und kommt nur noch in wenigen Gegenden in den USA vor – möglicherweise ist sie bereits ausgestorben.

Der Elfenbeinspecht ernährt sich von Insektenlarven, insbesondere von Borkenkäfern, die zwischen der Rinde und dem Holz absterbender oder bereits toter Bäumen leben, und außerdem auch von einigen Früchten und Nüssen. Die Nisthöhle hackt das Brutpaar gemeinsam aus. Das Weibchen legt 1–3 Eier, die 20 Tage lang bebrütet werden; nachts brütet das Männchen. Beide Eltern füttern die Jungen.

Haubenzwergspecht

Picumnus cirrhatus
Verbreitung: Südamerika: von Guayana bis Nordargentinien
Habitat: Waldgebiete, Parks
Länge: 9 cm

Dieser kleine, emsige Specht klettert in den Bäumen umher, meist kopfunter. Raubtiere werden von seinem ziemlich penetranten Geruch abgeschreckt.

Sein Nest baut der Zwergspecht in einen Bambusstamm; um diesen auszuhöhlen, krallt er sich nach Spechtart am Bambus fest und hackt in Windeseile ein Loch hinein.

Olivmausspecht

Sasia ochracea
Verbreitung: vom Himalaya bis zu den Bergen Südostasiens und Südostchinas
Habitat: Waldgebiete, insbesondere Bambuswälder
Länge: 9 cm

Dieser kleine, gedrungene Zwergspecht mit seinem kurzen Schwanz ist ein eifriger, ruheloser Vogel, der gewöhnlich alleine oder in Paaren auftritt. Bei der Nahrungssuche kriecht er mit ruckartigen Bewegungen über die dünnen Zweige niedriger Bäume und Sträucher oder hüpft im Blatthumus des Waldbodens umher. Er ernährt sich vor allem von Ameisen und ihren Larven.

Das Nest besteht aus einem kleinen Loch von 2,5 cm Durchmesser, das diese Art in einen vermodernden, hohlen Bambusstamm oder in einen alten Baum meißelt. Das Weibchen legt 3–4 Eier.

Saftlecker

Sphyrapicus varius
Verbreitung: Zentralkanada, Osten der USA; überwintert in Mittelamerika und auf den Antillen
Habitat: Waldgebiete
Länge: 21 cm

Im Frühling zieht der Saftlecker aus seinem Überwinterungsgebiet in Mittelamerika und auf den Antillen in den Norden. Sobald er sein Brutgebiet erreicht hat, bohrt er Reihen von Löchern in die Baumrinde und kehrt später von Zeit zu Zeit zurück, um den herausquellenden Saft zu trinken und die Insekten, die von diesem Saft angezogen werden, aufzufressen. Die Zunge des Vogels ist mit Borsten besetzt; mit ihr sammelt er auch noch viele andere Insekten, die in den Bäumen und in ihrem Umkreis leben. Ein Brutpaar meißelt gemeinsam eine Nisthöhle, gewöhnlich in einen absterbenden Baum, doch das Männchen verrichtet dabei die meiste Arbeit. Es dauert 2–4 Wochen, bis die Höhle fertig ist. Die 5–7 Eier werden 12 Tage lang von beiden Eltern bebrütet.

Goldspecht / Flicker

Colaptes auratus
Verbreitung: von Alaska südl. bis Mexiko, Kuba, Große Cayman-Insel
Habitat: Waldgebiete, offenes Gelände
Länge: 25–35 cm

Der Goldspecht sammelt auf dem Boden Ameisen und andere Insekten. Auch frißt er Früchte und Beeren. Es gibt 2 Formen, die man heute als Unterarten der gleichen Art klassifiziert: Die östliche hat gelbe Flügelränder, die westliche rote.

Bei der Balz trommelt der Goldspecht mit dem Schnabel auf einem Baum oder einer metallenen Dachbedeckung. Auf diese Weise erhebt er auch Anspruch auf sein Territorium. Es sucht die Stelle für die Nisthöhle aus; gewöhnlich ist es ein Loch in einem Baumstamm, einem Pfahl oder einem Telefonmast. Beide Vögel bebrüten die Eier 12 Tage lang, wobei das Männchen jeweils die „Nachtschicht“ übernimmt.

Wendehals
Elfenbeinspecht
Haubenzwergspecht
Olivmausspecht ♂
Buntspecht ♂
Goldspecht
Saftlecker

Spechte 2

Grünspecht

Picus viridis

Verbreitung: Europa, Nordafrika, Türkei bis Iran, Westen der UdSSR

Habitat: offene Laubwälder, Gärten, Parks

Länge: 32 cm

Der Grünspecht ist ein großer, lebhaft gefärbter Vogel mit kurzem Schwanz und langem, spitzem Schnabel. Am auffälligsten ist sein helles „Gelächter". Kennzeichnend für das Männchen ist der rote, schwarzumrandete Bartstreifen; beim Weibchen ist dieser Streifen völlig schwarz. Wie andere Spechte ernährt sich auch der Grünspecht in Bäumen von Larven der Borkenkäfer, aber er sucht auch den Boden nach Ameisen ab, wobei er träge umherhüpft. Außerdem frißt er Früchte und Samen. Die typische Flugbahn eines Spechts ist eine Wellenbahn; auf einige Aufwärtsschläge folgt eine längere Ruhepause mit zusammengelegten Flügeln.

Im Süden des Verbreitungsgebietes beginnt die Brutzeit im April, im Norden im Mai. Gemeinsam hackt das Brutpaar eine Nisthöhle aus, oft in einem morschen Baumstamm und meist mindestens 1 m über dem Boden. Die 4–7, manchmal sogar bis zu 11 Eier werden von beiden Vögeln 18 Tage lang bebrütet. Die Jungen sind beim Ausschlüpfen nackt und völlig hilflos, und die Eltern müssen sie ca. 3 Wochen lang mit aufgewürgter Nahrung füttern, bevor sie für sich selbst sorgen können.

In strengen Wintern wird die Zahl der Standvögel oft stark dezimiert; auffällig ist auch, daß in Wäldern, in denen Ameisenhaufen abgedeckt werden, kaum Grünspechte vorkommen; dies zeigt, wie stark diese Vögel bei uns von den Ameisen als Nahrungsquelle abhängig sind.

Goldschwanzspecht

Campethera abingoni

Verbreitung: Afrika südl. der Sahara

Habitat: Waldgebiete, Buschvegetation, Bergwälder

Länge: 20 cm

Der Goldschwanzspecht ist an den breiten schwarzen Streifen zu erkennen, die von seinem Kinn bis zum Bauch reichen, und an seinen Schwanzfedern mit gelben Spitzen. Auch hat er schwarze Streifen am Hals und ein paar dunkelrote am Kopf; ansonsten ist sein Gefieder grün und weiß gefleckt. Diese Art zieht meist in Paaren umher und ist sehr laut; ihr Ruf ähnelt einem spöttischen Gelächter. Außerdem stoßen Goldschwanzspechte kreischende Warnrufe aus. Diese ruhelosen Vögel fliegen schnell und unermüdlich in der typischen Wellenbahn und suchen nach Baumameisen, Insektenlarven und nach Käfern, ihrer Hauptnahrung.

Die Nisthöhle wird meist in das weiche Holz eines abgestorbenen Baumes gezimmert; ein Gelege besteht aus 2–3 Eiern.

Puderspecht

Muelleripicus pulverulentus

Verbreitung: Asien: von Nordindien bis Westchina, Sumatra, Java, Borneo, Palawan

Habitat: Wald, Sumpfwälder

Länge: 51 cm

Der Puderspecht ist groß und schließt sich zu Gruppen von ca. 6 Vögeln zusammen, die unter lautem Gekreische hintereinander her von einem Baumwipfel zum anderen fliegen. Bei seinem Flug fehlen die sonst bei Spechten üblichen „Sprünge" und Wellenbahnen. Um seine Hauptnahrung (die Larven der Borkenkäfer und anderer Insekten) zu finden, hackt der Puderspecht mit seinem mächtigen Schnabel auf die Bäume ein. Sowohl die Männchen wie auch die Weibchen haben an Kinn und Hals braungelbe Federn, doch die Männchen haben außerdem einen Bartstreifen. Junge Vögel ähneln den Weibchen, sind jedoch dunkler und matter gefärbt als diese und haben mehr helle Flecken auf der Unterseite.

Sobald die Brutzeit beginnt, bilden sich innerhalb der Gruppen Paare, die ihre Nisthöhlen hoch in den Baumstämmen zimmern, oft in abgestorbenem oder morschem Holz. Die 3–4 Eier werden von beiden Partnern gemeinsam ausgebrütet; auch beteiligen sich beide an der Aufzucht und an der Fütterung der Jungen.

Erdspecht

Geocolaptes olivaceus

Verbreitung: Südafrika

Habitat: trockenes, offenes Hügelland

Länge: 28 cm

Wie sein Name schon sagt, lebt dieser Specht fast ausschließlich auf dem Erdboden und bewegt sich hüpfend fort. Wenn er sich einmal in die Lüfte schwingt, fliegt er schwerfällig und auch nur über eine kurze Entfernung, wobei sein roter Steiß sich stark abhebt. Beide Geschlechter sind gleich gefärbt; sie haben einen gräulichen Kopf, Brust und Bauch sind lachsfarben, und die Oberseite ist olivbraun und weiß gefleckt. Junge Vögel sind weniger bunt gefärbt: sie sind olivgrün gefleckt und haben einen schmutzigweißen Bauch. Der Erdspecht lebt in kleinen Gruppen von ca. 6 Vögeln und hält sich in Gebieten oberhalb von 600 m Höhe auf, wo er auf Felsen oder Steinen, sehr selten auch in den niedrigsten Zweigen von Bäumen und Sträuchern sitzt. Die Nahrung – Ameisen und andere auf dem Boden lebende Insekten und ihre Larven – findet er, indem er unter Felsen und Steinen herumstochert. Der Ruf des Erdspechts klingt schrill und metallisch; manchmal stößt er auch ein hohes Pfeifen aus.

Im Gegensatz zu den meisten anderen Spechten nistet diese Art auf dem Boden in einem langen Gang, der in einen Lehm- oder Sandwall gegraben wird. Beide Partner beteiligen sich am Bau des Tunnels; dieser endet in einer Nistkammer, in die das Weibchen 4–5 Eier legt.

Sultanspecht

Chrysocolaptes lucidus

Verbreitung: von Indien, Südostasien bis zu den Philippinen

Habitat: Waldgebiete, Waldränder, Mangrovensümpfe

Länge: 33 cm

Der mittelgroße Sultanspecht ist in den bewaldeten Gebieten Indiens und Südostasiens sehr verbreitet, wo eine große Anzahl von Unterarten dieses Spechts viele verschiedene Waldtypen bewohnt. Gewöhnlich halten sich diese Spechte in Paaren in der Nähe von Schwärmen anderer Spechte, Drongos, Bülbüls und Timalien auf. Nach einem für Spechte typischen, wellenförmigen Flug von Baum zu Baum, der von großem Gekreische begleitet wird, setzt sich der Sultanspecht auf einen Stamm, klettert spiralförmig nach oben und hackt in das Holz, um Insektenlarven zu suchen. Man hat auch beobachtet, daß er fliegende Termiten fängt. Die Vögel kommen nur selten auf den Boden, um Nahrung zu suchen, trinken aber den Nektar mancher Blüten. Obwohl es bei dieser Art außergewöhnlich viele Varianten gibt, ist der Sultanspecht meist an seinem weißumrandeten Augen- und Bartstreifen zu erkennen. Das Weibchen trägt im Gegensatz zum Männchen keine auffällige rote Haube, sondern hat einen flachen, schwarzen Schädel mit weißen Flecken.

In der Brutzeit, beim Balzzeremoniell, trommelt das Männchen besonders energisch. Die Vögel nisten in einer Baumhöhle, die viele Jahre hintereinander benutzt wird; allerdings wird immer wieder eine neue Öffnung zur alten Nistkammer gehackt. Unbekannt ist auch, ob jedes Jahr die gleichen Vögel zu einer bestimmten Nisthöhle zurückkehren. Das Weibchen legt 4–5 Eier, die es ca. 14 Tage lang bebrütet. Die jungen Vögel verlassen nach ca. 24 Tagen das Nest – sobald sie fliegen können.

Blondschopfspecht

Celeus flavescens

Verbreitung: Südamerika: Amazonasgebiet Brasiliens, Ostbolivien, Paraguay, Nordostargentinien

Habitat: Wald

Länge: 28 cm

Mit seinem langen, struppigen Schopf erscheint dieser Specht größer, als er in Wirklichkeit ist. Die gelben Federn der Haube sind schmal und weich, und wenn sie aufgerichtet sind, spielt der Wind damit. Dieser Specht ist vor allem in Südostbrasilien verbreitet; er hält sich jedoch nicht nur in der Tiefebene auf, sondern ist auch schon in Höhen bis zu 900 m gesehen worden.

In Mittel- und Südamerika gibt es noch eine Anzahl weiterer Arten der Gattung *Celeus*. Eine von ihnen, *C. elegans*, ist von Venezuela bis Nordbolivien verbreitet, einschließlich des Amazonasgebietes, und lebt in kleinen Gruppen. Ihre Nahrung besteht aus Holzkäfern sowie aus Ameisen und Termiten. Diese Art nistet in der Höhle eines abgestorbenen Baumes, in die das Weibchen 3 Eier legt, die beide Eltern gemeinsam ausbrüten.

Puderspecht
Goldschwanzspecht
Grünspecht ♂
Sultanspecht
Blondschopfspecht
Erdspecht

Töpfervögel

ORDNUNG PASSERIFORMES: Sperlingsvögel

Die Sperlingsvögel bilden die größte Vogelordnung: Gut die Hälfte (58 Prozent) der schätzungsweise 8600 heute noch lebenden Vogelarten gehören dieser Ordnung an. Sie besteht aus 57–61 Familien – je nach der Klassifizierung. Die 42 (46) am weitesten entwickelten Familien werden in der Unterordnung Oscines (Singvögel) zusammengefaßt. Die übrigen Familien werden mit dem Sammelnamen Suboscines bezeichnet – diese Arten verfügen über ein einfacheres Singorgan. Diese Restgruppe wird manchmal auch in 3 separate Unterordnungen unterteilt: die Primärsingvögel (Suboscines), die Schreivögel (Clamatores) und die Zehenkoppler (Desmodactylae). Zur letztgenannten Gruppe gehören auch die Breitrachen; zu den Clamatores werden die Baumsteiger, die Töpfervögel, die Ameisenvögel, die Tyrannen, die Flammenköpfe, die Schmuckvögel oder Kotingas und die Pipras gerechnet.

Die Suboscines schließlich umfassen die Pflanzenmäher, die Leierschwänze und die Dickichtschlüpfer. Alle übrigen Familien – von den Lerchen bis zu den Rabenvögeln – werden der größten Gruppe, den Oscines zugerechnet.

Sperlingsvögel sind gewöhnlich klein – am größten sind die Leierschwänze. Sie haben sich an fast jedes Landbiotop angepaßt. Die Gruppe insgesamt weist Übereinstimmungen in Körperbau und Verhalten auf. Die Füße sind besonders charakteristisch und ausgezeichnet dazu geeignet, sich auch an dünnen Zweigen und Grasstengeln festzuhalten. Alle Arten haben 4 gleichgerichtete Zehen, und der große Zeh ist nach hinten gerichtet. Sperlingsvögel haben keine Schwimmhäute.

Die Männchen singen während der Balz oder zur Abgrenzung und Verteidigung ihres Territoriums oft ein kompliziertes Lied .

FAMILIE FURNARIIDAE: Töpfervögel

Die 217–219 Arten der Töpfervögel sind von Mexiko bis Südamerika verbreitet und bewohnen die unterschiedlichsten Biotope. Neben den Eigentlichen Töpfervögeln gehören zu dieser Familie auch die Schlüpfer, die Steigschnäbel und die Blattwender.

Die Größe dieser Vögel, die alle ein graues, braunes oder rostbraunes Gefieder haben, variiert von 12–28 cm. Sie bewegen sich schnell fort, halten sich aber gewöhnlich in der Vegetation verborgen.

Töpfervogel

Furnarius rufus

Verbreitung: Brasilien, Bolivien, Paraguay, Uruguay, Argentinien
Habitat: Bäume, oft in der Nähe menschl. Behausungen
Länge: 20 cm

Der Töpfervogel ist ein würdevoller Vogel, der sich mit großen, gemessenen Schritten fortbewegt und dabei ein Bein in der Luft schweben läßt, als würde er zögern, weiterzugehen. Er frißt Insektenlarven und Würmer und läßt seinen Ruf das ganze Jahr über erschallen.

Pärchen bleiben ganzjährig oder sogar das ganze Leben lang zusammen und paaren sich und brüten in der regenreichsten Jahreszeit. Jedes Jahr wird ein überdachtes Nest auf einem Zweig, einem Pfahl oder einem Gebäude gebaut. Das Baumaterial ist Lehm, dem etwas pflanzliches Material beigemischt wird; das Nest wird von der heißen Sonne gehärtet. Eine enge Öffnung führt zu der mit weichem Gras ausgepolsterten Innenkammer, in die höchsten 5 Eier gelegt werden. Beide Eltern brüten, und die jungen Töpfervögel bleiben, nachdem sie das Nest verlassen haben, noch einige Monate bei den Eltern.

Sparrmansteigschnabel

Xenops minutus

Verbreitung: von Südmexiko über Mittel- und Südamerika bis Nordargentinien
Habitat: Hochwald, Plantagen, Lichtungen mit vereinzeltem Baumwuchs
Länge: 12 cm

Der Sparrmansteigschnabel, einer der 5 *Xenops*-Arten, ist an seinem streifenlosen Rücken zu erkennen. Er ist ein lebhafter kleiner Vogel, der in Sträuchern und zwischen dünnen Baumzweigen nach Insekten sucht.

Zum Nestbau werden Löcher in alten, morschen Bäumen benutzt und mit kleinen Stückchen Pflanzenmaterial ausgepolstert. Manchmal übernimmt ein Brutpaar auch das verlassene Nest einer anderen Vogelart. Die 2 Eier werden von beiden Vögeln ca. 16 Tage lang bebrütet.

Zimtschlüpfer

Synallaxis cinnamomea

Verbreitung: Venezuela, Kolumbien; Trinidad und Tobago
Habitat: Waldränder, Kaffeeplantagen
Länge: 16 cm

Dieser Schlüpfer ist an seiner zimtbraunen Brust und an seinen ruckartigen Bewegungen zu erkennen. Er fliegt über kurze Entfernungen unmittelbar über dem Boden und jagt dabei kleine Insekten und Spinnen, aber er springt auch hoch in die Luft, um fliegende Ameisen zu fangen.

Beide Partner bauen gemeinsam ein kugeliges Nest aus Zweigen in die Astgabel eines niedrigen Strauches oder auf den Boden. Das Nest wird mit weichem Pflanzenmaterial ausgepolstert und hat einen Eingangstunnel. Die 2–3 Eier werden von beiden Vögeln gemeinsam ausgebrütet.

Rotwangenschlüpfer

Certhiaxis erythrops

Verbreitung: von Costa Rica bis Ecuador
Habitat: feuchte Bergwälder
Länge: 14–16 cm

Erwachsene Vögel dieser Art sind am Scheitel und an den Wangen rot gefärbt; junge Vögel haben einen braunen Scheitel. Rotwangenschlüpfer sind muntere, äußerst bewegliche Vögel, die die meiste Zeit in der Unterholzschicht des Waldes zubringen, wo sie nach Insekten und anderen kleinen wirbellosen Tieren suchen. Sie leben entweder alleine oder in Paaren, schließen sich aber manchmal auch einer Gruppe anderer Hochlandvögel an.

Das große, kugelförmige Nest wird aus Schlingpflanzen gebaut und hängt am Ende eines dünnen Zweiges hoch über dem Boden. Die 2 Eier werden von beiden Vögeln bebrütet, und die ausgeschlüpften Jungen werden von ihnen gemeinsam gefüttert.

Buschläufer

Coryphistera alaudina

Verbreitung: Südbrasilien, Bolivien, Paraguay, Uruguay, Nordargentinien
Habitat: trockenes Buschland
Länge: 15 cm

Der Buschläufer ist an seinem auffälligen Schopf und an der gestreiften Brust zu erkennen und ähnelt etwas einer Lerche. Er tritt meist in Gruppen von 3–6 Vögeln auf; möglicherweise handelt es sich dabei um Familiengruppen. Der Vogel sucht sowohl in Sträuchern und niedrigen Bäumen wie auch auf dem Boden nach Nahrung und schreitet mit großen Schritten über das offene Feld, flüchtet jedoch, wenn er aufgeschreckt wird, sofort in Bäume oder große Sträucher.

Die kugeligen Nester dieser Art werden in niedrige Bäume gebaut und sind aus kleinen Dornenzweigen angefertigt. Ein enger Eingangstunnel führt zu einer zentralen Kammer, in welche das Weibchen die Eier legt.

Palmsteiger

Berlepschia rikeri

Verbreitung: Amazonasgebiet in Brasilien; Venezuela, Guayana
Habitat: Palmenhaine, oft in Wassernähe
Länge: 21 cm

Der elegante Palmsteiger hat auffällige schwarzweiße und kastanienbraune Federn und einen spitzen Schwanz. In Pärchen oder in kleinen Gruppen sucht er die Palmen der Gattung *Mauricia* auf und sammelt auf dem Stamm und im Blattwerk dieses Baumes Insekten. Sobald er ein Insekt gefangen hat, schlägt er es kräftig gegen einen Ast oder Zweig und verschlingt es anschließend.

Sechsfedernschlüpfer

Sylviorthorhynchus desmursii

Verbreitung: Westargentinien und angrenzender Teil Chiles
Habitat: feuchte Wälder mit dichtem Unterholz
Länge: 24 cm

Der schöne lange Schwanz dieses Vogels ist doppelt so lang wie der übrige Körper. Der Schwanz besteht aus nur 2 Paar Federn und einem dritten rudimentären Paar. Ansonsten ist der Sechsfedernschlüpfer ein unauffälliger Vogel, der sich nur durch sein ständiges Rufen verrät. Er hält sich im dichtesten Teil des Waldes auf und scheint unentwegt auf Nahrungssuche zu sein.

Das Kugelnest wird unmittelbar über dem Boden zwischen kleinen Zweigen und Gras gebaut; es besteht aus trockenem Pflanzenmaterial, ist mit weichen Federn ausgepolstert und hat einen Seiteneingang. Ein Gelege besteht gewöhnlich aus 3 Eiern. Der Vogel hält den Schwanz aufrecht, wenn er im Nest sitzt.

Töpfervogel
Zimtschlüpfer
Palmsteiger
Sparrmansteigschnabel
Sechsfedernschlüpfer
Rotwangenschlüpfer
Buschläufer

Ameisenvögel

FAMILIE FORMICARIIDAE: Ameisenvögel

Ameisenvögel leben ausschließlich in Mittel- und Südamerika, hauptsächlich auf dem Boden und in den untersten Etagen des tropischen Regenwaldes des Amazonasgebietes, aber auch in trockeneren und offeneren Biotopen. 220–230 kleine bis mittelgroße Arten sind bekannt. Viele von ihnen fressen tatsächlich Ameisen und andere in Gemeinschaft lebende Insekten; einige Arten ernähren sich von wirbellosen Tieren, die von den Armeen der umherziehenden Wanderameisen aufgescheucht werden. Die Vögel folgen den Wanderameisen auf ihrem Zug durch den Wald. Andere Arten fressen auch Insekten, zeigen jedoch keine besondere Vorliebe für Ameisen.

Das Federkleid dieser Vögel ist meist nicht besonders interessant, und gewöhnlich besteht ein deutlicher Farbunterschied zwischen Männchen und Weibchen. Über das Brutverhalten ist nur wenig bekannt, aber offene, Napfnester scheinen die Regel zu sein, und beide Vögel scheinen gemeinsam zu brüten. Das Gelege besteht gewöhnlich aus 2 Eiern, und die Brutzeit beträgt 15 Tage.

Halsband-Ameisenvogel

Phaenostictus mcleannani

Verbreitung: tropisches Nicaragua bis Panama; Südkolumbien, Nordwestecuador

Habitat: Unterholz feuchter Tieflandwälder

Länge: 19–20 cm

Das Gefieder des Halsband-Ameisenvogels weist eine dunkle Fleckenzeichnung auf. Gemessen an seiner Größe hat der Vogel einen langen Schwanz. Die Augen sind mit hellgefärbten konzentrischen Kreisen nackter Haut umgeben. Die beiden Geschlechter ähneln einander.

Dieser scheue Ameisenvogel ist fast nirgends zahlreich vertreten und lebt oft in Gesellschaft der Weißohr-Ameisenvögel. Fast immer hält er sich in der Nähe von Wanderameisenkolonien auf, die durch den Wald seines Wohngebietes ziehen; der Halsband-Ameisenvogel findet mühelos Nahrung, indem er wirbellose Tiere wie Kakerlaken und Spinnen aufliest, die vor den gefräßigen Ameisen flüchten. Sein Ruf besteht aus einer Reihe aufsteigender Töne.

Halsband-Ameisenvögel leben in dauerhaften Paarbeziehungen; vor der Paarung füttert das Männchen sein Weibchen in einiger Entfernung vom Nest mit Leckerbissen.

Weißohr-Ameisenvogel

Gymnopithys leucaspis

Verbreitung: von Honduras bis Panama; Nordperu, Amazonasgebiet Brasiliens

Habitat: Unterholz in Wäldern bis zu 2000 m Höhe

Länge: 14 cm

Die Ansichten über die Klassifikation dieser Art divergieren, doch wird sie oft mit dem Zweifarben-Ameisenvogel des westlichen Amazonasgebietes zu einer Art zusammengefaßt; der wissenschaftliche Name letztgenannter Art, *G. bicolor*, wird in diesem Fall hinfällig. Das Federkleid beider Geschlechter ist gleich, und die Augen des Vogels sind von nackter Haut umgeben. Weißohr-Ameisenvögel sind ziemlich häufig, und unter den verschiedenen Arten, die den Wanderameisen folgen, ist dies die zahlreichste und lauteste. Der Vogel verbringt viel Zeit auf dem Boden, doch wenn eine Ameisenkolonne vorüberzieht, sitzt er dicht über dem Boden auf einem Ausguck und hält nach Insekten, Spinnen und anderen wirbellosen Tieren Ausschau, die durch den Zug der Wanderameisen aus der Blatthumusschicht getrieben werden. Hin und wieder verspeist dieser Ameisenvogel auch einen kleinen Frosch.

Das Nest befindet sich meist gut 1 m über dem Boden im Stumpf einer absterbenden Palme, und es ist aus Blattstückchen (vor allem denen der Palmen) angefertigt und mit Pflanzenwurzeln und -fasern ausgekleidet. Ein Gelege besteht aus 2 Eiern, die ca. 15 Tage lang von beiden Vögeln bebrütet werden.

Rotscheitel-Ameisenstelzer

Grallaria ruficapilla

Verbreitung: tropische und subtropische Gebiete, von Venezuela bis Nordwestperu

Habitat: dichter Regenwald, feuchte Waldgebiete und offenes Grasland

Länge: 20 cm

Dieser Ameisenstelzer oder Ameisenpitta hat lange Beine, einen kurzen Schwanz und einen auffallend großen Kopf; das Gefieder auf Kopf und Nacken ist rötlichbraun, daher sein Name. Der Vogel lebt gewöhnlich alleine und auf dem Boden und sucht dort nach Insekten. Obwohl man ihn kaum zu sehen bekommt, ist er doch kein scheuer Vogel; sein Dreiklangruf ist oft zu hören. Auf Nachahmungen seines Gesangs antwortet er.

Surinam-Ameisenschlüpfer

Myrmotherula surinamensis

Verbreitung: Amazonasgebiet Brasiliens, westl. bis zur Pazifikküste Südamerikas

Habitat: Lichtungen im Regenwald, Waldränder, bewaldete Gebiete

Länge: 10 cm

Das Männchen dieser ziemlich verbreiteten Art ist größtenteils schwarzweiß, das Weibchen hat einen leuchtend orangeroten Nacken und eine hellorange bis braungelbe Unterseite. Beiden Geschlechtern gemeinsam sind 2 weiße Flügelstreifen. Ameisenschlüpfer halten sich oft in der Nähe von Flüssen oder feuchten Plätzen auf, wo sie, gewöhnlich in Paaren, zwischen Unterholz, Kletterpflanzen und Blättern eifrig nach Heuschrecken und Spinnen suchen. Der Surinam-Ameisenschlüpfer läßt einen kurzen, schnellen und ansteigenden Ruf ertönen.

Großer Ameisenwürger

Taraba major

Verbreitung: tropisches Südmexiko, Mittel- und Südamerika bis Nordargentinien

Habitat: Unterholz im Busch- und Grasland bis zu 2000 m Höhe

Länge: 20 cm

Der Große Ameisenwürger ist ein ziemlich großer Vogel mit einem dicken, hakigen Schnabel und einen Schopf. Die Geschlechter sind unterschiedlich gefärbt. Es ist ein weitverbreiteter, scheuer Vogel, der meist in Paaren, manchmal aber auch alleine lebt. Er bewegt sich unauffällig zwischen den Sträuchern und den niedrigsten Zweigen kleiner Bäume umher und sucht dort nach Käfern, Heuschrecken, Bienen und kleinen Eidechsen. Bei Gefahr nimmt das Männchen eine Drohhaltung ein, wobei der Schnabel steil aufwärtsgerichtet und der Schopf aufgestellt wird, was den normalerweise verdeckten Rückenflecken bloßlegt.

Das Nest besteht aus einem tiefen Napf, der aus trockenem Gras und Wurzeln gebaut und manchmal mit Blättern ausgepolstert ist; es kann bis zu 6,5 cm tief sein. Die 2–3 Eier werden von beiden Eltern 2–3 Wochen lange bebrütet. Die jungen Vögel werden gefüttert, bis sie das Nest verlassen können – ca. 2 Wochen nach dem Ausschlüpfen.

Weißscheitelwürger

Thamnophilus doliatus

Verbreitung: tropisches Mexiko, Mittel- und Südamerika bis Nordargentinien; Trinidad und Tobago

Habitat: unterschiedlich, Wald, Buschvegetation, Savanne, Gärten; selten in Höhen über 2000 m

Länge: 15 cm

Das Federkleid dieses Vogels ist weiß gestreift. Das Männchen ist überwiegend schwarzweiß gefärbt, das Weibchen hat eine kastanienbraune bis braungelbe Färbung mit schwarzen Streifen. Beide Geschlechter besitzen eine Haube, die beim Männchen stets halb aufgerichtet ist, und einen gezähnten Schnabel. Der Weißscheitelwürger ist ein häufig vorkommender Vogel. Er bewegt sich in ca. 4,5 m Höhe vorsichtig durch die Sträucher und Zweige des Unterholzes und der Waldränder. Da die Vögel einander rufen, kann man sie eher hören als sehen. Ihre Nahrung besteht aus Insekten wie kleinen Käfern, Heuschrecken, Bienen und Raupen sowie aus Beeren.

Die Brutzeit ist nicht eindeutig bestimmbar. Das Männchen füttert das Weibchen während der Balz. Bei den Weißscheitelwürgern gibt es dauerhafte Paarbeziehungen. Das Weibchen legt 2, in seltenen Fällen 3 Eier in ein tiefes, napfförmiges Nest aus Gras und Pflanzenfasern, das am Rand an einer Astgabel aufgehängt wird. Beide Vögel brüten, das Männchen allerdings nur tagsüber. Nach 2 Wochen schlüpfen die Jungen aus, und 2–3 Wochen später verlassen sie das Nest.

Halsband-Ameisenvogel
Weißscheitelwürger ♂
Surinam-Ameisenschlüpfer ♂
Großer Ameisenwürger ♂
Weißohr-Ameisenvogel
Rotscheitel-Ameisenstelzer

Baumsteiger, Mückenfresser, Bürzelstelzer

FAMILIE DENDROCOLAPTIDAE: Baumsteiger

Die 46–50 Arten der Baumsteiger leben in den bewaldeten Gebieten Mittel- und Südamerikas von Mexiko bis Argentinien. In vielerlei Hinsicht weisen sie Übereinstimmungen mit den Baumläufern der Alten Welt auf. Ihre Größe variiert von 15–38 cm, und Männchen und Weibchen sehen sich sehr ähnlich. Sie haben seitlich zusammengedrückte Schnäbel, deren Formen von kurz und gerade bis lang und gekrümmt reichen, sowie starke Beine und Füße. Baumsteiger sind Insektenfresser, die ihre Nahrung zwischen den Ritzen der Rinde finden, wobei sie mit Hilfe ihrer scharfen Krallen und der starken, als Stützen fungierenden Federschäfte ihres Schwanzes an den Baumstämmen hochklettern. Sie leben meist einzeln, schließen sich jedoch gelegentlich gemischten Vogelgruppen an.

Sichelbaumhacker

Campylorhamphus trochilirostris

Verbreitung: von Ostpanama bis Nordargentinien
Habitat: sumpfige und feuchte Wälder, offene Waldgebiete
Länge: 21–31 cm einschl. Schnabel (7,5 cm)

Dieser scheue Baumvogel lebt in den mittleren und oberen Etagen des Regenwaldes, und zwar meist alleine; manchmal schließt er sich auch nahrungssuchenden Gruppen anderer Insektenfresser an. Seine starken Beine und steifen Schwanzfedern ermöglichen es ihm, schnell zu klettern. Mit dem langen, dünnen und gebogenen Schnabel pickt der Vogel Insekten aus der Baumrinde und aus Bromelien.

Die 2–3, in eine Baumhöhle oder in einen Spalt gelegten Eier werden 2 Wochen lang bebrütet.

Bänderbaumhacker

Dendrocolaptes certhia

Verbreitung: vom tropischen Südmexiko über Mittelamerika bis Bolivien, Amazonasgebiet Brasiliens
Habitat: Tiefland-Regenwald bis 1400 m Höhe, Waldränder
Länge: 27 cm

Beide Geschlechter sind kräftig gebaut und mit braunen und schwarzen Streifen gezeichnet. Der nicht besonders lange Schnabel ist schwer und leicht gebogen. Der Bänderbaumhacker lebt im Unterholz und im hochaufgeschossenen Sekundärwald des Regenwaldes. Diese Art ist nicht scheu; 1–3 Vögel suchen gemeinsam auf den Baumstämmen nach Futter. Ebenso wie die Ameisenvögel folgt der Bänderbaumhacker dem Zug der Wanderameisen und fliegt dicht über dem Boden, um Insekten zu fangen, die durch den Vormarsch der Ameisen aufgescheucht werden.

Die 2 in eine Baumhöhle oder in einen Baumspalt gelegten Eier werden 14–15 Tage lang bebrütet.

Langschnabel-Baumsteiger

Nasica longirostris

Verbreitung: vom tropischen Norden Südamerikas bis Brasilien und Bolivien
Habitat: Regenwald in 100–200 m Höhe
Länge: 35 cm einschließl. Schnabel (6,5 cm)

Dieser einsiedlerische Baumsteiger klettert wendig in den Bäumen umher und sucht unter der Rinde nach Insekten. Der Schnabel ist leicht gebogen. Die beiden Geschlechter ähneln einander.

Das Weibchen nistet in einer Baumhöhle und legt 2 Eier, die 2 Wochen lang bebrütet werden.

Rotschwanzkletterer

Sittasomus griseicapillus

Verbreitung: vom tropischen und subtropischen Mexiko über Mittel- und Südamerika bis Nordargentinien; Tobago
Habitat: dichter Urwald, Waldränder, offene Waldgebiete bis 2300 m Höhe
Länge: 15–16 cm

Dieser emsige kleine Baumsteiger hat braungelbe Bänder auf den Flügeln, die im Flug sichtbar werden. Die beiden Geschlechter ähneln einander. Die Vögel leben meist alleine, doch manchmal streifen sie auch zusammen mit anderen Vogelarten umher. Der Rotschwanzkletterer sucht in den unteren und mittleren Etagen des Waldes auf Baumstämmen mit weicher Rinde eifrig nach Insekten. Manchmal fliegt er auf, um ein Insekt aus der Luft zu fangen.

Man hat einmal ein Nest in einer Baumhöhle gefunden, das jedoch keine Eier enthielt.

FAMILIE CONOPOPHAGIDAE: Mückenfresser

Die Mückenfresser bilden eine kleine Gruppe von Waldvögeln, die mit den Ameisenvögeln und Töpfervögeln verwandt sind. Je nach Klassifizierung unterscheidet man 8–11 Arten, die alle in Mittel- und Südamerika leben. Meist handelt es sich um braune Vögel mit langen Beinen, einem runden Körper und einem kurzen Schwanz. Einen Großteil der Zeit scharren sie im Waldboden, wo sie mit ihren Schnäbeln, die denen der Fliegenschnäpper ähneln, Insekten fangen. Bei manchen Arten sehen Männchen und Weibchen gleich aus, bei anderen unterscheiden sie sich voneinander.

Schwarzwangen-Mückenfresser

Conopophaga melanops

Verbreitung: Ostbrasilien
Habitat: Regenwald
Länge: 12 cm

Dieser hübsche kleine Vogel hat lange Beine und so gut wie keinen Hals. Das Weibchen ist stärker olivbraun gefärbt als das Männchen. Der Schwarzwangen-Mückenfresser ist nicht scheu, wird jedoch nur selten gesehen, da er eine Vorliebe für das Unterholz hat, in welchem er – meist auf dem Boden – nach Insekten sucht.

Er baut ein offenes, muldenförmiges Bodennest aus großen Blättern und kleidet es mit Pflanzenfasern aus. Die 2 Eier werden vom Männchen und Weibchen gemeinsam ausgebrütet. Wenn das Nest bedroht wird, verläßt der Vogel das Gelege und lockt den Angreifer fort, indem er vorgibt, verwundet zu sein.

FAMILIE RHINOCRYPTIDAE: Bürzelstelzer

Die 28–29 bekannten Bürzelstelzerarten bewohnen die Buschvegetation des dichten Urwaldes, das Grasland und halboffene trockene Waldgebiete in Mittel- und Südamerika. Es sind hauptsächlich Bodenvögel, die mit ihren starken Beinen ausgezeichnet laufen können. Ihre Flugfähigkeit ist nicht besonders gut entwickelt. Die Größe dieser Vögel variiert von 12 bis 25 cm, und sie haben einen runden Körper. Oft wippen sie wie Zaunkönige mit dem Schwanz auf und ab. Ein besonderes Merkmal der Bürzelstelzer, auf das der wissenschaftliche Name hinweist, sind die Nasenlöcher, die von einer gewölbten Haut bedeckt sind, was dem Schutz des Naseneingangs dient. Männchen und Weibchen sehen völlig oder fast gleich aus.

Schmuckbandvogel

Melanopareia elegans

Verbreitung: von Westecuador bis Nordwestperu
Habitat: trockene Buschvegetation
Länge: 14 cm

Dieser kleine Vogel fliegt nur selten, kann sich aber bei der Insektenjagd schnell auf seinen langen Beinen fortbewegen. In erregtem Zustand richtet er seinen Schwanz auf. Schmuckbandvögel sind ziemlich scheu, deshalb bekommt man sie nur selten zu sehen; sie sind jedoch gut an ihrem Ruf zu erkennen. Über ihre Brutgewohnheiten ist nichts bekannt.

Braunkehl-Huëthuët

Pteroptochos castaneus

Verbreitung: Chile
Habitat: Wald
Länge: 25 cm

Dieser mittelgroße Vogel hat einen runden Körper, lange Beine und einen verhältnismäßig langen Schwanz. Die Oberseite ist überwiegend schwarzbraun gefärbt, doch Kehle und Bauch sind dunkelrotbraun mit schwarzen und gelblichen Streifen. Beide Geschlechter sehen gleich aus. Der Braunkehl-Huëthuët lebt auf dem Boden und fliegt kaum. Er läuft mehr, als daß er hüpft, wenn er nach Insekten sucht. Seinen Namen verdankt er seinem Ruf, der wie „Huët-huët-huët“ klingt. Das Nest, das aus kleinen Wurzeln und weichen Grashalmen gebaut wird, liegt in einem Erdloch oder in einem Baumstumpf und enthält meist 2 Eier.

Langschnabel-Baumsteiger
Sichelbaumhacker
Bänderbaumhacker
Rotschwanzkletterer
Schmuckbandvogel
Braunkehl-Huëthuët
Schwarzwangen-Mückenfresser ♂

Schnurrvögel, Schmuckvögel

FAMILIE PIPRIDAE: Schnurrvögel, Pipras oder Manakins

Die interessanten, etwas prahlsüchtigen Schnurrvögel, die auch Pipras oder Manakins genannt werden, bilden eine Familie mit 53–61 Arten, die in den tropischen Wäldern Mittel- und Südamerikas leben. Es sind kleine, farbenfrohe Vögel, die selten größer als 12–15 cm werden. Männchen und Weibchen sehen sehr verschieden aus. Die Männchen haben eine dunkle Grundfärbung, meist schwarz, und große Flecken grell kontrastierender Primärfarben. Die Weibchen hingegen sind meist olivgrün gefärbt.

Prachtpipra

Chiroxiphia pareola

Verbreitung: vom nördl. Südamerika bis Südostbrasilien, Nordbolivien; Tobago

Habitat: Regenwald, Sekundärwald

Länge: 10 cm

Dieser agile Vogel sucht in Paaren oder kleinen Gruppen in niedrigen Sträuchern nach Insekten und Früchten, oft auf sumpfigem Boden oder in der Nähe von Bächen. Der Schwanz ist bei dieser Art rechteckig abgeschnitten. Das Männchen trägt auf Rücken und Scheitel leuchtend hellblaue und rote Federn.

Die Balzplätze der Männchen befinden sich auf Zweigen. Die Vögel pflücken im Flug die umliegenden Blätter ab und hacken auf Ästen sitzend nach der Rinde. Da die Vögel unaufhörlich in Bewegung sind, wird die „Tanzfläche" auf diese Weise leergefegt. Vor der Balz fordert das dominante Männchen einen untergeordneten Geschlechtsgenossen in Form eines gemeinsamen Gesangs heraus, wobei das untergeordnete Männchen jeweils um den Bruchteil einer Sekunde später einsetzt. Der anschließende gemeinsame Tanz der Männchen erreicht seinen Höhepunkt, wenn ein Weibchen erscheint. Der zweite Vogel zieht sich dann zurück, und das dominante Männchen paart sich mit dem Weibchen nach einem völlig anderen Soloauftritt. Das Nest wird aus feinen Pflanzenfasern gebaut; es ist spinnwebenartig und so durchscheinend, daß die 2 Eier oder die Jungen von außen zu sehen sind. Wie viele Pipras sind auch die Prachtpipras polygam.

Fadenpipra

Teleonema filicauda (Pipra f.)

Verbreitung: von Venezuela bis Nordostperu, Westbrasilien

Habitat: Regenwald, Plantagen

Länge: 11 cm

Der Fadenpipra verdankt seinen Namen seinem Schwanz, der sowohl beim Weibchen wie auch beim Männchen fadenförmig verlängert ist. Das Männchen unterscheidet sich (wie bei allen Arten dieser Familie) vom Weibchen durch ein auffälliges Federkleid: Es ist schwarz, rot und gelb. Dieser Vogel bevorzugt feuchte Wohngebiete und hält sich in den mittleren bis höchsten Etagen des Regenwaldes auf sowie auch in Kakaoplantagen und auf Lichtungen, die durch Rodung entstanden sind. Der Fadenpipra ist ein einsiedlerischer Vogel, der sich von Insekten und Früchten ernährt.

FAMILIE COTINGIDAE: Schmuckvögel oder Kotingas

Die 73 Arten der Schmuckvögel oder Kotingas sind ausschließlich in der Neuen Welt beheimatet. Dies ist eine formenreiche und sehr farbenfrohe Familie, worauf schon die Bezeichnung Schmuckvögel hindeutet. Innerhalb der Familie gibt es viele Varianten im Körperbau und Verhalten. Schmuckvögel sind Standvögel bewaldeter Gebiete und verbringen im allgemeinen die meiste Zeit in den oberen Etagen des Dschungels, wo sie sich von Früchten und Insekten ernähren.

Anden-Klippenvogel / Roter Felsenhahn

Rupicola peruviana

Verbreitung: Anden, von Nordvenezuela bis Nordbolivien

Habitat: Wälder an Flußschluchten

Länge: 38 cm

Das Männchen dieser Art gehört zu den farbenprächtigsten Vögeln der Welt. Es hat ein leuchtend rotes und oranges Federkleid und einen starken, goldgelben Schnabel, der fast völlig unter dem halbrunden Schopf verborgen ist. Beide Geschlechter haben kräftige Beine mit scharfen Krallen.

Der Anden-Klippenvogel lebt in den unteren Etagen des Dschungels, wo er sich dank seines wendigen Fluges gut fortbewegen kann. Seine Nahrung besteht hauptsächlich aus Früchten; Weibchen fangen manchmal auch Frösche und Eidechsen, um die Jungen damit zu füttern. Die Männchen führen ein zurückgezogenes Leben und ruhen nachts alleine. Jedes Männchen hat eine enge Beziehung zu einem „Kompagnon", seinem Nachbarn auf dem Balzplatz, auf dem jedes Männchen seinen eigenen Stammplatz hat. Mit dem Kompagnon zusammen balzt das Männchen und sucht auch mit ihm gemeinsam nach Nahrung. Nur dominante Männchen paaren sich. Das Weibchen baut das Nest alleine an einer Steilwand; oft bauen mehrere Weibchen ihre Nester nebeneinander. Die 6,5 cm tiefe Nestmulde – ein abgeschnittener Kegel – wird aus Schlamm gebaut; es wird mit Pflanzenmaterial ausgekleidet. Ein Gelege besteht aus 2 Eiern.

Grünkotinga

Pipreola arcuata

Verbreitung: Anden, von Nordwestvenezuela bis Nordwestbolivien

Habitat: Nebelwälder in 1200–3500 m Höhe

Länge: 21 cm

Dieser kräftige Vogel lebt in größeren Höhen als alle anderen Arten seiner Gattung. Das Männchen ist auffällig gefärbt, das Weibchen überwiegend olivgrün. Grünkotingas haben einen ziemlich schwachen, leicht gebogenen Schnabel und rote Beine. Sie bewohnen alleine oder in Paaren die unteren und mittleren Etagen des Urwaldes, wo sie sich hauptsächlich von Früchten und kleinen Mengen von Insekten ernähren. Über ihre Brut- und Nistgewohnheiten ist nichts bekannt.

Araponga

Procnias averano

Verbreitung: in Teilen Kolumbiens, Guayana, Venezuela, Nordbrasilien; Trinidad

Habitat: hochgelegene Bergwälder

Länge: 25 cm

Das besondere Merkmal dieser Art sind schwarze bartähnliche Hautfäden an der Kehle, die bei beiden Geschlechtern vorhanden sind. Der Araponga ist ein scheuer Vogel, der alleine oder in Paaren lebt und sich von großen, einsamigen Beeren ernährt, vor allem von denen des Lorbeers; er erntet sie im Flug, setzt sich dann auf einen Zweig und frißt sie auf.

In der Brutzeit balzen die Männchen vor anderen Männchen und Weibchen auf speziellen „Besuchs„-Zweigen in der untersten Waldschicht. Sie springen bis zu 1,2 m hoch und landen zusammengekauert und mit ausgebreitetem Schwanzgefieder auf einem anderen Ast. Nach der Paarung baut das Weibchen ein leichtes, fragiles, napfförmiges Nest aus den Zweigen bestimmter Bäume, und zwar in ca. 2,5–15 m Höhe in einer horizontalen Astgabel der äußersten Zweige eines Baumes. Das Weibchen legt ein Ei und bebrütet es 23 Tage lang.

Halsbandkotinga

Cotinga cayana

Verbreitung: Amazonas- und Orinoko-Becken; Guayana, Surinam

Habitat: Wälder bis zu 1200 m Höhe

Länge: 21 cm

Der männliche Halsbandkotinga hat ein schillernd blaues, gesprenkeltes Gefieder. Es ist ein geselliger Vogel, der in Gruppen nach Beeren sucht, manchmal auch zusammen mit Vögeln anderer Arten.

Das Weibchen baut das winzige, flache Nest alleine. Das Nestmaterial besteht aus kleinen Zweigen und Pflanzenwurzeln, die mit den Fäden von Schwämmen „geschmückt" werden. Das Weibchen legt 1–2 Eier und brütet sie alleine aus.

Schirmvogel

Cephalopterus ornatus

Verbreitung: nördl. Südamerika bis zum Amazonasgebiet Brasiliens, Nordbolivien

Habitat: Urwald bis 1400 m Höhe, auf Inseln in größeren Flüssen

Länge: 40–48 cm

Der Schirmvogel ist die größte Schmuckvogelart und an seinem aufrechtstehenden Schopf aus langen, seidigen Federn sowie an einem von seiner Kehle herabhängenden Hautgebilde zu erkennen. Das Weibchen ist insgesamt kleiner – und damit natürlich auch sein Kehlsack und der „Schirm". Die Flügel sind kurz. Dieser merkwürdige Vogel lebt in den Baumwipfeln und springt bei der Suche nach Früchten und Insekten lärmend von Ast zu Ast.

Die Männchen bevorzugen bestimmte Bäume, von denen aus sie mit aufgerichteten Schirmen rufen. Indem sie 2 spezialisierte Aussackungen in ihren Luftröhren mit Luft füllen, erzeugen sie laute, dröhnende Geräusche. Das flache, offene Nest aus Zweigen wird in der Astgabel eines ziemlich niedrigen Baumes gebaut. Das Weibchen legt jeweils 1 Ei und brütet es alleine aus.

Fadenpipra ♂
Prachtpipra ♂
Grünkotinga ♂
Anden-Klippenvogel ♂
Halsbandkotinga ♂
Araponga
Schirmvogel ♂

Flammenkopf, Pflanzenmäher, Tyrannen 1

FAMILIE OXYRUNCIDAE: Flammenköpfe
Zu dieser Familie gehört nur eine Art, die in den Baumwipfeln des südamerikanischen Regen- und Nebelwaldes lebt, von Costa Rica bis Paraguay.

Flammenkopf
Oxyruncus cristatus
Verbreitung: vereinzelt von Costa Rica, Panama bis Paraguay und Amazonasgebiet Brasiliens
Habitat: feuchter tropischer Wald
Länge: 16–18 cm

Der Flammenkopf hat einen scharfen, spitzen Schnabel. Sein Name bezieht sich auf den dichten, feuerroten Schopf des Männchens; beim Weibchen kann der Schopf hell gefärbt sein. Ansonsten sehen die beiden Geschlechter gleich aus. Der Flammenkopf lebt zurückgezogen in der mittleren und oberen Etage des Urwaldes, wo er den ganzen Tag über nach Früchten sucht. Er ist ein guter Flieger mit stark abgerundeten langen Flügeln.

FAMILIE PHYTOTOMIDAE: Pflanzenmäher
Die 3 Pflanzenmäherarten leben in den offeneren Gebieten des westlichen Teils von Südamerika. Die Pflanzenmäher bilden eine kleine, homogene Familie und sind eng mit den Schmuckvögeln verwandt. Ihr Aussehen erinnert jedoch mehr an die Finken der Alten Welt. Mit ihren Schnäbeln, deren beide Hälften fein gezähnt sind, können die Vögel Knospen, Früchte und Blätter, ihre Hauptnahrung, glatt „absägen". Ihre Vorliebe für Früchte hat den Pflanzenmähern einen schlechten Ruf bei Obstzüchtern eingebracht. Männchen und Weibchen sind unterschiedlich gefärbt.

Chile-Pflanzenmäher / Rarita
Phytotoma rara
Verbreitung: Mittelchile, Argentinien
Habitat: offene Buschvegetation, Obstplantagen, Gärten, Bergtäler
Länge: 17–20 cm

Dieser Vogel hat kurze Beine, leuchtendrotorange Augen und einen kräftigen Schnabel mit „Sägezähnen". Die Unterseite und der Schwanz des Männchens sind rötlich bis kastanienbraun gefärbt; das Weibchen ist heller und hat eine braungelbe Kehle und Unterseite. Raritas leben alleine oder in kleinen Gruppen und fliegen langsam zwischen den Obstbäumen umher. Sie fressen Knospen, junge Schößlinge und Blätter, wodurch sie oft das Obst schädigen. Im Frühling ziehen sie in höhergelegene Bergtäler, wo sie zwischen Oktober und Dezember brüten. Ihre 2–4 Eier legen sie in ein napfförmiges Nest im dichten Gestrüpp.

FAMILIE TYRANNIDAE: Tyrannen
Die Tyrannen bilden mit 370 Arten eine der größten Familien der Sperlingsvögel. Sie kommen ausschließlich in Amerika vor, wo sie die ökologische Nische der Fliegenschnäpper der Alten Welt ausfüllen, mit denen sie übrigens auch einige Merkmale gemeinsam haben. Die meisten Arten leben in den Regenwäldern des Amazonasgebietes, doch haben sich einige Arten von Alaska bis Feuerland verbreitet: Sie sind überall dort zu finden, wo Nahrung vorhanden ist.

In der Regel fangen Tyrannen Insekten im Flug, aber einige Arten ernähren sich auch von Früchten, kleinen Säugetieren, Reptilien, Amphibien und Fischen. Der Schnabel dieser Insektenfresser ist abgeflacht, leicht gebogen und an der Wurzel mit Borstenhaaren versehen. Bei den meisten Arten ähneln die beiden Geschlechter einander.

Scherentyrann
Muscivora forficata
Verbreitung: südl. Mitte der USA; überwintert von Südtexas über Mexiko bis Panama
Habitat: offenes Grasland (Prärie), Weideland
Länge: GL 28–38 cm; SL bis zu 23 cm

Wenn diese anmutigen Vögel fliegen, öffnen und schließen sich ihre schwarzen, außergewöhnlich langen Schwanzfedern wie die Klingen einer Schere; wenn sie sitzen, schließen die Vögel diese „Klingen". Das Weibchen hat einen kürzeren Schwanz und ist kleiner als das Männchen. Scherentyrannen sitzen gerne auf Zäunen, Überlandleitungen und in Bäumen, von wo aus sie blitzschnell auffliegen, um Insekten in der Luft oder auf dem Boden zu fangen. Sie fressen vor allem Heuschrecken und Grillen, aber auch Bienen, Wespen, Schmetterlinge, Raupen und Spinnen sowie Beeren und kleine Samenkörner.

Das klobige Nest wird aus Gras, kleinen Wurzeln und Baumwolle gebaut und mit Haaren und kleinen Wurzeln ausgepolstert. Das Weibchen legt 4–6, meist jedoch 5 Eier, die es in ca. 2 Wochen ausbrütet.

Weißkopf-Rohrtyrann
Arundinicola leucocephala
Verbreitung: Südamerika östl. der Anden, bis Nordargentinien; Trinidad
Habitat: Flußufer, Sümpfe, feuchtes Grasland
Länge: 11 cm

Diese Rohrtyrannen leben in Paaren oder Familiengruppen zusammen und ernähren sich von Insekten, die sie im Flug fangen. Ihre Nester liegen in niedrigen Sträuchern oder Grasbüscheln. Zum Nestbau verwenden diese Vögel die Samenkapseln der Baumwollpflanze. Ein Gelege besteht aus 2–3 Eiern.

Phoebe
Sayornis phoebe
Verbreitung: östl. Nordamerika; überwintert im Süden der USA und in Mexiko
Habitat: Waldgebiete in Wassernähe, Felsschluchten, bewaldetes Weideland
Länge: 16–18 cm

Die Hauptmerkmale dieser Fliegenfänger sind ihr aufrechter Sitz und die Art, wie sie beim Auffliegen den Schwanz bewegen. Die Phoebe schwenkt den Schwanz von der einen zur anderen Seite. Ihr Name ist von ihrem Ruf „fie-bie" abgeleitet, den sie häufig erschallen läßt. Die Phoebe ist kein scheuer Vogel; im Sommer ist sie auf dem Ackerland und auf Alleen anzutreffen, wo sie Käfer, Ameisen, Bienen, Wespen und andere Wirbellose sucht. Das napfförmige Nest wird aus Schlamm und Moos gebaut und liegt auf Steinsimsen oder sogar auf den Dachbalken oder Fensterbänken von Bauernhöfen. Die 3–8, meist jedoch 5 Eier werden 16 Tage lang bebrütet.

Bentevi
Pitangus sulphuratus
Verbreitung: von Südosttexas über Mittel- und Südamerika bis Zentralargentinien
Habitat: Haine, Obstplantagen, bewaldete Ufer kleiner Flüsse
Länge: 23–26 cm

Der Bentevi ist ein geschäftiger und lauter Vogel, der sich nachdrücklich mit einem lauten „kis-ka-di" bemerkbar macht. Besonders in der Morgen- und Abenddämmerung bekommt man ihn zu Gesicht; dann sitzt er wie ein Eisvogel auf einem Ausguck über der Wasseroberfläche; von dort aus taucht er plötzlich ins Wasser und fängt so Fische und Kaulquappen. Da der Bentevi nach 3maligem Tauchen seine Federn trocknen muß, geht er dann dazu über, fliegende Insekten wie Käfer und Wespen zu fangen. Wenn diese im Winter knapp werden, frißt der Vogel Früchte und Beeren.

Der Bentevi baut ein großes, ovales Nest in ca. 6 m Höhe in einem Baum. Das Gelege besteht aus 2–5, meist jedoch aus 4 Eiern.

Königssatrap
Tyrannus tyrannus
Verbreitung: von Zentralkanada über die USA bis zum Golf von Mexiko; überwintert in Mittel- und Südamerika bis Nordargentinien
Habitat: offenes Gelände mit Baumbestand, Obstplantagen, Gärten
Länge: 20–23 cm

Der Königssatrap ist laut und streitsüchtig und greift andere Vögel wie Bussarde, Geier und Krähen an, wobei er manchmal auf dem Rücken seiner Opfer landet. Man hat festgestellt, daß der Vogel mehr als 200 Arten von Insekten frißt, die er in der Luft, auf dem Boden oder an der Wasseroberfläche fängt. Außerdem frißt er auch Beeren, wobei er in der Luft steht und rüttelt.

Männchen und Weibchen brüten die 3–5 Eier ca. 2 Wochen lang gemeinsam aus und füttern auch die Jungen zusammen.

Flammenkopf ♂
Phoebe
Scherentyrann ♂
Chile-Pflanzenmäher ♂
Weißkopf-Rohrtyrann
Bentevi
Königssatrap

Tyrannen 2

Weidentyrann

Empidonax traillii

Verbreitung: Südkanada, USA: von Maine bis Virginia, westl. bis Arkansas und Kalifornien

Habitat: offenes Gelände in Wassernähe bis 2400 m Höhe

Länge: 13–15 cm

Getreu seinem Namen kann man den Weidentyrann meist dort finden, wo viele Weiden wachsen – auf Flußinseln, in Sträuchern und an Bächen. Im Aussehen ähnelt er dem Erlentyrannen (*E. alnorum*), aber er hat einen etwas längeren Schnabel und rundere Flügel als dieser. Er ist ein gieriger Insektenfresser, von dem man weiß, daß er mindestens 65 Arten von Käfern fängt, außerdem auch Blattläuse, Schmetterlinge, Bienen, Wespen, Schnaken, Raupen, Spinnen und Tausendfüßler, die alle im Flug gefangen werden. Er frißt aber auch Beeren.

Das Nest wird gewöhnlich ca. 2,5 m über dem Boden in der vertikalen Gabel eines Strauches oder Baumes gebaut, an Plätzen, wo Weiden oder Rosengewächse wachsen. Blattfasern der Gänsedistel und des Rohrkolbens, ebenso wie die seidigen Kätzchen von Erlen und Weiden werden für den Nestbau verwendet; die Nestmulde ist mit weichen Gräsern und Federn ausgekleidet. Die 3–4 Eier werden ca. 12 Tage lang bebrütet. Die Jungen verlassen nach ca. 2 Wochen das Nest.

Königstachuri

Tachuris rubrigastra

Verbreitung: Südamerika: Peru, Südostbrasilien, Paraguay, Uruguay, Argentinien, Chile

Habitat: Felder, Wiesen in Wassernähe, sumpfiger Boden

Länge: 10 cm

Das Federkleid dieser hübschen Vögel ist recht bunt: gelb, blau, weiß, bronzefarben, braun, schwarz, karminrot und grün. Er ist sehr munter und flitzt unentwegt zwischen den Stengeln hoher Gräser, vor allem der Rohrkolben, hin und her und sucht dort nach kleinen Insekten. Trotz ihrer Betriebsamkeit werden die Vögel dieser Art nur selten gesehen; sie verraten ihre Anwesenheit nur durch ihren regelmäßig wiederholten Ruf.

Das kegelförmige Nest wird an einem Schilf- oder Rohrkolbenstengel befestigt, ungefähr 50–80 cm über dem Wasser. Es besteht aus einem Geflecht von vertrockneten Schilfhalmen, und die Kegelspitze ist nach unten gerichtet. Das Schilf wird durch eine klebrige Substanz zusammengehalten, wodurch das Nest eine glatte, glänzende Oberfläche erhält. Das Weibchen legt seine Eier merkwürdigerweise grundsätzlich in Vielfachen von 3, also 3, 6 oder 9 Stück.

Königstyrann

Onychorhynchus coronatus

Verbreitung: Südamerika: Amazonasbecken

Habitat: Regen- und Nebelwald, Waldränder

Länge: 16 cm

Der Königstyrann ist ein auffälliger Vogel mit einem roten Schopf aus karminroten Federn, die in einem metallischblauen glänzenden Halbkreis enden. Das Weibchen hat eine orange Haube. Gewöhnlich ist die Haube flach angelegt, aber während der Balz öffnet und schließt der Vogel sie wie einen Fächer. Der Schnabel ist breit und flach und kann weit geöffnet werden, wodurch er sich ausgezeichnet zum Fangen von Insekten eignet, die der Vogel im Flug sammelt. Dieser Tyrann tritt meist alleine oder in Paaren in Sekundärwäldern oder am Waldrand auf. Das große, sackförmige Nest hängt in einem Baum, oft in der Nähe fließender Gewässer. Ein Gelege besteht aus 6 Eiern.

Der Mexikanische Königstyrann (*O. mexicanus*) wird heute als Unterart des Königstyrannen angesehen.

Waldtyrann

Contopus virens

Verbreitung: brütet in Südostkanada, Osten der USA; überwintert in Mittelamerika und im nördl. Südamerika

Habitat: gemischter Laubwald, hohe schattenspendende Bäume in Gärten

Länge: 15–17 cm

Der Östliche Waldtyrann ähnelt so stark der westlichen Art (*C. sordidulus*), die im westlichen Manitoba und Nebraska verbreitet ist, wo ihre Brutgebiete einander überlappen, daß man beide nur anhand des klagenden, flötenden Rufes des ersteren unterscheiden kann, der wie ein „Piewie" klingt. Im Überwinterungsgebiet dieser Vögel gibt es noch 2 sehr ähnliche Arten, von denen eine der Piwih ist, was die Verwirrung noch größer macht. Der Waldtyrann schießt aus dem tiefen Schatten großer Bäume hervor, um fliegende Insekten, Käfer und Zikaden zu fangen.

Er baut ein dickwandiges Napfnest hoch in den Bäumen auf einem vertikalen Zweig. Das Nest wird aus pflanzlichem Material angefertigt und mit Wolle, Gras und Haaren ausgepolstert; das Ganze wird dann wieder mit Flechten überdeckt, so daß es vom Boden aus nicht zu erkennen ist. Das aus 3 Eiern bestehende Gelege wird in ca. 13 Tagen ausgebrütet.

Stummelschwanz-Zwergtyrann

Myiornis ecaudatus

Verbreitung: nördl. Südamerika östl. der Anden, Amazonasgebiet Brasiliens; Trinidad

Habitat: hoher lichter Regenwald, Lichtungen, Plantagen

Länge: 6,5 cm

Der außergewöhnlich kurze Schnabel dieses kleinsten Tyrannen ist kaum länger als seine Schwanzdeckfedern. Beide Geschlechter sehen gleich aus. Alleine oder in Paaren jagt der Stummelschwanz-Zwergtyrann zwischen den Waldriesen auf und ab, von den untersten Zweigen bis zu den Baumkronen, und sucht nach Insekten. Der Zwergtyrann ist nicht scheu, aber da er in sehr dichtem Blattwerk lebt, wird er fast nie gesehen.

Silberkopf-Breitschnabel

Platyrinchus platyrhynchos

Verbreitung: nördl. Südamerika bis zum Amazonasgebiet

Habitat: Regenwald, Waldränder

Länge: 7,5 cm

Dieser kleine, dicke Vogel mit rundem Kopf und breitem, kurzem Schnabel ist an seinen weißen Kopffedern zu erkennen. Pärchen bleiben das ganze Jahr über zusammen. Silberkopf-Breitschnäbel fliegen schnell durch das Buschwerk und die untersten Zweige der Bäume des Waldes und suchen eifrig nach Insekten und Spinnen. Gelegentlich schließen sie sich auch den vielen Vögeln an, die den Armeen der Wanderameisen folgen.

Das Weibchen baut aus Baumfarnen, Pflanzenfasern und Spinnweben ein massives, napfförmiges Nest nach Art der Kolibris. Meist sitzt das Nest in einer vertikalen Baumgabel etwa 2 m über dem Boden. Die 2 Eier werden in Abständen von 2 Tagen gelegt und anschließend 17 Tage lang vom Weibchen bebrütet. Das Männchen hilft beim Füttern der Jungen, die nach ca. 2 Wochen fliegen können.

Goldbauch-Elaenie

Elaenia flavogaster

Verbreitung: Mittel- und Südamerika: von Südmexiko bis Nordargentinien; Trinidad, Tobago

Habitat: schattige Weiden, Savanne, Parks, Plantagen, bis 1800 m Höhe

Länge: 16 cm

Trotz seines Namens ist das Hauptmerkmal dieses Fliegenfängers der doppelte Schopf aus steifen, grauen Federn, die vom Kopf abstehen, so daß der weiße Flecken in der Mitte sichtbar wird. Brust und Bauch sind hellgelb; der Vogel hat einen langen Schwanz und einen kurzen Schnabel. Beide Geschlechter ähneln einander. Das ganze Jahr über leben die Elaenien zusammen, immer in offenem Gelände mit Baumbestand, wo sie Insekten im Flug fangen und sich außerdem von verschiedenen Beeren ernähren.

Das Pärchen baut gemeinsam meist in 2–4,5 m Höhe ein Nest in die Gabel eines Baumes, ein ziemlich flaches, offenes Gebilde aus pflanzlichem Material und Spinnweben. Es wird mit Flechten und Moos bedeckt und mit Federn ausgepolstert. Das Weibchen bebrütet die 2 Eier ca. 15 Tage lang. Beide Eltern ernähren ihre Jungen. Diese verlassen nach ca. 17 Tagen das Nest. Oft brüten sie 2mal in einem Jahr.

Weidentyrann
Silberkopf-Breitschnabel
Goldbauch-Elaenie
Königstyrann ♂
Königstachuri
Waldtyrann
Stummelschwanz-Zwergtyrann

Tyrannen 3

Spateltyrann

Todirostrum cinereum

Verbreitung: von Südmexiko über Mittel- und Südamerika bis Bolivien und Brasilien

Habitat: offenes Gelände, Plantagen, Parklandschaft

Länge: 10 cm

Der lange, gerade Schnabel und die schmalen, abgestuften Schwanzfedern machen schon die Hälfte der Körperlänge dieses Vogels aus. Der Spateltyrann vermeidet dichtbewaldete Gebiete und sucht Nahrung an Orten mit vereinzelten Baumgruppen. Er springt von Ast zu Ast und liest Insekten und Beeren von den Blättern und aus der Rinde. Er hüpft seitlich über die Zweige und wippt dabei unentwegt mit dem Schwanz. Männchen und Weibchen ähneln einander und leben das ganze Jahr über zusammen.

Das Pärchen baut gemeinsam ein Nest und befestigt es hängend an einem dünnen Zweig oder einer Liane. Die Vögel flechten das Nest nicht, sondern tragen Pflanzenfasern zu einem Häufchen zusammen und graben in dieses einen Eingang und eine zentrale Nistkammer. Das Weibchen brütet die 2–3 Eier in 17–18 Tagen aus; beide Eltern füttern die Jungen.

Pirattyrann

Pipromorpha oleaginea

Verbreitung: von Südmexiko über Mittel- und Südamerika bis Peru und Brasilien

Habitat: Wald, Lichtungen

Länge: 12 cm

Der Pirattyrann, ein schlanker Vogel mit einem langen Schwanz, ist überwiegend olivgrün, hat graue Kehlfedern und eine ockergelbe Unterseite. Der Schnabel ist lang und schlank und an der Spitze gebogen. Dieser lebhafte kleine Vogel hat die merkwürdige Angewohnheit, stets einen Flügel über den Rücken zu heben. Der Pirattyrann fängt seine Beute nicht nach Fliegenschnäpperart, sondern pickt Insekten und Spinnen vom Blattwerk ab, wobei er schnell von Baum zu Baum fliegt. Auch Früchte und Beeren frißt der Vogel, vor allem die Beeren der Mistel. Der Pirattyrann ist ein sehr einsiedlerischer Vogel, der außerhalb der kurzen Balz- und Paarungszeit nie in Gruppen oder auch nur in Paaren auftritt.

Die Art ist zwar gewöhnlich schweigsam, doch in der Brutzeit besetzt das Männchen ein Territorium, wo es ohne Unterlaß singt, um ein Weibchen anzulocken. Oft sitzen mehrere Männchen in Hörweite voneinander und singen. Sie helfen ihren Weibchen nicht beim Nestbau und bei der Aufzucht der Jungen. Das birnenförmige, mit Moos bedeckte Nest hängt an einem dünnen Zweig, an einer Liane oder auch an den Luftwurzeln einer Luftpflanze. Der Nestbau des Weibchens dauert etwa 2 Wochen. Es sitzt ca. 20 Tage auf den 2–3 Eiern, und in den darauffolgenden 2–3 Wochen füttert es die Jungen.

Schwalbentyrann

Hirundinea ferruginea

Verbreitung: nördl. Südamerika bis Brasilien und Nordargentinien

Habitat: trockene Berghänge, Schluchten, Klippen, offene Waldgebiete

Länge: 18 cm

Dieser Tyrann ist überwiegend braun und schwarz, und Unterseite und Flügelspiegel sind von schöner, hell kastanienbrauner Färbung. Seine langen Flügel ähneln denen einer Schwalbe, und er fängt einen Großteil der Insekten, von denen er sich ernährt, durch geschickte Flugmanöver. Sein Nest baut er in einen Spalt zwischen Steinen oder Felsen.

Bodentyrann

Agriornis livida

Verbreitung: Südamerika: Südargentinien, Chile

Habitat: lichte Buschvegetation, Felder

Länge: GL 28 cm; SL 11 cm

Dieser stille Vogel meidet den Wald und bewohnte Gebiete und bevorzugt abgelegenes, offenes Gelände. Er hat einen kräftigen Schnabel und ernährt sich von Insekten und von kleineren Tieren wie Wassersalamandern, Kröten und Mäusen sowie von den Eiern anderer Vogelarten.

An der Küste beginnen die Vögel im Oktober zu nisten, doch weiter im Inland, in den Hügeln am Fuße der Anden, beginnt die Brutperiode erst im November. Ein großes Nest wird aus Gras und Zweigen gebaut und mit Schafswolle ausgekleidet; es sitzt in einem dichten Strauch und enthält 2–4, gewöhnlich 3 Eier.

Rubinköpfchen

Pyrocephalus rubinus

Verbreitung: vom Südwesten der USA Mexiko über Mittel- und Südamerika bis Argentinien; Galapagosinseln

Habitat: Buschvegetation, Wüste

Länge: 14–17 cm

Das auffällige Männchen dieser Art hat einen schön gefärbten roten Kopf und eine rote Unterseite. Das Weibchen ist an der Oberseite graubraun und an Brust und Bauch heller gefärbt und gestreift. Das Rubinköpfchen frißt fliegende Insekten, vor allem Bienen, die es von einem hohen Ausguck aus jagt. Dieser Tyrann fängt auch Heuschrecken und Käfer auf dem Boden, vor allem in Gebieten mit karger Vegetation.

Bei der Balz fliegt das Männchen von einem Baum aus in die Luft und läßt dabei mit aufgerichtetem rotem Schopf und abstehendem Brustgefieder seinen überschwenglichen Gesang erschallen. Es rüttelt kurz und flattert anschließend wieder hinunter zum Weibchen. Ein ziemlich flaches, muldenförmiges Nest aus kleinen Zweigen und pflanzlichem Material wird auf einen waagerecht gegabelten Ast gebaut. Während das Weibchen die 2–4 Eier ausbrütet, verteidigt das Männchen tapfer das Nest. 2 Wochen nach dem Ausschlüpfen werden die Jungen flügge.

Diebstyrann

Legatus leucophaius

Verbreitung: von Südmexiko über Mittel- und Südamerika bis Nordargentinien

Habitat: offene Waldgebiete

Länge: 14 cm

Der Diebstyrann hat eine matte, schmutzige Färbung, fällt aber auf, da er einer der lautesten amerikanischen Fliegenfänger ist und über ein breites Spektrum an Rufen verfügt. Seine Nahrung besteht aus Beeren und Insekten – vor allem fängt er Libellen in der Luft.

Der Diebstyrann weicht in seinen Nistgewohnheiten von allen anderen Tyrannenarten ab, und dies hat ihm auch seinen Namen eingetragen. Er baut nämlich kein eigenes Nest, sondern eignet sich die frischgebauten Nester anderer Vögel an, oft sogar die anderer Tyrannen. Sobald das Paar ein Opfer gewählt hat, setzt es sich in die Nähe des soeben entstehenden Nestes und verfolgt den Fortgang der Bauarbeiten. Dabei zwitschert das Diebstyrannenpärchen laut und macht sich bemerkbar, greift jedoch nicht an, bis das Nest fertig ist. Dann aber werden die rechtmäßigen Eigentümer so lange bedrängt, bis diese schließlich aufgeben und ihr Nest den Angreifern überlassen. Falls schon Eier darin liegen, werden diese hinausgeworfen, woraufhin die Diebin ihre eigenen 2–3 Eier legt und ca. 16 Tage lang bebrütet. Beide Eltern füttern die Nestlinge mit Beeren und Insekten, bis sie nach ca. 3 Wochen das Nest verlassen.

Die Populationen im zentralen und nördlichen Südamerika ziehen nach der Brutzeit in den Süden.

Grauer Sturzbachtyrann

Serpophaga cinerea

Verbreitung: Mittel- und Südamerika: Bergland von Costa Rica und Panama, Anden von Venezuela bis Bolivien

Habitat: Bäche mit felsigem Bett

Länge: 10 cm

Dieser Tyrann lebt am schnell strömenden Wasser von Bergbächen; sein graues und schwarzes Gefieder hat sich seinem felsigen Lebensraum angepaßt. Sehr geschickt fängt er Insekten nicht nur aus der Luft, sondern auch von wasserumspülten glitschigen Steinen, wobei er oft triefendnaß wird. Der Sturzbachtyrann setzt sich sogar auf nasse Steine, um dort nach sehr kleinen wirbellosen Tieren zu suchen. Weibchen und Männchen ähneln einander und bewohnen das ganze Jahr über zusammen ein Territorium.

Das mit Moos bedeckte Nest dieser Vögel befindet sich zwischen Pflanzen, die über das Wasser hängen, in seltenen Fällen auch am Ufer. Das Weibchen sitzt ca. 17 Tage auf den 2 Eiern; das Männchen bleibt die ganze Zeit über in der Nähe. Beide füttern die Jungen 2–3 Wochen lang mit Insekten. Nach dem Flüggewerden bleiben die jungen Vögel noch 5–6 weitere Wochen bei ihren Eltern, bis sie sich selbst ein Revier suchen.

Spateltyrann
Pirattyrann
Bodentyrann
Rubinköpfchen ♂
Schwalbentyrann
Grauer Sturzbachtyrann
Diebstyrann

Breitrachen, Pittas und Verwandte

FAMILIE EURYLAIMIDAE: Breitrachen
Die 14 Arten der Familie der Breitrachen bewohnen die Urwälder und die waldreichen Gebiete Afrikas und Süd- und Südostasiens. Es sind ziemlich gedrungene kleine Vögel mit schönen Federn, schweren, breiten Schnäbeln und kurzen Beinen und Schwänzen. Bei den meisten Arten sind die beiden Geschlechter zu unterscheiden. Die Breitrachen fressen Insekten, Früchte, Samen und andere pflanzliche Nahrung. Das Nest ist meist birnenförmig und hängt an einem Zweig oder Ast, in vielen Fällen über dem Wasser.

Smaragdracke

Calyptomena viridis

Verbreitung: Malaysia, Sumatra, Borneo
Habitat: Urwald im Tiefland und Hügelland
Länge: 19 cm

Die kleine grüne Smaragdracke verbringt viel Zeit damit, hoch oben in den Urwaldbäumen Früchte zu fressen, von denen sie sich überwiegend ernährt. Zwischen dem Blattwerk der Bäume ist sie nur schwer zu entdecken. Das Männchen hat ein prachtvolles glänzendes Gefieder, das Weibchen ist matter grün gefärbt und oft größer.

Das Nest wird aus rauhen, geflochtenen Pflanzenfasern gebaut und hängt an dünnen Zweigen unmittelbar über dem Boden. Oben ist das Nest breiter als unten, und an der Oberseite befindet sich auch der Eingang. Die 2 Eier werden wahrscheinlich von beiden Vögeln bebrütet.

FAMILIE PITTIDAE: Pittas
Die 24–26 Arten der Pittas leben in Afrika, Asien und von Südostasien bis nach Australien. Es sind kräftige Vögel mit langen Beinen, und die meisten Arten haben ein prachtvolles Gefieder. Bei manchen Arten ähneln sich die Geschlechter, bei anderen sehen sie unterschiedlich aus.

Neunfarbenpitta

Pitta brachyura

Verbreitung: Nord- und Zentralindien; überwintert in Südindien und Sri Lanka
Habitat: unterschiedlich, einschließl. teilkultivierten Landschaften und Wald
Länge: 18 cm

Dieser prachtvoll gefärbte kleine Vogel sucht seine Nahrung – wie Spinnen und Insekten – im Blatthumus des Waldbodens. Auch liest er Würmer und Maden aus Fäkalien. Wenn der Vogel aufgeschreckt wird, fliegt er mit einem schnurrenden Geräusch in einen Baum und bleibt dort still sitzen, wobei er nur den Schwanz langsam auf und niederbewegt.

Das Baumnest dieses Vogels ist ein überdachtes, rundes Gebilde, aus Moos gebaut und mit kleinen Zweigen bedeckt. Von innen wird es mit Pflanzenstücken ausgekleidet, und der Eingang befindet sich an der Seite. Die 4–6 Eier werden von beiden Eltern bebrütet, die auch die beim Ausschlüpfen noch hilflosen und nackten Jungen gemeinsam aufziehen. Große Gruppen von Vögeln der nördlichen Populationen ziehen im Winter in den Süden. Die japanische Neunfarbenpitta (*P. b. nympha*) gilt als Unterart.

Granatpitta

Pitta granatina

Verbreitung: Malaysia, Sumatra, Borneo
Habitat: Tieflandwald, Sümpfe
Länge: 15 cm

Sowohl das Männchen wie auch das Weibchen haben ein leuchtendes, einem Juwel ähnelndes Federkleid. Die jungen Vögel sind bräunlich und entwickeln nur allmählich das Kleid der erwachsenen. Die Granatpitta läuft viel auf dem Boden umher und liest dort Ameisen, Käfer und andere Insekten, aber auch Schnecken und Samenkörner auf. Manchmal fliegt sie auch über kurze Entfernungen.

Das typische Pittanest wird auf dem Boden aus vermodernden Blättern und Pflanzenfasern gebaut und mit Zweigen und Blättern überdacht. Ein schmaler Zugang führt zur Nistkammer, in der 2 Eier liegen.

FAMILIE XENICIDAE: Neuseeland-Schlüpfer
Diese Familie beschränkt sich mit ihren 3 oder 4 Arten auf die Wälder und die Buschvegetation Neuseelands.

Zwergschlüpfer

Acanthisitta chloris

Verbreitung: Neuseeland und benachbarte Inseln
Habitat: Wald und teilkultivierte Gebiete mit Restwäldern
Länge: 7,5–10 cm

Dieser winzige Vogel sucht hauptsächlich in der Borke sowie an den Zweigen und Stämmen von Bäumen nach Insekten und Spinnen. Manchmal kommt er auch auf den Waldboden herab. Die beiden Geschlechter haben ein unterschiedliches Federkleid: Beim Weibchen ist die Unterseite nicht gelbgrün wie beim Männchen, sondern dunkel- bis hellbraun gestreift.

Ihr Nest baut diese Art in einen Baumspalt, und die 4–5 Eier werden vom Pärchen gemeinsam ausgebrütet; beide sorgen auch gemeinsam für die Jungen.

FAMILIE PHILEPITTIDAE: Lappenpittas
Zu dieser Familie gehören 2 Gattungen, die Lappenpittas und die Pseudo-Nektarvögel, die jeweils mit 2 Arten vertreten sind. Es sind plumpe, baumbewohnende Vögel, die ausschließlich auf Madagaskar leben. Männchen und Weibchen sind unterschiedlich gefärbt.

Pseudo-Nektarvogel

Neodrepanis coruscans

Verbreitung: Ostmadagaskar
Habitat: Urwald
Länge: 9 cm

Durch den langen, nach unten gebogenen Schnabel erinnert dieser Pitta im Aussehen stark an die Nektarvögel (Nectariniidae). Ebenso wie diesen dient ihm sein Schnabel dazu, Nektar aus den Blüten zu holen. Außerdem ernährt er sich von Früchten, Insekten und Spinnen.

FAMILIE MENURIDAE: Leierschwänze
Es gibt 2 Arten von Leierschwänzen, die in den Bergwäldern Südostaustraliens leben. Beide Geschlechter sind braun und grau gefärbt. Nur die Männchen haben den außergewöhnlich langen und eindrucksvollen Schwanz, der diese Vögel so bekannt gemacht hat.

Leierschwanz

Menura novaehollandiae

Verbreitung: Australien: von Südostqueensland bis Victoria; eingeführt in Tasmanien
Habitat: Bergwald
Länge: ♂ 80–95 cm; ♀ 45–50 cm

Obwohl sich die Geschlechter hinsichtlich der Körpergröße und ihres Äußeren kaum voneinander unterscheiden, ist das Männchen an seinen außergewöhnlich langen, apart geformten Schwanzfedern (bis zu 55 cm lang) zu erkennen: 2 kräftig gezeichnete leierförmige und eine große Zahl feiner, fadenförmiger Federn. Der Vogel verbringt den größten Teil der Zeit auf dem Waldboden, wo er herumhüpft und mit seinen starken Beinen in der Waldstreu scharrt und nach Insekten und Larven sucht. Nur zum Schlafen flattert der Leiervogel an einen höhergelegenen Platz auf einem Zweig.

Vor der Paarung scharrt das Männchen einen oder mehrere Erdhügel auf und balzt darauf vor dem Weibchen, wobei es seinen schimmernden Schwanz über dem Körper ausfaltet und „tanzt". Das Nest besteht aus einem gutversteckten Reisighaufen und aus weichem Pflanzenmaterial; es wird entweder auf den Boden gebaut oder auf einem Felsvorsprung, einem Baumstumpf oder in einer Astgabel. Das Weibchen legt ein Ei und brütet es ca. 6 Wochen lang aus. Es versorgt auch das Küken.

FAMILIE ATRICHORNITHIDAE: Dickichtschlüpfer
Diese den Leiervögeln verwandte Familie besteht aus 2 Arten, die nur in Australien vorkommen. Sie sind an den kleinen Flügeln, dem langen, breiten Schwanz und den starken Beinen zu erkennen. Die Weibchen sind etwas kleiner als die Männchen, und ihnen fehlt der dunkle Kehlfleck.

Großer Dickichtschlüpfer

Atrichornis clamosus

Verbreitung: Südwestaustralien (Two People's Bay)
Habitat: Buschvegetation an der Küste, bewachsene Priele
Länge: 23 cm Ⓑ

Der Große Dickichtschlüpfer wurde erst 1961 in der Two People's Bay wiederentdeckt, nachdem man ihn schon gut 70 Jahre für ausgestorben hielt. Diese seltene Art ist heute gesetzlich geschützt.

Der Große Dickichtschlüpfer lebt in der dichten Vegetation oder in Bodennähe und ernährt sich von Insekten und Samenkörnern. Er führt ein einsiedlerisches Leben und zieht nie weit ins Binnenland. Das Weibchen baut ein überdachtes Nest aus trockenen Binsen und legt 1 Ei hinein; die Brutzeit beträgt 36–38 Tage.

Zwergschlüpfer ♂
Smaragdracke ♂
Leierschwanz ♂
Neunfarbenpitta
Granatpitta
Großer Dickichtschlüpfer ♂

Lerchen

FAMILIE ALAUDIDAE: Lerchen
Die 75–76 Lerchenarten kommen ausschließlich in der Alten Welt vor; die einzige Ausnahme ist die Ohrenlerche (*Eremophila alpestris*), die auch in Nordamerika lebt, wo allerdings auch die Feldlerche eingeführt wurde. Kennzeichnend für die Familie sind die ziemlich langen, spitzen Flügel und der relativ lange, leicht nach unten gebogene Schnabel. Die Geschlechter sehen fast gleich aus, nur ist das Weibchen etwas kleiner als das Männchen. Die meisten Arten bevorzugen offenes Gelände mit niedrigem Pflanzenwuchs oder Wüsten, wo man sie oft über den Boden laufen oder rennen sieht. Sie ernähren sich von Samen, Knospen, Insekten und kleinen in der Erde lebenden wirbellosen Tieren, die sie fangen, indem sie mit ihrem Schnabel im Boden herumstochern oder scharren.

Steinlerche

Ammomanes deserti

Verbreitung: Afrika: Sahara; vom Mittleren Osten über den Iran bis Afghanistan
Habitat: steinige, hügelige Wüste, trockene bewaldete Hänge
Länge: 15 cm

Die Farbe der Steinlerche stimmt exakt mit der des Wüstenbodens überein: Dies ist bei Vögeln das beste Beispiel von Bodentarnung. Die sehr dunkle Unterart (*A. d. annae*) ist gut an den schwarzen Lavasand Zentralarabiens angepaßt, während die hellgefärbte Form (*A. d. isabellina*) nur in Gebieten mit hellem Sandboden zu finden ist.

Das Nest wird gewöhnlich an einen Felsen oder in einen Grasbüschel gebaut und an der Windseite mit kleinen bunten Steinen befestigt. Im trockenen Inneren der Wüste werden 3 Eier gelegt, an den Wüstenrändern können es auch 4–5 sein.

Horsfieldlerche

Mirafra javanica

Verbreitung: Zentral- und Ostafrika, Mittlerer Osten, Südostasien, Neuguinea, Australien
Habitat: offene Buschvegetation, Reisfelder
Länge: 15 cm

Der trällernde Gesang dieser Lerche tönt von Sträuchern oder aus der Luft, selbst in hellen Vollmondnächten. Diese gedrungene, in Gruppen lebende Lerche ist dunkler und gleichmäßiger gefärbt als die übrigen Lerchenarten, und der schwere Schnabel, der an einen Fink erinnert, eignet sich gut dazu, Grassamen und Insekten aufzulesen. Mit ihrer Körperform, dem schnellen, sicheren Laufschritt und ihrem relativ guten Flug ist die Horsfieldlerche gut an das Leben auf dem Boden angepaßt.

Das Grasnest in der Form eines Iglus wird in den Schutz eines Felsens oder eines Grasbüschels gebaut; es hat einen seitlichen Eingang. Von innen wird es mit weichem Gras ausgefüttert. Das Gelege besteht aus 3–5 Eiern.

Knackerlerche

Ramphocoris clotbey

Verbreitung: von Nordafrika bis Syrien
Habitat: Steinwüste
Länge: 17 cm

Die Knackerlerche hat einen charakteristischen großen und schweren Schnabel. Er dient zum Aufknacken der zähen Hüllen von Samen und der harten Panzer der Wüsteninsekten. Seinen Kopf hält der Vogel als Gegengewicht zum Schnabel extrem aufrecht, ja sogar nach hinten gebogen. Das Männchen ist sandfarben und auf der Unterseite schwarz gefleckt, das Weibchen ist rötlich und hat weniger Flecken.

Obwohl die Knackerlerche eigentlich ein Standvogel ist, zieht ein Teil dieser Vögel nach der Brutzeit fort, um der Wüstenhitze zu entgehen. Das Nest liegt an einem Stein oder in einem Grasbüschel und ist zunächst eine kleine Mulde, die mit weichem Pflanzenmaterial aufgefüllt wird. Sobald die Mulde voll ist, wird das Nestmaterial durch kleine Steine abgestützt. Das Gelege besteht aus 2–5 Eiern.

Kurzzehenlerche

Calandrella cinerea

Verbreitung: Mittelmeergebiet, Afrika, Asien bis zur Mongolei; gelegentlicher Irrgast in Nordeuropa und Großbritannien
Habitat: offene sandige und steinige Ebenen
Länge: 14 cm

Bei dieser kleinen Lerche unterscheidet man 14 Unterarten. Ihr Verbreitungsgebiet ist sehr ausgedehnt. Die Gefiederfarbe variiert je nach Wohngebiet von sandfarben bis rötlich; die südafrikanische Unterart beispielsweise hat einen rotbraunen Scheitel und rötliche Flecken an beiden Seiten der Brust. Die Kurzzehenlerche kann schnell laufen, obwohl ihr Name eher auf das Gegenteil schließen läßt. Wird sie aufgeschreckt, dann fliegt sie niedrig über den Boden, landet plötzlich und sprintet davon. Sie sucht ihre Nahrung (Samenkörner und Insekten) auf dem Boden, vollführt aber in Höhen von ca. 15 m lange wellenförmige Singflüge.

Die nördlichen Populationen ziehen im Herbst aus ihrem Brutgebiet in den Süden der Sahara und Zentralindiens. Alle Formen sammeln sich außerhalb der Brutzeit zu großen Gruppen, die sich zu Beginn der nächsten Brutzeit wieder auflösen; die Vögel fliegen einzeln oder in Paaren zum Brutplatz. Die Paare bauen tiefe, muldenförmige Bodennester, in die pro Jahr zweimal jeweils 3–5 Eier gelegt werden. Die Brutzeit beträgt 11–13 Tage.

Ohrenlerche

Eremophila alpestris

Verbreitung: Nordamerika, Europa, Nordafrika, Asien
Habitat: unterschiedlich; felsige Almen im Hochgebirge bis zu 5300 m, steinige Steppe, Tundren und Wüsten, offenes Grasland
Länge: 16 cm

Die Ohrenlerche ist weitverbreitet und umfaßt ungefähr 40 Formen. Das Männchen hat einen auffällig gefärbten schwarzgelben Kopf, den kurze, schwarze Federbüschel krönen. Bei den Weibchen und bei den jungen Vögeln enthält das Gefieder weniger schwarze Flecken. Im Winter ziehen die im Norden brütenden Vögel in den Süden. Im Sommer ernährt sich diese Art von Samenkörnern, Knospen, Insekten und ihren Larven; während der Wintermonate ergänzt sie ihre Nahrung mit kleinen Schalen- und Weichtieren.

Das Bodennest ist ein einfaches Gebilde aus Pflanzenstengeln, das mit weichem Pflanzenmaterial ausgekleidet wird. Der Vogel „schmückt" die Umgebung mit Schafsdung, Pflanzenresten und kleinen Steinen. Das Weibchen brütet jedes Jahr gewöhnlich 2 Gelege mit je 4 Eiern aus. Die Brutzeit beträgt 10–14 Tage.

Feldlerche

Alauda arvensis

Verbreitung: Europa, Asien, Nordafrika; eingeführt in Australasien und Kanada
Habitat: Heidefelder, Sümpfe, Sanddünen, Weideland und Ackerland
Länge: 18 cm

Die Feldlerche hat dunkle Flügel und einen langen Schwanz, die beide von einem hellen Saum umgeben sind; ihre Brust ist kräftig gestreift, und den Kopf ziert ein kurzer, aber markanter Schopf. Sie lebt und ruht auf dem Boden, läuft mehr, als daß sie hüpft, und kauert sich bei Gefahr nieder. Wird sie aufgeschreckt, dann läßt sie ein helles „Tschirrup" ertönen. Feldlerchen lieben Staubbäder und sitzen gerne auf niedrigen Mäuerchen, Zäunen oder Telegrafendrähten. Gewöhnlich singt diese Lerche sehr früh am Morgen, sie ist meist der erste Vogel, der zu singen beginnt. Ihren charakteristischen Gesang läßt sie über lange Zeit hoch in der Luft erschallen. Sie ernährt sich von kleinen Samenkörnern und auf dem Boden lebenden wirbellosen Tieren.

Das Weibchen baut ein gutverborgenes Nest in einem Grasbüschel und brütet seine 3–5 Eier in 11 Tagen aus. Jedes Jahr kommt es zu 2 oder 3 Bruten. Die nördlichen Formen ziehen zu Beginn des Winters in den Süden ihres Verbreitungsgebietes.

Wüstenläuferlerche

Alaemon alaudipes

Verbreitung: von den Kapverdischen Inseln über die Sahara bis zum Mittleren Osten und Westen Indiens
Habitat: offene Sandwüste
Länge: 20 cm

Dies ist eine der größten Lerchen. Sie hat einen langen Schnabel, lange Beine und weiße Ohrbüschel. Im Flug leuchten die beiden großen weißen Flügelstreifen auf, wodurch die Art stark einem kleinen Wiedehopf ähnelt. Mit ihrem kräftigen, nach unten gebogenen Schnabel gräbt sie bis zu 5 cm tief, um ihre Nahrung, hauptsächlich Maden, Heuschrecken, verpuppte Larven und Samen auszugraben. Ihr Ruf ist lang und wohltönend, doch der Gesang besteht aus einer Folge von Pfiffen. Der Vogel fliegt gewöhnlich nur anläßlich seiner in extremen Höhen stattfindenden wellenförmigen Singflüge. Wie die meisten Lerchen nistet die Wüstenläuferlerche auf dem Boden; in den heißesten Gebieten wird das kunstlose, doch ziemlich umfangreiche Nest ca. 10 cm über dem Boden in die schattigen unteren Zweige eines Strauches gebaut. Das Gelege besteht meist aus 2 Eiern.

Feldlerche
Steinlerche
(dunkle Form)
(helle Form)
Ohrenlerche ♂
Wüstenläuferlerche
Knackerlerche ♂
Kurzzehenlerche
Horsfieldlerche

Schwalben

FAMILIE HIRUNDINIDAE: Schwalben
Die 74–78 Schwalbenarten sind in 2 Unterfamilien unterteilt: die Trugschwalben (Pseudochelidoninae) und die Echten Schwalben (Hirundininae). Alle Schwalbenarten fliegen schnell und äußerst wendig. Schwalben sind fast in der ganzen Welt verbreitet und fliegen regelmäßig zwischen ihren Brut- und Überwinterungsgebieten hin und her, wobei sie manchmal bis zu 13000 km zurücklegen. Alle Arten haben einen kleinen Körper, einen kurzen Nacken und lange, spitze Flügel. Es sind schnelle und geschickte Flieger, die ihre Beute im Flug mit weitgeöffneten Schnäbeln fangen. Sie sind unter den Sperlingsvögeln das Gegenstück zu den Seglern. Beide Familien haben als Anpassung an das Leben in der Luft das gleiche Aussehen entwickelt, doch sind die Flügel der Segler länger, und sie fliegen mit einigen Ausnahmen oft höher als Schwalben.

Auf dem Boden ermöglichen ihnen ihre kurzen, schwachen Füße nur einen unbeholfenen Watschelgang; sie können jedoch gut auf Ästen und Stangen sitzen. Die Vögel nisten oft in der Nähe menschlicher Siedlungen oder benutzen natürliche Höhlungen in Bäumen, Höhlen oder Klippen, in die sie einen Gang graben. Das Gelege aus 3–7 Eiern wird von beiden Elternvögeln bebrütet.

Schwalben sind im allgemeinen gesellige Vögel, die in großen Gruppen nach Nahrung suchen, nisten und wandern. Die Geschlechter ähneln einander, doch gibt es bei manchen Arten geringfügige Unterschiede, zum Beispiel längere Schwanzfedern bei den Männchen.

Rauchschwalbe

Hirundo rustica
Verbreitung: **fast weltweit; Brutgebiete zwischen dem 30. und 70. nördl. Breitengrad; überwintert auf der südl. Erdhalbkugel**
Habitat: offenes Kulturland mit Gebäuden, in Wassernähe
Länge: 19 cm

Die Rauchschwalbe ist nur in sehr nördlichen Breiten und auf einigen Ozeaninseln nicht zu finden. Das Männchen ist metallischblau gefärbt, hat einen tiefgegabelten Schwanz mit einigen weißen Flecken und ist an Stirn und Kehle tiefrot gefärbt. Weibchen und junge Vögel haben einen kurzen Schwanz und ein matteres Federkleid. Die Schwalbe frißt Insekten, die sie im Flug fängt oder von der Wasseroberfläche aufpickt.

Im Sommer streifen die Rauchschwalben in Paaren oder in kleinen Gruppen umher, doch im Herbst bilden sie manchmal riesige Gruppen und ruhen gemeinsam in Schilffeldern, bevor ihr Zug in den Süden beginnt. Die Unterarten der Alten Welt überwintern südlich der Sahara in Afrika, Indien und Nordaustralien; die nordamerikanischen Vögel fliegen Richtung Panama, Zentralchile und Nordargentinien.

Das Pärchen baut zusammen ein offenes Nest und verwendet dabei Schlamm und Stroh. Das Nest wird mit kleinen Federn ausgekleidet. Heutzutage benutzen die Rauchschwalben statt der ursprünglichen Nistplätze in Höhlen und an Felsvorsprüngen oft Mauervorsprünge an Gebäuden. Die 4–5 Eier werden hauptsächlich vom Weibchen bebrütet. Die Jungen können nach 3 Wochen fliegen und werden bis zu diesem Zeitpunkt von beiden Eltern gefüttert. Pro Jahr kommt es zu 2, manchmal auch zu 3 Bruten. Möglicherweise infolge milder Winter kommen die ersten Schwalben immer früher in unser Land zurück (Mitte März); es sind sogar Überwinterungsversuche bekannt, die jedoch mißglückten.

Uferschwalbe

Riparia riparia
Verbreitung: gemäßigte Zonen Eurasiens und Nordamerikas
Habitat: steile Sand- oder Kiesbänke, in Wassernähe
Länge: 12–14 cm

Die Uferschwalbe ist die kleinste europäische Schwalbenart. Ihre Flügelspannweite beträgt nur 25–28 cm. Dieser lebhafte kleine Vogel vollführt Stoßflüge, Drehungen und Zickzackflüge in der Luft und fängt so eine große Vielfalt von geflügelten Insekten, unter anderem Termiten, Zikaden und Stechmücken.

Die Uferschwalbe lebt in Höhlen, die sie waagerecht in Sand-, Kies- oder Lehmbänke gräbt, meist in der Nähe von Wasser, an Straßen und an Eisenbahnschienen. Die Vögel graben mit den Schnäbeln und befördern abwechselnd die Erde mit den Beinen nach draußen, bis der Gang ca. 1 m lang ist. In jedem Frühjahr ziehen die Uferschwalben in den Norden und kehren stets zur Nisthöhle des Vorjahres zurück. Häufig kommt es zu Kämpfen um das Eigentumsrecht an der Höhle. Das Nest wird am Ende des Nistganges aus weichen Gräsern, Federn, Haaren und Wurzelfasern gebaut. Das Gelege aus 4–5, manchmal bis zu 8 Eiern, wird von beiden Partnern abwechselnd 16 Tage lang bebrütet. Die Jungen sind nach 3 Wochen flügge.

Sirintaraschwalbe

Pseudochelidon sirintarae
Verbreitung: überwintert in Thailand
Habitat: Schilfflächen in Sumpfgebieten
Länge: GL 24 cm, SL 9 cm Ⓤ

Die Sirintaraschwalbe ist an ihrer deutlich sichtbaren weißen Brille, an ihrem weißen Steiß und an den fadenförmigen Verlängerungen ihres runden Schwanzes zu erkennen. Auch hat diese Art einen großen, gelben Schnabel, was für eine Schwalbe ziemlich ungewöhnlich ist. Bei jungen Vögeln ist der Kopf dunkler, und sie haben nur sehr kurze Schwanzfahnen.

Diese seltene Art wurde erst 1968 entdeckt; vermutlich handelt es sich um einen Zugvogel aus dem Norden. Ein engverwandtes Familienmitglied, die einzige andere Art der Unterfamilie der Trugschwalben, ist die Stachelschwanzschwalbe (*P. eurystomina*), die fast 10000 km entfernt in Sambia (Afrika) lebt. Vermutlich handelt es sich bei beiden Arten um die Überreste einer einst weitverbreiteten Familie. Die Sintaraschwalbe überwintert in Zentralthailand, in Bung Boraphet, wo sie zusammen mit anderen Schwalben in gemischten Gruppen in großen Schilffeldern am Ufer des Sees ruht. Tagsüber sitzt sie in Bäumen und auf Drähten und fängt Insekten im Flug.

Die näheren Einzelheiten über die Sommerwanderung und das Brutverhalten sind noch unbekannt, aber möglicherweise brütet diese Schwalbe ebenso wie ihr afrikanischer Verwandter in Nisthöhlen an Flußufern in Thailand oder in China.

Purpurschwalbe

Progne subis
Verbreitung: brütet von Kanada bis Mexiko; überwintert südl. bis zu den Antillen, Venezuela und Brasilien
Habitat: Vorstadtgärten und ländliche Gebiete
Länge: 18 cm

Die Purpurschwalbe ist die zutraulichste Schwalbenart. Das Gefieder des Männchens ist metallischblau und geht allmählich in das Braun der Flügel und Schwanzfedern über; das Weibchen ist überwiegend braun, die Jungen sind graubraun gefärbt. Der Vogel ernährt sich von Insekten, die er im Flug fängt, und außerdem von Schnecken – möglicherweise um den Kalkbedarf zu decken.

Die Purpurschwalbe baut ihr Nest in Bäume oder Felslöcher und benutzt dazu Gras, Federn und oft grüne Blätter, was möglicherweise dazu beiträgt, daß das Nest kühl und feucht bleibt. Die 3–5 Eier werden 13 Tage lang bebrütet, vor allem vom Weibchen; innerhalb eines Monats nach dem Ausschlüpfen verlassen die Jungen das Nest.

Es gibt 2 Unterarten: *P. s. subis* brütet von Südkanada über die Westküste der Vereinigten Staaten bis nach Zentralmexiko und östlich bis zur Golfküste und Florida; sie überwintert in Venezuela und Südostbrasilien. *P. s. hesperia* brütet im Tiefland von Arizona, Baja California und an der mexikanischen Küste; wo diese Unterart überwintert, ist unbekannt.

Sägeflügelschwalbe

Psalidoprocne pristoptera
Verbreitung: Afrika: Äthiopien
Habitat: Hochebenen
Länge: 18 cm

Die Sägeflügelschwalbe ist an der Oberseite glänzend blauschwarz gefärbt und hat einen öligen grünen Schimmer auf Flügeln und Schwanz. Der Schwanz ist breit und beim Weibchen weniger tief gegabelt als beim Männchen. Der junge Vogel ist matt dunkelbraun und blau gefärbt. Meist treten diese Vögel in Paaren auf und fangen über Wasserläufen im Flug Insekten.

Die Nisthöhle liegt am Ende eines Ganges, der in ein Flußufer oder in eine steile Felswand gemeißelt wird; sie ist mit Schichten von weichem Gras ausgepolstert. Die 3 Eier sind glänzend weiß und haben eine dünne Schale.

Jamaika-Schwalbe

Kalochelidon euchrysea
Verbreitung: Jamaika, Hawaii
Habitat: trockene, bewaldete Kalksteinhügel
Länge: 12 cm

Dieser anmutige, schlanke Vogel hat prachtvolle olivgrüne Federn mit einem goldenen Schimmer. Die Jungen sind matt gefäbt und haben ein graues Brustband, bis sie erwachsen sind. Die Jamaika-Schwalbe ist heute vermutlich selten, obwohl eigentlich zu wenig Informationen zur Verfügung stehen, um dies mit Gewißheit sagen zu können.

Sie fängt ihre Nahrung ausschließlich im Flug und nistet in Baumhöhlen oder unter Dachrändern. Das Weibchen legt 3 Eier.

Uferschwalbe
Rauchschwalbe ♂
Jamaika-Schwalbe
Purpurschwalbe ♂
Sirintaraschwalbe
Sägeflügelschwalbe ♂

Stelzen

FAMILIE MOTACILLIDAE: Stelzen
Die Familie der Pieper und Stelzen fehlt nur im äußersten Norden und auf kleinen Ozeaninseln. Die meisten Arten – 54 sind bekannt – kennzeichnet ein langer, beweglicher Schwanz. Einige Arten haben auch eine verlängerte Hinterkralle. Alle sind überwiegend Bodenvögel mit starken Beinen. Sie haben einen dünnen, spitzen Schnabel und einen schlanken Körper, der vor allem die Stelzen sehr lang erscheinen läßt. Bei manchen Arten sehen die Geschlechter gleich aus, bei anderen unterscheiden sie sich.

Gelbkehlpieper

Macronyx croceus

Verbreitung: Afrika südl. der Sahara
Habitat: feuchtes Grasland, offene Waldgebiete, Sümpfe, Kulturland
Länge: 20 cm

Die Hinterkralle dieser weitverbreiteten Art mißt fast 5 cm. Beide Geschlechter ähneln einander, nur den jungen Vögeln fehlt die schwarze Zeichnung auf der Brust, statt dessen haben sie schwarze Flecken. Dieser zutrauliche Vogel lebt in Paaren und wird oft in Bäumen sitzend oder auf Ackerland gesehen. Er hat einen flatternden Flug wie eine Lerche und scharrt oft im Gras nach Insekten.

Der Balzflug des Männchens ist relativ ruhig; er spreizt seinen Schwanz und singt gleichzeitig. Das locker gebaute Nest aus Gräsern und Wurzeln ist gewöhnlich in langem Gras oder unter einem Grasbüschel versteckt. Ein Gelege besteht aus 3–4 Eiern.

Goldpieper

Tmetothylacus tenellus

Verbreitung: Afrika: von Äthiopien, Somalia, Sudan bis Tansania
Habitat: trockenes Buschland
Länge: 15 cm

Der scheue Goldpieper ist hellgelb, dunklere Streifen und kleine Flecken bewirken, daß der Vogel in der trockenen Buschvegetation nicht auffällt. Weibchen und Junge sind brauner und heller gefärbt als die Männchen, doch alle haben eine verlängerte Hinterkralle. Die Vögel treten meist alleine oder in Familiengruppen auf; sie wippen mit dem Schwanz auf und ab, wenn sie von einer Erhöhung aus nach Insekten Ausschau halten.

Während der Balz segelt das Männchen flötend und mit V-förmig aufgerichteten Flügeln von einem Baum nach unten. Das Weibchen baut das Grasnest dicht über dem Boden in einen Grasbüschel und legt 2–4 Eier.

Baumstelze

Dendronanthus indicus

Verbreitung: Ostasien: brütet von Sibirien bis Nordchina; überwintert südl. bis Indien und Java
Habitat: Lichtungen und Rodungen in Bergwäldern, in Wassernähe
Länge: 20 cm

Die Baumstelze ist an ihrem lauten Zirpen zu erkennen, das sie gleichermaßen beim Fliegen, Sitzen und Umherlaufen ertönen läßt, während sie nach Schnecken, Würmern und Insekten sucht. Wenn sie stillsteht, wippt sie mit dem Schwanz hin und her, indem sie ihren Körper dreht; andere Stelzenarten bewegen ihren Schwanz auf und ab.

Aus Pflanzenmaterial wird ein stabiles Nest gebaut, gewöhnlich auf einem waagerecht über dem Wasser hängenden Zweig. Ein Gelege besteht aus 4 Eiern.

Wiesenpieper

Anthus pratensis

Verbreitung: Europa, Asien; überwintert in Nordafrika und im Mittleren Osten
Habitat: Tundra, Grasland, Heideland
Länge: 15 cm

Der Wiesenpieper hat den bei den Piepern üblichen Federschmuck mit weißen äußeren Schwanzfedern; die Körperfärbung kann jedoch sehr unterschiedlich ausfallen. In ihrem südlichen Überwinterungsgebiet streifen die Vögel in kleinen, lockeren Gruppen umher; auch ruhen sie gemeinsam. Im Sommer kann man den Wiesenpieper alleine oder in Paaren auf hohen Sitzplätzen wie Telegrafendrähten oder im offenen Weideland und auf Almen auf dem Boden sehen. Die Art ernährt sich gewöhnlich von Fliegen, Mücken, Spinnen und Würmern und hin und wieder auch von Samenkörnern.

Um ein Weibchen anzulocken, fliegt das Männchen bei der Balz vom Boden in einem Bogen in die Höhe. Es singt ein einfaches Lied aus aneinandergereihten Trillern und Flöttönen und segelt mit V-förmig aufgerichteten Flügeln und aufgerichtetem Schwanz wieder nach unten. Das Nest wird aus weichem Gras gebaut und auch damit ausgekleidet; es liegt oft in einem Heidekraut- oder Grasbüschel versteckt. Das Weibchen brütet zweimal pro Jahr innerhalb von 2 Wochen ein Gelege von 4–5 Eiern aus. Das Männchen hilft ihm beim Füttern der Jungen.

Wasserpieper

Anthus spinoletta

Verbreitung: weitverbreitet in Nordamerika, Europa, Nordasien
Habitat: im Sommer in sumpfigen Gebieten in der Tundra, im Bergland und an der Küste; überwintert in Ebenen und im Tiefland
Länge: 15–18 cm

Diese Art ist in mehrere Unterarten unterteilt. Sie hat einen schlanken Körper und einen dünnen, spitzen Schnabel. Die Geschlechter ähneln einander; beide haben ein braungraues Gefieder mit cremeweißer Unterseite. Beim Laufen nickt der Vogel mit dem Kopf und wippt mit dem Schwanz auf und ab. Der Wasserpieper frißt im Wasser lebende kleine Würmer und Insekten, die er in flachen Tümpeln, in Schlammgebieten und in treibenden Schilf- und Algenfeldern findet. Auch ernährt er sich von Samenkörnern und Insekten wie Kronkäfern, Blattläusen, Heuschrecken und Ameisen. Im Frühling suchen manchmal Gruppen von bis zu 500 Vögeln gemeinsam nach Futter, bevor sie zu ihren Brutplätzen ziehen.

Das Weibchen baut das Nest aus getrocknetem Gras und Zweigen im Schutz eines Felsens, eines bemoosten Ufers oder eines Grasbüschels; manchmal ist es nicht mehr als eine ausgescharrte Erdmulde. Es brütet die 4–5 Eier innerhalb von 2 Wochen aus. Die Jungen sind nach weiteren 2 Wochen flügge.

Schaf- oder Wiesenstelze

Motacilla flava

Verbreitung: Europa, Asien, Westalaska; überwintert im tropischen Afrika und Asien
Habitat: sumpfiges Grasland, Heideland, Moore, Steppe, Tundra
Länge: 16 cm

Die Schafstelze hat von allen Stelzen die größte Ähnlichkeit mit einem Pieper. Es gibt 18 Unterarten, die alle einen grünlichen und schwarzen Rücken und einen gelben Bauch haben. Die Kopffärbung des Männchens variiert jedoch stark: Bei der kontinentaleuropäischen Form (*M. f. flava*) ist sie blaugrau, bei der englischen (*M. f. flavissima*) ist sie gelb und olivgrün, bei der nördlichen Form (*M. f. thunbergi*) blauschwarz und bei der im Balkan lebenden Unterart (*M. f. feldegg*) schwarz. Beim Weibchen ist die Kehle meist heller und die Unterseite blaßgelb; junge Vögel haben dunkle Kehlflecken. Verschiedene Formen versammeln sich zum gemeinsamen Flug in die Tropen, wo diese Vögel an Flüssen und Seen überwintern. Die Schafstelze fängt Insekten auf dem Boden oder in der Luft, vor allem solche, die von Vieh aufgescheucht werden.

Während des Balzfluges sträubt das Männchen seine Federn und spreizt den Schwanz, den es ansonsten gebogen hält, und zittert mit den Flügeln. Sein Gesang hingegen ist nicht besonders beeindruckend. Das gut im Boden verborgene Nest besteht aus Pflanzenfasern und wird mit Haaren und Wolle ausgekleidet. Das Weibchen brütet die 5–6 Eier in 13 Tagen aus.

Bachstelze

Motacilla alba

Verbreitung: Europa, Asien, Nordafrika; überwintert südl. bis Südafrika, Südasien
Habitat: Flußufer, Steppe, Tundra, Almen, Kulturland, Gärten, in Wassernähe
Länge: 18 cm

Von dieser Stelze gibt es in Europa 2 Unterarten, die beide eine ähnliche Schwarzweißzeichnung und im Winter eine weiße Kehle haben. Rücken und Steiß der „weißen" Bachstelze (*M. a. alba*) Kontinentaleuropas sind jedoch grau, während sie bei der auf den Britischen Inseln lebenden Trauerbachstelze (*M. a. yarrellii*) schwarz und beim Weibchen dunkelgrau sind. Diese Stelzen ruhen manchmal zu Hunderten in Bäumen und Schilffeldern. In seltenen Fällen sieht man sie im flachen Wasser waten. Bachstelzen fliegen schnell in einer gewellten Flugbahn und fangen geschickt Insekten aus der Luft.

Das muldenförmige, aus Gras gebaute Nest wird mit Wolle, Haaren und Federn ausgepolstert. Es befindet sich gewöhnlich in einer Höhle, die in ein Steilufer gebaut wurde, auf einem Gebäude und manchmal sogar auf dem flachen Erdboden. Jedes Jahr werden 2, manchmal 3 Bruten von jeweils 5–6 Eiern aufgezogen. Das Weibchen brütet 2 Wochen lang.

Bachstelze
Baumstelze
Schafstelze
Unterarten der Wiesenstelze
Goldpieper
Gelbkehlpieper
Wiesenpieper
Wasserpieper

Raupenfresser und Mennigvögel

FAMILIE CAMPEPHAGIDAE:
Stachelbürzler

Raupenfresser ähneln in Färbung und Körperform den Kuckucken und Würgern, doch sind sie nicht mit diesen verwandt. Zusammen mit den Mennigvögeln bilden sie die Familie der Stachelbürzler mit 70–72 Arten, die größtenteils in den Tropen der Alten Welt einschließlich Australiens vorkommen.

Raupenfresser sind ziemlich unauffällig und matt gefärbte Vögel mit einem starken, gezähnten Schnabel, der mit steifen Borstenhaaren versehen ist. Die meisten Arten leben in Bäumen. Mennigvögel hingegen sind leuchtend gefärbt – bei den Männchen enthält das Federkleid oft Rot und Schwarz, bei den Weibchen Gelb, Orange oder Grau. Wie die Raupenfresser bewohnen die Mennigvögel Waldgebiete.

Viele Arten innerhalb dieser Familie haben auf Rücken und Steiß dicht zusammenstehende, aufstellbare Federn mit einem steifen, scharf zugespitzten Schaft, die sich leicht aus der Haut lösen, was möglicherweise der Verteidigung gegen Raubtiere dient. Das meist napfförmige Nest wird in einen Baum gebaut, die 2–5 Eier werden entweder vom Pärchen gemeinsam oder vom Weibchen alleine ausgebrütet. Bei manchen Arten ähneln die Geschlechter einander, bei anderen sehen sie unterschiedlich aus.

Gabelschwanz-Raupenfresser

Pteropodocys maxima

Verbreitung: Australien
Habitat: trockene, offene Gebiete
Länge: 33 cm

Diese Art ist viel stärker an den Boden gebunden als die übrigen Raupenfresser, die dort nur selten nach Nahrung suchen. Mit seinen kräftigen Beinen kann der Vogel bei der Insektenjagd gut laufen und rennen. Gewöhnlich lebt er in Familiengruppen.

Das Nest sitzt meist in einer Astgabel und besteht aus pflanzlichem Material, das durch Spinnweben zusammengehalten wird. Manchmal wird es auf dem Nest einer anderen Art gebaut. Ein Gelege enthält gewöhnlich 2–3 Eier, und manchmal legen mehrere Weibchen ihre Eier in ein Nest.

Mönchs-Raupenfänger

Coracina tenuirostris (Edolisoma tenuirostre)

Verbreitung: von Celebes bis zu den Salomon-Inseln, Neuguinea, Australien
Habitat: Waldrand, Grasland, Mangrovensümpfe
Länge: 25 cm

Der Mönchs-Raupenfänger ist ein scheuer Vogel; man hört eher seinen hohen, schrillen Gesang, als daß man ihn zu sehen bekommt. Außerhalb der Brutzeit ist er ziemlich still. Seine Nahrung – Insekten wie Käfer, Raupen und Zikaden – fängt er hauptsächlich in Bäumen.

Das Nest der Mönchs-Raupenfänger hat einen Durchmesser von nur 7,5 cm, besteht aus kleinen Zweigen und Spinnweben und wird mit Flechten getarnt; gewöhnlich wird es auf einem horizontalen, gegabelten Ast gebaut. Während das Weibchen auf dem einen Ei sitzt, verteidigt das Männchen Nest und Territorium vor Eindringlingen und bringt dem Weibchen Nahrung.

Australischer Raupenfänger

Coracina novaehollandiae

Verbreitung: von Indien bis Südostasien und Australien
Habitat: lichter Wald, Gärten, Vorstädte, Plantagen
Länge: 33 cm

Der Australische Raupenfänger ist ein schwerer, überwiegend grau gefärbter Vogel. Das Männchen hat eine schwarze, würgerartige Kopfzeichnung; das Weibchen ähnelt stark dem Männchen, doch ist die Kopfzeichnung bei ihm dunkelgrau. Kleine Gruppen suchen hoch in den Baumkronen nach Nahrung, vor allem nach Früchten wie Feigen, aber auch nach Insekten und deren Larven. Manchmal fliegt der Vogel im Stoßflug nach unten, um vom Boden Nahrung aufzupicken oder um Insekten aus der Luft zu fangen.

Oft kehren diese Vögel in aufeinanderfolgenden Jahren zu ihrem Brutplatz zurück, manchmal sogar zum gleichen Nestzweig. Das napfförmige Nest aus kleinen Zweigen und Spinnweben hängt meist in der Gabel eines Zweiges. Ein Gelege besteht aus 2–3 Eiern.

Bänder-Zwergraupenschmätzer

Hemipus picatus

Verbreitung: Indien, Sri Lanka, Südostasien, Sumatra, Borneo
Habitat: bewaldete Gebiete, Urwald, Waldränder
Länge: 12 cm

Der Bänder-Zwergraupenschmätzer ist ein kleiner Raupenfresser, der geschickt nach Fliegenschnäpperart Insekten aus der Luft fängt. Der Vogel sucht auch Nahrung, indem er auf Zweigen umherhüpft und Insekten von den Blättern pickt. Hin und wieder kommt er auf den Boden, obwohl er überwiegend in den Bäumen lebt. Außerhalb der Brutzeit lebt die Art gewöhnlich in Grüppchen von ca. 6 Vögeln und schließt sich auch manchmal gemischten Vogelgruppen an. Die Geschlechter ähneln einander, nur bei einigen Unterarten haben die Weibchen ein dunkelbraunes Federkleid.

Das flache, napfförmige Nest wird auf einem Baumzweig aus Gras und kleinen Wurzeln gebaut und mit Spinnweben befestigt. Die Außenseite wird so gut mit Flechten getarnt, daß es aussieht, als würden die brütenden Vögel auf einem Häufchen Flechten sitzen, nicht auf einem Nest. Das Gelege besteht aus 2–3 Eiern. Sind die Jungen ausgeschlüpft, dann sitzen sie mit geschlossenen Augen und aneinandergelehnten Köpfen regungslos da, so daß man sie leicht für einen toten Ast halten kann.

Mohrenraupenfresser

Campephaga phoenicea

Verbreitung: Afrika südl. der Sahara
Habitat: Wald, bewaldete Gebiete
Länge: 20 cm

Manche Unterarten dieses Raupenfressers tragen die charakteristische rote Zeichnung, doch andere haben entweder kleine gelbe oder überhaupt keine Schulterflecken. Das Männchen ist glänzend schwarz, das Weibchen hauptsächlich olivbraun oder gräulich gefärbt, mit gelbgeränderten Flügeln und Schwanz. Dieser ruhelose, geschäftige Vogel streift stets in Pärchen oder Gruppen zusammen mit anderen Vögeln umher. Seine Nahrung besteht aus Raupen und Insekten, die er von Blättern oder vom Boden aufpickt. Manchmal fängt er sogar Insekten aus der Luft.

Das napfförmige Nest besteht aus Moos und Flechten, wird von Spinnweben zusammengehalten und in eine Baumgabel gebaut. Es enthält 2–3 Eier, die vom Weibchen 20 Tage lang bebrütet werden. Beide Eltern füttern gemeinsam die Jungen.

Weißflügel-Raupenschmätzer

Lalage sueurii

Verbreitung: Java, Kleine Sunda-Inseln, Celebes, Australien, Neuguinea
Habitat: offener Wald, bewaldete Gebiete
Länge: 18 cm

Der Weißflügel-Raupenschmätzer läßt seinen wohltönenden Ruf erschallen, wenn er von einem Baum zum anderen fliegt und dabei Insekten von Blättern und Zweigen aufliest. Das Weibchen ist überwiegend braun, das Männchen glänzend schwarz, grau und weiß gefärbt.

Gemeinsam baut das Brutpaar sein Nest aus Pflanzenteilen, meist in eine Astgabel. 2 Wochen lang bebrüten beide Eltern die 1–3 Eier und füttern später gemeinsam die Jungen.

Scharlach-Mennigvogel

Pericrocotus flammeus

Verbreitung: Indien, Sri Lanka, Südchina, von Südostasien bis zu den Philippinen, Bali, Lombok
Habitat: Wald, bewaldete Gebiete
Länge: 23 cm

Der Scharlach-Mennigvogel ist mit seinen leuchtenden Farben ein typischer Vertreter der 10 Mennigvogelarten. Das Männchen ist rot und schwarz, das Weibchen dunkelgrau und gelb, hat jedoch die gleiche Zeichnung wie das Männchen. Beide sind an ihrem ovalen Flügelflecken zu erkennen, der beim Männchen rot, beim Weibchen gelb ist. Der Scharlach-Mennigvogel ist ein echter Waldbewohner, der in den Baumkronen nach großen, ungepanzerten Insekten sucht und sie oft im Flug fängt.

Das flache, napfförmige Nest wird aus Zweigen, kleinen Wurzeln und Grasstengeln auf einen Ast gebaut und von Spinnweben zusammengehalten. Eine Deckschicht aus Flechten und kleinen Rindenstückchen sorgt für Tarnung. Das Weibchen brütet die 2–3 Eier alleine aus. Beide Eltern sorgen für die Jungen.

Weißflügel-Raupenschmätzer ♂
Scharlach-Mennigvogel ♂
Bänder-
Zwergraupenschmätzer
Gabelschwanz-Raupenfresser
Australischer
Raupenfänger ♂
Mohrenraupenfresser ♂
Mönchs-Raupenfänger

Bülbüls 1

FAMILIE PYCNONOTIDAE:
Haarvögel oder Bülbüls
Die Haarvögel oder Bülbüls bilden eine Familie von 118–120 Arten, die in Wäldern, Gärten und Kulturlandschaften leben, hauptsächlich in den tropischen Gebieten Afrikas, aber auch auf Madagaskar und in Süd- und Südostasien. Mit wenigen Ausnahmen sind es laute, gesellige Vögel von mittlerer Größe. Sie haben ziemlich kurze Flügel und einen verhältnismäßig langen Schwanz. Ihr Schnabel ist lang und eingekerbt, und an seiner Wurzel befinden sich steife Borstenhaare. Einige Arten tragen einen Schopf. Die beiden Geschlechter sehen gleich aus, nur ist das Männchen manchmal etwas größer.

Die Nahrung besteht hauptsächlich aus Früchten, Beeren, Knospen, dem Nektar von Blüten sowie aus Insekten, die von den Pflanzen aufgelesen werden.

Gelbbauch-Bülbül

Chlorocichla flaviventris

Verbreitung: Afrika: von Tansania bis Namibia
Habitat: Wald mit starkem Unterholzwuchs, Buschvegetation an der Küste
Länge: 22 cm

Der Gelbbauch-Bülbül ist im Gegensatz zu den meisten anderen Mitgliedern dieser Familie sehr scheu. Innerhalb seines Verbreitungsgebietes ist er recht häufig, aber er lebt zurückgezogen in Paaren oder in kleinen Gruppen und läßt sich nur selten blicken. Männchen wie Weibchen haben eine gelbliche Unterseite und olivgrüne Federn auf Kopf, Rücken und Flügeln; bei den Jungen sind Kopf und Mantel gleich gefärbt. Die Vögel suchen im Unterholz und in dichter Vegetation nach Samenkörnern und Beeren und krallen sich manchmal auch nach Art der Spechte an Baumstämmen fest, um die Baumrinde nach Insekten abzusuchen. Das winzige Nest ist ein kunstvolles Gebilde aus dünnen Zweigen, Gras und Pflanzenstengeln, das gut im dichten Unterholz verborgen ist. Das Weibchen legt 2 Eier.

Uferbülbül

Phyllastrephus scandens

Verbreitung: Afrika: vom Senegal bis zum Sudan, Uganda, Tansania
Habitat: Wald
Länge: 22 cm

Der Uferbülbül ist ein ziemlich dunkler, graugrüner Vogel mit cremeweißer und gelber Unterseite. Die beiden Geschlechter ähneln einander; das Junge ist matter und heller gefärbt. Dieser Vogel lebt ausschließlich in Bäumen, hält sich regelmäßig in der Buschvegetation in der Nähe von Bächen auf und sucht im Blattwerk nach Insekten. Er streift unter unaufhörlichem Gezwitscher in kleinen Gruppen umher; bei Gefahr werden die Vögel besonders laut. Das napfförmige Nest wird aus feinen Gräsern und Blättern gebaut und oft an den Stengeln einer Kletter- oder Kriechpflanze befestigt. Ein Gelege besteht gewöhnlich aus 2 Eiern.

Graubülbül

Pycnonotus barbatus

Verbreitung: Afrika
Habitat: Gärten, bewaldete Gebiete, Buschvegetation an der Küste, lichte Wälder
Länge: 18 cm

Männchen und Weibchen sind an Brust und Bauch grauweiß gefärbt und haben weiße Unterschwanzdeckfedern. Albinismus ist bei dieser Art nicht ungewöhnlich. Der Kopf scheint einen Schopf zu haben, wenn die Nackenfedern aufgerichtet werden. Dieser Bülbül ist ein zutraulicher, lebhafter kleiner Vogel und hat die Gewohnheit, beim Landen zu singen und die Flügel leicht anzuheben. Er scheint gleichermaßen Früchte wie Insekten zu fressen.

Das kunstvolle, aus Gras und einigen vertrockneten Blättern gebaute, napfförmige Nest wird oft in einer Astgabel aufgehängt. Gewöhnlich legt das Weibchen 2–3 Eier.

Rotohrbülbül

Pycnonotus jocosus

Verbreitung: Indien, Südostasien, Südchina, Andaman-Inseln; eingeführt in den USA, Australien, Nicobar-Inseln, Mauritius
Habitat: niedrige Buschvegetation, Gärten, Obstplantagen, Kulturland in der Nähe von Dörfern
Länge: 20 cm

Diese weitverbreitete Art ist in manchen Gebieten sehr häufig. Ihren Namen verdankt sie den kleinen tiefrot gefärbten Federbüscheln an beiden Kopfseiten. Die Unterschwanzdecke ist ebenfalls rot. Die beiden Geschlechter gleichen sich, nur junge Vögel haben weiße „Federbüschel". Der Rotohrbülbül ist ein lebhafter, munterer Vogel mit einem wohltönenden Ruf. Im Sommer können Gruppen von Dutzenden dieser Vögel sich über die Früchte von Obstgärten hermachen. Dadurch wird viel Schaden angerichtet, da sie sowohl unreife wie auch reife Früchte fressen. Der Rotohrbülbül verspeist auch Insekten.

Das napfförmige Nest wird aus Grasstengeln und Wurzelfasern gebaut und mit kleinen Gräsern ausgefüttert. In den Nestboden werden trockene Blätter und Farnstückchen eingeflochten. Das Gelege besteht aus 2–4 Eiern.

Graustirnbülbül

Spizixos canifrons

Verbreitung: von Assam bis Südwestchina, Burma, Laos, Tonkin
Habitat: Laubwälder und immergrüne Wälder
Länge: 20 cm

Der schöne Graustirnbülbül hat einen schwarzen Schopf, der im aufgerichteten Zustand wie eine Meckyfrisur überhängt. Sein dicker Schnabel ähnelt dem eines Finken; deshalb heißt die Gattung Finkenbülbüls. Die beiden Geschlechter sehen gleich aus. In bezug auf sein Verhalten ist der Graustirnbülbül ein typischer Vertreter seiner Familie, da er in Schwärmen von etwa 100 Vögeln durch Wald das Busch zieht und unaufhörlich zwitschert. Samen, Früchte und Insekten bilden seine Nahrung; letztere fängt er oft nach Fliegenschnäpperart aus der Luft. Er ist einer der wenigen Vögel, die vom Brandrodungs-Landbau der halbnomadischen Stämme seines Verbreitungsgebiets profitieren, da er an Orten gedeiht, wo vereinzelte niedrige Bäume durch dichtes Unterholz brechen. Das charakteristische napfförmige Nest wird immer aus den spiralförmigen Ranken von Kletterpflanzen unter Hinzufügung einiger kleiner Zweige gebaut; es sitzt niedrig in einem Gewirr von Büschen oder Brombeersträuchern. Das Gelege besteht aus 2–3, in Ausnahmefällen aus 4 Eiern.

Madagaskar-Fluchtvogel

Hypsipetes madagascariensis

Verbreitung: Madagaskar, Seychellen, Süd- und Südostasien bis Taiwan, Südchina
Habitat: Bergwälder bis 3000 m Höhe
Länge: 25 cm

Der kräftige, lärmende Madagaskar-Fluchtvogel lebt ausschließlich in Bäumen und kommt kaum ins Unterholz hinab. Der Flug dieses Bülbüls ist schnell und wendig, aber da er schwache Beine hat, hüpft er nicht, sondern fliegt stets von Zweig zu Zweig. Er frißt Beeren, fängt aber manchmal auch Fliegen und andere Insekten, wenn diese in den Bäumen nach Nektar suchen.

Das napfförmige Nest wird aus grobem Gras, trockenen Blättern und Moos gebaut, an der Außenseite durch Spinnweben zusammengehalten und innen mit kleinen Gräsern, Mooswürzelchen und Tannennadeln ausgepolstert. Das Pärchen scheint sehr aneinander zu hängen: Wenn das Weibchen auf den 2–4 Eiern sitzt, bleibt das Männchen in nächster Nähe.

Weißohrbülbül

Criniger flaveolus

Verbreitung: indisches Himalayagebiet; China: Provinz Yünan; Burma
Habitat: feuchte Wälder mit dichtem Unterholz
Länge: 23 cm

Dieser große Bülbül, der einen Schopf trägt, zieht gewöhnlich in lärmenden kleinen Gruppen von 5–15 Vögeln umher. Weißohrbülbüls verhalten sich wie Spottdrosseln. Sie zwitschern gemeinsam, wenn sie in Bäumen und Sträuchern umherhüpfen oder hintereinander her von einem Dschungeldickicht zum anderen fliegen. Sie werden selten in größeren Höhen als 3 m über dem Boden gesehen und ernähren sich von Beeren, wilden Feigen und Insekten, die sie manchmal in der Luft fangen. Ihr Flug ist kraftvoll und geradlinig. Wenn sie sitzen, spreizen sie den Schwanz.

Männchen und Weibchen bauen gemeinsam ein großes Nest aus Wurzelfasern, Bambusblättern und vertrockneten Blättern, das gut in Kletterpflanzen oder Brombeersträuchern versteckt ist; es liegt ca. 1 m über dem Boden. Die 3–4 Eier werden von beiden Eltern 13 Tage lang bebrütet.

Weißohrbülbül
Rotohrbülbül
Graustirnbülbül
Gelbbauch-Bülbül
Graubülbül
Uferbülbül
Madagaskar-Fluchtvogel

Bülbüls 2, Blattvögel

Rotschwanzbleda

Bleda syndactyla

Verbreitung: Afrika: Südsudan, Kenia, Uganda, Zaire
Habitat: dichter Wald
Länge: 21 cm

Der Rotschwanzbleda wirkt groß und schwer. Er ist an der Oberseite olivbraun und an Kehle und Bauch gelb gefärbt. Wie alle Bülbüls hat auch diese Art an der Schnabelwurzel Borstenhaare. Die beiden Geschlechter ähneln einander; das Gefieder der Jungen ist matter und rostfarbener, und der Schnabel des Männchens ist größer und stärker gebogen als der des Weibchens. Die nicht sehr zahlreichen Rotschwanzbledas sind scheu und wachsam und deshalb nur schwer zu entdecken, wenn sie sich in kleinen Bäumen oder im Unterholz des Waldes aufhalten; deshalb ist nur wenig über ihre Lebensweise bekannt.

Der Rotschwanzbleda baut ein flaches, napfförmiges Nest aus Blättern, kleinen Zweigen und Pflanzenfasern und legt 2 Eier.

Graukehlnicator

Nicator chloris

Verbreitung: Afrika südl. der Sahara
Habitat: tropischer Wald, dicht bewaldete Gebiete, Buschvegetation
Länge: 21 cm

Dieser scheue Waldvogel fällt kaum auf, es sei denn durch sein spontanes helles Gezwitscher oder durch ein Keckern, das dem eines Eichhörnchens ähnelt. Er lebt in den untersten Baumästen oder in der dichten Bodenvegetation und ernährt sich von pflanzlichem Material und Insekten. Die Geschlechter sehen gleich aus; junge Vögel sind an der Oberseite heller gefärbt und haben schmalere, spitzere Schwanzfedern.

Gewöhnlich enthält ein Gelege 2 Eier. Das Nest besteht aus einer flachen Grasmulde oder einer Plattform aus Stengeln und kleinen Zweigen und wird in den Schutz dichter Vegetation gebaut.

Langschnabelbülbül

Setornis criniger

Verbreitung: Borneo, Sumatra, Bankga-Insel
Habitat: Primärwald im Tiefland
Länge: 19 cm

Der lebhafte Langschnabelbülbül läßt sich unbefangen beobachten, wenn er sich auf der Suche nach kleinen Käfern, Libellen und kernlosen Beeren von Zweig zu Zweig hüpft. Er ist ein stiller Vogel, der nur hin und wieder einen lauten Ruf erschallen läßt. Meist ist er alleine, doch manchmal tritt er auch in Paaren auf. Männchen und Weibchen sind nicht voneinander zu unterscheiden; junge Vögel sind meist etwas matter gefärbt als erwachsene.

Über das Brutverhalten dieser Art ist nichts bekannt.

FAMILIE IRENIDAE: Blattvögel

Diese Familie besteht aus 14 Arten, die in 3 relativ unabhängige Gruppen unterteilt werden: die Ioras, die eigentlichen Blattvögel und die Elfenblauvögel oder Irenen. Alle kommen in Süd- und Südostasien vor. Die meisten Arten sind Waldvögel, doch in bewohnten Gebieten trifft man sie auch in Gärten und Obstplantagen an.

Die Familie der Blattvögel ist wahrscheinlich eng mit den Bülbüls verwandt. Sie haben kurze Beine, einen ziemlich langen Schnabel und ein langes, dichtes, flaumiges Federkleid. Die 4 Arten der Ioras sind am kleinsten – einige sind nicht größer als 12 cm. Sie sind Insektenfresser und leben meist alleine. Die eigentlichen Blattvögel sind größer und, wie ihr Name andeutet, grün gefärbt. Die 8 bekannten Arten fressen außer Früchten und Beeren auch Insekten, Pollen und Nektar. Sie fliegen in kleinen Gruppen durch die Baumkronen. Zur letzten Gruppe, den Irenen oder Elfenblauvögeln, gehören 2 Arten prachtvoll blau gefärbter Vögel von der Größe der Stare (ca. 25 cm). Die Irenen leben meist in kleinen Gruppen in Bäumen und ernähren sich von Früchten. Bei allen Mitgliedern der Familie unterscheiden sich die beiden Geschlechter im Aussehen: Das Gefieder der Weibchen ist meist schlichter als das der Männchen.

Schwarzflügel-Iora

Aegithina tiphia

Verbreitung: von Indien bis Südostasien, Java, Sumatra, Borneo
Habitat: offenes Gelände und Gärten bis 1700 m Höhe
Länge: 12 cm

Je nach Unterart und abhängig von der Jahreszeit treten ansehnliche Unterschiede im Federkleid dieser Art auf. Das Männchen verliert im Winter fast alle schwarzen Federn, und die gelben Federn werden heller. Das Weibchen ist an der Oberseite grün, und seine gelbe Unterseite verblaßt im Winter. Am Steiß beider Geschlechter befinden sich viele weiche Federn. Die Schwarzflügel-Iora taucht häufig in Gärten auf, wo sie unauffällig zwischen Baumzweigen und Sträuchern umherhüpft. Sie frißt Insekten wie Raupen, Ameisen und Käfer und auch Samenkörner.

Bei der Balz fliegt das Männchen hoch und plustert sein Gefieder auf, vor allem die Steißfedern, bis es einer Kugel ähnelt; dann gleitet es in spiralförmigem Flug zu seinem Sitz zurück. Gleichzeitig stößt es merkwürdige Laute aus, die an das Quaken eines Frosches erinnern. Das Nest ist ein kunstvolles Bauwerk aus feinem, weichem Gras und mit Spinnweben bedeckt. Ein Gelege besteht aus 2–4 Eiern.

Goldstirn-Blattvogel

Chloropsis aurifrons

Verbreitung: Indien, Sri Lanka, Südostasien, Sumatra
Habitat: Waldrand, offenes Gelände, Gärten, feuchtes Hügelland bis 900 m Höhe
Länge: 18 cm

Trotz ihrer leuchtenden Farben werden diese in den Bäumen lebenden Vögel nur selten gesehen, außer, wenn sie von einer Baumgruppe zur anderen fliegen, rufen oder andere Vögel nachahmen. Das Männchen ist leuchtend grün, hat einen blauen Kehlflecken und einen leuchtendorangen Scheitel. Durch sein überwiegend grünes Gefieder ist der Vogel zwischen den Blättern der Bäume nur schwer zu erkennen. Der Goldstirn-Blattvogel bewegt sich sehr schnell und wendig in den Bäumen und schwebt an Zweigen, als ob er an einem Trapez hinge. Die Art lebt in kleinen Gruppen oder in Paaren und sucht zwischen den Blättern nach Insekten, insbesondere nach Raupen, sowie nach Spinnen, Beeren und dem Nektar der Blüten des Korallenbaumes (*Erythrina*), des Loranthus und des Wollbaumes. Beim Suchen nach Nektar bestäubt der Blattvogel manchmal Blumen.

Das napfförmige kleine Nest sitzt zwischen dem dichten Blattwerk am Ende eines Zweiges hoch in den Bäumen, deshalb wird es nur selten entdeckt. Das Weibchen legt 2–3 Eier und brütet sie vermutlich alleine aus.

Irene

Irena puella

Verbreitung: von Indien bis Südostasien, Große Sunda- und Andaman-Inseln, Philippinen: Palawan
Habitat: bewaldetes Hügelland bis 1700 m Höhe
Länge: 25 cm

Die Irene ist fast ausschließlich ein Baumbewohner. Sie verbringt ihre Zeit vorzugsweise hoch in den Zweigen immergrüner Bäume in der Nähe fließender Gewässer. Vor allem die Männchen sind scheu; sie lassen sich nur beobachten, wenn sie auf den Boden kommen, um zu trinken oder zu baden. Sie sind sehr auffällig gefärbt – an der Oberseite himmelblau, an der Unterseite samtschwarz. Die Weibchen sind kleiner und haben pfauengrüne und schwarzbraune Federn. Die Nahrung dieser Art besteht aus dem Nektar der Blüten des Korallenbaumes (*Erythrina*) und aus Früchten, insbesondere reifen Feigen. Sie halten sich gerne in Gesellschaft von Nashornvögeln und Tauben auf.

Das Nest wird in 3–7 m Höhe in einen kleinen Baum im dunkelsten Teil des Waldes gebaut. Es besteht aus Wurzelfasern und kleinen Zweigen und wird mit Moos abgedeckt. Ein Gelege enthält meist 2 Eier.

Rotschwanzbleda
Schwarzflügel-Iora ♂
Graukehlnicator
Goldstirn-Blattvogel ♂
Langschnabelbülbül
Irene ♂

Würger

FAMILIE LANIIDAE: Würger

Die 65–79 Arten der Würger werden in 4 Unterfamilien unterteilt: die Brillenwürger und die Buschwürger Afrikas, die stark abweichenden Kahlkopfwürger von Borneo und die Eigentlichen Würger, die in Nordamerika, Europa, Afrika und Asien leben. Die 9 Arten der Brillenwürger werden manchmal auch in einer eigenen Familie (Prionopidae) untergebracht.

Würger sind streitlustige Insekten- oder Fleischfresser. Mit ihrem kräftigen, hakig gekrümmten Schnabel töten sie große Insekten sowie kleine Reptilien, Vögel und Säugetiere. Viele Arten spießen ihre Beute vor dem Verzehr auf Dornen oder klemmen sie in Astgabeln. Ihre starken Beine sind mit scharfen Krallen ausgestattet, mit denen sie die Beute festhalten, während sie deren Gliedmaßen abreißen. Der Schwanz ist lang und oft abgerundet. Bei manchen Arten sehen Weibchen und Männchen unterschiedlich aus, bei anderen nicht.

Die meisten Würger bewohnen Landschaften mit hoher Vegetation und vereinzelten offenen Stellen. Typisch für einen Würger ist, daß er auf einem hohen Ausguck sitzt und plötzlich nach unten stößt, um am Boden oder manchmal auch nach Fliegenschäpperart in der Luft eine Beute zu greifen. Anschließend kehrt der Vogel zu seinem Ausguck zurück.

Kahlkopfwürger

Pityriasis gymnocephala

Verbreitung: Borneo

Habitat: Tieflandwälder bis 1200 m Höhe, Torfmoore, Wald

Länge: 25 cm

Dieser seltene Würger hat einen großen, sehr schweren, gekrümmten Schnabel und verhältnismäßig kurze Schwanzfedern, so daß er ziemlich kopflastig wirkt. Dem massigen Äußeren entsprechend ist der Flug dieses Vogels recht schwerfällig. Er lebt in den mittleren Etagen des Urwaldes. Seine Nahrung besteht aus Insekten und ihren Larven, hauptsächlich aus Käfern, Heuschrecken und Kakerlaken und hin und wieder auch Spinnen. Der Vogel fängt seine Beute unter lautem Schnappen seines Schnabels.

Schneeballwürger

Dryoscopus cubla

Verbreitung: Afrika: von Kenia westl. und südl. bis Angola und Südafrika

Habitat: offene Waldgebiete, Gärten, Buschvegetation

Länge: 15 cm

Vom Schneeballwürger sind 4 Unterarten bekannt: Die hier abgebildete Form lebt in Südafrika; die 3 übrigen verteilen sich auf den Rest des Verbreitungsgebietes. Das Weibchen ist matter und heller gefärbt als das Männchen und hat blaßgelbe Augen. Im erregten Zustand richtet dieser Würger die Rücken- und Steißfedern auf, so daß er einem Daunenball ähnelt. Gewöhnlich leben Schneeballwürger in Paaren oder kleinen Gruppen und mit anderen Vogelarten zusammen. Sie jagen zwischen den Blättern von Sträuchern und Bäumen nach Insektenlarven, fangen aber auch Insekten in der Luft und fressen die Eier und die Jungen kleinerer Vögel.

Das napfförmige Nest wird aus Baumrinden- und Wurzelfasern gebaut; gut versteckt wird es mit Spinnweben an einer Baumgabel befestigt. Eine Gelege enthält 2–3 Eier.

Buschwürger

Malaconotus blanchoti

Verbreitung: Afrika südl. der Sahara (nicht im äußersten Süden)

Habitat: bewaldete Gebiete, Akazien, oft in Wassernähe (Ostafrika)

Länge: 25 cm

Trotz seiner Größe und seiner auffälligen Färbung ist der Buschwürger nur selten im dichten Blattwerk der Bäume und Sträucher seines Wohngebietes zu beobachten. Am besten ist der Vogel zu finden, wenn man seinem Ruf folgt, einem lebhaften Gezwitscher oder einem aus 2–3 Tönen bestehenden Pfeifen. Der Buschwürger hat einen großen Hakenschnabel und fängt zumindest in Südafrika in der Waldstreu Beutetiere von der Größe von Mäusen und Eidechsen. Die Geschlechter ähneln einander.

Das auffällige Nest wird in Bodennähe gebaut; es ist entweder ein runder Haufen aus Gras und Blättern oder eine Plattform aus Zweigen mit einer Nestmulde. Ein Gelege enthält 2–3, selten 4 Eier.

Raubwürger

Lanius excubitor

Verbreitung: weitverbreitet in Nordamerika, Asien, Europa, Nordafrika; überwintert südl. der Brutgebiete

Habitat: sehr unterschiedlich: bewaldete Gebiete, offenes Gelände, Sümpfe, Tundra, Savanne, Wüste

Länge: 24 cm

Der Raubwürger jagt gerne von einem hohen, freien Ausguck aus, und zwar hauptsächlich Insekten, aber auch kleine Vögel, Säugetiere, Reptilien und Frösche. Gewöhnlich kehrt er zu seinem Sitz zurück, um die Beute sofort zu verschlingen, aber er sammelt auch Nahrung für Schlechtwetterperioden. Diese Vorräte spießt er auf Dornen oder anderen scharfen Spitzen auf. Der Raubwürger verteidigt sein Revier aggressiv gegen alle Eindringlinge, sogar gegen Bussarde, und er rüttelt auch während der Jagd wie diese. Das Weibchen ähnelt dem Männchen, ist jedoch matter gefärbt und hat halbmondförmige Streifen auf der Unterseite. Junge Vögel sind noch stärker gestreift.

Das große Nest befindet sich gewöhnlich ca. 12 m über dem Boden und wird von beiden Vögeln aus kleinen Zweigen, Moos und Gras gebaut. Im Norden des Verbreitungsgebietes legt das Weibchen 5–7 Eier und bebrütet sie 14–16 Tage lang. Im Süden ist das Gelege kleiner, doch brütet der Raubwürger dort 2mal pro Jahr. In Nordamerika kommt außer dem Raubwürger nur noch eine andere Art dieser Familie vor, der Amerikanische Raubwürger (*L. ludovicianus*), der sich in Ausssehen und Verhalten kaum vom gewöhnlichen Raubwürger unterscheidet. In der Alten Welt gibt es verschiedene Unterarten.

Brillenwürger

Prionops plumata

Verbreitung: Afrika: von Südäthiopien bis Angola, Namibia, nördliches Südafrika

Habitat: offene Buschsteppen, bewaldete Gebiete

Länge: 20 cm

Der nicht besonders scheue Brillenwürger lebt in Gruppen von 8–12 Vögeln, die ständig dicht beieinander in den untersten Zweigen von Bäumen und Sträuchern umherstreifen und dort oft in Gesellschaft anderer Vogelarten nach Insekten suchen. Die beiden Geschlechter ähneln einander.

Sogar in der Brutzeit lebt der Brillenwürger in Gruppen, und mehrere Vögel beteiligen sich am Brüten und Füttern der Jungen in einem einzigen Nest. Gewöhnlich besteht ein Gelege aus 3–4 Eiern.

Rotbauchwürger

Laniarius atrococcineus

Verbreitung: Afrika: südliches Ostafrika bis Angola, Südafrika

Habitat: Buschland mit Dornengestrüpp, Akaziensträucher

Länge: 20 cm

Erstaunlicherweise fällt dieser buntgefiederte Vogel in den dichten Dornensträuchern, in denen er sich meist aufhält, kaum auf. Doch wenn der nicht sehr scheue Vogel sich zeigt, ist er leicht zu erkennen. Die Geschlechter sind gleich gefärbt; bei jungen Vögeln sind die Farben matter, und nur ihre Unterschwanzfedern sind rot. Der Rotbauchwürger streift gewöhnlich in Paaren umher; der Kontaktruf des Männchens ist ein klarer, tiefer Flötton, der vom Weibchen mit einem gurrenden, kehligen Laut beantwortet wird. Diese Art ernährt sich haupsächlich von Insekten.

Das flache, napfförmige Nest wird aus Gras, Pflanzenfasern und trockener Baumrinde gebaut, und zwar in der Astgabel eines Dornenstrauches. Ein Gelege besteht aus 2–3 Eiern.

Elsterwürger

Corvinella melanoleuca (Urolestes melanoleucus)

Verbreitung: Afrika: Kenia, Tansania, Mozambique bis Südangola

Habitat: offenes Gelände mit vereinzelten Bäumen und Buschvegetation, verwildertes Kulturland

Länge: 35–38 cm

Das schwarzweiße Federkleid dieses Vogels erinnert an das einer Elster. Die beiden Geschlechter sehen gleich aus, und junge Vögel sind matter gefärbt. Trotz seiner auffälligen Farbe und der Gewohnheit, an einer offenen Stelle in einem Baumwipfel zu sitzen, ist der Elsterwürger ein ziemlich scheuer Vogel. Er tritt in Paaren oder kleinen Gruppen auf, oft zusammen mit anderen Vogelarten, und er frißt Insekten, die er auf dem Boden fängt, indem er von einem hohen Ausguck hinabstößt. Der Elsterwürger spießt seine Beute oft auf einen Dorn, bevor er sie frißt.

Das Nest ist ein umfangreiches, primitives Gebilde aus kleinen Dornenzweigen und wird in die Äste von Dornensträuchern gebaut. Ein Gelege enthält gewöhnlich 3–4 Eier.

Kahlkopfwürger
Raubwürger ♂
Rotbauchwürger
Elsterwürger
Buschwürger
Brillenwürger
Schneeballwürger ♂

Vangawürger, Seidenschwänze, Palmschmätzer

FAMILIE VANGIDAE: Blauwürger oder Vangawürger
Die Vangawürger bilden eine Familie sehr unterschiedlicher und spezialisierter Singvögel, die wahrscheinlich von würgerartigen Ahnen abstammen. Man unterscheidet 12–14 Arten, die alle ausschließlich auf Madagaskar vorkommen. Es handelt sich um Fleischfresser, die wie die Würger Insekten jagen. Männchen und Weibchen sind unterschiedlich gefärbt.

Kleibervanga

Hypositta corallirostris
Verbreitung: Ostmadagaskar
Habitat: feuchte Wälder
Länge: 13 cm

Die Klassifikation dieses Vangas gilt in der Ornithologie als problematisch. Er sucht seine Nahrung wie ein Baumläufer und ähnelt einem Kleiber, wird jedoch heute als enger, wenn auch stark abweichender Verwandter der Vangawürger angesehen. Der schöngefärbte kleine Vogel krallt sich mit seinen Zehen an der Rinde fest und sucht in den Rissen und Spalten nach Insekten. Das Weibchen und die jungen Vögel sind an der Oberseite blau und an der Unterseite grau gefärbt. Nester dieser Vogelart hat man bisher noch nicht gefunden.

Hakenvanga

Vanga curvirostris
Verbreitung: Madagaskar
Habitat: Wald und sekundäre Buschvegetation bis 1800 m Höhe, Mangrovensümpfe
Länge: 25 cm

Der Hakenvanga wird gewöhnlich alleine oder in Paaren zwischen den größeren Ästen von Bäumen gesehen, wo er langsam und bedächtig nach Beute sucht. Sein starker Schnabel hat eine hakig gekrümmte Spitze. Er reagiert auf piepsende und zwitschernde Laute, was ein Hinweis darauf sein könnte, daß er kleine Säugetiere und junge Vögel frißt. Bekannt ist, daß er Chamäleons, Eidechsen und Insekten fängt.

Sichelvanga

Falculea palliata
Verbreitung: Madagaskar
Habitat: bewaldete Gebiete, dichtbewachsene Savanne, Waldränder, Mangrovensümpfe
Länge: 32 cm einschließlich Schnabel

Dieser Vanga ähnelt im Aussehen und Verhalten mehr einem Baumhopf (*Phoeniculus*) als einem Vangawürger, Würger oder Star – letzteren wird er auch gelegentlich zugeordnet. Manchmal taucht plötzlich eine Gruppe von bis zu 25 Vögeln in einem Waldstück auf und läuft gewandt über Baumstämme und Zweige, ganz wie die Baumhopfe. Auch hängen Sichelvangas kopfüber an ihren Krallen, wenn sie mit ihren langen, gebogenen Schnäbeln in Spalten der Rinde herumstochern und nach großen Insekten suchen.

Das Weibchen baut in einem hohen, freistehenden Baum gut versteckt ein Nest aus Zweigen, meist ca. 12 m über dem Boden. Wie viele Eier jeweils gelegt werden, ist nicht bekannt, denn man hat noch nie ein solches Nest gefunden.

FAMILIE BOMBYCILLIDAE: Seidenschwänze
Die komplexe Gruppe der Seidenschwänze, die sehr unterschiedliche Arten umfaßt, wird manchmal in 3 getrennte (Unter-)Familien aufgeteil, ist hier jedoch zu einer Familie zusammengefaßt. Die 3 Arten der Eigentlichen Seidenschwänze findet man in hohen Breitengraden der nördlichen Hemisphäre; bei strengem Frost tauchen sie allerdings manchmal auch in südlicheren Regionen in Europa, Zentralchina, Japan und sogar in Mittelamerika auf. Männchen und Weibchen haben ein seidiges Gefieder und einen Schopf und sind fast gleich gefärbt. Sie ernähren sich von Früchten und Beeren.

Grauseidenschnäpper

Ptilogonys cinereus
Verbreitung: von Nordmexiko bis Guatemala
Habitat: Eichen- und Kiefernwälder in 1200–3000 m Höhe
Länge: 21 cm

Dieser Seidenschnäpper ähnelt mit seinem weichen, seidigen Gefieder den Seidenschwänzen, doch den langen, schmalen Schwanz hat er mit den Fliegenschnäppern gemeinsam – daher sein Name. Tatsächlich frißt der Grauseidenschnäpper hauptsächlich Früchte und Beeren, insbesondere die Beeren der Mistel, fängt aber manchmal auch Insekten aus der Luft. Außerhalb der Brutzeit lebt er gewöhnlich in kleinen Gruppen. Das Weibchen baut ein Nest aus kleinen Zweigen und Fasern hoch in einem Baum und bindet es mit Spinnweben zusammen. Das Gelege besteht aus 2–3 Eiern.

Europäischer Seidenschwanz

Bombycilla garrulus
Verbreitung: zirkumpolar: Nordamerika, Europa und Asien
Habitat: hohe Taiga-Nadelwälder
Länge: 18 cm

Ihren volkstümlichen Namen „Pestvogel“ verdankt diese Art ihrem sporadischen, invasionsartigen Auftauchen in bestimmten Gebieten und dem Aberglauben unserer mittelalterlichen Vorfahren, die das Auftauchen dieser Vögel mit der Pest in Verbindung brachten. Am Ende der kleinen Schwungfedern befinden sich wachsartige Hornplättchen – Verlängerungen der Federschäfte. Die Geschlechter ähneln einander stark, nur ist das Gefieder des Weibchens etwas matter gefärbt. Der Seidenschwanz frißt gewöhnlich Früchte und Beeren, fängt aber vor allem in der Brutzeit auch Insekten im Flug. In manchen Jahren, den sogenannten „Invasionsjahren“, ziehen die Vögel in den Süden außerhalb ihres Brutgebietes. Während der Balz bietet das Männchen seinem Weibchen eine Beere oder Ameisenpuppe an, die die Vögel einander dann immer wieder überreichen, ohne sie jedoch aufzufressen. Das Weibchen baut das große Nest aus Zweigen, Moos und Pflanzenfasern fast alleine und brütet auch die 3–7 Eier alleine aus.

Nachtschattenfresser

Hypocolius ampelinus
Verbreitung: von Nordafrika bis Iran und Indien
Habitat: Halbwüste
Länge: 23 cm

Der Nachtschattenfresser lebt außerhalb der Brutzeit meist in kleinen Gruppen, die gemeinsam nach Früchten und Beeren suchen, unter anderem nach Nachtschattengewächsen, Maulbeeren, Feigen und insbesondere nach Datteln. Manchmal frißt der Vogel auch Insekten. Das Weibchen ähnelt dem Männchen sehr stark, nur fehlen ihm die schwarzen Kopffedern, die das Männchen zu einem Schopf aufrichten kann. Junge Vögel sind gelblichbraun, und ihnen fehlt die schwarze Färbung am Schwanz. Der Nachtschattenfresser ist scheu und bewegt sich langsam, genau wie ein Seidenschwanz, doch sein Flug ist geradlinig und kraftvoll.

Gemeinsam baut das Pärchen das große, napfförmige Nest, das gewöhnlich gut zwischen den Blättern einer Palme versteckt ist, ein primitives Bauwerk aus Zweigen, das mit weichem Pflanzenmaterial und Haaren ausgepolstert wird. Das Weibchen legt 4–5 Eier. Wenn die Vögel aufgestört werden, verlassen sie das Nest; es heißt, sie würden später zurückkehren, um es zu zerstören und es eine Woche später neu aufbauen.

FAMILIE DULIDAE: Palmschmätzer
Der einzige Vertreter dieser Familie, der Palmschmätzer, wurde früher zu den Seidenschwänzen gerechnet, doch heute ordnet man ihn einer eigenen Familie zu.

Palmschmätzer

Dulus dominicus
Verbreitung: Antillen: Hawaii, Ile de la Gonâve
Habitat: offenes Gelände mit Königspalmen (*Roystonea*)
Länge: 17 cm

Die Federn des Palmschmätzers sind dick und grob, ganz im Gegensatz zu denen eines Seidenschwanzes. Die Geschlechter ähneln einander; junge Vögel haben eine dunklere Kehle, einen dunkleren Hals und einen braungelb gefärbten Steiß. Palmschmätzer bewohnen in Paaren oder in Gruppen von 2–5 Paaren große Gemeinschaftsnester von ca. 1 m Durchmesser. Ein solches Nest ist ein simples Gebilde aus trockenen Zweigen, das um den Stamm und um die Blattansätze der Königspalme geflochten wird. Jedes beteiligte Vogelpaar bezieht darin einen eigenen, abgetrennten Bereich mit separatem Eingang. Hier schlafen die Vögel und ziehen ihre 2–4 Jungen auf.

Der Palmschmätzer lebt von den Beeren der Königspalme und anderer Pflanzen und frißt auch hin und wieder Blüten.

Kleibervanga ♂
Sichelvanga ♂
Hakenvanga
Europäischer Seidenschwanz
Grauseidenschnäpper ♂
Nachtschattenfresser ♂
Palmschmätzer

Zaunkönige

FAMILIE TROGLODYTIDAE: Zaunkönige
Die mit den Wasseramseln und Spottdrosseln verwandte Familie der Zaunkönige umfaßt ungefähr 60 Arten, die bis auf eine alle in der Neuen Welt verbreitet sind. Diese einzige Ausnahme ist der bei uns bekannte Zaunkönig.

Die Größe der Zaunkönige variiert von 10 bis 23 cm. Es sind muntere, laute Vögel mit einem rundlichen Körper und kurzen, abgerundeten Flügeln. Einige Arten haben einen kurzen, aufrechtstehenden Schwanz. Das Federkleid ist im allgemeinen bräunlich, oft mit weißlichen, gelbbraunen, dunkelbraunen oder schwarzen Bändern, Streifen oder Flecken gezeichnet, vor allem auf Flügeln und Schwanz. Die Geschlechter sehen gleich aus oder unterscheiden sich nur geringfügig.

Zaunkönige bewohnen sehr unterschiedliche Biotope wie Regenwälder, bewaldete Gebiete der gemäßigten Zonen, Sümpfe, Wüsten, Heideland und Gebirge. Sie halten sich am liebsten in dichter, niedriger Vegetation auf, wo sie sehr emsig und mit großer Geschwindigkeit nach Insekten und anderen kleinen Wirbellosen suchen. Es sind hervorragende Sänger mit einem großen Repertoire an Liedern, Warn- und Kontaktrufen, und einige Arten zählen zu den besten Sängern der Vogelwelt. Männchen und Weibchen singen oft im „Duett“, wobei sie einander manchmal so schnell abwechseln, daß der verblüffte Zuhörer meist nur durch Zufall entdeckt, daß da 2 Vögel singen. Diese „Duette“ sind charakteristisch für viele tropische Arten. Zaunkönige brüten gewöhnlich 2mal oder öfter pro Jahr. Bei den meisten Arten brütet das Weibchen, doch beide Eltern sorgen gemeinsam für die Jungen, bis diese 2–3 Wochen nach dem Ausschlüpfen flügge sind.

Zaunkönig

Troglodytes troglodytes

Verbreitung: Island, Europa, Nordwestafrika, Mittlerer Osten, östl. bis China, Japan; Südkanada, Osten und Pazifikküste der USA

Habitat: Unterholz in Nadelwäldern, Gärten, Heidelandschaften und Parks

Länge: 9,5–11,5 cm

Der Zaunkönig hat einen rundlichen Körper und einen kurzen Schwanz, der fast senkrecht steht. Sein Gesang ist laut und trällernd. Ruhelos sucht er im dichten Unterholz nach Insekten (vor allem Larven), kleinen Spinnen und Beeren.

Die Brutzeit beginnt im größten Teil des Verbreitungsgebietes im April. In manchen Gebieten ist der Zaunkönig polygam, und das Männchen baut mehrere Nester gleichzeitig. Das große, kugelige Nest, ein Geflecht aus kleinen Zweigen, Moos, Gras und feinen Wurzelfasern, befindet sich meist in einer Uferhöhle, zwischen Baumwurzeln oder in einem hohlen Baumstumpf, manchmal aber auch in Schuppen oder in deren Umgebung, und zwar an den seltsamsten Stellen – in Kleidertaschen, alten Jacken oder zwischen Gartengeräten. Das Männchen baut auch „Spielnester“, die nicht benutzt werden, sondern möglicherweise dazu dienen, eventuelle Nesträuber irrezuführen. Nachdem das Weibchen das von ihm gewählte Nest ausgekleidet hat, legt es 4–16, meist jedoch 4 oder 5 Eier und brütet sie in ca. 2 Wochen aus. Das Weibchen versorgt auch die Jungen, die 16–17 Tage nach dem Ausschlüpfen flügge sind. Einige nördliche Populationen ziehen im Winter in den Süden. Bei uns ist der Zaunkönig ein Standvogel, verträgt jedoch strenge Winter nur schlecht.

Hauszaunkönig

Troglodytes aedon

Verbreitung: von Südkanada, USA bis Mittel- und Südamerika; Trinidad und Tobago

Habitat: bewaldete Gebiete, Gärten, Parks

Länge: 11–14 cm

Der Hauszaunkönig ist in seinem Verbreitungsgebiet eine der zahlreichsten Arten. Er hat graubraunes Gefieder und einen schwachen Augenbrauenstreifen. In Nordamerika spielt er die gleiche Rolle als Kulturfolger wie bei uns der Zaunkönig. Seine Nahrung besteht aus vielen verschiedenen Insektenarten wie Grillen, Käfern, Ameisen, Fliegen und Raupen, und manchmal auch aus Spinnen und Schnecken. In Nordamerika überwintert er südlich seines Brutgebietes und zieht im Frühjahr in den Norden.

Das Männchen kehrt früher zum Brutplatz zurück als das Weibchen und baut ein Nest aus kleinen Zweigen, Blättern und anderen Pflanzenteilen. Gewöhnlich wird das Nest in eine Baum- oder Felshöhle gebaut, aber es kann praktisch an jeder geschützten Stelle sein. Wenn das Weibchen auf dem Brutplatz ankommt, wählt es ein Nest und polstert es mit Federn, Wolle und Haaren aus. Es brütet die 6–8, manchmal auch 9 Eier in 13–15 Tagen aus. Die Jungen verlassen 12–18 Tage nach dem Ausschlüpfen das Nest.

Es gibt viele Unterarten des Hauszaunkönigs; 2 karibische Formen sind bedroht und vermutlich schon fast ausgestorben.

Kaktuszaunkönig

Campylorhynchus brunneicapillus

Verbreitung: vom Südwesten der USA bis Zentralmexiko

Habitat: Wüste, Buschsteppen

Länge: 18–22 cm

Dies ist der größte nordamerikanische Zaunkönig. Er ist an seinen deutlich abgesetzten weißen Augenbrauenstreifen und seinem Schwanz zu erkennen, der bei ihm länger ist als bei vielen anderen Familienmitgliedern, aber nur selten aufgerichtet wird. Der Kaktuszaunkönig hält sich in Gebieten auf, in denen Dornensträucher, Kaktusse und Bäume wachsen, und sucht meist auf dem Boden zwischen der Vegetation nach Insekten wie Käfern, Ameisen, Wespen und Heuschrecken, manchmal auch nach Eidechsen und kleinen Fröschen. Gelegentlich frißt er Kaktusfrüchte, Beeren und Samen. Der Vogel kann schnell laufen, zieht es jedoch vor zu fliegen, wenn er größere Entfernungen zurücklegen muß. Kaktuszaunkönige bauen Schlafnester, in denen sie nachts und bei schlechtem Wetter Unterschlupf suchen.

Die Brutzeit beginnt im März oder April, und jedes Jahr wird 2- oder 3mal gebrütet. Das umfangreiche, kugelige Nest wird aus Pflanzenfasern, Reisig und verwelkten Blättern gebaut und hat eine seitliche Eingangsröhre, die bis zu 15 cm lang sein kann. Das Nest wird mit Fellhaaren oder Federn ausgepolstert und befindet sich in einer Opuntie (einem stacheligen Feigenkaktus) oder zwischen den scharfen Blättern einer Yucca oder eines Dornenstrauches. Das Gelege kann 3–7 Eier enthalten, meist sind es jedoch 4–5; es wird ca. 16 Tage lang vom Weibchen bebrütet.

Langschnabel-Sumpfzaunkönig

Cistothorus palustris

Verbreitung: Südkanada, USA, Mexiko

Habitat: Sümpfe

Länge: 10–14 cm

Diese auffällige Zaunkönigart hat einen dunklen Kopf, schwarzweiß gestreifte Schultern und weiße Augenbrauenstreifen. Sie lebt in der dichten Vegetation der Sümpfe und ernährt sich von Wasserinsekten. Das Männchen baut mehrere „Spielnester“, bevor das Weibchen in das Brutrevier zurückkehrt. Die meiste Arbeit am Nest verrichtet jedoch das Weibchen, nachdem es ein bestimmtes Nest als Brutplatz ausgesucht hat. Das Nest ist ein großes Gebilde in Form einer Kokosnuß, an Rohrkolben oder anderen aufrecht stehenden Pflanzen befestigt und aus eingeweichten Bindsen und Gräsern gebaut, die mit Wurzelfasern und Pflanzenstengeln durchflochten sind. Es hat einen röhrenförmigen Seiteneingang, und der Nistraum ist mit Federn und Pflanzenfasern ausgekleidet. Die 3–10, gewöhnlich 5 oder 6 Eier werden 13–16 Tage lang vom Weibchen bebrütet.

Bewicks Zaunkönig

Thryomanes bewickii

Verbreitung: Südwest- und Zentralkanada, USA, Mexiko

Habitat: offene Waldgebiete, Dickichte, Gärten, Weideland

Länge: 14 cm

Mit Hilfe seines langen, schlanken Schnabels sucht dieser Zaunkönig in der Vegetation und auf dem Boden nach Insekten wie Käfern, Ameisen und Raupen und nach Spinnen. Auch in Mauerspalten sucht er nach Nahrung.

Das Nest wird vom Pärchen gemeinsam gebaut, in fast jede geeignete natürliche oder künstliche Höhlung, sei es in einen Baum, einen Felsen oder in ein Gebäude. Es ist napfförmig, besteht aus kleinen Zweigen, Rinde, Blättern, Moos und anderen Pflanzenteilen und wird mit Federn ausgekleidet. Das Weibchen bebrütet das Gelege von 4–11, meist jedoch 5–7 Eiern 2 Wochen lang.

Felszaunkönig

Salpinctes obsoletus

Verbreitung: von Südwestkanada, Westen der USA südl. bis Costa Rica

Habitat: trockene Felstäler, Felswände

Länge: 13–15 cm

Der hellgefärbte Felszaunkönig paßt sich ausgezeichnet an sein Wohngebiet an. Er lebt in trockenen, kahlen Landschaften, wo er sehr geschickt zwischen dem Gestein umherklettert, wenn er nach Insekten und Spinnen sucht.

Das Brutpaar baut ein Nest aus Gras, Wurzelfasern und Stengeln in einem Felsspalt. Obwohl das Nest gut verborgen liegt, kann man es manchmal an seinem Zugangsweg aus kleinen Steinchen erkennen. Das Weibchen legt gewöhnlich 5–6 Eier und brütet sie alleine aus.

Kaktuszaunkönig
Zaunkönig
Langschnabel-Sumpfzaunkönig
Nest des Felszaunkönigs
Hauszaunkönig
Bewicks Zaunkönig
Felszaunkönig

Spottdrosseln, Wasseramseln, Braunellen

FAMILIE MIMIDAE: Spottdrosseln
Nur die Hälfte der 31 Arten dieser amerikanischen Familie trägt den Namen Spottdrossel, die übrigen haben Namen wie Katzendrossel, Zitterdrossel und Sichelspötter. Ihr Verbreitungsgebiet erstreckt sich von Kanada bis Argentinien, und sie leben vorzugsweise in bewaldeten Landstrichen und in Buschvegetation. Spottdrosseln suchen dicht über oder auf dem Boden nach Insekten und anderen wirbellosen Tieren sowie nach Früchten und Samen. Charakteristisch für sie ist ein schlanker Körper, ein langer Schwanz und lange Beine; sie sind bekannt für ihre Fähigkeit, den Gesang anderer Vögel und Geräusche wie Hundegebell und Sirenen nachzuahmen (das „Spotten"). Das Aussehen von Männchen und Weibchen ist völlig oder zumindest nahezu gleich.

Galapagos-Spottdrossel

Nesomimus trifasciatus

Verbreitung: Galapagos-Inseln
Habitat: unterschiedlich
Länge: 25 cm

Es gibt 9 Unterarten der Galapagos-Spottdrossel, von denen heute eine selten ist und nur noch auf den Inseln Champion und Gardner vorkommt. Manche Ornithologen teilen diese Unterarten in 4 separate Arten ein. Der Vogel scheint jedes verfügbare Biotop auf seiner Insel zu nutzen, und er frißt alles, dessen er nur habhaft werden kann, insbesondere Insekten, Früchte und Beeren, aber auch Aas und die Eier von Meeresvögeln.

Das Reisignest wird in einen Kaktus oder in ein kleines Bäumchen gebaut, und das Weibchen legt 2–5 Eier hinein.

Spottdrossel

Mimus polyglottos

Verbreitung: USA, südl. bis Mexiko; Antillen; eingeführt in Hawaii
Habitat: offene Waldgebiete, Gärten, Obsthaine
Länge: 23–28 cm

Die Spottdrossel ist einer der bekanntesten Singvögel der USA. Das Männchen singt Tag und Nacht und imitiert oft andere Vögel und Laute. Spottdrosseln sind streitlustig und verteidigen ihr Territorium aggressiv gegen Feinde aller Art; im Winter haben die Weibchen oft ein eigenes Revier. Spottdrosseln ernähren sich von Insekten, insbesondere Heuschrecken und Käfern, außerdem von Spinnen, Schnecken und kleinen Reptilien. Auch Früchte bilden einen Teil der Nahrung.

Das Männchen balzt im Sommer zu Beginn der Brutzeit und läßt beim Balzflug die weiße Flügelzeichnung aufblitzen. Das Pärchen baut gemeinsam ein Nest aus Reisig, Blättern und Wolle in einen niedrigen Baum oder Strauch. Das Weibchen sitzt 12 Tage auf den 3–6 Eiern, die Jungen werden dann von beiden Eltern gefüttert. Pro Jahr sind 2–3 Bruten möglich.

Kalifornischer Sichelspötter

Toxostoma redivivum

Verbreitung: USA: Kalifornien; Mexiko: Baja California
Habitat: Chaparral, Vorgebirge, Parks, Gärten
Länge: 28–33 cm

Charakteristisch für diesen großen Sichelspötter ist sein nach unten gebogener sichelförmiger Schnabel, mit dem er abgefallene Blätter durchstöbert und im Boden herumstochert, um nach Insekten und Beeren zu suchen. Die Flügel dieses Vogels sind ziemlich kurz, und er kann nur unbeholfen fliegen; deshalb lebt der Sichelspötter vorwiegend auf dem Boden, wo er mit aufgerichtetem Schwanz umherläuft. Das Männchen singt mit großer Ausdauer und sitzt dabei einem Strauch. Es ist ein ausgezeichneter Imitator. Bei dieser Art singt auch das Weibchen.

Das Brutpaar baut ein großes, napfförmiges Nest aus Pflanzenteilen, ca. 1 m über dem Boden in einem niedrigen Baum oder Strauch. Die Vögel bebrüten ihre 2–4 Eier 2 Wochen lang. Die Jungen verlassen das Nest 12–14 Tage nach dem Ausschlüpfen, doch das Männchen füttert sie auch noch, wenn das Weibchen schon auf dem zweiten Gelege sitzt.

Katzendrossel

Dumetella carolinensis

Verbreitung: Südkanada, USA (nicht im Südwesten); überwintert in Mittelamerika und auf den Antillen
Habitat: bewaldete Gebiete, Waldränder, Unterholz, Gärten
Länge: 20–24 cm

Die Katzendrossel hat ihren Namen ihrem langgezogenen Warnruf zu verdanken, der dem Miauen einer Katze ähnelt; auch sie ist ein eifriger Imitator. Der Vogel lebt in der dichten Vegetation und sucht hauptsächlich auf dem Boden Insekten und Beeren. Gegen Ende des Winters zieht die Katzendrossel – oft nachts – in riesigen Schwärmen in ihr Brutgebiet im Norden.

Im Brutrevier angekommen versucht das Männchen, durch seinen Gesang ein Weibchen anzulocken. Es balzt vor dem Weibchen und jagt es. Beide Partner bauen das faserige Nest aus Pflanzenmaterial in einem Bäumchen oder Strauch. Die 2–6, meist jedoch 4 Eier werden überwiegend vom Weibchen 12–15 Tage lang bebrütet; das Männchen beteiligt sich an der Fütterung der frisch ausgeschlüpften Jungen. Meist kommt es zu 2 Bruten pro Jahr.

Zitterdrossel

Cinclocerthia ruficauda

Verbreitung: Antillen
Habitat: Regenwald, bewaldete Gebiete
Länge: 23–26 cm

Die Zitterdrossel verdankt ihren Namen ihrer Gewohnheit, heftig mit Körper und Flügeln zu zucken. Es gibt mehrere Unterarten, die in der Farbe von Dunkelbraun bis Olivgrau variieren; die auf St. Lucia lebende Unterart ist am hellsten, sie ist gräulich gefärbt. Die Zitterdrossel frißt hauptsächlich Insekten und andere kleine wirbellose Tiere, die sie größtenteils vom Waldboden aufsammelt.

Das Nest sitzt in der Höhle eines Baumes oder Baumfarns. Das Weibchen legt 2–3 Eier.

FAMILIE CINCLIDAE: Wasseramseln
Die 5 Arten dieser Familie sind in Europa, Asien, Nord- und Südamerika zu Hause, gewöhnlich im Hochland an schnellfließenden Bergbächen. Unter den Singvögeln sind die Wasseramseln die einzigen echten Wasserbewohner; dennoch haben sie keine Schwimmhäute und als einzige eindeutige Anpassung an ihr Wassermilieu bewegliche Klappen auf den Nasenlöchern, die das Eindringen von Wasser in die Nase verhindern. Wasseramseln können gut tauchen und unter Wasser schwimmen. Sie können sogar über den Bachgrund laufen. Die Männchen sind etwas größer als die Weibchen.

Graue Wasseramsel

Cinclus mexicanus

Verbreitung: von Alaska über Nordwestamerika bis Panama
Habitat: Gebirgsbäche
Länge: 18–22 cm

Dieser Vogel, der entfernt einem Zaunkönig ähnelt, hat einen gedrungenen Körper, lange, kräftige Beine und einen kurzen abgeschnittenen Schwanz. Der leicht gebogene Schnabel ist an der Spitze eingekerbt. Wie die anderen Wasseramseln hält sich auch diese in der Nähe von Bergbächen auf und läuft oder taucht im Wasser, schwimmt unter Wasser oder läuft sogar über den Grund des Gewässers, um Insekten und andere wirbellose Tiere zu fangen, insbesondere die Larven der Köcherfliege. Das große überdachte Nest aus Moos und Gras wird vom Weibchen auf einem großen Stein im Bach oder an dessen Ufer zwischen Baumwurzeln oder Felsen gebaut und hat eine seitliche Öffnung. Die 3–6 Eier werden in ca. 2 Wochen ausgebrütet. Die europäische Wasseramsel (*C. cinclus*) brütet auch bei uns.

FAMILIE PRUNELLIDAE: Braunellen
Braunellen sind unauffällige, spatzenähnliche kleine Vögel Europas und Asiens. Die 12 Arten gehören alle der Gattung *Prunella* an. Männchen und Weibchen ähneln einander.

Heckenbraunelle

Prunella modularis

Verbreitung: Europa, Asien, östl. bis zum Ural, südl. bis zum Libanon
Habitat: bewaldete Gebiete, Buschvegetation, Gärten, Kulturland mit Hecken und Baumbestand
Länge: 15 cm

Die Heckenbraunelle ist an ihrem schlanken Schnabel, dem bräunlich gefärbten Rücken und der mausgrauen Unterseite zu erkennen. Sie lebt hauptsächlich auf dem Boden und sucht zwischen Blättern und anderem organischem Abfall nach Insekten, im Winter auch nach Samen.

Das napfförmige Nest wird sorgfältig aus Reisig, Gras und Wurzelfasern gebaut, und zwar in einen Strauch. Das Weibchen bebrütet die 3–6 Eier 12–14 Tage lang. Das Männchen hilft beim Füttern der Jungen. 2 Bruten pro Jahr sind möglich. Bei uns ist die Heckenbraunelle sehr verbreitet und gehört zu den Vögeln, die im Frühling als erste singen.

Graue Wasseramsel
Katzendrossel
Galapagos-Spottdrossel
Zitterdrossel
Spottdrossel
Heckenbraunelle
Kalifornischer Sichelspötter

Drosseln 1

FAMILIE MUSCICAPIDAE: Fliegenschnäpperartige

Zu dieser umfangreichen Singvogelfamilie gehören mehr als 1000 Arten. Früher wurden diese in mehreren separaten Familien untergebracht, doch heute unterscheidet man meist 13 engverwandte Unterfamilien.

UNTERFAMILIE TURDINAE: Drosseln

Die über 300 Arten dieser Unterfamilie sind in der ganzen Welt verbreitet: Nur in den Polargebieten und auf einigen Inselgruppen des Pazifiks fehlen sie. In Neuseeland sind sie eingeführt worden. Zu dieser Gruppe gehören nicht nur die eigentlichen Drosseln (Gattung *Turdus*), sondern auch die Rotkehlchen, die Rotschwänze, die Steinschmätzer, die Hüttensänger, die Nachtigallen und die Trugdrosseln oder Klarinettenvögel. Bei einigen Arten sehen die Geschlechter gleich aus, bei anderen nicht.

Die meisten Mitglieder dieser Unterfamilie sind kleine bis mittelgroße Singvögel mit schlanken Schnäbeln; in der Länge variieren sie von 10 bis 33 cm. Sie sind gute Flieger, und viele Arten wandern regelmäßig über große Entfernungen. Die meisten Drosseln fressen Insekten und andere wirbellose Tiere wie Gehäuse- und Nacktschnecken, Würmer und Schalentiere, und sie verschmähen auch Beeren und andere pflanzliche Nahrung nicht.

Bergkurzflügel

Brachypteryx montana

Verbreitung: Ostnepal bis West- und Südchina, südl. bis Südostasien und Indonesien
Habitat: Unterholz
Länge: 15 cm

Das Männchen dieser Art ist an seinen dunkelblauen Federn und dem langen, weißen Augenbrauenstreifen zu erkennen. Das Weibchen hat ein bräunliches Federkleid, eine rostbraun gefärbte Stirn und unauffällige Augenbrauen. In manchen Gegenden hat das Männchen die gleiche Färbung wie das Weibchen, aber es ist immer an den weißen Augenbrauenstreifen zu erkennen. Der Bergkurzflügel ist ein scheuer, zurückgezogen lebender Bodenvogel, der im dichten Unterholz umherstreift und nach Insekten sucht.

Das Kugelnest wird in einen Baumstamm oder an eine Felswand gebaut. Ein Gelege besteht aus 3 Eiern.

Karruheckensänger

Erythropygia coryphaeus (Cercotrichas c.)

Verbreitung: Afrika: von Namibia bis Südafrika (Kapprovinz)
Habitat: trockene, sandige Gebiete
Länge: 16 cm

Dieser lebhafte, zahlreich vertretene Vogel verbringt viel Zeit auf dem Boden, wo er nach Insekten, Samen und Beeren sucht. Er läuft schnell und flüchtet bei Gefahr ins Unterholz, nachdem er ein paar Sekunden lang mit wippendem Schwanz umhergesprungen ist.

Das napfförmige Nest wird aus Gras in eine Bodenmulde, in einen Strauch oder zwischen die Bodenbedeckung gebaut. Die 2–3 Eier werden ca. 14 Tage lang bebrütet.

Nachtigall

Luscinia megarhynchos (Erithacus m.)

Verbreitung: Europa: von Südostengland bis zum Mittelmeer und Nordafrika; östl. bis Südwestsibirien, Afghanistan; überwintert im tropischen Afrika
Habitat: bewaldete Gebiete, Unterholz, Hecken
Länge: 16 cm

Die Nachtigall singt nach ihrer Rückkehr in ihr Brutgebiet von morgens früh bis abends spät und manchmal auch nachts. Nach ein paar Wochen nimmt ihre Sangeslust allmählich ab. Ihr wichtigstes Kennzeichen ist ihr wohltönender, lauter Gesang. Männchen und Weibchen haben das gleiche braune und cremefarbene Federkleid. Der einsiedlerische, kräftig gebaute Vogel streift in der dichten Vegetation umher, wobei oft nur ein kurzer Blick auf seinen langen, rotbraunen Schwanz zu erhaschen ist. Seine Nahrung – Beeren, Würmer, Insekten und Larven – sucht er auf dem Boden, wobei er sich mit großen Sprüngen fortbewegt. Abgesehen von seinen Wanderungen fliegt er nur über kurze Entfernungen. Die in Mitteleuropa brütenden Nachtigallen treffen ab Mitte April ein und beginnen im Mai mit dem Nisten. Das Weibchen baut ein Nest aus Blättern, auf dem Boden oder unmittelbar darüber zwischen der Vegetation. Die Nestmulde wird mit Gras oder Haaren ausgepolstert. Das Weibchen legt 4–5 Eier und brütet sie in 13–14 Tagen aus. Das Männchen hilft beim Füttern, und die Jungen fliegen nach 11–12 Tagen aus.

Vor den einschneidenden Veränderungen der Landschaft durch Menschenhand war die Nachtigall bei uns ein ziemlich häufiger Vogel des Flachlandes; oft hielt sie sich sogar in Dörfern auf. Heute ist sie fast nur noch in feuchten Naturschutzgebieten und kleinen Wäldern mit Unterholz zu finden.

Rotkehlchen

Erithacus rubecula

Verbreitung: Europa, Mittelmeerinseln, Nordafrika, Asien östl. bis zur Mongolei
Habitat: Wald, bewaldete Gebiete, Gärten
Länge: 14 cm

Das allbekannte Rotkehlchen ist leicht am Orangerot von Brust und Gesicht zu erkennen, das von der olivbraunen Oberseite durch einen blaugrauen Streifen abgetrennt ist. Die beiden Geschlechter ähneln einander. Obwohl das Rotkehlchen in großen Teilen seines Verbreitungsgebietes ein scheuer Waldvogel ist, hat es gelernt, in Deutschland und anderen westeuropäischen Ländern von der Nähe des Menschen und von seinen Gärten zu profitieren. Es ist ein streitlustiger kleiner Vogel, der im Winter alleine lebt und sein Nahrungsrevier dann gegen Eindringlinge verteidigt, indem er mit aufgeplusterten Federn seine rote Brust zeigt; diese Drohgebärde unterstreicht er durch Hin- und Herwenden. Gewöhnlich sucht das Rotkehlchen auf dem Boden nach kleinen Insekten, Larven, Spinnen, Würmern und Schnecken und im Herbst auch nach Beeren und kleinen Früchten.

Bei der Balz zeigt das Männchen eine weniger aggressive Variante des Drohverhaltens. Das Weibchen baut das napfförmige Nest in ein mit Kletterpflanzen überwachsenes Ufer, in einen Strauch oder in eine Hecke, in ein Loch in einem Baum oder Baumstumpf, auf den Sims eines Gebäudes und hin und wieder sogar in einen Nistkasten. Es brütet 12–14 Tage lang auf den 5–7 Eiern; beide Eltern füttern die Jungen. Pro Jahr sind 2, manchmal sogar 3 Bruten möglich.

Blauschwanz

Tarsiger cyanurus (Erithacus c.)

Verbreitung: von Lappland bis Nordasien; überwintert in Südasien; vereinzelte Populationen im Himalaya und in Westchina
Habitat: sumpfige Nadelwälder, offene Waldgebiete
Länge: 14 cm

Der schöne Blauschwanz ist an den Seiten orangerot gefärbt. Das Männchen ist größtenteils blau, das Weibchen bis auf den Schwanz olivbraun. Der Blauschwanz ist ein echter Bodenvogel, der im Schutz niedriger Vegetation nach Insekten sucht, wobei er mit dem Schwanz zittert. Manchmal fängt er Insekten auch im Flug.

Das Nest wird aus Moos gebaut, und zwar in einer Bodenmulde zwischen Baumwurzeln oder im Moos. Das Weibchen legt 3–7 Eier und brütet sie alleine aus.

Kap-Rötel

Cossypha caffra

Verbreitung: Ost- und Südafrika: vom Südsudan bis zum Kap der Guten Hoffnung
Habitat: Wald, Buschvegetation, Kulturlandschaften, städtische Grünanlagen
Länge: 18 cm

Wie das Rotkehlchen ist der Kap-Rötel gewöhnlich scheu und lebt zurückgezogen; in bewohnten Gegenden ist er jedoch zahm geworden und hat sich an den Menschen gewöhnt. Die Geschlechter ähneln einander, beide haben einen scharf abgegrenzten weißen Augenstreifen. Der Kap-Rötel sucht auf dem Boden nach Insekten, Spinnen, Würmern, kleinen Fröschen, kleinen Eidechsen und Beeren, flüchtet jedoch beim geringsten Anzeichen von Gefahr sofort ins Unterholz.

Das Nest aus Moos und Wurzelfasern wird in einen überwucherten Baumstumpf oder in ein dichtbewachsenes Ufer gebaut. Das Gelege aus 2–3 Eiern wird in 13–19 Tagen vom Weibchen ausgebrütet. Beide Eltern füttern ihre Jungen 14–18 Tage lang.

Orangescheitel-Alethe

Alethe diademata

Verbreitung: Afrika: von Nigeria bis Zaire und Uganda
Habitat: Tieflandwälder
Länge: 18 cm

Die Orangescheitel-Alethe, eine der 7 oder 8 in Afrika lebenden Alethe-Arten, wohnt in dichten Wäldern und in schattigem Unterholz. Obwohl sie selbst keine Ameisen frißt, sitzt sie oft auf ihrem Posten, wenn Wanderameisen durch den Wald ziehen, um andere aufgescheuchte Insekten zu fangen. Die Geschlechter ähneln einander. Wenn der Vogel aufgeregt ist, richtet er seinen Schopf auf und spreizt den Schwanz.

Das napfförmige Nest wird aus Gras und Wurzeln gebaut und mit weichen Wurzelfasern gefüttert; man findet es auf Baumstümpfen oder zwischen Haufen von Pflanzenresten auf dem Waldboden. Das Gelege enthält 2–3 Eier.

Bergkurzflügel ♂
Blauschwanz ♂
Karruheckensänger
Kap-Rötel
Rotkehlchen
Orangescheitel-Alethe
Nachtigall

Drosseln 2

Hausrotschwanz

Phoenicurus ochruros

Verbreitung: Europa, Nordafrika, Asien, östl. bis China und Nordindien

Habitat: offenes felsiges Gelände, in der Nähe menschlicher Siedlungen

Länge: 14 cm

Der Hausrotschwanz hat in manchen Gebieten gelernt, sich an das Leben in der Nähe des Menschen anzupassen. Bei uns zeigt er eine Vorliebe für große Gebäude. Beide Geschlechter haben einen rostbraunen Schwanz, doch der des Männchenss ist etwas leuchtender gefärbt; die Oberseite des Männchen ist mattschwarz, die des Weibchens eher bräunlich. Der Hausrotschwanz hält sich viel auf dem Boden auf und sitzt außerdem auf Felsen und Gebäuden auf dem Ausguck. Seine Nahrung besteht hauptsächlich aus Insekten, die er in der Luft oder auf dem Boden fängt; er frißt aber auch Beeren. Spalten in Felsen und Gebäuden dienen ihm als Übernachtungsplatz. Die Brutzeit beginnt im April, doch der genaue Zeitpunkt variiert je nach Gebiet. Das Weibchen baut ein lockeres, napfförmiges Nest aus trockenem Gras, Moos und Fasern und kleidet es mit Haaren, Wolle und Federn aus; das Nest liegt an einer Steinwand, einem Felsen, einem Gebäude oder in einem hohlen Baum. Das Gelege aus 4–6 Eier wird vom Weibchen 12–16 Tage lang bebrütet. Beide Eltern füttern die Jungen, bis diese im Alter von 12–19 Tagen das Nest verlassen. 2 Bruten sind die Regel, es können aber auch 3 sein.

Rotkehl-Hüttensänger

Sialia sialis

Verbreitung: Südkanada, USA östl. der Rocky Mountains bis zur Golfküste; Mexiko, Mittelamerika

Habitat: offenes Gelände, Weideland, Gärten, Parks

Länge: 16–19 cm

Das Männchen des Rotkehl-Hüttensängers hat eine auffällige, leuchtendblaue Oberseite, eine rote Kehle und Brust und einen weißen Bauch; das Weibchen ähnelt ihm, ist jedoch heller und matter gefärbt. Der Vogel ist nicht nur wegen seines hübschen Aussehens beliebt, sondern auch wegen seines wohltönenden Gesanges. Er sitzt oft zusammengekauert auf Telefondrähten und Zäunen, fängt aber seine Nahrung (Insekten) hauptsächlich auf dem Boden. Auch frißt er viele Beeren.

Das Männchen versucht dem Weibchen mit einem Balzflug zu imponieren; später bauen beide gemeinsam ein Nest aus Gras, Reisig und anderen Pflanzenteilen und kleiden es mit Haaren, feinem Gras und Federn aus. Das Nest liegt in einer natürlichen Höhlung in einem Baum oder Baumstumpf, in einer Spechthöhle oder sogar in einem Nistkasten. Ein Gelege besteht gewöhnlich aus 4–5 Eiern, aber es können auch 3, 6 oder 7 sein; die Eier werden in 13–15 Tagen vom Weibchen bebrütet, und manchmal beteiligt sich auch das Männchen am Brüten. Beide Eltern füttern die Jungen, bis diese nach 15–20 Tagen flügge sind. Gewöhnlich kommt es zu 2 Bruten. Einige nördliche Populationen ziehen im Winter in den Süden.

Dajaldrossel

Copsychus saularis

Verbreitung: Indien, Südchina, Südostasien, große Teile Indonesiens, östl. bis Philippinen

Habitat: Buschvegetation, Gärten, Kulturland

Länge: 21 cm

Das Männchen dieser Art ist auffällig schwarzweiß gefärbt; das Weibchen trägt die gleiche Zeichnung, ist jedoch dort, wo das Männchen schwarz gefärbt ist, dunkelgrau. Die Dajaldrossel lebt oft in der Nähe menschlicher Siedlungen und sucht ihre Nahrung auf oder dicht über dem Boden im offenen Feld. Sie kann ausgezeichnet andere Vögel imitieren und hat selbst einen vollen, wohltönenden Gesang. Sie ernährt sich hauptsächlich von Insekten wie Grillen, Käfern und Ameisen.

Das große napfförmige Nest wird aus feinen Wurzelfasern zwischen Baumwurzeln, Zweigen oder in eine geschützte Höhle gebaut. Ein Gelege enthält 3–6, meist jedoch 5 Eier und wird 12–13 Tage lang von beiden Eltern bebrütet.

Weißscheitel-Gabeldrossel

Enicurus leschenaulti

Verbreitung: von Sikkim bis Südchina und Hünan, von Südostasien bis Bali

Habitat: felsige Bäche in Wäldern

Länge: 20–28 cm

Männchen und Weibchen dieser Art besitzen das gleiche kontrastreiche Federkleid; Schwanz und Beine sind lang. Die Weißscheitel-Gabeldrossel hält sich in der Umgebung von Bächen auf und frißt Wasserinsekten, die sie von der Wasseroberfläche oder aus dem Bachbett aufliest. Sie watet von einem Stein zum anderen und taucht ab und zu unter Wasser, um ein Beutetier zu verfolgen.

Das napfförmige Nest wird immer auf feuchten Plätzen, vorzugsweise an einen Bach, auf einen Felsen, in einen Spalt, zwischen Steinen oder Baumwurzeln gebaut. Das Gelege enthält 2 Eier.

Rallenklarino

Myadestes ralloides

Verbreitung: Mittel- und Südamerika: von Costa Rica bis Nordbolivien, Venezuela

Habitat: Bergwälder

Länge: 18 cm

Der scheue Rallenklarino lebt meist in Höhen zwischen 900 und 4500 m. Er ist ein ausgezeichneter Sänger und läßt seine klare, reine Stimme fast das ganze Jahr über ertönen. Der Rallenklarino lebt meist alleine. Er hat einen ziemlich kurzen und breiten Schnabel, und er ernährt sich von Früchten und Insekten.

Das Boden- oder Baumnest enthält ca. 3 Eier, die 12–13 Tage lang bebrütet werden.

Schwarzkehlchen

Saxicola torquata

Verbreitung: Europa, Afrika, West- und Zentralasien

Habitat: Moore, Felder, Buschwerk auf Hügeln, Ackerbaugebiete

Länge: 13 cm

Das Schwarzkehlchen ist ein lebhafter, ruheloser kleiner Vogel. Es fliegt schnell und bewegt sich selten auf dem Boden fort, sondern sitzt meist auf einem freien Ausguck – einem Pfahl, einer Strauchspitze oder einem Zaun – und stößt auf den Boden herab, sobald es dort ein Insekt erblickt. Es frißt aber auch Pflanzen und Getreidekörner. Das Weibchen ist heller und bräunlicher gefärbt, und die weiße Zeichnung ist bei ihm verschwommener.

Die Brutzeit beginnt zwischen Ende März und Anfang Juni, je nach Brutgebiet. Bei der Balz spreizt das Männchen die Flügel, um dem Weibchen deren Zeichnung vorzuführen. Das Nest wird meist vom Weibchen aus harten Gräsern sowie Moos und Pflanzenstengeln gebaut und mit Haaren, feineren Gräsern oder Federn gefüttert; es liegt im offenen Gelände auf dem Boden, in der Deckung eines Strauches oder auch direkt in einem Strauch. Das Weibchen brütet 12–13 Tage lang, wird jedoch vom Männchen manchmal abgelöst. Ein Gelege enthält 5–6 Eier. Die Jungen bleiben 12–13 Tage lang im Nest und werden von den Eltern mit Insekten gefüttert. Einige nördliche Populationen ziehen im Winter in den Süden.

Steinschmätzer

Oenanthe oenanthe

Verbreitung: Europa, Nordwestafrika, West- und Zentralasien, arktisches Nordamerika; überwintert hauptsächlich in Afrika

Habitat: offenes Gelände, Moore, Tundra, Heideland

Länge: 14 cm

Der Steinschmätzer ist weitverbreitet und die einzige Art dieser Gattung, die sich in der Neuen Welt niedergelassen hat. Im Brutkleid hat das Männchen einen grauen Scheitel, schwarze Wangen und einen weißen Augenbrauenstreifen. Bei beiden Geschlechtern ist der Steiß auffällig weiß gefärbt. Das Weibchen ist ansonsten braun und gelbbraun. Im Winter ähnelt das Männchen dem Weibchen. Der Steinschmätzer lebt überwiegend auf dem Boden, wo er viel Nahrung findet, unter anderem Insekten, Spinnen, Tausendfüßler und Weichtiere. Er schießt von einem Ausguck zum anderen und fliegt manchmal auf, um ein Insekt in der Luft zu fangen.

Während der Balz zeigt das Männchen dem Weibchen seinen weißen Steiß und tanzt mit gespreizten Flügeln. Das Nest liegt im offenen Gelände in einem Loch im Boden, in einem Felsen oder in einer Mauer oder in Abfall wie in einer leeren Dose und sogar in Abflußrohren. Das Weibchen legt 5–6, manchmal auch 8 Eier; die Brutzeit beträgt 2 Wochen. Die meiste Zeit brütet das Weibchen. Beide Eltern füttern ihre Jungen, die ca. 15 Tage im Nest bleiben.

Rallenklarino
Weißscheitel-Gabeldrossel
Dajaldrossel ♂
Rotkehl-Hüttensänger ♂
Schwarzkehlchen ♂
Steinschmätzer
♂ im Brutkleid
Hausrotschwanz ♂

Drosseln 3

Klippenrötel

Monticola rupestris

Verbreitung: Südafrika: von Transvaal bis zur Kapprovinz
Habitat: Buschvegetation, felsiges Gelände
Länge: 22 cm

Der männliche Klippenrötel ist an der blaugrauen Färbung von Kopf, Nacken und Kehle zu erkennen; das Weibchen hat einen braun und schwarz gefleckten Kopf. Diese ziemlich häufig vorkommenden Vögel sitzen oft in Paaren oder Gruppen auf Felsen, Steinen oder Sträuchern. Ihre Hauptnahrung, Insekten und kleine Weichtiere, suchen sie meist auf dem Boden.

Das flache, napfförmige Nest wird aus Gras, kleinen Zweigen und Fasern gebaut und mit feinen Wurzelfasern ausgekleidet; es liegt gewöhnlich in einem Felsspalt, manchmal sogar unter einem Dach. Ein Gelege besteht aus 3–5 Eiern.

Bunt-Erddrossel

Zoothera dauma

Verbreitung: UdSSR (vereinzelt westl. bis Großbritannien), Indien, China, Taiwan, Philippinen, Sumatra und Java, südl. bis Australien, Nordmelanesien
Habitat: Wald, bewaldete Gebiete
Länge: 11 cm

Die Bunt-Erddrossel ist an den halbmondförmigen „Schuppen“ auf Rücken und Unterseite zu erkennen. Junge Vögel sind eher gestreift. Dieser scheue Vogel hält sich oft auf dem Boden auf und sucht dort nach Insekten und Beeren. Die Vögel dieser Art ziehen im Winter in den Südosten, doch landen Irrgäste manchmal auch in Europa.

Das Nest der Bunt-Erddrossel unterscheidet sich von den Nestern der übrigen Drosseln; es ist groß und flach und wird in 4 m Höhe in einen Baum gebaut. Das Baumaterial besteht hauptsächlich aus Tannennadeln, der Boden aus Schlamm und Moos, was dem Nest in den Zweigen den nötigen Halt gibt. Das Gelege enthält 3–5 Eier.

Wilsondrossel

Catharus fuscescens

Verbreitung: Südkanada; USA: von Oregon bis Neu-Mexiko, Große-Seen-Gebiet und Neu-England, südl. bis Georgia; überwintert in Südamerika
Habitat: feuchte Waldgebiete
Länge: 16–18 cm

Dieser unauffällige kleine Vogel hat einen schönen, wohlklingenden Gesang, und man hört ihn eher, als man ihn sieht. Er frißt Insekten, Spinnen und Regenwürmer, außerdem Früchte und Beeren, die er in Bäumen und zwischen abgefallenen Blättern auf dem Waldboden findet.

Das große napfförmige Nest wird aus Pflanzenstengeln, Gras, Rindenstückchen und kleinen Zweigen gebaut und mit trockenen Blättern und Wurzelfasern ausgekleidet. Das Nest liegt auf oder dicht über dem Boden in einem Strauch oder in Pflanzenbüscheln. Die 3–6, meist jedoch 4 Eier werden 11–12 Tage lang vom Weibchen bebrütet. Beide Eltern versorgen die Jungen, die im Alter von 10–12 Tagen das Nest verlassen.

Wanderdrossel

Turdus migratorius

Verbreitung: Nordamerika, Mexiko, Guatemala
Habitat: offene Waldgebiete, Waldränder, Gärten, Parks in Städten
Länge: 23–28 cm

Die anpassungsfähige Wanderdrossel hat sich an die Nähe des Menschen und an ein Leben in der Stadt gewöhnt. Die in der Stadt lebenden Exemplare dieser Art sind zahmer als die, die im Wald leben. Ihre Farbe variiert, doch in der Brutzeit ist das Männchen an der Oberseite ganz grau, am Kopf und Schwanz schwärzlich und an der Brust rot gefärbt. Das Gefieder des Weibchens ist matter und heller, und es hat einen grauen Kopf und Schwanz. Die Wanderdrossel sucht ihre Nahrung – Insekten, Regenwürmer, Früchte und Beeren – im freien Feld und in der Vegetation.

Die nördlich des Golfes von Mexiko brütenden Wanderdrosseln sind überwiegend Zugvögel. Das Nest wird an so unterschiedlichen Plätzen wie in Bäumen oder Sträuchern, auf einem Pfahl, einem Felssims, auf dem Rand eines Gebäudes und manchmal sogar auf dem Boden gebaut. Den inneren Teil des Nestes bildet eine tiefe Schlamm-Mulde, die von kleinen Zweigen, Pflanzen und Stengeln umgeben ist; das Nest wird mit Gras ausgekleidet. Ein Gelege kann 3–6 Eier enthalten (gewöhnlich 4), die vom Weibchen 12–14 Tage lang bebrütet werden.

Amsel

Turdus merula

Verbreitung: Europa, Nordafrika, Asien (außer Nordosten und Süden); eingeführt in Neuseeland
Habitat: Wald, bewaldete Gebiete, Buschvegetation, Gärten, Parks
Länge: 26 cm

Die Amsel ist einer der bekanntesten europäischen Vögel und hat sich ausgezeichnet an das Leben in der Nähe des Menschen angepaßt. Sie sucht gerne auf dem kurzgeschnittenen Gras von Rasenplätzen, Parks und Erholungsgebieten nach Insekten und Würmern. Außerdem frißt die Amsel die verschiedensten Arten von Früchten und Beeren. Sie hüpft viel über den Boden, sucht sich zum Singen jedoch einen auffälligen freien Platz, zum Beispiel oben in einem Strauch oder auf einem Dachfirst. Das Männchen ist schwarz und hat einen gelborangen Schnabel und entsprechende Augenringe, das Weibchen hat dunkelbraune Federn und eine heller gefärbte Unterseite.

Alle Arten von Nistplätzen werden benutzt: Zweige niedriger Bäume, Sträucher, Firste auf oder in Gebäuden, Felsspalten und Mauernischen, aber auch so merkwürdige Plätze wie Gartengeräte, landwirtschaftliche Maschinen usw. Das Weibchen baut das Nest aus Pflanzenstengeln, kleinen Zweigen und Blättern, die den Innennapf aus Schlamm und Pflanzenteilen bedecken; das Nest wird mit kleinen Gräsern oder verwelkten Blättern ausgekleidet. Ein Gelege kann aus 9 Eiern bestehen, gewöhnlich sind es jedoch 3–5. Das Weibchen legt jeden Tag 1 Ei und brütet anschließend 12–15 Tage lang. Beide Eltern sorgen für die Nestlinge; wenn sie nach ca. 2 Wochen ausfliegen, werden sie noch 3 weitere Wochen gefüttert.

Olivendrossel / Kapdrossel

Turdus olivaceus

Verbreitung: Afrika südl. der Sahara
Habitat: Wald, Kulturland
Länge: 24 cm

Innerhalb des Verbreitungsgebietes der Kap- oder Olivendrosseln gibt es verschiedene Unterarten, die in der Färbung variieren. Die beiden Geschlechter ähneln einander; junge Vögel sind an der Oberseite gestreift und haben auf der Unterseite dunkle Flecken. Der Vogel paßt sich leicht an und fühlt sich in Gärten in der Stadt heimisch, wo er häufig über andere Arten dominiert. Den größten Teil ihrer Nahrung sucht die Kapdrossel, indem sie den Boden aufscharrt und so Insekten und wirbellose Tiere wie Schnecken und Regenwürmer aufspürt. Außerdem frißt sie Früchte.

Das balzende Männchen plustert sich auf, fächert den Schwanz aus und hüpft anschließend mit herabhängenden Flügeln um das Weibchen herum. Das Grasnest liegt auf einer Unterlage aus kleinen Zweigen, Wurzeln und Erde in einem Strauch, einem Baumstumpf oder auf einem Ast. Die 2–3 Eier werden 2 Wochen lang bebrütet.

Magellandrossel

Turdus falcklandii (Planesticus f.)

Verbreitung: Südamerika: Südargentinien, Südchile; Falkland und Juan Fernandez-Inseln
Habitat: offenes Gelände mit Buschvegetation
Länge: 28–29 cm

Dies ist das südamerikanische Gegenstück zur nordamerikanischen Wanderdrossel. Die Magellandrossel ist auf beiden Seiten der Anden recht häufig; sie ist dort bis in Höhen von 2000 m zu finden. Die Magellandrossel ähnelt im Verhalten der Wanderdrossel und gräbt im Grasland und an feuchten Stellen nach Regenwürmern und anderen Wirbellosen. Außerdem frißt sie Früchte.

Das napfförmige Nest wird aus Zweigen gebaut und von Gras und Schlamm zusammengehalten; es liegt meist gut verborgen in dichter Vegetation. Das Weibchen brütet 2mal, manchmal sogar 3mal pro Jahr, und ein Gelege besteht jeweils aus 2–3 Eiern.

Südseedrossel

Turdus poliocephalus

Verbreitung: auf Inseln von der Weihnachtsinsel über Indonesien, Neuguinea bis Neukaledonien, Fidschi und Samoa
Habitat: Waldränder
Länge: 23–26 cm

Wahrscheinlich gibt es ca. 50 oder sogar noch mehr Unterarten dieser Drosseln, die sich im Aussehen nur geringfügig voneinander unterscheiden. Einige Unterarten leben auf nur einer einzigen Insel oder auf einer kleinen Inselgruppe. Die Männchen sind gewöhnlich überwiegend schwarz; die Weibchen ähneln ihnen, sind jedoch meist matter gefärbt. Die Südseedrossel ist scheu und lebt alleine; sie versteckt sich in Bäumen, sucht jedoch auf dem freien Feld nach pflanzlicher Nahrung wie Samenkörnern und Früchten und manchmal auch nach Insekten. Das Weibchen legt gewöhnlich nur 1 Ei in ein Nest in einem Strauch oder auf einem Felsriff.

Wanderdrossel ♂
Magellandrossel
Amsel ♂
Olivendrossel
Südseedrossel ♂
Klippenrötel ♂
Bunt-Erddrossel
Wilsondrossel

Timalien 1

UNTERFAMILIE TIMALIINAE: Timalien

Eine große, sehr variantenreiche Gruppe innerhalb der Familie Muscicapidae bilden die Timalien. Alle 252 Arten leben in den warmen Gebieten der Alten Welt, die meisten in Afrika und Südasien. Die Abgrenzung der verschiedenen Untergruppen war zu allen Zeiten sehr umstritten, und bei einigen Arten steht immer noch nicht fest, ob sie zu den Timaliinae gehören. Die meisten Timalienarten haben einen lauten und abwechslungsreichen Ruf, und einige sind gute Sänger.

Die Flügel der Timalien sind meist kurz und abgerundet; deshalb können diese Vögel nur schlecht fliegen. Sie leben hauptsächlich auf dem Boden oder in dichtem Gestrüpp, aber manchmal klettern sie auch in den untersten Etagen des Urwaldes herum. Die Farbe des weichen Federkleides variiert von Stumpfbraun bis zu hellen Tönen, und oft besitzen die Vögel eine ausgeprägte Kopf- und Halszeichnung. Die meisten Arten wirken ziemlich plump und haben verglichen mit den Drosseln einen ziemlich langen Schwanz. Mit ihren langen Beinen stochern sie in dichter Vegetation und in der Blattstreu des Waldbodens herum und suchen dort nach wirbellosen Tieren, kleinen Beeren und Früchten. Die Nahrungssuche geht meist unter lautem, pausenlosem „Geplapper" vonstatten; dadurch ist gewährleistet, daß die Vögel in der dichten Vegetation zusammenbleiben.

Bei einigen Arten gleichen sich die Geschlechter, bei anderen sind sie unterschiedlich gefärbt. Das Nest ist gewöhnlich napfförmig oder überdacht, und ein Gelege kann bis zu 7 Eier enthalten. Bei vielen Arten brütet nur das Weibchen, bei manchen hilft das Männchen mit. Doch versorgen gewöhnlich beide Eltern die Jungen.

Perlhals-Buschtimalie

Stachyris leucotis

Verbreitung: Malaiische Halbinsel, Sumatra, Borneo
Habitat: Urwald
Länge: 15 cm

Die Perlhals-Buschtimalie hat einen weißen Augenbrauenstreifen, dem sich eine Reihe weißer Flecken am Hals anschließen. Die Geschlechter ähneln einander. Der Vogel lebt hauptsächlich auf dem Boden im Unterholz des Dschungels und kann nur mäßig gut fliegen. Seine Nahrung besteht aus Insekten wie Käfern und Fliegen.

Das sorgfältig gebaute napfförmige Nest aus Gras, Wurzeln und Pflanzenfasern befindet sich in einem Baum oder im dichten Unterholz, bis jetzt sind allerdings nur wenige Nester gefunden worden. Vermutlich legt das Weibchen 3 Eier.

Groß-Zaunkönigtimalie

Napothera macrodactyla

Verbreitung: Malaiische Halbinsel, Sumatra, Java
Habitat: Tieflandwälder
Länge: 19 cm

Die Groß-Zaunkönigtimalie ist ein großer, dicker Vogel mit einem kurzen Schwanz, einer weißen Kehle und einer für sie charakteristischen schuppenartigen Zeichnung, die fast den ganzen Körper bedeckt. Der Bereich zwischen Schnabel und Auge ist weiß, der Schnabel kräftig, und die Beine sind ungewöhnlich groß und stark. Diese seltene Art wohnt im Unterholz und jagt auf oder kurz über dem Boden nach Insekten. Die Groß-Zaunkönigtimalie läßt sich in Sträuchern nieder, um zu singen.

Über das Brutverhalten ist fast nichts bekannt, doch ein Gelege besteht wahrscheinlich aus 2 Eiern.

Schuppenbrust-Buschdrossling

Trichastoma albipectus (Illadopsis a.)

Verbreitung: Afrika: Südsudan, Zaire, östl. bis Kenia
Habitat: Urwald, dichte, hohe Buschvegetation
Länge: 14 cm

Der Schuppenbrust-Buschdrossling lebt auf dem Boden und im Unterholz des dichten Urwaldes, oft zusammen mit der fahlbrüstigen Art *T. rufipennis*, der er stark ähnelt. Wesentlich stiller als die übrigen Timalien zieht er in kleinen Gruppen umher und jagt dicht über oder auf dem Boden Ameisen, Käfer und andere Insekten. Die Geschlechter ähneln einander; sie haben hellgefärbte Brustfedern, die durch ihren grauen Rand wie Schuppen wirken.

Das napfförmige Nest wird aus abgefallenen Blättern gebaut und liegt zwischen Blättern versteckt oder auf einem überwucherten Baumstumpf. Ein Gelege enthält 2 Eier.

Große Zweigtimalie

Malacopteron magnum

Verbreitung: Malaiische Halbinsel, Sumatra, Borneo
Habitat: Urwald im Tiefland
Länge: 18 cm

Dieser hauptsächlich in Bäumen lebende Vogel ist an seinem rotbraunen Scheitel und an den schwarzen Nackenfedern zu erkennen. Flügel und Schwanz sind länger als bei den meisten anderen Timalien. Die Große Zweigtimalie kommt selten auf den Boden, sondern sucht in der untersten Waldetage und in Sträuchern nach Insekten wie kleinen Käfern und Heuschrecken; auch frißt sie Samenkörner. Das napfförmige Nest befindet sich meist in einem Baum. Es wird aus Zweigen und Wurzelfasern gebaut und mit Schwammfasern ausgekleidet. Ein Gelege besteht aus 2 Eiern.

Korallenschnabelsäbler

Pomatorhinus ferruginosus

Verbreitung: Himalaya, nördliches Südostasien bis Thailand
Habitat: Unterholz der Urwälder
Länge: 24 cm

Diese große Timalie hat einen auffallend kräftigen roten Schnabel. Charakteristisch für sie ist die schwarze Umrahmung der weißen Augenbrauen. Gruppen dieser Art suchen auf dem Waldboden oder im Unterholz lärmend nach Insekten und Larven. Der Korallenschnabelsäbler hüpft von einem Sitzplatz zum anderen und fliegt nur selten, es sei denn, er ist dazu gezwungen.

Das überdachte Nest wird auf dem Boden oder in einem niedrigen Strauch gebaut; es besteht aus Bambusblättern, Gräsern und Pflanzenfasern, die durch Pflanzenstengel oder Lianen zusammengehalten werden. Feine Gräser und Fasern bilden das Polster. Das Weibchen legt 3–5 Eier.

Rotkäppchentimalie

Timalia pileata

Verbreitung: Nepal, Südostasien (nicht Malaiische Halbinsel), Java
Habitat: Bambuswäldchen, Urwald, Buschvegetation
Länge: 18 cm

Kleine Gruppen von Rotkäppchentimalien suchen im dichten Unterholz nach Insekten und halten sich dabei sorgfältig in Deckung. Diese Vögel bleiben meist dicht über dem Boden. Bei Gefahr verteilen sich die Vögel, gehen in Deckung und sammeln sich wieder, sobald die Gefahr vorüber ist. Diese Timalie ist an ihrem rotbraunen Scheitel, dem schwarzen Schnabel und den weißen Federn auf Stirn, Kehle und Brust zu erkennen.

Das Weibchen legt 3–4 Eier in das Kugelnest, das aus Bambusblättern oder Gras gebaut und mit kleinen Gräsern und Haaren ausgepolstert wird. Das Nest ist oft auf dem Boden zwischen Bambus zu finden.

Goldaugentimalie

Chrysomma sinense

Verbreitung: von Ostpakistan, Indien über Südostasien (nicht Maläusische Halbinsel) bis Südchina
Habitat: Bambusdickichte, Buschvegetation, Kulturland
Länge: 18 cm

Ihrem Namen entsprechend hat die Goldaugentimalie goldfarbene Augen und orange Augenringe. Pärchen oder kleine Gruppen suchen gemeinsam im Unterholz zwischen dem Blattwerk nach Insekten und Larven. Die Vögel bleiben oft in Deckung, kommen jedoch gelegentlich kurz zum Vorschein, um sich zu sonnen; dabei singen sie manchmal.

Das stabile Nest wird aus Gras und kleinen Rindenstreifen gebaut, mit Spinnweben bedeckt und mit feinerem Gras und Pflanzenstengeln ausgekleidet. Gewöhnlich sitzt es in einem Baum oder Strauch über dem Boden, aber es kann auch an dicken Grasstengeln befestigt sein. Ein Gelege besteht aus 5 Eiern.

Perlhals-Buschtimalie
Große Zwergtimalie
Schuppenbrust-Buschdrossling
Rotkäppchentimalie
Groß-Zaunkönigtimalie
Goldaugentimalie
Korallenschnabelsäbler

Timalien 2

Alcippe
Alcippe poioicephala
Verbreitung: von Indien bis Südwestchina, Südostasien
Habitat: Urwald, Buschvegetation, Bambuswäldchen
Länge: 15 cm

Die Alcippe ist ein ziemlich schlicht gefärbter, gelbbrauner kleiner Vogel. Beide Geschlechter haben einen grauen Scheitel. In kleinen Gruppen von meist 4–20 Vögeln suchen diese Timalien im Unterholz des Waldes nach Insekten. Sie kommen fast nie auf den Boden, klettern jedoch bis in die Baumkronen. Die Vögel verständigen sich durch einen Kontaktruf und sind äußerst wachsam.

Das Nest wird in einen Baumast oder in einen Strauch einige Meter über dem Boden oder an Zweigen hängend gebaut. Es ist napfförmig, besteht aus Moos und vertrockneten Blättern und wird mit feinem Moos und Farnen ausgekleidet. Ein Gelege besteht gewöhnlich aus 2 Eiern und wird von beiden Eltern bebrütet.

Kehlstreifenyuhina
Yuhina gularis
Verbreitung: vom Himalaya bis zum nördlichen Teil Südostasiens und Westchinas
Habitat: Urwald
Länge: 15 cm

Die auffällige Kehlstreifenyuhina hat einen ausgeprägten Schopf, dunkle Kehlstreifen und einen orangebraunen Flügelstreifen. Die beiden Geschlechter sehen gleich aus. Grüppchen dieser kleinen Vögel suchen in den Bäumen geschäftig nach Insekten wie Käfern und Wespen; sie schließen sich manchmal anderen Timalien an und bilden gemischte Gruppen. Kehlstreifenyuhinas ernähren sich außerdem auch von kleinen Samenkörnern und Nektar. Der Schopf wird mit Pollen bedeckt, wenn der Vogel den Blüten seinen Besuch abstattet.

Über das Brutverhalten dieser Art ist wenig bekannt. Die Nester bestehen wahrscheinlich aus Wurzeln und Moos. Vermutlich legt das Weibchen 4 Eier.

Sudandrossling / Schuppendrossling
Turdoides plebejus
Verbreitung: Afrika: vom Senegal östl. bis zum Sudan, Äthiopien und Westkenia
Habitat: Buschvegetation, Savanne
Länge: 23 cm

Männchen und Weibchen sind überwiegend graubraun gefärbt; die Unterseite ist hell und teilweise weißgesprenkelt. Wie alle echten Timalien bilden auch diese sehr laute Gruppen, die unter ständigem Gezwitscher von einem Strauch zum anderen fliegen. Der Sudandrossling sucht in Sträuchern oder auf dem Boden nach Insekten und manchmal auch nach Früchten.

Das napfförmige Nest wird aus Wurzelfasern in einen dichten Strauch gebaut und mit feinem pflanzlichem Material ausgekleidet. Das Weibchen legt 2–4 Eier.

Haubenhäherling
Garrulax leucolophus
Verbreitung: Himalaya, Südwestchina, Südostasien, Westsumatra
Habitat: Urwald
Länge: 30 cm

Der Haubenhäherling ist eine der größten Timalien. Kopf, Kehle und Brust sind weiß, abgesehen von einer schwarzen Gesichtsmaske. Den weißen Schopf kann der Vogel aufrichten. Innerhalb des Verbreitungsgebietes gibt es mehrere Unterarten, bei denen die dunklen Federn verschieden getönt sind. Wie die meisten anderen Häherlinge sucht der Haubenhäherling in kleinen Gruppen im Unterholz und auf dem Boden nach Insekten, Beeren und Samen; außerdem ernährt er sich von Nektar und kleinen Reptilien. Größere Beutetiere umklammert er mit den Beinen und zerreißt sie dann mit dem Schnabel. Haubenhäherlinge haben offenbar eine Vorliebe für dichtbewachsene Gebiete. Die Vögel einer Gruppe halten Kontakt durch leises Zwitschern, das oft von einem lauten, schallenden Gelächter begleitet wird.

Das Nest liegt gutversteckt in einem kleinen Baum oder Strauch. Es ist napfförmig und aus Gras, Bambusblättern, Wurzeln und Moos gebaut; es wird durch Ranken von Kletterpflanzen zusammengehalten und mit feinen Wurzelfasern ausgefüttert. Die 3–6, gewöhnlich 4 Eier werden 2 Wochen lang von beiden Eltern bebrütet. Der Koromandel-Kuckuck (*Clamator coromandus*) legt seine Eier manchmal in das Nest der Haubenhäherlinge, die auf diese Weise unfreiwillig zu Pflegeeltern werden.

Chinesischer Sonnenvogel / Chinesische Nachtigall
Leiothrix lutea
Verbreitung: Himalaya, Bergland im nördlichen Teil Südostasiens und in Südchina; in Hawaii eingeführt
Habitat: Unterholz, Buschvegetation, Gras
Länge: 15 cm

Das Männchen dieser Art ist ein schöner Vogel mit einem orangeroten Schnabel und hellgelben und orange Kehl-, Brust- und Flügelfedern; im Winter ist die Schnabelwurzel schwarz. Beim Weibchen ist die Färbung matter, und es hat auch eine hellere Brust und Kehle; außerdem fehlt bei ihm die lebhafte Flügelfederzeichnung. Der Chinesische Sonnenvogel, auch Chinesische Nachtigall genannt, lebt in verschiedenen Waldarten und sucht dort im Unterholz nach Insekten. Dieser lebhafte und gesellige Vogel streift außerhalb der Brutzeit meist in kleinen Gruppen umher.

In der Brutzeit sitzt das Männchen mit aufgeplusterten Federn in einem Strauch und läßt seinen schönen Gesang erschallen, um ein Weibchen anzulocken. Das napfförmige Nest wird je nach Verfügbarkeit aus Blättern, Moos und Flechten oder aus Moos und Bambusblättern gebaut und mit feinen Schwammfasern ausgekleidet. Das Nest ist gewöhnlich nicht besonders gut versteckt und sitzt in einer waagerechten oder senkrechten Astgabel, manchmal auch zwischen kleinen Zweigen oder Stengeln. Ein Gelege besteht aus 3 Eiern; meist brütet der Vogel mehrmals im Jahr. Die Chinesische Nachtigall ist ein beliebter Käfigvogel.

Feuerschwänzchen
Myzornis pyrrhoura
Verbreitung: Himalaya von Nepal bis Burma; Südwestchina
Habitat: Buschvegetation, Urwald
Länge: 12 cm

Das kleine, sehr schöne Feuerschwänzchen hat ein überwiegend grünes Federkleid mit schwarzen, weißen oder roten Flecken. Männchen und Weibchen ähneln einander, doch beim Weibchen sind Kehle und Bauch gelbbraun, und das Rot ist weniger intensiv. Es ist der einzige Vertreter seiner Gattung. Dieser kleine Vogel lebt in Wäldern über 1800 m Höhe, alleine oder in Grüppchen von 3–4 Exemplaren, die sich manchmal gemischten, aus Timalien und Grasmücken bestehenden Gruppen anschließen. Das Feuerschwänzchen paßt sich in der Nahrungssuche mühelos den jeweiligen Gegebenheiten an: Es sucht Blätter und Blüten nach Art der Timalien nach Insekten und Spinnen ab, klettert aber auch mühelos an bemoosten Baumstämmen hoch oder schwebt vor Blüten in der Luft wie ein Nektarvogel. Mit seiner Borstenzunge sammelt es Nektar aus blühenden Sträuchern wie dem Rhododendron, verschmäht aber auch den Saft von Bäumen nicht.

Über das Brutverhalten ist nur wenig bekannt. Ein einziges Mal wurde ein Nest in einem bemoosten, dichten Wald gefunden. Vermutlich sorgen beide Eltern für die Jungen.

Buschschwarzkäppchen
Lioptilus nigricapillus
Verbreitung: Südafrika: östl. Kapprovinz, Natal, Nordosttransvaal
Habitat: Nebelwälder
Länge: 16–18 cm

Das seltene, kaum bekannte Buschschwarzkäppchen ist stiller und weniger auffällig als die meisten Mitglieder seiner Familie. Alleine oder in Paaren sucht es Beeren und andere Früchte, meist auf oder kurz über dem Boden in der dichten Bodenvegetation. Beide Geschlechter haben die für die Art charakteristische schwarze Kopfzeichnung, der Rest des Federkleides ist bräunlich oder grau.

Das schöne napfförmige Nest wird aus kleinen Zweigen und aus Moos gebaut und mit feinen Wurzelfasern ausgepolstert. Es liegt meist dicht über dem Boden in einem Strauch. Ein Gelege besteht aus 2 Eiern.

Alcippe
Sudandrossling
Kehlstreifenyuhina
Feuerschwänzchen ♂
Chinesischer Sonnenvogel ♂
Haubenhäherling
Buschschwarzkäppchen

Timalien 3, Papageischnabel-Timalien und Verwandte

Chaparall-Timalie

Chamaea fasciata

Verbreitung: USA: Pazifikküste von Oregon bis Kalifornien; Mexiko: Küsten von Baja California

Habitat: Buschvegetation, Chaparall (Wüste mit Dornensträuchern)

Länge: 15–17 cm

Die Chaparall-Timalie ist die einzige Art der amerikanischen Gattung *Chamaea*; die übrigen 2 Gattungen leben in Ostasien. Dieser überwiegend braune Vogel ähnelt sowohl dem Zaunkönig wie auch der Meise. Obwohl eindeutige Hinweise auf seine Verwandtschaft mit den Timaliinae vorhanden sind, denen er auch zugeordnet wird, ist er auch mit den Papageischnabel-Timalien (Panurinae) verwandt; manche Ornithologen ordnen ihn jedoch einer eigenen Unterfamilie der Muscicapidae zu.

Die Chaparall-Timalie ist ein scheuer, unauffälliger kleiner Vogel, der sein ganzes Leben in einem eigenen Territorium verbringt und dieses auch das ganze Jahr über verteidigt. Nur selten fliegt sie größere Strecken über offenes Gelände. Pärchen bleiben einander lebenslang treu. Sie schlafen zusammen und suchen gemeinsam nach Nahrung - Insekten, kleinen Spinnen und Beeren. Gemeinsam bauen sie auch das napfförmige Nest, ein sorgfältig angefertigtes Gebilde aus Rinde, Pflanzenfasern und Gras, das durch Spinnweben zusammengehalten wird. Das Nest befindet sich meist über dem Boden in einem Strauch oder in einem niedrigen Baum. Die 3–5, gewöhnlich 4 Eier werden ca. 15 Tage lang vom Weibchen bebrütet, das vom Männchen nur selten abgelöst wird.

UNTERFAMILIE PANURINAE:
Papageischnabel-Timalien

Die 19 Arten der Papageischnabel-Timalien sind eng mit den Timalien verwandt und werden mit letzteren manchmal auch in einer Unterfamilie zusammengefaßt. Die Papageischnabel-Timalien haben jedoch einen kurzen, schweren Schnabel, der gewöhnlich gelb ist und dem Schnabel eines Papageis ähnelt. Sie ernähren sich von Insekten, Samen und Beeren und leben in Asien; nur eine Art, die Bartmeise, kommt auch in Europa vor. Bei manchen Arten ähneln die Geschlechter einander, bei anderen nicht.

Brustflecken-Papageischnabel

Paradoxornis guttaticollis

Verbreitung: Nordostindien (Assam), Südwestchina, nördl. Südostasien

Habitat: Buschvegetation, Grasland, Bambuswäldchen

Länge: 20 cm

Der Brustflecken-Papageischnabel ist an seinem gelben Papageienschnabel, den rotbraunen Kopffedern und den dunklen, pfeilförmigen Flecken auf Kehle und Brust zu erkennen. Die beiden Geschlechter ähneln einander. Die Vögel suchen im dichten Unterholz in lärmenden Gruppen nach Insekten, Samen und Beeren.

Das napfförmige Nest wird über dem Boden aus Bambusblättern und Gras gebaut und durch Spinnweben zusammengehalten. Das Weibchen legt 2–4 Eier.

Bartmeise

Panurus biarmicus

Verbreitung: vereinzelte Gebiete in Süd- und Mitteleuropa, östl. über die UdSSR und südl. Zentralasien bis zur Mandschurei

Habitat: Schilffelder, Sümpfe, in der Nähe von Seen und Flüssen

Länge: 16 cm

Diese einzige europäische Timalie hat einen relativ langen Schwanz und einen kleineren und schwächeren Schnabel als die übrigen Papageischnabel-Timalien. Das Männchen hat einen charakteristischen grauen Kopf mit einem schwarzen Bartstreifen; beim Weibchen fehlt dieser Streifen, und sein Kopf ist braun gefärbt. Dieser emsige kleine Vogel bewegt sich geschickt im Schilf umher und hält sich oft mit beiden Beinen an zwei Riedstengeln fest, wenn er Insekten jagt. Auch auf dem Boden zwischen dem abgestorbenen Schilf scharrt die Bartmeise Insekten aus, und im Winter frißt sie Samenkörner. Obwohl sie nicht besonders gut fliegen kann, legt sie oft große Entfernungen zurück; nördliche Populationen ziehen im Winter manchmal in den Süden.

Das Männchen macht seinem Weibchen den Hof, indem es die Kopffedern und den Bartstreifen aufrichtet und seinen Schwanz ausbreitet. Das Pärchen baut ein Nest aus Schilf- und Grashalmen und polstert es mit Schilfkolben aus. Das Nest liegt im Schilf oder zwischen Wasserpflanzen verborgen. Die 5–7 Eier werden von beiden Vögeln ca. 12 Tage lang bebrütet; nach dem Ausschlüpfen werden die Nestlinge noch 9–12 weitere Tage gefüttert. 2 oder mehr Bruten pro Jahr sind möglich.

UNTERFAMILIE PICATHARTINAE:
Felshüpfer oder Stelzenkrähen

Die 2 Arten der Felshüpfer, die beide der Gattung *Picathartes* angehören, werden von den meisten Ornithologen den Timalien zugeordnet und ähneln in vielerlei Hinsicht den Häherlingen. Beide Felshüpferarten sind große Vögel mit einem langen Schwanz; sie leben in den Wäldern Westafrikas und ähneln sich hinsichtlich ihres Körperbaus und ihrer Lebensweise.

Gelbkopf-Felshüpfer / Weißhals-Stelzenkrähe

Picathartes gymnocephalus

Verbreitung: Westafrika: von Guinea und Sierra Leone bis Togo

Habitat: Urwald

Länge: 38–41 cm Ⓖ

Männchen und Weibchen dieser Art sind an dem kahlen, gelben Kopf und den beiden schwarzen Flecken am Hinterkopf zu erkennen. Außerdem haben sie ein grauweißes Federkleid und kräftige Beine. Der Gelbkopf-Felshüpfer verbringt die meiste Zeit auf dem Boden; in anmutigen Sprüngen jagt er Insekten, Schnekken, Schalentiere und kleine Frösche. Der Vogel ist heute selten, was teilweise durch starke Rodungen, teilweise auch durch den Fang dieser Art für Tiergärten und private Sammler bedingt ist. In Ghana steht der Vogel unter Naturschutz.

Der Gelbkopf-Felshüpfer ist ein Kolonienbrüter, der in Felshöhlen nistet. Er baut sein Nest aus Schlamm und faserigen Pflanzenteilen und befestigt es an Höhlenwänden. Durch seine Gewohnheit, in Kolonien an einfach zu findenden Plätzen zu nisten, wird er zur leichten Beute für Vogelfänger. Das Pärchen brütet 21 Tage lang die 2 Eier aus und füttert anschließend die Jungen mit Insekten.

UNTERFAMILIE ORTHONYCHINAE:
Laufflöter

Diese vielgestaltige Gruppe umfaßt 17 Arten von Laufflötern, Rennschmätzern, Melampittas und Ifritas. Bis auf eine Ausnahme leben alle Arten in Australien und Neuguinea. Die Ausnahme ist der Malaiische Rennschmätzer, der in Westindonesien und Malaysia zu Hause ist. Manchmal werden Laufflöter mit den echten Timalien, denen sie ähneln, zu einer Gruppe zusammengefaßt.

Schwarzkopf-Wippflöter

Psophodes olivaceus

Verbreitung: Australien: von Queensland bis Victoria

Habitat: dichte Buschvegetation in Wäldern oder in deren Nähe

Länge: 25–28 cm

Der Schwarzkopf-Wippflöter hat überwiegend dunkelgrüne Federn mit vereinzelten weißen Stellen und einem langen, breiten Schwanz; die Geschlechter ähneln einander. Er lebt auf oder kurz über dem Boden und bleibt meist im dichten Unterholz, wo er zwischen abgefallenen Blättern nach Insekten, Larven und Spinnen sucht. Der Schwarzkopf-Wippflöter springt und läuft schnell und kann sich gut in den Sträuchern bewegen, aber er fliegt nur selten, und wenn, dann nur über kurze Entfernungen.

Sein Nest baut dieser Vogel oft über dem Boden im dichten Unterholz; es besteht aus kleinen Zweigen und Wurzelfasern. Ein Gelege enthält 2 Eier.

Zimt-Laufflöter

Cinclosoma cinnamomeum

Verbreitung: Australien: trockenere Gebiete von Westaustralien bis Queensland und Victoria

Habitat: Halbwüste, trockene Buschvegetation

Länge: 20 cm

Alleine oder in Familiengruppen schleicht der Zimt-Laufflöter durch die Sträucher und versteckt sich in Löchern und Höhlen, um Raubtieren und der Tageshitze zu entgehen. Er sucht meist in der Kühle der Morgen- und Abenddämmerung nach Samenkörnern und Insekten. Auch jagt der Vogel manchmal Insekten im offenen Gelände, das er mit lauten, surrenden Flügelschlägen überfliegt. Das Federkleid von Männchen und Weibchen ist unterschiedlich; letzterem fehlt die charakteristische schwarze Zeichnung des Männchens.

Das Nest liegt in einer flachen Bodenmulde, unter einem Strauch oder einem abgefallenen Zweig, wird aus Gras und Zweigen gebaut und mit Rinde und Blättern ausgekleidet. Das Gelege besteht aus 2–3 Eiern.

Chaparral-Timalie
Schwarzschopf-Wippflöter
Bartmeise ♂
Zimt-Lauflöter ♂
Brustflecken-Papageischnabel
Gelbkopf-Felshüpfer

Mückenfänger, Grasmücken 1

UNTERFAMILIE POLIOPTILINAE: Mückenfänger

Zu dieser Unterfamilie der Muscicapidae gehören 12 Arten, die in Nord-, Mittel- und Südamerika leben. Es sind kleine, zarte Vögel, die mit den Grasmücken verwandt sind und ihnen auch ähneln; die Mückenfänger sind allerdings blaugrau und weiß gefärbt. Männchen und Weibchen unterscheiden sich kaum im Aussehen.

Blaumückenfänger

Polioptila caerulea

Verbreitung: USA, Mexiko, Kuba und Bahamas
Habitat: Wald, bewaldete Gebiete, Sümpfe, bewohnte Gebiete
Länge: 10–13 cm

Der Blaumückenfänger ist ein lebhafter kleiner Vogel, der seinen langen Schwanz wie ein Zaunkönig aufstellt. Die Geschlechter ähneln einander, doch das Weibchen ist weniger intensiv blau gefärbt, und ihm fehlt die schwarze Kopfzeichnung, die das Gefieder des Männchens in der Brutzeit ziert. Der Vogel sucht in den Bäumen nach Insekten, Larven und Spinnen und fängt manchmal auch fliegende Insekten.

Das napfförmige Nest wird gewöhnlich auf einem horizontalen Baumzweig plaziert, aus Pflanzenfasern gebaut und mit feinen Rindenstückchen, Gras und Federn ausgefüttert. Die Eltern brüten abwechselnd, und nach ca. 2 Wochen schlüpfen die 3–6 Jungen aus. Die Eltern sorgen auch gemeinsam für die Jungen.

UNTERFAMILIE SYLVIINAE: Grasmücken

Die ca. 350 kleinen, oft unauffällig gefärbten Grasmückenarten sind wegen ihres schönen Gesangs bekannt. Die meisten Arten kommen in Europa, Asien und Afrika vor, aber es gibt auch 3 Arten in Nordamerika und ca. 20 in Australien.

Fast ausnahmslos bewegen sich die Grasmükken sehr gewandt und schnell und leben in bewaldeten Gebieten, Heidelandschaften, Sümpfen und Schilffeldern. Sie ernähren sich von Insekten und Früchten. Im allgemeinen ähneln die beiden Geschlechter einander.

Schneidervogel

Orthotomus sutorius

Verbreitung: von Indien, Südchina über Südostasien bis Java
Habitat: Unterholz, Bambusdickichte, Gärten
Länge: 12 cm

Der Schneidervogel ist an seinem rotbraunen Scheitel zu erkennen. Männchen und Weibchen haben die gleiche Gefiederfärbung, doch im Brutkleid sind die beiden mittleren Schwanzfedern des Männchens wesentlich länger als die restlichen, wodurch es ca. 4 cm länger wird. Der Schneidervogel ist ein weitverbreiteter Vogel. Oft jagt er in Sträuchern und niedrigen Bäumen Insekten, Larven und Spinnen; auch Nektar verschmäht er nicht.

Pärchen bleiben das ganze Leben lang zusammen und nisten in Sträuchern oder auf niedrig hängenden Zweigen. Das Nest liegt in einer „Wiege", die die Vögel bauen, indem sie ein großes Blatt oder zwei kleine Blätter zusammennähen. Dazu durchlöchern sie den Rand eines Blattes und ziehen anschließend kleine Wollfäden, Spinnweben oder die Seide eines Kokons hindurch und knüpfen die Enden zusammen. Die 2–3 Eier werden in diese Wiege auf ein Bett aus weichen Fasern gelegt. Beide Eltern brüten, und das Paar versorgt auch die ausgeschlüpften Jungen gemeinsam.

Mönchsgrasmücke

Sylvia atricapilla

Verbreitung: brütet in Europa, von Großbritannien und Skandinavien bis zu den Mittelmeerländern, östl. bis Iran und Sibirien; überwintert südl. des Brutgebietes und in Afrika
Habitat: bewaldete Gebiete, Gärten, Obsthaine
Länge: 14 cm

Die männliche Mönchsgrasmücke unterscheidet sich von anderen *Sylvia*-Sängern durch ihren schwarzen Scheitel und die weiße Kehle; Weibchen und junge Vögel haben eine rostbraune Kappe und sind brauner als die ebenso gefärbten Männchen. Der Vogel hat einen hellen Ruf und sucht in Bäumen und Sträuchern nach Insekten. Die Mönchsgrasmücke frißt mehr Früchte als die meisten anderen Grasmücken. Sie überwintert in neuerer Zeit immer häufiger in Großbritannien, aber auch in Mitteleuropa; der Grund ist vermutlich eine Ausdehnung ihres Lebensraumes nach Norden und Nordosten.

Das Männchen macht seinem Weibchen den Hof, indem es Kopf- und Rückenfedern aufrichtet und mit hängenden Flügeln flattert. Das Nest sitzt in einem niedrigen Strauch oder in anderer niedriger Vegetation und wird aus trockenen Stengeln, Spinnweben und Wolle gebaut. Das Gelege besteht aus 3–6 Eiern und wird 10–15 Tage von beiden Eltern bebrütet; sie sorgen auch gemeinsam für die Jungen.

Zistensänger

Cisticola juncidis

Verbreitung: Afrika südl. der Sahara; Südeuropa; Indien, China, Japan; von Südostasien bis Nordaustralien
Habitat: Grasland, Buschvegetation, Reisfelder, Kulturland
Länge: 10 cm

Der Zistensänger lebt auf dem Boden und schleicht bei der Insektenjagd durch das Gras. Er fliegt nur, wenn er aufgestört wird oder während der Balz. Die Geschlechter ähneln einander, doch sind die Kopfstreifen des Männchens im Brutkleid etwas stärker voneinander abgegrenzt.

In der Brutzeit vollführen die Männchen die unterschiedlichsten Balzrituale, unter anderem einen ruckhaften, etwas unbeholfenen Flug, der von einem monotonen Singsang begleitet wird. Das kunstvolle Nest liegt gut getarnt im hohen Gras. Das Nest ist birnenförmig und hat den Eingang oben; es besteht aus weichen Grasstengeln, die durch Spinnweben zusammengehalten werden, und ist mit weichen Pflanzenteilen ausgekleidet. Gräser in der Umgebung werden als Stütze eingeflochten. Beide Eltern brüten die 3–6 Eier in 10 Tagen gemeinsam aus.

Streifenprinie

Prinia gracilis

Verbreitung: Ostafrika: von Ägypten bis Somalia; östl. über Südasien bis Nordindien
Habitat: Unterholz, Buschvegetation
Länge: 10 cm

Von der Gesamtlänge dieses kleinen Vogels macht der Schwanz gut die Hälfte aus; er besteht aus stufenförmig angeordneten Federn, von denen die äußersten eine weiße Spitze haben. Die Streifenprinie hält sich gerne auf sandigem Gelände in der Nähe von Flüssen auf, wo Gras und Sträucher wachsen. Der Vogel sucht in der Vegetation nach Insekten und läßt sich nur blicken, wenn er unbeholfen von einem Strauch zum anderen fliegt.

Das balzende Männchen läßt von seinem Posten auf einem langen Grasstengeln einen ziemlich eintönigen Gesang ertönen. Das winzige überdachte Nest aus feinem Gras wird in ein dichtes Büschel von Grasstengel eingeflochten, ca. 1 m über dem Boden. Der Eingang befindet sich an der Seite. Die 3–4 Eier werden ca. 12 Tage lang von beiden Vögeln bebrütet. Gewöhnlich kommt es zu 2 Bruten pro Jahr.

Gelbbrust-Feinsänger

Apalis flavida

Verbreitung: Afrika südl. der Sahara bis Südafrika (Transvaal)
Habitat: Wald, Buschvegetation
Länge: 11 cm

Der Gelbbrust-Feinsänger lebt in einer großen Vielfalt von dichtbewachsenen Landschaften. Er zieht gewöhnlich in Paaren oder Familiengruppen umher und sucht sorgfältig das Blattwerk nach Insekten ab.

Das überdachte, birnenförmige Nest wird aus Moos, Flechten und Spinnweben gebaut und mit Spinnwebenfäden an einem Zweig oder einem niedrigen Strauch befestigt. Der Eingang befindet sich an der Seite. Manchmal übernimmt der Gelbbrust-Feinsänger auch alte, verlassene überdachte Nester einer anderen Art. Das Weibchen legt 2–3 Eier.

Langschnabel-Rohrsänger

Acrocephalus caffer (Conopoderas caffra)

Verbreitung: Französisch-Polynesien: Gesellschafts- und Marquesas-Inseln
Habitat: Waldgebiete an Flüssen, Bergwälder
Länge: 22 cm

Der Langschnabel-Rohrsänger ist eine der größten Grasmücken. Sein auffälliger Schnabel kann bis zu 4 cm lang sein. Die Unterarten der verschiedenen Inseln unterscheiden sich in ihrer Färbung. Nur auf Tahiti gibt es sowohl Vögel mit olivgrüner Oberseite und gelber Unterseite wie auch andere, die gleichförmig schwarzbraun sind.

Der Langschnabel-Rohrsänger sucht nicht auf dem Boden, sondern in Bäumen und Sträuchern nach Insekten. Der Vogel singt von hochgelegenen Singplätzen aus; der Gesang ist abwechslungsreich und wohltönend. Das Nest dieser Art befindet sich meist in einem Bambuswäldchen, 9 m oder höher über dem Boden.

Blaumückenfänger
Zistensänger ♂
Schneidervogel
Mönchsgrasmücke ♂
Streifenprinie
Langschnabel-Rohrsänger
Gelbbrust-Feinsänger

Grasmücken 2

Rotkopf-Laubsänger

Seicercus castaniceps (Pycnosphrys c.)

Verbreitung: Himalaya, Südchina, Südostasien, Sumatra
Habitat: Wald
Länge: 10 cm

Der Rotkopf-Laubsänger, ein hübscher kleiner Vogel, hat einen rotbraunen Scheitel mit dunklen Streifen an beiden Seiten des Kopfes; Bauch, Steiß und Flügelstreifen sind gelb. Die beiden Geschlechter ähneln einander. Diese Grasmücke lebt im dichten Wald und streift außerhalb der Brutzeit in gemischten Gruppen in den mittleren und oberen Etagen der Bäume umher, wo sie Insekten sucht. Im Himalaya brüten die Vögel in Höhen von 1800–2400 m und kommen im Winter in tiefergelegene Gebiete.

Das stabile, ovale Nest liegt auf dem Boden und wird mit Hilfe von Moos oder Kriechpflanzen in einem Loch am Fuße eines Baumes, Strauches, Ufers oder Hanges versteckt. Beide Partner bauen das Nest gemeinsam aus dicht verwobenem Moos und brüten auch gemeinsam die 4–5 Eier aus. Der Fleckenglanzkuckuck (*Chalcites maculatus*) legt seine Eier oft in das Nest des Rotkopf-Laubsängers.

Fitis

Phylloscopus trochilus

Verbreitung: Nordeuropa und Asien: von Großbritannien und Skandinavien südl. bis Zentralfrankreich, östl. bis UdSSR; überwintert in Afrika und Südasien
Habitat: offene Waldgebiete, Kulturland mit vereinzeltem Baum- und Buschbestand
Länge: 11 cm

Der Fitis hat das charakteristische Aussehen der *Phylloscopus*-Arten und ist nur sehr schwer vom Zilpzalp (*P. collybita*) zu unterscheiden. Beide Arten sind recht häufig und haben auch das gleiche Verbreitungsgebiet, doch der Zilpzalp bevorzugt höhere Bäume. Es wird behauptet, daß der Fitis „reinlicher" aussehe. Jedenfalls ist sein Augenbrauenstreifen etwas deutlicher. Bei uns hat der Fitis meist hellbraune, der Zilpzalp hingegen schwarzbraune Beine. Der Gesang des Fitis ist schnell und wohltönend, während der Zilpzalp endlos seinen eigenen Namen wiederholt. Die Geschlechter ähneln einander, doch die jungen Fitisse sind auf der Unterseite stärker gelb gefärbt. Fitisse suchen in den Pflanzen nach Insekten, fangen aber manchmal auch Beute aus der Luft. Im Herbst, bevor sie in den Süden ziehen, fressen sie Beeren. Manche Vögel aus dem Norden des Verbreitungsgebiets legen ungefähr 12000 km zurück, um in den afrikanischen Wäldern und Savannen zu überwintern.

Der Fitis nistet auf dem Boden, zwischen der Vegetation unter einem Strauch, einem Baum oder einer Hecke, in seltenen Fällen auch kurz über dem Boden in einem Strauch oder einer Kletterpflanze. Das Weibchen baut ein überdachtes Nest aus Gras, Moos, Stengeln und Wurzelfasern und füttert es mit feineren Stengeln und Federn aus. Es legt 6–7 Eier und bebrütet sie 13 Tage lang. Beide Eltern versorgen gemeinsam die Jungen, die nach dem Ausschlüpfen noch 13–16 Tage im Nest bleiben. Im Süden des Verbreitungsgebietes brüten die Vögel 2mal.

Feldschwirl

Locustella naevia

Verbreitung: Europa: Großbritannien und Südschweden, südl. bis Nordspanien und Italien, östl. bis Zentralsibirien; überwintert in Afrika und Asien
Habitat: am Rand von Sümpfen, in offenen Waldgebieten
Länge: 13 cm

Der Feldschwirl lebt im verborgenen und verschwindet schnell in der dichten Vegetation, wenn er aufgestört wird. Männchen und Weibchen haben das gleiche gestreifte Gefieder. Sie ernähren sich von Insekten und Larven.

Bei der Balz spreizt das Männchen den Schwanz und klappert mit den Flügeln. Der Gesang, der an das Klingeln eines ablaufenden Weckers erinnert, paßt eher zu einer Grille als zu einem Vogel. Das Nest wird von beiden Eltern im dichten Unterholz gebaut, auf dem Boden oder kurz darüber zwischen Gras oder Binsen, auf einem Bett aus abgestorbenen Blättern. Es wird aus Pflanzenstengeln und Gras angefertigt. Die gewöhnlich 6, manchmal aber auch 4–7 Eier werden vom Pärchen in 13–15 Tagen gemeinsam ausgebrütet. Nach dem Ausschlüpfen werden die Jungen noch 10–12 Tage lang von beiden Eltern versorgt und im Nest gefüttert, bis sie flügge sind. Die im Süden brütenden Vögel nisten zweimal, die im Norden brütenden gewöhnlich nur einmal. Im Herbst ziehen die Feldschwirle südwärts in ihre Überwinterungsgebiete in Nordafrika und Südwestasien. Seit Beginn dieses Jahrhunderts hat der Feldschwirl sein Brutgebiet nach Norden ausgedehnt.

Bergbuschsänger

Cettia fortipes

Verbreitung: Himalaya, Südchina, Südostasien, Indonesien
Habitat: offene Waldgebiete, sumpfige Dschungelgebiete, Gärten
Länge: 10 cm

Der kleine Bergbuschsänger ist nur selten zu sehen. Er hat einen klaren, flötenden Ruf, der in einem lauten Gekreische endet. Der einsiedlerische Vogel sucht im dichten Unterholz seines Lebensraumes nach Insekten. Er hüpft manchmal auch durch die Sträucher, aber klettert fast nie auf Bäume. Bei im Gebirge lebenden Vögeln dieser Art gibt es Saisonwanderungen. Sie brüten in 2000–3000 m Höhe und ziehen im Winter in tiefere Gebiete.

Das primitive Nest wird in einen Strauch gebaut, gewöhnlich etwa 1 m über dem Boden. Es ist napfförmig und manchmal überdacht, und der Eingang befindet sich oben. Beide Eltern brüten die 3–5, gewöhnlich aber 4 Eier gemeinsam aus.

Ceylon-Buschsänger

Bradypterus palliseri (Elaphorus p.)

Verbreitung: **Sri Lanka**
Habitat: Unterholz im Bergland, Zwergbambus-Dickichte
Länge: 16 cm

Die Ceylon-Buschsänger leben in Höhen von mehr als 900 m. Paarweise schleichen sie durch das dichte Unterholz und suchen unter Blättern und zwischen Stengeln nach Insekten und Würmern. Sie klettern selten höher als 2 m.

Die Balz des Männchens ist nur kurz; es klettert dann etwas höher als gewöhnlich, singt ein wenig und fliegt anschließend von einem Busch zum anderen. Gemessen an der Größe der Vögel ist das Nest ziemlich umfangreich; es wird aus Moos, Gras und Bambusblättern gebaut und mit feinen Fasern ausgefüttert. Es befindet sich gewöhnlich dicht am Boden in einem Strauch. Ein Gelege besteht aus 2 Eiern.

Goldkrönchen

Regulus satrapa

Verbreitung: Alaska, Südkanada, USA; überwintert in Mexiko und Mittelamerika
Habitat: Wald, gewöhnlich Nadelwald
Länge: 8–10 cm

In Nordamerika gibt es 3 Arten von Grasmükken, von denen das Goldkrönchen eine ist. Manche Ornithologen sehen das Goldkrönchen und das bei uns vorkommende Sommergoldhähnchen (*R. ignicapillus*) als eine Art an, andere sehen in ihm eher eine Variante des Wintergoldhähnchens (*R. regulus*), da beide den gleichen Lebensraum bewohnen. Wie das Sommergoldhähnchen ist das Goldkrönchen bis auf seinen orangegelben, schwarzumrandeten Scheitelstreifen unauffällig gefärbt. Der Streifen des Weibchens ist nicht orange, sondern gelb. Die „goldene Krone" entwickelt sich erst, wenn die Vögel erwachsen werden. Das Goldkrönchen schließt sich Gruppen anderer Vögel an, um in Bäumen und Sträuchern nach Insekten und Larven zu suchen.

Brutpaare nisten hoch in einem Nadelbaum, meist in einer Fichte. Das Weibchen baut ein Kugelnest aus Moos, Flechten, Tannennadeln und Gras, verstärkt durch Spinnweben und ausgekleidet mit feinen Wurzelfasern sowie anderen Pflanzenfasern und Federn. Dieses Bauwerk hat oben eine Öffnung und ist mit Spinnwebenfäden an Zweigen befestigt. Vermutlich brütet das Weibchen die 8–10 Eier in 14–17 Tagen alleine aus, doch beide Eltern versorgen gemeinsam die Jungen.

Zwergschilfsteiger

Megalurus gramineus

Verbreitung: Australien (mit Ausnahme des Nordens); Tasmanien
Habitat: Sumpfland
Länge: 14 cm

Der Zwergschilfsteiger lebt in der Vegetation der Sümpfe, sowohl an der Küste wie auch im Binnenland. Der Vogel bleibt bei der Nahrungssuche stets in Deckung. Er ernährt sich von Insekten und kleinen Wassertieren. Der Zwergschilfsteiger fliegt nur selten, aber da er auch Sümpfe bewohnt, die zu bestimmten Zeiten austrocknen, ist er gelegentlich doch zu langen Flügen gezwungen, um einen neuen Wohnplatz zu suchen, wenn der alte augestrocknet ist. Vögel, die dauerhaft feuchte Sümpfe bewohnen, sind Standvögel. Die Geschlechter ähneln einander. Zwergschilfsteiger sind braungestreift und haben einen breiten weißen Augenstreifen. Ihr Schwanz ist fast so lang wie der gesamte übrige Körper.

Das napfförmige Nest befindet sich in dichter Vegetation, manchmal über dem Wasser des Sumpfes. Es wird aus Gras gebaut und mit kleinen Federn ausgekleidet. Ein Gelege enthält 3–4 Eier.

Rotkopf-Laubsänger
Bergbuschsänger
Fitis
Zwergschiltsteiger
Feldschwirl
Goldkrönchen ♂
Ceylon-Buschsänger

Südsee-Grasmücken

UNTERFAMILIE MALURINAE:
Südsee-Grasmücken

Die Stellung dieser Grasmücken innerhalb der Systematik ist etwas unsicher. Sie sind in 3 Hauptgruppen unterteilt: die Acanthizas und Verwandten (Acanthizini), die Staffelschwänze und Verwandten (Malurini) und die Ephthianuras (Ephtianurini).

Je nach Klassifikation werden 59–67 Arten von Südseegrasmücken unterschieden, die Namen wie Gerygone, Dornschnabel, Sericornis und Grasschlüpfer tragen. Im allgemeinen sind es kleine, schlicht gefärbte Vögel, die im Unterholz des Waldes leben.

Von den 30 Arten der Staffelschwänze kommen 5 auf Neuguinea vor. Die Männchen sind leuchtend oder hell gefärbt und besitzen einen langen dünnen Schwanz. Einige von ihnen haben ein seltsames Gruppen- und Fortpflanzungsverhalten entwickelt, was an den oft unwirtlichen Bedingungen ihres Biotops liegen könnte. Gruppen dieser Vögel bewohnen und verteidigen ein gemeinsames Territorium. Jede Gruppe baut ein einziges Kugelnest, in welches das dominante Weibchen seine Eier legt. Alle übrigen erwachsenen Mitglieder der Gruppe helfen beim Brüten und bei der Aufzucht der Jungen. Manchmal brütet ein Pärchen auch alleine, doch die Brutverluste sind dann meist sehr hoch.

Die 5 Arten der australischen Ephthianuras sind leuchtend gefärbte kleine Vögel, die manchmal auch als eigenständige Familie angesehen werden – die Ephtianuridae. Sie unternehmen unregelmäßige Wanderungen, die von den unberechenbaren Regenfällen ihres trockenen Lebensraumes abhängen. Auch der Platz der Lamprolia innerhalb der riesigen Familie der Muscicapidae ist nicht ganz klar; sie wird manchmal sogar den Paradiesvögeln zugeordnet.

Blauer Staffelschwanz

Malurus cyaneus

Verbreitung: Australien: von Victoria bis Queensland; Tasmanien
Habitat: bewaldete Gebiete, Savanne, Parks
Länge: 13 cm

Beim Männchen sind im Brutkleid Oberkopf, Oberrücken und Wangen in leuchtendem Himmelblau gefärbt, was sich von der im übrigen samtschwarzen Färbung von Oberseite und Kehle gut abhebt. Ältere, dominante Männchen behalten diese Färbung das ganze Jahr über bei. Die nicht brütenden Männchen und die Weibchen sind überwiegend braun und grauweiß gefärbt. Die Vögel leben in kleinen Gruppen unter der Leitung eines dominanten Pärchens und verteidigen gemeinsam ein Territorium gegen Eindringlinge. Sie hüpfen mit aufgestelltem Schwanz umher und suchen auf dem Boden und in der Vegetation nach Insekten.

Alle Gruppenmitglieder bauen gemeinsam ein kuppelförmiges Nest aus Gras, Wurzelfasern und Rinde, und zwar auf dem Boden, in einem Strauch oder in einem Grasbüschel; das Nest wird mit Spinnwebenfäden verstärkt. Das dominante Weibchen legt 3–4 Eier, und die Mitglieder der Kolonie helfen auch beim 2wöchigen Brüten und bei der Versorgung der Jungen mit.

Eyre-Grasschlüpfer

Amytornis goyderi

Verbreitung: Südaustralien: Gebiet um Lake Eyre
Habitat: Riedgras auf Sandhügeln, Spinifexgras
Länge: 14 cm Ⓤ

Der Eyre-Grasschlüpfer ist offenbar ein seltener Vogel, doch wie groß die Population tatsächlich ist, ist nicht bekannt. 1976 wurde eine Anzahl von Exemplaren in den Sanddünen der Simpsonwüste in Südaustralien beobachtet, im darauffolgenden Jahr waren die Vögel größtenteils verschwunden. Vor 1976 wurde der Vogel in seinem Entdeckungsjahr 1874 beobachtet, und später nur noch 1931 und 1961.

Der Eyre-Grasschlüpfer ist ein scheuer Vogel, der sich nicht einmal zeigt, wenn er zwischen den Grasbüscheln nach Nahrung sucht. Über sein Brutverhalten ist wenig bekannt, doch die Nester, die man fand, waren teils überdacht und aus ineinandergeflochtenem Gras und Stengeln gebaut.

Weißbrauensericornis

Sericornis frontalis

Verbreitung: Ost- und Südostaustralien, Inseln in der Bass-Straße
Habitat: buschige Küstenvegetation
Länge: 11 cm

Der Weißbrauensericornis lebt auf dem Boden oder in Bodennähe, gut verborgen in der dichten Vegetation, wo er umherhüpft und nach Insekten und anderen kleinen wirbellosen Tieren sucht.

Das kuppelförmige Nest wird im Unterholz oder in Bodennähe gebaut. Es besteht aus Blättern und Fasern und hat einen geräumigen Eingang. Ein Gelege enthält 3 Eier.

Gelbbürzel-Dornschnabel / Gelbbürzel-Acanthiza

Acanthiza chrysorrhoa

Verbreitung: Australien südl. vom Wendekreis des Steinbocks
Habitat: offene Waldgebiete, Savanne
Länge: 10 cm

Sowohl das Männchen wie auch das Weibchen sind schlicht gefärbt, haben jedoch einen tiefgelben Steiß, dem sie ihren Namen verdanken. Der Gelbbürzel-Dornschnabel sucht Insekten, Samen und andere pflanzliche Nahrung auf dem Boden und in Bäumen und Sträuchern.

Das große, einfache Nest aus Gras und Pflanzenfasern hat eine überdachte Nistkammer mit einem niedrigen Eingang, der durch eine Art Vordach geschützt ist. Gewöhnlich wird das Nest in einen niedrigen Strauch oder in anderes Blattwerk gebaut. Die 3 Eier werden 18–20 Tage lang vom Weibchen bebrütet, und beide Eltern versorgen gemeinsam die ausgeschlüpften Jungen. In einer Brutperiode kann ein Pärchen bis zu 4 Bruten großziehen; die älteren Jungen helfen bei der Aufzucht der Nestlinge des folgenden Geleges. Dieses ungewöhnliche Verhalten ist bei vielen Arten dieser Unterfamilie üblich.

Weißkehl-Gerygone

Gerygone olivacea

Verbreitung: Südosten von Neuguinea, Küsten von Nord- und Ostaustralien
Habitat: offener Wald, bewaldete Gebiete
Länge: 11 cm

Die Weißkehl-Gerygone ist ein Waldvogel, der zwischen der Rinde und im Blattwerk nach Insekten sucht und seine Beute manchmal auch im Flug verfolgt. Der Vogel lebt gewöhnlich alleine oder in lockeren Gruppenverbänden. Die Geschlechter sind gleich gefärbt – graubraun an der Unterseite und gelb an Brust und Bauch.

Das lange, ovale Nest hängt an Zweigen bis zu 15 m über dem Boden. Es besteht aus Pflanzenfasern und kleinen Streifen von Baumrinde, ist mit Spinnwebenfäden durchflochten und mit Federn und weichen Pflanzenteilen ausgekleidet. Der überdachte Eingang befindet sich an der Oberseite. Ein Gelege enthält 2–3 Eier.

Scharlach-Ephthianura

Ephtianura tricolor

Verbreitung: Australien
Habitat: grasbewachsene Ebenen mit Sträuchern
Länge: 10–11 cm

Das Männchen dieser Art ist ein lebhaft gefärbter kleiner Vogel mit einer roten, weißen und braunschwarzen Zeichnung. Das Weibchen hat ein einfacheres, stärker braunes Federkleid und einen scharlachroten Steiß. Die Vögel suchen ihre Nahrung auf dem Boden oder in Bodennähe, im Gras, in niedrigen Bäumen und in Sträuchern. Manchmal stecken sie ihre Schnäbel auch in Blüten, um dort Insekten zu suchen. Fängt die Scharlach-Ephthianura ein großes Insekt, dann klemmt sie es zwischen Zweigen ein und reißt es auseinander, bevor sie es verspeist.

Die Brutzeit beginnt nach schweren Regenfällen, wenn die Nahrungsversorgung sichergestellt ist. Im allgemeinen nisten die Vögel in lockeren Kolonien. Beim Balzflug richten die Männchen die scharlachroten Federn des Scheitels auf. Das offene, napfförmige Nest wird aus Gras und kleinen Zweigen in einen Strauch oder in ein Grasbüschel gebaut. Das Gelege enthält 3–4 Eier. Beide Eltern brüten und versorgen ihre Jungen.

Lamprolia

Lamprolia victoriae

Verbreitung: Fidschi-Inseln
Habitat: zerklüfteter Bergwald
Länge: 12 cm

Die Lamprolia ist mit ihren dunklen, seidigen Federn, die metallischblau gesprenkelt sind, ein ziemlich auffälliger Vogel. Steiß und Schwanzansatz sind seidigweiß. In den untersten Etagen des Waldes sucht sie zwischen den Blättern nach Insekten, doch jagt sie auch auf dem Boden. Ihr Flug ist schnell und wendig; sie schießt zwischen den Bäumen hindurch und fängt auch langsam fliegende Insekten.

Das Baumnest wird aus Fasern, feinen Wurzelfasern, Ranken und Rindenstückchen gebaut und mit Federn ausgekleidet. Das Weibchen legt nur 1 Ei.

Lamprolia
Blauer Staffelschwanz ♂
Weißbrauensericornis
Eyre-Grasschlüpfer
Gelbbürzel-Dornschnabel
Scharlach-Ephthianura ♂
Weißkehl-Gerygone

Eigentliche Fliegenschnäpper

UNTERFAMILIE MUSCICAPINAE:
Eigentliche Fliegenschnäpper
Diese große Unterfamilie der Muscicapidae umfaßt ca. 140 insektenfressende Singvögel. Sie leben in der Alten Welt, die meisten in Afrika, Asien und Australien. Einige Arten sind prachtvoll gefärbt, andere eher unauffällig. Um die verschiedenen ökologischen Nischen zu nutzen, haben sich die Fliegenschnäpper zu einer Gruppe mit sehr unterschiedlichen Körperformen und Verhaltensweisen entwickelt. Bei manchen Arten sehen die Geschlechter gleich aus, bei anderen nicht.

Die „typischen", am stärksten spezialisierten Fliegenschnäpper, von denen einige in Europa leben, haben einen platten, breiten Schnabel, der von abstehenden Borsten umgeben ist. Ihre Methode, Fliegen zu fangen, ist sehr charakteristisch: Der Vogel sitzt auf einem Ausguck, von dem aus er seine Beute gut beobachten kann; sobald ein Insekt vorbeifliegt, schießt er in die Luft, um nach einem kurzen, wendigen Jagdflug das Beutetier geschickt mit dem Schnabel zu fangen; dann kehrt er zu seinem Sitz zurück und verspeist die Beute dort. Natürlich benutzen einige Arten auch andere Fangmethoden und suchen ihre Nahrung auf dem Boden oder zwischen den Blättern.

Flammenbrustschnäpper

Petroica phoenicea

Verbreitung: Tasmanien und benachbartes australisches Festland
Habitat: trockener Wald, bewaldete Gebiete, offenes Gelände
Länge: 13–14 cm

Mit der leuchtendroten Färbung auf Kehle und Brust erinnert der Flammenbrustschnäpper an ein Rotkehlchen. Das Weibchen hat eine helle, braungelbe Unterseite und ist manchmal auf dem Bauch orangerot getönt. Die Nahrung besteht aus Insekten und wird auf dem Boden und in Bäumen gesucht, wobei der Vogel ständig von einem Platz zum anderen fliegt. Der Flammenbrustschnäpper lebt meist alleine, schließt sich aber außerhalb der Brutzeit auch Gruppen an, die manchmal nur aus Vögeln eines Geschlechts bestehen.

Das Nest wird aus Gras, kleinen Stückchen Baumrinde und aus Spinnweben gebaut – in einer Astgabel, einer Höhle, auf einem Ufer oder zwischen Baumwurzeln. Das Gelege enthält 3 Eier.

Grauschnäpper

Muscicapa striata

Verbreitung: Europa: von Skandinavien südl. bis zu den Mittelmeerländern; von Nordafrika bis Zentralasien; überwintert im tropischen Afrika und in Südwestasien
Habitat: Waldränder, bewaldete Gebiete, Buschvegetation, Gärten, Parks
Länge: 14 cm

Der Grauschnäpper jagt auf die für diese Unterfamilie charakteristische Weise: von einem Ausguck aus hält er Ausschau nach fliegenden Insekten und schnappt sie dann aus der Luft. Im Sitzen flattert der ansonsten unauffällige Vogel ständig mit Schwanz und Flügeln und verrät seine Anwesenheit überdies durch seinen leisen Ruf „Tsieh". Die Geschlechter ähneln einander, und die Vögel sind überwiegend graubraun gefärbt.

Das Weibchen verrichtet die meiste Arbeit am Nest, einem sorgfältig angelegten Gebilde aus Moos, Rinde und Fasern, das mit feinen Wurzelfasern und Federn ausgekleidet wird. Es kann an den verschiedensten Orten gebaut werden, unter anderem auf einem Sims, in einer Dachrinne, einer Höhle, einer Astgabel, einer Mauer, einem Fels oder einem halboffenen Nistkasten. Die Eltern lösen einander beim Bebrüten der 4–6 Eier ab. Nach 12–14 Tagen kriechen die Jungen aus dem Ei und werden noch eine Zeitlang von beiden Eltern versorgt. 2 Bruten pro Brutperiode sind nicht ungewöhnlich.

Rotschwanz-Malaienschnäpper

Rhinomyias ruficauda

Verbreitung: Philippinen, Borneo
Habitat: Urwald
Länge: 14 cm

Der ziemlich seltene Rotschwanz-Malaienschnäpper hält sich hauptsächlich im dichten Unterholz seines Wohngebietes auf, wo er nach Insekten und Spinnen sucht. Oft liest der Vogel seine Beutetiere auch von Blättern ab, doch geflügelte Insekten fängt er in schnellen Fangflügen. Die Unterarten unterscheiden sich leicht in der Färbung, doch alle haben den für die Art charakteristischen kastanienbraunen Schwanz. Das Weibchen ähnelt im Aussehen stark dem Männchen.

Über das Brutverhalten dieser Art ist nichts bekannt.

Rotbrustcyornis

Niltava rubeculoides (Cyornis r.)

Verbreitung: vom Himalaya über den Norden Südostasiens bis China; überwintert südl. des Verbreitungsgebietes
Habitat: Wald, Gärten
Länge: 14 cm

Die Rotbrustcyornis lebt in stark bewaldeten Gebieten mit üppiger Bodenvegetation. Sie jagt in der Luft Insekten, kehrt aber nur selten zum gleichen Ausguck oder auch nur zum gleichen Baum zurück, um ihre Beute zu verzehren. Manchmal sucht dieser Vogel auch auf dem Boden nach Nahrung und jagt mit ausgebreiteten Flügeln verborgene Grillen und Heuschrekken auf. Das Weibchen ist hauptsächlich braun und braungelb gefärbt, im Gegensatz zum auffälligen Blau des Männchens.

Sein Nest baut dieser Vogel in ein moosbewachsenes Ufer, einen Felsspalt, eine Baumhöhle oder einen hohlen Bambusstamm. Die 3–5, gewöhnlich jedoch 4 Eier werden in ca. 11 Tagen von beiden Vögeln gemeinsam ausgebrütet.

Grünkopf-Kanarienschnäpper

Culicicapa helianthea

Verbreitung: Philippinen, Celebes
Habitat: Urwald, bewaldete Gebiete
Länge: ca. 10 cm

Der Grünkopf-Kanarienschnäpper ist fast vollständig in verschiedenen Gelbtönen gefärbt; die Oberseite der jungen Vögel ist etwas dunkler und grüner. Der Vogel sitzt häufig auf den äußersten Zweigen eines Baumes und schnappt nach Fliegenschnäpperart vorüberfliegende Insekten aus der Luft. Manchmal sucht er auch in gemischten Vogelgruppen nach Nahrung.

Kastanienbrustschnäpper

Philentoma velatum

Verbreitung: Malaysia, Sumatra, Java, Borneo
Habitat: Urwald
Länge: 20 cm

Dieser lärmende, lebhafte Vogel hält sich in den unteren bis mittleren Etagen des Urwaldes auf, insbesondere in Kriech- und Kletterpflanzen. Er fängt seine Beute ausschließlich im Flug und sucht nicht zwischen den Blättern nach Nahrung. Der Vogel lebt im allgemeinen in Paaren. Beide Geschlechter haben einen lauten, rauhen Ruf. Das Weibchen ist etwas dunkler blau gefärbt und ihm fehlt die kastanienbraune Brustfärbung des Männchens. Der Kastanienbrustschnäpper badet gerne und ist fast immer in der Nähe von Wasser zu finden.

Fahlschnäpper / Afrikanischer Blaßschnäpper

Bradornis pallidus

Verbreitung: Afrika südl. der Sahara
Habitat: bewaldete Gebiete, Buschvegetation an der Küste, Gärten, Maisfelder
Länge: 15–18 cm

Die Fliegenschnäpper des tropischen Afrikas (Gattung *Bradornis*) bilden eine separate Hauptgruppe innerhalb der Unterfamilie Muscicapinae. Es sind überwiegend unauffällig blaßbraun gefärbte Vögel. Die hier behandelte Art ist größtenteils graubraun gefärbt. Die jungen Vögel haben einige Flecken und Streifen auf dem Gefieder. In Paaren oder in lockeren Gruppen suchen die Fahlschnäpper oft auf dem Boden nach Nahrung und fangen dabei unter anderem Spinnen und Termiten. Sie jagen aber auch Schmetterlinge und Fliegen in der Luft. Dies ist ein stiller Vogel, der nur selten leise zwitschert. Das Pärchen brütet zu Beginn der Regenzeit oder kurz davor. Das napfförmige kleine Nest wird sorgfältig aus feinen Wurzelfasern in die Astgabel eines Baumes oder Strauches gebaut. Das Weibchen legt 2–3 Eier. Familien bleiben lange zusammen, und es scheint, daß außer den Eltern auch andere Vögel bei der Aufzucht der Jungen helfen.

Flammenbrustschnäpper ♂
Grünkopf-Kanarienschnäpper
Rotschwanz-Malaienschnäpper
Grauschnäpper
Kastanienbrustschnäpper ♂
Rotbrustcyornis ♂
Fahlschnäpper

Monarchen

UNTERFAMILIE MONARCHINAE: Monarchen

Die Monarchen sind grellgefärbte Vögel bewaldeter Landschaften. Einige Arten jagen ihre Beute in kurzen Fangflügen von einem Ausguck aus, während andere das Blattwerk der Bäume absuchen.

Schwarznacken-Blauschnäpper

Hypothymis azurea

Verbreitung: Indien, Südchina, Südostasien bis zu den Kleinen Sunda-Inseln und Philippinen

Habitat: Urwald, Unterholz, Bambuswäldchen, Kulturland

Länge: 16 cm

Das Männchen des Schwarznacken-Blauschnäppers ist leuchtendblau gefärbt; einen kleiner Flecken schwarzer Nackenfedern kann bei Erregung aufgerichtet werden. Außerdem hat das Männchen ein schwarzes Brustband. Das Weibchen ähnelt dem Männchen, hat jedoch eine graubraune Oberseite, und ihm fehlt die schwarze Zeichnung auf Nacken und Brust.

Diese Art sitzt häufiger in hohen Bäumen als andere Fliegenschnäpper; der Vogel verfolgt Insekten wie Tag- und Nachtfalter in gewandten schleifenförmigen Flügen. Der Schwarznacken-Blauschnäpper sucht auch auf dem Boden und im Unterholz nach Nahrung. Wenn der Vogel ein großes Insekt gefangen hat, hält er es mit den Füßen fest und reißt Stücke davon ab. Dieser gewöhnlich in Paarbindungen oder allein lebende Blauschnäpper ist besonders lebhaft und fliegt unentwegt von Zweig zu Zweig.

Das schön gebaute, napfförmige Nest wird mit Spinnweben an einer Astgabel befestigt oder auch in einem Busch, einem jungen Baum oder einem Bambusstrauch. Das Weibchen verrichtet die meiste Arbeit beim Nestbau und benutzt Gras und Rinde für die Nestmulde, Moos, Spinnweben und Eierschalen für die Außenseite des Nestes. Das Männchen beobachtet all dies genau. Das Weibchen brütet auch die 3–4 Eier allein aus, und zwar in 15–16 Tagen. Das Männchen hilft bei der Aufzucht der Jungen.

Berghaubenschnäpper

Trochocercus albonotatus

Verbreitung: Afrika: von Uganda, Westkenia bis Malawi, Sambia, Zimbabwe

Habitat: Hochlandwälder

Länge: 10 cm

Dieser Haubenschnäpper ist ein hübscher kleiner Vogel mit schwarzen, grauen und weißen Federn. Die Geschlechter sehen gleich aus. Der Vogel fängt Insekten in einem kurzen Fangflug oder durch schnelles Absuchen der Blätter.

Das Männchen hüpft balzend mit aufgerichtetem Schwanz und hängenden Flügeln um sein Weibchen herum. Das sorgfältig angelegte kleine Nest besteht aus einem Geflecht aus Moos, das durch Spinnweben zusammengehalten wird; es sitzt an einer Astgabel eines niedrigen Baumes. Ein Gelege besteht aus 2 Eiern.

Indischer Paradiesschnäpper

Terpsiphone paradisi

Verbreitung: von Turkestan bis Nordostchina; Südostasien, Indonesien

Habitat: offener Wald, Mangrovensümpfe, Gärten, Kulturland

Länge: 22 cm

Das Männchen des Indischen Paradiesschnäppers ist ein prachtvoller Vogel mit außergewöhnlich langen mittleren Schwanzfedern, die seinen Körper um 25 cm verlängern. Beim Männchen treten 2 Farbphasen auf: eine weiße und eine rotbraune. Das weiße Männchen hat weiße Körper- und Schwanzfedern sowie einen schwarzen Kopf, eine schwarze Haube und Kehle; in der zweiten Phase sind Schwanz, Rücken und Flügel rotbraun, im übrigen variiert die Färbung je nach der Unterart. Das Weibchen ähnelt dem Männchen in dessen brauner Phase, doch fehlen ihm der Schopf und die langen Schwanzfedern.

Alleine oder manchmal auch in Paaren bzw. in gemischten Jagdgruppen hält sich der Indische Paradiesschnäpper in den obersten Zweigen der Bäume auf und flattert von Zweig zu Zweig. Er fliegt schnell und fängt Insekten in kurzen Fangflügen von einem Ausguck aus; manchmal kehrt er zu seinem Ausgangspunkt zurück, um seine Beute zu verzehren. Er ernährt sich überwiegend von Fliegen, Libellen, Käfern, Tag- und Nachtfaltern.

Das Männchen zeigt sich bei der Balz seinem Weibchen mit anmutig gebogenen Schwanzfedern, singt dabei und schlägt mit den Flügeln. Gemeinsam bauen beide ein Nest in die Gabel eines waagerechten Astes über dem Wasser oder in Wassernähe; das Nest hat die Form eines umgekehrten Kegels. Den größten Teil der 15- bis 16tägigen Brutzeit übernimmt das Weibchen. Manchmal wird es vom Männchen abgelöst, was für einen Vogel mit einem so schönen Federkleid ziemlich ungewöhnlich ist. Der lange Schwanz des Männchens hängt dann aus dem Nest heraus nach unten. Nach dem Ausschlüpfen hilft das Männchen auch bei der Versorgung der 3–4 Nestlinge.

Papua-Flachschnabel

Machaerirhynchus flaviventer

Verbreitung: Australien: Nordostqueensland; Neuguinea und angrenzende Inseln

Habitat: Regenwald

Länge: 12 cm

Diese Art gehört zu den Flachschnabelschnäppern, einer hauptsächlich in Neuguinea und Australien vorkommenden Gruppe. Der breite, flache Schnabel ist das Hauptmerkmal der beiden Flachschnabelarten und hat ihnen auch zu ihrem Namen verholfen. Das Weibchen hat eine gelbweiße Oberseite mit etwas Braunschwarz, und die Zeichnung ist bei ihm eher weiß als gelb, im Gegensatz zu der des Männchens. Der Papua-Flachschnabel lebt in Bäumen und liest, eifrig von Zweig zu Zweig fliegend, Insekten von den Blättern. Auch fängt der Vogel in kurzen Fangflügen fliegende Insekten. Das flache, muldenförmige Nest wird aus Rindenstückchen hergestellt, von Spinnweben zusammengehalten und mit Flechten geschmückt. Innen wird es mit feinen Pflanzenranken ausgekleidet. Das Nest sitzt gewöhnlich ziemlich hoch in einem dünnen, gegabelten Zweig. Ein Gelege enthält 2 Eier.

Brillenmonarch

Monarcha trivirgata (Symposiachrus trivirgatus)

Verbreitung: Ostaustralien, Neuguinea, Molukken, Timor, Flores

Habitat: nasse Wälder, Mangrovensümpfe, bewaldete Gebiete

Länge: 15 cm

Sowohl das Männchen wie auch das Weibchen haben eine schwarze Gesichtsmaske, der die Art ihren Namen verdankt. Dieser einsiedlerische Waldvogel sucht seine aus Insekten bestehende Nahrung schnell und geräuschlos in der niedrigen, dichten Vegetation und manchmal auch auf dem Boden.

Das aus Rindenstückchen gebaute und mit Spinnweben ausgekleidete napfförmige Nest sitzt meist unten in einem Strauch oder in einem jungen Baum. Ein Gelege besteht aus 2 Eiern.

UNTERFAMILIE PLATYSTEIRINAE: Kleinschnäpper

Diese dicken, grellgefärbten Vögel haben einen kurzen Schwanz und einen starken Schnabel. Viele Arten tragen leuchtend gefärbte nackte Hautlappen.

Kongoschnäpper

Batis minor

Verbreitung: Afrika: vom Sudan bis Somalia, südl. bis Kamerun und Angola

Habitat: offene Waldgebiete, Buschvegetation

Länge: 10 cm

Der kleine, ziemlich dicke Kongoschnäpper kann seine Rückenfedern so aufplustern, daß er wie ein runder Daunenball aussieht. Die Geschlechter ähneln einander sehr stark, aber das Weibchen hat keine schwarzen Kopffedern und statt des schwarzen ein dunkelrotbraunes Brustband. Kongoschnäpper sind rastlose kleine Vögel, die in Paaren auf der Suche nach Insekten durch das Blattwerk streifen oder nach der bekannten Fliegenschnäpperart ihre Beute in kurzen Fangflügen jagen.

Das Nest wird aus Fasern und Flechten gebaut, durch Spinnweben zusammengehalten und befindet sich gewöhnlich in der Gabel eines dünnen Astes. Das Weibchen legt 2–3 Eier.

(Braunkehl-)Lappenschnäpper

Platysteira cyanea

Verbreitung: West-, Zentral und Nordostafrika

Habitat: Urwald, bewaldete Gebiete, Getreidefelder

Länge: 13 cm

Der Lappenschnäpper ist leicht an den deutlich sichtbaren roten Hautlappen über den Augen zu erkennen. Der Vogel verhält sich mehr wie eine Grasmücke als wie ein Fliegenschnäpper und sucht in Paaren zwischen Laub und Zweigen nach Insekten. Unter lautem Gezwitscher begeben sich Lappenschnäpper manchmal auch auf Saisonwanderungen. Das napfförmige Nest wird aus feinem Gras, Fasern und Flechten gebaut und mit Spinnweben an einer Astgabel befestigt. Ein Gelege besteht aus 2 Eiern.

Indischer Paradiesschnäpper ♂
Kongoschnäpper ♂
Berghaubenschnäpper
Schwarznacken-Blauschnäpper ♂
Brillenmonarch
Papua-Flachschnabel ♂
Braunkehl-Lappenschnäpper

Fächerschwanzschnäpper, Dickkopfschnäpper

UNTERFAMILIE RHIPIDURINAE: Fächerschwanzschnäpper
Die meisten Fächerschwanzschnäpper leben in Australasien, ein paar jedoch auch in Asien. Ihren Namen tragen sie, weil sie unaufhörlich ihren Schwanz spreizen und hin und her bewegen, wenn sie durch die niedrige Vegetation streifen.

Schwalbenschnäpper

Chelidorhynx hypoxantha

Verbreitung: vom Himalaya bis Südwestchina; nördl. bis Südostasien: Burma, Thailand
Habitat: Urwald
Länge: 13 cm

Der Schwalbenschnäpper hat eine leuchtendgelbe Unterseite und auffällige weiße Spitzen an jeder Schwanzfeder. Die Geschlechter ähneln einander, doch hat das Männchen eine schwarze, das Weibchen hingegen eine olivbraune Gesichtsmaske.

Dieser lebhafte, ruhelose kleine Vogel hält sich im Unterholz und in der untersten Baumetage des Waldes auf und stolziert dort mit gespreiztem Schwanz umher, wenn er nach Insekten sucht. In kurzen Fangflügen fängt er kleine fliegende Insekten in der Luft und jagt auch mit ausgebreiteten Flügeln Insekten aus der Vegetation auf.

Die Breite des Nestes ist dem horizontalen Ast angepaßt, auf dem es liegt, was eine gewisse Tarnung gewährleistet. Es wird aus Moos angefertigt und mit Flechten und Spinnweben bedeckt; die Auspolsterung besteht aus Haaren und Federn; 3 Eier sind die Regel.

Schwarzweiß-Fächerschnäpper

Rhipidura leucophrys

Verbreitung: Australien, Neuguinea, Salomon-Inseln, Molukken, Kleine Sunda-Inseln
Habitat: Waldränder, Wüstenränder, Parks, Gärten, Kulturland
Länge: 20 cm

Der weitverbreitete und anpassungsfähige Schwarzweiß-Fächerschnäpper hat gelernt, seinen Vorteil aus menschlichen Kulturräumen zu ziehen. Die beiden Geschlechter sind gleich gefärbt und ähneln mit ihrem schwarzweißen Gefieder der europäischen Bachstelze. Außerhalb der Brutzeit lebt der Schwarzweiß-Fächerschnäpper meist alleine; er findet seine Nahrung sowohl auf dem Boden als auch in der Luft. Manchmal sitzen diese Vögel auf dem Rücken von Rindern und fressen die Insekten, die von diesen aufgescheucht werden.

Das aus Gras, kleinen Rindenstückchen oder Pflanzenfasern angefertigte und durch Spinnweben zusammengehaltene Nest liegt gewöhnlich auf einem horizontalen Zweig, obwohl es fast an jedem Platz über dem Boden gebaut werden kann. Das Weibchen legt 4 Eier.

Rotstirn-Fächerschnäpper

Rhipidura rufifrons

Verbreitung: Kleine Sunda-Inseln, und Inseln vor Westpapua, Nord- und Ostaustralien, Küstengebiete von Neuguinea, Louisiade-Archipel, Salomon- und Santa-Cruz-Inseln, Mikronesien
Habitat: Urwald, Mangrovensümpfe
Länge: 16 cm

Mit gespreiztem Schwanz fliegt dieser Fächerschnäpper schnell und geschickt durch das Unterholz, fängt Insekten im Flug und liest sie von den Blättern. Obwohl er ein Baumvogel ist, sucht er auch Nahrung auf dem Boden.

Das birnenförmige Nest aus grobem Pflanzenmaterial wird durch Spinnweben zusammengehalten und auf einen dünnen, gegabelten Zweig gebaut, bis zu 9 m über dem Boden. Die 2 Eier werden ca. 15 Tage lang von beiden Eltern bebrütet; sie füttern auch die Jungen gemeinsam. Diese können ca. 15 Tage nach dem Ausschlüpfen fliegen. Wenn genügend Nahrung vorhanden ist, kann der Rotstirn-Fächerschnäpper 2–5 Bruten pro Jahr aufziehen.

UNTERFAMILIE PACHYCEPHALINAE: Dickkopfschnäpper
Die Dickkopfschnäpper kommen in Australien, Neuguinea und Südostasien vor. Der Gesang der meisten Arten ist wohltönend, und oft singt auch das Weibchen.

Großraum-Dickkopfschnäpper

Pachycephala pectoralis

Verbreitung: Indonesien: von Java bis zu den Molukken; von den Bismarck-Inseln bis Fidschi und Tonga; Ost-, Süd- und Südwestaustralien, Tasmanien
Habitat: Urwald, bewaldete Gebiete, Eukalyptussträucher
Länge: 18 cm

Mit seinen etwa 70–80 nur auf bestimmten Inseln des Verbreitungsgebietes vorkommenden Formen hat der Großraum-Dickkopfschnäpper wahrscheinlich mehr Unterarten als jeder andere Vogel. Manche weichen so stark ab, daß sie als separate Arten betrachtet werden können. Es gibt sehr große Farbunterschiede, vor allem in der Kopffärbung. Das Männchen ist meist olivgrün, gelb und schwarz oder grau gefärbt; das Weibchen hat häufig eine olivbraune bis olivgrün-graue Oberseite, Kehle und Brust sind grau, und der Bauch ist weißgelb.

Als echter Waldvogel sucht der Großraum-Dickkopfschnäpper in Bäumen nach Insekten, manchmal auch nach Beeren. Er bleibt oft lange sitzen und ist verglichen mit anderen Fliegenschnäppern ziemlich passiv.

Ein Brutpärchen baut gemeinsam das Nest, gewöhnlich in einer Astgabel eines kleinen Baumes oder Strauches. Das Nest wird aus Gras, Rinde und Blättern angefertigt und mit feinem Gras ausgekleidet. Beide Eltern bebrüten die 2–3 Eier und versorgen die Jungen.

Einfarben-Pitohui

Pitohui ferrugineus

Verbreitung: Neuguinea, Aru-Inseln
Habitat: Tieflandwälder
Länge: 25–28 cm

Dieser Pitohui ist einer der größten Fliegenschnäpper. Er lebt in Paarbeziehungen oder in kleinen Gruppen. Er bewegt sich träge in der untersten Etage des Urwaldes und frißt Insekten und Früchte, wobei er oft leise ruft. Die Geschlechter ähneln einander und sind überwiegend braun und rostbraun gefärbt.

Das tiefe, napfförmige Nest wird einige Meter über dem Boden in eine mehrfache Astgabelung gebaut und besteht aus Zweigen, Lianenteilen und Fasern. Trockene Blätter und feine Gräser sind das Polstermaterial. Der Pitohui legt jeweils nur ein Ei.

Graubrust-Gudilang

Colluricincla harmonica

Verbreitung: Australien, Tasmanien, Inseln in der Bass-Straße, Südosten von Neuguinea
Habitat: Wald, bewaldete Gebiete, Grasland, Vorstadtparks
Länge: 23 cm

Der Graubrust-Gudilang hat ein großes Verbreitungsgebiet, vor allem in Australien; in Neuguinea hingegen kommt er nur in einem begrenzten Gebiet vor. Er ist ein stiller Vogel, der sowohl auf dem Boden wie auch im Unterholz und zwischen tief hängenden Baumzweigen nach Insekten und anderen wirbellosen Tieren sucht; letzteres ist für einen Fliegenschnäpper ungewöhnlich. Sein Gesang ist klar und wohltönend. Das Weibchen weicht in der Färbung etwas vom Männchen ab: Es ist auf der Oberseite bräunlich gefärbt und hat deutlich sichtbare Bruststreifen, jedoch eine weniger ausgeprägte Gesichtszeichnung als das Männchen.

Das napfförmige Nest besteht aus Rindenstücken und Gras und wird auf den Boden, in einen Baum, einen Strauch oder auf einen Felssims gebaut. Manchmal übernimmt ein Pärchen auch ein altes Nest einer anderen Art. Das Weibchen legt 2–3 Eier und kann mehr als einmal pro Jahr brüten.

Meisenwürger

Falcunculus frontatus

Verbreitung: Australien (nur stellenweise verbreitet)
Habitat: trockener Wald, bewaldete Gebiete
Länge: 17–19 cm

Für einen Fliegenfänger ist der Schnabel des Meisenwürgers recht ungewöhnlich: Er ist hoch, seitlich abgeflacht und leicht gebogen. Der Vogel klammert sich oft an Baumstämmen fest und benutzt seinen Schnabel, um die Rinde nach Insekten und ihren Larven abzusuchen; manchmal sucht er auch zwischen den Blättern.

Das tiefe, napfförmige Nest wird in eine Baumgabel, zum Beispiel in die eines jungen Eukalyptusbaumes gebaut; das Männchen säubert die nähere Umgebung von kleinen Zweigen, indem es sie abbricht. Ein Gelege enthält 2–3 Eier.

Großraum-Dickkopfschnäpper ♂
Unterarten mit Variationen im Gefieder
Meisenwürger
Rotstirn-Fächerschnäpper
Graubrust-Gudilang ♂
Schwalbenschnäpper ♂
Schwarzweiß-Fächerschnäpper
Einfarben-Pitohui

Meisen

FAMILIE AEGITHALIDAE: Schwanzmeisen
Die 8 Arten der Schwanzmeisen sind eng mit den Eigentlichen Meisen (Familie Paridae) verwandt und kommen in Europa, Asien, Nord- und Mittelamerika vor. Der Schwanz dieser kleinen Vögel ist oft mindestens so lang ist wie ihr Körper, einschließlich des kleinen Schnäbelchens.

Schwanzmeise

Aegithalos caudatus

Verbreitung: Europa (außer Nordskandinavien und Island); Asien bis Japan

Habitat: bewaldetet Gebiete, Buschvegetation, buschbewachsene Heidelandschaften, Hecken, Parks

Länge: 14 cm

Das Federkleid der Schwanzmeise variiert innerhalb ihres sehr großen Verbreitungsgebietes, ist jedoch gewöhnlich eine Mischung aus schwarzen, weißen und rosa Federn. Im Norden und Osten nimmt die Zahl der „Weißkopf„-Form zu. Die Geschlechter ähneln einander. Dieser rastlose kleine Vogel sucht seine Nahrung (Insekten und ihre Larven, Spinnen, Samenkörner und Knospen) in Bäumen und im Unterholz.

Das lange ovale Nest hat einen Seiteneingang nahe der Oberseite und sitzt in einem Baum, einem Dornenstrauch oder in anderer Vegetation; Zierkoniferen in Gärten sind ebenfalls ein beliebter Nistplatz. Manchmal bilden sich lockere Kolonien. Das Brutpärchen baut ein schönes Nest aus Moos und Spinnweben und tarnt die Außenseite mit Flechten. Innen wird das Nest mit vielen Hunderten von Federchen ausgepolstert. Die 8–12 Eier werden hauptsächlich vom Weibchen ausgebrütet, doch das Männchen hilft beim Füttern der Jungen. Im Winter schließen sich die Schwanzmeisen manchmal gemischten Meisengruppen an, halten jedoch ihre Familienbeziehungen aufrecht.

FAMILIE REMIZIDAE: Beutelmeisen
Die 10 Arten der Beutelmeisen sind mit den beiden anderen Meisenfamilien verwandt, obgleich sie manchmal völlig anders zugeordnet werden. Im Gegensatz zu den übrigen Meisen haben Beutelmeisen einen feinen, spitzen Schnabel. Sie kommen vor allem in Afrika und Asien vor, aber auch in Europa und Nordamerika gibt es jeweils eine Art. Mehr als andere Meisenfamilien wohnen die Beutelmeisen im offenen Gelände. Gewöhnlich ähneln die Geschlechter einander.

Senegalbeutelmeise / Gelbbauch-Beutelmeise

Anthoscopus parvulus

Verbreitung: Afrika: vom Tschad-See bis zum Südsudan

Habitat: trockene Savanne und Gebiete mit Akazienbeständen

Länge: 7,5 cm

Die seltene, kaum bekannte Gelbbauch-Beutelmeise ist ein geschäftiger und doch stiller kleiner Vogel. Ihre Nahrung (Raupen, Larven und andere Insekten) beschafft sie sich, indem sie sorgfältig das Blattwerk und große Blüten absucht.

Das kunstvolle Nest hängt an einem Zweig. Der Nestbau nimmt geraume Zeit in Anspruch; verfilzte Pflanzenteile werden darin verarbeitet. Die kurze Eingangsröhre an der Oberseite verschließt sich automatisch. Ein Gelege enthält gewöhnlich 4 Eier.

Die einzige europäische Art, die Beutelmeise (*Remiz pendulinus*) lebt meist in den Mooren Ost- und Südeuropas.

Goldmeise

Auriparus flaviceps

Verbreitung: Südwesten der USA: von Südostkalifornien bis Südtexas; Zentralmexiko

Habitat: Wüste

Länge: 10–11 cm

Die kleine Goldmeise ist an Kopf und Kehle auffällig gelb gefärbt; an jedem Flügelbug befindet sich ein kastanienbrauner Flecken, der nur bei ausgebreiteten Flügeln deutlich zu sehen ist. Die gelbe Farbe des Weibchens ist etwas fahler, während die gelbe und kastanienbraune Färbung bei jungen Vögeln völlig fehlt. Die Goldmeise bewohnt die Dornensträucher und Kakteen ihres trockenen Lebensraumes und verhält sich wie die übrigen Mitglieder der Familie der Eigentlichen Meisen, wenn sie auf der Suche nach Insekten oder ihren Eiern und Larven umherhüpft. Flüssigkeit bezieht die Goldmeise aus Beeren und Früchten.

Das kugelförmige Nest wird aus Dornenzweigen gebaut. Das Gelege aus 3–6 Eiern wird innerhalb von 10 Tagen ausgebrütet.

FAMILIE PARIDAE: Eigentliche Meisen
Die allbekannten Meisen sind kleine, rundliche Singvögel, die auf der ganzen nördlichen Halbkugel und in Afrika vorkommen, gewöhnlich in bewaldeten Gebieten. Es gibt 46–47 Arten. Viele Meisen haben sich gut an menschliche Wohngebiete angepaßt und gelernt, sich der vom Menschen produzierten Nahrung zu bedienen. Sie ernähren sich gewöhnlich von Insekten und Samenkörnern. Das Gefieder von Männchen und Weibchen ähnelt sich entweder sehr stark oder ist gleich.

Chickadee-Meise

Parus atricapillus

Verbreitung: Alaska, Kanada, südl. bis zur Mitte der USA

Habitat: Nadelwälder, bewaldete Gebiete

Länge: 12–15 cm

Die Chickadee-Meise ist an Kehle und Scheitel schwarz gefärbt und hat ein weißes Gesicht; sie ist an ihrem „Zickadie„-Ruf zu erkennen. Die Meise ist ständig auf der Suche nach Raupen und anderen Insektenlarven, Spinnen, kleinen Schnecken, Samen und Beeren, und hüpft dabei geschwind über Zweige und Äste.

Brutpärchen hacken gemeinsam die Nisthöhle in einen weichen, vermoderten Aststumpf, und anschließend füttert das Weibchen das Nest mit Pflanzenfasern, Moos oder kleinen Federn. In seltenen Fällen nistet die Chickadee-Meise in einer verlassenen Spechthöhle oder sogar in einem Nistkasten. Die 5–10 Eier werden in 11–13 Tagen ausgebrütet.

Sultansmeise

Melanochlora sultanea

Verbreitung: Himalaya, Gebirge Südchinas und Südostasiens; Sumatra

Habitat: Wälder im Vorgebirge, Bäume in der Nähe von Kulturland

Länge: 20 cm

Die sehr auffällige Sultansmeise mit ihrem markanten gelben Schopf ist für ihre Familie sehr groß. Sie ist eine der 2 Meisenarten, die nicht zur Gattung *Parus* gehören. Männchen und Weibchen ähneln einander, doch das Weibchen hat olivgrüne statt schwarzer Kehlfedern und eine dunkle olivbraune Oberseite. In Pärchen oder in kleinen Gruppen sucht sie zwischen den Blättern nach Insekten, Samen und Beeren und hängt oft kopfunter.

Das Weibchen legt die 6–7 Eier auf ein dickes Bett aus Moos und Pflanzenteilen in eine Baumhöhle.

Rostkehlmeise

Parus fringillinus (Aegithospiza fringillina)

Verbreitung: Afrika: Südkenia, Tansania

Habitat: Savanne mit vereinzelten Bäumen

Länge: 11,5 cm

Die Rostkehlmeise lebt in Paaren oder kleinen Familiengruppen und sucht zwischen den Pflanzen nach Insekten und Larven. Sie ist eine typische Meise – ein schneller und lebhafter kleiner Vogel.

Das Weibchen legt 3 Eier in eine Baumhöhle, die mit Daunen und Pflanzenfasern ausgekleidet ist.

Kohlmeise

Parus major

Verbreitung: Europa, Nordwestafrika, Asien (außer Norden), Südostasien, Indonesien

Habitat: Wald, bewaldete Gebiete, Kulturland, Parks, Gärten

Länge: 14 cm

Innerhalb des großen Verbreitungsgebietes der Kohlmeise gibt es viele Unterarten mit Abweichungen im Federkleid. Kennzeichnend sind jedoch die olivgrünen und gelben Federn, der schwarze Scheitel und die ebenfalls schwarze „Krawatte“ mitten auf der Brust. Dieser Streifen ist beim Männchen breiter als beim Weibchen, vor allem auf dem Bauch. Der laute und ziemlich dominante, streitlustige Vogel lebt nach der Brutzeit in großen Familiengruppen, oft zusammen mit anderen Meisenarten. Er sucht in Bäumen und auf dem Boden nach Insekten, Spinnen, Würmern und kleinen Weichtieren sowie auch nach Samenkörnern, Früchten, Nüssen und Knospen. Die Kohlmeise benutzt ihren kräftigen Schnabel, um Nüsse und Samenkörner mit harter Schale aufzuhämmern.

Das Männchen macht dem Weibchen den Hof und jagt es vor der Paarung. Gemeinsam bauen sie ein Nest aus Moos und Gras in ein Loch in einem Baum, einer Mauer oder im Ufer, aber oft auch in einem Nistkasten oder an anderen geeigneten Stellen wie beispielsweise in einem Briefkasten; das Nest wird mit Haaren oder Daunen ausgefüttert. Ein Gelege besteht aus 5–11 Eiern und wird in 13–14 Tagen ausgebrütet. Das Männchen hilft beim Füttern. Manchmal kommt es zu 2 Bruten.

Schwanzmeise
Senegalbeutelmeise
Chickadee-Meise
Goldmeise
Rostkehlmeise
Kohlmeise ♂
Sultansmeise ♂

Baumläufer, Trugbaumläufer, Baumrutscher, Kleiber

FAMILIE CERTHIIDAE:
Eigentliche Baumläufer

Die 6 Arten der Baumläufer in dieser Familie sind auf der ganzen nördlichen Erdhalbkugel verbreitet, von Nord- und Mittelamerika und Europa bis Nordafrika und Asien; nur der Fleckenbaumläufer lebt in Afrika südlich der Sahara und wird deshalb manchmal einer eigenen Familie (Salpornitidae) zugeordnet. Baumläufer sind Bodenbewohner, die auf der Suche nach Insekten an Baumstämmen hochklettern. Ihre scharfen Krallen ermöglichen es ihnen, sich an der Baumrinde festzuklammern und mit ihren langen, dünnen Schnäbeln Insektenlöcher abzusuchen. Außer dem Fleckenbaumläufer haben alle Arten steife Schwanzfedern, die beim Klettern als Stütze dienen. Die Geschlechter sehen (fast) gleich aus.

Waldbaumläufer

Certhia familiaris

Verbreitung: Kanada, USA, Mexiko, Mittelamerika; Europa und Asien, von Großbritannien bis Japan, südl. bis zum Himalaya
Habitat: Wälder, Parks
Länge: 13–15 cm

Der Waldbaumläufer kriecht langsam spiralförmig an den Baumstämmen hoch und sucht jeden Spalt in der Rinde nach Insekten ab; dabei stützt er sich mit seinen steifen Schwanzfedern ab. Hat er die Spitze des Baumes erreicht, dann fliegt er an den Fuß eines anderen Baumes und beginnt erneut mit der Prozedur. Außer von Insekten ernährt er sich auch von Nüssen und Samenkörnern. Die Geschlechter ähneln einander; beide haben lange Krallen und einen schlanken, gebogenen Schnabel.

Das Nest wird meist hinter einem lockeren Stück Baumrinde gebaut und mit Moos und Federn ausgekleidet. Das Weibchen brütet 14–15 Tage auf den 5–6 Eiern, und manchmal hilft das Männchen dabei.

Fleckenbaumläufer

Salpornis spilonotus

Verbreitung: Afrika: sporadische Verbreitung südl. der Sahara bis Angola und Simbabwe; Nordindien
Habitat: Wald, Savanne, bewaldete Gebiete
Länge: 15 cm

Der Fleckenbaumläufer hat im Gegensatz zu den übrigen Mitgliedern seiner Familie einen weichen Schwanz, der dem Vogel keine Dienste leistet, wenn er an einem Baumstamm hochklettert. Mit seinem langen, gebogenen Schnabel sucht der Vogel jeden Spalt in der Rinde nach Insekten ab.

Das offene, napfförmige Nest sitzt in einem waagerecht gegabelten Ast. Beide Eltern bebrüten die 2–3 Eier.

FAMILIE RHABDORNITHIDAE:
Trugbaumläufer oder Philippinen-Baumläufer

Die 2 Arten dieser Familie leben auf den Philippinen. Männchen und Weibchen sehen unterschiedlich aus.

Streifenkopf-Baumläufer

Rhabdornis mystacalis

Verbreitung: Philippinen
Habitat: Wald
Länge: 15 cm

Der Streifenkopf-Baumläufer hat starke Beine, die sich ausgezeichnet dazu eignen, an Baumstämmen hinaufzuklettern. Mit seinem langen, leicht gebogenen Schnabel sucht er die Baumrinde nach Insekten ab. Er sucht seine Nahrung wie die echten Baumläufer, indem er langsam an einem Baum hochklettert. Mit seiner Pinselzunge leckt er auch Nektar aus den Blüten und verschmäht auch Früchte nicht. Das Weibchen ist heller gefärbt und hat dort, wo das Männchen schwarz ist, braunes Gefieder.

Über die Brutgewohnheiten dieser Art ist wenig bekannt.

FAMILIE CLIMACTERIDAE:
Baumrutscherartige

In Aussehen und Verhalten ähneln die 6 Arten der Baumrutscher stark den Baumläufern. Ebenso wie diese suchen sie mit Hilfe ihrer langen, gebogenen Schnäbel in der Baumrinde nach Insekten; einige Arten suchen auch auf dem Boden nach Futter. Sie kommen sowohl auf Neuguinea wie auch in Australien vor. Zwischen Männchen und Weibchen bestehen geringe Farbunterschiede.

Weißbrauen-Baumrutscher

Climacteris picumnus

Verbreitung: Australien: von Queensland bis Victoria
Habitat: Wald, bewaldete Gebiete
Länge: 15 cm

Der Weißbrauen-Baumrutscher ernährt sich hauptsächlich von Insekten, die er aus Spalten in der Baumrinde aufliest, während er in einer Spirale an einem Baumstamm hochklettert. Er flattert kurz von einem Baum zum anderen; manchmal sucht er auch auf dem Boden nach Nahrung. Die Geschlechter ähneln einander, nur hat das Weibchen einen kastanienbraunen Kehlflecken statt des schwarzen beim Männchen.

Das napfförmige Nest wird in eine Höhle, unter einen Baum oder in einen vermodernden Stumpf gebaut. Ein Gelege enthält 3–4 Eier.

FAMILIE SITTIDAE: Kleiber oder Spechtmeisen

Diese Familie mit 21–25 Arten umfaßt nicht nur die Kleiber, sondern auch die Mauerläufer, die in Nordamerika, Europa und Asien verbreitet sind. Die 2 (3) Arten der Kleiber oder Spechtmeisen leben in Australasien. Es sind kräftige kleine Vögel, die über starke Beine und scharfe Krallen verfügen, mit denen sie gut klettern können. Der scharfe, spitze Schnabel ist ideal, um Spalten in Rinde oder Felsen nach Insekten abzusuchen. Bei vielen Arten sehen die Geschlechter gleich aus, bei anderen unterscheiden sie sich nur geringfügig.

Kappenkleiber

Sitta canadensis

Verbreitung: Alaska, Kanada, USA
Habitat: Gebiete mit Nadelwald oder Mischwald
Länge: 11–12 cm

Das Männchen dieser Kleiberart ist an seiner weißumrandeten schwarzen Kappe, dem schwarzen Augenstreifen und der rostfarbenen Brust zu erkennen. Das Weibchen hat einen dunkelgrauen Scheitel. Der Vogel läuft schnell an Baumstämmen hoch und über die Äste, wenn er nach Insekten und Samenkörnern sucht. Der europäische Kleiber (*S. europaea*) ähnelt seinem amerikanischen Verwandten.

Die Brutzeit beginnt im April oder Mai. Das Nest sitzt in einer Baumhöhle, manchmal hackt der Vogel ein Loch in einen Baumstumpf oder in den Ast eines abgestorbenen Baumes. Um die Nestöffnung herum wird Harz von Nadelbäumen geschmiert. Die 4–7 Eier werden ca. 12 Tage lang von beiden Vögeln bebrütet.

Australkleiber

Neositta chrysoptera

Verbreitung: Australien
Habitat: offener Wald, bewaldete Gebiete
Länge: 10–12 cm

Der gewandte Australkleiber läuft mit der gleichen Mühelosigkeit einen Baumstamm hinunter wie hinauf. Er sitzt oft in Bäumen und bewegt sich schnell von einer Stelle zur anderen, wobei er in Spalten in der Rinde nach Insekten sucht. Er ist ein geselliger Vogel und streift meist in kleinen Gruppen umher. Es gibt viele Unterarten, die heute alle den Australkleibern zugerechnet werden und starke Farbunterschiede aufweisen. Das napfförmige Nest wird auf eine Astgabel gebaut und mit Rindenstückchen bedeckt. Beide Eltern brüten und füttern die 3–4 Jungen.

Mauerläufer

Tichodroma muraria

Verbreitung: Mittel- und Südeuropa bis zur Mongolei und Westchina
Habitat: Felshänge in den Bergen
Länge: 16 cm

Der Mauerläufer ist eng mit den Kleibern verwandt, ähnelt jedoch mit seinem langen, abwärts gebogenen Schnabel und seiner kriechenden Fortbewegungsart mehr den Baumläufern; manchmal wird er einer eigenen Familie zugeordnet. Dieser ungewöhnliche Vogel hat außerdem breite, abgerundete Flügel mit auffälligen roten Flächen. Auf der Suche nach Insekten klettert der Mauerläufer steile Felswände hoch und untersucht jeden Spalt, fliegt anschließend schnell nach unten und beginnt mit seiner Inspektion an einer anderen Stelle von neuem. Der Vogel sucht auch auf dem Boden unter Steinen nach Nahrung, sitzt jedoch nur selten in Bäumen.

Das Männchen macht dem Weibchen mit Balzflügen den Hof und stellt dabei die Federn seiner Flügel zur Schau. Zusammen mit dem Weibchen baut es ein Nest aus Moos, Gras und Wurzelfasern in einem Felsspalt. Die 3–5 Eier werden vom Weibchen ausgebrütet, doch das Männchen hilft beim Füttern der Nestlinge.

Kappenkleiber
Australkleiber
Waldbaumläufer
Mauerläufer
Fleckenbaumläufer
Streifenkopf-Baumläufer
Weißbrauen-Baumrutscher

Blütenpicker, Brillenvögel

FAMILIE DICAEIDAE: Mistelfresser oder Blütenpicker

Diese Familie, die aus 48 Arten besteht, ist in Asien von Indien bis China und südlich bis Australasien verbreitet. Die meisten Arten leben in Neuguinea und auf den Philippinen. Es sind kleine Vögel mit kurzen Schwänzen und Beinen. Die Schnäbel unterscheiden sich in ihrer Form, sind jedoch alle teilweise gezähnt, was den Vögeln möglicherweise hilft, klebrige Früchte zu ernten. Die gespaltene Zunge ist fast zu einer Röhre zusammengerollt, wahrscheinlich eine Anpassung an die Gewohnheit dieser Vögel, Nektar aufzusaugen. Früchte und Beeren sind die überwiegende Nahrung, doch sitzen die Vögel auch viel auf Blüten und verzehren neben dem Nektar auch die Insekten, die die Blüten ebenfalls wegen des Nektars aufsuchen.

Manche Arten sind ziemlich unscheinbar gefärbt; Männchen und Weibchen sehen dann gleich aus. Bei anderen Arten haben die Männchen ein leuchtendes Gefieder. Die 8 Arten der Panthervögel sind stark gefleckt und gehören möglicherweise nicht zu dieser Familie.

Mennigbrust-Mistelfresser

Prionochilus percussus

Verbreitung: Burma, Malaysia, Borneo, Java, Sumatra und angrenzende Inseln
Habitat: Urwald, Sekundäranpflanzungen
Länge: 10 cm

Das Männchen dieser Art hat einen leuchtend gefärbten Bauch, eine blaue Oberseite und unterscheidet sich außerdem durch einen auffälligen roten Flecken auf Brust und Scheitel. Das Weibchen ist überwiegend olivgrün mit etwas Grau und einem verwaschenen orangefarbenen Scheitel. Dieser geschäftige kleine Vogel fliegt blitzschnell und sucht hoch in den Bäumen nach Nahrung, die überwiegend aus Beeren besteht. Das beutelförmige Nest hängt an einem Baumzweig und wird aus Baumfarnstückchen gebaut. Über die Brutgewohnheiten ist wenig bekannt, aber vermutlich legt das Weibchen 1 Ei.

Fruchtfresser

Melanocharis nigra

Verbreitung: Neuguinea, Japen und benachbarte Inseln einschließl. der Aru-Inseln
Habitat: Tieflandwälder
Länge: 11 cm

Der Fruchtfresser ist ein wendiger, schneller Vogel, der seine Nahrung – hauptsächlich Beeren und Früchte sowie Spinnen und Insekten – in den untersten Etagen des Urwaldes sucht; manchmal saugt er Nektar auf. Auch fliegt der Vogel zu freistehenden Bäumen außerhalb des Waldes, um dort Nahrung zu suchen. Der Fruchtfresser lebt zwar gewöhnlich alleine, sammelt sich aber manchmal in Gruppen in einem Baum, die dann gemeinsam nach Nahrung suchen. Im Aussehen unterscheiden sich die Geschlechter: das Männchen ist entweder völlig schwarz oder schwarz und grün gefärbt; das Weibchen ist mattgrün und grau.

Schwalben-Mistelfresser

Dicaeum hirundinaceum

Verbreitung: Australien, Aru-Inseln
Habitat: Wald, Buschvegetation
Länge: 10 cm

Das schöne Gefieder des Schwalben-Mistelfressers hat glänzende, blauschwarze, rote und weiße Federn; das Weibchen ist matt braungrau. Dieser einsiedlerische, in Bäumen lebende Vogel sucht in den Baumkronen des Waldes nach Beeren, vor allem nach denen der schmarotzenden Mistel (*Loranthus* und *Viscum*). Junge Vögel fressen auch Insekten. Das Fruchtfleisch der Beeren gelangt in den Magen, während die harten Samen den spezialisierten Verdauungskanal passieren und schnell wieder ausgeschieden werden. So spielt der Mistelfresser eine wichtige Rolle bei der Verbreitung der Samen dieser Pflanze.

Das Weibchen baut ein Nest von der Form eines umgekehrten Kegels, das von einem Zweig herabhängt. Das Gelege aus 3 Eiern wird von ihm ca. 12 Tage lang bebrütet; die Jungen werden von beiden Eltern gefüttert.

Flecken-Panthervogel

Pardalotus punctatus

Verbreitung: Australien, Tasmanien
Habitat: Wald, bewaldete Gebiete
Länge: 9 cm

Der Flecken-Panthervogel hat ein buntes Gefieder mit charakteristischen Flecken an der Oberseite, die beim Männchen größtenteils weiß, beim Weibchen gelb sind. Der Vogel frißt Insekten, die er auf dem Boden und in den Bäumen findet. Er ist ein gewandter Kletterer, der sich in nahezu jeder Haltung an Zweige klammert und das Laub gründlich absucht. Außerhalb der Brutzeit lebt diese Art alleine oder in kleinen Gruppen, denen sich manchmal auch Vögel anderer Arten anschließen.

Ein Brutpaar gräbt einen Gang von einem halben Meter Länge in ein Ufer oder in einen Hang; in der Nistkammer am Ende des Ganges wird ein kugelförmiger Raum aus Rinde und Gras gebaut. Ein Gelege enthält meist 4 Eier, die 14–16 Tage lang von beiden Eltern bebrütet werden.

FAMILIE ZOSTEROPIDAE: Brillenvögel

Die 79–85 Arten der Brillenvögel sind sich auffallend ähnlich. Die meisten Arten sind klein, haben abgerundete Flügel, kurze Beine, einen grünlichen Rücken sowie eine gelbe Unterseite und einen charakteristischen Ring aus weißen Federchen um die Augen. Einige Arten bilden eine Ausnahme und sind größer und matter gefärbt. Der Schwerpunkt ihrer Verbreitung liegt in Indonesien, aber Brillenvögel kommen auch bis nach Afrika, Neuseeland und Japan und auf den Inseln im Pazifik vor. Sie ziehen bewaldete Gebiete oder Gärten dem Urwald vor und ernähren sich von Insekten, Früchten und Nektar. Die Geschlechter ähneln einander.

Japanischer Brillenvogel

Zosterops japonica

Verbreitung: Japan, Ost- und Südchina, Taiwan, Hünan, Philippinen, Südostasien, Burma, Thailand, Laos
Habitat: bewaldete Gebiete, Buschvegetation
Länge: 11 cm

Der Japanische Brillenvogel hat graues Gefieder unter oder auf dem Bauch und einen schlanken, spitzen Schnabel. Dieser kleine geschäftige Vogel sucht in Grüppchen Bäume und Sträucher nach Insekten ab, vor allem nach Ameisen, ihren Eiern und Larven. Außerdem frißt er Knospen, Samenkörner und Früchte. Während er von einem Baum zum anderen fliegt, läßt er unentwegt seinen leisen, klagenden Ruf hören. Auf den Boden kommt er nie.

Das aus Grashalmen und Fasern gebaute und mit Moos gefütterte Nest sitzt in der Gabel eines dünnen Astes. Das Weibchen legt 3–4 Eier.

Graurückiger Brillenvogel

Zosterops lateralis

Verbreitung: Ost- und Südostaustralien, Tasmanien, Neuseeland, Vanuatu, Fidschi-Inseln
Habitat: verschieden, mit Baumbestand
Länge: 12 cm

Der Graurückige Brillenvogel paßt sich an fast jeden Lebensraum in beliebiger Höhe an, vor allem auf den Inseln innerhalb seines Verbreitungsgebietes. Er sucht in jeder Höhe nach Nahrung, bevorzugt jedoch Ackerland, Gärten und Obsthaine. Er frißt Obst, Früchte, Insekten und Blütennektar. Manchmal kommt der Vogel auf den Boden oder sogar auf das offene Feld, um dort nach Nahrung zu suchen. Durch sein Anpassungsvermögen ist es ihm gelungen, von seinem Ursprungsland Australien (Tasmanien) aus viele neue Gebiete zu erobern. Um 1850 erreichte er Neuseeland; der Vogel brütet jetzt sogar auf den Macquari-Inseln an der Grenze zum Südpolgebiet. Die Geschlechter ähneln einander und haben beide scharfe, spitze und leicht gebogene Schnäbel. Es gibt mehrere Unterarten.

Das Nest wird aus Pflanzenfasern und Gras gebaut und durch Spinnweben zusammengehalten; der Nestrand wird an den Zweigen eines Baumes oder Strauches befestigt. Das Weibchen legt 2–4 Eier, die ca. 14 Tage lang von beiden Vögeln bebrütet werden. Brillenvögel sind bekannt wegen ihrer ungewöhnlich kurzen Brutzeit.

Silberbrillenvogel

Speirops leucophoeus (Zosterops l.)

Verbreitung: Principe-Insel (Golf von Guinea)
Habitat: Urwald
Länge: 13 cm

Der Silberbrillenvogel, der nur auf der Insel Principe im Golf von Guinea zu finden ist, ist einer der wenigen afrikanischen Brillenvögel. Sein Gefieder ist hellbraungrau und an Kehle und Bauch weiß. In kleinen Gruppen sucht dieser ruhelose, immer geschäftige Vogel im Blattwerk der Bäume nach Insekten und Samenkörnern. Er bewegt sich schnell und geschickt und zuckt häufig mit den Flügeln. Das Grasnest wird mit Spinnweben oder feinen Pflanzenfasern an einem Zweig befestigt. Ein Gelege enthält 2 Eier.

Mennigbrust-Mistelfresser ♂
Schwalben-Mistelfresser ♂
Fruchtfresser ♂
Flecken-Panthervogel ♂
Japanischer Brillenvogel
Silberbrillenvogel
Graurückiger Brillenvogel

Nektarvögel

FAMILIE NECTARINIIDAE: Nektarvögel oder Honigsauger
Leuchtend gefärbte, glänzende Federn in den Farben des Regenbogens, ein schneller Flug und ein scharfer, metallischer Ruf sind die auffälligen Merkmale der Nektarvögel. Ökologisch gesehen sind sie die altweltlichen Gegenstücke der amerikanischen Kolibris, obgleich ihr Flug weniger wendig und ihr Aussehen weniger vielfältig ist. Von den 116–118 Arten lebt mehr als die Hälfte in Afrika südlich der Sahara, die restlichen im Süden Asiens und Australasiens. Außer den schlicht gefärbten Spinnenjägern sind die Männchen dieser Familie viel auffälliger als die Weibchen, obwohl letztere manchmal ebenfalls schillernde Farben tragen. Das Weibchen brütet die Eier gewöhnlich alleine in 13–14 Tagen aus; es versorgt auch die Jungen, allerdings beteiligt sich das Männchen bei manchen Arten an der Nahrungssuche. Kennzeichnend für die Nektarvögel sind die kurzen, stumpfen Flügel, die kräftigen Beine und der lange, abwärtsgebogene Schnabel. Die lange Zunge kann vorgestreckt werden und ist an der Spitze mit 2 Röhrchen versehen. Die meisten Arten benutzen die Zunge zum Aufsaugen von Nektar und zum Fangen von Insekten in Blüten. Wenn der Nektarvogel den Nektar nicht erreichen kann, sticht er ein Loch in den Boden der Blüten. Im Gegensatz zu den Kolibris können Nektarvögel nur kurze Zeit auf der Stelle schweben, doch ihre kräftigen Beine ermöglichen es ihnen, bei der Nahrungssuche zu sitzen.

Gelbrücken-Nektarvogel

Aethopyga siparaja

Verbreitung: Indien, Südostasien, Sumatra, Java, Borneo, Celebes, Philippinen
Habitat: Urwald, Kulturland
Länge: 11 cm

Die verlängerten mittleren Federn des metallischgrünen Schwanzes fügen der Länge des Männchens noch ein paar Zentimeter hinzu. Dem Weibchen fehlt die leuchtendrote Farbe; es ist olivgrün und an der Unterseite gelblich gefärbt. Dieser Nektarvogel sucht auf den Blüten von Bäumen, Sträuchern und Gartenpflanzen nach Nahrung und hält sich an den Stengeln und Zweigen fest, während er den Nektar von den Blüten aufsaugt. Der Vogel frißt auch Insekten und Spinnen.

Das birnenförmige, aus Pflanzenteilchen, Wurzelfasern, Moos und Gras gebaute Nest hängt an einem Zweig oder Ast. Das Gelege enthält 2–3 Eier.

Rubinwangen-Nektarvogel

Anthreptes singalensis

Verbreitung: vom Osthimalaya über Burma und Thailand bis Malaysia, Sumatra, Java, Borneo und angrenzende Inseln
Habitat: offene Waldgebiete, Buschvegetation
Länge: 11 cm

Männchen und Weibchen dieser Art haben eine hellorange Kehle und einen gelben Bauch; das Weibchen mit seinen olivgrünen Federn ist weniger schön gefärbt als das Männchen. Dieser Nektarvogel fliegt bei der Jagd nach Insekten schnell durch das Blattwerk und untersucht gleichzeitig auch die Blüten nach Nektar.

Das birnenförmige Nest hängt in einem Strauch an Zweigen über dem Boden und wird aus feinen Fasern und Stengeln gebaut; der seitliche Eingang wird durch ein Vordach geschützt. Das Gelege besteht aus 2 Eiern.

Langschnabel-Spinnenjäger

Arachnothera robusta

Verbreitung: Thailand, Malaysia, Sumatra, Java, Borneo
Habitat: Urwald
Länge: 19–21 cm

Der große Spinnenjäger ist ein stattlicher Vogel mit einem sehr langen, dicken Schnabel. Wie alle Spinnenjäger ist er matter gefärbt als die übrigen Nektarvögel. Die beiden Geschlechter ähneln einander, doch hat das Männchen an beiden Seiten der Brust orangegelbe Büschel. Dieser Vogel sucht meist in den Wipfeln von Waldriesen nach Nahrung und fliegt bei der Jagd nach Insekten und Spinnen blitzschnell hin und er, sitzt jedoch auch auf hohen Zweigen. Er hat einen kräftigen, geradlinigen Flug.

Das Nest befindet sich unter einem großen Blatt, zum Beispiel dem eines Bananenbaumes, das als Dach fungiert. Es wird aus rauhen Fasern gebaut und kunstvoll mit Faserfäden befestigt, die durch das Blatt gestochen und an der Oberseite verknotet werden. Die Nestöffnung befindet sich an der Seite, oft unter dem Blatt. Das Gelege enthält 2 Eier.

Grünrücken-Nektarvogel

Nectarinia jugularis

Verbreitung: Hünan, Südostasien, Indonesien, Neuguinea, Bismarck-Inseln, Salomon-Inseln; Australien: Nordostqueensland
Habitat: Urwald, Buschvegetation, Mangrovensümpfe, Gärten
Länge: 12 cm

Der einzige Nektarvogel Australiens ist in seinem gesamten Verbreitungsgebiet recht häufig. Von Baum zu Baum fliegend sucht er Blüten nach Insekten und Nektar ab und fängt letztere manchmal auch im Flug. Gelegentlich schwebt er auch kurz vor einer Blüte, doch gewöhnlich hält er sich am Blattwerk fest. Das Aussehen der beiden Geschlechter ist unterschiedlich. Das Weibchen hat eine leuchtendgelbe Kehle und Unterseite, jedoch wie das Männchen einen olivfarbenen Rücken. Männchen, die nicht ihr Brutkleid tragen, ähneln manchmal den Weibchen, doch befindet sich mitten auf ihrer Kehle ein blauschwarzes Band, und ihre Kehle und der obere Teil der Brust haben einen orange Schimmer.

Das Nest wird aus Fasern und Rinde gebaut und durch Spinnweben zusammengehalten; es hängt an einem Strauch oder einem kleinen Baum und enthält 2–3 Eier.

Von Hasselts Nektarvogel

Nectarinia sperata

Verbreitung: Assam, Bangladesh, Burma, Thailand, Laos, Malaysia, Sumatra, Java, Borneo, Celebes, Philippinen
Habitat: Buschvegetation, Sekundärwald, Mangrovensümpfe, Gärten
Länge: 10 cm

Das farbenfrohe Männchen dieser Art ist an seiner glänzend violetten Kehle zu erkennen. Das Weibchen ist oben olivgrün gefärbt und hat einen gelben Bauch. Der Vogel frißt zwar auch kleine Insekten, ernährt sich jedoch hauptsächlich von Nektar, den er mit seinem schlanken, gebogenen Schnabel aus den Blüten saugt. Mit Leichtigkeit springt und klettert er in Bäumen und Sträuchern umher, kann jedoch nur schlecht fliegen.

Das ovale Nest aus Pflanzen- und Wurzelfasern wird durch Spinnweben zusammengehalten und hängt an einem Zweig oder Palmenblatt ca. 6 m über dem Boden. Das Gelege besteht aus 2 Eiern.

Laubnektarvogel

Nectarinia johnstoni (Deleornis fraseri)

Verbreitung: Afrika: Bergland in Ostzaire, Westuganda, Kenia, Tansania, Malawi, Sambia
Habitat: im Hochgebirge bis zur Vegetationsgrenze
Länge: ((männ.)) 25–31 cm; ♀ 14–15 cm

Durch die verlängerten mittleren Schwanzfedern des Männchens dieser Art unterscheiden sich die beiden Geschlechter stark in der Länge. In seinem normalen Federkleid sind die metallisch glänzenden Federn des Männchens dunkelbraun, doch die langen Schwanzfedern des Brutkleides behält es auch dann. Das Weibchen ist dunkelbraun und hat ebenso wie das Männchen rote Federbüschel an beiden Seiten der Brust. Dieser Vogel wird von den Blüten des *Protea*-Strauches und riesiger Lobelien angezogen, die in seinem Hochgebirgsbiotop wachsen. Die Nahrung besteht überwiegend aus Insekten, vor allem aus Fliegen, die der Laubnektarvogel oft im Flug fängt.

Das ovale Nest wird aus Pflanzenteilen, trokkenen Stengeln und Wurzelfasern in einen niedrigen Strauch gebaut. Das Weibchen legt 1–2 Eier.

Prachtnektarvogel

Nectarinia superba

Verbreitung: Afrika: von Sierra Leone bis Angola, Uganda
Habitat: Waldränder, Rodungen
Länge: 14 cm

Der Prachtnektarvogel sucht in den Baumkronen des Urwaldes nach Insekten und saugt auch Nektar aus Blüten. Er hat eine Vorliebe für die Blüten des Korallenbaumes, der in der Nähe des Urwaldes wächst, ebenso wie für die Blüten von Lianen. Das Männchen trägt ein buntes Gefieder mit metallisch glänzenden Flächen; das Weibchen ist olivgrün und an der Unterseite grüngelb gefärbt.

Das primitive Nest aus Gras, Blättern und Flechten wird an einem Zweig aufgehängt. Das Gelege besteht aus 1–2 Eiern.

Laubnektarvogel ♂
Gelbrücken-Nektarvogel ♂
Von Hasselts Nektarvogel ♂
Rubinwangen-Nektarvogel ♂
Langschnabel-Spinnenjäger ♂
Prachtnektarvogel ♂
Grünrücken-Nektarvogel ♂

Honigfresser 1

FAMILIE MELIPHAGIDAE: Honigfresser

Die große Familie der Honigfresser, die 161–169 Arten umfaßt, ist kennzeichnend für die Fauna Australiens und der Inseln im südwestlichen Teil des Pazifiks. Eine Ausnahme sind die Bali-Honigfresser (*Lichmera indistincta*), die unter anderem auf Bali vorkommen, und die 2 Arten der Kap-Honigfresser (Gattung *Promerops*) aus Südafrika. Manche Ornithologen sind der Ansicht, daß die Kap-Honigfresser von ganz anderen Vorfahren abstammen und nur eine ähnliche Entwicklung wie die Honigfresser durchlaufen haben (Konvergenz); die meisten Fachleute zählen sie jedoch zu den Honigfressern.

Wie ihr Name schon andeutet, saugen die Honigfresser ebenso wie die Nektarvögel den Nektar aus den Blüten. Sie sind jedoch meist größer als letztere, und viele Arten sind matter gefärbt, und zwar grün oder bräunlich; auch sind die Honigfresser vielgestaltiger und haben sich an die unterschiedlichsten Lebensräume angepaßt. Sie haben sich auf das Aufsaugen von Nektar spezialisiert. Ungeachtet unterschiedlicher Körpergröße und Schnabelformen besitzen alle Hongifresser eine lange Zunge, die sie weit vorstrecken können. An der Wurzel kann die Zunge zu 2 langen Röhrchen aufgerollt werden, durch welche der Nektar geleitet wird; an der Spitze ist die Zunge in 4 Teile gespalten, die jeweils mit Fransen versehen sind, so daß das gesamte Zungenende wie eine Art Pinsel fungiert, der den Nektar auffängt. Honigfresser fressen außer Nektar auch Früchte. Der Eiweißbedarf wird durch Insekten gedeckt.

Die gewöhnlich in Bäumen lebenden Honigfresser sind gesellig, aber unverträglich anderen Arten gegenüber. Bei einigen Arten ähneln Männchen und Weibchen einander, bei anderen nicht.

Kauai-Krausschwanz

Moho braccatus

Verbreitung: Hawaii (Kauai)

Habitat: Regenwald im Gebirge

Länge: 19–22 cm Ⓑ

Der Kauai-Krausschwanz galt ebenso wie die übrigen 3 *Moho*-Arten bereits als ausgestorben, als er 1960 im Alakai-Sumpf auf Kauai wiederentdeckt wurde. Seine Verwandten wurden wegen ihrer schönen gelben Federn massenweise verfolgt, vor allem gegen Ende des 19. Jahrhunderts, um den Bedarf der Modeindustrie zu decken; so wurden sie schließlich ausgerottet. Der einfacher gefärbte Kauai-Krausschwanz entging diesem Schicksal. Er hat jedoch unter der Einführung anderer Vögel und Raubtiere gelitten und scheint keinerlei Veränderung an seinem Lebensraum, dem Regenwald, zu vertragen. Deshalb ist die Einführung von Pflanzenfressern und exotischen Pflanzen eine ernste Bedrohung für diesen Vogel. Heute wird er geschützt, doch ist die Population sehr klein und besteht möglicherweise nur aus ein paar Vögeln.

Der Kauai-Krausschwanz ernährt sich von Nektar, Beeren, Spinnen, Insekten und Schnekken. Der Vogel baut das Nest in eine Höhle in den Ohia-Baum und legt 2 Eier auf eine Unterlage aus abgestorbenen Pflanzenresten. Beide Eltern füttern die Jungen.

Bali-Honigfresser

Lichmera indistincta

Verbreitung: Australien, Neuguinea, Aru-Inseln, Kleine Sunda-Inseln bis Bali

Habitat: Urwald, bewaldete Gebiete, Mangrovensümpfe, Kulturland, Gärten

Länge: 12–15 cm

Dieser rastlose Vogel sucht in blühenden Bäumen und Sträuchern nach Nektar und Insekten; letztere fängt er auch in der Luft. Er lebt alleine, in kleinen oder größeren Gruppen, und zwar immer in der Nähe von Wasser. Unter den australischen Singvögeln ist er einer der besten Sänger.

Das napfförmige Nest wird aus dicht zusammengepackten Rindenstückchen und aus Gras gebaut und mit Spinnweben verstärkt. Es hängt an einem Zweig oder sitzt zwischen dem Blattwerk eines Baumes oder Strauches. Das Gelege enthält 2 Eier.

Starkschnabel-Honigschmecker

Melithreptus validirostris

Verbreitung: Tasmanien, Inseln in der Bass-Straße

Habitat: offener Urwald, bewaldete Gebiete

Länge: 14 cm

Dieser Vogel hat die merkwürdige Angewohnheit, auf Baumstämmen umherzuhüpfen und die Rinde abzuziehen, wenn er begierig nach Insekten sucht. Oft sitzt der Starkschnabel-Honigschmecker auf Eukalyptusbäumen, denn bei einigen Arten dieser Bäume löst sich die Rinde besonders leicht. Nektar, der für die meisten Honigfresser so wichtig ist, bildet bei diesem Vogel nur einen kleinen Teil der Nahrung; er wird daher nur selten auf den Blüten von Bäumen gesehen. Die beiden Geschlechter ähneln einander.

Das Nest hängt an einem nach unten gerichteten Zweig und wird aus Bast- und Grasstückchen gebaut. Das Gelege besteht aus 2, manchmal auch aus 3 Eiern.

Kardinalhonigschmecker

Myzomela cardinalis

Verbreitung: Loyalty-Inseln, Vanuatu, Samoa, Torres- und Santa-Cruz-Inseln, Palau-Inseln, Marianen und Karolinen, Salomon-Inseln (selten)

Habitat: Urwald, offene Waldgebiete, Kulturland

Länge: 9 cm

Der Kardinalhonigschmecker zählt ebenso wie die anderen *Myzomela*-Arten zu den kleinsten Honigfressern. Mit seinem prachtvollen Federkleid ähnelt er einem Nektarvogel. Er sucht kleine Insekten und Nektar und versammelt sich oft in großen Gruppen an den beliebtesten Nahrungsplätzen. Sein Flug ist schnell und geradlinig. Das Männchen ist lebhaft rot und schwarz gefärbt, das Weibchen überwiegend olivgrau mit etwas Rot auf Steiß und Unterrücken. Junge Vögel ähneln dem Weibchen, sind jedoch noch weniger rot gefärbt. Das napfförmige Nest aus Gras sitzt in einer Astgabel. Ein Gelege besteht aus 1–2 Eiern.

Olivkehl-Honigfresser

Meliphaga fusca (Lichenostomus fuscus)

Verbreitung: Südostneuguinea, Ost- und Nordaustralien

Habitat: offener Wald

Länge: 15 cm

Der Olivkehl-Honigfresser sucht geschäftig zwischen den Blättern in verschiedenen Höhen nach Nektar und Insekten. Er unternimmt auch kurze Fangflüge in der Luft, um fliegende Insekten zu erhaschen. Der Olivkehl-Honigfresser ist ein ziemlich verbreiteter Vogel, der gewöhnlich alleine oder in kleinen Gruppen lebt. Die Geschlechter ähneln einander und haben ein olivbraunes Federkleid, das durch gelbe „Pinselstriche" und eine dunkle Gesichtszeichnung belebt wird. Die 2–3 Eier werden in ein napfförmiges Nest aus Fasern und Gras gelegt, das in einem Baum hängt.

Glattstirn-Lederkopf

Philemon citreogularis

Verbreitung: Ost- und Nordaustralien, Südneuguinea, Inseln in der Banda-See

Habitat: offener Wald, bewaldete Gebiete

Länge: 25–28 cm

Wie alle Lederköpfe hat auch der Glattstirn-Lederkopf einen nackten Flecken am Kopf – daher sein Name. Die Geschlechter ähneln einander. Der Glattstirn-Lederkopf sucht in der verschiedensten Bäumen nach Früchten, Insekten und Nektar. Der Vogel stößt rauhe Schreie aus, vor allem, wenn sich eine nach Nahrung suchende Gruppe streitet, doch sein Gesang ist schön und melodiös. Vermutlich unternehmen die in Südaustralien brütenden Vögel regelmäßige Saisonwanderungen.

Das napfförmige Nest wird aus Rindenstreifen und Pflanzenfasern gebaut und sitzt in einem gegabelten Zweig, manchmal über Wasser. Ein Gelege besteht aus 2–4 Eiern.

Langbart-Honigfresser

Melidectes princeps (Melionyx p.)

Verbreitung: Neuguinea

Habitat: Bergwälder, Hochgebirgsalmen

Länge: 26 cm

Der Langbart-Honigfresser ist an seinen weißen „Backenbärten" zu erkennen; ansonsten ist er größtenteils schwarz gefärbt und hat rund um die Augen helle, nackte Haut. Dieser Vogel ist weniger an Bäume gebunden als andere Honigfresser und verbringt viel Zeit auf dem Boden, wo er mit seinem langen Schnabel die Waldstreu nach Insekten und Riedgrassamen absucht. Ruckartig fliegt er von Baum zu Baum und klettert auch manchmal in Bäume, um Beeren und Früchte zu fressen.

Das umfangreiche, aus Moos und Schwammfäden gebaute Nest liegt ungefähr 1 m über dem Boden auf einem Baum oder Strauch. Das Weibchen legt 1 Ei.

Bali-Honigfresser
Langbart-Honigfresser
Kardinalhonigschmecker ♂
Olivkehl-Honigfresser
Kauai-Krausschwanz
Starkschnabel-Honigschmecker
Glattstirn-Lederkopf

Honigfresser 2

Aschbrust-Honigfresser

Melipotes fumigatus

Verbreitung: Berge Zentralneuguineas
Habitat: Wald in 1300–2700 m Höhe
Länge: 21 cm

Dieser ruhige Vogel bewegt sich langsam durch die Bäume, wenn er nach Insekten sucht; er bevorzugt die stillsitzenden Arten. Allerdings interessiert er sich auch für aufgejagte fliegende Insekten. Außerdem frißt er Früchte, wird jedoch nur selten auf einem blühenden Baum gesehen; an seiner Zungenspitze fehlen die Borsten, mit denen er Nektar auflecken könnte. Der Aschbrust-Honigfresser lebt alleine, in kleinen Gruppen, in seltenen Fällen auch in größeren. Männchen und Weibchen sehen gleich aus; beide haben einen kurzen Schnabel und eine nackte, orangegelbe Haut um die Augen.

Das Nest besteht aus einem tiefen Napf, ist aus Moos und Pflanzenfasern gebaut und mit trockenen Blättern und Farnen ausgepolstert. Mit dem Rand wird es am Ende eines Zweiges befestigt. Wie viele bergbewohnende Honigfresser, denen nur wenig Nahrung zur Verfügung steht, legt diese Art nur ein Ei. Das Junge wird mit Beeren gefüttert.

Tui

Prosthemadera novaeseelandiae

Verbreitung: Neuseeland und Inseln vor der Küste; Kermadec-, Chatham- und Auckland-Inseln
Habitat: Wald, Parks und Gärten in Vorstädten
Länge: 29–32 cm

Der Tui trägt ein Büschel weißer Federn auf der Kehle und hat feine Nackenfedern, die wie ein Spitzenkragen aussehen. Wegen dieser Verzierungen wird er in Neuseeland auch Pastorenvogel genannt. Das Weibchen hat einen kleineren Kehlbüschel und einen helleren Bauch. Innerhalb von einem Monat, nachdem sie aus dem Ei gekrochen sind, entwickeln die jungen Vögel diesen Büschel; das vollständige Gefieder der erwachsenen Vögel haben sie erst 3 Monate später.

Der Tui ist ein kräftiger, lärmender Vogel, der schnell durch den Wald fliegt und sich manchmal wie ein Backstein aus ansehnlicher Höhe fallen läßt. Er frißt Insekten, Früchte und Nektar, wobei ihm seine Pinselzunge von Nutzen ist. Der streitlustige Tui verteidigt seine Nahrung und sein Nest gegen Eindringlinge.

In der Brutzeit vollführt das Männchen atemberaubende Sturzflüge, wobei es Purzelbäume schlägt und sich um seine Achse dreht. Das Nest sitzt meist in einer Baumgabel; es wird aus Zweigen gebaut und mit feinen Pflanzenteilchen ausgefüttert. Das Weibchen bebrütet die 2–4 Eier 2 Wochen lang. Während der Brutzeit singt das Männchen fast ununterbrochen auf einem nahegelegenen Baum; es ist ein ausgezeichneter Sänger und ahmt auch andere Vögel nach. Wenn die Jungen ausgeschlüpft sind, hilft das Männchen beim Füttern. In einer Brutperiode sind zwei Bruten möglich.

Rotlappen-Honigfresser

Anthochaera carunculata

Verbreitung: Australien: von New South Wales bis Westaustralien
Habitat: offener Wald, bewaldete Gebiete, Vorstadtparks und Gärten
Länge: GL 32–35 cm; SL 16 cm

Der streitsüchtige und laute Rotlappen-Honigfresser ist der größte Honigfresser des australischen Festlandes. In den Bäumen (er hat eine Vorliebe für Banksie und Eukalyptus) ist er sehr geschäftig; seine Nahrung besteht aus Nektar, Früchten und Insekten. Er lebt alleine oder streift in kleinen Gruppen umher; im Westen seines Verbreitungsgebietes zieht er nach der Brutzeit nordwärts. Die Geschlechter ähneln einander; die Vögel haben fleischige rote Lappen auf den Wangen. Diese und andere Arten werden, wenn sie sich fett gefressen haben, oft zum Verzehr und zur Ölgewinnung gefangen. Das Nest aus Pflanzenstengeln und Zweigen liegt auf einem horizontalen Ast eines Baumes oder Strauches; manchmal wird es mit Gras ausgekleidet. Das Gelege besteht aus 2–3 Eiern.

Zwergpfriemschnabel

Oedistoma pygmaeum

Verbreitung: Neuguinea und angrenzende Inseln
Habitat: Urwald
Länge: 7,5 cm

Der Zwergpfriemschnabel ist einer der kleinsten Vögel Neuguineas; er hat kaum Ähnlichkeit mit den anderen Mitgliedern seiner Familie. Das Obergefieder des Männchens ist olivfarben, die Unterseite hellgelb, und die Kehle ist weiß. Das Weibchen ist noch etwas kleiner als das Männchen und matter gefärbt. Die Vögel haben einen kurzen Schwanz und einen gebogenen Schnabel. Der Zwergpfriemschnabel bleibt meist in der untersten Baumetage, sucht aber auch blühende Waldriesen auf. Er frißt Nektar, Insekten und Spinnen.

Weißstirn-Schatzvogel

Manorina melanocephala

Verbreitung: Australien: Queensland bis Victoria; Tasmanien, Inseln in der Bass-Straße
Habitat: bewaldete Gebiete, Vorstadtparks
Länge: 26–28 cm

Der Weißstirn-Schatzvogel sitzt oft in Bäumen oder Sträuchern, sucht jedoch auf dem Boden nach Insekten, Früchten und Nektar. Er ist ein neugieriger, geschäftiger Vogel, der oft andere Vögel belästigt und in Gruppen auch einer Eule oder einem Bussard das Leben versauern kann. Wie die anderen Mitglieder seiner Gattung lebt der Weißstirn-Schatzvogel fast immer in Kolonien, deren Mitglieder gemeinsam Nahrung suchen, fressen und schlafen.

Das napfförmige Nest aus Gras, Zweigen und Rindenstückchen wird in die Astgabel eines ausgewachsenen oder eines jungen Baumes gebaut und mit weichem pflanzlichem Material ausgefüttert. Das Weibchen legt 2–4 Eier.

Östlicher Dornschnabelhonigfresser

Acanthorhynchus tenuirostris

Verbreitung: Australien: von Queensland bis Victoria; Tasmanien, Inseln in der Bass-Straße
Habitat: Regenwald, Buschvegetation, Kulturland
Länge: 12–15 cm

Dieser ruhelose, schnelle Vogel zieht von Baum zu Baum, wenn er nach Insekten und Nektar sucht. Oft steht er in der Luft vor einer Blüte, während er den Kelch mit seinem Dornschnabel untersucht. Dieser Honigfresser lebt hauptsächlich in Bäumen; er tritt nur alleine oder in kleinen Gruppen auf und unternimmt wahrscheinlich jährliche Wanderungen. Das Weibchen ist weniger auffällig gefärbt als das Männchen.

Das napfförmige Nest wird vom Weibchen aus Gras, Rinde und Moos gebaut. Es hängt an einem dünnen, gegabelten Zweig in einem Strauch oder in einem kleinen Baum. Das Weibchen bebrütet die 2–3 Eier, während das Männchen das Territorium bewacht. Beide Vögel füttern ihre Jungen; 2 Gelege pro Brutperiode sind nicht ungewöhnlich.

Kap-Honigfresser

Promerops cafer

Verbreitung: Südafrika (Kapprovinz)
Habitat: Berghänge mit Proteusbüschen
Länge: ♂ 43 cm; ♀ 23–28 cm

Der Unterschied in der Körperlänge zwischen Männchen und Weibchen ist bei dieser Art durch die sehr langen Schwanzfedern des Männchens bedingt. Ansonsten sehen die Geschlechter gleich aus. Der Kap-Honigfresser wird gewöhnlich mit dem Wagenbaum (*Protea*) in Verbindung gebracht, in dem er nach Insekten sucht und den Nektar aus den Blüten holt. Die Vögel suchen jedoch auch viele andere Sträucher und Bäume auf und fangen auch im Flug Insekten. Sie fliegen schnell und gradlinig mit ausgebreitetem Schwanz. Außerhalb der Brutzeit leben die Kap-Honigfresser in kleinen Gruppen. Sie brüten im Winter – in den Monaten April bis Juni. Das Männchen bezieht ein Revier und singt im Wipfel eines Wagenbaums, um andere Männchen fernzuhalten. Auf dem Nistplatz balzt es vor dem Weibchen und verbeugt und dreht sich dabei, wobei es mit den Flügeln schlägt und die Schwanzfedern über den Rücken legt. Das Weibchen baut das napfförmige Nest aus Zweigen, Gras und Pflanzenstengeln und polstert es mit Pflanzenteilchen und dem Flaum der *Protea*-Blätter aus. Das Nest sitzt in der Gabel eines Strauches, meist in einem Wagenbaum. Etwa 17 Tage lang bebrütet das Weibchen die 2 Eier und übernimmt auch den größten Teil der Fütterung: Insekten, Spinnen und Nektar. Die jungen Vögel können ca. 20 Tage nach dem Ausschlüpfen fliegen, werden jedoch noch 2 weitere Wochen von den Eltern versorgt. Pro Jahr kommt es gewöhnlich zu 2 Bruten.

Aschbrust-Honigfresser
Kap-Honigfresser ♂
Rotlappen-Honigfresser
Tui ♂
Zwergpfriemschnabel ♂
Weißstirn-Schatzvogel
Östlicher Dornschnabelhonigfresser

Ammern 1

FAMILIE EMBERIZIDAE: Ammern

Die Ansichten über die Herkunft und die systematische Einordnung der Ammern, einer umfangreichen Gruppe von Singvögeln mit insgesamt ca. 950 Arten, ebenso wie ihre Verwandtschaft mit den Finken (Familie Fringillidae) haben sich immer wieder geändert, und auch heute ist das letzte Wort darüber noch nicht gesprochen. Wir gehen hier davon aus, daß die Emberizidae die Ammern, die Plüschkopftangaren, die Kardinäle, die Schwalbentangaren und die Echten Tangaren umfassen, die jeweils als Unterfamilien der Ammernfamilie beschrieben werden.

UNTERFAMILIE EMBERIZINAE: Eigentliche Ammern

Diese Gruppe ist sowohl in der Alten wie auch in der Neuen Welt verbreitet, und obwohl die Vögel bei uns gewöhnlich Ammern genannt werden, heißen viele Arten in Nordamerika Finken oder Sperlinge.

Es besteht kein Zweifel daran, daß die Ammern ursprünglich aus Amerika stammen, von wo aus sie sich allmählich über große Gebiete der Alten Welt verbreitet haben. Es sind kleine bis mittelgroße Vögel, meist etwa 15 cm lang, mit einem überwiegend braunen oder schwarzen Federkleid, das manchmal durch gelbe und orangebraune Felder belebt wird. Der kurze kegelförmige Schnabel eignet sich gut dazu, Samen aufzuknacken, die den Hauptbestandteil der Nahrung dieser Vögel bilden. In der Regel sehen Männchen und Weibchen unterschiedlich aus.

Die Galapagos- oder Darwinfinken, die manchmal als eine getrennte Unterfamilie betrachtet werden, rechnen wir hier ebenfalls zu den Eigentlichen Ammern.

Rohrammer

Emberiza schoeniclus

Verbreitung: Europa, Nordafrika, Zentral- und Nordasien
Habitat: Schilffelder, Sümpfe; im Winter auf Äckern und im offenen Gelände
Länge: 15 cm

Das Rohrammermännchen ist an seinem schwarzen Kopf, seiner schwarzen Kehle und dem weißen Kragen zu erkennen, während das Weibchen einen gelbbraunen Kopf mit deutlichen schwarzen und weißen Bartstreifen hat. Die Rohrammer sucht ihre Nahrung zwischen niedrig wachsenden Pflanzen und Schilfstengeln. Sie hüpft munter über den Boden, wenn sie beispielsweise nach den Samen von Sumpf- und Getreidepflanzen sucht. Im Frühling und Sommer frißt sie auch Insekten und Larven.

Das Weibchen baut ein Nest auf dem Boden oder in niedriger Vegetation; auch sitzt es fast während der ganzen 2wöchigen Brutzeit auf den 4–5 Eiern; das Männchen hilft allerdings beim Füttern der Jungen.

Goldammer

Emberiza citrinella

Verbreitung: Europa, Westasien bis zum Ural
Habitat: Grasland, Weideland, offenes Gelände mit Buschvegetation
Länge: 16 cm

Die bekannteste Ammer der Alten Welt ist die Goldammer. Sie sucht vor allem auf dem Boden nach Nahrung: Samenkörner, Getreidekörner, Beeren, Blätter und hin und wieder auch Insekten und wirbellose Tiere. Das Männchen unterscheidet sich durch seinen fast völlig gelben Kopf und den kastanienbraunen Steiß. Das Weibchen ist matter und weniger intensiv gelb gefärbt.

Nach der Balz und der dazugehörenden Jagd wird ein Nest auf dem Boden oder in Bodennähe, oft in einer Hecke oder unter einen Strauch gebaut. Die 3–4 Eier werden vorwiegend vom Weibchen in 12–14 Tagen ausgebrütet. 2–3 Bruten pro Jahr sind möglich.

Singammer

Zonotrichia melodia (Melospiza m.)

Verbreitung: Nordamerika: Aleuten, östl. bis Neufundland, südl. über Kanada und USA bis Mexiko
Habitat: Waldrand, Buschvegetation in Wassernähe, Kulturland und Vorstadtgebiete
Länge: 13–18 cm

Die sehr weit verbreitete Singammer umfaßt mehr als 30 Unterarten, die im Aussehen von den kleinen, sandfarbenen Strauchsteppen- und Wüstenbewohnern bis zu den größeren und dunkleren nördlichen Formen variieren. Die Singammer frißt vor allem im Sommer Insekten und außerdem wilde Früchte, Beeren und Samenkörner; letztere sucht sie auf dem Boden.

Das Männchen bezieht ein Territorium, in dem seine Partnerin ein schönes Nest baut, das zwischen der Vegetation auf dem Boden oder in einem Strauch verborgen liegt. In ca. 12 Tagen brütet das Weibchen die 3–6 Eier aus. 2–3 Bruten pro Jahr sind möglich.

Schneeammer

Plectrophenax nivalis

Verbreitung: brütet in Island, Skandinavien, Nordschottland, im arktischen und subarktischen Teil Asiens und Nordamerikas; überwintert südl. des Brutgebietes
Habitat: offenes steiniges Gelände, Tundra, Berge; auch an Küsten und in offenem Gelände
Länge: 16 cm

Im Brutkleid ist das Männchen der Schneeammer fast vollständig weiß, mit Ausnahme der schwarzen Färbung auf Rücken, mittleren Schwanzfedern und Handschwingen. Im Winter wird dieses weiße Gefieder rostbraun gefleckt. Das Weibchen hat im Sommer einen graubraunen Kopf und Rücken und ist im Winter etwas matter und blasser. Die Schneeammer verbringt viel Zeit auf dem Boden mit der Suche nach Samen und Insekten, wo sie schnell umherrennt und -hüpft. Das aus abgestorbenem Gras, Moos und Flechten gebaut Nest liegt zwischen Steinen verborgen. Das Weibchen legt 4–6 Eier, die es 10–15 Tage lang bebrütet. Das Männchen füttert das Weibchen und hilft auch bei der Versorgung der Jungen.

Winter-Junco

Junco hyemalis

Verbreitung: Nordamerika: Alaska, östl. bis Neufundland, südl. über Kanada und USA bis Mexiko
Habitat: Rodungen, Waldränder, Straßenränder, Parks, Gärten
Länge: 13–16 cm

Die 4 Unterarten des Winter-Juncos variieren stark in der Färbung. Die Weibchen sind stets blasser gefärbt als die Männchen. Dieser lebhafte kleine Vogel sucht seine Nahrung hauptsächlich auf dem Boden. Im Winter frißt er viele Samenkörner, im Sommer auch Beeren, Insekten und Spinnen.

Das Männchen bezieht ein Brutrevier, woraufhin das Weibchen ein Bodennest baut, das unter Pflanzen oder zwischen Baumwurzeln verborgen ist oder im Schutz eines Ufers oder eines Simses liegt. Die 3–6 Eier brütet das Weibchen in 10–12 Tagen aus. Gewöhnlich kommt es zu 2 Bruten. Die meisten nördlich brütenden Populationen ziehen im Winter in den Süden der USA.

Savannen-Ammer

Ammodramus sandwichensis (Passerculus s.)

Verbreitung: Alaska, Kanada, größter Teil der USA (brütet nicht im Südosten), Mexiko, Guatemala
Habitat: Tundra, offenes Grasland, Sümpfe
Länge: 11–15 cm

Es gibt viele Unterarten der Savannenammer, die sich in Färbung und Gesang leicht voneinander unterscheiden. Der überwiegend auf dem Boden nach Nahrung suchende Vogel – unter anderem nach Samenkörnern, Insekten wie Käfern, Heuschrecken und Ameisen – rennt wie eine Maus durch das Gras oder hüpft umher und scharrt dabei im Erdreich.

Das Weibchen baut ein Bodennest aus Gras, meist in einer natürlichen Höhlung, und legt 4–5 Eier hinein. Beide Vögel brüten abwechselnd ca. 12 Tage lang. Die im Norden brütenden Vögel ziehen im Winter in den Süden der Vereinigten Staaten und nach Mittelamerika.

Schwirrammer

Spizella passerina

Verbreitung: Kanada, USA, Mexiko, Mittelamerika bis Nicaragua
Habitat: offene Waldgebiete, Rodungen im Wald, Gärten, Parks
Länge: 13–15 cm

Sowohl das Männchen wie auch das Weibchen haben den für diese Art charakteristischen kastanienbraunen Scheitel und einen weißen Augenbrauenstreifen. Ansonsten ist die Schwirrammer ein unauffälliger kleiner Vogel, der häufig an Stadträndern und in anderen bewohnten Gebieten vorkommt. Ihre Nahrung besteht hauptsächlich aus Grassamen, aber Unkrautsamen, Insekten und Spinnen verschmäht sie auch nicht.

Das Weibchen baut das Nest in einer Kletterpflanze oder auf einem Baum- oder Strauchzweig. Das Männchen füttert das Weibchen, während dieses 14–15 Tage lang auf den 3–5 Eiern sitzt. Pro Brutperiode sind 2 Bruten möglich.

Rohrammer ♂
Winter-Junco
Goldammer ♂
Savannen-Ammer
Schneeammer ♂
Schwirrammer
Singammer

Ammern 2

Magellanämmerling

Phrygilus patagonicus

Verbreitung: Südamerika: Chile, Mittelargentinien bis Feuerland

Habitat: stark bewachsene Bergschluchten

Länge: 15–16 cm

Diese stark spezialisierte Ammer hat eine Vorliebe für Gebiete mit vielen samenbildenden Sträuchern und für Felsen, die von Kletterpflanzen überwuchert sind. Sie ernährt sich hauptsächlich von Samenkörnern, frißt aber hin und wieder auch Insekten. Die Färbung des Weibchens weicht von der des Männchens leicht ab: Die Oberseite ist beim Weibchen überwiegend olivgrün, die Unterseite gelbgrün. Das Nest liegt in einem Gewirr von Wurzeln und Pflanzenresten verborgen; es wird aus Gras gebaut und mit weichen Pflanzenteilen ausgepolstert. Das Gelege enthält 2–4 Eier.

Wechselpfäffchen

Sporophila americana

Verbreitung: Mittel- und Südamerika: von Mexiko bis Peru und Brasilien

Habitat: Wald, Grasland, Parks, Gärten

Länge: 11 cm

Kleine Gruppen von Wechselpfäffchen schließen sich oft anderen Samenfressern an, wenn sie über Kräuter und Grashalme hüpfen oder in Sträuchern und kleinen Bäumchen sitzen. Manchmal fliegen sie auch mit schnellem Flügelschlag in kurzen Flügen über offenes Gelände. Sie ernähren sich von Grassamen und Insekten. Außerdem fressen sie wie viele andere Vögel die dicken, reifen Kätzchen des *Cecropia*-Baumes. Das Federkleid der Männchen variiert, aber gewöhnlich sind sie schwarzweiß gefärbt, während die Weibchen olivbraun und an der Unterseite gelbweiß sind.

Das Nest aus feinen Wurzel- und Pflanzenfasern wird vom Weibchen in einen Baum oder Strauch gebaut und mit Hilfe von Spinnweben an einem Zweig befestigt. Das gewöhnlich aus 2 Eiern bestehende Gelege brütet das Weibchen in 12–13 Tagen aus. Hin und wieder bringt das Männchen dem Weibchen Futter. Beide Vögel füttern die Jungen mit aufgewürgten Samenkörnern. Das Wechselpfäffchen brütet mindestens 2mal pro Jahr.

Weißnacken-Buschammer

Atlapetes albinucha

Verbreitung: von Mexiko über Mittelamerika bis Kolumbien

Habitat: Waldränder, Buschvegetation

Länge: 18 cm

Männchen und Weibchen dieser Art ähneln einander; beide haben eine für die Art charakteristische schwarzweiße Kopfzeichnung. Diese Buschammer lebt vor allem auf dem Boden, wo sie umherflattert und bis in die Stengel und niedrig hängenden Zweige hüpft. Der Vogel sucht seine Nahrung in der Waldstreu – Grassamen und in kleinen Mengen Insekten; mit seinem Schnabel fegt er dazu die abgefallenen Blätter zur Seite.

Das Nest wird vom Weibchen aus Gras in einen niedrigen Strauch gebaut. Ein Gelege besteht meist aus 2 Eiern.

Grundrötel

Pipilo erythrophthalmus

Verbreitung: Südkanada, USA, Mexiko, Guatemala

Habitat: Waldrand, bewaldete Gebiete, Parks, Gärten

Länge: 18–22 cm

Das Männchen ist an seiner schwarzgefärbten Oberseite und an den auffälligen kastanienbraunen Flanken zu erkennen, die sich vom weißen Bauch abheben. Das Federkleid des Weibchens ist braun statt schwarz, entspricht ansonsten aber dem des Männchens. Beide Geschlechter haben rote Augen. Der Vogel scharrt seine vielseitige Nahrung am Boden und unter der Vegetation aus; er ernährt sich von Insekten wie Raupen, Käfern und Ameisen, von Schnecken, kleinen Eidechsen, Schlangen und Salamandern, von Spinnen und Tausendfüßlern ebenso wie von Samenkörnern und Beeren.

Bei der Balz verfolgt das Männchen das Weibchen und breitet dabei seinen Schwanz aus, um die weiße Zeichnung zu zeigen; auch singt es von einem Platz in einem Baum oder Strauch aus vor dem Weibchen. Das Weibchen baut sein Nest auf dem Boden oder in Bodennähe und verwendet dazu Gras, feine Wurzelfasern, Blätter, Rindenstückchen und kleine Zweige. Es sitzt 12–13 Tage auf den 3–4 Eiern. 10–12 Tage nach dem Ausschlüpfen sind die Jungen flügge; dann kann noch ein zweites Gelege folgen. Im Norden und in Bergregionen brütende Vögel dieser Art ziehen im Winter in den Süden.

Kurzschnabel-Gilbammer

Sicalis luteola

Verbreitung: von Südmexiko über Mittel- und Südamerika bis Argentinien östl. der Anden

Habitat: Grasland, offenes Weideland, Felsen

Länge: 11–14 cm

Die Kurzschnabel-Gilbammer lebt auf dem Boden und hüpft mehr, als sie läuft. Manchmal kommt sie in die untersten Zweige eines Baumes oder Strauches, und sie fliegt auch über offenem Gelände. Ihre Nahrung besteht aus den Samen vieler Pflanzen. In Chile und Argentinien ist sie die häufigste kleine Vogelart. Im Winter und Frühjahr versammeln sich große Gruppen zum Chorgesang. Die Federn des Weibchens sind matter gefärbt als die des Männchens; die Oberseite des Weibchens ist braun, die Unterseite hellgrau gefärbt und mit Gelb durchsetzt.

Das Männchen singt vor dem Weibchen und vollführt einen Balzflug. Das Gelege aus 3–5 Eiern wird in ein napfförmiges Nest gelegt, das zwischen Gras und anderen kleinen Pflanzen verborgen ist. Es kommt zu 2 oder manchmal sogar zu 3 Bruten pro Jahr. Im Süden brütende Vögel ziehen im Winter in den Norden.

Großer Grundfink

Geospiza magnirostris

Verbreitung: Galapagosinseln

Habitat: Trockengebiete

Länge: 14–16 cm

Der Große Grundfink ist eine der 14 Arten, die unter den Namen Galapagos- oder Darwinfinken bekannt sind und nur auf den abgelegenen Galapagos- und Kokosinseln vorkommen. Sie spielten für Darwin bei der Entwicklung seiner Evolutionstheorie eine wichtige Rolle. Mit Sicherheit stammen alle 14 Arten von einer einzigen Finkenart ab, die sich vor weniger als 1 Million Jahren auf den Galapagosinseln ansiedelte. Da es zu dieser Zeit nur wenige Singvögel auf den Galapagosinseln gab, hatten diese Vögel die Möglichkeit, viele unbesetzte ökologische Nischen auszufüllen. Dies ist wohl der Grund für die allmähliche Separation der verschiedenen Arten. Die meisten dieser Arten sind zwar gleich gefärbt, unterscheiden sich jedoch in der Lebensweise und in der Art der Nahrungssuche, was sich in den unterschiedlichen Schnabelformen niedergeschlagen hat. Einige haben schwere Schnäbel, mit denen sie harte Samenkörner aufknacken können, andere haben einen Papageienschnabel, mit dem sie weiche Pflanzen auseinanderreißen können, und wieder andere haben einen dünnen Schnabel, der sich besonders zum Fangen von Insekten eignet.

Der massive, kräftige Schnabel des Großen Grundfinken eignet sich hervorragend dazu, harte Samenkörner zu bearbeiten; Insekten frißt der Vogel selten. Die beiden Geschlechter sehen unterschiedlich aus: Das Männchen ist überwiegend schwarz, das Weibchen grau.

Das Brutverhalten des Großen Grundfinken ähnelt dem aller anderen Darwinfinken. Das Männchen besetzt ein Territorium und baut mehrere kuppelförmige Nester. Anschließend balzt es vor dem Weibchen. Dieses wählt ein Nest aus oder hilft beim Bau eines weiteren. Das Männchen füttert sein Weibchen, sobald dieses die 2–5 Eier legt, bis zum Ende der ca. 12tägigen Brutzeit. Beide Eltern füttern die Jungen, bis sie 13–14 Tage nach dem Ausschlüpfen das Nest verlassen. Je nach verfügbarer Nahrung sind mehrere Bruten möglich.

Laubsängerfink

Certhidea olivacea

Verbreitung: Galapagosinseln

Habitat: feuchte bis trockene Zonen

Länge: 10 cm

Der Laubsängerfink ist der wendigste und lebhafteste Flieger unter den Darwinfinken. Er bewegt sich schnell und mühelos durch die Vegetation, wo er nach Insekten und Spinnen sucht. Wie eine Grasmücke hat er einen dünnen, spitzen Schnabel, und auch in seiner Gewohnheit, Nahrung vom Blattwerk abzulesen, ähnelt er den Grasmücken. Manche Männchen haben einen orangefarbenen Kehlflecken, doch ansonsten sehen die Geschlechter gleich aus.

Das Männchen wählt ein Territorium und baut mehrere Nester in Sträucher oder niedrige Bäume, von denen das Weibchen sich eines aussucht. Die 2–5 Eier werden vom Weibchen in ca. 12 Tagen ausgebrütet.

Magellanämmerling ♂
Weißnacken-Buschammer
Grundrötel ♂
Kurzschnabel-Gilbammer ♂
Wechselpfäffchen ♂
Laubsängerfink
Großer Grundfink ♂

Plüschkopftangaren, Kardinäle, Schwalbentangaren

UNTERFAMILIE CATAMBLYRHYNCHINAE: Plüschkopftangaren

Der einzige südamerikanische Singvogel der Ammernfamilie stellt die Systematiker vor Probleme. Es ist ein finkenartiger Vogel, doch seine Verwandtschaft zu anderen Vogelgruppen ist nicht geklärt. Hier wird diese Art als Unterfamilie der Emberizidae behandelt, doch nach Ansicht mancher Ornithologen ist eine eigenständige Familie angemessener.

Plüschkopftangare

Catamblyrhynchus diadema

Verbreitung: Anden, von Venezuela bis Nordwestargentinien
Habitat: Nebelwälder, Waldränder, Rodungen
Länge: 14 cm

Ein goldgelber Schopf aus aufrecht stehenden Federn ist das Hauptmerkmal dieses Vogels. Beide Geschlechter tragen das gleiche Federkleid. Über die Plüschkopftangare ist nur wenig bekannt; sie lebt in unzugänglichen Bergwäldern, wahrscheinlich alleine oder in Paaren, und sucht in der niedrigen Vegetation und auf dem Boden nach Insekten.

UNTERFAMILIE CARDINALINAE: Kardinäle

Die 37–39 Arten der Kardinäle leben in der Neuen Welt von Kanada bis Argentinien. Es sind rundliche kleine Vögel mit einem kurzen, starken Schnabel, mit dem sie auch sehr harte Samenkörner aufknacken können. Die Männchen sind grell gefärbt, vom flammenden Rot des Roten Kardinals bis zum leuchtenden Blau des Blaukardinals. Weibchen sind blasser und schlichter gefärbt.

Rosenbrustknacker

Pheucticus ludovicianus

Verbreitung: Südkanada, zentraler und östl. Teil der USA, südl. bis Nordgeorgia; überwintert von Mexiko bis zum nördl. Südamerika
Habitat: bewaldete Gebiete, Ränder von Sümpfen und fließenden Gewässern, Kulturland
Länge: 20 cm

Das Männchen des Rosenbrustknackers ist ein schöner Vogel, der leicht an seinen schwarzweißen Federn und dem roten Brustflecken zu erkennen ist. Das Weibchen ist braun und weiß gestreift. Diese Art sucht in Bäumen nach Samenkörnern, Knospen, Blüten und Insekten. Sie bevorzugt Käfer und ist bei Bauern ein gern gesehener Gast, da sie unter anderem Kartoffelkäfer und deren Larven frißt.

Das Nest wird auf niedrig hängenden Zweigen kleiner Bäume oder Sträucher gebaut, gewöhnlich vom Weibchen. Beide Eltern brüten gemeinsam die 3–4 Eier in 12–13 Tagen aus.

Roter Kardinal

Cardinalis cardinalis

Verbreitung: Kanada: Südontario; Osten der USA: Große Seen und Neuengland, südl. bis zur Golfküste, Südtexas und Arizona; Mexiko, Guatemala
Habitat: Waldränder; Buschvegetation, Parks, Gärten
Länge: 20–23 cm

Das Männchen ist mit seiner leuchtendroten Farbe unverwechselbar; das Weibchen ist zimtbraun, hat einen roten Schimmer auf Flügeln und Haube und einen roten Schnabel. Der Rote Kardinal verteidigt vehement sein Territorium und ist sehr streitlustig. Er verfügt über ein umfangreiches Gesangsrepertoire. Beide Geschlechter singen das ganze Jahr über. Der Kardinal sucht seine Nahrung, Samenkörner und Beeren, sowohl auf dem Boden wie auch in Bäumen und frißt in der Brutzeit auch Insekten.

Das Weibchen baut ein Nest in einem kleinen Baum oder Strauch, meist in einem Gewirr von Blättern und Kletterpflanzen. Es brütet die 3–4 Eier in 12–13 Tagen aus. 2 oder mehr Bruten können aufeinander folgen.

Buntkehlsaltator

Saltator maximus

Verbreitung: Mexiko; Mittel- und Südamerika: von Panama bis Brasilien
Habitat: Waldränder, dichte Sekundärvegetation, Plantagen
Länge: 20 cm

Der Buntkehlsaltator hat einen langen Schwanz und einen dicken Schnabel; er ist außerdem an seinem schwarzgesäumten, braungelben Kehlflecken zu erkennen. Die Geschlechter ähneln einander. In Pärchen oder kleinen Gruppen sucht dieser Vogel in Baumwipfeln nach Beeren und Früchten, beispielsweise nach den reifenden Kätzchen des *Cecropia*-Baumes.

Das Weibchen baut ein umfangreiches Nest in einen Baum oder Strauch in Bodennähe. Das Männchen singt unterdessen und füttert seine Partnerin hin und wieder. Das Weibchen brütet die Eier in 13–14 Tagen aus; die Jungen werden von beiden Vögeln versorgt. In jeder Saison kommt es zu mindestens 2 Bruten.

Papstfink

Passerina ciris

Verbreitung: Südosten der USA, Mexiko; überwintert von den Golfstaaten bis Mittelamerika
Habitat: Waldränder, Buschvegetation am Rande von Bächen, Gärten, Straßen
Länge: 13–14 cm

Der männliche Papstfink ist ein außergewöhnlich farbenfroher Vogel, der von seinem Äußeren her eher in den tropischen Urwald passen würde; das Weibchen ist leuchtend gelbgrün. Der Papstfink ernährt sich von den verschiedensten Grassamen sowie von Spinnen und Insekten, beispielsweise Heuschrecken, Raupen und Fliegen. Das Männchen verteidigt sein Revier aggressiv gegen Eindringlinge.

Das aus Gras, Stengeln und Blättern gebaute Nest sitzt in einem Strauch, einem kleinen Bäumchen oder einer Kletterpflanze ca. 1 m über dem Boden. Das Weibchen bebrütet seine 3–4 Eier 11–12 Tage lang.

Dickcissel

Spiza americana

Verbreitung: USA: Große Seen, südl. über den Mittelwesten bis zu den Golfstaaten; überwintert von Mexiko bis zum nördl. Südamerika
Habitat: Grasland, Getreide- und Luzernefelder
Länge: 15–18 cm

Seinen Namen verdankt dieser Vogel seinem ständig wiederholten Ruf, der wie „Dick-dickcissel" klingt. Das Männchen ist an seinem schweren Schnabel, der gelben Brust, dem schwarzen Lätzchen und an den kastanienbraunen Schulterflecken zu erkennen. Das Weibchen ähnelt mit seinem gestreiften Federkleid einem Haussperling, hat jedoch eine gelbe Brust und kastanienbraune Schulterflecken. Die Dickcissel sucht hauptsächlich auf dem Boden nach Unkrautsamen, Getreidekörnern, Spinnen und Insekten wie Grillen und Heuschrecken.

Das Männchen bezieht und verteidigt ein Brutrevier, in welchem es von einem auffälligen Sitz aus ruft. Das napfförmige Nest wird aus Unkrautstengeln, Gras und Blättern auf den Boden gebaut; oft liegt es im Schutz von Luzerne oder Getreidegewächsen oder in der Dekkung eines Baumes oder Strauches. Das Weibchen legt gewöhnlich 4 Eier und bebrütet diese 12–13 Tage lang. Meist kommt es jährlich zu 2 Bruten.

UNTERFAMILIE TERSININAE: Schwalbentangaren

Wie die Plüschkopftangare ist die Schwalbentangare ein rätselhaftes Mitglied der Ammernfamilie. Der Vogel lebt in Südamerika und ähnelt den Echten Tangaren; manchmal wird er diesen auch zugeordnet, doch in verschiedener Hinsicht unterscheidet er sich von ihnen. Die Geschlechter sehen unterschiedlich aus.

Schwalbentangare

Tersina viridis

Verbreitung: von Ostpanama bis Bolivien, Paraguay, Nordostargentinien, Südostbrasilien
Habitat: offene Waldgebiete, Rodungen, Parks
Länge: 14 cm

Die Schwalbentangare ist außerhalb der Brutzeit ein geselliger Vogel, der in Paaren oder kleinen Gruppen auftritt. Er sucht seine Nahrung in allen Höhen, vom Boden bis zu den höchsten Baumzweigen, und frißt Früchte und Insekten, die er im Flug fängt. Sowohl das Männchen wie auch das Weibchen sind auffällige Vögel: Das Männchen ist überwiegend türkisblau und schwarz gefärbt, das Weibchen leuchtendgrün mit gelben Flecken auf Flanken und Bauch; Gesicht und Kehle sind bräunlich.

Das Männchen bezieht und verteidigt ein Brutrevier, das Weibchen baut das napfförmige Nest am Ende einer selbstgegrabenen Höhle in einen Erdwall oder in ein Mauerloch. Es bebrütet das aus 3 Eiern bestehende Gelege 14–17 Tage lang. In manchen Teilen ihres Verbreitungsgebietes brütet die Schwalbentangare im Hochland und kommt außerhalb der Brutzeit ins Tiefland hinab.

Papstfink ♂
Roter Kardinal ♂
Rosenbrustknacker
Plüschkopftangare
Buntkehlsaltator
Dickcissel ♂
Schwalbentangare ♂

Tangaren 1

UNTERFAMILIE THRAUPINAE: Tangaren

Die 233–238 Arten der Tangaren leben in der Neuen Welt, insbesondere in den Tropen, und sie zählen zu den buntesten und auffälligsten unter den Tausenden von Vogelarten des tropischen Amerikas. Zwar sind einige Arten schlicht gefärbt, doch die meisten besitzen ein leuchtendes Federkleid, das oft aus einem Zusammenspiel kontrastierender Farben besteht. Bei vielen Arten haben Männchen und Weibchen das gleiche schöne Aussehen, doch bei den 4 Arten, die in die gemäßigten Zonen Nordamerikas vorgedrungen sind, unterscheiden sich die Geschlechter.

Die Tangaren sind finken- oder ammernartige Singvögel, die die hohen Baumetagen der Wälder und Urwälder bewohnen, außerdem auch Waldränder und Rodungsgebiete. Ihre Beine sind gut entwickelt, was das Leben in den Bäumen erleichtert. Die charakteristische Ernährung der Tangaren umfaßt sowohl Früchte wie auch Insekten. Letztere lesen die Tangaren von den Blättern ab oder fangen sie in der Luft. Auch folgen sie den Zügen der Wanderameisen, um die von diesen aufgejagten Insekten zu fangen. Die Tangaren sind nicht als gute Sänger bekannt; nur bei einigen Arten wie den Drosseltangaren (*Rhodinocichla rosea*) ist die Singfähigkeit gut entwickelt. Die meisten Arten bauen ein offenes, napfförmiges Nest in einem Baum oder Strauch. Das vom Weibchen ausgebrütete Gelege besteht aus 1–5 Eiern. Das Männchen bringt seiner Partnerin Nahrung, während diese brütet, und hilft auch beim Füttern der Jungen.

Zuckervögel ähneln den Tangaren, ernähren sich jedoch außer von Früchten und Insekten auch von Nektar. Die Männchen sind fast immer schön gefärbt, das Gefieder der Weibchen hingegen ist meist schlichter. Manche Arten werden den Tangaren zugeordnet, andere – wie der Bananaquit – der Waldsängerfamilie Parulidae; manchmal werden sie auch in eine eigene Unterfamilie eingeordnet.

Scharlachtangare

Piranga olivacea

Verbreitung: äußerster Südosten Kanadas, östliche Zentralstaaten der USA; überwintert im Osten von Südamerika

Habitat: bewaldete Gebiete, Parks und Gärten

Länge: 19 cm

Im Brutkleid ist das Männchen mit seinem glänzenden roten Kopf und Körper und der schwarzen Färbung an Flügeln und Schwanz unverwechselbar; im Winter ähnelt es dem Weibchen und hat dann ein überwiegend olivgrünes Gefieder, behält jedoch die schwarze Färbung auf Flügeln und Schwanz bei. Trotz all dieser Pracht ist der Vogel nur schwer zu entdekken, wenn er sich langsam und hoch in den Bäumen auf der Suche nach Beeren und Früchten fortbewegt. Die Scharlachtangare frißt außerdem Insekten, Nackt- und Gehäuseschnekken ebenso wie Spinnen, die sie meist auf dem Boden fängt.

Das Männchen kommt ein paar Tage vor dem Weibchen aus dem Überwinterungsgebiet und bezieht in den Bäumen ein Territorium. Sobald das Weibchen ankommt, macht ihm das Männchen singend den Hof. Das Weibchen baut ein Nest in einem hohen Baum und benutzt dazu kleine Zweige, Wurzelfasern, Unkrautstengel und Gras. Es bebrütet die 3–5 Eier ca. 13 Tage lang.

Elstertangare

Cissopis leveriana

Verbreitung: vom nördl. Südamerika bis Brasilien und Nordostargentinien

Habitat: Regenwald, Buschvegetation, Kulturland, Rodungen

Länge: 28 cm

Wie ihr Name schon andeutet, ähnelt diese große Tangare mit ihrem schwarzweißen Gefieder und dem langen, abgestuften Schwanz mit weißen Punkten einer Elster. Die beiden Geschlechter sehen gleich aus. Über diesen Vogel, der an verschiedenen Orten seines Verbreitungsgebietes bis in Höhen von 2000 m vorkommt, ist nur wenig bekannt. In Paaren oder kleinen Gruppen von 4–5 Exemplaren hält sich die Elstertangare in der mittleren Etage des Waldes auf und fliegt auf der Suche nach Insekten und Beeren von Baum zu Baum. Über die Brutgewohnheiten dieser Art ist nichts bekannt.

Schwarzkappen-Hemispingus

Hemispingus atropileus

Verbreitung: Anden von Nordwestvenezuela bis Bolivien

Habitat: Wald in 2300–3000 m Höhe

Länge: 16–17 cm

Dieser Vogel bewohnt die hochgelegenen Nebelwälder und die Krüppelwälder in noch größeren Höhen. Alleine oder in kleinen Gruppen sucht er zwischen den Bäumen nach Früchten und Insekten. Die Geschlechter ähneln einander; beide haben einen schwarzen Scheitel und ein überwiegend olivfarbenes Gefieder. Das napfförmige Nest sitzt in einem Baum.

Trauertangare

Tachyphonus luctuosus

Verbreitung: von Honduras bis Panama, südl. bis Nordbolivien, brasilianisches Amazonasgebiet

Habitat: Regenwald, offene Waldgebiete, Plantagen, Rodungen

Länge: 13 cm

Die Trauertangare variiert innerhalb ihres Verbreitungsgebietes leicht in der Farbe – die Männchen in Westpanama haben beispielsweise einen gelben oder zimtfarbenen Scheitel –, doch meist sind die Männchen blauschwarz und zeigen die charakteristische weiße Schulterfärbung, während die Weibchen grau, olivgrün oder gelb sind. Die aktive und laute Trauertangare lebt in Pärchen oder in kleinen Gruppen und schließt sich manchmal auch gemischten Vogelgruppen an. Ihre Nahrung, Früchte und Insekten, suchen die Vögel von den Baumwipfeln bis ins Unterholz und stoßen dabei laute, rauhe Kontaktrufe aus.

Das offene, napfförmige Nest wird aus Blättern und Gras in einen Baum nicht weit über dem Boden gebaut. Das Weibchen brütet die 2 Eier alleine aus, doch das Männchen hilft beim Füttern der Jungen.

Blautangare

Thraupis episcopus

Verbreitung: Südostmexiko, Mittel- und Südamerika bis Brasilien und Bolivien; Trinidad und Tobago

Habitat: offene und gerodete Waldgebiete, Kulturland, Parks, Gärten

Länge: 16–17 cm

Die Blautangare ist weit verbreitet; sie paßt sich leicht an und fühlt sich sowohl in feuchten wie auch in trockenen Gebieten, auf Küstenebenen und in einer Höhe bis zu 2200 m heimisch. Pärchen bleiben das ganze Jahr über zusammen. Gemeinsam oder in kleinen Gruppen suchen die Vögel dieser Art in den Bäumen nach Beeren, Früchten (wie wilden Feigen und Bananen) und Insekten, die sie von den Blättern ablesen oder in der Luft fangen.

Das napfförmige Nest kann an den verschiedensten Plätzen liegen: hoch in einem Baum, in einem niedrigen Strauch, sogar in einem offenen Schuppen oder im verlassenen Nest einer anderen Vogelart. Es wird aus feinen Wurzel- und Pflanzenfasern sowie aus Moos und Gras gebaut und mit Spinnweben verflochten und verstärkt. Manchmal übernimmt die Blautangare sogar das Nest einer anderen Tangare und brütet deren Eier zusammen mit dem eigenen Gelege aus. Gewöhnlich legt das Weibchen 2–3 Eier, die es 13–14 Tage lang bebrütet. Die Jungen werden von beiden Eltern gefüttert, bis sie im Alter von 17–20 Tagen das Nest verlassen. Pro Jahr werden mindestens 2 Bruten großgezogen.

Braunkopftangare

Chlorospingus ophthalmicus

Verbreitung: Mexiko, Mittel- und Südamerika bis Nordargentinien

Habitat: Regen- und Nebelwald, bewaldete Gebiete

Länge: 14 cm

Die Braunkopftangare ist ein lebhafter Vogel und in vielen Gegenden zahlreich vertreten. In kleinen Gruppen durchstreift sie den Wald und sucht nach Insekten und Früchten, insbesondere in der niedrigen Vegetation, manchmal aber auch in Baumwipfeln. Sie schließt sich auch gemischten Vogelgruppen an. Die Geschlechter sehen gleich aus.

Das Weibchen baut sein Nest auf einem Bromelienzweig oder unter einem Farn, auf einem Mooskissen, auf einem Baumstamm oder unter einem Strauch auf dem Boden. Die Oberseite des Nestes ist gewöhnlich durch die Pflanzen verdeckt, unter denen es liegt. Die 2 Eier werden 14 Tage lang vom Weibchen bebrütet; beide Eltern füttern die Jungen.

Scharlachtangare ♂
Blautangare
Braunkopftangare
Elstertangare
Schwarzkappen-Hemispingus
Trauertangare ♂

Tangaren 2

Blaunacken-Grünorganist

Chlorophonia occipitalis

Verbreitung: von Südostmexiko bis Westpanama
Habitat: Wald, gewöhnlich über 1500 m Höhe
Länge: 14 cm

Das Männchen des Blaunacken-Grünorganisten ist ein prachtvoller Vogel mit grünen und blauen Federn, die mit Gelb abgesetzt sind. Das Gefieder des Weibchens ist überwiegend grün, weniger blau und gelb. Junge Männchen ähneln den Weibchen, bis sie im Alter von ca. einem Jahr das Federkleid der erwachsenen Männchen entwickelt haben. Dieser Organist lebt in den Baumwipfeln von Früchten; wenn die Nahrung in seinem hochgelegenen Wohngebiet spärlich wird, sucht er manchmal niedrigere Höhen auf. Bis einige Monate nach Ende der Brutzeit im Juli zieht der Blaunacken-Grünorganist in kleinen Gruppen von bis zu 12 Exemplaren umher, den Rest des Jahres lebt er in Paaren. Die Brutzeit beginnt im März. Das Vogelpaar baut ein napfförmiges Nest hoch in einem Baum, aus Gründen der Tarnung meist zwischen Moos und Epiphyten (nicht schmarotzenden Überpflanzen), die in diesen hochgelegenen Wäldern in großer Zahl wachsen. Das Nest wird aus Moos, Epiphyten, Wurzeln und Spinnweben gebaut. Ein normales Gelege besteht vermutlich aus 3 oder mehr Eiern; das Weibchen brütet alleine. Wenn es das Nest verläßt, um Nahrung zu suchen, läßt es sich fast bis auf den Boden fallen, bevor es wegfliegt; dies dient dazu, Raubtiere irrezuführen. Die Jungen werden von beiden Eltern mit aufgewürgter Nahrung gefüttert und bleiben 24–25 Tage lang im Nest. Ein zweites Gelege kann folgen.

Pitpit

Dacnis cayana

Verbreitung: von Ostnicaragua bis Panama, tropisches Südamerika bis Nordargentinien
Habitat: offener Wald, Sekundärvegetation, Apfelsinenplantagen
Länge: 11–12 cm

Der Pitpit gehört zu den Zuckervögeln, hat jedoch einen kurzen Kegelschnabel. Das Männchen ist hellblau und schwarz gefärbt, das Weibchen leuchtend grün und hier und da blau, grau und schwarz gefleckt. Der geschäftige kleine Vogel sucht seine Nahrung in den Baumwipfeln, alleine oder in kleinen Gruppen; manchmal schließt er sich auch gemischten Gruppen von Tangaren und anderen Zuckervögeln an. Seine Nahrung besteht aus Früchten, Nektar und Insekten; letztere fängt er manchmal im Flug. Der Vogel zeigt eine Vorliebe für die großen Blüten von Mangobäumen und wilden Feigen.

Das Weibchen baut aus feinem Pflanzenmaterial ein offenes, napfförmiges Baumnest. Es brütet die 2–3 Eier alleine aus und füttert auch die Jungen weitgehend selbst, obwohl das Männchen mithilft. Wenn die Jungen ungefähr 12 Tage alt sind, verlassen sie das Nest.

Weißbauchorganist / Kleiner Organist

Euphonia minuta

Verbreitung: Mexiko, Mittel- und Südamerika bis zum brasilian. Amazonasgebiet
Habitat: Regenwald, Sekundärwald, Buschvegetation, Rodungen
Länge: 9 cm

Der Weißbauchorganist lebt in Paaren oder kleinen Gruppen und sucht auch in den Bäumen nach Nahrung; er frißt vor allem die Beeren der Mistel, aber auch Insekten und Spinnen. Der Vogel muß manchmal weit fliegen, um diese Beeren zu finden. Die harten Mistelsamen scheidet er hoch in den Bäumen wieder aus, wo sie an den Zweigen klebenbleiben und später keimen. Alle Organisten der Gattung *Euphonia* fressen Mistelbeeren und tragen daher wesentlich zur Verbreitung der schmarotzenden Mistel bei. Das Gefieder des Männchens ist eine Mischung aus Gelb, Weiß, Schwarz und Blau, während das Weibchen grün, grau und gelblich gefärbt ist. Beide haben einen kurzen Schnabel und Schwanz.

Wie seine Verwandten der Gattung *Chlorophonia* baut der Weißbauchorganist ein rundes Nest mit einem Seiteneingang. Es besteht aus Moos oder trockenen Pflanzenteilen und sitzt in einer Spalte in der Rinde eines Baumes oder im Gestein, manchmal auch in einem Loch in einem Baumstumpf. Das Weibchen brütet die 2–5 Eier in 14–18 Tagen aus; die Jungen werden von beiden Eltern mit aufgewürgter Nahrung gefüttert.

Silberschnabel-Tangare

Ramphocelus carbo

Verbreitung: nördl. Südamerika östl. der Anden bis Bolivien, Paraguay, Brasilien
Habitat: bewaldete Gebiete, Sekundärwald, Kulturland
Länge: 18 cm

Das wichtigste Merkmal dieser Tangare ist die auffällige silbrigweiße Unterschnabelwurzel; der übrige Schnabel ist schwarz. Je nach Wohngebiet variiert die Farbe des Männchens etwas; es ist ebenfalls an der Oberseite schwarz oder dunkelkastanienbraun gefärbt und hat außerdem eine rote Kehle und Brust. Weibchen scheinen immer dunkelkastanienbraun zu sein. Die Silberschnabel-Tangare wird oft in der Nähe von Wasser gesehen und zieht die Ränder bewaldeter Gebiete den Wäldern vor. Alleine oder in kleinen Gruppen sucht sie in der unteren und mittleren Etage des Urwaldes emsig nach Insekten und Früchten.

Das Weibchen baut ein großes Nest in einen Strauch oder in einen kleinen Baum. Das Männchen bringt seiner Partnerin Nahrung, während sie 12 Tage lang auf den 2 Eiern sitzt. Die jungen Vögel verlassen nach 11–13 Tagen das Nest.

Siebenfarben-Tangare

Tangara chilensis

Verbreitung: nördl. Südamerika östl. der Anden bis brasilian. Amazonasgebiet und Bolivien
Habitat: Regenwald
Länge: 14 cm

Die Siebenfarben-Tangare ist ein besonders schöner Vogel mit glänzendem, buntem Gefieder; die beiden Geschlechter sehen gleich aus. In Gruppen, oft zusammen mit anderen Arten, sucht der Vogel in der mittleren und oberen Etage des Urwaldes nach Beeren, Spinnen und Insekten.

Das Brutverhalten dieser Art ähnelt vermutlich dem anderer Tangaren.

Purpurhonigsauger

Cyanerpes caeruleus

Verbreitung: Trinidad; nördl. Südamerika bis Bolivien, Paraguay, Brasilien
Habitat: Regenwald, Waldrand, Magrovensümpfe, Plantagen
Länge: 10 cm

Gruppen von Purpurhonigsaugern suchen regelmäßig die blühenden Bäume der verschiedensten Waldgebiete auf. Früchte (hauptsächlich Bananen) und Insekten sind ihre Hauptnahrungsquelle, doch saugt der Vogel auch mit Hilfe seines langen, gebogenen Schnabels Nektar aus Blüten. Männchen und Weibchen haben ein unterschiedliches Gefieder, doch beides sind schöne Vögel. Das Männchen ist überwiegend purpurblau und schwarz gefärbt und hat gelbe Beine, das Weibchen ist tiefgrün mit braungelben und blauen Flecken auf Kopf und Brust.

Das Weibchen baut ein napfförmiges Nest in die Gabel eines Baumes oder Strauches und legt 2 Eier, die es in 12–14 Tagen ausbrütet. Die Jungen verlassen das Nest ca. 2 Wochen nach dem Ausschlüpfen.

Riesenspitzschnabel

Oreomanes fraseri

Verbreitung: Südamerika: Anden von Südkolumbien bis Bolivien
Habitat: bewaldete und buschbewachsene Gebirgshänge
Länge: 17–18 cm

Obwohl der Zusatz „Riesen" im Namen dieses Vogels leicht übertrieben erscheint, ist er doch erheblich größer als die übrigen Spitzschnabelarten. Er hat ein ziemlich schlichtes, überwiegend grau und kastanienbraun gefärbtes Federkleid und einen geraden, spitzen Schnabel. Über diesen Vogel ist nicht viel bekannt; er bewohnt die *Polylepsis*-Wälder in großen Höhen der Anden, zwischen 3000 und 4000 m. Diese Wälder sind kalt und karg; nur die *Polylepsis*-Bäume und wenige andere Pflanzen außer Moosen und Farnen wachsen dort. Der Riesenspitzschnabel sucht die Stämme und Äste der Bäume nach Insekten ab; dabei ist seine Farbe vor der Baumrinde eine gute Tarnung. Gewöhnlich bewegt sich der Vogel in laut zwitschernden Gruppen, manchmal auch zusammen mit Finken.

Silberschnabel-Tangare ♂
Siebenfarben-Tangare
Blaunacken-Grünorganist ♂
Purpurhonigsauger ♂
Pitpit ♂
Weißbauchorganist ♂
Riesenspitzschnabel

Waldsänger

FAMILIE PARULIDAE: Waldsänger
Zu dieser Familie gehören ungefähr 120–125 Arten, die von Alaska und Nordkanada bis in den Süden Südamerikas verbreitet sind. Bei einigen dieser Arten, wie bei den Kegelzuckervögeln und bei den Bananaquits, sind die Familienbeziehungen unklar; einiges spricht dafür, sie in einer eigenen Familie unterzubringen.

Obwohl viele Arten der Grasmücken ebenfalls als Sänger bezeichnet werden, besteht keine enge Verwandtschaft zu den amerikanischen Waldsängern. Der Gesang der Waldsänger ist nicht besonders eindrucksvoll. Es sind kleine, schlanke Vögel mit einem meist leuchtend gefärbten Gefieder, insbesondere im Brutkleid. Die Arten, die in tropischen Gebieten brüten, sind überwiegend Standvögel; die Arten aus dem Norden des Verbreitungsgebietes sind echte Zugvögel und fallen bei den nordsüdlichen Vogelzügen der Neuen Welt besonders auf. Bei manchen Arten besteht kein sichtbarer Unterschied zwischen den Geschlechtern, bei anderen unterscheiden sie sich.

Bananaquit
Coereba flaveola
Verbreitung: Mexiko, Mittel- und Südamerika bis Nordargentinien; Antillen
Habitat: Wald, Mangrovensümpfe, Gärten, Parks, Plantagen
Länge: 9,5 cm

Der Bananaquit ist weit verbreitet und hat ein außergewöhnliches Anpassungsvermögen; er fühlt sich im dichten Regenwald ebenso heimisch wie in trockenen Küstengebieten, solange nur irgendeine Art von Deckung vorhanden ist. Er lebt alleine oder in Paaren und tritt nie in Gruppen auf. Der Bananaquit ernährt sich hauptsächlich von Insekten und Früchten, aber auch von Nektar, den er sich verschafft, indem er seinen gebogenen Schnabel in die Blüten steckt oder große Blüten am Ansatz durchsticht.

Das kugelförmige Nest wird gewöhnlich an einem Zweig oder einer Liane aufgehängt. Das Weibchen brütet die 2–3 Eier in 12–13 Tagen aus; anschließend füttern beide Eltern gemeinsam die Nestlinge mit Nektar und Insekten. Es kommt zu mindestens 2 Bruten pro Jahr.

Baumläufer-Waldsänger
Mniotilta varia
Verbreitung: brütet in Südkanada, USA, östl. der Rocky Mountains; überwintert im Süden der USA bis zum Nordwesten Südamerikas
Habitat: Laub- und Mischwald, Parks, Gärten
Länge: 11–14 cm

Sowohl das Männchen wie auch das Weibchen des Baumläufer-Waldsängers sind intensiv schwarzweiß gestreift, doch das Männchen hat eine schwarze Kehle, während die Kehle des Weibchens weiß ist. Insekten bilden die Hauptnahrung. Der Vogel läuft über Zweige und Baumstämme – daher sein Name – und sucht nach Raupen, Ameisen, Fliegen, Käfern und Spinnen.

Das napfförmige Nest wird an den Fuß eines Baumes oder neben einen Felsblock gebaut. Das Weibchen brütet das Gelege aus 4–5 Eiern in 10–12 Tagen aus. Die Jungen werden von beiden Eltern versorgt, bis sie 8–12 Tage nach dem Ausschlüpfen das Nest verlassen.

Goldflügel-Waldsänger
Vermivora chrysoptera
Verbreitung: brütet im Nordosten der USA; überwintert südl. bis Mittelamerika und Venezuela
Habitat: bewaldete Gebiete, Buschvegetation
Länge: 11–14 cm

Der Goldflügel-Waldsänger ist an der leuchtendgelben Färbung des Scheitels und der Flügelspiegel zu erkennen. Die Geschlechter ähneln einander, nur sind Kehle und Augenfleck des Weibchens heller. Der Vogel sucht im Laubwerk in allen Baumetagen und in Sträuchern nach Insekten und Spinnen.

Das Nest liegt auf dem Boden oder dicht über dem Boden in der Vegetation. Die 4–5 Eier – manchmal sind es auch 6–7 – werden ca. 10 Tage lang vom Weibchen bebrütet. Beide Eltern füttern die Jungen, die nach 10 Tagen ausfliegen. Der Goldflügel-Waldsänger brütet oft zusammen mit den Blauflügel-Waldsängern (*V. pinus*), wo ihre Brutgebiete sich überlappen. Auch vermischen sich beide Arten untereinander.

Meisenwaldsänger
Parula americana
Verbreitung: brütet in Südostkanada und im östl. Teil der USA; überwintert in Südflorida, auf den Antillen, von Mexiko bis Nicaragua
Habitat: Nadelwälder, Sümpfe; überwintert in verschiedenen Waldtypen
Länge: 11 cm

Der Meisenwaldsänger, ein ruhiger kleiner Waldsänger, jagt Insekten (hauptsächlich Raupen) in den Bäumen und kriecht dabei über die Zweige oder hüpft von einem Sitz zum anderen; außerdem frißt der Vogel Spinnen. Die Geschlechter ähneln einander, doch ist das Weibchen etwas matter gefärbt.

Das Nest wird gewöhnlich in von Zweigen herabhängenden Bartflechten und Tilandsien gebaut. Das Weibchen sitzt 12–14 Tage auf dem aus 4–5 Eiern bestehenden Gelege. Die Jungen werden von beiden Vögeln versorgt.

Goldwaldsänger
Dendroica petechia
Verbreitung: Alaska, größter Teil von Kanada, USA; Mexiko, Mittel- und Südamerika bis Peru; Antillen
Habitat: feuchte Buschvegetation, Sümpfe
Länge: 11–13 cm

Der Goldwaldsänger ist außergewöhnlich weit verbreitet, und sein Federkleid variiert sehr stark. Das Brutkleid des Männchens ist jedoch stets leuchtendgelb mit kastanienbraunen und orangefarbenen Streifen; außerhalb der Brutzeit ist das Männchen matter gefärbt; das Weibchen ist in der Regel etwas intensiver grün. Der Goldwaldsänger sucht im Blattwerk von Bäumen und Sträuchern nach Insekten; er frißt vor allem Raupen und außerdem Borkenkäfer, Schmetterlinge und Spinnen.

Das napfförmige Nest wird vom Weibchen in einem Baum oder Strauch gebaut; es brütet die 4–5 Eier in 11 Tagen aus.

Pieperwaldsänger
Seiurus aurocapillus
Verbreitung: brütet in Zentral- und Ostkanada und den USA bis zum Norden der Golfstaaten; überwintert am Golf von Mexiko bis ins nördl. Südamerika
Habitat: Wald
Länge: 14–15 cm

Der Pieperwaldsänger ist an einem schwarzgesäumten orangebraunen Strich auf seinem Scheitel und am weißen Ring um seine Augen zu erkennen. Seine Nahrung findet er hauptsächlich, indem er auf dem Waldboden in der Blattstreu nach Spinnen, Nackt- und Gehäuseschnekken und anderen kleinen Wirbellosen sucht. Sein Gesang zählt zu den bekanntesten unter den nordamerikanischen Singvögeln; es handelt sich um eine Reihe von Rufen, die wie „Tihtscher“ klingen; deshalb nennen ihn die Amerikaner auch „Teacherbird“ (Lehrervogel).

Das Nest befindet sich auf dem Boden, es ist oben geschlossen. Das Weibchen legt 4–5 Eier, die es in 11–14 Tagen ausbrütet.

Graukopf-Waldsänger
Geothlypis philadelphia (Oporornis p.)
Verbreitung: brütet in Zentral- und Ostkanada und im Nordosten der USA; überwintert von Nicaragua bis Ecuador und Venezuela
Habitat: Buschvegetation, feuchte Waldgebiete
Länge: 12–14 cm

Beide Geschlechter dieser Art haben eine graue Kappe, das Männchen außerdem einen schwarzen Kehlflecken. Der Vogel läßt sich nur selten blicken und sucht hauptsächlich in niedriger Vegetation nach Insekten und Spinnen.

Das umfangreiche Nest liegt auf dem Boden oder in einem niedrigen Strauch; die 3–5 Eier werden 12–13 Tage lang vom Weibchen bebrütet.

Bunter Waldsänger
Myioborus pictus
Verbreitung: Südwesten der USA, Mexiko bis Nicaragua
Habitat: bewaldete Gebiete, Canyons
Länge: 12–14 cm

Beide Geschlechter dieses lebhaften kleinen Vogels haben eine leuchtendrote Brust und einen weißen Bauch. Er ernährt sich ausschließlich von Insekten, die er meist in einem schnellen Fangflug von einem Ausguck aus fängt.

Das Nest liegt in einem Erdloch in der Nähe eines Steins oder Grasbüschels. Das Weibchen brütet die 3–4 Eier in 13–14 Tagen aus.

Goldscheitel-Waldhähnchen
Basileuterus culicivorus
Verbreitung: von Mexiko über Mittel- und Südamerika bis Nordargentinien; Trinidad
Habitat: Regenwald, Plantagen, Buschvegetation
Länge: 12,5 cm

Der gelbe oder braunorange, schwarzgesäumte Scheitelstreifen ist das Erkennungsmerkmal dieses Waldsängers. Alleine oder in Paaren sucht er in den untersten Etagen der dichten Vegetation nach Nahrung; nur selten fliegt er über offenes Gelände. Er ernährt sich hauptsächlich von Insekten, die er im Flug oder zwischen den Blättern fängt.

Das Weibchen baut das ofenförmige überdachte Nest auf dem Boden und brütet 14–17 Tage auf den 3 Eiern.

Bananaquit
Goldflügel-Waldsänger ♂
Baumläufer-Waldsänger ♂
Goldwaldsänger ♂
Meisenwaldsänger
Pieperwaldsänger
Graukopf-Waldsänger ♂
Bunter Waldsänger
Goldscheitel-Waldhähnchen ♂

Kleidervögel, Vireos

FAMILIE DREPANIDIDAE: Kleidervögel
Selbst die Darwinfinken auf den Galapagosinseln können es mit den Kleidervögeln der Hawaii-Inseln nicht aufnehmen, wenn es darum geht, zu zeigen, wie ein einziger Vogeltyp sich zu einer Anzahl Arten entwickeln kann, falls eine Vielfalt an Biotopen verfügbar ist und Konkurrenz fehlt. Höchstwahrscheinlich stammen sowohl die 15 noch lebenden wie auch die bereits ausgestorbenen Arten der Kleidervögel von einer einmaligen Kolonisation der Inselgruppe durch eine einzige wandernde Art der Waldsänger (Parulidae) ab.

Die noch existierenden Formen können in 2 Gruppen unterteilt werden: die Arten, die außer Insekten auch Nektar fressen und rötlich und schwarz gefärbt sind, und eine Gruppe finkenartiger Vögel, die hauptsächlich Samen fressen und gelbgrün sind. Die verschiedensten Arten sind am eindeutigsten anhand ihrer Schnabelform zu unterscheiden, die jeweils zur Art der Nahrungssuche paßt. Männchen und Weibchen gleichen sich bei einigen Arten, bei anderen nicht.

Diese Inselfamilie ist ein weiteres trauriges Beispiel dafür, wie der Mensch mit der ihm anvertrauten Schöpfung umgeht: Von den ursprünglich ca. 24 Arten sind inzwischen 9 ausgestorben und 10 mehr oder weniger ernstlich bedroht, vor allem infolge der Vernichtung ihrer Wohngebiete und durch die Einführung fremder Tiere.

Palila

Psittirostra bailleui (Loxioides b.)

Verbreitung: Hawaii: Mauna Kea
Habitat: Urwald
Länge: 15 cm Ⓑ

Früher war die Palila auf Hawaii weiter verbreitet, heute kommt sie nur noch auf den Westhängen von Mauna Kea vor und ist durch die Zerstörung und Vernichtung ihres Waldbiotops ernsthaft bedroht. Die Palila ist vom Mamani-Baum abhängig, der in ihrem Wohngebiet, dem Urwald, wächst. Sie frißt vor allem die Samen und Blüten dieses Baumes; dazu beißt sie eine Samenhülse ab und drückt diese mit einem Bein gegen einen Zweig, während sie den Inhalt herauspickt.

Das Weibchen baut das Nest in einen Mamani-Baum und legt 2 Eier, die es in 21–27 Tagen ausbrütet. Beide Eltern füttern die Jungen mit aufgewürgter Nahrung, vermutlich mit Insekten. Selbst fressen die erwachsenen Vögel in der Brutzeit ebenfalls Insekten.

Akepa

Loxops coccinea

Verbreitung: Hawaii, Maui, Kauai
Habitat: Urwald
Länge: 10–12 cm Ⓑ

Bis Ende des vorigen Jahrhunderts war die Akepa in manchen Teilen der Hawaii-Inseln ein zahlreicher Vogel, aber momentan nimmt ihre Anzahl in beängstigendem Maße ab, und die Unterart der Insel Oahu ist bereits ausgestorben. Dieser lebendige kleine Vogel mit kurzem Kegelschnabel ernährt sich überwiegend von Raupen und Spinnen, die er von Blättern und Zweigen abpickt; auch trinkt er Nektar. Das Weibchen legt 3 Eier in eine Baumhöhle.

Akiapolaau

Hemignathus wilsoni

Verbreitung: Hawaii
Habitat: Regenwald
Länge: 14 cm Ⓑ

Dieser kleine Kleidervogel, der früher weit verbreitet war und überall auf Hawaii vorkam, ist heute nur noch in geringer Zahl und an wenigen Stellen zu finden. 2 Hauptursachen für den starken Rückgang dieser Art sind die Veränderung ihres Lebensraums im Urwald und die Einführung von Raubtieren, vor allem der Baumratten. Der Akiapolaau sucht seine Nahrung in Bäumen auf dicken Zweigen und am Stamm, an dem er ebensoleicht hinunter wie hinauf läuft. Der Vogel hat einen außergewöhnlichen Schnabel: Die Oberseite ist lang und gebogen, der Unterschnabel kurz, gerade und keilförmig. Letzteren scheint er zu benutzen, um nach Spechtart zu hämmern; mit dem Oberschnabel öffnet er die Gänge der im Holz bohrenden Insekten, um anschließend mit seiner schmalen Borstenzunge die Beute herauszuziehen.

FAMILIE VIREONIDAE: Vireos
Zu dieser Familie gehören 39–43 Arten, die alle in der Neuen Welt beheimatet sind. Die Eigentlichen Vireos, alle Arten bis auf 5, bilden den größten Teil der Familie. Alle ernähren sich von Insekten, die im Blattwerk von Bäumen leben. Äußerlich ähneln die Vireos stark den Waldsängern (Parulidae), doch sind sie kräftiger, haben einen schwereren Schnabel und bewegen sich bedächtiger.

Die restlichen Arten können in 2 Gruppen unterteilt werden, die auch manchmal als eine getrennte Familie angesehen werden: die 2 Arten der Großschnabelvireos und die 3 Arten der Würgervireos, die etwas größer als die Eigentlichen Vireos sind und schwere, hakenförmig gebogene Schnäbel haben. Diese Vögel suchen in Bäumen nach Nahrung, insbesondere nach Insekten und Früchten.

In dieser Familie ähneln die beiden Geschlechter einander stark oder sehen gleich aus.

Rotaugenvireo

Vireo olivaceus

Verbreitung: Kanada, größter Teil der USA (nicht im Südwesten), Mittel- und Südamerika bis Argentinien; Antillen
Habitat: Laubwald und bewaldete Gebiete, Gärten, Parks, Obstplantagen
Länge: 14–17 cm

Dieser weitverbreitete Vireo ist an seinen rubinroten Augen zu erkennen; junge Vögel haben braune Augen. Fast überall, wo Laubbäume stehen, ist auch der Rotaugenvireo zu finden; er bewegt sich langsam durch die unterste Baumetage und durch das Unterholz, wo er Insekten und Beeren sucht. Er ist ein ausdauernder Sänger, der an heißen Sommertagen länger singt als alle anderen Vögel.

Das schöne, napfförmige Nest hängt zwischen den Zweigen einer waagerechten Baum- oder Strauchgabel. Das Gelege besteht gewöhnlich aus 4 Eiern, die das Weibchen 11–14 Tage lang bebrütet. Ungefähr 10–12 Tage nach dem Ausschlüpfen fliegen die jungen Vögel aus.

Fuchsscheitelvireo

Hylophilus ochraceiceps

Verbreitung: Südmexiko, Mittel- und Südamerika bis Bolivien
Habitat: Regenwald, bewaldete Gebiete
Länge: 11 cm

Dieser kleine Vireo hat ein überwiegend gelbliches und braunes Federkleid, während Stirn und Scheitel gelbbraun gefärbt sind. Er sucht zwischen den Blättern von Sträuchern und jungen Bäumen nach Insekten und anderen Wirbellosen. Meist streift er in kleinen Gruppen umher, oft zusammen mit anderen Waldvögeln.

Das Weibchen legt 2 Eier in ein stabiles, napfförmiges Nest, dessen Rand an einem gegabelten Ast befestigt ist. Die Eltern füttern ihre Jungen mit Insekten und Larven, bis diese im Alter von 2 Wochen das Nest verlassen.

Großschnabelvireo / Papageiwürger

Cyclarhis gujanensis

Verbreitung: von Nordostmexiko über Mittel- und Südamerika bis Nordargentinien; Trinidad
Habitat: Urwald, bewaldete Gebiete, Kulturland
Länge: 15 cm

Dieser kräftige Vogel mit großem Kopf und starken Beinen kann gut klettern, aber nur schlecht fliegen. Er sucht seine Nahrung in den Bäumen – Insekten und Beeren. Dabei bewegt er sich langsam und bedächtig, vor allem, wenn er das Ende eines Astes erreicht. Hat er ein großes Insekt gefangen, dann hält er es mit seinem Fuß fest und zieht es mit dem kräftigen Hakenschnabel auseinander. Er ist ein scheuer Vogel, der sich selten ins offene Gelände wagt; allerdings trägt er seinen Gesang laut und ausdauernd von einem Ausguck aus vor. Er lebt meist alleine oder in Paaren.

Das aus Baumrinde und Gras gewobene Nest hängt in einer Astgabel eines Strauches oder Baumes. Beide Eltern bebrüten die 2–3 Eier und füttern die Jungen gemeinsam.

Braunkopf-Würgervireo

Vireolanius melitophrys

Verbreitung: von Mexiko bis Guatemala
Habitat: Urwald
Länge: 18 cm

Alle 3 Arten der Würgervireos sind leuchtender gefärbt als die Eigentlichen Vireos. Der Braunkopf-Würgervireo ist ein besonders schöner Vogel mit grünem Rücken, kastanienbraunen Flanken und deutlich gestreiftem Kopf. Der Schnabel ist stark und hakenförmig und die Beine sind kräftig. Diese Art wird nur selten gesehen; sie lebt hoch im Blattwerk von Eichenwäldern und zeigt sich nur selten, es sei denn im Flug oder an einem auffälligen Sitzplatz. Der Braunkopf-Würgervireo ernährt sich von Insekten; große Exemplare hält er mit seinem Fuß fest und zerreißt sie dann mit dem Schnabel; auch frißt der Vogel manchmal Früchte.

Das Nest hängt an einem gegabelten Baumzweig. Über die Brutgewohnheiten dieses Würgervireos ist nichts bekannt.

Palila
Braunkopf-Würgervireo
Akiapolaau
Rotaugenvireo
Akepa
Großschnabelvireo
Fuchsscheitelvireo

Stärlinge

FAMILIE ICTERIDAE: Stärlinge
Diese besonders erfolgreiche und formenreiche Vogelfamilie der Neuen Welt umfaßt 92–93 Arten; zu ihr gehören die Stirnvögel, die Bootsschwänze, die Trupiale, die Kuhstärlinge und die Lerchenstärlinge. Die meisten Arten leben in Wäldern und bewaldeten Gebieten, doch manche auch in offenem Gelände oder sogar in Wüsten und Sümpfen. Die Weibchen sind meist matter gefärbt und kleiner als die Männchen.

Waglers Stirnvogel
Psarocolius wagleri
Verbreitung: von Südmexiko über Mittelamerika bis Nordwestecuador
Habitat: Urwald, Rodungen
Länge: 28–36 cm

Der Waglers Stirnvogel hat ein dunkles Gefieder, den für diese Art charakteristischen kastanienbraunen Kopf und gelbe Schwanzfedern. Das Männchen ist größer als das Weibchen und hat eine Haube, die aus haarfeinen Federn besteht. Diese Vögel leben in den mittleren und oberen Baumetagen und suchen flatternd und hüpfend nach Früchten, Samen und Insekten. Der Waglers Stirnvogel nistet in Kolonien von 50–100 Paaren. Das beutelförmige Nest, das vom Weibchen gewoben wird und bis zu 1,5 m lang sein kann, hängt an den äußersten Ästen eines alleinstehenden oder herausragenden Baumes oder einer Baumgruppe.

Nördlicher Trupial
Icterus galbula
Verbreitung: Südkanada, größter Teil der USA außer Golfküste und Florida, Nordmexiko; überwintert von Südmexiko bis Kolumbien
Habitat: bewaldete Gebiete, Parks, Gärten
Länge: 18–21 cm

Beim Nördlichen Trupial unterscheidet man 2 Unterarten, die früher als 2 getrennte Arten angesehen wurden: den Baltimore-Trupial des östlichen Teils von Nordamerika und den Goldstirn-Trupial des Westens. Die abgebildete östliche Form ähnelt der westlichen sehr stark, doch bei letzterer hat das Männchen einen überwiegend orangefarbenen Kopf und einen großen weißen Flügelspiegel. Die 2 Arten vermischen sich, wo ihre Verbreitungsgebiete sich überlappen. Der Nördliche Trupial sucht in Bäumen und Sträuchern nach Raupen, Käfern, Ameisen und nach Früchten und Beeren.

Das Weibchen webt ein tiefes Beutelnest aus Pflanzenfasern und anderem faserigen Material und befestigt es an einer Astgabel. Das Weibchen bebrütet das Gelege aus 3–6 (gewöhnlich 4–5) Eiern 2 Wochen lang; die Aufzucht der Jungen teilen sich die beiden Eltern.

Gelbrücken-Stirnvogel / Arendajo
Cacicus cela
Verbreitung: von Panama südl. bis Nordbolivien, Ostbrasilien; Trinidad
Habitat: Regenwald, Sekundärwald, offenes Gelände mit vereinzelten Bäumen
Länge: 23–28 cm

Der Arendajo oder Gelbrücken-Stirnvogel sucht in Gruppen nach Nahrung und nistet und schläft auch mit anderen Vögeln seiner Art in Gruppen. Den größten Teil seiner Nahrung, die überwiegend aus Früchten und Insekten besteht, findet der Vogel in den Bäumen, aber er jagt manchmal auch in kurzen Fangflügen fliegende Termiten. Der Arendajo ist ein lauter, aber durchaus guter Sänger.

Er nistet in Kolonien in freistehenden Bäumen, manchmal auch in Gesellschaft anderer Stirnvögel. Die Weibchen weben ihre langen hängenden Beutelnester aus Gras und Fasern dicht nebeneinander. Die 2 Eier werden in ca. 12 Tagen ausgebrütet; das polygame Männchen kümmert sich nicht um Brut und Aufzucht, bewacht jedoch die Kolonie.

Purpur-Bootsschwanz
Quiscalus quiscula
Verbreitung: Südkanada; USA östl. der Rocky Mountains
Habitat: offene Waldgebiete, Felder, Parks, Gärten, Obsthaine
Länge: 28–34 cm

Der Purpur-Bootsschwanz ist schwarz und hat je nach Unterart einen schillernden oder purpurfarbenen Schimmer auf den Federn. Das Weibchen ist kleiner und matter. Diese stets geselligen Vögel versammeln sich zu großen, lärmenden Gruppen, auch zum Schlafen. Der Bootsschwanz ist ein Allesfresser, der in Bäumen und Sträuchern nach Nüssen und Früchten sucht, sich jedoch auch von Eiern und den Jungen kleinerer Vogelarten ernährt. Auf dem Boden sucht er nach Würmern, Insekten, Mäusen und Eidechsen und watet sogar durch Tümpel und Bäche, um dort Wassertiere wie Frösche und Flußkrebse zu fangen.

Das große, aus Zweigen, Stengeln und Gras gebaute Nest liegt in einem Strauch, einem Baum oder auf einem Gebäude. Bootsschwänze brüten meist in Kolonien. Das Weibchen brütet die 5–6 Eier in 13–14 Tagen aus; beide Eltern versorgen die Jungen. Die meisten Populationen überwintern südlich ihres Brutgebietes, es gibt jedoch auch Standvögel.

Reisstärling
Dolichonyx oryzivorus
Verbreitung: Südkanada; USA, südl. bis Pennsylvania, Colorado, Kalifornien; überwintert in Südamerika
Habitat: Prärie, Kulturland
Länge: 15–20 cm

Das Brutkleid des Reisstärlings ist überwiegend schwarz, Steiß und Flügelstreifen sind weiß und der Nacken gelb. Im Winter sieht er mit dem dann gelbbraunen Gefieder genauso aus wie das Weibchen, nur ist er größer. Im Sommer frißt der Reisstärling hauptsächlich Insekten, im Winter, wenn er in den Süden zieht, sucht er auf Getreidefeldern nach Nahrung, vor allem auf Reisfeldern am Golf von Mexiko.

Der Reisstärling zieht weiter als alle anderen Mitglieder seiner Familie, mindestens 8000 km – von den Pampas Argentiniens bis in den Norden der USA und Kanadas. Er fliegt zwischen Florida und Kolumbien über die Karibik; zu dieser Wanderung ist der Vogel dank seiner Fettreserven in der Lage. Wieder in sein Brutgebiet zurückgekehrt, vollführt das polygame Männchen Balzflüge; es hat einen angenehm gurrenden Gesang. Das Weibchen baut ein zwischen Gras oder Getreide gut verborgenes Bodennest; die 5–6 Eier werden in 13 Tagen ausgebrütet.

Nordamerikanischer Kuhstärling
Molothrus ater
Verbreitung: Südkanada, USA; überwintert südl. des Brutgebietes, von Maryland bis Texas und Kalifornien; Mexiko
Habitat: bewaldete Gebiete, Weideland, Felder, offenes Gelände
Länge: 15–20 cm

Das Männchen hat einen glänzenden braunen Kopf; das Weibchen ist gleichförmig grau. Der Nordamerikanische Kuhstärling sammelt sich im Winter zu großen Gruppen und in der Brutzeit zu kleinen von bis zu 6 Vögeln. Er frißt überwiegend pflanzliche Nahrung, wie Getreide, Samen, Beeren und Früchte, aber auch Insekten, Spinnen und Schnecken.

Der Nordamerikanische Kuhstärling ist ein Brutschmarotzer: Das Weibchen legt seine Eier in die Nester anderer Vögel. Es kann 12 Eier pro Brutperiode legen, jedes in ein anderes Nest. Die Jungen schlüpfen nach 11- bis 12tägiger Brutzeit aus, früher als die Jungen der Wirtsvögel. Im Gegensatz zu spezialisierteren Brutschmarotzern wie den Kuckucken legt der Kuhstärling seine Eier in die Nester vieler verschiedener Arten von Wirtsvögeln – man spricht von gut 185. Diese haben oft kleinere Eier als die Kuhstärlinge. Da die jungen Kuhstärlinge früher ausschlüpfen und größer sind, müssen die Jungen der Pflegeeltern meist verhungern.

Östlicher Lerchenstärling
Sturnella magna
Verbreitung: Südostkanada; USA: von New England bis Minnesota, südl. bis Florida, Texas und New Mexico; Mexiko, Mittel- und Südamerika bis Brasilien
Habitat: offenes Gelände: Prärie, Felder, Grasland
Länge: 21–28 cm

Der Östliche Lerchenstärling ähnelt so stark der westlichen Art, daß letzterer lange übersehen wurde und nach seiner Entdeckung den Namen Westlicher Lerchenstärling (*S. neglecta*) erhielt. Die 2 Arten vermischen sich nicht einmal, wenn sie auf dem gleichen Feld brüten; vermutlich hängt dies mit dem unterschiedlichen Gesang zusammen. Noch eine andere Art, der Safran-Großspornpieper (*Macronyx croceus*) aus der Familie der Stelzen ähnelt dem Lerchenstärling stark. Dieser Vogel ist jedoch nicht mit dem Lerchenstärling verwandt; die Ähnlichkeit beruht auf einer ähnlichen Anpassung an die gleiche Lebensweise und an den gleichen Lebensraum (Konvergenz). Der Östliche Lerchenstärling sitzt oft gut sichtbar auf Telefondrähten und Pfählen, sucht seine Nahrung jedoch hauptsächlich auf dem Boden. Er frißt Insekten (Heuschrecken, Ameisen, Käfer und Raupen), aber auch Getreidekörner und Grassamen. Außerdem verzehrt er die Reste überfahrener Vögel.

Nachdem er südlich vom Brutgebiet überwintert hat, kehrt der Lerchenstärling im Frühjahr in sein Brutrevier zurück; das polygame Männchen sichert sich ein Territorium, bevor das Weibchen ankommt. Das Grasnest liegt in einer Mulde im offenen Feld und ist oft überdacht. Die 5 Eier werden 13–14 Tage lang vom Weibchen bebrütet. Beide Eltern füttern die Jungen.

Waglers Stirnvogel ♂
Nördlicher Trupial ♂
Reisstärling ♂
Gelbrücken-Stirnvogel ♂
Nordamerikanischer Kuhstärling ♂
Purpur-Bootsschwanz
Östlicher Lerchenstärling

Finken

FAMILIE FRINGILLIDAE: Finken
Die Finken bilden eine erfolgreiche und weitverbreitete Gruppe kleiner Samenfresser. Am zahlreichsten sind sie in Europa und Nordasien, aber es gibt auch einige Arten in anderen Teilen der Alten Welt und in Amerika.

Finken leben gewöhnlich in Bäumen und ernähren sich von Samen und Nüssen. Sie weisen in bezug auf ihren Körperbau keine besonderen Anpassungen auf, doch bedingt durch ihre abwechslungsreiche Ernährung treten große Unterschiede in der Schnabelform auf. Ein Beispiel hierfür sind die Stieglitze, die einen dünnen, spitzen Schnabel haben, mit dem sie die winzigen Samen aus den Blüten von Disteln und Karden holen. Andere Beispiele sind die nicht spezialisierten Buchfinken mit ihren kräftigen Kegelschnäbeln und die Kernbeißer und Hakengimpel mit ihren schweren „Nußknacker„-Schnäbeln, mit denen sie Kirschsteine aufknakken. Die Geschlechter sehen unterschiedlich aus, und junge Vögel ähneln den Weibchen.

Buchfink

Fringilla coelebs

Verbreitung: von Europa über Asien bis Afghanistan; Mittelmeergebiet, Nordafrika, Kanarische Inseln
Habitat: Wald, bewaldete Gebiete, Gärten
Länge: 15 cm

Der Buchfink ist zahlreich und variiert innerhalb seines großen Verbreitungsgebietes in der Färbung. Auch gibt es verschiedene „Dialekte" seines schönen Gesangs. Das Weibchen ist matter gefärbt, überwiegend gräulich und olivbraun. Der Fink sucht seine Nahrung sowohl in den Bäumen wie auch auf dem Boden, wo er mit kurzen, schnellen Schritten umherläuft oder -hüpft; seine wellenförmige Flugbahn ist charakteristisch für ihn. Er ernährt sich zu drei Vierteln von pflanzlicher Nahrung, hauptsächlich von Samenkörnern, Früchten und Mais; er frißt aber auch Insekten, Spinnen und Regenwürmer.

Das schöne, sorgfältig gebaute Nest sitzt in einem Baum oder Strauch. Die 4–5 Eier werden in 11–13 Tagen von Weibchen ausgebrütet. Die nördlichen Populationen ziehen im Winter in den Süden.

Purpurfink

Carpodacus purpureus

Verbreitung: Nordamerika: von British Columbia südl. bis Baja California, östl. bis Quebec, Neufundland, Minnesota und New Jersey; überwintert im Süden der USA und in Mexiko
Habitat: bewaldete Gebiete, Nadelwälder
Länge: 14–16 cm

Das Männchen ist an seiner warmen, roten Färbung zu erkennen. Das Weibchen ist überwiegend braun und grau. Außerhalb der Brutzeit bilden diese Finken große Gruppen, die gemeinsam nach Samen suchen. Im Frühling und Sommer frißt der Purpurfink auch Käfer und Raupen.

Während der Balz tanzt das Männchen flügelschlagend um sein Weibchen und läßt seine „Schläge" (Gesänge) erschallen. Das Nest wird gewöhnlich in einen Nadelbaum aus kleinen Zweigen und Gras gebaut; die 4–5 Eier werden 13 Tage lang vom Weibchen bebrütet.

Kanarienvogel

Serinus canaria

Verbreitung: Kanarische Inseln, Madeira, Azoren; eingeführt auf den Bermudas
Habitat: bewaldete Gebiete, Gärten
Länge: 12 cm

Alle Rassen des zahmen Kanarienvogels stammen von dieser Art ab. Der Vogel wurde um 1500 von den spanischen Eroberern der Kanarischen Inseln populär gemacht; heute sind Kanarienvögel beliebte Käfigvögel. Das Weibchen ist völlig braun und blasser als das leuchtend braungelb gefärbte Männchen. Der Kanarienvogel frißt Samenkörner und hält sich gewöhnlich in den Bäumen verborgen, doch sein wohltönender Gesang ist oft zu hören.

Das napfförmige Nest sitzt in einem Baum oder Strauch. Das Weibchen brütet 13–14 Tage lang auf den 4–5 Eiern.

Fichtenkreuzschnabel

Loxia curvirostra

Verbreitung: Europa, Asien, südl. bis zum Himalaya; von Nordamerika südl. bis Nicaragua
Habitat: Nadelwälder
Länge: 13–16 cm

Der Fichtenkreuzschnabel ernährt sich fast ausschließlich von den Samenkörnern von Nadelbäumen, die er mit Hilfe seines spezialisierten Kreuzschnabels aus den Zapfen holt. Der Vogel hängt manchmal kopfunter vor einem Tannenzapfen, während er die Körner herausholt oder den Zapfen mit seinen Füßen festhält und ihn auseinanderreißt. Der Fichtenkreuzschnabel kommt nicht häufig auf den Boden, wo er sich nur unbeholfen fortbewegen kann. Im Sommer frißt er auch Insekten. Die Geschlechter sind verschieden gefärbt; das Weibchen ist gelbgrün, das Männchen rot.

Nachdem sich die Gruppe bei der Balz in Paare aufgeteilt hat, wird das napfförmige Nest in einen Nadelbaum gebaut. Das Weibchen sitzt 13–16 Tage auf den 3–4 Eiern; beide Vögel füttern ihre Jungen, die mit einem noch symmetrischen Schnabel aus dem Ei schlüpfen. Junge Vögel sind braun und gestreift. In Invasionsjahren erreichen manchmal große Gruppen von Kreuzschnäbeln unser Land; sie bleiben zum Brüten.

Stieglitz

Carduelis carduelis

Verbreitung: Europa, Nordafrika, Azoren, Kanarische Inseln, Madeira; Asien östl. bis zum Baikalsee, südl. bis zum Himalaya
Habitat: offene Waldgebiete, Gärten, Obsthaine, Kulturland
Länge: 12 cm

Beide Geschlechter sind mit ihrem roten Gesicht und der schwarzweißen Kopfzeichnung unverwechselbar. Der Stieglitz hat lange, spitze Flügel und einen starken, fast kegelförmigen Schnabel. Außerhalb der Brutzeit fliegen Stieglitze in kleinen Gruppen im offenen Gelände umher und ernähren sich von den Samen von Disteln und anderen Pflanzen; sie fressen auch Insekten. Das Weibchen baut ein Nest auf einem Zweig in mehr oder weniger stark bewaldeten Gebieten und legt 5–6 Eier. Während der 12- bis 13tägigen Brutzeit füttert das Männchen das Weibchen.

Hakengimpel

Pinicola enucleator

Verbreitung: Nordskandinavien, UdSSR, Asien; Alaska, Kanada, Norden der USA
Habitat: Nadelwälder und Mischwälder
Länge: 20 cm

Dieser große, langschwänzige Fink benutzt seinen schweren, kräftigen Schnabel, um Obststeine wie die von Kirschen und Pflaumen aufzuknacken; im Sommer frißt er auch Samenkörner, Knospen und Insekten. Der Hakengimpel sucht seine Nahrung in Bäumen und auf dem Boden und kann gut fliegen. Die Geschlechter sind unterschiedlich gefärbt; das Weibchen ist überwiegend bronzefarben.

Das Nest sitzt meist in einem Nadelbaum oder einer Birke. Die 4 Eier werden 13–14 Tage lang vom Weibchen bebrütet. Das Männchen füttert das Weibchen und hilft auch beim Füttern der Jungen, indem es Nahrung aufwürgt.

Birkenzeisig

Acanthis flammea

Verbreitung: brütet in Island, Irland, Großbritannien, Skandinavien, mitteleuropäischen Gebirgen, von Nordasien bis zum Beringmeer, nördl. Teil Nordamerikas; überwintert südl. der Brutgebiete
Habitat: bewaldete Gebiete, Wald, Tundra
Länge: 13–15 cm

Der Birkenzeisig und sein engster Verwandter, der Polarbirkenzeisig (*A. hornemanni*), können niedrigere Temperaturen vertragen als jeder andere Singvogel. Er frißt Samen, hauptsächlich die der Birke und der Erle, und hängt mit dem Kopf nach unten, um an die Kätzchen zu kommen. Er sucht auch auf dem Boden nach Samenkörnern und frißt im Sommer Insekten.

Im Frühjahr, zu Beginn der Brutzeit, vollführt das Männchen Balzflüge. Das Weibchen baut ein Nest auf einen gegabelten Zweig, gewöhnlich in einer Erle, Weide oder Fichte, und legt 4–5 Eier, die es in 10–11 Tagen ausbrütet.

Dompfaff

Pyrrhula pyrrhula

Verbreitung: Skandinavien, Großbritannien, südl. bis zum Mittelmeergebiet (nicht in Südspanien); Asien bis Japan
Habitat: Nadelwälder, bewaldete Gebiete, Parks, Gärten, Kulturland
Länge: 14–16 cm

Das Männchen ist an seiner schwarzen Kappe, der rosaroten Unterseite und den schwarzweißen Flügeln zu erkennen; das Weibchen ähnelt dem Männchen, hat jedoch eine gräulichrosa Unterseite. Dieser scheue Vogel sitzt meist im Schutz von Sträuchern oder Bäumen und kommt nicht oft auf den Boden. Im Frühling frißt der Dompfaff hauptsächlich die Knospen von Obstbäumen und kann so beträchtlichen Schaden anrichten. Er verzehrt aber auch die Knospen anderer Bäume sowie Beeren und Samen.

Das Nest aus kleinen Zweigen und Moos wird vom Weibchen in einen Strauch oder in eine Hecke gebaut. Das Weibchen brütet auch die 4–5 Eier innerhalb von 12–14 Tagen aus.

Buchfink ♂
Purpurfink ♂
Kanarienvogel ♂
Fichtenkreuzschnabel ♂
Stieglitz
Hakengimpel ♂
Birkenzeisig
Dompfaff ♂

Prachtfinken

FAMILIE ESTRILDIDAE: Prachtfinken

Die Artenvielfalt spezialisierter samenfressender Singvögel der Alten Welt ist hinsichtlich der Verwandtschaft unter den einzelnen Gruppen ziemlich verwirrend. Es wurden verschiedene systematische Einteilungen vorgeschlagen. Bei der hier verwendeten werden die Webervögel, Finken, Ammern und Prachtfinken jeweils in getrennten Familien untergebracht.

Alle Mitglieder dieser Familie sind kleine, überwiegend samenfressende Vögel. Es gibt ca. 126 Arten, die alle in den tropischen Gebieten Afrikas, Südasiens, Australasiens und der Pazifikinseln beheimatet sind. Die Familie umfaßt mehrere voneinander unabhängige Gruppen: die Eigentlichen Amadinen, die Grasfinken und die Nonnen (Gattung *Lonchura*). Bei den meisten Arten ist das Gefieder intensiv leuchtend gefärbt. Der Schnabel ist kurz und stumpf, geeignet zum Fressen von Samen. Prachtfinken leben gewöhnlich in Gruppen. Viele Arten nisten in Kolonien. Die Nestlinge haben eine auffällige Zeichnung im Innern des Schnabels. Der Anblick der aufgesperrten, mit schwarzen Streifen und Flecken markierten Schnäbel veranlaßt die Eltern zum Füttern der Jungen. Dies ist in der Vogelwelt kein ungewöhnliches Phänomen. Bei einer Anzahl von Arten ähneln die Männchen und Weibchen einander, in anderen Fällen nicht. Prachtfinken sind als Käfigvögel sehr beliebt.

Amarant / Senegalamarant

Lagonosticta senegala

Verbreitung: Afrika südl. der Sahara (nicht im äußersten Süden)

Habitat: Buschvegetation, Haine, Kulturland, in der Nähe menschlicher Siedlungen

Länge: 9 cm

Der Amarant ist einer der weitverbreitetsten und bekanntesten afrikanischen Vögel; er ernährt sich von Grassamen und anderen Samenkörnern, die er auf dem Boden, häufig in Städten und Dörfern sammelt. Das Männchen ist überwiegend rot gefärbt; das Weibchen ist weniger auffällig und hat nur einen roten Flecken auf Gesicht und Steiß, der Unterkörper ist braungelb und die Brust weiß gefleckt. Außerhalb der Brutzeit versammeln sich die Vögel in kleinen Gruppen. Das Kugelnest wird gewöhnlich aus trockenem Gras gebaut, und zwar in einem Strauch, auf einem Mäuerchen oder auf einem Rieddach. Die 3–6 (meist 4) Eier werden von beiden Eltern bebrütet.

Schmetterlingsfink

Uraeginthus bengalus

Verbreitung: Afrika: vom Senegal bis Äthiopien, südl. über Ostafrika bis Sambia

Habitat: offenes Gelände, Kulturland

Länge: 12 cm

Der Schmetterlingsfink ist ein sehr bekannter Käfigvogel. Das Männchen ist leicht an seinen karminroten Wangenflecken zu erkennen; Weibchen und junge Vögel sind matter, und ihnen fehlt auch die rote Zeichnung. Dies ist eine zahlreiche Art mit einer großen Verbreitung. Schmetterlingsfinken suchen auf dem Boden nach Grassamen und wagen sich oft in die Nähe menschlicher Behausungen. Der Schmetterlingsfink lebt in Paaren oder kleinen Familiengruppen.

Das runde oder ovale Nest aus trockenem Gras hat einen seitlichen Eingang. Es wird in einen Strauch, in einen Baum oder auf ein Rieddach gebaut. Das Gelege besteht aus 4–5 Eiern.

Tigerfink

Amandava amandava

Verbreitung: Indien, Pakistan, Südwestchina, Hünan, Südostasien (eingeführt in Malaysia), Java, Kleine Sunda-Inseln

Habitat: Buschvegetation, Grasland, Schilf, Kulturland

Länge: 9–10 cm

Der Tigerfink gehört zu den Tigerastrilden, die häufig als Käfigvögel gehalten werden. Im Brutkleid hat das Männchen ein leuchtend karminrotes Gefieder, das mit vielen charakteristischen weißen Fleckchen übersät ist, die auch auf seinen ansonsten dunklen Flügeln zu finden sind. Außerhalb der Brutzeit ähnelt er dem Weibchen, das eine schmutziggelbe Kehle und Brust hat. Bei beiden Geschlechtern sind Schnabel und Schwanzwurzel rot. Der Tigerfink hält sich am liebsten im Schilf und im hohen Gras an Wasserläufen auf, wo er nach Grassamen sucht. Er lebt in Pärchen oder in Gruppen von bis zu 30 Vögeln, oft zusammen mit anderen Prachtfinken.

Das kugelförmige Grasnest mit seitlichem Eingang liegt niedrig in einem Strauch oder zwischen Binsen und Gras. Das Weibchen brütet die 6–10 Eier aus.

Reisfink

Padda oryzivora

Verbreitung: Java, Bali; eingeführt in Sri Lanka, Burma, auf einigen Inseln Indonesiens, Seychellen, Sansibar, St. Helena, Hawaii

Habitat: Reisfelder, Gebüsch, Mangrovensümpfe

Länge: 16 cm

Der Reisfink gehört zur Gruppe der Nonnen und findet sich inzwischen weit außerhalb seines ursprünglichen Verbreitungsgebietes, teils durch Ansiedlung, teils, weil viele Exemplare dieser Art aus Käfigen entflogen sind. Die Geschlechter ähneln einander; beide haben einen rosaroten Schnabel und einen kräftig gezeichneten schwarzweißen Kopf. Der Reisfink frißt vor allem Reis und wird deshalb in vielen Gegenden als eine Plage angesehen. Manchmal frißt er auch die Samen anderer Pflanzen. Er klettert sehr geschickt über Stengel und Bäume. Reisfinken streifen in Gruppen umher.

Das aus Gras gebaute überdachte Nest liegt auf einer Mauer, unter dem Dach eines Gebäudes oder in einem Baum. Die 7–8 weißen Eier werden ca. 2 Wochen lang bebrütet. Die Jungen werden mit Insekten gefüttert, bis sie in der Lage sind, die schwerer verdauliche Nahrung der erwachsenen Vögel (Reis und Samen) zu fressen.

Gouldamadine

Chloebia gouldiae

Verbreitung: tropisches Nordaustralien

Habitat: Savanne

Länge: 14 cm

Der schönste Prachtfink ist wahrscheinlich die Gouldamadine, von der es 3 Formen mit unterschiedlicher Kopf- und Gesichtsfarbe gibt: schwarz, rot und (selten) gelb. Die Geschlechter ähneln einander, doch sind die Weibchen matter gefärbt. Der Vogel frißt hauptsächlich Samen aus Grashalmen. Er fliegt nicht oft auf den Boden, sondern klammert sich an den Grasstengeln oder an niedrigen Sträuchern und Bäumen fest, die in der Reichweite der Grashalme liegen. In der Brutzeit frißt die Gouldamadine auch Insekten. Außerhalb der Brutzeit zieht sie in kleinen Gruppen umher. Sie entfernt sich selten weit vom Wasser und wird in Trockenzeiten zum Nomaden. Dann zieht sie umher und sucht nach Wasser.

Die Gouldamadine legt 4–8 Eier in eine Baumhöhle oder in einen Termitenhügel, manchmal auch in ein eilig gebautes, kugelförmiges Nest.

Dreifarbige Papageiamadine

Erythrura trichroa

Verbreitung: Celebes, Molukken, Neuguinea, Bismarck-Inseln, Salomon-Inseln (Guadalcanal); Nordostaustralien, Karolinen, Vanuatu, Loyalty-Inseln

Habitat: Regenwald, Mangrovensümpfe

Länge: 12 cm

Dieser Vogel lebt alleine oder in kleinen Gruppen, vorzugsweise in Sträuchern, niedrigen Bäumen und anderer Vegetation, wo er sich von den unterschiedlichsten Samen ernährt. Männchen und Weibchen ähneln einander; bei beiden ist das Gefieder blau, grün, rot und schwarz.

Das kugel- oder birnenförmige Nest wird aus Moos und Pflanzenfasern in einen Baum oder Strauch gebaut und hat einen seitlichen Eingang. Ein Gelege enthält 3–6 Eier.

Zebrafink

Poephila guttata (Taeniopygia g.)

Verbreitung: Australien, Kleine Sunda-Inseln

Habitat: bewaldete Gebiete, trockenes, offenes Gelände mit Buschvegetation und Baumbeständen

Länge: 9 cm

Kein Prachtfink ist so bekannt wie der Zebrafink. Die in Europa gehaltenen Vögel dieser Art stammen von der Unterart *P. g. castanotis* ab. Bei den Männchen der anderen Unterart, *P. g. guttata*, fehlt die dunkle Querstreifung mitten auf der grauen Kehle. Die Männchen unterscheiden sich außerdem durch ihre Gesichtszeichnung und ihre kastanienbraunen Flanken; die Weibchen haben eine graubraune Kehle, jedoch keine Streifen. Der Zebrafink tritt manchmal in großen Gruppen auf. In den Bäumen und auf dem Boden sucht er nach Samen und insbesondere in der Brutzeit nach Insekten.

Der Zeitpunkt und die Regelmäßigkeit der Brutzeit sind vom Regenfall abhängig; in Trockenzeiten streift der Zebrafink umher und sucht nach einem Gebiet mit besseren Lebensbedingungen. Das überdachte Nest aus Gras und kleinen Zweigen wird unten in einem Baum oder Strauch gebaut. Gewöhnlich enthält das Gelege 4–6 Eier.

Dreifarbige Papageiamadine
Senegalamarant ♂
Tigerfink ♂
Schmetterlingsfink ♂
Gouldamadine ♂
Variationen im Gefieder
Reisfink
Zebrafink ♂

Webervögel 1

FAMILIE PLOCEIDAE: Webervögel
Zu dieser großen und erfolgreichen Singvogelfamilie gehören unter anderem die Eigentlichen Weber, die Büffelweber, die Sperlinge und die Witwen. Viele dieser Arten sind Kulturfolger, also Vögel, die in der unmittelbaren Umgebung des Menschen leben. Eine der bekanntesten und verbreitetsten Arten ist der Haussperling, der wahrscheinlich deshalb so gut gedeiht, weil er sich an die Nähe des Menschen angepaßt hat. Obwohl dieser Vogel wie alle anderen Mitglieder der Familie aus der Alten Welt stammt, hat er sich mittlerweile auch ausgezeichnet in der Neuen Welt akklimatisiert.

Die 143–150 Arten der Webervögel weisen so starke Unterschiede auf, daß man als gemeinsame Merkmale eigentlich nur angeben kann, daß sie alle Samenfresser mit kräftigen, scharfen Schnäbeln sind und daß die meisten in Gemeinschaften leben. In verschiedenen systematischen Ansätzen wird die Familie in 2–4 oder sogar 9 Unterfamilien unterteilt. Die ca. 9 Arten der Witwen weichen in ihrem Verhalten stark von den übrigen Untergruppen ab. Sie sind sowohl polygam als auch Brutschmarotzer. Bei einigen Weberarten ähneln Männchen und Weibchen einander, bei anderen unterscheiden sie sich stark.

Scharlachweber
Malimbus rubriceps
Verbreitung: Afrika südl. der Sahara
Habitat: offene Waldgebiete, Buschland, Savanne, Kulturland
Länge: 14 cm

Im Brutkleid sind beim Männchen dieser Art Kopf, Nacken und Brust leuchtendrot; das Weibchen sieht ähnlich aus, ist jedoch dort, wo das Männchen rot ist, gelb gefärbt. Außerhalb der Brutzeit ähneln die Geschlechter einander. Dieser im Vergleich zu anderen Webern ziemlich scheue, ruhige Vogel lebt in Paaren oder kleinen Gruppen und sucht zwischen den Zweigen von Bäumen nach Insekten; er frißt aber auch Samen.

Das polygame Männchen baut für jede seiner Partnerinnen ein hängendes, gewobenes Nest am Ende eines hohen Astes. Die Nester haben lange Eingangsröhren. Das Gelege enthält 2–3 Eier.

Weißstirnweber
Amblyospiza albifrons
Verbreitung: Afrika südl. der Sahara
Habitat: Buschsavanne, Sümpfe
Länge: 19 cm

Dieser ziemlich häufige Weber lebt in kleinen Gruppen oder Paaren und ist an seinem dicken, schweren Schnabel zu erkennen. Er frißt hauptsächlich Samen und auch Beeren, wenn diese zur Verfügung stehen. Das Männchen hat gewöhnlich eine weiße Stirn und weiße Flügelspiegel und ist ansonsten in verschiedenen Brauntönen gefärbt. Das Weibchen ist braun und am Unterkörper stark gestreift.

Der Vogel nistet meist in kleinen Kolonien von ca. 6 Nestern. Ein Männchen kann mehrere Weibchen haben; es webt ein kunstvolles Nest aus Gräsern und befestigt es zwischen Schilf- oder Grasstengeln. Die 3 Eier werden vom Weibchen ausgebrütet.

Kuckucksweber
Anomalospiza imberbis
Verbreitung: Afrika: von Sierra Leone bis Äthiopien, südl. bis Südafrika (Transvaal)
Habitat: Grasland, Buschvegetation, Kulturland
Länge: 11 cm

Die Kuckucksweber versammeln sich außerhalb der Brutzeit zu großen Gruppen. Grassamen sind ihre Hauptnahrung. Die beiden Geschlechter unterscheiden sich in der Färbung: Dem Weibchen fehlt die leuchtendgelbe Zeichnung des Männchens, und es ist braun oder zimtfarben. Junge Vögel weichen mit ihrem schwarzgestreiften, matt olivgrün gefärbten Federkleid stark von den erwachsenen Vögeln ab; die Federn haben einen dunklen Rand.

Der Kuckucksweber ist ein Brutparasit. Das Weibchen legt die Eier in das Nest eines anderen Vogels und überläßt es den unfreiwilligen Pflegeeltern, sie auszubrüten und die Jungen zu füttern. Die Nestlinge unterscheiden sich in der Färbung deutlich von ihren Eltern, ähneln jedoch den Jungen der Zistensänger (Gattung *Cisticola*), die von dieser Art oft als Wirtsvögel ausgewählt werden.

Bajaweber
Ploceus philippinus
Verbreitung: von Indien, Sri Lanka bis Südwestchina, Teile von Südostasien, Sumatra, Java
Habitat: Kulturland, Grasland, Sekundärvegetation
Länge: 15 cm

Der Bajaweber ist ein häufig vorkommender Vogel, der das ganze Jahr über in Gruppen lebt und in Kolonien nistet. Er hüpft auf dem Boden umher, frißt Gras- und Unkrautsamen und plündert auch Getreidefelder; der Schaden, den diese Vögel anrichten, wird jedoch dadurch kompensiert, daß sie riesige Mengen von Insekten fangen – unter anderen auch sehr schädliche Arten. Im Brutkleid hat das Männchen eine gelbe Kappe und eine schwarze Gesichtsmaske; im Winter ähnelt es dem Weibchen, dessen Scheitel gelbbraun ist.

Das Männchen baut ein Kugelnest, an dessen Unterseite sich eine lange Eingangsröhre befindet; das Nest hängt an einem Zweig. In einem einzigen Baum hängen manchmal 200 Nester. Das Weibchen brütet die meist 3 Eier in ca. 2 Wochen aus. Die polygamen Männchen haben oft mehrere Weibchen und entsprechend viele Nester.

Textor / Dorfweber
Ploceus cucullatus (Textor c.)
Verbreitung: Afrika südl. der Sahara (nicht im äußersten Süden), Principe-Insel
Habitat: Urwald, Buschvegetation, Kulturland und bewohnte Gebiete
Länge: 18 cm

Der Dorfweber ist ein lauter, auffälliger Vogel, der in Gruppen lebt und in Kolonien brütet. Er hält sich meist in der untersten Baumetage und in Wassernähe auf. Obwohl der Vogel Schaden an Getreidegewächsen anrichten kann, macht er dies zum Teil wieder gut, indem er große Mengen von Unkrautsamen und auch von Insekten frißt. Das leuchtend gefärbte Männchen ist überwiegend gelb, sein Kopf und seine Gesichtsmaske sind schwarz, und es hat einen für die Art charakteristischen gefleckten Rükken. Das Weibchen ist an der Oberseite matter olivbraun gefärbt und an der Unterseite weiß.

Der Dorfweber brütet in Kolonien. Bis zu 100 Nester können in einem Baum hängen. Das Gelege aus 1–3 Eiern wird vom Weibchen ausgebrütet.

Blutschnabelweber
Quelea quelea
Verbreitung: Afrika südl. der Sahara
Habitat: Savanne, Kulturland, fast überall, wo es Bäume gibt
Länge: 12 cm

Diese sehr zahlreiche Art fliegt in riesigen Gruppen umher. Tausende von Vögeln fallen gemeinschaftlich über Getreidefelder her und richten immensen Schaden an. Der Blutschnabelweber frißt auch Unkrautsamen. Bis vor kurzem war diese Art ein ernstes Problem für die afrikanische Landwirtschaft. Man bekämpfte die Vögel, indem man beispielsweise ihre Brutkolonien mit Flammenwerfern in Brand steckte oder chemische Mittel aus Flugzeugen auf die Kolonien sprühte. Dennoch ist es mit solchen Methoden nicht gelungen, mehr als den jährlichen Zuwachs der Art zu vernichten. Die Zahl der Blutschnabelweber ging in neuester Zeit durch natürliche Ursachen zurück; deshalb konnte die Bekämpfung eingestellt werden. Im Brutkleid hat das Gefieder des Männchens einen roten Schimmer auf Scheitel und Brust; Gesicht, Kinn und Kehle können weiß, braungelb oder schwarz gefärbt sein. Außerhalb der Brutzeit ist sein Schnabel immer noch rot, doch ansonsten ähnelt er dem gestreiften Weibchen, das gelb und braun gefärbt ist und eine braune Kappe trägt.

Der Blutschnabelweber ist monogam und brütet in dichtbevölkerten Kolonien, die Hunderte von Hektar groß sein und Millionen Nester umfassen können. Das Männchen baut ein nierenförmiges Nest mit seitlichem Eingang, das an einem Zweig hängt. Das Weibchen brütet die 2–3 Eier in 12 Tagen aus; anschließend werden die Jungen von beiden Eltern gefüttert.

Oryxweber
Euplectes orix
Verbreitung: Afrika südl. der Sahara
Habitat: offenes Grasland, oft in Wassernähe
Länge: 12 cm

Außerhalb der Brutzeit bildet diese zahlreiche Weberart riesige Gruppen, die großen Schaden am Getreide anrichten können. Außerdem ernährt sich der Vogel von Grassamen. Das Männchen ist im Brutkleid überwiegend rot und schwarz, das Weibchen gelbbraun mit braunen Streifen. Außerhalb der Brutzeit ähnelt das Gefieder des Männchens dem des Weibchens.

Jedes Männchen hat 3–4 Weibchen, die alle innerhalb des vom Männchen ausgewählten Brutreviers nisten. Das Männchen webt das ovale Grasnest zwischen Teichbinsen und Schilfstengeln in Sümpfen oder in Zuckerrohr- und Maisanpflanzungen. Das Weibchen kleidet das Nest aus und bebrütet die 3 Eier des Geleges 11–14 Tage lang. Es füttert die Jungen mit Insekten, bis sie ca. 2 Wochen nach dem Ausschlüpfen flügge sind.

Blutschnabelweber ♂
Textor ♂
Kuckucksweber ♂
Bajaweber ♂
Scharlachweber ♂
Weißstirnweber ♂
Oryxweber ♂

Webervögel 2

Büffelweber

Bubalornis albirostris

Verbreitung: Afrika südl. der Sahara
Habitat: Savanne, Buschvegetation, Kulturland
Länge: 24 cm

Der Büffelweber streift gewöhnlich in kleinen Gruppen umher und sucht seine Nahrung – Grassamen und Insekten – hauptsächlich auf dem Boden. Das Männchen scheint vollkommen schwarz zu sein, doch seine Federn haben eine weiße Wurzel. Sein Schnabel ist weiß oder lachsfarben. Das Weibchen ist braun gefleckt und hat einen rosa Schnabel mit schwarzer Spitze.

Bis zu 8 Pärchen bauen ein riesiges Gemeinschaftsnest in einem Baum, das das ganze Jahr über instand gehalten und mehrere Jahre lang bewohnt wird. Das Gerüst des Nestes wird aus Dornenzweigen geflochten, und jede einzelne Nistkammer im Inneren wird mit Grashalmen und feinen Wurzelfasern ausgekleidet. Das Weibchen legt gewöhnlich 2–4 Eier und füttert die Jungen mit Insekten.

Graukopfsperling

Passer griseus

Verbreitung: Afrika südl. der Sahara
Habitat: Buschvegetation, Kulturland, in der Nähe menschlicher Siedlungen
Länge: 15 cm

Dieser freche kleine Vogel taucht in großer Zahl in Städten und Dörfern auf und verhält sich wie ein Haussperling. Er frißt fast alle Getreidearten, Pflanzenteile und Insekten. Manchmal schädigt er Anbaupflanzen. Das Männchen ist etwas größer als das Weibchen, gleicht ihm jedoch ansonsten. Der Vogel hat einen gleichmäßig grauen Kopf mit hellen Federsäumen an den Flügeln.

Das primitive Grasnest wird in einen Baum, auf ein Schilfdach oder an eine andere geeignete Stelle gebaut; manchmal benutzt dieser Sperling auch die alten Nester anderer Vögel. Das Gelege besteht gewöhnlich aus 2–4 Eiern.

Haussperling / Spatz

Passer domesticus

Verbreitung: gemäßigte Zonen Europas und Asiens, Afrika nördl. der Sahara; weltweit eingeführt
Habitat: Kulturland, in der Nähe des Menschen
Länge: 14 cm

Der Haussperling oder Spatz ist ein außergewöhnlich anpassungsfähiger und erfolgreicher Vogel, der in der ganzen Welt in enger Beziehung zum Menschen lebt und daher einer der bekanntesten Vögel ist. In den USA wurde er erst 1850 eingeführt; damals setzte man einige Vögel dieser Art im Central Park der Stadt New York aus. Seitdem haben sich die Haussperlinge über ganz Nord- und Südamerika verbreitet. Offenbar verstehen sie es, sich schnell an eine neue Umgebung anzupassen.

Haussperlinge halten sich oft in Bäumen oder auf Gebäuden auf, suchen jedoch hauptsächlich auf dem Boden nach Nahrung. Sie fressen fast alles: Getreide, Unkrautsamen, Insekten, Abfall und Reste menschlicher Nahrung. Der Spatz ist ein echter Gemeinschaftsvogel, der meist in Gruppen lebt und dicht zusammengedrängt mit anderen Artgenossen schläft. Das Männchen ist an seinem grauen Scheitel zu erkennen, der mit Kastanienbraun abgesetzt ist, und an seinem schwarzen Lätzchen; Rücken und Flügel sind braun und schwarz gestreift. Das Weibchen ist graubraun und auf der Unterseite grau.

Ein Pärchen baut gemeinsam ein Nest, doch verrichtet das Männchen die meiste Arbeit. Das Nest kann überall in Löchern oder Spalten von Mauern und Gebäuden gebaut werden, beispielsweise unter einer Dachrinne oder in einer Röhre; manchmal befindet es sich auch in einem Baum oder in einer Kletterpflanze. Es besteht aus Stroh, Pflanzenstengeln, Papier, Lappen und jedem anderen verfügbaren Material. Die 3–5 Eier werden hauptsächlich vom Weibchen ausgebrütet, und zwar innerhalb von 11–14 Tagen. Beide Eltern füttern die Jungen, meist mit Insekten. Die Vögel können 2– bis 3mal pro Jahr brüten. Nach der Brutzeit streifen die Haussperlinge in kleinen Gruppen umher, vorzugsweise in reifen Kornfeldern.

Steinsperling

Petronia petronia

Verbreitung: Nordafrika, Madeira und Kanarische Inseln; Südwesteuropa, östl. über den Balkan und Zentralasien nach Nordchina
Habitat: steinige Berghänge, Ruinen, Halbwüste
Länge: 14 cm

Obwohl der Steinsperling nicht so zutraulich gegenüber Menschen ist wie der Haussperling, lebt auch er oft in der Nähe von Dörfern und Bauernhöfen. Er sucht in Gruppen nach Samen, Insekten und Beeren. Die Geschlechter ähneln einander.

Das Nest wird in einen Felsspalt, in eine Mauer oder in ein Gebäude gebaut, manchmal auch in einen hohlen Baum oder in die Höhle eines Nagetieres. Das Weibchen legt meist 5–6 Eier, es können aber auch 4, 7 oder 8 sein. Die Jungen werden von beiden Eltern gefüttert. Manchmal folgt eine zweite Brut. Der Steinsperling ist ein Irrgast in Belgien und in den Niederlanden.

Siedelweber

Philetairus socius

Verbreitung: Afrika: Namibia, Südafrika
Habitat: trockene Buschvegetation
Länge: 14 cm

Der Siedelweber bildet Gruppen, die manchmal mehrere Hundert Vögel umfassen. Seine Nahrung – Insekten und Samen – sucht er ausschließlich auf dem Boden. Die Geschlechter ähneln einander. Die Art ist an ihrem graubraunen Scheitel, dem schwarzen Lätzchen und den dunklen Rückenfedern mit cremefarbigem Saum zu erkennen, die an Schuppen erinnern.

Das auffälligste Merkmal dieser Vögel ist jedoch das riesige Gemeinschaftsnest, das gewöhnlich in eine große Akazie gebaut wird und ungefähr 100 Paare beherbergen kann. Die Vögel benutzen das Nest nicht nur zum Brüten, sondern wohnen und schlafen auch das ganze Jahr über darin. Das Nest wird ständig repariert und ausgebaut und kann mehrere Jahre lang benutzt werden. Der Siedelweber ist monogam; innerhalb des Gemeinschaftsnests hat jedes Paar eine eigene Kammer mit separatem Eingang. Ein Gelege besteht durchschnittlich aus 3–4 Eiern. Manchmal brüten andere Vogelarten in nicht von den Siedelwebern besetzten Nistkammern.

Schneefink

Montifringilla nivalis

Verbreitung: Südeuropa über Zentralasien bis zum Himalaya
Habitat: unwirtliches Felsengelände im Gebirge in 1800–2100 m Höhe
Länge: 18 cm

Der Schneefink verläßt seinen Lebensraum im Gebirge nur selten. Allerdings zieht der Vogel in harten Wintern in tiefergelegene Täler. Er sitzt gerne auf Felsen und Gebäuden und hüpft und läuft schnell über den Boden, wenn er nach Insekten oder (im Sommer) nach den Samen von Hochgebirgsblumen sucht. Dieser zutrauliche kleine Vogel wird oft in Winterferienorten beobachtet und nähert sich furchtlos dem Menschen, um Krümel aufzupicken. Das Männchen ist an seinem grauen Kopf, der schwarzen Kehle und der schwarzweißen Flügel- und Schwanzfärbung zu erkennen. Beim Weibchen ist der Kopf brauner, und Flügel und Schwanz sind weniger weiß. Erwachsene Vögel haben in der Brutzeit einen schwarzen und ansonsten einen orangegelben Schnabel.

Das aus Federn, vertrocknetem Gras und Moos gebaute Nest liegt in einem Loch in einem Felsen oder einem Gebäude, manchmal auch in der Höhle eines Säugetiers. Die 4–5 Eier werden auf ein warmes Polster aus Federchen und Haaren von beiden Vögeln in ca. 2 Wochen ausgebrütet; auch füttern beide Eltern gemeinsam die Jungen. Sie können 2mal im Jahr brüten.

Spitzschwanz-Paradieswitwe

Vidua paradisaea (Steganura p.)

Verbreitung: Ost- und Südafrika: Sudan bis Angola; Südafrika (Natal)
Habitat: trockenes offenes Gelände
Länge: ♂ 38 cm; ♀ 15 cm

Wegen seiner 4 verlängerten mittleren Schwanzfedern ist das Männchen bei dieser Art sehr viel länger als das Weibchen. Das Gefieder des Weibchens ist braun und braungelb gefleckt und ähnelt dem des Männchens außerhalb der Brutzeit, nur sind die Farben beim Weibchen matter. Die Spitzschwanz-Paradieswitwe sucht gewöhnlich in kleinen Gruppen auf dem Boden nach Samenkörnern.

Während des Balzfluges erzeugt das Männchen mit seinen fast senkrecht aufgerichteten mittleren Schwanzfedern ein schnurrendes Geräusch; auch steht es manchmal mit langsamem Flügelschlag vor dem Weibchen in der Luft. Die Spitzschwanz-Paradieswitwe ist ein Brutschmarotzer und stark an eine bestimmte Wirtsvogelart gebunden – den Buntastrild (*Pytilia melba*); das Männchen kann die Rufe dieses Prachtfinken perfekt nachahmen. Die Jungen des Buntastrilds haben ein kompliziertes Farbmuster auf Gaumen und am Innenschnabelrand, das die Eltern zum Füttern veranlaßt; die Beziehung zwischen dem Brutschmarotzer und dem Wirtsvogel ist sogar so stark, daß die Jungen der Paradieswitwe das gleiche Muster haben. Außerdem können die jungen Witwen die Bettelrufe und die Haltung der Jungen ihrer Pflegeeltern nachahmen. Diese starke Abhängigkeit von einem bestimmten Prachtfinken ist auch von anderen Witwen bekannt. Im Gegensatz zu den Kukkucken werfen die jungen Witwen ihre Stiefgeschwister jedoch nicht aus dem Nest.

Siedelweber
Spitzschwanz-Paradieswitwe ♂
Gemeinschaftsnest
Büffelweber ♂
Steinsperling
Haussperling ♂
Graukopfsperling
Schneefink ♂

Stare

FAMILIE STURNIDAE: Stare
Alle 106–108 Stararten sind in der Alten Welt beheimatet und haben in Asien den größten Formenreichtum entwickelt. Allerdings wurden viele Arten vom Menschen auch in anderen Teilen der Welt eingeführt. Außer den Staren gehören zu dieser Familie die Mainas und die 2 Arten der Madenhacker. Stare sind mittelgroße Singvögel mit Längen von 18 bis 43 cm. Sie sind agil und kräftig gebaut. Die meisten Arten haben einen langen Schnabel und starke Beine; die Flügel sind kurz und abgerundet oder lang und spitz. Der Schwanz ist gewöhnlich kurz und gerade abgeschnitten, doch haben einige Arten einen langen, abgestuften Schwanz. Im allgemeinen ist das Gefieder der Stare dunkel, doch schillert es vor allem in der Brutzeit oft blau, grün oder purpurn. Bei einem Teil der Arten sehen Männchen und Weibchen gleich aus, bei anderen unterscheiden sie sich.

Stare leben meist im offenen Gelände und suchen ihre Nahrung auf dem Boden; einige Arten leben in stärker bewaldeten Gebieten in Bäumen. Sie fressen fast alles, insbesondere jedoch Insekten, Früchte, Getreidekörner, Vogeleier und Eidechsen. Stare fliegen schnell und laufen oder schreiten auf dem Boden. Sie leben gewöhnlich in Gemeinschaft, ruhen auf gemeinsamen Schlafplätzen, oft in riesigen Scharen, und sie machen sowohl auf dem Weg zum Ruheplatz wie auch auf diesem selbst großen Lärm. Die meisten Stare nisten in Baumhöhlen oder in Gebäudenischen. Manche Arten graben einen Nistgang in ein Flußufer oder bauen ein überdachtes Nest in einen Baum.

Gemeiner Star
Sturnus vulgaris
Verbreitung: Europa, Asien; fast weltweit eingeführt
Habitat: Kulturland, in der Nähe menschlicher Siedlungen
Länge: 21 cm

Der Star ist einer der vertrautesten Vögel in Stadtgebieten. In großen Scharen versammeln sich die Stare auf Gebäuden und in Parks. Bevor sie sich zur Ruhe begeben, vollführen ganze Schwärme bemerkenswerte „Kunstflüge" über ihrem Schlafplatz. Außerhalb städtischer Gebiete ruhen sie oft in Schilffeldern – manchmal bis zu 1 Million Vögel. Vor allem im Frühjahr, wenn die Stare aus ihren Winterquartieren zurückkehren, kann man imposante Starwolken beobachten. Im Winter sind besonders die Federn der Weibchen stark weiß gesprenkelt, doch im Brutkleid tragen beide Geschlechter ein fast völlig schwarzes Gefieder, das grün oder purpurn schillert. Junge Vögel sind graubraun und haben eine helle Kehle. Der anpassungsfähige Star fühlt sich in vielen verschiedenen Lebensräumen heimisch, doch am liebsten brütet er in Laubwäldern und bebauten Gebieten. Auf dem Boden sucht der Vogel nach Insekten, Larven, Regenwürmern, Nackt- und Gehäuseschnecken, Tausendfüßlern und anderen Wirbellosen. Unaufhörlich stochert er dabei mit dem Schnabel im Boden herum. Auf dem sehr abwechslungsreichen Speisezettel stehen auch Früchte, Getreide, Beeren und Samen. In Gegenden mit Kirschbaumgärten ist er berüchtigt. Außerdem jagt er auch fliegende Insekten.

Der Star brütet in Kolonien oder in einzelnen Paaren. Sein Lied – eine Aneinanderreihung von knarrenden, knirschenden, quietschenden, schmatzenden, schnalzenden und pfeifenden Tönen – läßt der Vogel von einem freien Platz wie einem Baumwipfel oder einem Dach erschallen; dabei schlägt er mit den Flügeln. Er ist ein ausgezeichneter Imitator, der andere Vögel täuschend echt nachahmen kann. Das Nest liegt in einer Baumhöhle, in einer Lücke im Gemäuer oder zwischen Steinen und wird aus Stengeln, Blättern und anderen Pflanzenteilen gebaut. Stare benutzen auch gerne Nistkästen. Die 4–9 Eier, gewöhnlich jedoch 5–7, werden von beiden Eltern 12–13 Tage lang bebrütet. Die Jungen werden ca. 3 Wochen lang gefüttert, doch auch nachdem sie flügge sind, folgen sie ihren Eltern und betteln um Nahrung. Eine zweite Brut ist nicht ungewöhnlich. Die nördlichen Populationen ziehen im Winter in den Süden.

Rotschwingenstar
Onychognathus morio
Verbreitung: Afrika: vom Senegal bis zum Sudan, südl. über Ostafrika bis Südafrika (Kapprovinz)
Habitat: steinige Hügel, Felsen, Waldgebiete, Kulturland und städtische Gebiete,
Länge: 30 cm

Der lärmende und auffällige Rotschwingenstar streift in Paaren oder kleinen Gruppen umher, wenn er nach seiner Hauptnahrung sucht: Früchten und Insekten. Er fliegt schnell in einer Wellenbahn und flötet während des Fliegens unaufhörlich. Das Männchen ist überwiegend blauschwarz und hat rotbraune Schwungfedern mit einer dunkelbraunen Spitze. Die Brust des Weibchens ist grau gestreift, Kopf und Nakken sind grau; ansonsten ähnelt es dem Männchen.

Das Nest wird aus Gras und Schlamm gebaut, und zwar in ein Loch in einer Felswand, einer Höhle, einem Gebäude oder unter das Dach einer Hütte. Das Weibchen brütet das Gelege von 3–5 Eiern in 12–14 Tagen aus.

Beo / Hügelatzel
Gracula religiosa
Verbreitung: Indien, Sri Lanka, Andaman- und Nicobar-Inseln, Südchina, Hünan, Südostasien, Indonesien; an anderen Orten eingeführt
Habitat: Urwald
Länge: 30 cm

Dieser kräftig gebaute Beo ist glänzend schwarz gefärbt, hat goldgelbe Hautlappen am Kopf und einen weißen Flügelspiegel. Die Geschlechter ähneln einander. Dieser laute Vogel lebt außerhalb der Brutzeit in Gruppen von bis zu 6 Exemplaren. Wenn diese Vögel in Bäumen nach Nahrung suchen, bilden sie manchmal auch größere Gruppen. Der Beo bewohnt gewöhnlich Bäume und Sträucher und frißt Früchte (insbesondere Feigen und Beeren), Knospen, Nektar und außerdem Insekten und Eidechsen. Nur selten kommt er auf den Boden. Der Gesang des Beos ist sehr abwechslungsreich; die wildlebenden Exemplare ahmen keine Geräusche nach, doch in Gefangenschaft lernen Beos oft besser und deutlicher zu sprechen als Papageien.

Das Nest wird in ein Baumloch gebaut, oft in eine alte Spechthöhle. Beide Vögel bebrüten die 2–3 Eier und sorgen gemeinsam für die Jungen.

Dreifarben-Glanzstar
Spreo superbus (Lamprospreo s.)
Verbreitung: Afrika: von Äthiopien, Sudan bis Tansania
Habitat: Buschvegetation in der Nähe menschlicher Siedlungen
Länge: 18 cm

Diese sehr schön gefärbte Art hat metallisch schillernde grüne und blaue Federn. Männchen und Weibchen ähneln einander, aber junge Vögel sind auf Kopf, Nacken und Brust stumpfschwarz gefärbt. Die in Gemeinschaft lebenden Glanzstare haben keine Angst vor dem Menschen und kommen oft in Dörfer und Städte. Ihre Nahrung (Insekten und Beeren) suchen sie auf dem Boden.

Das Kugelnest wird aus Gras und Dornenzweigen gebaut, meist in einen Dornbusch oder in einen anderen Strauch. Manchmal wird auch ein Baumloch benutzt oder das verlassene Nest einer anderen Art. Das Gelege enthält meist 4 Eier.

Weberstar / Spinnenstar
Aplonis metallica
Verbreitung: von den Molukken über das Gebiet um Neuguinea bis zu den Bismarck- und Salomon-Inseln; überwintert an der Nordküste Australiens
Habitat: Regenwald
Länge: 25 cm

Der Weberstar hat ein glänzend schwarzes Gefieder, das purpur oder grün schillert, und ist außerdem an seinem langen, sich stark verjüngenden Schwanz und den roten Augen zu erkennen. Dieser gesellige und lärmende Vogel lebt hauptsächlich in Bäumen, sucht jedoch manchmal auch auf dem Boden nach Nahrung. Er ernährt sich überwiegend von Früchten und Insekten.

Der Weberstar nistet in Kolonien von bis zu 300 Paaren. Das große überdachte Nest wird aus Pflanzenranken gebaut und hängt an einem Ast. Ein Gelege besteht gewöhnlich aus 2–4 Eiern.

Gelbschnabel-Madenhacker
Buphagus africanus
Verbreitung: Afrika südl. der Sahara (nicht im äußersten Süden)
Habitat: trockenes offenes Gelände
Länge: 23 cm

Der Gelbschnabel-Madenhacker und der ihm ähnelnde Rotschnabel-Madenhacker (*B. erythrorhynchus*) sind in den afrikanischen Großwildreservaten eine alltägliche Erscheinung. Beide Arten haben sich darauf spezialisiert, Büffel, Zebras und andere große Säugetiere nach Zecken abzusuchen. Ihr schwerer Schnabel eignet sich ausgezeichnet dafür, und mit ihren starken, scharfen Klauen krallen sich die Vögel in der Haut der Säugetiere fest. Sie klettern geschickt auf ihnen herum und suchen sogar die Ohren und die Nasenlöcher ab. Auch Fliegen fressen sie. Wenn der Vogel aufgestört wird, stößt er einen Warnschrei aus und macht so seinen Wirt oft auf Gefahr aufmerksam. Die Geschlechter ähneln einander.

Das Nest liegt in einem Baumloch, in einem Felsen oder unter dem Dachrand eines Gebäudes. Das Gelege aus 2–5 Eiern wird ungefähr 12 Tage lang bebrütet.

Gelbschnabel-Madenhacker
Gemeinschaftsnester der Weberstare
Weberstar
Gemeiner Star
Dreifarben-Glanzstar
Beo
Rotschwingenstar ♂

Pirole, Drongos, Neuseeländische Lappenvögel

FAMILIE ORIOLIDAE: Pirole
Es gibt 28 Arten von Pirolen, die hauptsächlich in den tropischen Gebieten Afrikas, Asiens und Australiens leben. Sie sind wegen ihres klaren, wohltönenden Rufes bekannt. Nur eine Art, der Pirol, zieht im Sommer zum Brüten nach Europa. Pirole leben in Bäumen und suchen dort nach Insekten und Früchten. Sie haben starke, spitze Schnäbel und kurze, aber kräftige Beine. Bei den meisten Arten sehen die Geschlechter unterschiedlich aus; die Weibchen sind gewöhnlich gestreift und matter gefärbt als die Männchen.

Pirol

Oriolus oriolus

Verbreitung: brütet in Europa nördl. bis Südfinnland, Schweden und Großbritannien, Nordafrika, Asien; überwintert in Afrika und Nordwestindien
Habitat: Wald, bewaldete Gebiete, Obsthaine
Länge: 24 cm

Der Pirol hält sich in den Baumwipfeln auf, wo er Insekten und Früchte frißt; deshalb wird selbst das leuchtendgelb gefärbte Männchen nur selten gesehen. Der Vogel verrät seine Anwesenheit jedoch meist durch seinen wohltönenden Ruf, dem er seinen Namen verdankt; er antwortet auch auf Nachahmungen. Weibchen und junge Vögel sind blasser, haben eine gelbgrüne Oberseite und eine hellere, schmutzigweiße Unterseite. Der Pirol kommt nur selten auf den Boden und fliegt schnell und in einer wellenförmigen Flugbahn. Obwohl der Vogel noch einige Zeit nach dem Brüten (und während seiner Wanderung) in Familiengruppen zusammenbleibt, fliegt er gewöhnlich alleine oder in Paaren.

Während der Balz jagt das Männchen blitzschnell zwischen den Blättern hinter dem Weibchen her. Das Weibchen verrichtet die meiste Arbeit am Nest, das wie eine Hängematte mit den Rändern in eine Astgabel gehängt wird. Beide Vögel – meist jedoch das Weibchen – bebrüten die 3–4 Eier 2 Wochen lang und füttern die Jungen 2 weitere Wochen.

Timor-Feigenpirol

Sphecotheres viridis

Verbreitung: Nord- und Ostaustralien, Südneuguinea, Kai-Inseln
Habitat: Wald, Savanne, fruchttragende Bäume
Länge: 28 cm

Obwohl sich der Gelbkehl-Feigenpirol (*S. flaviventris*) vom Weißkehl-Feigenpirol (*S. vieilloti*) äußerlich stark unterscheidet, hat man vor kurzem festgestellt, daß beide Arten identisch sind. Infolgedessen wurden alle *Sphecotheres*-Arten von Timor bis in den Süden Neuguineas und von New South Wales zu einer Art zusammengefaßt – dem Timor-Feigenpirol *S. viridis*. Die Weibchen all dieser Formen sind matter gefärbt als die Männchen. Der Timor-Feigenpirol lebt in Bäumen und sucht in lärmenden kleinen Gruppen nach Feigen und anderen Früchten; er frißt auch Insekten, die er im Flug fängt. Das winzige napfförmige Nest wird aus kleinen Zweigen und Pflanzenschößlingen am Ende eines hohen Astes gebaut. Ein Gelege besteht gewöhnlich aus 3 Eiern.

FAMILIE DICRURIDAE: Drongos
Die in Bäumen lebenden Drongos kommen in den tropischen Gebieten Afrikas, Asiens und Australiens vor. Es gibt 20 Arten, von denen die meisten schwarz gefärbt sind, spitze Flügel und einen gerade abgeschnittenen oder gegabelten Schwanz besitzen, der oft mit langen Schmuckfedern ausgestattet ist. Drongos halten oft Ausschau nach Insekten und schießen in die Luft, um sie zu fangen. Sie sind gute Flieger, wenn auch nicht besonders ausdauernde. Manche Arten sind gute Imitatoren. Die Geschlechter ähneln einander, allerdings sind die Weibchen meist etwas kleiner.

Trauerdrongo

Dicrurus adsimilis

Verbreitung: Afrika südl. der Sahara, Fernando-Poo, Principe-Insel
Habitat: offenes Buschland, bewaldete Gebiete
Länge: 23–26 cm

Dieser charakteristische Drongo mit schwarzem Gefieder und tief gegabeltem Schwanz ist ein häufiger Bewohner fast jeder Art von Waldgebieten einschließlich Kokosplantagen. Er fliegt plötzlich von seinem Ausguck auf, um Insekten zu fangen, und kehrt danach zu seinem Sitz zurück. Er ernährt sich von einer großen Anzahl verschiedener Insekten, unter anderem von Schmetterlingen. Der Trauerdrongo fliegt schnell und sehr wendig.

Das aus Pflanzenstengeln gewobene Nest sitzt in einer Astgabel eines Baumes und enthält meist 3 Eier. Wie die anderen Drongos verteidigt auch dieser sein Nest sehr aggressiv und verjagt sogar wesentlich größere Vögel wie z. B. Greifvögel.

Flaggendrongo

Dicrurus paradiseus

Verbreitung: Indien, Sri Lanka, Andaman- und Nicobar-Inseln, Südwestchina, Hünan, Südostasien, Sumatra, Java, Borneo
Habitat: Wald, Kulturland
Länge: 33 cm

Die verlängerten äußeren Schwanzfedern mit den Wimpeln am Ende fügen der Körperlänge dieses Vogels noch einmal 32 cm hinzu. Das Weibchen hat etwas kürzere Schwanzfedern, ähnelt jedoch ansonsten dem Männchen. Der Flaggendrongo ist auch an seiner ausgeprägten Haube zu erkennen, die bei jungen Vögeln etwas kleiner ist. Es ist ein kräftig gebauter, lärmender Vogel, der hautpsächlich in der Dämmerung fliegende Insekten jagt, indem er aus den Baumwipfeln vorschießt. Unter anderem fängt er Schmetterlinge, Termiten und Libellen. Außerdem pickt er Larven aus den Baumstämmen und Ästen und frißt manchmal auch Eidechsen und sogar kleine Vögel. Blütennektar ist ebenfalls eine wichtige Nahrungsquelle dieses Vogels.

Das Nest besteht aus einem locker gebauten Napf, der auf einer Astgabel befestigt wird. Das Weibchen legt gewöhnlich 3 Eier, die vermutlich von beiden Eltern bebrütet werden. Auch füttern sie ihre Jungen gemeinsam. Der Flaggendrongo verteidigt Nest und Junge besonders hartnäckig.

Papua-Bergdrongo

Chaetorhynchus papuensis

Verbreitung: Neuguinea
Habitat: bewaldete Berghänge
Länge: 21 cm

Der Papua-Bergdrongo ist das einzige Familienmitglied, das nicht zur Gattung *Dicrurus* gehört. Er hat einen schweren, hakenförmig gekrümmten Schnabel und 12 statt 10 Schwanzfedern. Er hält von einem Sitz aus nach Insekten Ausschau und fliegt auf, um sie zu fangen. Der Bergdrongo ähnelt stark einem Monarchen, mit dem er auch häufig verwechselt wird.

FAMILIE CALLAEIDAE: Neuseeländische Lappenvögel
Die Lappenvögel, die ihren Namen den fleischigen, leuchtend gefärbten Hautlappen zu beiden Seiten des Schnabels verdanken, leben in den Wäldern Neuseelands. Sie haben lange, starke Beine und sind vermutlich mit den Staren verwandt. Es gibt 3 Arten, doch eine von ihnen, der Huia oder Lappenhopf (*Heteralocha acutirostris*), ist mittlerweile wahrscheinlich ausgestorben. Wie so viele andere inselbewohnende Vögel haben die Lappenvögel unter der Kolonisation Neuseelands und der damit verbundenen Einführung fremdländischer Tierarten sehr gelitten.

Lappenkrähe

Callaeas cinerea

Verbreitung: Neuseeland
Habitat: Wald
Länge: 38 cm Ⓖ Ⓑ

Die in Neuseeland „Kokako“ genannte Lappenkrähe hat ebenso wie die übrigen Familienmitglieder sehr unter der Einführung von Nage- und Raubtieren in Neuseeland gelitten, wie den Ratten, den Marderartigen und den Katzen, die Jagd auf Vögel und ihre Eier und Jungen machen. Die Unterart der Südinsel ist stark bedroht und möglicherweise schon ausgestorben, doch auf der Nordinsel sind die Lappenkrähen noch relativ gut vertreten, obwohl sie auch hier gefährdet sind. Die Unterart der Südinsel hat orangefarbene Lappen, die der Nordinsel blaue.

Die Lappenkrähe fliegt ebenso wie die anderen Arten nur selten; sie sucht ihre Nahrung auf dem Boden und in Bäumen, wo sie kraftvoll von Zweig zu Zweig springt. In seltenen Fällen segelt sie auch von einem Baum zum anderen. Ihre Nahrung besteht aus Blättern, Blüten, Früchten und Insekten. Die Lappenkrähe lebt meist in Pärchen oder kleinen Gruppen und macht sich durch ihren abwechslungsreichen, wohltönenden Ruf bemerkbar.

Das Reisignest wird mit Pflanzenteilen ausgepolstert und in eine Astgabel gebaut. Das Weibchen brütet die 2–3 Eier in ca. 25 Tagen aus, woraufhin beide Eltern die Jungen füttern, bis diese ca. 27 Tage nach dem Ausschlüpfen flügge sind.

Der dritte Lappenvogel, der Neuseeland-Lappenstar (*Creadion carunculatus*) ist ebenfalls ernstlich bedroht. Dieser einst weitverbreitete Vogel kommt heute nur noch auf einigen kleinen Inseln vor der Küste vor, auf denen keine Ratten leben.

Papua-Bergdrongo
Flaggendrongo
Pirol ♂
Timor-Feigenpirol
S. vieilloti ♂
Trauerdrongo
S. flaviventris ♂
Lappenkrähe

Flötenwürger, Schwalbenstare, Australische Schlammnestkrähen

FAMILIE CRACTICIDAE: Flötenwürger
Die 8–11 Arten dieser australischen Familie sind kräftig gebaute Vögel mit schweren, hakig gekrümmten Schnäbeln; ihr Gefieder ist meist schwarz, grau oder weiß. Sie halten sich hauptsächlich in Bäumen auf, machen großen Lärm und leben in Gruppen. Bei manchen Arten gleichen sich die beiden Geschlechter, bei anderen nicht.

Mangroven-Würgatzel

Cracticus quoyi

Verbreitung: Australien: Queensland, Küsten des Nordterritoriums; Neuguinea, Japen und Aru-Inseln
Habitat: Urwald
Länge: 32–36 cm

Die kecke, oft streitlustige Mangroven-Würgatzel sucht ihre Nahrung hauptsächlich auf dem Boden, wo sie auf ihren kurzen Beinen umherhüpft. Sie benutzt ihren scharfen, gekrümmten Schnabel, um Beutetiere auseinanderzureißen, die zu groß sind, um sie ganz hinunterzuschlukken, zum Beispiel große Insekten wie Heuschrecken und kleine wirbellose Tiere. Männchen und Weibchen sehen gleich aus und leben alleine oder in Familiengruppen. Das Reisignest wird auf eine Astgabel gebaut. Ein Gelege besteht aus 3–4 Eiern.

Schwarzrücken-Flötenvogel

Gymnorhina tibicen

Verbreitung: Südneuguinea, Australien, Tasmanien; eingeführt in Neuseeland
Habitat: offene Waldgebiete, Grasland, Parks, Gärten
Länge: 36–40 cm

Obwohl der Schwarzrücken-Flötenvogel in Bäumen nistet und schläft, sucht er seine Nahrung – Larven, Käfer und Heuschrecken – vor allem auf dem Boden. Er frißt aber auch Früchte und Pflanzenteile. Dieser Vogel lebt in Gruppen von mindestens 2 Paaren erwachsener Vögel, die von einem dominanten, polygamen Männchen geleitet werden. Die Geschlechter ähneln einander.

Das Nest befindet sich in einem Baum, und das Weibchen brütet die 3 Eier in 20–21 Tagen aus; es füttert auch die Jungen größtenteils alleine.

Würgerkrähe

Strepera graculina

Verbreitung: Australien: von Queensland bis Victoria; Lord-Howe-Insel
Habitat: Urwald, Baumgruppen in Parks, Vorstadtgebiete
Länge: 45 cm

Die Würgerkrähe lebt überwiegend in Bäumen und sucht dort nach Früchten, Insekten und Larven. Außerhalb der Brutzeit lebt der Vogel in Gruppen von bis zu 1000 Exemplaren und zieht laut rufend von einem Nahrungsgebiet zum anderen; manchmal sucht er auf dem Boden zwischen abgefallenen Blättern nach Insekten. Die Ansichten über diese Art sind geteilt; obwohl die Würgerkrähe riesige Mengen schädlicher Insekten beseitigt, die die Eukalyptusbäume schädigen, frißt sie im Sommer auch Früchte. Der Allesfresser vergreift sich außerdem an den Jungen und Eiern anderer Arten und raubt Küken aus Hühnerfarmen. Aus diesem Grund werden die Würgerkrähen und ihre engen Verwandten stark gejagt. Im Winter frißt der Vogel Beeren; außerdem ergänzt er seine Nahrung mit Samen und Aas. Er verdankt seinen Namen dem krähenähnlichen Aussehen und Verhalten und der Gewohnheit, wie die Würger Vorräte in Form aufgespießter Insekten anzulegen. Im Winter kommt die Würgerkrähe aus den Bergen in die Küstenebenen und in die Städte. Sie ruht auf gemeinschaftlichen Schlafplätzen.

Von August ab brütet der Vogel; das Reisignest sitzt oft hoch, bis in Höhen von 20 m, in einem Eukalyptusbaum. Das Nest wird mit Baumrinde und Grashalmen ausgefüttert. Das Gelege besteht aus 3–4 Eiern.

FAMILIE ARTAMIDAE: Schwalbenstare
Die 10 Arten der Schwalbenstare waren ursprünglich Bewohner Australasiens, die ihr Brutgebiet bis Indien und Südchina ausgebreitet haben. Ihr Körper ist gedrungen, die Flügel sind lang und spitz, und sie fliegen anmutig und wendig. Von einem festen Sitz aus machen die Schwalbenstare nach Fliegenschnäpperart auf Insekten Jagd. Männchen und Weibchen sehen einander sehr ähnlich. Es sind die einzigen Singvögel mit Puderdaunen. Außerdem können sie sich von Aufwinden kreiselnd nach oben tragen lassen, was für Singvögel sehr ungewöhnlich ist.

Weißbrust-Schwalbenstar

Artamus leucorhynchus

Verbreitung: Australien und Neuguinea, Philippinen, Andaman-, Palau- und Fidschi-Inseln
Habitat: bewaldete Gebiete, Mangrovensümpfe
Länge: 17 cm

Weißbrust-Schwalbenstare leben in Gruppen von mindestens 10 Vögeln. Sie sitzen oft dicht beieinander auf einem Ast und warten auf Beute. Gemeinsam greifen sie vorüberfliegende Vögel an. Einzelne Exemplare verfolgen Insekten und kehren zu ihrem Sitz zurück, um dort die Beute zu verspeisen. Wenn es zu wenig fliegende Insekten gibt, suchen diese Schwalbenstare auf dem Boden nach Insekten und Larven.

Das Brutpärchen baut ein napfförmiges Nest in die Gabel eines Baumes, eines hohlen Aststumpfes oder Stammes und manchmal auch in das verlassene Nest einer Drosselstelze. Das Gelege von 3–4 Eiern wird von beiden Eltern ca. 19 Tage lang bebrütet.

Weißbrauen-Schwalbenstar

Artamus superciliosus

Verbreitung: Australien: brütet in Victoria, New South Wales bis Südostqueensland; überwintert auf dem ganzen Kontinent
Habitat: trockenes Buschland, Savanne
Länge: 18–20 cm

Dieser besonders nomadische Vogel schwärmt außerhalb der Brutzeit über das Festland aus, oft in Gesellschaft anderer Schwalbenstararten, vor allem der des Masken-Schwalbenstars (*A. personatus*). Auch sitzt er in Gruppen auf einem Ast und wartet auf vorbeifliegende Insekten. Das Weibchen ist matter gefärbt und hat nicht so ausgeprägte Augenbrauenstreifen wie das Männchen.

Das Nest befindet sich in einem Baum oder Baumstumpf und wird aus Zweigen und trockenem Gras gebaut; manchmal wird auch das alte Nest einer Drosselstelze benutzt. Die 2–3 Eier werden ca. 16 Tage lang von beiden Eltern bebrütet.

FAMILIE GRALLINIDAE: Australische Schlammnestkrähen
Zur Familie der Australischen Schlammnestkrähen gehören 4 in Australien und auf Neuguinea beheimatete Arten, die in 2 Unterfamilien aufgeteilt werden. Alle 4 Arten bauen große Baumnester aus Schlamm. Die eine Unterfamilie umfaßt die Drosselstelze und die Papua-Drosselstelze (*Gralina bruijni*), beides Vögel, die eine auffällige Schwarzweißzeichnung tragen; die andere besteht aus dem Gimpelhäher und der Bergkrähe (*Corcorax melanochamphos*).

Drosselstelze

Grallina cyanoleuca

Verbreitung: Australien
Habitat: offene Waldgebiete, Parks
Länge: 25–28 cm

Die auffällig schwarzweiß gefärbte Drosselstelze lebt überwiegend auf dem Boden, wo sie Insekten sucht. Sie ist nicht scheu und in der Nähe von menschlichen Siedlungen und an Straßen häufig anzutreffen. Viele der Insekten, die sie frißt, werden vom Menschen als Schädlinge betrachtet; außerdem ernährt sie sich von Süßwasserschnecken, dem Wirt des Leberegels, der oft auf Rinder und Schafe übertragen wird. Beim Weibchen sind im Gegensatz zum Männchen Kehle und Stirn weiß, doch fehlen die weißen Felder über und unter dem Auge.

Ein Paar bleibt das ganze Leben lang zusammen; es nistet, wenn möglich, immer wieder im gleichen Baum, gemeinsam mit mehreren anderen Paaren und – vor allem in trockenen Gegenden – oft in der Nähe von Süßwasser. Das napfförmige Nest besteht aus Schlamm und wird auf einen Ast gebaut. Beide Eltern bebrüten die 3–5 Eier und füttern auch die Jungen. Nach 4 Wochen sind die jungen Vögel selbständig.

Gimpelhäher

Struthidea cinerea

Verbreitung: Australien: Victoria, New South Wales, Queensland
Habitat: offene Waldgebiete, Buschvegetation, Kulturland
Länge: 33 cm

Der Gimpelhäher lebt gewöhnlich in Gruppen von 12 Vögeln; dies trug ihm den englischen Namen „Apostelvogel" ein. Solch eine Gruppe, die sogar in der Brutzeit zusammenbleibt, wird von einem dominierenden Paar oder Männchen geleitet. Meist sucht der Vogel seine Nahrung – Insekten und Samen – auf dem Boden, aber manchmal auch zwischen den Ästen von Bäumen. Er fliegt nur über kurze Entfernungen.

Das napfförmige Schlammnest wird mit Gras ausgekleidet; man findet es oft neben anderen Nestern in einem Baum in der Nähe eines Bauernhofes. Das Weibchen legt 4–5 Eier, und manchmal legen mehrere Weibchen ihre Eier in ein Nest; die Brutzeit beträgt 19 Tage. Die Jungen werden von allen Mitgliedern der Gruppe gefüttert.

Weißbrust-Schwalbenstar
Weißbrauen-Schwalbenstar ♂
Mangroven-Würgatzel
Schwarzrücken-Flötenvogel
Würgerkrähe
Gimpelhäher
Drosselstelze ♂

Laubenvögel, Paradiesvögel

FAMILIE PTILONORHYNCHIDAE:
Laubenvögel
Die 17 oder 18 Arten der Laubenvögel kommen alle in Neuguinea und in Australien vor und sind eng mit den Paradiesvögeln verwandt, die auch aus diesen Gebieten stammen. Laubenvögel haben einen kräftigen, geraden oder gebogenen Schnabel und starke Beine. Sie verbringen viel Zeit auf dem Boden, nisten jedoch in den Bäumen und suchen dort auch nach Nahrung. Die Weibchen sind viel schlichter gefärbt, meist braun und grau. Viele Arten sind polygam.

Die Familie verdankt ihren Namen den Lauben, die die Männchen der meisten Arten bauen. Das Männchen baut auf dem Boden ein „Ziergärtchen", das es mit glitzernden und bunten Gegenständen ausschmückt, um die Aufmerksamkeit des Weibchens auf sich zu lenken. Allgemein gilt: Je schöner die Laube ist, um so unauffälliger ist das Männchen gefärbt. Die Laube dient jedoch nie als Nest; die Jungen wachsen in napfförmigen Nestern alleine auf oder werden vom Weibchen großgezogen.

Gelbhaubengärtner

Amblyornis macgregoriae
Verbreitung: Gebirge auf Neuguinea (nicht im Nordwesten)
Habitat: Urwald
Länge: 25 cm

Das Männchen dieser Art ist an seinem leuchtend orangefarbenen Schopf zu erkennen, ist jedoch ansonsten schlicht gefärbt. Das Weibchen ähnelt dem Männchen, nur fehlt ihm der Schopf. Dies ist ein häufig vorkommender, aber scheuer Vogel, der sich von Früchten ernährt. Die Laube besteht aus einer schalenförmigen Erhöhung aus Moos mit einem „Maibaum", einem Türmchen aus kleinen Zweigen. Der Maibaum und der Außenrand der Erhöhung werden geschmückt. Die Laube wird jeden Tag gepflegt, ausgebessert und gereinigt. Sobald das Männchen ein Weibchen angelockt hat, balzt es und verfolgt das Weibchen, um sich mit ihm zu paaren.

Das Weibchen baut ein einfaches, zweckmäßiges Napfnest in einen Baum und brütet sein einziges Ei selbst aus.

Seidenlaubenvogel

Ptilonorhynchus violaceus
Verbreitung: Australien: von Queensland bis Victoria
Habitat: Urwald
Länge: 27–33 cm

Das schwarze Gefieder des Männchens schimmert violett, daher der Name. Das Weibchen ist überwiegend olivgrün gefärbt, und das Gefieder hat einen gelben Schimmer. Außerhalb der Brutzeit ist der Seidenlaubenvogel laut und gesellig; er frißt Früchte und Insekten und sucht manchmal Osthaine heim. Der Vogel verfügt über ein großes Repertoire an Rufen und ahmt auch andere Geräusche nach. Die Balzlaube besteht aus einer „Allee" von aufrechtstehenden Zweigen, die miteinander verflochten sind. Der Eingang und die Seitenwände werden üppig mit Beeren, Blumen und anderen farbigen Gegenständen geschmückt. Blau wird dabei bevorzugt; selbst kleine Stückchen Glas, Papier und Plastik dieser Farbe werden gesammelt. Auch bemalt das Männchen die Wände mit einer Mischung aus Pflanzensaft und Speichel. Wenn ein Weibchen Interesse zeigt, tanzt das Männchen in seiner Laube, indem es die Flügel abwechselnd hängen läßt und aufrichtet und die Federn aufplustert.

Das Weibchen baut ein Nest aus Zweigen und Blättern oben in einem Baum, oft zwischen Mistelzweigen. Es legt 2 Eier, die es in 19–23 Tagen ausbrütet.

FAMILIE PARADISAEIDAE: Paradiesvögel
40–42 Arten dieser sehr treffend als Paradiesvögel bezeichneten Familie sind bekannt. Zu ihr gehören die Vögel mit dem prachtvollsten Gefieder. Paradiesvögel bevölkern die Regenwälder Neuguineas, der Molukken und Nordaustraliens. Sie ernähren sich von Früchten, Beeren, Insekten, Fröschen und Eidechsen. Die Männchen sind berühmt für ihr außergewöhnlich farbenfrohes und sehr abwechslungsreiches Federkleid, das oft mit langen Kopf- und Schwanzschmuckfedern versehen ist. Sie unterscheiden sich von den Laubenvögeln vor allem durch ihr Balzverhalten: Sie prunken mit ihrem Gefieder und führen komplizierte Balztänze auf, um die Weibchen anzulocken; manche Arten sperren sogar ihren Schnabel auf, um dessen schöne Innenseite zu zeigen.

Wimpelträger / Albert-Paradiesvogel

Pteridophora alberti
Verbreitung: Berge Neuguineas
Habitat: Regenwald
Länge: 23 cm

Das Männchen des Wimpelträgers hat zu beiden Seiten seines Kopfes einen langen, fadenartigen Federschaft mit einer Anzahl horniger Plättchen; diese Federn sind 2– bis 3mal so lang wie der Körper. Das Männchen wählt als Balzplatz einen hochgelegenen Ast, stellt seine Kopffedern auf und springt zischend auf und nieder, wobei die Rückenfedern abwechselnd aufgestellt und angelegt werden; dies ist ein sehr schönes Schauspiel. Wenn das Weibchen näherkommt, schwenkt das Männchen seine langen Kopffedern vor ihm und folgt ihm dann, worauf sich die beiden Vögel paaren. Wegen seiner prachtvollen Federn wurde der Wimpelträger stark gejagt, so daß er zu dem Zeitpunkt, als dies verboten wurde, vom Aussterben bedroht war. Das Weibchen ist graubraun gefärbt und an der Unterseite weiß mit schwarzen Streifen. Der Wimpelträger lebt in der mittleren und oberen Etage des Waldes und ernährt sich von Früchten.

Grüne Manukode

Manucodia chalybata
Verbreitung: Neuguinea, Misoöl-Insel
Habitat: Regenwald
Länge: 37 cm

Die Grüne Manukode ist schwarz mit einem Purpurschimmer und hat gelockte, grüne Federn auf Kopf und Kehle. Die Geschlechter sehen gleich aus und haben nicht die auffälligen Schmuckfedern, die so kennzeichnend für andere Arten dieser Familie sind. Der Vogel bewohnt die mittleren und oberen Etagen des Waldes und ernährt sich von Früchten.

Die Grüne Manukode ist monogam und nistet auf Astgabeln. Das Weibchen legt vermutlich nur 1 Ei. Das Männchen hilft beim Brüten.

Königsparadiesvogel

Cicinnurus regius
Verbreitung: Neuguinea; Inseln Japen, Misoöl, Salawati und Aru-Inseln
Habitat: Regenwald im Tiefland
Länge: 30 cm einschließlich Schwanz

Der prachtvolle zinnoberrote Königsparadiesvogel hat 2 fadenartige, leierförmige Schwanzfedern mit jeweils einem metallischgrünen Wimpel und an jeder Schulter einen Fächer. Beim Weibchen fehlen die Schwanzfäden, und es ist braun gefärbt mit kastanien- und olivfarbenen Rändern an den Federn. In allen Baumetagen des Waldes sucht der Vogel hauptsächlich nach Früchten. Das Männchen wählt einen horizontalen Ast als Balzplatz aus, wo es manchmal mehrere Wochen verbringt. Um eine Partnerin anzulocken, nimmt es viele Balzposen ein; unter anderem richtet es die Schwanzfedern auf, hängt mit dem Kopf nach unten und zittert mit den Flügeln. Die ist die einzige Art unter den Paradiesvögeln, bei der das Weibchen sein Nest in eine Baumhöhle baut. Es brütet die 2 Eier vermutlich in 12 Tagen aus.

Seidenband-Paradiesvogel

Astrapia mayeri
Verbreitung: Berge von Zentralneuguinea
Habitat: Regenwald
Länge: GL 1,2 m; SL bis zu 90 cm

Die bandförmigen mittleren Schwanzfedern sind das Hauptmerkmal des Männchens dieser Art, das überwiegend schwarz gefärbt ist; das Gefieder hat grünglänzende Felder. Die Schwanzfedern spielen eine wichtige Rolle beim Balzritual; das Männchen bewegt dann seine Schleppe ruckartig hin und her. Das glänzend braun, schwarz und grün gefärbte Weibchen hat einen viel kürzeren Schwanz.

Der Seidenband-Paradiesvogel wurde erst 1938 entdeckt und bewohnt ein sehr begrenztes Gebiet im zentralen Hochland von Neuguinea. Zwischen den Ästen hoher Bäume sucht der Vogel nach Früchten. Das flache, napfförmige Nest wird auf einem Bett aus Blättern, Moos und den Ranken von Lianen gebaut.

Blauer Paradiesvogel

Paradisaea rudolphi
Verbreitung: Berge im Südosten von Neuguinea
Habitat: Regenwald
Länge: GL 28 cm; SL ca. 35 cm

Das Männchen dieser Paradiesvogelart hat eine samtschwarze Brust, lange Flankenfedern, die wie Spitzen aussehen, und „Steuerfedern„: schmale, bänderartige Schwanzfedern, die eine wichtige Rolle beim Balztanz spielen. Das Weibchen ist wesentlich schlichter gefärbt. Das balzende Männchen hängt mit ausgebreiteten Seitenfedern und anmutig gebogenen Schwanzfedern kopfunter an einem Ast; in dieser Haltung schaukelt es auf und ab und zeigt seinen schwarzen Brustschild. Sein Balzruf klingt unangenehm heiser. Das Weibchen baut das Nest in einen niedrigen Baum und legt 1 Ei.

Balzhaltung
Blauer Paradiesvogel ♂
Grüne Manukode
Seidenlaubenvogel ♂ mit Laube
Seidenband-Paradiesvogel ♂
Königsparadiesvogel ♂
Wimpelträger ♂
Gelbhaubengärtner ♂ mit Laube

Rabenvögel

FAMILIE CORVIDAE: Rabenvögel
Die 103–105 Arten der Krähen, Häher und Elstern bilden eine hochentwickelte und sehr erfolgreiche Familie von robusten, intelligenten und sehr anpassungsfähigen Singvögeln. Sie kommen in der ganzen Welt vor, mit Ausnahme von Neuseeland und einigen Ozeaninseln.

Alle Mitglieder dieser Familie sind groß und haben für Singvögel ungewöhnlich kräftige, oft gekrümmte Schnäbel. Mit ihren starken Beinen können sie sich schnell über den Boden fortbewegen; auch sind sie gute Flieger. Die in bewaldeten Gebieten lebenden Häher sind die farbenfrohsten Arten der Familie. Tannenhäher sind gefleckt, während Elstern, Raben und Krähen überwiegend schwarz gefärbt sind. Die Geschlechter sehen sich sehr ähnlich.

Amerikanische Krähe

Corvus brachyrhynchos

Verbreitung: Südkanada, USA
Habitat: offenes Gelände, Ackerland, offenes Waldland, Waldränder, Parks
Länge: 43–53 cm

Diese schwarze, gedrungene Krähe ist außergewöhnlich zahlreich und weitverbreitet; sie paßt sich den meisten Lebensräumen gut an. Als (nahezu) Allesfresser ernährt sie sich von Insekten, Spinnen, Fröschen, Reptilien, kleinen Säugetieren, Vögeln, deren Eiern und Jungen und Aas. Sie sucht ihre Nahrung vor allem auf dem Boden, manchmal aber auch in Bäumen. Außerdem frißt die Krähe Getreidekörner, Früchte und Nüsse und wühlt im Abfall. Der Vogel sucht gewöhnlich in Paaren nach Nahrung, obwohl man in der Brutzeit auch einzelne Männchen beobachten kann.

Das Reisignest sitzt in einem Baum, einem Strauch oder in seltenen Fällen auch auf einem Telefonmast. Die 3–6 Eier werden innerhalb von ca. 18 Tagen ausgebrütet, vermutlich vom Weibchen. Die nördlichen Populationen ziehen im Winter in den Süden. Das europäische Gegenstück, die Aaskrähe (*C. corone*), ähnelt in vielen Eigenschaften der amerikanischen Art und ist ebenso zahlreich wie diese.

Saatkrähe

Corvus frugilegus

Verbreitung: Europa, Nordasien, östl. bis China
Habitat: offenes Gelände und Ackerland mit vereinzelten Baumgruppen, kleine Wälder
Länge: 45 cm

Die glänzendschwarze Saatkrähe erkennt man an der nackten Haut der Schnabelwurzel und an den lockeren „Hosen„-Federn. Sie ernährt sich hauptsächlich von Getreidekörnern, Regenwürmern und Larven, die sie aus dem Boden wühlt und mit dem Schnabel packt. Die nackte Stirn verhindert dabei die Beschmutzung des Gefieders. Insekten und andere wirbellose Tiere, kleine Säugetiere, junge Vögel, Eier, Nüsse und Früchte verschmäht sie auch nicht. Die Saatkrähe sucht ihre Nahrung hauptsächlich auf dem Boden, fliegt jedoch auch in Bäume, um beispielsweise Nüsse zu sammeln. Saatkrähen leben in Gruppen; vor allem im Herbst und Winter versammeln sich manchmal sehr viele Vögel auf dem gemeinschaftlichen Schlafplatz oder in dessen Nähe. Der Schlafplatz wird übrigens oft mit anderen Krähen geteilt, vor allem mit Dohlen (*C. monedula*).

Saatkrähen nisten in Kolonien in den Wipfeln hoher Bäume, meist in halboffenem Gelände mit kleinen Wäldchen, unter anderem mit Pappelbepflanzung. Jedes Paar baut ein Reisignest. Das Baumaterial versuchen die Vögel oft ihren Nachbarn zu entwenden. Das Männchen füttert sein Weibchen, während dieses 16–18 Tage auf den 3–5 Eiern sitzt. Die Jungen werden von beiden Eltern gepflegt und gefüttert. Junge Vögel haben im ersten Lebensjahr noch keine nackte Gesichtshaut. Die im Norden und Osten brütenden Vögel ziehen im Winter in Massen in den Südwesten.

Höhlenhäher

Pseudopodoces humilis

Verbreitung: China
Habitat: offenes, sandiges Gelände
Länge: 20 cm

Der Höhlenhäher gehört zu einer ungewöhnlichen Gruppe auf dem Boden lebender Rabenvögel. Er läuft schnell auf seinen langen Beinen und hat einen starken Schnabel, mit dem er im Boden herumstochert, um nach Insekten zu suchen.

Der Vogel gräbt seine Nisthöhle in den Erdboden, in die das Weibchen 4–6 Eier legt.

Elster

Pica pica

Verbreitung: Europa bis Nordafrika; Asien bis zum Himalaya und bis zum äußersten Norden Südostasiens; Alaska, Westkanada und USA bis Utah
Habitat: offenes Gelände mit Bäumen, Waldrand, Grasland
Länge: 44–57 cm

Die lebhafte Elster ist schwarzweiß gefärbt und hat einen langen Schwanz; die vielen Unterarten unterscheiden sich leicht in der Färbung; einige haben einen deutlich erkennbaren grünlichen, purpurnen oder goldfarbenen Schimmer. Elstern suchen vor allem auf dem Boden nach Insekten, Gehäuse- und Nacktschnecken und Spinnen, fressen jedoch auch Getreide, kleine Säugetiere, Eier und Aas. In Bäumen suchen sie nach Früchten, Nüssen und jungen Vögeln. Einige Elstern bleiben das ganze Jahr über in ihrem Brutterritorium, gewöhnlich in Paaren oder kleinen Gruppen. Außerhalb der Brutzeit sammeln sie sich zu größeren Gruppen auf einem gemeinschaftlichen Schlafplatz.

Das große überdachte Nest sitzt gewöhnlich in einem Baum oder Strauch, und manchmal fängt ein Pärchen schon mitten im Winter mit dem Nestbau an. Während das Weibchen 17–18 Tage auf den 5–8 Eiern sitzt, bringt das Männchen ihm Nahrung.

Blauhäher

Cyanocitta cristata

Verbreitung: Südostkanada, Osten der USA bis zum Golf von Mexiko
Habitat: bewaldete Gebiete, städtische Parks, Gärten
Länge: 30 cm

Dieser Häher ist überwiegend blau gefärbt, doch hat er schwarze und weiße Flügel- und Schwanzfedern und eine schwarze Gesichtszeichnung. Er sucht auf dem Boden und in Bäumen nach Nüssen, Samen, Getreide, Früchten, Beeren, Insekten und Wirbellosen und frißt außerdem die Eier und die Jungen anderer Vogelarten. Im Sommer streift er in Familiengruppen umher, und im Herbst sammeln sich größere Gruppen. Blauhäher sind ziemlich laut, und sie greifen in kleinen Gruppen Raubtiere und andere Eindringlinge an, ein Verhalten, das bei mehreren Arten von Rabenvögeln beobachtet werden kann.

Das Nest sitzt in einem Baum oder Strauch; das Weibchen brütet die 2–6 Eier in 16–18 Tagen aus. Das Männchen füttert es unterdessen und hilft auch bei der Aufzucht der Jungen.

Peru-Grünhäher

Cyanocorax yncas

Verbreitung: USA: Südtexas; über Mexiko, Mittel- und Südamerika bis Brasilien und Bolivien
Habitat: Wald, bewaldete Gebiete, Baumgruppen
Länge: 30 cm

Der leuchtendgrün, gelb und blau gefärbte Peru-Grünhäher ist im Flug leicht an den grüngelben Schwanzfedern zu erkennen. Die vielen Unterarten innerhalb des riesigen Verbreitungsgebietes weisen leichte Farbunterschiede auf. Die meist in Paaren oder kleinen Gruppen lebenden Vögel ernähren sich von Insekten, außerdem von Eicheln, Samen und manchmal auch von Eiern und den Jungen anderer Vögel.

Das Weibchen legt 3–5 Eier in ein Baum- oder Strauchnest und brütet diese aus. Beide Eltern sorgen für die Jungen.

Eichelhäher

Garrulus glandarius

Verbreitung: von Europa bis Nordafrika; Asien, südl. bis Burma, China und Taiwan
Habitat: Wald, bewaldete Gebiete, Obstgärten
Länge: 34 cm

Von dieser Art gibt es innerhalb ihres riesigen Verbreitungsgebietes außergewöhnlich viele Variationen; die europäische Form hat einen rosabraunen Körper und eine schöne Flügelzeichnung aus blauen und schwarzen Streifen. In Paaren oder in kleinen Gruppen streift dieser Vogel umher und sucht in Bäumen und auf dem Boden nach Insekten und anderen Wirbellosen wie Spinnen, Nackt- und Gehäuseschnecken, außerdem auch nach Eicheln, Beeren und Getreidekörnern. Auch junge Vögel werden nicht verschmäht.

Das Weibchen brütet die 3–7 Eier in 16–19 Tagen in einem Baumnest aus; das Männchen füttert das Weibchen während dieser Zeit und bringt auch Nahrung für die Brut, bis das Weibchen in der Lage ist, ihm dabei zu helfen. Manchmal sind bei uns im Herbst große Züge dieser Vögel zu sehen.

Blau-Schweifkitta

Urocissa ornata

Verbreitung: Sri Lanka
Habitat: Wald, Gärten
Länge: 46 cm

Diese kastanienrot und blau gefärbte Kitta lebt alleine, in Paaren oder in kleinen Gruppen und sucht in Bäumen und auf dem Boden nach Insekten, Wirbellosen und Früchten.

Die 3–5 Eier werden in ein Nest in einem kleinen Baum gelegt.

Amerikanische Krähe
Elster
Peru-Grünhäher
Höhlenhäher
Saatkrähe
Blau-Schweifkitta
Blauhäher
Eichelhäher

Reptilien, Überlebende einer prähistorischen Zeit

Die Reptilien, die heute auf der Erde kriechen, graben, klettern und schwimmen, sind die Überlebenden eines großangelegten Versuches der Evolution mit Reptilienformen. Aus den ersten Amphibien entwickelte sich vor ca. 300 Millionen Jahren eine Vielzahl von Arten landbewohnender Wirbeltiere. Diese frühen Reptilienformen haben einen weitreichenden Einfluß auf die weitere Evolution der Wirbeltiere gehabt. Von jenen Urreptilien stammen unsere heutigen Reptilien ab. Außerdem waren diese auch die Vorfahren vieler eindrucksvoller Formen, die sich aus unserer heutigen Sicht als evolutionäre Sackgassen darstellen, so etwa der einst so mächtigen Dinosaurier, der geflügelten Pterosaurier, der schwimmenden Ichthyosaurier und der kriechenden Plesiosaurier. Aus diesem komplizierten Stammbaum der Reptilien-Urformen entwickelten sich die Vorfahren der beiden anderen Gruppen höherer Wirbeltiere: die Säugetiere und die Vögel. So sind die Reptilien das Bindeglied zwischen den Amphibien – den ersten Landbewohnern – und den am weitesten entwickelten und kompliziertesten Wirbeltieren.

Es gibt verschiedene Systeme zur Klassifikation der Kriechtiere (Reptilia). Die meisten kennen 16 oder 17 Ordnungen, die entweder ausschließlich aus Fossilien bestehen oder Fossilien und heute lebende Tiere umfassen. Nur 4 Ordnungen enthalten heute lebende Reptilien: Schildkröten, Krokodile, Squamata – zu denen alle Echsen, Schlangen und Schleichen gehören – und die Ordnung Rhynchocephalia mit nur einem einzigen lebenden Vertreter, der Brückenechse. Obwohl diese 4 Ordnungen nur einen Bruchteil der Formenvielfalt der Vergangenheit enthalten, geben sie doch einen gewissen Eindruck vom Formenreichtum der Reptilien.

Die Schildkröten sind eine vielgestaltige und erfolgreiche Reptiliengruppe mit ca. 230 Arten. Sie haben einen kurzen, breiten Körper, der von einem Knochenpanzer umgeben ist, unter den sie Kopf, Schwanz und Pfoten mehr oder weniger weit zum Schutz einziehen können. Dieser Schutzpanzer besteht aus Knochenplatten, die mit starken Hornschilden bedeckt sind, vergleichbar den Schuppen anderer Reptilien. Schildkröten besitzen keine Zähne; sie fressen Pflanzen oder Beutetiere, indem sie sie mit den scharfen Rändern ihrer Mäuler packen, die sich aus dem Ober- und Unterkiefer entwickelt haben.

Krokodile und ihre Verwandten sind die einzigen noch lebenden Vertreter der Großsaurier (Archosauria); diese waren in der Zeit von vor ca. 200 Millionen Jahren bis vor 63–70 Millionen Jahren als Dinosaurier und Flugsaurier die dominierenden Landtiere der Erde. Die charakteristischen langgestreckten Krokodile mit ihrem schweren Kopf sind seit ca. 200 Millionen Jahren erfolgreiche Raubtiere und heute die größten lebenden Reptilien. Sie sind allesamt Fleischfresser, ausgerüstet mit Reihen scharfer, stiftförmiger Zähne, die bei Verschleiß immer wieder nachwachsen.

Echsen, Schlangen und die grabenden Schleichen bilden zusammen die Ordnung Squamata („Geschuppte"). Die Echsen mit ihrem langgestreckten, schlanken Körper und dem langen Schwanz können unter äußerst unterschiedlichen Umweltbedingungen leben. Unter ihnen gibt es ausgezeichnete Graber, Läufer, Schwimmer und Kletterer. Einigen Arten können mit ihren „Flügeln", die von Rippen gestützt werden, sogar einen kurzen Gleitflug ausführen. Die meisten Echsen sind Fleischfresser; sie fressen Wirbellose und kleine Wirbeltiere. Es gibt aber auch ein paar Pflanzenfresser unter ihnen. Einige Schlangen, die keine äußeren Gliedmaßen besitzen, haben die am besten angepaßten Schädel unter den Wirbeltieren; die enorme Beweglichkeit desselben ermöglicht es ihnen, auch große Beutetiere leicht zu verschlingen. Manche besitzen außerdem äußerst wirksame Giftzähne und Giftdrüsen. Andere Schlangenarten umschlingen ihre Beute mit ihren langen, schlanken Körpern, bis sie erstickt.

Die letzte Ordnung lebender Reptilien enthält nur eine Art, die neuseeländische Brückenechse. Diese scheint sich während der vergangenen 200 Millionen Jahre in bezug auf ihre Hauptmerkmale kaum verändert zu haben.

In jeder der 4 Ordnungen lebender Reptilien finden wir einige Anpassungen, die im Vergleich mit den Amphibien einen deutlichen Fortschritt darstellen. Die wahrscheinlich wichtigsten darunter beziehen sich auf die Temperaturregulation, die Hautstruktur und die Fortpflanzung.

Wie die Amphibien sind auch die Reptilien kaum in der Lage, ihre Körpertemperatur unabhängig von äußeren Wärmequellen zu regulieren. Doch haben sie eine große Zahl von Verhaltensweisen entwickelt, die es ihnen ermöglichen, den Einfluß äußerer Wärmequellen (Sonne, heiße Felsen) zur Regulation der eigenen Körpertemperatur zu nutzen. Mit Hilfe bestimmter Haltungen und Aktivitäten in der Nähe von Wärmequellen können Reptilien eine hohe Körpertemperatur entwickeln und diese auch bis zu einem gewissen Grad regulieren. Da sie jedoch in bezug auf ihre Körperwärme letztlich von der Sonne abhängig sind, lebt die überwiegende Mehrheit der Reptilienarten in tropischen und gemäßigt warmen Klimazonen.

Bei den Amphibien spielt die feuchte Haut eine wichtige Rolle für die Atmung. Die beschuppte Haut der Reptilien hingegen ist ziemlich wasserundurchlässig; sie bildet einen ausgezeichneten Schutz gegen physische und chemische Einflüsse.

Eine der wichtigsten Errungenschaften der Reptilien ist jedoch ihr dotterreiches, von einer Schale umgebenes Ei. Dieses Ei ermöglichte es den Wirbeltieren erstmalig, die Entwicklung der Embryos auf das Land zu verlegen.

Da die Eier von einer Schale umschlossen sind, wurde hier erstmals die innere Befruchtung notwendig – dabei werden die Eizellen befruchtet, bevor sie sich im Eileiter mit Eiweiß und Schale verbunden haben. Männliche Reptilien besitzen fast immer ausstülpbare Kopulationsorgane, mit denen sie das Sperma in die Kloake des Weibchen bringen. Von dort steigen die beweglichen Samenzellen durch die Eileiter auf. Männliche Schildkröten und Krokodile besitzen wie die Säugetiere nur *ein* Kopulationsorgan (Penis). Neu sind die paarigen Kopulationsorgane (Hemipenis) der Echsen und Schlangen. Bei der Paarung werden beide Organe ausgestülpt, doch nur eines davon, nämlich dasjenige, das dem Kloakenspalt des Weibchens am nächsten liegt, wird in die Kloake eingeführt. Das Sperma wird durch eine Röhre im ausgestülpten männlichen Organ in die weibliche Kloake befördert. Im Ruhezustand sind die Hemipenis eingezogen und nach innen gestülpt, was den angeschwollenen Schwanzansatz bei männlichen Schlangen und Eidechsen erklärt. Die Bildung dieses ausstülpbaren Kopulationsorgans ist nicht unbedingt erforderlich, wie die Brückenechse beweist, die – ebenso wie die meisten Vögel – kein solches Organ besitzt; bei ihr überträgt das Männchen das Sperma, indem es seine Kloakenöffnung einfach auf die des Weibchens drückt. Oft bleiben bei Reptilien die im Eileiter aufgenommenen Samenzellen lange lebensfähig; sie können noch nach Monaten oder gar Jahren reife Eizellen befruchten. Bei Schildkröten und Schlangen konnte man verzögerte Befruchtungen von mehr als 3 Jahren nach der letzten Kopulation nachweisen.

Gewöhnlich beginnt die Entwicklung des Embryos bei den Reptilien erst nach der Eiablage; sie ist außerdem von der Temperatur der Umgebung abhängig. Innerhalb gewisser Grenzen beschleunigen höhere Temperaturen die Entwicklung. Dennoch brüten Reptilien ihre Eier nie aus; nur bei wenigen Arten schützen die Weibchen die Eier, bis die Jungen ausschlüpfen. Bei einigen großen Schlangenarten erzeugen die Weibchen, indem sie sich um die Eier winden und ringeln, durch Muskelvibrationen zusätzliche Wärme. Da die Eier auf dem Land abgelegt werden und äußerst dotterreich sind, ist die Entwicklung der Embryos sehr kompliziert. An den Teilungen der Eizelle nimmt das Dotter keinen Anteil, so daß das Embryo auf dem Dottersack zu treiben scheint. Schon in einem frühen Entwicklungsstadium wachsen seitliche Falten des Eihäutchens über den Keim hinweg, so daß eine mit Flüssigkeit gefüllte Blase (Amnion) entsteht, in der der Keim sich entwickelt. Aus einer Ausstülpung der embryonalen Kloake entsteht ein zweites Häutchen, die Urblase. Diese nimmt die Stoffwechselendprodukte des Embryos auf, wächst weiter und breitet sich unter der Eierschale aus. Das wichtigste Organ für den Gasaustausch ist die Urblase – sozusagen die embryonale Lunge –, in deren Wänden sich zahlreiche Blutgefäße befinden. Die Nährstoffe für die gesamte Entwicklungszeit des Embryos sind im Ei in Form von Dotter und Eiweiß enthalten. Wasser nehmen die Eier von Echsen und Schlangen, die eine weiche Schale haben, aus der Umgebung auf; bei den hartschaligen Eiern der Schildkröten, Krokodile und Geckos verhält sich dies anders. Durch Auswahl eines geeigneten Platzes für die Eiablage sorgt das Weibchen für die notwendige Feuchtigkeit. Die Jungen sind selbständig, wenn sie aus dem Ei schlüpfen, und ähneln ihren Eltern aufs Haar. Brutpflege ist bei den Reptilien unbekannt.

Unter den Eidechsen und Schlangen gibt es viele lebendgebärende Arten. Im einfachsten Fall durchlaufen die befruchteten Eier ihre embryonale Entwicklung, während sie sich noch im Eileiter befinden. Beim Ablegen der Eier oder kurze Zeit später reißt dann die dünne Hülle des Eis, und das vollständig entwickelte Jungtier geht seiner eigenen Wege. Diese Form des Lebendgebärens erfordert keine spezielle Organe für die Ernährung des Embryos und steht daher dem Produzieren von Eiern (Oviparie) noch sehr nahe; man spricht hier von Ovoviviparie, im Gegensatz zum Gebären lebender Jungen (Viviparie) bei den höheren Säugetieren. Die Wachstumsgeschwindigkeit der Jungen richtet sich nach der Temperatur und der verfügbaren Nahrungsmenge. Wenn sie eine bestimmte Größe erreicht haben, sind sie geschlechtsreif.

Reptilien haben in ihrer Evolution im Prinzip alle Anpassungen entwickelt, die für ein erfolgreiches Leben auf dem Land notwendig sind; die höherentwickelten Vögel und Säugetiere haben diese Anpassungen auf einem höheren Niveau weiter verfeinert. So sind die selbst schon recht erfolgreichen Reptilien sozusagen das „Sprungbrett“ für die weiterentwickelten Anpassungen hinsichtlich Körperbau und Fähigkeiten bei den übrigen Wirbeltieren.

Sumpfschildkröten

ORDNUNG CHELONIA: Schildkröten
In dieser Ordnung sind alle Formen von Land- und Wasserschildkröten – insgesamt ca. 230 Arten – vereint. Wahrscheinlich sind dies die bekanntesten Reptilien überhaupt. Der Körper einer Schildkröte wird von einem Panzer aus Hornschilden und Knochenplatten umschlossen. Ein solcher Panzer ist zweigeteilt: Er besteht aus dem Rückenpanzer (Carapax) auf der Oberseite und dem Bauchpanzer (Plastron) unter dem Körper. Die Rippen und die meisten Wirbel liegen innerhalb des Panzers, und die Gliedmaßen ragen seitlich heraus. Der Hals ist lang und beweglich und kann gewöhnlich in den Panzer eingezogen werden. Die meisten Schildkröten können den Hals auf- und abbewegen, wenn sie ihn einziehen; nur zwei Familien – die Pelomedusen-Schildkröten und die Schlangenhalsschildkröten – können ihren Hals seitlich bewegen.

Schildkröten besitzen zwar keine Zähne, doch ihre Kiefer sind mit scharfen Hornrändern von unterschiedlicher Stärke ausgerüstet. Alle Arten legen Eier, die sie gewöhnlich in einer Grube im Sand oder in der Erde vergraben. Die jungen Schildkröten müssen sich dann selbständig einen Weg zur Oberfläche bahnen.

FAMILIE EMYDIDAE: Sumpfschildkröten
Diese Familie umfaßt eine vielgestaltige Gruppe von Süßwasser- und halb auf dem Land lebenden Schildkröten. Mit 85 Arten ist dies die größte Schildkrötenfamilie. Sumpfschildkröten sind eng mit den Landschildkröten (Testudinidae) verwandt; manche Systematiker bringen sie sogar in der gleichen Familie unter. Ein deutliches Merkmal der Sumpfschildkröten sind ihre Hinterpfoten, zwischen deren Zehen sich Schwimmhäute befinden, die sich besser zum Schwimmen als zum Laufen eignen. Die meisten Arten leben auf der nördlichen Erdhalbkugel.

Sumpfschildkröten ernähren sich sehr abwechslungsreich, und zwar meist sowohl von Pflanzen als auch von Tieren. Einige Arten beginnen ihr Leben als Fleischfresser, fressen jedoch später als erwachsene Tiere fast nur noch Pflanzen.

Buchstaben-Schmuckschildkröte

Pseudemys scripta
Verbreitung: USA: von Virginia bis Nordflorida, west. bis Neumexiko
Habitat: langsam fließende Flüsse, Teiche, Sümpfe
Länge: 13–30 cm

Buchstaben-Schmuckschildkröten sind stark ans Wasser gebunden und entfernen sich nur selten weit davon. Sie sonnen sich auf treibenden Holzstücken und liegen dabei oft aufeinander. Ihr Panzer ist oval und unterschiedlich gezeichnet. Die Männchen sind gewöhnlich kleiner als die Weibchen und haben lange, gebogene Klauen. Die jungen Tiere ernähren sich von Insekten, kleinen Krebsen, Weichtieren und Kaulquappen; wenn sie erwachsen sind, fressen sie vorwiegend pflanzliche Nahrung.

Im Juni und Juli produzieren diese Schildkröten bis zu 3 Gelege mit jeweils 4–23 Eiern. Millionen dieser Schildkröten werden gezüchtet und als Haustiere verkauft.

Falsche Landkartenschildkröte

Graptemys pseudogeographica
Verbreitung: USA: von Minnesota bis zum Gebiet des Sabine River in Louisiana und Texas
Habitat: Flüsse, Seen, Teiche
Länge: 8–25 cm

Der Panzer dieser Schildkröten weist ein kompliziertes Muster auf, und auf dem kleinen Kopf ist eine deutliche Zeichnung zu erkennen. Die Männchen sind kleiner als die Weibchen, und die Krallen an den Vorderpfoten sind vergrößert. Die Falschen Landkartenschildkröten bevorzugen dichtbewachsene Orte und ernähren sich sowohl von Wasserpflanzen wie auch von kleinen Krebsen und verschiedenen Weichtieren. Beim Balzritual schwimmt das Männchen über dem Weibchen. Anschließend stellen sich Männchen und Weibchen einander gegenüber, und das Männchen trommelt auf dem Kopf des Weibchens; danach findet die Paarung statt. Die Eier werden von Mai bis Juli abgelegt. Das Weibchen gräbt mit den Hinterpfoten eine Mulde in den Boden eines augetrockneten Flußbettes oder in das Ufer eines Sees und legt darin 6–15 Eier ab; dies geschieht bis zu 3mal pro Saison. Diese früher so häufige Art ist heute durch die Umweltverschmutzung stark reduziert.

Diamantschildkröte

Malaclemys terrapin
Verbreitung: USA: Atlantik- und Golfküste
Habitat: Salzsümpfe, Ästuarien, Lagunen
Länge: 10–25 cm

Diese Schildkröte ist die einzige Nordamerikanische Sumpfschildkröte, die an ein Leben in Brack- und Salzwasser angepaßt ist. Sie ist ein kräftiger, schneller Schwimmer mit großen Hinterpfoten. Die Weibchen sind größer als die Männchen.

Diamantschildkröten halten sich tagsüber auf schlammigen Sandbänken oder in Gezeitensümpfen auf. Sie ernähren sich von Schnecken, Muscheltieren und Würmern und auch von Pflanzensprossen. Nachts graben sie sich in den Schlamm ein, und im Norden halten sie – ebenfalls im Schlamm – einen Winterschlaf. Sie paaren sich im Frühling und legen 5–10 Eier in einem Loch ab, das sie in sumpfigen Boden oder in Dünen graben.

Waldbachschildkröte

Clemmys insculpta
Verbreitung: USA: von Neuschottland bis Nordvirginia; Große Seen
Habitat: Wälder, sumpfige Wiesen, Sümpfe
Länge: 12,5–23 cm

Diese Schildkröte mit ihrem rauhen Panzer verbringt den größten Teil ihres Lebens auf dem Land, jedoch in der Nähe von Wasser. Sie ist ein guter Kletterer und frißt sowohl Früchte wie auch Würmer, Nacktschnecken und Insekten. Im Mai oder Juni legen die Weibchen 6–8 Eier ab. Gewöhnlich schlüpfen die Jungen im Oktober aus, aber im Norden des Verbreitungsgebietes, wo die erwachsenen Tiere einen Winterschlaf halten, können die Eier auch überwintern, so daß die Jungen erst im folgenden Frühling ausschlüpfen. Die Waldbachschildkröte ist ein beliebtes Haustier, aber sie ist zu oft gefangen worden und dadurch mittlerweile selten.

Carolina-Dosenschildkröte

Terrapene carolina
Verbreitung: USA: Oststaaten, westl. bis Texas
Habitat: feuchte Waldgebiete
Länge: 10–20 cm

Diese Dosenschildkröte ist ein schlechter Schwimmer; deshalb begibt sie sich fast nur in flaches Wasser, und den größten Teil des Lebens verbringt sie an Land. Der Rückenschild ist fast immer hochgewölbt und variiert in Farbe und Zeichnung. Dosenschildkröten fressen fast alles, haben jedoch eine Vorliebe für Nacktschnecken, Regenwürmer und Früchte. Da sie auch Pilze fressen, die für Menschen giftig sind, kann es gefährlich sein, ihr Fleisch zu verzehren. Gewöhnlich sind sie am frühen Morgen oder nach Regenschauern aktiv. Während der größten Sommerhitze suchen sie in Sumpfgebieten Zuflucht.

Nach dem Winterschlaf im Frühling vollführen die Carolina-Dosenschildkröten ausführliche Balzrituale. Das Weibchen legt 3–8 Eier in eine flaschenförmige Mulde ab, die es selbst gräbt. Die Jungen bleiben manchmal bis zum nächsten Frühjahr in diesem Nest. Die Weibchen können das Sperma speichern und legen manchmal noch mehrere Jahre nach der letzten Paarung befruchtete Eier ab.

Europäische Sumpfschildkröte

Emys orbicularis
Verbreitung: von Mittelfrankreich südl. bis Nordafrika, östl. bis zum Iran
Habitat: Teiche, Sümpfe, Flüsse
Länge: 13–15 cm

Diese Wasserschildkröte bevorzugt Wasser mit starker Vegetation, aber sie sonnt sich gerne an Flußufern und jagt sowohl auf dem Land wie auch im Wasser. Sie frißt ausschließlich Fleisch und ernährt sich von Fischen, Schnecken, Fröschen und Würmern.

Im Winter halten diese Schildkröten einen Winterschlaf, wobei sie sich in den Schlamm oder in speziell dafür gegrabene Höhlen im Fluß eingraben. Sie paaren sich im Frühling, und das Weibchen legt 3–16 Eier in eine Grube ab, die es zuvor mit dem Schwanz gräbt. Meist suchen die Weibchen jedes Jahr wieder den gleichen Nistplatz auf.

Batagurschildkröte

Batagur baska
Verbreitung: Südostasien, von Bengalen bis nach Vietnam
Habitat: Gezeitengebiete, Ästuarien
Länge: 60 cm Ⓑ

Dies ist eine große, pflanzenfressende Schildkröte mit einem glatten, schweren Panzer. Man findet sie oft in Brack- oder sogar in Salzwasser. Sie hat nur 4 Krallen an jeder Pfote. Die Batagurschildkröte gräbt ihr Nest in Sandbänke und legt gewöhnlich 3 Gelege pro Saison, insgesamt 50–60 Eier. Das massenweise Sammeln dieser Eier und das Töten erwachsener Batagurschildkröten zwecks Verzehr hat ihre Population stark schrumpfen lassen, und in manchen Teilen ihres Verbreitungsgebietes ist die Batagurschildkröte heute ganz ausgerottet.

Buchstaben-Schmuckschildkröte
Batagurschildkröte
Carolina-Dosenschildkröte
Europäische Sumpfschildkröte
Diamantschildkröte
Waldbachschildkröte

Landschildkröten

FAMILIE TESTUDINIDAE: Landschildkröten
Es gibt ca. 39 Arten von Landschildkröten, die in Nordamerika, Europa, Asien, Afrika und auf Madagaskar beheimatet sind. Sie sind alle ausschließlich Landbewohner. Landschildkröten haben klumpfußartige Hinter- und Vorderpfoten mit dicken, harten Schuppen. Sie können ihren Kopf und ihre Pfoten vollständig unter den Panzer ziehen, so daß nur noch die Fußsohlen der Hinterpfoten, der Schwanzbereich und die schuppige Vorderseite der Vorderpfoten zu sehen sind. Die meisten Arten verlassen sich auf ihren Panzer als Schutz und zeigen weder Aggression, noch flüchten sie, wenn sie aufgestört werden. Alle Arten ernähren sich überwiegend von pflanzlicher Kost.

Spaltenschildkröte

Malacochersus tornieri

Verbreitung: Afrika: Kenia, Tansania
Habitat: Felsformationen in Trockengebieten
Länge: 15 cm Ⓤ

Die Spaltenschildkröte ist eine der merkwürdigsten Schildkrötenarten. Ihr Panzer ist vollkommen flach und weich. Wenn sie aufgestört wird, zieht sie sich nicht in ihren Panzer zurück, sondern läuft davon, um sich in einem Felsspalt zu verbergen. Dort angekommen, atmet sie tief ein, dehnt sich dann aus und klemmt sich auf diese Weise in dem Spalt fest, so daß man sie praktisch nicht mehr daraus entfernen kann. Wenn sie über die Felsen klettert, fällt sie manchmal auf den Rücken, aber dank ihres flachen Panzers und der schlanken, beweglichen Beine kann sie sich leicht wieder auf die andere Seite drehen. Die Weibchen sind etwas größer als die Männchen.

Spaltenschildkröten fressen trockenes Gras. Im Juli und August legen die Weibchen zweimal oder öfter jeweils ein Ei, aus dem nach ca. 6 Monaten das Junge ausschlüpft.

Gopherschildkröte

Gopherus polyphemus

Verbreitung: USA: von South Carolina bis Florida, westl. bis Louisiana
Habitat: Sandgebiete zwischen Grasland und Wald
Länge: 23–37 cm

Die Gopherschildkröte hat einen gewölbten Panzer und abgeflachte, mit dicken Schuppen versehene Vorderbeine, die zum Graben geeignet sind. Sie gräbt außergewöhnlich lange Gänge mit einer Kammer am Ende, die ihr mit dem ziemlich konstanten Feuchtigkeitsgrad und der konstanten Temperatur unter der Erde als Zufluchtsort dient. Man hat einen solchen Tunnel entdeckt, der mehr als 14 m lang war. Manchmal teilen andere kleine Tiere mit der Schildkröte die Höhle.

Die Gopherschildkröten verlassen die Höhlen tagsüber, um sich zu sonnen und um Gras und Blätter zu fressen. Sie paaren sich im Frühjahr und bauen von April bis Juni ihre Nester. In dieser Zeit werden mehrere Gelege von 2–7 Eiern in eine flache Mulde abgesetzt.

Schnabelbrustschildkröte

Chersina angulata

Verbreitung: Südafrika
Habitat: Küstengebiete
Länge: 15–18 cm

Diese Schildkröte ist an der Zeichnung auf ihrem Rückenschild zu erkennen, in der Dreiecksmuster dominieren. Die vordere Öffnung des Schildes ist außergewöhnlich klein, was dieser Art einen besonders guten Schutz gegen Feinde bietet. Die Männchen sind größer als die Weibchen. Untereinander verhalten sie sich aggressiv. Vermutlich ernähren sich Schnabelbrustschildkröten von Pflanzen. Im August werden 1–2 Eier in eine ca. 10 cm tiefe Grube abgelegt, und es dauert gewöhnlich 1 Jahr, bis die Jungen ausschlüpfen.

Elefantenschildkröte / Galapagos-Riesenschildkröte

Geochelone elephantopus (Testudo e.)

Verbreitung: Galapagosinseln
Habitat: von kühlen, feuchten Wäldern bis Trockenland
Länge: bis zu 1,2 m Ⓑ

Es gibt mindestens 13 Unterarten dieser Riesenschildkröten, die mehr als 225 kg wiegen können. Da die Populationen auf verschiedenen Inseln lange Zeit voneinander isoliert waren und sich im Laufe von vielen Tausenden von Jahren an die jeweiligen speziellen Lebensbedingungen anpaßten, haben sich die vielen Unterarten entwickelt. Die Entdeckung dieser Unterarten war eine der wichtigsten Beobachtungen, die Darwin zu seiner Theorie über die Entstehung der Arten führte.

Die Elefantenschildkröten variieren in Größe und Länge, im Umfang ihrer Gliedmaßen und vor allem in der Form ihres Panzers. Manche Unterarten haben einen sattelförmigen Rückenpanzer, der an der Vorderseite nach oben gebogen ist; dadurch können sie ihren Kopf senkrecht heben und haben so einen größeren Radius bei der Nahrungsbeschaffung. Diese Unterarten kommen nur auf Inseln mit hoher Vegetation vor. Die Männchen sind immer größer als die Weibchen.

Elefantenschildkröten ernähren sich von verschiedenstem pflanzlichem Material, das sie in den höhergelegenen, fruchtbareren Teilen ihres Habitats suchen. Sie paaren sich das ganze Jahr über. Die Männchen können die kleineren Weibchen leicht überwältigen und sie zur Paarung auf den Boden drücken. Auf Santa Cruz, wo sich ein Schildkrötenreservat befindet, hat man die Art genau beim Nestbau beobachtet. Nach der Paarung steigt das Weibchen in die Niederungen hinab, wo der Boden kahl und der vollen Sonne ausgesetzt ist. Dort uriniert es, um die Erde aufzuweichen, und gräbt mit den Hinterpfoten eine bis zu 30 cm tiefe Grube. Nachdem es maximal 17 Eier abgelegt hat, stampft es die ausgegrabene Erde über der Höhlung fest, so daß diese gut verschlossen ist. Wie bei Schildkröten üblich müssen die Jungen sich später ohne fremde Hilfe ausgraben.

Pantherschildkröte

Geochelone pardalis

Verbreitung: Afrika: Sudan und Äthiopien bis Südafrika
Habitat: Savanne, bewaldetes Gebiet
Länge: 61 cm

Die Panzerschildkröte hat einen auffallend gewölbten Panzer mit einer charakteristischen Fleckenzeichnung. Sie frißt verschiedenes pflanzliches Material, unter anderem Früchte und Bohnen. Balzende Männchen konkurrieren um die Weibchen, indem sie einander stoßen, bis eines auf dem Rücken liegt. In Südafrika legen die Weibchen ihre Eier im September und Oktober ab, in den Tropen ist die Fortpflanzungsperiode länger. Das Weibchen weicht den Boden auf, indem es uriniert, und gräbt anschließend mit den Hinterbeinen eine Grube. Jedes Weibchen legt 5–30 Eier ab, und mehrere Gelege pro Fortpflanzungsperiode sind möglich.

Stachelrand-Gelenkschildkröte

Kinixys erosa

Verbreitung: West- und Zentralafrika
Habitat: Regenwald, Sumpfland, Flußufer
Länge: 35 cm

Am Rückenschild dieser Schildkröte befindet sich ein eigenartiges Gelenk, und zwar auf der Grenze der zweiten und dritten Reihe von Rückenplättchen. Dadurch kann der hintere Teil des Rückenpanzers bei Gefahr heruntergeklappt werden, wodurch die Hinterseite geschützt ist. Dieses Gelenk ist bei jungen Tieren noch nicht vorhanden. Da sich die Stachelrand-Gelenkschildkröte in Pflanzenresten eingräbt, bleibt sie die meiste Zeit ihres Lebens verborgen. Sie ernährt sich von Pflanzen, frißt aber auch kleine Tiere. Ein Gelege besteht bei dieser Art gewöhnlich aus 4 Eiern.

Maurische Landschildkröte

Testudo graeca

Verbreitung: Nordafrika; äußerste Bereiche von Südost- und Südwesteuropa; Mittlerer Osten
Habitat: Grasniederungen, Kulturlandschaft, bewaldetes Gebiet
Länge: 15 cm Ⓖ

Diese Schildkröten haben einen leicht gewölbten Panzer und einen kleinen Sporn auf den Schenkeln. Die Weibchen sind größer als die Männchen. Maurische Landschildkröten halten einen Winterschlaf, aus dem sie jedoch schon im Februar wieder aufwachen, vor allem in Küstenregionen. Die Balz findet im Frühling statt. Dabei stößt und beißt das Männchen das Weibchen, bevor es sich mit ihm paart. Die Eier, gewöhnlich 2–3 pro Gelege, werden im Mai und Juni abgelegt, und die Jungen schlüpfen meist im September oder Oktober aus. Die Jungen ähneln den erwachsenen Tieren, aber ihr Panzer ist runder und die Zeichnung deutlicher.

Tausende dieser Schildkröten sind gesammelt und als Haustiere ausgeführt worden, und viele von ihnen starben wegen ungeeigneter Klimas und infolge schlechter Behandlung.

Stachelrand-Gelenkschildkröte
Spaltenschildkröte
Gopherschildkröte
Elefantenschildkröte
Schnabelbrustschildkröte
Maurische Landschildkröte
Pantherschildkröte

Alligatorschildkröten, Schlammschildkröten, Papua-Weichschildkröten, Großkopfschildkröten, Tabasco-Schildkröten

FAMILIE CHELYDRIDAE:
Alligatorschildkröten
Die beiden Arten dieser Familie sind große, fleischfressende Süßwasserschildkröten. Sie haben schwere, nicht einziehbare Köpfe mit kräftigen Kiefern.

Schnappschildkröte

Chelydra serpentina
Verbreitung: von Südkanada bis Ecuador
Habitat: Sumpfland, Teiche, Flüsse, Seen
Länge: 20–47 cm

Die Schnappschildkröte ist sehr aggressiv: Sie kann ihren Kopf erstaunlich schnell nach vorne stoßen und dabei gleichzeitig die Kiefer zusammenklappen. Sie ernährt sich von tierischer Nahrung – von Fischen, Amphibien, Säugetieren und Vögeln – , frißt aber auch Wasserpflanzen. Gewöhnlich versteckt sie sich auf dem Grund von Gewässern mit reicher Vegetation zwischen den dort vermodernden Pflanzen. Sie kann ausgezeichnet schwimmen. Beide Geschlechter sehen gleich aus, das Männchen ist etwas größer.

Die Schnappschildkröte hält einen Winterschlaf und beginnt schon zu Anfang des Frühjahrs mit der Eiablage. Das Gelege, im Durchschnitt 25–50 Eier, wird in eine flaschenförmige Grube abgelegt, die das Weibchen zuvor gräbt. Beim Legen drückt es die Eier mit den Hinterpfoten auf ihren Platz. Je nach Region und Temperatur schlüpfen die Jungen nach 9–18 Wochen aus; im nördlichen Teil des Verbreitungsgebiets bleiben sie im Winter im Nest.

Geierschildkröte

Macroclemys temminckii
Verbreitung: Mittelstaaten der USA
Habitat: tiefe Flüsse, Seen
Länge: 33–66 cm

Die Geierschildkröte hat 3 deutlich erkennbare Leisten auf dem Panzer und auf Kopf und Nacken eine rauhe Haut. Der Panzer ist so geformt, daß das Tier den Kopf heben kann. Die Geierschildkröte hält sich in langsam strömendem Wasser auf und bleibt so lange an der gleichen Stelle liegen, daß auf ihrem Panzer Algen wachsen, wodurch die ohnehin schon gute Tarnung ihrer höckrigen, unregelmäßigen Gestalt noch perfekter wird. Unsichtbar für vorbeischwimmende Fische liegt sie mit ihrem riesigen, weit aufgesperrten Maul auf dem Grund. Ein hellroter, fleischiger Fortsatz auf ihrer Zunge wirkt auf Fische wie ein „Köder". Nichts Böses ahnend, schwimmen sie darauf zu und werden verschlungen oder von den kräftigen Kiefern in Stücke geschnitten.

Geierschildkröten wachsen lebenslang weiter, und manche älteren Exemplare, die größer als 75 cm sind und mehr als 90 kg wiegen, gehören zu den größten Süßwasserschildkröten der Vereinigten Staaten. Die Art paart sich zwischen April und Juni, und die Weibchen legen 15–50 Eier in flaschenförmige Gruben in der Nähe von Gewässern ab. Die Jungen werden mit einem rauhen Rückenschild geboren und haben den „Köder" von Anfang an auf der Zunge.

FAMILIE KINOSTERNIDAE:
Schlammschildkröten
Die 18 Arten dieser Familie leben hauptsächlich im Wasser und kommen in Nord- und Mittelamerika und im nördlichen Teil von Südamerika vor. Aus zwei Drüsenpaaren scheiden sie einen intensiven Moschusgeruch aus. Die Drüsen befinden sich zwischen Panzer und Haut. Der Kopf der Schlammschildkröten ist einziehbar.

Gelbliche Klappschildkröte

Kinosternon flavescens
Verbreitung: USA: von Nebraska bis Texas; Mexiko
Habitat: langsam fließende Bäche
Länge: 9–16 cm

Diese Schildkröte scheint eine Vorliebe für Wasser mit schlammigem Grund zu haben, aber sie ist auch in künstlich angelegten Gewässern wie Viehtränken und Wassergräben zu finden. Sie ernährt sich sowohl von Land- wie auch von Wassertieren. Die Weibchen legen 2–4 Eier ab.

Moschusschildkröte

Sternotherus odoratus
Verbreitung: USA: Oststaaten, westl. bis Texas
Habitat: langsam fließende, flache und schlammige kleine Flüsse
Länge: 8–13 cm

Diese Schildkröte wird manchmal auch „Stinktopf" genannt, da ihre Moschusdrüsen eine stark riechende Flüssigkeit ausscheiden, wenn sie aufgestört wird. Sie ist sehr stark vom Wasser abhängig und verläßt es nur, um sich auf überhängenden Zweigen zu sonnen. Diese Schildkröte frißt Aas, Insekten und Weichtiere und manchmal auch Fische und Pflanzen. Die 1–9 Eier eines Geleges werden je nach Breitengrad von Februar bis Juni abgelegt und unter Bäumen, vermodertem Holz oder abgefallenen Blättern vergraben.

FAMILIE CARETTOCHELYIDAE:
Papua-Weichschildkröten
Dies war einst eine weitverbreitete Familie, wie Fossilienfunde aus Europa, Asien und Nordamerika beweisen. Heute lebt nur noch eine einzige Art und auch nur in einem sehr begrenzten Verbreitungsgebiet.

Papua-Schildkröte

Carettochelys insculpta
Verbreitung: Gebiet des Fly River in Neuguinea
Habitat: Flüsse
Länge: 45 cm

Diese Art, die mittlerweile auch in Nordaustralien gefunden wurde, ist besser an das Wasserleben angepaßt als die meisten anderen Süßwasserschildkröten. Ihre Beine sind zu langen Paddeln umgebildet und am Ende mit zwei langen Krallen versehen, so daß sie den Beinen der Meeresschildkröten ähneln. Über die Fortpflanzungsgewohnheiten dieser Art ist nur wenig bekannt, doch weiß man, daß 17–27 Eier abgelegt werden und daß die Jungen beim Ausschlüpfen ca. 6 cm groß sind.

FAMILIE PLATYSTERNIDAE:
Großkopfschildkröten
Die einzige heute noch lebende Art dieser Familie ist eine Süßwasserschildkröte aus Südostasien.

Großkopfschildkröte

Platysternon megacephalum
Verbreitung: Burma, Thailand, Südchina
Habitat: Bergbäche, Flüsse
Länge: 15–18 cm

Obwohl sie gemessen an der Panzerlänge ziemlich klein ist, hat diese Schildkröte einen riesigen Kopf, der fast die Hälfte der Breite des Rückenschildes einnimmt. Der Kopf ist nicht einziehbar, und der Panzer ist vorne leicht nach oben gebogen, so daß das Tier den Kopf und den kurzen, dicken Nacken heben kann. Die Pfoten sind klein und nur zum Teil mit Schwimmflossen versehen, und auf den Beinen befinden sich große, dicke Schuppen.

Die Großkopfschildkröte ist ein sehr geschickter Kletterer und kann mit Hilfe ihrer ausgestreckten Krallen über Zweige und Felsen klettern, wenn sie nach Nahrung oder nach einem Platz zum Sonnen sucht. Die Weibchen legen jeweils nur zwei Eier.

FAMILIE DERMATEMYIDAE:
Tabasco-Schildkröten
Heute lebt nur noch eine einzige Art von dieser Familie, die früher in Nord- und Mittelamerika, Europa und Afrika weit verbreitet war.

Tabasco-Schildkröte

Dermatemys mawii
Verbreitung: von Mexiko bis Guatemala und Belize (nicht Yucatan)
Habitat: klare Flüsse und Seen
Länge: 45 cm Ⓖ

Die Tabasco-Schildkröte ist lange Zeit wegen ihres schmackhaften Fleisches vom Menschen gefangen worden. Heute ist sie in einem großen Teil ihres Verbreitungsgebietes sehr selten. Obwohl sie teilweise unter Naturschutz steht, ist ihr weiteres Überleben noch lange nicht gesichert.

Die Tabasco-Schildkröte hat einen glatten Panzer und einen ziemlich kleinen Kopf mit einer spitz zulaufenden, vorstehenden Nase und großen Nasenlöchern. Bei den Männchen befindet sich auf dem Kopf ein goldgelber Fleck; Weibchen und Junge haben graue Köpfe. Die Tabasco-Schildkröte hat große, mit Schwimmhäuten versehene Pfoten und lebt ausschließlich im Wasser. Sogar zum Sonnen kommt sie nur selten an Land, sondern läßt sich an der Wasseroberfläche treiben; an Land ist sie ziemlich unbeholfen. Ihre Hauptnahrungsquelle ist die Wasservegetation. In der Regenzeit legen die Weibchen 6–16 Eier im Schlamm auf der Grenze zwischen Land und Wasser ab.

Gelbliche Klappschildkröte

Geierschildkröte

Tabasco-Schildkröte

Moschusschildkröte

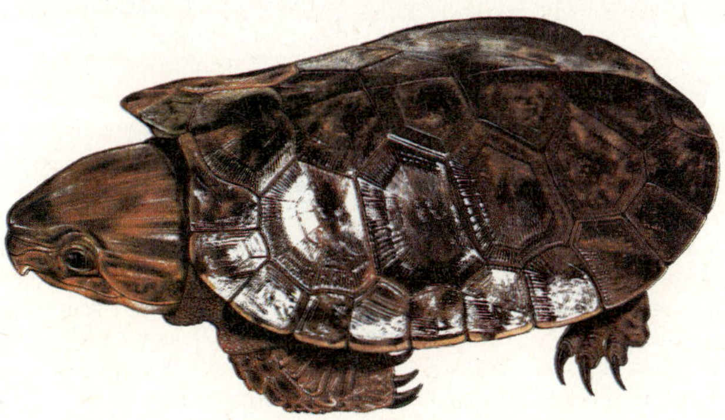

Großkopfschildkröte

Papua-Schildkröte

Lederschildkröten, Meeresschildkröten

FAMILIE DERMOCHELYIDAE:
Lederschildkröten

Zu dieser Familie gehört nur eine einzige lebende Art, die sich in vielerlei Hinsicht von anderen Schildkröten unterscheidet, aber auch viele Einzelheiten des Schädelbaus mit den Meeresschildkröten gemeinsam hat und auf die gleiche Weise wie diese Nester baut.

Lederschildkröte

Dermochelys coriacea

Verbreitung: weltweit, gewöhnlich in warmen Meeren
Habitat: ozeanisch
Länge: 1,5 m Ⓑ

Die Lederschildkröte ist die größte Schildkröte der Welt. Sie kann 360 bis maximal 590 kg schwer werden. Die beiden vorderen flossenähnlichen Beine sind mit einer Spannweite von 2,7 m außergewöhnlich lang. Sie hat keine Hornschilde auf dem Panzer, keine Schuppen und keine Krallen. Der Rückenschild ähnelt einer Art Hartgummi und hat 7 Längskiele. Lederschildkröten ernähren sich hauptsächlich von Quallen, eine Nahrung, für die sich ihre schwachen, scherenartigen Kiefer gerade noch eignen.

Diese Tiere scheinen lange Wanderungen zwischen Nahrungsgründen und Nistständen zu unternehmen. Die meisten legen alle zwei Jahre Eier, ungefähr 80–100 pro Gelege. Ihr Fortpflanzungsverhalten ist mit dem anderer Meeresschildkröten vergleichbar, aber die Lederschildkröte dreht nach der Eiablage jeweils ein Paar Runden um die Nistgrube, bevor sie ins Meer zurückkehrt. Pro Fortpflanzungsperiode werden in 10tägigen Abständen mehrere Gelege produziert. Die frisch ausgeschlüpften Jungen sind 6 cm lang und haben Schuppen auf Panzer und Haut, die sich jedoch innerhalb von 2 Monaten zurückbilden.

FAMILIE CHELONIIDAE:
Meeresschildkröten

Diese größte der beiden im Meer lebenden Schildkrötenfamilien umfaßt 6 Arten, die alle in tropischen und subtropischen Meeren beheimatet sind. Sie können ihre Köpfe und Gliedmaßen nicht einziehen. Die Vorderbeine sind zu langen, breiten, paddelförmigen Flossen mit 1 oder 2 Krallen umgebildet. Diese Schildkröten schwimmen mittels Ruderbewegungen ihrer Vorderbeine. Auf dem Land bewegt sich die zu dieser Familie gehörende Suppenschildkröte besonders unbeholfen fort: Sie schiebt sich mit ihren beiden Ruderbeinen vorwärts, während die anderen Arten ihre Beine abwechselnd bewegen, wie die meisten Vierfüßler es tun. Die Meeresschildkröten haben sich auf verschiedene ökologische Nischen und Ernährungsweisen spezialisiert, um die Überschneidung ihrer Verbreitungsgebietes in den Ozeanen auszugleichen.

Suppenschildkröte

Chelonia mydas

Verbreitung: weltweit in Meeren, in denen die Temperatur nicht unter 20° C fällt
Habitat: Küsten, Hochsee
Länge: 1–1,3 m Ⓑ

Diese große, ganz im Wasser lebende Schildkröte kommt nur an Land, um sich zu sonnen, um zu schlafen und um Eier abzulegen. Die Männchen haben etwas längere und schmalere Rückenschilde als die Weibchen und an den vorderen Ruderbeinen größere gebogene Krallen, mit denen sie die Weibchen bei der Paarung festhalten können. Suppenschildkröten sind in erster Linie Pflanzenfresser; sie haben Kiefer mit gezähnten Rändern, die ausgezeichnet zum Abgrasen von Seegras und Tangpflanzen geeignet sind. Manchmal fressen sie auch kleine Krebse und Quallen. Die besten Nahrungsgebiete – mit reicher Wasserpflanzenvegetation – sind oft weit von den Nistständen entfernt. Die Suppenschildkröten haben erstaunliche Wandergewohnheiten entwickelt. In der Fortpflanzungszeit ziehen sie über Hunderte von Kilometern zu dem Strand, an dem sie selbst geboren wurden, um ihre Eier abzulegen; auf diese Weise hält sich die Zahl der Niststrände in Grenzen. Die Insel Ascension mitten im Atlantik ist einer der Orte, zu denen Hunderte von Schildkröten ziehen.

Alle 2 oder 3 Jahre wandern sie zu ihren Nistständen und paaren sich. Das Weibchen schleppt sich auf den Strand und aus dem Bereich der Gezeitenzone. Mit den Vorderbeinen schiebt es den Sand beiseite, um eine flache Grube zu graben, in die es sich so legt, daß der Panzer sich auf einer Ebene mit der Sandoberfläche befindet. Anschließend gräbt es mit den Hinterpfoten eine ca. 40 cm tiefe Grube, und zwar genau unter dem Schwanz. Das Weibchen legt seine Eier in dieser Grube ab, bedeckt sie mit Sand und kehrt anschließend ins Meer zurück. Ein Gelege besteht durchschnittlich aus 100 Eiern. Manchmal produziert ein Weibchen im Abstand von zwei Wochen mehrere Gelege.

Nach 2–3 Monaten schlüpfen die jungen Schildkröten aus und graben sich einen Weg durch den Sand zur Oberfläche. Nachdem sie sich kurz orientiert haben, eilen sie zum Meer, wobei sie an einer Horde begieriger Feinde vorbei müssen. Viele der Jungtiere sterben schon auf dem Weg zum Wasser, und diejenigen, die das Meer erreichen, müssen noch viel mehr Feinden trotzen.

Die Suppenschildkröte ist eine bedrohte Art, und in manchen Gebieten ist sie ausgerottet; andernorts gibt es allerdings noch beträchtliche Populationen. Wegen ihres Fleisches, ihrer Haut und ihrer Eier sind Suppenschildkröten sehr stark gejagt worden, und die Berechenbarkeit ihres Fortpflanzungsverhaltens hat die Jagd auf sie sehr leicht gemacht. Heute unterliegt die Jagd strengen Kontrollen, und in vielen Ländern ist der Import von Suppenschildkröten verboten.

Die engverwandte Flache Suppenschildkröte (*C. depressa*) ist etwas kleiner als die Suppenschildkröte; sie lebt in der Nähe der nordaustralischen Küste.

Unechte Karettschildkröte

Caretta Caretta

Verbreitung: gemäßigte bis tropische Breiten des Pazifischen, Indischen und Atlantischen Ozeans
Habitat: Küsten, Hochsee
Länge: 75–100 cm Ⓖ

Dies ist eine große Schildkröte mit einem langen, sich leicht verjüngenden Rückenschild und einem breiten, kurzen Kopf mit mächtigen Kiefern. Sie kann sogar Beutetiere mit harter Schale zermalmen und frißt sowohl Krabben und Weichtiere wie auch Schwämme, Quallen und Wasserpflanzen.

Die Unechten Karrettschildkröten pflanzen sich alle zwei Jahre fort und legen pro Fortpflanzungsperiode 3–4 Gelege von jeweils ca. 100 Eiern.

Die Population dieser Schildkröten ist infolge übermäßigen Sammelns der Eier und fehlender Kontrolle über die Jagd stark geschrumpft, aber im Südosten Afrikas, wo diese Tiere schon seit mehr als 10 Jahren unter Naturschutz stehen, ist ihre Anzahl wieder um mehr als 50 Prozent gestiegen.

Bastardschildkröte

Lepidochelys olivacea

Verbreitung: tropische Breiten des Pazifischen und Indischen Ozeans und des Südatlantiks
Habitat: Küsten, Hochsee
Länge: 65 cm Ⓑ

Für eine Meeresschildkröte ist die Bastardschildkröte klein und leicht gebaut. Sie frißt kleine Krebse, Quallen, Krabben, Schnecken und Fische, die sie mit ihren kräftigen Kiefern zermalmt. Wie ihre Verwandte, die Kemps Meeresschildkröte (*L. kempii*), pflanzt sich die Bastardschildkröte jedes Jahr fort und kehrt immer wieder zu den gleichen Nistständen zurück. Das Weibchen legt ca. 100 Eier in eine Grube, die es mit Sand bedeckt. Anschließend schaukelt es mit einer seltsamen Bewegung, die charakteristisch für diese Art ist, von der einen zur anderen Seite, so daß die Kanten ihres Panzers abwechselnd den Boden berühren.

Beide Arten dieser kleinen Schildkröten sind infolge übermäßiger Jagd vom Aussterben bedroht.

Echte Karettschildkröte

Eretmochelys imbricata

Verbreitung: tropische Breiten des Atlantischen, Pazifischen und Indischen Ozeans; Karibik
Habitat: Korallenriffe, Felsküsten
Länge: 75–90 cm Ⓑ

Der prächtige Rückenschild dieses Tieres liefert das beste „Schildpatt", was zum bedrohlichen Schwinden ihrer Population geführt hat. Nach vielen Jahren unkontrollierter Jagd hat man die Jagd nun durch Gesetze eingeschränkt, und in manchen Ländern ist der Import dieser Tiere verboten. Der Rückenschild hat einen gezackten Rand und besonders dicke Hornplatten. Die spitze Schnauze ist eine Anpassung an die Nahrungssuche in den Spalten von Felsen und Korrallenriffen – dort sucht die Echte Karettschildkröte Weichtiere und Kleinkrebse. Meist gräbt sie ihr Nest an Küsten in der Nähe ihrer Nahrungsgebiete. Die Weibchen legen jeweils ca. 150 Eier ab, mehr als jede andere Schildkrötenart.

Lederschildkröte
Suppenschildkröte
Echte Karettschildkröte
Bastardschildkröte
Unechte Karettschildkröte

Echte Weichschildkröten, Pelomedusen-Schildkröten, Schlangenhalsschildkröten

FAMILIE TRIONYCHIDAE:
Echte Weichschildkröten
Diese Familie umfaßt 32 im Wasser lebende Arten mit nur 3 Krallen an jeder Pfote. Alle Weichschildkröten haben einen runden, weichen Rückenschild ohne Hornplatten, was ihnen ein pfannkuchenartiges Aussehen verleiht und ihnen ihren Namen gegeben hat. Die meisten Arten haben lange, bewegliche Hälse. Weichschildkröten können sich im Wasser wie auf dem Land ziemlich schnell fortbewegen. Sie leben hauptsächlich im Wasser. Man findet sie im Osten der Vereinigten Staaten und in Südostasien. Eine Art kommt im Mittleren Osten vor.

Weichschildkröten produzieren jährlich maximal 3 Gelege von hartschaligen Eiern. Die Weibchen werden größer als die Männchen. Im Erwachsenenalter verblaßt die Zeichnung auf ihrem Rückenschild zu Flecken.

Dornrand-Weichschildkröte

Trionyx spiniferus

Verbreitung: Nordamerika: von Ontario und Quebec südl. bis Florida und Colorado
Habitat: Flüsse, Bäche, Teiche
Länge: 15–45 cm

Der Name dieser Schildkröte rührt von den kegelförmigen Fortsätzen oder Höckern auf dem vorderen Rand des Rückenschildes her. Anhand der mehr oder weniger deutlichen Erhebungen unterscheidet man 6 Unterarten. Die Weibchen sind erheblich größer als die Männchen.

Dornrand-Weichschildkröten sind stark ans Wasser gebunden. Sie fressen Insekten, kleine Flußkrebse und in kleinen Mengen auch Fische und Pflanzen. Die Fortpflanzungszeit ist der Sommer, und die Weibchen legen jeweils ca. 20 Eier ab.

Kurzkopf-Weichschildkröte

Chitra indica

Verbreitung: Indien, Pakistan, Thailand
Habitat: Flüsse
Länge: 90 cm

Diese Schildkröte ist ein großer, schneller Schwimmer mit paddelförmigen Beinen. Der Kopf ist langgestreckt und schmal, und die Augen sitzen in der Nähe der Schnauze. Sie bevorzugt sauberes Wasser mit Sandboden und ernährt sich hauptsächlich von Fischen und Weichtieren.

Afrikanische Weichschildkröte

Trionyx triunguis

Verbreitung: Afrika: von Ägypten bis zum Senegal
Habitat: Teiche, Seen, Flüsse
Länge: 90 cm

Die Afrikanische Weichschildkröte kann ein Gewicht von 45 kg erreichen, und sie wird in vielen Teilen ihres Verbreitungsgebietes vom Menschen zwecks Verzehr gejagt. Obwohl es sich um eine Süßwasserart handelt, hat man Gruppen dieser Schildkröten vor der Küste der Türkei beobachtet. Sie ist ein Allesfresser und ernährt sich von Weichtieren, Fischen, Insekten und Früchten. In Ägypten legt sie im April 50–60 Eier; in anderen Regionen sind die Gelege kleiner.

Graurückige Klappen-Weichschildkröte

Cycloderma frenatum

Verbreitung: Afrika: Tansania, Mozambique, Sambia, Malawi
Habitat: Teiche, Seen, Flüsse
Länge: 50 cm

Diese Schildkröte ist ein Fleischfresser. Sie ist hauptsächlich bei Regenwetter aktiv und frißt vor allem Weichtiere. Das Weibchen legt von Dezember bis März 15–20 Eier ab. Die frisch ausgeschlüpften Jungen haben blaßgrüne Rückenschilde und dunkle Streifen auf dem Kopf. Bei den erwachsenen Tieren sind diese Streifen von kleinen weißen Flecken gesäumt, die später verblassen. Die einzige andere Art der Gattung ist die Rotrückige Klappen-Weichschildkröte (*C. aubryi*) aus Westafrika.

FAMILIE PELOMEDUSIDAE:
Pelomedusen-Schildkröten
Diese Familie mit ihren 19 Arten ist eine der beiden Familien der Halswender-Schildkröten, die ihren Kopf nicht einziehen, sondern ihn seitlich in die Panzeröffnung legen, was durch eine S-förmige Krümmung der Halswirbelsäule ermöglicht wird. Dabei bleibt ein Teil des Kopfs und des Halses ungeschützt, und diese Tatsache stand der Evolution von landbewohnenden Halswender-Schildkröten im Wege – sie wären dort eine leichte Beute der Raubtiere gewesen. Alle diese Schildkröten leben in afrikanischen Binnengewässern, auf Madagaskar und in Südamerika östlich der Anden.

Arrauschildkröte

Podocnemis expansa

Verbreitung: nördlicher Teil von Südamerika
Habitat: Flußgebiete des Orinoco und Amazonas
Länge: 60–75 cm Ⓑ

Die Arrauschildkröte ist die größte unter den Halswender-Schildkröten. Sie kann schwerer als 45 kg werden. Die Weibchen haben breite, abgeflachte Rückenschilde und sind größer und zahlreicher als die Männchen. Erwachsene Tiere fressen ausschließlich Pflanzen. Ebenso wie die Meeresschildkröten ziehen sie in großen Gruppen zu bestimmten Nistplätzen. Sie legen ihre Eier auf Sandbänken ab, die nur in der Trockenzeit aus dem Wasser ragen. Die Weibchen kommen nachts auf die Sandbank und legen jeweils 90–100 weichschalige Eier. Danach kehren sie zu ihren Nahrungsgebieten zurück. Die 5 cm langen Jungen werden durch viele Feinde dezimiert; nur 5 Prozent von ihnen erreichen die Nahrungsgebiete der Erwachsenen.

Die unkontrollierte Jagd auf erwachsene Tiere und das übermäßige Sammeln der Eier haben die Populationen dieser Schildkröte in bedenklichem Maße reduziert. Heute ist die Arrauschildkröte eine bedrohte Art und steht in den meisten Gebieten unter Naturschutz.

FAMILIE CHELIDAE:
Schlangenhalsschildkröten
Diese zweite Familie der Halswender-Schildkröten umfaßt 30 Arten, die in Südamerika, Australien und Neuguinea beheimatet sind. Verglichen mit den Pelomedusen ist dies eine höherentwikkelte Gruppe. Die Schlangenhalsschildkröten sind Fleischfresser und leben in Flüssen und Sümpfen.

Fransenschildkröte / Matamata

Chelus fimbriatus

Verbreitung: nördl. Teil von Südamerika
Habitat: Flüsse
Länge: 40 cm

Die Fransenschildkröte ist die bizarrste unter den Schildkröten. Ihr Rückenschild ist sehr uneben und mit Höckern besetzt, und ihr Kopf ist flach und fast dreieckig. Ihre Augen sind klein und sitzen in der Nähe des schmalen, röhrenförmigen Mauls. Hautlappen zu beiden Seiten des Kopfes wogen im Wasser hin und her, möglicherweise um Fische anzulocken. Der Hals dieser Schildkröte ist dick und muskulös, und die Mundöffnung selbst ist außergewöhnlich breit. Die Beine sind klein und schwach.

Getarnt durch ihre unregelmäßige Gestalt liegt die Fransenschildkröte auf dem Grund des Wassers. Sie liegt dort so lange und so ruhig, daß auf ihrem Schild Algen wachsen, wodurch sie noch schwerer zu erkennen ist. Schwimmt ein Fisch vorbei, dann sperrt sie das breite Maul auf, und der Fisch wird zusammen mit dem Wasser ins Innere gesaugt. Wenn sie ihr Maul wieder schließt, bleibt ein Spalt offen, aus dem das Wasser herauslaufen kann. Anschließend verschluckt sie den Fisch. Fransenschildkröten legen 12–18 Eier. Die Jungen haben hellbraune Rückenschilde.

Breitrand-Spitzkopfschildkröte

Emydura macquarrii

Verbreitung: Südostaustralien
Habitat: Flüsse
Länge: 30 cm

Diese Schildkröte ist eine bekannte australische Halswender-Schildkröte. Die Form ihres Rückenschildes verändert sich mit zunehmendem Alter: Frisch ausgeschlüpfte Junge haben einen fast runden Rückenschild, bei jungen Tieren ist der Schild hinten am breitesten, und erwachsene Exemplare haben einen fast ovalen Schild. Der Kopf ist ziemlich klein und mit hellen Äuglein und einem hellen Band versehen, das vom Maul nach hinten verläuft. Diese Art ist sehr aktiv bei der Jagd auf Frösche und Kaulquappen; außerdem ernährt sie sich auch von Pflanzen. Im Sommer legen die Weibchen 10–15 Eier in einer Höhle ab, die sie zuvor in das Flußufer graben. Nach 10–11 Wochen schlüpfen die Jungen aus.

Dornrand-Weichschildkröte
Kurzkopf-Weichschildkröte
Afrikanische Weichschildkröte
Graurückige Klappen-Weichschildkröte
Fransenschildkröte
Arrauschildkröte
Breitrand-Spitzkopfschildkröte

Krokodile, Alligatoren, Kaimane, Gaviale

ORDNUNG CROCODYLIA:
Krokodile oder Panzerechsen

Echte Krokodile (Familie Crocodylidae), Alligatoren und Kaimane (Familie Alligatoridae) und Gaviale (Familie Gavialidae) bilden zusammen die drei größten Familien dieser Ordnung, die die größten und gefährlichsten Reptilien umfaßt. Sie alle sind imposante Fleischfresser, die teilweise auf dem Land und teilweise im Wasser leben. Sie ernähren sich von verschiedenen Wirbeltieren, aber junge Krokodile fressen auch Insekten und andere kleine Wirbellose. Die Krokodile stammen in direkter Linie von den Archosauriern ab, der wichtigsten Tiergruppe vom Trias bis zum Ende der Kreidezeit (vor 190 bis 65 Millionen Jahren). Heute gibt es noch ca. 21 Arten: 13 Krokodile, 7 Alligatoren und Kaimane und eine Gavialart. Sie leben alle in tropischen und subtropischen Gebieten. Bei allen Arten sehen Männchen und Weibchen gleich aus, und es ist schwierig, die beiden Geschlechter nur anhand ihres Aussehens zu bestimmen; die Männchen werden allerdings meist größer. Alle Mitglieder dieser Ordnung haben einen langgestreckten Körper mit kurzen Beinen, die mit hornigen Hautschuppen bedeckt sind. Dicke Knochenplatten auf dem Rücken sorgen für zusätzlichen Schutz. Zum Raubtier wird das Krokodil durch seine lange Schnauze mit den vielen kegelförmigen Zähnen, die in tiefen Höhlungen in den Kiefern verankert sind. Die Atmungsorgane sind stark an die Unterwasserjagd angepaßt: Die äußeren Nasenlöcher auf der hökkerförmig erhöhten Schnauzenspitze weisen Hautklappen auf, mit denen sie verschlossen werden können, während die inneren Nasenöffnungen durch Hautsegel am Gaumen zu verschließen sind. Dadurch ist das Tier in der Lage, seine Beute unter Wasser festzuhalten, ohne daß in seinen eigenen Körper Wasser eindringt. Sowohl Krokodile wie auch Alligatoren besitzen vorne am Unterkiefer ein Paar großer Zähne, mit denen sie die Beute packen. Bei den Krokodilen passen diese Zähne in deutlich sichtbare Einkerbungen an der Außenseite des Oberkiefers, die bei geschlossenem Maul sichtbar sind, während bei den Alligatoren die großen Zähne in Höhlungen im Oberkiefer verborgen liegen.

Ganges-Gavial

Gavialis gangeticus

Verbreitung: Nordindien
Habitat: große Flüsse
Länge: 7 m Ⓑ

Der Ganges-Gavial hat eine extrem lange, schmale Schnauze, in der sich ungefähr 100 kleine Zähne befinden – die ideale Ausrüstung, um unter Wasser Fische und Frösche zu fangen. Der Gavial ist wie alle Krokodile wegen seiner Haut gejagt worden; deshalb ist er heute eines der seltensten Tiere Asiens. Seine Hinterbeine ähneln Paddeln. Gaviale scheinen das Wasser kaum zu verlassen, außer, um Nester anzulegen. Das Weibchen legt die Eier nachts in eine Grube, die es in das Flußufer gräbt.

Mississippi-Alligator

Alligator mississippiensis

Verbreitung: Südosten der USA
Habitat: Sümpfe, Flüsse Ⓐ
Länge: bis zu 5,5 m

Der Mississippi-Alligator war einst durch Bejagung und durch die Zerstörung seines Lebensraums vom Aussterben bedroht. Heute steht die Art unter Naturschutz und hat zahlenmäßig wieder zugenommen.

Mississippi-Alligatoren paaren sich gewöhnlich im April im flachen Wasser; das Paarungsspiel verläuft träge und ruhig. Das Männchen bleibt vor der Paarung mehrere Tage beim Weibchen und streicht hin und wieder mit den Vorderbeinen über den Körper des Weibchens. Wenn das Weibchen paarungsbereit ist, reibt das Männchen seinen Kopf an der Kehle des Weibchens und bläst Luftblasen an den Wangen des Weibchens entlang. Das Weibchen sucht einen Nistplatz in der Nähe des Wassers und scharrt mit fegenden Bewegungen des Körpers und Schwanzes Pflanzenreste zusammen. Dann baut es aus dem Pflanzenmaterial einen Hügel und läßt in der Mitte ein Loch für die Eier. Es legt 28–52 Eier und kriecht über den Hügel, um das Loch mit weiterem Pflanzenabfall zu verschließen. Während der ca. 25tägigen Entwicklungsperiode bewacht das Weibchen das Nest. Wenn die Jungen ausschlüpfen, rufen sie nach ihrer Mutter, damit diese das Nest öffnet und sie befreit. Sie bleiben ca. 3 Jahre bei ihr.

Krokodilkaiman / Brillenkaiman

Caiman crocodilus

Verbreitung: von Venezuela bis zum südlichen Teil des Amazonasbeckens
Habitat: langsam fließende oder stehende Gewässer, Seen, Sümpfe
Länge: 1,5–2 m Ⓖ

Es gibt verschiedene Arten und Unterarten der Gattung der Brillenkaimane (*Caiman*), über deren Namen viel diskutiert worden ist. Der Krokodilkaiman ist auch als *C. sclerops* bekannt. Den Namen Brillenkaiman verdankt er einem Steg zwischen den Augen, der der Brücke einer Brille ähnelt. Die Population ist drastisch zurückgegangen, da dieses Tier nicht nur wegen seiner Haut gejagt wurde; man hat auch seine Jungen gefangen, um sie als Haustiere zu verkaufen oder als Kuriosität zur Schau zu stellen. Das Weibchen baut ein Nest aus pflanzlichem Abfall, den es zu einem Haufen zusammenfegt. Es legt durchschnittlich 30 Eier.

Stumpfkrokodil

Osteolaemus tetraspis

Verbreitung: tropisches Westafrika südl. der Sahara
Habitat: Bäche und Seen
Länge: 1,5 m Ⓤ

Charakteristisch für das Stumpfkrokodil ist seine ungewöhnlich kurze Schnauze. Heute ist diese Art sehr selten, weil sie wegen ihrer Haut stark gejagt wurde und weil man ihre Wohngebiete zerstört hat. Das Stumpfkrokodil ähnelt dem Glattstirnkaiman der Neuen Welt, gehört jedoch zur Familie der Echten Krokodile. Über die Lebens- und Fortpflanzungsgewohnheiten dieser Art ist nur wenig bekannt.

Leistenkrokodil

Crocodylus porosus

Verbreitung: von Südindien östl. bis Indonesien
Habitat: Ästuarien, Küsten, Mangrovensümpfe
Länge: bis zu 6 m Ⓑ

Das Leistenkrokodil ist eines der größten und gefährlichsten Krokodile und greift Menschen an. Es ist stark vom Aussterben bedroht, da seine Haut sehr geschätzt wird und die enorme Größe des Tiers die Jagd besonders lohnend macht. In vielen Gebieten ist es heute verboten, Leistenkrokodile zu jagen, doch die Population ist immer noch ziemlich geschwächt. Die Jagd ist nur in begrenztem Maße erlaubt, und der Export der Häute unterliegt strenger Kontrolle.

Das Leistenkrokodil verbringt nur wenig Zeit an Land und legt schwimmend große Entfernungen zurück. Das Weibchen legt 25–90 Eier in einem Hügel aus Pflanzenresten ab, die es in Wassernähe zusammenfegt. Während der 3monatigen Entwicklungszeit bewacht es die Eier.

Nilkrokodil

Crocodylus niloticus

Verbreitung: Afrika (außer Sahara und Nordwestafrika)
Habitat: große Flüsse, Seen, Sümpfe
Länge: 4,5–5 m Ⓖ

Zahl und Verbreitungsgebiet des einst so weit verbreiteten Nilkrokodils sind in bedenklichem Maße geschrumpft, da die Nachfrage nach seinen Häuten groß ist und sein Wohngebiet zerstört wurde. Es jagt größere Säugetiere und Vögel, die zum Trinken ans Wasser kommen. Wenn es seine Beute gepackt hat, hält es sie unter Wasser fest und ertränkt sie so; anschließend reißt es Fleischstücke heraus, indem es sich einmal um seine Achse dreht, ohne dabei die Beute loszulassen. Erwachsene Nilkrokodile schlucken Steine, die im Magen bleiben und im Wasser die Funktion eines stabilisierenden Ballasts haben.

Das Nilkrokodil verbringt die Nacht im Wasser und kommt bei Sonnenaufgang an Land, um sich tagsüber zu sonnen. Es führt ein ziemlich gemächliches Leben und braucht nicht jeden Tag zu fressen.

Das Männchen verteidigt ein Revier und vollführt in der Fortpflanzungszeit ein Paarungsritual. Das befruchtete Weibchen legt 25–75 Eier in einer Grube in der Nähe des Wassers ab. Es bedeckt die Eier sorgfältig und bewacht sie während ihrer 3monatigen Entwicklungszeit. Wenn die Jungen zum Ausschlüpfen bereit sind, hören sie die Fußstapfen der Mutter über sich und rufen sie von ihrem Nest aus. Die Mutter befreit sie und trägt sie im Maul an einen sicheren Ort. Dort pflegt sie ihre Jungen 3–6 Monate lang mit großer Hingabe. Die jungen Nilkrokodile fressen Insekten und später gelegentlich Krabben, Vögel und Fische, bevor sie zur Ernährungsweise der erwachsenen Tiere übergehen.

Krokodilkaiman
Nilkrokodil
Leistenkrokodil
Stumpfkrokodil
Ganges-Gavial
Mississippi-Alligator

Brückenechsen, Leguane 1

ORDNUNG RHYNCHOCEPHALIA: Schnabelköpfe

Von dieser Ordnung existiert heute nur noch eine Familie mit einer Art, der Brückenechse oder Tuatara aus Neuseeland; alle anderen Arten sind uns nur als Fossilien bekannt.

FAMILIE SPHENODONTIDAE: Brückenechsen

Diese Familie besteht aus nur einer Art. Vermutlich ähnelt sie engverwandten Arten, die vor 130 Millionen Jahren gelebt haben. Der wissenschaftliche Name dieser Familie bedeutet „die mit den keilförmigen Zähnen" und weist auf die scharfen Zähne an beiden Kiefern dieser Tiere hin.

Brückenechse / Tuatara

Sphenodon punctatus

Verbreitung: Neuseeland

Habitat: Wälder mit spärlichem Unterholz

Länge: bis zu 65 cm Ⓐ

Die Brückenechse ist ein kräftiges Reptil mit einem großen Kopf und einem Rückenkamm, der vom Kopf aus über den ganzen Rücken läuft. Das Weibchen ist gewöhnlich größer als das Männchen. Die Brückenechse ist in der Dämmerung und nachts aktiv. Sie braucht von allen Reptilien am wenigsten Wärme; schon bei ca. 12° C fühlt sie sich wohl, während die meisten anderen Reptilien dafür Temperaturen über 25° C benötigen. Ihre Stoffwechselprozesse und ihr Wachstum sind dementsprechend verlangsamt. Brückenechsen leben auf dem Boden und verbergen sich in Erdgruben, die sie selbst graben, oder in Höhlen, die zuvor von Sturmvögeln bewohnt wurden. Sie fressen Grillen, Würmer, Schnecken, junge Vögel und Eidechsen.

Das Weibchen legt maximal 15 Eier in eine Höhle, die es selbst gräbt. Die Jungen schlüpfen nach 13–15 Monaten aus – die längste Entwicklungszeit, die von Reptilien bekannt ist. Brückenechsen vermehren sich wahrscheinlich nicht jedes Jahr. Sie erreichen ein hohes Alter und werden vermutlich erst mit 20 Jahren geschlechtsreif. Vor noch nicht allzulanger Zeit drohte ihnen das Schicksal des Aussterbens.

ORDNUNG SQUAMATA: Eigentliche Schuppenkriechtiere

Dies ist die größte Reptilienordnung. Sie umfaßt alle Echsen, Schlangen und Schleichen – insgesamt mehr als 6000 Arten.

FAMILIE IGUANIDAE: Leguane

Zu den Leguanen gehören mehr als 600 Arten, von denen der größte Teil in Nord- und Südamerika beheimatet ist. Außerdem leben einige Arten auf Madagaskar und auf den Fidschi-Inseln. Leguane sind das neuweltliche Gegenstück zu den Agamen der Alten Welt; nirgendwo kommen diese beiden Familien zusammen vor.

Die meisten Leguane leben auf dem Boden oder auf Bäumen und fressen Insekten und kleine wirbellose Tiere. Viele Arten sind schön gefärbt und vollführen komplizierte Paarungsrituale.

Grüner Leguan

Iguana iguana

Verbreitung: Mittelamerika und nördl. Südamerika; eingeführt in den USA: Florida

Habitat: Wälder, Bäume in Wassernähe

Länge: 1–2 m

Der Grüne Leguan hat einen charakteristischen Rückenkamm mit abgeflachten Stacheln, die auf dem Nacken am größten sind und sich bis zum Schwanz fortsetzen. Die Bänder über Schultern und Schwanz werden mit zunehmendem Alter dunkler; die Jungtiere sind hellgrün. Der Grüne Leguan ist tagsüber aktiv. Er ist ein geschickter Kletterer und guter Schwimmer und ernährt sich von Pflanzen. Wenn er angegriffen wird, kann er sich mit seinen scharfen Zähnen und Krallen gut verteidigen.

Im Herbst legt das Weibchen 28–40 Eier in einer Höhle ab, die es selbst in den Boden gräbt. Die Jungen schlüpfen nach ca. 3 Monaten aus.

Zaunleguan

Sceloporus undulatus

Verbreitung: USA: von Virginia bis Florida, westl. bis New Mexiko; Mexiko

Habitat: offenes bewaldetes Gelände, Grasland

Länge: 9–20 cm

Von diesem Leguan gibt es im gesamten Verbreitungsgebiet viele Unterarten mit verschiedener Färbung. Für sie alle ist eine rauhe Körperoberfläche charakteristisch, da sämtliche Schuppen dieser Tiere einen Kiel haben, der in einem kleinen Stachel endet. Je nach Umgebung sind Zaunleguane am Boden oder in Bäumen aktiv – allerdings nur tagsüber. Sie fressen Insekten, vor allem Käfer, Spinnen, Tausendfüßler und Schnecken.

Das Männchen hat in der Paarungszeit ein Revier, das es vehement gegen Konkurrenten verteidigt; gleichzeitig versucht es ein Weibchen anzulocken. Das Weibchen legt 2–12 Eier unter einem Stück Holz oder unter anderem Abfall; es kann pro Fortpflanzungsperiode maximal 4 Gelege produzieren.

Chuckwalla

Sauromalus obesus

Verbreitung: USA: Südkalifornien, Nevada, Utah, Arizona; Mexiko

Habitat: Felsen in der Wüste

Länge: 30–40 cm

Der Chuckwalla ist ein plumpes Tier mit dunkler Haut. Sein dicker, blaßgelber Schwanz ist am Ende abgestumpft. Die Männchen sind etwas dunkler als die Weibchen und haben ein paar rote oder gelbe Flecken auf dem Körper, während Weibchen und Jungtiere oft durch dunkle Querbänder gezeichnet sind. Der Chuckwalla kriecht nachts unter einen Felsen oder in einen Felsspalt und kommt morgens wieder zum Vorschein, um sich zu sonnen. Dann macht er sich auf die Nahrungssuche: Er ernährt sich von Blättern, Knospen und Blüten, oft in den Kreosotbuschwäldern.

Der Chuckwalla ist ein echtes Wüstentier; in den Hautfalten an den Seiten seines Körpers befinden sich Lymphdrüsen, in denen er Feuchtigkeit für die Trockenzeit speichern kann. Vermutlich legt das Weibchen alle 2 Jahre 5–10 Eier.

Rotkehl-Anolis

Anolis carolinensis

Verbreitung: USA: von Virginia bis Florida, westl. bis Texas

Habitat: Wald- und Straßenränder

Länge: 12–20 cm

Der Rotkehl-Anolis hat einen schlanken Körper und lange Haftscheiben unter den Zehen – eine Anpassung an das Leben in Bäumen. Das Tier ist normalerweise grün, kann jedoch in wenigen Sekunden braun werden. Es frißt Insekten und Spinnen, die es tagsüber fängt.

Der eigenartige rötliche, fächerförmige Kehlsack des Männchens spielt bei der Balz eine wichtige Rolle: Er stimuliert die sexuelle Empfänglichkeit und die Ovulation des Weibchens. Die Weibchen dieser Art legen in zweiwöchigen Abständen jeweils ein Ei, und zwar während der gesamten Fortpflanzungsperiode von April bis Oktober. Nach 5–7 Wochen schlüpfen die Jungen aus.

Halsbandleguan

Crotaphytus collaris

Verbreitung: USA: Utah, Colorado, südl. bis Texas; Mexiko

Habitat: felsige Hügel, Wälder

Länge: 20–35 cm

Dieser robuste Leguan hat einen großen Kopf und zwei schwarze Bänder um den Hals. Er ist tagsüber aktiv und sonnt sich gerne auf Felsblöcken mit vielen Spalten, in die er sich bei Gefahr flüchten kann. Er frißt Insekten und kleine Eidechsen.

Das Weibchen legt mitten im Sommer maximal 12 Eier. Die Jungen schlüpfen nach 2–3 Monaten aus und sind dann ungefähr 9 cm lang.

Texas-Krötenechse

Phrynosoma coronatum

Verbreitung: USA: von Kansas bis Texas, Arizona; in Florida eingeführt

Habitat: trockenes Land

Länge: 6–18 cm

Diese gepanzerte Echse hat einen stark abgeflachten Rumpf und an beiden Körperseiten eine Reihe von Stachelschuppen. In ihrem trockenen Lebensraum kann sie sich unter lockerem Sand vergraben oder sich unter Sträucher flüchten. Sie frißt hauptsächlich Ameisen.

Das Weibchen gräbt im Sommer eine Grube und legt 14–36 Eier darin ab; die Jungen schlüpfen nach 6 Wochen aus.

Greifschwanzleguan

Polychrus gutturosus

Verbreitung: tropisches Südamerika

Habitat: Wald

Länge: GL bis zu 50 cm; SL bis zu 37 cm

Diese Leguane sind Baumtiere mit langen Beinen. Ihr Körper ist seitlich zusammengedrückt. Unbeweglich belauern sie Insekten. Sie sind gute, wenn auch träge Kletterer, und sie können sich an ihren Hinterbeinen von Zweigen herabhängen lassen. Die Weibchen legen jeweils 7–8 Eier.

Rotkehl-Anolis ♂
Greifschwanzleguan
Grüner Leguan
Chuckwalla ♂
Zaunleguan
Halsbandleguan
Brückenechse
Texas-Krötenechse

Leguane 2

Meerechse

Amblyrhynchus cristatus

Verbreitung: Galapagosinseln

Habitat: Lavagestein und das umliegende Meer

Länge: 1,2–1,5 m Ⓢ

Die Meerechse ist die einzige Echse, die überwiegend im Meer lebt. Sie schwimmt und taucht äußerst behende, während sie die Algen und Tangpflanzen abweidet, die auf den Felsen wachsen. Eine wichtige Anpassung an das Leben im Meer sind die Drüsen in den Nasenlöchern, die den Salzüberschuß ausscheiden, der mit der Nahrung aufgenommen wird; in einer dünnen Wasserdampfwolke scheidet die Echse ihn durch die Nasenlöcher aus. Beim Schwimmen benutzen diese Tiere ihren kräftigen Schwanz für den Antrieb. Die Beine werden dabei gegen den Körper gedrückt und nur gelegentlich zum Steuern benutzt. Die Meerechse kann unter Wasser zwar nicht atmen, aber wenn sie taucht, verlangsamt sich ihr Herzschlag, so daß weniger Blut durch ihren Körper strömt und die begrenzte Sauerstoffmenge sparsamer verbraucht wird.

In der Fortpflanzungszeit haben die Männchen ein kleines Revier auf den Felsen, das sie aggressiv gegen Eindringlinge verteidigen. Dabei kommt es zu einem ritualisierten Kampf, bei dem beide Tiere die Köpfe gegeneinander drükken, um den Gegner wegzuschieben. Bei einer Unterart bekommen die Männchen in der Paarungszeit grüne Kämme und rote Flanken. Nach der Paarung macht sich das Weibchen auf die Suche nach sandigem Boden, in dem es seine Eier vergräbt. In einer Grube von ca. 30 cm Durchmesser legt das Weibchen 2–3 Eier ab und bedeckt sie mit Sand. Die Jungen schlüpfen nach durchschnittlich 112 Tagen aus.

Die Population dieser einst zahlreichen Art ist drastisch zurückgegangen, da verwilderte Nachkommen von Haustieren, die von Kolonisten und Seefahrern mitgebracht worden waren, sie in großen Mengen vernichtet haben.

Drusenkopf

Conolophus subcristatus

Verbreitung: Galapagosinseln

Habitat: trockene Gebiete, Vulkanküsten

Länge: bis zu 1,2 m Ⓖ

Dieser Leguan war früher auf den Galapagosinseln allgemein verbreitet; heute ist er auf einigen dieser Inseln ausgerottet und auf anderen selten geworden. Viele Tiere sind zwecks Verzehr oder einfach zum „Spaß" abgeschossen worden; andere fielen verwilderten Haustieren zum Opfer. Mittlerweile wurden Maßnahmen zur Erhaltung dieser Art getroffen.

Der Drusenkopf hat einen kräftigen Körper mit einem runden Schwanz, der im allgemeinen gelb oder braun gefärbt und manchmal mit unregelmäßigen Flecken übersät ist. Auf seinem Nacken befindet sich ein Kamm, und ältere Tiere haben Fettrollen um den Hals. Der Drusenkopf lebt in trockenen Gebieten, in denen es noch Pflanzenwuchs gibt; außerdem muß er die Möglichkeit haben, sich dort einzugraben. Pflanzen, unter anderem Kakteen, sind seine Hauptnahrung, aber er frißt manchmal auch kleine Tiere. Die Weibchen legen ca. 9 Eier pro Gelege.

Stirnlappenbasilisk

Basiliscus plumifrons

Verbreitung: Südamerika

Habitat: Wald

Länge: 80 cm

Das Stirnlappenbasiliskmännchen trägt einen eindrucksvollen Kamm auf Rücken und Schwanz und einen auffallenden Helm auf dem Kopf. Die 5 *Basiliscus*-Arten ähneln einander sehr stark und sind nur an den verschiedenen Helmformen der Männchen zu unterscheiden. Die Helme sind bei den Weibchen nur schwach entwickelt und fehlen bei den Jungtieren völlig. Dieser langbeinige Leguan ist einer der wenigen Vierfüßler, die auf zwei Beinen laufen können. Er erhebt sich auf die Hinterbeine und läuft in halbaufgerichteter Haltung, wobei er den langen Schwanz in die Höhe hält, um das Gleichgewicht zu wahren. Dies ist offenbar sehr wichtig, denn wenn ein zu großes Stück vom Schwanz fehlt, kann sich der Basilisk nicht mehr auf den Hinterbeinen im Gleichgewicht halten. Erwachsene Tiere können eine Geschwindigkeit von 11 km/h entwickeln, allerdings nur über eine kurze Distanz. Basilisken können sogar ein paar Meter über glattes Wasser laufen, wobei sie sich die Oberflächenspannung des Wassers zunutze machen; wenn sie sich auf der Oberfläche nicht mehr halten können, schwimmen sie weiter.

Der Basilisk ist tagsüber aktiv und ernährt sich von Früchten und kleinen Tieren. Bei der Nahrungssuche klettert er oft auf Bäume. In der Fortpflanzungszeit legt das Weibchen 10–15 Eier, aus denen nach 80 Tagen die Jungen ausschlüpfen.

Nashornleguan

Cyclura cornuta

Verbreitung: Haiti und andere Inseln der Kleinen Antillen

Habitat: trockene Buschvegetation

Länge: bis zu 1,2 m Ⓖ

Ein Nashornleguanmännchen kann man leicht an den typischen Hornhöckern auf seiner Schnauze erkennen, die sich aus vergrößerten Schuppen gebildet haben. Das Weibchen hingegen hat nur kleine, unscheinbare Fortsätze. Nashornleguane sind große, kräftige Tiere mit einem starken Schwanz und einem seitlich leicht zusammengedrückten Körper. Manche von ihnen, vor allem ältere Männchen, haben Fettrollen um den Nacken. Es gibt viele Rassen dieser Leguane, die sich nur geringfügig voneinander unterscheiden. Sie gehören zu den primitivsten Leguanen. Nashornleguane leben an Land zwischen Dornsträuchern und Kakteen. Sie fressen Pflanzen, Würmer und Mäuse. Die Weibchen produzieren Gelege von ca. 12 Eiern, die sich innerhalb von 120 Tagen entwickeln. Auf manchen Inseln der Kleinen Antillen ist dieser Leguan durch den Grünen Leguan verdrängt worden, der dort erst in neuerer Zeit auftauchte.

Schwarzer Leguan

Ctenosaura pectinata

Verbreitung: Mexiko, Mittelamerika

Habitat: Wälder

Länge: 1 m

Dieser an Land lebende Leguan hat einen Schwanz mit Ringen aus Stachelschuppen, eine sehr wirksame Waffe. Er ernährt sich hauptsächlich von Pflanzen, vor allem von Bohnen, aber manchmal fängt er auch kleine Tiere. Seine Nahrung ist reich an Kaliumsalzen, und in seinen Nasengängen befinden sich Drüsen, durch die er überschüssiges Salz ausscheiden kann. Dies lagert sich dann in Krusten um die Nasenlöcher ab.

Schwarze Leguane leben in Kolonien mit sozialer Rangordnung, die von einem dominanten Männchen angeführt werden. Jedes Männchen hat ein Revier, das es gegen Konkurrenten verteidigt, jedoch nicht gegen den Anführer der Kolonie. In der Fortpflanzungszeit graben die Weibchen Höhlen, in die sie ihre ca. 50 Eier ablegen.

Kurzkammleguan / Fidschi-Leguan

Brachylophus fasciatus

Verbreitung: Fidschi- und Tonga-Inseln

Habitat: bewaldetes Gelände, Wälder

Länge: 90 cm Ⓑ

Eine der wenigen nicht in der Neuen Welt beheimateten Leguanarten ist der Kurzkammleguan. Er hat einen extrem langen Schwanz – oft ist dieser mehr als doppelt so lang wie sein schlanker Körper. Auf dem Rücken trägt er einen niedrigen Kamm. Seine langen Finger und Zehen sind mit scharfen Krallen ausgestattet, was ihm beim Klettern in den Bäumen, in denen er lebt, zugute kommt. Das Weibchen ist gleichmäßig grün gefärbt, das Männchen ist gebändert und hat am Hals helle Flecken. Kurzkammleguane ernähren sich von Blättern und anderem Pflanzenmaterial.

Dies ist eine kaum bekannte Art, die wegen großflächigen Fällens der Wälder, in denen sie lebt, vom Aussterben bedroht ist. Auch die Einführung des Ichneumons in ihrer Heimat trägt zum Schwinden der Art bei, da dieser Jagd auf die Kurzkammleguane und ihre Eier macht.

Madagaskarleguan

Oplurus sp.

Verbreitung: Madagaskar und die umliegenden Inseln

Habitat: Wald

Länge: bis zu 38 cm

Auf Madagaskar gibt es 2 Gattungen von Leguanen – *Oplurus* und *Chalarodon*. Die 6 *Oplurus*-Arten sehen sich alle ziemlich ähnlich; ihr Schwanz ist mit Ringen aus Stachelschuppen besetzt. Die *Chalarodon*-Arten sind leicht an ihrem kleinen Kamm und den glatten Schwanzschuppen zu erkennen.

Diese Leguane sind hauptsächlich Landbewohner. Sie können gut klettern und verbergen sich oft in Sträuchern und Bäumen.

Kurzkammleguan ♂
Stirnlappenbasilisk ♂
Meerechse
Madagaskarleguan
Drusenkopf
Nashornleguan
Schwarzer Leguan

Agamen

FAMILIE AGAMIDAE: Agamen
Diese Familie umfaßt mehr als 300 Arten von plumpen Echsen, die in allen wärmeren Regionen der Alten Welt mit Ausnahme von Madagaskar und Neuseeland vorkommen.

Die meisten Agamen haben einen dünnen Schwanz, lange Beine und einen dreieckigen Kopf. Sie leben auf dem Boden, in Bäumen oder auf Felsen und ernähren sich hauptsächlich von Insekten und anderen kleinen wirbellosen Tieren, aber auch von Pflanzen.

Siedleragame

Agama agama
Verbreitung: Zentralafrika
Habitat: tropischer Wald und Savanne
Länge: 12 cm

Diese Agamen bewohnen in Gruppen von 2–25 Tieren ein abgegrenztes Revier; die Gruppen werden von einem Männchen angeführt. Sobald die Sonne aufgeht, werden sie aktiv: Sie sonnen sich und suchen nach Nahrung, hauptsächlich Insekten. Wenn das dominante Männchen von einem anderen Männchen herausgefordert wird, nimmt es eine Drohhaltung ein, wobei es den Kopf ruckweise hin und her bewegt, den Körper vom Boden hebt und die Hautfalten an der Kehle so weit wie möglich ausfaltet.

Die Paarungszeit fällt mit der Regenzeit zusammen, in der die Erde feucht genug für den Nestbau ist. Das Weibchen gräbt ein kleines Loch, in das es 4–6 Eier ablegt. Dann bedeckt es die Eier mit Erde und glättet die Erdoberfläche, um das Nest zu verbergen. Während der Entwicklungszeit nehmen die Eier Feuchtigkeit aus dem Boden auf. Die Jungen schlüpfen nach 2–3 Monaten aus.

Gewöhnlicher Flugdrache

Draco volans
Verbreitung: von den Philippinen bis Malaysia und Indonesien
Habitat: Regenwald, Gummibaumplantagen
Länge: 19–22 cm

Der Flugdrache ist ein Baumbewohner, der von Baum zu Baum schweben kann. An beiden Seiten des Körpers befindet sich zwischen den Vorder- und Hinterbeinen ein großer flügelartiger Hautlappen, der durch verlängerte bewegliche Rippen gestützt wird. Normalerweise liegen diese beiden Lappen zusammengefaltet am Körper an, aber wenn der Flugdrache sie ausbreitet, können sie ihn in einem fast horizontalen Gleitflug mehrere Meter weit tragen. Flugdrachen fressen Insekten, vor allem Ameisen.

Die Fortpflanzung findet am Boden statt, und die 1–4 Eier werden vergraben.

Kragenechse

Chlamydosaurus kingii
Verbreitung: Australien: nördl. Westaustralien, Norden des Nordterritoriums, Ostqueensland; Neuguinea
Habitat: trockener Wald, bewaldetes Gebiet
Länge: GL 65 cm; SL 44 cm

Diese schlanke Eidechse hat einen langen Schwanz und eine riesige, kragenförmige Hautfalte unterhalb und seitlich des Kopfes, die einen Durchmesser von 25 cm erreichen kann. Normalerweise liegt dieser Kragen zusammengefaltet am Körper an, aber bei Gefahr öffnet das Tier sein Maul und richtet gleichzeitig den grellgefärbten Kragen auf, was einen recht bedrohlichen Eindruck macht. Die Kragenechse ist tagsüber aktiv und sucht in Bäumen und auf dem Boden nach kleinen Tieren.

Wüstenteufel / Dornteufel / Moloch

Moloch horridus
Verbreitung: Australien: Westen, Norden und Süden, Queensland
Habitat: trockener Busch, Wüste
Länge: 20 cm

Der merkwürdig Wüstenteufel, die einzige Art ihrer Gattung, ist eine der eigenartigsten Echsen überhaupt. Sein Körper und Schwanz sind mit großen kegelförmigen Stacheln besetzt. Über jedem Auge befinden sich zwei besonders große Stacheln und auf dem Nacken ein eigenartiger stacheliger Fettbuckel. Er ist ziemlich träge und fängt hauptsächlich Ameisen und Termiten auf dem Boden.

Das Weibchen legt im November oder Dezember 3–10 Eier (meist sind es 8). Die frisch ausgeschlüpften Jungen sind schon ebenso stachelig wie die Eltern.

Pracht-Dornschwanzagame

Uromastyx princeps
Verbreitung: Afrika: Somalia
Habitat: felsiges und steiniges Gelände
Länge: ca. 25 cm

Diese Agamenart hat einen plumpen Körper, einen kleinen, schildkrötenartigen Kopf und einen kurzen dicken Schwanz, der mit großen Stacheln übersät ist. Sie ist tagsüber aktiv und verbirgt sich nachts in Löchern und Felsspalten. Gräser, Blüten, Früchte und Blätter sind die Hauptbestandteile ihrer Nahrung. Wenn sie angegriffen wird, verteidigt sie sich, indem sie mit ihrem Stachelschwanz hin und her peitscht.

Arabische Krötenkopfagame

Phrynocephalus nejdensis
Verbreitung: Südwestasien
Habitat: Wüste, Halbwüste
Länge: bis zu 12 cm

Diese Agame hat einen runden Kopf und lange schlanke Beine. Sie ist ein geschickter Graber und sucht in kurzen, unterirdischen Tunneln Schutz, die sie selbst anlegt. Auch kann sie sich durch seitliche Bewegungen des Körpers blitzschnell in den Sand einwühlen. Bei Gefahr nimmt sie eine Verteidigungshaltung ein, wobei sie den Schwanz zunächst hoch in die Luft hebt und ihn dann ein- und ausrollt. Sie ernährt sich hauptsächlich von Insekten, aber auch von Blüten, Früchten und Blättern.

Die Weibchen produzieren jährlich mehrere Gelege.

Bartagame

Amphibolurus barbatus
Verbreitung: Ost- und Südostaustralien (außer der Kap-York-Halbinsel und Tasmanien)
Habitat: trockenes Gelände, Wald
Länge: GL 45 cm; SL 20 cm

Diese große, gefährlich aussehende Echse besitzt Stachelschuppen, die von ihren Ohrenöffnungen über den Kopf bis unter das Maul verlaufen. Auf ihrem Körper wechseln kleine und größere Kielschuppen einander ab. Erwachsene Tiere haben eine mit spitzen Stacheln besetzte Hautfalte an der Kehle (den „Bart"). Die meisten Bartagamen leben teils in Bäumen und teils in niedrigerer Vegetation, wo sie Insekten, Blüten und weiche Pflanzenteile fressen.

Das Weibchen legt 10–20 Eier in ein Bodennest. Die Eier werden mit Erde abgedeckt und entwickeln sich, erwärmt durch die Sonne, innerhalb von ca. 3 Monaten.

Soa-Soa

Hydrosaurus amboinensis
Verbreitung: Neuguinea, Molukken, Celebes
Habitat: Regenwald
Länge: GL 1,1 m; SL 75 cm

Die Soa-Soa ist eine der größten Agamen. Sie hat einen kräftigen Körper und muskulöse Beine. Das erwachsene Männchen trägt einen hohen Hautkamm auf dem erste Teil des Schwanzes, den es aufrichten kann, da er von knöchernen Fortsätzen der Schwanzwirbel gestützt wird. Die Soa-Soa lebt im Wasser und hält sich gewöhnlich in Ufernähe auf. Mit Hilfe ihres seitlich abgeplatteten Schwanzes kann sie gut schwimmen; an Land kann sie auf den Hinterbeinen laufen.

Im Widerspruch zu ihrem furchterregenden Aussehen ernährt sich die Soa-Soa hauptsächlich von Pflanzen und bevorzugt dabei zarte Blätter. Außerdem frißt sie Insekten und Tausendfüßler. Sie pflanzt sich durch Eierlegen fort.

Gewöhnlicher Wasserdrache

Physignathus lesueurii
Verbreitung: Ostaustralien
Habitat: bewaldete Küsten, bewachsene Hänge, Ufer von Gewässern
Länge: GL 75 cm; SL 50 cm

Vom Gewöhnlichen Wasserdrachen gibt es einige Farbvarianten in seinem Verbreitungsgebiet, aber alle haben einen langen, kräftigen Schwanz und einen gezackten Kamm, der vom Nacken bis zum Schwanzende verläuft. Dies ist eine teils auf dem Land, teils im Wasser lebende Agame, die sich manchmal auf überhängende Zweige legt und sich bei Gefahr ins Wasser hinabfallen läßt. Der Gewöhnliche Wasserdrache ernährt sich von Insekten, kleinen Wassertieren und Fröschen sowie von Landtieren, Früchten und Beeren.

Das Weibchen legt ungefähr 8 Eier unter einen Felsen oder in ein Loch, das es in den Boden gräbt. Nach 10–14 Wochen schlüpfen die Jungen aus.

Gewöhnlicher Flugdrache
Wüstenteufel
Kragenechse
Pracht-Dornschwanzagame
Soa-Soa ♂
Siedleragame
Bartagame
Gewöhnlicher Wasserdrache
Arabische Krötenkopfagame

Chamäleons

FAMILIE CHAMAELEONIDAE:
Chamäleons

Die Chamäleons sind wahrscheinlich die spezialisierteste Gruppe unter den baumbewohnenden Echsen. Sie sind sowohl vom Körperbau wie auch vom Verhalten her ausgezeichnet an das Leben in den Bäumen angepaßt. Ungefähr 85 Arten sind bekannt, von denen die meisten in Afrika und auf Madagaskar, einige wenige auch in Asien leben; nur eine Art lebt in Europa. Einige Chamäleonarten sind Bodenbewohner.

Die meisten Chamäleons sind zwischen 15 und 30 cm lang, ein paar sind kleiner, und eine Art auf Madagaskar erreicht 70–80 cm Länge. Alle Chamäleons haben einige charakteristische Merkmale gemeinsam: einen seitlich zusammengedrückten Körper, oft deutlich sichtbare Kämme oder Hörner auf dem Kopf und große, hervorquellende Augen, die sich unabhängig voneinander bewegen lassen. Die Zehen von Händen und Füßen bilden Greifzangen; jede Hand bzw. jeder Fuß ist deutlich in zwei Gruppen von 2 und 3 Zehen unterteilt, so daß die Tiere damit Zweige umklammern können. Der muskulöse Greifschwanz kann um einen Zweig geschlungen werden und dient dem Chamäleon als Stütze, wenn es unbeweglich auf der Lauer liegt.

Obwohl auch einige andere Echsen in der Lage sind, ihre Körperfarbe zu verändern, hat das Chamäleon diese Fähigkeit am weitesten entwickelt. Die Tarnung hilft dem Chamäleon beim langsamen Beschleichen eines Beutetiers und dient ihm außerdem dazu, sich vor seinen Feinden zu verbergen. Der physiologische Prozeß, der dem Farbwechsel zugrunde liegt, ist sehr kompliziert. Das zentrale Nervensystem steuert die Pigmentierung der Hautzellen. Die Pigmente können sich zusammenziehen oder ausdehnen, wodurch die Haut dunkler oder heller wird. Die Lichtstärke scheint dabei die wichtigste Rolle zu spielen. Das auffälligste Merkmal des Chamäleons ist jedoch wahrscheinlich die Zunge, die außergewöhnlich weit herausgestreckt werden kann, bei manchen Arten so weit, wie sie selbst lang sind. Am Ende der Zunge befindet sich ein klebriges Polster, an dem die Insekten hängenbleiben. Chamäleons haben ein ausgezeichnetes Sehvermögen, so daß sie ihre Beute sehr genau anvisieren können.

Sie pflanzen sich gewöhnlich durch Eier fort, die das Weibchen in einem Loch im Boden vergräbt. Einige afrikanische Arten gebären lebende Junge: Die vollentwickelten Jungen schlüpfen aus den Eiern, sobald diese gelegt sind.

Ostafrikanisches Dreihornchamäleon

Chamaeleo jacksonii

Verbreitung: Ostafrika: von Uganda, Tansania bis Nordmozambique
Habitat: Savanne
Länge: 11–12 cm

Das Männchen dieser Chamäleonart ist an den 3 auffallenden Hörnern auf der Schnauze sofort zu erkennen. Das Weibchen hat in manchen Gebieten ebenfalls 3 Hörner, in anderen hingegen nur ein einziges Horn auf der Schnauze und entweder 2 rudimentäre Hörner an beiden Augen oder keine zusätzlichen Hörner mehr. Dieses fahlgrüne Chamäleon ist oft kaum von moosbewachsener Baumrinde zu unterscheiden.

Dies ist eine der lebendgebärenden Chamäleonarten; das Weibchen kann 20–40 Eier tragen. Die Jungen sind bei der Geburt 5,5 cm lang und haben 2 kleine Hörner vor den Augen und eine kegelförmige Schuppe an der Stelle des mittleren Horns.

Mellers Chamäleon

Chamaeleo melleri

Verbreitung: Ostafrika: Tansania, Malawi
Habitat: Savanne
Länge: GL 54–58 cm; SL 28–29 cm

Obwohl es das größte Chamäleon außerhalb Madagaskars ist, hat das Mellers Chamäleon nur ein kleines Horn auf der Schnauze, und zwar sowohl Männchen wie Weibchen. Der Körper ist mit auffälligen breiten gelben Bändern und schwarzen Flecken gezeichnet. Wenn es auf einem Ast sitzt, schaukelt es oft wie ein Blatt im Wind hin und her; dies in Verbindung mit seiner Tarnzeichnung macht es zwischen dem Blattwerk nahezu unsichtbar. Seine Beutetiere sind kleine Vögel und Insekten.

Lappenchamäleon

Chamaeleo dilepis

Verbreitung: tropisches und südliches Afrika
Habitat: Sträucher in der Savanne
Länge: 25–35 cm

Dieses aggressive Chamäleon ist mit Hautlappen an der Rückseite des Kopfes ausgestattet, die es drohend aufstellt, wenn es einem Artgenossen begegnet. Es kann die Lappen auch einzeln aufrichten. Das Lappenchamäleon lebt in Bäumen und Sträuchern, die es nur verläßt, um den Baum zu wechseln oder um Eier zu legen. Seine Farbe variiert je nach Umgebung: Zwischen Blättern wird es grün, und wenn es auf einem Baumstamm sitzt, nimmt es eine gelbe oder rotbraune Färbung an. Wenn es gereizt oder aufgeschreckt wird, beispielsweise durch seinen Todfeind, die giftige Boomslang (eine Natter), verfärbt sich das Chamäleon zu einem schwärzlichen Dunkelgrün mit gelben und weißen Flecken und stößt zischende Laute aus.

Das Weibchen legt 30–40 Eier in ein selbstgegrabenes Bodenloch, das es mit Gras und Zweigen abdeckt. Die Jungen schlüpfen nach ca. 3 Monaten aus.

Gewöhnliches Chamäleon

Chamaeleo chamaeleon

Verbreitung: Südspanien und Portugal, Kreta, Nordafrika, Kanarische Inseln, Kleinasien
Habitat: Buschwerk in trockenen Landstrichen
Länge: 25–28 cm

Das Gewöhnliche Chamäleon ist die einzige in Europa lebende Chamäleonart. Normalerweise hat es eine gelbbräunliche Färbung mit dunklen Bändern, aber zwischen Gras oder anderer Vegetation verfärbt es sich grün. Bei Gefahr wird das Tier sehr dunkel und bläst sich auf, um größer zu wirken. In Gebieten mit üppiger Vegetation lebt das Gewöhnliche Chamäleon in den Sträuchern und kommt nur zum Eierlegen auf den Boden. Jedoch ist es in Nordafrika, wo es in Gebieten mit spärlicher Vegetation lebt, zu einem Bodenbewohner geworden, der in selbstgegrabenen Höhlen am Rand von Oasen lebt. Es ernährt sich von Insekten, vor allem von Heuschrecken.

In der Paarungszeit kämpfen die Männchen um die Weibchen, und die Paarungspartner werden manchmal auch gegeneinander aggressiv. Das Weibchen legt 20–30 Eier und vergräbt diese.

Blattchamäleon

Brookesia spectrum

Verbreitung: von Kamerun, Gabun bis Ostafrika
Habitat: Waldboden
Länge: 7,5–9 cm

Dieses kleine, staubbraun gefärbte Chamäleon ähnelt stark den verdorrten Blättern, zwischen denen es lebt. Diese Wirkung wird noch durch den stumpfen Schwanz, die kleinen Höcker auf dem Kopf und die unregelmäßige, an Blattadern erinnernde Linienzeichnung verstärkt. Auf dem Kopf befinden sich zwei kleine häutige Auswüchse. Die Beine sind außergewöhnlich dünn und staksig. Der Schwanz hat eine Greiffunktion. Die Fähigkeit des Farbwechsels ist bei dieser Art nur schwach entwickelt, da das Tier ohnehin ausgezeichnet getarnt ist. Wie alle Chamäleons bewegt es sich träge und bedächtig; es kann stundenlang stillsitzen. Blattchamäleons ernähren sich von Insekten.

Über die Fortpflanzung ist nur wenig bekannt; vermutlich legen die Weibchen pro Gelege 3–6 Eier ab.

Großes Bodenchamäleon

Rhampholeon marshalli (Brookesia m.)

Verbreitung: Zimbabwe, Mozambique
Habitat: bewaldete Berghänge
Länge: 3,5–7,5 cm

Durch seine Form und durch den seitlich zusammengedrückten Körper und den stark gebogenen Rücken hat auch dieses Chamäleon große Ähnlichkeit mit einem Blatt. Hinzu kommt, daß es schaukelt, als ob es vom Wind hin und her bewegt würde. Vor allem bei den Männchen lassen sich zwei Reihen von hellgefärbten Höckern auf dem Körper deutlich erkennen. Die Weibchen sind gewöhnlich doppelt so groß wie die Männchen. Den größten Teil seines Lebens verbringt dieses Chamäleon auf dem Boden zwischen abgefallenen Blättern.

Das Weibchen legt 12–18 Eier.

Ostafrikanisches Dreihornchamäleon ♂
Blattchamäleon
Großes Bodenchamäleon
Mellers Chamäleon
Lappenchamäleon
Gewöhnliches Chamäleon

Geckos 1

FAMILIE GEKKONIDAE: Geckos
In den tropischen, subtropischen und gemäßigt warmen Zonen der Welt leben ca. 675 Geckoarten. Diese Echsen können in Wäldern, Sümpfen und Bergregionen leben, praktisch an jedem Ort, wo genügend Insekten für ihre Ernährung vorhanden und wo die Nächte nicht zu kalt sind. Geckos variieren in der Größe von 5 bis 40 cm; die meisten sind jedoch zwischen 7 und 15 cm lang.

Kennzeichnend für die Geckos sind der flache Körper und die mit sehr vielen kleinen Schuppen besetzte weiche Haut. Die meisten Arten sind Nachttiere mit großen Augen, einer spaltenförmigen Pupille und einem angewachsenen durchsichtigen Augenlid. Viele von ihnen haben unter Fingern und Zehen Haftlamellen, durch die sie problemlos eine senkrechte Oberfläche hinaufklettern und sogar kopfunter an der Decke entlanglaufen können.

Die Männchen vieler nachts aktiver Arten sind sehr geräuschvoll; ihre Laute reichen von leisem Zirpen bis zu lautem Bellen. Die Weibchen legen jeweils nur 1–3 Eier, jedoch meist mehrere Gelege pro Jahr. Die Jungen sind beim Ausschlüpfen fast halb so groß wie die Erwachsenen. Die Eier der meisten Geckos haben eine härtere Schale als die anderer Echsen; anfangs ist die Schale noch weich, wird jedoch an der Luft schnell hart.

Tokee

Gekko gekko
Verbreitung: Südostasien, Indonesien
Habitat: in oder in der Nähe von Häusern
Länge: 28 cm

Der Tokee ist einer der größten und verbreitetsten Geckos; er gilt als Glücksbringer für das Haus, in dem er lebt. Er frißt Insekten, vor allem Kakerlaken, außerdem junge Eidechsen, Mäuse und kleine Vögel, die er mit seinen kräftigen Kiefern packt. Die Männchen lassen ihr lautes Gebell – „Tok-eh“ oder „Geck-oh“ – meist in der Paarungszeit ertönen; die Weibchen sind stumm.

Das Weibchen legt zwei Eier mit einer klebrigen Oberfläche, die gewöhnlich an aufrechtstehenden Gegenständen festgeklebt werden und meist nicht davon zu lösen sind, ohne zu zerbrechen. Jahr für Jahr werden die Eier an die gleichen Stellen geklebt; Man findet 8–10 Gelege nebeneinander in verschiedenen Entwicklungsstadien und von verschiedenen Weibchen.

Ringgecko

Tarentola annularis
Verbreitung: Afrika: Libyen, Ägypten, Sudan, Äthiopien, Somalia
Habitat: Bäume, Felsen, Ruinen in der Halbwüste
Länge: 20 cm

Die Körperfärbung dieses Geckos wechselt je nach der Oberfläche, auf der er sich befindet. Exemplare, die auf den schwarzen Felsen oberhalb des ersten Nilkatarakts leben, sind schwarz, diejenigen, die auf weißen Mauern leben, fahlweiß.

Es sind aggressive und lebendige Tiere, die sich in erster Linie von Insekten ernähren, aber auch von Spinnen und kleinen Eidechsen. Sie können über lange Zeiträume ohne Wasser auskommen und trinken dann gierig, sobald sich die Gelegenheit dazu bietet.

Bei Einsetzen der Regenzeit pflanzen sie sich fort, und das Weibchen legt seine Eier in einen Felsspalt oder eine Höhle.

Panthergecko

Eublepharis macularius
Verbreitung: Afghanistan, Südturkestan, Pakistan, Westen von Indien
Habitat: trockene, felsige Regionen
Länge: bis zu 30 cm

Dieses gedrungene Tier hat einen gefleckten Körper und einen großen Kopf. Dies ist eine der wenigen Geckoarten mit beweglichen anstelle von durchsichtigen Augenlidern, ein für Geckos primitives Merkmal. Die Beine sind lang und dünn, wodurch der Körper beim Laufen vom Boden entfernt ist. Panthergeckos fressen Heuschrecken, Skorpione, Käfer und Spinnen. Es sind Nachttiere, die sich tagsüber unter Felsen verbergen oder sich in den Sand eingraben.

Das Weibchen legt mehrmals im Jahr jeweils 2 Eier.

Wüstengecko

Palmatogecko rangei
Verbreitung: Südwestafrika: Namib-Wüste
Habitat: Sanddünen, Felsen
Länge: 12 cm

Dieser außergewöhnlich seltene kleine Gecko lebt auf den zum Meer hin abfallenden Hängen der Namib-Wüste, wo es fast nie regnet. Durch seine Haut nimmt er Feuchtigkeit aus dem Seewind und aus dem Nebel auf, der vom Meer herangetrieben wird; auch leckt er den Tau von Steinen auf und die Feuchtigkeit aus seinen eigenen Augen.

Da dieser Gecko ein Bodenbewohner ist, braucht er keine Haftlamellen. Statt dessen sind seine fast krallenlosen Zehen durch Häute miteinander verbunden, die wie „Schneeschuhe“ im weichen Sand die Fortbewegung erleichtern. Beim Laufen sorgt der Wüstengecko dafür, daß sein Körper nicht mit dem heißen Boden in Berührung kommt, und er hinterläßt keinerlei Spuren. Die „Schwimmhautfüße“ werden auch zum Eingraben in den Sand benutzt, wenn das Tier sich vor Feinden oder vor der mörderischen Sonne schützen will. Es gräbt ein Loch, in welchem es mit seinem Kopf zum Eingang gerichtet liegt, immer bereit vorzuschnellen, wenn Termiten, Fliegen oder Würmer in seine Reichweite kommen. Wenn ein Raubtier versucht, den Wüstengecko aus seinem Unterschlupf herauszuziehen, klammert er sich mit seinem starken Schwanz an einer Seite der Höhle fest, und das „Tauziehen“ beginnt.

Faltengecko

Ptychozoon kuhli
Verbreitung: Südostasien, Indonesien, Borneo
Habitat: Wald
Länge: 15 cm

Die Geckos dieser Gattung verdanken ihren Namen den Hautfalten an beiden Seiten des Kopfes, des Rumpfes, der Glieder und des Schwanzes sowie zwischen den Zehen. Wenn der Faltengecko aus den Bäumen springt oder fällt, spreizt er seine Pfoten, so daß sich die Hautfalten spannen und die Funktion eines Fallschirms übernehmen. Eine vielleicht noch wichtigere Funktion der Hautfalten ist die Tarnung, die sie verschaffen, wenn der Faltengecko auf Baumästen ruht: Er drückt die Hautfalten gegen den Untergrund und verhindert so jegliche Schattenbildung, so daß seine Körperumrisse verschwimmen.

Im November legt das Weibchen seine Eier auf einen Zweig. Die Eier sind mit einer klebrigen Substanz bedeckt; sie kleben aneinander und an Zweigen und entwickeln allmählich eine harte Schale. Im darauffolgenden Mai schlüpfen die Jungen aus.

Südafrikanischer Blattfingergecko

Phyllodactylus porphyreus
Verbreitung: Südafrika, Australien
Habitat: trockene Berghänge
Länge: 12 cm

Dieses agile Tierchen lebt in Felsspalten oder unter Steinen und kann sich mit seiner Färbung an die Umgebung anpassen. Es frißt Insekten und wird oft von Milben befallen.

Das Weibchen legt seine Eier unter einen Stein oder Baum, wo nach ca. 115 Tagen die Jungen ausschlüpfen. Sie sind dann ca. 2 cm lang, und der Schwanz mißt schon gut 1 cm.

Brooks Halbfingergecko

Hemidactylus brookii
Verbreitung: Asien, Afrika, Südamerika, Karibik
Habitat: von Ebenen an der Küste bis zu Hochlandsavannen bis 2100 m
Länge: 15 cm

Diese Art ist ungewöhnlich weit verbreitet. Sie lebt unter Steinen, in Felsspalten, verlassenen Termitenhügeln, unter umgefallenen Bäumen und sogar in Haufen organischen Abfalls.

Mit seinen scharfen, gekrümmten Krallen klettert dieser Gecko mit großer Geschicklichkeit senkrechte Wände hinauf. Er frißt Insekten und dringt nachts in Häuser ein, um Insekten zu jagen, die vom Lampenlicht angezogen werden. Die exakte Länge dieses Tiers ist nur schwer zu bestimmen, da erwachsene Exemplare selten einen unbeschädigten Schwanz besitzen. Wenn der Schwanz abbricht, ziehen kleine Muskeln das Hauptblutgefäß zusammen, so daß fast kein Blutverlust entsteht.

In der Fortpflanzungszeit legt das Weibchen 2 Eier.

Ringgecko
Brooks Halbfingergecko
Südafrikanischer Blattfingergecko
Wüstengecko
Tokee
Panthergecko
Faltengecko

Geckos 2, Flossenfüße

Madagassischer Plattschwanzgecko

Uroplatus fimbriatus

Verbreitung: Madagaskar

Habitat: Wald

Länge: 20 cm

Der Madagassische Plattschwanzgecko hat einen flachen Körper, große vorquellende Augen und eine gefleckte Haut, die das Tier auf Baumrinden ausgezeichnet tarnt. Wenn es sich mit seinem Körper an einen Ast oder Stamm drückt, läßt der kleine Schuppensaum an Körperseiten und Beinen seine Umrisse verschwimmen. Auch kann sich die Intensität seiner Färbung verändern: Nachts ist sie dunkler und morgens wieder heller. Bei Erregung wird das Tier dunkelbraun oder schwarz. Der breite, flache Schwanz kann nach oben gerollt werden; der Gecko verwendet ihn als Greiforgan und hält sich damit an Zweigen fest.

Der Madagassische Plattschwanzgecko ist nachts aktiv. Er lebt von Insekten. Jedes Tier hat seinen eigenen Ruheplatz, auf den es sich nach der Mahlzeit zurückzieht, um den ganzen Körper einschließlich der Augen sorgfältig zu reinigen.

Neuseeländischer Grüner Taggecko

Heteropholis manukanus

Verbreitung: Neuseeland (Malborough-Sund, Stephens-Insel)

Habitat: Wald, Buschvegetation

Länge: 12,5–16,5 cm

Im Gegensatz zu den meisten anderen Geckos ist der Neuseeländische Grüne Taggecko tagsüber aktiv. Er jagt dann in den Bäumen Insekten und andere kleine Tiere. Er hält sich hauptsächlich auf dem Manuka- oder Teebaum (*Leptospermum scoparium*) auf. Seine hellgrüne Färbung hat einen gelben Unterton. Der Bauch des Weibchens ist gelbgrün, der des Männchens blaugrün. Bei beiden Geschlechtern sind die Fußsohlen gelblich. Der Kopf ist ziemlich groß, die Schnauze lang und abgestumpft.

Die meisten Geckos legen Eier, doch die Weibchen dieser Art gebären lebende Junge, und zwar meist 2. Diese sehen schon genauso aus wie die erwachsenen Tiere.

Die Population der Neuseeländischen Grünen Taggeckos ist stark zurückgegangen, weil große Teile ihres Wohngebietes – Wald und Buschvegetation – für den Landbau gerodet wurden.

Kleiner Maskarenen-Taggecko

Phelsuma vinsoni (P. ornata)

Verbreitung: Mauritius und Nachbarinseln

Habitat: Wald

Länge: 17,5 cm

Das Männchen dieser Art hat grellrote Flekken auf dem blauen und grünen Rücken und braune Bänder auf Kopf und Hals – eine besonders farbenfrohe Zeichnung. Das Weibchen ist ebenso gezeichnet, jedoch weniger grell gefärbt und braun oder grau getönt. Auch diese Geckos sind im Gegensatz zu vielen anderen Arten tagsüber aktiv. Sie klettern oft in Schraubpalmen umher, deren Früchte Insekten anziehen, die sie verspeisen. Bananen und der Nektar einiger Blüten ergänzen den Speisezettel dieser Geckoart.

Das Weibchen legt zwei Eier mit klebriger Oberfläche, die es gewöhnlich an einen Zweig festklebt und zurückläßt. Häufig legen mehrere Weibchen ihre Eier an der gleichen Stelle ab. Die Jungen schlüpfen je nach Temperatur nach 9–12 Wochen aus und sind dann ca. 12 cm lang, wobei der Schwanz den größten Teil dieser Länge ausmacht.

FAMILIE PYGOPODIDAE: Flossenfüße

Die Flossenfüße gehören zu den Echsen, obwohl sie keine Gliedmaßen haben und Schlangen sehr ähnlich sehen. Sie unterscheiden sich jedoch in anatomischer Hinsicht von den echten Schlangen. Es gibt ca. 14 Arten, die alle in Australien und Neuguinea leben.

Obwohl sie äußerlich Schlangen ähneln, sind die Flossenfüße am engsten mit den Geckos verwandt, mit denen sie einige Merkmale gemeinsam haben wie die verwachsenen Augenlider und ihre Fähigkeit, Laute zu produzieren. Ihre Hinterbeine haben sich zu kleinen beschuppten Fortsätzen zurückgebildet, und der Schwanz ist außergewöhnlich lang. Die platte, fleischige Zunge ist leicht gespalten, und die Tiere können sie weit aus dem Maul herausstrecken.

Spitzkopf-Flossenfuß

Lialis burtonis

Verbreitung: Australien: Gebiete im Inneren des Kontinents, Queensland; Neuguinea

Habitat: Halbwüste, Regenwald

Länge: bis zu 60 cm

Diese Art hat von allen Flossenfüßen das größte Verbreitungsgebiet. Der Spitzkopfflossenfuß kann unter so gegensätzlichen Umweltbedingungen wie denen des Regenwaldes und der Halbwüste leben. Er versteckt sich am Boden unter Grasbüscheln oder organischem Abfall. Seine Färbung und Zeichnung kann sehr unterschiedlich sein, ist jedoch nicht gebietsabhängig. Immer hat er einen braunen Streifen an beiden Seiten des Kopfes. Die Schnauze ist lang und spitz. Diese Echse ist tagsüber wie auch nachts aktiv. Sie frißt Insekten, Skinke und andere kleine Eidechsen. Mit ihren spitzen, zurückgebogenen Zähne kann sie sich auch an große Beutetiere heranwagen. Sie packt sie mit einem schnellen Biß und verschlingt sie vollständig.

Während andere „Schlangeneidechsen" ähnlich wie die Geckos ein Bellen oder ein leises Zirpen von sich geben, produziert diese Echse einen langgezogenen Ton. Das Weibchen legt 2–3 längliche Eier mit einer pergamentartigen Schale.

Westlicher Flossenfuß

Pygopus nigriceps

Verbreitung: Westaustralien

Habitat: Trockengebiete im Landesinneren, Küstenwälder

Länge: 45 cm

Der Schwanz ist bei dieser Art etwas länger als der Körper, und das Tier hat eine runde Schnauze. Die vierzehigen Hinterbeine existieren als eine Art schuppiges Anhängsel mit kleinen Knöchelchen. Sie liegen gewöhnlich am Körper an; wenn das Tier angegriffen oder verwundet wird, klappt es sie im rechten Winkel aus. Bei Bedrohung imitiert es die giftige Ornamentschlange, um seinen Feind zu täuschen. Die Echse zieht den Kopf ein, beugt den Hals in einem S-förmigen Bogen, bläst die Kehle etwas auf und zischt. Sie ernährt sich von Insekten und kleinen Eidechsen und ist in der Dämmerung und nachts am aktivsten. Das Weibchen legt 2 Eier.

Spitzschnäuziger Flossenfuß

Delma nasuta

Verbreitung: Australien: Westaustralien, Nordterritorium; Südaustralien

Habitat: Sand- und Steinwüsten

Länge: GL 30 cm; SL 22 cm

Die drei Arten der Gattung *Delma* sind schlanke Tiere, sie bewegen sich genau wie Schlangen. Dadurch und wegen der Form ihrer Schuppen ähneln sie den kleineren australischen Giftnattern. Sie fressen Insekten und kleine Eidechsen, und zwar sowohl nachts wie auch tagsüber. Die Arten, die in den heißen Wüstengebieten leben, sind echte Nachttiere. Die Hinterbeine sind nur kleine, bewegliche Anhängsel, die am Körper anliegen. Das Weibchen legt 2 Eier.

Streifenflossenfuß

Aprasia striolata

Verbreitung: Australien: vereinzelte Populationen im Südwesten von Westaustralien, Südaustralien und Westvictoria; Nordterritorium

Habitat: Sand- und Lehmböden

Länge: 15 cm

Die Gattung *Aprasia* besteht aus 4 Arten, die einander in bezug auf Lebensweise und Aussehen sehr stark ähneln. Der Streifenflossenfuß hat eine runde Schnauze und schwach ausgebildete rudimentäre Hinterbeine. Sein Schwanz ist kurz. Er ernährt sich von Insekten und Eidechsen und ist hauptsächlich tagsüber aktiv. Die Weibchen legen meist 2 Eier.

Neuseeländischer Grüner Taggecko
Kleiner Maskarenen-Taggecko ♂
Streifenflossenfuß
Madagassischer Plattschwanzgecko
Spitzschnäuziger Flossenfuß
Spitzkopf-Flossenfuß
Westlicher Flossenfuß

Nachtechsen, Schienenechsen

FAMILIE XANTUSIIDAE: Nachtechsen
Wie der Name schon sagt, sind diese Echsen Nachttiere, die in der Abenddämmerung zu jagen anfangen und sich tagsüber zwischen Felsen und unter Steinen versteckt halten. Die Familie umfaßt ca. 18 Arten, die im Südwesten der USA, in Mittelamerika und auf Kuba vorkommen, größtenteils in felsigen, trockenen Gebieten. Sie fressen Insekten, die nachts aktiv sind.

Nachtechsen ähneln obflächlich den Geckos; beide Familien haben unbewegliche Augenlider, und im unteren Augenlid befindet sich ein durchsichtiges „Fenster“. Doch haben die Nachtechsen im Unterschied zu den Geckos Schuppen auf Rücken und Bauch und Schilde auf dem Kopf. Außerdem bringen sie lebende Junge zur Welt, die sich im Körper des Weibchens entwickeln und mittels einer Art Plazenta ernährt werden.

Yucca-Nachtechse

Xantusia vigilis

Verbreitung: Südwesten der USA: von Nevada und Utah bis Kalifornien; Mexiko
Habitat: felsiges, trockenes und halbtrockenes Gelände
Länge: 10–12,5 cm

Die Yucca-Nachtechse ist innerhalb ihres Verbreitungsgebietes unterschiedlich gefärbt, hat aber stets viele kleine, dunkle Flecken. Sie lebt auf Yucca-Stämmen und Agaven und frißt Termiten, Ameisen, Käfer und Fliegen.

Die Yucca-Nachtechse paart sich zu Anfang des Sommers, meist im Mai oder Juni; wenige Monate später werden 1–3 Junge geboren.

FAMILIE TEIIDAE: Schienenechsen
Schienenechsen kommen ausschließlich in der Neuen Welt vor. Die meisten der 230 Arten dieser Familie leben in Südamerika. Es sind schlanke Echsen mit einem dünnen, peitschenförmigen Schwanz und einer auffallend langen, tiefeingeschnittenen Zunge, die bei der Nahrungssuche eingesetzt wird.

In vielerlei Hinsicht können die Schienenechsen als neuweltliche Gegenstücke der Echten Eidechsen der Alten Welt gelten. Die meisten Arten leben auf dem Boden, wo sie die unterschiedlichsten kleinen Tiere fressen. Einige Arten haben sich auf eine besondere Lebensweise spezialisiert, so der Krokodilteju, der halb im Wasser lebt und sich von Schlangen ernährt.

Die Tejus pflanzen sich durch Eier fort. Meist findet eine Paarung statt, doch bei einigen Arten ist dies nicht erforderlich: Von ihnen existieren nur weibliche Tiere, die ohne Befruchtung Eier legen, aus denen wiederum Weibchen ausschlüpfen; sie kommen völlig ohne Männchen aus.

Krokodilteju

Dracaena guianensis

Verbreitung: Nordosten Südamerikas
Habitat: sumpfige, unter Wasser stehende Gebiete, oft bewaldetes Land an Flußufern
Länge: 1,2 m

Der große, kräftig gebaute Krokodilteju hat einen seitlich abgeplatteten Schwanz und auf dem Rücken rauhe, hornige Knochenschuppen, die als Panzer dienen. Er lebt in Gebieten, die während der meisten Zeit des Jahres unter Wasser stehen und nur beim niedrigsten Wasserstand des Flusses trocken sind. Dann sucht er die restlichen Wasserstellen auf. Den Tag verbringt er überwiegend im Wasser. Er taucht und schwimmt ausgezeichnet mit Hilfe seines Schwanzes. Nachts sucht er sich ein Versteck über dem Wasserspiegel, oft in Sträuchern oder Bäumen. Er ernährt sich fast ausschließlich von Wasserschnecken, die er mit seinen Kiefern packt. Dann wirft er den Kopf zurück, so daß die Schnecke in sein Maul gleitet, wo er sie mit Hilfe seiner flachen Mahlzähne aufknackt. Die Gehäusestücke spuckt er aus, den weichen Körper des Tiers schluckt er hinunter.

Nach der Paarung legt das Weibchen seine 7,4 cm langen Eier oft in einem von Baumtermiten verlassenen Nest ab.

Bänderteju / Salompenter

Tupinambis teguixin

Verbreitung: Mittelamerika; Norden von Südamerika
Habitat: Wald
Länge: GL 1,2–1,4 m, SL 70–85 cm

Der Bänderteju ist ein kräftiges Tier mit einer auffälligen gelben Zeichnung auf dem dunklen Körper und einem langen runden Schwanz. Er lebt in dichtem Unterholz, auch im Kulturland, wo Nahrung im Überfluß zu finden ist. Er ernährt sich von Hühnern und ihren Eiern, von kleinen Säugetieren, Fröschen, großen Insekten, Würmern und gelegentlich auch von Früchten und Blättern. Er jagt tagsüber; nachts und bei kühlem Wetter verbirgt er sich in einer unterirdischen Höhle. Als gefürchteter Kämpfer versetzt der Bänderteju seinem Feind einen kräftigen Schlag mit dem Schwanz, bevor er ihn mit seinen Kiefern angreift. Zunächst versucht er jedoch bei Gefahr stets zu fliehen; junge Tiere laufen dann sogar manchmal auf den Hinterbeinen. Die Indianer fangen den Bänderteju und verwenden sein gelbliches Fett als Heilmittel bei Entzündungen.

Das Weibchen legt 6–8 Eier in ein von Baumtermiten bewohntes Nest, dessen harte Außenwand es aufbricht. Die stets wachsamen Termiten reparieren die Wand des Nestes schnell wieder, und die eingemauerten Eier sind vor Feinden sicher. Die Jungen müssen sich später selbständig aus dem Termitennest befreien.

Ameive

Ameiva ameiva

Verbreitung: Mittelamerika; Südamerika östl. der Anden; USA: eingeführt in Florida
Habitat: Grasland
Länge: 15–20 cm

Die Ameive ist eine besonders lebendige Echse, die morgens auf Nahrungssuche geht. Sie jagt Insekten, Spinnen, Schlangen und andere kleine Tiere, die sie mit ihrer langen gespaltenen Zunge fängt. Die Zunge ist mit Tast- und Geruchsorganen ausgerüstet und kann weit herausgestreckt werden. In Küstengebieten ist die Ameive in Höhlen von Krabben zu finden. In Panama ist beobachtet worden, daß diese Art sich in frisch gerodeten Gebieten ausbreitet.

Das Weibchen ist meist kleiner als das Männchen, das eine auffällige Zeichnung aus weißen Flecken trägt. Beim Weibchen laufen deutlich sichtbare Streifen über den Körper. Nach der Paarung legt es 1–4 Eier.

Vierzehen-Ameive

Teius teyou

Verbreitung: von Südostbrasilien bis Argentinien
Habitat: offenes, felsiges Gelände
Länge: 30 cm

Dies ist einer der zahlreichsten und weitverbreitetsten südamerikanischen Tejus. Die Vierzehen-Ameive lebt überall, wo es offenes Gelände mit vereinzelten Felsen als Deckung gibt. Als Unterschlupf gräbt sie sich einen Tunnel unter einem großen Steine, der in einer kleinen Kammer von ca. 2,5 x 4 cm endet. Dort liegt das Tier U-förmig zusammengerollt, wobei sich der Körper in der Kammer befindet, während der Kopf und der lange Schwanz im Tunnel liegen. Die Vierzehen-Ameive frißt Insekten und manchmal Spinnen.

Tüpfel-Rennechse

Cnemidophorus lemniscatus

Verbreitung: von Mittelamerika bis nördl. Südamerika; Trinidad, Tobago
Habitat: Tiefebenen, Lichtungen in Wäldern, die in Überschwemmungsgebieten liegen
Länge: 30 cm

Die Tüpfel-Rennechse ist eine der schnellsten Echsen. Sie ist ständig in Bewegung und späht nach allen Seiten; manchmal läuft sie sogar auf den Hinterbeinen. Über kurze Entfernungen sind Geschwindigkeiten von 24–28 km/h beobachtet worden. Dieses tagsüber aktive Tier lebt hauptsächlich auf dem Boden, aber es klettert auch manchmal in niedrige Sträucher, um nach Nahrung zu suchen. Es hat einen langen Körper mit einem sehr langen, spitzen gerippten Schwanz, und seine Schnauze kann stumpf oder spitz sein.

Vor der Paarung sitzt das Männchen rittlings auf dem Weibchen und beißt sich in seinem Nacken fest. Dann krümmt es seinen Körper um den des Weibchens, um zu kopulieren. Das Weibchen legt 4–6 Eier, aus denen nach 8–10 Wochen die Jungen ausschlüpfen.

Yucca-Nachtechse
Krokodilteju
Tüpfel-Rennechse
Bänderteju
Ameive
Vierzehen–Ameive

Glattechsen (Skinke) 1

FAMILIE SCINCIDAE:
Glattechsen oder Skinke

Mit ca. 800 Arten ist die Familie der Glattechsen eine der größten Echsenfamilien. Glattechsen leben auf allen Kontinenten außer der Antarktis; am zahlreichsten sind sie in Südostasien und in Australasien vertreten.

Glattechsen leben auf dem Boden oder unter der Erdoberfläche. Ihr Körper ist langgestreckt, rund und mit glatten Schuppen bedeckt, ihr Schwanz variiert in der Länge. Die Beine sind im allgemeinen kurz. Manche grabenden Glattechsen haben nur sehr kleine oder überhaupt keine Beine. Dies ist in der Glattechsenfamilie eine übliche Erscheinung, obwohl es auch bei anderen Echsenfamilien vorkommt. Die meisten Arten sind zwischen 8 und 35 cm lang, aber es gibt auch einige Riesenformen.

Die meisten Glattechsen fressen Insekten und kleine Tiere, die größeren Arten aber auch viel pflanzliche Nahrung.

Lanzenskink

Acontias sp.

Verbreitung: Südafrika, Madagaskar
Habitat: sandige Gebiete
Länge: 10 cm

Beinlose Skinke verbringen den größten Teil ihres Lebens unterirdisch in Höhlen. Sie haben keine Beine, der Körper ist langgestreckt und zylindrisch, der Schwanz kurz. Ihre Augen und Ohren sind durch Schuppen geschützt, und ihr unteres Augenlid hat ein durchsichtiges Fenster, so daß sie beim Graben sehen können, ohne daß Sand in die Augen eindringt. Der Körper ist mit harten, glatten Schuppen bedeckt, was der Fortbewegung durch den Sand zugute kommt. Über der Erde bewegen sie sich mit schlängelnden Bewegungen wie Schlangen in hohem Tempo fort. Sie fressen hauptsächlich Insekten, aber auch kleine wirbellose Tiere und Frösche.

Die Weibchen gebären lebende Junge und bringen jeweils 3–4 Jungtiere zur Welt.

Spanischer Walzenskink

Chalcides bedriagai

Verbreitung: Spanien, Portugal
Habitat: trockenes Sandland, hügelige Gebiete, Grasland
Länge: bis zu 16 cm

Dieser Skink hat einen langen, runden Körper mit kurzen Beinen. Er hält sich unter niedriger Vegetation verborgen oder gräbt sich in den lockeren Sand ein. Seine Färbung ist meist gelblich oder graubraun mit schwarzumrandeten Flecken, die Schuppen sind glatt, groß und glänzend. Innerhalb des Verbreitungsgebietes treten Variationen in Farbe und Größe auf: im Süden lebende Tiere haben beispielsweise kürzere Beine als die westlichen Populationen, während bei den Skinken im Osten die Beine mittlere Längen erreichen. Der Spanische Walzenskink ernährt sich von verschiedenen Arten wirbelloser Tiere.

Die Weibchen bekommen 2–3 lebende Junge, die sich in ihrem Körper in einer Art Plazenta entwickeln.

Sundevalls Schlankskink

Riopa sundevalli

Verbreitung: Afrika: von Sambia bis Südafrika
Habitat: offene Ebenen, sandige Savannen
Länge: bis zu 18 cm

Dieser Skink ist ein Graber mit kleinen Beinen und glatten Schuppen. Er kommt an die Erdoberfläche, um nach Nahrung zu suchen: Insekten und deren Larven, Spinnen, Asseln und Nacktschnecken. Über der Erdoberfläche versteckt er sich unter Steinen oder vermoderten Blättern. Auch Termitenhügel und Misthaufen sind beliebte Aufenthaltsorte dieser Tiere. Überirdisch bewegt sich der Skink ähnlich wie die Schlangen fort, wobei ihm seine kleinen Beine wenig nützen. Der Schwanz bricht leicht ab, und man sieht selten erwachsene Tiere mit unversehrtem Schwanz.

Die Weibchen legen 2–6 Eier in einer unterirdischen Höhle oder in einem Termitenhügel. Die neugeborenen Skinke sind 5 cm lang.

Arabischer Sandskink

Scincus philbyi

Verbreitung: Saudi-Arabien
Habitat: Sandwüste
Länge: bis zu 21 cm

Diese Art hat gutentwickelte Gliedmaßen, obwohl sie zu den grabenden Skinken gehört. Finger und Zehen sind abgeflacht und haben einen Schuppenrand, der bei der Fortbewegung über lockeren Sand nützlich ist. Der Körper der Sandskinke ist kräftig und zylinderförmig, ihre Schnauzenspitze keilförmig verlängert. Auch in der größten Tageshitze sind sie noch aktiv, da sie sich tagsüber unter der Sandoberfläche aufhalten und nach Käfern und Tausendfüßlern suchen. Die eigenartigen Schwimmbewegungen bei der Fortbewegung haben dieser Art den Spitznamen „Sandfisch" eingetragen.

Das Weibchen gebiert lebende Junge.

Afrikanischer Schlangenskink

Feylinia currori

Verbreitung: tropisches Afrika
Habitat: Wald
Länge: 35 cm

Dieser grabende Schlangenskink hat einen ziemlich abgeflachten Kopf, der allmählich in den beinlosen, zylinderförmigen Körper übergeht. Er hat keine äußeren Gehöröffnungen, und seine kleinen Augen sind durch eine durchsichtige Schuppe geschützt. Man trifft diese Art oft unter vermoderndem Holz an, und ihre Nahrung besteht überwiegend aus Termiten, die die Tiere mit Hilfe ihres Gehörsinns aufspüren.

Die Weibchen gebären 2–3 lebende Junge. Nach lokalem Aberglauben kann dieser Schlangenskink in den Körper eines Menschen eindringen; wenn das Tier den Körper wieder verläßt, stirbt der Mensch.

Rotkopf-Skink

Eumeces obsoletus

Verbreitung: Mitte und Südwesten der USA: von Wyoming und Nebraska bis Arizona und Texas; Mexiko
Habitat: Grasland mit Felsen, gewöhnlich in der Nähe von Wasser
Länge: 15–35 cm

Der Rotkopf-Skink ist der größte nordamerikanische Skink. Er hat gutentwickelte, kräftige Beine, und sein Körper ist mit schwarzen oder braunen Flecken übersät. An manchen Stellen können diese Flecken miteinander verschmelzen; sie wirken dann wie Längsstreifen. Der Rotkopf-Skink ist tagsüber aktiv und ernährt sich von Insekten, Spinnen und kleinen Eidechsen. Da er von Natur aus aggressiv ist, beißt er schnell zu, wenn er sich bedroht fühlt.

Der Rotkopf-Skink zeigt ein für Echsen ungewöhnliches Maß an Brutpflege. Einige Wochen nach der Paarung im April oder Mai legt das Weibchen 17–20 Eier in ein Nest, das es unter einem Felsen baut. Es bewacht die Eier während ihrer Entwicklung und wendet sie regelmäßig. Wenn einige Monate später die Jungen auszuschlüpfen beginnen, reibt das Weibchen die Eier und drückt sie gegen seinen Körper, um die Jungen anzuregen, sich aus dem Ei zu befreien. Während der ersten 10 Lebenstage versorgt die Mutter die Jungen und leckt sie regelmäßig sauber. Die Jungen Rotkopf-Skinke sind schwarz und haben ein blauen Schwanz und ein paar weiße Flecken. Bei den erwachsenen Tieren verblassen diese Farben.

Florida-Sandskink

Neoseps reynoldsi

Verbreitung: USA: Mittelflorida
Habitat: Sandhügel
Länge: 10–13 cm

Dieser kleine Skink ist ein ausgezeichneter Graber. Er benutzt seine beitelförmige Schnauze, um im Sand zu graben, wobei sein Körper wellenförmige Bewegungen vollführt, als ob das Tier schwimmen würde. Seine Glieder sind klein, die Vorderpfoten mit nur einem einzigen Zeh die Hinterpfoten mit zwei Zehen ausgestattet. Der Florida-Sandskink ernährt sich von Termiten und Käferlarven, die er durch die von ihnen erzeugten leichten Vibrationen aufspürt. Obwohl er tagsüber aktiv ist und dann an die Erdoberfläche kommt, lebt der Sandskink sehr versteckt, und man bekommt ihn nur selten zu Gesicht. Bei Gefahr gräbt er sich blitzschnell ein.

Die Paarung findet im Frühjahr statt, die Weibchen legen jeweils 2 Eier.

Lanzenskink
Afrikanischer Schlangenskink
Sundevalls Schlankskink
Florida-Sandskink
Rotkopf-Skink
Spanischer Walzenskink
Arabischer Sandskink

Glattechsen (Skinke) 2

Große Seychellen-Mabuye

Mabuya wrightii

Verbreitung: Seychellen

Habitat: Granitinseln mit Guanoablagerungen

Länge: GL 31 cm; SL bis zu 18 cm

Die Seychellen-Mabuye hat einen gedrungenen Körper und gutentwickelte Hinterbeine mit langen Zehen; ihre Schnauze ist langgestreckt und stumpf. Diese Mabuye ist ein Bodenbewohner, der tagsüber aktiv ist und einen großen Wärmebedarf hat. Sie lebt hauptsächlich auf den kleineren Seychellen-Inseln, oft zwischen Seevögelkolonien oder in deren Nähe. Während der Brutzeit ernähren sich diese Skinke von Vogeleiern, vor allem von denen der Seeschwalben, die sie von den Felsen hinunterrollen; dadurch zerbrechen die Eier, und die Mabuyen können den Inhalt auflecken. Was sie zu anderen Zeiten fressen, ist nicht bekannt. Wie die meisten Mabuyen gebiert die Große Seychellen-Mabuye lebende Junge, aber mehr ist über die Fortpflanzung dieser Art nicht bekannt. Von einer verwandten südafrikanischen Art weiß man, daß das Weibchen ihren Jungen beim Ausschlüpfen hilft, indem es die weiche Eierschale mit den Zähnen aufbricht.

Dornschwanzskink

Egernia stokesii

Verbreitung: von Westaustralien über die Trockengebiete im Landesinneren bis Queensland, New South Wales und Südaustralien

Habitat: steinige Hügel, Berge

Länge: bis zu 27 cm

Der Dornschwanzskink ist ein ungewöhnliches Tier mit einem kräftigen Körper, der mit rauhen, manchmal stacheligen Schuppen übersät ist. Der Schwanz ist kurz und kräftig abgeflacht und besonders dicht mit Stacheln besetzt. Alle vier Beine sind stark und gut entwickelt. Dieser Skink lebt in felsigen Gebieten, wo er sich in tiefen Felsspalten oder unter Steinen verstecken kann. Die Stacheln auf seinem Schwanz machen es fast unmöglich, ihn aus seinem Schlupfwinkel herauszuziehen, wenn er sich erst einmal darin verschanzt hat. Tagsüber sonnt er sich in der Nähe seines Verstecks und jagt Insekten. Er lebt in Kolonien. Die Anwesenheit von Dornschwanzskinken ist an ihren Kotdeponien zu erkennen, die sie regelmäßig aufsuchen.

Dornschwanzskinke gebären lebende Junge, meist ca. 5 Jungtiere, die bei der Geburt schon voll entwickelt sind. Im Mutterleib ernähren sie sich durch eine Art Plazenta. Bei der Geburt sind sie ca. 6 cm lang.

Pazifischer Blaubauchskink

Emoia cyanogaster

Verbreitung: Australien: äußerster Norden von Queensland; Indonesien

Habitat: Wald, Bananenhaine

Länge: bis zu 27 cm

Der Pazifische Blaubauchskink ist ein schlankes, glattes Tier mit dünnem Schwanz und einer spitzen, relativ stark abgeflachten Schnauze. Sein Gliedmaßen, insbesondere seine Hinterpfoten, sind lang und gut entwickelt, und mit langen Fingern und Zehen versehen. Der Blaubauchskink ist ein geschickter Kletterer, der hauptsächlich in Bäumen lebt. Behende springt er von Zweig zu Zweig. Den größten Teil des Tages verbringt er damit, sich in niedriger Vegetation oder verborgen zwischen den herabhängenden Blättern von Bananenbäumen zu sonnen. Er kommt jedoch auch regelmäßig auf den Boden, um dort nach Nahrung zu suchen. Der Pazifische Blaubauchskink pflanzt sich das ganze Jahr über fort, obwohl es dabei saisonmäßige Schwankungen gibt. Das Weibchen legt gewöhnlich jeweils 2 Eier.

Neuseeland-Skink

Leiolopisma infrapunctatum

Verbreitung: Neuseeland

Habitat: offenes Gelände mit spärlicher Vegetation

Länge: 24 cm

Dieser Skink hat glatte Schuppen und ist prachtvoll gezeichnet. Die Farbe der Zeichnung kann variieren, aber das Muster ist immer gleich. Am auffälligsten sind die breiten, unterbrochenen rotbraunen Bänder, die von den Augen über die Beine zum Schwanz laufen. Der Bauch ist meistens gelb und mit verstreuten dunkleren Flecken übersät. Kopf und Körper sind langgestreckt, und es ist kein Nacken zu erkennen.

Der Neuseeland-Skink lebt oft in der Nähe der Brutplätze von Sturmvögeln. Er liebt Sonnenbäder, schreckt jedoch beim geringsten Anlaß hoch und verschwindet blitzschnell. Er frißt kleine Landtiere und Insekten. Die Paarung findet im Frühling statt, und das Weibchen gebiert ihre lebenden Jungen ca. 4 Monate später.

Westliche Blauzunge

Tiliqua occipitalis

Verbreitung: Südaustralien

Habitat: Trockengebiete

Länge: 45 cm

Dieser Skink hat einen schweren, kräftigen Körper, einen großen Kopf und verhältnismäßig kleine Beine. Bänder von dunkelbraunen Schuppen zeichnen Rumpf und Schwanz, und die dunkleren Streifen hinter den Augen sind charakteristisch für diese Art. Er ist tagsüber aktiv und sucht auf dem Boden nach Insekten, Schnecken und Beeren. Als Versteck dient ihm ein Kaninchenbau.

Das Weibchen gebiert ca. 5 lebende Junge, die mit dunkelbraunen und gelben Bändern gezeichnet sind.

Australischer Kielskink

Tropidophorus queenslandiae

Verbreitung: Australien (Nordqueensland)

Habitat: Regenwald

Länge: 13–20 cm

Dieser stachelige Skink läßt sich leicht von anderen australischen Skinken unterscheiden, da sein Körper und sein runder Schwanz mit kleinen, stark gekielten Schuppen bedeckt sind. Seine Beine sind gut entwickelt. Er ist ein Nachttier und lebt unter Pflanzenabfall oder vermoderndem Holz auf dem Waldboden, wo sein dunkler Körper durch die unregelmäßige Fleckenzeichnung gut getarnt ist. Er bewegt sich träge und wärmt sich nicht gerne in der Sonne; man findet ihn meist in ziemlich erstarrtem Zustand. Würmer und Insekten sind seine Hauptnahrung.

Über die Fortpflanzung dieses Skinks ist wenig bekannt; man weiß jedoch, daß mehrere *Tropidophorus*-Arten 6–8 lebende Junge gebären. Diese entwickeln sich im Körper des Weibchens und durchbrechen die dünnschaligen Eier, sobald diese gelegt sind.

Amerikanischer Zwergskink

Scincella lateralis (Lygosoma l.)

Verbreitung: USA: von New Jersey bis Florida, westl. bis Nebraska und Texas

Habitat: Feuchtwälder, Grasland mit Baumbeständen

Länge: 8–13 cm

Dieser glatte, glänzende Skink hat dunkle Streifen an beiden Körperseiten und einen blaßgelben oder weißlichen Bauch. Der Körper ist lang und schlank, die Gliedmaßen sind gut entwickelt, und an den Hinterpfoten befinden sich lange Zehen. Wie viele Skinke hat auch dieser bewegliche Augenlider und im unteren Lid ein durchsichtiges Fenster. So kann er selbst dann sehen, wenn er seine Augen beim Graben schließen muß. Er lebt auf dem Boden und bevorzugt Gelände mit reichlichem Blätterabfall, unter dem er sich versteckt. Er ist tagsüber aktiv, vor allem bei feuchtem Wetter, und frißt hauptsächlich Insekten und Spinnen. Enge Verwandte dieser Art leben in Mittelamerika und Australien.

Die Fortpflanzungszeit erstreckt sich in den meisten Gebieten von April bis August. Diese Skinkart ist sehr fruchtbar: Alle 4–5 Wochen legen die Weibchen 1–7 Eier, maximal 5 Gelege pro Fortpflanzungsperiode. Die embryonale Entwicklung ist beim Ablegen der Eier schon weit fortgeschritten; das Weibchen kümmert sich danach nicht weiter um die Brut.

Neuseeland-Skink
Westliche Blauzunge
Große Seychellen-Mabuye
Amerikanischer Zwergskink
Dornschwanzskink
Pazifischer Blaubauchskink
Australischer Kielskink

Echte Eidechsen

FAMILIE LACERTIDAE: Echte Eidechsen
Die 180 Arten der Echten Eidechsen leben in Europa, Asien und Afrika (mit Ausnahme von Madagaskar). Sie sind von den heißesten tropischen Gebieten bis zum Polarkreis verbreitet. Die meisten leben auf dem Boden, manche auf Bäumen oder zwischen Felsen.

Die langgestreckten Echten Eidechsen erreichen Größen von 10 bis 75 cm, sie haben einen verhältnismäßig langen Schwanz und große Kopf- und Bauchschilde. Äußerlich unterscheiden sich die Männchen generell durch einen größeren Kopf und einen kürzeren Körper von den Weibchen. Fast alle Arten legen Eier, die sie im Sand oder in der Erde vergraben.

Echte Eidechsen zeigen ein ausgeprägtes Revierverhalten. Die Männchen nehmen charakteristische Drohhaltungen ein – wie einen erhobenen Kopf und eine aufgeblähte Kehle – , um Eindringlinge zu verjagen. Wie viele andere Eidechsen fressen sie kleine, größtenteils wirbellose Tiere. Einige Arten, vor allem die Inselbewohner, fressen auch große Mengen von Pflanzen.

Smaragdeidechse

Lacerta viridis

Verbreitung: Europa: von den Kanalinseln südl. bis Nordspanien, Sizilien, Griechenland, östl. bis Südwestrußland und Türkei
Habitat: offenes bewaldetes Gelände, Feldränder, Flußufer, Straßenränder
Länge: GL 30–45 cm; SL 20–30 cm

Dies ist die größte Eidechse nördlich der Alpen. Die Männchen sind hellgrün und mit feinen schwarzen Punkten gezeichnet, die Weibchen variieren im Aussehen, sind aber oft stumpfgrün bis bräunlich gefärbt. Die Farben sind im Frühling am intensivsten und verblassen im weiteren Jahresverlauf.

Die Smaragdeidechse ist nicht wählerisch und lebt fast überall, wo eine dichte Vegetation vorhanden ist, außer auf trockenem Gelände. Sie ist ein guter Kletterer und kann mit großer Geschwindigkeit auf Bäumen, Sträuchern und Mauern laufen, wenn sie nach einem Fleckchen zum Sonnen sucht. Insekten und deren Larven sind ihre Hauptnahrung.

Smaragdeidechsen leben den größten Teil des Jahres über alleine, doch im Frühling wetteifern die Männchen aggressiv um die Weibchen. Bei der Paarung hält das Männchen das Weibchen mit den Kiefern fest. Später legt das Weibchen 4–21 Eier in ein Loch, das es in den Boden gräbt und mit Erde bedeckt. Die Entwicklung der Brut dauert mehrere Monate. Im Winter halten Smaragdeidechsen einen Winterschlaf in hohlen Bäumen oder Spalten.

Bergeidechse

Lacerta vivipara

Verbreitung: Europa: arktischer Teil Skandinaviens, Großbritannien, südl. bis Nordspanien, Norditalien, Jugoslawien; Nordasien
Habitat: Wiesen, offenes bewaldetes Gelände, Sumpfland, Grasland jeder Art
Länge: 14–18 cm

Diese Eidechse ist die einzige Art, die nördlich des Polarkreises vorkommt. Im allgemeinen ist sie grau oder gelblich und hat schwarze Flecken und dunkle Streifen auf dem Rücken, aber die Zeichnung ist innerhalb des riesigen Verbreitungsgebietes der Art sehr unterschiedlich. In wärmeren Gegenden ist sie selten unter 500 m Höhe anzutreffen, außer an feuchten Orten; sie sonnt sich meist den größten Teil des Tages. Dieses wachsame und bewegliche Tier ist ein guter Kletterer und ausgezeichneter Schwimmer. Es ernährt sich von Insekten, Spinnen, Würmern, Nacktschnecken und anderen wirbellosen Tieren. Außer während des Winterschlafs und in der Paarungszeit lebt es alleine.

Die 5–10 Jungen entwickeln sich im Körper des Weibchens und ernähren sich vom Eidotter ihrer Eier. Wenn das Weibchen die Eier legt, brechen die Jungen als vollentwickelte Eidechsen aus der dünnen, membranartigen Schale.

Gewöhnliche Mauereidechse

Lacerta muralis

Verbreitung: Europa: von Nordfrankreich bis Nordspanien, Süditalien, Griechenland, östl. bis Rumänien
Habitat: trockene, sonnige Gebiete; Mauern, Felsen, Baumstümpfe
Länge: bis zu 23 cm

Die Mauereidechse hat einen schlanken, flachen Körper, und ihr Schwanz kann doppelt so lang wie der Körper werden. Farbe und Zeichnung variieren sehr stark in ihrem Verbreitungsgebiet; im allgemeinen ist sie braunrot oder grau und dunkel gefleckt. Das Tier braucht Wärme und verbringt viel Zeit damit, auf allem, was einer Mauer ähnelt, in der Sonne zu liegen, sogar in der Nähe menschlicher Behausungen. Nur in der Mittagshitze zieht sie sich in den Schatten zurück. Die Mauereidechse ist außergewöhnlich aktiv und wachsam und ein ausgezeichneter Kletterer. Sie frißt Insekten und wirbellose Tiere wie Würmer, Spinnen, Hausschnecken und Nacktschnecken. Diese Art lebt in kleinen Kolonien. Schon bald nach dem Winterschlaf paaren sich die Mauereidechsen, wobei die Männchen miteinander um die Weibchen kämpfen. Die Weibchen graben später Löcher, in die sie ihre 2–10 Eier legen, die sie anschließend mit Erde bedecken. Die Jungen schlüpfen nach 2–3 Monaten aus. Wenn es im Frühling warm wird und genügend Nahrung vorhanden ist, können die Mauereidechsen auch mehrere Gelege produzieren.

Bosc's Fransenfinger

Acanthodactylus boskianus

Verbreitung: Ägypten, Saudi-Arabien
Habitat: Wüste
Länge: 12,5 cm

An den langen Zehen dieser sandfarbenen Eidechse befinden sich breite Schuppenkämme. Dadurch wird die Fußoberfläche größer, was dem Tier im Sand besseren Halt gibt. Es kann blitzschnell über den Sand laufen und gräbt sich als Verstecke tiefe Höhlen. Das Weibchen legt 2–4 Eier, die es in einem Loch im Sand vergräbt.

Algerischer Sandläufer

Psammodromus algirus

Verbreitung: Spanien, Portugal, Südwestfrankreich, Nordafrika
Habitat: dichte Vegetation in sandigen Gebieten, bewaldetes Gelände, Gärten, Parks
Länge: 30 cm

Der Algerische Sandläufer ist metallischbraun und an den Flanken hell gestreift. Er ist zum Kulturfolger geworden und mittlerweile das in Parks und Gärten am häufigsten vorkommende Reptil. Der Schwanz ist lang und steif und bei jungen Tieren oft orangerot gefärbt. Nach der Kühle der Nacht ist das Tier träge, aber sobald die Sonne es erwärmt, wird es zu einer schnellen, beweglichen Eidechse, die zwischen Pflanzen und auf dem Boden nach wirbellosen Tieren jagt.

Das Weibchen legt 6 oder mehr Eier, aus denen nach ca. 2 Monaten die Jungen ausschlüpfen.

Wüstenrenner

Eremias sp.

Verbreitung: Europa; von Zentralasien bis zur Mongolei; Afrika
Habitat: Wüste, Buschsteppen, Grasland, Felswüste
Länge: 15–22 cm

Die Gattung *Eremias* ist sehr artenreich, allerdings sind die verwandtschaftlichen Beziehungen noch nicht völlig geklärt. Die meisten Arten haben rauhbeschuppte Körper mit gutentwickelten Gliedmaßen und Reihen kleiner weißer Flecken in Längsrichtung. Sie bevorzugen trockene Gebiete, wo sie sich zwischen Felsen und in Spalten verstecken können. Sie ernähren sich von Insekten und Spinnen.

Manche Arten legen 2–12 Eier, andere gebären lebende Junge.

Südafrikanische Kieleidechse

Tropidosaura essexi

Verbreitung: Südafrika
Habitat: Berge
Länge: 15 cm

Dies ist eine kleine Eidechse mit einer stumpfen, runden Schnauze. Sie ist mit blassen Streifen gezeichnet, die vom Kopf über den Körper bis zum Schwanz hin verlaufen. Sie lebt auf dem Boden, ist tagsüber aktiv und schnell und behende in ihren Bewegungen. Die Südafrikanische Kieleidechse ernährt sich von Insekten und anderen kleinen Tieren.

Smaragdeidechse ♂
Wüstenrenner
Südafrikanische Kieleidechse
Bergeidechse
Bosc's Fransenfinger
Gewöhnliche Mauereidechse
Algerischer Sandläufer

Gürtelechsen

FAMILIE CORDYLIDAE: Gürtelechsen
Gürtelechsen leben ausschließlich in Afrika südlich der Sahara und auf Madagaskar. Die ca. 40 Arten dieser Familie sind vor allem in einer felsigen oder trockenen Umgebung zu finden. Namen wie Gürtelschweife, Plattgürtelechsen, Schlangen-Gürtelechsen, Geißel-Schildechsen veranschaulichen die zahlreichen Anpassungen innerhalb der Familie.

Kennzeichnend für diese Echsen sind die rechteckigen Schuppen auf ihrem Körper, die alle eine Knochenunterlage haben. Dieser Panzer bedeckt nicht den ganzen Körper, sondern an beiden Körperseiten befindet sich eine laterale Hautfalte ohne Schuppenschicht. Dadurch kann sich der Körper ausdehnen, wenn beispielsweise der Bauch mit Nahrung gefüllt ist oder wenn er durch Eier anschwillt. Es gibt viele Formenvariationen innerhalb der Familie: Die Echten Gürtelschweife haben kurze Schwänze mit Stachelringen und oft auch Stacheln auf dem Kopf; die Plattgürtelechsen (Gattung *Platysaurus*) haben abgeflachte Körper, und ihre Haut ist mit glatten, körnigen Schuppen bedeckt. Die Schlangen-Gürtelechsen (*Chamaesaura*) sind besonders langgestreckt, und ihre Schwänze machen oft drei Viertel der Gesamtkörperlänge aus. Manche Gürtelschweife haben gutentwickelte Beine, bei anderen sind die Gliedmaßen stark zurückgebildet oder fehlen ganz.

Die meisten Echsen dieser Familie ernähren sich von Insekten und kleinen Wirbellosen wie Tausendfüßlern. Größere Arten fressen manchmal auch kleine Eidechsen, und einige Arten ernähren sich ausschließlich von pflanzlicher Nahrung. Die Fortpflanzungsgewohnheiten der einzelnen Arten sind sehr unterschiedlich: Sie reichen vom Eierlegen bis zum Gebären lebender Junger.

Blauschwarze Schildechse

Cordylosaurus subtessellatus

Verbreitung: Afrika: Südangola, Namibia
Habitat: trockene felsige Savanne
Länge: 15 cm

Kopf und Rumpf dieser Echse sind stark abgeflacht, so daß sie leicht in Felsspalten Schutz vor Feinden und vor der intensiven Sonnenbestrahlung suchen kann. In den unteren Augenlidern befindet sich ein durchsichtiges „Fenster", so daß die Echse auch dann noch sehen kann, wenn sie bei windigem Wetter die Augen schließen muß. Unter den Fingern hat sie gekielte Schuppen, mit denen sie möglicherweise auf den Felsen besseren Halt findet. Ihren Schwanz wirft sie schnell ab, und er wächst ebensoschnell wieder nach.

Auf dem Boden jagt sie mit großer Geschicklichkeit Insekten und andere kleine wirbellose Tiere. Das Weibchen legt Eier.

Kaiser-Plattgürtelechse

Platysaurus imperator

Verbreitung: Afrika: Nordosten von Zimbabwe und angrenzende Gebiete von Mozambique
Habitat: Granit- und Sandsteinkuppen im Grasland
Länge: 40 cm

Kopf, Körper, Beine und Schwanz dieser Echse sind stark abgeflacht; dadurch kann sie sich in die engen Spalten der Felsblöcke flüchten, in denen sie lebt. Ist sie einmal in solch einem Spalt, dann dehnt sie ihren Körper aus, indem sie einatmet; so klemmt sie sich in den Felsen fest, und es ist dann praktisch unmöglich, sie herauszuziehen. Die Kaiser-Plattgürtelechse hat eine Vorliebe für die Gipfel von Felskuppen, wohingegen andere *Platysaurus*-Arten die Basis dieser Kuppen bevorzugen. Die Kaiser-Plattgürtelechse ist die größte Art ihrer Gattung; sie hat große Schuppen auf dem Nacken und einen glatten Rücken. Das Männchen mit seinem gelben, roten und schwarzen Körper ist größer und greller gefärbt als das Weibchen, das überwiegend schwarz ist und auf dem Kopf 3 deutlich sichtbare gelbe Streifen trägt, die zum Rücken hin schmaler werden. Die Männchen haben ein Revier, das sie gegen Eindringlinge mittels einer Drohhaltung verteidigen, bei der sie sich aufrichten und ihre auffälligen Kiel- und Brustfarben zeigen. Es sind Tagtiere, die Insekten jagen, vor allem Heuschrecken und Käfer. In der größten Mittagshitze suchen sie im Schatten Schutz und kommen erst am Nachmittag wieder zum Vorschein.

Das Weibchen legt 2 längliche Eier in einen Felsspalt.

Transvaal-Schlangenechse

Chamaesaura aenea

Verbreitung: Südafrika
Habitat: Grasland
Länge: 40 cm

Diese schlangenförmige Echse hat einen langgestreckten Körper, und ihr Schwanz macht etwa drei Viertel ihrer Gesamtlänge aus. An den kleinen Beinen befinden sich jeweils 5 Zehen. Die anderen 3 Arten dieser Gattung haben höchstens 2 Zehen an jeder Pfote, und bei der Großschuppigen Schlangengürtelechse (*C. macrolepis*) sind die Vorderbeine ganz verschwunden. Schlangenechsen sind tagsüber aktiv und bewegen sich mit schlangenartigen Bewegungen ihres Körper schnell durch das Gras, wobei sie Kopf und Vorderbeine oft vom Boden abheben. Sie fressen Insekten, Spinnen, Würmer und andere kleine wirbellose Tiere. Die 2–4 Jungen entwickeln sich im Körper des Weibchens; sie brechen aus der weichen Schale, sobald die Eier gelegt sind.

Panzer-Gürtelschweif

Cordylus cataphractus

Verbreitung: Südafrika: Westen der Kapprovinz
Habitat: felsige Trockengebiete
Länge: 20 cm

Diese Echse ist auf Rücken und Schwanz mit kräftigen Stachelschuppen schwer gepanzert. Kopf, Körper und der keulenförmige Schwanz sind abgeflacht, so daß sich das Tier leicht in Felsspalten zwängen kann, um sich zu verbergen. Die Nasenlöcher sind röhrenförmig.

Dieses Tagtier sucht seine Nahrung auf dem Boden. Es ist ziemlich langsam und kann bei Gefahr eine merkwürdige Verteidigungshaltung annehmen: Es rollt sich wie ein Gürteltier zusammen und klemmt seinen Schwanz fest zwischen die Kiefer, so daß sich dem Feind eine stachelige Kugel darbietet und die weiche, verletzliche Bauchseite geschützt ist.

Die 1–3 Jungen entwickeln sich im Körper des Weibchens. Die vollentwickelten kleinen Echsen befreien sich aus der weichen Eimembran, sobald die Eier gelegt sind.

Gelbkehl-Schildechse

Gerrhosaurus flavigularis

Verbreitung: Afrika: vom Sudan und Äthiopien südl. über Ostafrika bis Südafrika (Kapprovinz)
Habitat: Grasland, Buschvegetation
Länge: 45 cm

Die Gelbkehl-Schildechse lebt auf dem Boden und ist ein Graber. Der grünlichgrau oder bräunlich gefärbte Körper mit der roten oder gelben Kehle, der oft auf den Flanken durch einen schmalen Streifen gezeichnet ist, ist ebenso wie der Kopf gut mit dicken Hornschilden gepanzert, die auf Knochenplatten befestigt sind. Der Schwanz macht meist zwei Drittel der Gesamtkörperlänge aus. Die Beine sind gut entwickelt, und an jeder Pfote befinden sich 5 Zehen. Diese sind nicht speziell an die grabende Lebensweise angepaßt, und die Echse gräbt ihre Tunnel wahrscheinlich kurz nach Regenfällen, wenn die Erde noch weich ist. Tagsüber jagt sie Insekten. Sie bewegt sich schnell durch das Gras und verschwindet beim ersten Anzeichen von Gefahr in ihrer Höhle, die sich gewöhnlich unter einem Strauch befindet. Trotz ihrer Größe bekommt man sie nur selten zu Gesicht.

Das Weibchen legt 4–5 Eier pro Gelege in eine flache Grube, die es selbst gräbt.

Ringel-Schildechse

Zonosaurus trilineatus

Verbreitung: Madagaskar
Habitat: Wald
Länge: 40–60 cm

Es gibt 3 *Zonosaurus*-Arten; alle sind große, starke Echsen, die auf dem Boden leben. Sie besitzen gutentwickelte Gliedmaßen und deutlich sichtbare Hautfalten an den Körperseiten, wodurch sich der Körper ausdehnen kann. Über ihre Lebensweise ist wenig bekannt.

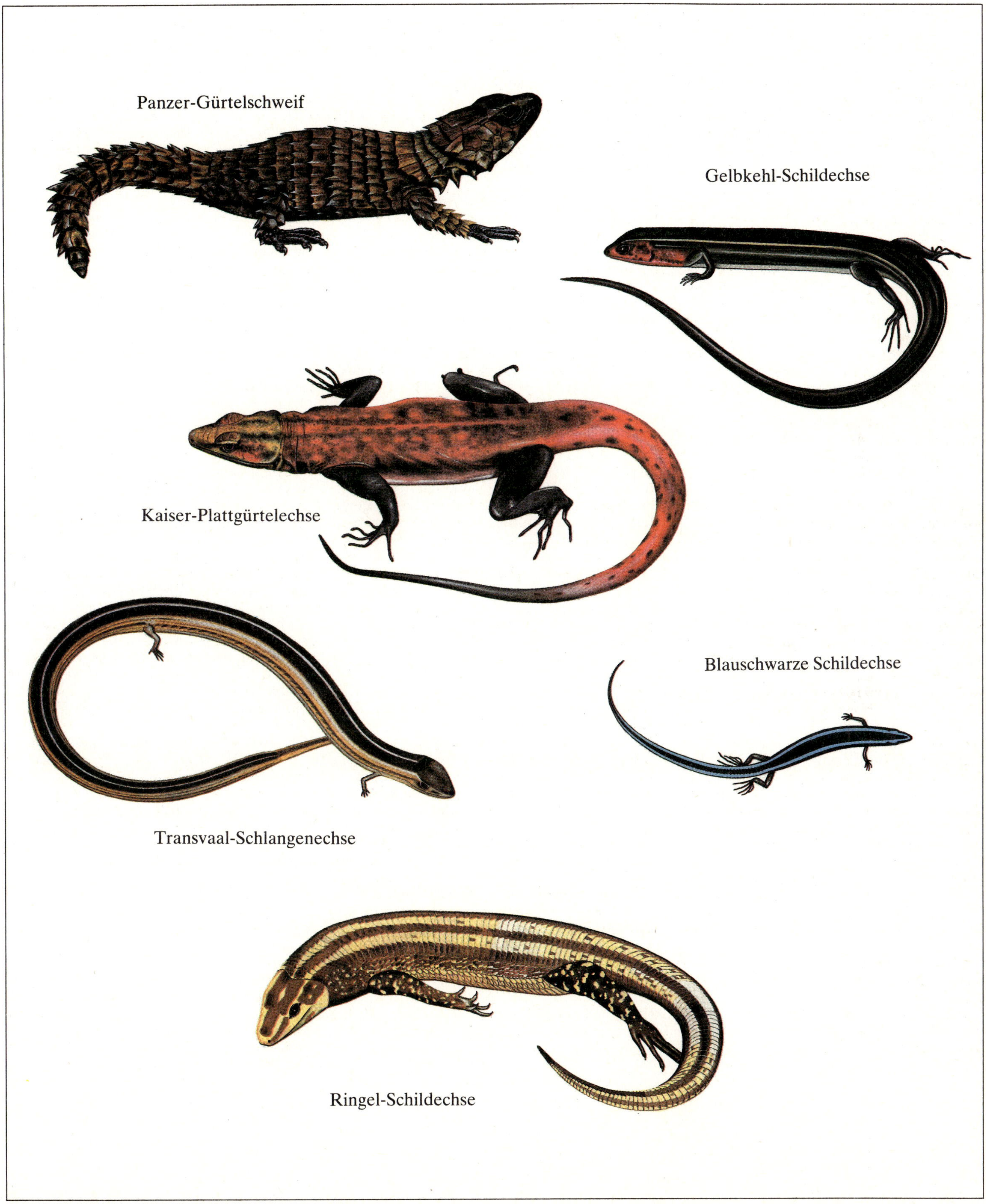
Panzer-Gürtelschweif
Gelbkehl-Schildechse
Kaiser-Plattgürtelechse
Blauschwarze Schildechse
Transvaal-Schlangenechse
Ringel-Schildechse

Schlangenschleichen, Schleichen, Ringelschleichen

FAMILIE DIBAMIDAE: Schlangenschleichen

Diese kleine Familie umfaßt nur 3 Arten kleiner, wurmförmiger Echsen ohne Gliedmaßen, die in der Gattung *Dibamus* zusammengefaßt werden. Sie leben in Teilen Südostasiens, auf den Philippinen und in Neuguinea.

Dibamus novaeguineae

Verbreitung: Neuguinea
Habitat: Wald
Länge: bis zu 30 cm

Alle 3 *Dibamus*-Arten sind blinde, beinlose Echsen, die sich an eine grabende Lebensweise angepaßt haben. Ihr Körper ist wurmförmig, und Augen und Ohren sind mit Haut bedeckt. Die Nasenlöcher liegen in einer vergrößerten Schuppe auf der Spitze der Schnauze, die Zähne sind klein und nach hinten gekrümmt. Das Männchen besitzt Reststümpfe von Hinterbeinen, die es bei der Paarung um das Weibchen schlingt. Schlangenschleichen graben sowohl in vermodertem Holz wie auch im Boden.

Über ihre Lebensweise ist wenig bekannt. Im Humus tropischer Wälder hat man hartschalige Eier gefunden, die wahrscheinlich von Schlangenschleichen stammen.

FAMILIE ANGUIDAE: Schleichen

Die Familie der Schleichen umfaßt ca. 80 Arten. Es sind lange, schlangenartige Echsen, die in Nord-, Zentral- und Südafrika, auf den Antillen, in Europa und in Asien vorkommen. Kennzeichnend sind die glatten, langgestreckten Körper und Schwänze, bewegliche Augenlider und äußere Gehöröffnungen. Die meisten Schleichen sind Bodenbewohner oder Graber, und viele Arten, wie z.B. die Blindschleichen, sind beinlos oder haben nur rudimentär entwickelte Beine. Die Krokodilschleichen Nord- und Mittelamerikas hingegen haben gutentwickelte Gliedmaßen.

Bei vielen dieser Echsen ist der Körper mit Schuppen bedeckt, die auf einer Knochenunterlage befestigt sind, wodurch ihr Körper relativ steif ist. An beiden Körperseiten befindet sich eine tiefe, dehnbare Hautfalte, die sicherstellt, daß sich der Körper beim Atmen, bei der Nahrungsaufnahme oder bei der Entwicklung der Eier ausdehnen kann. Der lange Schwanz dieser Tiere bricht leicht ab, wenn man sie fängt, und zwar meist an einer vorgebildeten Bruchstelle an einem Wirbel; er wächst innerhalb weniger Wochen wieder nach, allerdings nicht mehr vollständig.

Die meisten Mitglieder dieser Familie fressen Insekten, kleine wirbellose Tiere und sogar kleine Säugetiere und Eidechsen. Die meisten Arten legen Eier. Nur einige wenige, nämlich diejenigen, die in höhergelegenen Gebieten leben, gebären lebende Junge.

Costa-Rica-Doppelzungenschleiche

Diploglossus lessonae

Verbreitung: Mittelamerika, Norden von Südamerika
Habitat: Wald
Länge: bis zu 35 cm

Diese glatte, glänzende Doppelzungenschleiche ähnelt den Krokodilschleichen, doch ihr Körper ist etwas langgestreckter, und die dehnbaren Falten an den Flanken fehlen. Die Costa-Rica-Doppelzungenschleiche ist ein Bodenbewohner, der tagsüber aktiv ist und sich von Insekten, Würmern und Schnecken ernährt. Vermutlich vermehrt sich diese Art durch Eier.

Südliche Krokodilschleiche

Gerrhonotus multicarinatus

Verbreitung: Westen der USA: Washington; Mexiko: Baja California
Habitat: Grasland, bewaldetes Gelände
Länge: 25–45 cm

Dieser geschickte Kletterer hat einen kräftigen Greifschwanz, den er als fünfte Hand um einen Zweig schlingen kann. Es gibt 5 Unterarten, die in der Färbung von Rötlichbraun bis Gelblichgrau variieren können, aber meist ein paar dunkle Flecken haben. An den Flanken befinden sich deutlich sichtbare Falten, was gewährleistet, daß sich der steife, gepanzerte Körper ausdehnen kann. Tagsüber jagen die Krokodilschleichen Insekten und andere kleine Tiere; sie fangen und verschlingen sogar Skorpione und die berüchtigte Schwarze Witwe. Die Fortpflanzung findet im Sommer durch Eier statt; die Weibchen legen mehrere Gelege mit meist jeweils 12 Eiern, aber es können auch bis zu 40 Eier sein.

Scheltopusik

Ophisaurus apodus

Verbreitung: Europa: von Jugoslawien, Griechenland bis zum Schwarzen Meer, östl. bis Südwest- und Zentralasien
Habitat: Trockengebiete, Karstgebirge
Länge: bis zu 1,2 m

Der Scheltopusik ist die größte Art der Blindschleichen. Er ist ein kräftiges Tier mit kurzen Hinterbeinstümpfen und ähnelt stark einer Schlange. Der Körper ist ziemlich steif, und unter den glatten, rautenförmigen Schuppen befinden sich feste Knochenplatten. Zwei Hautfalten mit biegsamen Schuppen an den Flanken ermöglichen es seinem Körper, sich auszudehnen. Tagsüber und bei Sonnenauf- und -untergang jagt der Scheltopusik Eidechsen, Mäuse und andere kleine Tiere, die er mit seinen kräftigen Kiefern tötet.

Die Männchen sind in der Fortpflanzungszeit sehr kampflustig und konkurrieren aggressiv um die Partner. Das Weibchen legt 5–7 Eier in eine Höhle unter einen Felsen oder Baumstamm. Es rollt sich um die Eier und schützt sie so vor Feinden. Nach ca. 4 Wochen schlüpfen die Jungen aus, die dann ungefähr 12,5 cm groß sind.

Blindschleiche

Anguis fragilis

Verbreitung: Europa (außer Irland, Nordskandinavien, Südspanien und Portugal); östl. bis Zentral- und Südwestasien; Nordwestafrika
Habitat: Felder, Wiesen, Buschwerk, Heide bis zu 2400 m Höhe
Länge: 35–55 cm

Die Blindschleiche ist eine glatte, beinlose Echse, die sehr stark einer Schlange ähnelt. An der Oberseite ist sie rötlichbraun, braun oder grau; bei den Weibchen läuft meist ein schwarzer Streifen über den Rücken, und manche Männchen haben blaue Flecken. Blindschleichen bewegen sich mit schlängelnden Bewegungen, und bei Gefahr können sie ihren langen Schwanz abwerfen. Nachts und während der größten Tageshitze liegen sie unter Steinen, morgens und abends kommen sie zum Vorschein, um Schnecken und Würmer, aber auch Spinnen und Insekten zu suchen. Blindschleichen sind träger als die meisten anderen Echsen, können jedoch, wenn erforderlich, bei der Flucht eine beachtliche Geschwindigkeit entwikkeln.

Gegen Frühlingsende werden die Männchen aggressiv und konkurrieren miteinander um die Weibchen. Etwa 3 Monate später gebären diese lebende Junge, gewöhnlich 6–12, in Ausnahmefällen auch 20. Die Jungen entwickeln sich im Körper des Weibchens. Sie befreien sich aus den dünnhäutigen Eiern, sobald diese gelegt sind. Dann sind die Jungen rund 6–9 cm lang.

FAMILIE ANNIELLIDAE: Ringelschleichen

Es gibt nur 2 Arten dieser schlanken, wurmförmigen grabenden Schleichen, die beide ausschließlich in den USA und in Mexiko vorkommen. Sie ähneln den Blindschleichen, doch fehlen bei ihnen die Knochenplatten unter den Schuppen, und sie haben auch keine äußeren Gehöröffnungen.

Kalifornische Ringelschleiche

Aniella pulchra

Verbreitung: USA: Kalifornien; Mexiko: Baja California
Habitat: Strände, Sanddünen, Flußufer, weicher Lehmboden
Länge: 15–25 cm

Mit ihrem glatten Körper und der spatelförmigen Schnauze ist diese beinlose Schleiche gut an eine grabende Lebensweise angepaßt. Sie hat kleine Augen mit beweglichen Augenlidern. Den größten Teil des Tages verbringt sie unterirdisch oder grabend unter abgefallenen Blättern, wo sie nach Insekten und ihren Larven sucht. Nur selten ist sie über der Erde zu finden. Die Unterart *A. p. nigra* ist vom Aussterben bedroht.

Die Kalifornische Ringelschleiche gebiert lebende Junge. Die Weibchen bringen maximal 4 vollentwickelte Junge zur Welt.

Dibamus novaeguineae
Blindschleiche
Kalifornische Ringelschleiche
Südliche Krokodilschleiche
Scheltopusik
Costa-Rica-Doppelzungenschleiche

Höckerechsen, Warane, Krustenechsen, Taubwaran

FAMILIE XENOSAURIDAE: Höckerechsen
Es gibt 4 Arten in dieser Familie, von denen 3 in Mittelamerika und Mexiko und eine in Südchina lebt. Sie sind mit den Schleichen verwandt und haben unter den Schuppen Knochenplatten, die nicht miteinander verbunden sind. Im Gegensatz zu vielen Schleichen besitzen sie gutentwickelte Beine.

Höckerechse

Xenosaurus **sp.**
Verbreitung: Mexiko, Guatemala
Habitat: Regenwald
Länge: 20 cm

Diese kräftigen Echsen haben einen flachen Kopf, gut entwickelte Beine und einen robusten Körper. Es sind unauffällige Tiere, die den Tag in hohlen Baumstämmen oder Felsspalten verbringen. Manchmal liegen sie auch lange Zeit im Wasser. In der Abenddämmerung werden sie aktiv und jagen Insekten, insbesondere fliegende Termiten und Ameisen. Bei Gefahr nimmt die Höckerechse eine Drohhaltung ein: Sie öffnet ihr Maul weit und zeigt so die darin befindliche schwarze Schleimhaut.

Die Weibchen gebären jeweils 3 vollentwikkelte Junge, die bei der Geburt ca. 4 cm lang sind.

FAMILIE VARANIDAE: Warane
Zur Familie der Warane gehören die größten heute lebenden Echsen. Der Komodo-Waran kann 3 m lang werden und bis zu 160 kg wiegen; mehrere andere Arten werden ebenfalls über 2 m lang. Es gibt 30 Arten, die in einer Gattung zusammengefaßt werden. Sie alle sind langgestreckte Echsen mit langem Hals und Schwanz und gut entwickelten Beinen. Die gegabelte Zunge kann in das Maul zurückgezogen werden.

Warane kommen in Afrika (außer Madagaskar), im Mittleren Osten, in Südasien, Indonesien und Australien vor. Sie sind alle gefräßige Fleischfresser. Die Männchen liefern sich eindrucksvolle rituelle Kämpfe um die Macht. Sie richten sich hoch auf die Hinterpfoten auf und versuchen, einander mit den Vorderbeinen umzuwerfen. Warane legen Eier, und von verschiedenen Arten ist bekannt, daß sie die Eier in einem Loch im Boden vergraben.

Komodo-Waran

Varanus komodensis
Verbreitung: Komodo-, Flores-, Rintja- und Pada-Inseln, östl. von Java
Habitat: Grasland
Länge: 3 m Ⓢ

Der imposante Komodo-Waran läßt die meisten heute lebenden Echsen wie Zwerge erscheinen. Er hat einen schweren Körper, einen langen, dicken Schwanz und gut entwickelte Gliedmaßen mit klauenartigen Nägeln. Die Zähne sind groß und spitz, die Zunge ist gegabelt und kann schnell aus dem Maul herausgestreckt und wieder eingezogen werden. Trotz seiner Größe ist er ein guter Kletterer, der sich sowohl auf dem Land wie auch im Wasser schnell fortbewegen kann. Oft lebt er in der Nähe von Wasser. Tagsüber jagt er Wildschweine, Schweinshirsche und andere Hirsche.

Das Weibchen legt jeweils ca. 15 Eier, die es im Boden vergräbt.

Nilwaran

Varanus niloticus
Verbreitung: Afrika: südl. und östl. der Sahara bis zur Kapprovinz
Habitat: Wald, offenes Gelände
Länge: über 2 m

Mit seinem großen und kräftigen Körper ist der vielseitige, nicht spezialisierte Nilwaran ein typischer Vertreter seiner Familie. Er schwimmt und taucht gut und benutzt dabei seinen breiten Schwanz als Ruder. Auch klettert er mit seinen riesigen Klauen und dem kräftigen Greifschwanz, mit dem er sich an Zweigen festhalten kann, in Bäumen umher. Außerdem gräbt er Höhlen. Der Nilwaran hält sich in Wassernähe auf und begibt sich nie weit in die Wüste hinein. Er frißt Frösche, Fische und Schnecken und ist ein großer Liebhaber von Krokodileiern und jungen Krokodilen.

Der Nilwaran ist eine der fruchtbarsten Echsen; das Weibchen kann bis zu 60 Eier legen. Diese legt es in einem Termitenhügel ab, dessen Wand es aufbricht. Danach kümmert es sich nicht weiter um das Gelege. Die Termiten reparieren ihr Nest, wodurch die Eier im warmen Inneren des Baus eingeschlossen werden. Nach dem Ausschlüpfen müssen sich die jungen Warane selbständig einen Weg nach draußen bahnen.

Goulds Waran

Varanus gouldii
Verbreitung: Australien
Habitat: von Küstenwäldern bis Sandwüsten
Länge: ca. 1,5 m

Dieser australische Waran variiert in den verschiedenen Regionen seines Verbreitungsgebiets in Größe, Farbe und Zeichnung. Seine Beine sind kräftig, und sein Schwanz ist außer an der Basis seitlich abgeflacht. Er ist ein Bodenbewohner, der sich in selbstgegrabenen oder von anderen Tieren verlassenen Höhlen versteckt, manchmal auch unter abgefallenem Holz oder unter Blättern. Um Nahrung zu finden, durchstreift er ausgedehnte, nur spärlich bevölkerte Gebiete. Er frißt Vögel, Säugetiere, Reptilien, Insekten und sogar Aas. Das Weibchen legt Eier.

FAMILIE HELODERMATIDAE: Krustenechsen
Diese Familie besteht aus nur 2 Arten, die mit den Waranen und dem seltenen Taubwaran verwandt sind: die Gila-Krustenechse aus dem Westen Nordamerikas und die Skorpion-Krustenechse aus Mexiko.

Gila-Krustenechse

Heloderma suspectum
Verbreitung: Südwesten der USA: von Utah und Arizona bis New Mexiko; Mexiko
Habitat: trockene und halbtrockene Gebiete mit etwas Vegetation
Länge: 45–60 cm Ⓖ

Diese große, plumpe Echse hat einen kurzen, meist dicken Schwanz, in dem sie für nahrungsarme Zeiten Fett speichern kann. Sie ist auffällig gezeichnet, und ihre Rückenschuppen ähneln leuchtend gefärbten Perlen. Die Gila-Krustenechse lebt auf dem Boden und verbirgt sich unter Felsen oder in einer Höhle, die sie selbst gräbt oder von anderen Tieren übernimmt. Im Prinzip ist sie ein Nachttier. Im Frühling kommt sie manchmal auch tagsüber zum Vorschein.

Die beiden Mitglieder der Krustenechsen-Familie sind die einzigen giftigen Echsen. Ihre Giftdrüsen befinden sich im Unterkiefer, und durch Furchen in den Vorderzähnen fließt das Gift beim Biß in den Körper des Opfers.

Die Krustenechsen paaren sich im Sommer und im Herbst oder im Winter, und das Weibchen legt 3–5 Eier.

FAMILIE LANTHANOTIDAE: Taubwarane
Der Borneo-Taubwaran ist die einzige Art dieser Familie; er kommt nur in Sarawak vor.

Borneo-Taubwaran

Lanthanotus borneensis
Verbreitung: Sarawak (West-Borneo)
Habitat: Wald
Länge: bis zu 45 cm

Der Taubwaran hat einen langgestreckten, ziemlich flachen Körper und kurze, kräftige Beine, die mit jeweils 5 Zehen versehen sind. Auf jeder Körperschuppe sitzt ein kleiner Höcker. Seine Augen sind sehr klein und mit beweglichen Augenlidern versehen. An den unteren Lidern befinden sich durchsichtige Fenster. Äußere Ohröffnungen fehlen. Der Taubwaran lebt die meiste Zeit unterirdisch oder im Wasser; er meidet grelles Tageslicht und hat ein großes Bedürfnis nach Wärme. In Gefangenschaft frißt er Fische. Wie er sich in Freiheit ernährt, ist unbekannt. Über die Fortpflanzungsgewohnheiten dieses seltenen Nachttiers weiß man ebenfalls kaum etwas.

Nilwaran
Komodo-Waran
Goulds Waran
Gila-Krustenechse
Höckerechse
Borneo-Taubwaran

Eigentliche Doppelschleichen

FAMILIE AMPHISBAENIDAE: Eigentliche Doppelschleichen oder Wurmschleichen

Die ca. 100 Arten dieser Familie sind außergewöhnliche grabende Reptilien, die wegen ihrer geringelten Körperoberfläche Würmern ähneln. Über ihren Platz in der Systematik sind sich die Herpetologen noch nicht einig. Trotz ihres Namens gehören sie eigentlich nicht zu den Echsen, weshalb man sie in einer eigenen Unterordnung innerhalb der Ordnung der Schuppenkriechtiere (Squamata) unterbringt. Die meisten Arten kommen in Mittel- und Südamerika und Afrika vor, aber ein paar leben auch in den wärmeren Gebieten Nordamerikas und Europas. Diese Tiere haben eine Vorliebe für feuchte Lebensräume, wo sie halbwegs dauerhafte Tunnelsysteme anlegen, die nicht gleich nach dem Durchkriechen zusammenbrechen. In diesen Gängen bewegen sie sich mit bemerkenswerter Geschicklichkeit vorwärts und rückwärts. In trockenem Boden trocknen sie schnell aus. Wasser nehmen sie durch den Mund auf, nicht durch die Haut, wie man früher annahm.

Die meisten Arten haben keine Beine; nur die 3 Arten der Gattung *Bipes* besitzen sehr kleine Vorderbeine. Der zylindrische Rumpf ist mit einer lose um den Körper liegenden, in Ringen angeordneten Haut bedeckt. Der Schwanz kann spitz oder rund sein und ist immer mit hornigen Schuppen bedeckt. Doppelschleichen haben keine äußeren Gehöröffnungen, und über ihre kleinen Augen sind Schuppen gewachsen. Sie leben unter der Erdoberfläche in selbstgegrabenen Höhlen, oft in der Nähe von Ameisen- oder Termitenkolonien. Während sie ihren langen Körper gegen die Tunnelwand drücken, verlängern sie den Tunnel durch wiederholte Schwenkbewegungen ihres harten, starken Kopfes. Wie Würmer können sie sich ohne Schlängelbewegungen in gerader Linie vorwärts und rückwärts bewegen. Das griechische Wort „amphisbaena" bedeutet „in beide Richtungen beweglich". Diese Eigenschaft und die Tatsache, daß Kopf und Schwanz kaum voneinander zu unterscheiden sind, haben dazu beigetragen, daß Doppelschleichen als zweiköpfige Monster betrachtet wurden, wie in einem römischen Epos erwähnt wird.

Doppelschleichen finden ihre Beute – Insekten und Würmer – unter der Erde. Größere Arten greifen manchmal auch kleine Wirbeltiere an. Sie können ihre Beutetiere unter der Erde kriechen hören und bewegen sich dann genau auf sie zu. Auch der Geruchssinn scheint dabei eine Rolle zu spielen. Hat die Doppelschleiche ihr Opfer gefunden, dann ergreift und zerreißt sie es mit ihren starken ineinandergreifenden Zähnen. Über die Fortpflanzung der Doppelschleichen ist nur wenig bekannt; vermutlich legen die meisten Arten Eier, die sich in unterirdischen Höhlen entwickeln ehe die Jungen ausschlüpfen.

Florida-Doppelschleiche

Rhineura floridana

Verbreitung: USA: Nord- und Zentralflorida
Habitat: sandige, bewaldete Gebiete
Länge: 20–40 cm

Dies ist die einzige blinde und beinlose Echse der USA. Sie hat einen schaufelförmigen Kopf und mißt kaum 0,5 cm im Durchmesser. Sie lebt unter der Erdoberfläche und sucht dort nach Würmern, Spinnen und Termiten. Nur selten kommt sie an die Oberfläche, es sei denn, sie wird durch Regen oder Landbauarbeiten aufgestört. Durch Zusammendrücken der Erde mit ihrer schaufelförmigen Schnauze baut sie Tunnel.

Im Sommer legt diese Doppelschleiche in einer Höhle 3 längliche, dünne Eier. Die Jungen schlüpfen im Herbst aus und sind dann ca. 10 cm lang.

Fossilienfunde weisen darauf hin, daß diese Doppelschleichen in jüngerer Vergangenheit in Nordamerika weit verbreitet waren.

Handwühle

Bipes biporus

Verbreitung: Mexiko (Baja California)
Habitat: Trockengebiete
Länge: 20 cm

Die Handwühle und ihre beiden Verwandten sind die einzigen Doppelschleichen, die Beine besitzen. Sie haben zwei kleine, aber kräftige Vorderbeine und 5 mit Krallen versehene Finger, die sich zum Graben und Klettern eignen. Wie alle Doppelschleichen verbringt die Handwühle den größten Teil ihres Lebens in unterirdischen Höhlen, und sie benutzt ihre Vorderbeine auch beim Graben von Tunneln. Anschließend bahnt sie sich mit ihrem runden Kopf einen Weg, wobei sie die Erde seitlich zusammendrückt.

Die Handwühle frißt Würmer und Termiten. Über ihre Fortpflanzung ist zwar nur wenig bekannt, aber vermutlich legt sie Eier.

Kap-Schildkopf-Amphisbäne

Monopeltis capensis

Verbreitung: Afrika: zentrales Südafrika, Zimbabwe
Habitat: Sandboden
Länge: 30 cm

Mit den dick verhornten Schilden auf der schaufelförmigen Schnauze kann diese Doppelschleiche in härterem Boden graben als viele andere Arten. Sie gräbt bis zu einer Tiefe von 20 cm und kommt nur an die Erdoberfläche, wenn sie von Regen oder Ameisen vertrieben wird. Wenn sie an die Oberfläche kommt, machen Raben und Milane Jagd auf sie. Diese Doppelschleichen fressen Termiten, Käfer und andere auf dem Boden lebende Insekten.

Rote Doppelschleiche

Amphisbaena alba

Verbreitung: tropisches Südamerika; Trinidad
Habitat: Regenwald
Länge: 60 cm

Der Körper der Roten Doppelschleiche, die in Südamerika am stärksten verbreitet ist, ist über die ganze Länge zylindrisch geformt. Der Schwanz ist fast ebenso dick und stumpf wie der Kopf. Deshalb wird dieses Tier in bestimmten Gegenden manchmal auch „Zweiköpfige Blindschlange" genannt. Obwohl die Rote Doppelschleiche unter der Erde lebt, kriecht sie oft auch über den Waldboden, vor allem nach Regenfällen. Sie frißt Würmer und Ameisen und wird oft in Ameisennestern gefunden. In Brasilien wird sie „Ameisenkönigin" genannt, weil man dort glaubte, sie würde von den Ameisen versorgt und ernährt. Bei Gefahr hebt diese Schleiche den Schwanz hoch und bewegt ihn, als ob es der Kopf wäre. Vermutlich führt dies dazu, daß der Feind den Schwanz angreift, während der verletzlichere Kopf unbehelligt bleibt, so daß das Tier zum Gegenangriff übergehen kann.

Agamenzahn-Doppelschleiche

Agamodon anguliceps

Verbreitung: Afrika: Somalia, Südostäthiopien
Habitat: Sandboden
Länge: 11 cm

Diese Art hat einen kürzeren und dickeren Körper als die meisten anderen Doppelschleichen. Ihr Schwanz ist kurz und läuft spindelförmig zu, und mit ihrem keilförmigen Kopf kann sie sogar im härtesten Lehmboden Gänge graben. Vorne am Kopf hat sie einige scharfe, vertikal verlaufende Leisten, und durch Drehbewegungen des Kopfes gräbt sie einen Tunnel und drückt die Erde zur Seite. Nachts kommt sie bis zu einer Tiefe von 5–7 cm in die Nähe der Erdoberfläche. Wenn tagsüber die Temperatur wieder steigt, kriecht sie in Tiefen von 15–30 cm. Nur sehr selten kommt sie aus der Erde heraus; dann bewegt sie sich über den Boden, indem sie den Kopf nach links und nach rechts schwenkt.

Maurische Netzwühle

Blanus cinereus

Verbreitung: Spanien, Portugal, Nordwestafrika
Habitat: sandiger Boden oder Humus, oft in bewaldeten Gebieten
Länge: 20–30 cm

Dies ist die einzige europäische Doppelschleiche; sie hat einen schmalen, spitzen Kopf und einen spitz zulaufenden Schwanz. Die meiste Zeit verbringt sie unter der Erdoberfläche, und nur nach schweren Regenfällen oder wenn der Boden durch Landbauarbeiten aufgewühlt wird, kommt sie an die Oberfläche. Sie frißt kleine Insekten, vor allem Ameisen.

Maurische Netzwühle
Florida-Doppelschleiche
Handwühle
Kap-Schildkopf-Amphisbäne
Agamenzahn-Doppelschleiche
Rote Doppelschleiche

Schlankblindschlangen, Blindschlangen, Rollschlangen, Schildschwänze, Erdschlangen

FAMILIE LEPTOTYPHLOPIDAE: Schlankblindschlangen oder Engmaulschlangen

Dies ist eine Familie von dünnen, wurmartigen grabenden Schlangen, die bis zu 40 cm lang werden. Sie haben sehr kleine Becken- und Beinrudimente, und ihre kleinen Augen sind hinter großen Kopfschilden verborgen. Genau wie ihre nächsten Verwandten, die Typhlopidae (Blindschlangen) und Anomalepidae, sind auch sie stark an eine grabende Lebensweise angepaßt. In dieser Hinsicht haben sie sich jedoch völlig anders entwickelt als die anderen Schlangen. Ihr Maul ist nur ungefähr halb so groß, wie der Kopf lang ist, während bei den meisten anderen Schlangen das Maul so groß wie möglich ist, damit sie große Beutetiere verschlingen können.

Schlankblindschlangen fressen Ameisen und Termiten. Die ca. 50 Arten kommen in Afrika, im tropischen Asien, im Süden der USA, in Mittelamerika und in Südamerika bis Argentinien vor.

Mexikanische Schlankblindschlange

Leptotyphlops humilis

Verbreitung: Südwesten der USA: von Südwest-Utah südl. bis zum Norden von Mexiko und Baja California

Habitat: Wüste, Grasland, Unterholz, Felsschluchten

Länge: 18–38 cm

Diese Blindschlange ist eine glatte, runde Schlange mit abgestumpftem Kopf und Schwanz. Sie lebt in jedem Sand- oder Kieselboden, in dem sie graben kann; den größten Teil ihres Lebens verbringt sie unter der Erde. Manchmal kommt sie am frühen Abend oder an sonnenlosen Tagen zum Vorschein. Sie frißt Ameisen und Termiten, die sie mit Hilfe ihres Geruchssinns aufspürt. Mit ihrem schlanken Körper dringt sie in die Nester der Beutetiere ein.

Die Paarung findet im Frühling statt; das Weibchen produziert 2–6 Eier, die manchmal in ein gemeinschaftliches Nest abgelegt und bewacht werden.

FAMILIE TYPHLOPIDAE: Blindschlangen

Die 180 Arten dieser Familie kommen in den tropischen und gemäßigt warmen Zonen der ganzen Welt vor. Sie sind selten länger als 60 cm. Durch ihre dünnen, zylinderförmigen Körper mit den glatten, polierten Schuppen und mit ihrem schmalen, stromlinienförmigen Kopf sind sie gut an eine grabende Lebensweise angepaßt. Ihre Augen sind sehr klein und mit einer durchsichtigen Schuppe bedeckt. Sie fressen kleine wirbellose Tiere, vor allem Ameisen.

Afrikanische Blindschlange

Typhlops schlegelii

Verbreitung: Afrika: von Kenia bis Südafrika

Habitat: Sand- und Lehmboden

Länge: 60 cm

Diese Blindschlange hat einen Stachel auf der Schwanzspitze, der zum Graben benutzt wird. Sie verbringt die meiste Zeit unter der Erde, kommt aber bei feuchtem oder nassem Wetter manchmal an die Erdoberfläche.

Das Weibchen legt 12–16 Eier, die sich zur Zeit des Legens schon in einem fortgeschrittenen Entwicklungsstadium befinden; nach 4–6 Wochen schlüpfen die Jungen aus.

FAMILIE ANOMALEPIDAE

Zu den Anomalepidae, die manchmal auch zusammen mit den Blindschlangen (Typhlopidae) in einer Familie untergebracht werden, gehören ca. 20 Arten, die alle in Mittel- und Südamerika beheimatet sind. Sie ähneln stark den Blindschlangen und den Schlankblindschlangen.

Anomalepis sp.

Verbreitung: Mexiko, tropisches Mittelamerika und Südamerika bis Peru

Habitat: Wald

Länge: bis zu 40 cm

Die Gattung *Anomalepis* umfaßt 4 Arten, alle nur wenig bekannte wurmartige Graber mit zylindrischen Körpern. Sie verbringen ihr Leben hauptsächlich unter abgefallenen Blättern und in der feuchten Humusschicht. Man sieht sie selten an der Erdoberfläche, außer nach Regenfällen. Sie fressen Termiten, Ameisen und andere kleine wirbellose Tiere.

FAMILIE ANILIIDAE: Rollschlangen

Diese Familie umfaßt 10 Arten, die alle verschiedene primitive Merkmale aufweisen, unter anderem ein Becken und rudimentär entwickelte Hinterbeine, die wie Stachel aussehen und sich direkt am After befinden. Eine Art lebt im nördlichen Teil Südamerikas, die anderen 9 in Südostasien. Alle sind ausgezeichnete Graber und ernähren sich von Wirbeltieren oder auch von anderen Schlangen.

Korallen-Rollschlange

Anilius scytale

Verbreitung: Norden Südamerikas, östl. der Anden

Habitat: Wald

Länge: 75–85 cm

Die Korallenrollschlange hat einen zylinderförmigen Körper, einen kleinen Kopf und glatte Schuppen. Ihre sehr kleinen Augen sind mit durchsichtigen Schuppen bedeckt. Sie kann ihr schmales Maul nicht sehr weit öffnen, so daß sie sich auf schlanke Beutetiere wie andere Schlangen und Wurmsalamander (knochenlose wurmähnliche Amphibien) beschränken muß.

Die Jungen sind bei der Geburt voll entwickelt.

FAMILIE UROPELTIDAE: Schildschwänze

Zu dieser Familie gehören ca. 40 Arten von grabenden Schlangen, die alle in Indien und auf Sri Lanka beheimatet sind.

Zweifleck-Schildschlange

Uropeltis bimaculatus

Verbreitung: Indien, Sri Lanka

Habitat: Bergwälder

Länge: bis zu 30 cm

Diese Schildschlange hat den charakteristischen zylinderförmigen Körper der grabenden Schlangen. Sie gräbt Tunnel, indem sie ihren Körper in S-förmigen Kurven bewegt, wobei sie sich gegen die Wände des Tunnels drückt und den Kopf nach vorne ins Erdreich bohrt. Es ist eine versteckt lebende, friedliche Schlange, die sich von Würmern und Maden ernährt.

Das Weibchen legt 3–8 Eier mit vollentwickelten Jungen, die sofort nach dem Ablegen aus den mit einer dünnen Membran umgebenen Eiern ausschlüpfen.

Blyth's Schildschwanz

Rhinophis blythis

Verbreitung: Sri Lanka

Habitat: Wald

Länge: bis zu 35 cm

Diese kleine Schlange gräbt wie die Zweifleck-Schildschlange Tunnel. Sie hält sich meist unter der Erde auf und frißt Würmer und Insektenlarven. Die Weibchen haben im allgemeinen längere Schwänze als die Männchen. Die 3–6 vollentwickelten Jungen sind bei der Geburt ungefähr 1 cm lang.

FAMILIE XENOPELTIDAE: Erdschlangen / Regenbogenschlangen / Flachkopfschlangen

Da die südostasiatischen Erdschlangen sowohl primitive wie auch höherentwickelte Merkmale aufweisen, werden sie in einer eigenen Familie zusammengefaßt. Ihre Schädelstruktur ist größtenteils primitiv und starr, doch der Unterkiefer ist beweglich, was eine abwechslungsreichere Ernährung ermöglicht. Ebenso wie die höherentwickelten Schlangen haben sie kein Becken.

Regenbogen-Erdschlange

Xenopeltis unicolor

Verbreitung: Südostasien: von Burma bis Indonesien

Habitat: Reisfelder, Kulturland

Länge: bis zu 1 m

Die Regenbogen-Erdschlange verdankt ihren Namen dem irisierenden Glanz ihrer glatten blauen Schuppen. Sie verbringt die meiste Zeit über der Erde und kann sich mit Hilfe ihres Kopfes schnell in den Boden eingraben. Der bewegliche Unterkiefer ermöglicht es ihr, eine ganze Reihe ziemlich großer Beutetiere zu verschlingen, unter anderem Frösche, kleine Nagetiere und Vögel.

Anomalepis sp.

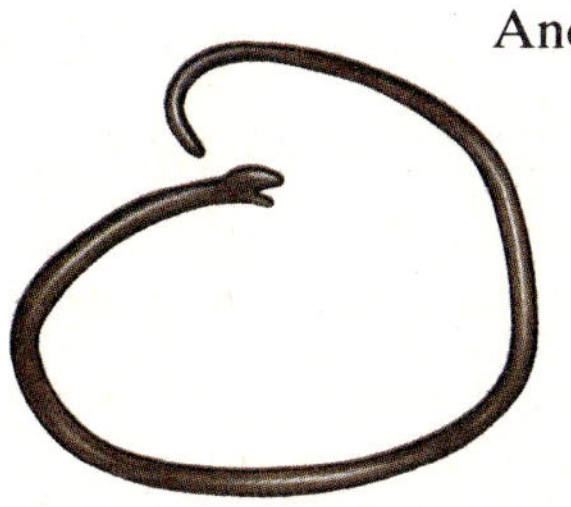

Mexikanische Schlankblindschlange

Afrikanische Blindschlange

Blyth's Schildschwanz

Zweifleck-Schildschlange

Korallen-Rollschlange

Regenbogen-Erdschlange

Riesenschlangen, Warzenschlangen

FAMILIE BOIDAE: Riesenschlangen

Diese Familie besteht aus ca. 90 Arten, von denen viele sehr bekannt sind. Die meisten Herpetologen sehen diese Tiere als primitiv an, da sie noch Merkmale aufweisen, die für die Echsen charakteristisch sind und die bei den höherentwickelten Schlangen wie etwa bei den Vipern nicht mehr vorhanden sind. Bei manchen Arten lassen sich nämlich Becken und rudimentär entwickelte Hinterbeine erkennen, und alle besitzen zwei funktionierende Lungen, während bei den höherentwickelten Schlangen die linke Lunge zugunsten der Stromlinienform verschwunden ist.

Innerhalb der Familie unterscheidet man 2 Gruppen: die Pythons und die Boas. Die 20 Python-Arten leben in den tropischen Regionen der Alten Welt. Man findet sie oft im Wasser oder in der Nähe von Wasser, aber sie halten sich auch gerne in Bäumen auf; manche Arten haben sogar Greifschwänze. Die Pythons pflanzen sich durch Eier fort, die sich außerhalb ihres Körpers entwickeln. Die Boas leben hauptsächlich in der Neuen Welt, und zwar auf dem Boden, in Bäumen oder am Wasser. Sie gebären lebende Junge, die aus den dünnschaligen Eiern ausschlüpfen, sobald diese gelegt sind.

Alle Riesenschlangen sind Fleischfresser, sind jedoch nicht giftig. Sie fangen ihre Beute mit den Zähnen oder töten sie durch Würgen – indem sie die Beutetiere so lange mit ihrem Körper umschlingen, bis diese ersticken.

Grüne Hundskopfboa

Boa caninus (Corallus c.)

Verbreitung: Südamerika: von Guayana südl. bis Brasilien und Bolivien

Habitat: Regenwald

Länge: 1,2 m

Diese prachtvoll gefärbte Boa verbringt die meiste Zeit in Bäumen, wo sie mit abgeflachtem Körper an einen Ast gedrückt liegt, den sie mit ihrem Greifschwanz umschlingt. In dieser günstigen Position lauert sie Vögeln und Fledermäusen auf, die sie mit den langen, starken Vorderzähnen fängt und tötet. Sie ist die Schnellste von allen Boas und kann auch gut schwimmen.

Königsschlange / Abgottschlange / Boa Constrictor

Constrictor constrictor (Boa c.)

Verbreitung: Mexiko, Mittel- und Südamerika bis Nordargentinien; Antillen

Habitat: Wüste bis Regenwald

Länge: bis zu 5,6 m

Die Königsschlange ist die zweitgrößte Schlange des amerikanischen Kontinents. Sie fühlt sich in sehr unterschiedlichen Klimatypen wohl, hat jedoch eine Vorliebe für den sumpfigen Regenwald. Obwohl sie in erster Linie ein Bodenbewohner ist, klettert sie auch in Bäume und kann mit ihrem Schwanz Äste umschlingen. Sie tötet ihre Beute, meist Vögel und Säugetiere, indem sie sie mit ihren Körperwindungen umwickelt, bis das Beutetier erstickt oder zerquetscht ist.

Nordamerikanische Sandboa

Charina bottae

Verbreitung: Westen der USA: von Washinton bis Südkalifornien, östl. bis Montana und Utah

Habitat: bewaldetes Gebiet, Nadelwälder, Wiesen, Sandbänke von Flüssen

Länge: 35–85 cm Ⓢ

Diese Sandboa dringt ziemlich weit in die gemäßigt warmen Zonen vor. Sie ist unterschiedlich gefärbt, von braungelb bis olivgrün, und wegen der verwirrenden Ähnlichkeit ihrer breiten Schnauze mit dem stumpfen Schwanz wird sie manchmal auch „Zweiköpfige Schlange" genannt.

Diese kleine Boa ist ein guter Graber und Schwimmer und kann auch klettern, wobei sie ihren Greifschwanz einsetzt. Tagsüber verbirgt sie sich unter Felsen oder Baumstämmen oder gräbt sich in den Sand oder unter abgefallenen Blättern ein. Sie ist in der Abenddämmerung oder nachts aktiv und jagt kleine Säugetiere, Vögel und Eidechsen, die sie durch Erwürgen tötet. Im Spätsommer bekommt das Weibchen 2–8 lebende Junge, die 15–23 cm groß sind.

Anmerkung: Im gleichen Verbreitungsgebiet kommt die abgebildete Dreistreifen-Rosenboa (*Lichanura trivirgata*) vor.

Große Anakonda

Eunectes murinus

Verbreitung: Südamerika, südl. bis Argentinien

Habitat: sumpfige Flußtäler, Sandbänke in Flüssen

Länge: 9 m

Die große Anakonda ist das größte heute lebende Reptil. Sie verbringt einen großen Teil ihres Lebens in langsam fließendem Süßwasser, doch klettert sie mit Hilfe ihres Schwanzes auch in niedrige Bäume und Sträucher. Sie verfolgt ihre Beute nicht, sondern liegt im trüben Wasser auf der Lauer und wartet, bis Vögel und andere Tiere zum Trinken ans Wasser kommen. Sie packt ihr Opfer und tötet es durch Würgen. Sie kann nur 10 Minuten unter Wasser bleiben, und gewöhnlich ragt der obere Teil ihres Kopfes aus dem Wasser.

Diamantpython / Rautenpython

Morelia argus

Verbreitung: Australien, Neuguinea

Habitat: Wald, Unterholz, Dschungel

Länge: 3,4 m

Der Diamantpython ist eine bekannte, weitverbreitete Schlange, die sich gewöhnlich im Landesinneren, selten an der Küste aufhält. Die dunkle Zeichnung ihres Körpers ähnelt verdorrten Blättern und dient dem Tier als Tarnung, wenn es zwischen Pflanzenresten auf der Lauer liegt. Der Diamantpython bewegt sich ebensoleicht auf dem Boden wie in Bäumen oder im Wasser. Er ist nachts aktiv und liegt tagsüber auf einem Baum oder in einem hohlen Baumstamm und manchmal auch in der Sonne. Diese Schlange ist nicht giftig; ihre Beute – kleine Säugetiere (Mäuse, Kaninchen) und Vögel (Hühner) – tötet sie mit ihren scharfen Zähnen. Das Weibchen legt maximal 35 Eier.

Tigerpython

Python molurus

Verbreitung: Indien, Südostasien, Indonesien

Habitat: Mangrovensümpfe in Ästuarien, Unterholz, kühler Regenwald

Länge: 5–6 m Ⓖ

Der Tigerpython gehört zu den größten Reptilien der Welt. Da er in manchen Gebieten wegen seiner Haut gejagt worden ist, ist seine Zahl stark zurückgegangen. Sein Körper ist dick und glatt, der Kopf hat die Form einer Speerspitze. Vermutlich befinden sich neben seinen Nasenlöchern Wärmerezeptoren, die ihm helfen, seine warmblütige Beute leichter aufzuspüren. Die Färbung variiert je nach Fundstelle; die blaßgrüne Unterart aus dem Westen Indiens ist dafür bekannt, daß sie weniger schnell gereizt wird als die übrigen Unterarten; deshalb wird sie von Schlangenbeschwörern bevorzugt.

Tagsüber liegt der Tigerpython in der Sonne oder ruht in einer Höhle, einem verlassen Bau oder anderen Schlupfwinkeln. Nachts streift er auf der Suche nach Beute umher oder liegt an einer Tränke auf der Lauer. Seine Beutetiere sind Mäuse, Zibetkatzen, kleine Hirsche, Wildschweine und Vögel. Er beschleicht seine Opfer, packt sie und umwickelt sie mit seinem Körper, bis Atem und Herzschlag aussetzen.

Das Weibchen legt in einer Höhle oder in einem hohlen Baum maximal 100 Eier, die es 60–80 Tage lang ausbrütet, indem es sich um die Eier rollt. Hin und wieder werden die Eier durch rhythmische Kontraktionen des Körpers verschoben, so daß sie mehr Sonnenwärme oder auch mehr Schatten abbekommen.

FAMILIE ACROCHORDIDAE: Warzenschlangen

Die 2 Arten dieser Familie leben im Wasser und sind nicht giftig. Sie kommen in Indien, Südostasien und Australien vor. Mit ihrer lose um den Körper liegenden, faltigen Haut und dem deutlich spitz zulaufenden Körper sehen sie ziemlich ungewöhnlich aus. Sie sind stark an das Leben im Wasser angepaßt, da sich in ihrem Gaumen Klappen befinden, mit denen die Nasengänge verschlossen werden können, solange sie unter Wasser schwimmen. Die Einkerbung auf der Oberlippe, durch die sie die tastempfindliche Zunge herausstrecken, kann ebenfalls durch einen kleinen Höcker auf dem Unterkiefer verschlossen werden.

Javanische Warzenschlange

Acrochordus javanicus

Verbreitung: Indien, Südostasien, Neuguinea

Habitat: große und kleine Flüsse, Kanäle

Länge: 1,5 m

Diese kräftige, träge Schlange kann ausgezeichnet schwimmen, bewegt sich jedoch an Land sehr unbeholfen fort. Sie ist nachts aktiv und ernährt sich ausschließlich von Fischen. Das Weibchen bekommt 25–30 Junge, die sich sofort nach der Geburt selbst ernähren können.

Dreistreifen-Rosenboa
Javanische Warzenschlange
Diamantpython
Große Anakonda
Königsschlange
Grüne Hundskopfboa
Tigerboa

Nattern 1

FAMILIE COLUBRIDAE: Nattern

Die artenreichste Gruppe der höherentwickelten Schlangen ist die der Nattern. Sie umfaßt ca. 1800 Arten – das sind zwei Drittel aller lebenden Schlangen. Obwohl dies eine brauchbare Einteilung ist, wird bezweifelt, ob diese Familie mit ihren vielen unterschiedlichen Formen wirklich eine natürliche Einheit bildet. Meist unterscheidet man eine Anzahl von Unterfamilien, um die Verwandtschaftsverhältnisse innerhalb der großen Gruppe zu verdeutlichen. Nattern gibt es auf allen Kontinenten mit Ausnahme der Antarktis.

Innerhalb dieser Familie besteht möglicherweise eine ebenso große Variationsbreite wie zwischen den beiden anderen Familien der höherentwickelten Schlangen, den Vipern oder Ottern und den Giftnattern, aber es gibt auch einige gemeinsame Merkmale. Bei keiner einzigen Art sind rudimentäre Becken oder Hinterbeine vorhanden; die linke Lunge ist zurückgebildet oder fehlt. Der Unterkiefer ist beweglich und weist keine hohlen Giftzähne auf. Beide Kiefer sind mit massiven Zähnen besetzt, und bestimmte Arten haben gefurchte Zähne im Oberkiefer, die mit einer Giftdrüse in Verbindung stehen.

Die meisten Nattern sind ungefährlich. Die gefährlichen Arten – die Boomslang (*Dispholidus typus*) und die Graue Baumnatter (*Thelotornis kirtlandii*) – kommen in Afrika vor.

Diese Familie ist in den verschiedensten Lebensräumen zu Hause: Es gibt bodenbewohnende, in Bäumen lebende, grabende und sogar im Wasser lebende Arten. Alle Arten ernähren sich von tierischer Kost, von Insekten bis zu kleinen Säugetieren. Die meisten Arten legen Eier, manche bringen vollentwickelte Junge zur Welt.

Lippennatter

Fimbrios klossi

Verbreitung: Südvietnam, Kambodscha
Habitat: Berge mit niedriger Vegetation
Länge: 40 cm

Diese kaum bekannte Schlange lebt auf dem Boden und ist wahrscheinlich ein Nachttier. Um ihr Maul stehen merkwürdig umgebildete Schuppen: Sie sind nach oben gebogen, so daß sie einen Saum aus weichen Fortsätzen bilden, deren Funktion bisher unbekannt ist. Sie ernährt sich von Insektenlarven.

Ebenso wie die anderen Mitglieder der Unterfamilie Xenoderminae (Höckernattern) legt die Lippennatter 2–4 Eier.

Schneckennatter

Pareas sp.

Verbreitung: **Südostasien**
Habitat: Wald
Länge: 30–75 cm

Schneckennattern haben einen schlanken Körper und einen kurzen, breiten Kopf. Es sind meist Nachttiere, die sich von Gehäuseschnekken und Nacktschnecken ernähren. Ihr Unterkiefer kann mehr oder weniger unabhängig vom Oberkiefer vorgestreckt oder eingezogen werden – eine Anpassung, die es diesen Schlangen ermöglicht, die Schnecken aus ihren Häusern zu holen. Dazu schieben sie den Unterkiefer in die Öffnung des Schneckenhauses, bohren ihre Vorderzähne in den Körper der Schnecke und ziehen sie mit einer Drehbewegung heraus.

Die Schneckennattern haben keine Kehlfurche wie die meisten anderen Schlangen, die es ihnen ermöglichen würde, den Unterkiefer sehr weit aufzusperren, um eine große Beute zu verschlingen; deshalb ernähren sie sich von Schnecken. Soweit bekannt ist, pflanzen sie sich durch Eier fort.

Amerikanischer Schneckenfresser

Dipsas indicus

Verbreitung: tropisches Südamerika
Habitat: Wald
Länge: ca. 70 cm

Der Amerikanische Schneckenfresser hat einen kräftigen Körper, einen großen Kopf und eine stumpfe Schnauze. Sein Oberkiefer ist kurz und mit nur wenig Zähnen besetzt. Der Unterkiefer ist lang und mit langen, gebogenen Zähnen versehen. Die Kiefer sind so gebaut, daß der Unterkiefer unabhängig vom Oberkiefer nach hinten und nach vorne bewegt werden kann.

Diese Schlange ist ein Bodenbewohner. Sie ist nachts aktiv und frißt ausschließlich Gehäuseschnecken, und zwar auf die gleiche Weise wie die Gattung *Pareas*. Zu ihrer Verteidigung kann die Schnecke eine große Menge Schleim absondern, der die Nasenlöcher der Schlange verstopft. Während die Schlange sich über die Schnecke hermacht, muß sie mit dem Luftvorrat auskommen, der sich in ihren Lungen befindet.

Wassertrugnatter

Enhydris punctata

Verbreitung: Australien: Küsten des Nordterritoriums
Habitat: Bäche, Flüsse, Sümpfe
Länge: 30–50 cm — ***Leicht giftig***

Die Wassertrugnatter gehört zu einer Unterfamilie mit ca. 34 Arten, die alle an das Leben im Wasser angepaßt sind. Sie kann sich sowohl im Wasser wie auch auf dem Land fortbewegen und sonnt sich auf Flußufern. Ihre kleinen Augen sind nach oben gerichtet, und ihre Nasenlöcher liegen ebenfalls oben am Kopf. Hautkissen schließen die Nasenlöcher ganz ab, wenn die Schlange untertaucht.

Die Wassertrugnatter ist leicht giftig. Sie hat gefurchte Zähne im hinteren Teil des Oberkiefers, die mit einer Giftdrüse verbunden sind. Sie jagt Wassertiere wie Fische und Frösche. Die Weibchen bringen lebende, vollentwickelte Junge zur Welt.

Krebstrugnatter

Fordonia leucobalia

Verbreitung: Küsten Nordaustraliens, Südostasien
Habitat: Mangrovensümpfe
Länge: 60–100 cm — ***Leicht giftig***

Als Mitglied der Unterfamilie der Wassertrugnattern hat die Krebstrugnatter die gleichen Anpassungen an das Wasserleben entwickelt wie die anderen Mitglieder dieser Gruppe, d.h., sie hat Nasenlöcher oben an der Schnauze und nach oben gerichtete Augen. Eine große Anzahl dieser Art lebt an den Rändern von Sümpfen, wo sie zwischen Wurzeln ihre Nahrung suchen. Im hinteren Teil des Oberkiefers befinden sich Giftdrüsen. Die Krebstrugnatter frißt hauptsächlich Krabben, die sehr empfindlich auf das Gift reagieren; Frösche und Säugetiere sind jedoch immun dagegen. Außerdem ernährt sie sich auch von Fischen. Bei Gefahr flüchtet sie in die Höhle einer Krabbe.

Afrikanische Eierschlange

Dasypeltis scabra

Verbreitung: Afrika südl. und östl. der Sahara
Habitat: bewaldetes Gebiet, Unterholz
Länge: 75 cm

Diese schlanke Schlange lebt ausschließlich von hartschaligen Vogeleiern. Sie sucht die Eier auf dem Boden oder in Bäumen, und zwar hauptsächlich nachts. Die meisten anderen Schlangen fressen nur weichschalige Eidechsen- und Schlangeneier, da ihnen die spezielle Ausstattung der Mitglieder dieser Familie fehlt.

Das Maul der Eierschlange ist besonders beweglich; die Kiefer sind so beschaffen, daß das Tier große Eier verschlucken kann. An ihren beiden Kiefern befinden sich nur wenige kleine Zähne, doch verlängerte Wirbelfortsätze reichen bis in die Speiseröhre und bilden dort eine Art scharfer Säge.

Wenn die Schlange ein Ei verschluckt, das zweimal so groß wie ihr Kopf sein kann, werden die elastischen Bänder, die die beiden Kieferhälften miteinander verbinden, umso stärker ausgedehnt, je weiter sich das Ei ins Maul schiebt. Die kleinen Schuppen am Hals richten sich auf, und die Haut darunter wird bloßgelegt. Die Speiseröhrenzähne schneiden das Ei auf, und der Inhalt fließt in den Magen. Eine spezielle Klappe hält die Schale zurück; sie wird anschließend ausgespuckt. Wenn es genügend Eier gibt, speichert die Eierschlange Fett in ihrem Körper, von dem sie in der Zeit zehrt, in der ihr nur wenig Nahrung zur Verfügung steht.

Die Weibchen legen 8–14 Eier, die sie nicht in einem Gelege, sondern getrennt voneinander deponieren, was für eierlegende Schlangen recht ungewöhnlich ist.

Lippennatter

Afrikanische Eierschlange

Schneckennatter

Wassertrugnatter

Krebstrugnatter

Amerikanischer Schneckenfresser

Nattern 2

Ringelnatter

Natrix natrix

Verbreitung: Europa: von Skandinavien südl. bis zu den Mittelmeerländern, östl. bis zum Baikalsee; Nordwestafrika; Asien

Habitat: feuchte Wiesen, Sumpfland, Wassergräben, Flußufer

Länge: 2 m ***Für Menschen ungefährlich***

Als Mitglied der Gruppe der Nattern, die an ein Leben im Wasser angepaßt sind, kann die Ringelnatter gut schwimmen. Sie verbringt ziemlich viel Zeit im Wasser, allerdings weniger als andere *Natrix*-Arten. Sie ist eine der bekanntesten und weitverbreitetsten europäischen Schlangen. Es gibt 9 Unterarten, die in Farbe und Zeichnung variieren. Die Weibchen sind gewöhnlich länger und haben einen dickeren Körper als die Männchen.

Tagsüber geht die Ringelnatter im Wasser und an Land auf Jagd. Sie frißt hauptsächlich Frösche, Kröten und Salamander, aber sie fängt auch manchmal Fische und hin und wieder sogar kleine Säugetiere und junge Vögel. Obwohl sie einen großen Teil ihrer Beute lebendig verschlingt, produziert sie ein Sekret, das für kleine Tiere giftig ist, für den Menschen jedoch unschädlich.

Je nach Breitengrad pflanzt sich die Ringelnatter ab April fort. Das Männchen macht dem Weibchen den Hof, indem es seine Kehle, die mit vielen reizempfindlichen Höckern übersät ist, gegen ihren Körper reibt. Wenn sein Werben Erfolg hat, arbeitet es sich zum Nacken des Weibchens hoch, und beide winden sich umeinander und paaren sich. Etwa 8 Wochen später legt das Weibchen seine 30–40 Eier, die sich dann schon in einem fortgeschrittenen Entwicklungsstadium befinden. Es legt sie an einer geschützten Stelle ab, vorzugsweise in vermoderndem organischem Material wie Mist- oder Komposthaufen. Die Jungen schlüpfen nach 1–2 Monaten aus, je nach Temperatur der Umgebung.

Gelbgrüne Zornnatter

Coluber viridiflavus

Verbreitung: Europa: Nordostspanien, Mittel- und Südfrankreich, Italien, Südschweiz, Jugoslawien, Korsika, Sardinien

Habitat: trockene, bewachsene Gebiete: Hügel, Waldränder, Gärten

Länge: bis zu 1,9 m ***Für Menschen ungefährlich***

Dies ist eine schlanke, langgestreckte Schlange mit einer runden Schnauze, großen Augen und einem langen, allmählich spitz zulaufenden Schwanz. Manche Exemplare sind eher schwarz als dunkelgrün, und die Männchen sind meist länger als die Weibchen. Diese Schlange ist ein Bodenbewohner, kann jedoch auch auf Felsen und in Sträucher klettern. Sie ist tagsüber aktiv und spürt ihre Beute mit Hilfe ihres Sehsinnes auf. Sie ernährt sich gewöhnlich von Eidechsen, Fröschen, Säugetieren, Vögeln und andere Schlangen.

Die Männchen kämpfen während der Paarungszeit aggressiv um einen Partner. Das Weibchen legt seine 5–12 Eier zwischen Felsblöcken oder in Erdspalten ab. Die Jungen schlüpfen nach 6–8 Wochen aus.

Südliche Erdotter

Atractaspis bibroni

Verbreitung: Südafrika

Habitat: trockene, sandige Gebiete

Länge: bis zu 80 cm ***Giftig***

Die Südliche Erdotter gehört zu den Erdottern oder Maulwurfsvipern (Gattung *Atractaspis*), die alle in Afrika und im Mittleren Osten beheimatet sind. Ihr Kopf ist schaufelförmig und kaum vom Rumpf abgegrenzt, ihr Körper rund und schlank und ihr Schwanz kurz. Sie hat kleine Augen. Die Südliche Erdotter ist mit einem komplizierten Giftmechanismus ausgestattet, der Ähnlichkeit mit dem der echten Ottern hat, weshalb man anfänglich glaubte, es mit einer Kreuzotter zu tun zu haben. Ihre Giftzähne sind sehr lang, vor allem im Verhältnis zu ihrem kleinen Kopf, und sie können unabhängig voneinander aufgerichtet und eingeklappt werden. Wird der Giftzahn in Angriffsposition gebracht, dann schießt gleichzeitig das Gift heraus, das aus der Giftdrüse in den Giftzahn gepumpt wird.

Diese Schlange gräbt mit ihrer kräftigen Schnauze im Boden und kommt nur nachts nach einem Regenschauer zum Vorschein. Wenn man sie in die heiße Sonne legt, rollt sie sich zu einem Knäuel zusammen und verbirgt ihren Kopf in den Windungen. Sie frißt andere Reptilien wie Schlangenschleichen und Blindschlangen, die sie mit einem giftigen Biß tötet.

Das Weibchen legt Eier.

Zwerg-Rotbauchnatter

Storeria occipitomaculata

Verbreitung: äußerstes Südkanada; Osten der USA: von Maine bis Minnesota, südl. bis Texas und Florida

Habitat: bewaldete Hügel und Berge, Moore

Länge: 20–40 cm

Von dieser Art sind 3 Unterarten bekannt, die sich voneinander in Farbe und Anordnung der typischen hellen Nackenflecken unterscheiden; bei der Unterart aus Florida können die Flecken zu einem Halsband zusammenwachsen. Die Zwerg-Rotbauchnatter lebt von Meeresspiegelhöhe bis zu einer Höhe von 1700 m. Sie ist hauptsächlich ein Nachttier, das Insekten und kleine wirbellose Tiere wie Würmer und Nacktschnecken jagt. Bei Gefahr kann sie ihre Oberlippe drohend aufrollen und gleichzeitig eine moschusartige Flüssigkeit aus ihrer Kloake ausscheiden.

Diese Schlange paart sich im Frühling und im Herbst. Vor der Kopulation erzeugt das Männchen eine Reihe von Wellenbewegungen, die vom Schwanz bis zum Kopf durch den ganzen Körper laufen, und es reibt seine mit reizempfindlichen Höckern besetzte Kehle am Körper des Weibchens. Auch um die Kloake des Männchens sind solche Tastorgane plaziert, die ihm wahrscheinlich helfen, eine geeignete Stellung zum Kopulieren zu finden. Die Jungen entwikkeln sich im Körper des Weibchens; sie werden vollständig entwickelt geboren und sind dann 7–10 cm lang.

Gewöhnliche Strumpfbandnatter

Thamnophis sirtalis

Verbreitung: Südkanada; USA außer den Wüstenregionen

Habitat: feuchte Gebiete, oft in der Nähe von Gewässern: Sumpfland, Feuchtwiesen, Wassergräben, Ackerland, lichter Wald

Länge: 45–130 cm

Die Gewöhnliche Strumpfbandnatter ist die am weitesten verbreitete Schlange Nordamerikas und außerdem eine der bekanntesten. Sie lebt mit vielen Unterarten in einem riesigen Verbreitungsgebiet. Ihre Farbe ist sehr variabel, aber fast immer ist sie mit einem deutlich sichtbaren Rückenstreifen und einem Streifen auf den Flanken gezeichnet. Sie ist tagsüber aktiv und jagt dann Frösche, Kröten, Salamander und kleine wirbellose Tiere zwischen der feuchten Vegetation auf dem Boden. Sie ist eine der wenigen Schlangen, die Kälte gut ertragen können, und bis zum 67. nördlichen Breitengrad zu finden. Im südlichen Teil ihres Verbreitungsgebietes kann sie das ganze Jahr über aktiv bleiben, im Norden hält sie einen Winterschlaf in gemeinschaftlichen Höhlen.

Gewöhnliche Strumpfbandnattern paaren sich im Frühling manchmal alle gleichzeitig, nachdem sie aus dem Winterschlaf erwacht sind. Sie können sich jedoch auch im Herbst paaren; in diesem Fall bleibt der Samen während des Winters in den Eileitern der Weibchen, und die Eier werden erst im Frühling befruchtet. Vor der Paarung bewegt das Männchen seinen Körper in Wellenbewegungen und reibt seine Kehle über den KÖrper des Weibchens. Die reizempfindlichen Höcker auf der Kehle des Männchens müssen die richtigen Reize empfangen, bevor es mit der Paarung beginnt. Bis zu 80 Junge entwikkeln sich im Körper des Weibchens und ernähren sich von einer Art Plazenta; sie werden vollentwickelt geboren.

Erdnatter

Elaphe obsoleta

Verbreitung: Südkanada; USA: von Vermont bis Minnesota, südl. bis Texas und Florida, Nordmexiko

Habitat: Wald, Sümpfe, Ackerland, bewaldete Hänge

Länge: 0,85–2,5 m

Dies ist eine große, kräftige Schlange, die in den verschiedensten Habitaten leben kann. Es gibt 6 Unterarten mit 3 verschiedenen Arten der Zeichnung: ungemustert, gefleckt oder gestreift. Diese Schlange ist sehr beweglich; sie kann gut klettern und jagt Nagetiere, andere kleine Säugetiere und Vögel; in Bäumen und Ruinen verfolgt sie Eidechsen. Gewöhnlich ist sie tagsüber aktiv, im Sommer jedoch auch nachts. In einem großen Teil ihres Verbreitungsgebietes hält sie einen Winterschlaf.

Die Erdnatter paart sich im Frühling und im Herbst. Das Weibchen legt 5–30 Eier in abgefallene Blätter oder unter einen Felsen. Die Jungen schlüpfen je nach Temperatur nach 2–6 Monaten aus.

Zwerg-Rotbauchnatter
Gewöhnliche Strumpfbandnatter
Ringelnatter
Südliche Erdotter
Erdnatter
Gelbgrüne Zornnatter

Nattern 3

Glattnatter

Coronella austriaca

Verbreitung: Europa: von Südskandinavien und Südengland südl. bis Nordspanien, Italien und Griechenland; östl. bis UdSSR und Nordiran

Habitat: trockene, felsige Gebiete, Heide, lichter Wald

Länge: 50–80 cm

Von dieser schlanken, runden Schlange sind verschiedene Farbvarietäten bekannt, doch hat sie fast immer an beiden Seiten des Kopfes dunkelbraune Streifen. Der Kopf ist ziemlich klein und spitz und geht fast übergangslos in den Körper über. Sie führt ein verstecktes Leben, aber ist tagsüber aktiv. Sie ist in verschiedenen trockenen Habitaten bis zu 1800 m Höhe beheimatet und wird hin und wieder auch in feuchten Gegenden gefunden. Obwohl sie selten in der prallen Sonne liegt, zieht sich die Glattnatter gerne auf warme Schattenplätze unter Felsen zurück. Sie ernährt sich vor allem von Echten Eidechsen, außerdem von kleinen Schlangen, jungen Säugetieren und Insekten. Sie umwindet ihre Beute mehrmals mit ihrem Körper und macht sich bereits daran, das Opfer zu verschlingen, während es noch lebt.

In der Paarungszeit kämpfen die Männchen miteinander um die Partner. Das Weibchen bringt im Herbst 2–15 lebende Junge zur Welt; die Eierschale zerbricht bei der Geburt, und die frisch ausgeschlüpften Nattern sind 12–20 cm lang. Die Weibchen werden im Alter von 3 Jahren erwachsen, die Männchen mit 4 Jahren.

Kettennatter

Lampropeltis getulus

Verbreitung: USA: von New Jersey bis Florida im Osten von Oregon bis Kalifornien im Westen; Mexiko

Habitat: Wald, lichter Wald, Wüste, Prärie, sumpfige Gebiete

Länge: 0,9–2,0 m

Die Kettennatter ist eine große Schlange mit glatten, glänzenden Schuppen. Gewöhnlich besteht ihre Musterung aus abwechselnden dunklen und hellen Ringen, aber ein paar Unterarten haben eine unregelmäßig gepunktete Zeichnung. Sie wohnt hauptsächlich auf dem Boden, klettert jedoch auch in kleinere Sträucher. Sie ist tagsüber aktiv, meist bei Sonnenauf- und -untergang. Sie fühlt sich in fast jedem Habitat wohl und verbirgt sich unter Felsblöcken, Baumstämmen und zwischen Pflanzen. Sie ernährt sich von Schlangen, unter anderem von Klapperschlangen und Korallenschlangen, Eidechsen, Mäusen und Vögeln, die sie durch Erwürgen tötet.

Kettennattern paaren sich im Frühling. Das Weibchen legt 3–24 Eier, aus denen im allgemeinen nach 2–3 Monaten die Jungen ausschlüpfen.

Bullennatter

Pituophis melanoleuca

Verbreitung: Südwestkanada; USA: zentrale und südwestliche Staaten, Florida; Mexiko

Habitat: trockenes bewaldetes Gebiet, Grasland, Prärie, Felswüste

Länge: 1,2–2,5 m

Die Bullennatter ist eine große, kräftige Schlange mit einem kleinen, relativ spitzen Kopf. Die Farbe variiert bei vielen Unterarten, aber die meisten Bullennattern haben einen blassen Körper mit schwarzer, brauner oder roter Zeichnung. Sie sind gute Kletterer und Graber, die sich in sehr verschiedenen Lebensräumen wohl fühlen. Meist ist die Bullennatter tagsüber aktiv, doch in extremen Hitzeperioden verlegt sie ihre Aktivitäten auf die Nacht. Sie frißt hauptsächlich Nagetiere, aber auch Vögel, Kaninchen und Eidechsen, die sie durch Umschlingen erstickt. Sie kann sich zum Schutz in den Boden eingraben oder verlassene Höhlen von Säugetieren und Schildkröten aufsuchen. Wenn sie aufgeschreckt wird, macht die Bullennatter ihren Kopf flacher, zischt laut und zittert mit dem Schwanz, bevor sie angreift.

Diese Schlangen paaren sich im Frühling, und das Weibchen legt maximal 24 Eier in eine Höhle oder unter einen Felsen. Die Jungen schlüpfen nach 9–11 Wochen aus und sind dann 45 cm lang.

Schmuckbaumnatter

Chrysopelea paradisi

Verbreitung: Südostasien: von den Philippinen bis Indonesien

Habitat: Wald

Länge: bis zu 1,2 m

Dieses Tier, das auch als fliegende Schlange bekannt ist, kann sich in einer Art Gleitflug von Baum zu Baum und von einem Zweig zum anderen fortbewegen. Es stößt sich kräftig von der Spitze eines Baumes ab, streckt dabei den Körper und zieht den Bauch stark ein, um durch eine konkave Oberfläche ein Maximum an Flugvermögen zu entwickeln. So kann sie schräg nach unten „fliegen“ und in einem Winkel von 50° zum Boden 20 m oder mehr zurücklegen. Sie scheint jedoch wenig Lenkkontrolle über ihren Flug zu haben und kann auch nicht aufwärts „fliegen“.

Eine andere Anpassung an das Leben in den Bäumen sind die gekielten Bauchschilde, mit deren Hilfe diese Schlange fast senkrecht an Bäumen hochklettern kann. Die Kiele werden gegen die Rinde gepreßt, wodurch die Schlange an jeder Unregelmäßigkeit in der Rinde Halt findet. Auf diese Weise kann sie in Bäume klettern, die nur von wenigen anderen Schlangen bewohnt werden, und die dort im Überfluß lebenden Baumeidechsen jagen. Die engverwandte Goldschlange (*C. ornata*) kann sich auf die gleiche Weise fortbewegen. Das Weibchen legt maximal 12 Eier.

Mangroven-Nachtbaumnatter

Boiga dendrophila

Verbreitung: Südostasien: von den Philippinen bis Indonesien

Habitat: Wald, Mangrovensümpf

Länge: 2,5 m — ***Giftig***

Diese prachtvoll gezeichnete Baumschlange hat einen schlanken Körper mit sechseckigen Schuppen auf Rücken und Flanken. Als überwiegend in Bäumen lebende Art jagt sie Vögel, kommt jedoch auch auf den Boden, um Nagetiere zu fangen. Sie ist eine Giftschlange mit Giftzähnen: Das Gift fließt über die Furchen der hinten im Kiefer liegenden Zähne von der Giftdrüse in das Beutetier. Das Weibchen legt 4–7 Eier.

Boomslang

Dispholidus typus

Verbreitung: Zentral- und Südafrika

Habitat: Savanne

Länge: bis zu 2 m — ***Giftig***

Die Boomslang ist eine der beiden gefährlich giftigen Natterarten. Sie hat 3 große gefurchte Giftzähne, die stärker nach vorne gerückt sind als die bei dieser Familie sonst üblichen 2 Giftzähne. Das Gift ist äußerst wirksam; es kann die Atmung lähmen und innere Blutungen verursachen und sogar für den Menschen tödlich sein. Gewöhnlich macht sie Jagd auf Echsen, vor allem Chamäleons, sowie auf Frösche und Vögel.

Sie lebt in den Bäumen und ist tagsüber aktiv. In der Farbe können sie variieren, sind jedoch meist schwarz, braun oder gelb. Das Weibchen legt 10–14 Eier.

Glanzspitznatter

Oxybelis fulgidus

Verbreitung: von Mittelamerika bis zum Norden Südamerikas

Habitat: Regenwald, Kulturland

Länge: 1,5–2 m — ***Leicht giftig***

Die Glanzspitznatter ist eine auffallend dünne, langgestreckte Schlange, die mit einem Durchmesser von ca. 1,25 cm kaum fingerdick ist. Wenn sie zwischen den Zweigen grüner Bäume liegt, ist sie durch ihre Maße und die braungrüne Farbe fast nicht von Lianen und anderen Kriechpflanzen zu unterscheiden. Ihr Kopf ist ebenfalls dünn und langgestreckt und mit Giftzähnen hinten im Maul versehen, deren Gift jedoch nicht besonders gefährlich ist.

Dieses Raubtier bewegt sich träge und ist sowohl nachts wie auch tagsüber aktiv. Ihre Nahrung besteht hauptsächlich aus jungen Vögeln, die sie aus dem Nest holt, und aus Eidechsen. Wenn sie bedroht wird, bläht sie die Vorderseite ihres Körpers auf, so daß die leuchtenden Farben sichtbar werden, die sonst unter ihren Schuppen verborgen sind; außerdem reißt sie dann ihr langes Maul sperrangelweit auf. Manchmal wiegt sie sich auch seitlich hin und her wie ein Halm im Wind.

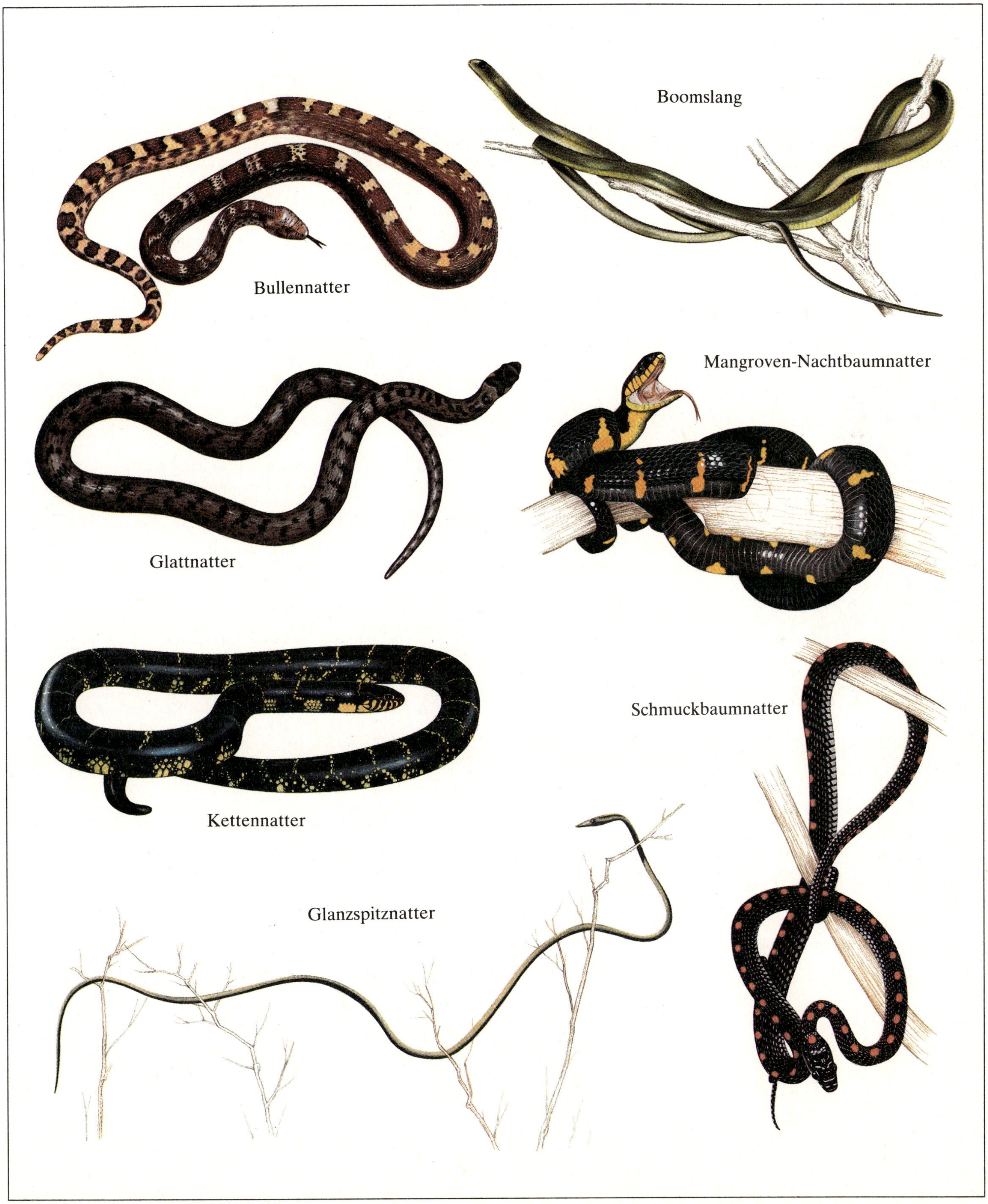
Boomslang
Bullennatter
Mangroven-Nachtbaumnatter
Glattnatter
Schmucknbaumnatter
Kettennatter
Glanzspitznatter

Giftnattern und Seeschlangen

FAMILIE ELAPIDAE: Giftnattern
Zu dieser Familie gehören ca. 250 äußerst giftige Arten, die hauptsächlich in den tropischen und subtropischen Gebieten Australiens, Asiens, Afrikas (außer Madagaskar) und Amerikas vorkommen. Die meisten Arten leben in Australien.

Bei den Giftnattern unterscheidet man oft zwei Gruppen: die Echten Kobras wie die Kobras, die Mambas, die Korallenschlangen und die Bungars, die alle auf dem Boden oder in Bäumen leben, und die Seeschlangen. Die ca. 50 Arten der Seeschlangen leben ausschließlich im Wasser, die meisten im Meer, ein paar jedoch auch in Flüssen und Seen. Alle Giftnattern haben Giftzähne, die sich vorne am Oberkiefer befinden und die entweder eine tiefe Furche für den Gifttransport besitzen oder einen Giftkanal, der im Laufe der Evolution durch Zusammenwachsen der Furchenränder entstanden ist.

Blattgrüne Mamba

Dendroaspis angusticeps

Verbreitung: Ost- und Südafrika
Habitat: Savanne
Länge: 2 m ***Giftig***

Die schlanken, schnellen Mambas verbringen einen großen Teil ihres Lebens in den Bäumen, wo sie Vögel und Echsen jagen. Sie besitzen ein sehr wirksames Gift, sind jedoch nicht sehr aggressiv und ergreifen bei Gefahr eher die Flucht.

In der Paarungszeit liefern sich jeweils 2–3 Männchen ritualisierte Kämpfe um ein Weibchen. Sie umwinden einander mit dem vorderen Körperteil und drohen mit aufgerichtetem Kopf. Die Paarung selbst kann mehrere Stunden dauern. Das Weibchen legt seine 10–15 Eier in ein Erdloch oder einen hohlen Baumstamm ab. Die Jungen schlüpfen nach 17–18 Wochen aus.

Gebänderte Giftnatter

Denisonia devisii

Verbreitung: Australien: Norden von New South Wales, Südqueensland
Habitat: trockene, bewaldete Gebiete
Länge: 50 cm ***Giftig***

Tagsüber verbirgt sich diese Schlange unter abgefallenen Blättern oder totem Holz, nachts kommt sie zum Vorschein, um Eidechsen zu jagen, die sie mit ihrem Gift tötet. Bei Bedrohung nimmt sie eine typische Verteidigungshaltung ein: Sie macht ihren Körper flach, erstarrt in einer Reihe von Windungen und schnellt dann vor, um zuzubeißen.

Das Weibchen bekommt ca. 8 lebende Junge, die sich, genährt von einer Art Plazenta, im Körper der Mutter entwickeln.

Königskobra

Ophiophagus hannah

Verbreitung: von Indien, Südchina und Malaysia bis zu den Philippinen und Indonesien
Habitat: Wald, oft in der Nähe von Gewässern
Länge: 4–5,5 m ***Giftig***

Die Königskobra ist die größte Giftschlange der Welt. Ihr Kopf ist so groß wie der eines Menschen. Noch eindrucksvoller ist sie, wenn sie die Drohhaltung der Kobras einnimmt: Der vordere Teil des Körpers ist dann aufgerichtet, und die lose Haut um den Hals mit Hilfe beweglicher Rippen zu einer Art „Hut" ausgespreizt. Trotz ihrer Größe bewegt sie sich mit großer Schnelligkeit und lebt sehr versteckt. Bei Verfolgung sucht sie Deckung oder flüchtet sich ins Wasser. Sie frißt hauptsächlich andere Schlangen – daher ihr wissenschaftlicher Name „Schlangenfresser" – , manchmal aber auch Warane.

Das Weibchen der Königskobra baut für ihre Eier ein Nest aus Pflanzenmaterial; möglicherweise ist sie die einzige Schlange, die dies tut. Sie sammelt mit der Windung ihres vorderen Körperteils Zweige, Äste und Blätter und baut dann eine Kammer, indem sie sich mit ihrem aufgerollten Körper in dem gesammelten Material im Kreis dreht. Dort legt sie 18–40 Eier ab und legt sich selbst anschließend ineinandergerollt darauf.

Brillenschlange

Naja naja

Verbreitung: Indien, Zentralasien; Südostasien
Habitat: Regenwald, Reisfelder, Kulturland
Länge: 1,8–2,2 m ***Giftig***

Die Brillenschlange ist eine sehr gefährliche Giftschlange, die Nagetiere, Echsen und Frösche frißt. Außer durch Beißen kann sich diese Schlange auch verteidigen, indem sie aus der Entfernung Gift spuckt; dieses verursacht, wenn es in das Auge des Feindes gelangt, heftige Schmerzen und schwere Verletzungen. Die Schlange preßt das Gift durch ihre Giftzähne nach außen, indem sie mit ihren Muskeln auf die Giftdrüsen Druck ausübt; das Gift sprüht in zwei Strahlen bis zu 2 m weit.

In ihrer typischen Drohhaltung hebt die Brillenschlange ein Drittel ihres Körpers hoch und spreizt die langen beweglichen Halsrippen mit der losen Haut zu einer fast flachen Scheibe, auf deren Rückseite sich dann eine scharfe, brillenförmige Zeichnung zeigt.

Brillenschlangen kümmern sich mehr um ihre Eier, als dies bei Schlangen allgemein üblich ist. Die 8–45 Eier werden in einen hohlen Baum, in einen Termitenhügel oder in den Boden abgelegt, in den die Schlange einen Gang gräbt. Das Weibchen bewacht die Eier und läßt sie jeden Tag nur für kurze Zeit aus den Augen, um Nahrung zu suchen. Die Jungen schlüpfen nach 50–60 Tagen aus.

Geringelte Giftnatter

Pseudonaja textilis

Verbreitung: Ostaustralien, Osten von Neuguinea
Habitat: Regenwald, felsige Hügelhänge
Länge: 1,5 m ***Giftig***

Diese Art fühlt sich in trockenen Gebieten ebenso zu Hause wie in sumpfigem Gelände. Sie ist eine schnelle, giftige Schlange, die kleine Säugetiere, Frösche und Eidechsen frißt und tagsüber aktiv ist. Ihre Farbe variiert von Gelb bis Dunkelbraun mit Bändern von unterschiedlicher Intensität.

Bandy-bandy

Vermicella annulata

Verbreitung: Australien (nicht im äußersten Südosten, Südwesten und Nordwesten)
Habitat: von feuchten Wäldern bis zu Sandhügeln in der Wüste
Länge: 40 cm ***Leicht giftig***

Dies ist eine markante schwarzweiß gemusterte Schlange, deren Ringe in Breite und Anzahl variieren, je nach Geschlecht und geographischer Verbreitung. Das Tier ist nachts aktiv und ernährt sich hauptsächlich – wenn nicht gar ausschließlich – von Blindschlangen (Typhlopidae). Obgleich sie giftig ist, sind die Giftmengen, die sie durch ihre Fangzähne ausstößt, zu klein, um größeren Tieren schaden zu können.

Diese Art legt Eier, und das Weibchen deponiert ihr Gelege unter Felsen und Baumstämmen.

Harlekin-Korallenschlange

Micrurus fulvius

Verbreitung: USA: von North Carolina bis Florida, westl. bis Texas; Mexiko
Habitat: Wald, oft in der Nähe von Gewässern, felsige Hügelhänge
Länge: 0,5–1,2 m ***Giftig***

Dies ist eine der beiden Korallenschlangen, die in Nordamerika beheimatet sind. Es ist ein prachtvoll gefärbtes Tier, um dessen Körper sich rote, schwarze und gelbe oder weiße Bänder ringeln. Die auffällige Zeichnung dieser Giftschlange dient wahrscheinlich der Abschreckung potentieller Feinde. Sie lebt sehr versteckt und liegt oft lange Zeit unter Blattabfall oder im Sand vergraben. Morgens oder am Spätnachmittag kriecht sie an die Oberfläche und jagt kleine Echsen und Schlangen, die sie mit ihrem starken Gift tötet. Das Weibchen legt 3–12 Eier, die nach ca. 3 Monaten ausschlüpfen.

Blaugebänderte Ruderschlange

Hydrophis cyanocinctus

Verbreitung: Persischer Golf, Indischer Ozean, Pazifischer Ozean bis Japan
Habitat: Küstengewässer
Länge: 2 m ***Giftig***

Die Blaugebänderte Ruderschlange ist ganz an das Leben im Meer angepaßt; sie kommt nie an Land. Der Körper ist seitlich zusammengedrückt und der Schwanz zu einem Ruderschwanz umgebildet. Sie atmet Luft, kann aber bis zu 2 Stunden unter Wasser bleiben. Ihre Nasenlöcher sind nach oben gerichtet und können durch kleine Kissen am Rand verschlossen werden. Die Rumpfmuskeln sind degeneriert, und wenn das Tier auf den Strand gespült wird, fällt es hilflos in sich zusammen. Wie alle Seeschlangen frißt auch diese Art Fische; ihr Gift ist äußerst wirksam.

Mit Ausnahme einer Art gebären alle Seeschlangen ihre Jungen lebend im Wasser, bei der Blaugebänderten Ruderschlange sind es 2–6 Junge.

Blaugebänderte Ruderschlange
Harlekin-Korallenschlange
Königskobra
Gebänderte Giftnatter
Vorderindische Kobra
Geringelte Giftnatter
Bandy-Bandy
Blattgrüne Mamba

Vipern

FAMILIE VIPERIDAE: Vipern oder Ottern

Es gibt 40 Arten von Vipern, die alle in der Alten Welt außer in Australien und Madagaskar beheimatet sind. Die meisten sind gedrungene, kräftige Schlangen, die auf dem Boden leben. Ein paar Arten haben sich an ein Leben in den Bäumen angepaßt und besitzen Greifschwänze.

Vipern jagen ihre Beute (Echsen, kleine Säugetiere und Vögel) nicht, sondern sie liegen auf der Lauer, um unerwartet zuzustoßen. Sie haben ein kompliziertes Giftzahnsystem: Die großen hohlen Zähne, die mit der Spitze nach hinten im geschlossenen Maul liegen, klappen in eine vertikale Position, wenn das Maul geöffnet wird. Das Gift wird von den Giftdrüsen an der Basis der Zähne in diese hineingepumpt und beim Durchbohren der Opfer in diese hineingespritzt.

Kreuzotter

Vipera berus

Verbreitung: Eurasien: von England bis Sibirien

Habitat: Heide, Wiesen, Kalksteinhänge, Waldränder

Länge: bis 50 cm *Giftig*

Im Norden des Verbreitungsgebietes ist die Kreuzotter ein Tagtier, das jede Gelegenheit nutzt, um sich zu sonnen. Weiter im Süden ist sie abends und nachts aktiv. Im Winter muß sie einen Winterschlaf halten, wozu sie oft eine verlassene Höhle benutzt. Die Dauer des Winterschlafs hängt vom Breitengrad ab. Das Tier erwacht, wenn die Temperatur auf ca. 8° C ansteigt. Die Kreuzotter bewegt sich langsam und klettert nicht, ist jedoch ein guter Schwimmer. Mäuse, Spitzmäuse, Eidechsen und Frösche sind ihre Hauptnahrung, und hin und wieder macht sie sich auch über Vogeleier her.

In der Paarungszeit, die in Gebieten mit einer langen Winterschlafzeit nur alle 2 Jahre stattfindet, liefern sich die Männchen vor der Paarung ritualisierte Kämpfe. Sie erheben sich mit hin und her schwankendem Rumpf und versuchen, einander zu Boden zu drücken. Das Weibchen hält seine 3–10 Eier so lange im Körper, bis die Jungen kurz vor dem Ausschlüpfen stehen. Sie sind bei der Geburt ca. 18 cm lang und schon mit Giftzähnen und Gift ausgerüstet.

Zwergpuffotter

Bitis peringueyi (Vipera p.)

Verbreitung: Afrika: Namibia

Habitat: Wüste

Länge: 25 cm *Giftig*

Dies ist eine kleine, seltene Viper, die in den Sanddünen an der Küste der Namib-Wüste lebt. Sie gleitet mit einer seitlichen Wellenbewegung über den Sand, wobei sie dort, wo die beiden Stützpunkte ihres Körpers den Boden berühren, eine Spur von zwei parallelen Furchen hinterläßt. Tagsüber liegt sie halb im Sand vergraben, um sich vor der Sonne zu schützen. Sie kann sich in ca. 20 Sekunden eingraben. Aus dieser Position lauert sie ihrer Beute auf – Nagetieren und Eidechsen.

Sandotter

Vipera ammodytes

Verbreitung: Europa: Österreich, Ungarn, Balkanhalbinsel

Habitat: trockene, sandige Gebiete

Länge: 75 cm *Giftig*

Die Sandotter ist leicht an dem kleinen Horn auf ihrem Maul zu erkennen. Ihren Namen verdankt sie ihrer Vorliebe für eine sandige Umgebung. Man findet sie eher auf Wegen und in Weinbergen als in Wäldern. Meistens ist sie träge, aber sie kann schnell mit ihren Giftzähnen zustoßen, um Beutetiere wie kleine Säugetiere, Eidechsen, Schlangen und Vögel zu töten. Sandottern halten einen Winterschlaf.

Gabunviper

Bitis gabonica (Vipera g.)

Verbreitung: Westafrika südl. der Sahara bis nach Südafrika

Habitat: Regenwald

Länge: 1,2–2 m *Giftig*

Dies ist eine der größten Vipern. Durch die komplizierte geometrische Zeichnung auf ihrem Rücken ist sie ausgezeichnet getarnt, wenn sie zwischen abgefallenen Blättern auf dem Boden liegt. Sie hat einen breiten Kopf, einen schlanken Hals und einen dicken Körper, der in einem dünnen Schwanz endet. Ihre Giftzähne, die eine Länge von 5 cm erreichen können, sind länger als die aller anderen Vipern. Das Gift führt bei den Opfern zu inneren Blutungen und lähmt Atmung und Herzschlag.

Diese Viper ist ein Nachttier, und obwohl sie nicht sehr beweglich ist, kann sie doch genügend Beutetiere fangen – Nagetiere, Frösche, Kröten und auf dem Boden lebende Vögel. Die Weibchen bringen lebende Junge zur Welt, maximal jeweils 30. Die Jungen sind bei der Geburt ca. 30 cm lang.

Juraviper / Aspisviper

Vipera aspis

Verbreitung: Europa: Frankreich, Deutschland, Schweiz, Italien, Sizilien

Habitat: warme, trockene Gebiete bis in 3000 m Höhe

Länge: bis zu 75 cm *Giftig*

Diese Art variiert in der Färbung von Gebiet zu Gebiet. Die Juraviper ist im allgemeinen sehr träge, außer wenn sie aufgeschreckt wird. Sie verbringt viel Zeit damit, auf einem Baumstumpf oder Felsen in der Sonne zu liegen, vor allem am frühen Morgen oder am späten Nachmittag. Sie frißt kleine Säugetiere und Eidechsen und holt Vögel aus ihrem Nest.

Die Paarung findet im Frühjahr statt, nachdem die Männchen sich einen ritualisierten Kampf geliefert haben. Die Weibchen legen 4–18 Eier. Die Juraviper überwintert nur in Gruppen, und zwar in unterirdischen Höhlen und Mauerspalten.

Gewöhnliche Puffotter

Bitis arietans

Verbreitung: Afrika: Marokko, südl. der Sahara bis Südafrika; Naher Osten

Habitat: Savanne bis zu einer Höhe von 1800 m

Länge: 1,5–2 m *Giftig*

Dies ist wahrscheinlich die verbreitetste afrikanische Schlange. Sie kann sowohl in feuchtem wie auch in trockenem Klima leben, jedoch nicht unter den extremen Bedingungen der Wüste oder des Urwaldes. Mit einem Durchmesser von maximal 23 cm ist sie eine der größten Vipern, und bevor sie zustößt, bläht sie ihren Körper zusätzlich noch auf. Ihre Giftzähne sind ca. 1,25 cm lang, und das Gift verursacht beim Opfer innere Blutungen.

Die Puffotter ist hauptsächlich ein Bodenbewohner und verläßt sich beim Schutz vor Feinden und beim Belauern von Beutetieren auf ihre Tarnzeichnung und -farbe. Manchmal klettert sie in Bäume, aber sie ist auch ein guter Schwimmer. Auf dem Boden lebende Säugetiere wie Ratten und Mäuse, Vögel, Frösche und Kröten sind ihre Hauptnahrung.

Das Weibchen legt 20–40 Eier, die sich zuvor in seinem Körper entwickelt haben und aus denen innerhalb weniger Minuten nach dem Ablegen die Jungen ausschlüpfen. Diese sind 15–20 cm lang; sie können schon von Anfang an kleine Mäuse töten.

Sandrasselotter / Efa-Schlange

Echis carinatus

Verbreitung: von Nordafrika über Syrien, Iran östl. bis Indien

Habitat: trockene, sandige Gebiete

Länge: 50–75 cm *Giftig*

Die Sandrasselotter ist eine äußerst gefährliche Schlange; in Nordafrika sind ihr die meisten Sterbefälle infolge von Schlangenbissen anzulasten. Sie benutzt die Kielschuppen auf beiden Körperseiten, um Drohgeräusche zu erzeugen: Sie rollt ihren Körper zu einer dichten Spirale zusammen und bewegt die Windungen so, daß die Kiele der Schuppen gegeneinandergerieben werden; dadurch entsteht ein rasselndes Geräusch. Diese Schuppen haben der Schlange auch ihren Namen gegeben.

Die Sandrasselotter bewegt sich im Sand oft mit seitlichen Bewegungen fort, was man als „Seitenwinden“ bezeichnet. Sie versetzt ihren Körper in seitliche Wellenbewegungen, wobei nur zwei Körperstellen den Boden berühren. Das Tier drückt diese Stellen mit seinem Gewicht auf den Boden, wodurch eine Hebelwirkung entsteht, die die seitliche Bewegung ermöglicht.

Tagsüber liegt die Schlange vor der Sonne geschützt unter einem Baumstamm oder Felsblock, oder sie gräbt sich in den Sand ein. Sie frißt nachts kleine Nagetiere, Skinke, Geckos, Frösche und größere wirbellose Tiere wie Tausendfüßler und Skorpione. Die Fortpflanzung findet in der Regenzeit statt, das Weibchen legt dann ca. 5 Eier. Die jungen Vipern sind bei der Geburt etwa 20 cm lang.

Gabunviper
Sandrasselotter
Juraviper
Kreuzotter
Sandotter
Gewöhnliche Puffotter
Zwergpuffotter

Grubenottern

FAMILIE CROTALIDAE: Grubenottern

Grubenottern sind äußerst giftige Schlangen. Ihr Verbreitungsgebiet in der Alten Welt reicht von Südosteuropa über Asien bis nach Japan, aber die bekanntesten Vertreter dieser Familie, die Klapperschlangen, leben in der Neuen Welt. Die Grubenottern sind eng verwandt mit den Vipern oder Ottern (Viperidae), und manche Fachleute betrachten sie als eine Unterfamilie derselben. Es gibt ca. 123 Arten von Grubenottern. Sie kommen nicht in Afrika vor wie die Vipern oder Ottern, und es gibt einige deutliche anatomische Unterschiede zwischen den beiden Familien.

Der wichtigste Unterschied sind die Organe, denen die Grubenottern ihren Namen verdanken: Sinnesgruben an beiden Seiten des Kopfes vor und direkt unter den Augen. Die Gruben sind empfindlich für Wärmestrahlung und werden von diesen nachtaktiven Tieren dazu benutzt, warmblütige Beutetiere zu lokalisieren. Eine Grubenotter kann ein Beutetier sehr genau anvisieren, nachdem sie durch Hinundherbewegen ihres Kopfes Entfernung und Richtung abgeschätzt hat. Sie tötet das Opfer durch einen schnellen Biß mit den langen, gebogenen Giftzähnen im Oberkiefer. Kleine oder schwache Tiere kann diese Schlange auch ohne Gift verschlingen, aber größere, aktive Beutetiere muß sie zuvor durch Gift außer Gefecht setzen.

Kennzeichen der Klapperschlangen ist eine Schwanzrassel, eine Reihe hohler, ineinandergreifender Hornsegmente, die ein durchdringendes Gerassel ertönen lassen, wenn sich der Schwanz bewegt. Jedes dieser Segmente war einmal das Schwanzende; bei jeder Häutung kommt also ein Segment hinzu. Die älteren Teile fallen jedoch ab, so daß selten mehr als 14 Ringe übrigbleiben. Das Geräusch hat den Zweck, Feinde von vorneherein abzuschrecken.

Massasauga / Kettenklapperschlange

Sistrurus catenatus

Verbreitung: USA: Nordwest-Pennsylvania bis Arizona; Nordmexiko
Habitat: sumpfige Gebiete, lichter Wald, Prärie
Länge: 45–100 cm ***Giftig***

Die Massasauga kann in sehr verschiedenen Lebensräumen leben und kommt trotz ihrer Vorliebe für sumpfiges Land im Westen ihres Verbreitungsgebietes manchmal auch in trockenem Grasland vor. An ihrem Schwanz befinden sich maximal 8 Rasseln, und von den anderen Klapperschlangen unterscheidet sie sich durch die 9 großen, ungeteilten Kopfschilde. Sie frißt Eidechsen, Frösche, Insekten, kleine Säugetiere und Vögel.

Die Fortpflanzung fällt in den April, und im Sommer werden 2–19 lebende Junge geboren.

Gehörnte Klapperschlange

Crotalus cerastes

Verbreitung: Südwesten der USA: Südkalifornien, Nevada und Utah, südl. bis Mexiko
Habitat: Wüste, felsige Hänge
Länge: 45–80 cm ***Giftig***

Die Gehörnte Klapperschlange, in Amerika auch „Sidewinder“ genannt, ist eine schnelle Schlange mit spitz ausgezogenen Augenbrauenschuppen. Sie ist hauptsächlich nachts aktiv. Tagsüber sucht sie Zuflucht in der Höhle eines anderen Tieres oder unter Gestrüpp. Nachts jagt sie Beutetiere wie Taschenratten, Rattenkängurus und Eidechsen. Der englische Name „Sidewinder“ bezieht sich auf die Fortbewegung des „Seitenwindens“ – für eine Schlange auf Sandboden wahrscheinlich die effizienteste Art der Fortbewegung. Das Tier versetzt seinen Körper dazu in seitliche Wellenbewegungen, wobei nur 2 Punkte des Körpers den Boden berühren. Das gesamte Gewicht der Schlange ruht auf diesen beiden Punkten und ermöglicht durch eine Art Hebelwirkung die seitlichen Bewegungen. Die Schlange hinterläßt eine Spur von 2 parallel verlaufenden J-förmigen Abdrücken. Diese Art der Fortbewegung hat auch den Vorteil, daß der Schlangenkörper kaum mit dem heißen Boden in Berührung kommt. Die Paarung dieser Art fällt in den April oder Mai. Nach ca. 3 Monaten bringen die Weibchen 5–18 lebende Junge zur Welt.

Gewöhnliche Lanzenotter

Bothrops atrox

Verbreitung: von Südmexiko bis Südamerika; Antillen
Habitat: flache Küstengebiete
Länge: 2,5 m ***Giftig***

Farbe und Zeichnung dieser Schlange variieren innerhalb ihres ausgedehnten Verbreitungsgebietes. Die Giftzähne sind mit einer Schleimhautfalte bedeckt, die beim Zubeißen zurückgeschoben wird. Die gewöhnliche Lanzenotter frißt hauptsächlich kleine Säugetiere; ihr schnellwirkendes Gift verursacht schwere innere Blutungen. Das Weibchen ist außergewöhnlich fruchtbar und bringt maximal 50 lebende Junge zur Welt.

Diamantklapperschlange

Crotalus adamanteus

Verbreitung: Osten der USA: von North Carolina bis Florida Keys, westl. bis Louisiana
Habitat: lichter Wald, Ackerland
Länge: 0,9–2,4 m ***Giftig***

Dies ist die größte Klapperschlange und die gefährlichste Giftschlange Nordamerikas; ihr Gift greift die Blutkörperchen an. Die hellumrandeten, rautenförmigen Flecken auf ihrer Haut sind eine gute Tarnung, wenn sie aufgerollt zwischen den Pflanzen liegt und Beutetieren wie Kaninchen und Vögeln auflauert.

Das Weibchen bringt im Nachsommer 8–12 lebende Junge zur Welt, die bei der Geburt 30–36 cm groß sind. Die Jungen werden aggressiv verteidigt.

Wassermokassinschlange

Agkistrodon piscivorus

Verbreitung: Süden und Südosten der USA
Habitat: Sümpfe, Bäche, Seen
Länge: 0,5–1,9 m ***Giftig***

Diese plumpe Schlange verbringt einen Großteil ihres Lebens im Wasser oder in dessen Nähe. Sie ist ein guter Schwimmer und hält beim Schwimmen ihren Kopf über Wasser. Nachts jagt sie Amphibien, Fische, Schlangen und Vögel, und sie ist eine der wenigen Aasfresser unter den Schlangen. Ihr höchst wirksames Gift greift die roten Blutkörperchen an und läßt das Blut um die Bißwunde herum gerinnen. Heutzutage wird das Gift „gemolken“ und wegen seiner blutgerinnenden Eigenschaft als Medizin verwendet.

Die Weibchen pflanzen sich alle 2 Jahre fort. Sie bringen maximal jeweils 15 Junge zur Welt, die bei der Geburt 18–33 cm groß sind.

Halysschlange

Agkistrodon halys

Verbreitung: Gebiet um das Kaspische Meer, Süden der UdSSR, China
Habitat: Steppe, Halbwüste, Taiga (Nadelwälder)
Länge: 45–75 cm ***Giftig***

Dies ist eine der wenigen Grubenottern der Alten Welt, die nördlich bis zum 51. Breitengrad zu finden sind. Sie kommt bei Sonnenuntergang aus ihrem Unterschlupf, um zu jagen, und ihre Opfer sind hauptsächlich Säugetiere. Für kleine Tiere wie Mäuse ist ihr Gift tödlich, selten jedoch für größere; beim Menschen ruft es vorübergehende Lähmungserscheinungen hervor.

Halysschlangen halten einen Winterschlaf, aus dem sie im März erwachen – die Männchen meist eine Woche früher als die Weibchen. Bald danach findet die Paarung statt. Das Weibchen legt 3–10 Eier, aus denen nach 3 Monaten die Jungen ausschlüpfen.

Buschmeister

Lachesis mutus

Verbreitung: von Südnicaragua bis zum Amazonasgebiet
Habitat: Regenwald
Länge: 2,5–3,5 m ***Giftig***

Der Buschmeister ist die gewaltigste unter den Grubenottern. Es ist eine seltene Schlange, deren Biß tödlich ist. Sie ist ausschließlich nachts aktiv und macht dann auf kleine Nagetiere und andere Säugetiere bis zur Größe kleiner Hirsche Jagd. Tagsüber hält sie sich in einer Höhle oder in hohlen Baumstämmen versteckt. Obwohl ihr Gift nicht so wirksam ist wie das mancher anderen Grubenottern, spritzt das Tier mit seinen gewaltigen Giftzähnen so große Giftmengen in die Wunde, daß es eine der gefährlichsten Schlangen ist. Das Weibchen legt als einzige Otter der Neuen Welt Eier.

Gehörnte Klapperschlange

Halysschlange

Wassermokassinschlange

Massasauga

Diamantklapperschlange

Buschmeister

Gewöhnliche Lanzenotter

Amphibien, die ersten Wirbeltiere auf dem Land

Gemessen an der Artenvielfalt der Fische, Reptilien, Vögel und Säugetiere ist die Gesamtzahl der Amphibienarten klein. Bis heute sind nur ca. 3000 Arten bekannt, die in ca. 250 Gattungen eingeteilt werden.

Alle heute lebenden Formen werden 3 Ordnungen zugeordnet, die 2 leicht zu unterscheidende Tiertypen enthalten: die Urodela (Schwanzlurche) und die Anura (Froschlurche). Die dritte Gruppe bilden die Apoda, zu der mehrere Familien von grabenden Amphibien mit langen Körpern gehören, die keine Gliedmaßen besitzen; sie sind unter dem Namen Blindwühlen bekannt.

Die Amphibien waren die ersten Wirbeltiere, die das Land eroberten. Die Entstehung amphibienartiger Tiere aus den Fischen in weit zurückliegender evolutionärer Vergangenheit stellt die wichtigste Phase in der Evolution der Wirbeltiere dar, die alle folgenden Entwicklungen ankündigte. Wahrscheinlich vor 375–350 Millionen Jahren wechselten die Quastenflosser (Crossopterygii), die bereits Lungen und vier kräftige, nach unten gerichtete Flossen besaßen, allmählich aus ihrem Süßwassermilieu auf das angrenzende Land über. Damit begann die Entwicklung der Amphibien.

Fast alle Amphibien der Anfangszeit müssen ein fischähnliches Verhalten bewahrt haben. Sie lebten ganz oder größtenteils im Wasser und fraßen Fische wie ihre Vorfahren, die Quastenflosser. Der einzige heute noch lebende Vertreter dieser Gruppe ist der Komoren-Quastenflosser (*Latimeria chalumnae*). Nur einige wenige dieser frühen Amphibien waren echte Landtiere.

Von den heute lebenden Amphibien haben sich die Schwanzlurche mit ihren langgestreckten Körpern, den schlängelnden Schwimmbewegungen und den Flossen auf Rücken und Schwanz noch am stärksten ein fischähnliches Aussehen bewahrt. Die Larven und die erwachsenen Tiere ähneln sich in dieser Hinsicht stark, und erwachsene Tiere besitzen oft noch typische Larvenmerkmale.

Alle Froschlurche haben einen verkürzten Körper und keinen echten Schwanz. Diese einschneidende Veränderung gegenüber den primitiven Amphibien mit ihrem langen Körper hat eine ganze Reihe von neuen Lebensmöglichkeiten eröffnet. Generell wurden die Gliedmaßen kräftiger. Viele Arten entwickelten die Fähigkeit, sich durch Springen und Klettern in ansehnliche Höhen zu erheben, wohingegen andere geschickte Graber wurden. Blindwühlen sind Amphibien, die sehr stark Würmern ähneln und die sich völlig an ein grabendes Leben angepaßt haben: Ihre Schädel sind kräftig und knöchern und die Beine völlig zurückgebildet.

Die Gruppe der Amphibien hat eine große Zahl interessanter Fortbewegungsmethoden entwickelt. Manche Arten schwimmen fast wie Fische, andere eignen sich mehr für ein Leben auf dem Land. Die landbewohnenden Schwanzlurche verfügen im allgemeinen über zwei Arten der Fortbewegung: Wenn sie es eilig haben, bewegen sie sich ebenso wie im Wasser durch Schlängelbewegungen des Körpers fort; dabei spielen die Beine keine besondere Rolle; bei der langsameren Fortbewegungsart heben sie ihren Körper vom Boden, und er wird dann von den vier Beinen getragen, die sie wie die Vierfüßer bewegen.

Die schwanzlosen Froschlurche bewegen sich auf völlig andere Weise fort. Beim Schwimmen im Wasser bedienen sie sich synchroner Stöße der Hinterbeine, und an Land machen sie es ebenso, wenn sie hüpfen oder springen. Frösche und Kröten können sich aber auch wie andere Landtiere fortbewegen. Mehrere Gruppen haben unabhängig voneinander fast die gleichen angepaßten Formen zur Fortbewegung in Bäumen entwickelt: Unter ihren langen Zehen befinden sich Haftscheiben, mit deren Hilfe sie an Pflanzenstengeln hochklettern können. Die Gliedmaßenlosen Blindwühlen bewegen sich wie Schlangen durch Schlängelbewegungen fort.

Ebenso wie die Fortbewegung stellt auch die Atmung der Amphibien eine merkwürdige Mischung aus Eigenschaften von Wasser- und Landtieren dar. Amphibien können Kiemen besitzen, die äußerlich sichtbar oder in einem Hautlappen versteckt sind. In beiden Fällen haben sich die Kiemen aus der Oberhaut entwickelt. Bei den Larven wie bei den erwachsenen Amphibien dienen die Kiemen zur Aufnahme von Sauerstoff und zur Ausscheidung von Kohlenstoff. Landbewohnende Amphibien benutzen zum gleichen Zweck eine Kombination zweier verschiedener Mechanismen. Die meisten besitzen Lungen – paarige Aussackungen, die in die Mundhöhle münden. Diese werden als Pumpe benutzt, um Luft durch die Nasenlöcher ins Innere zu saugen und sie anschließend ein paarmal zwischen Lunge und Maul hin und her zu bewegen, um sie schließlich durch die Nasenlöcher wieder herauszublasen. Die Haut der Mundhöhle ist gut mit Blutgefäßen ausgestattet und fungiert als Erweiterung der Atmungsoberfläche der Lungen.

Auch die feuchte, unbeschuppte Haut der Amphibien ist für den Austausch der Atemgase von Bedeutung. Die Notwendigkeit, ihren Körper feucht zu halten, um atmen zu können, ist für Amphibien einer der wichtigsten Faktoren bei der Wahl ihres Lebensraums. Nur selten sind sie in der Lage, in einer Umgebung zu leben, die austrocknen kann. Dies wirkt sich auch einschränkend auf ihre Größe aus, denn je größer ein Tier wird, um so kleiner wird seine Oberfläche im Verhältnis zum Gesamtvolumen. Das heißt, eine große Amphibie hat zur Hautatmung nur eine relativ kleine Oberfläche zur Verfügung, um ihren großen Körper mit Sauerstoff zu versorgen.

Wie die Reptilien leben die Amphibien mit einem völlig anderen Energiehaushalt als Vögel und Säugetiere. Die beiden letzteren Tiergruppen halten selbst permanent eine hohe Körpertemperatur aufrecht – zwischen 36° und 42° –, während die Körpertemperatur der Amphibien und Reptilien derjenigen ihrer Umgebung entspricht; sie nehmen Wärme auf, indem sie in der Sonne liegen. Somit sind sie in ihren Aktivitäten von der Außentemperatur abhängig. Andererseits benötigen sie weniger Nahrung als Vögel und Säugetiere, da sie als Kaltblüter auch weniger Energie verbrauchen.

Obwohl von 2 Arten von Schwanzlurchen bekannt ist, daß sie in der Lage sind, sich ohne Befruchtung zu vermehren (Parthogenese), gibt es bei allen Amphibienarten männliche und weibliche Tiere. Die Weibchen legen Eier ab oder bringen lebende Junge zur Welt. Fast alle Amphibien müssen für die Fortpflanzung ins Wasser zurückkehren, selbst die Arten, die sich ganz an das Leben an Land angepaßt haben. Jedoch haben ein paar Arten sich dieser Notwendigkeit auf spezielle Weise entzogen: Sie tragen einen Brutbeutel auf dem Rücken, in dem sich ihre Eier entwickeln können.

Bei vielen Amphibienarten gibt es äußere Unterschiede zwischen den beiden Geschlechtern. Oft begeben sich die Männchen auch früher ins Wasser als die Weibchen, um diese dann mit einem lauten, für die jeweilige Art typischen Ruf zu locken.

Während der Paarung klammern sich die Männchen mit Hilfe von Hornwarzen, die sich auf den Vorderbeinen entwickeln, auf dem Rücken des Weibchens fest. Die Eier werden während des Ablaichens befruchtet. Im Wasser lebende Schwanzlurche vollführen komplizierte Paarungsrituale. Die Männchen scheiden ihr Sperma in kleinen Päckchen aus – Spermatophoren oder Samenträger genannt –, die die Weibchen in ihre Kloake aufnehmen; die Eier werden dann im Körper des Weibchens befruchtet.

Die meisten Amphibien durchlaufen ein oder mehrere Larvenstadien, nachdem sie aus den von einer Gallertmasse umschlossenen Eiern ausgeschlüpft sind. Die Larven leben ausschließlich im Wasser und besitzen deutlich erkennbare Flossen. Allmählich entwickeln sie dann die Merkmale der erwachsenen Tiere wie Beine und Lungen. Einige Schwanzlurcharten werden in einem Entwicklungsstadium geschlechtsreif, das bei anderen Arten als ein Larvenstadium angesehen wird. Dieser Prozeß, Neotenie genannt, wird mit dem Hormon Thyroxin in Zusammenhang gebracht, das bei der Metamorphose der Larve zur erwachsenen Form eine wichtige Rolle spielt.

Obwohl die Amphibien weniger hoch entwickelt sind als die Reptilien, Vögel und Säugetiere, können sie es unter für sie günstigen Lebensbedingungen eindeutig mit anderen Wirbeltieren aufnehmen. Dank ihrer geringen Nahrungsbedürfnisse können sie auch bei knapper, nur saisonal oder gar nur sporadisch verfügbarer Nahrung überleben.

Riesensalamander, Winkelzahnmolche, Echte Salamander und Molche

ORDNUNG URODELA: Schwanzlurche
Die 8 Familien der wasser- und landbewohnenden Salamander und Molche dieser Ordnung zeichnen sich alle durch langgestreckte Körper und lange Schwänze aus.

FAMILIE CRYPTOBRANCHIDAE: Riesensalamander
Zu dieser Familie zählen die größten heute noch lebenden Amphibien. Sie umfaßt nur 3 Arten: den Chinesischen Riesensalamander, den Japanischen Riesensalamander und den Hellbender oder Schlammteufel aus dem Osten der Vereinigten Staaten. Die asiatischen Riesensalamander erreichen Längen von mehr als 1,5 m.

Hellbender / Schlammteufel

Cryptobranchus alleganiensis

Verbreitung: Osten der USA: vom Süden des Staates New York bis Nord-Alabama, Missouri
Habitat: Bäche mit Felsgrund
Länge: 30–75 cm

Trotz seines gefährlich klingenden Namens ist dieser Salamander ein ungefährliches Tier, das sich von kleinen Flußkrebsen, Schnecken und Würmern ernährt. Es hat den für seine Familie charakteristischen abgeflachten Kopf und Hautwülste an den Körperseiten und an den Rückseiten der Beine.

Der Hellbender ist ein Nachttier und hält sich tagsüber unter Felsblöcken im Wasser versteckt. Seine Beute spürt er hauptsächlich mit Hilfe des Geruchs- und Tastsinns auf; die Augen liegen so weit seitlich auf dem Kopf, daß sie nicht gleichzeitig auf ein Objekt gerichtet werden können; deshalb sind sie bei der Jagd nicht von Nutzen.

Die Fortpflanzungszeit ist der Herbst: Das Männchen gräbt unter einem Felsen im Flußbett eine Höhle, und das Weibchen legt Laichschnüre mit 200–500 Eiern darin ab. Die Eier werden während des Ablaichens befruchtet und anschließend vom Männchen bewacht, bis nach 2–3 Monaten die Larven ausschlüpfen.

FAMILIE HYNOBIIDAE: Winkelzahnmolche
Die 20 Arten dieser Familie gelten als die primitivsten heute lebenden Schwanzlurche. Alle sind in Zentral- und Ostasien beheimatet.

Stejnegers Winkelzahnmolch

Hynobius stejnegeri

Verbreitung: Japan
Habitat: Gebirgsbäche
Länge: 15 cm

Diese Lurche pflanzen sich noch auf primitive Weise fort, nämlich durch äußere Befruchtung. Das Weibchen legt seine Eier in paarigen Gallertsäcken von jeweils 35–70 Eiern im Wasser ab. Das Männchen nimmt die Laichsäcke an sich und befruchtet die Eier, zeigt jedoch keinerlei Interesse an seinem Partner.

FAMILIE SALAMANDRIDAE: Echte Salamander und Molche
Zu dieser Familie gehören ca. 42 Arten, die in den gemäßigt warmen Gebieten Nordwestafrikas, Europas, Asiens und Nordamerikas beheimatet sind. Sie alle haben gut entwickelte Gliedmaßen mit 4 Fingern und 5 Zehen sowie bewegliche Augenlider. Die erwachsenen Tiere verfügen über gut funktionierende Lungen. Es gibt sowohl Land- wie auch Wasserformen, aber die meisten Arten leben im Wasser oder in dessen Nähe, zumindest in der Fortpflanzungszeit.

Spanischer Rippenmolch

Pleurodeles waltl

Verbreitung: Portugal und Spanien (außer Norden und Nordosten), Marokko
Habitat: langsam fließende Flüsse, Teiche, Wassergräben
Länge: 15–30 cm

Der Spanische Rippenmolch ist eine der größten europäischen Amphibien. Er hat einen kräftigen Leib und einen breiten, flachen Kopf. Die Haut ist rauh, und an beiden Körperseiten befindet sich an den Rippenenden eine Reihe kleiner Höcker. Die Rippen sind deutlich zu erkennen und stehen manchmal sogar unter der Haut vor. Dieser Molch ist ein sehr guter Schwimmer; gewöhnlich jagt er nachts kleine wirbellose Tiere.

Bei der Paarung trägt das Männchen seinen Partner auf dem Rücken ins Wasser, bevor es seinen Samenträger am Grund absetzt. Anschließend läßt es das Weibchen auf den Samenträger gleiten. Das Weibchen nimmt die Samenmasse in seine Kloake auf, woraufhin die Eier innerlich befruchtet und anschließend auf einem Stein unter Wasser abgesetzt werden.

Feuersalamander

Salamandra salamandra

Verbreitung: Mittel-, West- und Südeuropa, Nordwestafrika, Teile von Südwestasien
Habitat: Wälder auf Hügeln und Bergen
Länge: 20–28 cm

Der Feuersalamander ist ein kräftiges Tier mit einem ziemlich kurzen Schwanz. Kennzeichnend ist seine hellgelbe oder orangerote Flecken- oder Streifenzeichnung auf schwarzem Untergrund. Diese Zeichnung warnt potentielle Feinde, denn die Haut des Feuersalamanders sondert einen unangenehmen Schleim ab, der Maul und Augen des Angreifers reizt und für kleine Säugetiere sogar tödlich sein kann. Der Feuersalamander lebt hauptsächlich auf dem Land, jedoch vorzugsweise in einer feuchten Umgebung; er ist meist in der Nähe von Wasser zu finden. Nachts kommt er aus seinem Versteck und jagt wirbellose Tiere.

Feuersalamander paaren sich an Land. Das Männchen trägt das Weibchen auf dem Rücken herum, setzt seinen Samenträger auf dem Boden ab und läßt das Weibchen darauf herabgleiten. Das Weibchen nimmt dann die Samenmasse in seine Kloake auf und befruchtet die Eier innerlich; sie entwickeln sich in seinem Körper. Etwa 10 Monate später werden 10–50 Larven im Wasser abgesetzt.

Kammolch

Triturus cristatus

Verbreitung: Europa (außer Süd- und Südwestfrankreich, Spanien, Irland und Südgriechenland)
Habitat: stehende oder langsam fließende Gewässer in bewaldeten Gebieten
Länge: 14–18 cm

Der Kammolch hat eine warzige oder körnige Haut. In der Paarungszeit entwickelt das Männchen einen gezackten Kamm auf Rücken und Schwanz. Die Weibchen sind oft größer als die Männchen, besitzen jedoch keinen Kamm. Die Nahrung dieser Art besteht aus wirbellosen Land- und Wassertieren, aber auch aus Fischen und Amphibien.

Das Männchen führt vor seinem Partner ein vehementes Paarungsritual auf und legt anschließend seinen Samenträger ab. Dann läuft das Weibchen über den Samenträger und nimmt ihn in seine Kloake auf. Es legt nacheinander 200–300 Eier ab, und nach 4–5 Monaten schlüpfen die Jungen aus.

Rotfleckenmolch

Notophthalmus viridescens

Verbreitung: Südostkanada, Osten der USA: von den Großen Seen bis Florida und Texas
Habitat: Teiche und Seen mit Vegetation, Wassergräben, Sümpfe
Länge: 7–14 cm

Dieser Molch ist je nach der Region seines ausgedehnten Verbreitungsgebiets unterschiedlich gefärbt und gezeichnet. Erwachsen ist er ein räuberisches Wassertier, das sich von Würmern, Insekten, kleinen Krebsen und Eiern und von den Larven anderer Amphibien ernährt.

Die Fortpflanzung findet gegen Winterende oder im Vorfrühling statt. Das Weibchen setzt nacheinander 200–400 Eier auf Pflanzen im Wasser ab. Nach 20–35 Tagen schlüpfen die Larven aus. Im Spätsommer wechseln sie aufs Land über, wo sie 3 Jahre bleiben und sich hauptsächlich von Insekten ernähren. Danach kehren sie ins Wasser zurück und werden dort geschlechtsreif.

Rauhhäutiger Molch

Taricha granulosa

Verbreitung: westliches Nordamerika: von Alaska bis Kalifornien
Habitat: Teiche, Seen, langsam fließende Bäche und umliegendes Gras- und Waldland
Länge: 7–13 cm

Von allen westamerikanischen Schwanzlurchen hat der Rauhhäutige Molch sich am stärksten an das Leben im Wasser angepaßt. Kennzeichnend sind seine warzige Haut und seine kleinen Augen mit dunklen unteren Augenlidern. Er sucht seine Nahrung an Land ebenso wie im Wasser. Seine giftigen Hautabsonderungen schrecken die meisten Feinde ab.

In der Paarungszeit wird die Haut des Männchens zeitweilig glatt, und seine Kloake schwillt an. Das Weibchen legt seine Eier einzeln auf Pflanzen im Wasser ab. Die Larven entwickeln sich im Wasser.

Stejnegers Winkelzahnmolch
Feuersalamander
Rotfleckenmolch
Rauhhäutiger Molch
Kammolch ♂
Spanischer Rippenmolch
Hellbender

Querzahnmolche

FAMILIE AMBYSTOMATIDAE:
Querzahnmolche

Es gibt ca. 32 Arten von Querzahnmolchen, die alle in Nordamerika (von Kanada bis Mexiko) beheimatet sind. Diese Molche haben einen breiten Kopf und einen kräftigen rundlichen Körper. Viele Arten leben auf oder unter der Erde, und man bekommt sie nur selten zu Gesicht, außer in der Paarungszeit – dann ziehen sie zu Tümpeln und Bächen, um sich zu paaren und zu laichen. Andere Arten haben sich stärker an ein Leben im Wasser angepaßt und verbringen die meiste Zeit im Wasser oder in dessen Nähe. Ihre Larven leben ausnahmslos im Wasser; sie haben gefiederte Kiemen und gut entwickelte Schwanzflossen.

Bei den meisten Schwanzlurchen bleiben die Larven die ganze Zeit über im Wasser, während die erwachsenen Tiere zumindest teilweise an Land leben. Wenn sich die Larve in ihre erwachsene Form umwandelt, verschwinden die gefiederte Kiemen und der flache Schwanz, die nur im Wasser eine Funktion haben. Die Querzahnmolche sind in dieser Beziehung bemerkenswert, da manche Arten sich schon fortpflanzen können, während sie noch im Wasser leben und ihre Larvenmerkmale noch besitzen. Man nennt dies Neotenie. In manchen Fällen ist die Neotenie auf eine bestimmte geographische Rasse begrenzt: die westliche Form des Nordamerikanischen Tigerquerzahnmolches ist neotenisch, die östliche entwickelt sich normal.

Alle Mitglieder dieser Familie ernähren sich hauptsächlich von Insekten und kleinen Wirbellosen. Die Geschlechter sehen gleich aus, nur haben die Männchen längere Schwänze.

Marmorquerzahnmolch

Ambystoma opacum

Verbreitung: Osten der USA: von New Hampshire bis Nordflorida, westl. bis Texas
Habitat: bewaldetes Gelände: Sumpfgebiete und trockenere, höhere Lagen
Länge: 9–12 cm

Der kräftige Marmorquerzahnmolch verdankt seinen Namen einer hellen Fleckenzeichnung auf dunklem Untergrund. Bei den Männchen sind die Flecken heller als bei den Weibchen; junge Tiere sind dunkelgrau bis braun gefärbt und hell gefleckt. Nachts kommt der Salamander aus seinem Unterschlupf, um nach Nacktschnekken und Würmern zu suchen, doch bevor es hell wird, versteckt er sich wieder unter einem Baumstamm oder Stein, wo er den Tag über bleibt.

Die Fortpflanzung findet je nach Breitengrad von September bis Dezember statt; die Molche paaren sich und legen die Eier auf dem Land ab. Die Weibchen setzen 200–500 Eier einzeln in eine flache Grube im Boden ab, die sich später mit Regenwasser füllen soll. In der Zwischenzeit ringelt sich der Molch um das Gelege, um es zu schützen. Einige Tage, nachdem sie vom Regen überspült worden sind, schlüpfen die Larven aus. Regnet es jedoch nicht genug und füllt sich die Grube nicht mit Wasser, dann schlüpfen die Larven erst im folgenden Frühling aus. Ihre Umwandlung findet nach 4–6 Monaten statt.

Fleckenquerzahnmolch

Ambystoma maculatum

Verbreitung: Südostkanada, Osten der USA bis Georgia und Osttexas
Habitat: Mischwälder, Hügel in der Nähe von Teichen
Länge: 15–25 cm

Dieser kräftige Molch ist an den unregelmäßigen Flecken auf dem Rücken von Kopf bis Schwanz zu erkennen. Da er den größten Teil seines Lebens unter der Erde verbringt, bekommt man ihn nur selten zu Gesicht. Er frißt Nacktschnecken und Würmer.

Starke Regenfälle im Frühling lösen bei dieser Art die Laichwanderungen zu Tümpeln aus. Das Weibchen legt jeweils ca. 100 Eier in einem Klumpen ab, der sich an Wasserpflanzen heftet. Ungefähr 4–8 Wochen später schlüpfen die 1,25 cm langen Larven aus, die sich nach 2–4 Monaten in ihre erwachsene Form umwandeln. In manchen Gegenden werden diese Molche selten, da ihre Laichgewässer durch sauren Regen belastet sind; dies führt dazu, daß die Larven nicht mehr ausschlüpfen. Saurer Regen enthält verdünnten Schwefel und Salpetersäure, die aus Gasen stammen, welche beim Verbrennen von fossilen Brennstoffen (Steinkohle, Gas, Erdöl) in die Atmosphäre freigesetzt werden. Diese Entwicklung beunruhigt heute immer mehr Biologen. In den temporären Regen- und Schneeschmelztümpeln, die den Molchen als Laichplätze dienen, ist der Säuregehalt oft so hoch, daß ein hoher Prozentanteil der Eier erst gar nicht ausschlüpft und die Larven, die ausschlüpfen, schwere Mißbildungen aufweisen.

Östlicher Tigerquerzahnmolch

Ambystoma tigrinum

Verbreitung: Süden Zentralkanadas, mittlerer Teil der USA, südl. bis Florida und Mexiko
Habitat: Trockenebenen, Feuchtwiesen, Bergwälder
Länge: 15–40 cm

Der Tigerquerzahnmolch ist der größte auf dem Land lebende Schwanzlurch. Er hat einen kräftigen Körper, einen breiten Kopf und kleine Augen. Färbung und Zeichnung können bei ihm stark variieren. Er fühlt sich in den verschiedensten Lebensräumen zu Hause, vom Tiefland bis zu Höhen von 3350 m. Tigerquerzahnmolche leben in der Nähe von Wasser zwischen organischem Abfall oder benutzen leere Höhlen als Unterschlupf. Oft sind sie nachts aktiv, vor allem nach schweren Regenfällen. Sie fressen Würmer, Insekten, Mäuse und kleine Amphibien.

Der genaue Zeitpunkt der Fortpflanzungsperiode ist regional verschieden, doch wird sie meist durch Regenfälle ausgelöst. Die Tiere paaren sich im Wasser, und das Weibchen legt seine Eier in einer Laichmasse ab, die sich an Wasserpflanzen heftet.

Axolotl

Ambystoma mexicanum

Verbreitung: Mexiko: hauptsächlich Xochimilco-See
Habitat: nicht austrocknende Gewässer in großer Höhe
Länge: bis zu 30 cm Ⓢ

Der Axolotl wird durch Zerstörung seines Lebensraums, durch das Aussetzen von Fischen (Karpfen) und durch Fang für den Tierhandel bedroht; er ist heute selten geworden. Mit seinen gefiederten Kiemen und der Rückenflosse, die auf dem Kopf beginnend über Rücken und Schwanz und um die Schwanzspitze herum läuft, sieht er sehr eigenartig aus. Seine Beine und Füße sind klein und schwach. Der Name „Axolotl“ kommt aus dem Aztekischen und bedeutet „Wasserungeheuer“.

Die Fortpflanzung findet im Wasser statt. Das Weibchen wird durch einen Geruchsstoff aus den Kloakendrüsen des Männchens angezogen. Das Männchen schwenkt seinen Schwanz in Richtung des Weibchens und verbreitet so den Geruch im Wasser. Das Weibchen nähert sich und beschnüffelt die Drüsen des Männchens, woraufhin dieses einen Samenträger absetzt, der auf den Grund sinkt. Das Weibchen bewegt sich dann darüber und nimmt das Päckchen mit seiner Kloake auf. Es handelt sich also um eine innere Befruchtung. In freier Natur legen Axolotlweibchen ca. 400 Eier ab, in Gefangenschaft ist die Zahl der Eier jedoch viel größer. Unter normalen Umständen bleibt ein Axolotl sein ganzes Leben lang eine Larve mit äußeren Kiemen (Neotenie) und pflanzt sich auch in diesem Entwicklungsstadium fort. Er kann sich jedoch auch zu einem auf dem Land lebenden kiemenlosen Tier umwandeln.

Pazifischer Riesen-Querzahnmolch

Dicamptodon ensatus

Verbreitung: Pazifikküste von Nordamerika: von British-Columbia bis Kalifornien; Idaho, Montana
Habitat: kühle, feuchte Wälder, Flüsse, Bäche und Seen
Länge: 7–30 cm

Dieser Molch ist insofern ungewöhnlich, als er „Bellen“ kann, während die meisten anderen Schwanzlurche stumm sind. Die erwachsenen Tiere dieser Art leben auf dem Land unter Baumstämmen und ähnlichem. Sie können sogar in Bäumen und Sträuchern herumklettern. Diese Tiere sind hauptsächlich nachts aktiv; ihre Nahrung besteht aus Schnecken, Nacktschnekken, Insekten, Mäusen und kleinen Schlangen sowie aus anderen Schwanzlurchen.

Die Fortpflanzung findet im Frühling statt, meist in der Quelle eines Baches; das Weibchen setzt ca. 100 Eier auf einem Zweig unter Wasser ab. Die Larven leben in kalten klaren Seen oder Flüssen; sie sind sehr räuberisch und fressen kleine Larven, Kaulquappen und Insekten. Im zweiten Jahr können sie sich zu geschlechtsreifen erwachsenen Molchen umwandeln, oder sie werden bei einer Länge von 20 cm als Larven geschlechtsreif (Neotenie).

Fleckenquerzahnmolch
Östlicher Tigerquerzahnmolch
Marmorquerzahnmolch
Pazifischer Riesen-Querzahnmolch
Axolotl

Aalmolche, Olme, Armmolche

FAMILIE AMPHIUMIDAE: Aalmolche
Die 3 Arten dieser Familie sind langgestreckte aalartige Tiere, die zu den größten im Wasser lebenden Schwanzlurchen gehören. Sie leben alle im Südosten der Vereinigten Staaten und haben einen zylindrischen Körper und schwache Gliedmaßen, die jeweils mit einem, zwei oder drei Zehen versehen sind. Die Gliedmaßen sind so klein (wenige Millimeter), daß sie wahrscheinlich für die Fortbewegung nicht von Nutzen sind. Die Haut dieser Tiere ist glatt und schlüpfrig.

Anfänglich war nur eine drei- und eine zweizehige Art bekannt, aber 1950 ist eine dritte Art entdeckt worden, die nur einen Zeh an jedem Bein hat: *Amphiuma pholeter*.

Zweizehen-Aalmolch

Amphiuma means

Verbreitung: USA: von Südostvirginia bis Florida, Ostlouisiana
Habitat: Sümpfe, Altwasser, Entwässerungskanäle
Länge: 0,5–1,2 m

Dieser Wassermolch hat kleine Beine mit jeweils zwei Zehen, die keine Funktion mehr haben. Nachts jagt er im Wasser kleine Krebse, Frösche, kleine Schlangen und Fische. Nur bei sehr nassem Wetter kommt er an Land. Tagsüber sucht er einen Unterschlupf in einer Höhle, die er in den Schlamm gräbt.

Aalmolche paaren sich im Wasser, und das Weibchen setzt ca. 200 Eier in einer Laichschnur ab. Es ringelt sich um das Gelege und beschützt es, bis nach ca. 5 Monaten die Larven ausschlüpfen; diese sind dann 5 cm lang. Ihre kleinen Beine sind ihnen in diesem Stadium von größerem Nutzen als nach der Umwandlung in die erwachsene Form, die sie bei einer Größe von 7,5 cm erreichen. Der Dreizehen-Aalmolch (*A. tridactylum*) aus dem Süden der Vereinigten Staaten ist seinem zweizehigen Verwandten in bezug auf Verhalten und Aussehen sehr ähnlich, nur hat er 3 Zehen an jedem Fuß.

FAMILIE PROTEIDAE: Olme
Zu dieser Familie gehören 5 Arten von Furchenmolchen, die in den Flüssen und Seen Nordamerikas leben, und eine Olmart, die in den Höhlen Europas beheimatet ist. Da diese Tiere die ganze Zeit über im Wasser leben, behalten sie ihr Leben lang die äußeren, gefiederten Kiemen, auch im geschlechtsreifen Stadium. Dadurch ähneln sie den Larven anderer Molche, die allerdings ihre Kiemen verlieren, wenn sie erwachsen werden, und zumindest einen Teil ihres Lebens an Land verbringen.

Grottenolm

Proteus anguineus

Verbreitung: Jugoslawien: Küsten der östlichen Adria, Nordostitalien
Habitat: Bäche und Seen in unterirdischen Kalksteinhöhlen
Länge: 20–30 cm ©

Der Grottenolm ist ein großer Wassermolch mit einem blassen, zylindrischem Körper und roten, gefiederten Kiemen. Sein Schwanz ist abgeplattet, und seine Gliedmaßen sind schwach und unterentwickelt. Er hat 3 Zehen an den Vorderbeinen und 2 an den Hinterbeinen. Er lebt in der vollkommenen Dunkelheit der Höhlen und Grotten und ist blind. Als Anpassung an seinen Lebensraum sind seine Augen verkümmert und liegen unter der Haut verborgen. Seine Nahrung besteht aus kleinen Wasserwürmern und Höhlenkrebsen. Das Weibchen legt 12–70 Eier unter einem Stein ab, und der Laich wird von beiden Eltern bewacht. Nach ca. 70 Tagen schlüpfen die Larven aus. Manche Weibchen behalten die Eier im Körper und bringen 2 vollentwickelte Junge zur Welt, die rudimentär entwickelte Augen besitzen, ansonsten jedoch das Ebenbild ihrer Eltern sind.

Der Grottenolm war früher sehr zahlreich, ist jedoch heute infolge der Wasserverschmutzung und des Fanges für den Tierhandel selten geworden.

Gefleckter Furchenmolch

Necturus maculosus

Verbreitung: Südkanada: von Manitoba bis Quebec; USA: von den Großen Seen südl. bis Georgia und Louisiana
Habitat: Seen, Flüsse, Bäche
Länge: 20–45 cm

Der Gefleckte Furchenmolch lebt in verschiedenen Süßwasserhabitaten, von schlammigen, träge fließenden seichten Wasserläufen bis zu kaltem, klarem Wasser. Er hat vier Zehen an jedem Bein und einen abgeflachten Schwanz. Seine gefiederten Kiemen variieren in der Größe je nach dem Wasser, in dem er lebt: in kaltem, sauerstoffreichem Wasser sind sie klein, in warmem, schlammigem, sauerstoffarmem Wasser größer. Er jagt – hauptsächlich nachts – Würmer, kleine Krebse, Insekten und kleine Fische.

Die Fortpflanzungszeit dauert von April bis Juni. Das Weibchen legt 30–190 Eier ab, die es einzeln an Steine heftet. Das Männchen bewacht die Eier, bis nach ca. 5–9 Wochen die Larven ausschlüpfen. Diese werden erst im Alter von 4–6 Jahren geschlechtsreif.

FAMILIE SIRENIDAE: Armmolche
Die Armmolche behalten ihre gefiederten Kiemen ihr ganzes Leben lang bei. Sie haben einen langgestreckten, aalförmigen Körper, kleine Vorderbeine und keine Hinterbeine. Es gibt 3 Arten, die alle in den Vereinigten Staaten und in Mexiko beheimatet sind. Diese Molche schwimmen mittels kräftiger Schlängelbewegungen ihres Körpers und suchen nachts zwischen Wasserpflanzen nach Nahrung.

Gestreifter Zwergarmmolch

Pseudobranchus striatus

Verbreitung: USA: Küstenebenen von South Carolina, Georgia, Florida
Habitat: Tümpel, Sümpfe, Wassergräben
Länge: 10–25 cm

Der Gestreifte Zwergarmmolch ist die kleinste Art seiner Familie. Er ist ein schlankes, aalförmiges Tier, das zwischen der dichten Wasservegetation, hauptsächlich Wasserhyazinthen lebt. Er hat keine Hinterbeine und nur kleine Vorderbeine mit jeweils 3 Zehen; seine Kiemen sind dauerhaft. Dieser Molch ist nachts aktiv und frißt kleine wirbellose Tiere, die er auf dem Grund des Wassers sucht. Um 2–3monatige Trockenperioden zu überbrücken, gräbt er Gänge in den Schlamm, in denen er diese Zeiten schlafend verbringt. Schleim aus Hautdrüsen schützt den Körper unterdessen vor dem Austrocknen. Die Weibchen setzen ihre Eier einzeln an Wasserpflanzen ab, und die Larven schlüpfen nach ca. 4 Wochen aus. Es gibt 5 Unterarten des gestreiften Zwergarmmolches, die sich in Färbung und Streifenzeichnung an den Körperseiten unterscheiden.

Großer Armmolch

Siren lacertina

Verbreitung: USA: Küstenebenen von Virginia bis Florida, Südalabama
Habitat: flaches, schlammiges Süßwasser mit viel Vegetation
Länge: 50–100 cm

Der Große Armmolch ist etwas kräftiger als der Zwergarmmolch, behält lebenslang seine Kiemen und hat einen abgeflachten Schwanz. Jeder Fuß ist mit vier Zehen versehen. Tagsüber hält er sich unter Felsen auf oder gräbt sich in den Schlamm ein, aus dem er nachts zum Vorschein kommt, um Schnecken, Insektenlarven und Wasserpflanzen zu fressen. In Trockenperioden verfällt dieser Molch in eine Art Sommerschlaf: Er spinnt sich in einen Kokon ein, den er aus der Absonderung seiner Hautdrüsen herstellt. So liegt er im schlammigen Boden eingegraben, bis die Gefahr vorüber ist.

Die Fortpflanzung findet im Februar oder März statt. Aus den Eiern schlüpfen nach 2–3 Monaten ca. 1,25 cm lange Larven aus.

Gestreifter Zwergarmmolch
Grottenolm
Zweizehen-Aalmolch
Gefleckter Furchenmolch
Großer Armmolch

Lungenlose Salamander

FAMILIE PLETHODONTIDAE:
Lungenlose Salamander
Die lungenlosen Salamander bilden mit ungefähr 200 der 300 bekannten Schwanzlurche die artenreichste Familie. Wie ihr Name schon sagt, fehlen bei dieser Gruppe die Lungen. Die Lungenschlagader, die normalerweise das Blut zu den Lungen transportiert, ist bei ihnen zu einem kleinen Blutgefäß zurückgebildet, das in die Haut mündet. Sauerstoff nehmen sie durch die feuchte Haut oder durch die Oberfläche der Mundhöhle auf, die beide reich an Blutgefäßen sind.

Fast alle lungenlosen Salamander leben in Nord- oder Südamerika. Zwei Arten kommen in Europa vor: der Sardinische Schleuderzungensalamander (*Hydromantes genei*) und der Italienische Schleuderzungensalamander (*H. italicus*). Diese unterscheiden sich von allen anderen europäischen Schwanzlurchen durch die Häutchen, die Finger und Zehen teilweise miteinander verbinden.

Rathbunscher Brunnenmolch
Typhlomolge rathbuni
Verbreitung: USA: äußerster Süden von Texas
Habitat: unterirdische Quellen kleiner Flüsse
Länge: 9–13,5 cm Ⓑ

Der Rathbunsche Brunnenmolch ist eine seltene Art mit sehr begrenzter Verbreitung; mit seinem gespenstisch blassen Körper und den zurückgebildeten Augen ist er ein typischer Höhlenbewohner. Seine äußeren Kiemen sind rot und gefiedert, seine Beine lang und dünn.

Die Höhlen, die den einzigen Zugang zum Wohngebiet dieser Molche bilden, sind stark von Fledermäusen frequentiert, deren Kot den dort lebenden wirbellosen Tieren als Nahrung dient. Diese Tiere werden ihrerseits wiederum von den Molchen gefressen.

Rotrücken-Waldsalamander
Plethodon cinereus
Verbreitung: Südostkanada, Nordosten der USA, südl. bis North Carolina, Südindiana
Habitat: kühle, feuchte Wälder
Länge: 6,5–12,5 cm

Dieser sehr zahlreich vorkommende und weitverbreitete Salamander verbringt sein ganzes Leben auf dem Land. Der „Rotrücken", auf den sein Name hinweist, besteht in einem Streifen, der rot, grau oder gelb sein kann; manche Tiere haben eine graue Färbung und überhaupt keinen Streifen. Dieser Salamander ist ein Nachttier, das sich tagsüber unter Steinen oder abgefallenen Blättern versteckt und nachts seinen Unterschlupf verläßt, um Insekten zu jagen.

Rotrücken-Waldsalamander pflanzen sich alle zwei Jahre fort. Die Liebesspiele und die Paarungen finden im Winter statt, und im Juni oder Juli legt das Weibchen 6–12 Eier ab, die in einer Traube in einen Spalt unter einen Felsen geklebt werden. Das Weibchen ringelt sich um die Eier und schützt sie, bis 8–9 Wochen später die Larven ausschlüpfen. Diese begeben sich nicht ins Wasser und sind im Alter von 2 Jahren geschlechtsreif.

Silber-Waldsalamander
Plethodon glutinosus
Verbreitung: Osten und Südosten der USA: von New York bis Florida, Missouri, Oklahoma
Habitat: Ebenen, die gelegentlich überschwemmt werden; Höhleneingänge
Länge: 11,5–20,5 cm

Dieser Salamander ist ein Landbewohner. Seine Haut sondert eine klebrige Substanz ab, die möglicherweise eine Schutzfunktion hat. Tagsüber versteckt er sich unter Felsblöcken, nachts, vor allem nach Regenfällen, sucht er den Boden nach Beute ab.

Im Süden des Verbreitungsgebietes pflanzt sich diese Art jedes Jahr fort, im nördlichen Teil alle 2 Jahre. Die 6–36 Eier werden in ein Erdloch abgelegt und während der Entwicklung bewacht.

Porphyrsalamander
Gyrinophilus porphyriticus
Verbreitung: Südkanada: Quebec; USA: Maine bis Georgia, Mississippi
Habitat: nasse Höhlen, kühle klare Bergquellen
Länge: 10–22 cm

Der Porphyrsalamander ist einer der größten Vertreter seiner Familie, und es gibt mehrere Unterarten, die sich in Farbe und Zeichnung voneinander unterscheiden. Die meiste Zeit verbringt dieser Salamander im Wasser, doch in regenreichen Nächten kommt er gelegentlich an Land, um dort nach Nahrung zu suchen. Er ernährt sich haupsächlich von großen Insekten, Würmern und anderen Schwanzlurchen. Im Juli oder August legt das Weibchen 20–60 Eier ab und heftet sie einzeln unter Wasser an die Unterseite eines Felsens. Es bewacht die Eier 3 Monate lang, bis die Larven ausgeschlüpft sind. Diese nehmen erst nach 3 Jahren die Form und Farbe eines erwachsenen Tieres an.

Roter Wiesensalamander
Pseudotriton ruber
Verbreitung: Osten der USA: vom Süden des Staates New York westl. bis Indiana, südl. bis Louisiana
Habitat: Quellen mit umliegenden Waldgebieten, Sümpfe, Feuchtwiesen
Länge: 9,5–18 cm

Der Rote Wiesensalamander hat einen kräftigen, leuchtend gefärbten Körper, einen kurzen Schwanz und ebenso kurze Beine. Er verbringt einen Großteil seines Lebens auf dem Land, jedoch meist in der Nähe von Wasser. Er ernährt sich von Würmern, Insekten und kleinen Schwanzlurchen.

Nach den Liebesspielen und der Paarung im Sommer legt das Weibchen im Herbst 50–100 Eier ab. Die Larven schlüpfen nach ungefähr 2 Monaten aus und verwandeln sich 2 Jahre später. Die Weibchen sind erst nach 5 Jahren geschlechtsreif.

Eschscholtz-Salamander
Ensatina eschscholtzii* ssp. *croceator
Verbreitung: USA: Kalifornien
Habitat: feuchte Wälder, Canyons
Länge: 7,5–15 cm

Dies ist eine der vielen Unterarten der Gattung *Ensatina*, die eine große Vielfalt an Farbe und Zeichnung aufweisen. Sie alle haben als deutlich erkennbares Merkmal eine Ringfurche an der Schwanzbasis. Die Schwänze der Weibchen sind meist länger als die der Männchen. Sie verbergen sich unter Felsblöcken und altem Holz und suchen dort nach Spinnen und großen Insekten wie Käfern und Grillen. Im Frühling legt das Weibchen 7–25 Eier in ein kleines Loch ab und bewacht diese während ihrer Entwicklungszeit. Die Larven entwickeln sich an Land weiter. Nach 2–3 Jahren werden sie geschlechtsreif.

Brauner Bachsalamander
Desmognathus fuscus
Verbreitung: Südkanada; Nordosten der USA, südl. bis Louisiana
Habitat: Quellen, Waldbäche, Ebenen, die gelegentlich überschwemmt werden
Länge: 6,5–14 cm

Junge Bachsalamander haben gelbe oder rote Flecken auf dem Rücken, doch diese verblassen und werden dunkler, wenn sie geschlechtsreif werden. Bei Gefahr ist der Bachsalamander zu großen Sprüngen von einem Vielfachen seiner eigenen Länge fähig. Er frißt hauptsächlich Insektenlarven und Regenwürmer.

Das Weibchen legt im Sommer 12–36 Eier in einer Traube in der Nähe von Wasser ab, meist unter einem Felsblock. Die Larven schlüpfen nach 2–3 Monaten aus. Nach 3–4 Jahren sind sie geschlechtsreif.

Kalifornischer Wurmsalamander
Batrachoseps attenuatus
Verbreitung: USA: Südwesten von Oregon, Kalifornien, Westhänge der Sierra Nevada
Habitat: Redwoodwälder, Grasland, Berge und Hügelland am Fuß von Hochgebirgen
Länge: 7,5–15 cm

Dieser Salamander hat einen schlanken, langgestreckten Körper und einen langen Schwanz. Seine Beine und Füße sind klein und schmal und jeweils mit 4 Zehen versehen. Die Färbung variiert je nach Wohngebiet. Dies ist der bekannteste Salamander Kaliforniens. Er ist ein Landtier und bewegt sich mehr durch Schlängelbewegungen als durch den Gebrauch seiner Beine fort. Tagsüber hält er sich in feuchter Vegetation oder zwischen Baumwurzeln versteckt; nachts kommt er aus seinem Unterschlupf, um Würmer, Spinnen und andere wirbellose Tiere zu suchen.

Im Spätherbst oder Winter legt das Weibchen nach einem Regenfall 4–21 Eier unter einem Felsblock ab. Die Larven schlüpfen im Frühling aus und bleiben während ihrer ganzen Entwicklungszeit auf dem Land.

Roter Wiesensalamander
Eschscholtz-Salamander
Rathbunscher Brunnenmolch
Brauner Bachsalamander
Rotrücken-Waldsalamander
Porphyrsalamander
Kalifornischer Wurmsalamander
Silber-Waldsalamander

Blindwühlen

ORDNUNG APODA: Blindwühlen oder Schleichenlurche
Diese Ordnung enthält 4 Familien von Blindwühlen mit ungefähr 170 Arten. Es sind gliedmaßenlose Amphibien mit zylindrischen, geringelten Körpern, die ihnen das Aussehen von riesigen Regenwürmern verleihen. Eine einzige Familie lebt im Wasser, die anderen sind blinde, grabende Tiere, die man selten über der Erde findet. Sie durchwühlen den fruchtbaren, weichen Boden der tropischen oder gemäßigt warmen Wälder auf der Suche nach Beutetieren, meist Würmer und Insekten. Erwachsene Tiere haben einen beweglichen Fühler unter dem Auge, der wahrscheinlich dazu dient, die Beutetiere aufzuspüren. Viele Arten sind mit kleinen, in der Haut eingebetteten Kalkschuppen bedeckt, ein primitives Merkmal, das alle anderen Amphibiengruppen verloren haben.

FAMILIE CAECILIIDAE: Wurmwühlenverwandte
Diese Familie umfaßt 106 Arten, die alle auf dem Land leben und Graber sind. Bei vielen dieser Arten ist der Körper beschuppt. Die Weibchen legen Eier, die sich entweder außerhalb des Körpers oder im Körper der Mutter entwickeln und als lebende Junge geboren werden. Die Larven haben Kiemen und können einige Zeit als freischwimmende Larven im Wasser leben. Alle Arten kommen in den tropischen Gebieten der Alten und Neuen Welt vor.

Panama-Blindwühle
Caecilia ochrocephala
Verbreitung: Mittel- und Südamerika: Ostpanama, Nordkolumbien
Habitat: Wald
Länge: bis 60 cm

Diese Blindwühle hat einen schmalen, schlanken Kopf und eine keilförmige Schnauze. Sie gräbt in weicher, feuchter Erde und erscheint meist nur dann an der Erdoberfläche, wenn starke Regenfälle sie aus ihrer Höhle schwemmen. Sie frißt Insekten und Regenwürmer. Oft dringen Schlangen in die Höhlen dieser Blindwühlen ein und verschlingen sie.

Über das Fortpflanzungsverhalten dieser Tiere ist wenig bekannt; vermutlich legt das Weibchen Eier, die sich außerhalb des Körpers entwickeln.

Ringelwühle
Siphonops annulatus
Verbreitung: Südamerika: östl. der Anden bis Argentinien
Habitat: unterschiedlich, oft im Wald
Länge: 35 cm

Diese weitverbreitete Blindwühle hat einen kurzen, dicken Körper und keine Schuppen. Sie verbringt den größten Teil ihres Lebens unter der Erde und ernährt sich von Regenwürmern. Das Weibchen legt Eier. Es ist nicht bekannt, ob die Jungen ein Larvenstadium durchlaufen.

Buntwühle
Schistometopum thomensis
Verbreitung: São-Tomé-Insel im Golf von Guinea (Westafrika)
Habitat: Wald
Länge: bis zu 30 cm

Der Körper dieser hellgefärbten Blindwühle mißt gewöhnlich im Durchmesser 1,25 cm. Ihre Schnauze ist rund, und der Schwanz fehlt. Wie alle Blindwühlen lebt sie unter der Erde, wo sie sich von den verschiedensten wirbellosen Tieren ernährt. Das Weibchen behält die Eier im Körper, wo sie sich entwickeln und ausschlüpfen. Sie werden in einem weit fortgeschrittenen Entwicklungsstadium geboren.

Cuviers Erdwühle
Hypogeophis rostratus
Verbreitung: Seychellen
Habitat: sumpfige Küstengebiete
Länge: 20 cm

Diese Blindwühle hat einen ziemlich flachen Körper, der an beiden Enden spitz zuläuft. Die Farbe wird dunkler, wenn das Tier erwachsen wird. Es gräbt überall, wo der Boden feucht ist, und lebt unter Steinen oder gräbt sich in vermoderndes Holz ein. Seine Nahrung besteht aus kleinen wirbellosen Tieren und Fröschen wie dem Seychellenfrosch (*Sooglossus seychellensis*).

Die Paarung kann in jeder Jahreszeit stattfinden, falls genügend Regen fällt. Das Weibchen legt 6–30 große, dotterreiche Eier ab. Während der Entwicklung ringelt es sich um die Eier, um sie zu schützen. Die Jungen durchlaufen kein Larvenstadium, sondern verlassen die Eier als winzige vollentwickelte Blindwühlen.

FAMILIE ICHTHYOPHIDAE: Fischwühlenverwandte
Zu dieser Familie von landbewohnenden Blindwühlen gehören 43 Arten, die in Südostasien, Mittelamerika und im tropischen Südamerika beheimatet sind. Sie haben kurze Schwänze und Schuppen.

Fischwühle
Ichthyophis sp.
Verbreitung: Südostasien
Habitat: Wald
Länge: bis zu 38 cm

Die erwachsenen Blindwühlen dieser Gattung leben in Gängen und fressen Regenwürmer und kleine grabende Schlangen. Im Frühling pflanzen sie sich fort. Das Weibchen legt 20 oder mehr Eier in eine feuchte Erdmulde in Wassernähe. Es ringelt sich um das Gelege, um es zu schützen. Je weiter die Eier sich entwickeln, um so mehr Feuchtigkeit nehmen sie auf und schwellen allmählich an, bis sie doppelt so groß sind wie zu Anfang. Beim Ausschlüpfen ist die Larve viermal so schwer wie das frisch gelegte Ei und hat ein Paar Kiemenöffnungen am Kopf. Die Larven bleiben lange im Wasser, bevor sie sich zu landbewohnenden erwachsenen Tieren entwickeln.

FAMILIE TYPHLONECTIDAE: Schwimmwühlenverwandte
Diese Familie umfaßt 28 Arten, die im tropischen Südamerika leben, und zwar in Flüssen, Bächen und Teichen. Obwohl sie keinen Schwanz besitzen, ist das Ende des Körpers seitlich abgeflacht, damit sie sich im Wasser fortbewegen können. Bei dieser Familie fehlt das primitive Merkmal der Körperschuppen.

Schwimmwühle
Typhlonectes compressicauda
Verbreitung: Guayana, Surinam, Brasilien
Habitat: Flüsse, Bäche, Teiche
Länge: 50 cm

Diese Blindwühle schwimmt mit aalartigen Bewegungen ihres seitlich abgeplatteten Hinterkörpers, was übrigens typisch für die ganze Familie ist. Die Geschlechter sehen gleich aus, doch das Männchen hat ein ausstülpbares Kopulationsorgan, mit dem es das Weibchen innerlich befruchtet. Das Weibchen trägt die Eier im Körper, während die Jungen sich entwickeln.

Wenn das Eidotter aufgebraucht ist, schlüpfen die Jungen aus und verteilen sich gleichmäßig auf die gesamte Länge des Eileiters. Sie ernähren sich von Öltröpfchen und Zellen der Eileiterwandung, die sie mit den Raspelplättchen ihres Mauls abschaben. Durch ihre dünne, zarte Haut nehmen sie zusätzliche Nährstoffe auf; außerdem besitzen sie zu diesem Zeitpunkt breite, taschenförmige äußere Kiemen, die sich beim Ausschlüpfen schon fast völlig zurückgebildet haben. Unmittelbar nach der Geburt wird die weiche Haut abgestoßen und durch eine festere ersetzt, und anstelle der Raspelplättchen entwickeln sich nun Zähne.

FAMILIE SCOLECOMORPHIDAE
Die 6 Arten dieser Familie gehören alle der gleichen Gattung an und leben ausschließlich in Zentralafrika. Sie haben keine Schwänze und keine primitiven Schuppen. Es sind landbewohnende Tiere, die in unterirdischen Gängen leben.

Über das Fortpflanzungsverhalten dieser Familie ist wenig bekannt. Die Männchen haben ein ausstülpbares Kopulationsorgan, und die Weibchen behalten die Eier wahrscheinlich im Körper, wo sie sich auf ähnliche Weise wie bei den *Typhlonectes* entwickeln, bis sie in einem fortgeschrittenen Stadium den Körper des Muttertiers verlassen.

Scolecomorphus kirkii
Verbreitung: Afrika: Tansania, Malawi, Sambia
Habitat: Bergwälder
Länge: bis zu 40 cm

Diese Blindwühle lebt in Gängen, die sie in die Humusschicht des Waldbodens gräbt. Im Gegensatz zu anderen Blindwühlen kommt sie nicht einmal nach Regenfällen an die Erdoberfläche. Sie ernährt sich von Termiten und Würmern.

Cuviers Erdwühle
Ringelwühle
Fischwühle
Buntwühle
Scolecomorphus kirkii
Schwimmwühle
Panama-Blindwühle

Nasenkröten, Zungenlose, Engmaulfrösche

ORDNUNG ANURA: Froschlurche
Es gibt mehr als 2500 Arten von Froschlurchen. Sie sind einander sehr ähnlich, obgleich sie sich in bezug auf ihr Verhalten teilweise stark unterscheiden. In ihrer erwachsenen Form haben sie keine Schwänze, aber gutentwickelte Beine. Die meisten Arten pflanzen sich im Wasser fort, und zwar durch Eier, aus denen Larven mit einem Schwanz (Kaulquappen) ausschlüpfen. Diese leben im Wasser und ernähren sich von pflanzlicher Nahrung; nach einiger Zeit wandeln sie sich dann in die erwachsene Form um.

Das Wort „Frosch“ wurde ursprünglich nur für die Mitglieder der Familie Ranidae benutzt, das Wort „Kröte“ für Mitglieder der Familie Bufonidae. Später benutzte man die beiden Namen jedoch für Mitglieder beider Familien, so daß die Begriffe heute hinsichtlich der Klassifikation keine eindeutigen Aussagen mehr beinhalten.

FAMILIE RHINOPHRYNIDAE: Nasenkröten
Die einzige Art dieser Familie, die Nasenkröte, ist ganz an ein grabendes Leben angepaßt. Sie begibt sich nur anläßlich der Fortpflanzung ins Wasser.

Nasenkröte

Rhinophrynus dorsalis
Verbreitung: Mexiko, Guatemala
Habitat: bewaldetes Gebiet
Länge: 6,5 cm

An den Füßen dieser eigentümlichen Kröte befinden sich verhornte, schaufelförmige Fortsätze, mit denen sie sich schnell eingraben kann. Nachts verläßt sie ihre Höhle, um Termiten zu jagen, die sie mit der Zunge aufleckt.

In der Paarungszeit versucht das Männchen, durch langgezogene Rufe ein Weibchen anzulocken. Die Paarung findet im Wasser statt: Das Männchen hält das Weibchen um die Hüften fest, und während das Weibchen seine Eier ablegt, werden sie vom Männchen befruchtet. Die Kaulquappen tragen Barteln um den Mund; im Gegensatz zu den meisten anderen Kaulquappen haben sie keine echten Lippen.

FAMILIE PIPIDAE: Zungenlose
Die rund 20 Arten dieser Familie sind stark an ein Leben im Wasser angepaßt. Man findet sie in Mittel- und Südamerika und in Afrika südlich der Sahara. Sie alle haben kräftige Hinterbeine und Füße mit starken Schwimmhäuten, jedoch nur kleine Vorderbeine. Beim Schwimmen werden die Vorderbeine vor den Kopf gestreckt und die Finger als Tastorgane gespreizt, um auf diese Weise Nahrung aufzuspüren.

Wabenkröte

Pipa pipa
Verbreitung: Norden Südamerikas
Habitat: Bäche, Flüsse
Länge: 12–20 cm

Dieser aktive, schnell schwimmende Frosch ist ein gefräßiges Tier; er frißt praktisch alles, was ihm unter seine schlanken tast- und geschmacksempfindlichen Finger kommt; selbst vor Aas schreckt er nicht zurück.

Pipas haben ein ungewöhnliches Paarungsritual. Das Männchen sitzt zunächst auf dem Rükken des Weibchens und umklammert es mit den Vorderbeinen kurz vor den Hüften. Dadurch schwillt die Rückenhaut des Weibchens an. Das Paar dreht sich in kreiselnden Bewegungen durch das Wasser. Wenn das Weibchen oben liegt, legt es 3–10 Eier ab, die auf dem Bauch des Männchens landen. Dieses befruchtet die Eier, und bei der folgenden Drehung gleiten sie auf den Rücken des Weibchens. Die Prozedur wird so lange wiederholt, bis 40–100 Eier abgelegt sind. Die Eier sinken in die angeschwollene Haut des Weibchens, jedes in eine getrennte „Wabenzelle“. Nach ca. 2–4 Monaten schlüpfen vollentwickelte Miniaturkröten aus.

Glatter Krallenfrosch

Xenopus laevis
Verbreitung: Südafrika
Habitat: Teiche, Seen
Länge: 6,5–12,5 cm

Dieser stromlinienförmige Frosch ist so schnell und wendig wie ein Fisch; er ist sogar in der Lage, sich rückwärts fortzubewegen. Seine Färbung kann er von Schwarz nach Grau oder Gesprenkelt wechseln, um sich an den jeweiligen Untergrund anzupassen. Die drei inneren Zehen an seinen Hinterbeinen sind mit Krallen versehen, die das Tier benutzt, wenn es im Schlamm nach Nahrung sucht. Der Krallenfrosch frißt fast jede tierische Nahrung, sogar seine eigenen Kaulquappen.

Krallenfrösche paaren sich im Wasser. Das Männchen stößt unter Wasser leise Knurrlaute aus, um das Weibchen anzulocken. Die Eier sind einzeln mit einem Gallertmantel umhüllt; sie heften sich an Wasserpflanzen. Nach 7 Tagen schlüpfen die Jungen aus.

FAMILIE MICROHYLIDAE: Engmaulfrösche
Es gibt rund 300 grabende, land- und baumbewohnende Frösche in dieser Familie, die in den tropischen Gebieten der ganzen Welt sowie in den gemäßigt warmen Zonen Nord- und Südamerikas zu Hause sind. Bei den baumbewohnenden Arten sind Finger und Zehen mit klebrigen Haftscheiben versehen.

Keilkopf-Engmaulfrosch

Hypopachus cuneus (H. variolosus)
Verbreitung: USA: Südosten von Texas; Mexiko
Habitat: am Rand von feuchten Gebieten in einer trockenen Region
Länge: 2,5–4,5 cm

Der Keilkopf-Engmaulfrosch ist ein kleiner, kräftiger Frosch mit einer spitzen Schnauze. Tagsüber versteckt er sich unter Felsen oder unter organischem Abfall, nachts sucht er nach Ameisen und Termiten.

Diese Art kann sich zu jeder Jahreszeit fortpflanzen, wenn nur genügend Regen gefallen ist, um sie dazu anzuregen. Das Männchen lockt das Weibchen durch blökende Laute ins Wasser – daher trägt er auch den Namen Schafsfrosch – und umklammert seinen Körper. Eine klebrige Absonderung der Hautdrüsen hilft dem Paar zusammenzubleiben, während die ca. 700 Eier abgelaicht und befruchtet werden.

Caronlina-Engmaulfrosch

Gastrophryne carolinensis
Verbreitung: Südosten der USA: von Missouri und Maryland südl. bis Florida, Golfküste und Texas
Habitat: an Teichen und Wassergräben; unter feuchter Vegetation
Länge: 2–4 cm

Dieser kleine, glatte Frosch kann so schnell graben, daß er oft wie der Blitz von der Erdoberfläche verschwindet. Er bleibt tagsüber in seiner Höhle und kommt nachts zum Vorschein, um Insekten, hauptsächlich Ameisen, zu jagen.

Die Paarungszeit liegt zwischen April und Oktober und wird durch Regenfälle eingeleitet. Das Männchen (mit dunkler Kehle) ruft das Weibchen von einem Erdloch im Wasser aus und setzt seine Rufe auch während der Paarung fort. Die Eier treiben 3 Tage lang auf dem Wasser, dann schlüpfen die Kaulquappen aus.

Gesprenkelter Kurzkopffrosch

Breviceps adspersus
Verbreitung: Südafrika, Namibia, Botswana, Zimbabwe
Habitat: Savanne
Länge: 3 cm

Der Gesprenkelte Kurzkopffrosch ist ein ungewöhnlich runder Frosch mit kurzer Schnauze und kleinen, kräftigen Beinen. Sein Rücken ist mit warzigen Höckern bedeckt, seine Farbe und Zeichnung können variieren. Dieser Frosch kann mit seinen Hinterbeinen gut graben und kommt nur selten an die Erdoberfläche, außer bei Regen. Er frißt Insekten und kleine wirbellose Tiere.

Das Männchen stößt wiederholt ein krächzendes Zirpen aus, um eine Partnerin anzulocken. Die Paarung findet in einer Erdhöhle statt, und eine klebrige Absonderung ihrer Körper hilft ihnen, aneinander haftenzubleiben. Die wenigen Eier sind von einer dicken Gallertschicht umgeben; sie liegen als kompakte Masse in der Höhle. Die Jungen durchlaufen kein Larvenstadium, die Metamorphose findet schon im Ei statt, und sie kommen als kleine Frösche zur Welt.

Wendehalsfrosch

Phrynomerus bifasciatus
Verbreitung: Afrika südl. der Sahara
Habitat: Savanne
Länge: 5 cm

Der Körper dieser Frösche ist länger als bei den meisten seiner Verwandten; auch hat er einen ungewöhnlich beweglichen Kopf. Seine deutliche Zeichnung warnt Feinde vor der giftigen Haut; diese kann eine Substanz absondern, die Haut und Schleimhäute eines feindlichen Tieres stark reizt. Als Landbewohner kann dieser Frosch bei der Nahrungssuche auf Baumstämme und Felsblöcke klettern. Manchmal gräbt er sich auch ein, um das Austrocknen seiner Haut zu verhindern. Termiten und Ameisen sind seine Hauptnahrung. Die Fortpflanzung findet in flachen Tümpeln statt. Die kleinen, durch Gallert aneinanderklebenden Eier werden in eine Laichmasse gebettet und an Pflanzen geklebt, oder sie liegen auf dem Grund des Wassers. Es schlüpfen Larven aus, die im Wasser bleiben.

Glatter Krallenfrosch

Nasenkröte

Carolina-Engmaulfrosch

Wabenkröte

Gesprenkelter Kurzkopffrosch

Wendehalsfrosch

Keilkopf-Engmaulfrosch

Scheibenzüngler, Schwanzfrösche, Krötenfrösche

FAMILIE DISCOGLOSSIDAE: Scheibenzüngler

Zu den 11 Arten dieser Familie zählen die Unken, die Eigentlichen Scheibenzüngler und die Geburtshelferkröten, die alle in der Alten Welt – in Europa, Nordafrika und in Teilen von Asien – leben. Kennzeichnend für sie ist die scheibenförmige Zunge, die vollständig mit dem Boden der Mundhöhle verwachsen ist und nicht zum Fangen von Beutetieren herausgestreckt werden kann. Bei den meisten Fröschen sind die Zungen nur vorne mit dem Maul verbunden, so daß der hintere Teil nach vorne geklappt werden kann.

Geburtshelferkröte

Alytes obstetricans

Verbreitung: Westeuropa, südl. bis zu den Alpen, Spanien und Portugal
Habitat: bewaldetes Gebiet, Kulturland
Länge: bis zu 5 cm

Die kleine, plumpe Geburtshelferkröte variiert in der Färbung von Grau bis Olivgrün und trägt oft eine dunklere Zeichnung. Sie ist ein landbewohnendes Nachttier. Tagsüber verbirgt sie sich in Mauerspalten, unter Steinen oder altem Holz. Manche dieser Tiere leben in Erdhöhlen, die sie mit ihren starken Vorderbeinen graben. Geburtshelferkröten fressen Insekten und andere kleine wirbellose Tiere.

Die Geburtshelferkröte ist vor allem wegen ihres ungewöhnlichen Fortpflanzungsverhaltens bekannt. Die Art paart sich nachts an Land, wobei das Männchen seine Partnerin umklammert, während das Weibchen Gallertschnüre von ca. 60 Eiern absetzt. Hat das Männchen die Eier befruchtet, dann taucht es seine Beine in den Laichknäuel und wickelt sich die Laichschnüre um die Hinterbeine. So trägt es die Eier permanent mit sich herum und sorgt dafür, daß sie nicht austrocknen: von Zeit zu Zeit taucht es sie in Tümpeln unter Wasser. Nach 18–49 Tagen, je nach Temperatur, legt das Männchen die Eier in flaches Wasser; dann schlüpfen die Larven aus.

Chinesische Rotbauchunke

Bombina orientalis

Verbreitung: Sibirien, Nordostchina, Korea
Habitat: Bergbäche, Reisfelder
Länge: 5 cm

Die prachtvoll gefärbte Haut der chinesischen Rotbauchunke sondert eine milchige Flüssigkeit ab, die Maul und Augen von Raubtieren sehr stark reizt.

Das Weibchen legt seinen Laich im Wasser unter Steinen in kleinen Klümpchen ab, die jeweils 2–8 Eier enthalten.

FAMILIE ASCAPHIDAE: Schwanzfrösche

Diese Familie umfaßt nur 4 Arten, von denen 3 in Neuseeland leben und eine in Nordamerika beheimatet ist. Trotz ihres Namens haben sie keinen echten Schwanz, sondern Muskeln, die in einem früheren Evolutionsstadium dazu dienten, den Schwanz zu bewegen.

Hochstetters Frosch

Leiopelma hochstetteri

Verbreitung: Neuseeland
Habitat: Berge, Bergbäche
Länge: 4,5 cm Ⓢ

Die 3 Arten der Gattung *Leiopelma* sind in Neuseeland die einzigen einheimischen Frösche; sie sind selten geworden und stehen unter strengem Naturschutz. Andere heute in Neuseeland lebende Frösche sind eingeführt worden.

Der Hochstetters Frosch ist ein stattliches Tier mit unvollständig entwickelten Schwimmhäuten an den Hinterbeinen. Er wurde 1852 entdeckt. Obwohl er normalerweise im Wasser oder in dessen Nähe lebt, ist er auch schon in den Bergen in einiger Entfernung von einem Bach gefunden worden. Wie seine engen Verwandten ist er ein Nachttier. Er frißt Käfer, Ameisen, Regenwürmer, Spinnen und Nacktschnecken.

Das Fortpflanzungsverhalten dieser Frösche ist wahrscheinlich eine Anpassung an ihr Wohngebiet. Klümpchen von 2–8 Eiern werden auf feuchte Erde unter Holz oder Steinen abgesetzt. Jedes Ei ist mit einer Gallertkapsel umgeben, in der der Embryo alle Kaulquappenstadien durchläuft, bis er etwa ca. 40 Tage nach dem Ablaichen als kleiner Frosch mit einem kleinen Schwanz ausschlüpft. Der Schwanz wird innerhalb eines Monats resorbiert.

Schwanzfrosch

Ascaphus truei

Verbreitung: Pazifikküste von Nordamerika
Habitat: Bergbäche, feuchte Wälder
Länge: 2,5–5 cm

Der männliche Schwanzfrosch besitzt eine nach hinten ausgestülpte röhrenförmige Kloakenverlängerung, die als Kopulationsorgan dient. Es umklammert das Weibchen und bringt seinen Samen direkt in dessen Kloake. Das Weibchen legt die Eier in einem Bach ab und klebt sie an Steine. Wenn die Kaulquappen ausschlüpfen, saugen sie sich mit ihrem starken Saugmund an Felsen oder anderen Objekten fest, um nicht von der Strömung mitgerissen zu werden. Die Kaulquappen fressen Pflanzen und kleine Tiere und wandeln sich erst nach 1–2 Jahren in Frösche um.

FAMILIE PELOBATIDAE: Krötenfrösche

Die 54 Arten der Krötenfrösche findet man in Nordamerika, Europa und Südasien. Viele von ihnen leben fast ausschließlich an Land und sind nachts aktiv; den Tag verbringen sie in unterirdischen Höhlen. Ein auffälliges Merkmal der Krötenfrösche ist der schaufelförmige hornige Fortsatz an der Fußinnenseite, der als Grabwerkzeug dient.

Manche Arten pflanzen sich unmittelbar nach Regenfällen in temporären Regentümpeln fort. Da diese jedoch schon bald wieder austrocknen, muß sich die Entwicklung besonders schnell vollziehen. Innerhalb von 2 Wochen können die Jungen ausschlüpfen, das Kaulquappenstadium durchlaufen und die Umwandlung vollziehen.

Knoblauchkröte

Pelobates fuscus

Verbreitung: Mitteleuropa, von der Nordseeküste bis Westasien
Habitat: Sandboden, Kulturland
Länge: bis zu 8 cm

Die plumpe europäische Knoblauchkröte hat eine große, hell gefärbte Schaufel an den Hinterbeinen sowie Schwimmhäute, die fast bis ans Ende der Zehen reichen. Die Männchen sind gewöhnlich kleiner als die Weibchen und haben vorstehende ovale Drüsen am oberen Teil ihrer Vorderbeine. Wie verwandte Arten ist auch dies ein Nachttier, außer in der Laichzeit.

Die Fortpflanzung findet im Frühling statt, meist in tiefen Teichen oder in Wassergräben. Obwohl sich bei den Männchen nicht wie bei vielen anderen Familien rauhe Kopulationsborsten entwickeln, die dazu dienen, die Partnerin festzuhalten, werden die Weibchen auch in diesem Fall umklammert. Die Eier werden unmittelbar nach dem Ablegen befruchtet.

Westlicher Schaufelfuß

Scaphiopus hammondi

Verbreitung: Westen der USA: Kalifornien, Arizona, New Mexico; Mexiko
Habitat: Ebenen, sandige Gebiete u.a.
Länge: 3,5–6,5 cm

Der Westliche Schaufelfuß ist ein ausgezeichneter Graber, an dessen beiden Hinterbeinen sich keilförmige Schaufeln befinden. Er ist ein Nachttier und verbringt den Tag in seiner Höhle, in der eine gemäßigte Temperatur und hohe Luftfeuchtigkeit herrscht, trotz der großen Hitze in weiten Teilen seines Verbreitungsgebietes.

Für die Fortpflanzung werden temporäre Regenpfützen benutzt. Sie findet, abhängig vom Regenfall, zwischen Januar und August statt. Die Eier werden in Klümpchen an Pflanzen geheftet, und die Kaulquappen schlüpfen schon nach 2 Tagen aus. Da die Entwicklung abgeschlossen sein muß, bevor die temporären Tümpel austrocknen, erfolgt die Umwandlung der Kaulquappen zur erwachsenen Form innerhalb von 6 Wochen.

Westlicher Schlammtaucher

Pelodytes punctatus

Verbreitung: Europa: Spanien, Portugal, Frankreich, Westbelgien, Norditalien
Habitat: verschiedene feuchte Gebiete
Länge: bis zu 5 cm

Außerhalb der Paarungszeit lebt dieser Frosch hauptsächlich an Land und ist nachts aktiv. Oft sieht man ihn zwischen Pflanzen, in der Nähe von kleinen Wasserläufen oder an Mauern. Es ist ein kleiner, aktiver Frosch, bei dem die Schwimmhäute an den Hinterbeinen fast ganz fehlen. Er kann gut klettern, schwimmen und springen und flache Gänge graben, obwohl ihm die schaufelförmigen Fortsätze fehlen, die eines der typischen Merkmale dieser Familie sind.

Die Laichzeit fällt in den Frühling, und in jeder Fortpflanzungsperiode können mehrere Male Eier abgelegt werden. Diese schlingen die Tiere in Schnüren, von einer dicken Gallertmasse zusammengehalten, um Wasserpflanzen, wo sie bis zum Ausschlüpfen der Kaulquappen bleiben.

Hochstetters Frosch

Chinesische Rotbauchunke

Knoblauchkröte

Schwanzfrosch

Westlicher Schlammtaucher

Geburtshelferkröte ♂ mit Eiern

Westlicher Schaufelfuß

Südfrösche, Gespensterfrösche, Nasenfrösche

FAMILIE MYOBATRACHIDAE:
Australische Südfrösche
Diese Frösche sind wahrscheinlich mit der Familie Bufonidae verwandt. Früher hat man sie dieser Familie auch tatsächlich zugeordnet. Heute jedoch gelten sie eher als Verwandte der Familie Leptodactylidae. Diese Tiere bewegen sich meist ziemlich unbeholfen auf den Zehenspitzen fort.

Corroboree-Scheinkröte
Pseudophryne corroboree
Verbreitung: Australien: Victoria, New South Wales
Habitat: Bergwälder, sumpfige Wiesen
Länge: 3 cm

Der Körper dieser Kröte ist sehr auffällig gefärbt: hellgelb, mit einer unregelmäßigen schwarzen Zeichnung. Sie lebt auf dem Land, jedoch in der Nähe von Wasser, oft in Höhen von mehr als 1500 m. Sie verbirgt sich unter Baumstämmen oder in selbstgegrabenen Erdlöchern.

Im Sommer suchen die Kröten Torfmoor mit Torfmoosen auf, wo sie ihre Laichhöhlen graben. Bis zu 12 Eier werden in ein Erdloch abgelegt, und gewöhnlich bleibt ein Elternteil bei den Eiern. Die Kaulquappen verlassen die Eier erst, wenn genügend Regen fällt, um sie zum Wasser zu spülen, wo sie dann sofort ausschlüpfen.

Cyclorana cultripes
Verbreitung: Australien: Nordküste, Westaustralien bis Queensland
Habitat: unter der Erde
Länge: 5 cm

Dieser grabende Frosch kommt nur an die Erdoberfläche, um sich zu paaren und einen Teil seiner Nahrung – meist Insekten und deren Larven – zu suchen. Er hat einen kräftigen, ziemlich dicken Körper mit einer warzigen Haut und unregelmäßigen Flecken auf dem Rücken.

Die Fortpflanzung findet nach starken sommerlichen Regenfällen statt, oft in temporären Tümpeln oder in angeschwollenen kleinen Wasserläufen. Die Eier werden im Wasser abgelegt und an Pflanzen geheftet, bis besonders fette Kaulquappen mit spitzer Schnauze und breiten Schwanzflossen ausschlüpfen.

FAMILIE HELEOPHRYNIDAE:
Gespensterfrösche
Gespensterfrösche verdanken ihren Namen nicht ihrem gespenstigen Aussehen, sondern der Tatsache, daß eine Art in Skeleton Gorge in Südafrika entdeckt wurde. Es sind 3 oder 4 südafrikanische Arten bekannt, die alle in schnell fließenden Bergbächen leben. Diese Frösche haben lange Beine und einen flachen Körper. Aufgrund ihres Körperbaus können sie sich in enge Felsspalten zwängen. Ihre Fingerspitzen sind T-förmig verbreitert, so daß sie auch auf schlüpfrigen Oberflächen Halt finden.

Natal-Gespensterfrosch
Heleophryne natalensis
Verbreitung: Nordosten von Südafrika
Habitat: Waldbäche
Länge: bis zu 5 cm

Dieser Frosch ist ein Nachttier, das sich tagsüber zwischen Felsblöcken und Kieselsteinen verbirgt, getarnt durch sein Fleckenmuster.

In der Paarungszeit entwickeln die Männchen Kopulationsborsten auf den Vorderbeinen und kleine Stacheln an den Fingern und in den Achseln, mit denen sie ihre Partnerin festhalten können. Die Eier werden in einem Tümpel oder sogar außerhalb des Wassers auf feuchten Kieselgrund abgelegt. Wenn die Kaulquappen ausschlüpfen, begeben sie sich in reißende Bäche, wo sie der Strömung standhalten, indem sie sich mit ihren Saugmündern an den Steinen festsaugen.

FAMILIE LEPTODACTYLIDAE: Südfrösche
Dies ist eine große und formenreiche Familie mit mehreren 100 Arten, die hauptsächlich in Mittel- und Südamerika, Afrika und Australien vorkommen. Ihre Anatomie ist fast die gleiche wie die der Laubfrösche (Familie Hylidae), aber obwohl die Südfrösche Haftscheiben auf den Fingern haben können, fehlt ihnen die innere Struktur, die die Finger der Laubfrösche so beweglich macht.

Schmuck-Hornfrosch
Ceratophrys cornuta (C. ornata)
Verbreitung: Norden und mittlerer Teil von Südamerika
Habitat: abgefallene Blätter in Wäldern
Länge: 20 cm

Dieser außergewöhnlich dicke Frosch, der fast ebensobreit wie lang ist, hat einen breiten, kräftigen Kopf mit einem großen Maul. Die Augen sind verhältnismäßig klein, und auf dem oberen Augenlid befinden sich kleine Hautzipfel. Die Beine sind teilweise mit Schwimmhäuten ausgestattet, obwohl diese Frösche den größten Teil ihres Lebens halb in der Erde vergraben verbringen. Schnecken, kleine Frösche und Nagetiere sind die Hauptnahrung dieser stattlichen Tiere, und möglicherweise verschlingen sie auch die Jungen der eigenen Art.

Glasfrosch
Centrolenella albomaculata
Verbreitung: Norden Südamerikas
Habitat: Wald
Länge: bis zu 3 cm

Der Glasfrosch lebt in kleinen Bäumen und Sträuchern, meist in der Nähe eines fließenden Gewässers. Seine Zehen sind zu Haftscheiben verbreitert, die ihm beim Klettern guten Halt geben. Die Eier werden in Trauben an der Unterseite von Blättern über fließendem Wasser abgelegt und von den Männchen bewacht. Wenn die Kaulquappen ausschlüpfen, fallen sie ins Wasser, wo sie ihre Entwicklung abschließen.

Südamerikanischer Ochsenfrosch
Leptodactylus pentadactylus
Verbreitung: Mittel- und Südamerika: von Costa Rica bis Brasilien
Habitat: Wald in Wassernähe
Länge: bis zu 20 cm

Der Südamerikanische Ochsenfrosch, der größte Vertreter seiner Familie, hat besonders kräftige Hinterbeine, die in manchen Gegenden als Delikatesse gelten. An beiden Daumen des Männchens befinden sich harte Dornen, und mit seinen starken Armmuskeln kann es das Weibchen bei der Paarung festhalten. Auf der Brust des Weibchens befinden sich 2 Hornhöcker, zwischen die die Dornen des Männchens genau passen. In der Paarungszeit färben sich die Seitenflächen der Beine tieforange oder rot. Diese Frösche paaren sich im Wasser. Das Männchen umklammert das Weibchen, das eine gallertartige Masse absondert, welche das Männchen zu Schaum schlägt. Dieser Schaum wird zu einem auf dem Wasser treibenden Nest, in das die Eier abgelegt und in dem sie anschließend befruchtet werden. Sind die Kaulquappen ausgeschlüpft, dann bleiben sie zunächst im schützenden Nest. Erst nach der Metamorphose zur erwachsenen Form verlassen sie es.

FAMILIE RHINODERMATIDAE:
Nasenfrösche
Diese südamerikanische Familie ist wahrscheinlich eng mit den Südfröschen (Leptodactylidae) verwandt. Eine der interessantesten Arten ist der Darwin-Nasenfrosch. Die Männchen dieser Art tragen zuerst die Eier, dann die Kaulquappen in ihrer Schallblase, bis diese sich zu kleinen Fröschen verwandeln. Die Art wurde von Charles Darwin entdeckt.

Darwin-Nasenfrosch
Rhinoderma darwinii
Verbreitung: Südchile, Südargentinien
Habitat: seichte kalte Bäche im Wald
Länge: 3 cm

Dies ist ein kleiner schlanker Frosch mit einem dreieckigen Hautzipfel auf der Schnauze. Er hat Schwimmhäute an den Hinterpfoten, jedoch nicht an den Vorderpfoten.

Das Brutpflegeverhalten dieses Frosches ist einzigartig für Amphibien. Das Weibchen legt 20–45 Eier auf dem Land ab, die von mehreren Männchen bewacht werden, bis die von außen sichtbaren Embryos anfangen, sich in der Eikapsel zu bewegen. Jedes Männchen leckt dann bis zu 15 Eier mit der Zunge auf und läßt sie in seine große Schallblase gleiten. Dort schlüpfen die Kaulquappen aus dem Ei, und während der Brutraum sich immer weiter ausdehnt, entwickeln sich die Jungen zu kleinen Fröschen, wobei sie von ihrem Eigelb zehren. Wenn sie ca. 1,25 cm groß sind, treibt das Männchen sie hinaus, und die Schallblase schrumpft wieder zur normalen Größe zusammen.

Corroboree-Scheinkröte

Cyclorana cultripes

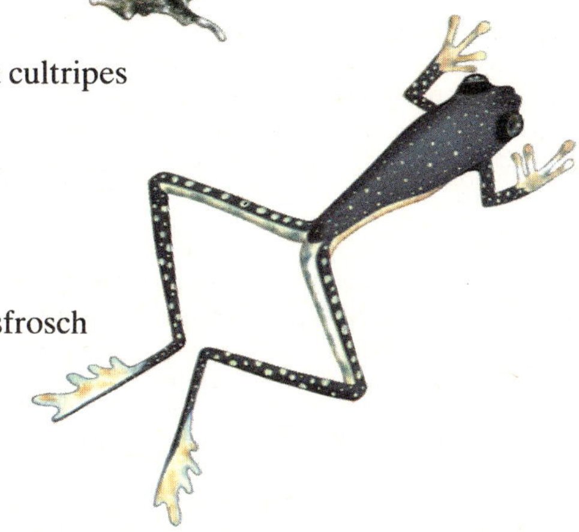

Glasfrosch

Riesenhornfrosch

Darwin-Nasenfrosch

Südamerikanischer Ochsenfrosch

Natal-Gespensterfrosch

Echte Kröten, Sattelkröten

FAMILIE BUFONIDAE: Echte Kröten
Ursprünglich bezeichnete man nur die 300 Arten dieser Familie als „Kröten", doch wurden im Laufe der Zeit auch viele andere landbewohnende Froschlurche mit warziger Haut Kröten genannt. Echte Kröten gibt es fast auf der ganzen Welt, mit Ausnahme des hohen Nordens, Madagaskars und Polynesiens. Eine Art ist kürzlich in Australien eingeführt worden, wo vorher keine Echten Kröten vorkamen.

Kennzeichnend für die Echten Kröten sind ein gedrungener Körperbau und kurze Beine. Die Haut dieser Tiere ist trocken und mit den charakteristischen warzigen Höckern bedeckt. In diese münden die Poren von Drüsen, die eine giftige Flüssigkeit absondern, was der Kröte vor allem vor Raubtieren einigen Schutz bietet. Mit ihren kurzen Beinen können diese Kröten besser laufen als springen; im allgemeinen bewegen sie sich langsamer fort als Frösche. Die Männchen entwickeln in der Paarungszeit Kopulationsborsten auf den 3 inneren Fingern, mit denen sie die Weibchen während der Paarung festhalten.

Boulengers Stummelfußkröte

Atelopus boulengeri

Verbreitung: Südamerika: Ecuador, Peru
Habitat: bewaldete Hänge der Anden in der Nähe schnell fließender Bäche
Länge: ca. 2,5 cm

Die kontrastreiche schwarzorange Zeichnung der Boulengers Stummelfußkröte warnt vor ihrer giftigen Hautabsonderung, die sie gegen Raubtiere schützt. Diese Art ist nicht besonders zahlreich. Stummelfußkröten bewegen sich nur langsam fort, sie sind tagsüber aktiv und klettern nachts in Sträucher.

Über das Fortpflanzungsverhalten ist wenig bekannt, man weiß nur, daß die Eier unter Steine in kleinen Bächen abgelegt werden. Die Kaulquappen können sich mit ihrem Saugmund in schnell fließenden Gewässern an Felsblöcken festsaugen.

Amerikanische Kröte

Bufo americanus

Verbreitung: Südostkanada: von Manitoba bis Labrador, südl. bis zu den Großen Seen; USA: südl. bis Georgia, östl. bis Kansas
Habitat: Grasland, Wald, Gärten
Länge: 5–11 cm

Die Amerikanische Kröte ist ein kräftiges Tier mit einem breiten Kopf, das mit einer großen Zahl von Warzen bedeckt ist. Das Männchen ist meist größer als das Weibchen. Tagsüber halten sich diese Kröten unter Steinen und Baumstämmen verborgen oder graben sich in die Erde ein. Nachts machen sie sich auf die Suche nach Insekten, kleinen Spinnen, Schnecken und Regenwürmern.

Die Laichzeit liegt zwischen März und Juni; die Paarung findet in Tümpeln oder Bächen statt. Das Weibchen legt 2 Laichschnüre mit jeweils 8000 Eiern ab, aus denen nach 3–12 Tagen die Kaulquappen schlüpfen. Ungefähr 2 Monate später verwandeln sie sich in Kröten.

Aga-Kröte

Bufo marinus

Verbreitung: USA: äußerster Süden von Texas; von Mexiko bis Mittel- und Südamerika; in vielen anderen Gebieten eingeführt, u.a. in Australien
Habitat: in der Nähe von Teichen und Sümpfen
Länge: 10–25 cm

Die Aga-Kröte ist eine der größten Kröten der Welt. An vielen Orten außerhalb ihres natürlichen Verbreitungsgebietes wurde sie ausgesetzt, um Insekten zu bekämpfen, die die Ernte bedrohen – z.B. die Zuckerrohrernte. Sie paßt sich gut an neue Wohngebiete an und frißt fast alles: kleine Nagetiere, Vögel und Insekten, vor allem Käfer. Die giftige Absonderung der großen Drüsen hinter den Augen reizt die Schleimhäute von Feinden sehr stark und kann für Säugetiere sogar tödlich sein.

Die Fortpflanzung ist nicht an eine bestimmte Jahreszeit gebunden, es muß nur genügend Regen und Wärme vorhanden sein. Das Weibchen setzt seine Laichschnüre in stehendes Gewässer ab, und schon nach 3 Tagen schlüpfen die Kaulquappen aus. Ein Weibchen kann in einem Jahr bis zu 35000 Eier ablegen.

Wechselkröte

Bufo viridis

Verbreitung: Europa: von Südschweden über Deutschland bis Italien und zu den Mittelmeerinseln; Nordafrika; Zentralasien
Habitat: oft sandige Tieflandgebiete
Länge: 8–10 cm

Die Wechselkröte ist ein gedrungenes Tier, obwohl sie weniger plump als die Erdkröte ist. Ihre warzige Haut ist mit scharf umrissenen grünen Flecken übersät. Das Weibchen ist größer als das Männchen und heller gefleckt; beim Männchen ist deutlich eine Schallblase zu erkennen. Wechselkröten sind hauptsächlich Nachttiere, kommen aber gelegentlich auch tagsüber zum Vorschein, um nach Insekten zu suchen. Obwohl es sich um eine landbewohnende Art handelt, hat die Wechselkröte teilweise Schwimmhäute an den Zehen; sie kann sogar in Brackwasser überleben.

Wechselkröten pflanzen sich von April bis Juni fort; die Männchen locken die Weibchen mit einem langgezogenen, hohen Trällern an. Bei der Paarung umklammert das Männchen das Weibchen unter den Achseln, während dieses 2 Gallertschnüre mit Eiern absetzt, die je 10000–20000 Eier enthalten.

Kreuzkröte

Bufo calamita

Verbreitung: West- und Mitteleuropa (einschließlich Großbritannien), östl. bis Rußland
Habitat: sehr unterschiedlich, oft in sandigen Gebieten
Länge: 7–10 cm

Das Kreuzkrötenmännchen ist die lauteste europäische Kröte. Sein Gequake ist noch in einer Entfernung von mehr als 2 km zu hören. Die Weibchen sind meist größer als die Männchen, doch beide Geschlechter sind kräftig und haben ziemlich kurze Beine. Obwohl diese Kröte hauptsächlich auf dem Land lebt, wird sie oft in Meeresnähe gefunden und kann sich sogar in Brackwasser fortpflanzen. Die Tiere bewegen sich in kurzen Sprüngen fort und sind nachts aktiv.

Die Fortpflanzungszeit dauert von März bis August; die Paarung findet nachts statt. Das Weibchen legt in flachem Wasser mehrere Gallertschnüre, die jeweils 4000 Eier enthalten. Nach 10 Tagen schlüpfen die Kaulquappen aus, die sich innerhalb von 4–8 Wochen in Kröten verwandeln. Die jungen Kröten sind noch nicht ausgewachsen und werden erst nach 2–3 Jahren geschlechtsreif.

Erdkröte

Bufo bufo

Verbreitung: Europa (einschließlich Großbritannien und Skandinavien); Nordafrika; von Nordasien bis Japan
Habitat: sehr unterschiedlich, oft in ziemlich trockenen Gebieten
Länge: bis zu 15 cm

Die Größe der Erdkröte variiert sehr stark je nach Region ihres ausgedehnten Verbreitungsgebietes; meist sind die Weibchen größer als die Männchen. Sie hat einen schweren, mit Warzen übersäten Körper. Die Männchen besitzen keine äußerlich sichtbaren Schallblasen. Erdkröten sind Nachttiere, die sich tagsüber versteckt halten, und zwar immer wieder an den gleichen Stellen. Sie kommen in der Dämmerung zum Vorschein, um die verschiedensten wirbellosen Tiere zu jagen. Gewöhnlich laufen sie über den Boden, notfalls springen sie aber auch.

In einem großen Teil ihres Verbreitungsgebietes hält die Erdkröte einen Winterschlaf. Im Frühling versammeln sich die Tiere anläßlich der Fortpflanzung in riesigen Gruppen, wobei sie jedes Jahr zum gleichen Tümpel zurückkehren. Tausende von Eiern werden in Gallertschnüren abgelegt, die bis zu 3 m lang sein können. Die Kaulquappen schlüpfen nach 10 Tagen aus, und bei warmem Wetter ist ihre Umwandlung schon nach 2 Monaten abgeschlossen. Bei kaltem Klima dauert sie jedoch länger.

FAMILIE BRACHYCEPHALIDAE: Sattelkröten
Die einzige Art dieser Familie, die Sattelkröte, ist eng mit den Echten Kröten verwandt.

Sattelkröte

Brachycephalus ephippium

Verbreitung: Südamerika: Südostbrasilien
Habitat: Bergwälder
Länge: bis zu 2 cm

Diese kleine, zierliche Kröte lebt zwischen den abgefallenen Blättern auf dem Waldboden. Bei Trockenheit flüchtet sie sich manchmal auch in Spalten von Bäumen oder Felsen. Auf ihrem Rücken hat sie einen breiten knöchernen Schild, der aus harten Platten besteht, die mit den Wirbelfortsätzen verwachsen sind. Dieser Schild dient dazu, den Eingang der Höhle abzuschließen, so daß die Feuchtigkeit darin erhalten bleibt.

Über das Fortpflanzungsverhalten dieser Kröte ist nichts bekannt, aber da die Kaulquappen im Wasser leben, werden die Eier vermutlich im Wasser oder in dessen Nähe abgelegt.

Wechselkröte
Sattelkröte
Amerikanische Kröte
Boulengers Stummelfußkröte
Kreuzkröte
Aga-Kröte
Erdkröte

Laubfrösche

FAMILIE HYLIDAE: Laubfrösche

Es gibt ca. 600 Arten von Laubfröschen, die auf allen Kontinenten mit Ausnahme der Antarktis zu Hause sind; die meisten Arten leben jedoch in den tropischen Gebieten der Neuen Welt. Die große Mehrheit dieser Tiere lebt in Bäumen und weist daher viele Anpassungen in Anatomie und Verhalten auf, die ihnen dazu verholfen haben, sich erfolgreich als insektenfressende baumbewohnende Amphibien durchzusetzen.

Die wichtigste Anpassung betrifft die Gliedmaßen. Alle Fingerspitzen sind scheibenförmig verbreitert, so daß sie als Haftscheibe fungieren, und in den Fingern befinden sich vor den krallenförmigen Fingerendgliedern Knorpelscheiben. Dieser Zwischenknorpel verleiht den Fingern eine große Beweglichkeit, während die Haftscheibe gleichzeitig flach auf den Untergrund gedrückt wird.

Laubfrosch

Hyla arborea

Verbreitung: Europa (außer Nordfrankreich, Teile von Südfrankreich und Spanien); Türkei, Süden der UdSSR bis zum Kaspischen Meer

Habitat: Büsche, Bäume, Schilf an Teichen und Seen

Länge: bis zu 5 cm

Dieser lackgrüne, glatte Baumfrosch verbringt den größten Teil seines Lebens in Bäumen, wo er sehr geschickt Insekten fängt. Er kann schnell seine Farbe wechseln: in der Sonne ist er hellgrün, im Schatten dunkelgrün.

Bei Sommeranfang versammeln sich die geschlechtsreifen Laubfrösche nachts in Tümpeln oder anderen kleinen Gewässern. Das Männchen umklammert das Weibchen direkt unter den Achseln der vorderen Gliedmaßen und befruchtet die Eier, die danach im Wasser abgesetzt werden, und zwar in Klümpchen von ca. 1000 Stück. Die Eier treiben dann auf dem Wasser, bis die Kaulquappen ausschlüpfen.

Grauer Laubfrosch

Hyla versicolor

Verbreitung: Südostkanada; USA: von North Dakota östl. bis Maine, südl. bis Texas und Florida

Habitat: Büsche und Bäume in Wassernähe

Länge: 3–6 cm

Dieser Baumfrosch hat eine rauhe Haut, die wegen ihrer variablen Farbe in Bäumen gute Tarnung bietet. Das Tier zeigt Feinden blitzartig die hellorangenen Flecken an der Unterseite der Schenkel, um sie zu verwirren. Es lebt in den Baumwipfeln und geht nachts auf Insektenjagd.

Auf den Erdboden kommt es praktisch nur in der Paarungszeit. Die Paarung findet im Wasser statt, wo auch die Eier in Klümpchen von 10–40 Stück abgelegt werden. Nach 4–5 Tagen schlüpfen die Kaulquappen aus.

Wasserpfeifer

Hyla crucifer

Verbreitung: Südostkanada; USA südl. bis Zentralflorida, westl. bis Texas

Habitat: bewaldete Gebiete in der Nähe von Teichen und Sümpfen

Länge: 2–3 cm

Der Wasserpfeifer ist einer der häufigsten Frösche Nordamerikas. Im Norden seines Verbreitungsgebietes kündigt sein Gequake den Frühling an. Dieser schnelle, kleine Frosch kann in Bäumen und Sträuchern herumklettern, wobei ihm seine gut entwickelten Haftscheiben gute Dienste leisten. Er kann 17mal so weit springen, wie er lang ist, und ernährt sich hauptsächlich von Spinnen und Insekten, frißt aber auch fliegende Insekten, die er durch Luftsprünge fängt.

Die paarungsbereiten Männchen versammeln sich auf Bäumen, deren Zweige über das Wasser hängen, zum gemeinschaftlichen Chorgesang. Die Männchen klettern auf jedes Weibchen, das im Wasser auftaucht. Die befruchteten 800–1000 Eier werden einzeln an die Stengel von Wasserpflanzen geheftet. Innerhalb weniger Tage schlüpfen die Kaulquappen aus. Etwa 3 Monate später sind sie erwachsen und verlassen das Wasser.

Westlicher Grillenfrosch

Acris crepitans

Verbreitung: USA: von New York südl. bis Nordflorida, westl. bis Minnesota und Texas

Habitat: flache Tümpel, langsam fließende Bäche

Länge: 1,5–4 cm

Dieser kleine Frosch ist ein schlechter Kletterer; er verbringt sein Leben auf dem Boden und im Wasser. Im Gegensatz zu den in Bäumen lebenden Fröschen hüpft und springt der Grillenfrosch sehr behende; er kann mit einem einzigen Satz 36mal so weit springen, wie er lang ist.

Die Laichzeit beginnt im Norden des Verbreitungsgebietes im April, im Süden schon im Februar. Tausende von Fröschen versammeln sich dann quakend, um sich zu paaren – der Ruf der Männchen ist ein schrilles, metallisch klingendes Geräusch. Die Eier werden auf Wasserpflanzen abgesetzt, in kleinen Klümpchen oder einzeln. Bei warmem Wetter schlüpfen die Kaulquappen nach 4 Tagen aus; bei Temperaturen unter 22° C dauert es länger.

Goldbaumsteiger

Dendrobates auratus

Verbreitung: Mittel- und Südamerika: von Nicaragua bis Panama und Kolumbien

Habitat: Wald

Länge: 4 cm

Die leuchtenden Farben dieses bodenbewohnenden Frosches warnen potentielle Feinde vor dem giftigen Sekret seiner Hautdrüsen. Das Gift wird von den Indianern gewonnen und als Pfeilgift verwendet.

Vor der Paarung kommt es unter den Männchen zu Revierkämpfen. Das Weibchen legt ca. 6 von einer Gallertkapsel umschlossene Eier auf dem Land ab. Das Männchen sucht die Eier regelmäßig auf, bis nach 2 Wochen die Kaulquappen ausschlüpfen. Diese kriechen dann auf den Rücken des Männchens, das sie zu einer Baumhöhle trägt, in der sich etwas Wasser gesammelt hat. Dort wandeln sie sich innerhalb von ca. 6 Wochen um.

Goldgrüner Australien-Laubfrosch

Litoria cyclorhynchus

Verbreitung: Südküste von Westaustralien

Habitat: große Teiche

Länge: bis zu 8 cm

Dieser auffällig gezeichnete Frosch klettert nur sehr selten; er lebt im Wasser oder im Schilf. Nur bei starken Regenfällen kommt er an Land. Tagsüber ist er aktiv und jagt kleine Tiere. Er ist als gefräßiges Raubtier bekannt und frißt sogar seine eigenen Larven.

In der Paarungszeit locken die Männchen vom Wasser aus die Weibchen mit Lauten an, die so klingen, als ob Holz gesägt würde. Das Weibchen legt seine Eier zwischen Wasserpflanzen ab.

Zipfel-Greiffrosch

Phyllomedusa appendiculata

Verbreitung: Südostbrasilien

Habitat: Wald, in der Nähe fließender Gewässer

Länge: 4 cm

Diese Art lebt in Bäumen. An den Fersen beider Füße sitzen dreieckige Hautlappen, die die Umrisse des Tieres tarnen, wenn es auf einem Zweig sitzt. An den Innenseiten der Schenkel und Flanken befinden sich rote Hautflächen, die blitzschnell aufgeklappt werden können, um Feinde zu verwirren. Dieser Frosch ernährt sich hauptsächlich von Insekten.

Mit seiner Fortpflanzung hat er sich an das Leben in Bäumen angepaßt. Ein paarungsbereites Pärchen sucht ein geeignetes Blatt, das über dem Wasser hängt. Mit den Hinterbeinen faltet es die Ränder zusammen, so daß ein Nest entsteht, das nach beiden Seiten offen ist. Die ca. 50 Eier werden in einer Gallertmasse in das Nest abgelegt. Wenn die Kaulquappen nach 2–3 Tage ausschlüpfen, fallen sie ins Wasser.

Beutelfrosch

Gastrotheca marsupiata

Verbreitung: Südamerika: Ecuador, Peru

Habitat: Wald

Länge: bis zu 4 cm

Diese baumbewohnende Art ist in vielerlei Hinsicht ein typischer Vertreter der Familie, zeigt jedoch eine bessere Brutsorge als die anderen Arten. Das Weibchen ist größer als das Männchen und mit einer speziellen Hauttasche auf dem Rücken ausgestattet. Während das Weibchen seine ca. 200 Eier nacheinander ablegt, sitzt das Männchen auf seinem Rücken. Sobald das Weibchen ein Ei abgelegt hat, beugt es sich vor; dann befruchtet das Männchen das Ei, rollt es nach vorne, und das Ei landet im Beutel. Wenn alle Eier abgelegt sind, hilft das Männchen dem Weibchen, sie ganz in den Beutel zu schieben und dessen Ränder zu versiegeln. Wenige Wochen später sucht das Weibchen einen flachen Tümpel oder eine Pfütze auf, um die Brut dort zu entlassen. Zu diesem Zeitpunkt ist sein Rücken stark angeschwollen. Mit dem längsten Zeh (dem vierten) einer Hinterpfote öffnet es den Spalt des Beutels und befreit die Kaulquappen, die sich dann im Wasser in ihre erwachsene Form verwandeln.

Grauer Laubfrosch

Goldgrüner Australien-Laubfrosch

Westlicher Grillenfrosch

Wasserpfeifer

Laubfrosch

Zipfel-Greiffrosch

Goldbaumsteiger

Beutelfrosch

Echte Frösche 1

FAMILIE RANIDAE: Echte Frösche

Zu dieser Familie gehören 500–600 Arten, die man auf der ganzen Welt mit Ausnahme der Antarktis findet; in Australien und in den südlichen Teilen Südamerikas sind die Echten Frösche nur spärlich vertreten. Kennzeichnend für sie sind der schlanke, stromlinienförmige Körper und der spitze Kopf. Ihre Hinterbeine sind lang, und an den Füßen tragen sie vollentwickelte Schwimmhäute. Meist haben sie eine glatte Haut und sind braun oder grün gefärbt.

Die meisten Arten dieser Familie leben am Süßwasser, flüchten bei Gefahr ins Wasser und jagen auch ihre Beute dort. Einige Arten können jedoch auch in Brackwasser oder in warmen Schwefelquellen leben, andere sind an das Leben an Land angepaßt und können sich wie die Krötenfrösche eingraben. Wieder andere leben in Bäumen und sind mit Haftscheiben unter den Zehen ausgestattet, die ihnen beim Klettern Halt geben. Als erwachsene Tiere sind sie allesamt Fleischfresser und ernähren sich hauptsächlich von Insekten, Spinnen und kleinen Krebsen.

Zu Beginn der Paarungszeit versammeln sich diese Tiere in großer Zahl; die Männchen bilden dann einen Chor, um die Weibchen zu den Laichplätzen zu locken. Bei den Männchen entwickeln sich dicke Kissen auf Vorderbeinen und Daumen, mit denen sie die Körper der Weibchens umklammern. Wenn das Weibchen seine Eier ablegt, befruchtet das Männchen sie, indem es sie mit seinem Samen bespritzt. Die Eier sind in eine gallertartige Masse eingeschlossen, die einen gewissen Schutz darstellt und sie vor dem Austrocknen bewahrt. Obwohl das Weibchen Tausende von Eiern ablegt, gehen viele infolge äußerer Umstände oder als Futter für andere Tiere verloren; nur wenige entwickeln sich zu ausgewachsenen Fröschen.

Afrikanischer Ochsenfrosch

Pyxicephalus adspersus

Verbreitung: Osten Südafrikas
Habitat: offenes Grasland (Veld); wenn vorhanden in Tümpeln, die vorübergehend austrocknen
Länge: bis zu 20 cm

Dieser Frosch ist mit seinem kräftigen Körper und dem breiten Kopf der größte Frosch Südafrikas. Das Männchen hat meist eine gelbe Kehle, die Kehle des Weibchens ist cremefarben. Auf dem Unterkiefer befinden sich zahnförmige Fortsätze, die dazu dienen, kämpfende Beutetiere wie Mäuse, Eidechsen und andere Frösche zu bezwingen. Dieser Frosch hat nur an den Hinterpfoten Schwimmhäute.

Er ist ein kräftiger Graber und verbringt viel Zeit unter der Erde. Nach heftigen Regenfällen kommt er an die Erdoberfläche, um sich fortzupflanzen. Die Männchen locken die Weibchen auf den Laichplätzen im flachen Wasser durch Rufe an. Die Weibchen legen eine große Zahl von Eiern einzeln ab.

Afrikanischer Springfrosch

Ptychadena porosissima

Verbreitung: Afrika: von den zentralen tropischen Gebieten bis zum Osten Südafrikas
Habitat: Sumpfgebiete
Länge: 4 cm

Dieser kleine stromlinienförmige Frosch hat ein spitzes Maul und einen gerippten Rücken. Seine Hinterbeine sind kräftig, was ihn zu einem guten Springer und schnellen Schwimmer macht. Oft lebt er unter dichter Vegetation versteckt.

In der Paarungszeit sitzen die Männchen zwischen den Wasserpflanzen und locken die Weibchen mit einem krächzenden Laut an, der durch 2 äußerlich sichtbare Schallblasen verstärkt wird. Die Weibchen legen ihre Eier im Wasser ab, und zwar eines nach dem anderen. Anfänglich treiben die Eier an der Oberfläche, später sinken sie auf den Grund. Die Kaulquappen suchen sich ihre Nahrung am Grund des Wassers.

Seefrosch

Rana ridibunda

Verbreitung: Europa: Südwestfrankreich, Spanien und Portugal; von Deutschland östl. bis UdSSR und Balkan
Habitat: Teiche, Wassergräben, Bäche, Seen, Flüsse
Länge: bis zu 15 cm

Der große grüne Seefrosch ist einer der lautesten in Kolonien lebenden Wasserfrösche Europas. Abgesehen von seiner Farbe ist dieser langbeinige Frosch vom Grasfrosch leicht anhand der äußerlich sichtbaren Schallblasen zu beiden Seiten des Kopfes zu unterscheiden. Die meiste Zeit verbringt er im Wasser, doch manchmal kommt er ans Ufer oder sitzt auf einem Seerosenblatt. Diese Frösche fressen wirbellose Tiere, aber auch kleine Vögel und Säugetiere.

Sie quaken sowohl tagsüber wie auch nachts. Vor allem in der Paarungszeit machen sie großen Lärm und geben eine ganze Skala von Lauten von sich. Sie paaren sich im April oder Mai. Die Weibchen legen Tausende von Eiern in mehreren großen Klumpen ab.

Grasfrosch

Rana temporaria

Verbreitung: Europa (einschließl. Großbritannien und Skandinavien, jedoch mit Ausnahme eines Großteils von Spanien und Italien), östl. bis Asien
Habitat: unterschiedlich: jede Art von Feuchtgebieten in der Nähe von Teichen und Sümpfen
Länge: bis zu 10 cm

Die europäischen Frösche werden in 2 Gruppen unterteilt: die grünlichen Wasserfrösche und die Braunfrösche. Von letzteren ist der Grasfrosch ein typischer Vertreter. Er verbringt mehr Zeit auf dem Land und hat eine leisere Stimme als der Wasserfrosch. Der kräftige Grasfrosch variiert in der Färbung innerhalb des augedehnten Verbreitungsgebiets von Braun oder Grau bis Gelb. Er kann Kälte gut vertragen, und man trifft ihn in manchen Gegenden bis zur Schneegrenze an. Er begibt sich nur selten ins Wasser, außer, um sich zu paaren, und anläßlich des Winterschlafs.

Die Fortpflanzung findet von Februar bis April statt. Die Männchen locken die Weibchen mit tiefen knurrenden Lauten zu den Laichplätzen. Die Paarung findet im Wasser statt. Die Weibchen legen 3000–4000 Eier in großen Trauben ab. Die Kaulquappen verwandeln sich innerhalb von ca. 8 Wochen zu erwachsenen Tieren.

Ochsenfrosch

Rana catesbeiana

Verbreitung: östl. und mittlere Gebiete der USA; eingeführt in den westl. Gebieten und in Mexiko, Kuba und Norditalien
Habitat: Seen, Teiche, langsam fließende Gewässer
Länge: 9–20 cm

Der Ochsenfrosch ist der größte nordamerikanische Frosch. Er erzeugt einen tiefen, vibrierenden Laut, der durch äußerlich sichtbare Schallblasen verstärkt wird. Obwohl er vorwiegend ein Wassertier ist, verbringt er auch viel Zeit an Land, wo man ihn oft an den Ufern von Wassergräben und Teichen sieht. Er ist hauptsächlich nachts aktiv und macht dann Jagd auf Insekten, Fische, kleine Frösche und hin und wieder auch auf kleine Vögel und Schlangen. Wie alle amerikanischen Frösche kann er gut springen und kann mit einem Sprung das 9fache seiner eigenen Körperlänge zurücklegen.

Im Norden des Verbreitungsgebietes pflanzt sich der Ochsenfrosch von Mai bis Juli fort, weiter im Süden ist die Fortpflanzungsperiode länger. Das Weibchen legt 10000–20000 Eier im Wasser ab, die an der Oberfläche treiben oder an Pflanzen haften bleiben. Die Jungen schlüpfen schon nach 5–6 Tagen aus, doch die Kaulquappen sind erst nach 2–5 Jahren erwachsen.

Leopardfrosch

Rana pipiens

Verbreitung: fast ganz Nordamerika außer der Pazifikküste
Habitat: vom Süßwasser bis zu Brackwassersümpfen, von Trockengebieten bis zu Bergland
Länge: 5–12 cm

Der schlanke Leopardfrosch ist leicht an den großen Flecken auf seinem Körper und an den deutlich sichtbaren Rippen auf dem Rücken zu erkennen. Unter den nordamerikanischen Amphibien hat er das größte Verbreitungsgebiet. Muster und Schärfe der Fleckenzeichnung variieren. Der Leopardfrosch paßt sich jeder Umgebung an, in der es ständig Wasser gibt. Ebenso anpassungsfähig ist er in bezug auf seine Ernährung, die hauptsächlich aus Insekten, Spinnen und kleinen Krebsen besteht. Obwohl er überwiegend ein Nachttier ist, sucht er manchmal auch tagsüber nach Nahrung. Wenn er aufgeschreckt wird, flüchtet er in einer Reihe von Zickzacksprüngen ins Wasser.

Im Norden des Verbreitungsgebietes dauert die Fortpflanzungszeit von März bis Juni. In südlicheren Regionen können sich diese Frösche zu fast jedem Zeitpunkt des Jahres paaren, falls genügend Regen gefallen ist. Die Männchen versammeln sich an den Laichplätzen und locken die Weibchen mit tiefen, knurrenden Geräuschen an. Jedes Weibchen legt ca. 20000 Eier, die es am Grund auf Wasserpflanzen absetzt. Nach ca. 4 Wochen schlüpfen die Jungen aus. Die Kaulquappen verwandeln sich in einem Zeitraum von ca. 6 Monaten bis zu 2 Jahren zur erwachsenen Form, je nach Temperatur und anderen Umweltbedingungen.

Afrikanischer Ochsenfrosch

Grasfrosch

Afrikanischer Springfrosch

Seefrosch

Leopardfrosch

Ochsenfrosch

Echte Frösche 2, Riedfrösche, Seychellenfrösche

Schwarzfuß-Flugfrosch

Rhacophorus nigropalmatus

Verbreitung: Südostasien

Habitat: Regenwald

Länge: 10 cm

Dieser sehr spezialisierte Frosch kann von Baum zu Baum schweben. Mit seinem breiten Kopf, seinem schlanken Körper und den langen Beinen ist er eine sehr auffällige Erscheinung. An den Füßen hat er Schwimmflossen mit einer besonders großen Oberfläche, und an seinen Finger- und Zehenspitzen sitzen große Haftscheiben. Eine Hautfalte läuft vom äußersten Finger bis zum Ellbogen. Dank der großen Schwimmhäute und der Hautfalten ist die Oberfläche dieses Tieres sehr groß. Es kann sich wie ein Fallschirm mit ausgespannten Häuten in die Luft werfen und zu einem anderen Zweig oder auf den Boden schweben. Im Experiment wurde gezeigt, daß ein Frosch, den man aus 5,4 m Höhe fallen läßt, in diagonalem Gleitflug 7,3 m weit fliegt.

Über die Fortpflanzung dieser Art ist nichts bekannt, aber vermutlich ähnelt sie der der übrigen, gut bekannten *Rhacophorus*-Arten. Bei letzteren werden die Eier in eine Schaummasse gelegt – ein Schutz vor übermäßiger Hitze. Das Männchen umklammert das Weibchen und befruchtet die Eier bei der Ablage. Das Besondere ist hier, daß die Eier von einer dichten Flüssigkeit umgeben sind, die der Frosch mit seinen Hinterbeinen zu einer dicken, schaumigen Masse schlägt. Von diesem Schaum bedeckt liegen die Eier auf einem über dem Wasser hängenden Blatt oder Zweig. Zum Zeitpunkt des Ausschlüpfens verflüssigt sich das Schaumnest und bildet einen Miniaturtümpel für die ausschlüpfenden Larven. Bei manchen Arten vollziehen die Kaulquappen ihre Metamorphose bereits in diesem künstlichen Tümpel, bei anderen fallen sie zuvor ins Wasser.

Marmorierter Ferkelfrosch

Hemisus marmoratus

Verbreitung: Nordosten von Südafrika

Habitat: offenes Land in der Nähe von stehenden Gewässern

Länge: bis zu 5 cm

Dies ist ein dicker, plumper Frosch mit einem kleinen, spitzen Kopf. Seine verhärtete Schnauzenspitze dient ihm zum Graben. Er bohrt sich mit dem Kopf ins Erdreich und kratzt mit den Vorderpfoten die Erde weg. Man sieht ihn selten über der Erdoberfläche, obwohl er sich auch dort schnell fortbewegen kann.

In der Paarungszeit sitzt das Männchen in einem kleinen Erdloch, vorzugsweise im Schlamm, und lockt das Weibchen durch Rufe an. Das Weibchen gräbt eine unterirdische Höhle, in die es seine großen Eier ablegt, die alle mit einer dicken Gallertschicht umgeben sind. Wenn die Larven nach 10–12 Tagen ausschlüpfen, gräbt das Weibchen, das bei den Eiern geblieben ist, einen Tunnel zum Wasser. Die Larven kriechen durch diesen Tunnel und entwickeln sich im Wasser weiter.

Wahlbergs Bodenfrosch

Arthroleptis wahlbergi

Verbreitung: Südosten von Südafrika

Habitat: Buschland an der Küste und im Landesinneren, unter abgefallenen Blättern und niedriger Vegetation

Länge: bis zu 3 cm

Dieser kleine, runde Frosch ist ein Landbewohner. Er hat kurze Beine, doch die Zehen, vor allem die dritten jedes Fußes, sind verlängert. Sie leisten gute Dienste, wenn er in der dichten Vegetation Nahrung sucht.

Das Fortpflanzungsverhalten dieser Art ist ebenfalls an das Leben auf dem Land angepaßt. Die Eier, die von einer steifen Gallertkapsel umschlossen sind, werden zwischen vermodernden Pflanzen abgelegt. Es gibt bei dieser Art kein Larvenstadium. Die Metamorphose findet schon in der Eikapsel statt, und die jungen Frösche schlüpfen nach ca. 4 Wochen aus.

FAMILIE HYPEROIIDAE: Riedfrösche

Diese Familie besteht aus einer Gruppe von kletternden Fröschen, die eng mit den Echten Fröschen (*Ranidae*) verwandt sind. Die Riedfrösche zeigen die gleichen Anpassungen an das Klettern wie die Baumfrösche (*Hylidae*). Jeder Finger und jeder Zeh hat eine Knorpelzone, was bei der Benutzung der Haftscheibe unter dem Fingerende größere Beweglichkeit garantiert.

Die meisten der 52 Arten leben in Afrika, oft im Schilf und Ried von Süßwasser.

Horstocks Riedfrosch

Hyperolius horstockii

Verbreitung: Südafrika: Süden und Westen der Kapprovinz

Habitat: Sümpfe, Dämme, Bäche, Flüsse mit angrenzender Vegetation

Länge: bis 6 cm

Dieser Frosch hat lange Beine, und über seinen Körper verlaufen vom Maul bis zu den Flanken deutlich sichtbare Bänder. Seine Füße sind mit verbreiterten Haftscheiben und unvollständigen Schwimmhäuten versehen. Die verborgenen Unterseiten der Gliedmaßen sind orange. Diese grellgefärbten Flecken zeigt der Frosch blitzschnell, wenn er von einem Feind bedroht wird. Danach erstarrt er in einer unauffälligen Haltung – die Farbflecken sind nun wieder völlig verborgen. Der Feind sucht unterdessen vergeblich nach dem leuchtendorangegefärbten Frosch, den er gerade noch gesehen hat. Der Rest des Körpers kann bei dieser Art seine Farbe je nach den Umständen ändern: In der Sonne wird er hell cremefarben, im Schatten dunkelbraun. Dies hilft dem Frosch, eine konstante Körpertemperatur aufrechtzuerhalten.

In der Paarungszeit klettern die Männchen oft am Aronsstab hoch, um die Weibchen zu rufen. Sie paaren sich im Wasser, wo sie kleine Klümpchen von Eiern auf Wasserpflanzen absetzen.

Kurzbeiniger Riedfrosch

Afrixalus brachycnemis

Verbreitung: Südafrika: Küstenregionen im Osten, Südosten und Süden

Habitat: Teiche, Sümpfe

Länge: 2 cm

Dieser kleine, schlanke Frosch ist ein guter Kletterer. Er trägt Haftscheiben unter jedem Finger und Zeh. Sein Rücken ist mit kleinen dunklen Stacheln besetzt. Dies ist eine sehr verbreitete Erscheinung bei Fröschen im Süden, im Norden hingegen ist sie selten.

Die Männchen setzen sich in der Paarungszeit ins Schilf oder auf Seerosenblätter in Teichen oder Regentümpeln, um die Weibchen zu rufen. Diese legen ein Klümpchen mit Eiern auf ein Blatt über oder unter der Wasseroberfläche. Sind die Eier befruchtet, dann wird das Blatt zusammengefaltet und die Ränder werden mit einer klebrigen Absonderung aus dem Eileiter aneinandergeklebt. Wenn die Kaulquappen ausschlüpfen, kriechen sie aus dem Blätternest ins Wasser, wo sie sich zu Fröschen umwandeln.

FAMILIE SOOGLOSSIDAE: Seychellenfrösche

Ursprung und Verwandtschaft dieser kleinen Familie, die nur auf den Seychellen zu Hause ist, waren lange Zeit umstritten, aber aufgrund anatomischer Merkmale sind die meisten Systematiker mittlerweile zu der Überzeugung gelangt, daß sie mit den Echten Fröschen (*Ranidae*) verwandt ist.

Seychellenfrosch

Sooglossus seychellensis

Verbreitung: Seychellen: Mahé und Silhouette-Inseln

Habitat: Mooswälder in den Bergen

Länge: bis zu 2,5 cm (U)

Der kleine Seychellenfrosch hat dünne, schwache Vorderbeine und kräftige Hinterbeine mit langen Zehen an jedem Fuß. Er ist ein Bodenbewohner, der in vermoderndem organischem Material auf dem Waldboden lebt. Nur im kurzen Kaulquappenstadium braucht er Wasser. Er frißt kleine wirbellose Tiere.

Die Fortpflanzung findet in der Regenzeit statt. Das Weibchen legt seine Eier in kleinen Klümpchen auf dem feuchten Boden ab; das Männchen bewacht die Eier, und wenn nach 2 Wochen die Kaulquappen ausschlüpfen, kriechen sie auf seinen Rücken. Die Kaulquappen dieser Art haben keine Kiemen; sie atmen durch die Haut, die durch eine Schleimabsonderung der Rückenhaut des Männchens vor dem Austrocknen bewahrt wird. Der größte Teil der Entwicklung findet auf dem Rücken des Männchens statt, aber schließlich werden die Larven ins Wasser gebracht, wo sie dann in kurzer Zeit ihre Metamorphose vollenden. Als erwachsene Frösche kehren sie auf das Land zurück.

Schwarzfuß-Flugfrosch

Kurzbeiniger Riedfrosch

Wahlbergs Bodenfrosch

Horstocks Riedfrosch

Marmorierter Ferkelfrosch

Seychellenfrosch

Fische, die ersten Wirbeltiere

Mehr als die Hälfte der etwa 43500 Arten von Wirbeltieren, die heute bekannt sind, sind Fische. In ihrer Wasserwelt sind sie zu einem riesigen Spektrum spezialisierter Tierformen herangewachsen, das mindestens ebenso variantenreich ist wie das der Vierfüßler.

Die erste Hauptunterteilung in dieser Gruppe verläuft zwischen den Fischen mit bzw. ohne Kiefer. Die Kieferlosen (Agnata) sind eine Restgruppe aus einem frühen Entwicklungsstadium der Wirbeltiere, und die einzigen noch lebenden Vertreter dieser Überklasse finden wir in der Klasse der Rundmäuler (Cyclostomata), zu denen die Neunaugen und Inger gehören. Die Fische mit Kiefern (Pisces), vor etwas weniger als 4 Millionen Jahren entstanden, werden in zwei sehr unterschiedliche Gruppen untergliedert. Die eine ist die der Knorpelfische (Chondrichthyes), zu denen Haie, Rochen und Chimären gehören. Die andere Gruppe besteht aus den drei Haupttypen der Knochenfische (Osteichthyes): einerseits die Strahlenflosser (Actinopterygii), die kurze Flossen haben, welche durch Knochenstrahlen gestützt werden, andererseits zwei Typen von Fleischflossern (Sarcopterygii): die Lungenfische (Dipnoi) und die Quastenflosser (Crossopterygii). Die letzte Gruppe wird heute nur noch durch den Komoren-Quastenflosser (*Latimeria chalumnae*) vertreten.

Neunaugen und Inger haben keine Kiefern, ebenso wie die ersten Wirbeltiere, die ihre Vorfahren sind. Ihre Wirbel weisen noch primitive Merkmale auf, und an der Hinterseite ihres zylindrischen Körpers befinden sich kleine, unpaarige Flossen. Heute gibt es nur noch 30 Arten von Neunaugen und 32 Arten von Ingern. Neunaugen findet man im Süß- wie im Salzwasser gemäßigt warmer und kalter Zonen. Inger gibt es in allen Meeren. Neunaugen leben als Parasiten auf anderen Fischen. Sie klammern sich mit einer scharfgezähnten Saugscheibe an diesen fest; in der Mitte dieser Scheibe befindet sich ein kleines Maul und eine Raspelzunge. Nachdem das Neunauge mit seiner Zunge den Körper des Opfers angebohrt hat, saugt es das Blut aus. Im Larvenstadium ernährt sich ein Neunauge auf dem Boden und lebt von ausgefiltertem Plankton. Manchmal umfaßt der Lebenszyklus dieser Arten ein Salz- und ein Süßwasserstadium. Inger sind nur im Meer zu Hause. Obwohl sie als Aasfresser bekannt sind, die den Körperinhalt toter oder sterbender Fische aussaugen, leben sie hauptsächlich von Krebstieren und Würmern.

Sowohl Neunaugen wie auch Inger schwimmen mit seitlichen Wellenbewegungen des Körpers. Dabei ziehen sie die Muskeln an den Körperseiten abwechselnd zusammen. Als einfachste unter den heute lebenden Wirbeltieren besitzen die Neunaugen und Inger eine Art Vorform des Kiemensystems, mit dem alle höheren Fische atmen: In den Seitenwänden der Atemröhre befinden sich Löcher, die die Bauchhöhle mit der Außenwelt in Verbindung bringen. Bei den Neunaugen befinden sich an beiden Körperseiten sieben solcher Kiemenöffnungen. Wegen des Saugmundes kann das Atemwasser die meiste Zeit über nicht durch das Maul des Neunauges in den Körper gelangen. Statt dessen fließt es, solange der Saugmund in Gebrauch ist, durch die Kiemenöffnungen sowohl nach innen wie auch nach außen. Der Sauerstoff wird durch das Blut aufgenommen, das über acht Paar Kiemenschlagadern vom Herz zu den Kiemen gepumpt wird.

Von den Knorpelfischen sind ca. 575 Arten bekannt, die alle im Meer leben. Ihre Größe divergiert vom riesigen Hai mit einer Länge von mehr als 15 m bis zu Zwergen von ca. 30 cm Länge. Die meisten von ihnen jagen aktiv andere Fische und haben Kiefer mit scharfkantigen Zähnen. Obwohl ihr Skelett nicht aus Knochen, sondern aus Knorpel besteht, haben diese Fische den üblichen Körperbau der mit Kiefern ausgestatteten Fische, einschließlich paariger Flossen und echter Wirbel. Der Körper ist stromlinienförmig; hinter der spitzen Vorderseite ist er am breitesten, und der sich konisch verjüngende Hinterkörper endet in einem zweilappigen Antriebsschwanz. Die Muskeln, die den Schwanz hin und her bewegen, entsprechen denen, die den Körper kieferloser Fische in wellenförmige Bewegungen bringen.

Bei vielen Knorpelfischen ist der obere Schwanzlappen größer als der untere, und die vorderen Flossenpaare, die Brustflossen, dienen als Steuerruder, mit denen das Tier die Schwimmrichtung ändern kann. Zusammen mit den großen unpaarigen Rückenflossen sorgen sie außerdem beim Schwimmen für Stabilität, da sie Schlingern, Stampfen und Schwanken verhindern. Knorpelfische haben 5–7 Paar Kiemenspalten, die an beiden Seiten des Kopfes in einer Öffnung nach außen münden. Im allgemeinen läuft der Atemstrom durch das Maul ins Innere und durch die Kiemenspalten wieder nach außen.

Die größte Gruppe der Fische ist die der Knochenfische, von denen es ca. 20000 Arten gibt – ungefähr die Hälfte aller heutzutage lebenden Wirbeltiere. Im Gegensatz zu den Knorpelfischen leben die Knochenfische sowohl in Süß- wie auch in Salzwasser. Der Körperbau dieser erfolgreichen Tiere ähnelt dem der Knochenfische, jedoch weisen sie auch gravierende Veränderungen auf. Das Skelett einschließlich der Flossenstrahlen besteht aus Knochen, und die Schwanzlappen sind im allgemeinen gleichgroß. Der Körper verfügt oft über eine gasgefüllte Schwimmblase, mit der der Auftrieb reguliert wird. Dadurch kann der Fisch im Wasser sein Gewicht verringern, so daß er ruhen oder bewegungslos verharren kann. Dies ist ein großer Vorteil gegenüber den Knorpelfischen, die ständig in Bewegung bleiben müssen, um nicht zu sinken. Auch das Kiemensystem ist anders. Während bei den Knochenfischen gewöhnlich vier Kiemen an beiden Seiten der Atemröhre liegen, sind die dazugehörigen Öffnungen mit einem großen Lappen, dem Kiemendekkel, bedeckt, so daß beide Seiten letztlich nur über eine einzige Öffnung verfügen. Bei den meisten Knochenfischen ist der Körper mit Schuppen bedeckt, die in die Haut eingepflanzt sind und als Panzer dienen.

Knochenfische haben die unterschiedlichsten Methoden der Nahrungssuche und ernähren sich ausschließlich unter Wasser. Unter ihnen gibt es Pflanzenfresser, die von mikroskopischen Wasserpflanzen oder von größeren Pflanzen leben. Andere fangen wirbellose Tiere oder sieben sie mit Hifle ihrer kammförmigen Kiemenbogenfortsätze aus dem Wasser. Wieder andere schwimmen schnell und räubern mit ihren scharfen Zähnen; Plattfische und Angelfische hingegen vertrauen auf ihre Tarnung und lauern im Hinterhalt aufihre Beute.

Viele Fische pflanzen sich fort, indem sie einfach große Mengen von Eiern ins Wasser ablegen, wo sie von den Männchen mit Sperma befruchtet werden. Man kann hier wohl kaum von Brutpflege sprechen, und obwohl aus den meisten Eiern Jungfische ausschlüpfen, werden nur die wenigsten von diesen erwachsen. Es gibt jedoch auch Männchen (vor allem bei den Haien), die das Weibchen innerlich befruchten; bei diesen Arten haben sich die Bauchflossen zu Greiforganen umgebildet, mit denen die Männchen die Weibchen festhalten, während sie das Sperma in seine Geschlechtsöffnung bringen. Bei Weibchen, die innerlich befruchtet werden, bleiben die Eier und sogar die ausgeschlüpften Jungen häufig im Körper, bis die Entwicklung abgeschlossen ist; die jungen Fische kommen in diesen Fällen also voll entwickelt zur Welt.

Sowohl die im Süß- wie auch die im Salzwasser lebenden Knochenfische gehören größtenteils zu den Strahlenflossern. Außerdem gibt es im Meer noch die letzte überlebende Gattung der Quastenflosser und im Süßwasser drei Gattungen von Lungenfischen. Lungenfische atmen Luft. Die meisten graben sich Höhlen, wenn die tropischen Flüsse und Seen, in denen sie leben, austrocknen. Bei diesen Fischen fungiert die Schwimmblase, die über eine Röhre mit der Darmhöhle verbunden ist, wie eine Lunge, mit der diese Tiere Luft atmen können.

Die riesige Anzahl von Fischarten und die ebensogroße Anzahl von Fischfamilien machen es unmöglich, die Fische so wie die anderen Tiere in diesem Buch familienweise darzustellen. Deshalb ist der Teil über die Fische zwar auf der Ebene der Ordnungen vollständig, aber die Familien werden nur bei den größten Ordnungen angegeben.

Neunaugen, Inger, Haie 1

ORDNUNG PETROMYZONIFORMES: Neunaugen

Diese Ordnung besteht aus nur einer Familie, den Neunaugen, die etwa 30 Arten umfaßt. Neunaugen sind primitive Fische, die keine echten Kiefer besitzen, sondern nur einen trichterförmigen Saugmund mit einer Reihe kleiner Zähne. Viele Arten sind Parasiten und leben vom Blut anderer Fische. Einige sind Süßwasserarten, andere dagegen sind anadrom – d.h., sie leben im Salzwasser, begeben sich aber zum Laichen ins Süßwasser. Die meisten Neunaugen leben auf der nördlichen Hemisphäre, es gibt jedoch auch einige Arten in und um den südlichen Teil von Südamerika, Südaustralien und Neuseeland.

Flußneunauge / Pricke

Lampetra fluviatilis

Verbreitung: Nordwesteuropa
Habitat: Flüsse, Küstengewässer
Länge: 30–50 cm

Das parasitäre Flußneunauge, auch Pricke genannt, ernährt sich vom Blut anderer Fische. Es saugt sich mit seinem kreisförmigen Saugmund am Körper des Wirts fest und raspelt dessen Haut und Schuppen mit seinem zahnbesetzten Zungenkopf ab.

Zur Laichzeit verlassen die Flußneunaugen das Küstengewässer und wandern flußaufwärts. Dort legen sie im Frühling ihre Eier in flachen Laichgruben ab, die sie in den Kies des Flußbetts graben. Nach dem Ausschlüpfen wandern die Larven stromabwärts und vergraben sich im Schlamm, wo sie bis zu 5 Jahren bleiben und sich durch Ausfiltern von Mikroorganismen ernähren, bis sie herangewachsen sind.

Meerneunauge / Seelamprete

Petromyzon marinus

Verbreitung: Atlantikküsten Europas und Nordamerikas; westl. Mittelmeer
Habitat: Küstengewässer, Flüsse
Länge: 90 cm

Wie die Flußneunaugen sind auch die Meerneunaugen blutsaugende Parasiten. Das Meerneunauge saugt sich an seinem Opfer so stark fest, daß es kaum noch zu entfernen ist; so muß der Wirt seinen ungebetenen Gast wohl oder übel so lange mit sich herumtragen, bis das Meerneunauge einen neuen Wirt gefunden hat. Ein Sekret im Maul des Meerneunauges verhindert, daß das Blut des Wirts gerinnt, so daß sich der Parasit ungestört davon ernähren kann. Die Opfer sterben oft an Blutverlust oder an einer Infektion der Wunde.

Ausgewachsene Exemplare verlassen das Meer und begeben sich zum Laichen flußaufwärts. Sie heben an einer steinigen Stelle flache Gruben aus, wobei sie die Steine mit ihrem Saugmund fortschleppen. In dieses Nest legen sie dann ihre Eier ab. Die blinden, zahnlosen Larven leben 4–6 Jahre lang im Schlamm vergraben und ernähren sich dort durch Ausfiltern des Wassers. Sobald sich die Zähne entwickeln, wandern die jungen Neunaugen ins Meer. Meerneunaugen kommen auch in Binnenseen vor, wo sie auf wertvolle Speisefische Jagd machen, so daß es notwendig wurde, Maßnahmen zu treffen, um ihre Anzahl in solchen Gewässern in Grenzen zu halten.

ORDNUNG MYXINIFORMES: Inger

Die einzige heute noch lebende Familie dieser Ordnung ist die der Inger mit ihren 32 Arten. Inger sind Meeresfische, die in den gemäßigt warmen bis subtropischen Gewässern des Atlantik sowie des Indischen und Pazifischen Ozeans leben. Sie haben keine Kiefer und schlitzförmige, von fleischigen Fortsätzen umgebene Münder.

Inger / Schleimaal

Myxine glutinosa

Verbreitung: Nordatlantik, Nördliches Eismeer
Habitat: Meeresboden
Länge: 60 cm

Die Inger leben in ziemlich tiefem Wasser, auf weichem, schlammigem Boden, in den sie sich eingraben können. Paarige Flossen und Schuppen fehlen, und ihre Augen sind unter der Haut verborgen, so daß sie fast blind sind. Die Hautoberfläche ist sehr schleimig, da sie mit vielen schleimabsonderndern Drüsen ausgestattet ist. Obwohl sich die Inger auch von bestimmten Würmern und Krebsen ernähren, sind sie vor allem dafür bekannt, tote und sterbende Fische oder Fische, die sich in Netzen gefangen haben, zu fressen. Mit Hilfe der Zahnplatten auf der Zunge und dem einen Zahn im Maul bohrt der Inger seine Beute an, frißt dann Fleisch und Eingeweide und hinterläßt nur Haut und Knochen.

ORDNUNG LAMNIFORMES: Haie

Diese Ordnung besteht aus 7 Familien mit insgesamt 199 Arten. Die Skelette der Haie bestehen wie die der Rochen nicht aus Knochen, sondern aus Knorpel. Fast alle Haiarten sind große Meeresfische mit 2 Rückenflossen, einer Afterflosse und 5 Kiemenspalten.

Riesenhai

Cetorhinus maximus

Verbreitung: alle nichttropischen Meere
Habitat: ozeanisch
Länge: 10 m

Der Riesenhai ist die zweitgrößte lebende Fischart. Wie alle Haie hat er einen stromlinienförmigen Körper, unterscheidet sich aber von den übrigen Arten durch seine besonders großen Kiemenspalten. Er ernährt sich ausschließlich von Plankton, das er mit Hilfe kammartiger Borsten, die sich an seinen Kiemenbögen befinden, aus dem Wasser siebt. Er schwimmt mit weit offenem Maul, nimmt riesige Mengen planktonhaltigen Wassers auf und filtert es durch die Kiemenspalten. Oft läßt er sich träge an der Wasseroberfläche dahintreiben.

Über die Fortpflanzungsgewohnheiten des Riesenhais ist wenig bekannt. Vermutlich reifen die Eier im Körper des Weibchens, und die Jungen schlüpfen aus, sobald sie ausgestoßen werden. Die jungen Haie sind bei Geburt etwa 1,5 m lang.

Walhai

Rhincodon typus

Verbreitung: alle tropischen Meere
Habitat: Oberflächenwasser
Länge: 15 m

Der riesige Walhai ist der größte lebende Fisch; einzelne Exemplare werden bis zu 18 m lang. Er ernährt sich von kleinen Fischen und von Plankton, das er aus dem Wasser filtert. Wenn er sein Maul öffnet, nimmt er einen Wasserschwall einschließlich der darin befindlichen unzähligen Kleinorganismen auf. Das Wasser wird durch die großen Kiemenspalten gefiltert, und das Plankton bleibt zurück. Über die Fortpflanzungsgewohnheiten dieses riesigen Fisches ist wenig bekannt.

Sandhai

Odontaspis taurus

Verbreitung: Atlantischer Ozean: nordamerikanische und afrikanische Küste
Habitat: Küstengewässer
Länge: 3 m

Der Sandhai ist ein Raubhai, der meist auf dem Grund von flachen Gewässern lebt und sich von Fischen ernährt. Kennzeichnend für ihn sind die gelben Flecken auf dem Körper. Rücken-, Bauch- und Afterflosse sind ungefähr gleich groß. Seine langen spitzen Zähne sind auffallend stark nach vorne gerichtet. Das Weibchen gebiert zwei Junge, die 12 Monate lang im Körper heranwachsen und sich in dieser Zeit vom Dotter der unbefruchteten Eier ernähren. Die Jungen sind bei der Geburt ungefähr 1 m lang.

Eine verwandte Art, der Schildzahnhai (*O. ferox*), ist sowohl im Mittelmeer wie auch vor der europäischen Atlantikküste und vor der nordamerikanischen Pazifikküste verbreitet.

Fuchshai / Drescher

Alopias vulpinus

Verbreitung: gemäßigt warme bis tropische Ozeane
Habitat: Oberflächenwasser der Hochsee
Länge: 6 m

Charakteristisch für den Fuchshai ist seine Schwanzflosse, die so lang wie sein ganzer Körper ist und ihm beim Jagen gute Dienste leistet. Fuchshaie ernähren sich hauptsächlich von Fischschwärmen, die sie allein oder zu zweit angreifen. Sie benutzen dabei ihre Schwanzflossen als Peitschen, um den Schwarm zusammenzutreiben, wodurch er eine leichte Beute für sie ist. Mit seiner Schwanzflosse kann der Fuchshai auch einen einzelnen Fisch erschlagen. Fuchshaie jagen manchmal auch in den Küstengewässern, und besonders im Sommer sind sie entlang der amerikanischen Atlantikküste beobachtet worden.

Die Weibchen bringen pro Wurf 2–4 vollentwickelte Junge zur Welt, die bei der Geburt bis zu 1,5 m lang sind.

Die in australischen Gewässern vorkommenden Fuchshaie werden mit den wissenschaftlichen Namen *A. caudatus* und *A. greyi* bezeichnet.

Flußneunauge
Inger
Meerneunauge
Walhai
Riesenhai
Fuchshai
Sandhai

Haie 2

Weißhai / Menschenhai

Carcharodon carcharias

Verbreitung: gemäßigt warme bis tropische Breiten des Atlantischen, Pazifischen und Indischen Ozean:

Habitat: Hochsee, zeitweise auch Küstengewässer

Länge: 6 m

Der Weißhai, auch bekannt unter dem Namen Menschenhai, ist eigentlich nicht weiß, sondern variiert in der Färbung von grau bis braun; nur die Bauchseite ist weiß. Er hat eine langes, spitzes Maul und große dreieckige Zähne mit gesägten Rändern. Der obere Lappen der Schwanzflosse ist etwas länger als der untere. Der Weißhai ernährt sich von den verschiedensten Wassertieren wie Fischen (darunter auch andere Haie), Seehunden und Delphinen; außerdem vertilgt er auch tote Tiere und Fischereiabfälle. Er ist ein besonders großer und aggressiver Fisch, der den Ruf eines Menschenfressers hat. Tatsächlich haben Weißhaie schon oft Menschen angegriffen.

Über seine Fortpflanzung ist nur bekannt, daß er bis zu neun vollentwickelte Junge zur Welt bringt.

(Atlantischer) Grundhai

Carcharhinus leucas

Verbreitung: Westatlantik: von North Carolina bis Brasilien

Habitat: Küstengewässer, Flüsse und damit verbundene Seen

Länge: 2,5–3,5 m

Der Atlantische Grundhai hat einen kompakten Körper. Seine erste Rückenflosse sitzt ziemlich weit vorn. Im allgemeinen bewegt er sich recht langsam. Gewöhnlich findet man ihn im Flachwasser, und er schwimmt auch regelmäßig Flußläufe hinauf. Dies macht ihn zu einer für den Menschen gefährlichen Spezies, zumal er relativ häufig vorkommt. Grundhaie ernähren sich von verschiedensten Fischarten, darunter Rochen und kleinen Haien, außerdem von Garnelen, Krabben und Seeigeln; sie vertilgen auch Abfall.

Das Weibchen bringt zwei vollentwickelte Junge zur Welt, die meist im Mai oder Juli in brackigen Küstengewässern geboren werden.

Blauhai

Prionace glauca

Verbreitung: gemäßigt warme bis tropische Breiten des Atlantischen, Pazifischen und Indischen Ozeans

Habitat: Hochsee, Oberflächenwasser

Länge: 2,7–3,8 m

Der Blauhai ist ein langer schlanker Fisch, der an den langen Brustflossen, dem spitzen Maul und der hellen Färbung leicht zu erkennen ist. Er ernährt sich von verschiedenen Fischarten, die sich in der Nähe der Wasseroberfläche aufhalten, unter anderem von Makrelen, Heringen und Sardinen, aber auch von Tintenfischen und von den Abfällen von Fischerbooten.

Die Weibchen bringen vollentwickelte Junge zur Welt, und es sind Würfe von 50–60 Jungen beobachtet worden. In den Wintermonaten wandern die Blauhaie regelmäßig in wärmere Gewässer.

Heringshai

Lamna nasus

Verbreitung: Nordatlantik: von Neufundland südl. bis South Carolina; von Island südl. bis Nordafrika; Mittelmeer

Habitat: Hochsee, Küstengewässer

Länge: 1,8–3 m

Trotz seines schweren Körperbaus ist der Heringshai ein gewandter Schwimmer. Er hat 5 Kiemenspalten. Seine Nahrung besteht aus Fischen, die nahe der Wasseroberfläche leben, wie Makrelen und Heringe; außerdem frißt er Tintenfische und einige in Meeresbodennähe lebende Fischarten. Kennzeichnend für diesen Hai ist der Sitz der Rückenflosse oberhalb des hinteren Endes der Brustflosse und der zweiten Rückenflosse direkt oberhalb der Afterflosse. Ebenso wie die mit ihm verwandten Haie (Makrelen- und Weißhai) hält der Heringshai seine Körpertemperatur über der Wassertemperatur – eine Anpassung, die ihm große Muskelaktivität erlaubt und folglich seine Schwimmleistungen verbessert.

Die Jungen schlüpfen im Mutterleib aus und bleiben dort noch für kurze Zeit, bevor sie als vollentwickelte Tiere zur Welt kommen. Die Würfe können aus 1–5 Jungen bestehen. Im Mutterleib ernähren sich die jungen Haie ein paar Wochen lang vom Dotter der unbefruchteten Eier.

Der im Pazifik lebende *Lamna ditropis* ist mit dem Heringshai eng verwandt und ähnelt ihm auch in Aussehen und Verhalten.

Mako

Isurus oxyrhynchus

Verbreitung: gemäßigt warme bis tropische Breiten des Atlantischen, Pazifischen und Indischen Ozeans

Habitat: Hochsee

Länge: 3–4 m

Der Mako, ein kräftiger, stromlinienförmiger Hai mit schlankem Körper und spitzer Schnauze ist ein schnell schwimmender Raubfisch. Besondere Kennzeichen sind die leicht abgerundete Spitze der ersten Rückenflosse, der Sitz dieser Flosse, die mit dem hinteren Brustflossenansatz auf einer Linie liegt, sowie die kleine zweite Rückenflosse, die sich kurz vor der Afterflosse befindet. Gewöhnlich ist der Mako oben tiefblau und an der Bauchseite weiß gefärbt.

Der Mako lebt im Oberflächenwasser und ernährt sich von ebenfalls dort lebenden Fischen wie Thunfischen, Makrelen, Heringen und Sardinen sowie von Tintenfischen. Er ist berühmt für seine Fähigkeit, ganz aus dem Wasser zu springen, und berüchtigt für seine Aggressivität. Trotzdem gilt er unter Haifischjägern als beliebter „Sportfisch“, weil er am Angelhaken einen spektakulären Kampf liefert.

Das Makoweibchen gebiert vollentwickelte Junge, die im Mutterleib ausschlüpfen und heranwachsen.

Glatter Hammerhai

Sphyrna zygaena

Verbreitung: gemäßigt warme bis tropische Breiten des Atlantischen, Pazifischen und Indischen Ozeans

Habitat: Küstengewässer

Länge: 4,3 m

Der Glatte Hammerhai ist eine der 10 Arten der Hammerhaie. Sie verdanken ihren Namen den flachen Fortsätzen an beiden Seiten des Kopfes. Die Augen befinden sich an den äußeren Enden dieser Fortsätze, und auch die Nasenöffnungen sind weit voneinander entfernt. Die Vorteile dieser Kopfform sind nicht klar, doch möglicherweise verhelfen die nach außen gerückten Augen und Nasenöffnungen dem Hai zu einer verbesserten Wahrnehmungsfähigkeit, oder die Kopfform verbessert seine Manövrierfähigkeit oder gibt ihm einfach mehr Auftrieb.

Der Glatte Hammerhai ernährt sich von Fischen, besonders von Rochen, und vertilgt gelegentlich auch Fischereiabfälle. Im Sommer wandert er regelmäßig in kühlere Gewässer. Die Glatten Hammerhaie gelten als aggressiv, und es sind Fälle bekannt, in denen sie Menschen angefallen haben.

Kleingefleckter Katzenhai

Scyliorhinus caniculus

Verbreitung: nordatlantische Küsten von Norwegen bis Nordafrika; Mittelmeer

Habitat: Sand- oder Kiesgrund

Länge: 60–100 cm

Der Kleingefleckte Katzenhai ist ein weit verbreiteter Vertreter einer Familie von 60 Arten kleiner Flachwasserhaie. Die Rückenflossen setzen weit hinten in der Nähe der langen Schwanzflosse an, deren unterer Lappen nur schwach entwickelt ist. Sein gewöhnlich hellsandbraun gefärbter Körper ist mit dunkelbraunen Flecken übersät, und der Bauch ist cremefarben oder weiß. Meist lebt dieser Hai auf dem Meeresboden, im flachen Wasser und bis zu 100 m Tiefe, doch manchmal wird er auch in tieferem Wasser bis zu 400 m unter dem Meeresspiegel beobachtet. Er ernährt sich von vielen Arten von wirbellosen Bodenbewohnern wie Krebs- und Weichtieren, Würmern und Fischen.

Der Kleingefleckte Katzenhai vermehrt sich das ganze Jahr über, doch auf der nördlichen Hemisphäre legt er die meisten Eier zwischen November und Juli. Das Weibchen legt seine Eier zwischen Seetang im seichten Wasser ab. Jedes Ei ist von einer rechteckigen hornigen Kapsel umschlossen, an deren Ecken sich Fäden befinden, die die Kapsel am Seetang oder an anderen Objekten befestigen, wo sie während der 5–11monatigen Entwicklungszeit verbleibt. Die frisch ausgeschlüpften Jungen sind 10 cm lang. Geschlechtsreif sind sie bei einer Länge von ca. 50 cm.

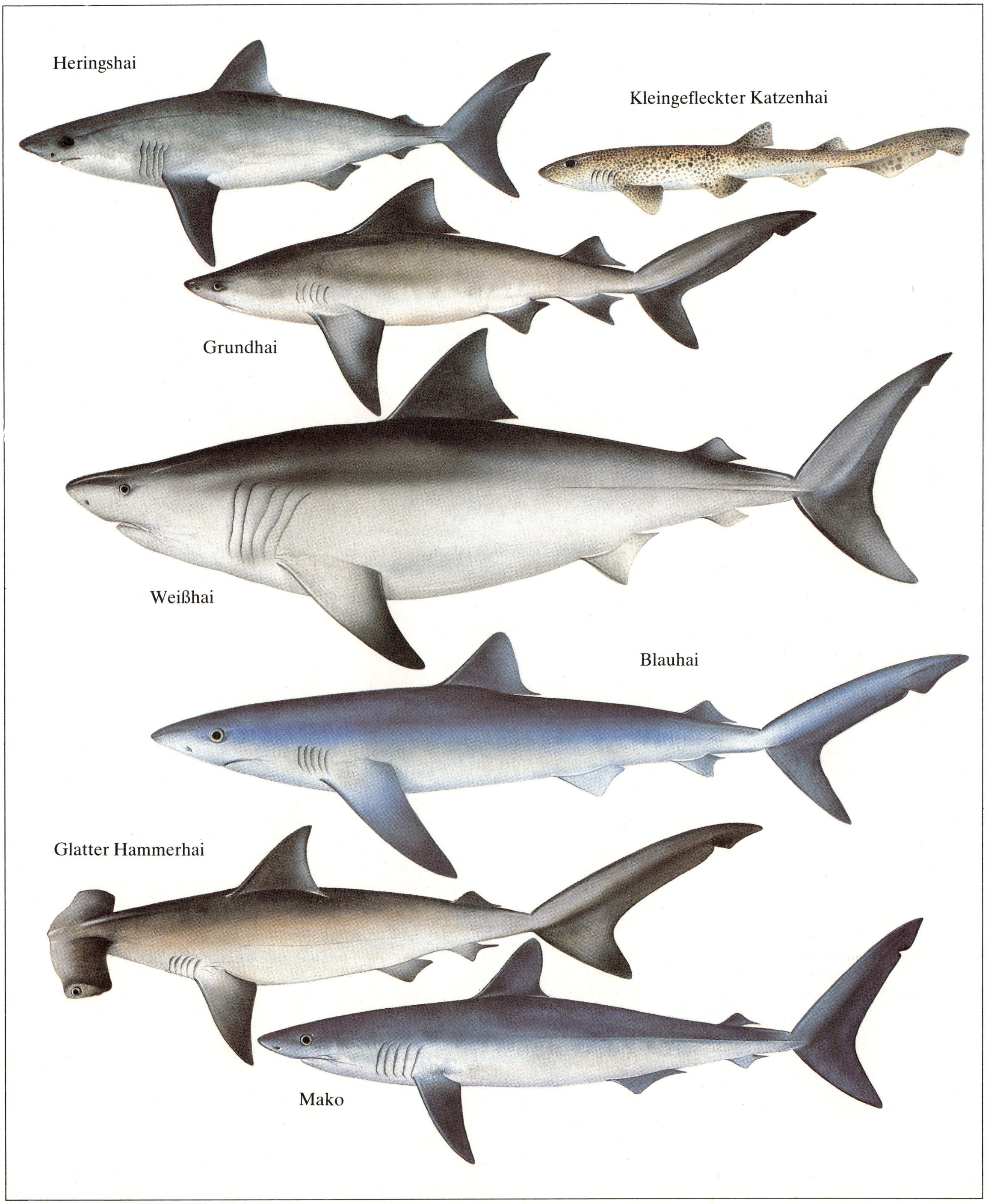
Heringshai
Kleingefleckter Katzenhai
Grundhai
Weißhai
Blauhai
Glatter Hammerhai
Mako

Haie 3

ORDNUNG SQUALIFORMES: Dornhaiartige

Diese Ordnung umfaßt 76 Arten von Haien, die in 3 Familien zusammengefaßt werden: Dornhaie, Sägehaie und Engelhaie. Alle haben zwei Rückenflossen, keine Afterflosse und 5–6 Kiemenspaltenpaare. Diese Arten sind auf der ganzen Welt verbreitet. Der Ordnung gehören übrigens auch die kleinsten Haie der Welt an, unter anderem der Zwerghai, *Squaliolus laticaudus*, der nur 23 cm lang wird.

Dornhai

Squalus acanthias

Verbreitung: nordatlantische Küsten von Norwegen bis Nordafrika und von Westgrönland bis Florida; Mittelmeer, Nordpazifik

Habitat: Küstengewässer, nahe am Meeresboden

Länge: 1–1,2 m

Der weitverbreitete Dornhai verdankt seinen Namen den langen Stacheln, die an den Vorderseiten beider Rückenflossen sitzen. Er hat einen langen, schlanken Körper, ein spitzes Maul und große Augen. Die Weibchen sind länger und schwerer als die Männchen und erst nach 19–20 Jahren geschlechtsreif, die Männchen hingegen schon nach 11 Jahren. Der Dornhai ernährt sich von Schwarmfischen wie Heringen und Weißfischen sowie von bodenbewohnenden Fischen und wirbellosen Tieren. Die Dornhaie selbst versammeln sich in Schwärmen von bisweilen Tausenden von Exemplaren, die oft entweder nur aus Männchen oder nur aus Weibchen bestehen. Diese Schwärme wandern in wärmere oder kühlere Gewässer oder – wenn es sich um Weibchen handelt – in seichtes Wasser, um zu gebären.

Das Weibchen trägt seine Jungen, die sich im Mutterleib entwickeln, 18–22 Monate lang, und es werden jeweils 3–11 Junge geboren, wobei die genaue Anzahl und die Entwicklungszeit von der Größe des Muttertieres abhängen. Wegen der Verbindung von kleinen Würfen, langer Tragezeit und später Reife ist diese Art besonders stark durch den Fischfang gefährdet; in früheren Zeiten wurde sie in beträchtlichen Mengen gefischt.

Gemeiner Sägehai

Pristiophorus cirratus

Verbreitung: Südl. Indischer und Pazifischer Ozean

Habitat: Meeresgrund

Länge: 1,2 m

Der Gemeine Sägehai, eine der 4 Arten der Sägehaie, hat ein auffälliges klingenförmiges Maul, an dessen Seiten scharfe, abwechselnd kleine und große Zähne sitzen. Sein schlanker Körper und die Form der Flossen lassen trotz des eigentümlichen Mauls seine Verwandtschaft mit den Haien klar erkennen. Dieser Hai ist „seßhaft„; er durchwühlt den Schlamm des Meeresbodens mit seinem sägeartigen Maul nach wirbellosen Tieren und bodenbewohnenden Fischen und spürt seine Beute mit Hilfe der tastempfindlichen Barteln an seinem Maul auf. Die Jungen kommen gut entwickelt zur Welt, doch ihre Zähne brechen erst nach der Geburt durch.

Grönlandhai / Eishai

Somniosus microcephalus

Verbreitung: Nordatlantik: von nördl. des Polarkreises südl. bis Cape Cod und Großbritannien

Habitat: Meeresgrund in Tiefen von 180–550 m

Länge: 6,4 m

Der Grönlandhai oder Eishai ist der Riese innerhalb seiner Gruppe. Im Gegensatz zu anderen Atlantischen Dornhaiartigen hat er nur kleine Rückenflossen ohne Stacheln. Obwohl er ein Bodenbewohner ist, kommt er besonders im Winter öfter an die Wasseroberfläche, um Nahrung zu suchen. Er jagt die unterschiedlichsten Fische, sowohl Oberflächen- wie auch Bodenbewohner. Außerdem ernährt er sich auch von Weichtieren, Schalentieren und Tintenfischen, angeblich auch von Seehunden, Tümmlern und Wasservögeln. Bei den arktischen Walstationen ist er auch als Abfallfresser bekannt. Die Jungen der Grönlandhaie schlüpfen im Mutterleib aus und entwickeln sich dort. Vermutlich bringen die Weibchen meist Würfe von ca. 10 Jungen zur Welt.

Gemeiner Meerengel

Squatina squatina

Verbreitung: Nordsee; Ostatlantik: von Schottland bis Nordafrika und zu den Kanarischen Inseln; Mittelmeer

Habitat: Küstengewässer, Meeresgrund

Länge: 1,8 m

Man könnte den gemeinen Meerengel fast für eine Kreuzung zwischen einem Hai und einem Rochen halten, doch die seitlichen Kiemenspalten, das Maul an der Spitze des Kopfes und die gutentwickelten Rückenflossen lassen erkennen, daß es sich um einen echten Hai handelt. (Beim Rochen sitzen Maul und Kiemenspalten an der Unterseite.) Seine breiten Brustflossen sind allerdings denen der Rochen sehr ähnlich. Das Weibchen ist größer als das Männchen.

Der Gemeine Meerengel ist ein Grundbewohner und liegt die meiste Zeit fast vollständig im Sand oder Schlamm vergraben; er kann jedoch auch sehr gut schwimmen. Er ernährt sich von Grundfischen wie Scharben, Schollen, Seezungen und Rochen sowie von Krebsen und Weichtieren. Die Jungen schlüpfen schon im Mutterleib aus und kommen in Würfen von 9–20 zur Welt.

Engverwandte Arten sind der Atlantische Engelhai (*S. dumerili*) und der Pazifische Engelhai (*S. californica*), die in den Küstengewässern Nordamerikas vorkommen. Abgesehen von ihrer geringeren Größe sind sie in Verhalten und Aussehen dem Gemeinen Meerengel sehr ähnlich.

ORDNUNG HETERODONTIFORMES: Stierkopfhaie oder Hornhaie

Diese Ordnung besteht aus nur einer Familie von 6 relativ primitiven Haiarten, die in den tropischen Breiten des Indischen und Pazifischen Ozeans leben. Sie besitzen zwei Rückenflossen, an deren Vorderseite sich jeweils ein dicker Stachel befindet.

Australischer Stierkopfhai

Heterodontus portusjacksoni

Verbreitung: Südpazifik: australische Küste von Südqueensland bis zum Südwesten Westaustraliens

Habitat: Küstengewässer bis zu 200 m Tiefe

Länge: bis zu 1,5 m

Der Australische Stierkopfhai ist an seinem großen schweren Kopf, der vorstehenden Stirn und dem Vorsprung über den beiden Augen zu erkennen. Weitere charakteristische Merkmale sind die dunkelbraune Zeichnung, die über den ganzen graubraunen Körper verläuft, und der kräftige Stachel an den Vorderseiten der beiden Rückenflossen. Im vorderen Teil des kleinen Mauls dieses Hais befinden sich spitze Zähne, weiter hinten breitere Mahlzähne, was darauf schließen läßt, daß er sich von hartschaligen Tieren wie Muscheln, Seeigeln und Krebsen ernährt. Seine Nahrung sucht er meist nachts.

Diese Haie kehren vermutlich Jahr für Jahr zu den gleichen seichten Riffgebieten zurück, um sich zu vermehren. Wie alle Stierkopfhaie legen sie Eier ab, die durch eine starke, hornige Kapsel mit doppelspiraligen Haftfäden geschützt sind. Dank dieser Form kann sich die Kapsel in Felsspalten einnisten, wo sie bis zum Ausschlüpfen der Jungen bleibt.

ORDNUNG HEXANCHIFORMES: Grauhaie

Bei den 6 Arten dieser Ordnung handelt es sich durchweg um primitive Haie mit langen Körpern und nur einer Rückenflosse. Alle haben 6–7 Kiemenspaltenpaare – bei höher entwickelten Haien sind es im allgemeinen nur 5. Die meisten Arten leben in der Tiefsee. Über ihre Lebensweise ist nur wenig bekannt.

Grauhai

Hexanchus griseus

Verbreitung: gemäßigte und gemäßigt warme Breiten des Atlanischen, Pazifischen und Indischen Ozeans

Habitat: Hochsee, Küstengewässer

Länge: 2–5 m

Der Grauhai ist ein langer schlanker Fisch mit einer langen Schwanzflosse, einer Rückenflosse, die in der Nähe des Schwanzes sitzt, und 6 Kiemenpaaren. Obwohl er ziemlich unbeweglich und träge wirkt, ist er doch ein kräftiger Hai; er ernährt sich von bodenbewohnenden Fischarten wie Rochen, aber auch von Krebsen. Vermutlich paart er sich im Frühjahr. Die Eier entwickeln sich im Mutterleib und schlüpfen auch dort aus. Die Jungen sind bei der Geburt 45–60 cm lang. Je nach der Größe der Mutter kann ein Wurf aus 40 oder mehr Jungen bestehen.

Australischer Stierkopfhai

Grauhai

Grönlandhai

Dornhai

Gemeiner Meerengel

Gemeiner Sägehai

Rochen

ORDNUNG RAJIFORMES: Rochen
Die Rochen sind in 8 Familien von Knorpelfischen unterteilt, die insgesamt 315 Arten umfassen. Die meisten von ihnen leben in den Meeren der gemäßigten und tropischen Breiten. Mit Ausnahme des Sägefischs haben alle Rochen einen breiten, abgeflachten Körper und stark vergrößerte Brustflossen, die vom Kopf bis zum Rumpf verlaufen und dem Fisch die Form eines Karos geben. Ihre Schwänze sind klein und peitschenartig, und sie haben sehr kleine Rükkenflossen. Kiemenöffnungen und Mundspalte befinden sich an der Unterseite des Körpers, doch durch die Spritzlöcher an der Oberseite kann der Rochen auch dann atmen, wenn er am Meeresboden liegt. Die meisten Arten leben in Meeresbodennähe oder direkt auf dem Meeresboden und ernähren sich von Weichtieren und Krebsen. Beim Schwimmen schlagen manche Rochen mit den Brustflossen auf und nieder, was den Eindruck erweckt, als würden sie durch das Wasser fliegen.

Die Eier der Rochen entwickeln sich im Wasser und sind mit einer Kapsel versehen. Bei manchen Rochenarten schlüpfen die Jungen schon im Mutterleib aus und werden voll entwikkelt geboren.

Westlicher Sägefisch

Pristis pectinatus
Verbreitung: gemäßigte bis tropische Ozeane
Habitat: flache Küstengewässer
Länge: 7,7 m

Der Westliche Sägefisch ist der größte unter den 6 Arten von Sägefischen. Er ist an der Atlantikküste der USA und an der Küste Ostafrikas sehr verbreitet. Wie alle Sägefische hat auch er ein eigenartiges klingenförmiges Maul, das an beiden Seitenkanten mit 24–36 gleich großen Zähnen bestückt ist. Abgesehen von den vergrößerten Brustflossen und den Kiemenöffnungen an der Unterseite gleicht sein Körper mehr dem eines Hais als dem eines Rochen.

Sägefische leben in seichten Gewässern auf dem Meeresgrund und durchwühlen mit ihrem sägeförmigen Maul den Sand und Schlamm nach kleinen wirbellosen Beutetieren. Dabei geschieht es nicht selten, daß sie Unterseekabel beschädigen. Es wird behauptet, daß Sägefische auch auf Fischschwärme einhacken; dies ist zwar nicht erwiesen, doch können sie zweifellos anderen Fischen und auch Menschen ernste Verletzungen zufügen, wenn sie sich zufällig in Fischernetzen verfangen.

Atlantischer Gitarrenfisch

Rhinobatos lentiginosus
Verbreitung: Westatlantik
Habitat: Flachwasser, Buchten, Ästuarien
Länge: 75 cm

Der Atlantische Gitarrenfisch, der an der amerikanischen Atlantikküste zwischen North Carolina und Yucatan häufig vorkommt, ist hinsichtlich seiner Körperform halb Hai und halb Rochen. Sein Körper ist länglich und abgerundet, und er hat gutentwickelte Rückenflossen. Die Brustflossen sind stark verbreitert, und die Kiemenspalten befinden sich an der Unterseite des Körpers. Er ist ein Bodenbewohner und ernährt sich hauptsächlich von Krebsen und Weichtieren. (ca. 45 Arten).

Glattrochen

Raja batis
Verbreitung: Ostatlantik: vom Nördlichen Eismeer bis Madeira; Mittelmeer
Habitat: tiefes Wasser
Länge: 2,4 m

Der Glattrochen ist ein beliebter Speisefisch und wird in großer Zahl gefangen. Glattrochen leben in einer Tiefe von 20 bis 600 m, doch nur die jüngeren Tieren werden in geringeren Tiefen angetroffen. Der Glattrochen hat einen abgeflachten Körper, breite Brustflossen und einen kleinen Schwanz. Der Schwanz und die Unterseite des Körpers sind mit kleinen Dornen besetzt; erwachsene Weibchen haben auch Dornen am vorderen Teil des Körpers, während die Männchen sie auf dem Rücken tragen.

Glattrochen sind Bodenbewohner. Sie ernähren sich von Fischen, Krebsen, Hummern und Tintenfischen. Ihre Eier, die sie am Meeresboden ablegen, sind von Hornkapseln umschlossen, an deren Ecken sich lange Fäden befinden. Die Jungen sind beim Ausschlüpfen ca. 20 cm lang.

Amerikanischer Stechrochen

Dasyatis americana
Verbreitung: Atlantikküste: von New Jersey bis Brasilien; Golf von Mexiko; Karibik
Habitat: flache Küstengewässer
Größe: 1,5 m

Der Amerikanische Stechrochen hat einen fast rechteckigen Körper und einen langen, dünnen Schwanz; Rücken- und Afterflosse fehlen. Seinen Namen verdankt der Stechrochen seiner charakteristischen Waffe, einem scharfen Stachel am Schwanzansatz. Auf der Unterseite dieses gezähnten Stachels befindet sich ein giftabsonderndes Gewebe. Der Stechrochen kann daher Verletzungen verursachen, die selbst für Menschen tödlich sind. Der Stachel selbst ist zwar unbeweglich, doch den Schwanz kann der Stechrochen mit großer Kraft und Schnelligkeit schwingen und so den Stachel in das Fleisch seines Opfers treiben. Einige Südseestämme benutzen den Stachel von bestimmten Stechrochenarten als Waffe – es handelt sich um den Violetten Stechrochen (*D. violacea*) und den Blauflecken-Stechrochen (*Taeniura lymna*).

Stechrochen liegen gewöhnlich im Sand vergraben am Meeresboden; sie ernähren sich von Fischen, Krebsen und Weichtieren, die sie mit ihren starken, abgeflachten Zähnen zermalmen. Die 3–5 Jungen des Stechrochens wachsen im Mutterleib heran und sind bei der Geburt etwa 18 cm lang. Alle Stachelrochen sind sich in ihren Gewohnheiten ziemlich ähnlich.

Der Stechrochen ist für den Fischfang von geringer Bedeutung. Er kann an wertvollen Muschelbänken ungeheuren Schaden anrichten.

Gewöhnlicher Adlerrochen

Myliobatis aquila
Verbreitung: Ostatlantik: von Großbritannien bis zum Senegal; Mittelmeer, Adriatisches Meer
Habitat: Küstengewässer
Länge: 1,8 m

Der Gewöhnliche Adlerrochen ist ein großer, graziöser Fisch mit spitzen, flügelartigen Brustflossen und einem langen dünnen Schwanz. Ebenso wie die Stachelrochen ernährt er sich am Meeresgrund von Krebstieren und Weichtieren, ist jedoch wesentlich aktiver. Er schwimmt in vollendeter Anmut durch das Wasser und bewegt dabei die Flossen wie Flügel auf und nieder.

Im nördlichen Teil seines Verbreitungsgebietes ist der Gewöhnliche Adlerrochen nur im Sommer zu finden; im Winter wandert er nach Süden, um sich zu paaren. Das Weibchen bringt bis zu 7 Junge zur Welt, die sich vor der Geburt von Ausscheidungen der Uterusmembran ernähren.

Riesenmanta

Manta birostris
Verbreitung: Atlantischer Ozean: von North Carolina bis Brasilien; von Madeira bis Westafrika
Habitat: Küstengewässer, Hochsee
Länge: 5,2 m; Spannweite der Flügelflossen 6,7 m

Die Riesenmanta, auch unter dem Namen Riesenteufelsrochen bekannt, ist der größte lebende Rochen. Sie hat riesige spitze Brustflossen, einen ziemlich kurzen Schwanz und eine kurze Rückenflosse. Das Kopfende ist breit und weist zwei fleischige Fortsätze seitlich des Mauls auf. Diese können eingerollt oder ausgestreckt werden und dienen bei der Nahrungsaufnahme als Schaufeln. Der Name „Manta" beruht auf der Ähnlichkeit der weiten, beweglichen Flossen dieses Fisches mit einem Mantel oder einer Decke.

Wie so viele andere Riesen des Ozeans ernähren sich die Mantas von winzigen Planktonwesen, die sie beim Durchfiltern des Wassers durch die Kiemenspalten aufnehmen. Sie schlucken auch Fische und große Krebstiere. Die Jungen schlüpfen im Mutterleib aus und kommen vollentwickelt zur Welt.

Schwarzer Zitterrochen

Torpedo nobiliana
Verbreitung: Atlantischer Ozean: von Schottland bis Südafrika; von Neuschottland bis North Carolina; Mittelmeer
Habitat: Meeresboden
Länge: 1,8 m

Schwarze Zitterrochen können elektrische Schläge von 70–220 Volt abgeben, eine Spannung, die ausreicht, um einen Fisch zu töten oder zu lähmen oder einen Menschen niederzustrecken. Die elektrischen Entladungen dieser Fische werden durch umgebildete Muskelzellen ausgelöst. Der Schwarze Zitterrochen ernährt sich von Fischen, die er mit seinen Brustflossen einfängt, während er ihnen einen elektrischen Schlag erteilt. Obwohl der Schwarze Zitterrochen einer der größten Zitterrochen ist, hat er nur ein kleines Maul und winzige Zähne und wäre ohne seine elektrische Waffe kaum ein erfolgreicher Raubfisch. Die Jungen werden lebend geboren und sind bei der Geburt etwa 25 cm lang.

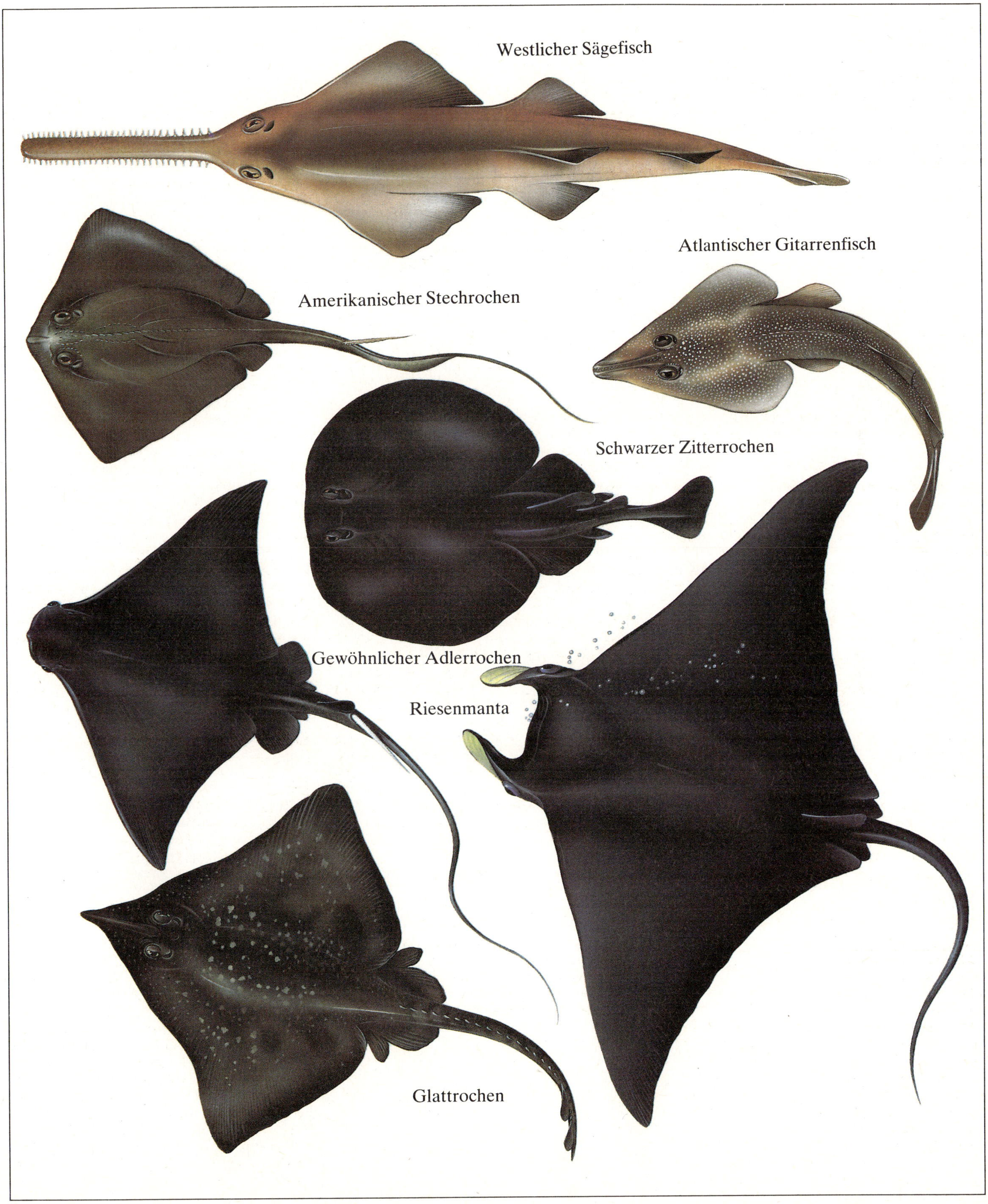
Westlicher Sägefisch
Atlantischer Gitarrenfisch
Amerikanischer Stechrochen
Schwarzer Zitterrochen
Gewöhnlicher Adlerrochen
Riesenmanta
Glattrochen

Chimären, Lungenfische, Coelacanth

ORDNUNG CHIMAERIFORMES:
Chimären und Seedrachen
Dies ist die dritte Ordnung der Knorpelfische. Ihre 25 Arten sind in allen Meeren der Welt verbreitet. Chimären haben lange Körper und lange, dünne Schwänze. Ihre Kiemen münden auf beiden Seiten in eine einzige Öffnung nach außen, die durch einen Lappen verdeckt ist. Männliche Chimären haben Klammerorgane, mit denen sie sich bei der inneren Befruchtung an den Weibchen festhalten.

Seeratte / Spöke

Chimaera monstrosa
Verbreitung: Östl. Nordatlantik: von Island bis zu den Azoren; Mittelmeer
Habitat: tiefes Wasser
Länge: 1,5 m

Mit ihrer abstehenden Rückenflosse, den großen Brustflossen und den großen Augen ist die Seeratte ein typischer Vertreter ihrer Ordnung. Der Stachel an der Rückenflosse wird durch eine Drüse mit Gift versorgt. Das Männchen ist an seinem keulenförmigen Fortsatz am Kopf zu erkennen; außerdem ist es meist auch etwas kleiner als das Weibchen. Seeratten ziehen oft in Schwärmen umher, die ausschließlich aus Weibchen oder nur aus Männchen bestehen.

Die Seeratte hält sich nahe am Meeresboden auf und ernährt sich von Seesternen, Weich- und Krebstieren. Im Sommer schwimmt sie zum Laichen in flachere Gewässer und legt Eier ab, die in einer langen, spitz zulaufenden Kapsel eingeschlossen sind. Diese Kapsel setzt sich am Meeresboden fest.

Elefantenchimäre / Pflugnasenchimäre

Callorhynchus milii
Verbreitung: vor den Küsten von Australien und Neuseeland
Habitat: Küstengewässer
Länge: 1 m

Elefantenchimären oder Pflugnasenchimären gleichen in vieler Hinsicht den übrigen Chimären, unterscheiden sich jedoch von ihnen durch den eigentümlichen rüsselartigen Nasenfortsatz, dem sie ihren Namen verdanken. Es gibt etwa 4 Arten von Elefantenchimären, die alle auf der südlichen Hemisphäre leben. Die Befruchtung findet bei diesen Fischen innerlich statt, und die Weibchen legen Eier ab, die in Hornkapseln eingeschlossen sind.

ORDNUNG CERATODIFORMES:
Australische Lungenfische
Diese Ordnung mit nur einer einzigen lebenden Art hat eine gewisse Verwandtschaft zur Ordnung der Lungenfische. Alle Lungenfische besitzen lungenartige Atmungsorgane, mit denen sie an der Wasseroberfläche Luft atmen können. Unter Wasser atmen sie wie andere Fische mit Kiemen. Lungenfische sind mit den fossilen luftatmenden Fischen verwandt. Sie sind die letzten Vertreter einer früher sehr zahlreich verbreiteten Fischordnung.

Australischer Lungenfisch

Neoceratodus forsteri
Verbreitung: Australien (Queensland)
Habitat: Flüsse
Länge: 1,5 m

Der Australische Lungenfisch, der erst 1870 entdeckt wurde, unterscheidet sich von anderen Lungenfischen dadurch, daß er nur eine einzige Lunge besitzt. Er lebt in ständig Wasser führenden Gewässern; er durchlebt also im allgemeinen kein Ruhestadium, um Trockenzeiten zu überstehen. In Gefangenschaft ernährt er sich vorwiegend von Fleisch und nimmt fast jede Art von tierischer Nahrung zu sich. Er laicht in der Zeit von August bis Oktober in flachem Wasser.

Der natürliche Lebensraum des Australischen Lungenfischs ist auf die Flüsse Burnett und St. Mary begrenzt, doch hat man ihn auch in anderen Flüssen ausgesetzt, um die Art vor dem Aussterben zu bewahren.

ORDNUNG LEPIDOSIRENIFORMES:
Afrikanische und Südamerikanische Lungenfische
Diese Ordnung umfaßt zwei verwandte Familien, von denen eine nur aus einer einzigen Art besteht, dem Südamerikanischen Lungenfisch. Der anderen Familie gehören die 4 Arten der Afrikanischen Lungenfische an. Die enge Verwandtschaft dieser beiden Familien ist ein wichtiger Anhaltspunkt für die Hypothese, daß Afrika und Südamerika einmal miteinander verbunden waren.

Südamerikanischer Lungenfisch

Lepidosiren paradoxa
Verbreitung: zentrales Südamerika
Habitat: Sümpfe, bewachsene Flußufer
Länge: 1,25 m

Die lungenartigen Organe des Südamerikanischen Lungenfischs sind paarig und mit der Speiseröhre verbunden. Der Fisch lebt gewöhnlich in sauerstoffarmen, sumpfigen Gebieten, ist jedoch dank seiner Lungen in der Lage, den aus dem Wasser aufgenommenen Sauerstoff durch Luftatmung an der Oberfläche zu ergänzen.

Die Sümpfe, in denen dieser Lungenfisch lebt, werden von Zeit zu Zeit überflutet, andererseits gibt es aber auch Trockenperioden. Der Fisch überlebt diese Trockenzeiten, indem er sich eine Höhle gräbt, in der er lebt und Luft atmet, während der Sumpf austrocknet. Wenn die Umgebung sehr trocken geworden ist, verschließt er die Höhlenöffnung mit Schlamm, rollt sich ein und bedeckt sich mit einer Schutzschicht aus Schleim, die er absondert, um die Feuchtigkeit im Körper zu halten. Sein Körper verfällt in einen Schlafzustand, in dem der Fisch jedoch weiterhin Luft atmet. Wenn die Regenfälle wieder einsetzen, verläßt der Lungenfisch seine Höhle. Diese Form von Inaktivität im heißen Klima wird als Sommerschlaf bezeichnet.

Während der Regenperiode begeben sich die Lungenfische zum Laichen paarweise in Höhlen, die zuvor vom Männchen gegraben worden sind. Das Männchen bewacht die Eier und später auch die Jungen. Die frischgeschlüpften Jungen besitzen Haftorgane, mit deren Hilfe sie sich an Pflanzen hängen. Nach 6–8 Wochen bilden sich diese Organe zurück.

Leopard-Lungenfisch

Protopterus aethiopicus
Verbreitung: Ost- und Zentralafrika
Habitat: Flüsse, Seen
Länge: 2 m

Der Leopard-Lungenfisch besitzt paarige Lungen, die mit der Speiseröhre verbunden sind. Er kann an der Wasseroberfläche Luft atmen. Diese Art hat normale, jedoch schwächer entwickelte Kiemen. Meist leben Leopard-Lungenfische in ständig Wasser führenden Gewässern. In langen Trockenperioden jedoch, wenn der Wasserspiegel absinkt, ziehen sie sich ähnlich wie Südamerikanische Lungenfische in Höhlen zurück und verfallen in einen Schlafzustand. Die übrigen 3 afrikanischen Arten der Lungenfische leben in Sümpfen und müssen während der regelmäßigen Trockenzeiten jeweils Schlafperioden einlegen.

Zur Laichzeit gräbt das Männchen ein Loch, in das ein oder mehrere Weibchen ihre Eier ablegen. Das Männchen bewacht die Eier und später auch die ausgeschlüpften Jungen.

ORDNUNG COELACANTHIFORMES:
Coelacanthen
Von dieser Ordnung, die einst sehr zahlreich und weit verbreitet war, existiert nur noch eine einzige lebende Art. Bis 1938 galten die Coelacanthen als ausgestorben. Nur 90 Millionen Jahre alte Fossilien waren bekannt. Doch 1938 fing ein Fischer vor der südafrikanischen Küste ein Exemplar, das jenen fossilen Arten eindeutig ähnelte; es konnte sich nur um einen Coelacanthen handeln. Durch diesen Fund gewannen Zoologen wertvolle Aufschlüsse über den Körperbau einer Gruppe von Tieren, die bis zu diesem Zeitpunkt nur von fossilen Skelettfunden her bekannt waren.

Komoren-Quastenflosser

Latimeria chalumnae
Verbreitung: Indischer Ozean, vor den Komoren
Habitat: felsige Küsten und Korallenbänke
Länge: 1,9 m

Der Komoren-Quastenflosser ist ein schweres Tier. Mit Ausnahme der ersten Rückenflosse haben alle Flossen am Ende fleischige Lappen, und die Brustflossen können um 180 Grad gedreht werden. Diese Fische, die Quastenflosser genannt werden, waren einst weit verbreitet.

Der innere Körperbau des Komoren-Quastenflossers weist einige Merkmale auf, die zum Verständnis der Entwicklungsgeschichte der Fische beitragen können. So ist beispielsweise das Herz dieser Tiere verglichen mit dem anderer Fische äußerst einfach; es ähnelt dem von Theoretikern rekonstruierten Herz früherer Fische. Die Nieren befinden sich im Gegensatz zu denen anderer Wirbeltiere an der Unterseite des Körpers.

Die heutigen Komoren-Quastenflosser sind Fleischfresser; vermutlich ernähren sie sich vorwiegend von Fischen. Über ihre Fortpflanzungsgewohnheiten gibt es verschiedene Ansichten, doch seit man ein Weibchen gefunden hat, das 5 fast voll entwickelte Junge im Eileiter trug, weiß man, daß sie zwar Eier produzieren, jedoch lebend gebären, d.h., die Jungen schlüpfen schon im Mutterleib aus und kommen vollentwickelt zur Welt.

Australischer Lungenfisch
Südamerikanischer Lungenfisch
Leopard-Lungenfisch
Komoren-Quastenflosser
Seeratte
Elefantenchimäre

Störe, Knochenhechte, Kahlhechte, Flösselhechtverwandte

ORDNUNG ACIPENSERIFORMES: Störe
Diese Ordnung besteht aus 2 Familien. Zur ersten zählen 23 Arten von Stören, die hauptsächlich in den Süßwasser- und Küstengewässern der gemäßigten Zonen vorkommen. Die Meeresfische unter ihnen wandern zum Laichen in die Flüsse. Alle Arten haben 5 Reihen von Knochenplatten an den Körperseiten. Die zweite Familie ist die der Löffelstöre mit 2 Arten von Süßwasserfischen, die lange, löffelförmige Mäuler haben, bei denen jedoch die Knochenplatten fehlen.

Europäischer Hausen
Huso Huso
Verbreitung: Buchten des Kaspischen und Schwarzen Meeres; Adriatisches Meer; Asowsches Meer
Habitat: Meer, Flüsse
Länge: 5 m

Der Europäische Hausen ist ein großer, schwerer Fisch, der bis zu 1200 kg und bisweilen sogar mehr wiegen kann. Diese Fischart ist heute relativ selten geworden, teils wegen der Verschmutzung der Flüsse, die ihre Wanderungen einschränkt, teils, weil sie durch den Fischfang dezimiert wurden. Auch die Verwendung ihres Rogens als Kaviar hat diese Art stark schrumpfen lassen, zumal die Europäischen Hausen besonders spät geschlechtsreif werden: die Männchen im Alter von 14, die Weibchen mit 18 Jahren. Ein einziges reifes Weibchen kann bis zu 7 Millionen Eier tragen.

Der Europäische Hausen zieht im Winter oder Frühjahr in die Flüsse, um auf felsigem Untergrund zu laichen. Die Jungen wandern sofort nach dem Ausschlüpfen ins Meer und ernähren sich von kleinen, auf dem Meeresboden lebenden Wirbellosen. Im Meer ernähren sich die erwachsenen Hausen von Fischen, besonders von Herings- und Karpfenfischen.

Amerikanischer Löffelstör / Schaufelrüssler
Polyodon spathula
Verbreitung: USA: Mississippi-Stromgebiet
Habitat: große Flüsse und Seen
Länge: 2 m

Der Löffelstör hat ein abgeflachtes schnabelförmiges Maul und einen breiten Kopf. Beim Schwimmen hält er sein Maul weit offen und den Unterkiefer gesenkt, um mit seinen kammartigen Kiemen Plankton aller Art aus dem Wasser zu filtern. Von Zeit zu Zeit schließt er den Mund, um zu schlucken. Sein Skelett besteht zum größten Teil aus Knorpel, und er hat nur wenige kleine Schuppen.

Löffelstöre laichen im April und Mai auf sandigem oder kieshaltigem Meeresboden. Sobald das Weibchen die Eier abgelegt hat, befruchtet das Männchen sie. Danach entwickeln die Eier eine klebrige Hülle, die am ersten Objekt, dem sie begegnen, haften bleibt. Die frisch ausgeschlüpften Larven haben noch kein schnabelförmiges Maul, entwickeln dieses aber im Verlauf von 2–3 Wochen. Die einzige andere Art der Familie, *Psephurus gladius*, lebt in China.

Baltischer Stör / Gemeiner Stör
Acipenser sturio
Verbreitung: europäische Küsten von Norwegen und der Ostsee bis zum Mittelmeer und zum Schwarzen Meer
Habitat: flaches Meerwasser, Flüsse
Länge: 3 m

Baltische Störe werden immer seltener und müßten in Europa dringend geschützt werden. Seit Jahrhunderten werden sie vom Menschen als Speisefisch gefangen. Der Rogen wird gesammelt, gesalzen und als Kaviar gegessen. Exzessiver Fang verbunden mit Verschmutzung der Laichflüsse und dem Bau künstlicher Hindernisse hat zur Dezimierung dieser Art geführt.

Als Grundbewohner ernährt sich dieser Fisch von Wirbellosen wie Würmern, Weichtieren und Krebstieren sowie von verschiedenen Fischarten. Im Frühjahr wandern die trächtigen Weibchen zum Laichen in die Flüsse. Ein großes Weibchen kann zwischen 800000 und 2400000 klebrige schwarze Eier tragen, die es auf dem Kiesgrund des Flußbetts ablegt. Nach etwa einer Woche schlüpfen die Jungen aus. Sie bleiben bis zu 3 Jahre im Fluß und ernähren sich von Insektenlarven und Krebstieren. Eine engverwandte, wenn nicht identische Art, *A. oxyrhynchus*, lebt an der nordamerikanischen Atlantikküste.

ORDNUNG SEMIONOTIFORMES: Knochenhechte oder Kaimanfische
Die einzige überlebende Familie dieser einst zahlreichen und weit verbreiteten Ordnung kommt in Nord- und Mittelamerika vor. Sie umfaßt 7 Arten von Knochenhechten, die alle einige primitive Merkmale aufweisen. Sie sind vorwiegend Süßwasserfische, obgleich sie gelegentlich auch in Brackwasser und Salzwasser gefunden werden. Der lange Körper ist mit harten Schuppen bedeckt, ihre Kiefer sind schnabelförmig verlängert, After- und Rückenflossen sind ziemlich weit hinten angesetzt.

Schlanker Knochenhecht / Langnasen-Knochenhecht
Lepisosteus osseus
Verbreitung: Nordamerika: von Quebec und in den Großen Seen bis Florida und Neumexiko
Habitat: Flüsse, Seen
Länge: 1,5 m

Die am häufigsten vorkommende und am weitesten verbreitete Art der Knochenhechte, der Schlanke Knochenhecht, hat besonders lange Kiefer mit scharfen Zähnen. Dieser Raubfisch lauert in der Vegetation verborgen auf Fische und Krebstiere. Sobald sich ein Beutetier nähert, schießt er aus seinem Versteck hervor und schnappt es.

Im Frühjahr versammeln sich die Schlanken Knochenhechte im Flachwasser zum Laichen. Die Eier der Weibchen sind klebrig und haften an Pflanzen oder Steinen. Die frisch ausgeschlüpften Jungen sind mit klebrigen Saugnäpfen unterhalb des Mauls ausgestattet, mit denen sie sich an schwebende Objekten heften. Dort bleiben sie so lange, bis sie ihre Dottersäcke verzehrt haben und sich um andere Nahrung bemühen müssen.

ORDNUNG AMIIFORMES: Kahlhechte
Diese Ordnung, von der mindestens 7 Familien ausgestorben sind, besteht nur noch aus einer Familie mit einer Art: dem Kahlhecht aus Nordamerika. Er besitzt viele Merkmale seiner fossilen Verwandten, die man in Europa, Asien und Nordamerika gefunden hat.

Kahlhecht / Amerikanischer Schlammfisch
Amia calva
Verbreitung: Osten Nordamerikas
Habitat: langsam fließende Gewässer und Teiche
Länge: 90 cm

Der Kahlhecht oder Amerikanische Schlammfisch hat einen kräftigen Körper mit langer Rükkenflosse und abgerundetem Schwanz. Ein primitives Merkmal sind die beiden Knochenplatten unter der Kehle. Die Männchen sind gewöhnlich kleiner als die Weibchen und an einem dunklen Fleck mit orangefarbigem Rand am Schwanzansatz zu erkennen. Der Kahlhecht lebt gewöhnlich in dichtbewachsenen, langsam fließenden, sauerstoffarmen Gewässern. Er kann sich diesen Bedingungen anpassen, indem er seine Schwimmblase als Lunge benutzt und Sauerstoff aus der Luft aufnimmt. Die Kahlhechte ernähren sich von Fischen und verschiedenen Flußkrebsen.

Im Frühjahr gräbt das Männchen im Flußbett eine Grube und baut aus kleinen Wurzeln und Kieseln ein Nest. In dieses legt das Weibchen die Eier, und das Männchen bewacht sie 8–10 Tage lang, bis die Jungen ausschlüpfen. Die Larven saugen sich mit Hilfe von Haftscheiben, die sich an ihren Köpfen befinden, am Nest fest und ernähren sich von ihren Dottersäcken. Nach etwa 9 Tagen können die Larven schwimmen und selbst Nahrung suchen, werden aber vom Vater bewacht und zusammengehalten, bis sie etwa 10 cm lang sind.

ORDNUNG POLYPTERIFORMES: Flösselhechtverwandte
Diese Ordnung enthält eine einzige Familie mit 11 Arten, die alle in den afrikanischen Binnengewässern leben. Die Fische dieser Ordnung erinnern stark an die ältesten fossilen Fische, die man gefunden hat. Sie weisen einige primitive Merkmale auf, zum Beispiel eine Schwimmblase, die auch zur Luftatmung dienen kann.

Nilflösselhecht
Polypterus weeksi (P. bichir)
Verbreitung: Zentralafrika: oberes Kongobecken
Habitat: Seen, Flüsse
Länge: 40 cm

Der Nilflösselhecht hat einen langgestreckten Körper, der mit harten, rautenförmigen Schuppen bedeckt ist. Wie die anderen Arten seiner Familie bewohnt er bewachsene Ufer. Seine auffällige Rückenflosse besteht aus kleinen fähnchenartigen Flossen, von denen jede durch einen harten Flossenstrahl gestützt ist. Die fächerförmigen Brustflossen sind durch einen fleischigen Lappen mit dem Körper verbunden. Nilflösselhechte ernähren sich von Fischen und Amphibien.

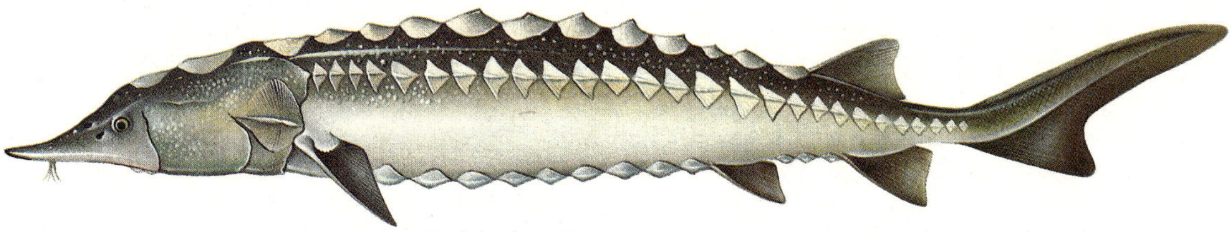

Baltischer Stör

Europäischer Hausen

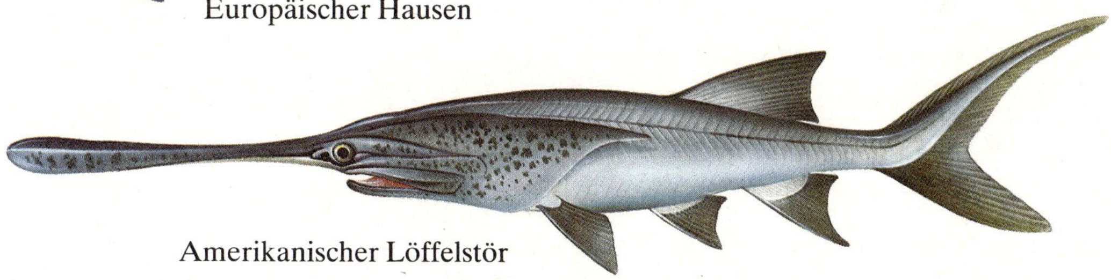

Amerikanischer Löffelstör

Schlanker Knochenhecht

Kahlhecht

Nilflösselhecht

Knochenzüngler, Tarpunähnliche Fische, Nilhechte

ORDNUNG OSTEOGLOSSIFORMES: Knochenzüngler
Die 15 Arten der Familie der Knochenzüngler und seine Verwandten, die Mondaugen, die Messerfische und die Schmetterlingsfische, leben im Süßwasser Südamerikas, Westafrikas, Südostasiens und Australasiens. Außerdem gibt zwei vereinzelte Arten von Mondaugen in Nordamerika. Die Mitglieder dieser Familie sind überwiegend Raubfieche; sie ernähren sich von Fischen und Insekten und sind an ihren gut entwickelten, knöchernen Zungen zu erkennen.

Arapaima

Arapaima gigas
Verbreitung: tropisches Südamerika
Habitat: Flüsse, Sümpfe
Länge: bis zu 4 m ©

Dieser Knochenzüngler soll der größte Süßwasserfisch der Welt sein. Er kann bis zu 200 kg wiegen. Angeblich sind Exemplare von 5 m Länge gesehen worden. Der langgestreckte Körper ist mit großen Schuppen bedeckt, nur der Kopf ist nackt. Seine langen, flachen Rücken- und Afterflossen sitzen weit hinten in Schwanznähe. Der Arapaima hält sich häufig in sauerstoffarmem, sumpfigen Gewässern auf; dort leistet ihm seine große Schwimmblase gute Dienste, die mit der Speiseröhre verbunden ist und ihm als Lunge dienen kann.

Arapaimas vermehren sich in sandigen Flußbetten. Sie graben dort eine kleine Vertiefung, legen ihre Eier darin ab und bewachen diese, bis die Jungfische ausschlüpfen.

Gabelbart / Arowana

Osteoglossum bicirrhosum
Verbreitung: tropisches Südamerika
Habitat: Süßwasserseen, ruhige Flüsse
Länge: 1 m

Das stark nach oben verzogene Maul des Gabelbarts gibt diesem Fisch ein recht ungewöhnliches Aussehen. Kopf und Körper gehen in gerader Linie ineinander über, Rücken und Afterflosse sind lang und ziemlich flach.

Vermutlich brütet der Gabelbart seine Eier im Mund aus, was man aus den taschenförmigen Erweiterungen am Unterkiefer schließt. Die verwandte Gattung *Scleropages*, die in Australien und Südostasien vorkommt, besitzt ein ähnliches taschenförmiges Gebilde und ist als Maulbrüter bekannt.

Goldauge

Hiodon alosoides
Verbreitung: Nordamerika: von Südkanada bis zum Mississippi-Becken
Habitat: Flüsse, Seen
Länge: 30–40 cm

Das Goldauge gehört zur kleinen Familie der Mondaugen oder Zahnheringe. Dieser Fisch ist an seinen großen goldenen Augen und den vielen kleinen Zähnen im Mund zu erkennen. Er ist silberfarben, ähnelt im Aussehen einem Hering und hat eine lange Afterflosse. Er ernährt sich hauptsächlich von Insekten und deren Larven sowie von kleinen Fischen. Er ist überwiegend nachts aktiv, und seine großen Augen haben sich gut an die Dunkelheit angepaßt.

ORDNUNG ELOPIFORMES: Tarpunähnliche Fische
Zu dieser Ordnung gehören 11 Arten, die in 3 Familien gegliedert sind: Frauenfische, Tarpune und Grätenfische. Alle sind Meeresfische, doch einige halten sich gelegentlich auch in Süßwasser oder Brackwasser auf. Sie sind verwandt mit den Aalen und Heringen, haben schlanke Körper und eine stark gegabelte Schwanzflosse. Einige sind beliebte „Sportfische".

Atlantischer Tarpun

Tarpon atlanticus
Verbreitung: Westatlantik: von Neuschottland bis zum Golf von Mexiko und bis nach Brasilien; Ostatlantik: vor den Küsten Westafrikas
Habitat: Küstengewässer und Hochsee
Länge: 1,25–2,5 m

Der Atlantische Tarpun ist ein stattlicher, silbriger Fisch mit großen Schuppen. Sein Körper ist seitlich zusammengedrückt und an den Seiten abgeflacht, der Unterkiefer springt vor, und der letzte Strahl der Rückenflosse ist zu einem langen Faden verlängert. Tarpune ernähren sich von vielerlei Fischen und von Krabben.

Diese Fischart ist sehr fruchtbar: Ein großes Weibchen legt manchmal mehr als 12 Millionen Eier ab. Diese werden im Meer abgesetzt, doch die Larven treiben zur Küste und wachsen in Meeresarmen, Sümpfen und Flußmündungen heran. Tarpune sind erst nach 6–7 Jahren geschlechtsreif.

Frauenfisch

Elops saurus
Verbreitung: tropische Breiten des Atlantischen und Indischen Ozeans und des Westpazifiks
Habitat: flache Küstengewässer, Ästuarien
Länge: 1,2 m

Der Frauenfisch, im Volksmund auch Zehnpfünder genannt, ist silbrigblau gefärbt, hat feine Schuppen, dunkle, ziemlich kleine Flossen und eine stark gegabelte Schwanzflosse. Er ernährt sich vorwiegend von Fischen und Krebstieren. Weil er wie wild am Angelhaken kämpft und zappelt, ist er bei Sportanglern sehr beliebt.

Frauenfische laichen im offenen Meer, doch die Larven treiben zur Küste und entwickeln sich in Buchten und Salzsümpfen. Manchmal sind sie sogar in Süßwasser zu finden.

Grätenfisch

Albula vulpes
Verbreitung: alle tropischen Meere der Welt
Habitat: Küstengewässer, besonders über Sandbänken
Länge: 90 cm

Der Grätenfisch hat einen schlanken, heringsähnlichen Körper mit dunklen, silbrigen Schuppen und einer stark gegabelten Schwanzflosse. Der obere Teil des Mauls steht etwas vor. Grätenfische suchen in Schwärmen den Meeresboden nach Futter ab, indem sie mit den Köpfen den Sand durchwühlen und mit den Schwänzen nahe an der Wasseroberfläche bleiben. Sie ernähren sich von bodenbewohnenden Wirbellosen wie Muscheln, Krebsen und Garnelen.

Die dünnen Larven, die denen der Aale ähneln, treiben in die Nähe der Küste und entwickeln sich dort.

ORDNUNG MORMYRIFORMES: Nilhechte
Diese Ordnung umfaßt 101 Süßwasserarten, von denen 100 zur Familie der Eigentlichen Nilhechte gehören. Eine einzige Art, *Gymnarchus niloticus*, bildet eine weitere Familie, die der Großnilhechte. Bei vielen Arten dieser Ordnung, auch beim *Gymnarchus niloticus*, haben sich die Muskeln am Ansatz der Schwanzflosse zu elektrischen Organen umgebildet, die um den Körper des Fisches im Wasser ein elektrisches Feld aufbauen. Jede Störung dieses Feldes durch Hindernisse, durch die Nähe von Raubfischen oder durch Beutefische wird von den Fischen wahrgenommen, so daß sie auch in bewegtem Wasser und bei Nacht manövrieren und jagen können.

Tapirrüsselfisch

Mormyrus kannume
Verbreitung: Afrika: Nil-Stromgebiet
Habitat: Flüsse, Seen
Länge: 80 cm

Der Tapirrüsselfisch hat wie viele andere Arten seiner Familie eine verlängertes, rüsselförmiges Maul, dem er seinen Namen verdankt. Alle Nilhechte sind sehr lernfähig und haben ein gut entwickeltes Gehirn, das im gleichen Verhältnis zur Körpergröße steht wie beim Menschen. Der Tapirrüsselfisch kann mittels schwacher elektrischer Impulse ein elektrisches Feld um seinen Körper aufbauen. Mit Hilfe spezieller Poren im Kopfbereich registriert er Störungen dieses elektrischen Feldes, die durch Hindernisse oder durch andere Tiere hervorgerufen werden. Er ernährt sich hauptsächlich von Insektenlarven.

Großer Nilhecht

Gymnarchus niloticus
Verbreitung: Afrika: oberer Nil, Westafrika
Habitat: Sümpfe, Seen, stehende Gewässer
Länge: 0,9–1,5 m

Der Große Nilhecht ist ein schlanker, langer Fisch ohne After-, Bauch- und Schwanzflosse. Die Rückenflosse ist lang und flach, und der Körper läuft spitz zu. Der Große Nilhecht schwimmt mittels wellenförmiger Bewegungen seiner Rückenflosse; er kann auch rückwärts schwimmen, indem er die Richtung der Wellenbewegung ändert. Auch der Große Nilhecht kann ein elektrisches Feld um seinen Körper herum aufbauen und jede Störung dieses Feldes wahrnehmen. Dies ermöglicht es ihm, auch in bewegtem Wasser zu manövrieren und andere Fische zu jagen.

Große Nilhechte bauen Nester aus Pflanzenfasern, um ihre etwa 1000 Eier abzulegen. Beide Eltern bewachen die Brut einige Tage lang, bevor die Jungfische ausschlüpfen. Diese ernähren sich von Insekten und anderen kleinen Wirbellosen.

Arapaima
Gabelbart
Goldauge
Atlantischer Tarpun
Grätenfisch
Frauenfisch
Großer Nilhecht
Tapirrüsselfisch

Heringsfische

ORDNUNG CLUPEIFORMES: Heringsfische
Die Ordnung der Heringsfische umfaßt 4 Familien. Zwei davon bestehen jeweils nur aus einer einzigen Art – dem Stachelhering und dem Großen Wolfshering. Die dritte Familie bilden die Sardellen, und zur vierten und größten gehören alle echten Heringe, Alsen, Sardinen und Menhaden. Insgesamt sind über 290 Arten bekannt. Dies ist eine der bedeutendsten Gruppen von Speisefischen. Heringe, Sardinen und Sardellen stellen einen großen Teil des Fischertrags der ganzen Welt dar. Einige ihrer Populationen wie beispielsweise der Nordseehering sind ein deutliches Beispiel für das Schrumpfen der Population durch Überfischung.

Die meisten Heringsarten sind Meeresfische und leben in Schwärmen nahe der Wasseroberfläche im offenen Meer oder in Küstennähe. Örtliche Populationen einiger Arten kehren immer wieder zu ihren gewohnten Laichgebieten zurück. Die damit verbundene teilweise genetische Isolierung hat zur Entstehung deutlich unterscheidbarer Rassen geführt. Typisch für Heringsfische ist, daß sie sich von Plankton ernähren, das sie mit Hilfe ihrer langen Kiemenbogenfortsätze aus dem Wasser filtern. Der Körper der Heringsfische ist an den Seiten stark abgeflacht und mit großen, lichtreflektierenden, silbrigen Schuppen bedeckt. Bei den meisten Heringsfischen findet man entlang der Mittellinie am Bauch stark vergrößerte Schuppen, die nach rückwärts gerichtete Zacken bilden.

Finte

Alosa fallax

Verbreitung: Europa, isländische Küste und Ostsee bis zum Mittelmeer
Habitat: Hochsee, Küstengewässer, Ästuarien
Länge: 55 cm

Die Finte hat einen plumpen Körper, der mit großen, zarten Schuppen bedeckt ist. Sie hat Ähnlichkeit mit der Alse (*A. alosa*), doch kann man die beiden Arten leicht an der Zahl der Reusenfortsätze auf dem ersten Kiemenbogen unterscheiden – bei der Finte sind es 40–60, bei der Alse 80–130. Die Finte ernährt sich hauptsächlich von Krebstieren und kleineren Fischen. Zum Laichen wandern diese Fische aus den Küstengewässern in die Mündungsgebiete der Flüsse, doch die allgemeine Verschmutzung der Flüsse und die künstlich errichteten Hindernisse beeinträchtigen diese Wanderungen heute in manchen Gebieten stark. Die Finten laichen nachts, und ihre Eier werden über den Kieselgrund des Flußbetts verstreut. Nach dem Ausschlüpfen ziehen die jungen Fische langsam flußabwärts zum Meer.

Großaugenhering

Alosa pseudoharengus

Verbreitung: Nordamerika: Atlantikküste, Große Seen
Habitat: Küstengewässer, Flüsse
Länge: 40 cm

Obwohl der Großaugenhering in erster Linie ein Meeresfisch ist, zieht er wie alle Alsen zum Laichen in die Flüsse, weshalb er häufig im Süßwasser zu finden ist. Im Februar begeben sich die Großaugenheringe auf die Wanderung, und die meisten sind bis zum Mai ins Meer zurückgekehrt.

Einige Populationen dieser Art leben in Süßwasserseen, zum Beispiel in den Seen der Nordamerikanischen Seenplatte. Die Süßwasserform ist nur etwa halb so groß wie die Meeresform. Großaugenheringe ernähren sich hauptsächlich von Plankton, sie fressen aber auch kleine Fische.

Pilchard

Sardina pilchardus

Verbreitung: europäische Küsten; Mittelmeer und Schwarzes Meer
Habitat: Hochsee, Küstengewässer
Länge: 25 cm

Der Pilchard, dessen Jungform der als Sardine bekannte Speisefisch ist, ähnelt dem Hering, ist allerdings rundlicher von Gestalt und hat größere Schuppen. Seine Kiemendeckel sind durch deutliche, strahlenförmig angeordnete Leisten markiert. Die Pilchards schwimmen in Schwärmen nahe an der Wasseroberfläche. Im Sommer ziehen sie nach Norden, im Winter nach Süden. Sie laichen im Frühjahr und Sommer und begeben sich danach gewöhnlich in Küstennähe. Junge Pilchards ernähren sich vorwiegend von pflanzlichem Plankton, die erwachsenen von den größeren Arten des tierischen Planktons.

Pilchards sind äußerst wertvolle Speisefische. Sardinenarten der engverwandten Gattung *Sardinops* leben an den Küsten von Chile, Peru, Südafrika, Japan, Australien und entlang der Pazifikküste der USA.

Atlantischer Hering

Clupea harengus

Verbreitung: Nordatlantik
Habitat: Hochsee, Küstengewässer
Länge: 40 cm

Der Atlantische Hering kann in eine Anzahl verschiedener Rassen unterteilt werden, von denen jede besondere Merkmale und eine andere Laichzeit hat. Einige Rassen laichen in seichten Buchten, andere auf Sandbänken im Ozean. Die Eier bilden auf dem Meeresboden eine Schicht. Die Larven sind beim Ausschlüpfen etwa 0,5 cm lang; sie schwimmen in großen Schwärmen nahe an der Wasseroberfläche und bleiben während des ersten Lebensjahres im allgemeinen in Küstennähe. Auch die erwachsenen Exemplare schwimmen nahe der Wasseroberfläche. Die Atlantischen Heringe ernähren sich je nach Alter von verschiedenen Planktonarten; außerdem leben sie von Krebstieren und kleinen Fischen. Die Heringe ihrerseits dienen Vögeln, anderen Fischen, Delphinen und Robben als Nahrung und sind ein wichtiges Glied in den Nahrungsketten der Meere. Der Atlantische Hering ist seit langem ein wichtiger Speisefisch und auch für den kommerziellen Fischfang eine der wichtigsten Arten. Der Pazifische Hering, *C. pallasi*, ist mit der atlantischen Art eng verwandt und hat ähnliche Lebensgewohnheiten wie diese.

Großer Wolfshering

Chirocentrus dorab

Verbreitung: Indischer und Pazifischer Ozean: vom Roten Meer bis Australien
Habitat: Oberflächenwasser, Flachwasser
Länge: 3,7 m

Der Große Wolfshering ist für einen Heringsfisch außerordentlich groß. Sein Körper ist langgestreckt und zylinderförmig, und er hat ein Gebiß mit Fangzähnen. Er ernährt sich nicht wie die anderen Mitglieder dieser Ordnung durch Filtern von Plankton, sondern macht Jagd auf andere Fische. Als Speisefisch spielt diese Art kaum eine Rolle.

(Atlantischer) Menhaden

Brevoortia tyrannus

Verbreitung: nordamerikanische Atlantikküste
Habitat: Oberflächenwasser
Länge: 45 cm

Atlantische Menhaden gibt es in großer Zahl. Sie ziehen in Schwärmen von Hunderttausenden umher, wandern im Frühjahr und Sommer nach Norden und im Winter in die wärmeren Gewässer des Südens. Der erwachsene Menhaden hat einen großen Kopf und scharfkantige Schuppen. Hinter dem Kopf befindet sich ein deutlich sichtbarer dunkler Fleck, und einige kleinere Flecken zieren die obere Hälfte der beiden Körperseiten. Der Atlantische Menhaden filtert Plankton jeder Art aus dem Wasser. Wegen des hohen Ölgehalts seines Fleischs wird er kaum verzehrt, sondern meist zu Fischmehl, Öl und Dünger verarbeitet. Vielen Tieren wie Vögeln, Walen, Tümmlern, Haien, Kabeljauen und Blaubarschen dient der Menhaden als Nahrung, und er wird auch als Fischköder verwendet.

Europäische Sardelle / Anchovis

Engraulis encrasicholus

Verbreitung: europäische Meere
Habitat: Oberflächenwasser
Länge: 20 cm

Die 110 Arten der Familie der Sardellen leben in allen gemäßigten und tropischen Gewässern der Welt. Die Sardelle ist aufgrund ihrer Kopfform, ihres verhältnismäßig großen Mauls und des vorstehenden Mauls leicht zu identifizieren; ihr Körper ist abgerundet. Sardellen dienen vielen Tieren als Nahrung, unter anderem auch den Thunfischen. Viele Sardellenarten sind außerdem auch wertvolle Speisefische, sie werden besonders vor der peruanischen Küste in großen Mengen gefangen.

Die Europäische Sardelle oder Anchovis ist ein schlanker Fisch mit großen, zarten Schuppen. Sie zieht in Schwärmen von vielen Tausenden umher und ernährt sich von Plankton, insbesondere von kleinen Krebstieren, Fischlarven und Wirbellosen. Den Winter verbringt sie im offenen Meer, im Sommer kommt sie zum Laichen in Küstennähe. Eier und Larven treiben nahe der Wasseroberfläche.

Die Nordamerikanische Sardelle (*E. mordax*) ist im Pazifik recht häufig; sie ähnelt ihrer europäischen Verwandten.

Großer Wolfshering
Finte
Atlantischer Hering
Pilchard
Europäische Sardelle
Menhaden
Großaugenhering

Aalfische, Dornrückenaale

ORDNUNG ANGUILLIFORMES: Aalartige

Es gibt über 600 Aalarten, die in 22 Familien unterteilt werden. Außer in den Polargebieten sind sie auf der ganzen Welt verbreitet. Die meisten Arten leben im Meer, doch es gibt auch einige Süßwasseraale. Alle Aale haben lange, schlanke Körper und lange Rücken- und Afterflossen, jedoch keine Bauchflossen. Sie legen Eier, aus denen dünne, durchsichtige Larven ausschlüpfen.

Kettenmuräne

Echidna catenata

Verbreitung: Westatlantik: von den Bermudas bis Brasilien einschließlich der Karibik

Habitat: Küstengewässer

Länge: 90 cm

Muränen dieser Gattung leben in großer Zahl im Indischen und Pazifischen Ozean, doch einige Arten kommen auch im tropischen Bereich des Atlantiks vor. Die Kettenmuräne ist in der Karibik besonders verbreitet, wo sie zwischen Felsen oder auf sandigem und felsigem Grund (gewöhnlich im flachen Wasser) ein zurückgezogenes Leben führt. Mit ihrem deutlichen Muster in Braunschwarz und Gelb oder Weiß ist sie ein recht auffälliger Fisch; bei jungen Kettenmuränen überwiegen die helleren Farben.

Im Gegensatz zu anderen Muränen, die scharfe, spitze Zähne haben, sind die Zähne der Kettenmuräne stumpf und mahlzahnartig. Sie ernährt sich hauptsächlich von Krebstieren, und man kann sie gelegentlich am Wasserrand oder sogar außerhalb des Wassers bei der Krabbenjagd beobachten.

Mittelmeer-Muräne

Muraena helena

Verbreitung: Mittelmeer; Ostatlantik: von der Biskaya bis zu den Azoren und Kapverdischen Inseln

Habitat: Felsküsten

Länge: 1,3 m

Die am häufigsten vorkommenden Aalfische, die 100 Arten der Muränen, sind in tropischen und gemäßigt warmen Ozeanen zahlreich vertreten. Mit ihrem schuppenlosen, grobgemusterten Körper, der seitlich ein wenig abgeflacht ist, ist die Mittelmeermuräne ein typischer Vertreter dieser Gruppe. Die Brustflossen fehlen bei ihr, doch hat sie gut entwickelte Rücken- und Afterflossen, und ihr großes Maul ist mit starken, scharfen Zähnen ausgestattet. Die Mittelmeermuräne ist ein gefräßiger Raubfisch und verbirgt sich gewöhnlich in Felsspalten unter Wasser, wobei nur ihr Kopf zu sehen ist. Von dort aus lauert sie auf Beute – hauptsächlich Fische und Tintenfische. Wenn sie sich gestört fühlt, kann sie sehr bösartig werden und arge Bißwunden zufügen.

Mittelmeermuränen vermehren sich zwischen Juli und September. Ihre Eier treiben bis zum Ausschlüpfen der Jungen auf der Wasseroberfläche.

Europäischer Flußaal

Anguilla anguilla

Verbreitung: Nordatlantikküsten von Island bis Nordafrika; Mittelmeer und Schwarzes Meer; Binnengewässer in Europa und Nordafrika

Habitat: Küstengewässer, Mündungsgebiete; Flüsse, Bäche und Seen

Länge: 50–100 cm

Der Europäische Flußaal ist im Süßwasser leicht zu erkennen, da er der einzige Aalfisch in seinem Lebensraum ist. Charakteristisch für ihn sind die abgerundeten Brustflossen, die Rückenflosse, die erst weit hinter dem Kopf beginnt, und seine kleinen Zähne. Der Körper ist mit winzigen Schuppen bedeckt.

Wenn die Europäischen Flußaale geschlechtsreif werden, wandern sie aus dem Süßwasser weit in den Atlantik, wo sie laichen und dann sterben. Nachdem die Larven ausgeschlüpft sind, treiben sie etwa drei Jahre lang in der Nähe der Wasseroberfläche und werden durch die Meeresströmungen allmählich zurück zu den Küsten getragen. Dort entwickeln sie sich zu Glasaalen und schwimmen in die Meeresarme und Flüsse, wo sie heranwachsen und sich von Insekten, Krebstieren und Fisch ernähren. Während ihrer Süßwasserperiode sind die Europäischen Flußaale gelbbraun gefärbt, doch geschlechtsreife Aale werden dunkler – fast schwarz mit silbrigem Bauch.

Der Europäische Flußaal ist ein wertvoller Speisefisch, und er wird in großen Mengen gefangen. Der Amerikanische Aal (*A. rostrata*), der an der Atlantikküste von Nordamerika lebt, ist seinem europäischen Verwandten sehr ähnlich. Er laicht im westlichen Mittelatlantik, und die Larven brauchen nur ein Jahr, um zurück in die Küstennähe zu treiben.

Meeraal

Conger conger

Verbreitung: Nordatlantikküsten von Island bis Nordafrika; Mittelmeer

Habitat: Flachwasser, oft in der Nähe von Felsen

Länge: 2,7 m

Der Meeraal, der an felsigen Stränden ein ziemlich häufig vorkommender Fisch ist, hat einen schuppenlosen, zylinderförmigen Körper, vorstehende Brustflossen und eine lange Rükkenflosse, die weit vorne beim Kopf beginnt. Der Oberkiefer steht über dem Unterkiefer vor. Der Meeraal ernährt sich von Fischen, Krebstieren (besonders Krabben) und von Tintenfischen.

Der Meeraal hält sich gewöhnlich in seichtem Wasser auf, doch erwachsene Meeraale wandern zum Laichen in tiefere Gewässer. Aus den Eiern schlüpfen durchsichtige Larven, die 1–2 Jahre an der Oberfläche treiben, bevor sie sich zu kleinen Aalen entwickeln.

Schnepfenaal

Nemichthys scolopaceus

Verbreitung: gemäßigte bis tropische Breiten des Atlantischen, Pazifischen und Indischen Ozeans

Habitat: Hochsee bis 1000 m Tiefe

Länge: 1–1,2 m

Der Schnepfenaal ist ein Tiefseefisch mit einem sehr langen, schlanken Körper. Seine Rükken- und Afterflossen erstrecken sich fast über die ganze Länge des Körpers. Seine schmalen, langgezogenen Kiefer erinnern an einen Schnabel; sie sind mit spitzen, nach rückwärts gerichteten Zähnen ausgestattet, mit denen dieser Aal äußerst geschickt seine Beute (Krebstiere und Fische) fängt. Obwohl der Schnepfenaal ziemlich häufig vorkommt, ist nur wenig über ihn bekannt.

Echter Pelikanaal

Eurypharynx pelecanoides

Verbreitung: alle gemäßigt warmen bis tropischen Meere (insbes. Atlantik)

Habitat: Tiefsee (1400 m oder tiefer)

Länge: 60 cm

Mit seinem langen, zarten Körper und den vergleichsweise riesigen, weit geöffneten Kiefern ist der Echte Pelikanaal ein Fisch von äußerst ungewöhnlicher Erscheinung. Sein Körper ist entschieden zu dünn und zu zart, um ihn zu einem guten Schwimmer zu machen, doch ist er in der Lage, ziemlich große Fische zu verschlingen. Vermutlich läßt er beim Schwimmen das Maul weit offen stehen und verschlingt jeden Fisch und jedes Krebstier, das sich versehentlich in sein aufgerissenes Maul verirrt.

ORDNUNG NOTACANTHIFORMES: Dornrückenaale

Diese Ordnung umfaßt 24 Arten, die weltweit verbreitet sind. Alle haben ein aalartiges Aussehen, die meisten sind Tiefseefische, die auf dem Meeresboden leben.

Dornrückenaal

Notacanthus chemnitzii

Verbreitung: Nordatlantik: gemäßigte Breiten; möglicherweise auch in allen gemäßigt warmen Ozeanen

Habitat: Tiefsee

Länge: 1,2 m

Der Dornrückenaal hat einen schlanken, langgestreckten Körper und einen vorgewölbten Oberkiefer, der über die darunter sitzende Maulöffnung hinausragt. Auf seinem Rücken befindet sich eine Reihe kurzer, scharfer Stacheln, und ähnliche Stacheln befinden sich auch am Bauch vor der Afterflosse. Gewöhnlich ist der Dornrückenaal braun bis graubraun gefärbt. Vermutlich ernährt er sich von bodenbewohnenden Wirbellosen, hauptsächlich von Seeanemonen, und wahrscheinlich befindet er sich bei der Nahrungsaufnahme in senkrechter Position, wobei der Kopf nach unten gerichtet ist. Über die Fortpflanzungs- und Lebensgewohnheiten dieses selten beobachteten Fisches ist nur wenig bekannt.

Schnepfenaal
Meeraal
Europäischer Flußaal
Kettenmuräne
Echter Pelikanaal
Mittelmeer-Muräne
Dornrückenaal

Lachsfische 1

ORDNUNG SALMONIFORMES: Lachsfische
Diese Ordnung umfaßt 24 Familien mit insgesamt 508 Arten, darunter Hechte, Lachse, Schwebrenken, Äschen, Saiblinge, Forellen und Stinte. Die Mitglieder dieser Ordnung leben sowohl im Süßwasser wie auch in den Meeren, vor allem auf der nördlichen Hemisphäre. Einige wandern zum Laichen aus dem Meer in die Flüsse. Die meisten Arten sind Raubfische.

Hecht

Esox lucius
Verbreitung: zirkumpolar: Großbritannien, Nordeuropa, UdSSR, Alaska, Kanada, Norden der USA
Habitat: Seen, langsam fließende Flüsse
Länge: 1,5 m

Der Hecht hat einen langen Körper, große Kiefer mit scharfen Zähnen und ein spitzes Maul. Die Rücken- und die Afterflosse befinden sich in der Nähe der Schwanzflosse und stehen einander gegenüber, was typisch für die Hechte ist. Die Weibchen sind größer als die Männchen, und einzelne Exemplare wiegen 25 kg und mehr. Der Hecht ist ein Raubfisch. Er lauert, getarnt durch seine gesprenkelte Färbung, in der Vegetation in Ufernähe und schießt dann hervor, um seine Beute zu schnappen. Wenn er noch jung ist, ernährt er sich vorwiegend von wirbellosen Tieren; er stellt sich jedoch bald auf Fische um, und erwachsene Hechte jagen auch Vögel und sogar Säugetiere.

Zu Beginn des Frühjahrs, sobald das Eis geschmolzen ist, laichen die Hechte am Wasserrand oder auf Wiesen, die infolge der Schneeschmelze unter Wasser stehen. Die Weibchen setzen dort Tausende von Eiern auf die Pflanzen ab.

Große Schwebrenke

Coregonus lavaretus
Verbreitung: Nord- und Ostsee; Großbritannien, Nordeuropa, Norden der UdSSR; Schweizer Alpen
Habitat: Salz- und Brackwasser
Länge: 20–70 cm

Die Große Schwebrenke hat wie alle Renkenarten große Schuppen, keine Zähne und eine gegabelte Schwanzflosse. Schwebrenken unterscheiden sich je nach Verbreitungsgebiet stark in Körpergröße und Aussehen; beispielsweise sind in Seen lebende Schwebrenken im allgemeinen wesentlich kleiner als die Meeresbewohner, da sie weniger leicht an Nahrung kommen. Viele Populationen in den Seen sind in der letzten Eiszeit isoliert worden und haben besondere Merkmale entwickelt.

Große Schwebrenken ernähren sich von Planktonkrebsen. Sie laichen im Winter, und die Meeresbewohner unter ihnen ziehen zum Laichen in die Flüsse.

Europäische Äsche

Thymallus thymallus
Verbreitung: England, Nordeuropa, UdSSR
Habitat: Flüsse, große Seen
Länge: 45 cm

Die 4 Arten der Äschen sind Fische von markantem Äußerem. Sie besitzen eine hohe, segelförmige Rückenflosse, eine gegabelte Schwanzflosse und eine kleine fette, fleischige Flosse nahe am Ansatz der Schwanzflosse, wie sie für alle Lachsfische typisch ist. Äschen haben kleine Zähne an beiden Kiefern, und sie ernähren sich von Insekten und deren Larven sowie von Krebs- und Weichtieren.

Vor dem Laichen im Frühjahr zeigen die Männchen ein ausgeprägtes Imponiergehabe. Das Weibchen gräbt für die Eier im flachen Wasser eine Laichgrube in den Kiesgrund. Die Jungen schlüpfen nach 3 bis 4 Wochen aus. Die Sibirische Äsche (*T. arcticus*) ähnelt der Europäischen Äsche in Aussehen und Lebensweise.

Wandersaibling

Salvelinus alpinus
Verbreitung: zirkumpolar: Nördliches Eismeer und Nordatlantik; Europa, UdSSR, Nordamerika
Habitat: Hochsee, Flüsse, Seen
Länge: 25–100 cm

Der Wandersaibling weist je nach Umgebung sehr unterschiedliche Merkmale auf. Im nördlichen Teil seines Verbreitungsgebietes lebt er im Meer, wo er wegen der reichlich vorhandenen Nahrung (Fische, Weichtiere und Krebstiere) sehr groß wird. Zum Laichen zieht er in die Flüsse. Weiter südlich lebt der Wandersaibling in Bergseen, wo die einzelnen Populationen infolge langer Isolation besondere Merkmale entwickelt haben, durch die sie sich untereinander und von der im Meer lebenden Art stark unterscheiden. Die Seebewohner sind wesentlich kleiner und ernähren sich von Planktonkrebsen, Insekten, Larven und Weichtieren.

Der im Meer lebende Wandersaibling laicht auf dem Kiesgrund der Flußbetten. Das Weibchen baut im Revier des Männchens ein Nest und legt darin die Eier ab. Anschließend befruchtet das Männchen die Eier. Die Populationen in den Seen laichen in ähnlicher Weise auf dem Seeboden oder in Bächen. Im allgemeinen entwickelt sich diese Art sehr langsam, allerdings ist dies von Population zu Population verschieden; die im Meer lebenen Exemplare erreichen ihre volle Größe erst im Alter von 20 Jahren.

Als Speisefisch ist der Wandersaibling vor allem für die Bewohner des arktischen Kanadas von großer Bedeutung.

Seesaibling

Salvelinus namaycush
Verbreitung: Kanada, Norden der USA
Habitat: Seen, Flüsse
Länge: 1,2 m

Der amerikanische Seesaibling ist einer der wichtigsten Süßwasserspeisefische. In Nordamerika ist er bei Sportfischern sehr beliebt. Obwohl er im Englischen als Forelle bezeichnet wird, gehört er doch zu den Saiblingen. Man hat ihn innerhalb seines natürlichen Lebensbereiches mit Erfolg in verschiedenen Seen ausgesetzt. Mit seinen charakteristischen hellen Flecken an Kopf, Rücken und Seiten ist er ein schöner Fisch. Er ernährt sich von Fischen, Insekten, Krebstieren und Plankton.

Seesaiblinge laichen vom Spätsommer bis Dezember in flachen Gewässern mit Kiesgrund. Sie bauen keine Nester, doch säubert das Männchen vor dem Laichen den Laichplatz. Die Eier werden auf dem Kies abgelegt und setzen sich zwischen den Steinen fest, wo sie den ganzen Winter über bleiben, bis die Jungen zu Anfang des Frühjahrs ausschlüpfen.

Europäische Forelle

Salmo trutta
Verbreitung: Europa; weltweit ausgesetzt
Habitat: Meere, Seen, Flüsse
Länge: 23–140 cm

Von diesem bekannten Speise- und Angelfisch gibt es zwei Unterarten: die Meeresforelle, die von den Flüssen ins Meer und zum Laichen wieder zurück in die Flüsse wandert, und die kleinere braune Forelle, die ihr ganzes Leben im Süßwasser verbringt. Beide gleichen sich im Körperbau, doch hat die Meeresforelle silbrige Schuppen mit vereinzelten schwarzen Punkten, während die braune Forelle mit zahlreichen dunklen Flecken gezeichnet ist. Beide Unterarten ernähren sich von Fischen und Krebstieren.

Die Europäische Forelle laicht im Winter auf Kiesgrund im Süßwasser. Das Weibchen baut für ihre Eier ein flaches Nest. Die Jungen schlüpfen im Frühjahr aus und halten sich dann noch ein paar Wochen lang zwischen den Steinen auf.

Regenbogenforelle

Salmo gairdneri
Verbreitung: Westen von Nordamerika, Ostpazifik; weltweit ausgesetzt
Habitat: Meer, Flüsse
Länge: bis zu 1 m

Die Regenbogenforelle, ein wichtiger Speisefisch, der heute in großen Mengen gezüchtet wird, ist bei Anglern besonders beliebt. Es gibt eine sehr verbreitete Wanderform, die unter dem Namen Stahlkopfforelle bekannt ist. Diese ist mit der Regenbogenforelle ebenso eng verwandt wie die Meeresforelle mit der braunen Forelle. Beide Formen ernähren sich vorwiegend von Insektenlarven, Weich- und Krebstieren.

In ihrem natürlichen Verbreitungsgebiet laichen Regenbogenforellen im Frühling auf dem Kiesgrund seichter Flüsse. Das Weibchen baut ein flaches Nest zwischen den Steinen und legt seine Eier darin ab. Anschließend befruchtet das Männchen sie und deckt sie zu.

Atlantischer Lachs

Salmo salar
Verbreitung: Nordatlantik: von Grönland bis Cape Cod; von den arktischen Küsten der UdSSR bis Nordspanien
Habitat: Hochsee, Flüsse
Länge: bis zu 1,5 m

Der Atlantische Lachs ist die bekannteste Art seiner Familie. Er hat einen länglichen, abgerundeten Körper mit einer nur leicht gegabelten Schwanzflosse. Einige Lachse leben in abgeschlossenen Binnenseen, doch die meisten wandern von den Flüssen, in denen sie geboren sind, zum Meer. Zum Laichen kehren sie zum Geburtsort zurück.

Die verschiedenen Lachsarten wandern zu verschiedenen Zeiten in die Flüsse, doch alle laichen im Winter. Vor der Laichzeit entwickeln die Männchen hakenförmige Fortsätze am Unterkiefer. Die Weibchen legen, nachdem sie flache Nester in den Kiesgrund der Flüsse gegraben haben, ihre Eier ab; das Männchen liegt daneben und befruchtet sie. Die Eier überwintern, und im folgenden Frühjahr schlüpfen die Jungen aus. Nach 2–6 Jahren schwimmt der Lachs ins Meer und kehrt 1–4 Jahre später zum Laichen zurück. Der Atlantische Lachs laicht mehrmals.

Hecht
Große Schwebrenke
Europäische Äsche
Atlantischer Lachs
Seesaibling
Wandersaibling
Europäische Forelle
Regenbogenforelle

Lachsfische 2, Sandfische

Europäischer Stint

Osmerus eperlanus

Verbreitung: Nordatlantik: nordeuropäische Küsten
Habitat: Küstengewässer, Ästuarien, Flüsse; Süßwasser
Länge: 30 cm

Der Europäische Stint, ein kleiner Verwandter des Lachses und der Forelle, ist ein Meeresfisch, der sich im Süßwasser vermehrt. Stinte sind in ihrer Gestalt den Forellen ähnlich und haben kleine, fleischige Flossen am Rücken in der Nähe der Schwanzflosse. Der Stint ist ein Raubfisch mit einem großen Maul und starken Zähnen. Er ernährt sich im allgemeinen von kleinen Krebstieren, doch frißt ein großer Stint auch junge Fische.

Im Winter verlassen die erwachsenen Stinte das Meer und schwimmen zum Laichen flußaufwärts. Im Frühjahr setzen sie ihre Eier auf dem Kiesgrund des Flußbetts oder auf Wasserpflanzen ab, wo die Eier eine Zeitlang haften bleiben. Später können die Eier mit Hilfe eines Membranschirmchens im Wasser treiben, bis die Jungen ausschlüpfen. Die jungen Stinte ziehen ins Meer und wachsen dort heran. In den letzten Jahrzehnten haben die Stinte stark unter der Verschmutzung der Flüsse gelitten und auch unter der Errichtung von Dämmen und ähnlichen Bauten, die ihre Wanderrouten zerstören.

In Süßwasserseen in Skandinavien gibt es isolierte Populationen von Stinten. Diese seßhafte Form, die wesentlich langsamer heranwächst, ist kleiner als die Wanderform.

Chile-Hechtling

Galaxias maculatus

Verbreitung: Neuseeland, Tasmanien, Australien, Süden Südamerikas
Habitat: Flüsse, Ästuarien, Küstengewässer
Länge: 20 cm

Der Chile-Hechtling gehört einer Familie kleiner, vorwiegend im Süßwasser lebender Fische an, die auf der südlichen Hemisphäre verbreitet sind. Er hat einen schlanken Körper und einen kleinen Kopf. Rücken- und Afterflosse sitzen weit hinten, in der Nähe der Schwanzflosse. Dieser Fisch paßt sich mit seinen Laichperioden dem Rhythmus der Mondphasen und der Gezeiten an. Die geschlechtsreifen Fische wandern flußabwärts und laichen zwischen der Vegetation der Flußmündungen, wenn diese bei Neumond von den Frühlingsfluten überschwemmt werden. Die Eier bleiben oberhalb der Gezeitengrenze zwischen den Pflanzen auf dem Trokkenen, bis zwei Wochen später die nächste Frühlingsflut kommt. Wenn diese Flut die Eier nicht erreicht, können die Jungen darin noch weitere zwei Wochen überleben. Sobald die Eier sich wieder im Wasser befinden, schlüpfen die Larven aus und werden ins Meer geschwemmt. Nach einigen Monaten ziehen die jungen Fische in die Flüsse, wo sie geschlechtsreif werden.

Auch die Chile-Hechtlinge, die in Seen leben, sind Nomaden und wandern zum Laichen in kleine Bäche. In diesem Fall schlüpfen die Larven nach Regenfällen aus.

Blaurückenlachs

Oncorhynchus nerka

Verbreitung: Nordpazifik: Westküste Nordamerikas von Alaska bis Kalifornien; Küsten von der UdSSR bis Japan (Hokkaido)
Habitat: Hochsee, Küstengewässer, Flüsse und Seen
Länge: 85 cm

Bis zum Alter von 4–6 Jahren lebt der Blaurückenlachs im Meer und ernährt sich von kleinen Garnelenartigen. Im Spätfrühling ziehen die geschlechtsreifen Erwachsenen zu ihren Laichgebieten in die Flüsse, manchmal bis zu 2400 km landeinwärts. Sie bevorzugen dabei Flüsse, die von Seen gespeist werden und laichen in kleinen Nebenflüssen oder in den Seen selbst. In der Laichzeit verfärbt sich das Männchen am Rükken und an den Seiten leuchtend rot; außerdem entwickelt sich auf dem Rücken ein Buckel, und die Kiefer gestalten sich zu Haken um. Auch die Haut der Weibchen färbt sich rötlich.

Sobald die Blaurückenlachse an ihren Laichplätzen angelangt sind, gruppieren sie sich zu Paaren. Durch Bewegungen der Schwanzflosse und des Körpers gräbt das Weibchen eine flache Grube in den Kies des Flußbetts und legt seine Eier darin ab. Diese werden vom Männchen befruchtet und setzen sich dann im Kies ab. Während das Pärchen das Ganze etwas weiter flußaufwärts wiederholt, werden die Eier ganz von Kies überdeckt. Nach dem Laichen sterben die erwachsenen Tiere. 6–9 Wochen später schlüpfen die Jungen aus. Sie bleiben, bevor sie ins Meer wandern, 1–3 Jahre in den Laichgebieten und ernähren sich von Krebstieren.

Es gibt seßhafte Populationen von Blaurükkenlachsen, die ihr ganzes Leben in Seen verbringen. Diese Fische sind als Kokanees bekannt und halb so groß wie die Wanderform.

Beilfisch

Argyropelecus aculeatus

Verbreitung: tropische und subtropische Breiten des Atlantischen, Pazifischen und Indischen Ozeans
Habitat: Hochsee in Tiefen von 100–600 m
Länge: 7 cm

Der Beilfisch ist eine verbreitete Art. Für viele größere Fische stellt er die wichtigste Nahrungsquelle dar. Wie alle Mitglieder seiner Familie hat er einen hohen, seitlich zusammengedrückten, silbrigen Körper mit einem scharfkantigen Bauch. Seine Augen sind groß, und sein breites Maul steht fast senkrecht. An seinem Bauch befinden sich Reihen von Leuchtorganen, die bei jeder Art in einem charakteristischen Muster angeordnet sind, so daß die Beilfische einander von der Unterseite her erkennen können.

Beilfische leben tagsüber gewöhnlich in Tiefen von 400–600 m, kommen jedoch nachts näher an die Wasseroberfläche, um Nahrung zu suchen.

Viperfisch

Chauliodus sloani

Verbreitung: gemäßigte bis tropische Breiten des Atlantischen, Pazifischen und Indischen Ozeans
Habitat: Tiefsee
Länge: 30 cm

Dies ist eine der 6 Arten von Viperfischen der Tiefsee, die alle lange, giftzahnartige Zähne besitzen. Der Schädel ist so gebaut, daß das Maul weit aufgesperrt werden kann. Dadurch wird die Wirksamkeit der Raubfischzähne erhöht. Die Rückenflosse des Viperfisches sitzt gleich hinter dem Kopf; ihr erster Strahl ist stark verlängert und trägt ein lichtproduzierendes Organ, mit dem der Fisch in der Finsternis der Tiefsee seine Beute anlockt. Viperfische ernähren sich von kleineren Fischen wie Laternenfischen, die sie auf ihren nächtlichen Wanderungen zur Wasseroberfläche verfolgen, wenn diese dort nach Plankton suchen.

ORDNUNG GONORYNCHIFORMES: Sandfische

Die Ordnung der Sandfische enthält nur etwa 16 Arten von Meeres- und Süßwasserfischen, die im tropischen Afrika sowie im Indischen und Pazifischen Ozean leben. Aufgrund ihrer entfernten Ähnlichkeit mit den Heringen ordnen einige Zoologen sie den Heringsartigen zu.

Der Milchfisch aus der Familie Chanidae ist die größte und wichtigste Art dieser Ordnung, zu der auch die Familie der Ohrenfische (Kneriidae) mit 12 Arten von kleinen elritzenartigen Fischen gehört. Die Ohrenfische leben in den tropischen Gebieten von Afrika in schnell fließenden Gewässern und ernähren sich von Pflanzen. Die Männchen entwickeln Hornfortsätze an ihren Kiemendeckeln, mit denen sie sich an den Weibchen reiben, um diese sexuell zu stimulieren.

Milchfisch

Chanos chanos

Verbreitung: Indischer Ozean und tropischer Pazifik
Habitat: Hochsee, Küsten, Ästuarien; gelegentlich auch im Süßwasser
Länge: 1,8 m

Der Milchfisch, ein silbriger Fisch mit spitzer Schwanzflosse und abstehender Rückenflosse, ist ein schneller Schwimmer. Er hat keine Zähne und ernährt sich sein Leben lang von mehr oder weniger winzigem pflanzlichem Plankton. Er lebt normalerweise in der Hochsee, kommt aber zum Laichen in Küstennähe und wagt sich auch manchmal ins Süßwasser vor. Ein Weibchen legt in einer Laichzeit bis zu 6 Millionen Eier.

In Südostasien ist der Milchfisch ein wichtiger Speisefisch. In einigen Gebieten Indonesiens und der Philippinen ist die Zucht von Milchfischen zu einem bedeutenden Produktionszweig herangewachsen: Frisch ausgeschlüpfte Junge werden gefangen und in Teichen an der Küste großgezogen.

Blaurückenlachs
Europäischer Stint
Chile-Hechtling
Beilfisch
Viperfisch
Milchfisch

Karpfenfische 1

ORDNUNG CYPRINIFORMES: Karpfenfische

Diese Ordnung, eine sehr erfolgreiche Gruppe von Süßwasserfischen, umfaßt etwa 3000 Arten, die man drei Hauptentwicklungslinien zuordnet: den Salmlern (Piranhas und deren Verwandte) aus Mittel- und Südamerika und Afrika, den Zitteraalen aus dem tropischen und subtropischen Mittel- und Südamerika und schließlich den Karpfenfischen und deren engen Verwandten, denen diese Ordnung ihren Namen verdankt. Mit etwa 1600 Arten ist die Familie der Weißfische oder Karpfenfische (Cyprinidae) die größte Fischfamilie. Ihre Arten sind in Nordamerika, Afrika, Europa und Asien verbreitet. Außer diesen Hauptgruppen gibt es innerhalb der Ordnung noch viele kleine Familien.

Die Salmler haben eine Vielzahl von Formen entwickelt, doch das gemeinsame Merkmal der meisten Arten ist eine Fettflosse: eine kleine fleischige Flosse, die zwischen Rücken- und Schwanzflosse sitzt. Neben einigen Arten wie den Piranhas, die für ihre Raubgier bekannt sind und furchterregende Zähne besitzen, gibt es unter den etwa 1000 bekannten Arten auch pflanzenfressende Salmler.

Etwa 40 Arten von Zitter- und Messeraalen bewohnen die tropischen Gebiete Mittel- und Südamerikas. Sie alle besitzen aus Muskelgewebe gebildete elektrische Organe, die sie vorwiegend zum Manövrieren unter Wasser, aber auch zur Verteidigung und zum Fangen ihrer Beute benutzen.

Die Karpfenähnlichen haben schuppige Körper und eine einzelne Rückenflosse. Ihre Schwimmblase ist mit dem Mittelohr verbunden, was ihnen eine gute Hörfähigkeit verleiht.

Nachtsalmler

Prochilodus insignis (Semaprochilodus i.)

Verbreitung: Norden Südamerikas: Amazonasbecken
Habitat: Flüsse mit Nebenflüssen
Länge: bis zu 35 cm

Der Nachtsalmler ist eine der 30 Arten von Süßwasserfischen aus der südamerikanischen Familie Prochilodontidae. Die Arten dieser Familie haben Ähnlichkeit mit der verwandten Salmlerfamilie, besitzen jedoch nicht die für jene typische komplexe Anordnung der Zähne. Nachtsalmler ernähren sich von organischem Abfall, der sich auf dem Grund des Wassers ablagert.

Um die Zeit des alljährlichen Hochwassers kommen die geschlechtsreifen Nachtsalmler aus den Nebenflüssen, um im trüberen Wasser der Hauptflüsse zu laichen, vermutlich, weil infolge der schlechteren Sicht die Eier und die Jungen bessere Chancen haben, von den vielen Raubfischen verschont zu bleiben. Nach dem Laichen begeben sich die Nachtsalmler zurück in die Nebenflüsse und auch in die überschwemmten Wälder, um dort Nahrung zu suchen. Später im Jahr wandern die erwachsenen Fische wieder in den Hauptfluß, diesmal um weiter flußaufwärts einen neuen Nebenfluß zu finden. Der verlassene Nebenfluß wird dann von jungen Fischen bevölkert, die zur Laichzeit von der starken Strömung flußabwärts geschwemmt werden.

Curimbata

Prochilodus platensis

Verbreitung: zentrales Südamerika
Habitat: Flüsse
Länge: 50 cm

Die Curimbatas, die der Familie Prochilodontidae angehören, sind eine sehr zahlreiche Art, und sie leben in großen Schwärmen. Sie ernähren sich von organischem Abfall, den sie auf dem Grund des Wassers finden, sowie von kleinen Pflanzenteilchen. Ihr kleines Maul mit den feinen Zähnen ist sehr gut für diese Art der Ernährung geeignet.

Die Curimbatas wandern regelmäßig flußaufwärts zum Laichen. Man nimmt an, daß die Männchen Laute ausstoßen, wenn sie die Laichplätze erreichen, um damit die Weibchen anzulocken. Die Eier treiben flußabwärts, wo die jungen Fische dann geeignete seichte Stellen finden, an denen sie bleiben, bis sie ausgewachsen sind.

Natterers Sägesalmler

Serrasalmus nattereri

Verbreitung: Norden Südamerikas: Amazonasbecken
Habitat: Flüsse
Länge: bis zu 30 cm

Der Natterers Sägesalmler ist eine der fleischfressenden Arten der Familie der Salmler. Es handelt sich um einen ziemlich kleinen Fisch, der allerdings in großen Schwärmen auftritt, die furchterregende Armeen bilden. Er ist mit starken Kiefern und rasiermesserscharfen, dreieckigen Zähnen bewaffnet, mit denen er mit erschreckender Effizienz Stücke vom Fleisch seiner Opfer abbeißen kann. Trotz ihres Rufes als blutrünstige Räuber ernähren sich diese Sägesalmler vorwiegend von Fisch, Pflanzensamen und Früchten. Sie greifen jedoch auch größere Tiere an, vor allem wenn diese verwundet sind, und verschlingen sie dann mit vereinten Kräften in kürzester Zeit.

Pacu

Colossoma nigripinnis

Verbreitung: Nordosten von Südamerika
Habitat: Flüsse
Länge: 70 cm

Obwohl der Pacu im Aussehen den fleischfressenden Piranhas ähnelt, ist er ein Pflanzenfresser. Er hat sich umgestellt auf eine Ernährung aus Früchten und Samen, die von den bewaldeten Ufern ins Wasser fallen und die er mit seinen starken Kiefern und Zähnen aufbricht.

Roter von Rio

Hyphessobrycon flammeus

Verbreitung: Südamerika: Brasilien (Gebiet um Rio de Janeiro)
Habitat: sumpfige Gebiete
Länge: 4,5 cm

Der Rote von Rio ist eine der vielen Tetra-Arten der Familie der Salmler, die mit leuchtenden Farben geschmückt sind. Er hat leuchtendrote Flossen und einige rotgefärbte Stellen am Körper. Die Afterflosse des Männchens ist mit einem schwarzen Rand gesäumt, der bei den Weibchen nur zum Teil oder gar nicht vorhanden ist.

Neonfisch

Pracheirodon innesi

Verbreitung: Norden Südamerikas: oberer Teil des Amazonas-Stromgebiets
Habitat: Flüsse, Bäche
Länge: 4 cm

Mit seinen leuchtendblauen oder blaugrünen Streifen an den Körperseiten und einem roten Band in der Nähe der Schwanzflosse ist der Neonfisch ein sehr auffälliger Fisch. Wie alle Tetras gehört auch er zur Familie der Salmler.

Hochflossensalmler

Triportheus elongatus

Verbreitung: Norden Südamerikas: Amazonasbecken
Habitat: Flüsse, Bäche, Flutwälder
Länge: 20–30 cm

Die Fische dieser Gattung haben lange, seitlich zusammengedrückte Körper und verlängerte Brustflossen. Sie werden im populären Sprachgebrauch als „Sardinhas" bezeichnet, weil sie den im Meer lebenden Sardinen ähneln. Der Hochflossensalmler ist ein anpassungsfähiger, an der Wasseroberfläche lebender Fisch, der sich von Früchten und Samen, aber auch von Wirbellosen ernährt. Sein kleines Maul ist mit vielen kleinen Zähnen ausgestattet und eignet sich gut dazu, Wirbellose von der Wasseroberfläche aufzunehmen. Der Fisch kann jedoch kaum harte Nüsse und Samen aufbrechen, so daß er sich mit weicherer pflanzlicher Nahrung begnügen muß. Wenn Früchte selten sind, verzehrt er auch Blätter und Blüten. Die meiste Nahrung nimmt der Hochflossensalmler zu sich, wenn die Wälder überflutet sind und er an viele Pflanzen herankommt. In dieser Periode legt er eine Fettschicht an, die ihm über die Zeiten des Nahrungsmangels hinweghilft.

Südhecht

Boulengerella lucius

Verbreitung: Norden Südamerikas: Amazonasbecken
Habitat: Flüsse
Länge: 60 cm

Der Südhecht gehört zur Familie der Hechtsalmler (Ctenoluciidae), einer kleinen Gruppe von südamerikanischen Süßwasserfischen. Dies ist ein Raubfisch mit einem spitzen Maul, vielen kleinen scharfen Zähnen und langgestreckten Kiefern mit einer verlängerten Spitze am Oberkiefer.

Beilfisch

Gasteropelecus sternicla

Verbreitung: Norden Südamerikas
Habitat: Flüsse
Länge: 6,5 cm

Dieses unverwechselbare Mitglied der Familie der Beilbauchfische ist ein kleiner Fisch mit einem fast geraden Rücken und einem stark gewölbten Bauch. Diese Körperform bietet Raum für eine stark vergrößerte Schultermuskulatur, die es dem Beilfisch ermöglicht, mit kraftvollen Bewegungen der langen Brustflossen kurze Strecken über die Wasseroberfläche zu fliegen, wobei er geräuschvoll mit seinen „Flügeln" schlägt. Die Beilbauchfische der Familie der Gasteropelecidae sind die einzigen Fische, die wirklich aktiv durch die Luft fliegen können.

Beilbauchfische ernähren sich an der Wasseroberfläche von Insekten und Krebstieren.

Natterers Sägesalmler

Nachtsalmler

Pacu

Roter von Rio ♂

Neonfisch

Curimbata

Hochflossensalmler

Südhecht

Beilfisch

Karpfenfische 2

Riesentigerfisch

Hydrocinus goliath

Verbreitung: Afrika: Kongobecken, Tanganjikasee

Habitat: Bäche, Flüsse, Seen

Länge: 1,5–1,8 m

Der Riesentigerfisch, einer der größten Salmler, hat einen länglichen, vollständig mit Schuppen bedeckten Körper und eine gut entwickelte gegabelte Schwanzflosse. Hinter seinen wenigen großen und scharfen Zähnen liegen halb ausgewachsene Ersatzzähne. Er ist ein gefräßiger Raubfisch, der auf viele Arten von kleinen Fischen Jagd macht.

Silbersalmler

Astyanax mexicanus

Verbreitung: USA: Texas, Neumexiko; Mexiko; Mittelamerika südl. bis Panama

Habitat: Küstenflüsse

Länge: 8–10 cm

Verglichen mit den in allen Farben schillernden Tetras Südamerikas ist der Silbersalmler, der einzige in den USA vorkommende Salmler, eher farblos. Manchmal wird er auch als Unterart des *A. fasciatus* angesehen, von dem es einige Rassen gibt, die keine Augen haben und in Höhlen leben.

Zitteraal

Electrophorus electricus

Verbreitung: Südamerika einschließlich des Amazonasbeckens

Habitat: schlammige Flüsse und Tümpel

Länge: 2,4 m

Der Zitteraal ist die einzige Art der Familie Electrophoridae. Mit den echten Aalen hat er einen langen zylindrischen Körper gemein. Seine Afterflosse läuft fast über den ganzen Körper und endet an der Schwanzspitze. Rücken-, Schwanz- und Bauchflosse fehlen. Als Bewohner von schlammigen, sauerstoffarmen Gewässern ist er in der Lage, über der Wasseroberfläche Luft zu schnappen, aus der er mittels spezieller Blutgefäße in der Mundhöhle etwas Sauerstoff absorbieren kann.

Der größte Teil seines massigen Körpers ist mit elektrischen Organen besetzt, umgebildete Muskeln, die hohe Spannungen freisetzen können, mit denen der Fisch seine Beute tötet oder sich verteidigt. Jedes dieser Organe besteht aus einer großen Zahl elektrischer Elemente, von denen jedes einzelne zwar nur eine geringe Spannung abgibt, die aber zusammen bis zu 500 Volt erzeugen können. Diese Spannung vermag kleine Fische zu töten, und auch ein Mensch kann dadurch ernstlich gefährdet werden. Der Zitteraal kann aber auch langsame Impulse von geringer Spannung produzieren, die ihm helfen, im trüben Wasser ohne Sicht zu navigieren. Die Jungen des Zitteraals fressen auf dem Grund lebende Wirbellose; die Erwachsenen hingegen ernähren sich vorwiegend von Fischen, die sie größtenteils vor dem Verzehr töten.

Gestreifter Messeraal / Carapo

Gymnotus carapo

Verbreitung: Mittel- und Südamerika: von Guatemala bis Nordargentinien

Habitat: kleine Bäche, langsam fließende, trübe Gewässer

Länge: 60 cm

Der Gestreifte Messeraal oder Carapo ist eine der 3 Arten der in Südamerika heimischen Familie der Echten Meeresaale (Gymnotidae). Er ist ein langgestreckter, aalförmiger Fisch mit einer Afterflosse, die über den größten Teil seines Körpers verläuft. Außerdem hat er kleine Brustflossen; alle anderen Flossen fehlen. Dieser Fisch kann sich mit wellenförmigen Bewegungen der Afterflosse vorwärts und rückwärts bewegen, doch ist er ein ziemlich träger Fisch. Gewöhnlich wird er in der Zeit der Morgen- und Abenddämmerung aktiv, und im trüben Wasser verläßt er sich mehr auf die elektrische Radarfunktion als auf seine schwachen Augen. Die elektrischen Impulse, die er produziert, sind wesentlich schwächer als die des Zitteraals, doch ermöglichen sie es ihm, mit Leichtigkeit zu manövrieren. Erwachsene Messeraale ernähren sich von Fischen und Krebstieren, die jungen von Kleinkrebsen und Insektenlarven.

Karpfen

Cyprinus carpio

Verbreitung: ursprünglich Südeuropa und Schwarzmeergebiet; ausgesetzt in Nordeuropa, Nord- und Südamerika, Australien, Neuseeland sowie in Teilen von Asien und Afrika

Habitat: Tieflandseen, Flüsse

Länge: 50–100 cm

Der Karpfen, der heute sehr weit verbreitet ist, gehört zu einer großen Familie von Süßwasserfischen, den Weißfischen oder Karpfenfischen (Cyprinidae). Karpfen sind robuste Fische mit einem ziemlich hohen Körper. Einige Rassen sind ganz mit Schuppen bedeckt, doch es gibt andere wie den Lederkarpfen, der keine Schuppen hat, und den Spiegelkarpfen (hier abgebildet), bei dem sich einige besonders große Schuppen an den Seiten und am Ansatz der Rückenflosse befinden.

Als Bewohner von langsam fließenden Gewässern mit starker Vegetation können Karpfen mit einem niedrigen Sauerstoffgehalt des Wassers auskommen, der für viele andere Fische tödlich wäre. Sie ernähren sich vorwiegend von Krebstieren, Insektenlarven, Weichtieren und einigen Pflanzen. Karpfen vermehren sich im Frühjahr und Sommer. Ihre Eier legen sie im Flachwasser ab, wo sie an Wasserpflanzen haften bleiben, bis die Jungen ausschlüpfen.

Silberkarausche / Goldkarausche / Goldfisch

Carassius auratus

Verbreitung: beheimatet von Osteuropa bis China; in allen gemäßigten Zonen ausgesetzt

Habitat: Teiche mit starker Vegetation, Seen

Länge: bis zu 30 cm

Die Silberkarausche, bei uns vor allem in der Form des Goldfischs sehr bekannt, wird in einer Vielzahl von Formen als Zierfisch gezüchtet. Ihre Körperform und die Zähne am Kiemenbogen sind typisch für die Familie der Karpfenfische (Cyprinidae), doch hat sie auch kräftige Stacheln an der Vorderseite der Rücken- und der Afterflosse.

Silberkarauschen laichen im Sommer unter Wasserpflanzen. Die Eier bleiben an den Pflanzen haften, und nach etwa einer Woche schlüpfen die Jungen aus.

Barbe

Barbus barbus

Verbreitung: Europa: von Großbritannien südl. bis zu den Alpen und Pyrenäen, östl. bis Ungarn

Habitat: Tieflandflüsse, Bäche

Länge: 50–90 cm

Die Barbe, ein schlanker, langer Fisch, hat eine charakteristische hohe Rückenflosse und zwei paar tastempfindliche Barteln um die fleischigen Lippen. Sie ist ein Grundbewohner, wird besonders nachts und in der Morgendämmerung aktiv und ernährt sich von Insektenlarven, Weich- und Krebstieren. Sie gehört zur Familie der Karpfen- oder Weißfische.

Barben vermehren sich gegen Ende des Frühjahrs und wandern oft vor dem Laichen stromaufwärts. Sie legen ihre Eier im flachen Wasser mit Kiesgrund ab, wo sie sich zwischen den Steinen absetzen. 10–15 Tage später schlüpfen die Jungen aus.

Tormahseer

Barbus Tor (Tor tor)

Verbreitung: Nordindien

Habitat: langsam fließende Flüsse bis schnelle Bergbäche

Länge: 1,2 m

Der Tormahseer, ein Mitglied der Familie der Karpfen- oder Weißfische (Cyprinidae), kommt in seinem Lebensraum recht häufig vor. Er hat einen kräftigen Körper, der mit großen Schuppen bedeckt ist. Er ernährt sich sowohl von Weichtieren als auch von Algen und anderen Wasserpflanzen.

Viergürtel-Barbe / Sumatra-Barbe

Barbus Tetrazona (Puntius t.)

Verbreitung: Sumatra, Borneo

Habitat: Flüsse, Bäche

Länge: 7 cm

Die Viergürtel- oder Sumatra-Barbe ist ein kleiner Fisch, der mit vier senkrechten dunklen Querstreifen geschmückt ist. Trotz ihrer Aggressivität ist die Viergürtel-Barbe ein beliebter Aquariumsfisch.

Schleie

Tinca tinca

Verbreitung: Europa: von Großbritannien, Südschweden und Dänemark bis zu den Mittelmeerländern; östl. bis Zentralasien; eingeführt in Neuseeland, Australien und Nordamerika

Habitat: Seen, Teiche; manchmal in langsam fließenden Tieflandflüssen

Länge: bis zu 70 cm

Von den übrigen Arten der Familie der Karpfen- oder Weißfische (Cyprinidae) unterscheidet sich die Schleie durch ihren gedrungenen Körper, durch die abgerundeten Flossen und die sehr kleinen Schuppen, die mit dickem Schleim bedeckt sind. Männchen und Weibchen sind nur an der Bauchflosse zu unterscheiden, die beim Männchen einen verdickten und verlängerten zweiten Strahl besitzt. Schleien ernähren sich vorwiegend von Insektenlarven, Weich- und Krebstieren, die auf dem Grund leben. Sie können auch in Wasser mit geringem Sauerstoffgehalt leben.

Schleien vermehren sich im Frühjahr und Sommer im flachen Wasser. Die Eier werden oft über die Wasservegetation verstreut, und nach 6–8 Tagen schlüpfen die Jungen aus.

Viergürtel-Barbe
Riesentigerfisch
Zitteraal
Gestreifter Messeraal
Silbersalmler
Goldfisch
Tormahseer
Spiegelkarpfen
Schleie ♂
Barbe

Karpfenfische 3

Hasel

Leuciscus leuciscus

Verbreitung: Nordeuropa und Asien: von Irland bis Sibirien, nördl. bis Schweden, südl. bis Südfrankreich

Habitat: Flüsse, Bäche

Länge: 15–30 cm

Ein typisches Merkmal des schlanken Hasel sind die konkaven Ränder der Rücken- und Afterflosse. Die Hasel ziehen in großen Schwärmen umher und ernähren sich von Insekten und deren Larven, von Pflanzen sowie von Spinnen und anderen auf dem Land lebenden Wirbellosen, die ins Wasser fallen. Obwohl Hasel eigentlich Flußfische sind, leben einige von ihnen auch in Seen.

Hasel laichen im Frühjahr, oft auf dem Kiesgrund seichter Flüsse. Einige Tage vor dem Laichen versammeln sich die Schwärme an den Laichplätzen. Die Eier bleiben zwischen den Steinen liegen, bis etwa 25 Tage später die Jungen ausschlüpfen.

Brachsen

Abramis brama

Verbreitung: Nordeuropa: Großbritannien, Frankreich, östl. bis zur Zentral-UdSSR

Habitat: langsam fließende Flüsse, Seen, Teiche

Länge: 40–60 cm

Der Brachsen, auch Blei, Lasch, Breiting oder die Brasse genannt, hat einen seitlich zusammengedrückten Körper mit einem hohen, gebogenen Rücken. Die Afterflosse des Fischs hat einen deutlich konkaven Rand. Der Brachsen hat im Verhältnis zu seinem Körper einen ziemlich kleinen Kopf, und sein Maul ist schlauchartig vorgestülpt, so daß er damit Insektenlarven, Weichtiere und Würmer vom Flußbett aufnehmen kann. Er lebt in Schwärmen und sucht gewöhnlich während der Nacht Nahrung.

Brachsen vermehren sich gegen Ende des Frühjahrs oder im Sommer, gewöhnlich in flachem, stark bewachsenem Wasser. Die Eier setzen sich an den unter Wasser stehenden Pflanzen ab, und die Jungen schlüpfen je nach Wassertemperatur früher oder später, jedoch spätestens nach 12 Tagen aus.

Plötze / Rotauge

Rutilus rutilus

Verbreitung: Europa, Westasien: von England bis zur Zentral-UdSSR; von Nordschweden bis zum Schwarzen und Kaspischen Meer

Habitat: Tieflandflüsse, Seen

Länge: 35–45 cm

Plötzen sind sehr anpassungsfähige Fische. Sie können in Gewässern mit geringem Sauerstoffgehalt und auch mit einem gewissen Verschmutzungsgrad leben. Wegen ihrer großen Zahl sind sie wichtige Beutefische für fischfressende Vögel und Säugetiere.

Die Plötze hat einen hohen Körper mit einem vergleichsweise kleinen Kopf und ist schön gefärbt. Ihre abwechslungsreiche Nahrung besteht aus Insekten, Larven, Krebstieren sowie anderen kleinen Wirbellosen und auch aus Pflanzen. Sie vermehrt sich in stark bewachsenen, flachen Gewässern, wo ihre Eier an den Pflanzen haften, während sie sich entwickeln. Nach weniger als 2 Wochen schlüpfen die Jungen aus, doch die weitere Wachstumszeit variiert je nach Umwelt.

Gewöhnlicher Gründling

Gobio gobio

Verbreitung: Europa: von Großbritannien bis Südschweden, südl. bis Frankreich, östl. bis zur UdSSR

Habitat: Flüsse, Bäche, Seen, Teiche, Sümpfe

Länge: 10–20 cm

Der Gewöhnliche Gründling hat einen rundlichen Körper, einen relativ großen Kopf und tastempfindliche Barteln zu beiden Seiten seiner dicken Lippen. Er kommt in den verschiedensten Lebensräumen vor, lebt aber stets am Grund des Wassers und ernährt sich von Insektenlarven, Weich- und Krebstieren.

Gewöhnliche Gründlinge laichen nachts im Frühsommer. Die klebrigen Eier bleiben an Pflanzen oder Steinen haften, und es dauert bis zu 4 Wochen, bis die Jungen ausschlüpfen, die sich von Planktonkrebsen ernähren.

Bitterling

Rhodeus sericeus

Verbreitung: Nord- und Osteuropa: Nordfrankreich, Deutschland, östl. bis zum Schwarzen und Kaspischen Meer; in Nordamerika ausgesetzt

Habitat: Seen, Teiche, langsam fließende Flüsse

Länge: 6–9 cm

Der schön gefärbte Bitterling ist ein kleiner Fisch mit einem ziemlich hohen Körper. Er lebt in dichtbewachsenen Gewässern und kann auch in sauerstoffarmem Wasser überleben. Er ernährt sich von Pflanzen und kleinen Wirbellosen.

Die Fortpflanzung des Bitterlings verläuft äußerst ungewöhnlich. Das Weibchen entwickelt eine lange Legeröhre, die aus ihrer Genitalöffnung herausragt. Mit dieser Röhre legt sie ihre Eier in die Mantelhöhle einer Süßwassermuschel. Das Männchen, das während der Laichsaison eine leuchtend irisierende Färbung annimmt, verschüttet seinen Samen an den Kiemen der Muschel, so daß dieser von der Muschel eingeatmet wird und so die Eier befruchtet. Die Eier entwickeln sich 2–3 Wochen lang unbehelligt von Raubfischen im Inneren der Muschel, und die Jungen verlassen die Muschel etwa 2 Tage nach dem Ausschlüpfen. Die Muschel erleidet durch die Eindringlinge keinerlei Schaden.

Elritze

Phoxinus phoxinus

Verbreitung: Europa, Nordasien: von Großbritannien östl. bis Sibirien, südl. bis zu den Pyrenäen, nördl. bis Schweden

Habitat: Bäche, Flüsse, Seen

Länge: 9 cm, selten 12 cm

Der Körper der kleinen, schlanken Elritze, auch Pfrille, Wibling, Erling, Brutt, Elderitz, Grümpel, Rümpchen, Pierling oder Wettling genannt, weist an jeder Seite eine Reihe dunkler Flecken auf. Elritzen sind sehr zahlreich und tauchen im Sommer in großen Schwärmen nahe der Oberfläche flacher Gewässer auf. Im Winter ziehen sie sich in tieferes Wasser zurück. Sie ernähren sich vorwiegend von Insektenlarven und Krebstieren, doch fressen sie auch Pflanzen. Sie selbst sind wichtige Beutefische für viele fischfressende Vögel und größere Fische.

Während der Laichzeit im späten Frühjahr färben sich die Bäuche der werbenden Männchen leuchtendrot. Die Elritzen laichen auf dem Kieselgrund der Gewässer, und die Eier setzen sich zwischen den Steinen ab. Innerhalb von 5–10 Tagen schlüpfen die Jungen aus.

Graskarpfen / Weißer Amur

Ctenopharyngodon idella

Verbreitung: China; ausgesetzt in Südostasien, der UdSSR sowie in Teilen Europas und der USA

Habitat: Flüsse

Länge: 1–1,2 m

Der Graskarpfen, der in China beheimatet ist, wurde aus zweierlei Gründen auch in vielen anderen Gegenden ausgesetzt: Einerseits gilt er in China und Südostasien als wertvoller Speisefisch, andererseits hilft er in Europa und in der UdSSR als pflanzenfressender Fisch, die Ausbreitung der Vegetation in Kanälen und Wasserreservoirs in Grenzen zu halten. Erwachsene Graskarpfen ernähren sich ausschließlich von Pflanzen, die jungen hingegen fressen auch Insektenlarven und Krebstiere, sobald sie ihre Dottersäcke aufgezehrt haben.

Graskarpfen laichen im Sommer in den Flüssen. Die Eier treiben an der Oberfläche und benötigen warmes Wasser, um sich entwickeln zu können.

Steinroller

Campostoma anomalum

Verbreitung: vom Osten der USA westl. bis Minnesota und Texas

Habitat: kleine und größere klare Bäche und Flüsse

Länge: 10–18 cm

Der Steinroller lebt im flachen Wasser kleiner Flüsse, wo die Strömung durch Steine und Kiesel im Flußbett gebrochen wird. Er ernährt sich von auf dem Grund lebenden winzigen Pflanzen, Insektenlarven und Weichtieren.

Zur Laichzeit im Frühjahr färbt sich die Rükken- und Afterflosse des Männchens leuchtendorange und schwarz, und auf seiner oberen Körperhälfte entstehen Schwellungen. Das Männchen baut ein kleines Nest im Kies und das Weibchen legt seine Eier dort ab.

Semotilus margarita

Verbreitung: Kanada; Norden der USA, südl. bis Virginia, Wisconsin, Montana

Habitat: Bäche, Seen

Länge: 15 cm

Dieser kleine Fisch ernährt sich von Insekten, Planktontierchen und sogar von kleinen Fischen. Während der Laichzeit grenzen die Männchen bestimmte Reviere im Flußbett ab. Die Weibchen werden in diese Reviere gelockt, wo sie dann laichen.

Sakramentohecht

Ptychocheilus oregonensis

Verbreitung: Nordamerika: Columbia River und Nebenflüsse, Küstenströme von Oregon und Washington

Habitat: Seen, langsam fließende Gewässer

Länge: 90–120 cm

Die Sakramentohechte sind die größten nordamerikanischen Weißfische. Sie haben lange, schlanke Körper und leben auf dem Grund des Wassers. Sakramentohechte sind gefräßige Raubfische, die sich hauptsächlich von anderen Fischen ernähren, unter anderem von jungen Forellen und Lachsen.

Hasel
Brachsen ♂ zur Laichzeit
Plötze
Bitterling ♂ zur Laichzeit
Gewöhnlicher Gründling
Elritze
Graskarpfen
Steinroller
Semotilus margarita ♂ zur Laichzeit
Sakramentohecht

Karpfenfische 4

Orfe

Notropis cornutus

Verbreitung: Südkanada; Norden der USA, südl. bis Colorado und Virginia

Habitat: klare Bäche

Länge: 6–10 cm

Die Orfen, im englischen „Shiners" genannt, sind die artenreichste Gattung unter den amerikanischen Weißfischen. Die Orfe ist ein rundlicher Fisch, der sich gewöhnlich in schnell fließendem Wasser aufhält, doch manchmal auch in Seen mit Zuflüssen zu finden ist. Die Art ernährt sich von Wasser- und Landinsekten und von einigen Algenarten.

Orfen laichen im Frühjahr oder im Frühsommer in den Flüssen. Schwärme von erwachsenen Fischen versammeln sich dabei an den Laichplätzen. Die Haut der Männchen färbt sich zur Laichzeit leuchtend blau, die Flossen werden rosig. Die Weibchen legen ihre Eier in flache Nester ab, die sie zuvor im Kieselgrund des Flußbetts gebaut haben. Anschließend befruchten die Männchen den Laich.

Semotilus corporalis

Verbreitung: Südostkanada; USA: Atlantikküste, südl. bis Virginia

Habitat: klare Bäche, Seen

Länge: 10–30 cm

Diese Art hat Ähnlichkeit mit einem anderen amerikanischen Weißfisch, *S. atromaculatus*. Sie unterscheidet sich jedoch dadurch, daß der dunkle Fleck am Ansatz der Rückenflosse fehlt. Die Hauptnahrung dieser Fische sind Wasserinsekten, doch verzehren sie auch kleine Wirbellose. Die Jungfische leben in Schwärmen im flachen Wasser, die Erwachsenen in größeren Tiefen.

Zur Laichzeit im Frühjahr färben sich die Schuppen der Männchen an den Seiten rosig, und am Kopf bilden sich kleine warzenartige Fortsätze. An ruhigen, flachen Stellen bauen sich die Pärchen Nester aus Steinchen, die sie im Maul herantragen. Wenn die Eier gelegt sind, bringt das Männchen weitere Steine heran. Das so entstandene Nest schützt den Laich, bis die Jungen ausschlüpfen.

Keilfleckbarbe

Rasbora heteromorpha

Verbreitung: Thailand, Malaysia, Ostsumatra

Habitat: Bäche, Seen

Länge: 4,5 cm

Als kleiner, aber hübscher Fisch ist die Keilfleckbarbe ein beliebter Aquariumsfisch. In ihrer natürlichen Umgebung zieht sie in Schwärmen umher und ernährt sich von Insektenlarven.

Das Weibchen sucht sich zum Laichen eine breitblättrige Wasserpflanze und heftet ihre klebrigen Eier an die Unterseite des Blattes, wo sie verbleiben, bis die Jungen ausschlüpfen.

Weißer Sauger / Tschukutschan

Catostomus commersoni

Verbreitung: Kanada: von Labrador bis Neuschottland; Norden der USA, südl. bis Georgia und Neumexiko, westl. bis Montana

Habitat: große Flüsse, Seen

Länge: 30–50 cm

Der Tschukutschan oder Weiße Sauger, der verbreitetste der Sauger, ist mit seiner Schnauzenspitze, die über das Maul vorsteht, und seinen dicken, saugnapfförmigen Lippen ein typischer Vertreter seiner Familie. Der Tschukutschan lebt unter den verschiedensten Umweltbedingungen, sogar in verschmutztem und sauerstoffarmem Wasser. Er ist ein Grundbewohner und ernährt sich von Insektenlarven, Krebs- und Weichtieren sowie auch von Pflanzenteilchen.

Die Art vermehrt sich im Frühjahr. Weiße Sauger laichen nachts und legen ihre Eier auf dem Fels- oder Kieselgrund von Flüssen ab. Die Eier, die etwas klebrig sind, sinken zu Boden und werden mit einer leichten Kiesschicht bedeckt, die durch die heftigen Bewegungen beim Laichen aufgewirbelt wird.

Moxostoma macrolepidotum

Verbreitung: Ost- und Zentralkanada; USA: von den Großen Seen bis New York, südl. bis Arkansas und Kansas

Habitat: Flüsse, Bäche, Seen

Länge: bis zu 60 cm

Moxostoma macrolepidotum ist eine der etwa 18 Arten dieser Saugergattung. Sie alle haben eine silbrige bis rötlichbraune Färbung, eine rundliche Körperform, einen großen Kopf und ein Saugmaul. Sie ernähren sich vorwiegend von Insektenlarven und Weichtieren. Diese Art hält sich mit Vorliebe in klarem, schnell fließendem Wasser auf und verträgt keine trüben oder verschmutzten Flüsse, was zum starken Rückgang ihrer Population geführt hat.

Im April oder Mai wandern die Fische zu kleinen Flüssen oder zu seichten Stellen von Seen, um zu laichen. Jedes laichende Weibchen legt zwischen 10000 und 50000 Eier ab. Die Jungen schlüpfen nach etwa 2 Wochen aus. Die Jungfische ernähren sich von kleinen Planktonorganismen, bis sie groß genug sind, um die gleiche Nahrung wie ihre erwachsenen Artgenossen zu sich zu nehmen.

Ictiobus cyprinellus

Verbreitung: Südkanada; USA: North Dakota, östl. bis Pennsylvania, südl. bis zur Golfküste

Habitat: große Flüsse, Seen

Länge: 1 m

Der starke, hoch gebaute *Ictiobus cyprinellus* ist der größte der amerikanischen Sauger. Unter günstigen Bedingungen vermehrt er sich besonders stark auf Kosten anderer Fische. Typisch für ihn ist die Rückenflosse mit breitem Ansatz und das große schräge Maul, dessen Oberlippe fast auf Augenhöhe liegt. Dieser Fisch ernährt sich von Krebstieren und Pflanzenteilchen sowie gelegentlich von Insektenlarven.

Im April oder Mai versammeln sich Gruppen von geschlechtsreifen Tieren im flachen, stark bewachsenen Wasser zum Laichen. Die Weibchen legen nicht weniger als 500000 Eier im Wasser ab, die an Pflanzen oder anderen Objekten haftenbleiben. Nach etwa 2 Wochen schlüpfen die Jungen aus und bleiben einige Monate an den seichten Laichplätzen; sie ernähren sich von Plankton. Mit etwa 3 Jahren werden sie selbst geschlechtsreif.

Bachschmerle / Gewöhnliche Schmerle

Noemacheilus barbatulus

Verbreitung: Europa und Nordasien: von England südl. bis Südfrankreich östl. bis Sibirien und Korea

Habitat: kleine, schnell fließende Flüsse, Seen

Länge: 10–15 cm

Die Bachschmerle oder Gewöhnliche Schmerle ist ein träger Grundbewohner. Tagsüber hält sie sich zwischen Steinen versteckt, wo sie durch ihre unregelmäßige Zeichnung perfekt getarnt ist. Aktiv wird sie in der Nacht oder bei trübem Tageslicht. Sie ernährt sich von Krebstieren, Insektenlarven und Würmern, die auf dem Grund leben.

Die Bachschmerle laicht im April oder Mai und legt ihre klebrigen Eier auf Steine oder Pflanzen ab. Die Jungen schlüpfen gewöhnlich nach etwas mehr als 2 Wochen aus.

Maskendornauge

Acanthophthalmus kuhlii

Verbreitung: Thailand, Singapur, Sumatra, Java

Habitat: Bäche

Länge: 8 cm

Das kleine, langgestreckte Maskendornauge hat dunkle Flecken von unterschiedlicher Zahl. Die Augen sind mit einer durchsichtigen Haut überzogen. Diese Art, ein scheuer und in Freiheit nur selten beobachteter Fisch, lebt auf dem Grund und versteckt sich oft unter der dichten Vegetation.

Steinbeißer

Cobitis taenia

Verbreitung: von Ostengland über den europ. Kontinent (einschließl. Mittelmeerländer, Südschweden) und Zentralasien bis China und Japan

Habitat: Seen, Kanäle, langsam fließende Flüsse

Länge: 11,5 cm

Der Steinbeißer hat einen langen, seitlich zusammengedrückten Körper und einen kleinen Kopf mit einigen tastempfindlichen Barteln um den Mund. Neben jedem Auge sitzt ein kleiner Stachel, der gewöhnlich unter der Haut verborgen ist. Die Bewegungen dieses Fischs sind langsam, und er verbringt die meiste Zeit vergraben im Schlamm oder unter Algen. Er ernährt sich von kleinen, auf dem Grund lebenden Krebstieren. Vermutlich ist er zur Nachtzeit oder in der Abenddämmerung besonders aktiv.

Zur Laichsaison, die im April beginnt, legen die Weibchen ihre Eier auf Pflanzen und Algen ab, ansonsten ist über die Laichgewohnheiten dieses Fisches nur wenig bekannt.

Orfe

Semotilus corporalis

Weißer Sauger

Keilfleckbarbe

Moxostoma macrolepidotum

Steinbeißer

Bachschmerle

Maskendornauge

Ictiobus cyprinellus

Welse 1

ORDNUNG SILURIFORMES: Welse

Die bodenbewohnenden Welse, die alle Büschel von tastempfindlichen Barteln um das Maul tragen, haben sich sehr gut an ihr Leben als „Schlammwühler" angepaßt. Sie sind in viele Süßwassergebiete auf der ganzen Welt vorgedrungen und überall verbreitet außer in Westeuropa, in den arktischen Regionen der nördlichen Hemisphäre, an der Spitze von Südamerika, in Neuseeland und in Teilen von Australien. An die 2000 Arten dieser Ordnung sind bekannt, angefangen von kleinen Formen, die nur wenige Zentimeter lang sind, bis hin zu riesigen Fischen von mehr als 1,5 m Länge, die bis zu 45 kg wiegen können.

Welse haben keine normalen Schuppen, doch einige von ihnen besitzen Knochenplatten, die ihren Körper wie einen Panzer bedecken. Die Beute wird mit Hilfe des Tast- und Geschmackssinns aufgespürt. Sie durchstöbern dabei die Ablagerungen auf dem Grund, bis ihre als Tastorgane fungierenden Barteln die Beute lokalisiert haben.

Kleiner Wels

Noturus gyrinus

Verbreitung: Südkanada; USA: von North und South Dakota bis Texas, New York und Florida
Habitat: Seen, langsam fließende Flüsse, Teiche, Sümpfe
Länge: 10 cm

Der Kleine Wels besitzt am Ansatz seiner Brustflossen Giftdrüsen. Wie die anderen Welsarten hat er eine lange fleischige Flosse auf dem Rücken, die in den oberen Lappen der Schwanzflosse übergeht. Diese Art bevorzugt Wasser mit schlammigem Grund und mit viel Vegetation und jagt ihre Beute unter Steinen und Hölzern. Der Kleine Wels ernährt sich von kleinen Fischen, Krebstieren und Insektenlarven. Im Frühsommer laichen die Kleinen Welse. Sie legen ihre Eier in eine flache Grube ab, die sie zuvor ins Flußbett graben.

Bagrus dormac

Verbreitung: West- und Zentralafrika
Habitat: langsam fließende Flüsse, Tümpel, Seen
Länge: 1 m

Diese Art gehört zu einer Familie afrikanischer und asiatischer Süßwasserwelse. Es sind im allgemeinen schlanke Fische mit gut entwickelten Barteln und starken Rücken- und Brustflossenstacheln. Der *Bagrus dormac* hat eine lange fleischige Rückenflosse, einen abgeflachten Kopf und eine spitz ausgezogene obere Schwanzflosse. Als Raubfische, die auf dem Grund leben, ernähren sich die erwachsenen Tiere dieser Art hauptsächlich von anderen Fischen, während die jungen Insektenlarven und Krebstiere aufstöbern. In ihrem Verbreitungsgebiet gelten diese Fische als wertvolle Speisefische.

Blauer Katzenwels

Ictalurus furcatus

Verbreitung: USA: von Minnesota und Ohio südl. über das Mississippigebiet bis zu den Golfstaaten; Mexiko
Habitat: Flüsse, Seen
Länge: 1,5 m

Einer der größten Welse Nordamerikas, der Blaue Katzenwels, kann mehr als 54 kg wiegen und ist ein wichtiger Speisefisch. Sein schlanker Körper ist meist stumpf silberblau, der Bauch weißlich gefärbt. Er hat eine tief gegabelte Schwanzflosse, eine lange Afterflosse und eine fleischige kleine Fettflosse. Um seinen Mund befinden sich mehrere Barteln. Er lebt in schneller fließenden und klareren Gewässern als die übrigen Welsarten und ist sogar an Stromschnellen und Wasserfällen zu finden. Seine Nahrung besteht größtenteils aus Fischen und Süßwasserkrebsen.

Der Blaue Katzenwels legt seine Eier in ein Nest auf dem Fluß- oder Seegrund ab, im Schutz eines Steins oder eines gesunkenen Holzstücks. Beide Eltern bewachen die Eier und die ausgeschlüpften Jungen.

Gewöhnlicher Katzenwels

Ictalurus nebulosus

Verbreitung: Südkanada, vom Osten der USA bis Florida; ausgesetzt im Westen der USA, in Neuseeland und in Europa
Habitat: Teiche und Flüsse mit schlammigem Grund
Länge: 30–45 cm

Der Gewöhnliche Katzenwels gehört zu einer Gruppe nordamerikanischer Katzenwelse. Sie unterscheiden sich von den anderen Welsen durch ihre gerundeten Schwanzflossen. Der Gewöhnliche Katzenwels ist ein schlanker Fisch von mittlerer Größe und hat einen gefleckten, vorwiegend bräunlichen Körper, der an der Unterseite heller ist. Er besitzt eine Afterflosse mit breitem Ansatz, eine kleine Fettflosse und mehrere Barteln um den Mund. Meist lebt er auf dem Grund, und man findet ihn in stark bewachsenen Gewässern, wo er sich hauptsächlich von Wirbellosen wie Insektenlarven und Weichtieren ernährt, obwohl er im Notfall alles von Pflanzen bis Fisch verzehrt. Er sucht seine Beute in der Nacht und spürt sie mit seinen Kinnbarteln auf.

Im Frühjahr scharren die Katzenwelse flache Gruben in den Schlamm, in denen sie laichen. Anschließend bewacht das Männchen die Trauben von klebrigen Eiern. Nachdem die Jungen ausgeschlüpft sind, ziehen sie in Schwärmen umher, und sie werden von einem oder von beiden Elternteilen bewacht, bis sie eine Länge von etwa 2,5 cm erreicht haben.

Obwohl der Gewöhnliche Katzenwels nicht kommerziell gefischt wird, ist er doch in vielen Ländern außerhalb seines natürlichen Verbreitungsgebietes eingeführt worden.

Flußwels

Silurus glanis

Verbreitung: von Mittel- und Osteuropa bis zur UdSSR; ausgesetzt in Großbritannien
Habitat: Flüsse, Seen, Sümpfe; Brackwasser in der Ostsee und im Schwarzen Meer
Länge: 1–3 m

Der Flußwels ist ein großer Wels mit einem langen Körper, einem breiten Kopf und einer langen Afterflosse. Er lebt in langsam fließenden oder stehenden Gewässern. Er ist vorwiegend nachts aktiv und bleibt tagsüber in Bodennähe, wo er sich unter der Vegetation oder in einer Höhle verborgen hält. Er ernährt sich hauptsächlich von Fischen, aber er verzehrt auch Frösche, Vögel und kleine Säugetiere wie Schermäuse. Flußwelse laichen im Frühsommer. Das Männchen gräbt eine Grube ins Flußbett, in die das Weibchen seine Eier ablegt. Anschließend bewacht das Männchen die Eier bis zum Ausschlüpfen der Jungen. Junge Flußwelse ernähren sich von Plankton.

Indischer Glaswels

Kryptopterus bicirrhis

Verbreitung: Malaysia, Indonesien
Habitat: Flüsse, Bäche
Länge: 10 cm

Im Unterschied zu anderen Welsen bewegen sich die Indischen Glaswelse bei Tageslicht in kleinen Schwärmen in der Nähe der Wasseroberfläche oder in mittlerer Tiefe. Wie der Name andeutet, ist der Körper der Glaswelse praktisch durchsichtig und nur an den Seiten mit ein wenig irisierender Farbe verziert. Der Indische Glaswels hat eine lange Afterflosse, eine kleine Rückenflosse und eine deutlich asymmetrische Schwanzflosse. Man hat beobachtet, wie diese Tiere auf dem unteren Lappen der Schwanzflosse balancierten und dabei schräg oder senkrecht im Wasser standen. Diese schönen Fische sind bei Aquarienbesitzern sehr beliebt.

Butterwels

Schilbe mystus

Verbreitung: West- und Zentralafrika
Habitat: Seen, Flüsse
Länge: 35 cm

Der Butterwels, der einer Familie von Welsen angehört, die in Afrika und Asien verbreitet ist, hat einen schuppenlosen Körper, vier Paar Barteln um das Maul, eine lange Afterflosse und eine kleine Rückenflosse. Gewöhnlich lebt er im flachen Wasser und ernährt sich von kleinen Fischen und Insektenlarven. Diese Art laicht während der Regenzeit.

Butterwelse werden als Speisefisch gefangen, und kleine Exemplare hält man auch in Aquarien.

Afrikanischer Glaswels

Physailia pellucida

Verbreitung: Afrika: oberes Nilbecken
Habitat: Süßwasser
Länge: 10 cm

Der Körper des Afrikanischen Glaswelses ist so durchsichtig, daß der größte Teil seiner Innereien wie Blutgefäße und Rückgrat deutlich sichtbar ist. Er hat eine lange Afterflosse und eine kleine, fleischige Flosse auf dem Rücken, die jedoch keine echte Rückenflosse ist. Dieser Glaswels ist ein beliebter Aquariumsfisch.

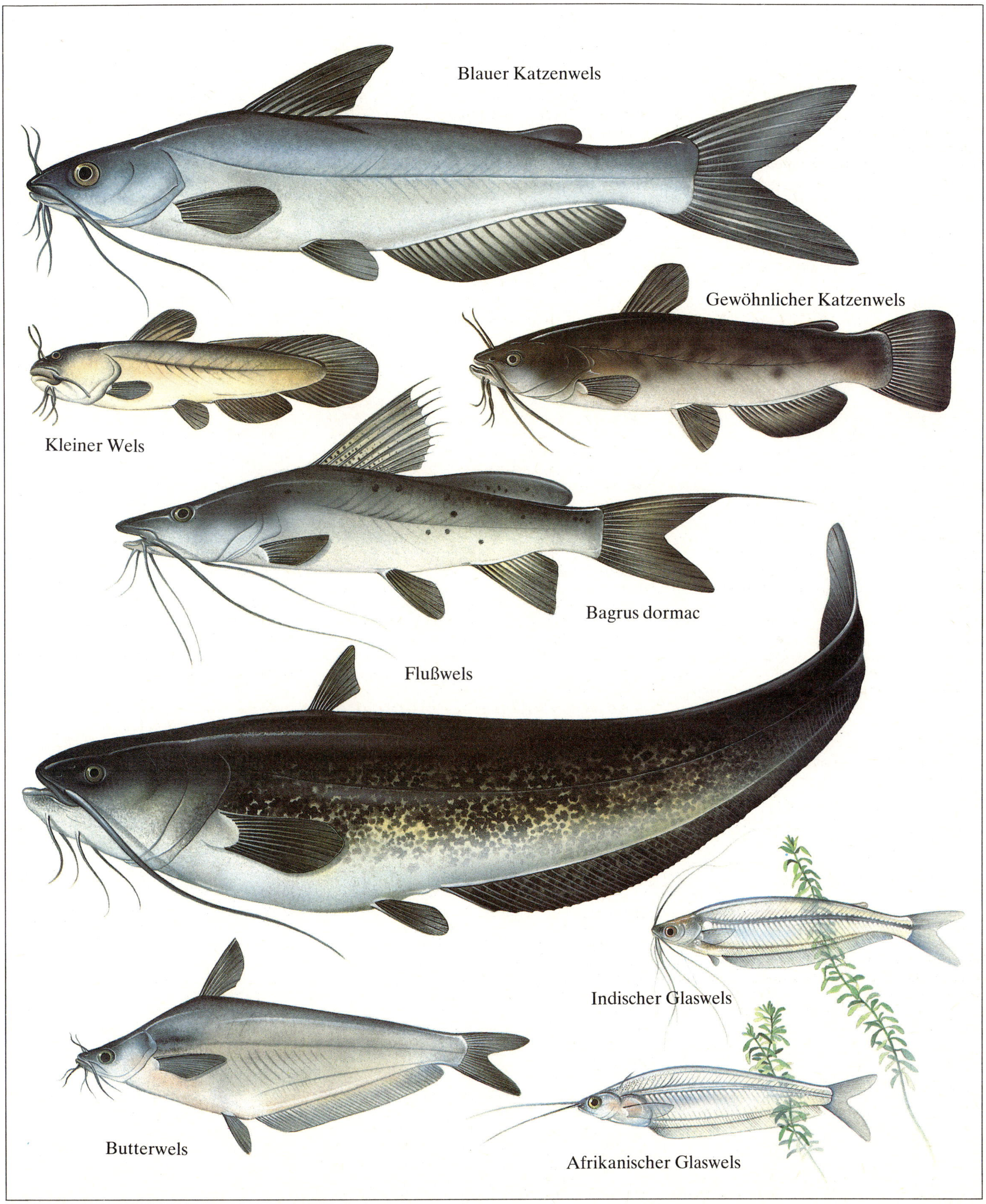
Blauer Katzenwels
Gewöhnlicher Katzenwels
Kleiner Wels
Bagrus dormac
Flußwels
Indischer Glaswels
Butterwels
Afrikanischer Glaswels

Welse 2

Riesenwels

Pangasianodon gigas

Verbreitung: China, Südostasien

Habitat: Seen, Flüsse

Länge: bis zu 2,4 m ©

Der Riesenwels ist eine von 25 Arten der asiatischen Süßwasserfamilie Pangasiidae. Mit seinem flachen Rücken und seinem stark gewölbten Bauch ist er ein auffälliger Fisch und unterscheidet sich von den anderen Arten der Familie durch die besonders weit nach unten gerückten Augen, die den Eindruck erwecken, als würde er mit dem Bauch nach oben schwimmen. Die Riesenwelse besitzen keine Zähne. Zur Vermehrung wandern sie stromaufwärts und laichen in Seen und Nebenflüssen.

Pangasius pangasius

Verbreitung: Indien, Burma, Thailand, Java

Habitat: Flüsse, Ästuarien

Länge: 1,2 m

Dieser Fisch, der zur Welsfamilie Pangasiidae gehört, hat einen schlanken Körper, einen abgeflachten Rücken und einen gewölbten Bauch. Die Rückenflosse ist hoch mit einem schmalen Ansatz, und die Schwanzflosse ist stark gegabelt. Um das Maul hat dieser Wels ein Paar Barteln. Vermutlich ist er hauptsächlich nachts aktiv und ernährt sich von organischem Abfall und wirbellosen Tieren, die er auf dem Grund des Wasser findet.

Kiemensackwels

Clarias batrachus

Verbreitung: Indien, Sri Lanka, Südostasien; ausgesetzt in den USA (Florida)

Habitat: langsam fließende, oft stehende Gewässer

Länge: 30 cm

Der Kiemensackwels kann sich auch an Land fortbewegen und dabei Luft atmen. Er gehört zur Familie Clariidae, deren Vertreter zusätzliche, spezialisierte Organe für die Atmung besitzen, die sich an den Kiemenbögen nach außen öffnen. Es handelt sich dabei um sackartige Gebilde mit weit verzweigten Kammern, die für den Sauerstoffaustausch mit vielen Blutgefäßen ausgestattet sind.

Der Kiemensackwels hat einen langgestreckten Körper, eine Rücken- und Afterflosse mit langem Ansatz und mehrere Bartelpaare. Er ist ungeschuppt, doch seine Haut ist mit einer dikken Schleimschicht bedeckt, die außerhalb des Wassers als Schutz dient. Er lebt in Teichen oder Tümpeln, die in längeren Trockenperioden oft austrocknen. In solchen Fällen kann er sich an Land weiterbewegen, bis er ein anderes Gewässer erreicht, wobei er schlangenartige Bewegungen vollführt und die Brustflossen als „Beine" einsetzt. Nötigenfalls vergräbt er sich auf dem Grund eines Tümpels im Schlamm und kann auf diese Weise eine Trockenperiode bis zum Einsatz der nächsten Regenfälle schlafend überleben. Er ernährt sich von wirbellosen Wassertieren und Fischen.

Elektrischer Wels

Malapterurus electricus

Verbreitung: tropisches Afrika

Habitat: Sümpfe, Schilfgürtel an Flußufern

Länge: 20–120 cm

Der Elektrische Wels ist ein plumper, unbeschuppter Fisch. Er besitzt keine Rückenflosse, hat jedoch eine fleischige Fettflosse in der Nähe des Schwanzes. Sein Körper ist mit unregelmäßigen schwarzen Flecken übersät, und um sein Maul sitzen mehrere paar Barteln. Junge Exemplare dieser Art tragen ein auffälliges schwarzes Band in der Nähe der Schwanzflosse. Dieser Elektrische Wels gehört zur Familie Malapteruridae, zu der wahrscheinlich nur noch eine weitere Art gehört, *M. microstoma*, die ebenfalls in Afrika lebt.

Der Elektrische Wels besitzt gut entwickelte elektrische Organe unter der Haut, die sich fast über die gesamte Länge seines Körpers erstrekken und die einige hundert Volt an Spannung erzeugen können. Der Elektrische Wels benutzt seine elektrischen Kräfte zur Verteidigung, und sogar Menschen können durch einen seiner elektrischen Schläge das Bewußtsein verlieren. Vermutlich fängt er auch seine Beute mit Hilfe elektrischer Schläge. Da er ein träger Fisch ist, könnte er auch nur schwer auf andere Weise an Nahrung kommen.

Gaffelsegelwels

Bagre marinus

Verbreitung: Westatlantik: von Cape Cod bis Panama einschl. Golf von Mexiko

Habitat: Küstengewässer, Buchten, Ästuarien

Länge: 60 cm

Der Gaffelsegelwels gehört zur großen Familie der Kreuzwelse (Ariidae). Er ist leicht an seiner hohen Rückenflosse zu erkennen, deren erster Strahl in einer langen dünnen Faser endet. Auch die ersten Strahlen der Brustflossen sind stachelartig verlängert und können schmerzhafte Wunden zufügen. Der Gaffelsegelwels hat zwei paar Barteln, ein kurzes und ein langes bandförmiges Paar. Obwohl er viel aktiver ist als viele seiner Verwandten, die im Süßwasser leben, ernährt sich der Gaffelsegelwels doch vorwiegend von auf dem Meeresgrund lebenden Krabben, Garnelen und Fischen.

Bemerkenswert sind die Fortpflanzungsgewohnheiten dieser Art. Wenn die Weibchen in der Laichzeit im Sommer die Eier legen, befruchtet sie das Männchen und nimmt sie dann ins Maul, wo sie bis zum Ausschlüpfen bleiben. Es können 10–30 Eier sein, und das Männchen kann während der Brutperiode keine Nahrung aufnehmen. Sogar nach dem Ausschlüpfen dient das Maul der Eltern den Jungen noch einige Wochen lang als Zufluchtstätte.

Meerwels

Arius felis

Verbreitung: Westatlantik: von Cape Cod bis Panama (selten nördl. von Virginia)

Habitat: Küstengewässer, Ästuarien

Länge: 30 cm

Der Meerwels aus der Familie der Kreuzwelse (Ariidae) ist von schlanker und langer Gestalt, hat eine hohe, jedoch nicht verlängerte Rückenflosse und eine tief eingeschnittene Schwanzflosse. Am aktivsten ist er in der Nacht, und er ernährt sich von Krabben sowie von einigen Garnelen und Fischen. Meerwelse ziehen in großen Schwärmen umher und können mit Hilfe spezieller Muskeln, mit denen sie ihre Schwimmblase zum Vibrieren bringen, ziemlich laute Geräusche erzeugen.

Sie laichen im Sommer, und nachdem das Weibchen die Eier gelegt hat, nimmt das Männchen sie ins Maul, um sie dort auszubrüten. Während der Brutperiode ist das Männchen gezwungen zu fasten. Auch die jungen Fische benutzen, nachdem sie ausgeschlüpft sind, das Maul des Männchens als Zufluchtstätte.

Rückenschwimmender Kongo-Wels

Synodontis nigriventris

Verbreitung: Afrika: Kongobecken

Habitat: Flüsse

Länge: 6 cm

Der Rückenschwimmende Kongo-Wels gehört zur Familie der Fiederbartwelse (Mochocidae), einer Gruppe schuppenloser Welse, die im Süßwasser Afrikas leben. Diese Familie umfaßt etwa 150 Arten, von denen die meisten lange Flossen, gegabelte Schwanzflossen und mehrere Bartelpaare besitzen. Wie der Name verrät, schwimmt dieser Fisch über lange Zeit mit dem Bauch nach oben. Viele andere Arten dieser Familie schwimmen ebenfalls zeitweise in Rükkenlage, doch für diese spezielle Art ist Rückenschwimmen die normale Fortbewegungsweise. Vermutlich läßt sich diese merkwürdige Gewohnheit damit erklären, daß sich der Fisch von Algen ernährt, die an der Unterseite von Blättern wachsen. Die Jungfische schwimmen zunächst in normaler Lage und gehen erst später mehr und mehr zum Rückenschwimmen über.

Die besondere Gewohnheit dieses kleinen Welses macht ihn zu einem beliebten Aquariumsfisch.

Kujukuju

Oxydoras niger

Verbreitung: Südamerika: Amazonasbecken

Habitat: Flüsse, Seen, überschwemmte Wälder

Länge: 1,2 m

Der Kujukuju gehört zur südamerikanischen Welsfamilie der Dornwelse (Doradidae), die 130 Arten umfaßt. Sie tragen diesen Namen, weil sie an den Seiten ihres Körpers Reihen von knöchernen Platten haben, die größtenteils mit Stacheln besetzt sind; auch an den Vorderseiten der Rücken- und Brustflosse befinden sich gezähnte Stacheln. Der Kujukuju ist ein träger, bodenbewohnender Fisch, der sich von organischem Abfall, von Insektenlarven, die er aus dem Schlamm wühlt, und von vermoderten Blättern ernährt.

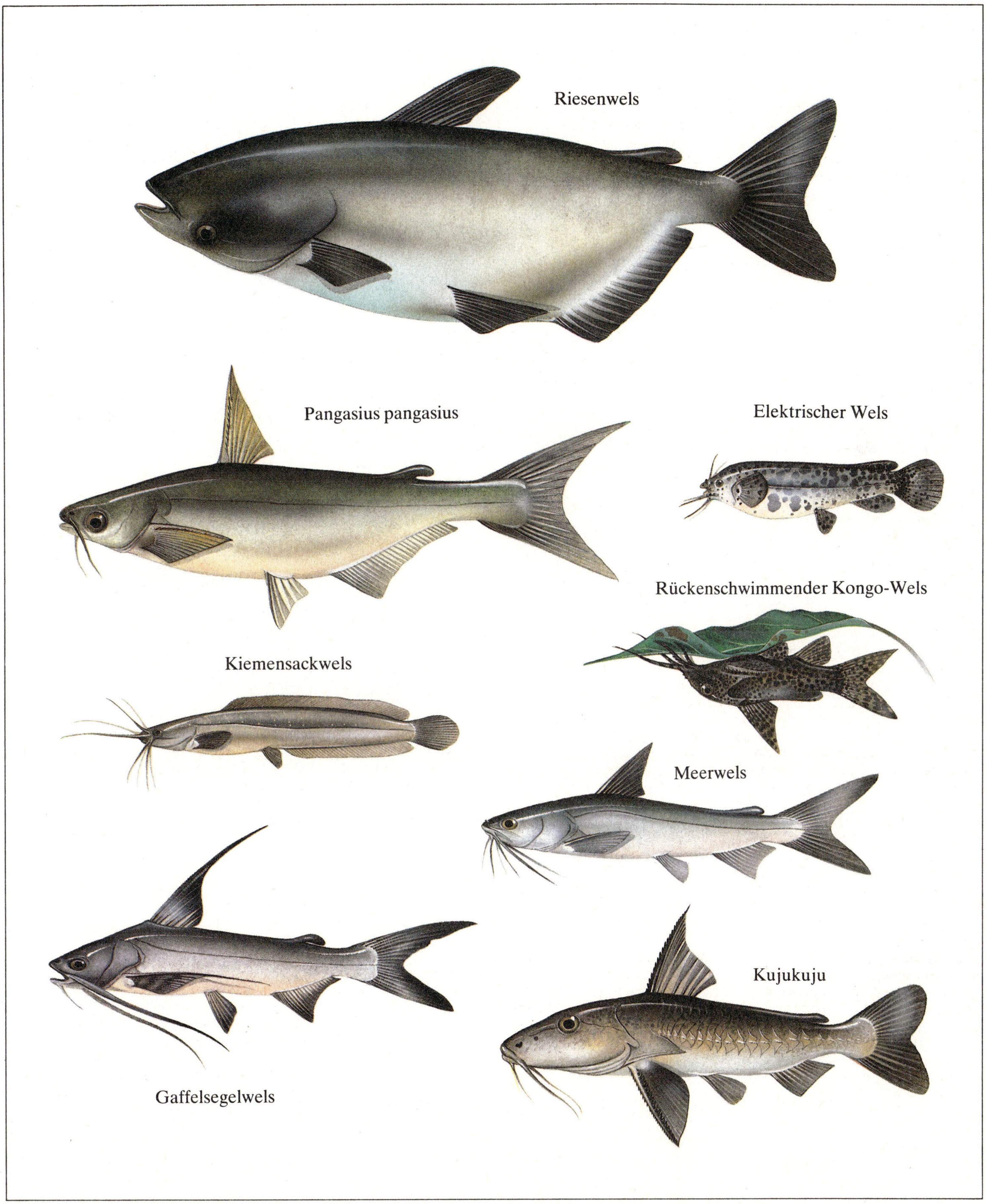
Riesenwels
Pangasius pangasius
Elektrischer Wels
Rückenschwimmender Kongo-Wels
Kiemensackwels
Meerwels
Kujukuju
Gaffelsegelwels

Welse 3

Kleiner Korallenwels

Plotosus lineatus

Verbreitung: Indischer und Pazifischer Ozean: von Ostafrika bis Sri Lanka und Südostasien
Habitat: Küstengewässer, Ästuarien, Riffe
Länge: 30 cm

Der Kleine Korallenwels gehört zu einer Familie der Korallenwelse (Plotosidae), deren 25 oder 30 Arten alle im Bereich des Indischen und Pazifischen Ozeans leben. Sein Körper ist länglich und aalförmig, und er hat zwei Rückenflossen: Die eine sitzt gleich hinter dem Kopf, die andere geht in die Schwanz- und Afterflosse über. Wie viele andere Welse hat auch er Stacheln an der Rückenflosse und an den Brustflossen, die schmerzhafte Wunden zufügen können. An seinem Maul befinden sich mehrere Bartelnpaare.

Die Jungen des Kleinen Korallenwelses sind wegen der hellen Bänder, die von der Schnauze bis zur Schwanzspitze am Körper entlanglaufen, besonders auffällig. Die älteren Fische haben auf dem Rücken eine braune Färbung, die zur Bauchseite hin in Hellbraun oder Weiß übergeht.

Australischer Süßwasserwels

Tandanus tandanus

Verbreitung: Süd- und Ostaustralien
Habitat: Flüsse
Länge: 60 cm

Der Australische Süßwasserwels ist ebenfalls ein Mitglied der Familie Plotosidae, der auch der Kleine Korallenwels angehört. Er hat eine ähnliche Anordnung der Flossen: Seine erste Rückenflosse ist hoch mit kurzem Ansatz, und die zweite geht in die Schwanzflosse und in die Afterflosse über. Die Stacheln an der Rückenflosse und an den Brustflossen können schmerzhafte Wunden zufügen. Er kann braun oder stumpfgrün gefärbt sein und ist immer mit kleinen dunklen Flecken gezeichnet.

Mehrere Paare Barteln um den Mund helfen ihm bei der Nahrungssuche; er ernährt sich vor allem von Wirbellosen wie Muscheln, Garnelen und Würmern. In der Laichsaison werden die Eier in ein rundes Nest in Sand- oder Kiesgrund abgelegt und von einem der Eltern, gewöhnlich vom Männchen, bewacht.

Mandi

Pimelodus blodii

Verbreitung: Südamerika: Amazonasbecken
Habitat: Flüsse, Bäche, überschwemmte Wälder
Länge: 20 cm

Der Mandi ist eine der 285 Arten südamerikanischer Welse, die als Antennenwelse (Pimelodidae) bekannt sind. Er hat, wie es typisch für seine Familie ist, einen schuppenlosen Körper und besitzt drei Paar Barteln, von denen eines fast so lang wie sein ganzer Körper ist. Er ist hauptsächlich nachts oder in der Abenddämmerung aktiv und benutzt die Barteln zur Nahrungssuche. Obwohl Welse im allgemeinen Grundbewohner sind, sucht der Mandi seine Nahrung sowohl an der Wasseroberfläche als auch auf dem Grund; oben verzehrt er Früchte und Samen, die ins Wasser gefallen sind, und auf dem Grund frißt er organischen Abfall und alte Blätter. Außerdem frißt er Wirbellose, die er an der Oberfläche wie auch auf dem Grund fängt.

Tiger-Spatelwels

Pseudoplatystoma fasciatum

Verbreitung: Südamerika: Amazonasbecken
Habitat: Flüsse, Seen, überschwemmte Wälder
Länge: 50–90 cm

Der Tiger-Spatelwels, ein sehr auffälliger Fisch, gehört ebenfalls der Familie Pimelodidae an. Er hat eine längliche Schnauze und einen schlanken Körper und ist mit unregelmäßigen dunklen Streifen und dunklen Flecken an Flossen und Nase gezeichnet. Die Verteilung dieser Markierungen kann stark variieren.

Wie alle Welse ist auch der Tiger-Spatelwels ein Grundbewohner und ernährt sich vermutlich hauptsächlich von Wirbellosen. Mehrere Paare Barteln um sein Maul dienen ihm zur Nahrungssuche. Im Gegensatz zu vielen anderen Fischen des Amazonas scheint sich der Tiger-Spatelwels nicht an eine Nutzung der reichlich vorhandenen pflanzlichen Nahrung, die dort ins Wasser fällt, angepaßt zu haben.

Harnischwels / Vieja

Plecostomus commersonii

Verbreitung: Südamerika: Südbrasilien, Uruguay, Paraguay, Nordargentinien
Habitat: Flüsse
Länge: 55 cm

Der Harnischwels oder Vieja gehört zur großen südamerikanischen Familie der Harnischwelse (Loricariidae). Sein langer, schlanker Körper ist mit überlappenden Knochenplatten bedeckt, doch ist im Gegensatz zu anderen Mitgliedern seiner Familie bei ihm der Bauch nackt. Die Flossen sind gut entwickelt, und die hohe Rückenflosse ist mit dunklen Flecken gezeichnet. Der untere Lappen der großen Schwanzflosse ist länger als der obere. Das gerundete Maul befindet sich an der Unterseite der Schnauze.

Harnischwelse laichen im Frühjahr. Die Erwachsenen fressen Würmer, Krebstiere und Wasserpflanzen, während sich die jungen Fische von Algen ernähren.

Schwielenwels

Callichthys callichthys

Verbreitung: tropisches Südamerika: von Guayana südl. bis Paraguay und Uruguay
Habitat: Flüsse
Länge: 20 cm

Dieser weitverbreitete Fisch gehört zu der südamerikanischen Familie der Panzerwelse (Callichthyidae), zu der etwas 130 Arten gehören. Der Körper der Welse dieser Familie ist mit überlappenden Knochenplatten schwer gepanzert. Der Schwielenwels ist von schlankerer Gestalt als die anderen Mitglieder seiner Familie, er besitzt einen zierlichen, spitzen Kopf und zwei Paare Barteln am Maul. Er lebt auf dem Grund von Flüssen und ist in der Morgen- und Abenddämmerung am aktivsten.

In der Laichzeit baut das Männchen gewöhnlich ein Nest zwischen schwimmenden Wasserpflanzen, indem es Luftbläschen und Schleim zu einer schaumigen Masse bläst. Die Eier werden in diesen schützenden Blasen abgelegt.

Küstenschwielenwels

Hoplosternum littorale

Verbreitung: Südamerika: von Venezuela und Guayana südl. bis Peru und Argentinien; Trinidad
Habitat: Flüsse, Sümpfe
Länge: 20 cm

Der Küstenschwielenwels gehört ebenfalls zur Familie der Panzerwelse (Callichthyidae). Sein Körper ist mit säuberlich aneinandergereihten, sich überlappenden Knochenplatten bedeckt. Er ist von robuster Gestalt, hat eine grüngraue Färbung und besitzt mehrere Paare langer Barteln. Wie viele andere Mitglieder seiner Familie lebt er auf dem Grund von oft sauerstoffarmem, sumpfigen Gewässern. Er ist in der Lage, atmosphärischen Sauerstoff zu nutzen, indem er an der Wasseroberfläche Luft schnappt und diese im Enddarm aufnimmt. Man vermutet sogar, daß er kurze Strecken an Land zurücklegen kann, wobei der Sauerstoff in seinem gut durchbluteten Darm verbraucht wird. Küstenschwielenwelse ernähren sich von Wasserpflanzen.

Zum Laichen bauen die Küstenschwielenwelse Blasennester aus Luft und Schleim, die sie an schwimmende Pflanzen heften. Dort werden die Eier abgelegt. Das Männchen bewacht das Nest und auch die ausgeschlüpften Jungen.

Candirú

Vandellia cirrhosa

Verbreitung: Südamerika: Amazonasbecken
Habitat: Flüsse, Bäche
Länge: 2,5 cm

Der kleine, zarte Candirú gehört zu einer Familie von parasitären Welsen, den Schmarotzer- oder Schmerlenwelsen (Trichomycteridae), die in Südamerika zu Hause sind. Sein schuppenloser Körper ist schlank, lang und nahezu durchsichtig, und seine Rückenflosse sitzt weit hinten in der Nähe des Schwanzes. Er hat zwei Paare von sehr kurzen Barteln um den Mund.

Der Candirú ist ebenso wie die anderen Mitglieder seiner Familie ein Parasit, der vom Blut anderer Fische lebt. Bei kleineren Fischen durchbohrt er einfach mit seinen scharfen Zähnen die Haut, um an das Blut heranzukommen; bei größeren Fischen dringt er oft auch in das Kiemensystem ein, lebt darin und saugt ihr Blut. Sein kleiner Körper schwillt stark an, wenn er mit Nahrung gefüllt ist. Gewöhnlich ist der Candirú nachts, in der Morgen- oder in der Abenddämmerung aktiv, und wenn er kein Blut saugt, vergräbt er sich oft im Flußsand.

Der Candirú ist berüchtigt wegen seiner Gewohnheit, in die Harnröhre von badenden Menschen oder Säugetieren einzudringen, die im Wasser urinieren. Vermutlich hält er den Urin für den Wasserstrom der Atmung eines großen Fisches. Ist er erst einmal in die Harnröhre eingedrungen, dann bleibt er mit den Widerhaken an seinen Kiemendeckeln darin hängen, und es ist äußerst schwierig und schmerzhaft, ihn zu entfernen. Mit Hilfe dieser Widerhaken setzt er sich normalerweise in den Kiemenspalten großer Fische fest.

Kleiner Korallenwels

Australischer Süßwasserwels

Mandi

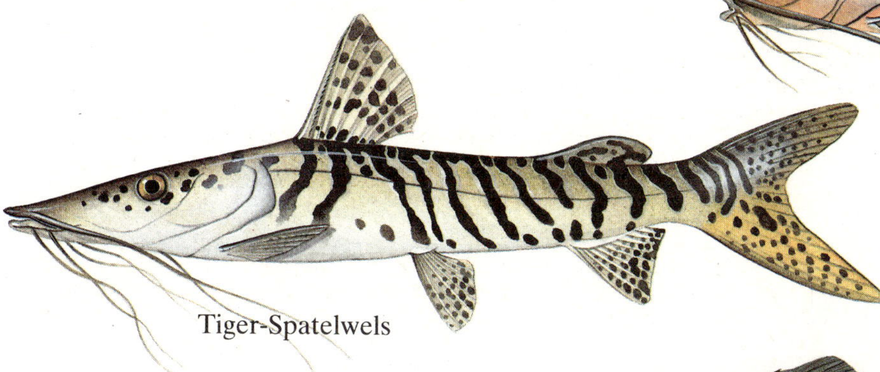

Tiger-Spatelwels

Candirú

Küstenschwielenwels

Schwielenwels

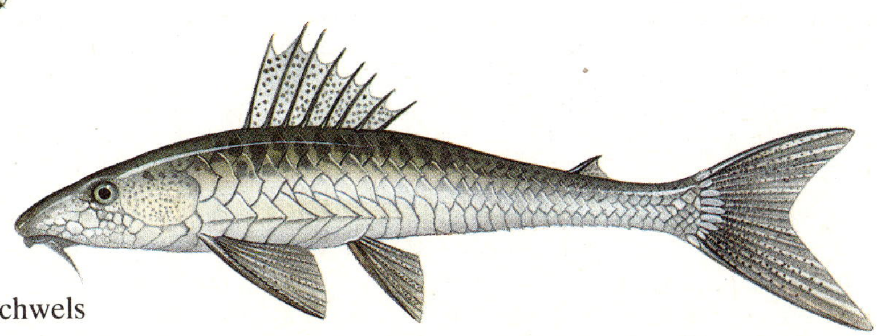

Harnischwels

Laternenfische, Barbudos, Barschlachse

ORDNUNG MYCTOPHIFORMES: Laternenfische

Diese Ordnung umfaßt 390 Fischarten, die in 16 Familien unterteilt werden, welche auf der ganzen Welt verbreitet sind. Innerhalb der Ordnung gibt es zwar eine große Formenvielfalt, doch haben die meisten Arten einen langgestreckten Körper, abstehende Rückenflossen und ein großes Maul. Unter anderem umfaßt die Ordnung die Familien der Eidechsenfische, Grünaugen, Speerfische und Perlaugen. Alle Arten dieser Ordnung leben im Meer.

Die Familie der Laternenfische ist mit etwa 220 Arten die größte innerhalb der Ordnung. Laternenfische sind kleine Tiefseefische, die meist an der Unterseite des Körpers viele Leuchtorgane besitzen. Diese Organe sind in unterschiedlichen, für die jeweilige Art charakteristischen Mustern angeordnet. Sie sind ein wichtiges Hilfsmittel zum Erkennen der Artgenossen.

Roter Eidechsenfisch

Synodus synodus

Verbreitung: Atlantik: von Florida über den Golf von Mexiko bis Uruguay

Habitat: Küstengewässer

Länge: 30 cm

Der Rote Eidechsenfisch gehört zur Familie Synodontidae, die etwa 34 Arten von Eidechsenfischen umfaßt und in den seichten Gewässern tropischer und subtropischer Meere zu finden ist. Er hat einen großen Kopf und weite Kiefern mit scharfen Zähnen. Wegen seiner schweren, glänzenden Schuppen ähnelt er einem Reptil – so kam er zu seinem Namen. Sein Schwanz ist rötlich gefärbt. Die Bauchflossen sind meist lang, und der Fisch hat die Gewohnheit, sich auf diese Flossen zu stützen, wenn er auf dem Meeresgrund liegt. Manchmal gräbt er sich auch teilweise ein. Dieser gierige Raubfisch fängt seine Beute, indem er aus einem Versteck am Meeresboden hochschießt.

Bombay-Ente

Harpodon nehereus

Verbreitung: nördl. Indischer Ozean

Habitat: Mündungsgebiete, Flachwasser in Küstennähe

Länge: 40 cm

Die Bombay-Ente gehört zur kleinen Familie Harpodontidae, die 4 oder 5 im Indischen Ozean lebende Arten umfaßt. Sie hat einen länglichen Körper, große Kiefer mit scharfen, gebogenen Zähnen und lange Bauch- und Brustflossen. Man findet sie oft in der Nähe der Mündungen großer Flüsse wie des Ganges, wo sie sich von kleinen Fischen und Krebstieren ernährt. Ihre Laichplätze liegen jedoch weiter draußen im Meer.

Das Tier verdankt seinen Namen der Art der Zubereitung: Es wird aufgeschnitten, in der Sonne getrocknet und dann mit Curryreis serviert. So zubereitet ist es ein wertvoller Speisefisch.

Laternenfisch

Myctophum punctatum

Verbreitung: Nordatlantik; Mittelmeer

Habitat: Tiefsee

Länge: 10 cm

Dieser Laternenfisch, der mit seinem stumpfen, runden Kopf und den großen Augen ein typisches Mitglied seiner Familie ist, besitzt zahlreiche Leuchtorgane (Photophoren), die in Gruppen und kurzen Reihen auf seinem Körper verteilt sind. Diese Organe entwickeln sich bei den Jungen, wenn sie etwa 2 cm lang sind. Sie sind bei Männchen und Weibchen verschieden angeordnet. Ihre Funktionsweise und der Grund ihres Vorhandenseins sind noch nicht völlig geklärt. Vermutlich hilft ihr Leuchten dem Fisch, in der Dunkelheit der Tiefsee seine Beute zu finden. Außerdem könnten sie der Verwirrung anderer Raubfische dienen. Die Photophoren an der Schwanzflosse des Laternenfischs können den Zweck erfüllen, daß das Tier durch Hinundherschlagen der Schwanzflosse Feinde blenden kann.

Laternenfische ziehen in großen Schwärmen umher. Sie ernähren sich von winzigen Planktontierchen und bewältigen oft mehr als 400 m Höhenunterschied, um den nächtlichen Wanderungen des Planktons zur Oberfläche zu folgen. Im Mittelmeer laichen sie von April bis Juli.

ORDNUNG POLYMIXIIFORMES: Barbudos

Diese Ordnung umfaßt nur eine einzige Familie mit 3 einander ziemlich ähnlichen Arten, die alle Barbudos genannt werden. Diese Meeresfische leben in den tropischen und subtropischen Breiten des Atlantik sowie des Indischen und Pazifischen Ozeans gewöhnlich in Tiefen von 180 bis 640 m. Sie haben einen hohen Körper, große Augen und ein Paar Barteln unter dem Kinn.

Barbudos

Polymixia nobilis

Verbreitung: alle tropischen Ozeane

Habitat: tiefes Wasser

Länge: 25 cm

Dieser Barbudos hat ein Paar langer Barteln am Unterkiefer, mit dessen Hilfe er auf dem Meeresboden seine Nahrung aufspürt. Der ganz mit Schuppen bedeckte Körper ist unterschiedlich gefärbt, doch die Schwanzflosse und die Spitze der Rückenflosse sind gewöhnlich dunkel bis schwarz. Eine fast identische Art, *P. japonicus*, lebt im Japanischen Meer.

ORDNUNG PERCOPSIFORMES: Barschlachse

Zu dieser Ordnung gehören etwa 8 Arten, die in 3 Familien unterteilt werden. Alle sind Süßwasserfische und leben in Nordamerika in größeren Flüssen, in tiefen, klaren Seen und in unterirdischen Gewässern. Sie tragen Namen wie Barschlachs, Piratenbarsch und Blindfisch. Die Barschlachse ähneln, wie ihr Name schon andeutet, sowohl den Lachsen wie auch den Barschen. Sie sind jedoch weder mit den einen noch mit den anderen verwandt und werden nie größer als 15 cm. Die meisten Arten in dieser Ordnung ernähren sich von Wasserinsekten und Krebstieren, allerdings macht der Piratenbarsch auch Jagd auf kleine Fische.

Mammuthöhlen-Blindfisch

Amblyopsis spelaeus

Verbreitung: USA: Kentucky, Indiana

Habitat: Süßwasser in Kalksteinhöhlen

Länge: 10 cm

Zusammen mit fünf oder sechs anderen Arten gehört der Mammuthöhlen-Blindfisch zur Familie der Blindfische (Amblyopsidae), von denen 4 in Kalksteinhöhlen leben. Er wurde erst 1842 entdeckt. Das Tier hat einen schlanken Körper und keine Schuppen am Kopf, doch sein Körper ist mit kleinen, unregelmäßigen Schuppen bedeckt. Da ihm seine Augen in der finsteren Höhlenheimat nichts nützen würden, sind sie nur rudimentär entwickelt und mit Haut bedeckt; er ist also praktisch blind. Als Ausgleich hierfür ist sein Körper mit winzigen sensiblen Tastsinnknospen bedeckt, mit denen er geringfügigste Bewegungen im Wasser registrieren kann. Dies ermöglicht es ihm, seine Beute aufzuspüren und Hindernisse zu umgehen.

Das Männchen befruchtet des Weibchen innerlich mit Hilfe eines besonderen Genitalorgans. Die Eier werden vom Weibchen auf eine ungewöhnliche Art behütet: Es trägt die befruchteten und abgelegten Eier bis zum Ausschlüpfen der Jungen in den Kiemenspalten.

Östlicher Barschlachs

Percopsis omiscomaycus

Verbreitung: Nordamerika: von Alaska bis Quebec; von den Großen Seen bis Kentucky, Missouri und Kansas

Habitat: Seen, schlammige Flüsse

Länge: 20 cm

Der Östliche Barschlachs, eine der beiden Arten der Barschlachse (Familie Percopsidae), hat einen silbrigen, teilweise durchscheinenden Körper. Der Kopf ist nackt, doch der Rest des Körpers ist mit groben, sägezahnförmigen Schuppen bedeckt. Der östliche Barschlachs ist ein Nachtfisch und ernährt sich von Wasserinsekten, Krebs- und Weichtieren. Er laicht im Frühjahr oder Frühsommer in Flüssen oder flachen Seen. Die Eier sinken auf den Grund und verbleiben bis zum Ausschlüpfen der Jungen dort.

Die andere Barschlachs-Art, der Westliche Barschlachs (*P. Columbia transmontana*), lebt nur im Einzugsgebiet des Columbia River im Nordwesten der USA. In seinem Flossenmuster ähnelt er dem *P. omiscomaycus*, doch ist er meist grünlichgelb gefärbt.

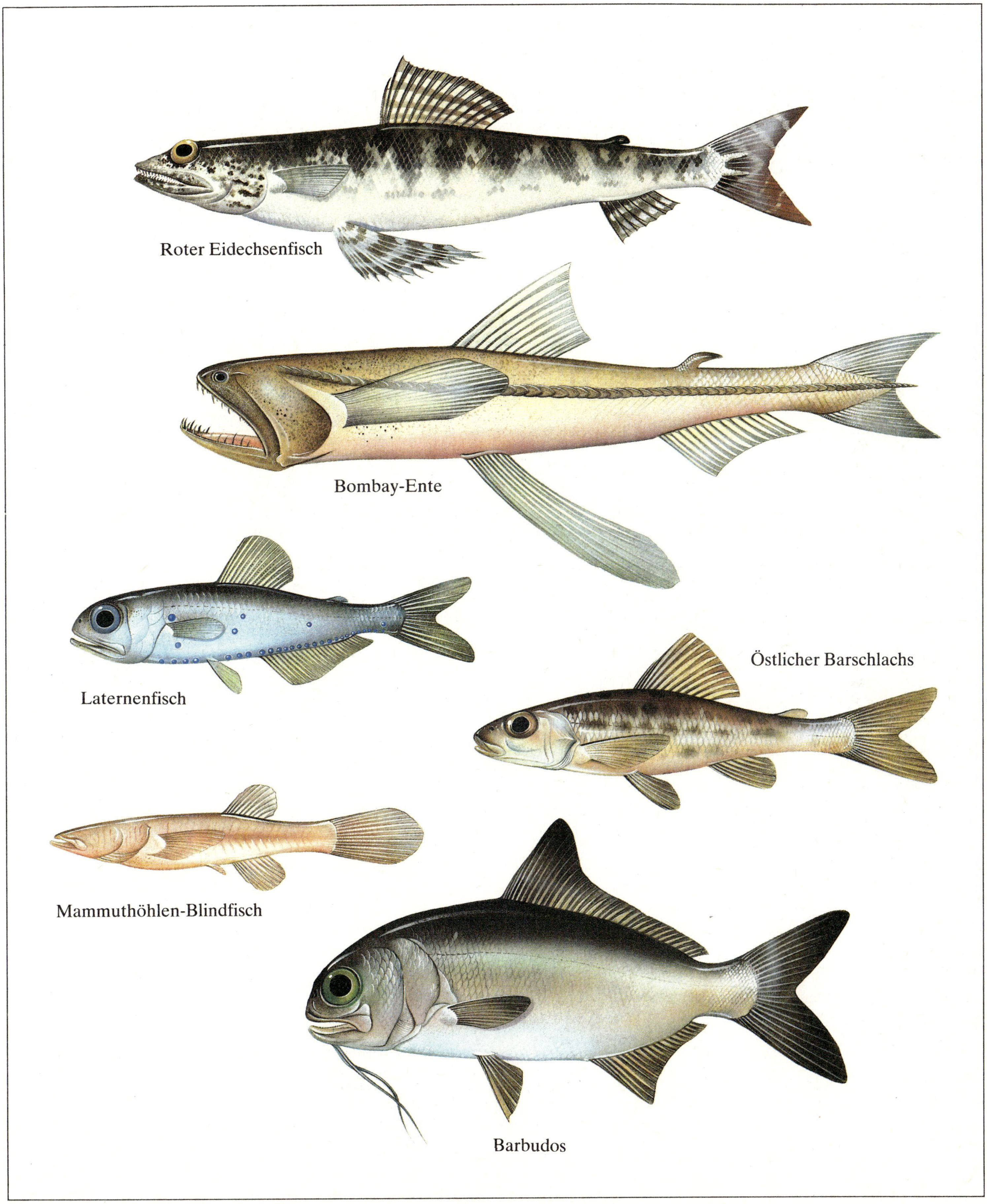
Roter Eidechsenfisch
Bombay-Ente
Laternenfisch
Östlicher Barschlachs
Mammuthöhlen-Blindfisch
Barbudos

Dorschfische 1

ORDNUNG GADIFORMES: Dorschfische
Diese Ordnung umfaßt etwa 684 Arten, von denen nur 5 im Süßwasser leben. Man unterteilt sie in 10 Familien. Einige der bekanntesten Arten darunter wie Kabeljau, Schellfisch, Wittling, Seehecht, Köhler und Leng sind wertvolle Speisefische.

Der Großteil der Dorschfischarten lebt auf der nördlichen Hemisphäre in den relativ flachen Gewässern der Kontinentalplatten. Einige Arten jedoch, besonders die Grenadierfische oder Panzerratten, leben in den Meerestiefen. Alle sind Raubfische, die sich von Fischen, Krebstieren und anderen Meeresorganismen ernähren.

Der Körper der Dorschfische ist mit kleinen Schuppen bedeckt, und die Flossen haben weiche Strahlen. Viele Arten dieser Ordnung haben eine Bartel als Tastorgan am Kinn, die zusätzlich mit Geschmacksorganen ausgestattet ist.

Die meisten Dorschfische laichen in großen Schwärmen, wobei beide Geschlechter einfach die Eier bzw. den Samen ins Wasser absetzen. Die Eier werden dann ihrem Schicksal überlassen, und obwohl Millionen abgelegt werden, überleben nur wenige, da die meisten von den Naturgewalten zerstört oder von anderen Fischen gefressen werden. Man hat geschätzt, daß nur eines von einer Million Eiern dieser Arten überlebt und sich zu einem Fisch entwickelt.

Kabeljau / Dorsch
Gadus morhua
Verbreitung: Nordatlantik: von Grönland und der Hudsonstraße bis North Carolina; von der Ostsee bis zur Biskaya
Habitat: Küstengewässer
Länge: 1,2 m

Der Kabeljau ist ein kräftiger Fisch, den man an seinen drei Rückenflossen, den beiden Afterflossen und der einzelnen, langen Bartel am Kinn erkennt. Er hat ein großes Maul mit vielen kleinen Zähnen. Seine Haut ist gefleckt, doch kann die Färbung variieren. Kabeljaue schwimmen gewöhnlich in Schwärmen nahe der Wasseroberfläche, doch bei der Suche nach Nahrung, die aus Krebstieren, Würmern und Fischen besteht, schwimmen sie auch in mittlerer Wassertiefe oder gar auf dem Meeresgrund.

Kabeljaue laichen in der Zeit von Februar bis April, und einige Populationen unternehmen lange Wanderungen, um bestimmte Laichgebiete zu erreichen. Die Eier treiben nahe der Wasseroberfläche und sind während ihrer Entwicklungszeit und zum Zeitpunkt des Ausschlüpfens Strömungen und Raubfischen ausgeliefert. Die jungen Kabeljaue ernähren sich von kleinen Krebsen.

Der Kabeljau ist ein besonders wertvoller Speisefisch; er wird seit Jahrhunderten vom Menschen gefangen.

Schellfisch
Melanogrammus aeglefinus
Verbreitung: Nordatlantik: von der Barentssee und Island bis zur Biskaya; von Neufundland bis Cape Cod
Habitat: in Küstengewässern in Grundnähe
Länge: 75 cm

Mit seinen drei Rücken- und zwei Afterflossen hat der Schellfisch eine gewisse Ähnlichkeit mit dem Kabeljau, doch ist die erste Rückenflosse dreieckig und hat eine deutliche Spitze; außerdem befindet sich beim Schellfisch an beiden Körperseiten ein auffälliger schwarzer Fleck. Schellfische leben in der Nähe des Meeresbodens und ernähren sich von am Grund lebenden Tieren wie Schlangensternen, Würmern, Weichtieren und von einigen kleinen Fischen.

Die Laichperiode liegt zwischen Januar und Juni. Die Eier werden im Oberflächenwasser ihrem Schicksal überlassen, bis die Larven ausschlüpfen. Junge Schellfische suchen oft Schutz unter den Fangarmen großer Quallen. Einige Schellfischpopulationen wandern im Winter nach Süden oder ziehen dann von den flachen Küstengewässern ins tiefe Wasser.

Blauer Wittling
Micromesistius poutassou
Verbreitung: Nordatlantik: von der Barentssee bis zum Mittelmeer und Adriatischen Meer
Habitat: ozeanisch
Länge: 35–40 cm

Die Blauen Wittlinge ziehen in Schwärmen durch das Meer, von den Oberflächengewässern und mittleren Wassertiefen bis in Tiefen von etwa 300 m. Der Blaue Wittling ist ein schlanker Fisch, und die drei Rückenflossen stehen weit auseinander. Von den beiden Afterflossen ist die vordere deutlich länger. Der Blaue Wittling ernährt sich vorwiegend von Krebstieren und kleinen Fischen. Er selbst ist für viele größere Fische ein wichtiger Beutefisch.

Wittling / Merlan
Merlangius merlangus
Verbreitung: europäische Küsten: von Island bis Spanien, Mittelmeer und Schwarzes Meer
Habitat: Flachwasser in Küstennähe und bis 100 m Tiefe
Länge: 30–40 cm

Der Wittling ist ein schlanker Fisch mit drei Rückenflossen und zwei Afterflossen, von denen die erste die längere ist. Der Oberkiefer ragt über den Unterkiefer hinaus, und am Ansatz der Brustflossen befindet sich jeweils ein charakteristischer schwarzer Fleck. Erwachsene Wittlinge ernähren sich von Fischen und Krebstieren, während die Jungen hauptsächlich von kleinen Krebsen leben. Wittlinge laichen im Frühjahr im flachen Wasser.

Diese zahlreich vertretene Fischart ist ein wertvoller Speisefisch, der kommerziell gefangen wird. Außerdem dient er vielen größeren Fischen und auch Vögeln als Nahrung.

Alaska-Pollack
Theragra chalcogramma
Verbreitung: Nordpazifik: von Nordwestalaska bis Kalifornien; Japanisches Meer
Habitat: Oberflächenwasser bis mittlere Tiefen (350 m)
Länge: 90 cm

Der weitverbreitete Alaska-Pollack hat einen spitz zulaufenden Körper, drei weit auseinanderstehende Rückenflossen und zwei Afterflossen. Kopf und Maul sind groß, und seine Augen sind größer als die der meisten anderen Dorschfische. Im Unterschied zu fast allen anderen Dorschfischarten verbringt der Alaska-Pollack wenig Zeit am Meeresboden und ernährt sich vorwiegend in mittleren Wassertiefen von Krebstieren sowie von anderen wirbellosen Meerestieren und einigen kleinen Fischen.

Köhler / Seelachs
Polachius virens
Verbreitung: Nordatlantik: von Island, Grönland und der Barentssee bis zur Biskaya; von Labrador bis North Carolina
Habitat: Oberflächenwasser an der Küste und in der Hochsee
Länge: 70–80 cm

Auch der Köhler hat das typische Flossenmuster der Dorschfische, doch sind die charakteristischen Merkmale dieser Art die nur leicht eingeschnittene Schwanzflosse, der vorstehende Unterkiefer sowie das Fehlen der Kinnbartel. Köhler leben gewöhnlich in kleinen Schwärmen und ernähren sich von Fischen, insbesondere von anderen Dorschfischarten und von Heringen. Junge Köhler fressen kleine Krebse und Fische.

Die Köhler wandern zu ihren Laichplätzen im offenen Meer, wo sie zwischen Januar und April im tiefen Wasser laichen. Die Eier treiben an der Oberfläche und ebenso später die Larven, die dann allmählich in die flacheren Küstengewässer getragen werden. Dort findet man dann im folgenden Sommer die jungen Fische. Köhler werden in großen Mengen kommerziell gefangen und sind bei Meeresanglern sehr beliebt.

Westatlantischer Gabeldorsch
Urophycis tenuis
Verbreitung: nordwestl. Atlantik: vom St.-Lorenz-Golf bis North Carolina
Habitat: in Küstennähe und auf hoher See bis zu Tiefen von 1000 m
Länge: 1,2 m

Der Westatlantische Gabeldorsch ist ein ziemlich langer Fisch. Er besitzt nur zwei Rückenflossen, von denen die zweite sehr lang ist. Außerdem hat er eine kleine, abgerundete Schwanzflosse und eine lange Afterflosse. Er hält sich gewöhnlich auf weichen, schlammigen Böden auf, wo er sich von Krebstieren, Tintenfischen und kleinen Fischen ernährt. Seine Laichzeit beginnt am Ende des Winters, und seine Eier und Larven treiben an der Wasseroberfläche.

Sowohl der Westatlantische Gabeldorsch wie auch der engverwandte *U. chuss* werden in großen Mengen gefangen. Ihren Namen verdanken sie ihren gabelförmigen Bauchflossen.

Leng
Molva molva
Verbreitung: nordöstl. Atlantik: von Island über Norwegen bis zur Biskaya
Habitat: tiefes Wasser (300–400 m)
Länge: 1,5–2 m

Der Leng, ein Fisch von langem, schlankem Körperbau, besitzt zwei Rückenflossen, von denen die zweite sehr lang ist, und eine einzige lange Afterflosse. Am Kinn hat er eine Bartel. Am häufigsten kommt er in Gewässern mit felsigem Boden vor, und er ernährt sich von Fischen und großen Krebstieren. Obwohl er vorwiegend in der Tiefsee lebt, ist der Leng auch in flachen Gewässern zu finden, falls der Boden dort für ihn geeignet ist. Lenge laichen in der Zeit von März bis Juli, und ein Weibchen kann bis zu 60 Millionen Eier ablegen, die während ihrer Entwicklungszeit im Oberflächenwasser treiben.

Kabeljau
Blauer Wittling
Schellfisch
Wittling
Köhler
Alaska-Pollack
Westatlantischer Gabeldorsch
Leng

Dorschfische 2

Dreibärtelige Seequappe

Gaidropsarus mediterraneus

Verbreitung: europäische Küsten: von Südnorwegen und Westengland bis zum Mittelmeer und Schwarzen Meer
Habitat: Felsküsten
Länge: 15–35 cm

Die Dreibärtelige Seequappe, eine von mehreren Arten der Seequappen, ist mit ihrem langen, schlanken Körper und den beiden Rückenflossen ein typischer Vertreter dieser Gruppe. Die erste Rückenflosse hat kurze, feine Strahlen, die zweite ist lang. Die Afterflosse ist ebenfalls lang, und der Fisch besitzt, wie sein Name schon sagt, drei Barteln – eine am Kinn und zwei auf der Schnauze.

Diese Seequappe ist an vielen Küsten eine zahlreich vorkommende Fischart. Sie ist fast immer auf felsigem Meeresboden zu finden und ernährt sich von Krebstieren, Würmern und kleinen Fischen. Die Seequappe laicht im offenen Meer, und die Eier und Larven treiben danach an der Wasseroberfläche. Sobald die jungen Fische auf etwa 4 cm Länge gewachsen sind, nehmen sie die Lebensweise der grundbewohnenden ausgewachsenen Seequappen an.

Aalquappe

Lota lota

Verbreitung: Kanada, Norden der USA, Nordeuropa, Asien
Habitat: Flüsse, Seen
Länge: 50–100 cm

Eine der wenigen Süßwasserarten in der Ordnung der Dorschfische ist die Aalquappe. Mit ihrem langen Körper, ihrer Kinnbartel und ihrer Rücken- und Afterflosse mit langem Ansatz ähnelt sie im Aussehen vielen im Meer lebenden Dorschfischen. Sie ist ziemlich träge, hält sich tagsüber unter Wasserpflanzen verborgen und sucht in der Morgen- und Abenddämmerung nach Nahrung. Erwachsene Aalquappen ernähren sich von Fischen, Krebstieren und Insekten, junge Aalquappen fressen Insektenlarven und Kleinkrebse.

Aalquappen laichen während des Winters zur Nachtzeit im flachen Wasser. Sie sind äußerst fruchtbar: Ein Weibchen kann bis zu 3 Millionen Eier ablegen, die auf den Grund sinken und sich dort entwickeln.

Neuseeland-Leng

Genypterus blacodes

Verbreitung: vor der Küste von Südaustralien und Neuseeland
Habitat: Küstengewässer
Länge: 90 cm

Trotz seines Namens gehört der Neuseeland-Leng zu einer anderen Gruppe der Dorschfische als die atlantischen Lenge (*Molva*). Er hat einen langen, spitz zulaufenden Körper, und Rücken-, Schwanz- und Afterflosse ziehen sich wie ein durchgängiges Band um den Körper. Der Kopf ist abgeflacht, und unter dem Unterkiefer befinden sich zwei dünne Bauchflossen. Der Anus liegt direkt hinter dem Kopf.

Seehecht

Merluccius merluccius

Verbreitung: Nordatlantik: von Island über Norwegen bis Nordafrika; Mittelmeer
Habitat: tiefes Wasser (150–550 m)
Länge: 1–1,8 m

Die Seehechte (Merluccidae) bilden eine kleine Familie von Dorschfischen, die alle der Gattung *Merluccius* angehören. Eine typische Art dieser Familie ist der Seehecht mit seinem schlanken Körper, seinem großen Kopf und den beiden Rückenflossen, deren erste dreieckig ist; die zweite ist abgerundet und lang. Der Seehecht lebt auf dem Meeresboden, kommt aber nachts in Oberflächennähe, um Fische und Tintenfische zu fressen.

Seehechte laichen im Frühjahr oder Sommer. Ihre Eier und Larven treiben an der Wasseroberfläche und werden von der Strömung allmählich in Küstennähe getragen. Dort bleiben die jungen Fische während ihres ersten Lebensjahres und ernähren sich hauptsächlich von Kleinkrebsen.

Eine im Pazifik lebende Art, *M. productus*, ist dem europäischen Seehecht in Aussehen und Verhalten sehr ähnlich.

Grenadierfisch

Macrourus berglax

Verbreitung: Nordatlantik: von Neuschottland bis Grönland, Island und Norwegen
Habitat: tiefes Wasser (200–1000 m Tiefe)
Länge: 90–100 cm

Der Grenadierfisch gehört zur Familie Macrouridae, von der etwa 15 Arten bekannt sind. Dabei handelt es sich überwiegend um Tiefseefische. Sie sind als „Panzergrenadiere" oder „Panzerratten" bekannt. Bei vielen dieser Arten können die Männchen erstaunlich laute Töne erzeugen, indem sie mit speziellen Muskeln ihre Schwimmblase zum Vibrieren bringen. Diese Töne dienen vermutlich besonders während der Laichsaison zur Verständigung.

Der *Macrourus berglax*, der mit seinem großen, schweren Kopf und dem spitz zulaufenden Schwanz ein typischer Vertreter dieser Familie ist, besitzt eine hohe erste Rückenflosse; die zweite Rückenflosse geht in die Schwanz- und Afterflosse über. Der Kopf ist unterhalb der Augen gefurcht, und die Schuppen am Körper sind rauh und stachelig. Der Grenadierfisch ernährt sich von Krebs- und Weichtieren und Schlangensternen. Vermutlich dauert seine Laichzeit vom Winter bis zum Frühlingsanfang.

Nassau-Höhlenfisch

Lucifuga spelaeotes

Verbreitung: auf den Bahamas in der Nähe von Nassau
Habitat: Süßwassertümpel in Kalksteinhöhlen
Länge: 11 cm

Diese Art wurde erst 1967 entdeckt und bisher nur in der Nähe von Nassau gefunden. Allerdings wird vermutet, daß sie mit zwei Arten der gleichen Gattung verwandt ist, die in Höhlenseen auf Kuba zu finden sind. Der Nassau-Höhlenfisch ist ein kleiner Fisch von sehr eigentümlichem Aussehen. Seine Rückenlinie weist hinter dem Kopf eine steile Krümmung nach oben auf, der Kopf ist flach, und Rücken- und Afterflosse, beide lang, gehen in die Schwanzflosse über. Der Kopf ist größtenteils schuppenlos, der Körper jedoch mit kleinen Schuppen bedeckt. Die kubanischen Arten sind blind, doch der Nassau-Höhlenfisch hat kleine, aber gut entwickelte Augen.

In Anbetracht ihrer offenbar sehr begrenzten Verbreitung ist diese eben erst entdeckte Spezies vermutlich bereits vom Aussterben bedroht.

Fierasfer

Carapus acus

Verbreitung: Mittelmeer und Adriatisches Meer
Habitat: Meeresboden
Länge: 20 cm

Der Fierasfer ist ein kleiner, schlanker Fisch mit durchscheinender, gefleckter Haut, der in Gewässern der tropischen und gemäßigt warmen Zonen zu finden ist. Viele Fische dieser Art verbringen ihr Leben im Inneren anderer Meerestiere, wie Muscheln, Seeigel, Seesternen, Seegurken und sogar Perlenaustern, weshalb sie im Englischen auch Perlenfische genannt werden. Der Fierasfer, ein typischer Vertreter seiner Art, hat einen länglichen, spitz zulaufenden Körper und lange, flache Rücken- und Afterflossen, die sich wie ein durchgängiges Band um den ganzen Körper ziehen. Erwachsene Fierasfers leben im Inneren einer Seegurke. Sie dringen durch den Anus in das Tier ein, wobei sie zuerst den Schwanz einführen und sich dann rückwärts hineinschlängeln, bis sie im Inneren der Körperhöhlung angelangt sind. Oft wird ein Wirt von mehreren Fierasfern befallen, die dann die inneren Organe des Wirttiers aufzehren, bis es nicht mehr lebensfähig ist.

Junge Fierasfers durchlaufen zwei Larvenstadien, bevor sie ihr parasitäres Leben beginnen; im ersten treiben die Jungen in Oberflächennähe, und im zweiten leben sie in der Nähe des Meeresbodens. Erwachsene Fierasfers können auch außerhalb eines Wirttieres leben; dann ernähren sie sich von kleinen Krebstieren.

Macrozoarces americanus

Verbreitung: Nordatlantik: von Labrador bis Delaware
Habitat: Meeresgrund (15–200 m Tiefe)
Länge: 95 cm

Die Art *Macrozoarces americanus* gehört zur kleinen Familie der Aalmuttern (Zoarcidae). Ihre Klassifikation ist umstritten, und einige Forscher rechnen sie eher zu den Schleimfischen als zu den Dorschfischen.

Die amerikanische Art hat die für ihre Familie charakteristischen langen Rücken- und Afterflossen, die sich in der Schwanzflosse vereinigen. Ihr Kopf ist breit und abgeflacht, und sie hat dicke, vorstehende Lippen. Diese Art wohnt auf dem Meeresboden und ernährt sich von Krebstieren, Seeigeln, Schlangensternen und anderen kleinen wirbellosen Tieren. Im Herbst wandern diese Fische in die tieferen Gewässer des offenen Meeres, um zu laichen. Ein Weibchen kann 4000 oder mehr Eier ablegen, die durch eine gelatineartige Substanz zu Klumpen verklebt sind und am Meeresgrund liegen, wo sie nach 2–3 Monaten ausschlüpfen. Einige Arten dieser Familie, wie die europäische Spezies *Zoarces viviparus*, die Aalmutter, bringen lebende Junge zur Welt.

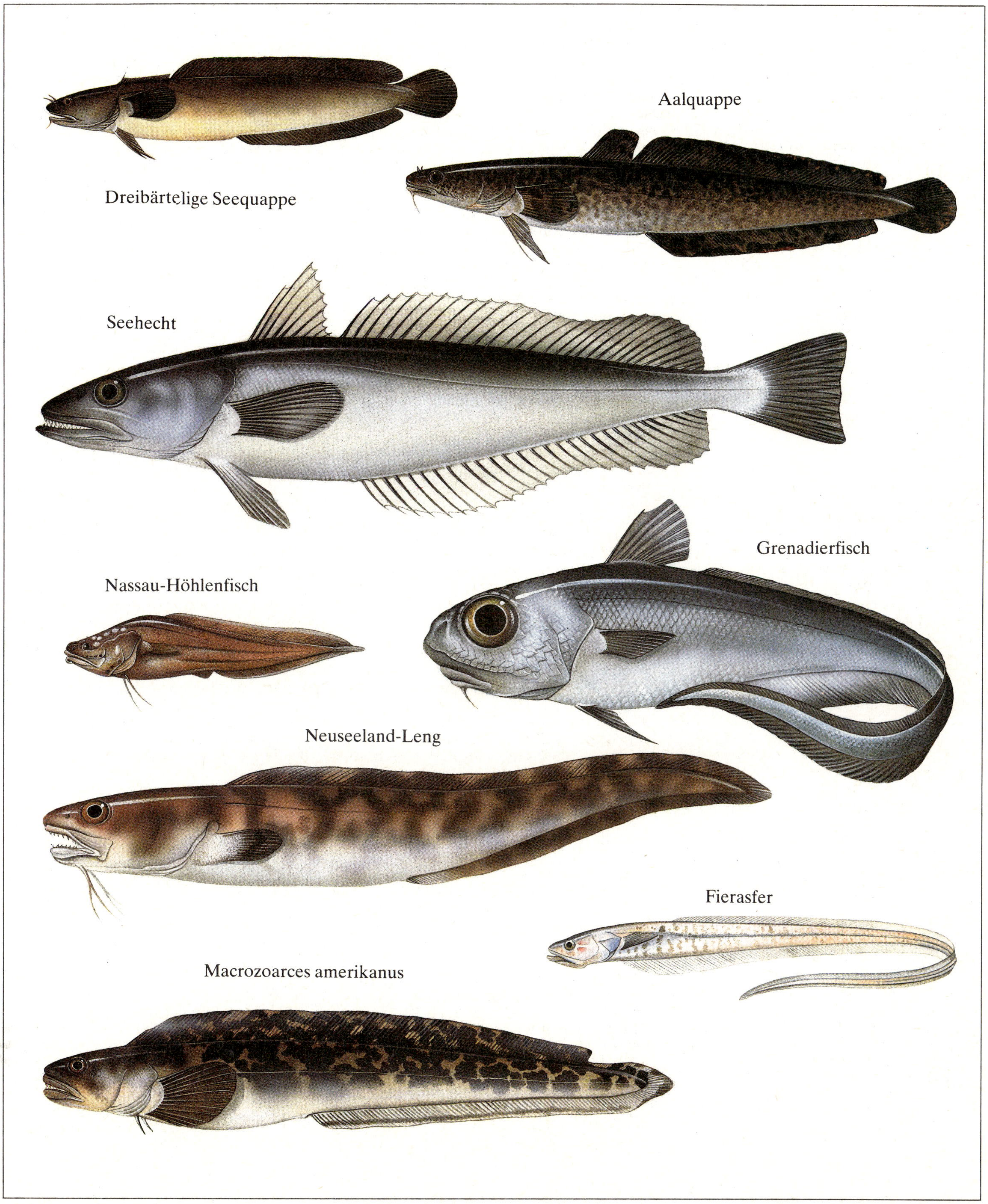
Dreibärtelige Seequappe
Aalquappe
Seehecht
Grenadierfisch
Nassau-Höhlenfisch
Neuseeland-Leng
Fierasfer
Macrozoarces amerikanus

Froschfische, Armflosser

ORDNUNG BATRACHOIDIFORMES:
Froschfische
Es gibt etwa 55 Arten von Froschfischen. Abgesehen von zwei Süßwasserarten leben sie alle auf dem Grund der Weltmeere, vor allem in den tropischen und gemäßigt warmen Zonen. Ihren Namen verdanken sie ihrem breiten, flachen Kopf, der mit dem breiten Maul und den leicht vorstehenden Augen an einen Frosch erinnert.

Atlantischer Bootsmannfisch

Porichthys porosissimus

Verbreitung: Westatlantik: Küsten Brasiliens und Argentiniens
Habitat: Küstengewässer
Länge: 30 cm

Der auf dem Meeresgrund lebende Atlantische Bootsmannfisch hat einen breiten, abgeflachten Kopf, an dessen Oberseite sich die Augen befinden; dadurch ist sein Blick stärker nach oben als seitwärts gerichtet. An beiden Seiten seines unbeschuppten Körpers befinden sich mehrere Reihen von einigen hundert Photophoren, lichtproduzierenden Organen, die als kleine leuchtende Punkte in einem charakteristischen regelmäßigen Muster angeordnet sind. Der Bootsmannfisch ist einer der wenigen Flachwasserfische, die solche Organe besitzen.

Er ist auch als singender Fisch bekannt, da er eine Reihe von Tönen produzieren kann. In den Wänden seiner Schwimmblase befinden sich spezielle Muskeln, die diese Blase zum Vibrieren bringen können, wodurch grunzende und pfeifende Töne entstehen.

ORDNUNG LOPHIIFORMES:
Armflosser oder Anglerfischartige
Etwa 215 Arten von Armflossern sind bekannt. Sie leben in allen Meerestiefen der tropischen und gemäßigten Zonen. Ihr Kopf ist groß, das Maul ist mit mehreren Reihen scharfer Zähne bestückt, und sie haben kleine Kiemen und Kiemenöffnungen. Die Tiefsee-Arten sind von runder Gestalt, die Flachwasser-Arten sind abgeflacht.

Die meisten Armflosser besitzt eine Art Angelköder, der aus einem umgebildeten Rückenflossenstrahl besteht und an dessen Spitze ein Hautfetzen angebracht ist, der vor dem Maul hin und her bewegt werden kann. Die Flachwasser-Arten liegen getarnt am Meeresgrund und bewegen ihren Köder sanft hin und her. Die Beutetiere halten diesen Köder für einen Leckerbissen, kommen neugierig näher und werden von den riesigen Kiefern des Armflossers erfaßt.

Manche Tiefsee-Angler pflanzen sich auf sehr außergewöhnliche Art fort: Die Männchen, die wesentlich kleiner als die Weibchen sind, heften sich so fest an diesen an, daß ihre Gewebe miteinander verwachsen; das Männchen wird dann praktisch zu einem bloßen Samenbehälter.

Atlantischer Seeteufel

Lophius piscatorius

Verbreitung: europäische Küsten von Skandinavien und Island bis Nordafrika; Schwarzes Meer und Mittelmeer
Habitat: Küstengewässer
Länge: 1–2 m

Der Atlantische Seeteufel, ein großer, besonders auffälliger Fisch, hat einen abgeflachten Körper, der größtenteils aus einem breiten, flachen Kopf besteht. Das Maul ist außerordentlich groß, und die Zähne sind gut entwickelt. Kopf und Maul sind von kleinen Hautlappen umsäumt, mit denen dieser Fisch sich tarnt, wenn er auf dem Meeresboden liegt. Die Brustflossen sitzen an kleinen, fleischigen Gliedmaßen, und der verlängerte erste Stachelstrahl der Rückenflosse endet in einem Hautfetzen, der als Köder dient.

Der Atlantische Seeteufel ist ein Grundbewohner. Man findet ihn sowohl in flachem Wasser als auch in Tiefen von mehr als 500 m. Halb vergraben im Sand oder Kies des Meeresbodens lauert er auf Beute und bewegt seinen Köder hin und her, um Fische in die Reichweite seines riesigen Mauls zu locken. Sobald der Seeteufel sein Maul öffnet, entsteht eine starke Strömung, durch welche die unglücklichen Beutetiere angesaugt werden.

Im Frühjahr und Frühsommer ziehen die Atlantischen Seeteufel weiter ins offene Meer hinaus, um im tiefen Wasser zu laichen. Die Eier sind in Bänder aus gelatineartigem Schleim eingebettet, der sie zusammenhält, wenn sie im Oberflächenwasser treiben. Auch die Larven treiben, unterstützt durch ihre vergrößerten Rückenflossen, nahe der Wasseroberfläche. Die eng verwandte amerikanische Art, *L. americanus*, die an der atlantischen Küste Nordamerikas lebt, ist im Aussehen und Verhalten ähnlich.

Sargasso-Fisch

Histrio histrio

Verbreitung: tropische Breiten des Atlantischen, Indischen und Pazifischen Ozeans
Habitat: Oberflächenwasser mit Sargassum-Tang
Länge: 20 cm

Der Sargasso-Fisch gehört zur Familie der Fühlerfische, auch Krötenfische genannt, deren charakteristischer ballonförmiger Körper mit Beulen und Hautlappen bedeckt ist. Durch diese perfekte Tarnung ist er vom Sargassum-Tang, in dem er lebt, nicht zu unterscheiden. Er kann seine Farbe verändern und sie stets dem jeweiligen Tangfeld anpassen, in dem er sich befindet. Wedelartige Fortsätze an der Schnauze sind eine Imitation der Wasserpflanzen, und weiße Flekken an seinem Körper erinnern an die weißen Kalkpanzer kleiner Tiere, die auf dem Sargassum-Tang leben. Die biegsamen Brustflossen dieses Fisches ähneln Gliedmaßen, und tatsächlich hält er sich damit an den Pflanzen fest, zwischen denen er umherklettert.

Der Sargassso-Fisch ernährt sich vorwiegend von kleinen wirbellosen Tieren, und er lockt seine Beute mit Hilfe des kleinen Köders an seiner Schnauze an. Wenn er selbst von einem Raubfisch angegriffen wird, kann er sich unversehens mit Wasser vollpumpen und kugelförmige Gestalt annehmen. Dadurch wird er so groß, daß sein Feind ihn nicht verschlingen kann.

Fühlerfisch

Antennarius multiocellatus

Verbreitung: tropische Breiten des Westatlantiks, Karibik
Habitat: Meeresboden
Länge: 15 cm

Dieser Fühlerfisch hat den für seine Familie typischen kräftigen Körper und eine besonders ausgeprägte „Angelrute" auf seiner Schnauze. Seine Farbe ist veränderlich und paßt sich stets gut an die Umgebung an – Felsen, Korallen oder Tang. Er ist ein auf dem Meeresboden lebender Fisch, der mit Hilfe seiner pfotenartigen Brustflossen langsam auf dem Grund umherkriecht und sich von kleinen Fischen und Krebstieren ernährt.

Amerikanische Kurznasen-Seefledermaus

Ogcocephalus nasutus

Verbreitung: Karibik
Habitat: Meeresboden
Länge: 30 cm

Die Amerikanische Kurznasen-Seefledermaus ist mit ihrem fast dreieckigen, horizontal stark abgeflachten Körper ein typischer Vertreter der etwa 5 Arten von Seefledermäusen (Familie Ogcocephalidae). Ihre großen, biegsamen Brustflossen sitzen auf armartigen Gliedmaßen. Ihre Schnauze ist spitz, das Maul klein. Die Oberseite ihres Körpers ist mit harten Knoten besetzt, die die Form kleiner abgerundeter Auswüchse haben.

Die Bewegungen dieses Fisches sind langsam, und er ist ein ungeschickter Schwimmer; er kriecht mit Hilfe seiner Brust- und Bauchflossen über den Meeresboden und stützt sich dabei mit seinem Schwanz ab. Er ernährt sich von Fischen, Weichtieren, Krebstieren und Würmern.

Fußballfisch

Himantolophus groenlandicus

Verbreitung: weltweit (aber selten)
Habitat: Tiefsee (100–300 m Tiefe)
Länge: 60 cm

Der Fußballfisch gehört zu den Tiefsee-Anglern oder Eigentlichen Angelfischen. Sein extrem rundlicher Körper ist mit Knochenplatten besetzt, in deren Mitte sich jeweils ein Dorn befindet. Der umgebildete Flossenstrahl auf seinem Kopf hat die Funktion einer dicken Angelrute, an deren Spitze sich ein verästelter Köder mit einem zentralen Leuchtorgan befindet. Der Fußballfisch ernährt sich von Fischen, die er in den spärlich bewohnten finsteren Meerestiefen mit seinem Köder anlockt. Obwohl die Männchen kleiner als die Weibchen sind, parasitieren sie nicht auf ihnen.

Laternenangler

Linophryne arborifera

Verbreitung: Atlantischer, Pazifischer und Indischer Ozean
Habitat: Tiefsee
Länge: 7 cm

Der Laternenangler, der einer Familie von etwa 20 Tiefsee-Anglern (*Linophrynidae*) angehört, hat einen runden Körper und eine auffällige, verästelte Kinnbartel, die einem Stück Tang ähnelt. Die lange „Angelrute" auf seiner Schnauze ist ebenfalls verzweigt und trägt einen leuchtenden Köder. Die kleinen erwachsenen Männchen dieser Spezies leben vermutlich als Parasiten auf den Weibchen und verlieren dabei ihren Seh- und Geruchssinn.

Atlantischer Bootsmannfisch
Fußballfisch
Sargasso-Fisch
Fühlerfisch
Amerikanische Kurznasen-Fledermaus
Atlantischer Seeteufel
Laternenangler

Stachelröhrenmäuler, Ährenfischartige 1

ORDNUNG INDOSTOMIFORMES:
Stachelröhrenmäuler
Diese Ordnung besteht aus nur einer Art, deren Verwandtschaft und Klassifikation Gegenstand vieler Diskussionen war. Jedenfalls unterscheidet sich die Art so stark von anderen Arten, daß man für sie eine eigene Ordnung schuf.

Indostomus paradoxus

Verbreitung: Burma: Indawgyi-See; Thailand
Habitat: Seen, Flüsse
Länge: 3 cm

Dieser seltene kleine, sehr schlanke Fisch wurde bisher nur an zwei Orten beobachtet. Die Rückenflosse und die ähnlich geformte Afterflosse, die einander gegenüberstehen, geben ihm ein ungewöhnlich symmetrisches Äußeres. Der Körper ist mit harten Plättchen bedeckt, aber dennoch sehr flexibel. Der Fisch hält sich im flachen Wasser zwischen den Wasserpflanzen auf, und obwohl er sich im allgemeinen nur langsam bewegt oder bewegungslos bleibt, kann er nötigenfalls sehr schnell schwimmen; dabei treibt er sich mit seiner Schwanzflosse vorwärts. Er ernährt sich ausschließlich von mikroskopisch kleinen wirbellosen Tieren.

ORDNUNG ATHERINIFORMES:
Ährenfischartige
Diese vielgestaltige und erfolgreiche Gruppe umfaßt Flugfische, Halbschnäbler, Zahnkärpflinge, Ährenfische und ähnliche Arten. Zu dieser Ordnung zählen über 800 Arten, die in 16 Familien unterteilt werden und sowohl im Süßwasser wie auch im Meer leben.

Die etwa 140 Arten von Flugfischen und Halbschnäblern sind ungewöhnliche Vertreter der Fischlebensgemeinschaften der tropischen und subtropischen Meere. Flugfische sind Gleitflieger, die sich mit Hilfe der Schwanzflosse vorwärtstreiben. Verschiedene Arten unter ihnen gewinnen Auftrieb durch vergrößerte, flügelartige Brustflossen, bzw. durch Brust- und Bauchflossen. Alle bewegen sich jedoch durch schnelles Schlagen mit der Schwanzflosse fort. Auf diese Weise können sie kurze Strecken über der Wasseroberfläche im Gleitflug zurücklegen. Die mit den Flugfischen verwandten Halbschnäbler gleiten auf der Wasseroberfläche entlang, können sich jedoch nicht wie die Flugfische ganz in die Luft erheben. Flugfische „fliegen" gewöhnlich, um ihren Feinden, z.B. den Delphinen, zu entkommen.

Im Süß- und Brackwasser in Asien, Afrika, Nord- und Südamerika leben an die 500 Arten von Zahnkärpflingen, wie die bekannten Arten der Guppys und Schwertträger. Diese werden selten größer als ein paar Zentimeter. Unter ihnen gibt es sowohl fleischfressende wie auch pflanzenfressende Arten.

Die Ährenfische bilden eine große, etwa 200 Arten umfassende Familie von kleinen, schlanken Fischen, die in tropischen und gemäßigt warmen Meeren und auch im Süßwasser weit verbreitet sind. Sie bewegen sich oft in Schwärmen und sind ausnahmslos Fleischfresser. Ihr populärer Name stammt von den glänzenden, silbrigen Längsstreifen an beiden Seiten ihres Körpers.

Atlantischer Kinnbartel-Flugfisch

Cypselurus heterurus
Verbreitung: Westatlantik: von Südkanada bis Brasilien; Ostatlantik: von Dänemark bis Nordafrika; Mittelmeer
Habitat: Oberflächenwasser: Hochsee und Küstengewässer
Länge: 30–45 cm

Der Atlantische Kinnbartel-Flugfisch hat mit seinen vergrößerten Brust- und Bauchflossen zwei Flügelpaare zur Verfügung, die ihn bei seinen „Flügen" tragen. Im Wasser liegen die Brustflossen am Körper an. Die Rücken- und Afterflossen sind klein und sitzen in der Nähe der Schwanzflosse, deren unterer Lappen verlängert ist. Der Körper ist vollständig mit Schuppen bedeckt. Vor dem Flug beschleunigt der Fisch unter Wasser und erhebt sich dann mit ausgebreiteten Flugflossen in die Luft. Er kann bis zu 90 m in einer Höhe von 1,5 m über der Wasseroberfläche gleitend zurücklegen. Ein durchschnittlicher Flug dauert etwa 10 Sekunden.

Die Flugfische vermehren sich im Frühjahr und legen ihre Eier im Tang oder in am Meeresboden abgelagertem Schutt ab. An diesen Eiern befinden sich viele kleine Fäden, mit denen sie sich aneinander oder an anderen treibenden Objekten verankern. Junge Kinnbartel-Flugfische haben beim Ausschlüpfen ein Paar kurzer Barteln am Kinn.

Atlantischer Flugfisch / Schwalbenfisch

Exocoetus volitans
Verbreitung: tropische und subtropische Ozeane
Habitat: Hochsee
Länge: 30 cm

Der Atlantische Flugfisch oder Schwalbenfisch hat nur ein Flügelpaar: die vergrößerten Brustflossen. Flugfische mit nur einem Flügelpaar fliegen kürzere Strecken und sind weniger manövrierfähig als die Arten mit zwei Flügelpaaren. Im übrigen hat der Schwalbenfisch ähnliche Lebensgewohnheiten wie der Atlantische Kinnbartel-Flugfisch. Wie alle Flugfische ist er ein Fleischfresser: Er ernährt sich hauptsächlich von anderen Fischen.

Kampfhalbschnäbler

Dermogenys pusillus
Verbreitung: Thailand, Malaysia, Singapur, Sunda-Inseln
Habitat: Süßwasser
Länge: 7 cm

Der Kampfhalbschnäbler ist ein kleiner, schlanker Fisch, bei dem Rücken- und Afterflosse in der Nähe der breiten, abgerundeten Schwanzflosse sitzen. Typisch für diese Familie ist der verlängerte Unterkiefer. Der Kampfhalbschnäbler ist einer der wenigen Süßwasser-Halbschnäbler. Seine Nahrung besteht überwiegend aus Moskitolarven; er ist also für die Eindämmung dieser Plagegeister von großem Nutzen.

Die Männchen sind ziemlich aggressiv; sie bekämpfen einander, indem sie mit den Kiefern ringen. Die Afterflosse des Männchens ist zu einem Zeugungsorgan zur inneren Befruchtung des Weibchens umgebildet. Etwa 8 Wochen nach der Befruchtung der Eier bringt das Weibchen 12–20 vollentwickelte Junge zur Welt, die ungefähr 1 cm lang sind.

Brasilianischer Halbschnäbler

Hemiramphus brasiliensis
Verbreitung: Atlantik: von New England (USA) bis Brasilien; Golf von Mexiko, Karibik; vor der Küste Westafrikas
Habitat: Küstengewässer
Länge: 45 cm

Der Brasilianische Halbschnäbler ist ein schlanker Fisch. Er hat einen besonders stark verlängerten Unterkiefer und eine kleine Rükken- und Afterflosse, die weit hinten in der Nähe der Schwanzflosse sitzen. Mit seinen kleinen Brustflossen ist er ein typischer Halbschnäbler. Obwohl er nicht wie seine Verwandten, die Flugfische, über dem Wasser fliegen kann, kann er doch über die Wasseroberfläche gleiten. Er lebt in Schwärmen in der Nähe der Wasseroberfläche und ernährt sich von Seegras und kleinen Fischen.

Süßwasser-Hornhecht

Belonion apodion
Verbreitung: Südamerika
Habitat: Seen, Flüsse
Länge: 5 cm

Der Süßwasser-Hornhecht, ein kleiner, zarter Fisch, der erst 1966 entdeckt wurde, gehört zu einer Familie von ca. 26 Nadelfischen und Hornhechten, von denen die meisten im Meer leben. Als typischer Vertreter seiner Familie hat er einen schlanken Körper und jeweils eine kleine After- und Rückenflosse, die in der Nähe der Schwanzflosse sitzen. Während die meisten anderen Arten einen verlängerten Ober- und Unterkiefer besitzen, ist beim Süßwasserhornhecht nur der Unterkiefer lang.

Europäischer Hornhecht

Belone belone
Verbreitung: Nordatlantik: von Island und Skandinavien bis Spanien; Mittelmeer und Schwarzes Meer
Habitat: Oberflächenwasser, hauptsächlich in der Hochsee
Länge: 95 cm

Der Europäische Hornhecht ist ein langer, dünner Fisch mit verlängerten Kiefern, die mit zahlreichen nadelförmigen Zähnen bestückt sind. Rücken- und Afterflosse sind lang und sitzen weit hinten nahe bei der Schwanzflosse. Als aktiver Räuber lebt der Europäische Hornhecht von verschiedenen Arten kleiner Fische und Krebstiere. Er laicht gegen Ende des Frühjahrs oder im Frühsommer in Küstennähe. Die Eier sind mit feinen Fäden versehen, so daß an treibende Objekte und Seetang halten.

Krokodilhecht

Tylosaurus crocodilus (Strongylura crocodila)
Verbreitung: alle Ozeane
Habitat: Oberflächenwasser an der Küste
Länge: 1,5 m

Der Krokodilhecht ist der größte und schwerste Hornhecht. Er hat einen kürzeren und dickeren Schnabel als die meisten anderen Arten. Krokodilhechte springen manchmal aus dem Wasser und gleiten über die Wasseroberfläche. Wegen ihrer Größe und ihrer starken, spitzen Kiefer können sie dem Menschen ziemlich gefährlich werden. Der Krokodilhecht packt seine Beutefische mit den Kiefern zunächst quer, manövriert sie dann geschickt in eine Längslage und verschluckt sie schließlich mit dem Kopf zuerst.

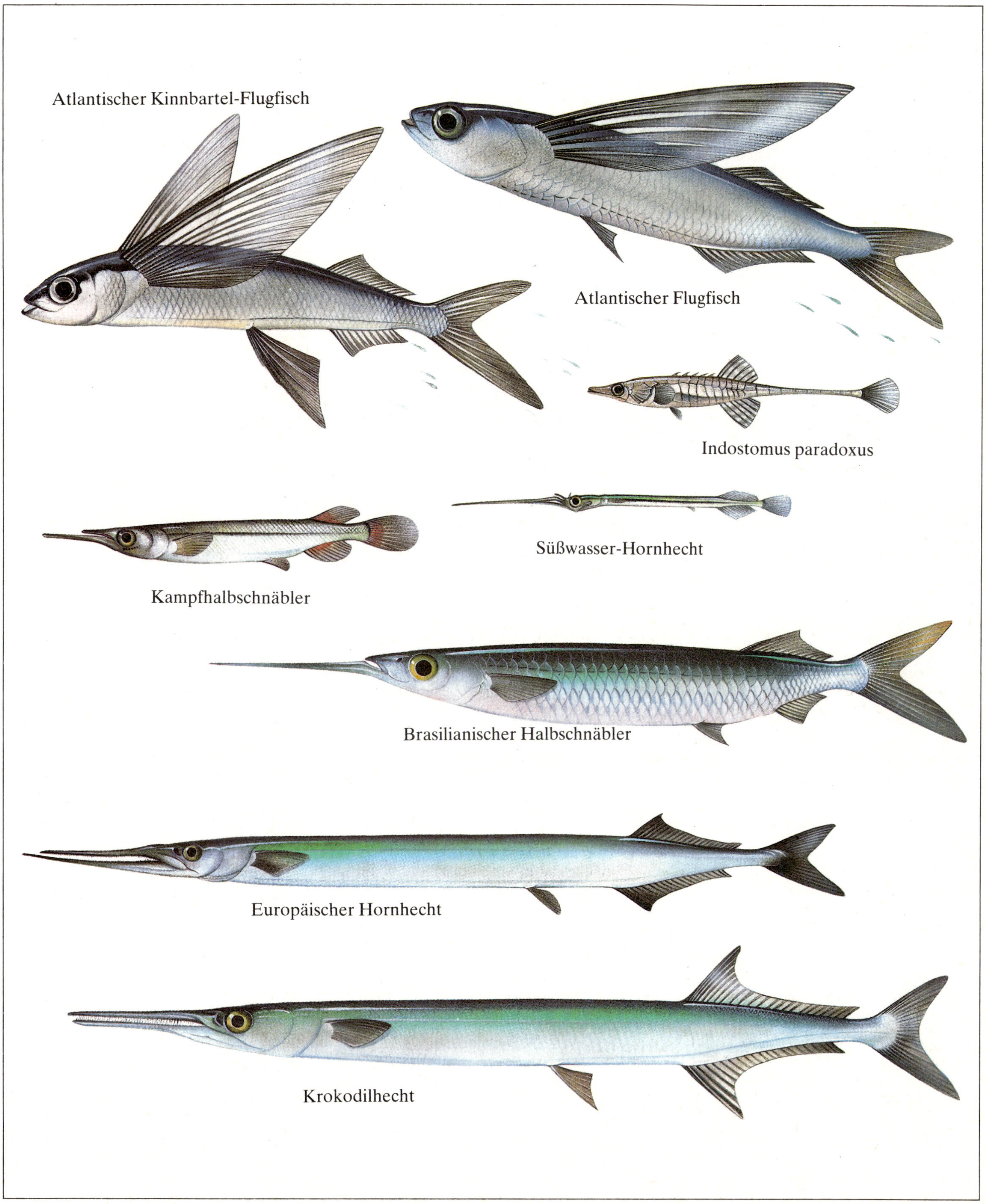
Atlantischer Kinnbartel-Flugfisch
Atlantischer Flugfisch
Indostomus paradoxus
Süßwasser-Hornhecht
Kampfhalbschnäbler
Brasilianischer Halbschnäbler
Europäischer Hornhecht
Krokodilhecht

Ährenfischartige 2

Atlantischer Makrelenhecht

Scomberesox saurus

Verbreitung: Nordatlantik: nordamerikanische und europäische Küsten; Mittelmeer; Gewässer gemäßigter Breiten auf der ganzen südl. Hemisphäre

Habitat: Hochsee, Küstengewässer

Länge: 40–50 cm

Der Atlantische Makrelenhecht ist ein langer, schlanker Fisch mit verlängerten, schnabelähnlichen Kiefern, von denen der untere länger ist als der obere. Hinter Rücken- und Afterflosse befinden sich weitere Reihen kleiner Flossen. Atlantische Makrelenhechte bewegen sich in Schwärmen im Oberflächenwasser; sie ernähren sich von kleinen Krebstieren und kleinen Fischen.

Diese Art laicht auf hoher See. Die kleinen runden Eier, die mit vielen Fäden bedeckt sind, treiben während ihrer Entwicklungszeit an der Wasseroberfläche. Beim Ausschlüpfen haben die jungen Fische noch kurze, gleich lange Kiefer.

Reisfisch / Japan-Kärpfling

Oryzias latipes

Verbreitung: Japan

Habitat: Küstensümpfe, Reisfelder

Länge: 4 cm

Der Reisfisch oder Japankärpfling gehört zu einer Familie mit 7 Arten, die in Südostasien und Japan vorkommen. Der Reisfisch ist ein kleiner, schlanker Fisch mit einem abgeflachten Kopf und einem fast geraden Rücken. Die Unterseite des Körpers ist deutlich gewölbt, und die Afterflosse lang. Die Rückenflosse des Männchens ist spitz, die des Weibchens hingegen abgerundet. Reisfische sind für den Menschen nützlich, weil sie Moskitolarven und andere kleine Wirbellose fressen.

Beim Laichen trägt das Weibchen die Eier zunächst in einer schleimigen Hülle am Bauch und heftet sie später an Wasserpflanzen, wo sie ihre Entwicklung vollenden. Spätestens 12 Tage, nachdem sie abgelegt worden sind, schlüpfen die Jungfische aus.

Kap-Lopez

Aphyosemion australe

Verbreitung: Afrika: Gabun, Gebiet um Kap Lopez

Habitat: Sümpfe, Gräben

Länge: 6 cm

Das Kap-Lopez-Männchen ist ein schöner bunter Fisch mit großen Rücken- und Afterflossen. Die Schwanzflosse ist beidseitig stark verlängert. Das Weibchen ist weniger bunt, und seinen Flossen fehlen auch die dekorativen Spitzen und Verlängerungen.

Der Kap-Lopez legt seine Eier in den Schlamm oder in die Grundablagerungen seines Habitats ab. In besonders langen Trockenperioden unterbrechen die Embryos ihre Entwicklung und ruhen im Schlamm, geschützt durch die gegen Austrocknen unempfindliche Eimembran. Während die erwachsenen Fische in Dürrezeiten sterben, setzen die Embryos in den Eiern ihre Entwicklung beim Einsetzen der Regenfälle fort und schlüpfen bald danach aus.

Edelsteinkärpfling

Cyprinodon variegatus

Verbreitung: Küsten der USA: von Cape Cod bis Texas, südl. bis Mexiko

Habitat: Buchten, Häfen, Salzsümpfe

Länge: 7,5 cm

Der Edelsteinkärpfling gehört zur großen Familie der Eierlegenden Zahnkärpflinge (Cyprinodontidae) und ist ein ziemlich kleiner Fisch. Der Name bezieht sich auf die Ähnlichkeit dieser Arten mit den Karpfen und auf die kleinen Zähne, mit denen ihre Kiefer besetzt sind. Der Edelsteinkärpfling hat einen kurzen, stämmigen Körper, einen hohen Rücken und eine hoch aufragende Rückenflosse. Außerhalb der Laichsaison gleichen sich Männchen und Weibchen, allerdings haben die Weibchen eine dunklere Zeichnung. Während der Fortpflanzungszeit entwickeln die Männchen eine intensivere Färbung: Sie werden stahlblau und grün, ihre Bäuche orange oder rot. Edelsteinkärpflinge ernähren sich von vielerlei Arten von kleinen wirbellosen Tieren und Wasserpflanzen.

Während der Laichzeit (April bis September) kämpfen die Männchen um die Weibchen. Das Weibchen legt jeweils ein paar Eier, während das Männchen den Schwanz des Weibchens packt und die Eier noch beim Ablegen befruchtet. Die Eier haften an Pflanzen.

Blauband-Kärpfling / Zebra-Killifisch

Fundulus heteroclitus

Verbreitung: nordamerikanische Küsten von Labrador bis Mexiko

Habitat: Buchten, Sümpfe, Ästuarien

Länge: 10–15 cm

Der Blauband-Kärpfling oder Zebra-Killifisch, ein Mitglied der Zahnkärpfling-Familie, ist ein anpassungsfähiger, robuster Fisch mit einem kräftigen Körper. Er kann in Brackwasser, Salzwasser und auch in Süßwasser leben. Er ist äußerst gefräßig und vertilgt fast alle Pflanzen und Tiere, deren er habhaft werden kann.

Blauband-Kärpflinge laichen von April bis August im seichten Wasser. Die Männchen verfolgen die Weibchen in einem umständlichen Werberitual und packen sie dann mit den Flossen, um die Eier zu befruchten, während das Weibchen sie ablegt. Die klebrigen Eier sinken in einer Traube auf den Grund.

Perlmutterkärpfling

Aphanius dispar

Verbreitung: Indischer Ozean: Küsten von Ostafrika und dem Mittleren Osten; Rotes Meer

Habitat: Küstengewässer

Länge: 8 cm

Diese anpassungsfähige Zahnkärpflingart lebt innerhalb ihres Verbreitungsgebietes in Süßwasser- und Salzwasserseen sowie auch im Meer. Die Männchen sind bräunlichblau und tragen dunkle Markierungen auf und in der Nähe der Schwanzflosse. Die Weibchen sind graublau gefärbt und haben Markierungen an den Seiten. Perlmutterkärpflinge ernähren sich von kleinen wirbellosen Tieren und Algen.

Das Weibchen legt die Eier auf unter Wasser stehenden Pflanzen ab, und nach weniger als 2 Wochen schlüpfen die Jungen aus. Die Jungfische ernähren sich von pflanzlichem Plankton und von Algen.

Vierauge

Anableps anableps

Verbreitung: Südmexiko, Mittelamerika und Norden von Südamerika

Habitat: Küsten, Ästuarien, Seen

Länge: 30 cm

Das Vierauge hat im Gegensatz zu seinem Namen tatsächlich nur zwei Augen, die weit aus dem Kopf vorstehen und in zwei Hälften unterteilt sind. Die oberen Teile dienen dem Fisch zum Sehen außerhalb des Wassers, mit den unteren Teilen kann er unter Wasser sehen. Die beiden Teile sind durch ein Hautband voneinander getrennt. Das Vierauge schwimmt an der Wasseroberfläche, wobei das Wasser bis an das Band zwischen den beiden Augenabschnitten reicht. So kann das Vierauge sowohl auf der Wasseroberfläche oder in der Luft nach Insekten Ausschau halten als auch nach Beutetieren unter Wasser.

Vieraugenweibchen tragen lebende Junge aus, und die Weibchen werden innerlich befruchtet. Die Afterflosse des Männchens hat sich zu einem Begattungsorgan umgebildet, das nur einseitig nach rechts oder nach links bewegt werden kann. Die Genitalöffnung des Weibchens ist mit einer speziellen Schuppe bedeckt, die sich ebenfalls nur nach rechts oder nach links öffnen kann. Vermutlich kopuliert jeweils ein „linkshändiges" Männchen mit einem „rechtshändigen" Weibchen und umgekehrt. Offenbar ist die Zahl der rechts bzw. links kopulierenden Partnern beider Geschlechter etwa gleich groß. Die Eier entwickeln sich im Körper der Mutter, die 4–5 entwickelte Junge zur Welt bringt.

Guppy

Poecilia reticulata

Verbreitung: vom Norden Südamerikas bis Brasilien; Barbados, Trinidad; in vielen tropischen Gebieten ausgesetzt

Habitat: Flüsse und Teiche

Länge: 6 cm

Der Guppy hat ein sehr großes natürliches Verbreitungsgebiet. Darüber hinaus hat der Mensch ihn noch weiter verbreitet, um ihn zur Bekämpfung von Epidemien einzusetzen, denn der Guppy frißt die im Wasser lebenden Larven von Mücken. Dies ist eine äußerst zahlreiche Art, die in riesigen Populationen im Brackwasser wie im Süßwasser zu finden ist. Die Weibchen sind meist größer als die Männchen und mit ihren glanzlosen bräunlichen Körpern auch weniger interessant gefärbt als diese. Guppys ernähren sich von Mückenlarven und den Larven anderer Insekten sowie von Kleinkrebsen und den Eiern und Jungen anderer Fischarten.

Die Guppys vermehren sich das ganze Jahr über und gebären ihre Jungen lebend. Die Afterflosse des Männchens hat sich zu einem Begattungorgan zur inneren Befruchtung des Weibchens umgebildet. Die Jungen wachsen im Mutterleib heran; ihre Eimembran bricht bei der Geburt auf. Ein Weibchen gebiert bis zu 24 Junge gleichzeitig. Die jungen Guppys sind je nach der Umgebungstemperatur nach 4–10 Wochen geschlechtsreif. Die Kürze dieses Zeitraums und die zahlreichen jährlichen Vermehrungszyklen sind der Grund für die großen Populationen von Guppys; in manchen Gegenden werden sie deshalb „Millionenfische" genannt.

Atlantischer Makrelenhecht
Edelstein-Kärpfling ♂ außerhalb der Laichzeit
Reisfisch ♁
Blauband-Kärpfling ♂
Kap-Lopez ♂
Perlmutterkärpfling ♂
Vierauge ♂
Guppy ♂

Ährenfischartige 3

Hartkopf-Ährenfisch
Atherinomorus stipes

Verbreitung: Nordatlantik: von Florida bis Brasilien einschließl. Karibik

Habitat: Küstengewässer

Länge: 12,5 cm

Der Hartkopf-Ährenfisch hat einen langen zylindrischen Körper. Die erste seiner beiden Rückenflossen besteht aus Stacheln. Im Verhältnis zum Körper sind seine Augen sehr groß. Die Farbe dieses Fisches ist veränderlich: Tagsüber ist er fast durchsichtig und hat an den Seiten einen schmalen Silberstreifen, nachts färbt er sich dunkel.

Die Hartkopf-Ährenfische sind eine zahlreiche Art, die in großen Schwärmen lebt. An ihren Eiern befinden sich Fäden, mit denen sie sich an Wasserpflanzen heften.

Zwergährenfisch
Phenacostethus smithi

Verbreitung: Thailand

Habitat: Süßwasser: schlammige Teiche, Wassergräben, Kanäle

Länge: 2 cm

Dies ist eine der kleinsten Fischarten. Zwergährenfische sind sehr zahlreich, leben in großen Schwärmen und ernähren sich von mikroskopisch kleinen Planktonorganismen. Sie haben winzige Schuppen und zwei Rückenflossen, deren eine nur aus einem Stachelstrahl besteht; die Afterflosse ist unverhältnismäßig lang. Ihr Körper ist fast durchsichtig, so daß ihre inneren Organe sichtbar sind.

Bei dieser Art fehlt die Bauchflosse, doch das Männchen hat ein kompliziertes Begattungsorgan, das gleich hinter dem Kinn sitzt und mit einem Teil des Beckengürtels verbunden ist. Die Urogenitalöffnung des Weibchens befindet sich an der gleichen Stelle; sie ist mit einer speziellen Schuppe bedeckt. Die Art laicht von Mai bis Dezember, wobei sich das Männchen am Weibchen festhält und die Eier während des Ablegens befruchtet.

Hechtkärpfling
Belonesox belizanus

Verbreitung: Mexiko, Mittelamerika bis Honduras

Habitat: schlammige Haffgewässer, Sümpfe am Meer, Seen

Länge: 10–20 cm

Der Hechtkärpfling ist ein langer Fisch mit nach vorne spitz zulaufendem Maul. Er ähnelt tatsächlich einem kleinen Hecht und verhält sich auch beim Jagen seiner Beute ähnlich: Unter Wasserpflanzen verborgen lauert er ihr auf und schießt ganz plötzlich hervor. Die Weibchen sind größer als die Männchen; sie können bis doppelt so groß werden. Der Bestand der Hechtkärpflinge ist wahrscheinlich infolge der Bekämpfung der Moskitolarven mit Insektenvertilgungsmitteln in ihren Heimatgewässern stark dezimiert worden.

Die Weibchen bringen jeweils 20–80 lebende Junge zur Welt. Obwohl Hechtkärpflinge Raubfische sind, werden sie als Aquariumsfische gehalten.

Grunion
Leuresthes tenuis

Verbreitung: pazifische Küsten von Kalifornien und Baja California

Habitat: Küstengewässer

Länge: 20 cm

Die kleinen schlanken Grunions koordinieren ihre Laichzeiten mit Hilfe von Gezeitenrhythmen und Mondphasen. Sie warten bis zum Höhepunkt der Springfluten und Nippfluten, um ihre Eier im Küstensand an der Hochwasserlinie zu vergraben. In der Zeit von März bis August laichen sie nachts, meist im Mai und Juni. Wenn das Wasser seinen höchsten Stand erreicht hat, schwimmen die Grunions in großer Zahl an den Strand, paaren sich und legen ihre Eier in kleine Vertiefungen im Sand ab. Die nächste Welle bedeckt die Eier dann mit Sand und trägt die Fische ins Meer zurück. Zwei Wochen später, wenn die nächste Springflut ihren Höhepunkt erreicht hat, werden die Eier wieder aus dem Sand ausgewaschen, und die Jungen schlüpfen aus. Da der Laichzyklus mit den Gezeitenrhythmen zusammenfällt, ist er genau voraussagbar.

Die große Zahl der Grunions, die in zweiwöchigen Abständen an diesen Laichzyklen teilnehmen, zieht viele ihrer Feinde an, darunter nicht zuletzt die Menschen. Die Fischer dürfen jedoch nur eine begrenzte Menge dieser Fische fangen.

Streifenfisch
Atherina presbyter

Verbreitung: Ostatlantik: Küsten von Großbritannien, Frankreich, Spanien, Portugal und Nordafrika

Habitat: Küstengewässer, Ästuarien

Länge: 15–20 cm

Der Streifenfisch gehört zu einer Familie kleiner Fische, die in Schwärmen leben und auf der ganzen Welt verbreitet sind, vor allem aber in tropischen und gemäßigt warmen Meeren. Diese Art ist eine der wenigen ihrer Familie, die auch in nördlicheren Gewässern zu finden ist. Der lange schlanke Körper und die beiden weit auseinanderstehenden Rückenflossen sind typisch für ihre Familie. Die erste Rückenflosse besteht aus 7–8 Stacheln. Schwärme von Streifenfischen leben sehr häufig auf sandigen oder schlammigen Meeresböden; die Jungen werden manchmal auch in Becken an Felsküsten gefunden. Der Streifenfisch kann seine Kiefern sehr weit nach vorne schieben. Er ernährt sich hauptsächlich von Kleinkrebsen, manchmal auch von kleinen Fischen. Der Streifenfisch selbst wird von größeren Fischen und von Seevögeln wie Seeschwalben gejagt.

Die Laichzeit beginnt zwischen Frühlingsende und Mittsommer. Streifenfische laichen oft in Gezeitentümpeln. An ihren Eiern befinden sich lange Fäden, die sich an den Seetang heften. Die Jungen sind beim Ausschlüpfen ca. 7 mm lang.

Zwergkärpfling
Heterandria formosa

Verbreitung: USA: South Carolina, Florida

Habitat: Flüsse, Teiche, Wassergräben, Sümpfe

Länge: 2–3,5 cm

Der Zwergkärpfling ist eines der kleinsten Wirbeltiere. Erwachsene Männchen dieser Art sind kleiner als die Weibchen. Zwergkärpflinge leben in Gewässern mit dichter Vegetation und ernähren sich von Mücken und winzigen Krebstieren.

Die Zwergkärpflinge haben ein ungewöhnliches Brutverhalten: Nach der Paarung entwikkeln sich nicht alle Eier gleichzeitig, vielmehr werden immer nur ein paar im Mutterleib von dem Samen befruchtet, den das Männchen bei der Paarung abgegeben hat. Im Verlauf einer Woche werden täglich jeweils 2–3 Junge geboren. Der Zwergkärpfling ist ein beliebter Aquariumsfisch.

Australischer Perlmutterfisch
Melanotaenia fluviatilis

Verbreitung: Australien: Südaustralien, New South Wales, Queensland

Habitat: Flüsse, Bäche

Länge: 9 cm

Der farbenprächtige, leuchtendrot gefleckte Australische Perlmutterfisch hat ein großes Verbreitungsgebiet und gehört zu den 19 Arten der Regenbogenfische, die alle in Australien oder Neuguinea beheimatet sind. Im Frühsommer legt er seine Eier ab, die sich mit Hilfe dünner Fäden an Wasserpflanzen heften. Die Jungen schlüpfen nach ca. 9 Tagen aus. Der Australische Perlmutterfisch ist bei Aquariumshaltern sehr beliebt.

Schwertträger
Xiphophorus helleri

Verbreitung: Mexiko, Guatemala

Habitat: Quellen, Bäche, Flüsse, Lagunen, Sümpfe

Länge: 12,5 cm

Der untere Lappen der Schwanzflosse ist bei den männlichen Schwertträgern stark verlängert und endet in einem Fortsatz, der einer Schwertklinge ähnelt; daher der Name dieses Fischs. Bei den Weibchen fehlt diese Verlängerung der Schwanzflosse; auch sind sie nicht so bunt wie die Männchen.

Die große Zahl an Variationen in der Färbung sowie in den Körper- und Schwanzformen spiegelt die Vielfalt der Habitate, in denen diese Fische leben. Schwertträger ernähren sich von kleinen wirbellosen Wassertieren.

Wie alle Mitglieder der Familie Poeciliidae bringen auch die Schwertträger lebende Junge zur Welt. Das Männchen befruchtet das Weibchen innerlich, und die Jungen entwickeln sich in der Eierstockhöhle. Fest steht, daß die weiblichen Schwertträger ihr Geschlecht wechseln können, doch ist noch unklar, warum. In diesem Fall gebiert das Weibchen keine Jungen mehr, entwickelt den Schwanzfortsatz und die Färbung des Männchens und wird allmählich zu einem voll funktionsfähigen Männchen. Umgekehrt können sich Männchen jedoch nicht zu Weibchen entwickeln. Diese kleinen Fische sind zu einer beliebten Aquariumsart geworden, und sie werden in einer Vielzahl von Farben gezüchtet.

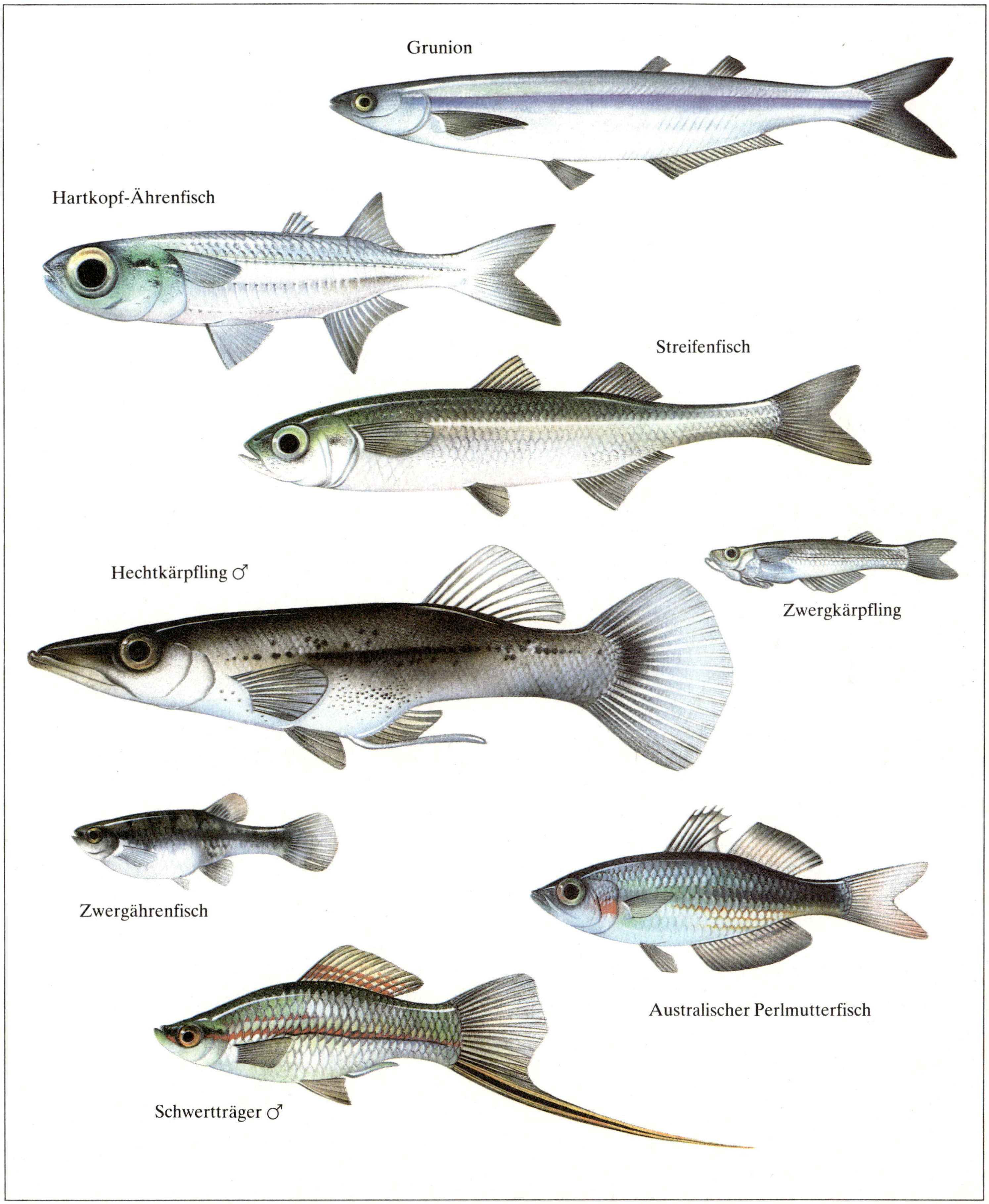
Grunion
Hartkopf-Ährenfisch
Streifenfisch
Hechtkärpfling ♂
Zwergkärpfling
Zwergährenfisch
Australischer Perlmutterfisch
Schwertträger ♂

Glanzfische, Peters- und Eberfische

ORDNUNG LAMPRIDIFORMES:
Glanzfische

Diese noch wenig erforschte Ordnung umfaßt etwa 35 Arten von Meeresfischen, darunter die Gottesfische, Schopffische, Spanfische und Bandfische. Viele dieser Arten sind extrem groß. Der Bandfisch kann beispielsweise 7 m lang werden.

Die meisten Fische dieser Ordnung haben keine Schuppen und seitlich zusammengedrückte Körper, aber einige Arten haben auch feine, umgebildete Schuppen. Im Gegensatz zum Gotteslachs, dessen Körper ziemlich hoch ist, ähneln die meisten anderen Arten mit ihren langgestreckten Körpern abgeflachten Aalen. Ihre Flossen haben keine richtigen Stacheln.

Gotteslachs / Getupfter Sonnenfisch

Lampris guttatus

Verbreitung: weltweit außer Antarktis; am zahlreichsten in gemäßigt warmen bis tropischen Meeren
Habitat: in mittleren Tiefen der Hochsee (100–400 m)
Länge: 1,5 m

Mit seiner leuchtendblauen Färbung und den weißen Punkten an der Oberseite des Körpers ist der Gotteslachs oder Getupfte Sonnenfisch ein äußerst farbenprächtiger Fisch. Seine roten Flossen sind gut entwickelt. Ein erwachsenes Exemplar dieser Art kann bis zu 73 kg wiegen. Das Maul des Gotteslachses ist zahnlos und läßt sich vorstülpen. Trotz seiner fehlenden Angriffswaffen und seiner plumpen Form ist er ein erfolgreicher Raubfisch, der sich vor allem von Tintenfischen, Hechten und Blauen Wittlingen ernährt.

Über Lebensgewohnheiten und biologische Funktionen dieses Fisches ist wenig bekannt, und er ist ein äußerst selten beobachtet worden.

Bandfisch / Riemenfisch

Regalecus glesne

Verbreitung: gemäßigt warme bis tropische Breiten des Atlantischen, Pazifischen und Indischen Ozeans
Habitat: Hochsee (300–600 m Tiefe)
Länge: bis zu 7 m

Der Bandfisch, ein recht auffälliger Fisch, hat einen langen bandförmigen Körper, der seitlich stark zusammengedrückt ist. Die Rückenflosse beginnt unmittelbar hinter dem Maul und läuft über den ganzen Körper. Die ersten Strahlen dieser Rückenflosse sind verlängert und bilden einen Kamm. Die Afterflosse fehlt, doch hat der Bandfisch lange, dünne Bauchflossen, an deren Spitzen sich Hautlappen befinden. Der Bandfisch schwimmt mit wellenförmigen Bewegungen, und man vermutet, daß er der Anlaß für viele Sagen über Meeresungeheuer war.

Der Bandfisch hat ein kleines, vorstülpbares Maul ohne Zähne. Er ernährt sich von Garnelenartigen. Wahrscheinlich gibt es nur eine oder zwei Arten dieser eigentümlichen Fische.

Spanfisch

Trachipterus arcticus

Verbreitung: Nordostatlantik: von Grönland und Island bis Madeira und Nordafrika
Habitat: in mittleren Wassertiefen der Hochsee
Länge: 2,5 m

Der Spanfisch hat einen langen, seitlich zusammengedrückten Körper mit einer auffälligen roten Rückenflosse, die fast über die ganze Länge seines Körpers läuft. Die Bauchflossen sind sehr klein, die Afterflosse fehlt, und seine ungewöhnliche fächerförmige Schwanzflosse ist nach oben gerichtet. An den silberfarbenen Körperseiten befinden sich ein paar charakteristische dunkle Flecken. Wie alle Mitglieder seiner Familie hat der Spanfisch ein vorstülpbares Maul und ernährt sich von Fischen, Tintenfischen und Krebstieren. Gelegentlich taucht er in kleinen Schwärmen auf, doch meist ist er allein.

Atelopus japonicus

Verbreitung: Indischer und Pazifischer Ozean: von der Ostafrikanischen Küste bis Japan
Habitat: Tiefsee (200–550 m)
Länge: 61 cm

Dieser ungewöhnliche Fisch hat einen langen, spitz zulaufenden Körper und einen verhältnismäßig großen Kopf. Seine Bauchflossen sind fadenförmig, die Rückenflosse ist kurz, aber hoch, und die lange Afterflosse geht in die rudimentäre Schwanzflosse über. Sein Körper ist weich und sehr empfindlich, und die wenigen Exemplare, die man gefunden hat, waren verletzt. Nur am Oberkiefer befinden sich Zähne; der Unterkiefer ist unter das vorstehende Maul zurückversetzt.

Die Lebensgewohnheiten dieser Art sind noch wenig erforscht, doch vermutlich ernährt sie sich am Meeresgrund von dort lebenden Wirbellosen.

ORDNUNG ZEIFORMES:
Peters- und Eberfische

Diese Ordnung umfaßt etwa 50 Arten, darunter die Petersfische (Familie Zeidae), die Eberfische (Familie Caproidae) und einige weniger bekannte Tiefsee-Arten. Alle zu dieser Ordnung gehörenden Arten sind Meeresfische. Typisches Merkmal der Ordnung sind der seitlich zusammengedrückte, ziemlich hohe Körper und die großen, vorstehenden Augen. Am vorderen Teil der Rücken- und Afterflossen befinden sich gewöhnlich starke Stacheln. Die meisten dieser Fische können ihre Kiefer weit öffnen, was es ihnen erleichtert, ihre Beute zu verschlingen.

Amerikanischer Heringskönig

Zenopsis ocellata

Verbreitung: Westatlantik: von Neuschottland bis zur Chesapeake-Bay
Habitat: Küstengewässer
Länge: 60 cm

Der Amerikanische Heringskönig hat wie sein europäischer Verwandter, der Heringskönig, einen hohen, seitlich stark zusammengedrückten Körper. Sein vorstehender Unterkiefer ist steil nach oben gerichtet, so daß die Spitze fast auf Augenhöhe liegt. Die vordere Rückenflosse besteht aus 9–10 starken Stacheln, von denen die ersten 3–4 verlängert sind, die folgenden werden immer kürzer. Auch an der Afterflosse befinden sich 3–4 kurze starke Stacheln. Die erwachsenen Exemplare sind silbern gefärbt, während sich bei den Jungfischen auf beiden Körperseiten mehrere unregelmäßige, dunkle Flecken befinden. Diese Flecken verschwinden im Laufe der Zeit, und die meisten erwachsenen Fische haben nur einen einzigen Fleck an jeder Seite in der Nähe der Kiemenöffnung.

Wie alle Petersfische schleicht sich der Amerikanische Heringskönig langsam an seine Beute heran und verschlingt sie mit seinen riesigen Kiefern.

Heringskönig

Zeus faber

Verbreitung: Ostatlantik: von Nordschottland bis Südafrika; Mittelmeer
Habitat: Küstengewässer in 10–50 m Tiefe
Länge: 40–65 cm

Den Heringskönig erkennt man an seinem hohen Körper, seinem großen Kopf und den vorstülpbaren, schräg nach oben gerichteten Kiefern. Der vordere Teil der Rückenflosse weist 9–10 starke Stacheln auf, 3–4 weitere befinden sich vor der Afterflosse. Oberhalb der Brustflosse befindet sich an beiden Seiten ein charakteristischer schwarzer Fleck mit hellem Rand.

Der Heringsköning tritt gewöhnlich vereinzelt auf, manchmal allerdings auch in kleinen Schwärmen. Er ist ein langsamer Schwimmer und fängt seine Beute eher durch List als durch Schnelligkeit. Er nähert sich der Beute langsam frontal, so daß er wegen seines zusammengedrückten Körpers nur schwer zu erkennen ist. Auf diese Weise kann er nahe genug an sie herankommen, um sie mit seinem großen Maul zu packen. Dabei kommt ihm der plötzliche Wassersog zu Hilfe, der beim Öffnen des Maules entsteht. Er ernährt sich hauptsächlich von kleinen Fischen und Krebstieren.

Obwohl nur selten in größeren Mengen gefangen, wird der Heringskönig in Europa als Speisefisch sehr geschätzt. Im Indischen und Pazifischen Ozean lebt eine fast identische Art, *Z. japonicus*.

Eberfisch

Capros aper

Verbreitung: Ostatlantik: von Irland bis zum Senegal; Mittelmeer
Habitat: felsiger Meeresboden der Hochsee (100–400 m Tiefe)
Länge: 10–15 cm

Dieser kleine Verwandte der Petersfische hat ebenfalls einen hohen, seitlich zusammengedrückten Körper. Sein Kopf ist spitz und sein Maul klein, doch die Kiefer sind vorstülpbar und mit feinen Zähnen bestückt. Die Bauchflossen sind jeweils mit einem starken Stachel versehen, und auch die erste Rückenflosse hat lange, kräftige Stacheln. Kleine, fein gezahnte Schuppen bedecken den Körper, so daß er sich rauh anfühlt. Wie alle Mitglieder seiner Familie ist der Eberfisch rötlich gefärbt.

Eberfische ernähren sich von Krebstieren, Würmern und Weichtieren. Sie laichen im Sommer, und ihre Eier treiben frei an der Wasseroberfläche, bis die Jungen ausschlüpfen.

Bandfisch
Atelopus japonicus
Gotteslachs
Spanfisch
Heringskönig
Eberfisch
Amerikanischer Heringskönig

Schleimköpfe

ORDNUNG BERYCIFORMES:
Schleimkopfartige Fische

Diese Ordnung umfaßt etwa 143 Arten von Meeresfischen, die in 15 Familien unterteilt werden, darunter die Walköpfe, die Soldatenfische, die Laternenfische, die Tannenzapfenfische und die Schleimköpfe. Fast alle haben einen hohen Körper, große Augen und Stachelflossen. Die meisten dieser Familien umfassen nur ein Dutzend Arten, darunter viele Tiefseefische.

Die Familie der Soldatenfische (Holocentridae) ist mit etwa 70 Arten die größte Familie dieser Ordnung. Sie alle haben große Augen und hohe Körper, wie sie für die Ordnung charakteristisch sind, und gewöhnlich sind sie rötlich gefärbt. Die meisten Soldatenfische haben lange Rückenflossen mit einem Stachelteil, der bis zu 13 starke Stacheln enthält; auch an jeder Bauchflosse befindet sich ein Stachel. Ihre Körper sind mit großen aufgerauhten Schuppen bedeckt. Soldatenfische sind gewöhnlich Nachttiere. Sie leben in flachen Küstengewässern und suchen tagsüber Unterschlupf in Felsspalten oder Riffen. Die Erwachsenen bleiben in der Nähe des Meeresbodens, die jungen Fische schwimmen an der Wasseroberfläche. Diese Fische sind bekannt dafür, daß sie mit ihren Schwimmblasen Töne produzieren können.

Japanischer Tannenzapfenfisch

Monocentris japonicus

Verbreitung: Indischer und Pazifischer Ozean: von Südafrika bis Japan
Habitat: Hochsee in Tiefen von 25–200 m
Länge: 12,5 cm

Der plumpe, hohe Körper des Japanischen Tannenzapfenfischs ist mit einem Panzer von schweren plattenförmigen, einander überlappenden Schuppen bedeckt, die ihm eine gewisse Ähnlichkeit mit einem Tannenzapfen verleihen. Die Rückenflosse besteht aus kräftigen Dornen, die abwechselnd nach rechts und links gerichtet sind; sie stehen nicht wie die anderer Fische senkrecht. Außerdem hat diese Art auch große Dornen am Bauch. Unterhalb des Unterkiefers befinden sich zwei lichtproduzierende Organe, deren Leuchtkraft nicht von Leuchtzellen des Fisches selbst herrührt, wie es bei den Photophoren, den Leuchtorganen einiger anderer Fische, der Fall ist; vielmehr ist das Licht in diesem Fall auf leuchtende Bakterien zurückzuführen, die mit dem Fisch in einer Symbiose leben.

Japanische Tannenzapfenfische leben in großen Schwärmen in der Nähe des Meeresbodens. Die Familie umfaßt nur noch eine weitere Art, die ebenfalls im Indischen und Pazifischen Ozean lebt.

Eichhörnchenfisch

Holocentrus ascensionis

Verbreitung: Atlantik: Bermudas, Golf von Mexiko bis Brasilien; in den Gewässern um die Insel Ascension
Habitat: Küstengewässer in tropischen und gemäßigt warmen Breiten
Länge: 60 cm

Der buntgefärbte Eichhörnchenfisch ist besonders häufig in der Nähe von Korallenriffen oder in Gewässern mit felsigem Grund zu finden. Er hat große, rauhe Schuppen und je einen kräftigen Dorn an den beiden Kiemendeckeln. Tagsüber verbirgt er sich in Rissen und Felsspalten und kommt nur in der Nacht daraus hervor, um seine Nahrung, überwiegend Kleinkrebse, zu suchen.

Eichhörnchenfische können verschiedene Töne erzeugen, indem sie ihre Schwimmblasen mit Hilfe spezieller Muskeln zum Vibrieren bringen. Man vermutet, daß diese Töne bei der Paarung und beim Abgrenzen der Reviere eine Rolle spielen.

Adioryx xantherythrus

Verbreitung: Pazifik: Haiwaii
Habitat: Korallenriffe
Länge: 20 cm

Dieser Soldatenfisch aus Hawaii ähnelt mit seinem rötlich und rosa gefärbten Körper und den kräftigen Rückenflossenstacheln den übrigen Mitgliedern seiner Familie. Tagsüber hält er sich in Riffen verborgen, nachts geht er auf die Jagd nach kleinen wirbellosen Tieren.

Die Fische dieser Art können ebenso wie die anderen Soldatenfische mit Hilfe ihrer Schwimmblase Töne erzeugen, die vermutlich bei der Paarung eine Rolle spielen.

Anomalops kaptoptron

Verbreitung: Südpazifik: an den Küsten Indonesiens
Habitat: flache Küstengewässer
Länge: 30 cm

Dieser schwere Fisch mit dem hohen Körper und den kräftigen Rückenflossenstacheln gehört zu einer kleinen, 3 Arten umfassenden Familie von Fischen, den Laternenfischen. Er hat einen breiten, schweren Kopf und die für die Ordnung charakteristischen großen Augen. Er ist nachts aktiv und lebt in kleinen Schwärmen.

Laternenfische gehören zu den wenigen Flachwasserfischen, die Leuchtorgane besitzen. Unter jedem Auge befindet sich ein ovaler Streifen, der im Tageslicht weiß erscheint und in der Nacht hell leuchtet. In diesem streifenförmigen Organ befinden sich viele Röhrchen mit Leuchtbakterien, die mit dem Fisch in Symbiose leben und Licht erzeugen. Will der Fisch das Leuchten für eine Weile unterbrechen, dann kann er die Organe drehen, so daß die leuchtenden Seiten unten liegen und verdeckt werden. Der Fisch blinkt mit den Lichtern, während er schwimmt, doch ist unbekannt, ob er auf diese Weise mit anderen Fischen kommuniziert, ob er Beute anlockt oder ob es sich um ein Hilfsmittel für die Navigation handelt.

Sägebauchfisch

Hoplostethus atlanticus

Verbreitung: Nordatlantik
Habitat: Tiefsee (500–1000 m)
Länge: 30 cm

Der leuchtendrot gefärbte Sägebauchfisch hat einen großen Kopf und einen hohen, seitlich zusammengedrückten Körper. Auf Bauch und Rücken (vor der Rückenflosse) befinden sich kräftige Stacheln. Der Sägebauchfisch hat ein großes, schräg nach oben gerichtetes Maul, in dem sich viele kleine, eng beieinanderstehende Zähne befinden. Über seine Lebensgewohnheiten ist wenig bekannt, doch wahrscheinlich ernährt er sich hauptsächlich von Krebstieren.

Die Familie Trachichthyidae, zu der der Sägebauchfisch gehört, umfaßt etwa 14 Arten. Auf ihrem Kopf befindet sich eine große Anzahl von schleimabsondernden Vertiefungen, die dieser Fischordnung ihren Namen verliehen hat.

Laternenfisch

Photoblepharon palpebratus

Verbreitung: Indischer und Pazifischer Ozean
Habitat: flache Küstengewässer
Länge: 8 cm

Der Laternenfisch hat einen kräftigen Körper mit stark abstehenden Flossen und einer gegabelten Schwanzflosse und ist nur nachts aktiv. Er gehört zur Familie der Laternenfische (Anomalopidae) und besitzt wie seine Verwandten Leuchtorgane unterhalb der Augen, die im Tageslicht weiß erscheinen und bei Nacht leuchten. In diesen Organen befinden sich Röhrchen mit Leuchtbakterien, die mit dem Fisch in Symbiose leben. Um das Licht „abzuschalten", schiebt der Fisch eine dunkle Hautfalte über die Leuchtorgane. Die Fischer entfernen diese Organe und verwenden sie als Fischköder, da sie noch viele Stunden lang ihre Leuchtkraft behalten.

Walkopf

Cetomimus indagator

Verbreitung: Indischer Ozean
Habitat: Tiefsee
Länge: 15 cm

Diese Art gehört zu einer kleinen Familie mit etwa 10 Formen von Walköpfen. Walköpfe sind gewöhnlich ziemlich kräftig, haben große Köpfe und Kiefer, aber keine Schuppen und keine Bauchflossen. Der Walkopf hat einen kleineren und spitzeren Kopf als andere Arten der Familie, doch besitzt er die charakteristischen Kiefer der Walköpfe, die mit vielen kleinen Zähnen bestückt sind. Wie alle Walköpfe hat auch er rudimentäre Augen. An jeder Körperseite befindet sich eine Reihe kleiner Sinnesorgane, ein breite Röhre mit zwölf großen Öffnungen, die eine deutliche Linie bilden.

Am Ansatz der Rücken- und Afterflosse haben die Walköpfe ein weiches Gewebe, das vermutlich bei Nacht leuchtet. Ihr Körper ist weich und fragil, und es ist kaum möglich, ein unbeschädigtes Exemplar zu fangen. Über ihre biologischen Funktionen sind daher kaum Einzelheiten bekannt. Bisher wurde nur ein einziger Walkopf gefunden.

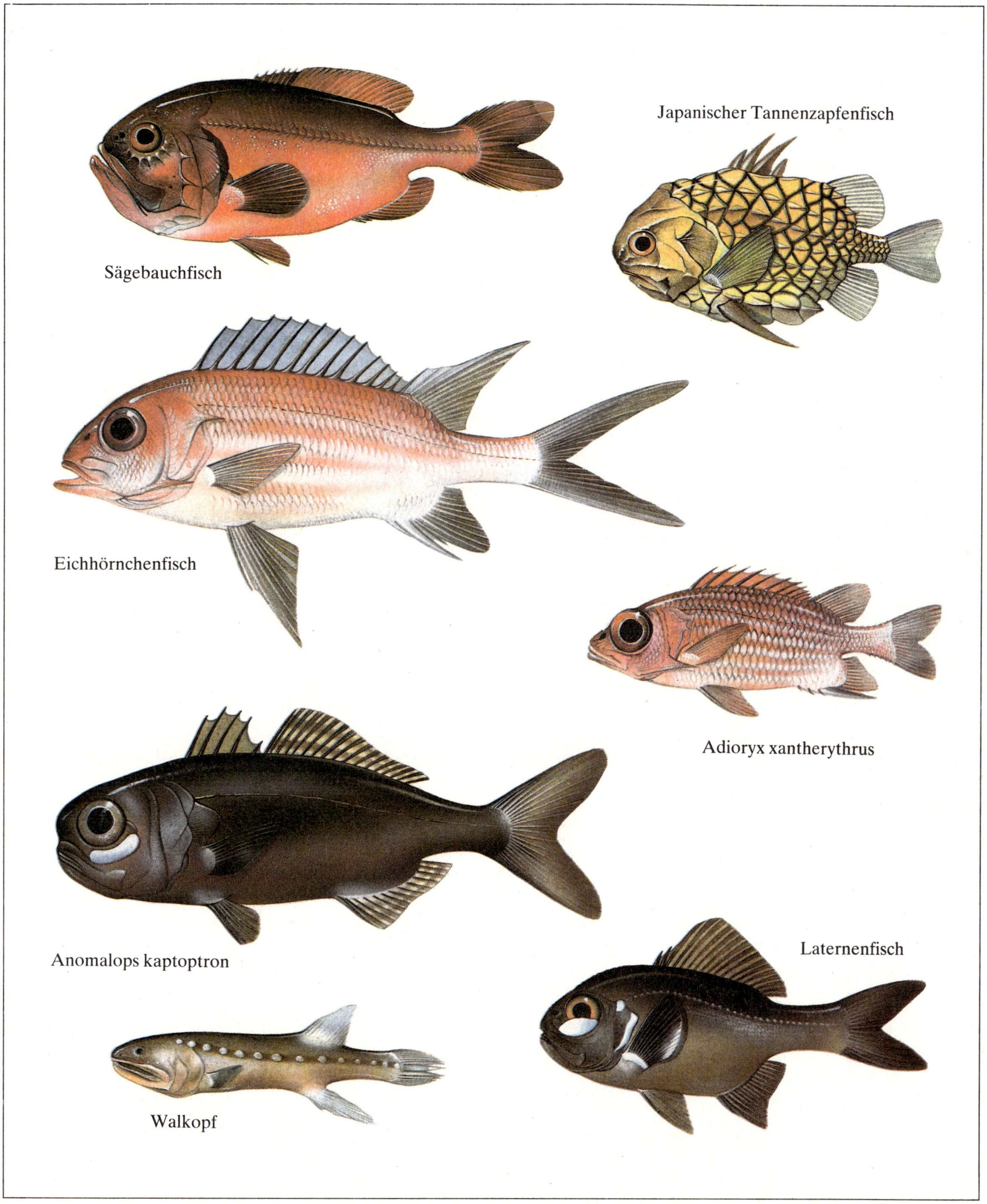
Japanischer Tannenzapfenfisch
Sägebauchfisch
Eichhörnchenfisch
Adioryx xantherythrus
Anomalops kaptoptron
Laternenfisch
Walkopf

Seenadeln, Seepferdchen, Stichlingsfische

ORDNUNG SYNGNATHIFORMES:
Seenadeln und ihre Verwandten
Diese Ordnung umfaßt 6 Familien mit insgesamt ca. 200 Arten, die bis auf wenige Ausnahmen allesamt Meeresfische sind. Die bekanntesten Mitglieder dieser Ordnung sind die Seenadeln und Seepferdchen (Familie Syngnathidae) – beides kleine Fische von bizarrer Form, die gewöhnlich die Flachwasserbereiche des Meeres bewohnen.

Drachenrößchen
Pegasus volitans
Verbreitung: Indischer und Pazifischer Ozean: von Ostafrika bis Nordaustralien
Habitat: Flachwasser mit sandigem Grund
Länge: 14 cm

Das Drachenrößchen ist ein Fisch von sehr merkwürdigem Aussehen. Es hat einen breiten, abgeflachten Körper, der mit knöchernen Ringen umgeben ist, und einen spitz zulaufenden Schwanz. Das Maul ist lang und flach, und an seiner Unterseite befindet sich die kleine Öffnung. Die Brustflossen sind breit und flügelförmig, die übrigen Flossen sind alle relativ klein.

Rasiermesserfisch
Aeoliscus strigatus
Verbreitung: Indischer und Pazifischer Ozean bis Nordaustralien
Habitat: Küstengewässer, Hochsee
Länge: 15 cm

Der Rasiermesserfisch hat einen seitlich flach zusammengedrückten Körper, und sein Bauch hat eine scharfe Kante. Der Körper endet in einem langen Stachel, der einen Teil der Schwanzflosse bildet. Der Fisch schwimmt häufig in senkrechter Position. Dabei ist seine lange Schnauze nach unten gerichtet, und Schwanz- und Afterflossen sorgen für den Antrieb. Der Rasiermesserfisch hält sich oft zwischen den Stacheln von Seeigeln auf, wo ihm die dunklen Streifen an seinen Körperseiten (eine Nachahmung der Seeigelstacheln) als Tarnung dienen.

Große Seenadel
Syngnathus acus
Verbreitung: ostatlantische Küsten von Norwegen bis Nordafrika; Mittelmeer und Adriatisches Meer
Habitat: Flachwasser mit Sand- oder Schlammgrund
Länge: 30–50 cm

Der Körper der Großen Seenadel ist in einen knöchernen Panzer gehüllt, der in Segmente unterteilt ist. Das Maul ist lang und röhrenförmig, und an seiner Spitze befindet sich die kleine Mundöffnung. Ihr wichtigstes Fortbewegungsmittel ist die ausgeprägte Rückenflosse. Die Seenadel ernährt sich von Kleinkrebsen und anderen winzigen Planktonorganismen sowie von jungen Fischen.

Seenadeln laichen von Mai bis August. Bei allen Seenadelarten brütet das Männchen die Eier in einer Bruttasche aus, die bei der Großen Seenadel aus einer doppelten Hautfalte unter dem Schwanz besteht. Die Eier werden etwa 5 Wochen lang gebrütet, und wenn die vollständig entwickelten Jungen ausschlüpfen, schwimmen sie durch einen Spalt zwischen den Hautfalten des Beutels hinaus.

Zwergseepferdchen
Hippocampus zosterae
Verbreitung: Westatlantik: von Florida über den Golf von Mexiko bis zur Karibik
Habitat: Flachwasser
Länge: 4 cm

Das Zwergseepferdchen ist mit seinem senkrecht stehenden Kopf und Körper und mit seinem geringelten Greifschwanz sofort zu erkennen. Dies ist die kleinste Seepferdchenart. Es bewegt sich langsam mittels sanfter Bewegungen seiner winzigen Rückenflosse und kann sich mit seinem Schwanz an Pflanzen festhalten. Kleinkrebse und Larven sind seine Hauptnahrung.

Die Laichzeit erstreckt sich von Februar bis Oktober, und das Weibchen legt 50 oder mehr Eier in die Bruttasche des Männchens.

Gestreifter Fetzenfisch
Phyllopteryx taeniolatus
Verbreitung: Küsten Südaustraliens
Habitat: Flachwasser
Länge: 45 cm

Über die Lebensweise dieses eigentümlichen Seepferdchens ist wenig bekannt, doch wird vermutet, daß die vielen blattartigen Hautlappen an seinem Körper eine Nachahmung des Seetangs sind und der Tarnung dienen.

Wie bei allen Seepferdchenarten brütet auch bei dieser das Männchen die Eier aus.

ORDNUNG GASTEROSTEIFORMES:
Stichlingsfische
Die Stichlinge und ihre Verwandten, die Röhrenschnäbler, bilden eine interessante Gruppe von Stachelflossern, die auf der nördlichen Erdhalbkugel leben. Es gibt 10 Arten, von denen 3 im Süßwasser leben. Zwei Arten, der Dreistachlige Stichling, *Gasterosteus aculeatus*, und der Neunstachlige Stichling, *Pungitius pungitius*, haben sehr vielfältige Verbreitungsgebiete.

Röhrenschnäbler
Aulorhynchus flavidus
Verbreitung: Westküste Nordamerikas von Alaska bis Baja California
Habitat: Küstengewässer
Länge: 16 cm

Der Röhrenschnäbler hat einen langen, zylindrischen Körper, der zum Schwanz hin spitz zuläuft. Die kleine Mundöffnung befindet sich auf der Spitze des langen, starren Mauls. Der Röhrenschnäbler hat eine normale Rückenflosse, die der Afterflosse gegenübersteht, doch davor sitzen 24–26 einzelne Stacheln, die ebenfalls eine Art Rückenflosse bilden. Röhrenschnäbler leben in großen Schwärmen von Hunderten oder sogar Tausenden und ernähren sich von Kleinkrebsen sowie von anderen Planktonorganismen.

Die Weibchen leben ihre Eier in ein Tangnest ab, das mit Schleimfäden zusammengehalten wird, die das Männchen ausscheidet.

Dreistachliger Stichling
Gasterosteus aculeatus
Verbreitung: Nordamerika: Pazifik- und Atlantikküste und Süßwasser; Europa: Küsten und Süßwasser südl. des Polarkreises; Nordasien; Nordpazifik: von der Bering-Straße bis Korea
Habitat: Küstengewässer, Seen, Flüsse
Länge: 5–10 cm

Dieser Stichling, der drei charakteristische Stacheln auf dem Rücken trägt, ist schuppenlos, doch mit Knochenplatten gepanzert. Er ernährt sich von fast allen verfügbaren Kleinorganismen wie Krebstieren, Würmern, Weichtieren, Fischeiern und Larven sowie von kleinen Pflanzenteilchen.

Die Laichzeit dieser Art fällt in Nordamerika und Europa ins Frühjahr und in den Frühsommer. In dieser Zeit entwickelt das Männchen eine leuchtendrote Bauchfärbung. Es baut auf dem Meeresboden ein Nest aus Pflanzenteilchen, die es mit einer Art Schleim zusammenklebt. Dann lockt es mehrere Weibchen zu diesem Nest, die dort ihre Eier ablegen. Daraufhin befruchtet das Männchen die Eier sofort, bewacht sie sorgfältig und verjagt Raubfische. Es fächert auch Wasser in das Nest, um die Eier mit Sauerstoff zu versorgen. Nach etwa 3 Wochen schlüpfen die Jungen aus.

Seestichling
Spinachia spinachia
Verbreitung: Küsten von Skandinavien, Großbritannien und Nordeuropa
Habitat: Flachwasser an der Küste
Länge: 15–20 cm

Der Seestichling ist ein schlanker, langgestreckter Fisch mit spitzer Schnauze. Er ist an seinen 14–17 (meist 15) Rückenstacheln zu erkennen. Er lebt nur im Meer, vor allem in Bereichen mit starker Vegetation, und ernährt sich von kleinen Krebstieren.

Der männliche Seestichling baut ein Nest aus Wasserpflanzenteilen, die er mit seinen Schleimabsonderungen zusammenklebt. Dann lockt er mehrere Weibchen zum Ablegen der Eier in das Nest. Anschließend befruchtet er die Eier und bewacht sie, bis nach 18–21 Tagen die Jungen ausschlüpfen.

Vierstachliger Stichling
Apeltes quadracus
Verbreitung: Ostküste Nordamerikas von Neuschottland bis Virginia
Habitat: Küstengewässer, Brack- und Süßwasser
Länge: 6 cm

Der Vierstachlige Stichling, den man sowohl im Salzwasser als auch im Süßwasser findet, bevorzugt Gewässer mit starker Vegetation. Sein Körper ist nackt – ohne die Knochenplatten des Dreistachligen Stichlings – , doch an den Körperflanken befinden sich schwachentwickelte Knochenschilde. Kleinkrebse sind seine Hauptnahrung.

Diese Fische laichen wie die anderen Stichlinge im Frühjahr und Frühsommer, und das Männchen baut ein Nest, in das die Weibchen ihre Eier ablegen. Das Männchen bewacht die Eier, bis die Jungen ausgeschlüpft sind.

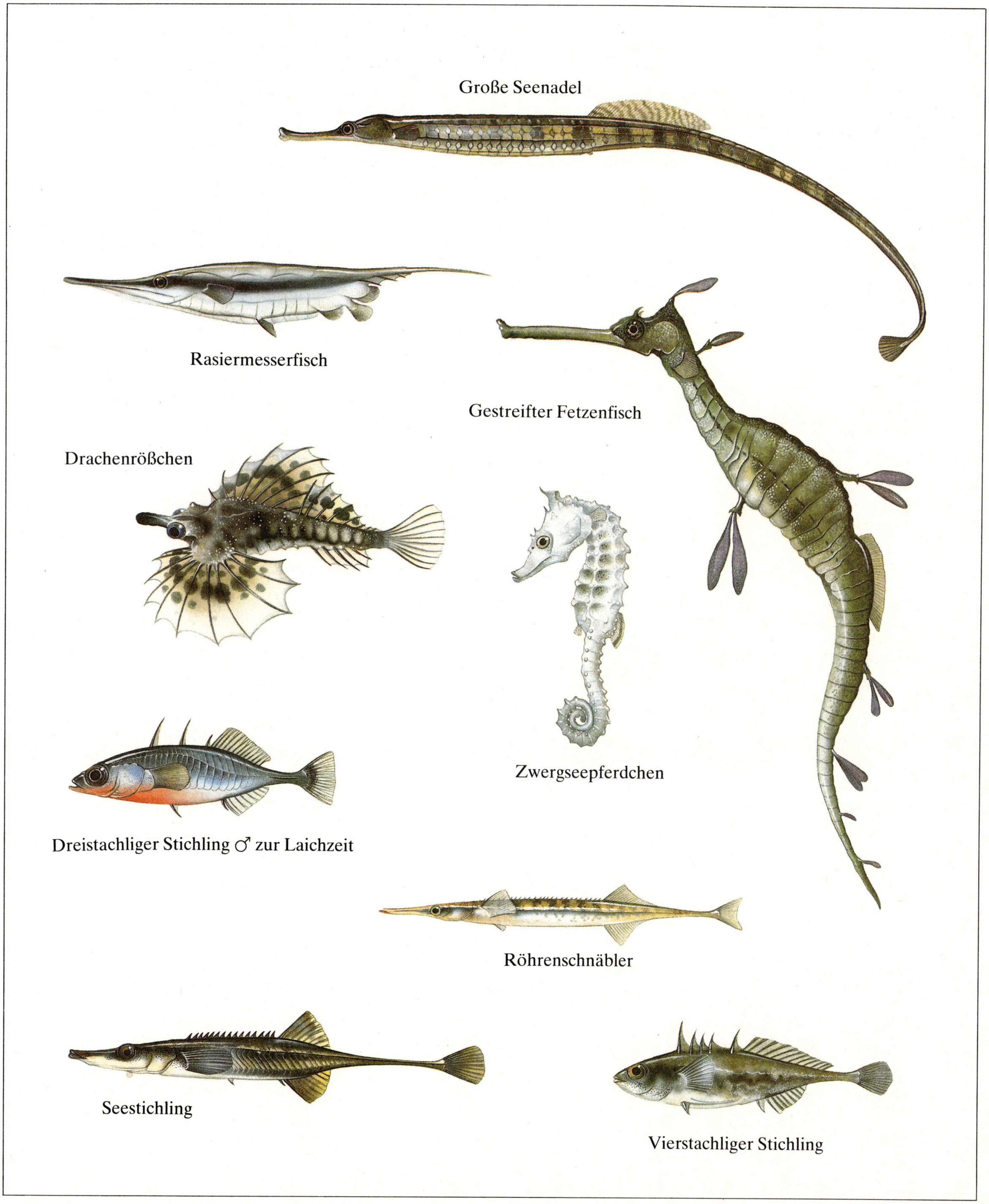
Große Seenadel
Rasiermesserfisch
Gestreifter Fetzenfisch
Drachenrößchen
Zwergseepferdchen
Dreistachliger Stichling ♂ zur Laichzeit
Röhrenschnäbler
Seestichling
Vierstachliger Stichling

Kiemenschlitzaale, Flughähne, Panzerwangen 1

ORDNUNG SYNBRANCHIFORMES:
Kiemenschlitzaale

Zu dieser Ordnung gehören ca. 13 Arten, von denen 7 Meeresfische sind. Sie werden in 3 Familien gruppiert: die Einspaltaale, die Sumpfaale und die Cuchias. Dies sind zwar keine echten Aale, aber sie haben einen aalförmigen Körper und nur sehr rudimentäre Flossen. Ihr Kiemensystem ist sehr klein und wird durch verschiedene Organe und Techniken für die Luftatmung ergänzt.

Reisaal / Weißer Kiemenschlitzaal

Monopterus alba (Fluta a.)

Verbreitung: Japan; von Nordchina bis Thailand und Burma

Habitat: Flüsse, Teiche, Reisfelder

Länge: 90 cm

Der Reisaal hat einen langen schuppenlosen Körper und weder Brust- noch Bauchflossen. Rücken und Afterflossen sind schmal und gehen gemeinsam in die Schwanzflosse über. An der Kehle hat dieser Fisch eine oder zwei Kiemenöffnungen, doch da er gewöhnlich in stehendem, sauerstoffarmem Wasser lebt, atmet er oft an der Wasseroberfläche Luft. In langen Trockenperioden können sich die Reisaale im Schlamm vergraben und dort das Einsetzen der nächsten Regenfälle abwarten, sofern ihre Haut feucht bleibt. Das Reisaalmännchen baut ein Nest, indem es aus einem Gemisch von Luft und Schleim eine Traube von Bläschen bildet. In diese Bläschentraube werden die Eier abgelegt. Danach treibt das Nest frei im Wasser und wird vom Männchen bewacht.

ORDNUNG DACTYLOPTERIFORMES:
Flughähne

Zu dieser kleinen Ordnung gehört nur eine Familie mit 4 Arten von Meeresfischen, die in den tropischen bis gemäßigt warmen Breiten des Atlantischen und Indopazifischen Ozeans leben. Alle Flughähne sind von schlanker Gestalt und haben stark vergrößerte, flügelartige Brustflossen. Ungeachtet ihres Namens gibt es keine verläßlichen Beweise dafür, daß diese Fische tatsächlich über der Wasseroberfläche fliegen können wie die echten Flugfische.

Flughahn

Dactylopterus volitans

Verbreitung: Westatlantik: von den Bermudas über die Karibik bis nach Argentinien; Ostatlantik: von Portugal bis Westafrika; Mittelmeer

Habitat: auf dem Grund von flachen Gewässern

Länge: 30–40 cm

Der Flughahn ist ein Grundbewohner, der auf der Suche nach Krebstieren mit Hilfe seiner Bauchflossen über den Meeresgrund „läuft". Sein knochiger Kopf ist im Vergleich zum Körper verhältnismäßig groß, die Brustflossen sind lang und erinnern an Flügel. Wenn er sich bedroht fühlt, breitet er diese Flossen aus, so daß die leuchtendblauen Flecken darauf sichtbar werden. Dadurch erscheint er größer, als er wirklich ist, was manchen Gegner entmutigt.

ORDNUNG SCORPAENIFORMES:
Panzerwangen

Diese große, weitverbreitete Ordnung umfaßt 21 Familien und ca. 1000 Fischarten, von denen etwa 100 im Meer leben. Die Körperform dieser Arten ist unterschiedlich, doch die meisten sind untersetzt und stachelig, und an den Seiten der Stacheln befinden sich oft Giftdrüsen.

Europäische Meersau / Großer Drachenkopf

Scorpaena porcus (S. scrofa)

Verbreitung: Mittelmeer und Schwarzes Meer; Nordatlantik: von der Biskaya bis Madeira

Habitat: Flachwasser

Länge: 25 cm

Die Europäische Meersau lauert gewöhnlich unter bewachsenen Felsen, wo die Verbindung von Tarnfarbe und den tangartigen Hautlappen auf ihrem Kopf sie fast unsichtbar macht. Sie hat eine mit Stacheln besetzte Rückenflosse, und an den Seiten dieser Stacheln befinden sich Giftdrüsen.

Diese Art laicht im Frühjahr oder im Frühsommer, und die Eier werden in eine Masse von gelatineartigem Schleim abgelegt. Die Europäische Meersau ist ein wichtiger Speisefisch, unter anderem eine unentbehrliche Zutat für die Bouillabaisse.

Goldbarsch

Sebastes marinus

Verbreitung: Nordatlantik: von der Arktis bis nach Schottland und Schweden; USA: New Jersey

Habitat: tiefes Wasser (100–400 m)

Länge: 80–100 cm

Der Goldbarsch hat einen schweren Körper, einen großen Kopf und einen vorstehenden Unterkiefer. Seine Rückenflosse ist mit starken Stacheln besetzt, und an der Afterflosse befinden sich ebenfalls drei Stacheln. Tagsüber hält er sich in Bodennähe auf, nachts kommt er an die Oberfläche, um Fische wie Hering und Kabeljau zu jagen.

Die Jungen des Goldbarschs werden lebend geboren. Im Norden des Verbreitungsgebietes wird das Weibchen vom Männchen im späten Sommer innerlich befruchtet. Die Weibchen wandern danach während des Winters in den Süden und gebären im folgenden Mai oder Juni bis zu 40000 larvenförmige Junge, die bei Geburt etwa 8 mm lang sind und sich zunächst von Plankton, später von Kleinkrebsen ernähren.

Eigentlicher Rotfeuerfisch

Pterois volitans

Verbreitung: Indischer und Pazifischer Ozean

Habitat: Flachwasser, Riffe

Länge: 40 cm

Der Eigentliche Rotfeuerfisch ist ein höchst eigenartiger und reizvoller Fisch, der an seinen langen, fächerförmigen Brustflossen, an der verzweigten Rückenflosse und an den bunten Streifen am Körper sofort zu erkennen ist. Diese auffälligen Farben und Formen dienen dazu, potentielle Feinde zu warnen. Die gerillten Stacheln dieses Fisches sind mit einem starken Gift ausgestattet, das auch für den Menschen ernste, wenn nicht gar tödliche Folgen haben kann.

Steinfisch

Synanceia verrucosa

Verbreitung: Indischer und Pazifischer Ozean: von Afrika und dem Roten Meer bis nach Nordaustralien

Habitat: Flachwasser, Korallenriffs

Länge: 30 cm

Im Indopazifischen Ozean gibt es ca. 20 Arten von Steinfischen. Ihre nadelförmigen Rückenflossenstacheln sind mit Giftdrüsen ausgestattet, die das tödlichste aller Fischgifte produzieren. Wunden von diesen Stacheln können jeden Menschen töten, der das Unglück hat, auf einen Steinfisch zu treten. Diese Art ist mit ihrem rauhen, schuppenlosen Körper, dem großen, nach oben gerichteten Kopf und den vorstehenden Augen typisch für ihre Familie. Wie der Name vermuten läßt, bieten Farbe und Form dem Steinfisch eine perfekte Tarnung, wenn er halb vergraben zwischen Steinen oder in Felsspalten liegt.

Roter Knurrhahn

Trigla lucerna

Verbreitung: Ostatlantik: von Norwegen und den Britischen Inseln bis Nordafrika; an den Küsten des Schwarzen und Adriatischen Meers und des Mittelmeers

Habitat: Küstengewässer mit sandigem oder schlammigem Grund

Länge: 50–75 cm

Der Rote Knurrhahn, ein Vertreter der Knurrhahn-Familie, hat einen knochigen Kopf, ein spitzes Maul und gut entwickelte Flossen. Mehrere Strahlen der Brustflossen sind verlängert und stehen frei; sie dienen dem Fisch zur Nahrungssuche auf dem Meeresgrund und zum Abstützen. Diese Art ernährt sich von Krebstieren, Weichtieren und Fischen, die auf dem Meeresboden leben. Sie wird in vielen Gebieten kommerziell gefischt.

Nordamerikanischer Knurrhahn

Prionotus carolinus

Verbreitung: Westatlantik: von der Fundy-Bai bis Venezuela

Habitat: Meeresboden, Küstengewässer

Länge: 40 cm

Der Nordamerikanische Knurrhahn ist mit seinem großen, mit Knochenplatten bedeckten Kopf und seinen fächerartigen Brustflossen ein typischer Vertreter seiner Familie. Die untersten drei Strahlen der Brustflossen stehen frei, und der Fisch verwendet sie als Fühler, um seine Beute (Fische und Krebstiere) auf dem Meeresgrund aufzuspüren. Seine Färbung variiert von grau bis braun, doch hat diese Knurrhahnart immer dunkle, sattelförmige Markierungen auf dem Rücken. Der Nordamerikanische Knurrhahn verbringt die meiste Zeit seines Lebens am Meeresgrund. Er stützt sich oft auf seine Brustflossen und kann sich blitzschnell eingraben, wenn er bedroht wird; dann ragen nur die Kopfspitze und die Augen aus dem Sand.

Knurrhähne können laute Töne erzeugen, indem sie ihre Schwimmblasen durch spezielle Muskeln in Vibration versetzen. Besonders laut sind sie in der Laichsaison, die von Juni bis September dauert. Die Eier werden an der Oberfläche abgelegt, und sie treiben dort, bis die Jungen ausschlüpfen. Die Jungfische wachsen sehr schnell heran.

Reisaal
Flughahn
Europäische Meersau
Goldbarsch
Eigentlicher Rotfeuerfisch
Steinfisch
Nordamerikanischer Knurrhahn
Roter Knurrhahn

Panzerwangen 2

Kohlenfisch

Anoplopoma fimbria

Verbreitung: Nordpazifik: von Japan bis zum Bering-Meer, südl. bis Baja California
Habitat: Küstengewässer und Hochsee
Länge: bis zu 1 m

Der Kohlenfisch ist von langer, schlanker Gestalt und besitzt zwei deutlich voneinander abgesetzte Rückenflossen. Auf seinem glatten Kopf befinden sich nicht wie bei den verwandten Skorpionfischen Stacheln und Erhebungen. Erwachsene Kohlenfische leben gewöhnlich in der Nähe des Meeresbodens im Bereich der Kontinentalplatten, doch die jungen Fische schwimmen oft im offenen Meer an der Wasseroberfläche. Kohlenfische laichen im Winter und zu Beginn des Frühjahrs.

Kelp-Grünling

Hexagrammos decagrammus

Verbreitung: Westküste Nordamerikas: von Alaska bis Kalifornien
Habitat: Flachwasser mit felsigem Grund, Kelpfelder
Länge: 55 cm

Der Kelp-Grünling ist eine von 11 Arten von Grünlingen, die alle im nördlichen Pazifik leben. Er hat einen glatten Kopf ohne Stacheln und Erhebungen, große Brustflossen, eine lange Rückenflosse mit langem Ansatz und mit einer Kerbe auf halber Länge. Männchen und Weibchen unterscheiden sich leicht im Aussehen: Die Männchen haben blaue Flecken auf dem vorderen Teil des Körpers, die Weibchen rötlichbraune. Ungewöhnlich am Kelp-Grünling sind die fünf Seitenlinien an beiden Körperseiten; die meisten anderen Fische haben nur eine solche Seitenlinie, die als Sinnesorgan fungiert.

Kelp-Grünlinge ernähren sich von Würmern, Krebstieren und kleinen Fischen. Sie selbst werden von vielen größeren Fischen und von fischfressenden Vögeln gejagt. In der Laichzeit im Herbst legen sie Trauben von Eiern zwischen den Felsen ab. Die jungen Fische schwimmen im Oberflächenwasser der Hochsee.

Seeteufel / Seeskorpion

Myoxocephalus scorpius

Verbreitung: Nordatlantik: von Labrador bis Cape Cod; nordeuropäische Küsten: Großbritannien, Skandinavien und Island
Habitat: Flachwasser an der Küste bis zu 60 m Tiefe
Länge: 25–60 cm

Der Seeteufel ist eine der größeren Groppen (Familie Cottidae). Er hat einen breiten Kopf und große Flossen, und an beiden Körperseiten befinden sich in Kiemennähe kleine Stacheln. Die Weibchen sind gewöhnlich größer als die Männchen und haben cremegelbe Markierungen am Bauch, während es bei den Männchen orange Flecken sind. Der Seeteufel ist ein Grundbewohner, der sich vorwiegend von am Grund lebenden Krebstieren sowie von Würmern und kleinen Fischen ernährt.

Seeteufel laichen im Winter, wobei sie die Eier, die eine klebrige Oberfläche haben, in Trauben unter Seetang oder in Felsenspalten ablegen. Die Männchen bewachen die Eier, bis je nach Wassertemperatur 4–12 Wochen später die Jungen ausschlüpfen.

Groppe / Koppe / Mühlkoppe

Cottus gobio

Verbreitung: Europa: von Schweden und Finnland bis England und Wales, südl. bis zu den Pyrenäen, Alpen und bis Jugoslawien
Habitat: Bäche, kleine Flüsse, Seen
Länge: 10 cm

Die Groppe, ein kleiner Süßwasserfisch aus der Familie der Groppen, hat einen breiten, abgeflachten Kopf mit einem kleinen Stachel an jeder Seite. Sie fühlt sich in Gewässern mit steinigem Grund am wohlsten und sucht tagsüber Zuflucht unter Felsen und Steinen. Nachts geht sie auf die Jagd nach Krebstieren und Insektenlarven.

Groppen laichen im Frühjahr von März bis Mai. Das Männchen gräbt eine flache Grube unter einem Felsen, und das Weibchen legt seine Eier an der Unterseite des Felsens ab. Das Männchen bewacht die Eier, und 3–4 Wochen später schlüpfen die Jungen aus. Gleich nach dem Ausschlüpfen zerstreuen sie sich und suchen Schutz unter den Steinen.

Kalifornische Groppe

Scorpaenichthys marmoratus

Verbreitung: Nordpazifik: von Alaska bis Baja California
Habitat: Flachwasser an der Küste bis 60 m Tiefe
Länge: 75 cm

Die Kalifornische Groppe, einer der größten Groppen, hat einen schweren Körper, eine glatte, schuppenlose Haut und eine stark eingekerbte Rückenflosse. Kopf und Maul sind breit, und an der Maulöffnung befindet sich ein vorstehender Hautlappen. Die Färbung ist sehr unterschiedlich, doch meist ist ihre Haut mit blassen Flecken gezeichnet. Die Kalifornische Groppe lebt gewöhnlich in Gewässern mit felsigem Grund, doch gelegentlich auch über sandigen Böden oder in Tangfeldern. Krabben sind ihre vorwiegende Nahrung, doch frißt sie auch andere Krebstiere und kleine Fische.

Kalifornische Groppen laichen im Winter von November bis März, oft an gemeinsamen Laichplätzen. Ein laichendes Weibchen trägt bis zu 100000 Eier, die es in Häufchen auf den Felsen ablegt. Die Männchen bleiben an den Laichplätzen, um die Eier zu bewachen, bis die Jungen ausgeschlüpft sind.

Großer Ölfisch

Comephorus baicalensis

Verbreitung: UdSSR: Baikalsee
Habitat: tiefes Wasser
Länge: 20 cm

Diese eigentümliche Süßwasser-Gruppe gehört zu einer Familie mit nur zwei Arten. Sie ist ziemlich lang, hat keine Bauchflossen, aber eine Rückenflosse und eine lange Afterflosse. Der Kopf ist mit einer zarten, durchsichtigen Haut bedeckt, und der Fisch hat ein recht großes Maul. Obwohl er im tiefen Wasser lebt, kommt er nachts an die Wasseroberfläche, um dort nach Kleinkrebsen zu jagen.

Die Weibchen bringen im Sommer im Oberflächenwasser des Sees lebende Junge zur Welt. Die zweite Art dieser Familie (*C. dybowski*) lebt ebenfalls im Baikalsee.

Störpanzergroppe

Agonus acipenserinus

Verbreitung: nordamerikanische Pazifikküste, vom Bering-Meer bis Kalifornien
Habitat: Küstengewässer mit Schlammgrund in 20–55 m Tiefe
Länge: bis zu 30 cm

Die Störpanzergroppe, ein langgestreckter, außergewöhnlich schlanker Fisch, hat einen Körperpanzer aus einander nicht überlappenden Knochenplatten. Auf ihrem Kopf, der dem eines Störs ähnelt, befinden sich mehrere Stacheln, um ihr Maul wächst ein Büschel dünner Barteln. Sie lebt in der Nähe des Meeresgrundes oder auf dem Meeresboden und ernährt sich vorwiegend von Krebstieren und Meereswürmern. Obwohl dies eine verbreitete und zahlreiche Fischart ist, ist sie für den Fischhandel wertlos.

Seehase / Lump

Cyclopterus lumpus

Verbreitung: Nordatlantik: von der Arktis bis Skandinavien, Island, Britische Inseln; von Neufundland bis New Jersey
Habitat: Flachwasser bis 200 m Tiefe
Länge: 30–60 cm

Der Seehase ist ein runder, hoher Fisch, an dessen Körperseiten sich Reihen stacheliger Platten befinden. Seine Haut ist schuppenlos. Die Bauchflossen haben sich zu starken Saugplatten entwickelt, mit denen er sich auf dem Meeresboden an Felsen oder an andere Objekte heftet. Er ernährt sich von Kleinkrebsen, Quallen und anderen Wirbellosen sowie von einigen kleinen Fischen. Die Weibchen sind gewöhnlich größer als die Männchen.

Am Winterende oder im Frühjahr versammeln sich die Seehasen paarweise in den flachen Küstengewässern, um entlang der Ebbelinie zu laichen. Die Weibchen legen bis zu 200000 klebrige Eier ab, die als schwammige Masse zu Boden sinken. Das Männchen bewacht diese Eiertrauben und sorgt für Wasserbewegung, bis die Jungen ausschlüpfen. Die kleinen Fische bleiben den Sommer über im flachen Küstenwasser und schwimmen in ihrem ersten Winter in tiefere Gewässer.

Großer Scheibenbauch

Liparis liparis

Verbreitung: Nordatlantik: von der Arktis bis zu den Küsten Skandinaviens, Islands und der Britischen Inseln; von Grönland bis Virginia
Habitat: Küstengewässer in 5–150 m Tiefe
Länge: 10–18 cm

Der Große Scheibenbauch, ein Verwandter der Seehasen, hat einen rundlichen Körper mit langen Rücken- und Afterflossen, die beide mit der Schwanzflosse verbunden sind. Seine Haut ist schleimig und schuppenlos, und an seinem Bauch befindet sich eine starke Saugplatte, mit der er sich auf dem Meeresboden oder am Seetang festsaugt. Er ernährt sich vorwiegend von Kleinkrebsen und Würmern.

Diese Art laicht im Winter oder Frühjahr. Die Eier heften sich in Trauben an den Tang oder an andere Objekte am Meeresboden, und die Jungen schlüpfen nach 6–8 Wochen aus.

Kohlenfisch
Kelp-Grünling ♂
Seeteufel
Groppe
Großer Ölfisch
Kalifornische Groppe
Störpanzergroppe
Großer Scheibenbauch
Seehase

Barschartige Fische 1

ORDNUNG PERCIFORMES:
Barschartige Fische

Diese Ordnung ist die größe und formenreichste, und sie enthält mehr Arten als irgendeine andere Ordnung der Wirbeltiere. Sie umfaßt 147 Familien und mindestens 6880 bekannte Arten, von denen nur 950 Süßwasserfische sind. Die 5 größten Familien sind die Sägebarsche (Serranidae) mit 370 Arten, die Buntbarsche (Cichlidae) mit 680 Arten, die Grundeln (Gobiidae) mit 800 Arten, die Lippfische (Labridae) mit 400 Arten und die unbeschuppten Schleimfische (Blenniidae) mit 276 Arten.

Die Barschartigen Fische haben in fast jeder denkbaren Wasserumwelt ihre Nischen gefunden und dabei eine große Vielfalt an Körperformen und Lebensgewohnheiten entwickelt. Es gibt unter ihnen so unterschiedliche Fischarten wie den Barrakuda, den Segelflosser, den Schwertfisch und den Kampffisch, und es ist schwierig, über eine so stark divergierende Ordnung etwas Allgemeines auszusagen. Dennoch gibt es ein paar deutliche Gemeinsamkeiten. Alle Arten haben eine oder zwei Rückenflossen. Wenn nur eine Rückenflosse vorhanden ist, ist diese lang und vorne mit Stacheln versehen, während sich bei zwei Rückenflossen gewöhnlich auf der ersten Stacheln befinden, auf der zweiten hingegen weiche Strahlen. Bei den meisten Barschartigen Fischen sitzen die Bauchflossen in unmittelbarer Nähe des Kopfes. Meist haben die Bauchflossen einen Stachel und fünf Strahlen. Die Körperschuppen sind gewöhnlich kammartig: Sie haben eine abgerundete Vorderkante und eine gezähnte Hinterkante.

Barschartige Fische sind in Meeres- und Süßwasserhabitaten auf der ganzen Welt verbreitet. Etwa drei Viertel aller Arten leben in Küstengewässern.

Olivgrüner Snook

Centropomus undecimalis

Verbreitung: von der Karibik nördl. bis Florida und South Carolina, südl. bis Brasilien
Habitat: Küstengewässer, Ästuarien, Buchten, Brackwasser
Länge: 1,4 m

Dieser Fisch, einer der größten und verbreitetsten von den 30 Arten der Glasbarsche (Centropomidae), hat einen langen, spitz zulaufenden Körper mit leicht abgeflachtem Maul und vorstehendem Unterkiefer. Er ernährt sich hauptsächlich von Krebstieren und Fischen. Die erwachsenen Exemplare können unter den verschiedensten Umweltbedingungen leben, unter anderem auch in fast reinem Süßwasser.

Der Olivgrüne Snook laicht zwischen Juni und November, und die jungen Fische, die weniger als ein Jahr alt sind, leben gewöhnlich in Küstenlagunen und Flüssen. Im dritten Lebensjahr sind sie ausgewachsen. Der Olivgrüne Snook ist bei Meeresfischern sehr beliebt.

Nilbarsch

Lates niloticus

Verbreitung: Afrika: Kongo-, Volta- und Niger-Stromgebiete, Tschad-See
Habitat: Flüsse, Seen
Länge: 2 m

Dieses weitverbreitete Mitglied der Glasbarsche wurde in vielen künstlichen Seen gezüchtet und wird sowohl kommerziell als auch von Sportanglern gefischt. In einigen Regionen Afrikas ist der Nilbarsch einer der wichtigsten Speisefische. Dieser große, schwere Fisch hat eine stachelige erste Rückenflosse und die drei Stacheln an der Afterflosse, die alle Barschartigen Fische besitzen. Er ernährt sich vorwiegend von Fischen.

Felsenbarsch

Roccus saxatilis

Verbreitung: Nordamerika: Atlantikküste vom St.-Lorenz-Golf bis Nordflorida; Golf von Mexiko; Pazifikküste von Washington bis Kalifornien
Habitat: Küstengewässer, Ästuarien, Buchten, Deltas
Länge: bis zu 1,2 m

Der Felsenbarsch kann unterschiedlich gefärbt sein, doch hat er stets sieben oder acht dunkle Längsstreifen an beiden Körperseiten. Kopf und Körper sind lang, das Maul ist spitz, und der Unterkiefer steht vor. Die Weibchen sind gewöhnlich schwerer als die Männchen, und ein großes Exemplar kann bis zu 30 kg wiegen. Felsenbarsche ernähren sich von Fischen und Krebstieren. Ursprünglich war der Felsenbarsch an der Atlantikküste von Nordamerika beheimatet. 1886 wurde er erstmals an der Pazifikküste ausgesetzt und hat sich heute auch dort durchgesetzt. Er gehört zur Familie Percichthyidae.

In ihrer Laichsaison von April bis Juli kommen die Felsenbarsche in die Flußmündungen und wandern die Flüsse hinauf, um zu laichen. Das Weibchen wird von mehreren Männchen umworben und legt seine Eier ins Wasser, wo sie treiben, bis etwa 3 Tage später die Jungen ausschlüpfen. Ein geschlechtsreifes Weibchen kann in einer Laichsaison mehrere Millionen Eier produzieren.

Maccullochella macquariensis

Verbreitung: Australien: New South Wales, Queensland
Habitat: Flüsse, Seen, ausgesetzt in Stauseen
Länge: 1,8 m

Dies ist einer der größten australischen Süßwasserfische. Der Fisch hat einen langen, kräftigen Körper, gewöhnlich eine Fleckenzeichnung auf Rücken und Seiten und eine lange Schnauze. Er ernährt sich vorwiegend von Krebstieren und Fischen. Er selbst ist ein wichtiger Speisefisch, der kommerziell gefangen wird. Er gehört zur Familie Percichthyidae.

Die Art laicht oft auf im Wasser liegenden Bäumen und Ästen; die Eier bleiben an der Rinde oder an den Zweigen kleben.

Kalifornischer Judenfisch

Stereolepis gigas

Verbreitung: Pazifik: vor der kalifornischen und mexikanischen Küste
Habitat: Küstengewässer
Länge: 2 m

Der Kalifornische Judenfisch ist sehr groß, und manche Exemplare wiegen mehr als 250 kg. Es ist bekannt, daß er 70–75 Jahre alt werden kann. Er ernährt sich von Fischen und Krebstieren und wird selbst sowohl kommerziell als auch von Sportanglern gefangen.

Kalifornische Judenfische werden mit 11–13 Jahren geschlechtsreif und wiegen dann etwa 23 kg. Sie laichen im Sommer. Die jungen Fische sind rötlich gefärbt, und ihr Körper ist höher als der der erwachsenen..

Riesenzackenbarsch

Epinephelus itajara

Verbreitung: Westatlantik: Küsten von Florida, den Bermudas, Bahamas und Westindischen Inseln; Pazifik
Habitat: Küstengewässer in der Nähe von Felsenriffen, Höhlen und Wracks
Länge: 2,4 m

Der Riesenzackenbarsch, einer der größten Zackenbarsche (Familie der Sägebarsche, Serranidae), wiegt bis zu 318 kg. Er hat einen kompakten Körper und einen breiten Kopf, ist gewöhnlich dunkelbraun gefärbt und hat ein unregelmäßiges Flecken- und Streifenmuster. Er lauert an Felsspalten unter Wasser und ernährt sich von Krebstieren, Fischen und sogar von Schildkröten.

Riesenzackenbarsche sind sehr begehrte Speisefische und bei Anglern sehr beliebt.

Schwarzer Zackenbarsch

Mycteroperca bonaci

Verbreitung: Westatlantik: von New England südl. über den Golf von Mexiko und die Karibik bis nach Brasilien
Habitat: Küstengewässer, tiefere Gewässer mit felsigem Grund
Länge: 1,2 m

Der Schwarze Zackenbarsch ist ein großer und ziemlich weit verbreiteter Zackenbarsch, der bis zu 23 kg wiegen kann. Mit seinem schweren Körper und seinen Rückenstacheln ist er ein typischer Vertreter seiner Familie (Serranidae). An den Körperseiten befindet sich eine regelmäßige dunkle Zeichnung. Er ist ein guter Speisefisch und wird kommerziell gefangen.

Gelber Felsenbarsch

Cephalopholis fulvus

Verbreitung: Westatlantik: von Florida südl. über die Karibik und den Golf von Mexiko bis nach Brasilien
Habitat: Küstengewässer, Korallenriffe
Länge: 30 cm

Der Gelbe Felsenbarsch, einer der kleinsten und häufigsten Zackenbarsche, kann auch rot oder braun gefärbt sein, ist jedoch fast immer mit blauen Flecken gezeichnet. Die beiden schwarzen Flecken auf seiner Schwanzflosse fehlen nie. Er ernährt sich hauptsächlich von Krebstieren und wird selbst als Speisefisch sehr geschätzt.

Olivgrüner Snook

Nilbarsch

Felsenbarsch

Maccullochella Macquariensis

Riesenzackenbarsch

Kalifornischer Judenfisch

Schwarzer Zackenbarsch

Gelber Felsenbarsch

Barschartige Fische 2

Dreistacheliger Seifenfisch

Rypticus saponaceus

Verbreitung: Ostatlantik: vor den Küsten des tropischen Westafrikas und der Insel Ascension; Westatlantik: von Florida bis Brasilien

Habitat: flache Küstengewässer

Länge: 30 cm

Der Dreistachelige Seifenfisch gehört zu den 17 Arten der Familie Grammistidae, die alle im Atlantischen, Pazifischen und Indischen Ozean leben. Seine Haut sondert bei Gefahr einen seifenartig schäumenden Schleim ab – daher der Name. Der Schaum ist giftig und hält Raubfische ab. Der Dreistachelige Seifenfisch hat gewöhnlich eine bräunliche Färbung mit einigen grauen Flecken. Vor seiner Rückenflosse sitzen ein paar Stacheln. Nachts jagt er Fische und Krebstiere; tagsüber sucht er in Felsspalten Schutz.

Tigerbarsch

Therapon jarbua

Verbreitung: Indischer und Pazifischer Ozean: Rotes Meer, von der ostafrikanischen Küste bis Südchina, Philippinen, Nordaustralien

Habitat: Küstengewässer, Ästuarien

Länge: 30 cm

Der Tigerbarsch gehört zur Familie der Tigerbarsche (Theraponidae), die 15 oder mehr Arten umfaßt. Man kann ihn an den dunklen, gebogenen Streifen an den Körperseiten erkennen. Wie alle Tigerbarsche hat er viele kleine Zähne und ist ein Raubfisch, der sich von kleineren Fischen ernährt. Gewöhnlich lebt er im Meer, kommt jedoch gelegentlich auch ins Süßwasser. Tigerbarsche können Töne erzeugen, indem sie ihre Schwimmblase durch spezielle Muskeln zum Vibrieren bringen.

Kürbiskernbarsch

Lepomis gibbosus

Verbreitung: Südkanada; USA: in North Dakota und Große Seen, östl. bis zur Atlantikküste, südl. bis Texas und Florida; ausgesetzt an der Westküste der USA und in Europa

Habitat: Bäche, klare Teiche mit starker Vegetation

Länge: 15–25 cm

Der Kürbiskernbarsch gehört zu den 30 Arten der Familie der Sonnenbarsche (Centrarchidae). Man kann ihn an den schwarzen, orange oder rot umrahmten Kiemendeckeln sowie an den blauen Linien erkennen, die strahlenförmig von Maul und Augen ausgehen; typisch sind auch die drei Stacheln an der Afterflosse. Er ernährt sich von Schnecken und Wasserinsekten sowie von kleinen Fischen und Fischlarven.

Kürbiskernbarsche laichen von Mai bis Juli in Gewässern mit sandigem Grund. Das Männchen gräbt mit der Schwanzflosse ein flaches Nest und lockt ein oder mehrere Weibchen zur Eiablage dort hinein. Dann bewacht das Männchen die Eier während ihrer Entwicklungszeit, die je nach Temperatur 5–10 Tage dauert, und bleibt auch danach noch bei den ausgeschlüpften Jungen, bis diese groß genug sind, um ihrer eigenen Wege gehen zu können.

Steinbarsch

Ambloplites rupestris

Verbreitung: Südkanada: vom Winnipeg-See bis zur Ostküste; USA: Große Seen, östl. bis Vermont, südl. bis zur Golfküste; in anderen Gebieten der USA ausgesetzt

Habitat: Flüsse mit felsigem Grund, Flachwasser in Seen

Länge: 15–25 cm

Der Steinbarsch lebt, wie sein Name andeutet, zwischen Felsen und Steinen, wo er sich von Insekten, Flußkrebsen und Fischen ernährt. Er ist ein kräftiger Fisch mit einem hohen Körper, einem großen Maul und einem vorstehenden Unterkiefer.

Der männliche Steinbarsch gräbt auf dem Grund des Wassers, oft zwischen den Wurzeln von Wasserpflanzen, ein Nest. In dieses Nest legt das Weibchen etwa 5000 Eier, die vom Männchen bewacht werden. Das Männchen beschützt auch die jungen Fische, nachdem sie ausgeschlüpft sind.

Forellenbarsch

Micropterus salmoides

Verbreitung: Südostkanada; USA: im Gebiet der Großen Seen, südl. bis zum Golf von Mexiko; in anderen Gebieten der USA sowie in Europa und Afrika ausgesetzt

Habitat: flache Seen, Teiche, Flüsse

Länge: 25–45 cm

Der Forellenbarsch, ebenfalls ein Vertreter der Sonnenbarsch-Familie, ist meist grünlich und silbrig gefärbt und hat an beiden Körperseiten je ein dunkles Band. Seine Rückenflosse ist durch einen Einschnitt fast zweigeteilt. Forellenbarsche sind Raubfische: Als Jungfische ernähren sie sich von Krebstieren und anderen Wirbellosen; später, wenn sie erwachsen sind, verspeisen sie Fische, Frösche und größere Wirbellose.

Die Laichzeit liegt je nach Temperatur und Breitengrad im Frühjahr oder im Frühsommer. Das Männchen gräbt im Sand- oder Kiesboden flacher Gewässer ein Nest und lockt ein Weibchen zur Eiablage hinein. Das Männchen befruchtet die Eier, gewöhnlich einige hundert, und lockt dann noch weitere Weibchen ins Nest. Die klebrigen Eier setzen sich auf dem Boden des Nestes fest und werden vom Männchen bewacht, bis die Jungen nach ca. 7–10 Tagen ausschlüpfen.

Muschelfisch

Astrapogon stellatus

Verbreitung: tropische Breiten des Westatlantiks, von den Bahamas südl. bis in die Karibik

Habitat: Flachwasser

Länge: 5 cm

Der Muschelfisch ist eine der ungefähr 170 Arten der Kardinalbarsche (Apogonidae), die in tropischen und subtropischen Meeren leben. Er ist ein winziger Fisch von teils dunkler, teils silbriger Färbung mit dunklen Flecken an den Körperseiten. Einige Kardinalbarscharten leben in Felsspalten oder in leeren Muscheln. Der Muschelfisch jedoch wohnt in einer großen lebenden Muschel, *Strombus gigas*. Die Muschel erleidet durch dieses Zusammenleben keinerlei Schaden, und der Fisch kann sich auf diese Weise schützen.

Flußbarsch

Perca fluviatilis

Verbreitung: Europa: von Großbritannien östl. über Skandinavien bis Sibirien, südl. bis Norditalien und bis zum Schwarzen und Kaspischen Meer; ausgesetzt in Irland, Australien, Neuseeland und Südafrika

Habitat: Seen, Teiche und langsam fließende Flüsse

Länge: 35–50 cm

Dieser Fisch gehört zur Familie der Echten Barsche (Percidae), die 126 Süßwasserarten umfaßt. Er hat einen hohen Körper, und seine beiden Rückenflossen sind nur durch ein Häutchen am Ansatz miteinander verbunden. Das Ende der stacheligen ersten Rückenflosse ist mit einem charakteristischen schwarzen Fleck gezeichnet. Der Flußbarsch lebt unter Wasserpflanzen, im Wasser stehenden Baumwurzeln oder anderen Objekten, wo seine gestreifte Zeichnung ihm als Tarnung dient. Er ernährt sich von Fischen.

Flußbarsche laichen von April bis Mai im seichten Wasser. Die Eier werden in langen Bändern gelegt, die sich dann um Wasserpflanzen oder andere Objekte schlingen. Nach ca. 8 Tagen schlüpfen die Jungen aus. Sie ernähren sich zunächst von Plankton, später von Insekten und größeren Krebstieren, bis sie alt genug sind, um sich wie die erwachsenen Fische zu ernähren.

Orangekehl-Darter

Etheostoma spectabile

Verbreitung: mittlere USA: Mississippi- und Missouri-Flußsysteme

Habitat: kleinere Nebenflüsse und Bäche

Länge: 8 cm

Der Orangekehl-Darter ist eine der vielen in den USA verbreiteten „pfeilschnellen" Grundbarsche (daher der amerikanische Name Darter), die alle zur Familie der Echten Barsche (Percidae) gehören. Er ernährt sich von Insekten und Planktonkrebsen.

Während der Laichzeit entwickeln die Männchen eine orange Färbung an Kehle und Brust. Die Kehle der Weibchen und nichtlaichenden Männchen ist eher weißlich. Die Männchen suchen die Laichstelle aus, und die Weibchen graben flache Nester, in die sie mehrere hundert Eier ablegen, die dann von den Männchen befruchtet und bewacht werden.

Zander

Stizostedion lucioperca

Verbreitung: Mittel- und Osteuropa: von Schweden und Finnland südl. bis zum Schwarzen und Kaspischen Meer, östl. bis zur UdSSR; in England und Westeuropa ausgesetzt

Habitat: große Seen, langsam fließende Flüsse

Länge: 60–130 cm

Der Zander aus der Familie der Echten Barsche hat die für diese Gruppe charakteristischen beiden Rückenflossen. Die stachelige erste Rückenflosse ist von der zweiten abgetrennt. Der Zander bevorzugt trübes Wasser und jagt seine Beute vor allem in der Morgen- und Abenddämmerung. Zu anderen Zeiten bleibt er in Bodennähe. Er ernährt sich von Fischen fast jeder Art.

Zander laichen in der Zeit von April bis Juni in Gewässern mit sandigem oder steinigem Grund. Die Eier werden in eine flache Laichgrube abgelegt, wo die Männchen sie bewachen.

Dreistacheliger Seifenfisch
Tigerbarsch
Kürbiskernbarsch
Steinbarsch
Muschelfisch
Forellenbarsch
Orangekehl-Darter
Flußbarsch
Zander

Barschartige Fische 3

Blaubarsch / Blaufisch

Pomatomus saltatrix

Verbreitung: tropische bis gemäßigt warme Breiten des Atlantiks, Nordpazifiks und Indischen Ozeans

Habitat: Küstengewässer und Hochsee

Länge: bis zu 1,2 m

Der Blaubarsch hat den Ruf des raubgierigsten aller Fische: Er erlegt mehr Beute, als er verspeisen kann, und frißt in seiner Gier fast jede Art von Fischen, sogar kleinere Exemplare seiner eigenen Art. Er ist ein kräftiger Fisch mit einer gegabelten Schwanzflosse, einem vollständig mit Schuppen bedeckten Körper, großen Kiefern und furchterregenden Zähnen.

Schwärme von gleich großen Blaubarschen verfolgen oft andere Fischschwärme. Junge Blaubarsche, die auch Schnapper genannt werden, bilden eigene Schwärme. Allgemein gilt: Je kleiner die Fische, desto größer sind ihre Schwärme.

Königsbarsch

Rachycentron canadus

Verbreitung: tropische Breiten des Atlantiks, Westpazifiks und Indischen Ozeans

Habitat: Hochsee, gelegentlich auch in Küstengewässern und Ästuarien

Länge: 1,8 m

Der lange, stromlinienförmige Königsbarsch ist die einzige Art seiner Familie. An der auffälligen Färbung mit dunkelbraunen Streifen auf hellem Grund und an der Reihe von kurzen Rückenstacheln, die vor der Rückenflosse sitzen, kann man ihn leicht erkennen. Er ist ein aktiver Raubfisch, der sich vor allem von Fischen ernährt, doch auch Krebse, Tintenfische und Garnelen verspeist.

Küstensauger

Remora remora

Verbreitung: tropische bis gemäßigt warme Breiten des Atlantiks, Westpazifiks und Indischen Ozeans

Habitat: wo immer der Wirt ihn hinträgt, im allgemeinen jedoch vor den Küsten

Länge: 15–45 cm

Der Küstensauger ist eine der 7 oder 8 Arten der sogenannten Schiffshalter (Familie Echeneidae). Mit Hilfe einer speziellen Saugscheibe am Kopf saugen sich die Schiffshalter an Haien, anderen größeren Fischen, Walen oder Schildkröten fest und begleiten diese, wo immer sie sich hinbegeben. Die Saugscheibe besteht aus einer umgebildeten stacheligen Rückenflosse; auf ihr befinden sich zwei Reihen von leistenförmigen Erhebungen, die durch einen Mittelbalken voneinander getrennt sind. Wenn der Küstensauger diese Scheibe flach gegen das Wirtstier preßt, bewegt er die Querleisten und erzeugt ein partielles Vakuum, so daß es praktisch unmöglich ist, ihn zu entfernen.

Während einige Schiffshalter verschiedenste Arten von Wirtstieren wählen, sind andere, so auch der Küstensauger, auf bestimmte Wirtstiere spezialisiert. Der Küstensauger scheint fast immer den Blauhai hierfür zu wählen. Er ernährt sich vorwiegend von den Parasiten, die ebenfalls auf dem Hai leben, doch verläßt er gelegentlich auch für kurze Zeit sein Wirtstier, um kleine Fische oder Kleinkrebse zu jagen.

Schiffshalter

Echeneis naucrates

Verbreitung: tropische Breiten des Atlantiks, Westpazifiks und Indischen Ozeans

Habitat: wo immer der Wirt ihn hinträgt

Länge: bis zu 90 cm

Das größte Mitglied der Familie der Schiffshalter (Echeneidae) ist ein langer Fisch mit auffälligen schwarzen, weißumrandeten Streifen, die an beiden Körperseiten vom Maul bis zum Schwanz verlaufen. An der Oberseite seines ziemlich flachen Kopfes befindet sich die starke Saugscheibe, mit der er sich am Wirtstier so stark festsaugt, daß man ihn kaum entfernen kann. Auf dieses Weise mit dem Wirtstier verbunden, kann sich der Schiffshalter mühelos umherbewegen und genießt außerdem den Schutz des größeren Wirts. Diese Art verbindet sich mit einer großen Zahl von Wirtsarten, unter anderen mit Haien, großen Rochen und Schildkröten.

Schiffshalter wurden einst dazu verwendet, um Meeresschildkröten zu fangen. Man befestigte dazu an der Schwanzflosse des Fischs eine Leine und setzte ihn in der Nähe einer Schildkröte aus; gewöhnlich steuerte er dann sofort auf das Tier zu und saugte sich an dessen Schwanz fest. Auf diese Weise konnten die Fischer den Schiffshalter zusammen mit der Schildkröte vorsichtig einholen.

Gelbschwanzmakrele

Seriola dumerili

Verbreitung: Westatlantik: von New England bis Brasilien; Ostatlantik: vom Mittelmeer bis zur Küste von Westafrika

Habitat: Oberflächenwasser an der Küste

Länge: bis zu 1,8 m

Die Gelbschwanzmakrele gehört zur großen Familie der Stachelmakrelen (Carangidae), die etwa 200 Fischarten umfaßt, darunter Jacks und Pampanos. Sie hat einen ziemlich hohen Körper, einen dunkelblauen oder grünen Rücken und eine hellere goldene oder weiße Färbung an den Seiten. Vom Maul läuft ein auffälliger dunkler Streifen über die Augen zur Spitze des Kopfes. Die Gelbschwanzmakrele ernährt sich von vielen Arten von Fischen.

Cavalla

Caranx hippos

Verbreitung: wahrscheinlich weltweit in tropischen und subtropischen Gewässern

Habitat: junge Fische in Küstengewässern, erwachsene Fische in der Hochsee, insbesondere in der Nähe von Riffen

Länge: 80–100 cm

Das genaue Verbreitungsgebiet dieser Fischart ist nicht bekannt, da sie leicht mit ähnlichen Arten der Familie Carangidae zu verwechseln ist. Mit Sicherheit ist sie auf beiden Seiten des Atlantiks eine sehr häufig vorkommende Art. Die Cavalla hat eine hohe, abgerundete Stirn und einen deutlichen dunklen Fleck auf beiden Kiemendeckeln; auch auf den Brustflossen befinden sich solche dunklen Flecken. Ihr Körper ist auf der Rückenseite dunkelblau oder metallischgrün und auf der Bauchseite silbrig oder gelblich gefärbt. Die Cavalla ernährt sich vorwiegend von Fischen, doch verzehrt sie auch Krebstiere und einige andere Wirbellose.

Regenbogenmakrele

Elagatis bipinnulata

Verbreitung: tropische und subtropische Breiten des Atlantiks, Nordpazifiks und Indischen Ozeans

Habitat: Hochsee

Länge: bis zu 1,2 m

Die Regenbogenmakrele ist an ihren schönen Farben leicht zu erkennen. Sie hat einen blauen Rücken sowie gelbe und blaue Seitenstreifen. Zur Bauchseite hin wird ihre Färbung weißlich. Ihr schlanker Körper verjüngt sich stark zur tief eingeschnittenen Schwanzflosse hin. Wie viele andere Mitglieder der Stachelmakrelen-Familie ist sie bei Anglern sehr beliebt.

Gemeiner Pampano

Trachinotus carolinus

Verbreitung: Westatlantik: von Cape Cod bis Brasilien

Habitat: Flachwasser in Küstennähe

Länge: 45–65 cm

Der Gemeine Pampano hat starke Ähnlichkeit mit dem Permit (*T. falcatus*), hat jedoch ein weniger stark gewölbtes Profil und keinen verlängerten Rückenflossenstachel wie dieser. Sein Maul ist abgerundet, und sein Körper, der sich zu der gegabelten Schwanzflosse hin stark verjüngt, ist ziemlich hoch. Der Gemeine Pampano ernährt sich vorwiegend von Weichtieren und Krebstieren, die er im Sand oder Schlamm des Meeresbodens aufstöbert. Er gilt als vorzüglicher Speisefisch und wird auch kommerziell gefangen.

Der Gemeine Pampano laicht vermutlich in der Hochsee, je nach Breitengrad in der Zeit von März bis September. Die jungen Fische schwimmen in die Nähe der Küste und ernähren sich dort von am Grund lebenden wirbellosen Tieren und kleinen Fischen. Sowohl der Gemeine Pampano wie auch der Permit gehören zur Familie der Stachelmakrelen (Carangidae).

Pferdekopf

Selene vomer

Verbreitung: Westatlantik: von New England südl. bis zu den Bermudas und bis nach Uruguay; Ostatlantik: vor der Küste Westafrikas

Habitat: Flachwasser mit Sand- oder Schlammgrund

Länge: 30 cm

Der Pferdekopf mit seinem großen Kopf und seinem kleinen, sich stark verjüngenden Körper ist ein Fisch von äußerst ungewöhnlichem Aussehen. Der Kopf wölbt sich über dem Maul steil nach oben und ist fast eineinhalbmal so hoch, wie er lang ist. Rücken- und Afterflosse haben einen langen fadenförmigen Fortsatz, der auf die stark gegabelte Schwanzflosse gerichtet ist.

Blaubarsch
Schiffshalter
Königsbarsch
Küstensauger
Gelbschwanzmakrele
Cavalla
Regenbogenforelle
Gemeiner Pampano
Pferdekopf

Barschartige Fische 4

Gemeine Goldmakrele

Coryphaena hippurus

Verbreitung: tropische bis gemäßigt warme Breiten des Atlantischen, Pazifischen und Indischen Ozean

Habitat: Hochsee

Länge: bis zu 1,5 m

Die Gemeine Goldmakrele, von den Fischern auch Dorado genannt, ist mit ihrer lebhaft blauen, grünen und gelben Färbung ein besonders schöner Fisch. Sie ist leicht an ihrer langen, auf dem Kopf ansetzenden Rückenflosse zu erkennen. Die Stirn der Männchen wird, wenn diese älter werden, immer steiler, bis sie fast senkrecht steht. Die Männchen können größer werden als die Weibchen, doch ansonsten sehen Männchen und Weibchen gleich aus. Gemeine Goldmakrelen ziehen in kleinen Schwärmen umher und ernähren sich von einer Vielzahl von Fischen, Tintenfischen und Krebstieren. Häufig findet man sie in treibendem Seetang oder anderen treibenden Pflanzen, wo sie Beutetiere zu finden hoffen.

Die Gemeine Goldmakrele ist bei Anglern sehr beliebt, und sie schmeckt vorzüglich. Sie gehört zur Familie der Goldmakrelen (Coryphaenidae), zu der nur noch eine andere Art gehört, die Kleine Goldmakrele (*C. equisetis*). Diese Art ähnelt der Gemeinen Goldmakrele, ist jedoch kleiner. Die Gemeine Goldmakrele wird manchmal auch als Delphin bezeichnet, doch wäre der Name Delphinfisch besser, denn es handelt sich ja hier um einen Fisch, während Delphine Säugetiere sind.

Brachsenmakrele

Brama brama

Verbreitung: Nordatlantik: von Island und Skandinavien bis Nordafrika; Mittelmeer; vor den Küsten Chiles, Südafrikas, Australiens und Neuseelands

Habitat: Hochsee

Länge: 40–70 cm

Die Brachsenmakrele, die zur 18 Arten umfassenden Familie Bramidae gehört, hat einen hohen Körper, der sich stark zu der langen, tiefeingeschnittenen Schwanzflosse hin verjüngt. Sie wandert im Sommer in die nördlichen Bereiche ihres Verbreitungsgebietes, doch solche Wanderungen sind unregelmäßig und scheinen von einer günstigen Wassertemperatur abhängig zu sein. Die Brachsenmakrele ist ein Raubfisch und nicht besonders wählerisch: Sie ernährt sich von Fischen und Krebstieren.

Australischer Lachs

Arripis trutta

Verbreitung: Südpazifik: Gewässer um Süd- und Westaustralien, Tasmanien, Neuseeland

Habitat: flache Küstengewässer an der Küste, oft in der Nähe von Flußmündungen

Länge: 90 cm

Der Australische Lachs gehört zur zwei Arten umfassenden Familie Arripidae; beide Arten kommen nur in australischen Gewässern vor. Mit den Lachsen der nördlichen Hemisphäre ist er nicht verwandt. Er hat einen zylindrischen, spitz zulaufenden Körper, eine lange Rückenflosse und auffällige gelbe Brustflossen. Die Körperseiten sind mit dunklen Flecken gezeichnet; junge Fische haben besonders viele solcher Flecken. Garnelen und kleine Fische sind die vorwiegende Nahrung dieser Art.

Lutianus analis

Verbreitung: Westatlantik: von Florida und den Bahamas südl. über die Karibik und den Golf von Mexiko bis nach Brasilien

Habitat: Küstengewässer, Buchten

Länge: bis zu 75 cm

Dieser vor den amerikanischen Küsten zahlreich vertretene Fisch gehört zu den ungefähr 230 Arten der Familie der Schnapper (Lutianidae). Sein Körper ist grün und rötlich oder rosa gefärbt und weist einige blaue Flecken auf. Unterhalb der Rückenflosse befindet sich an beiden Körperseiten ein schwarzer Fleck. Wie die meisten Schnapper hat er große Zähne, die denen von Kaninchen ähneln. Diese Art ist häufig in Flachwasser zu finden, das mit Mangroven und anderen Pflanzen bewachsen ist. Sie ernährt sich von Fischen und Krebstieren, die in dieser Vegetation leben.

Von einigen Schnapperarten ist bekannt, daß sie die „Ciguatera“ genannte Fischvergiftung verursachen können. Wenn Fische von dieser Krankheit befallen sind, kann ihr Genuß für den Menschen tödlich sein. Das Gift stammt von bestimmten Algen, die pflanzenfressenden Fischen als Nahrung dienen. Wenn die Schnapper ihrerseits von Raubfischen gefressen werden, wird auch deren Fleisch vergiftet, ohne daß diese selbst Schaden erleiden.

Gelbschnapper

Ocyurus chrysurus

Verbreitung: Westatlantik: von New England bis Brasilien einschließlich Golf von Mexiko und Karibik

Habitat: vor den Küsten, in der Nähe von Korallenriffen

Länge: 75 cm

Der Gelbschnapper gehört ebenfalls zur Schnapper-Familie (Lutianidae). Er hat eine leuchtendgelbe Schwanzflosse, und über beide Körperseiten zieht sich ein gelber Längsstreifen. Sein Körper ist schlank und mit einer niedrigen Rückenflosse versehen. Gelbschnapper ernähren sich von auf dem Meeresboden lebenden Krebstieren und Fischen, doch findet man sie auch vor der Küste über Riffen. Sie gelten als ausgezeichnete Speisefische und sind bei Anglern sehr beliebt.

Schwarzer Dreischwanzbarsch

Lobotes surinamensis

Verbreitung: tropischer und gemäßigt warme Breiten des Atlantiks, Westpazifiks und Indischen Ozeans

Habitat: Oberflächenwasser an der Küste

Länge: 1 m

Der Schwarze Dreischwanzbarsch ist eine nicht sehr häufig vorkommende, aber weitverbreitete Fischart, die zu beiden Seiten des Atlantiks zu finden ist. Er gehört zur Familie der Dreischwanzbarsche (Lobotidae), die nur 4 Arten umfaßt. Sein Körper ist hoch und schwer und gewöhnlich dunkelbraun, obgleich es auch einige gelbe oder braune Exemplare gibt. Die großen, abgerundeten Lappen der Rücken- und Afterflosse sind rückwärts gerichtet und erwecken den Eindruck, als hätte der Fisch drei Schwänze. Junge Dreischwanzbarsche leben oft in Küstennähe in Buchten und Ästuarien, wo sie sich auf der Seite liegend zwischen abgestorbenen Blättern von Mangroven und anderen Pflanzen treiben lassen. Mit seiner gekrümmten Gestalt und der bräunlichgelben Färbung imitiert dieser Fisch das Aussehen und die Bewegungen der ihn umgebenden Blätter – ein ausgezeichnetes Beispiel für Schutzmimikry.

Der Schwarze Dreischwanzbarsch ist ein hervorragender Speisefisch.

Haemulon album

Verbreitung: Westatlantik: von den Bahamas und Florida südl. über die Karibik bis nach Brasilien

Habitat: flache Küstengewässer, oft in der Nähe von Riffen

Länge: 65 cm

Haemulon album ist eine der etwa 175 Arten der Familie der Süßlippen (Pomadasyidae), auch Grunzer genannt. Diese Meeresfische leben in tropischen Gewässern. Sie sind mit den Schnappern verwandt, doch haben sie nicht deren große Zähne. Sie können durch Knirschen mit den Schlundzähnen Töne erzeugen, die durch die Schwimmblase verstärkt werden. Mit seiner hohen, stacheligen Rückenflosse, die in eine zweite, weichstrahlige Rückenflosse übergeht, ist der *Haemulon album* recht typisch für seine Familie. Er ist gewöhnlich grau mit dunkleren Rücken- und Schwanzflossen, doch seine Färbung kann variieren.

Kleine Gruppen dieser Fische halten sich oft an Riffen und bei Schiffswracks auf, wo sie sich von kleinen Fischen ernähren und auch den Meeresgrund nach grundbewohnenden Wirbellosen durchstöbern. Dieser größte unter den atlantischen Grunzern wird kommerziell gefischt.

Schwarzer Schweinsfisch

Anisotremus surinamensis

Verbreitung: Westatlantik: von Florida und den Bahamas südl. bis zum Golf von Mexiko und zur Karibik

Habitat: Küstengewässer, in der Nähe von Felsen und Riffen

Länge: bis zu 60 cm

Der Schwarze Schweinsfisch ist mit seiner Körperform und der durchgehenden Rückenflosse ein typisches Mitglied der Familie der Süßlippen (Pomadasyidae). Er ist grau gefärbt und hat auf jeder Rückenschuppe einen dunklen Fleck; seine Flossen sind dunkelgrau. Er ist vor allem nachts aktiv und ernährt sich von Krebstieren, Seeigeln und Fischen. Oft geht er in kleinen Gruppen auf Nahrungssuche. Tagsüber sucht er Schutz in Höhlen und Felsspalten.

Brachsenmakrele
Gemeine Goldmakrele
Lutianus analis
Australischer Lachs
Gelbschnapper
Schwarzer Dreischwanzbarsch
Haemulon album
Schwarzer Schweinsfisch

Barschartige Fische 5

Rotmaul-Kaiserfisch

Lethrinus chrysostomus

Verbreitung: vor der Nordküste Australiens, Great-Barrier-Riff

Habitat: Küstengewässer, Riffgebiete

Länge: 90 cm

Der Rotmaul-Kaiserfisch ist eine von etwa 21 Arten der Familie der Straßenkehrer (Lethrinidae). Die Fische dieser Familie, die unter dem Namen Kaiserfische bekannt sind, sind mit den Süßlippen (Familie Pomadasyidae) verwandt und ähneln diesen mit ihren stacheligen Rücken- und Afterflossen. Der Kopf des Rotmaul-Kaiserfischs ist im Vergleich zu seinem Körper ziemlich groß; er hat ein langes Maul und unbeschuppte Wangen. Mit seinen tiefroten Flossen, den dunklen Seitenstreifen und den feuerroten Flecken um die Augen ist er ein recht auffällig gefärbter Fisch. Er kann bis zu 9 kg schwer werden und ist ein wertvoller Speisefisch.

Gefleckter Kaiserfisch / Spangled Emperor / Morwong

Lethrinus nebulosus

Verbreitung: Indischer und Pazifischer Ozean: Rotes Meer und Ostafrika bis nach Nordaustralien und zu den westpazifischen Inseln

Habitat: Korallenriffe, Hochsee

Länge: 75 cm

Der Gefleckte Kaiserfisch macht seinem Namen alle Ehre. Typische Erkennungsmerkmale sind die über Rücken- und Afterflosse verstreuten blauen Flecken, die blaue Färbung vieler Schuppen an den Körperseiten und die blauen Linien zu beiden Seiten des Gesichts, die von den Augen zur Maulöffnung verlaufen. Er besitzt das lange Maul, die dicken Lippen und die Rücken- und Afterstacheln, die typisch für seine Familie, die Lethrinidae, sind. Wie viele größere Mitglieder dieser Familie ist auch er ein wertvoller Speisefisch.

Scup

Stenotomus chrysops

Verbreitung: Atlantikküste von Nordamerika: von Cape Cod (manchmal Neuschottland) bis Florida

Habitat: Küstengewässer mit Sandgrund

Länge: 45 cm

Der Scup, der im Atlantik zahlreich vertreten ist und zu den amerikanischen Meerbrassen (Porgy) gehört, ist eine der 100 Arten der Familie der Meerbrassen (Sparidae). Er hat einen hohen, seitlich zusammengedrückten Körper, eine stark gegabelte Schwanzflosse und sowohl an der Rücken- als auch an der Afterflosse Stacheln. Seine Schuppen sind silbrig, und an den Körperseiten befinden sich schwache dunkle Streifen. Er sucht seine Nahrung meist auf dem Meeresgrund: Krebstiere, Würmer und einige am Grund lebende Fische.

Er laicht im Frühjahr in Küstengewässern, oft in Buchten. Die Eier treiben frei im Wasser, bis die Jungen ausschlüpfen. Im Winter wandern die Scups weiter hinaus ins offene Meer und ziehen in die südlichen Regionen ihres Verbreitungsgebietes.

Schafskopf-Meerbrasse

Calamus bajonado

Verbreitung: Karibik, Golf von Mexiko; Westatlantik: Küsten Nord- und Südamerikas von New England bis Brasilien

Habitat: Küstengewässer, in der Nähe von Riffen

Länge: 60 cm

Die Schafskopf-Meerbrasse, eine der größeren Arten der Familie Sparidae, hat eine auffällig hohe, abgerundete Stirn. Ihre Schuppen haben einen silbrigen Glanz, und um die charakteristischen, sehr hoch liegenden Augen hat sie einige blaue Markierungen. Kleine Schwärme von Schafskopf-Meerbrassen ernähren sich in Küstennähe von wirbellosen Tieren, wie Seeigeln, Weichtieren und Krebstieren. Schafskopf-Meerbrassen sind gute Speisefische und werden von Anglern und kommerziellen Fischern sehr geschätzt.

Schafskopf

Archosargus probatocephalus

Verbreitung: Westatlantik: von Neuschottland südl. bis zum Golf von Mexiko (im Norden des Verbreitungsgebiets heute selten)

Habitat: Gezeitenströme, Buchten, am Meeresboden in der Nähe von Molen

Länge: 30–75 cm

Der Schafskopf, der in Amerika auch „convict fish" (Sträflingsfisch) genannt wird, ist leicht an den breiten senkrechten schwarzen Streifen an beiden Körperseiten zu erkennen. Form und Zahl dieser Streifen variiert, und bei jungen Fischen sind sie besonders deutlich ausgeprägt. Im übrigen hat der Schafskopf mit seinem großen Kopf, den dicken Lippen und den stacheligen Rücken- und Afterflossen das typische Aussehen der Meerbrassen. Er ernährt sich von Krebstieren und Weichtieren, die er mit seinen breiten, flachen Zähnen zermalmt. Er selbst ist ein ausgezeichneter Speisefisch, der in großen Mengen kommerziell gefangen wird.

Der Schafskopf laicht im Frühjahr. Seine Eier treiben frei im Wasser, bis sie, wenn das Wasser warm genug ist, nach nur 3 oder 4 Tagen ausschlüpfen.

Australischer Snapper

Chrysophrys auratus

Verbreitung: Pazifik: Küsten Neuseelands, Australiens und der Lord-Howe-Inseln

Habitat: Meeresgrund, Felsenriffe

Länge: 1,3 m

Der Australische Snapper, ein Mitglied der Meerbrassen-Familie (Sparidae), verändert während seines Reifungsprozesses Aussehen und Verhalten. Junge Australische Snapper haben eine blaßrosa Färbung mit dunklen Bändern. Sie leben in großen Schwärmen im flachen Wasser in Küstennähe, oft auch in Buchten. Die erwachsenen Fische sind stärker rot gefärbt, und an Flossen, Rücken und Körperseiten befinden sich leuchtendblaue Flecken. Sie halten sich gewöhnlich am Meeresboden und an Felsenriffen in tieferen Gewässern auf, doch kommen sie im Sommer auch in seichtere Küstengewässer. Sehr alte Exemplare entwickeln eine Beule auf der Stirn und besonders fleischige Lippen; diese älteren Fische neigen zum Einzelgängertum. Der Australische Snapper ist ein vorzüglicher Speisefisch.

Rote Meerbrasse

Pagellus bogaraveo

Verbreitung: Atlantik: Küsten Norwegens, Großbritanniens, Nordafrikas, der Kanarischen Inseln; Mittelmeer

Habitat: Küstengewässer, tieferes Wasser (100–200 m Tiefe)

Länge: 35–50 cm

Die Rote Meerbrasse ist im südlichen Teil ihres Verbreitungsgebietes ziemlich häufig, im nördlichen Teil eher selten. Die Exemplare in den nördlichen Gewässern sind zumeist auf Sommerwanderung. Diese Art, die zur Familie der Meerbrassen Sparidae gehört, erkennt man an einem rötlichen Schimmer auf Körper und Flossen, einem dunklen Fleck oberhalb der Brustflosse und an ihrem kurzen, abgerundeten Kopf. Die jungen Fische sind schwächer gefärbt als die Erwachsenen und haben auch den dunklen Fleck nicht immer. Sie bilden große Schwärme und halten sich in den flachen Küstengewässern auf, wo sie von Kleinkrebsen leben. Die erwachsenen Fische leben in den tieferen Gewässern der Hochsee und bilden kleinere Gruppen. Sie ernähren sich von Fischen und Krebstieren.

Über die Laichgewohnheiten der Roten Meerbrasse ist wenig bekannt, doch vermutlich laicht sie je nach Gebiet im Sommer oder Herbst – je weiter im Süden, desto früher. Die Rote Meerbrasse ist ein Speisefisch von guter Qualität, und sie wird kommerziell gefischt.

Goldbrasse

Sparus auratus

Verbreitung: Atlantik: Küsten von Irland, Südengland, Europa, Nordafrika, den Kanarischen Inseln; Mittelmeer und Schwarzes Meer

Habitat: Flachwasser mit Sand- oder Schlammgrund, etwa 30 m Tiefe

Länge: bis zu 70 cm

Der Name dieses Fisches weist auf den goldenen Streifen hin, der von einem Auge zum anderen läuft; bei toten Goldbrassen verblaßt er. Die Goldbrasse hat einen ziemlich hohen Körper, ein auffallend rundes Maul und hochliegende Augen. Weiter oberhalb der Brustflosse befindet sich auf beiden Körperseiten ein dunkler Fleck. Die Goldbrasse ernährt sich gewöhnlich von Weich- und Krebstieren und hat für solche hartschaligen Beutetiere auch die geeigneten Zähne: Die Vorderzähne sind spitz und gebogen, so daß sie damit die Schalen aufbrechen kann, während die Seitenzähne breit und abgeflacht sind, so daß sie die Nahrung damit zermalmen kann. Wegen ihrer Ernährungsgewohnheiten können Goldbrassen in kommerziellen Austern- und Muschelbänken Schaden anrichten.

Auch die Goldbrassen gehören zur Familie der Meerbrassen (Sparidae). Sie laichen im Winter in der Hochsee, wobei sie sich in größere Tiefen als gewöhnlich begeben. Vermutlich laichen sie im nördlichen Teil ihres Verbreitungsgebiets nicht.

Rotmaul-Kaiserfisch

Scup

Gefleckter Kaiserfisch

Schafskopf-Meerbrasse

Australischer Snapper

Schafskopf

Rote Meerbrasse

Goldbrasse

Barschartige Fische 6

Weißer Seebarsch

Cynoscion nobilis

Verbreitung: Pazifik: von Alaska bis Mexiko

Habitat: in der Nähe von Kelpfeldern, in flachem bis tiefem Wasser

Länge: 60–180 cm

Der weiße Seebarsch ist kein echter Seebarsch, sondern ein Mitglied der Familie der Umberfische (Sciaenidae). Es gibt etwa 160 Arten von Umberfischen, von denen viele mit Hilfe spezieller Muskeln ihre Schwimmblase zum Vibrieren bringen und so Töne erzeugen können. Bei einigen Arten können dies nur die Männchen, bei anderen können auch die Weibchen „trommeln". Die meisten Umberfischarten haben eine tiefeingeschnittene, manchmal sogar vollständig zweigeteilte Rückenflosse.

Der Weiße Seebarsch ist ein großer, langer Fisch mit einem ziemlich spitzen Kopf und einem breiten Maul, dessen Unterkiefer leicht über den Oberkiefer vorragt. Die beiden Teile der Rückenflosse berühren einander. Der weiße Seebarsch schwimmt in großen Schwärmen und ernährt sich von vielen Arten von Fischen sowie auch von Krebstieren und Tintenfischen. Die Art laicht im Frühjahr und Sommer, und die jungen Fische leben gewöhnlich in ruhigen Küstengewässern.

An der Pazifikküste von Nordamerika gelten weiße Seebarsche sowohl für die kommerzielle Fischerei wie auch bei Sportanglern als wichtige Fischart. Ein fast identischer, aber wesentlich größerer Fisch, *C. macdonaldi*, lebt weiter südlich vor der mexikanischen Küste.

Gefleckte Meerforelle

Cynoscion nebulosus

Verbreitung: atlantische Küsten der USA von New York bis Florida; Golf von Mexiko

Habitat: Meeresbuchten, Ästuarien; im Winter tiefere Gewässer

Länge: 45–60 cm

Die Gefleckte Meerforelle trägt ihren Namen wegen ihrer forellenähnlichen Fleckung, gehört aber zur Familie der Umberfische (Sciaenidae). Sie hat einen langgestreckten Körper und einen spitzen Kopf mit leicht vorstehendem Unterkiefer. Ihre Rückenflosse ist stark eingeschnitten. Wie viele andere Umberfische kann auch die Gefleckte Meerforelle durch Vibrieren ihrer Schwimmblase Töne erzeugen. Sie ernährt sich von Garnelen und ähnlichen Krebstieren sowie von Fischen.

Die Gefleckten Meerforellen laichen in der Zeit von März bis November in geschützten Buchten. Nach dem Ausschlüpfen bleiben die Larven und später die Jungfische im Schutz der Meeresvegetation, wo sie auch reichlich Nahrung finden. Im Winter ziehen sie in tiefere Gewässer. Sie sind vorzügliche Speisefische und werden sowohl kommerziell als auch von Sportanglern gefangen.

Trommelfisch

Pogonias chromis

Verbreitung: westatlantische Küsten von New England bis Argentinien

Habitat: Meeresbuchten, Lagunen

Länge: 1,2–1,8 m

Den Trommelfisch erkennt man an seinem kurzen, hohen Körper, dem leicht abgeflachten Bauch und dem gekrümmten Rücken. Er ist einer der größten Vertreter der Umberfisch-Familie und kann bis zu 66 kg schwer werden. An seinem Unterkiefer befinden sich ein paar kurze Barteln. Seine Nahrung sucht er am Meeresgrund; er frißt Krebstiere und Weichtiere, die er mit den großen, flachen Zähnen in seiner Kehle zermalmen kann. Trommelfische haben ein besondere Vorliebe für Austern und können daher in kommerziellen Austernkulturen erheblichen Schaden anrichten.

Ritterfisch

Equetus lanceolatus

Verbreitung: westatlantische Küsten von North und South Carolina; von den Bermudas bis Brasilien; Golf von Mexiko, Karibik

Habitat: Gewässer mit felsigem Grund oder Korallenbänken in Tiefen von mehr als 15 m

Länge: 25 cm

Dieses Mitglied der Umberfisch-Familie ist mit seinen drei weißgesäumten schwarzen Streifen recht auffällig. Einer der Streifen verläuft im Bogen von der hohem Rückenflosse zur Schwanzflosse und verwischt die Konturen des Fisches. Solche Zeichnungen sind eine Art der Tarnung, die den Beobachter verwirren und ablenken sollen und damit das Erkennen verzögern. Der Ritterfisch ist ein Einzelgänger. Er verbirgt sich tagsüber unter den Felsen oder in den Höhlen von Korallenriffen und geht bei Nacht auf Nahrungssuche.

Süßwasser-Trommelfisch

Aplodinotus grunniens

Verbreitung: Nordamerika: von Südkanada über die Großen Seen und das Mississippi-Stromgebiet bis zum Golf von Mexiko; südl. bis Mexiko und Guatemala

Habitat: große Flüsse, Seen

Länge: bis zu 1,2 m

Dieser Fisch ist eine der wenigen Süßwasserarten in der Familie der Umberfische. Er hat einen buckligen Rücken und eine lange Rückenflosse. Sein Maul ist tief angesetzt, da er seine Nahrung auf dem Grund sucht. Er ernährt sich vorwiegend von Weich- und Krebstieren sowie von einigen Insektenlarven, die er allesamt mit seinen großen, abgeflachten Zähnen in seinem Schlund zermalmt. Die Schalen spuckt er aus, und das weiche Fleisch schluckt er hinunter. Wie viele Umberfische erzeugt er durch Vibrieren der Schwimmblase Töne; er ist einer der wenigen Süßwasserfische, die dies können.

Süßwasser-Trommelfische laichen im April, Mai oder Juni in seichtem Wasser auf Kiesel- oder Sandgrund. Jedes Weibchen kann zwischen 10000 und 100000 Eier legen, aus denen nach etwa 2 Wochen die Jungen ausschlüpfen.

Adlerfisch

Argyrosomus regius

Verbreitung: Indischer Ozean; Ostatlantik: von Großbritannien bis zum Senegal; Mittelmeer

Habitat: von der Küste bis in Tiefen von 350 m, Ästuarien

Länge: 1,5–2 m

Der Adlerfisch, einer der Riesen der Umberfische, hat einen langen Körper, eine abgerundetes Maul mit großer Öffnung. Er ist in südlichen Gewässern eine häufig vorkommende Art; in die nördlichen europäischen Gewässer verirrt er sich nur gelegentlich. Adlerfische bewegen sich in Schwärmen, ernähren sich von Fischen und leben gewöhnlich über Sandgrund.

Gefleckter Ziegenfisch

Pseudupeneus maculatus

Verbreitung: Westatlantik: von New Jersey bis Brasilien; Golf von Mexiko, Karibik

Habitat: Flachwasser, Riffe, Seegrasfelder

Länge: 30 cm

Die Familie der Meerbarben (Mullidae) umfaßt 55 Arten, die in tropischen und gemäßigt warmen Meeren der ganzen Welt leben. Diese Fische haben gewöhnlich längliche Körper und zwei weit auseinanderstehende Rückenflossen.

Der Gefleckte Ziegenfisch ist ein typischer Vertreter dieser Familie, und er besitzt mit den zwei langen tastempfindlichen Kinnbarteln, die ihm zum Auffinden der Nahrung am Meeresgrund dienen, die familientypischen Merkmale. Mit diesen Barteln durchstöbert der Ziegenfisch die Ablagerungen am Grund nach kleinen wirbellosen Tieren, von denen er sich ernährt.

Gestreifte Meerbarbe

Mullus surmuletus

Verbreitung: Mittelmeer, Ostatlantik: von Großbritannien südl. bis zu den Kanarischen Inseln und Nordafrika

Habitat: Wasser mit Sand-, Schlamm-, manchmal auch Felsgrund bis zu 90 m Tiefe

Länge: 40 cm

Die Gestreifte Meerbarbe lebt vorwiegend im Mittelmeer. Gelegentlich taucht sie zwar auch weiter nördlich auf, doch ist sie dort vermutlich nur ein Sommergast. Sie hat eine steile, abgerundete Stirn und wie alle Mitglieder der Meerbarben-Familie zwei tastempfindliche Barteln am Kinn, mit denen sie den Meeresgrund nach Nahrung durchstöbert; vorwiegend sucht sie nach grundbewohnenden wirbellosen Tieren. Wenn die Gestreifte Meerbarben, Beutetiere aufgespürt haben, graben sie sie aus. Sie ziehen gewöhnlich in kleinen Schwärmen von höchstens 50 Exemplaren umher. Ihre Farbe kann sich extrem verändern; sie variiert zwischen Rötlichbraun, Rot und Gelblichbraun. Tagsüber sind die Gestreiften Meerbarben gewöhnlich bräunlich gefärbt, mit einigen gelben Streifen längs der Körperseiten. Nachts verwandeln sich diese Streifen in ein marmoriertes Muster. Im tiefen Wasser ist die Gestreifte Meerbarbe tiefrot. Zu einem Farbwechsel kann es auch kommen, wenn der Fisch sich bedroht fühlt.

Die Laichperiode dieser Art liegt zwischen Juli und September. Die Weibchen legen ihre Eier am Meeresgrund ab, doch die Jungen schwimmen unmittelbar nach dem Ausschlüpfen an die Wasseroberfläche.

Weißer Seebarsch
Gefleckte Meeresforelle
Trommelfisch
Ritterfisch
Gestreifte Meerbarbe
Süßwasser-Trommelfisch
Gefleckter Ziegenfisch
Adlerfisch

Barschartige Fische 7

Pilotbarsch

Kyphosus sectatrix

Verbreitung: Westatlantik: von Cape Cod südl. bis zu den Bermudas, der Karibik und Brasilien; Ostatlantik: vor den Küsten Westafrikas; Mittelmeer

Habitat: Gewässer mit felsigem Grund; Riffe

Länge: bis zu 75 cm

Die verschiedenen Arten der Familie der Pilotbarsche (Kyphosidae) leben in den tropischen und gemäßigt warmen Gewässern der ganzen Welt. Die meisten dieser etwa 30 Arten leben in seichten Gewässern und ernähren sich von Algen. Der Pilotbarsch selbst ist mit seinem hohen Körper, dem kleinen Kopf und dem kleinen Maul ein typischer Vertreter dieser Familie. Seine Färbung kann unterschiedlich sein, gewöhnlich ist er jedoch grau, hat schmale, dunkle Längsstreifen und eine gelbe Zeichnung am Kopf. Er ernährt sich überwiegend von Pflanzen, doch frißt er auch kleine wirbellose Tiere.

Obwohl sich das Verbreitungsgebiet dieser Art bis Cape Cod erstreckt, findet man erwachsene Pilotbarsche nur selten nördlich von Florida. Die jungen Fische werden vermutlich durch den Golfstrom weiter nach Norden abgetrieben.

Schützenfisch

Toxotes jaculator

Verbreitung: Indien, Südostasien, Philippinen, Indonesien, Nordaustralien

Habitat: Küstengewässer, Ästuarien, Unterläufe von Flüssen

Länge: 25 cm

Die 4 Arten der Schützenfische (Familie Toxotidae) tragen ihren Namen, weil sie Insekten fangen, indem sie einen Wasserstrahl auf sie abschießen. Der Schützenfisch nimmt Wasser in seine Kehle auf und formt mit der Zunge seine Maulöffnung zu einer schmalen Röhre. Indem er seine Zunge als Ventil benutzt und die Kiemendeckel zusammenpreßt, kann er mit einiger Kraft und großer Treffsicherheit einen Wasserstrahl ausstoßen. Mit seinen großen beweglichen Augen kann er ausgezeichnet sehen, auch über der Wasseroberfläche. Mit seiner „Wasserpistole" erlegt er Insekten, die sich auf den über dem Wasser hängenden Pflanzen befinden. Außerdem ernährt er sich auch von Wasserinsekten und kleinen wirbellosen Tieren.

Spatenfisch

Chaetodipterus faber

Verbreitung: Westatlantik: von New England und den Bermudas südl. über den Golf von Mexiko und die Karibik bis nach Brasilien

Habitat: Gewässer mit felsigem Grund

Länge: 45–90 cm

Der Spatenfisch hat einen hohen Körper, der seitlich stark abgeflacht ist, sowie verlängerte Rücken- und Afterflossen. Während er heranwächst, verändert sich seine Farbe: Die kleinen jungen Fische sind zunächst schwarz und werden allmählich silbriggrau mit dunklen, senkrechten Seitenstreifen; bei den erwachsenen Fischen verblassen diese Streifen. Der Spatenfisch gehört zur Familie der Spatenfische (Ephippidae), die etwa 14 Arten umfaßt.

Spatenfische ernähren sich vorwiegend von kleinen wirbellosen Tieren.

Rotrand-Fledermausfisch

Platax pinnatus

Verbreitung: Indischer und Pazifischer Ozean: vom Roten Meer und Ostafrika bis zu den Philippinen, Indonesien und Australien

Habitat: Küstengewässer; als Jungfische in Lagunennähe, später in Riffnähe

Länge: 75 cm

Der Rotrand-Fledermausfisch gehört zur Familie der Spatenfische. Er hat einen hohen, seitlich zusammengedrückten Körper und hohe Rücken- und Afterflossen. Die Jungen sind schwarz und haben orange gebänderte Flossen. Sie ähneln damit gewissen Plattwürmern und Weichtieren, die für Fische nicht bekömmlich sind, was sie vermutlich vor Raubfischen schützt. Die Ähnlichkeit wird noch verstärkt durch die Gewohnheit dieser Fische, in Seitenlage zu schwimmen und sich ebenso wellenförmig zu bewegen wie ihre Vorbilder.

Gefleckter Argusfisch

Scatophagus argus

Verbreitung: Indischer und Pazifischer Ozean: von Ostafrika bis Indien, Indonesien und bis zu den westpazifischen Inseln

Habitat: Küstengewässer; Süß- und Brackwasser

Länge: 30 cm

Der Gefleckte Argusfisch ist eine der etwa 3 Arten der Familie der Argusfische oder Scatophagidae, was wörtlich „Mistfresser" bedeutet. Zu diesem Ruf ist der Argusfisch gekommen, weil er öfter an Kloakenabflüssen gesehen wurde und man daher vermutet hatte, daß er sich von Fäkalien ernährt. Seine Nahrung besteht jedoch gewöhnlich aus Pflanzenteilen. Die erwachsenen Exemplare sind braun gefleckt, junge Fische hingegen haben eine dunkle streifenförmige Zeichnung an den Körperseiten.

Vieraugengaukler

Chaetodon capistratus

Verbreitung: Westatlantik: von Cape Cod südl. bis zur Karibik und zum Golf von Mexiko

Habitat: Korallenriffe, Gewässer mit Fels- und Sandgrund

Länge: 15 cm

Die ungefähr 200 Arten der Familie der Borstenzähner (Chaetodontidae) zählen zu den buntesten Bewohnern von Korallenriffen. Die Familie wird in zwei Unterfamilien unterteilt: die Gaukler und die Engelfische. Der Unterschied zwischen diesen beiden Gruppen besteht vor allem darin, daß die Engelfische in der Nähe ihrer Kiemendeckel einen starken Stachel tragen.

Der Vieraugengaukler ist mit seinem hohen, seitlich stark zusammengedrückten Körper, der dünn wie eine Scheibe ist, ein typischer Vertreter seiner Familie. Er hat die ideale Körperform, um sich durch die Korallenwälder hindurchzuschlängeln und die vielen Spalten darin als Schutz zu nutzen. Die schwarzen Flecken an beiden Körperseiten in der Nähe der Schwanzflosse dienen dem Vieraugengaukler vermutlich zur Irreführung von Raubfischen, die die Flekken möglicherweise für den empfindlichen Augenbereich halten. Die echten Augen sind zusätzlich in dunklen Streifen verborgen. Diese Fische suchen ihre Nahrung, indem sie Korallenriffe abgrasen. Sie fressen Polypen und Seegrasteile.

Pinzettfisch

Chelmon rostratus

Verbreitung: Indischer und Pazifischer Ozean: von Ostafrika bis Indien, Indonesien, Australien, Japan und den Philippinen

Habitat: Korallenriffe, felsige Gebiete

Länge: 20 cm

Der Pinzettfisch hat ein langes schnabelartiges Maul, mit dem er in die Spalten der Korallenriffe eindringen und dort Nahrung suchen kann. Der Schnabel ist mit kleinen, scharfen Zähnen ausgestattet. Der Pinzettfisch ist mit kupferfarbenen Bändern gezeichnet, die senkrecht über die Körperseiten verlaufen und vermutlich der Tarnung dienen. Ein schwarzer Fleck in der Nähe der Rückenflosse hat vermutlich die Funktion, Raubfische zu verwirren, die diesen für den empfindlichen Augenbereich halten.

Langschnäuziger Pinzettfisch

Forcipiger longirostris

Verbreitung: tropischer Indischer und Pazifischer Ozean: von Hawaii bis Indonesien und bis zu den Komoren

Habitat: Korallenriffe, felsige Gebiete

Länge: 20 cm

Der Langschnäuzige Pinzettfisch hat eine besonders langes schnabelartiges Maul, an dessen Spitze sich die kleine Maulöffnung befindet. Mit diesem Maul kann er in Spalten und Ritzen nach Nahrung suchen. Mit seinen pinzettenförmigen Kiefern pickt er zwischen den dicht beieinander stehenden Korallenköpfen kleine wirbellose Tiere und Polypen heraus.

Königinfisch

Holacanthus ciliaris

Verbreitung: tropischer Westatlantik: Florida und Bahamas, südl. bis Brasilien einschließlich Golf von Mexiko

Habitat: Korallenriffe

Länge: bis zu 45 cm

Der leuchtend gefärbte Königinfisch gehört zur gleichen Familie wie die Gaukler, hat jedoch in der Nähe der Kiemendeckel einen charakteristischen Stachel. Er hat einen hohen, schlanken Körper mit einem stumpfen Maul. An Rücken- und Afterflosse befinden sich stark verlängerte Lappen, die über die Schwanzflosse hinausragen.

Kaiserfisch

Pomacanthus imperator

Verbreitung: tropischer Indischer und Pazifischer Ozean: Rotes Meer, von Ostafrika bis Indonesien, Philippinen, Australien und Polynesien

Habitat: Korallenriffe, felsige Gebiete

Länge: bis zu 40 cm

Die erwachsenen Kaiserfische sehen mit ihrer gelben und blauen Zeichnung und der schwarzen Augenmaske sehr eindrucksvoll aus. Die jungen Fische hingegen sind wesentlich dunkler gefärbt, haben blaue und weiße Streifen am Körper und einen weißlichen Fleck in der Nähe des Schwanzes. Vermutlich ziehen die Streifen den Blick von Raubfischen auf den helleren Fleck und lenken ihn vom empfindlichen Kopfbereich ab. Mit seinem leicht vorstehenden Maul kann der Fisch gut die Korallenriffe abgrasen.

Pilotbarsch
Schützenfisch
Spatenfisch
Rotrand-Fledermausfisch
Vieraugengaukler
Gefleckter Argusfisch
Pinzettfisch
Langschnäuziger Pinzettfisch
Königinfisch
Kaiserfisch

Barschartige Fische 8

Gebänderter Brandungsbarsch

Amphistichus argenteus

Verbreitung: USA: von Kalifornien südl. bis Baja California, Mexiko

Habitat: Küstengewässer

Länge: bis zu 40 cm

Der Gebänderte Brandungsbarsch gehört zur Familie der Brandungsbarsche (Embiotocidae) mit etwa 23 Arten, die bis auf eine allesamt im nördlichen Pazifik vorkommen. Die meisten Mitglieder dieser Familie leben in den Brandungszonen der Küsten. Der Gebänderte Brandungsbarsch hat einen hohen Körper mit goldenen oder bronzefarbenen Flecken und senkrechten Streifen an den Körperseiten. Er ernährt sich von Kleinkrebsen und anderen Krebstieren sowie von Weichtieren.

Die Gebänderten Brandungsbarsche bringen ihre Jungen lebend zur Welt. Die Weibchen werden von den Männchen mit Hilfe eines umgebildeten Vorderteils der Afterflosse innerlich befruchtet, und die Jungen entwickeln sich im Mutterleib, wo sie von der Eileiterflüssigkeit geschützt und genährt werden. Die Anzahl der Jungen variiert je nach Größe der Mutter zwischen 4 und 113 pro Brut; eine durchschnittliche Brut besteht aus etwa 33 Jungen. Die meisten werden zwischen März und Juli geboren und sind nach etwa 2 Jahren voll entwickelt; dann sind sie etwas mehr als 12,5 cm lang.

Tangbarsch

Brachyistius frenatus

Verbreitung: Pazifikküste Nordamerikas von Vancouver bis Kalifornien

Habitat: Flachwasser an Felsküsten, Tangfelder

Länge: 20 cm

Der Tangbarsch, ein Mitglied der Familie der Brandungsbarsche, hat an den Körperseiten eine hübsche kupferne Färbung; auf jeder Schuppe dieses Fischs befindet sich ein dunkler Fleck. Er ernährt sich von Krebstieren. Wie die anderen Arten dieser Familie bringt auch der Tangbarsch lebende Junge zur Welt. Die Weibchen werden von den Männchen innerlich befruchtet, und die Jungen entwickeln sich im Mutterleib.

Pompadourfisch

Symphysodon discus

Verbreitung: tropisches Südamerika: Amazonasgebiet und Strömungsgebiete anderer großer Flüsse

Habitat: dichtbewachsene Seitenarme und Teiche

Länge: 20 cm

Der Pompadourfisch, eines der hübschesten Mitglieder der Familie der Buntbarsche (Cichlidae), hat einen seitlich zusammengedrückten Körper, der mit unregelmäßigen roten Streifen gezeichnet ist. Diese Streifen und die senkrechten Streifen, die sie kreuzen, dienen dem Fisch als Tarnung im Licht- und Schattenspiel der dichten Vegetation seines Lebensraums.

Der Pompadourfisch legt seine Eier auf Kiesgrund ab und bringt später die frisch ausgeschlüpften Jungen zu ins Wasser hängenden Pflanzen. Die Jungen schwimmen etwa 3 Tage nach dem Ausschlüpfen zu einem der Eltern, heften sich an den Körper oder an die Flossen und ernähren sich von der Schleimabsonderung der Haut. Diese Art der Ernährung behalten sie 5 Wochen oder länger bei.

Großer Segelflosser

Pterophyllum scalare

Verbreitung: Südamerika: Amazonasbecken

Habitat: dichtbewachsene, langsam fließende Flüsse

Länge: 15 cm

Wegen seiner Beliebtheit bei Aquariumshaltern ist der Große Segelflosser einer der bekanntesten Buntbarsche. In seiner natürlichen Umgebung – trüben, stark bewachsenen Gewässern – ist er durch seinen mit dunklen senkrechten Streifen gezeichneten, seitlich zusammengedrückten Körper und durch seine verlängerten Flossen gut getarnt. Die fadenartigen Flossenfortsätze sind schwer von Pflanzenstengeln zu unterscheiden.

Nil-Maulbrüter

Oreochromis niloticus

Verbreitung: von Nordafrika südl. bis zum Kongobecken und Ostafrika

Habitat: Flüsse, Stauseen

Länge: 50 cm

Der Nil-Maulbrüter, ein großer Buntbarsch, ist ein kräftiger Fisch mit einer langen Rückenflosse. Er hat ein kleines Maul und winzige Zähne, ernährt sich vorwiegend von Plankton, frißt aber auch Insekten und Krebstiere. Wie viele der Buntbarsche trägt dieser Fisch die Eier während ihrer Entwicklungszeit im Maul, wo sie geschützt sind und gleichzeitig mit strömendem Wasser versorgt werden. Bei dieser Spezies brüten die Weibchen die Eier aus. Die Jungen kehren auch noch nach dem Ausschlüpfen bei Gefahr in das Maul des Weibchens zurück.

Felsenkammbarsch

Crenicichla saxatilis

Verbreitung: Südamerika: Venezuela, Amazonasbecken bis Paraguay und Uruguay

Habitat: Flüsse, Teiche

Länge: 35 cm

Beim Felsenkammbarsch, einem großen, langen Fisch, läuft ein auffallender dunkler Streifen über den ganzen Körper. Rückenflosse und Schwanzflosse sind schwarz gerändert, und an der Schwanzflosse befindet sich ein dunkler Fleck. Die Zeichnung ist bei Weibchen und Männchen dieselbe, doch die Rücken- und Afterflossen des Männchens sind spitz, während die des Weibchens abgerundet sind. Der Felsenkammbarsch ist ein sehr aktiver Raubfisch, der ähnlich wie die Hechte die Beutetiere mit seinem großen Maul schnappt.

Schomburgk-Vielstachler

Polycentrus schomburgkii

Verbreitung: Nordosten Südamerikas; Trinidad

Habitat: Süßwasser: Bäche und Teiche

Länge: 10 cm

Der Schomburgk-Vielstachler gehört zur Familie der Nanderbarsche (Nandidae), die etwa 10 Arten von Süßwasserfischen umfaßt. Wie bei allen Arten dieser Familie ist sein Körper seitlich zusammengedrückt, und er hat viele Rücken- und Afterflossenstacheln. Sein Maul ist groß und vorstülpbar. Obwohl er klein ist, ist er ein gefräßiger Raubfisch, der, durch sein blattartiges Aussehen gut getarnt, unter den Wasserpflanzen lauert und, wenn er eine Beute entdeckt hat, plötzlich vorschnellt.

Sergeant Major

Abudefduf saxatilis

Verbreitung: in gemäßigt warmen bis tropischen Breiten auf der ganzen Welt

Habitat: Küstengewässer, Korallenriffe

Länge: 25 cm

Der Sergeant Major gehört zur Familie der Riffbarsche (Pomacentridae). Sie umfaßt mehrere hundert Arten, die in den gemäßigt warmen bis tropischen Meeren der ganzen Welt leben. Der Sergeant Major hat einen hohen Körper, und seine Farbe verändert sich entsprechend der Wassertiefe, in der er sich aufhält: In flachem Wasser ist er gelb und hat dunkle Streifen, in tieferem Wasser oder in Höhlen färbt er sich blau und bekommt senkrechte Streifen von noch dunklerem Blau.

Diese Art heftet ihre Eier auf Felsen oder in Felsspalten auf Oberflächen, die zuvor von jeglichem Algenbewuchs gesäubert werden. Das Männchen bewacht die Eier, bis die Jungen ausschlüpfen.

Orange-Anemonenfisch

Amphiprion percula

Verbreitung: westlicher und mittlerer Pazifik

Habitat: Korallenriffe

Länge: 6 cm

Der Orange-Anemonenfisch, ein Mitglied der Familie der Riffbarsche, ist an seinen breiten weißen und orangenen Streifen und an den dunkel geränderten Flossen leicht zu erkennen. Wie die meisten anderen Fische der Gattung der Anemonen- oder Clownsfische hat er eine feste Beziehung zu den großen Seeanemonen entwikkelt und lebt zwischen ihren Fühlern. Selbst wenn die Anemonen ihre Fühler einziehen, weicht er nicht. Auf diese Weise schützt er sich vor Raubfischen, und gleichzeitig schützt ihn die Schleimabsonderung auf seinem Körper vor dem Nesselgift der Anemonen. Er ernährt sich von winzigen Krebstieren und anderen Organismen, die er findet, wenn er für kurze Zeit seine Zufluchtsstätte verläßt.

Diese Art legt ihre Eier in der Nähe der Anemone auf Felsen oder Korallen ab, und beide Eltern bewachen die Brut.

Schöner Georg

Pomacentrus leucostictus

Verbreitung: Westatlantik: Küsten von Florida und den Bermudas; Karibik; Pazifikküste von Mexiko

Habitat: Küstengewässer, Korallenriffe

Länge: 15 cm

Der Schöne Georg, der zur Familie der Riffbarsche (Pomacentridae) gehört, ist mit seiner kräftigen orangebraunen und blauen Färbung und der gelben Punktierung eine sehr hübsche Art. Wie die meisten Arten seiner Familie ist er ein kleiner, sehr aktiver Fisch, der zwischen Korallen und Felsspalten umherschießt und sich von Algen, winzigen Krebstieren, Würmern und anderen kleinen wirbellosen Tieren ernährt.

Schomburgk-Vielstachler
Gebänderter Brandungsbarsch
Tangbarsch
Pompadourfisch
Felsenkammbarsch
Großer Segelflosser
Nil-Maulbrüter
Orange-Anemonenfisch
Sergeant Major
Schöner Georg

Barschartige Fische 9

Gestreifte Meeräsche

Mugil cephalus

Verbreitung: weltweit in tropischen und gemäßigt warmen Meeren

Habitat: Hochsee, Küstengewässer, Ästuarien

Länge: bis zu 90 cm

Die Gestreifte Meeräsche gehört zur Familie der Meeräschen (Mugilidae), deren Arten im Salzwasser, Brackwasser und Süßwasser leben. Sie hat einen rundlichen, stark beschuppten Körper und weit auseinanderliegende Rückenflossen, die typischen Merkmale dieser Familie. Die Gestreifte Meeräsche ernährt sich von winzigen Algen und Planktontierchen, die sich in den Ablagerungen auf dem Grund der Gewässer befinden. Sie saugt diese Bodenablagerungen auf, filtert sie durch ihre Kiemen und zermahlt die Nahrung mit ihren Magenmuskeln. Dabei gerät auch ein guter Teil Sand und Schlamm in ihren Bauch.

Atlantischer Barrakuda

Sphyraena barracuda

Verbreitung: weltweit in tropischen Meeren außer dem Ostpazifik; am häufigsten in der Karibik und im Westatlantik

Habitat: Lagunen, Korallenriffe; erwachsene Exemplare weiter von der Küste entfernt

Länge: bis zu 1,8 m

Es gibt etwa 18 Arten von Pfeilhechten (Familie Sphyraenidae), die in den tropischen und subtropischen Breiten des Atlantischen, Indischen und Pazifischen Ozeans leben. Der Atlantische Barrakuda ist mit seinem langen, schlanken Körper, dem spitzen Kopf und dem vorspringenden, mit furchterregenden Zähnen bestückten Unterkiefer ein typischer Vertreter dieser Familie. Er ist ein aggressiver Raubfisch, der Fische jagt und offenbar auch Menschen anfällt, wenn er gestört oder provoziert wird. Barrakudas leben gewöhnlich als Einzelgänger, finden sich aber vor dem Laichen oft zu Gruppen zusammen.

Gefleckter Lippfisch

Labrus bergylta

Verbreitung: Ostatlantik: von Norwegen und Großbritannien südl. bis Nordafrika; Mittelmeer

Habitat: Felsküsten

Länge: 50–60 cm

Es gibt etwa 100 Arten von Lippfischen (Familie Labridae), die weltweit in tropischen und gemäßigt warmen Breiten vorkommen. Der Gefleckte Lippfisch ist die größte der europäischen Arten. Er hat einen ziemlich hohen Körper, ein spitzes Maul und eine große Rückenflosse. Er ernährt sich von Weich- und Krebstieren, insbesondere von Krabben, die er mit den am Unterkiefer sitzenden spitzen Zähnen aufbricht, bevor er sie mit seinen breiten, starken Rachenzähnen zermalmt.

Wie viele Lippfische hat auch diese Art ein interessantes Brutverhalten. Nach einer Art Paarungsritual baut das Paar in einer Felsspalte ein Nest aus Tang, das durch Schleim zusammengehalten wird. Sobald das Weibchen die Eier gelegt hat, befruchtet das Männchen sie und bewacht das Nest, bis die Jungen ausschlüpfen.

Tautog / Austernfisch

Tautoga onitis

Verbreitung: Westatlantik: von Neuschottland bis South Carolina

Habitat: Küstengewässer, um Felsküsten und Muschelbänke

Länge: bis zu 90 cm

Der Tautog, eine Art der Familie der Lippfische, ist ein eher matt gefärbter Fisch mit flachem Maul und rundlichem Körper. Die erwachsenen Tiere ernähren sich von einer Vielfalt von wirbellosen Tieren, vor allem von Muscheln (insbesondere von Entenmuscheln), Muscheln, Krabben und Schnecken, die sie mit ihren starken Kiefern und Zähnen zermalmen. Die jungen Fische ernähren sich von Würmern und Kleinkrebsen.

Tautogs laichen im Frühjahr und Sommer im tiefen Wasser. Ihre Eier treiben an der Wasseroberfläche und werden allmählich zur Küste getrieben, während die Jungen sich entwickeln und ausschlüpfen. Die Jungfische verbringen die ersten Lebensmonate im flachen Wasser, wo sie unter der Vegetation Schutz finden.

Nordamerikanischer Lippfisch

Lachnolaimus maximus

Verbreitung: Westatlantik: von den Bermudas und North Carolina bis Brasilien; Golf von Mexiko, Karibik

Habitat: Küstengewässer, Korallenriffe

Länge: 90 cm

Den Nordamerikanischen Lippfisch, eine farbenprächtige Art der Lippfisch-Familie, erkennt man an seiner Rückenflosse, deren erste drei Stacheln stark verlängert und verdickt sind. Rückenflosse und Afterflosse laufen spitz zu. Seine dicken Lippen stehen leicht vor, und die Stirn wölbt sich über dem Maul steil nach oben. Die Färbung ist bei dieser Art unterschiedlich, doch die Männchen sind meist intensiver gefärbt als die Weibchen. Nordamerikanische Lippfische ernähren sich von Weichtieren, Krebsen und Seeigeln.

Kalifornischer Schafskopf

Pimelometopon pulchrum

Verbreitung: Pazifik: von der kalifornischen Monterey Bay bis Baja California

Habitat: Felsküsten, im Umkreis von Tangfeldern und Muschelbänken

Länge: bis zu 90 cm

Dieser auffällige Lippfisch läßt sich anhand seiner Farbe und Form leicht von den übrigen Arten seiner Familie unterscheiden. Sein Körper ist hoch, und sein Kopf ist schwer und hochgewölbt. Die Männchen entwickeln während der Laichsaison eine vorstehende Beule an der Stirn. Die Stacheln der Rückenflosse sind kürzer als der mit Weichstrahlen durchsetzte Teil der Flosse, und sowohl Rücken- wie Afterflosse haben spitze Enden. Die Geschlechter unterscheiden sich in der Färbung: Beim Männchen ist der mittlere Teil des Körpers rot, der vordere und hintere hingegen sind schwarz oder purpur gefärbt. Der Körper des Weibchens dagegen ist vollständig rot gefärbt und manchmal schwarz gezeichnet.

Der Kalifornische Schafskopf ernährt sich von Krebs- und Weichtieren. Vermutlich liegt seine Laichzeit im Sommer.

Zweistreifenjunker

Halichoeres bivittatus

Verbreitung: Westatlantik: von den Bermudas und North Carolina bis Brasilien; Karibik

Habitat: Küstengewässer, Korallenriffe

Länge: bis zu 25 cm

Der Zweistreifenjunker ist ein häufiger Bewohner von Korallenriffen, und er ernährt sich dort von einer Vielfalt von Seeigeln, Krebs- und Weichtieren. Ein besonderes Merkmal dieser Art sind die beiden schwarzen Streifen, die über die Körperseiten laufen.

Regenbogen-Papageifisch

Scarus guacamaia (Pseudoscarus g.)

Verbreitung: Westatlantik: von den Bermudas und Florida über die Karibik bis Argentinien

Habitat: Küstengewässer, Korallenriffe

Länge: 1,2 m

Der buntgefärbte Regenbogen-Papageifisch ist eine der ca. 68 Arten der Familie der Papageifische (Scaridae). Mit seinem robusten, schweren Körper und dem großen Kopf ist er einer der größten nordamerikanischen Papageifische. Er hat wie alle Arten seiner Familie starke schnabelförmige Kiefer, die aus miteinander verwachsenen Zähnen bestehen. Damit schabt er Algen und Korallen, von denen er sich ernährt, von den Riffen. Weiter hinten in seinem Schlund sitzen große Mahlzähne, mit denen er seine Nahrung zermalmt.

Wie einige andere Papageifischarten spinnt der Regenbogen-Papageifisch gelegentlich nachts einen Kokon aus Schleim um seinen Körper. Dieser natürliche „Schlafsack“ schützt den Fisch im Schlaf vor Raubfischen.

Blauer Papageifisch

Scarus coeruleus

Verbreitung: Westatlantik: von North Carolina bis Brasilien einschließl. Golf von Mexiko und Karibik

Habitat: Korallenriffe

Länge: 1,2 m

Der schöne Blaue Papageifisch fällt dadurch auf, daß sein Unterkiefer viel kürzer ist als der Oberkiefer. Ältere Männchen entwickeln am Maul eine vorstehende Beule, die ihnen ein ungewöhnliches Profil gibt. Der Blaue Papageifisch ernährt sich auf die gleiche Weise wie die anderen Mitglieder der Familie Scaridae, nämlich indem er mit seinen schnabelartigen Kiefern Algen und Korallen von den Riffen abschabt. Um seine Nahrung verdauen zu können, zermalmt er sie mit den Mahlzähnen, die sich weiter hinten in seinem Schlund befinden.

Ampel-Papageifisch

Sparisoma viride

Verbreitung: Karibik

Habitat: Korallenriffe

Länge: 25–50 cm

Die Männchen dieser verbreiteten Papageifischart sind größer als die Weibchen und unterscheiden sich von ihnen auch in der Färbung: Sie sind bläulichgrün, während die Weibchen rot oder rötlichbraun sind. Der Ampel-Papageifisch ernährt sich von Algen und anderen Pflanzenteilchen, die er mit den Zähnen von Felsen und Korallen schabt.

Gestreifte Meeräsche
Gefleckter Lippfisch
Atlantischer Barrakuda
Nordamerikanischer Lippfisch
Tautog
Zweistreifenjunker
Kalifornischer Schafskopf ♂
Regenbogen-Papageifisch
Blauer Papageifisch ♂
Ampel-Papageifisch ♂

Barschartige Fische 10

Petermännchen

Echiichthys vipera

Verbreitung: ostatlantische Küsten von Großbritannien bis Nordafrika; Mittelmeer

Habitat: Flachwasser mit Sandgrund

Länge: 14 cm

Das Petermännchen ist ein Grundbewohner. Meist liegt es halb vergraben im Sand und läßt nur den Kopf hervorschauen. Bei Gefahr stellt es die Stacheln seiner Rückenflosse auf, deren Gewebe ein hochgiftiges Sekret produziert. Auch auf seinen Kiemendeckeln befinden sich Giftstacheln, mit denen das Petermännchen äußerst schmerzhafte Wunden zufügen kann, doch verwendet er sie nur zur Verteidigung und zur Warnung. Das Petermännchen ernährt sich von kleinen, am Grund lebenden Krebstieren und Fischen. Dies ist eine der 6 Arten der Familie der Eigentlichen Drachenfische (Trachinidae), die alle Giftstacheln besitzen.

Nördlicher Himmelsgucker

Astroscopus guttatus

Verbreitung: nordamerikanische Atlantikküste von New York bis North Carolina

Habitat: Flachwasser mit Sandgrund

Länge: bis zu 30 cm

Der Nördliche Himmelsgucker hat einen robusten Körper und einen großen Kopf. Sein Maul und seine an der Oberseite des Kopfes sitzenden Augen sind nach oben gerichtet. Diese Merkmale passen zu seiner Angewohnheit, halb vergraben am Meeresgrund zu liegen; dabei sind nur Augen und Mund sichtbar. In dieser Stellung wartet er auf seine Beute – Fische und Krebstiere. Hinter den Augen befinden sich spezielle elektrische Organe, die sich aus Muskeln entwickelt haben und Ladungen von über 50 Volt erzeugen können.

Diese Art laicht vermutlich im Frühjahr oder Frühsommer im offenen Meer. Die jungen Fische werden allmählich zur Küste hin in seichteres Wasser abgetrieben, wo sie dann wie die erwachsenen Fische als Grundbewohner leben.

Südpol-Kabeljau

Notothenia coriiceps

Verbreitung: Küsten der Antarktis

Habitat: Küstengewässer

Länge: 60 cm

Die Familie Nototheniidae, zu der Südpol-Kabeljau gehört, ist die zahlreichste Gruppe von Fischen in der Antarktis. Fast drei Viertel aller Fische dieser Region gehören zu dieser Familie. Einige Mitglieder der Familie verfügen über ein besonderes Protein, das Bestandteil des Blutes ist und den Gefrierpunkt desselben herabsetzt, so daß die Fische sogar noch bei einer Körpertemperatur von -1,9 °C leben können.

Der erwachsene Südpol-Kabeljau hat einen langen, schlanken, beschuppten Körper und einen schweren Kopf. Er ist meistens bräunlich gefärbt; die jungen Fische sind jedoch zunächst blau und silbrig und verfärben sich im Laufe der Zeit ins Rötliche. Der Südpol-Kabeljau ist ein Grundbewohner und ernährt sich von Algen, Weichtieren, Kleinkrebsen und Würmern.

Eisfisch

Chaenocephalus aceratus

Verbreitung: antarktische Gewässer vor den Küsten von South Georgia, den South Orkneys und den South Shetlands

Habitat: vom Flachwasser bis 340 m Tiefe

Länge: 60 cm

Dieser Fisch ist eine der 16 Arten der Familie der Eisfische (Channichthyidae), die alle in der Antarktis leben. Interessanterweise fehlt bei diesen Fischen das sauerstofftransportierende Hämoglobin, das ansonsten alle Wirbeltiere besitzen. Wegen der fehlenden roten Blutkörperchen erscheint das Blut dieser Fische weißlich bis durchsichtig. Sie nehmen wie andere Fische den Sauerstoff durch die Kiemen auf, jedoch wird er bei ihnen im Körper durch das Blutplasma weitergetragen. Damit verfügen sie über ein an ihren Lebensbereich hervorragend angepaßtes System der Sauerstoffzufuhr, da die kalten antarktischen Gewässer reich an Sauerstoff sind. Überdies verbraucht der Eisfisch wenig Sauerstoff, da er sehr träge ist.

Der Eisfisch ist von langer, schlanker Gestalt und hat einen großen Kopf mit schnabelartigen Kiefern. Er verbringt die meiste Zeit am Meeresgrund, wo er sich von Fischen und Krebstieren ernährt.

Kelpfisch

Heterostichus rostratus

Verbreitung: nordamerikanische Pazifikküste: British Columbia bis Baja California

Habitat: Flachwasser in Küstennähe, in der Nähe von Seegrasfeldern

Länge: bis zu 60 cm

Der Kelpfisch ist das größte Mitglied der Familie Clinidae, die etwa 175 Arten von vorwiegend tropischen Meeresfischen umfaßt. Charakteristisch sind der lange Körper, die scharfen, spitzen Zähne und die langen Rücken- und Afterflossen. Seine Färbung hingegen ist äußerst unterschiedlich und hängt von der Umgebung ab: Die Kelpfische, die im Seegras leben, sind hellgrün, andere dagegen dunkelgrün, braun, orange, gelb oder rötlich. Ihre Farbe entspricht stets der Meeresvegetation beziehungsweise dem jeweiligen Hintergrund ihres Habitats.

Schleimlerche / Schan

Lipophrys pholis (Blennius p.)

Verbreitung: europäische Küsten von Südnorwegen und Schottland südl. bis Portugal und Madeira

Habitat: Felsküsten, Gezeitentümpel

Länge: bis zu 18 cm

Die Familie der Unbeschuppten Schleimfische (Blenniidae), der auch die Schleimlerche angehört, umfaßt etwa 276 Fischarten, die vorwiegend an Meeresküsten leben. Mit ihrer unbeschuppten Haut, dem abgerundeten Kopf und den Reihen von feinen, scharfen Zähnen hat die Schleimlerche die typischen Merkmale dieser Familie. Sie ernährt sich von Algen, Entenmuscheln, Krebstieren und Fischen.

Schleimlerchen legen ihre Eier in Trauben unter einem Felsen oder in einer Felsspalte ab, und das Männchen bewacht sie, bis die Jungen ausschlüpfen.

Rotlippen-Schleimfisch

Ophioblennius atlanticus

Verbreitung: Westatlantik: von North Carolina bis zu den Bermudas und südl. bis zur Küste von Brasilien; Golf von Mexiko, Karibik

Habitat: Gewässer mit felsigem oder korallenbewachsenem Grund

Länge: 12 cm

Der Rotlippen-Schleimfisch ist in seinem Verbreitungsgebiet sehr häufig. Man erkennt ihn an seinem steilen, abgerundeten Maul, das mit Quasten und Fühlern besetzt ist, außerdem an seinen roten Lippen und an seiner rotgeränderten Rückenflosse. Er gehört zur Familie der Unbeschuppten Schleimfische und ist als Grundbewohner und alleinlebender Fisch ein typisches Mitglied dieser Familie. Er ernährt sich von kleinen wirbellosen Tieren.

Die Weibchen legen ihre Eier zwischen Korallen oder unter Felsen ab, und die Männchen bewachen die Brut. Die jungen Fische leben an der Wasseroberfläche, weiter draußen auf hoher See; hingegen halten sich die Erwachsenen mehr in Küstennähe auf.

Cryptacanthodes maculatus

Verbreitung: Westatlantik: von Labrador bis New Jersey

Habitat: schlammiger Meeresgrund

Länge: 90 cm

Cryptacanthodes maculatus, ein Grundbewohner, lebt vergraben im Sand. Oft gräbt er ein kompliziertes Tunnelsystem. Er ernährt sich von Fischen, Krebs- und Weichtieren. Dieser Schleimfisch hat große Ähnlichkeit mit einem Aal. Er hat einen langen schuppenlosen Körper mit Rücken- und Afterflossen, die beide in die Schwanzflosse übergehen. Bauchflossen fehlen bei dieser Art. Der Kopf ist an der Oberseite flach, und die Augen sitzen oben. Das Maul steht schräg nach oben, und der Unterkiefer ragt über den Oberkiefer vor.

Dieser Schleimfisch gehört zu den 4 Arten der Familie Cryptacanthodidae.

Butterfisch

Pholis gunnellus

Verbreitung: Westatlantik: von Labrador bis Massachusetts; Ostatlantik: von der französischen Nordküste bis zur Barentssee; Küsten von Island und Südgrönland

Habitat: Felsküsten, Gezeitentümpel, manchmal auch in tieferem Wasser

Länge: 25 cm

Dieser weitverbreitete Fisch hat einen langen, schlanken, bräunlich gefärbten Körper. Am Ansatz der langen Rückenflosse hebt sich deutlich eine Reihe von schwarzen Flecken mit weißem Rand ab. Er gehört zur Familie der Butterfische (Pholididae) mit ihren etwa 13 Arten, die in den kühleren Gewässern des Nordpazifiks und des Atlantiks zu finden sind. Kleine Krebstiere, Würmer und Weichtiere sind die vorwiegende Nahrung des Butterfisches, und da er häufig in Küstennähe lebt, ist er selbst für viele Meeresvögel ein wichtiger Nahrungslieferant.

Butterfische laichen im Winter, wobei sie ihre Eier in Küstennähe in Trauben zwischen den Steinen ablegen. Beide Eltern bewachen die Eier bis zum Ausschlüpfen der Jungen.

Petermännchen
Nördlicher Himmelsgucker
Südpol-Kabeljau
Eisfisch
Kelpfisch
Schleimlerche
Cryptacanthodes maculatus
Rotlippen-Schleimfisch
Butterfisch

Barschartige Fische 11

Kleiner Sandaal

Ammodytes tobianus

Verbreitung: Ostatlantik: von Island und Norwegen bis Portugal und Spanien

Habitat: Küstengewässer bis zu Tiefen von ca. 30 m

Länge: 20 cm

Die Sandaale tragen ihren Namen wegen ihrer Gewohnheit, sich blitzschnell im losen Sandboden einzugraben. Sie schwimmen jedoch auch in Schwärmen nahe der Wasseroberfläche. Die Familie der Sandaale *(Ammodytidae)* umfaßt etwa 12 Arten, allesamt langgestreckte, dünne Fische mit langen Rücken- und Afterflossen. Typisch für sie ist der spitze Kopf mit dem vorstehenden Unterkiefer. Der Kleine Sandaal ernährt sich von Plankton; er selbst wird von vielen größeren Fischen gefressen. Manche Sandaale laichen im Herbst, andere im Frühjahr, doch alle legen ihre Eier auf dem Meeresgrund ab, wo diese am Sand haftenbleiben.

Gefleckte Schläfergrundel

Dormitator maculatus

Verbreitung: Westatlantik: von den Bahamas und North Carolina bis zum Golf von Mexiko und nach Brasilien

Habitat: Küsten mit Schlammgrund, Brackwassertümpel, Flußmündungen

Länge: 45 cm

Die Schläfergrundeln werden mitunter zur Grundelfamilie gerechnet, doch ordnet man sie meist einer eigenen Familie, den Schläfergrundeln *(Eleotridae)*, zu. Der Unterschied zwischen den beiden Guppen besteht vor allem darin, daß die Schläfergrundeln voneinander getrennte Bauchflossen besitzen, während die Bauchflossen der Grundeln gewöhnlich miteinander verbunden sind und eine Saugscheibe bilden. Die Gefleckte Schläfergrundel ist ein kleiner, untersetzter Fisch mit großem, abgerundetem Kopf. Ihr populärer Name ist auf die Gewohnheit zurückzuführen, über lange Zeiträume bewegungslos auf dem Meeresgrund zu verharren.

Seewolf/Katfisch

Anarrhichas lupus

Verbreitung: Westatlantik: von Labrador bis Cape Cod, manchmal bei New Jersey; Ostatlantik: von Island und Spitzbergen bis nach Nordfrankreich

Habitat: vom Flachwasser bis in Tiefen von 300 m

Länge: 1–1,2 m

Der Seewolf ist eine der 6 Meeresfischarten der Familie *Anarrhichadidae*. Mit seinem großen Kopf, den dolchartigen Zähnen und der langen Rücken- und Afterflosse ist er charakteristisch für diese Familie. Er ernährt sich von Muscheln und anderen Weichtieren sowie von Krebstieren, die er mit seinen scharfen Hauern aufbricht und mit den breiteren Zähnen weiter hinten zermalmt.

Der Seewolf laicht im Winter. Das Weibchen legt die klebrigen Eier in Klumpen auf dem Meeresboden ab, wo sie an Steinen oder anderen Objekten haftenbleiben.

Zwerggrundel

Pandaka pygmaea

Verbreitung: Philippinen

Habitat: Seen, Bäche

Länge: 1,1 cm

Die Zwerggrundel ist einer der kleinsten Fische der Welt und vermutlich das kleinste Wirbeltier überhaupt. Man hat ausgewachsene Fische dieser Art von nicht mehr als 6 mm Länge gefunden. Der Kopf der Zwerggrundel ist schuppenlos, doch ihr schlanker Körper ist mit Schuppen bedeckt und mit dunklen Flecken gezeichnet.

Felsgrundel

Gobius paganellus

Verbreitung: Nordatlantik: von Großbritannien bis Nordafrika; Mittelmeerküsten

Habitat: Felsstrände, Tümpel an der Küste

Länge: 12 cm

Die Familie der Echten Grundeln *(Gobiidae)* ist eine der größten Meeresfischfamilien, innerhalb derer es viele Arten gibt, die sich auch im Süßwasser aufhalten. Die Felsgrundel ist eine der größeren Arten von ihnen, und mit ihrem großen, stumpfen Kopf, dem schlanken Körper und der abgerundeten Schwanzflosse ein typischer Vertreter ihrer Familie. Ihre Bauchflossen sind so miteinander verbunden, daß sie eine Saugscheibe bilden, mit deren Hilfe sie sich an Felsen oder anderen Oberflächen anheftet. Die Felsgrundel ernährt sich von Krebstieren, anderen kleinen Wirbellosen und Fischen.

Felsgrundeln laichen im Frühjahr und Sommer. Ihre Eier legen sie an die Oberseite einer Felshöhlung, wo sie vom Männchen bewacht werden, bis die Jungen ausgeschlüpft sind.

Blauer Doktorfisch

Acanthurus coeruleus

Verbreitung: Westatlantik: New York und Bermudas, südl. bis zur Karibik und nach Brasilien

Habitat: Küstengewässer, Korallenriffe

Länge: 30 cm

Der prächtig gefärbte Blaue Doktorfisch gehört zur etwa 75 Arten umfassenden Familie der Doktorfische *(Acanthuridae)*. Der Name dieses Fisches stammt von den besonders spitzen beweglichen Stacheln an beiden Seiten der Schwanzflosse, die nach Meinung mancher Zoologen an Chirurgenskalpelle erinnern. Normalerweise liegen diese Stacheln flach am Körper an, doch wenn der Fisch aufgestört oder erschreckt wird, richten sie sich auf. Dann kann der Doktorfisch seinem Gegner damit ernsthafte Verletzungen zufügen, indem er mit der Schwanzflosse hin und her schlägt. Er verwendet diese Stacheln aber nur zur Verteidigung, da er sich ausschließlich von Algen ernährt, die er mit seinen scharfkantigen Zähnen von den Felsen schabt.

Der Blaue Doktorfisch ist im Aussehen zwar recht typisch für seine Familie, hat jedoch einen besonders hohen Körper und ein steiles Profil. Seine Färbung wechselt im Laufe seiner Entwicklung: Junge Fische sind hellgelb gefärbt und haben in der Nähe der Augen blaue Flecken; später färbt sich fast der ganze vordere Teil des Körpers blau, während der Schwanz gelb bleibt. Erwachsene Fische schließlich sind am ganzen Körper tiefblau und in Längsrichtung mit schmalen, dunkelblauen Streifen gezeichnet.

Halfterfisch

Zanclus cornutus

Verbreitung: Indischer und Pazifischer Ozean: von Ostafrika bis Hawaii

Habitat: Flachwasser, Korallenriffe

Länge: 18 cm

Der Halfterfisch ist mit seiner prachtvollen Färbung und dem vorstehenden Maul eine unverwechselbare Spezies. Sein Körper ist hoch und seitlich stark zusammengedrückt, und Rücken- und Afterflosse laufen spitz zu und sind nach hinten geneigt, so daß dieser Fisch größer zu sein scheint, als er lang ist. Die Rückenflosse geht in eine fadenartige Verlängerung über. Bei den erwachsenen Halfterfischen entwickeln sich auf der Stirn dornenförmige Fortsätze, die mit zunehmendem Alter größer werden.

Obwohl der Halfterfisch der Familie der Doktorfische *(Acanthuridae)* angehört, besitzt er nicht die furchterregenden Schwanzstacheln seiner Verwandten. Die jungen Fische dieser Art haben allerdings scharfe Stacheln an den beiden Mundwinkeln; wenn der Fisch erwachsen wird, fallen diese Stacheln ab. Die jungen und erwachsenen Exemplare dieser Art haben tatsächlich so wenig Ähnlichkeit miteinander, daß man sie zunächst für zwei verschiedene Arten gehalten hat.

Nashornfisch

Naso lituratus

Verbreitung: Indischer und Pazifischer Ozean: von Ostafrika bis Australien und Hawaii

Habitat: Küstengewässer, Korallenriffe

Länge: 40 cm

Der Nashornfisch oder Kuhkopffisch gehört ebenfalls zur Familie der Doktorfische. Seine nach vorne gerichteten Stacheln an den Seiten der Schwanzflosse sind jedoch fixiert und können nicht aufgestellt werden. Im Unterschied zu anderen Mitgliedern dieser Gattung entwickeln die Fische dieser Art kein Horn an der Stirn, wenn sie heranreifen. Bei den Männchen schließen die Schwanzflossen beidseitig mit auffallend langen Bändern ab.

Nashornfische treten in kleinen Schwärmen auf und grasen die Felsen nach Algen und Korallen ab.

Gelber Kaninchenfisch

Siganus virgatus

Verbreitung: Indischer und Pazifischer Ozean: von Indien und Sri Lanka bis Indonesien und Nordaustralien, nördl. bis zu den Philippinen sowie nach China und Japan

Habitat: Küstengewässer, am Rand von Korallenriffen

Länge: 25 cm

Der Gelbe Kaninchenfisch gehört zu der ca. 10 Arten umfassenden Familie der Kaninchenfische *(Siganidae)*, die mit der Familie der Doktorfische eng verwandt ist. Kaninchenfische haben viele kräftige spitze Stacheln, mit denen sie Gegnern ernsthafte Verletzungen zufügen können. Zwei dieser Stacheln befinden sich an jeder Bauchflosse, sieben an der Afterflosse, und ein nach vorn gerichteter Stachel sitzt vor der stacheligen Rükkenflosse. Die Stacheln sind mit Giftdrüsen ausgestattet.

Wie alle Mitglieder der Familie hat diese Art einen stumpfen, abgerundeten Kopf und starke Kiefer. Die Gelben Kaninchenfische grasen Felsen und Riffe nach Algen ab.

Seewolf

Kleiner Sandaal

Gefleckte Schläfergrundel

Zwerggrundel

Felsgrundel

Halfterfisch

Blauer Doktorfisch (Jungfisch)

Gelber Kaninchenfisch

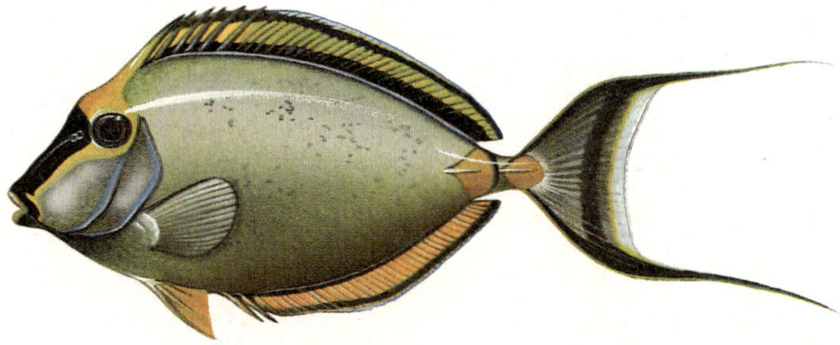
Nashornfisch ♂

Barschartige Fische 12

Degenfisch / Haarschwanz

Trichiurus lepturus

Verbreitung: Atlantik: tropische und gemäßigte Breiten einschließl. Golf von Mexiko und Karibik; Mittelmeer

Habitat: Oberflächenwasser der Hochsee

Länge: 1,5 m

Der Degenfisch mit seinem langen, bandförmigen Körper hat einen spitzen Kopf und große Kiefer mit furchterregenden Zähnen. Seine Rückenflosse verläuft über den ganzen silbrig schimmernden Körper bis hin zum spitz zulaufenden Schwanz. Der Degenfisch gehört zur Familie der Haarschwänze oder Rinkfische (Trichiuridae), die etwa 17 Arten umfaßt. Er ist ein gefräßiger Raubfisch, der sich von anderen Fischen und Tintenfischen ernährt.

Europäische Makrele / Gewöhnliche Makrele

Scomber scombrus

Verbreitung: Westatlantik: vom St.-Lorenz-Golf bis North Carolina; Ostatlantik: von Island und Skandinavien bis Nordafrika; Mittelmeer

Habitat: Oberflächenwasser vor der Küste

Länge: 40–65 cm

Die zahlreich vorkommende Europäische Makrele hat einen schlanken, aber ziemlich abgerundeten Körper, der mit unregelmäßigen schwarzen Linien gezeichnet ist. Erwachsene Makrelen ernähren sich von Krebstieren und kleinen, in Schwärmen lebenden Fischen, während die Jungfische sich von Planktonkrebsen und Fischlarven ernähren. Offenbar wandert die Europäische Makrele saisonbedingt: Im Frühjahr und Sommer zieht sie nach Norden und näher zur Küste hin und im Winter wieder zurück in den Süden. Im Winter kommen diese Fische in tiefen, doch relativ warmen Gewässern am Rand der Kontinentalplatte zusammen, wo sie sich kaum bewegen und wenig Nahrung zu sich nehmen. Die Europäische Makrele gehört zur Familie der Makrelen (Scombridae), die etwa 45 Arten umfaßt, von denen viele wichtige Speisefische sind.

Die Art laicht im Sommer. Ein mittelgroßes Weibchen produziert nicht weniger als 450000 Eier, die im Wasser treiben, bis die Jungen nach etwa 4 Tagen ausschlüpfen.

Echter Bonito

Euthynnus pelamis (Katsuwonus p.)

Verbreitung: weltweit in tropischen Meeren, als Sommergast auch in gemäßigt warmen Breiten

Habitat: Oberflächenwasser vor der Küste

Länge: 1 m

Der Echte Bonito gehört zur Familie der Makrelen (Scombridae). Er hat den für die schnell schwimmenden Thunfische typischen stromlinienförmigen Körper. Eines seiner Erkennungsmerkmale sind die dunklen Streifen an der Unterseite seines Körpers. Echte Bonitos sind sehr zahlreich und treten in großen Schwärmen auf, die manchmal bis zu 50000 Exemplare umfassen. Besonders im Pazifik ist er für den kommerziellen Fischfang von großer Bedeutung. Echte Bonitos ernähren sich von Fischen und Wirbellosen wie Tintenfischen und Krebstieren.

Gelbflossen-Thunfisch

Thunnus albacares

Verbreitung: weltweit in tropischen und gemäßigt warmen Meeren

Habitat: Oberflächenwasser vor der Küste, Küstengewässer

Länge: bis zu 2 m

Den Gelbflossen-Thunfisch erkennt man an den langen Brustflossen, den kleinen gelben Flossen hinter der Rücken- und Afterflosse und der gelben Zeichnung an den Körperseiten. Er hat den typischen spindelförmigen Körper der Thunfische. Als zusätzliches Erkennungsmerkmal sind bei großen Exemplaren die Afterflosse und die zweite Rückenflosse stark verlängert. Gelbflossen-Thunfische ernähren sich von Fischen, Krebstieren und Tintenfischen und unternehmen wie die meisten Mitglieder der Familie Scombridae saisonbedingte Wanderzüge.

In tropischen Gewässern laichen sie zu jeder Jahreszeit, in anderen Regionen fällt die Laichzeit in das späte Frühjahr und in den Sommer. Vermutlich legen die Weibchen mindestens zweimal im Jahr über eine Million Eier.

Wahoo

Acanthocybium solanderi

Verbreitung: weltweit in tropischen Meeren

Habitat: Hochsee

Länge: bis zu 2 m

Im Gegensatz zu den meisten anderen Arten der Familie Scombridae lebt der Wahoo nicht in Schwärmen, sondern gewöhnlich alleine oder in kleinen Gruppen. Er ist länger und schlanker als die meisten anderen Thunfische und hat ein langes, schmales Maul mit vielen starken Zähnen. Er ernährt sich von einer großen Vielfalt von Fischen und Tintenfischen und kann bei der Beutejagd plötzlich extrem hohe Geschwindigkeiten entwickeln – angeblich bis zu 66 km/h. Da der Wahoo eine nicht sehr zahlreiche Fischart ist, wird er nicht kommerziell gefangen, jedoch ist er bei Anglern sehr beliebt.

Fächerfisch

Istiophorus platypterus

Verbreitung: weltweit in tropischen bis gemäßigt warmen Meeren

Habitat: Oberflächenwasser, Hochsee und manchmal auch näher an der Küste

Länge: 3,6 m

Das hervorstechende Merkmal des Fächerfischs ist eine hohe, segelartige Rückenflosse. Außerdem hat er verlängerte Kiefern, die nicht wie beim Schwertfisch einen flachen, sondern einen abgerundeten Querschnitt haben. Er gehört zu den 10 Arten der Familie Istiophoridae, die alle erstaunliche Geschwindigkeiten entwickeln können. Der Fächerfisch ernährt sich sehr abwechslungsreich; er scheint fast jede verfügbare Art von Fischen und Tintenfischen zu fressen. Auf seinen saisonbedingten Wanderungen zieht er im Winter von kühleren in tropischere Gewässer.

Die Fächerfische laichen im offenen Meer. Jedes Weibchen legt mehrere Millionen Eier, die bis zum Ausschlüpfen in der Nähe der Wasseroberfläche treiben. Die wenigen überlebenden Jungen wachsen sehr schnell heran.

Blauer Marlin

Makaira nigricans (M. ampla)

Verbreitung: weltweit in tropischen und gemäßigt warmen Meeren

Habitat: Küstengewässer, Hochsee

Länge: 3–4,6 m

Der Blaue Marlin, ein besonders eindrucksvoller Fisch, wiegt durchschnittlich 180 kg und kann in manchen Fällen auch das Doppelte dieses Gewichts erreichen. Wie alle Mitglieder der Familie Istiophoridae hat er eine langes schnabelartiges Maul, mit dem er vermutlich seine Beute erlegt – hauptsächlich Schwarmfische und Tintenfische.

Der Blaue Marlin ist einer der schnellsten Fische überhaupt. Er hat die für alle schnell schwimmenden Fischarten typische perfekte Stromlinienform und die hohe, halbmondförmige Schwanzflosse. Er wandert im Winter in die Äquatorregion und verläßt sie im Sommer wieder.

Gestreifter Marlin

Tetrapturus audax (Makaira a.)

Verbreitung: gemäßigt warme Breiten des Indischen und Pazifischen Ozeans, weniger häufig in tropischen Gewässern

Habitat: Hochsee, Küstengewässer

Länge: 3 m

Der Gestreifte Marlin, ein stahlblauer Fisch mit blauen oder weißen senkrechten Streifen, unterscheidet sich vom Blauen Marlin durch die höhere Rückenflosse; im übrigen ähnelt er diesem stark mit seinen langen, schnabelartigen Maul und seinem stromlinienförmigen Körper. Er ernährt sich von Fischen und gelegentlich von Tintenfischen, darunter sowohl Tiefsee-Arten als auch solche, die an der Wasseroberfläche leben. Wie alle Marlins gehört auch er zur Familie Istiophoridae.

Schwertfisch

Xiphias gladius

Verbreitung: weltweit in gemäßigt warmen bis tropischen Meeren

Habitat: Hochsee, Oberflächenwasser und tiefes Wasser

Länge: 2–5 m

Der große Schwertfisch ist die einzige Art der Familie der Schwertfische (Xiphiidae). Seine Rückenflosse ist sichelförmig und sitzt weiter hinten als die des ihm ähnlichen Fächerfisches. Außerdem unterscheiden sich die Schwertfische von den Marlins und Fächerfischen durch ihren stark abgeflachten Schnabel (das „Schwert") und durch das Fehlen der Bauchflosse. Erwachsene Schwertfische leben außerhalb der Laichzeit gewöhnlich als Einzelgänger. Sie sind schnelle, aktive Raubfische, die sich von verschiedenen Arten kleiner Fische wie auch von Tintenfischen ernähren. Die Funktion des Schwertes ist nicht ganz geklärt: Es könnte zum Erlegen von Schwarmfischen dienen, es könnte sich aber auch als Bestandteil der Stromlinienform entwickelt haben.

Auf der nördlichen Erdhalbkugel wandern die Schwertfische im Winter in südlichere Bereiche und in tieferes Wasser. Der lange Schnabel ist bei den Jungfischen noch nicht vorhanden; er entwickelt sich erst allmählich während des Heranwachsens.

Degenfisch
Gelbflossen-Thunfisch
Echter Bonito
Europäische Makrele
Schwertfisch
Fächerfisch
Wahoo
Blauer Marlin
Gestreifter Marlin

Barschartige Fische 13

Quallenfisch

Nomeus gronovii

Verbreitung: tropische Breiten des Indischen und Pazifischen Ozeans, des Westatlantiks und der Karibik
Habitat: lebt in Symbiose mit der Portugiesischen Galeere (einer Qualle)
Länge: 22 cm

Der kleine Quallenfisch ist vor allem dafür bekannt, daß er sein Leben zwischen den langen Fangarmen der Portugiesischen Galeere (*Physalia physalis*) verbringt. Er scheint gegen die Nesselzellen der *Physalia* immun zu sein, oder er neutralisiert vermutlich sogar deren Wirkung. Die Qualle wird offenbar durch die Anwesenheit des Fisches nicht geschädigt, jedoch ist über das Zusammenleben dieser beiden Tiere nur wenig bekannt. Vermutlich nützt der Fisch der Qualle, indem er Ablagerungen von ihrem Körper entfernt.

Der Quallenfisch gehört zu den etwa 15 Arten der Familie der Quallenfische (Nomeidae).

Amerikanischer Butterfisch

Peprilus triacanthus

Verbreitung: Westatlantik: vom St.-Lorenz-Golf bis Südflorida
Habitat: Küstengewässer, Buchten, Ästuarien
Länge: 30 cm

Der interessant gefärbte Amerikanische Butterfisch hat einen hohen, seitlich zusammengedrückten Körper, eine stark gegabelte Schwanzflosse und je eine lange Rücken- und Afterflosse; erwachsene Exemplare haben keine Bauchflossen. Er ernährt sich von Krebstieren, Tintenfischen und kleinen Fischen. Amerikanische Butterfische treten in kleinen Schwärmen auf, und einige von ihnen scheinen im Sommer nach Norden zu wandern und im Winter in den Süden zurückzukehren, wo sie weiter draußen in der Hochsee bleiben. Der Amerikanische Butterfisch gehört zur Familie der Erntefische (Stromateidae), die ca. 13 Arten von Meeresfischen umfaßt.

Kletterfisch

Anabas testudineus

Verbreitung: Indien, Sri Lanka, Südostasien, Indonesien, Philippinen, Südchina
Habitat: Flüsse, Kanäle, Tümpel, Teiche
Länge: 25 cm

Der Kletterfisch bewohnt oft stehende, sauerstoffarme Gewässer. Da seine Kiemen klein sind, ist er gezwungen, einen Teil seines Sauerstoffbedarfs aus der Luft aufzunehmen. In seinen beiden Kiemenhöhlen befinden sich labyrinthartige Organe, die mit sehr vielen Blutgefäßen ausgestattet sind. Die Luft, die er durch sein Maul aufnimmt, strömt durch diese zusätzlichen Atmungsorgane, die den Sauerstoff absorbieren. Ein weiteres ungewöhnliches Merkmal dieses Fisches ist seine erstaunliche Fähigkeit, sich an Land fortzubewegen, wobei ihm die Fähigkeit zur Luftatmung von Nutzen ist. Der Fisch legt – meistens dann, wenn sein Heimatgewässer ausgetrocknet ist – beträchtliche Entfernungen zurück, um eine andere Wasserstelle zu erreichen. Dabei setzt er die Brustflossen und die weit abgespreizten bestachelten Kiemendekkel als Stützen und den Schwanz als Antrieb ein. Er ernährt sich vermutlich von Insekten und Kleinkrebsen.

Der Kletterfisch gehört zur Familie der Kletter- und Buschfische (Anabantidae), die etwa 40 Arten umfaßt. Im größten Teil seines Verbreitungsgebietes gilt er als wichtiger Speisefisch.

Großflosser / Paradiesfisch

Macropodus opercularis

Verbreitung: China, Südostasien
Habitat: Wassergräben, Reisfelder
Länge: 9 cm

Der Großflosser oder Paradiesfisch lebt gewöhnlich in sauerstoffarmen Gewässern und hat deshalb wie alle Arten der Familie der Labyrinthfische (Belontiidae) in beiden Kiemenhöhlen zusätzliche Atmungsorgane, die Sauerstoff aus der Luft absorbieren können. Diese Organe sind in ihrer Funktion denen des Kletterfisches ähnlich. Der Paradiesfisch ist ein hübscher kleiner, bunter Fisch mit vor allem bei den Männchen stark verlängerten Flossen.

Seine Brutgewohnheiten gleichen denen vieler anderer Mitglieder seiner Familie: Das Männchen baut ein schwimmendes Nest, indem es Bläschen aus Luft und Schleim erzeugt, und lockt dann ein Weibchen heran. Nachdem das Weibchen die Eier abgelegt hat, werden sie vom Männchen befruchtet. Anschließend befördert das Männchen sie ins Nest, indem es sie in die Luftbläschen spuckt, wo sie bis zum Ausschlüpfen der Jungen bleiben.

Kampffisch

Betta splendens

Verbreitung: Thailand
Habitat: Teiche, Wassergräben, langsam fließende Flüsse
Länge: 6 cm

Der Kampffisch wird seit langem in Gefangenschaft gezüchtet, wobei viele Formen mit extrem langen Flossen entstanden sind. Besonders die Männchen haben sehr lange Flossen und sind grün, blau oder rot gefärbt, während die Weibchen gewöhnlich gelblichbraun sind; in freier Natur sind die Männchen braun oder grün. Die männlichen Kampffische, die für ihre aggressive Natur bekannt sind, werden in ihrer Heimat in Gefangenschaft gehalten, damit sie an organisierten Wettkämpfen teilnehmen. Die begeisterten Zuschauern schließen dann Wetten auf den Sieger ab. In ihrer natürlichen Umgebung kämpfen die Fische, um sich zu behaupten oder um ihre Reviere zu verteidigen, doch die Kämpfe bestehen dann größtenteils eher aus ritualisierten Drohgebärden als aus einem echten Kampf. Die Fische nehmen ihre Kampfhaltung ein, indem sie ihre Flossen strecken und ihre Kiemendeckel aufstellen. Meist gibt einer der Kontrahenten auf, bevor es zu einem echten Kampf gekommen ist.

Der Kampffisch gehört zur Familie der Labyrinthfische. Wie viele Arten dieser Familie lebt er oft in stehenden, sauerstoffarmen Gewässern. Er kann mit Hilfe zusätzlicher Atmungsorgane, die sich in seinen Kiemenhöhlen befinden, an der Wasseroberfläche Luft aufnehmen. Moskitolarven und andere Wasserinsekten sind die vorwiegende Nahrung des Kampffisches, weshalb er für die Eindämmung von Seuchen von besonderem Nutzen ist.

In der Laichsaison baut das Männchen an einem geeigneten Platz ein Nest aus Luftblasen und Schleim, das die Eier schützen und sie an der sauerstoffreicheren Wasseroberfläche halten soll. Das Männchen befruchtet die Eier, nachdem das Weibchen sie gelegt hat, und spuckt sie dann in das Nest. Das Männchen bewacht das Nest und erneuert notfalls die Luftbläschen.

Gurami

Osphronemus goramy

Verbreitung: wahrscheinlich Indonesien; eingeführt in China, Südostasien, Indien, Sri Lanka, Philippinen
Habitat: Teiche, Sümpfe, Bäche
Länge: 60 cm

Der Gurami, die einzige Art der Familie der Großguramis (Osphronemidae), ist ein großer, schwerer Fisch mit einem stark verlängerten Bauchflossenstrahl. Er ist mit den Labyrinthfischen verwandt und verfügt wie die Mitglieder dieser Familie über zusätzliche Atmungsorgane in den Kiemenhöhlen, die es ihm ermöglichen, Luft an der Wasseroberfläche aufzunehmen. Er lebt oft in sauerstoffarmen Gewässern.

Die männlichen Guramis bauen Nester aus Luftblasen, in die sie die Eier hineinspucken. Sie bewachen die Brut und später die heranwachsenden Jungen.

Gestreifter Schlangenkopffisch

Ophiocephalus striatus

Verbreitung: Indien, Sri Lanka, Südostasien, China, Philippinen, Indonesien
Habitat: Seen, Flüsse, Kanäle, Wassergräben, Sümpfe
Länge: 1 m

Der Gestreifte Schlangenkopffisch gehört zu den 10 Arten der Familie der Schlangenkopffische (Channidae). Er hat einen langen Körper und lange Rücken- und Afterflossen. Gewöhnlich lebt er in sauerstoffarmen Gewässern und verfügt über zusätzliche Organe in den Kiemenhöhlen, mit denen er Sauerstoff aus der Luft absorbieren kann. Er kann auch eine Weile außerhalb des Wassers leben, und solange seine Haut feucht bleibt, übersteht er sogar Trockenperioden, indem er sich im Schlamm vergräbt.

Vor dem Laichen säubern die Eltern einen Bereich der Wasseroberfläche von Pflanzen. Bewacht vom Männchen treiben die Eier drei Tage lang an dieser Stelle, bis die Jungen ausschlüpfen.

Waffenstachelaal

Mastocembelus armatus

Verbreitung: Indien, Sri Lanka, Südostasien, China, Sumatra, Java, Borneo
Habitat: Sümpfe, Flüsse, Seen
Länge: 75 cm

Der Waffenstachelaal, ein schlanker, aalförmiger Fisch, ist an der Reihe von spitzen, freistehenden Stacheln vor der Rückenflosse zu erkennen. Bauchflossen fehlen, und Rücken- und Afterflosse sitzen weit hinten in der Nähe des Schwanzes. Sein Kopf ist schmal und spitz, und der obere Teil des schnabelartigen Mauls läuft in einem fleischigen Fortsatz aus. Der Waffenstachelaal lebt gewöhnlich in Gewässern mit starker Vegetation und ernährt sich von Insekten und Krebstieren; große erwachsene Exemplare fressen auch Fische.

Der Waffenstachelaal ist eine der etwa 50 Arten der Familie der Stachelaale oder Pfeilschnäbler (Mastocembelidae).

Quallenfisch
Amerikanischer Butterfisch
Großflosser ♂
Kletterfisch
Gurami
Kampffisch ♂
Gestreifter Schlangenkopffisch
Waffenstachelaal

Schildfische, Plattfische 1

ORDNUNG GOBIESOCIFORMES:
Schildfische

Diese Ordnung umfaßt ca. 144 Arten von überwiegend Meeresfischen, die alle unbeschuppt sind und am Grund flacher Gewässer leben. Mit etwas 100 Arten ist die Familie der Schildfische (Gobiesocidae) die größte dieser Ordnung. Die beiden anderen kleineren Gruppen sind die Familie der Leierfische (Callionymidae) mit etwa 40 Arten und die Familie Draconettidae mit 4 Arten.

Blaufleckiger Ansauger

Lepadogaster lepadogaster

Verbreitung: Nordatlantik: von Schottland bis Nordafrika; westl. Mittelmeerküsten
Habitat: an Felsküsten zwischen den Steinen der Gezeitenzone
Länge: 6,5 cm

Der Blaufleckige Ansauger ist ein kleiner, schuppenloser Fisch mit niedrigen Flossen ohne Stachelstrahlen. Er ist ein ziemlich typisches Mitglied seiner Familie. An der Unterseite seines Körpers befindet sich eine starke Saugscheibe, die teilweise von den Brustflossen gebildet wird. Mit dieser Saugscheibe heftet er sich an Felsen oder andere Oberflächen. Auf seinem langen, schnabelartigen Maul sitzt ein gefranster Hautlappen.

Blaufleckige Ansauger laichen im Sommer und heften ihre Eier an die Unterseite eines Felsens, wo sie von einem Elternteil bewacht werden.

Kleiner Schildbauch

Diademichthys lineatus

Verbreitung: Indischer und Pazifischer Ozean: von Mauritius bis Neukaledonien, nördl. bis zu den Philippinen
Habitat: unter Seeigelstacheln
Länge: 5 cm

Der extrem schlanke, langschnäblige Kleine Schildbauch lebt in Symbiose mit dem Diademseeigel (*Diadema savignyi*). Seine Körperform ist eine perfekte Anpassung an seine Gewohnheit, mit dem Kopf nach unten zwischen den Stacheln des Seeigels zu hängen. In dieser stacheligen Zufluchtsstätte findet der Fisch offensichtlich Schutz vor Raubfischen, doch ernährt er sich auch von den winzigen Röhrenfüßchen des Seeigels.

Flachkopfschildbauch

Gobiesox maeandricus

Verbreitung: Pazifik: von British Columbia bis Südkalifornien
Habitat: Küstengewässer zwischen den Steinen der Gezeitenzone
Länge: 15 cm

Der Flachkopfschildbauch ist einer der häufigsten unter den Schildfischen der Pazifikküsten. Er ist an seinem glatten Körper und an seinem breiten Kopf zu erkennen. Rücken- und Afterflosse sind niedrig und sitzen weiter hinten in der Nähe des Schwanzes. Die Bauchflossen sind wie bei allen Schildfischen zu einem Teil der am Bauch sitzenden Saugscheibe umgebildet, mit der sich der Fisch in der turbulenten Gezeitenzone an Felsen oder andere Oberflächen heftet.

Europäischer Leierfisch

Callionymus lyra

Verbreitung: Ostatlantik: von Island und Norwegen südl. bis Nordafrika und zum Mittelmeer
Habitat: Flachwasser an Küsten bis in Tiefen von 200 m
Länge: 30 cm

Die Männchen der Europäischen Leierfische sind mit ihren blau und gelbgestreiften Rückenflossen und den verlängerten Strahlen besonders auffällig. Die Weibchen sind kleiner, haben keine Flossenverlängerungen und sind bräunlich gefärbt. Dieser Fisch hat wie alle Leierfische einen ziemlich flachen Körper, einen großen Kopf und kleine Kiemenöffnungen an der Kopfoberseite, die es ihm erleichtern, halb vergraben im Sand am Meeresgrund zu liegen. Seine Nahrung besteht vorwiegend aus grundbewohnenden Krebstieren und Würmern.

Europäische Leierfische laichen je nach Klimazone im Frühjahr oder Sommer. Die Männchen vollführen komplizierte Werberituale, wobei sie ihre dekorativen Flossen abspreizen und sich in ihrer ganzen Farbenpracht zeigen. Die Eier werden an der Wasseroberfläche abgelegt, wo sie bis zum Ausschlüpfen der Jungen im Wasser treiben.

Mandarinfisch

Synchiropus splendidus

Verbreitung: Küsten der Philippinen sowie von Queensland und Nordaustralien
Habitat: Küstengewässer, Korallenriffe
Länge: 7,5 cm

Der blaugrüne Körper und die Flossen des Mandarinfischs, einer kleinen, besonders augenfälligen Fischart, sind mit unregelmäßigen roten Flecken überzogen. Sein Körper ist kräftiger als der anderer Leierfische, und er hat einen knolligen Kopf. Der erste Stachel der Rückenflosse ist stark verlängert. Obwohl der Mandarinfisch ein beliebter Aquariumsfisch ist, ist über sein Leben in freier Natur nichts bekannt, außer daß er zwischen Felsen und Korallen am Meeresgrund lebt.

ORDNUNG PLEURONECTIFORMES:
Plattfische

Diese charakteristische Gruppe umfaßt 6 Familien mit insgesamt ca. 520 Arten, die bis auf 3 allesamt Meeresfische sind. Der typische Plattfisch hat einen stark abgeflachen Körper, der auf der Oberseite (der „Augenseite") stärker gewölbt ist als auf der blinden Seite. Die meiste Zeit seines Lebens verbringt der Plattfisch liegend am Meeresboden. Die jungen Plattfische schwimmen wie andere Fische und haben noch einen symmetrischen Körperbau. Während sie heranwachsen, wandert das Auge derjenigen Seite, die zur Unterseite werden soll, nach oben, bis sich schließlich beide Augen an der Oberseite befinden. Von diesem Zeitpunkt an liegen und schwimmen die Plattfische mit der Augenseite nach oben. Während dieses Wandels kommt es an der Struktur der Knochen, Nerven und Muskeln zu komplexen Umbildungen.

Alle Plattfische sind Raubfische, die am Meeresgrund ihre Nahrung suchen, doch einige größere Arten jagen ihre Beute auch in mittleren Tiefen.

Indopazifische Ebarme

Psettodes erumei

Verbreitung: Rotes Meer, Indischer Ozean von Ostafrika bis Nordaustralien und bis zum Westpazifik
Habitat: Flachwasser bis zu Tiefen von 90 m
Länge: bis zu 60 cm

Die Indopazifische Ebarme ist eine der beiden Arten der primitivsten Plattfischfamilie, der Ebarmen (Psettodidae). Sie hat einen dickeren Körper und ist weniger stark abgeflacht als die anderen Plattfische, und das versetzte Auge befindet sich bei ihr mehr an der Kante als an der Oberseite des Körpers. Manche Exemplare haben ihre Augen auf der linken, andere auf der rechten Körperseite. Die Indopazifische Ebarme und die mit ihr verwandte Art, die Westafrikanische Ebarme (*P. belcheri*) unterscheiden sich außerdem von anderen Plattfischen durch ihre stachelartigen Strahlen vor der Rückenflosse. Diese Fische leben auf dem Meeresboden, schwimmen jedoch mitunter auch in mittleren Wassertiefen.

Steinbutt

Scophthalmus maximus

Verbreitung: Ostatlantik: von Skandinavien und Großbritannien südl. bis Nordafrika; Mittelmeer
Habitat: Flachwasser an der Küste bis zu Tiefen von 80 m
Länge: 1 m

Der Steinbutt ist ein besonders breiter Plattfisch mit großem Kopf und großem Maul. Die Weibchen sind bei dieser Art größer als die Männchen. Der schuppenlose Körper ist unterschiedlich gefärbt, jedoch gewöhnlich bräunlich mit dunklen Pünktchen, die dem Steinbutt auf dem Meeresgrund als Tarnung dienen. Meist wandert das rechte Auge auf die andere Seite; deshalb sitzen beim Steinbutt in der Regel beide Augen auf der linken Seite. Die erwachsenen Exemplare sind aktive Raubfische, die sich größtenteils von Fischen ernähren. Jungfische dieser Art fressen jedoch auch Krebstiere.

Die Laichzeit fällt in den Frühling oder Sommer. Die Weibchen produzieren oft bis zu 10 Millionen Eier, von denen allerdings nur relativ wenige heranwachsen. Eier und Larven treiben während ihrer Entwicklungszeit nahe an der Wasseroberfläche. Wenn die Jungen 2,5 cm lang sind, ist die Entwicklung der endgültigen Körperform abgeschlossen, und sie leben wie die Erwachsenen am Meeresgrund. Der Steinbutt ist einer der feinsten und wertvollsten aller Speisefische des Meeres.

Sandbutt

Scophthalmus aquosus

Verbreitung: Westatlantik: vom St.-Lorenz-Golf bis South Carolina
Habitat: Küstengewässer bis zu Tiefen von ca. 70 m
Länge: 45 cm

Der Sandbutt, ein äußerst dünner Plattfisch, ist an der Unterseite weiß und an der Oberseite braun mit dunklen Flecken. Im allgemeinen wandert das rechte Auge auf die andere Seite, so daß sich bei den meisten Exemplaren beide Augen auf der linken Körperseite befinden. Die Jungfische ernähren sich von Krebstieren, während die erwachsenen Exemplare gewöhnlich Fische fressen. Obwohl der Sandbutt eßbar ist, ist sein Körper zu dünn, um für den kommerziellen Fischfang von Wert zu sein.

Blaufleckiger Ansauger

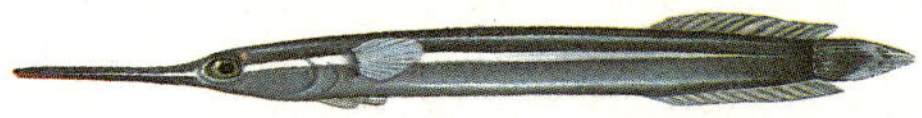

Kleiner Schildbauch

Flachkopfschildbauch

Europäischer Leierfisch ♂

Mandarinfisch

Indopazifische Ebarme

Steinbutt

Sandbutt

Plattfische 2

Pfauenaugenbutt

Bothus lunatus (Platophrys l.)

Verbreitung: Westatlantik: von den Bermudas und Florida über den Golf von Mexiko und die Karibik bis Brasilien

Habitat: Flachwasser in Küstennähe

Länge: 45 cm

Der Pfauenaugenbutt, ein prächtiger Fisch mit einer unregelmäßigen blauen Zeichnung, gehört zur Familie der Buttverwandten (Bothidae), bei denen sich gewöhnlich beide Augen auf der linken Seite befinden. Bei den Männchen liegen die Augen weiter auseinander als bei den Weibchen. Ein weiteres charakteristisches Merkmal ist die Rückenflosse, die schon ein gutes Stück vor den Augen beginnt. Obwohl diese Art ziemlich häufig ist, ist der Pfauenaugenbutt selten zu beobachten, da er die meiste Zeit seines Lebens halb vergraben im Sand des Meeresbodens verbringt.

Sommerflunder

Paralichthys dentatus

Verbreitung: Westatlantik: von Maine bis South Carolina

Habitat: Küstengewässer, Buchten, Häfen; im Winter weiter von der Küste entfernt

Länge: bis zu 1 m

Die Sommerflunder ist ein schlanker, schneller Plattfisch, dessen beide Augen gewöhnlich an der linken Seite des Kopfes sitzen. Sie ernährt sich von Krebstieren, Weichtieren und Fischen und jagt ihre Beute in mittlerer Wassertiefe und sogar an der Wasseroberfläche. Obgleich sie ein relativ schneller Schwimmer ist, verbringt sie die meiste Zeit ihres Lebens halb vergraben am Meeresgrund. Ihre Farbe ist dem Boden, auf dem sie liegt, angepaßt, sie ist jedoch im allgemeinen graubraun und außerdem dunkel gefleckt. Im Sommer lebt sie in seichten Gewässern in Küstennähe, im Winter zieht sie weiter hinaus in tiefere Gewässer.

Sie laicht liegt je nach Breitegrad im späten Herbst oder zu Anfang des Frühjahrs. Die Eier treiben vermutlich nahe an der Wasseroberfläche, und die jungen Fische werden zur Küste geschwemmt, wo sie sich im flachen Wasser entwickeln.

Kalifornischer Heilbutt

Paralichthys californicus

Verbreitung: Pazifik: Küsten von Kalifornien, manchmal nördl. bis Oregon

Habitat: Küstengewässer mit Sandgrund

Länge: 1,5 m

Der Kalifornische Heilbutt gehört zwar zur Familie der Buttverwandten, doch trägt etwa die Hälfte der Population dieser Art beide Augen auf der rechten Seite. Er ernährt sich von Fischen, insbesondere von Sardellen, und er hat ein großes Maul mit starken Zähnen. Der Heilbutt selbst wird von Rochen, Seelöwen und Schildkröten gefressen und ist auch als Speisefisch von kommerzieller Bedeutung.

Der Kalifornische Heilbutt laicht im Frühjahr und Frühsommer, und die jungen Fische wachsen ziemlich langsam heran.

Atlantischer Heilbutt / Weißer Heilbutt

Hippoglossus hippoglossus

Verbreitung: Nordatlantik: von New Jersey nördl. bis Grönland, Island und zur Barentssee, südl. bis zum Ärmelkanal

Habitat: Sand-, Kies- und Felsboden im Meer in Tiefen von 100–1500 m

Länge: 2–2,4 m

Den Atlantischen Heilbutt, einen der größten Plattfische, erkennt man an seiner Größe, an seinem relativ langen und untersetzten Körper und an der leicht konkaven Schwanzflosse. Er kann ein maximales Gewicht von 316 kg erreichen, obgleich Fische von dieser Größe heute vermutlich selten sind. Sein Maul und seine Zähne sind groß, und bei fast allen Exemplaren sitzen beide Augen auf der rechten Seite. Die Weibchen sind im allgemeinen größer als die Männchen und erreichen oft ein höheres Lebensalter. Trotz seiner Größe ist der Atlantische Heilbutt ein aktiver und gefräßiger Raubfisch, der sich nicht nur am Meeresgrund aufhält, sondern seine Beute eher in mittlerer Wassertiefe verfolgt. Die erwachsenen Exemplare ernähren sich hauptsächlich von Fischen, doch junge Heilbutte ernähren sich auch von Krebstieren.

Die Atlantischen Heilbutte laichen im Winter und im Frühjahr, und jedes Weibchen legt nicht weniger als 2 Millionen Eier ab, die an der Oberfläche des tiefen Meeres treiben, bis nach 9–16 Tagen die Jungen ausschlüpfen. Heilbutte entwickeln sich langsam und erreichen die Geschlechtsreife im Alter von 10–14 Jahren. Die erwachsenen Exemplare wandern nach dem Laichen in den Norden.

Der Atlantische Heilbutt galt lange Zeit als wichtig für den kommerziellen Fischfang, doch schwebt er wegen seines langsamen Wachstums und seiner späten Geschlechtsreife in besonders großer Gefahr, ausgerottet zu werden. Sein Vorkommen ist stark zurückgegangen.

Sternflunder

Platichthys stellatus

Verbreitung: Nordpazifik: von Kalifornien bis Alaska und zur Beringsee, südl. bis Japan und Korea

Habitat: Küstengewässer, Buchten, Ästuarien; auch in tieferen Gewässern bis 275 m

Länge: 90 cm

Die Sternflunder ist an ihrem charakteristischen Muster von dunklen und hellen Streifen an den Flossen zu erkennen. Auf der Augenseite ist sie dunkelbraun gefärbt und mit scharfen Stacheln übersät. Obwohl sie zur rechtsäugigen Familie der Schollen (Pleuronectidae) gehört, befinden sich bei mehr als der Hälfte der Population beide Augen auf der linken Körperseite. Diese Flunder ernährt sich von Würmern, Krebstieren, Weichtieren und Fischen.

Sternflundern laichen gegen Winterende und im Frühjahr meist in flachem Wasser. Junge Fische dieser Art begeben sich auch ins Brackwasser oder in die Flußmündungen. Die Weibchen werden im dritten Lebensjahr geschlechtsreif, die Männchen im zweiten. Die Sternflunder wird besonders vor den Küsten von Japan und Korea kommerziell gefischt.

Scholle / Goldbutt

Pleuronectes platessa

Verbreitung: Ostatlantik: von Skandinavien südl. bis Nordafrika und zum Mittelmeer; Küsten von Island und Südgriechenland

Habitat: Flachwasser bis 50 m, manchmal auch bis 200 m Tiefe

Länge: 50–90 cm

Die Scholle ist an ihrer dunkelbraunen Färbung und an den sich abhebenden orange Flekken auf der Körperseite der Augen zu erkennen. Die Unterseite (die „blinde" Seite) ist weiß. Sie gehört zur Familie der Schollen (Pleuronectidae) und hat dementsprechend beide Augen auf der rechten Seite des Körpers. Exemplare, bei denen sich die Augen auf der linken Körperseite befinden, sind selten. Die Scholle ist ein Grundbewohner, lebt auf dem Schlamm, Sand oder Kies des Meeresbodens und ernährt sich von Weichtieren, Würmern und Krebstieren. Sogar erwachsene Schollen kommen oft in die Gezeitenzone in Küstennähe, um Nahrung zu suchen.

Schollen laichen gewöhnlich zwischen Januar und März. Je nach Wassertemperatur schlüpfen die Jungen nach 10–20 Tagen aus. Die Larven leben bis zu 6 Wochen lang an der Wasseroberfläche und beginnen, sobald sie 1,25 cm lang sind, ihr Leben als Grundbewohner. Zu diesem Zeitpunkt sind die strukturellen Veränderungen und die Wanderung des Auges abgeschlossen. Die Männchen sind mit 2–6 Jahren geschlechtsreif, die Weibchen mit 3–7 Jahren. Schollen können ein Lebensalter von bis zu 30 Jahren erreichen.

Die Scholle ist in Nordeuropa für den kommerziellen Fischfang von großer Bedeutung.

Kliesche

Limanda limanda

Verbreitung: Ostatlantik: Weißes Meer, Küsten Skandinaviens und Großbritanniens zur Biskaya; Küsten Islands

Habitat: Flachwasser mit Sandgrund

Länge: 25–40 cm

Die Kliesche, ein kleiner Plattfisch, hat gezähnte Schuppen auf der Augenseite, so daß ihre Oberseite rauh ist. Die blinde Seite ist weiß und hat nur an den Kanten gezähnte Schuppen. Beide Augen befinden sich auf der rechten Körperseite; Ausnahmen sind selten. Die Kliesche ernährt sich am Meeresboden von fast allen am Boden lebenden wirbellosen Tieren, insbesondere von Krebstieren, Würmern und Weichtieren. Sie wandert im Frühjahr in Küstennähe und zieht im Herbst wieder ins offene Meere.

Klieschen laichen im Frühjahr und Frühsommer. Eier und Larven treiben nahe an der Oberfläche. Wenn die Jungen 2 cm lang sind, entwikkeln sie die Körperform der Erwachsenen und nehmen auch deren Gewohnheiten als Grundbewohner an. Zu diesem Zeitpunkt sind die strukturellen Veränderungen im Körper und die Wanderung des linken Auges auf die rechte Körperseite abgeschlossen.

Dieser besonders häufig vorkommende Fisch ist trotz seiner geringen Größe von großer Bedeutung für die europäische Fischerei.

Sommerflunder
Pfauenaugenbutt
Kalifornischer Heilbutt
Sternflunder
Atlantischer Heilbutt
Scholle
Kliesche

Plattfische 3

Schwarzer Heilbutt

Reinhardtius hippoglossoides

Verbreitung: Nordatlantik: NÖrdliches Eismeer, Küsten von Island, Grönland, Norwegen, Nordamerika bis New Jersey; Nordpazifik; Beringsee und Ochotskisches Meer, südl. bis Kalifornien und Japan

Habitat: tiefes Wasser (200–2000 m)

Länge: 80–120 cm

Als aktiver Raubfisch jagt der Schwarze Heilbutt lieber in mittleren Wassertiefen als auf dem Meeresboden. Er frißt Fische, Krebstiere und Tintenfische. In Anpassung an seine Lebensweise ist sein Körper symmetrischer als bei den meisten anderen Plattfischen, und die blinde Seite ist fast ebenso dunkel gefärbt wie die Augenseite. Zwar befinden sich beide Augen auf der rechten Körperseite, doch liegt das obere am Rande des Kopfes; dadurch hat dieser Plattfisch ein ungewöhnlich großes Blickfeld. Die großen Kiefer sind mit starken, dolchförmigen Zähnen ausgestattet.

Der Schwarze Heilbutt laicht im Sommer im tiefen Wasser. Eier und Larven treiben frei umher, bis die strukturelle Veränderung des Körpers abgeschlossen ist.

Winterflunder

Pseudopleuronectes americanus

Verbreitung: Westatlantik: von Labrador bis Georgia

Habitat: flache Küstengewässer, Buchten, Ästuarien, bis 90 m Tiefe

Länge: 30–60 cm

Die Winterflunder lebt meist in flachem Wasser mit schlammigem Sandgrund, gelegentlich auch über Kiesel- oder Felsboden. Meist befinden sich beide Augen auf der rechten Seite, die gewöhnlich rotbraun gefärbt ist. Die Unterseite ist weiß, doch es gibt auch einige Fische mit einer dunkleren Unterseite. Winterflundern leben auf dem Meeresboden von Würmern, Krebs- und Weichtieren, und man beschuldigt sie der Beschädigung kostbarer Muscheltiere, deren Atemröhren sie angeblich abfressen sollen. Im Herbst ziehen die Flundern zur Küste, die sie im Frühling wieder verlassen.

Die Laichzeit fällt in den Winter und auf den Frühlingsanfang. Jedes Weibchen legt maximal eine halbe Million Eier ab. Im Gegensatz zu den Eiern der meisten anderen Plattfische, die frei im Wasser treiben, sinken die Eier dieser Art auf den Boden. Sie kleben aneinander oder heften sich an andere Objekte, und die Jungen schlüpfen nach ca. 7 Wochen aus.

Die Winterflunder ist ein wichtiger Speisefisch, und sie wird sowohl von Berufsfischern als auch von Anglern gefangen.

Doggerscharbe / Rauhe Scholle

Hippoglossoides platessoides

Verbreitung: Westatlantik: von Grönland, Labrador bis Rhode Island; Ostatlantik: von Island und der Barentssee südl. bis zum Ärmelkanal

Habitat: Tiefen von 40–180 m

Länge: 30–60 cm

Wegen der gezähnten Schuppen an der Augenseite fühlt sich die Haut der Doggerscharbe rauh an. Ihre beiden Augen liegen auf der rechten Seite, die braun bis rotbraun ist; die Unterseite des Körpers ist weiß. Die Doggerscharbe lebt auf Sand- oder Schlammboden und ernährt sich von wirbellosen Bodentieren wie Seeigeln, Schlangensternen, Krebs- und Weichtieren sowie von Würmern.

Im nördlichen Teil des Verbreitungsgebiets fällt die Laichzeit in den Sommer, im Süden in den Frühling. Jedes Weibchen legt maximal 60000 Eier ab, die an der Wasseroberfläche treiben, bis die Jungen ausgeschlüpft sind.

Seezunge

Solea solea

Verbreitung: Ostatlantik: von Norwegen und Großbritannien südl. bis Nordafrika und zum Mittelmeer

Habitat: flache Küstengewässer; im Winter weiter von der Küste entfernt in tieferem Wasser

Länge: 30–60 cm

Als zahlreichste Art der Familie der Eigentlichen Zungen (Soleidae) in Europa ist die Seezunge wegen ihres Fleisches sehr geschätzt. Wie die übrigen Plattfische durchläuft auch die Seezunge ein symmetrisches Larvenstadium. Im Verlaufe der Entwicklung wandert dann eines der Augen zur anderen Kopfseite – gewöhnlich wandert das linke Auge auf die rechte Seite. Dies und einige andere strukturelle Anpassungen ermöglicht es der Seezunge, die meiste Zeit im Meeresboden vergraben zu verbringen, wobei sich die Augenseite oben befindet. Die Seezunge hat einen für Plattfische ziemlich schlanken Körper, der auf der Oberseite mittelbraun, auf der Unterseite weiß gefärbt ist. Rücken- und Afterflossen reichen bis zur Schwanzflosse. Meist sucht die Seezunge ihre Nahrung nachts und kommt dann oft an die Wasseroberfläche, um Krebs- und Weichtiere, Würmer und manchmal auch Fische zu fangen. Bei trübem Wetter ist sie auch tagsüber aktiv, aber gewöhnlich liegt sie zu dieser Zeit im Sand- oder Schlammgrund vergraben.

Auf ihrer jahreszeitlichen Wanderung zieht die Seezunge im Frühling in flaches Wasser und im Winter wieder in tiefere Gewässer. Sie laicht im Frühling und Frühsommer. Die Eier treiben an der Oberfläche, bis die Jungen ausschlüpfen. Nach dem Aufenthalt an der Oberfläche wechseln die Larven bei einer Länge von ca. 1,25 cm ihre Gestalt und treiben in flache Küstengewässer, wo sie ihr Leben auf dem Meeresboden beginnen.

Nacktzunge

Gymnachirus melas

Verbreitung: Westatlantik: von den Küsten von Massachusetts südl. bis Florida, Bahamas und Golf von Mexiko

Habitat: Küstengewässer, am häufigsten in 30–45 m Tiefe

Länge: 25 cm

Mit ihrem plumpen Körper und der unbeschuppten Haut ist die Nacktzunge ein außergewöhnlicher Vertreter ihrer Familie. Beide Augen liegen bei den meisten dieser Fische auf der rechten Seite, die mit dunklen Streifen überzogen ist. Obwohl sie ihr Leben größtenteils auf dem Sandgrund des Meeres verbringen, können sie, falls nötig, gut schwimmen.

Lange Hundszunge

Cynoglossus lingua

Verbreitung: Indischer Ozean: von Ostafrika bis Indien und Sri Lanka; Westpazifik

Habitat: Küstengewässer, Ästuarien

Länge: 45 cm

Die Lange Hundszunge hat zwar für einen Plattfisch einen sehr schmalen Körper, ist jedoch gut an das Leben auf dem Meeresboden angepaßt. Sie liegt fast vollständig im Sand oder Schlick vergraben, so daß nur ihre Augen zu sehen sind; diese befinden sich beide auf der linken Körperseite, kurz über dem Maul. Brustflossen fehlen, und von den Bauchflossen hat sich nur die linke entwickelt. Rücken- und Afterflosse gehen in die spitze Schwanzflosse über. Die Schuppen an der Augenseite sind am Rand gezähnt, wodurch sich die Haut rauh anfühlt.

Die Familie der Hundszungen (Cynoglossidae) umfaßt ca. 86 Arten, die größtenteils in den tropischen und subtropischen Meeren leben.

Amerikanische Flunder

Symphurus plagusia

Verbreitung: Westatlantik: von New York südl. bis Florida, Bahamas und Golf von Mexiko

Habitat: sandige Buchten, Ästuarien

Länge: 20 cm

Der Körper der Amerikanischen Flunder ist – charakteristisch für die Familie der Hundszungen – vorne am breitesten und läuft dann spitz zum Schwanz hin zu. Die Rücken- und Afterflossen gehen in den Schwanz über, Brustflossen fehlen, und von den Bauchflossen ist nur die linke entwickelt. Beide Augen sitzen auf der linken Seite des Kopfes, und das tiefangesetzte Maul ist nach links verzogen. Die Augenseite ist hellbraun gefärbt, und in der Nähe der Augen sind eine dunkle Zeichnung und ein dunkler Fleck zu sehen. Die blinde Seite ist cremeweiß. Wie alle Plattfische durchläuft die amerikanische Flunder ein Larvenstadium, in dem die Augen symmetrisch und an beiden Kopfseiten stehen, bevor sie ihre erwachsene asymmetrische Gestalt annimmt.

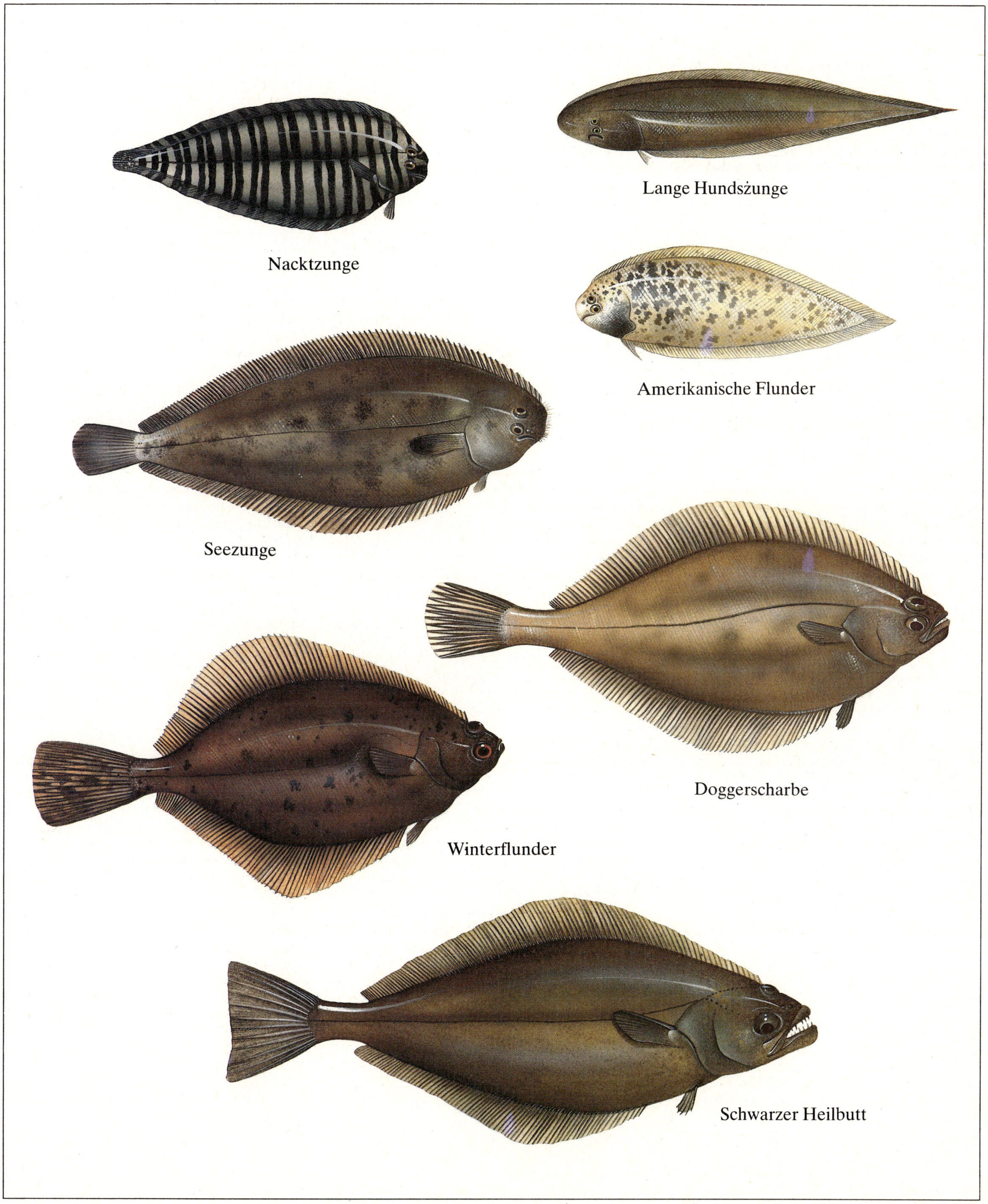
Nacktzunge
Lange Hundszunge
Amerikanische Flunder
Seezunge
Doggerscharbe
Winterflunder
Schwarzer Heilbutt

Kugelfischverwandte 1

ORDNUNG TETRAODONTIFORMES:
Kugelfischverwandte oder Haftkiefer

Diese Ordnung von Fischen mit stachelstrahligen Flossen umfaßt etwa 320 Arten, von denen nur etwa 8 im Süßwasser leben. Ihre populären Namen wie Kugelfisch, Igelfisch, Kofferfisch und Drückerfisch geben einen Eindruck von den seltsamen Körperformen dieser Arten. Viele sind von runder, hoher oder schachtelartiger Form. Einige verstärken ihre Rundlichkeit noch dadurch, daß sie ihren Körper zur Verteidigung mit Wasser anschwellen lassen. Bei manchen Arten, wie beim Igelfisch, werden durch dieses Anschwellen eine Menge scharfer Stacheln am Körper aufgerichtet. Andere, wie die Drückerfische, vergrößern ihren Körper, indem sie einen Hautlappen am Bauch ausdehnen.

Viele der Kugelfischverwandten geben Töne von sich, was entweder durch Zähneknirschen oder durch Vibrieren der Schwimmblase mit Hilfe spezieller Muskeln geschieht.

(Gemeiner) Drückerfisch

Balistes carolinensis

Verbreitung: Atlantik: östl. bis Westafrika und Portugal (saisonweise nördl. bis nach Großbritannien), westl. bis Argentinien und nördl. bis Neuschottland
Habitat: Hochsee
Länge: 40 cm

Der (Gemeine) Drückerfisch, eine Art der Familie der Drückerfische (Balistidae), hat einen seitlich zusammengedrückten, hohen Körper und ein leicht vorstehendes Maul, in dem sich scharfe, schneidezahnartige Zähne befinden. Die Afterflosse und die zweite Rückenflosse sind hoch. Die erste Rückenflosse besteht aus drei Stacheln, deren erster stark und dick ist und aufgestellt werden kann, wobei er vom zweiten Stachel in der aufgerichteten Position fixiert wird. Dieser „Drücker" muß erst betätigt werden, bevor es möglich ist, den Stachel wieder flachzulegen. Wenn der Drückerfisch sich bedroht fühlt oder verfolgt wird, sucht er in Felsspalten Zuflucht, in denen er sich mit Hilfe seines Stachels verkeilen kann. Es ist dann äußerst schwierig, ihn von dort zu entfernen. Der Drückerfisch hat keine Bauchflossen, sondern nur einen Bauchstachel. Vermutlich ernährt er sich von Krebstieren.

Die Jungen dieser Art treiben im Sargassum-Tang in der Hochsee und verteilen sich dadurch über weite Bereiche.

Königsdrückerfisch

Balistes vetula

Verbreitung: Westatlantik: von Florida (zeitweise Neuengland) bis Brasilien, einschl. Golf von Mexiko und Karibik
Habitat: Küstengewässer, Korallenriffe
Länge: 55 cm

Der schön gezeichnete Königsdrückerfisch läßt sich von anderen Arten leicht anhand der fadenförmigen Verlängerungen der Rücken- und Schwanzflosse und der auffälligen blaugelben Färbung unterscheiden. Wie alle Drückerfische besitzt er drei Rückenstacheln, deren erster durch den zweiten in einer aufgerichteten Position fixiert werden kann. Er ernährt sich von einer Vielfalt von wirbellosen Tieren, besonders von Seeigeln.

Leopard-Drückerfisch

Balistoides conspicillum

Verbreitung: Indischer und Pazifischer Ozean: von Ostafrika bis Indien, Südostasien, Nordaustralien und Japan
Habitat: Felsküsten, Korallenriffe
Länge: 35 cm

Der Leopard-Drückerfisch ist mit den großen hellen Flecken an der unteren Körperhälfte, die zur dunklen Färbung des Rückens einen Kontrast bilden, ein besonders auffällig gemusterter Fisch. Sein Mund ist mit hellem Orange umrahmt; Rücken- und Schwanzflosse sind grün gezeichnet. Die zweite Rückenflosse und die Afterflosse sind kleiner als bei den meisten Drückerfischen, doch der erste Rückenstachel ist sehr stark und kann wie bei allen Mitgliedern der Familie Balistidae durch den zweiten Stachel in einer aufrechten Position fixiert werden.

Eigentlicher Picassofisch

Rhineacanthus aculeatus

Verbreitung: Indischer und Pazifischer Ozean: von Ostafrika über Südostasien bis Hawaii
Habitat: Flachwasser an den Rändern von Riffen
Länge: 30 cm

Der Eigentliche Picassofisch, eine Art der Familie Balistidae, hat einen seitlich zusammengedrückten Körper und eine stark verlängertes Maul. Er ist auffällig, jedoch unterschiedlich gefärbt, obgleich er stets dunkle und helle Bänder aufweist, die zur Afterflosse hin verlaufen. Zusätzlich zu den drei Rückenstacheln, die für die Drückerfisch-Familie typisch sind, befindet sich an jeder Schwanzseite eine mit Stacheln besetzte Stelle, die von einem schwarzen Bereich umgeben ist. Der Eigentliche Picassofisch kann ziemlich laute Geräusche erzeugen, indem er die Knochen, die die Brustflossen stützen, aneinanderreibt. Die Schwimmblase des Fisches verstärkt diese Geräusche.

Sargasso-Drückerfisch

Xanichthys ringens

Verbreitung: Westatlantik: von North Carolina über die Karibik bis Brasilien; wahrscheinlich gelegentlich auch in den tropischen Breiten Indiens und des Westpazifiks
Habitat: Hochsee
Länge: 25 cm

Der Sargasso-Drückerfisch, eine kleine Art der Familie Balistidae von eher unauffälliger Färbung, ist an den Körperseiten mit schwarzen Strichellinien gezeichnet. Wie bei den anderen Drückerfischen fehlen auch bei ihm die Bauchflossen, jedoch hat er einen Bauchstachel. Die Jungen dieser Art leben gern an der Wasseroberfläche in treibendem Sargassum-Tang.

Langschwanz-Feilenfisch

Alutera scripta

Verbreitung: tropische Breiten des Atlantischen, Pazifischen und Indischen Ozeans
Habitat: Küstengewässer, Meeresboden
Länge: 90 cm

Der Langschwanz-Feilenfisch gehört zur Gruppe der etwa 85 Arten der Feilenfische, einer Unterfamilie der Familie Balistidae. Der Langschwanz-Feilenfisch hat einen länglichen Körper und ist viel schlanker als die meisten anderen Mitglieder seiner Familie. Sein Maul ist lang und spitz, er hat einen Rückenstachel, und Rücken- und Afterflosse sind klein und weichstrahlig. Den kleinen Stacheln an seinen Schuppen, die seinem Körper eine rauhe Oberfläche geben, verdankt dieser Fisch seinen populären Namen. Am Grund lebende wirbellose Tiere und Algen sind die Hauptnahrung des Langschwanz-Feilenfisches, und er stöbert seine Beute mit abwärtsgerichteter Nase am Meeresgrund auf. Bei der Nahrungsaufnahme befindet er sich oft unter den Büscheln von Seegras, wo er durch seine senkrechte Position, die Wellenbewegungen der Flossen sowie durch seine grünliche, gefleckte Zeichnung gut getarnt ist.

Monacanthus hispidus

Verbreitung: Westatlantik: von Cape Cod (manchmal nördl. bis Neuschottland) bis Florida und Karibik, südl. bis Brasilien
Habitat: Küstengewässer
Länge: 15–25 cm

Dieser Feilenfisch hat einen seitlich zusammengedrückten, hohen Körper, der mit kleinen, stacheligen Schuppen bedeckt ist und somit eine rauhe Oberfläche hat. Ein charakteristisches Merkmal dieses Fisches ist der einzelne Rückenstachel, dessen hintere Kante gezähnt ist. Außerdem verfügt er über einen großen Bauchstachel.

Vierhorn-Kofferfisch / Kuhfisch

Lactophrys quadricornis

Verbreitung: Westatlantik: von New England bis Brasilien, einschließlich Golf von Mexiko und Karibik
Habitat: in Küstengewässern zwischen Seegraswiesen
Länge: 45 cm

Der Vierhorn-Kofferfisch, ein Mitglied der Familie der Kofferfische (Ostraciontidae), hat einen Panzer, der aus miteinander verwachsenen Knochenplatten besteht und den Großteil seines Körpers umschließt. Nur Mund, Augen, Kiemen- und Bauchöffnungen sowie die Flossen werden nicht von dieser starren Schale umschlossen. An seinem Kopf befindet sich ein Paar nach vorne gerichteter Stacheln, und ein weiteres, nach hinten gerichtetes Paar sitzt am hinteren Ende des Panzers in der Nähe der Schwanzflosse – daher der Name „Vierhorn".

Der durch seinen Körperpanzer gut geschützte Vierhorn-Kofferfisch schwimmt langsam mit paddelförmigen Bewegungen der Flossen, verbringt aber die meiste Zeit seines Lebens im Seegras oder nahe am Meeresgrund. Er ernährt sich hauptsächlich von grundbewohnenden Wirbellosen und Wasserpflanzen.

Königsdrückerfisch

Gemeiner Drückerfisch

Leopard-Drückerfisch

Eigentlicher Picassofisch

Sargasso-Drückerfisch

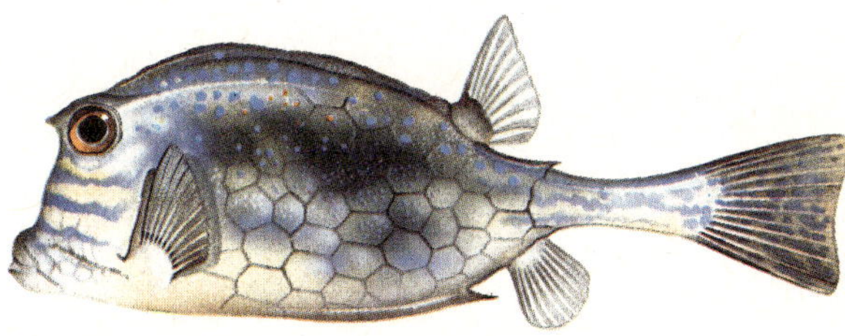

Vierhorn-Kofferfisch

Langschwanz-Feilenfisch

Monacanthus hispidus

Kugelfischverwandte 2

Kleiner Kofferfisch
Ostracion tuberculatus

Verbreitung: Indischer und Pazifischer Ozean: von Ostafrika bis Südostasien, Australien, Philippinen und zu den westpazifischen Inseln
Habitat: Küstengewässer, Korallenriffe
Länge: 45 cm

Der Körper des Kleinen Kofferfischs ist wie bei allen Arten der Familie der Kofferfische (Ostraciontidae) von einem Panzer umgeben, der aus miteinander verwachsenen Knochenplatten besteht. Dieser Panzer, der den Fisch vor Raubfischen schützt, läßt nur Mund, Augen, Flossen sowie Kiemen- und Bauchöffnungen frei. Der Kleine Kofferfisch ernährt sich von den verschiedensten am Grund lebenden wirbellosen Tieren. Obwohl er normalerweise ziemlich langsam schwimmt, kann er durch Bewegungen seines starken, flexiblen Schwanzes schnell flüchten.

Spitzkopf-Kugelfisch
Canthigaster rostrata

Verbreitung: Westatlantik: Bermudas und Bahamas, südl. bis Brasilien, einschl. Golf von Mexiko und Karibik; Ostatlantik: St. Helena, Westafrika, Kanarische Inseln, Madeira
Habitat: Küstengewässer, Korallenriffe, Gezeitentümpel, Seegraswiesen
Länge: 11 cm

Der Spitzkopf-Kugelfisch, ein Mitglied der Familie der Kugelfische (Tetraodontidae), ist wie die meisten seiner Verwandten ein kleiner, kräftiger Fisch von rundlicher Gestalt. Über die Mitte seines Rückens läuft eine charakteristische dunkle Leiste, und Kopf und Körper sind mit blauen Punkten übersät. Er ernährt sich von Würmern, Krebstieren, Seeigeln und Wasserpflanzen.

Lagocephalus lagocephalus

Verbreitung: tropische und subtropische Breiten des Atlantiks, gelegentl. nördl. bis nach Großbritannien; Indischer und Pazifischer Ozean
Habitat: Oberflächenwasser der Hochsee
Länge: 60 cm

Der Körper dieses Kugelfisches, der ebenfalls zur Familie Tetraodontidae gehört, weist hinter dem Kopf eine Verdickung auf und läuft zur gegabelten Schwanzflosse hin spitz zu. Wie die meisten Kugelfische kann er seinen Körper mit Wasser vollpumpen, wobei sich die kleinen Stacheln an seinem Bauch als Verteidigungswaffen aufrichten. Die Haut auf seinem Rücken ist glatt. Wie alle Kugelfische hat er schnabelartige Kiefer, die durch zwei Paar teilweise verwachsene Zähne gebildet werden. Vermutlich ernährt er sich von Fischen, Krebstieren und Tintenfischen. Ansonsten ist wenig über seine Lebensgewohnheiten bekannt.

Sphoeroides spengleri

Verbreitung: Westatlantik: Neuengland bis Brasilien; Ostatlantik: Azoren, Madeira, Kanarische Inseln und Kapverdische Inseln
Habitat: flache Küstengewässer, Seegraswiesen, Gezeitenströme
Länge: 30 cm

Dieser langgestreckte Kugelfisch hat eine langes, stumpfes Maul. Die Augen sind im Vergleich zu seiner Körpergröße relativ groß. Man erkennt ihn an einer vom Kopf bis Schwanz verlaufenden Reihe von dunklen Flecken. Der Schwanz ist gestreift. Wie alle Kugelfische kann er seinen Körper mit Wasser enorm anschwellen lassen, bis er die Form eines Ballons hat, was der Abschreckung von Feinden dient. Für den Feind ist es äußerst schwierig, den aufgeschwemmten Körper zu schlucken oder auch nur anzubeißen. Die Haut ist mit kleinen Stacheln übersät, die abstehen, wenn der Körper aufgeblasen ist. Wenn die Gefahr vorüber ist, läßt der Kugelfisch das Wasser ab.

Gemeiner Kugelfisch
Tetraodon cutcutia

Verbreitung: Indien, Burma, Malaysia
Habitat: Flüsse
Länge: 15 cm

Der Gemeine Kugelfisch, einer der wenigen Süßwasser-Kugelfische, hat einen rundlichen Körper von schöner grüner Färbung mit gelben Flecken. Wenn er bedroht wird, füllt er seinen Körper mit Wasser, bis er praktisch kugelförmig ist; er hat jedoch keine Stacheln auf der Haut. Mit seinem plumpen, eher steifen Körper bewegt sich dieser Kugelfisch langsam mit Hilfe von Wellenbewegungen der kleinen Rücken- und Afterflosse. Der Mangel an Geschwindigkeit wird jedoch durch seine Verteidigungstechnik ausgeglichen. Er ernährt sich von am Grund lebenden wirbellosen Tieren und von Fischen.

Der Gemeine Kugelfisch ist bei Aquariumhaltern sehr beliebt, und er wurde auch in Gefangenschaft gezüchtet. Die Weibchen legen ihre Eier am Grund. Das Männchen legt sich auf die Eier und bewacht sie, bis die Jungen ausgeschlüpft sind.

Viele Mitglieder der Kugelfisch-Familie gelten als vorzügliche Speisefische, obgleich bekannt ist, daß ihre inneren Organe – und gelegentlich auch das Fleisch – äußerst giftig, ja manchmal sogar tödlich für den Menschen sein können. In Japan werden Köche eigens dafür ausgebildet, die Kugelfische, die dort unter dem Namen *Fugu* bekannt sind, zuzubereiten; dennoch kommen immer wieder Vergiftungsfälle vor.

Stachelschweinfisch
Diodon hystrix

Verbreitung: tropische Breiten des Pazifischen, Indischen und Atlantischen Ozeans
Habitat: meist im flachen Wasser, Seegraswiesen
Länge: 90 cm

Der Stachelschweinfisch, der ähnlich wie die verwandten Kugelfische seinen Körper mit Wasser „aufpumpen" kann, ist mit langen, spitzen Stacheln bedeckt, die normalerweise flach am Körper anliegen und sich erst aufrichten, wenn der Körper aufgepumpt ist. Offensichtlich ist es einem Raubfisch fast unmöglich, diese Stachelkugel anzugreifen. Durch diese Verteidigungstaktik kompensiert der Fisch seinen Mangel an Geschwindigkeit und Beweglichkeit. Er schwimmt langsam mit Hilfe von Wellenbewegungen seiner kleinen Rücken- und Afterflosse. Die Bauchflosse fehlt.

In jedem Kiefer hat der Stachelschweinfisch zwei miteinander verwachsene Zähne, die einen spitzen, vogelartigen Schnabel bilden, mit dem er hartschalige Beutetiere wie Krebse, Weichtiere und Seeigel aufbricht.

Gestreifter Igelfisch
Chilomycterus schoepfi

Verbreitung: Westatlantik: von Cape Cod bis Florida, südl. über den Golf von Mexiko und die Karibik bis nach Brasilien
Habitat: flache Küstengewässer
Länge: bis zu 25 cm

Der Gestreifte Igelfisch, einer der ungefähr 15 Arten der Familie der Igelfische (Diodontidae), hat einen ovalen Körper, der mit dicken, dornartigen Stacheln besetzt ist. Der Körper kann ebenfalls mit Wasser aufgepumpt werden, doch die Stacheln sind in diesem Fall in einer aufgerichteten Position fixiert. An der Oberseite des Körpers hat dieser Fisch eine Zeichnung aus dunklen, unregelmäßigen Streifen, und an den Seiten befinden sich ein paar dunkle Flecken.

Krebs- und Weichtiere sind die Hauptnahrung des Gestreiften Igelfischs, dessen schnabelartig miteinander verwachsene Zähne stark genug sind, um die harten Schalen aufzubrechen.

Mondfisch
Mola mola

Verbreitung: gemäßigt warme bis tropische Breiten des Atlantischen, Pazifischen und Indischen Ozeans
Habitat: Hochsee
Länge: bis zu 4 m

Der Mondfisch mit seiner höchst außergewöhnlichen Gestalt gehört zur kleinen, noch weitgehend unerforschten Familie der Mondfische (Molidae), auch Klumpfische genannt, die 3–5 Arten umfaßt. Im Gegensatz zu allen anderen Fischen ist sein Körper fast kreisrund und endet unvermittelt in einer seltsamen Krause, die aus einer Reihe von Lappen besteht und eine Art Schwanzflosse darstellt. Rücken- und Afterflosse sind sehr hoch und kurz und sitzen am hinteren Körperende. Die Brustflossen des Mondfisches sind abgerundet, und die Bauchflossen fehlen. In seinem vergleichsweise kleinen Maul befinden sich an jedem Kiefer zwei miteinander verwachsene Zähne, die einen starken Schnabel bilden. Der Fisch ernährt sich hauptsächlich von kleinen Planktonorganismen wie kleinen Quallen und Rippenquallen, doch frißt er auch Krebstiere und Fische.

Obwohl die Mondfische sehr groß und weit verbreitet sind, ist wenig über sie bekannt. Man glaubt beobachtet zu haben, daß diese Fische sich an der Wasseroberfläche sonnen, doch höchstwahrscheinlich handelt es sich dabei um kranke oder verletzte Fische.

Spitzkopf-Kugelfisch
Kleiner Kofferfisch
Lagocephalus lagocephalus
Spheroides spengleri
Gemeiner Kugelfisch
Gestreifter Igelfisch
Mondfisch
Stachelschweinfisch

Systematische Übersicht

KLASSE MAMMALIA: **Säugetiere**

Unterklasse Prototheria: Eierlegende Säugetiere

Ordnung Monotremata: Kloakentiere
Familie Tachyglossidae: Ameisenigel
Familie Ornithorhynchidae: Schnabeltiere

Unterklasse Methatheria: Beutelsäuger

Ordnung Marsupialia: Beuteltiere
Familie Didelphidae: Beutelratten
Familie Microbiotheriidae: Colocolos
Familie Caenolestidae: Opossummäuse
Familie Dasyuridae: Raubbeutler
Familie Myrmecobiidae: Ameisenbeutler
Familie Notoryctidae: Beutelmulle
Familie Phascolarctidae: Beutelbären
Familie Vombatidae: Plumpbeutler
Familie Tarsipedidae: Rüsselbeutler
Familie Peramelidae: Nasenbeutler
Familie Thylacomiidae: Kaninchennasenbeutler
Familie Phalangeridae: Kletterbeutler
Familie Burramyidae: Schlafbeutler
Familie Petauridae: Gleithörnchenbeutler
Familie Macropodidae: Känguruhs

Unterklasse Eutheria: Höhere Säugetiere

Ordnung Edentata: Zahnlose
Familie Myrmecophagidae: Ameisenbären
Familie Bradypodidae: Faultiere
Familie Dasypodidae: Gürteltiere

Ordnung Pholidota: Schuppentiere
Familie Manidae: Schuppentiere

Ordnung Tubulidentata: Röhrchenzähner
Familie Orycteropidae: Erdferkel

Ordnung Insectivora: Insektenfresser
Familie Solenodontidae: Schlitzrüßler
Familie Tenrecidae: Tanreks
Familie Chrysochloridae: Goldmulle
Familie Erinaceidae: Igel
Familie Soricidae: Spitzmäuse
Familie Talpidae: Maulwürfe
Familie Macroscelididae: Rüsselspringer

Ordnung Dermoptera: Riesengleiter
Familie Cynocephalidae: Riesengleitflieger

Ordnung Chiroptera: Fledertiere
Familie Pteropidae: Flughunde
Familie Rhinopomatidae: Mausschwanz-Fledermäuse
Familie Emballonuridae: Glattnasen-Freischwänze
Familie Craseonycteridae: Schweinsnasen
Familie Nycteridae: Schlitznasen
Familie Megadermatidae: Großblattnasen
Familie Rhinolophidae: Hufeisennasen
Familie Hipposideridae: Rundblattnasen
Familie Noctilionidae: Hasenmäuler
Unterfamilie Chilonycterinae: Kinnblatt-Fledermäuse
Familie Desmodontidae: Echte Vampire
Familie Molossidae: Bulldogg-Fledermäuse
Familie Phyllostomidae: Blattnasen
Familie Vespertilionidae: Glattnasen
Familie Natalidae: Trichterohren
Familie Furipteridae: Stummeldaumen
Familie Thyropteridae: Amerikanische Haftscheiben-Fledermäuse
Familie Myzopodidae: Madagassische Haftscheiben-Fledermäuse
Familie Mystacinidae: Neuseeland-Fledermäuse

Ordnung Scandentia: Spitzhörnchenartige
Familie Tupaiidae: Spitzhörnchen

Ordnung Primates: Primaten
Familie Cheirogaleidae: Katzenmakis
Familie Lemuridae: Lemuren
Familie Indriidae: Indriartige
Familie Daubentoniidae: Fingertiere
Familie Lorisidae: Loris
Familie Tarsiidae: Koboldmakis
Familie Callitrichidae: Krallenaffen
Familie Cebidae: Kapuzinerartige
Familie Cercopithecidae: Meerkatzenartige
Familie Hylobatidae: Gibbons
Familie Pongidae: Menschenaffen
Familie Hominidae: Menschen

Ordnung Carnivora: Raubtiere

Unterordnung Fissipedia: Landraubtiere
Familie Canidae: Hundeartige
Familie Ursidae: Großbären
Familie Ailuridae: Katzenbären
Familie Procyonidae: Kleinbären
Familie Mustelidae: Marder
Familie Viverridae: Schleichkatzen
Familie Hyaenidae: Hyänenartige
Familie Felidae: Katzen

Unterordnung Pinnipedia: Wasserraubtiere
Familie Otariidae: Ohrenrobben
Familie Odobenidae: Walrosse
Familie Phocidae: Hundsrobben und Seehunde

Ordnung Sirenia: Seekühe oder Sirenen
Familie Dugongidae: Gabelschwanz-Seekühe
Familie Trichechidae: Rundschwanz-Seekühe

Ordnung Cetacea: Waltiere
Familie Platanistidae: Flußdelphinartige
Familie Phocaenidae: Schweinswale
Familie Delphinidae: Delphine
Familie Monodontidae: Gründelwale
Familie Physeteridae: Pottwale
Familie Ziphiidae: Schnabelwale
Familie Eschrichtiidae: Grauwale
Familie Balaenopteridae: Furchenwale
Familie Balaenidae: Glattwale

Ordnung Proboscidea: Rüsseltiere
Familie Elephantidae: Elefanten

Ordnung Hyracoidea: Schliefer
Familie Procaviidae: Schliefer

Ordnung Perissodactyla: Unpaarhufer
Familie Equidae: Pferde
Familie Tapiridae: Tapire
Familie Rhinocerotidae: Nashörner

Ordnung Artiodactyla: Paarhufer
Familie Suidae: Altweltliche Schweine
Familie Tayassuidae: Pekaris
Familie Hippopotamidae: Flußpferde
Familie Camelidae: Kamele
Familie Tragulidae: Hirschferkel
Familie Cervidae: Hirsche
Unterfamilie Moschinae: Moschushirsche
Unterfamilie Cervinae: Echthirsche
Familie Giraffidae: Giraffen
Familie Antilocapridae: Gabelhorntiere
Familie Bovidae: Hornträger

Ordnung Rodentia: Nagetiere
Familie Sciuridae: Hörnchen
Familie Geomyidae: Taschenratten
Familie Heteromyidae: Taschenmäuse
Familie Aplodontidae: Stummelschwanzhörnchen
Familie Castoridae: Biber
Familie Anomaluridae: Dornschwanzhörnchen
Familie Pedetidae: Springhasen
Familie Muridae: Mäuse
Unterfamilie Hesperomyinae: Neuweltmäuse
Unterfamilie Cricetinae: Hamster
Unterfamilie Spalacinae: Blindmäuse
Unterfamilie Myospalacinae: Blindmulle
Unterfamilie Rhizomyinae: Wurzelratten
Unterfamilie Lophiomyinae: Mähnenratten
Unterfamilie Platacanthomyinae: Stachelbilche
Unterfamilie Nesomyinae: Madagaskarratten
Unterfamilie Otomyinae: Afrikanische Lamellenzahnratten
Unterfamilie Microtinae: Wühlmäuse
Unterfamilie Gerbillinae: Rennmäuse
Unterfamilie Dendromurinae: Baummäuse
Unterfamilie Cricetomyinae: Hamsterratten
Unterfamilie Hydromyinae: Schwimmratten
Unterfamilie Murinae: Echte Mäuse
Familie Gliridae: Bilche
Familie Seleviniidae: Salzkrautbilche
Familie Zapodidae: Hüpfmäuse
Familie Dipodidae: Springmäuse
Familie Hystricidae: Stachelschweine
Familie Erethizontidae: Baumstachler
Familie Caviidae: Meerschweinchen
Familie Hydrochoeridae: Riesennager
Familie Dinomyidae: Pakaranas
Familie Dasyproctidae: Agutis
Familie Chinchillidae: Chinchillas
Familie Capromyidae: Baum- und Ferkelratten
Familie Octodontidae: Trugratten
Familie Ctenomyidae: Kammratten
Familie Abrocomidae: Chinchillaratten
Familie Echimyidae: Stachelratten
Familie Thryonomyidae: Rohrratten
Familie Petromuridae: Afrikanische Felsenratten
Familie Bathyergidae: Sandgräber
Familie Ctenodactylidae: Kammfinger

Ordnung Lagomorpha: Hasentiere
Familie Ochotonidae: Pfeifhasen
Familie Leporidae: Hasenartige

KLASSE AVES: **Vögel**

Ordnung Struthioniformes: Laufvögel
Familie Struthionidae: Strauße
Familie Rheidae: Nandus
Familie Casuariidae: Kasuare
Familie Dromaiidae: Emus

Ordnung Apterygiformes: Kiwis
Familie Apterygidae: Kiwis

Ordnung Tinamiformes: Steißhühner
Familie Tinamidae: Steißhühner

Ordnung Sphenisciformes: Pinguine
Familie Spheniscidae: Pinguine

Ordnung Gaviiformes: Seetaucher
Familie Gaviidae: Seetaucher

Ordnung Podicipediformes: Lappentaucher
Familie Podicipedidae: Lappentaucher

Ordnung Procellariiformes: Röhrennasen
Familie Diomedeidae: Albatrosse
Familie Procellariidae: Sturmvögel
Familie Hydrobatidae: Sturmschwalben
Familie Pelecanoididae: Tauchsturmvögel

Ordnung Pelecaniformes: Ruderfüßler
Familie Phaethontidae: Tropikvögel
Familie Pelecanidae: Pelikane
Familie Sulidae: Tölpel
Familie Phalacrocoracidae: Kormorane
Familie Anhingidae: Schlangenhalsvögel
Familie Fregatidae: Fregattvögel

Ordnung Ciconiiformes: Stelzvögel
Familie Ardeidae: Reiher
Familie Balaenicipidae: Schuhschnäbel
Familie Scopidae: Hammerköpfe
Familie Ciconiidae: Störche
Familie Threskiornithidae: Ibisvögel
Familie Phoenicopteridae: Flamingos

Ordnung Anseriformes: Gänsevögel
Familie Anhimidae: Wehrvögel
Familie Anatidae: Entenvögel

Ordnung Falconiformes: Greifvögel
Familie Cathartidae: Neuweltgeier
Familie Pandionidae: Fischadler
Familie Sagittariidae: Sekretäre
Familie Accipitridae: Habichtartige
Familie Falconidae: Falken

Ordnung Galliformes: Hühnervögel
Familie Megapodiidae: Großfußhühner
Familie Cracidae: Hokkos
Familie Opisthocomidae: Hoatzins
Familie Phasianidae: Fasanenartige
  Unterfamilie Phasianinae: Fasane
  Unterfamilie Tetraoninae: Rauhfußhühner
  Unterfamilie Odontophorinae: Zahnwachteln
  Unterfamilie Meleagridinae: Truthühner
  Unterfamilie Numidinae: Perlhühner

Ordnung Gruiformes: Kranichvögel
Familie Mesitornithidae: Stelzenrallen
Familie Turnicidae: Kampfwachteln
Familie Pedionomidae: Trappen-Kampfwachteln
Familie Gruidae: Kraniche
Familie Aramidae: Rallenkraniche
Familie Psophiidae: Trompetervögel
Familie Rallidae: Rallen
Familie Heliornithidae: Binsenhühner
Familie Rhynochetidae: Kagus
Familie Eurypygidae: Sonnenrallen
Familie Cariamidae: Seriemas
Familie Otididae: Trappen

Ordnung Charadriiformes: Wat- und Möwenvögel
Familie Jacanidae: Blatthühnchen
Familie Rostratulidae: Goldschnepfen
Familie Haematopodidae: Austernfischer
Familie Charadriidae: Regenpfeifer
Familie Scolopacidae: Schnepfenvögel
Familie Recurvirostridae: Säbelschnäbler
Familie Ibidorhynchidae: Ibisschnäbel
Familie Dromadidae: Reiherläufer
Familie Burhinidae: Triele
Familie Glareolidae: Rennvögel und Brachschwalben
Familie Thinocoridae: Höhenläufer
Familie Chionididae: Scheidenschnäbel
Familie Stercorariidae: Raubmöwen
Familie Laridae: Möwen
Familie Rynchopidae: Scherenschnäbel

Ordnung Columbiformes: Taubenvögel
Familie Pteroclididae: Flughühner
Familie Columbidae: Tauben

Ordnung Psittaciformes: Papageien
Familie Loriidae: Loris
Familie Cacatuidae: Kakadus
Familie Psittacidae: Papageien

Ordnung Cuculiformes: Kuckucksvögel
Familie Cuculidae: Kuckucke
Familie Musophagidae: Turakos

Ordnung Strigiformes: Eulen
Familie Tytonidae: Schleiereulen
Familie Strigidae: Eulen

Ordnung Caprimulgiformes: Nachtschwalben
Familie Steatornithidae: Fettschwalme
Familie Podargidae: Schwalme
Familie Nyctibiidae: Tagschläfer
Familie Aegothelidae: Höhlenschwalme
Familie Caprimulgidae: Ziegenmelker

Ordnung Apodiformes: Seglervögel
Familie Apodidae: Segler
Familie Hemiprocnidae: Baumsegler
Familie Trochilidae: Kolibris

Ordnung Coliiformes: Mausvögel
Familie Coliidae: Mausvögel

Ordnung Trogoniformes: Trogons
Familie Trogonidae: Trogons

Ordnung Coraciformes: Rackenvögel
Familie Alcedinidae: Eisvögel
Familie Todidae: Todis
Familie Momotidae: Sägeracken
Familie Meropidae: Bienenfresser
Familie Coraciidae: Racken
Familie Brachypteraciidae: Erdracken
Familie Leptosomatidae: Kurols
Familie Upupidae: Hopfe
Familie Phoeniculidae: Baumhopfe
Familie Bucerotidae: Nashornvögel

Ordnung Piciformes: Spechtvögel
Familie Galbulidae: Glanzvögel
Familie Bucconidae: Faulvögel
Familie Capitonidae: Bartvögel
Familie Indicatoridae: Honiganzeiger
Familie Ramphastidae: Tukane
Familie Picidae: Spechte

Ordnung Passeriformes: Sperlingsvögel

Suboscines: Primärsingvögel
Familie Furnariidae: Töpfervögel
Familie Formicariidae: Ameisenvögel
Familie Dendrocolaptidae: Baumsteiger
Familie Conopophagidae: Mückenfresser
Familie Rhinocryptidae: Bürzelstelzer
Familie Pipridae: Schnurrvögel
Familie Cotingidae: Schmuckvögel
Familie Oxyruncidae: Flammenköpfe
Familie Phytotomidae: Pflanzenmäher
Familie Tyrannidae: Tyrannen
Familie Eurylaimidae: Breitrachen
Familie Pittidae: Pittas
Familie Xenicidae: Neuseeland-Schlüpfer
Familie Philepittidae: Lappenpittas
Familie Menuridae: Leierschwänze
Familie Atrichornithidae: Dickichtschlüpfer

Oscines: Singvögel
Familie Alaudidae: Lerchen
Familie Hirundinidae: Schwalben
Familie Motacillidae: Stelzen
Familie Campephagidae: Stachelbürzler
Familie Pycnonotidae: Bülbüls
Familie Irenidae: Blattvögel
Familie Laniidae: Würger
Familie Vangidae: Vangawürger
Familie Bombycillidae: Seidenschwänze
Familie Dulidae: Palmschmätzer
Familie Troglodytidae: Zaunkönige
Familie Cinclidae: Wasseramseln
Familie Mimidae: Spottdrosseln
Familie Prunellidae: Braunellen
Familie Muscicapidae: Fliegenschnäpperartige
  Unterfamilie Turdinae: Drosseln
  Unterfamilie Timaliinae: Timalien
  Unterfamilie Panurinae: Papageischnabel-Timalien
  Unterfamilie Picathartinae: Felshüpfer
  Unterfamilie Orthonychinae: Laufflöter
  Unterfamilie Polioptilinae: Mückenfänger
  Unterfamilie Sylviinae: Grasmücken
  Unterfamilie Malurinae: Südsee-Grasmücken
  Unterfamilie Muscicapinae: Eigentliche Fliegenschnäpper
  Unterfamilie Monarchinae: Monarchen
  Unterfamilie Platysteirinae: Kleinschnäpper
  Unterfamilie Rhipidurinae: Fächerschwanz-Schnäpper
  Unterfamilie Pachycephalinae: Dickkopf-Schnäpper
Familie Aegithalidae: Schwanzmeisen
Familie Remizidae: Beutelmeisen
Familie Paridae: Eigentliche Meisen
Familie Sittidae: Kleiber
Familie Certhiidae: Eigentliche Baumläufer
Familie Rhabdornithidae: Trugbaumläufer
Familie Climacteridae: Baumrutscherartige
Familie Dicaeidae: Mistelfresser
Familie Zosteropidae: Brillenvögel
Familie Nectariniidae: Nektarvögel
Familie Meliphagidae: Honigfresser
Familie Emberizidae: Ammern
  Unterfamilie Emberizinae: Eigentliche Ammern
  Unterfamilie Catamblyrhynchinae: Plüschkopftangaren
  Unterfamilie Cardinalinae: Kardinäle
  Unterfamilie Tersininae: Schwalbentangaren
  Unterfamilie Thraupinae: Echte Tangaren

Familie Parulidae: Waldsänger
Familie Drepanididae: Kleidervögel
Familie Vireonidae: Vireos
Familie Icteridae: Stärlinge
Familie Fringillidae: Finken
Familie Estrildidae: Prachtfinken
Familie Ploceidae: Webervögel
Familie Sturnidae: Stare
Familie Oriolidae: Pirole
Familie Dicruridae: Drongos
Familie Callaeidae: Neuseeländische Lappenvögel
Familie Grallinidae: Australische Schlammnestkrähen
Familie Artamidae: Schwalbenstare
Familie Cracticidae: Flötenwürger
Familie Ptilonorhynchidae: Laubenvögel
Familie Paradidaeidae: Paradiesvögel
Familie Corvidae: Rabenvögel

KLASSE REPTILIA: **Reptilien**

Ordnung Chelonidae: Schildkröten
Familie Emydidae: Sumpfschildkröten
Familie Testudinidae: Landschildkröten
Familie Chelydridae: Alligatorschildkröten
Familie Kinosternidae: Schlammschildkröten
Familie Carettochelyidae: Papua-Weichschildkröten
Familie Dermatemyidae: Tabasco-Schildkröten
Familie Platysternidae: Großkopfschildkröten
Familie Cheloniidae: Meeresschildkröten
Familie Dermochelyidae: Lederschildkröten
Familie Trionychidae: Echte Weichschildkröten
Familie Pelomedusidae: Pelomedusen-Schildkröten
Familie Chelidae: Schlangenhalsschildkröten

Ordnung Crocodylia: Krokodile und Alligatoren
Familie Crocodylidae: Echte Krokodile
Familie Alligatoridae: Alligatoren
Familie Gavialidae: Gaviale

Ordnung Rhynchocephalia: Schnabelköpfe
Familie Sphenodontidae: Brückenechsen

Ordnung Squamata: Eigentl. Schuppenkriechtiere
Familie Iguanidae: Leguane
Familie Agamidae: Agamen
Familie Chamaeleonidae: Chamäleons
Familie Gekkonidae: Geckos
Familie Pygopodidae: Flossenfüße
Familie Xantusiidae: Nachtechsen
Familie Teiidae: Schienenechsen
Familie Scincidae: Glattechsen
Familie Lacertidae: Echte Eidechsen
Familie Cordylidae: Gürtelechsen
Familie Dibamidae: Schlangenschleichen
Familie Anguidae: Schleichen
Familie Anniellidae: Ringelschleichen
Familie Xenosauridae: Höckerechsen
Familie Helodermatidae: Krustenechsen
Familie Varanidae: Warane
Familie Lanthanotidae: Taubwarane
Familie Amphisbaenidae: Eigentliche Doppenschleichen

Primitive Schlangen:
Familie Leptotyphlopidae: **Schlankblindschleichen**
Familie Typhlopidae: Blindschlangen
Familie Anomalepidae
Familie Aniliidae: Rollschlangen
Familie Uropeltidae: Schildschwänze
Familie Xenopeltidae: Erdschlangen
Familie Boidae: Riesenschlangen
Familie Acrochordidae: Warzenschlangen

Höherentwickelte Schlangen
Familie Colubridae: **Nattern**
Familie Elapidae: Giftnattern
Familie Viperidae: Vipern
Familie Crotalidae: Grubenottern

KLASSE AMPHIBIA: **Amphibien**

Ordnung Urodela: Schwanzlurche
Familie Cryptobranchidae: Riesensalamander
Familie Hynobiidae: Winkelzahnmolche
Familie Salamandridae: Echte Salamander und Molche
Familie Ambystomatidae: Querzahnmolche
Familie Amphiumidae: Aalmolche
Familie Proteidae: Olme
Familie Sirenidae: Armmolche
Familie Plethodontidae: Lungenlose Salamander

Ordnung Apoda: Blindwühlen
Familie Caeciliidae: Wurmwühlenverwandte
Familie Typhlonectidae: Schwimmwühlenverwandte
Familie Ichthyophidae: Fischwühlenverwandte
Familie Scolecomorphidae

Ordnung Anura: Froschlurche
Familie Rhinophrynidae: Nasenkröten
Familie Pipidae: Zungenlose
Familie Microhylidae: Engmaulfrösche
Familie Discoglossidae: Scheibenzüngler
Familie Ascaphidae: Schwanzfrösche
Familie Pelobatidae: Krötenfrösche
Familie Myobatrachidae: Australische Südfrösche
Familie Heleophrynidae: Gespensterfrösche
Familie Leptodactylidae: Südfrösche
Familie Rhinodermatidae: Nasenfrösche
Familie Bufonidae: Echte Kröten
Familie Brachycephalidae: Sattelkröten
Familie Hylidae: Laubfrösche
Familie Ranidae: Echte Frösche
Familie Sooglossidae: Seychellenfrösche
Familie Hyperoliidae: Riedfrösche

ÜBERKLASSE AGNATHA: **Kieferlose**
KLASSE CEPHALASPIDOMORPHA
Ordnung Petromyzoniformes: **Neunaugen**

KLASSE PTERASPIDOMORPHA
Ordnung Myxiniformes: **Inger**

ÜBERKLASSE: GNATHOSTOMATA: **Fische**
KLASSE CHONDRICHTHYES: **Knorpelfische**
Ordnung Lamniformes: Haie
Ordnung Heterodontiformes: Stierkopfhaie
Ordnung Hexanchiformes: Grauhaie
Ordnung Squaliformes: Dornhaiartige
Ordnung Rajiformes: Rochen
Ordnung Chimaeriformes: Chimären und Seedrachen

KLASSE OSTEICHTHYES: **Knochenfische**
Ordnung Ceratodiformes: Australische Lungenfische
Ordnung Lepidosireniformes: Afrikanische und Südamerikanische Lungenfische
Ordnung Coelacanthiformes: Coelacanthen
Ordnung Polypteriformes: Flösselhechtverwandte
Ordnung Acipenseriformes: Störe
Ordnung Semionotiformes: Knochenhechte
Ordnung Amiiformes: Kahlhechte
Ordnung Osteoglossiformes: Knochenzüngler
Ordnung Mormyriformes: Nilhechte
Ordnung Elopiformes: Tarpunähnliche Fische
Ordnung Clupeiformes: Heringsfische
Ordnung Anguilliformes: Aalartige
Ordnung Notacanthiformes: Dornrückenaale
Ordnung Salmoniformes: Lachsfische
Ordnung Gonorynchiformes: Sandfische
Ordnung Cypriniformes: Karpfenfische
Ordnung Siluriformes: Welse
Ordnung Myctophiformes: Laternenfische
Ordnung Polymixiiformes: Barbudos
Ordnung Percopsiformes: Barschlachse
Ordnung Gadiformes: Dorschfische
Ordnung Batrachoidiformes: Froschfische
Ordnung Lophiiformes: Armflosser
Ordnung Indostomiformes: Stachelröhrenmäuler
Ordnung Atheriniformes: Ährenfischartige
Ordnung Gasterosteiformes: Stichlingsfische
Ordnung Lampridiformes: Glanzfische
Ordnung Beryciformes: Schleimkopfartige Fische
Ordnung Zeiformes: Peters- und Eberfische
Ordnung Syngnathiformes: Seenadeln und Verwandte
Ordnung Synbranchiformes: Kiemenschlitzaale
Ordnung Scorpaeniformes: Panzerwangen
Ordnung Dactylopteriformes: Flughähne
Ordnung Perciformes: Barschartige Fische
Ordnung Gobiesociformes: Schildfische
Ordnung Pleuronectiformes: Plattfische
Ordnung Tetraodontiformes: Kugelfischverwandte

Maximales Lebensalter der Tiere

Das Durchschnittsalter von Tieren ist nicht sehr hoch, da die Sterblichkeitsrate vor allem der Jungtiere riesig ist. Drei Viertel aller Vögel kommen schon im ersten Lebensjahr um. Von den Millionen von Eiern, die ein Kabeljau legt, werden nur zwei zu erwachsenen Fischen. Und doch können einzelne Tiere ein hohes Alter erreichen. Wenn es ihnen gelingt, ihren Feinden und den Krankheiten zu entgehen, kann ihr Alter das Durchschnittsalter der jeweiligen Art um ein Vielfaches übersteigen. Die größte Chance, einen geruhsamen Lebensabend zu verbringen, hat ein Tier gewöhnlich in einem Zoologischen Garten.

Da das *durchschnittliche* Lebensalter so wenig aussagt und so schwer zu bestimmen ist, wird in der folgenden Aufstellung nur das maximale Alter angegeben. Dieses ist leicht anhand der in Zoos geführten Register zu ermitteln. Bei Tieren in freier Wildbahn ist man auf Informationen angewiesen, die durch Vogelringe, Wachstumslinien auf den Knochen und anhand des Verschleißzustandes der Zähne verfügbar sind. Vogelringe halten sich jedoch nur selten länger als 25 Jahre, so daß sich ausgerechnet die ältesten Vögel unserer Kontrolle entziehen, und bezüglich der Interpretation von Wachstumsringen und Zahnverschleiß gibt es auch noch große Meinungsverschiedenheiten.

Das Lebensalter der jeweiligen Tierart wird in der folgenden Aufstellung in Jahren angegeben; die Ziffer *ohne Klammern* gibt das maximale Alter in freier Wildbahn an, die Ziffer *in Klammern* das maximale Alter in Gefangenschaft.

Fische
Bitterling 5
Dreistacheliger Stichling 3½
Europäischer Hausen 75
Europäischer Leierfisch 7
Flußaal (88)
Flußbarsch 10
Flußwels (60)
Forelle 5
Goldfisch (29)
Goldmakrele 3
Groppe 5
Guppy (7)
Hecht 60
Heilbutt 60
Kabeljau 20
Karpfen 40 (50)
Katzenhai (8)
Köhler 14
Lachs 10
Nilbarsch 12
Roter Stör 82
Sardelle 2
Schleimfisch (*Blennius*) 4
Scholle 40
Sibirischer Hausen 55
Steinbutt 15
Sterlet (69)
Stint 10
Walhai 70
Wandersaibling 12
Weißer Stör 71
Zander 20

Amphibien
Aga-Kröte (15)
Alpensalamander (15)
Amerikanischer Ochsenfrosch (16)
Dreizehen-Aalmolch (27)
Erdkröte 36
Feuersalamander 24 (40)
Fleckenquerzahnmolch (25)
Geburtshelferkröte 5
Gelbbauchunke (29)
Grasfrosch (6)
Grottenolm (25)
Japanischer Riesensalamander (51)
Kammolch (28)
Knoblauchkröte (11)
Laubfrosch (22)
Leopardfrosch (9)
Ozark-Hellbender (29)
Schlammsalamander (20)

Reptilien
Anakonda (31)
Blindschleiche (54)
Carolina-Dosenschildkröte (138)
China-Alligator (52)
Elefanten-Schildkröte (152)
Europäische Sumpfschildkröte (120)
Geierschildkröte (58)
Glattnatter (8)
Königsschlange (40)
Komodo-Waran 30 (9)
Kreuzotter (25)
Lederschildkröte 50
Mauereidechse 7 (3)
Maurische Landschildkröte (120)
Mississippi-Alligator (56)
Moschusschildkröte (53)
Ringelnatter (9)
Schwarzweiße Kobra (29)
Smaragdeidechse (10)
Suppenschildkröte (42)
Tigerpython (34)
Unechte Karettschildkröte (30)

Vögel
Amsel 9
Anden-Kondor (72)
Austernfischer 35
Bachstelze 6
Baumläufer 7
Blaumeise 11
Brachvogel 31
Brauner Pelikan 31
Buchfink 10
Buntspecht 9
Chickadee-Meise 8
Dole 14
Dompfaff 8
Eichelhäher 18
Elster 15
Feldsperling 10
Flamingo (30)
Gartenrotschwanz 7
Gelbhauben-Kakadu (73)
Goldammer 7
Graupapagei (72)
Graureiher 24
Grauschnäpper 8
Grünling 13
Grünspecht 5
Habicht 19 (20)
Haubentaucher 23
Hausente (23)
Hausgans (49)
Haussperling 11 (15)
Heckenbraunelle 8
Höckerschwan 19
Huhn (21)
Kagu (30)
Kanarienvogel (31)
Kleiber 9
Kohlmeise 10
Kormoran (21)
Krähe 14 (12)
Küstenseeschwalbe 33
Lachmöwe 32
Laysan-Albatros 34
Lerche 6
Mäusebussard 25
Mauersegler 21
Mehlschwalbe 6
Misteldrossel 10
Mönchsgrasmücke 5
Nonnenmeise 10
Rabe (24)
Rauchschwalbe 16
Ringeltaube 14
Rosapelikan 52
Rotkehlchen 11
Saatkrähe 20
Schleiereule 15
Schwanzmeise 4
Silbermöwe 32 (44)
Singdrossel 14
Star 20 (16)
Steinkauz 16
Steinwälzer 20
Stieglitz 8
Stockente 20
Strauß (68)
Tannenmeise 6
Taube (35)
Teichhuhn 11
Trauerschnäpper 9
Trottellumme 32
Türkentaube 3
Turmfalke 16
Uferschwalbe 8
Waldkauz 17
Weißstorch 20
Zaunkönig 5

Säugetiere
Ägyptischer Flughund (22)
Afrikanischer Elefant 70
Aguti (20)
Alpenmurmeltier (20)
Asiatischer Elefant (70)
Bartfledermaus 18
Baummarder 17
Bergkänguruh (19)
Biskayawal 40
Bison 30
Blasse Fledermaus 14
Blauwal 90
Braunbär 47
Büffel 30
Capybara (12)
Eisbär (33)
Elch 20
Eurasiatische Zwergmaus (5)
Europäischer Dachs 12
Faultier (11)
Feld-Waldmaus 2
Finnwal 90
Fischotter 20
Flugfuchs (17)
Flußpferd (49)
Fossa (14)
Gemse (17)
Gibbon (20)
Giraffe (20)
Gnu 20
Gorilla (47)
Grindwal 32
Grönlandwald 40
Große Braune Fledermaus 24
Große Hufeisennase 25
Großer Igeltanrek (10)
Hausmaus 3 (6)
Hirschferkel (5)
Hund (27)
Hyäne 25
Igel 10 (14)
Jaguar (22)
Kamel (25)
Kaninchen (12)
Katze (36)
Kegelrobbe 46 (42)
Koala 20
Kuh (39)
Langschwanz-Quastenstachler (22)
Löwe 20 (29)
Mandrill 50 (46)
Maultier (37)
Maulwurf 3
Meerschweinchen (7)
Mensch (114)
Mopsfledermaus 17
Moschusochse 20
Moschusratte 5
Mufflon 15 (19)
Nashorn (45)
Nepal-Stachelschwein (22)
Orang-Utan 30 (57)
Palmenflughund (21)
Pekari 20
Pferd (62)
Pinselohrschwein (14)
Pottwal 32
Ratte 4
Reh 15
Rötelmaus 2½
Rotes Riesenkänguruh (16)
Rothirsch (26)
Schimpanse (15)
Schnabeltier 10
Schwein (27)
Siebenschläfer 6
Sifaka (7)
Skunk (12)
Spinnenaffe (20)
Springhase 7
Steppenlemming 3
Taschenratte (7)
Tiger (22)
Totenkopfäffchen (21)
Vielfraß (16)
Waldspitzmaus 1½
Warzenschwein (12)
Waschbär 13
Wasserreh (26)
Wolf 14
Wollaffe (20)
Wombat (26)
Zebra (38)
Ziege (18)
Zwergflußpferd (39)

Stichwortverzeichnis

A

B

D

E

F

G

H

N

O

P

T